Technology of Anodic Oxidation
and
Surface Treatment on Aluminum Alloys

铝合金阳极氧化 与 表面处理技术

第三版
The Third Edition

朱祖芳　等编著

化学工业出版社
·北京·

内 容 简 介

《铝合金阳极氧化与表面处理技术》（第三版）主要介绍铝合金阳极氧化与表面处理技术。书中阐述了阳极氧化膜的形成机理和性能，介绍了阳极氧化、硬质阳极氧化、微弧氧化工艺，讨论了阳极氧化膜着色、染色、封孔和检测技术等，还涉及了铝表面处理生产的环境管理方面的内容。

本书在第二版基础上修改、增补、扩容而成，内容较前两版更加丰富，紧跟国内外生产技术发展、变化，密切结合生产实践和现代化技术应用。

本书可供铝合金材料生产和应用技术人员、表面处理技术人员学习和参考。

图书在版编目（CIP）数据

铝合金阳极氧化与表面处理技术/朱祖芳等编著．
—3 版．—北京：化学工业出版社，2021.4（2025.6重印）
ISBN 978-7-122-38395-2

Ⅰ.①铝⋯　Ⅱ.①朱⋯　Ⅲ.①铝合金-阳极氧化②铝
合金-金属表面处理　Ⅳ.①TG178

中国版本图书馆 CIP 数据核字（2021）第 016986 号

责任编辑：韩亚南　段志兵　　　　　　　　装帧设计：王晓宇
责任校对：王佳伟

出版发行：化学工业出版社（北京市东城区青年湖南街 13 号　邮政编码 100011）
印　　装：北京天宇星印刷厂
787mm×1092mm　1/16　印张 36　字数 891 千字　2025 年 6 月北京第 3 版第 6 次印刷

购书咨询：010-64518888　　　　　　　售后服务：010-64518899
网　　址：http://www.cip.com.cn
凡购买本书，如有缺损质量问题，本社销售中心负责调换。

定　价：198.00 元　　　　　　　　　　　　　　　　版权所有　违者必究

第三版各章编写人员

第 1 章　引论　　　　　　　　　　　　　　　　　　　　　　　朱祖芳
第 2 章　铝的表面机械预处理　　　　　　　　　　　　　　　　施瑞祥
第 3 章　铝的化学预处理　　　　　　　　　　　　　　　　蔡锡昌，周军强
第 4 章　铝的化学抛光和电化学抛光　　　　　　　　　　　　　李　捷
第 5 章　铝的化学转化处理　　　　　　　　　　　　　　　　　朱祖芳
第 6 章　铝阳极氧化与阳极氧化膜　　　　　　　　　　　　　　朱祖芳
第 7 章　装饰与保护用铝的阳极氧化　　　　　　　　　　　　　朱祖芳
第 8 章　阳极氧化工艺　　　　　　　　　　　　　　　　　　　蔡锡昌
第 9 章　铝的硬质阳极氧化　　　　　　　　　　　　　　　　　朱祖芳
第 10 章　铝及铝合金的微弧氧化　　　　　　　　　　　　　　来永春
第 11 章　铝阳极氧化膜的电解着色　　　　　　　　　　　　　朱祖芳
第 12 章　铝阳极氧化膜的染色　　　　　　　　　　　　　　　施瑞祥
第 13 章　铝阳极氧化膜的封孔　　　　　　　　　　　　　　　朱祖芳
第 14 章　铝阳极氧化膜的电泳涂漆　　　　　　　　　　　　　王　争
第 15 章　铝及铝合金粉末静电喷涂　　　　　　　　　　　　　陆文伟
第 16 章　铝及铝合金的液相静电喷涂　　　　　　　　　　　　陆文伟
第 17 章　铝及铝合金的辊涂　　　　　　　　　　　　　　余泉和，张翼鹏
第 18 章　铝及铝合金的电镀　　　　　　　　　　　　　　　　施瑞祥
第 19 章　阳极氧化膜及高聚物涂层的性能与试验方法　　　　　戴悦星
第 20 章　铝表面处理生产的环境管理　　　　　　　　　　　　魏东新
附录　　　　　　　　　　　　　　　　　　　　　　　　朱祖芳，戴悦星

第三版前言

本书第一版在 2003 年完成并于 2004 年由化学工业出版社出版，距今已有十六七个年头了。第二版在 2009 年完成修改增补，于 2010 年出版，距今已有十余年。第二版初衷是为了适应当时建筑铝型材门窗的有机聚合物涂层工艺迅猛发展的形势，重点强化了有机聚合物涂层工艺的内容，请余泉和先生将第一版的"有机高聚物涂层工艺"一章扩充为四章，即电泳涂漆、静电粉末喷涂、静电液相喷涂及辊涂。同时对"铝的化学转化处理""铝阳极氧化膜的电解着色"以及"铝阳极氧化膜及高聚物涂层的性能与试验方法"三章的内容进行了较大范围的增补修改。

第二版发行至今的十余年中，尽管在世界范围内并没有出现革命性的创新工艺，但是技术进步还是有目共睹的。尤其在我国，铝材表面处理的工艺多样性、原辅材料和技术装备的完善、产品品质的提升、国家标准的更新、环境管理的完善以及技术队伍的成长，都发展到一个全新的高度。我国铝材表面处理生产的工艺水平和产品质量，虽然目前还存在企业之间、行业和地区之间的不平衡，其中某些技术与国际先进水平比较可能还有一些差距，但是就工业生产总体而言，我国与国际先进水平已经较好接轨，甚至还有所超越，尤其在建筑铝型材方面已经稳居世界大国和强国的地位。非建筑用铝材的阳极氧化工艺迅猛发展，包括汽车内外装饰件、电子产品壳体等习惯称作"小氧化"以及铸态铝合金的阳极氧化等方面，但是亟待提高工艺水平、完善工艺规范和统一产品性能标准。本书第三版力图总结国内外铝合金表面处理技术的发展过程，重点介绍铝合金成分、结构、状态与阳极氧化膜性能之间的关系，在有机聚合物涂层中进一步融入我国的实际生产经验，并且强调和推进表面处理的环境管理。

2015 年，化学工业出版社责任编辑鉴于本书前两版已经印刷十余次，印数已达两万多册，建议增补修改出版第三版，由于本人年近八旬，当时未敢动笔。2016 年由于同行的友好支持、积极鼓励，并给予具体的帮助，本人收到从日本和欧洲新出版的技术书籍和杂志以及几次国际铝表面处理会议的论文，更由于本人身体状况有些改善，遂跃跃欲试开始动笔。2017 年本人访问过我国几家非建筑铝合金表面处理企业，接触从事装饰铝合金材料或部件阳极氧化的技术人员和有关企业，在技术思路和信息方面稍有酝酿和铺垫，才决定动手组织，进行增补修订的准备。为了更好地与生产实际结合，邀请生产第一线的技术专家参与修改增补。

第三版的修订构思是，本人对原第 1 章"引论"进行全面更新、修改和增容，根据国内外铝表面处理技术的发展，特别是我国的工业发展现状和动向，从环境友好和节能降耗的高度出发，提出我国铝表面处理工业发展的新思路和新观点。鉴于铝合金的腐蚀性能和腐蚀形态对于分析理解表面处理膜层的寿命和处理表面膜层缺陷的重要意义，第 1 章对铝合金的腐蚀形态和腐蚀机理增添了必要的内容，其中铝合金特征性的丝状腐蚀和层状腐蚀的更新增添内容较多。第三版还新增加第 7 章"装饰与保护用铝的阳极氧化"，是在基本未改动第 2 版

第 7 章（现第 8 章）"阳极氧化工艺"的基础上，从技术发展的历史角度更为系统和全面撰写的。第二版原第 7 章主要是以建筑用铝型材阳极氧化为中心的工艺，由于非建筑的装饰用阳极氧化技术持续发展扩大，新版第 7 章从国外和我国铝阳极氧化的技术进步和生产发展出发，全面总结各种类型的铝阳极氧化技术，并提出阳极氧化工艺中必要的概念、术语及工艺参数，并从建筑用表面处理扩大推广到非建筑用的广阔领域。新版第 7 章还增加光亮阳极氧化和铸态铝合金阳极氧化两方面内容，也适当涉及相关的着色和封孔的新工艺和新思路。

根据出版社和读者的意见，希望铝合金有机聚合物涂装的内容更加结合实际操作，以更有效地指导生产实践，为此邀请有关企业生产第一线具有实际操作经验的技术骨干参与进行修改补充。原第 13 章电泳涂漆请三星铝业总工程师王争先生全面修改为新版第 14 章，原第14、15 章的粉末喷涂和液相喷漆请坚美铝业的技术部部长陆文伟先生修改补充为新版第 15、16 章。他们在生产第一线都曾承担相应的技术工作，现在领导岗位上，百忙之中愿意承担修订补充职责，本人在此由衷表示感谢。原第 18 章试验方法连同附录 4 请原作者坚美铝业副总工程师戴悦星先生全面更新补充为新版第 19 章。表面处理的环境管理和生态保护极为重要，本书前两版几乎没有涉及，第三版增加第 20 章"铝表面处理生产的环境管理"，这是近年来我国特别重视和关注的，由此弥补本书原版的缺憾和不足。新版第 20 章请广东耐得实业公司总工程师魏东新先生执笔，他近年致力于自动化生产线的设计，积累了一定的环境管理的经验，将全面介绍国内外铝表面处理的有关标准、工艺现状、管理建议。本人在此再次衷心感谢魏东新、陆文伟、戴悦星和王争四位卓有成就的年轻专家，在百忙中对本书的提升和完整做出贡献。对于在第一版、第二版编写中做出卓越贡献的施瑞祥、余泉和、李捷、蔡锡昌和来永春诸位先生再次表示由衷感谢。

本人希望第三版的内容符合我国和国际的生产技术的发展和学术理论的动向，而且第三版的观点与论述是有的放矢和恰如其分的。希望能够继续得到广大读者的认可和支持，这样也不致辜负国内外专家和朋友对我们的支持和帮助。

尽管第三版新书增加了两章即第 7 章和第 20 章，并对第二版的第 1、13、14、15、18章进行了大范围修改补充，但是其他章节均未作大规模的修改变动。根据国内外铝合金表面处理技术发展的主要线索，虽在第三版第 1 章中简要叙述这方面的技术进步，但难免有不完善之处，祈请广大读者指正。本人年已八十有四，在年轻同行的投入和鼓励以及化学工业出版社编辑的支持下，经过两年多时间终于完成第三版。或许这是我最后的图书作品，就此告别我钟爱的从 1962 年开始在北京有色金属研究总院的技术研究，告别 1985 年从日本永山政一教授实验室开始的铝阳极氧化的事业。谢谢大家！

朱祖芳于北京家中

2021 年 1 月

第一版前言

铝合金的阳极氧化处理和表面涂覆技术是铝合金扩大应用范围、延长使用期限的关键，表面技术一直受到我国铝合金材料工业的特别关注，并且已经取得巨大的技术进步和工业发展。以建筑铝型材为例，20年来建筑铝型材的生产从无到有，2003年产量已经达到150万吨左右，成为世界铝型材年产量最高的国家。随着建筑铝型材的生产发展，在熔铸、挤压、模具和表面处理等工序中，技术进步最快的当数表面处理。不论是表面处理的工艺多样性、技术水平和产品质量，还是装备水平都发展到一个崭新的阶段，目前与国际先进水平的差距并不很大。

我国自20世纪80年代中期，铝型材表面处理工业从当时技术比较发达的日本和意大利等国引进开始，在引进、消化、吸收和发展的过程中，积累了丰富的工艺经验，已经形成了庞大的工业体系。时至今日不仅掌握了建筑铝型材各种表面技术的工艺，而且成套化学品和大部分设备都可以立足国内生产。我国的建筑铝型材目前已经发展成以广东南海、苏南浙北、辽鲁环渤海三个地区为中心的铝型材生产基地，占全国产量6成以上，新工艺和新设备也基本上是从这三个地区发展起来的。从生产技术的发展水平来看，我国基本上已经拥有世界上所有建筑铝型材表面处理的先进工艺和设备。铝合金板材的生产以及表面处理也发展极快，建筑用铝合金板材的喷涂和辊涂已经有了相当的规模，而且正在迅速发展之中。

为了总结20年来我国的技术发展和工艺经验，本书希望从我国生产第一线中总结引进的新技术和消化吸收的生产实践，同时为了反映和跟进我国近十余年中铝合金表面处理生产工艺方面的新发展和新变化，本书增加化学转化膜、有机高聚物涂装、硬质阳极氧化和微弧氧化、电镀、染色等内容，扩展与加强表面机械处理、化学清洗等方面的内容。为了今后在新的技术高度上有效地发展我国的铝材表面处理技术，本书希望尽量客观地介绍国外工业发展的现况和前景，力图收集国外最新的技术信息和发展方向，以避免重复落后工艺。为了便于我国技术界和学术界深入了解国内工业现况和发展的需要，本书尽可能突出国内的工业水平和研究成果，希望能够起到沟通和促进作用。

我国在20世纪80年代有过几本建筑铝型材阳极氧化和电解着色的专著，由于这个领域的技术发展和更新很快，20年来出现了许多新的内容和方向。本书尽量不重复已有的内容，避免已经过时的陈述。为此简化了阳极氧化和电解着色方法的介绍，增加了阳极氧化膜结构和生成机理的理论描述，着重于引进技术和生产经验的总结和评述。本书许多作者来自生产现场，注入本书以鲜活的内容，因此本书是我国近20年来该工业领域发展的工艺技术总结。

20世纪90年代以来，欧洲和日本的有关阳极氧化新的专著引进我国，布莱斯的《阳极氧化铝的工艺学》（The Technology of Anodizing Aluminium）第二版和第三版，维尔尼克的《铝及其合金的表面处理和精饰》（The Surface Treatment and Finishing of Aluminium and its Alloys），日本轻金属制品协会的新版（1994）《铝表面处理的理论和实践》（アルミニウム表面處理の理論と實務），川合慧的《铝电解着色技术及其应用》（アルミニウム電解

カラー技術とその應用）和佐藤敏彦等的《铝阳极氧化新理论》（新アルマイト理論）等著作充实和补充了原有的技术信息和理论观点。同期有关铝表面处理的国际会议和国内外期刊都发表了不少文章，我国大批管理和技术人员走出国门实地考察，也提供了铝的阳极氧化及表面处理的最新信息，本书吸收了这方面的内容。我国"七五"重点科技攻关专题"建筑铝型材表面处理技术和阳极氧化工艺的研究"的部分研究成果及其在生产实践中形成的主要观点也已包括在本书之中。

本书共分14章，由朱祖芳安排全书的章节和内容，组织有关人员编写，在成文完稿之前与各章编撰人至少经过两个循环的研究讨论，完稿之后再由朱祖芳统一术语和审校内容。各章的主要内容以及执笔撰写人员如下。

第1章　引论　扼要介绍铝的特点及铝的腐蚀行为和腐蚀形态，铝合金系及其阳极氧化的适应性。概述铝合金的各种表面处理技术（阳极氧化、化学转化、涂装、电镀和珐琅等）以及相应的表面膜层的特点。本章由朱祖芳执笔。

第2章　表面机械处理　介绍铝合金的表面机械处理，包括抛光、磨光、喷砂、扫纹等各种表面机械处理和机械预处理的工艺特点和设备配置。本章由施瑞祥执笔。

第3章　化学抛光和电化学抛光　介绍各种化学抛光和电化学抛光槽液、工艺以及注意事项，本章内容以收集意大利等欧洲国家的技术并结合我国实践为主。本章由汪平执笔。

第4章　化学清洗和浸蚀　作为化学预处理是阳极氧化生产不可缺少的工艺环节，本章内容主要取材于欧洲的建筑铝型材阳极氧化生产的化学预处理工业技术现况，同时也注意结合我国的生产实践。本章由周军强执笔。

第5章　化学转化处理　介绍铝合金铬化、磷铬化以及无铬化学转化处理的工艺技术、工业现况和发展趋势，化学转化膜作为聚合物涂层的底层的技术要求，内容主要取材于欧洲的技术发展。本章由朱祖芳执笔。

第6章　阳极氧化与阳极氧化膜　介绍壁垒型和多孔型阳极氧化膜的阳极氧化规律和多孔膜的结构特点，理论性论述有助于对于工艺的认识与理解。本章由朱祖芳执笔。

第7章　阳极氧化工艺　以较多篇幅介绍建筑铝型材阳极氧化工艺技术的实际操作和注意事项，重点放在应用最广泛的建筑铝型材硫酸阳极氧化工艺。本章由蔡锡昌执笔。

第8章　硬质阳极氧化和微弧氧化　是工程用的阳极氧化技术。本章叙述硬质阳极氧化的工艺发展、技术要求和现况，简单介绍近年发展的硬质表面膜形成新工艺——微弧氧化的特点、工艺和技术前景。本章由朱祖芳执笔。

第9章　阳极氧化膜的电解着色　作为建筑铝合金应用最广泛的工业化着色技术，有大量专利申请，理论研究相对滞后。本章着重介绍工业化的锡盐、镍盐以及其他盐的电解着色的工艺特点和进展，对于直流与交流着色的技术发展和特点作了比较，尤其侧重于引进的电解着色工艺。本章由朱祖芳执笔。

第10章　阳极氧化膜的染色　具体介绍铝阳极氧化膜的染色工艺，较多收集和总结国内的槽液配方和工艺。本章由施瑞祥执笔。

第11章　阳极氧化膜的封孔　是保护与装饰用铝阳极氧化膜必不可少的重要措施。本章介绍国内外热封孔、冷封孔和新发展的中温封孔等封孔技术的发展、工艺、经验和理论，强调我国冷封孔的工业实践中的经验和规范。本章由朱祖芳执笔。

第12章　有机高聚物涂装工艺　是建筑铝合金蓬勃发展的新兴表面处理技术。本章介绍装饰和保护用的有机高聚物涂装技术，主要包括电泳涂装、静电粉末喷涂、静电液相喷涂的装备、工艺以及有机高聚物涂层的性能要求。本章由魏东新执笔。

第13章 铝及其合金的电镀 详细介绍铝上的电镀槽液、工艺和操作经验，重点在电镀前的化学预处理方法的技术细节及其工艺比较。本章由施瑞祥执笔。

第14章 阳极氧化膜及高聚物涂层的性能与试验方法 分别介绍铝的阳极氧化膜和聚合物涂层的性能，有关性能检测方法以及相关检验方法的我国和国际标准。本章由戴悦星执笔。

本书后有4个附录，附录1和附录2分别是"我国主要变形铝及铝合金牌号以及主要合金化元素的成分"和"我国主要铸造铝合金的牌号及主要合金化元素成分"，由朱祖芳收集整理。附录3是"铝阳极氧化槽液的化学分析规程"，由臧慕文根据原有规程审核整理。附录4是"铝阳极氧化膜及高聚物涂层的性能与试验方法的国家标准和国际标准一览表"，由戴悦星整理编写。

本书系工艺技术性著作，尽量收集国内外新近发表的文献资料和引进的先进技术。本书各章作者都是在研究、开发和生产的第一线，其中一半以上章节是已经退休的资深科技人员编写的，他们根据自身经验、知识、观点和理论会对本领域的技术提出很多看法和评论，这些评论应该是有益的，但是不可避免可能会存在偏颇之处，不当之处请学者、专家和广大读者指正，如能引起读者的注意和批评，不仅对于本书作者有益处，对于铝的表面处理的技术发展，乃至于生产工艺的进步都是大有好处的。

借此机会感谢日本永山政一教授引导进入铝阳极氧化的研究领域，感谢在日本工作期间的教研室同仁田村纮基先生、高桥英明先生、金野英隆先生等的帮助。感谢中国有色金属总公司科技部对于科技攻关和技术推广期间给予的指导和支持。诚挚感谢本书所有编撰者的努力工作，并对编撰者所在单位的领导的支持和关怀表示衷心的谢意。

承蒙日本老一辈阳极氧化学者永山政一教授、技术专家川合慧先生和日本的高桥英明教授、金野英隆教授、田中义朗先生以及意大利的 Dr. Strazzi 等赠与最新资料或他们的论文和著作，这对于完成本书的写作帮助极大，在此表示诚挚的谢意。

朱祖芳

2003 年 11 月

第二版前言

承蒙广大读者厚爱，《铝合金阳极氧化与表面处理技术》第一版自 2004 年出版以来，经 4 次印刷已逾万册，令人欣慰，在此对各位读者表示衷心感谢。鉴于第一版出版五年以来，国内外铝合金表面处理技术，尤其是我国铝材的表面处理工业发展和技术进步特别迅速，我们对本书进行了修订。

近几年来，在铝型材和铝板带表面处理的工业生产中，铝合金表面有机聚合物涂层工艺的发展显得很突出。为此，第二版首先将第一版的第 12 章有机高聚物涂装工艺增容扩充为四章，即第二版的第 13 章铝阳极氧化膜的电泳涂装、第 14 章铝及铝合金的粉末喷涂、第 15 章铝及铝合金的液相静电喷涂和第 16 章铝及铝合金的辊涂，邀请在生产第一线的具有丰富实践经验的专家负责撰写。

另外，为了进一步反映我国铝合金表面处理新的进展，第二版有 4 章在第一版的基础上重新编写，即第二版的第 3 章铝的化学预处理，第 4 章铝的化学抛光与电化学抛光、第 8 章铝的硬质阳极氧化和第 9 章铝及铝合金的微弧氧化。有 3 章对第一版内容做了比较大的增补，即第 5 章铝的化学转化处理、第 10 章铝阳极氧化膜的电解着色和第 18 章阳极氧化膜及高聚物涂层的性能与试验方法。其余各章根据读者意见进行了不同程度的修改，主体内容未作变动。

同第一版一样，本次修订尽力邀请具有实际研究和生产经验的第一线专家参与。第二版新增的撰写人有南平铝合金厂余泉和先生，北京师范大学物理系来永春先生，武汉材料保护研究所李捷先生和中国铝塑板专家委员会张翼鹏先生，王争和戴悦星分别对电泳涂装和静电喷涂的技术内容进行了校订。在修订进程中，各位编者与主编密切配合，全力支持和不厌其烦地反复修改提高，在这里对他们的支持、配合和不懈工作，同时也对他们所在单位的支持表示感谢。

虽然本书第二版所有的撰写人都作了很大努力，力图收集、归纳、总结、评价铝合金表面处理的国内外技术最新发展以及我国铝合金表面处理生产的实际经验，希望对我国铝材表面处理的技术进步有所帮助，虽然主编对第二版所有章节进行了勘误、核对和润饰，但是鉴于本人知识和经验的局限，铝表面处理的知识领域相当宽广，技术发展又非常迅速，新版的内容可能还有不能完全满足读者需要的地方，也可能还有不当之处，恳请专家、读者不吝指正。

主编　朱祖芳

目　录

第 1 章
引　论

　　铝材是有色金属中使用量最大、应用面最广的金属材料。国民经济各部门无不大量使用铝及铝合金，而且其应用范围还在不断扩大之中。全世界铝的总消费量从 1991 年的 1874.4 万吨增加到 2000 年的 2477.98 万吨，十年中增加了 32%。而我国的铝总消费量的增加更为惊人，从 1991 年的 86.8 万吨迅速增加到 2000 年的 353.27 万吨，达到 3 倍之多。到了 2001 年我国铝的总消费量又大幅提高到 370 万吨，占全世界铝消费量的 15.1%，仅次于美国，成为全世界第二大铝消费国。就原铝生产量而言，2001 年我国已一跃成为全世界第一大原铝生产国，产量占全球总产量的 13.98%。2007 年我国各种铝材总产量达到 1275 万吨，2008 年的铝材总产量达到 1427.4 万吨，多年连续保持世界第一。随后的十年中，我国铝材总产量不断迅猛上升，成为全世界第一铝材生产大国。

　　进入 21 世纪以来，我国铝挤压工业随整个铝加工业的加速发展，跨入了迅速上升的黄金时期，企业数量和行业整体规模均有明显增加和提高。根据广东有色金属加工协会的统计报道，在 2003—2012 年间，我国铝加工行业的铝材产量年增长率达到 26.8%。2006—2012 年的 6 年间，中国铝挤压材年产量连续突破 500 万吨、1000 万吨和 1200 万吨。到 2012 年，中国铝挤压材的产能已经达到大约 1500 万吨/年，产量为 1213 万吨。根据中国有色金属工业协会的统计，2017 年我国铝型材产销量在 1900 多万吨，产业规模稳居世界各国之首。实践表明，我国的铝挤压型材产量大幅度增加的同时，其他铝材产量也得到大幅度提升，据统计铝材的总产量已经达到 3073.3 万吨。为此，铝材表面处理也不能只关注建筑用铝型材门窗，必须扩展到各种形式的铝材，如铝板带、铝制品以及交通运输业的铝合金部件，才可能满足我国的工业迅速发展和社会需求全面提升。

　　2012 年以来，中国铝挤压行业由于产能总体过剩、竞争激烈，导致开工率有所降低，又由于国际范围内的贸易保护加剧，导致多数企业利润下降。尽管近年来我国铝挤压材生产量与消费量的增幅有所下降，但是总产量仍然保持一定的增长态势。同时我们应该清醒地看到，在我国大量出口铝挤压材的同时，还有一部分高端挤压铝材产品需要进口，因此我国铝型材行业的技术改造和创新努力仍需加强，其中铝表面处理工艺发展围绕环境友好和节能降耗的目标进行创新改造尤为突出。

　　铝制品种类繁多，不胜枚举，据统计已超过 70 多万种，应用遍及各个行业。铝合金材料具有一系列优良的物理、化学、力学性能及特征，可以满足并正在拓宽从厨餐用具到尖端科技、从建筑门窗到交通运输、从民用机械到航空航天等各行各业对于铝合金材料提出的千差万别的使用要求。但是，铝合金的某些性能还不太理想，如硬度、耐磨耗性和耐腐蚀性等一些表面性能尚不能满足使用要求。铝的表面处理技术正好弥补了这个弱点，通过阳极氧化膜或表面涂层等技术加以弥补、改进和提高，成为铝合金扩大应用范围和延长使用寿命不可缺少的关键步骤和措施。近年来对于铝制品的外观装饰和光亮保持提出了更高的要求，透明清澈无缺陷的铝阳极氧化膜又增加其用武之地，并对铝阳极氧化、多种多样着色技术和高品质封孔提出更高的品质要求。

铝及铝合金有很多优越的性能，其特点如下。

（1）密度低。铝的密度约为 $2.7g/cm^3$。在金属结构材料中是密度仅高于镁的第二轻的金属。它的密度只是铁或铜的 1/3。

（2）塑性高。铝及其合金延展性好，可以通过挤压、轧制或拉拔等压力加工手段制成各种型、板、箔、管和丝材。

（3）易强化。纯铝的强度并不高，但通过合金化和热处理容易使之强化，制造高强度铝合金，其比强度甚至可以与合金钢媲美。

（4）导电性好。铝的导电性和导热性仅次于银、金和铜。设铜的相对电导率为 100，则铝是 64，而铁只有 16。若按照等质量金属导电能力计算，则铝几乎是铜的 2 倍。

（5）耐腐蚀。铝是一个负电性很强的金属，与氧具有极高的亲和力，即钝化能力很强。铝在自然条件下，表面会生成保护性氧化物，具有比钢铁好得多的耐腐蚀性。

（6）易回收。铝的熔融温度较低，约为 660℃，碎屑废料容易再生，回收率很高，回收的能耗只有冶炼的 3%。

（7）可焊接。铝合金可用 TIG 或 MIG 法惰性气体焊接，焊后力学性能高，耐腐蚀性好，外观美丽，满足结构材料的要求。

（8）易表面处理。表面处理可以进一步提高或改变铝的表面性能。铝阳极氧化工艺相当成熟，操作简便，已经广泛应用。铝阳极氧化膜硬度高、耐磨，而且耐腐蚀、绝缘性好，并且可着色，能显著改变和提高铝合金的外观和使用性能。通过化学预处理，铝合金表面还可以进行电镀、电泳、喷涂等处理，赋予铝表面以金属镀层或有机聚合物涂层，进一步提高铝的装饰性能和保护效果。近年来，铝表面处理工艺的环境管理水平有极大提高，如零排放阳极氧化工艺、无铬化学转化工艺等都实现了大生产的工业化。

1.1　铝的耐腐蚀性能

金属材料与周围环境介质之间发生的化学或电化学作用而引起的金属性能的变化甚至破坏称为金属的腐蚀。有时候某些物理作用也可以归入腐蚀的范畴，例如金属在液体金属中的物理溶解也称为液体金属腐蚀。金属腐蚀过程中机械作用或生物作用也可能参与其中，与化学或电化学作用产生协同作用而加速金属的腐蚀，例如液体冲击与腐蚀的协同作用称为冲蚀（erosion），固体颗粒摩擦与腐蚀的协同作用称为磨蚀（abrasion）等。有机聚合物涂层与周围环境的作用发生的性能变化，以前称为"老化""失效"等，现在有时候也开始笼统称为"腐蚀"，因此技术术语"腐蚀"（corrosion）一词在实际应用方面已经明显拓展，而且已经不仅是金属特有的现象和称谓了。

众所周知，金属腐蚀是当代工业和生活中一种重大的破坏因素，造成巨大的经济损失和社会危害，其影响面与危害程度远远高于各种自然灾害的破坏。金属腐蚀的经济损失可以分成直接损失和间接损失两大部分，直接损失指设备或构件的更换、防腐蚀措施的投入等，比较容易统计。间接损失如设备更换或停车的利润损失、腐蚀引起的产品污染和失效等，其影响和损失远比直接损失大得多，但是这方面往往难于直接用数字统计。此外，腐蚀的影响还不止于经济损失，还会威胁人身安全和造成环境污染等，因此金属腐蚀与经济、安全、卫生、环境等方面都直接相关。金属的表面处理技术的推广，可以有效抑制腐蚀并提高金属制品服役寿命。铝的阳极氧化处理及有机聚合物涂覆等铝表面处理技术，可有效弥补和提高铝及铝合金的耐腐蚀和耐候性能，成为大幅度延长铝合金制品使用寿命的必要措施。

从金属热力学的稳定性分析，如表 1-1 所示的金属的电位序，金属铝确实是一个非常活泼的金属，在结构金属中铝的活性仅次于镁和铍，因此铝的耐腐蚀性不高是可以预见的。但是，热力学分析只是提供金属腐蚀的可能性，并不能真实，反映金属铝的实际腐蚀进程与腐蚀形式，因为这是属于腐蚀的动力学的技术范畴，而金属腐蚀的动力学（即腐蚀速度）问题恰恰又是工程技术人员和使用部门最关心的问题。

表 1-1　金属的电位序

金属的电极反应	25℃的标准电位 （相对于标准氢电极[①]）/V	金属的电极反应	25℃的标准电位 （相对于标准氢电极[①]）/V
$Au^{3+} + 3e^- \longrightarrow An$	1.50	$Ga^{3+} + 3e^- \longrightarrow Ga$	−0.53
$Pd^{2+} + 2e^- \longrightarrow Pd$	0.987	$Cr^{3+} + 3e^- \longrightarrow Cr$	−0.74
$Hg^{2+} + 2e^- \longrightarrow Hg$	0.854	$Cr^{2+} + 2e^- \longrightarrow Cr$	−0.91
$Ag^+ + e^- \longrightarrow Ag$	0.800	$Zn^{2+} + 2e^- \longrightarrow Zn$	−0.763
$Hg_2^{2+} + 2e^- \longrightarrow 2Hg$	0.789	$Mn^{2+} + 2e^- \longrightarrow Mn$	−1.18
$Cu^+ + e^- \longrightarrow Cu$	0.521	$Zr^{4+} + 4e^- \longrightarrow Zr$	−1.53
$Cu^{2+} + 2e^- \longrightarrow Cu$	0.337	$Ti^{2+} + 2e^- \longrightarrow Ti$	−1.63
$2H^+ + 2e^- \longrightarrow H_2$	0.000(参考值)	$Al^{3+} + 3e^- \longrightarrow Al$	−1.66
$Pb^{2+} + 2e^- \longrightarrow Pb$	−0.126	$Hf^{4+} + 4e^- \longrightarrow Hf$	−1.70
$Sn^{2+} + 2e^- \longrightarrow Sn$	−0.136	$U^{3+} + 3e^- \longrightarrow U$	−1.80
$Ni^{2+} + 2e^- \longrightarrow Ni$	−0.250	$Be^{2+} + 2e^- \longrightarrow Be$	−1.85
$Co^{2+} + 2e^- \longrightarrow Co$	−0.277	$Mg^{2+} + 2e^- \longrightarrow Mg$	−2.37
$Tl^+ + e^- \longrightarrow Tl$	−0.336	$Na^+ + e^- \longrightarrow Na$	−2.71
$In^{3+} + 3e^- \longrightarrow In$	−0.342	$Ca^{2+} + 2e^- \longrightarrow Ca$	−2.87
$Cd^{2+} + 2e^- \longrightarrow Cd$	−0.403	$K^+ + e^- \longrightarrow K$	−2.93
$Fe^{2+} + 2e^- \longrightarrow Fe$	−0.440	$Li^+ + e^- \longrightarrow Li$	−3.05

① 标准氢电极：SHE，standard hydrogen electrode。

尽管从热力学角度考虑，铝是非常活泼的金属，但实际上铝及铝合金的腐蚀速度并不快，具有比较好的耐腐蚀性能。即使不像一些广告词说的铝"永不生锈"，铝在中性大气、天然水、某些化学品以及大部分食品中都可以使用许多年。这完全是由于铝表面与空气反应形成的自然氧化膜的钝性，也就是说铝的耐腐蚀性能实际上取决于铝表面形成的氧化物膜的状态和本性。这种表面氧化膜如果人为地强化形成，例如通过众所周知的阳极氧化处理，就可以得到铝的阳极氧化膜，其表面耐腐蚀性要比自然氧化膜更加优良和可靠。当然，在使用过程中需要考虑表面氧化膜破损的可能性，尤其在铝与其他金属电偶接触时，不能只考虑氧化膜的耐腐蚀性，还应该考虑氧化膜破裂后的金属铝的活性，这样才不至于发生意外事故。特别值得注意的是，自然氧化膜的耐腐蚀性的保持是相当有限的，因此利用金属的电位序，从热力学角度出发密切关注与考虑铝材本身实际腐蚀的可能性，仍然不能认为是完全没有意义的，也就是说表 1-1 中金属电位序中铝的活性位置，对于铝的腐蚀可能性的判断和预防，仍然有非常现实的预警作用。

铝是一种两性金属，在酸性介质中生成铝盐（如硫酸铝），在碱性介质中生成铝酸盐（如偏铝酸钠）。图 1-1 为铝的电位-pH 图，用铝的电位与溶液的 pH 之间关系揭示铝在溶液中的热力学稳定性状态，或者说铝在水溶液中的电化学行为，对于预防铝的腐蚀非常重要。当铝在酸性溶液中（pH 小于 4），电位处于 -1.8V(SHE) 以下时，铝位于免蚀区，理论上是以"金属铝"的状态存在，即铝处于阴极保护的状态，不发生任何腐蚀；当铝的电位处于 -1.8V(SHE) 以上时，理论上铝以三价铝离子形式（Al^{3+}）存在，即处于腐蚀区。如果在中性溶液中，即 pH 大约在 4~8 时，当铝的电位约大于 -2.0V（SHE）时，其表面形成氧化膜，即处于钝化区；如铝的电位小于 -2.0V(SHE)，则其

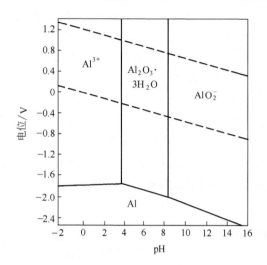

图 1-1 铝的电位-pH 图

也以"金属铝"的状态存在。当溶液 pH 大于 9，即在碱性溶液中，铝处于腐蚀区时，则生成铝酸盐（AlO_2^-）。

应注意的是，上述的"铝的电位"并不是电解池的"外加电压"，它们的差别必须分清，不可以混淆。实际上外加电压包括铝（铝还有氧化膜存在）的阳极电位、阴极电位和溶液电阻造成的电位（即 IR 降）三个部分。一般说来，铝的腐蚀形态，在酸性溶液腐蚀区以局部腐蚀形式为主，而在碱性溶液腐蚀区则往往呈全面腐蚀形式。铝的腐蚀程度和形式不仅取决于接触的环境介质及其环境温度，而且与铝合金的成分、杂质以及铝合金状态关系十分密切。此外，尽管铝在酸性或碱性溶液中处于腐蚀区，但在阳极氧化处理时还是可以成膜的。此时只要铝阳极氧化膜生成速度大于氧化膜的溶解速度，则铝的阳极氧化膜仍然可以继续生成。

自然氧化膜的厚度随大气中放置时间而增大，可以达到 200nm 左右。为了提高铝的耐腐蚀性，可以在铝材表面采用化学方法或电化学方法强化生成较厚的氧化膜。表 1-2 是铝在几种条件下生成氧化膜的情况。干燥大气中形成的氧化膜最薄，只有纳米级别。化学氧化膜一般为 1~3μm 厚，可以作为有机聚合物膜的底层。普通阳极氧化处理可以生成厚 3~30μm 的铝阳极氧化膜，建筑用铝合金门窗的阳极氧化膜厚度一般只要求在 20μm 以下。耐磨耗的机械零部件，可能要求生成厚 60μm 左右的铝硬质阳极氧化膜。

表 1-2 铝在几种条件下生成的氧化膜厚度

成膜条件	氧化膜厚	成膜条件	氧化膜厚
干燥大气中放几天	10nm	普通阳极氧化	3~30μm
化学氧化	1~3μm	硬质阳极氧化	30~100μm

（1）铝的大气腐蚀。在通常的大气条件下，铝处于钝化区，此时在铝表面生成一层很薄的自然氧化膜，阻止了铝与周围环境的继续接触，所以铝甚至比黄铜的腐蚀速度还要慢。由于各地大气成分差别很大，铝材在不同地区的大气腐蚀速度与腐蚀形态也相差悬殊。表 1-3

是铝与常用有色金属在美国不同地区的大气环境中经过 10 年或 20 年的平均腐蚀速度，工业纯铝 1100 比铜、铅、锌腐蚀速度小得多。表中所列长达 10 年（即表中 10a）或 20 年的现场（美国各地大气腐蚀试验站）挂片的腐蚀试验数据，尽管某些数据的"规律性"似乎欠佳，但是这些长期挂片的腐蚀数据还是非常难得和珍贵的，并有其一定的规律性，即沙漠和农村大气腐蚀慢，海洋大气腐蚀快，工业污染大气腐蚀最快。这些数据的珍贵之处是与现场使用状况比较接近，这是实验室快速试验数据无法模拟推算得到的。

表 1-3　铝与常用有色金属铜、铅、锌在各种大气条件下的腐蚀速度　　单位：$\mu m/a$

大气条件	试验场所	铝（Al 1100）	铜（99.9Cu）	铅（99.92Pb）	锌（98.9Zn）
沙漠	Phonenix, Arizona	0.000(10a) 0.076(20a)	0.127(10a) 0.127(20a)	0.229(10a) 0.101(20a)	0.254(10a) 0.178(20a)
农村	State College, Pa	0.025(10a) 0.076(20a)	0.584(10a) 0.432(20a)	0.483(10a) 0.305(20a)	1.067(10a) 1.092(20a)
海洋	Keywest, Fla	0.101(10a) —	0.508(10a) 0.559(20a)	0.559(10a) —	0.533(10a) 0.660(20a)
海洋	Sandy Hook N. J	0.202(10a) 0.279(20a)	0.660(10a) —	— —	1.397(10a) —
海洋	La Jolla, Calif	0.711(10a) 0.635(20a)	1.321(10a) 1.270(20a)	0.533(10a) 0.533(20a)	1.727(10a) 1.727(20a)
工业	NewYork, NY	0.787(10a) 0.737(20a)	1.194(10a) 1.371(20a)	0.432(10a) 0.381(20a)	4.826(10a) 5.588(20a)
工业	Altoona, Pa	0.635(10a) —	1.168(10a) 1.397(20a)	0.686(10a) —	4.826(10a) 6.858(20a)

不同铝合金牌号、不同铝合金形式的板材或型材，在不同的大气腐蚀环境下得到不同的腐蚀速度是很正常的。铝合金通常并不发生全面腐蚀而是出现点腐蚀等局部腐蚀现象，这是由铝合金的成分、状态和加工历史决定的，也是不同的大气环境造成的。海洋大气和工业大气对铝合金腐蚀要比乡村大气（或干燥的沙漠环境）严重得多，表 1-4 是不同铝合金型材或板材在各种大气条件下的十年大气腐蚀数据，包括平均腐蚀深度（μm）、平均点腐蚀深度

表 1-4　不同铝合金在日本各大气腐蚀站的十年大气腐蚀数据

试验铝合金		海滨大气（清水市）			工业大气（川崎市）			农村大气（静冈县）		
种类	牌号	a	b	c	a	b	c	a	b	c
板材	1100	4.1	0.15	0.18	3.0	0.14	0.19	2.5	0.08	0.10
板材	3003	3.9	0.13	0.18	2.6	0.09	0.13	2.7	0.05	0.08
板材	5052	3.9	0.19	0.25	2.4	0.24	0.30	2.4	0.05	0.07
板材	5083	4.3	0.19	0.22	2.5	0.19	0.23	2.7	0.05	0.08
型材	6061-T6	5.2	0.13	0.18	—	—	—	2.8	0.05	0.08
型材	6063-T5	4.3	0.22	0.31	3.5	0.23	0.29	3.0	0.11	0.21
型材	6351-T6	4.7	0.17	0.25	3.43	0.21	0.23	2.8	0.09	0.13
型材	7N01-T5	5.0	0.13	0.17	3.2	0.14	0.21	2.8	0.05	0.18

注：a—平均腐蚀深度，μm；b—平均点腐蚀深度，mm；c—最深点腐蚀深度，mm。

（mm）和最深点腐蚀深度（mm）。数据选自日本各地的大气腐蚀试验站，平均腐蚀深度是通过腐蚀试验前后的质量之差得到的，平均点腐蚀深度是选择最深 12 个点的平均值得到的，最深点腐蚀深度是选择测量得到最深的 12 个点的最大值。数据表明，点腐蚀深度（mm）与平均腐蚀深度（μm）的数据显示出数量级的差别，提示我们更应该关注铝合金的点腐蚀状态，点腐蚀才是铝合金构件破坏的决定性因素。

（2）铝在碱性溶液中的腐蚀。碱能与表面氧化铝膜反应生成偏铝酸钠和水，然后再进一步与金属铝反应生成偏铝酸钠和氢气。随碱浓度的增加和环境温度的升高，铝的腐蚀速度迅速加快，如图 1-2 和图 1-3 所示。工业上利用铝在碱中发生全面腐蚀这一特点，选择合适的碱溶液浓度和腐蚀温度，广泛采用碱洗除去铝表面的氧化物。

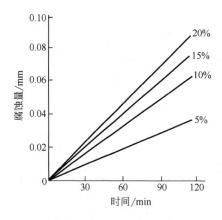

图 1-2　铝在 25℃不同浓度 NaOH
溶液中的腐蚀

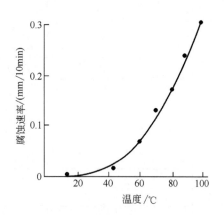

图 1-3　铝在不同温度 10％ NaOH
溶液中的腐蚀

（3）铝在酸溶液中的腐蚀。铝在不同的酸中有不同的腐蚀行为。一般来说，铝在浓的氧化性酸中会生成钝化膜，具有较好的耐腐蚀性，而在稀酸中存在"点腐蚀"现象。铝在 20℃的硫酸、磷酸、硝酸和乙酸中的腐蚀速率随酸浓度的变化如图 1-4 和图 1-5 所示。由图 1-4 和图 1-5 可见，铝在磷酸中随酸浓度增大腐蚀速率上升。铝在硫酸中，当硫酸浓度小于 30％时，腐蚀速率很低；浓度大于 30％后，腐蚀速率陡然增加。当浓度达到 80％以后，

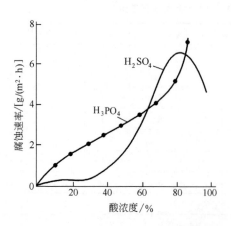

图 1-4　铝在 20℃硫酸和磷酸中的腐蚀

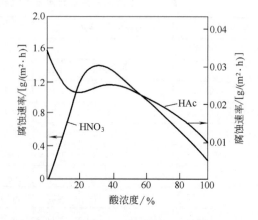

图 1-5　铝在 20℃硝酸和乙酸中的腐蚀

铝又转入钝态，腐蚀速率明显下降。铝在硝酸或乙酸中的腐蚀速率较小（请注意两图的纵坐标其腐蚀速率的量纲不同，左侧纵坐标为硝酸，右侧为乙酸），在乙酸中随乙酸的浓度增加整体呈下降趋势。铝在硝酸中，当硝酸浓度在 30％以下时，腐蚀速率随酸浓度增加而上升；当硝酸浓度大于 30％以后，铝的腐蚀速率随酸浓度增加而减小；直至硝酸浓度大于 80％后，铝又完全进入钝态而腐蚀速率极小。

（4）铝在中性无机盐溶液中的腐蚀。在中性无机盐溶液中，铝可以处于钝态，也可能由于某些阳离子或阴离子的作用发生腐蚀。铝材在海水中点腐蚀比较严重，是由于海水中氯离子的作用。卤素元素氟和氯等元素的离子半径很小，容易穿透氧化膜造成点腐蚀。无机盐溶液中的氧化性阴离子，如 $Cr_2O_7^{2-}$ 等可以促使铝的钝化。如果铬酸盐溶液中同时加入 F^- 或 Cl^- 等活化性离子，可以得到较厚的钝化膜，这就是铬酸盐处理在活化离子存在下得到较厚的铬化膜的原因。无机盐溶液中的阳离子对铝腐蚀也有很大影响，如果盐溶液中存在电位比铝正的金属离子（Fe^{2+}，Cu^{2+}，Ni^{2+} 等），则会加速铝材的点腐蚀。电位差别愈大，铝的点腐蚀愈严重。专门用来加速检测铝阳极氧化膜盐雾腐蚀的 CASS 试验，就是铜加速的乙酸盐雾试验，即利用铜离子的加速腐蚀作用，实现对铝阳极氧化膜的快速盐雾腐蚀试验。

铝的腐蚀影响因素有两个大的方面，第一方面是铝的耐腐蚀性，铝合金成分、杂质及其加工状态决定了铝的耐腐蚀性。笼统地说，纯铝的耐腐蚀性最强，随着铝的纯度下降和合金化元素的添加，铝合金的耐腐蚀性呈现不同程度的降低。在通常添加的合金化元素中，铜的负面影响最明显，镁的影响最小。表 1-5 列出了主要合金化元素和杂质对于铝耐腐蚀性的影响。Cu 的负面影响最明显，Fe＋Si 和 Si 其次，其他元素的不利影响比较小。铝合金成分（即牌号）固定后，其冶金状态是由加工过程决定的。变形铝合金冶金状态由加工硬化过程和固溶热处理过程决定，铸态（含压铸）铝合金也有热处理过程。第二方面是环境的腐蚀作用，环境状态复杂多样，从室内外大气到各种介质，例如水、土壤、食物、多种化学品及建筑物材料等五花八门。而室外大气根据其地域不同，又大致可以分为农村大气、海洋大气和工业大气。农村大气比较清洁，污染程度最小，加速腐蚀作用也小；海洋大气的氯化物会加速腐蚀；工业大气的污染类型和污染程度不同，其腐蚀加速程度的差别也非常明显。

表 1-5　主要合金化元素和杂质对于铝耐腐蚀性的影响

元素	影响程度			
	明显	中等	稍小	很小
铜（Cu）	＋			
镁（Mg）				＋
锌（Zn）				＋
硅（Si）			＋	
锰（Mn）				＋
铬（Cr）				＋
锆（Zr）				＋
钛（Ti）				＋
铁＋硅（Fe＋Si）		＋		

1.2 铝的腐蚀形态

铝属于钝化型金属，除了在碱和磷酸等溶液中呈现全面腐蚀以外，铝合金出现的主要腐蚀形态，是由于钝化膜局部破坏而发生的局部腐蚀。局部腐蚀正是铝合金结构破坏的主要危险，通常的腐蚀速度难于表征局部腐蚀的程度。各种腐蚀形态并非一定相互排斥，可能同时存在互相关联渗透，甚至彼此促进。因此在分析判断腐蚀事例时，必须在掌握金属腐蚀理论和不断增长防腐蚀经验的基础上，充分注意细致考察铝合金腐蚀的原因。

铝合金的局部腐蚀形态主要有点腐蚀（pitting corrosion，又称小孔腐蚀）、缝隙腐蚀（crevice corrosion）、电偶腐蚀（galvanic corrosion）、晶间腐蚀（intergranular corrosion）、应力腐蚀（stress corrosion）或应力腐蚀开裂（SCC）、丝状腐蚀（filiform corrosion）和层状腐蚀（layer corrosion，又称剥落腐蚀）等。其中点腐蚀、缝隙腐蚀和晶间腐蚀是钝化型金属的最典型的腐蚀形态，而丝状腐蚀和层状腐蚀是铝合金特殊的常见腐蚀形态。相对于全面腐蚀而言，金属的局部腐蚀是金属设备或构件腐蚀破坏的重要原因和形式。铝合金的应力腐蚀开裂与腐蚀疲劳较多见于高强铝合金。由于破坏发生比较突然，大多发生在受力的结构件上，具有极大的瞬间破坏的危险，已经引起学术界和工程界的广泛关注。研究人员对其进行了细致深入的机理研究，形成了从实验研究到机理探讨等大量的相关著作。在民用铝合金的腐蚀事例中，一般没有大的外加应力被忽视的情况，但值得注意的是应力腐蚀可能隐藏在其他的腐蚀形态之中。

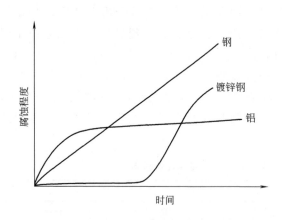

图 1-6　铝、钢、镀锌钢的腐蚀程度-时间关系

（1）点腐蚀。点腐蚀（又称点蚀、小孔腐蚀、孔蚀）是铝及铝合金最常出现的腐蚀形态之一。在大气、淡水、海水以及中性水溶液中都有发生点腐蚀的可能，严重的点腐蚀将导致穿孔。幸运的是腐蚀孔最终可能会自行停止发展，腐蚀量到达一个极限值。图 1-6 所示为典型的铝腐蚀程度-时间的关系，并与钢和镀锌钢的腐蚀行为进行比较，可以发现铝与钢的腐蚀行为差别很明显，铝的腐蚀随时间会自行减缓。铝合金点腐蚀的严重程度还与周围介质和铝合金成分有关，图 1-7 所示为 6063 合金和 6351 合金挤压材在不同大气条件（海洋、工业和农村大气）下的腐蚀程度-时间关系。实验表明，铝合金点腐蚀的介质中必须存在破坏氧化膜局部钝态的阴离子，如氯离子、氟离子等。还必须同时存在促进阴极反应的物质，如水溶液中的溶解氧、铜离子等。从铝合金系来看，高纯铝一般较难发生点腐蚀，含铜的铝合金的点腐蚀最敏感，而 Al-Mn 系和 Al-Mg 系合金的耐点腐蚀性能较好。

（2）电偶腐蚀。铝的自然腐蚀电位很负，电位较负的金属铝与电位较正的金属（如铜等）或非金属导体（如石墨）在导电性水溶液中直接接触或电接触时，铝发生的加速腐蚀现象称为电偶腐蚀。如果腐蚀电池作用发生在两个金属之间，也称为双金属腐蚀（bimetallic

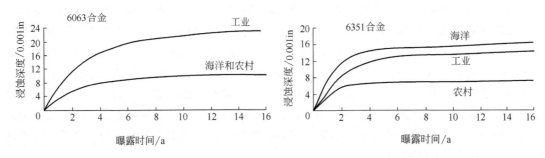

图 1-7　6063 合金和 6351 合金挤压材在不同大气中的腐蚀程度-时间关系

（1in＝0.0254m，下同）

corrosion），有时也称为接触腐蚀（contact corrosion），但是其腐蚀的本质就是腐蚀电位不同形成的电偶作用，并不是简单的接触。电偶腐蚀不可与缝隙腐蚀相混淆，其腐蚀原理与过程都不相同。电偶腐蚀发生的可能性和腐蚀的严重程度，除了与环境有关，还可以从相互接触金属的腐蚀电位的差别大小来预估。它们的电位差别愈大，则电偶腐蚀愈严重。如果阳极金属铝的面积与阴极面积相比较很小，即所谓小阳极大阴极，则腐蚀会显著加速，面积比相反则电偶效应就不明显。电位较负的金属铝处于电偶腐蚀状态时，有可能加速铝的其他腐蚀形态的发生，例如提高应力腐蚀开裂的敏感性等。两种金属之间存在电绝缘体（如铝阳极氧化膜），可以防止电偶作用引起的腐蚀，为此铝阳极氧化膜、有机聚合物膜、塑料垫片垫圈都可能起到防止电偶腐蚀的作用。

　　几乎所有铝合金都不能避免电偶腐蚀，表 1-6 所示为几种常见金属对于铝材电偶腐蚀的影响。杂散电流腐蚀虽然也是一种电偶腐蚀，但是杂散电流腐蚀并不是自然腐蚀的形式，因为杂散电流腐蚀的电流来源，是非指定回路上的外加电流或外界的感应电流（交流电或直流电）。只要消除这种电流，杂散电流腐蚀就可以避免。由于裸露部位的金属铝没有氧化膜的保护，在氧化膜破坏或开裂的部位的自然电位非常负而面积又很小，因此铝及铝合金的电偶腐蚀现象应该引起高度重视，需要细致观察方能减轻或避免发生。

表 1-6　几种常见金属对于铝材电偶腐蚀的影响

金属	电偶腐蚀影响
镉	稍有影响
铬	影响小,有时可以忽略
铜与铜合金	严重
铅	除了严酷海洋环境外,可以忽略
不锈钢	除了严酷海洋环境外,可以忽略
钢与铁	除了严酷环境外,稍有影响
锡	除了盐溶液外,可以忽略
钛	除了严酷海洋环境外,可以忽略
镀锌钢	在表面镀锌层破坏之前,没有影响

　　（3）缝隙腐蚀。缝隙腐蚀是金属铝与其他金属材料或与非金属材料（不论是否导电）之间的表面相互不紧密接触形成狭缝或间隙，由于缝隙内外差异充气电池的作用，缝隙内部或近旁（为阳极区）的钝化膜局部破坏，从而发生局部加速腐蚀的现象。缝隙腐蚀也是钝化型

金属的一种特殊腐蚀形式，而铝合金的缝隙腐蚀则比较常见。一些其他的腐蚀形态，原理上也可能是缝隙腐蚀引起的。铝表面的沉积物下面或铝表面的污垢下面也可以认为形成了缝隙，因此从腐蚀原理上讲，沉积物下腐蚀（deposit corrosion）或垢下腐蚀（scale corrosion, poultice corrosion）也就是一种缝隙腐蚀。建筑门窗用 6063 铝合金挤压材表面灰浆下的腐蚀，除了灰浆的腐蚀作用外，也往往有垢下腐蚀，即缝隙腐蚀的一个实例。值得重视的是，缝隙腐蚀的缝隙尺寸应该是一个临界指标，过宽或者过窄的缝隙都不能构成缝隙腐蚀发生的条件。但是，临界尺寸并不是一成不变的数值，它与铝合金的成分、杂质、溶液或介质成分等诸多参数有关。

缝隙内部与外部表面氧和铝离子的浓度不同，有外部大面积阴极就可能构成缝隙中腐蚀加速甚至发生局部阳极腐蚀孔的条件。当电流从缝隙内的活性阳极区流到缝隙外的大面积阴极区，就建立起了电偶电池，这就是铝的缝隙腐蚀机理。在富氯离子的垢下面，腐蚀孔内铝的羟基氯化物在热力学上是不稳定的，但是生成凝胶后在动力学上就稳定了，凝胶使缝隙酸化并且使之活化。如果缝隙或外部阴极变干燥了，腐蚀可能就停止了。当缝隙处于异种金属之间，此时可能同时存在电偶腐蚀，则腐蚀发展更快，破坏性也更大。缝隙腐蚀往往与铝合金品种关系不大，一些耐腐蚀的铝合金也不能避免缝隙腐蚀的发生。

（4）晶间腐蚀。纯铝一般不会发生晶间腐蚀，Al-Cu 系、Al-Cu-Mg 系和 Al-Zn-Mg 系合金的晶间腐蚀敏感性较大。

晶间腐蚀的原因一般与热处理不当有关系，由于合金化元素或金属间化合物沿铝合金晶界的沉淀析出，析出物相对于晶粒是阳极从而构成腐蚀电池，引起晶界腐蚀加速。晶间腐蚀是沿着金属晶界或紧靠晶界所发生的局部选择性腐蚀现象，晶间腐蚀的原动力是晶界或晶界两侧与晶粒本身（即铝基体）的电位差异。晶粒边界可能由于第 2 相的析出，晶间与相邻晶粒或晶间与近侧贫化区形成电位差，从而引起晶间腐蚀而破坏了晶间与相邻晶粒的结合力。晶间腐蚀的金相特征为网络状，在铝合金腐蚀中比较常见。例如在 2024 铝合金中，晶间 $CuAl_2$ 的第 2 相析出物比基体的钝性更强，在晶界的第 2 相析出物两侧都存在一条贫铜的窄带，加速晶间附近贫铜区的腐蚀。Mg 含量小于 3% 的铝合金（例如 5XXX 系中某些铝合金），是铝合金中比较抗晶间腐蚀的品种。而 Mg 含量大于 3% 的铝合金（如 5083），由于晶间析出的 Mg_2Al_3 是阳极相，会发生优先腐蚀而引起比较严重的晶间腐蚀。一般来说，如果晶间的第 2 相析出物呈连续链状分布，则晶间腐蚀的敏感性最强。当晶间第 2 相析出物呈断续分布时，晶间腐蚀不容易发生。第 2 相析出物的宽度越大，则晶间腐蚀敏感性也越大。

由于晶间腐蚀很难用通常的表面腐蚀现象加以分辨，实际上用肉眼很难从表面直接观察到是否发生了晶间腐蚀，而且几乎也不引起材料的质量损失或减薄，因此晶间腐蚀成为铝合金设备或结构中危险性很大的一种腐蚀破坏形态。

（5）应力腐蚀。铝合金腐蚀形态中应力腐蚀是最隐蔽的腐蚀形态之一，由于材料晶界开裂的发展，可以导致铝合金构件或设备的全面破坏或解体，所以应力腐蚀开裂（SCC）是既隐蔽又危险的腐蚀形态。SCC 是外加应力或残余应力与环境（尤其含有氯离子时）的共同作用引起的腐蚀从而导致的开裂。为此发生 SCC 一般需要三个条件，即铝合金的成分与组织状态，外加应力或残余应力（铝合金存在达到其合金屈服强度 50% 以上的张应力），以及腐蚀性环境（尤其含氯离子等离子）。如果外加的应力是交变的应力，则称之为腐蚀疲劳。

Al-Cu、Al-Mg、Al-Zn-Mg、Al-Li 等铝合金都有 SCC 的敏感性，其中 Al-Mg 系的 SCC 敏感性因 Mg 含量的大小而不同，只有在 Mg 含量大于 3% 时，在晶界析出 β-Al-Mg 金属间化合物第 2 相时才发生 SCC。Mg 含量在 4.5％以上时 SCC 的敏感性可能更大。为此在大约 65℃以上的环境中使用的铝合金的焊接结构件，不能使用 Mg 含量超过 3％的铝合金材料。Mg 含量达到 4.5％的 5083 铝合金，即使在室温下使用，也需要关注调质和加工率以降低 SCC 敏感性。高强度铝合金，如 7000 系的 Al-Zn-Mg 或 Al-Zn-Mg-Cu 的 SCC 敏感性最大。通常需要经过双级时效适当牺牲一些强度，来提高抗 SCC 的性能。在 Al-Zn-Mg 合金中，晶界的局部氢脆起着一定的促进 SCC 的作用，研究表明腐蚀产生的新生态氢沿着晶界扩散，导致铝合金强度下降直至最终发生开裂。压力加工的精心操作可以降低铝合金 SCC 的敏感性，但是以后的加工过程或使用过程中可能会恢复 SCC 的敏感性，例如铝合金设备的焊接过程、涂层加热固化工艺过程、铝合金设备在升温下操作等，都可能恢复应力腐蚀开裂的敏感性。关于铝合金成分及其组织结构（调质状态）对于 SCC 的影响参见表 1-7。对 SCC 敏感的铝合金有 Al-Cu 系、Al-Zn-Mg 系、Al-Zn-Mg-Cu 系、Al-Mg 系（约含 3％以上的 Mg），以及 Si 含量较高的 Al-Mg-Si 系铝合金。

表 1-7　各种铝合金应力腐蚀开裂敏感性（3.5％的氯化钠溶液）的比较

项目	铝合金系	合金牌号	调质状态	应力腐蚀敏感性
不可热处理型合金	纯铝	1100,1200	全部	1
	Al-Mn 系	3003	全部	1
	Al-Mg 系	5005,5050,5154	全部	1
	Al-Mg 系	5056,5356	加工硬化	4
	Al-Mg-Mn 系	3004,3005,5454	全部	1
	Al-Mg-Mn 系	5086	全部	2
	Al-Mg-Mn 系	5083,5456	均质处理	2
可热处理型合金	Al-Mg-Si 系	6063	全部	1
	Al-Mg-Si-Cu 系	6061	T4	2
	Al-Mg-Si-Cu 系	S	T6	1
	Al-Cu 系	2219,2017	T3,T4	3
	Al-Cu 系	2219	T6,T8	2
	Al-Cu-Si-Mn 系	2014	T3,T6	3
	Al-Cu-Mg-Mn 系	2024	T3	3
	Al-Cu-Mg-Mn 系	S	T8	2
	Al-Cu-Pb-Bi 系	2011	T3	4
	Al-Cu-Pb-Bi 系	S	T6,T8	2
	Al-Zn-Mg 系	7005	T53	3
	Al-Zn-Mg 系	7039	T6	3

注："应力腐蚀敏感性"中数字含义为 1—实际使用和实验室都没有问题；2—实际使用没有问题，但经实验室试验，沿板厚方向存在一点问题；3—实际使用只要在板厚方向有张应力，就有产生裂纹的危险，实验室在氯化钠溶液中产生裂纹；4—实际使用在压延方向容易产生横向裂纹。

对应力腐蚀开裂不敏感的铝合金有纯铝、Al-Mn 系、Al-Si 系、Al-Mg-Si 系，以及含 Mg 3％以下的 Al-Mg 系铝合金。Cr、Mn、Zr 有防止应力腐蚀开裂的效果，这些微量成分的添加在热加工时有提升再结晶温度的效果，有助于保持热轧板材、挤压材的纤维组织，纤维状组织的铝材的耐 SCC 性能比再结晶组织铝材优异。

铝合金中添加 Cu 一般会降低耐腐蚀性，同时也会降低耐 SCC 性。Al-Zn-Mg 系铝合金添加 Mn、Cr、Zr、Cu、Ag，可以细化再结晶晶粒，有效形成纤维状组织，同时降低由不溶性化合物的析出引起的晶界周边的电位差，并抑制晶界的应力集中。T4 处理最容易发生 SCC，T6 和 T7 处理可显示最好的 SCC 特性。7075-T6 铝合金容易发生 SCC。采用过时效处理（T7）可防止 SCC 发生。过时效处理使晶界析出的状态发生变化，晶粒与晶界的电位趋同，从而降低内应力。5083 铝合金的热处理温度影响 SCC 性能，180℃处理在晶界析出 β 相，其 SCC 寿命最短。在铝合金中添加 Mn、Cr 元素抑制其晶界析出可改善 SCC 性能。在 2000 系铝合金中，人工时效的 T8 铝材具有比较好的耐 SCC 性和机械强度。

铝合金的 SCC 发生机理，早期以阳极溶解学说为主，之后氢脆学说占了上风。氢脆产生的 SCC，其破坏面没有析出物溶解。Al-Zn-Mg 系和 Al-Mg 系铝合金 SCC 中的裂纹扩展就是如此，证实氢脆为 SCC 的主要破坏机理。应力腐蚀开裂还可能与层状剥落腐蚀有关，这是非常危险的破坏形式。层状腐蚀是变形铝合金特有的腐蚀形态，在研究层状腐蚀时，发现腐蚀沿着晶界平行于金属表面发展，而腐蚀产物聚集在层间又提供足够的拉应力，从而加快层状剥落。在大部分可热处理的铝合金和加工硬化的 Al-Mn 和 Al-Mg 合金中，都可能发生这类腐蚀情况，但是 Al-Cu 和 Al-Zn-Mg-Cu 铝合金在海洋性气候中更容易发生这类腐蚀情况。

（6）丝状腐蚀。丝状腐蚀最早于 1960 年代在航空器的有机涂层下发现，至 1990 年代，欧洲陆续报道在北欧沿海地区建筑铝型材门窗喷涂层下也发现丝状腐蚀导致喷涂层的脱离。我国东南沿海地区也发现过建筑铝门窗粉末喷涂层下的丝状腐蚀引起涂层的鼓泡和脱离，由此在国内外逐渐引起对有机聚合物涂层下丝状腐蚀的广泛关注。近年来，在涂层工艺路线的改进（如采用阳极氧化膜作为底层）和新检验标准的颁布（GB/T 26323—2010 和 ISO 4632：2003）等方面都有新的变化，虽然铝阳极氧化薄膜可以避免发生喷涂层下的丝状腐蚀，但是这条工艺路线在技术和经济方面的实用性、可行性和可靠性尚需论证，至少需要与铝阳极氧化/电泳涂漆复合膜进行全面对比之后，证明效果可靠才可能顺利实施。

丝状腐蚀是一种在铝合金有机涂层下发展的特殊腐蚀形式，一般发生在有机聚合物涂层或搪瓷膜等绝缘性表面膜的下面。丝状腐蚀从表面膜层与金属铝基体的界面开始发生，并在涂层下面呈蠕虫状生长发展的膜下纤维状的腐蚀形态。丝状腐蚀生长发展时，具有难以横向扩张的特征。丝状腐蚀从涂层/金属切断部位的端面、涂层的损伤位置、钝化膜的破坏点，或折弯加工的破损部位作为起点开始生长，最长可能形成 25～30mm 的涂层肿胀。

丝状腐蚀尖端的活性头部（阳极区）存在 pH 约为 1 的酸性液体，腐蚀产物堆积成白色的氢氧化物（阴极区）常呈现碱性，丝状腐蚀的活性头部会产生氢气。

生成的氢氧化铝在头部周围的中性区域沉淀，向头部的扩散受到抑制，形成缺氧状态。头部内外就形成了一种氧浓差电池，这使丝状腐蚀可以继续进行。

丝状腐蚀还与铝合金材料有一定的关系，随着铝合金中 Cu 含量的增加，在同一电位下的铝合金基体的耐腐蚀性变差。日本的实验表明，6000 系铝合金通过制备化学转化膜抑制丝状腐蚀的效果是不太理想的。Mg_2Si 析出较多的位置或 Fe、Si 及其金属间化合物的析出位置，容易成为丝状腐蚀的起点，结晶析出物还会加快丝状腐蚀的发展。

丝状腐蚀的机理在一定意义上可以理解为另一种形式的缝隙腐蚀，它总是开始于有机涂层与铝金属基体的界面位置。丝状腐蚀通常由卤素离子触发，并在一定湿度和温度环境下迅速发展。实验证明相对湿度为 75%～95%、温度为 20～40℃时，铝合金丝状腐蚀比较容易发展生长。还有报道在相对湿度＜30%的盐酸蒸气中也发现过丝状腐蚀现象，并且随着湿度的提高丝状腐蚀加快。据报道，典型的丝状腐蚀的平均生长速度可能达到 0.1mm/d，甚至发现更快的达到 0.45mm/d。理论预测和实践证明，变形铝合金的加工方向的丝状腐蚀发展速度要比垂直加工方向更快些。

既然丝状腐蚀发生在铝合金的有机聚合物涂层的下面，因此有时候也将其称为膜下腐蚀（undercoating corrosion）或膜下丝状腐蚀，强调丝状腐蚀是在有机涂层下面发生并呈蠕虫状发展的特征。如果有机物涂层是透明或半透明膜，那么肉眼甚至可以透过透明膜清楚地看到膜下丝状腐蚀的发展踪迹。这个腐蚀细丝由活性的头部（阳极区）与具有腐蚀产物的尾部（阴极区）组成，腐蚀过程由头部与尾部的差异充气电池所驱动，其腐蚀原理与缝隙腐蚀相同。当然简单地将丝状腐蚀作为缝隙腐蚀的一种形式，完全忽视有机聚合物膜本身的可渗透性可能对于金属铝基体腐蚀的影响，并不全面。在发现膜下丝状腐蚀并探讨丝状腐蚀的原因和防治措施时，可能需要深入观察和调查，至少应该考虑有机聚合物涂层的渗透性对于具体腐蚀过程的影响程度。丝状腐蚀的发生与严重程度与铝合金成分及其第二相金属间化合物在铝材中的分布状态、涂层前的预处理工艺和环境因素等都有关系。环境因素除了环境类型和成分以外，还包括湿度、温度、氯化物含量等变动参数。铬酸盐预处理的粉末喷涂膜下也已经发现存在丝状腐蚀，但是在无铬化学转化预处理工艺出现以后，发现粉末喷涂膜下面的丝状腐蚀更容易发生。由于铬酸盐预处理和无铬预处理的粉末喷涂膜下都有丝状腐蚀的报道，所以近年来开始研发铝阳极氧化薄膜作为有机聚合物涂层的预处理膜，并且已经迅速导入国际标准、欧洲 Qualicoat 新版规范和我国国家标准（GB/T 26323—2010，GB/T 5237.3—2017）中。

铝合金涂层前化学预处理会影响丝状腐蚀敏感性，试验表明铬酸盐预处理比磷铬酸盐预处理或无铬预处理的丝状腐蚀敏感性低得多。采用 0.4～0.6g/m² 的铬化物预处理膜是目前最有效的涂前预处理方法，但铬酸盐并不环保，为此了解一些影响因素的信息对于防止或降低丝状腐蚀发生有益。

① Cl 离子是触发丝状腐蚀的条件，并且在丝状腐蚀部位已经检测出较多的 Cl 离子。故可知海洋性大气是触发丝状腐蚀的条件，大陆性干燥气候可能不会发生丝状腐蚀。

② 在 Cl 离子触发丝状腐蚀的条件下，适合的温度和湿度是丝状腐蚀生长发展的条件。在日本，6～8 月间的高温多湿的时期最容易发生丝状腐蚀。我国从浙江到海南的沿海地区也可能是丝状腐蚀的高发区，但是我国广大的内陆地区基本不必顾虑丝状腐蚀的严重性。

③ 降低涂层的内应力，能够缓解丝状腐蚀尖端部位的应力，有利于抑制丝状腐蚀的发展。喷涂层的附着力较强，也有利于抑制丝状腐蚀生长。

④ 涂层透水性越小同时膜厚越厚，丝状腐蚀越容易发生，这是由丝状腐蚀机理所决定的。普通腐蚀应该是涂层渗透性越大，环境的腐蚀性溶液越容易渗入，涂层下面的腐蚀越快。然而丝状腐蚀由氧浓差电池所驱动，因此情况正好相反。

试验结果和现场服役都表明，在阳极氧化预处理的有机涂层中没有发生丝状腐蚀的实例，铝阳极氧化预处理具有抑制丝状腐蚀的效果。即使 1μm 厚的薄阳极氧化膜也能起到防止丝状腐蚀发生的作用，为此欧洲标准建议涂层下采用铝阳极氧化膜来防止丝状腐蚀的发生。铝阳极氧化膜是在金属铝的晶粒表面共格生长形成的，没有传统意义上"涂层/金属的界面"的概念，所以丝状腐蚀一般不会发生在铝阳极氧化膜下面。而电泳涂漆膜是在铝阳极氧化膜上而不是在铝合金基体上形成的，理论和实践都证实不存在丝状腐蚀问题，为此铝阳极氧化电泳涂漆复合膜一般不需要进行丝状腐蚀检验。

（7）层状腐蚀。层状腐蚀又称剥落腐蚀或简称剥蚀（exfoliation corrosion），是变形铝合金常见的一种腐蚀形式，更多见于挤压铝合金型材。其腐蚀特征是沿着平行于铝合金表面的晶间而扩展的一种选择性腐蚀，从而使铝合金发生层状剥离或分层开裂。当铝合金与其他金属处于电偶接触状态时，层状腐蚀可能会加速。如果层状剥离程度比较轻微，一般只产生一些裂片、碎末，或者形成一些泡状突起。如果层状腐蚀严重，则发生大片连续的层状剥落，直至金属结构完全解体。

Al-Cu-Mg 合金发生层状腐蚀的情况最普遍。Al-Mg 合金、Al-Mg-Si 合金和 Al-Zn-Mg 合金也有层状腐蚀发生的报道。对于 Al-Mg 合金而言，Mg 含量越高，β 相数量越多，同时变形量越大，晶粒被拉得越长，β 相沿晶间析出的网络越连续，此类铝镁合金的层状腐蚀可能性就越敏感。调整高强 Al-Cu 合金的时效处理工艺，基本上可以克服此类铝合金的层状腐蚀问题。有些专家认为，层状腐蚀与铝合金内部存在的应力而引起的应力腐蚀有关系，在适当消除铝合金内应力的情形下，似乎可以降低甚至消除层状腐蚀的发生，这可能表明了各种腐蚀形式的相互影响和关联。

层状腐蚀同时伴随剥蚀形态，是由铝合金晶界的选择性腐蚀引起的，尤其在强压延组织时，更容易发生层状剥落腐蚀。在强压延组织的挤压型材的内缘性腐蚀，产生分离并伴随剥落，从铝表面到表面下的金属内部形成引起大块剥落的层状腐蚀。层状剥落腐蚀是由铝合金表面下的活性金属间化合物引起的。如 Al-Cu 系铝合金中存在 $CuAl_2$，在 Al-Mg 系铝合金中存在 Mg_5Al_8、Mg_2Al_3、$MgZn_2$ 等析出物，形成腐蚀电池的阳极区，优先溶解，阳极区的腐蚀沿晶界进行，形成鳞片状的被拉长的层状腐蚀物而引起剥落。层状剥落腐蚀也可能与晶界腐蚀相关联，晶界的析出物和靠近晶界的腐蚀产物之间产生电位差，使阳极区优先腐蚀形成晶界腐蚀而继续进行层状腐蚀剥落。

铝合金的剥落腐蚀从截面来看是一种在铝合金内部进行的晶界腐蚀，一旦形成阳极区，由于晶界的阳极区的面积比阴极区的面积小，小阳极和大阴极的面积差使腐蚀进行得很激烈。而且在晶界阴极析出腐蚀产物的生长，进一步促进了层状剥落的发生。铝合金的层状剥落腐蚀通常在含有氯离子的环境中发生，剥落一般沿压延或挤压的变形方向发展。挤压成形产品中由于表面再结晶，剥落腐蚀会较轻。

铝合金车辆使用的 Al-Zn-Mg 系合金的底架，焊接热影响区有时发生剥落腐蚀。Al-Zn-Mg 系合金中，剥落腐蚀和应力腐蚀开裂的敏感性都增大。因此，在该铝合金的焊接热影响区会有一定程度的剥落腐蚀敏感性。

为了防止应力腐蚀开裂，通过添加微量元素和热处理将金属组织调整为纤维状组织可以取得较好效果。层状剥落腐蚀通常也可以添加微量元素或通过热处理进行防控。在 7×××系铝合金中，通过过时效、再结晶和添加元素可以减轻层状剥落腐蚀。在 2×××系铝合金中，通过 T6 或 T8 的人工时效处理，也可以提高耐剥落腐蚀性。在适用于电化学防腐蚀措施的海水环境中，对铝合金结构件进行电化学防腐蚀处理，将铝合金的防腐蚀电位控制在 $-1.02V$（SCE）左右也是有效的。

1.3 铝合金

铝合金可以分为变形铝合金及铸造铝合金两大类，见表 1-8。

表 1-8　铝合金的分类

变形铝合金	热处理不可强化型铝合金	工业纯铝(1×××系)
		Al-Mn 系铝合金(3×××系)
		Al-Si 系铝合金(4×××系)
		Al-Mg 系铝合金(5×××系)
		其他系铝合金(8×××系)
	可热处理强化型铝合金	Al-Cu 系铝合金(2×××系)
		Al-Mg-Si 系铝合金(6×××系)
		Al-Zn-Mg 系铝合金(7×××系)
铸造铝合金	热处理不可强化型铝合金	纯铝
		Al-Si 系铝合金
		Al-Mg 系铝合金
	可热处理强化型铝合金	Al-Cu 系铝合金
		Al-Cu-Si 系铝合金
		Al-Si-Cu 系铝合金
		Al-Si-Mg 系铝合金
		Al-Cu-Ni-Mg 系铝合金
		Al-Si-Cu-Ni-Mg 系铝合金

铝合金的品种繁多，国际上有据可查的变形铝合金牌号已达 400 多个，实际上各企业根据用户性能要求可以派生出更多的铝合金成分与状态。我国早在 1996 年就颁布了三个相关的标准，即 GB/T 16474《变形铝及铝合金牌号表示方法》，GB/T 3190《变形铝及铝合金化学成分》和 GB/T 16475《变形铝及铝合金状态代号》。目前新标准改变了原标准的牌号表示方法，直接按照国际标准的牌号注册组织的命名原则，采用四位数字表示。这样我国变形铝及铝合金的牌号，与国际上大多数国家的表示方法基本一致。我国标准目前已经列出 143 个化学成分的变形铝合金牌号，按主要合金元素分为 8 大系列铝合金，在 1.3.1 节"变形铝合金系"中说明。铸造铝合金按照合金成分分为 9 个系列，见表 1-8。压铸铝合金的工业应用日渐广泛，尤其直接作为机械零部件使用，但是其阳极氧化处理与变形铝合金有所不同，本书第 7 章有关于压铸铝合金的阳极氧化处理的介绍。

1.3.1　变形铝合金系

变形铝合金系是按主要合金元素来分类确定的。1××× 是工业纯铝，铝含量不小于 99.00%，其最后两位数字表示最低铝百分含量中小数点后的两位。2×××～8××× 是铝合金系列，最后两位数字只用于识别同一系列中的不同铝合金，第二位数字为 0 表示原始铝合金，如为 1～9 表示改型铝合金。或牌号第二位英文字母表示原始铝合金的改型，即 A 表示原始铝合金，B～Y 表示改型铝合金。

（1）1××× 系工业纯铝。1××× 系是纯度在 99.00% 以上的工业纯铝，主要杂质为铁、硅等。纯铝的加工性能和耐腐蚀性优良，其阳极氧化膜的透明度佳。杂质含量越低其加工性、耐腐蚀性、焊接性和阳极氧化膜透明度越好。但是工业纯铝强度较低，不适合用于结构件，可用于家庭用品、厨房用具、电器器具、化学工业和食品工业的设备等，高纯铝还在输电电缆或散热板上大量应用。纯铝阳极氧化处理的性能好，其阳极氧化膜无色透明，适于制备装饰品和反射板等。

（2）2×××系铝合金。2×××系铝合金是 Al-Cu 系可热处理（固溶处理和时效处理）强化的铝合金，有管、板、棒、型、线和锻件，代表性的主要 2×××铝合金目前有 2014、2024 和 2017 三个牌号。2×××系铝合金成分除铜之外，镁也是主要合金化元素，还有少量锰、铬、锆等。铜含量一般在 2%～10%，其中含 4%～6%时强度最高。铜和镁能提高铝合金的强度和硬度，但是影响其伸长率。锰、铬等可细化晶粒，提高铝合金再结晶温度和可焊性。2×××系铝合金强度高，适用于制作机械部件和飞机零部件等。由于熔化焊接性能较差，通常采用铆钉或螺钉连接或电阻焊接。当需要高耐腐蚀性时，可以在表面包覆铝板轧制成为复合铝板使用。

（3）3×××系铝合金。3×××系铝合金是 Al-Mn 系热处理不可强化的铝合金，以薄板状态使用较多。锰既能提高铝合金的力学性能，又不使耐腐蚀性下降。添加少量铜有利于将点腐蚀变为全面腐蚀，添加 1%的 Mg 可以提高强度。3×××铝合金有好的成形性、可焊性和耐腐蚀性。3×××系的代表性铝合金有 3003、3004、3005、3104 和 3105 等，适用于一般器物、饮料罐、食品器具、电机用品和建筑用装修板材。

（4）4×××系铝合金。4×××系铝合金属 Al-Si 系热处理不可强化的铝合金，硅含量一般在 4%～10%，常用铝合金为 4043 和 4032。当用于轧制钎焊板的变形铝合金时，硅含量甚至达到 12%。添加少量镁、铜和镍有助于提高高温强度和硬度，4032 锻造铝材适合制造活塞或高温工作的铝合金零部件。含 7.5% Si 的 4343 铝合金，熔融温度低，可以作为钎焊材料。阳极氧化处理时由于硅微粒分散在铝阳极氧化膜中，视含量多寡外观呈灰色至黑色，也是铝阳极氧化呈合金发色的例证。

（5）5×××系铝合金。5×××系铝合金是 Al-Mg 系热处理不可强化的铝合金，镁含量一般不超过 5.5%，其焊接性、成形性、耐腐蚀性和阳极氧化性都比较好，用途非常广泛。镁既提高强度，又不会使延展性过分降低，添加少量锰使得含镁相沉淀均匀，对耐腐蚀性有利。除含锰之外，还含有少量铬、钛等。5×××系铝合金有板、薄板、管、线、棒和异形材。代表性的 5×××系有 5052、5056 和 5083 铝合金，适合于建筑、车辆、船舶的结构材料，以及用作机器部件等。5N01 合金通过化学抛光/阳极氧化可以保持高光泽，被称为高光泽铝合金，多使用于装饰品。镁含量高的容易发生应力腐蚀开裂，如果考虑不发生应力腐蚀开裂，一般镁含量上限是 3%。

（6）6×××系合金。6×××系铝合金是 Al-Mg-Si 系热处理可强化的铝合金，析出的 Mg_2Si 相就是众所周知的强化相。加入锰和铬可以中和铁的有害作用，添加铜和锌提高铝合金的强度，又不降低耐腐蚀性。该系合金具有很好的综合性能，阳极氧化性能优良，其应用面相当宽。其中 6063 铝合金的挤压加工性能优良，广泛用于建筑门窗铝合金型材，也用于车辆、家具、台架等处。6061 铝合金由于强度高于 6063 铝合金、可焊性和耐腐蚀性都比较好等原因，其管、棒、型材常作为工业结构件。而 6463 铝合金由于阳极氧化处理后保持光亮外观，常用于建筑、汽车及各种器具的内外装饰件。6005 铝合金用于强度要求大于 6063 的结构件。

（7）7×××系铝合金。7×××系铝合金是 Al-Zn-Mg 系热处理可强化的铝合金。该系铝合金有 Al-Zn、Al-Zn-Mg、Al-Zn-Mg-Cu 合金。加入镁和铜及其他微量元素，制成了一批有商业竞争力的高强度铝合金。如再添加钛和锆，可以细化晶粒并提高可焊性。该系代表性铝合金有 7075、7N01 等，其中不少铝合金由于强度高而在高铁列车及航空航天方面得以应用。

（8）8×××系铝合金。8×××系铝合金是以 Al-Li 系为主的热处理可强化的铝合金。添加 Li 可以降低合金的密度，每添加 1% 的 Li，密度可降低 3%，并增加 6% 的弹性模量。其力学性能特点是强度高、低温抗疲劳性好、高频抗疲劳性能好等，但是，合金的伸长率低，低周抗疲劳性能差，断裂韧性低，而且该合金的各向异性比较大。

变形铝合金的应用范围非常广，各系列的变形铝合金都有其性能特点、主要形态及其相应的应用范围。表 1-9 扼要地介绍了各系列铝合金中几种常用铝合金的特点及其应用实例。表 1-9 的铝合金不仅是最常用的铝合金，也是在铝阳极氧化和表面处理中遇到比较多的铝合金。

表 1-9　一些常用变形铝合金的特点及应用

铝合金牌号	合金特性	应用实例
1060	导电性很好，电导率达到 61% IACS；成形性和耐腐蚀性好，强度差	导电梁，电线电缆，化工容器等
1050,1070,1080,1085	成形性好；阳极氧化容易；耐腐蚀性最好的铝合金之一；强度低	铭牌，装饰品，化工容器，焊丝，反射板，日用品，印刷板，照明器具等
1100,1200	铝含量 99.0% 以上。成形性和耐腐蚀性均好	一般容器，印刷板，厨具，建材等
2014,2017,2024	含铜高，强度高；耐腐蚀性良；用于结构件；适于作锻件	飞机大锻件和厚板，轮毂，螺旋桨，油压部件等
2018,2218	锻造性优，高温强度好；耐蚀性差；系锻造合金	活塞，汽缸，叶轮等
2011	切削性优，强度高；耐蚀性差；要求耐腐蚀时可选 6262 合金	螺钉，机加工部件等
2219	强度高，低温和高温性能都好，焊接性好；耐腐蚀性差	低温容器，宇航部件等
2618	锻造合金；高温强度好；耐腐蚀性差	活塞，一般耐热部件等
3003	强度比 1100 高 10%。加工性、焊接性和耐腐蚀性好	厨具，薄板加工件，着色铝板等
3004	强度比 3003 高，深拉性优，耐腐蚀性良	饮料罐，灯具，屋面板，薄板加工件，着色铝板等
3005	强度比 3003 高 20%，耐腐蚀性良	建材，着色铝板等
4032	锻造合金，耐热和耐磨耗性优，热胀系数小	活塞，汽缸等
4043	融体流动性好，凝固收缩小；阳极氧化得灰色	焊条，建筑外装等
5N01	强度与 3003 相近；氧化后保持高光亮表面；加工性和耐腐蚀性良	照相机，装饰品，高级器具等
5005	强度与 3003 相近；成形性、可焊性和耐腐蚀性好；阳极氧化膜与 6063 色调匹配	建筑内外装，车船内装等
5052	中等强度；成形性、耐腐蚀和可焊性好，疲劳强度高；耐海水腐蚀性好	车船钣金件，车船的油箱油管，压力容器等
5056	耐腐蚀性、成形性和切削性好。阳极氧化与染色性好	照相机和通信部件等
5083	焊接结构用合金；强度中等，耐海水腐蚀和低温性能好	车船飞机的焊板，低温容器，压力容器

续表

铝合金牌号	合金特性	应用实例
5154	强度比 5052 高 20%,其他性能接近	与 5052 相同
5454	强度比 5052 高 20%,其他性能相近;严酷环境耐腐蚀性优于 5154	车辆钣金件等
6101	高强度导电合金,达到 55%IACS	电线电缆,导电排等
6063	典型的挤压铝合金,挤压性能优良,可得到复杂断面型材;综合性能好,耐腐蚀性好;阳极氧化容易	建筑型材,管材,车辆、台架、家电和家具等用挤压型材等
6061	热处理型(T6)耐腐蚀性铝合金,比 6063 强度高;可焊性和耐蚀性好	车船和陆上结构挤压件等
6151	锻造加工性优;耐腐蚀性和阳极氧化性好	机械、车辆用部件等
6262	快切削铝合金,耐腐蚀性和阳极氧化性均高于 2011,强度接近 6061	照相机、煤气器具部件等
7072	电极电位负,作为防腐蚀包覆材料起到牺牲阳极作用	空调器铝箔外皮等
7075	强度最高的铝合金之一;耐腐蚀性差,用 7072 包覆提高耐蚀性	飞机结构及其他高应力结构件等

本书的附录 1 "我国主要变形铝及铝合金牌号以及主要合金化元素的成分",列出了我国 7 个系列 58 个变形铝合金的牌号以及主要合金化元素的成分与含量。附录 2 "我国主要铸造铝合金的牌号及主要合金化元素成分",可供读者参阅。有关铝合金材料的详尽技术信息请参阅本章参考文献 [2]。有关各类铝合金的微观组织结构,尤其是有关第 2 相金属间化合物析出的知识和信息,请参阅本章参考文献 [26]。

1.3.2 铸造铝合金系

模具铸造和压力铸造的铝合金均属铸造铝合金。模具铸造或低压铸造的铝合金铸件,在国标 GB/T 1173—2013《铸造铝合金》中已经明确规定。我国铸造铝合金代号由"ZL"(铸铝)及其后面三位数字组成,后面第一位数字表示合金系列,其中 1~4 分别表示 Al-Si、Al-Cu、Al-Mg、Al-Zn 系列合金,第二、三位数字表示合金顺序号。

铸造铝合金用于机械零部件大部分是压铸件,压铸铝合金牌号在国标 GB/T 15115—2009《压铸铝合金》中有所规定。铝合金代号由"YL"(压铸铝)及其后面三位数字组成,第一位数字 1~4 分别表示 Al-Si、Al-Cu、Al-Mg、Al-Sn 系列合金,这与铸造铝合金的规定是相同的。第二、三两个数字为合金顺序号,与铸造铝合金的命名原则相同。由于本书中的压铸铝合金试验数据常常引用国外文献,为读者阅读方便,将主要压铸铝合金的中国代号与几个国外代号对照列于表 1-10 中。

表 1-10 国内外主要压铸铝合金代号对照表

合金系列	中国 GB/T15115—2009	美国 ASTM B 179—06	日本 JIS H 2118—2006	欧洲 EN 1676—1997
AL-Si 系	YL102	A413.1	AD1.1	EN AB-47100
AL-Si-Mg 系	YL101	A360.1	AD3.1	EN AB-43400
	YL104	360.2	—	—

合金系列	中国 GB/T15115—2009	美国 ASTM B 179—06	日本 JIS H 2118—2006	欧洲 EN 1676—1997
Al-Si-Cu 系	YL112	A380.1	AD10.1	EN AB-46200
	YL113	383.1	AD12.1	EN AB-46100
	YL117	B390.1	AD14.1	—
Al-Mg 系	YL302	518.1		

本书第 7 章有关于压铸铝合金的阳极氧化的介绍，涉及压铸铝合金的成分和状态对于铝阳极氧化和铝阳极氧化膜性能的影响，也涉及铸态铝合金的相关性能。

1.4 铝合金表面技术概述

为了克服铝合金表面性能方面的缺点，提高表面硬度、耐磨耗和耐腐蚀性，扩大应用范围，延长服役寿命，表面处理技术是铝合金使用中不可缺少的重要环节。建筑用门窗铝合金的表面处理，在我国已经形成体量极大、工艺完善、装备上乘和标准齐全的强大体系，铝阳极氧化膜、铝阳极氧化电泳涂漆复合膜和有机聚合物喷涂膜（包括喷粉和喷漆）三大技术体系的生产线，集世界各国先进工艺之大成。在相当长一段时间中，似乎有一种错误概念，认为非建筑用铝材（所谓工业用铝材）不需要进行表面处理，因为当时非建筑的"工业铝材"比较简单，一般应用可能没有经过表面处理。然而，近年来的工业实践表明，高铁和汽车的铝装饰件及零部件、机械产品零部件、电子产品的铝合金外壳、铸态铝合金的表面改性产品（提高表面硬度和耐磨耗性）等，都已经成功采用阳极氧化膜的保护，以提高其外观装饰性和延长服役寿命。

从根本上说，表面处理是为了解决或提高铝合金的保护性、装饰性和功能性三大方面问题。众所周知，铝的腐蚀电位较负，电化学活性较强，全面腐蚀比较严重，在与其他金属接触时，由于电偶作用还会加速腐蚀。同时铝又是典型的钝化型金属，除了全面腐蚀以外，由于表面存在氧化膜，局部腐蚀为其主要的腐蚀形态。因此提高防护性是首要的问题，阳极氧化和聚合物涂覆是两种最常用的有效保护手段。装饰性是从美观靓丽的要求出发，着重提高外观品质，如均匀性、光亮度、颜色丰富美观等。为了持久保持装饰效果，必须同时考虑晶莹透明的铝阳极氧化膜或有机化合物膜保护，以增加一道防护措施。功能性的范围很宽，一般指赋予铝材表面在工程方面需要的一系列物理或化学特性，如高硬度，良好的耐磨耗、绝缘性、亲水性、吸热性等。甚至可以利用铝阳极氧化膜的多孔型特征，引入新的特殊功能（如光电性、电磁性、润滑性、抗菌性、催化性等）材料，逐渐形成具有潜在用途的各种各样功能性的铝阳极氧化膜研究领域。1985 年在东京召开了一次国际会议，专门讨论过这种功能性铝阳极氧化膜的应用前景，当时关注度很高，30 多年来功能性铝阳极氧化膜的应用并未达到当时预期的高度和规模。在实际应用中，防护性、装饰性和功能性三方面性能可能总是互相依赖、彼此补充的，一般不会单独解决一个方面问题，但是保护性总是其基本要求。尽管从实用的角度出发，可能侧重某项功能，但还是需要综合考虑多方面性能和功能，才可能解决实际使用问题。

铝合金的表面技术有：表面机械处理（机械抛光、机械扫纹等）；化学处理（化学抛光、化学转化处理、涂覆前化学预处理、化学镀等）；电化学处理（电化学抛光、电镀、阳极氧化处理等）；物理处理（静电喷涂、金属喷镀、等离子喷镀、离子注入、搪瓷珐琅化及其他物理表面改性技术）等。在实际表面处理工程中一般很少采用单一方法，而是采用一系列串联的工艺过程完成表面改性或获得新的表面性能。

铝阳极氧化是铝合金通用的表面处理技术，使用量和应用面都很广，以下举三个不同领域的阳极氧化工艺过程的实例。这三个工艺过程只是说明其工艺路线、实施步骤和操作参数有所不同，并不表示工艺流程规范一成不变。

实例Ⅰ，建筑铝型材阳极氧化处理及静电喷涂处理流程：

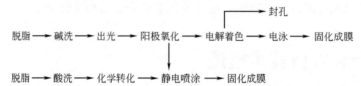

实例Ⅱ，通用工业用铝合金部件（机械部件、电气部件等）阳极氧化处理流程：

实例Ⅲ，装饰用铝合金部件（汽车装饰零部件、照相机零部件等）阳极氧化处理流程：

其中实例Ⅰ表示建筑铝型材门窗的表面处理，目前有四种工艺过程，可以得到三种表面保护膜，即阳极氧化膜、阳极氧化电泳涂漆复合膜以及静电喷涂膜（包括化学转化＋静电喷涂或者阳极氧化＋静电喷涂）。传统的静电喷涂工艺采用喷涂前的化学转化处理，其中铬酸盐处理工艺最为成熟，膜层性能比较可靠。鉴于六价铬的环境危害性极高，近年开发了无铬化学转化工艺并已经用于生产。为了克服有机聚合物喷涂膜下丝状腐蚀的困扰，正在研发铝阳极氧化作为喷涂前预处理工序，该工序已经纳入各国的标准或规范。我国虽在行业标准和国家标准中将阳极氧化膜作为过渡层，但目前喷涂工业化生产基本上并未采用阳极氧化处理。实例Ⅱ是通用工业的铝合金阳极氧化工艺，视产品要求可以分别采用草酸或硫酸阳极氧化，或硬质阳极氧化（硬质阳极氧化一般不封孔）。实例Ⅲ是装饰用铝合金部件的阳极氧化工艺，在铝阳极氧化之前一般要进行表面机械修整、化学抛光或电化学抛光，以提高铝基材表面均匀性、平整度与光亮度。此外铝合金的化学转化（如铬化），在汽车或飞机的某些部件上，作为最终表面处理措施还在使用。不过化学转化处理大量用于喷涂之前制备中间过渡层，以改进有机聚合物喷涂层的附着性，提高涂层的耐蚀性，降低或消除涂层下丝状腐蚀的危险。在一些特殊场合，如要求表面导电、表面金属质感的情况时，电镀或化学镀也不失为一个好的方法。铝合金部件表面搪瓷珐琅化也有应用，可以提高铝表面外观的装饰效果，改进耐腐蚀与耐候性能。

微弧氧化也叫微等离子体氧化、微等离子体表面陶瓷化或电火花放电沉积等，顾名思义，是在高外加电压下，使原来的非晶态的阳极氧化膜在微弧作用下发生相和结构的转变，

生成结晶态的 Al_2O_3，欧美文献常称之为火花阳极氧化或火花沉积。微弧氧化是普通电化学阳极氧化向物理方面的技术延伸，是电化学过程与物理放电过程共同作用的结果。微弧氧化最早在苏联研究开发并得到工业应用，应用范围从飞机、舰船的铝合金部件，到民用的纺机纺杯和电熨斗底板等。微弧氧化膜的特点是低孔隙率（低于 4%）、高硬度（高于 1000HV）、高耐磨性和高绝缘性，有独特的性能优点和使用优势。然而表面陶瓷化失去了金属质感，在装饰感觉上有些不同，很难满足目前电脑和手机等产品外壳的外观要求。当前微弧氧化的应用并不很广泛，不仅有其技术层面（高外加电压和大电流密度、表面疏松层休整等）和经济层面（生产效率低，火花放电引起能耗很高）等方面的问题，还有用电安全和尖端放电等人身防护的问题，为此除非有特殊需要，通常不会采用微弧氧化工艺。微弧氧化与其他通用技术（包括硬质阳极氧化等）的市场竞争中，既需要完善和提高微弧氧化技术水平和安全措施，还需要对微弧氧化工艺进行有效的技术引导和示范推广工作。为了降低能耗，近年发展了无火化微弧氧化技术，新西兰开发的镁合金的 Anomag 技术就是一例。通常微弧氧化膜表面有一定厚度的疏松层，使用之前应该除去，这又增加了工艺的复杂性和不可避免的能量损耗。

在物理方法中，包括一些尖端表面技术，如离子注入、激光合金化等尚处在研发阶段。还有一些技术，如离子镀、离子溅射、真空镀及化学气相沉积等，虽然工艺本身比较成熟，但在铝合金方面工业应用不多。本书将不涉及尖端表面技术的内容，而分章节叙述工业应用比较普及和深入的技术，具体内容和工艺细节详见本书有关章节。鉴于环境友好目标的不断增长的需要，传统工艺技术也有不少改进和创新，我国目前工艺革新重点主要不在提升性能和降低成本，主要应该着眼于提高环境效应，本章第 1.7.2 节"从环境友好出发对铝表面处理工艺创新"，请读者参考阅读。此外，还可以详阅本章参考文献 [16]～[21] 以及本书第 20 章的内容。

1.5 铝的阳极氧化技术

铝的表面处理技术中阳极氧化是应用广泛的技术，铝阳极氧化的技术研发、理论研究和工艺开发也是最深入与最全面的。在建筑铝型材门窗的表面处理工艺中，铝阳极氧化应该是技术含量较高、工艺操作较精准的工艺，而且对于铝型材基体品质要求最严格的工艺。铝阳极氧化膜（可以含电泳涂漆膜）是目前建筑用铝合金门窗的一种服役寿命最长、使用效果最好的表面处理工艺。

铝的阳极氧化膜具有一系列优越的物理、化学和工艺特性，可以满足多种多样的功能需求，因此被誉为铝的一种万能的表面保护膜。本书将用五章篇幅分别叙述铝阳极氧化处理技术，再以四章篇幅叙述铝阳极氧化膜的后处理，还有三章与阳极氧化处理相关的前处理过程。

1.5.1 铝阳极氧化膜的特性

铝阳极氧化膜具有很多功能特性，通过微孔可获得强大的功能。概括说来，其功能特性包括物理特性、化学特性、机械特性和装饰特性等。物理特性包含光学的（镜面反射、选择性吸收等）、电学的（导电、绝缘等）、机械的（硬度、耐磨耗、润滑等）、热学的（导热、热放射等）等；化学特性有耐各种介质的腐蚀、抗菌、不燃烧等以及装饰特性的色彩、光亮等。有些特性是铝阳极氧化膜多孔性本质派生改型的结果。以下对于某些特性作简要说明，然后从特性引入应用。

（1）耐腐蚀性。铝阳极氧化膜可以有效保护铝基体不受腐蚀，阳极氧化膜显然比自然形成的氧化膜的厚度更厚、性能更好。铝阳极氧化的工艺与氧化膜的性能直接相关，铝阳极氧化膜的完整性、均匀性、厚度和封孔品质直接影响性能水平和使用寿命。同时铝阳极氧化膜的耐腐蚀性使得铝合金的应用范围明显扩大，使用寿命显著延长。

（2）硬度和耐磨耗性。铝阳极氧化膜的硬度比铝基体高得多，铝基体硬度一般为HV100左右，普通铝阳极氧化膜的硬度约为HV300，而硬质铝阳极氧化膜硬度可以达到HV500左右，微弧氧化膜的硬度在HV800～1000甚至更高一些。耐磨耗性与硬度尽管不是同一性能，但是通常有一定的相关性。

（3）装饰性。铝阳极氧化膜可保持和保护铝表面的金属光泽。铝阳极氧化膜还可以用各种工艺措施进行染色和着色，得到并保持丰富多彩的外观。其中多色化电解着色（日本称之为三次电解），是利用干涉效应着色，可得到色彩比普通电解着色更丰富、耐候性明显优于染色的新的电解着色技术。

（4）有机涂层和其他涂层的附着性。铝阳极氧化膜作为中间过渡层是铝合金表面接受有机聚合物涂层和其他涂层的一种方法，它可以有效地提高表面涂层的附着力和耐蚀性。铝阳极氧化膜是最有效防止丝状腐蚀的有机涂层前处理过渡层，其技术效果优于铬酸盐处理膜。铝阳极氧化膜是在铝合金晶格上共格生长的表面膜，不存在所谓的涂层/金属的"界面"，所以不存在膜下丝状腐蚀的困扰，性能检测标准也无需规定丝状腐蚀检测项目。

（5）电（热）绝缘性。众所周知，铝是一种良导体，而铝阳极氧化膜却是高阻抗的绝缘膜。绝缘击穿电压一般大于$30V/\mu m$，特殊制备的高绝缘氧化膜甚至可以达到大约$200V/\mu m$。

（6）透明性。铝的阳极氧化膜本身透明度很高，铝的纯度愈高，则透明度愈高。铝合金材料的纯度、合金成分和热处理工艺都影响铝阳极氧化膜的透明性，其中铁和硅含量及其分布尤其值得注意。透明的铝阳极氧化膜容易暴露铝合金材料的表面瑕疵，为此铝阳极氧化工艺对于铝合金基材的品质有更加严格的要求。

（7）功能性。利用铝阳极氧化膜的多孔性，在微孔中沉积各种功能性微粒，可以得到各种功能性材料。正在开发中的功能部件有抗菌功能、电磁功能、催化功能、传感功能和分离功能等部件，都是基于多孔性本质派生的新功能特性。利用多孔性本质赋予新的功能，在20世纪80年代已经引起国际科技界的密切注意，只是目前的实际应用范围明显逊于理论预测。

1.5.2 铝合金的阳极氧化工艺适应性

金属铝的新鲜表面暴露在大气中，立刻会覆盖一层很薄的自然氧化膜，这层膜一旦破损还会很快重新生成，这就是"自修复性"（即自愈性），自愈性由铝的自钝化性本质所决定。这层自然氧化膜的重要特征是，氧化膜的分子体积的化学计量比是铝基体的1.5倍，这意味着自然氧化膜处于压应力状态下，自然氧化膜不仅能够连续覆盖住全部金属铝的表面，而且在一定形变量下也不至于破裂。

在室温普通大气下放置1天，自然氧化膜的极限厚度大约为2～3nm。自然氧化膜的厚度与铝合金成分、环境和温度等诸多因素都有关系。氧化膜的完整性、均匀性及其厚度决定了氧化膜保护性能的好坏程度。化学氧化膜的厚度一般为 $2.5\sim5\mu m$，比自然氧化膜的厚度约增加了一千倍，通常具备了一定的保护作用。铝阳极氧化膜的厚度可以更大，其厚度随着工艺及其参数的不同而变化，通常要求在 $5\mu m$ 或 $10\mu m$ 以上。硬质阳极氧化膜一般为 $50\mu m$ 左右，甚至达到 $100\mu m$ 以上。表 1-11 是铝及铝合金各种氧化膜厚度的比较，读者可以按照需要选择相应氧化膜及其生成方法和生成条件。

表 1-11 铝和铝合金各种氧化膜的厚度

氧化膜	厚度
纯铝或 Al-Mg 合金的自然氧化膜（<300℃）	$1\sim3nm$
纯铝的自然氧化膜（>300℃）	$<30nm$
Al-Mg 合金自然氧化膜（>300℃）	$<3000nm$（取决于温度和镁含量）
常规化学氧化膜（例如 M. V. V. , Alrok 工艺等）	$2.5\sim5\mu m$
常规铝阳极氧化壁垒膜	$0.25\sim0.75\mu m$
常规保护性铝阳极氧化膜（例如硫酸阳极氧化）	$5\sim30\mu m$
硬质阳极氧化膜（例如工程用）	$25\sim150\mu m$

不同成分的铝合金适合于不同的阳极氧化，比如 $2\times\times\times$ 系铝-铜合金的阳极氧化性能（尤其是光亮阳极氧化）一般并不理想。表 1-12 是各种铝合金成分的变形铝合金的阳极氧化适应性。其中纯铝是最容易阳极氧化的，而且其阳极氧化膜的透明度最好，可以较好地保护铝合金原表面的高镜面反射率。但是铝材的杂质含量的增加，首先影响铝阳极氧化膜的透明度，也就是影响铝材的表面光亮度（即镜面反射率）。当镁含量超过 3%，不仅影响表面的光亮度，而且逐渐影响染色性和耐腐蚀性。从表 1-12 可以看到铜、镍、硅、锰及其联合添加所产生的影响。铝合金的杂质成分与含量，合金化元素的成分与含量、特别是金属间化合物的第二相析出状态及其分布，都直接影响铝阳极氧化膜的性状，也就是直接影响所谓"阳极氧化工艺适应性"，在第 7 章将展开论述。

表 1-12 变形铝合金的阳极氧化工艺适应性

铝合金主成分	阳极氧化工艺适应性		
	防腐蚀阳极氧化	阳极氧化染色	光亮阳极氧化
99.99% Al	极好	极好	极好
99.8% Al	极好	极好	极好
99.5% Al	极好	很好	很好
99.0% Al	很好	很好	好
Al-1.25% Mn	好	好	中
Al-2.25% Mg	很好	很好	好
Al-3.25% Mg	很好	很好	好
Al-5% Mg	好	好	中
Al-7% Mg	中	中	中
Al-0.5%Mg,0.5%Si	极好	很好	好
Al-1%Si,0.7%Mg	很好	好	中
Al-1.5%Cu,1%Si,1%Mg	好	好	中

续表

铝合金主成分	阳极氧化工艺适应性		
	防腐蚀阳极氧化	阳极氧化染色	光亮阳极氧化
Al-2％Cu,1％Ni,0.9％Mg,0.8％Si	中	中	不可
Al-4.25％Cu,0.625％Mn,0.625％Mg	中	中	不可
Al-4.25％Cu,0.75％Si,0.75％Mn,0.5％Mg	中	中	不可
Al-4％Cu,2％Ni,1.5％Mg	中	中	不可
Al-2.25％Cu,1.5％Mg,1.25％Ni	中	中	不可
Al-1％Mg,0.625％Si,0.25％Cu,0.25％Cr	很好	好	中
Al-1％Si,0.625％Mg,0.5％Mn	好	好	中
Al-5％Si	好	中	不可

注：适应性程度分为：极好，很好，好，中，不可。

1.5.3　铝阳极氧化膜的应用

在铝的表面处理技术中，阳极氧化的研究最为深入，应用最广泛，一度被誉为万能的铝表面处理工艺。建筑门窗用铝合金挤压型材的生产体量极大，铝阳极氧化后广泛用于建筑物的门窗、幕墙和卷帘等方面。21世纪初，我国建筑用铝材占铝的总消费接近30％，而建筑铝型材中阳极氧化技术曾占据市场70％以上。近年来，尽管国内外大量实践证明，铝阳极氧化膜（或含电泳涂漆）可能是保证建筑铝型材使用寿命最长的表面处理手段，日本基本上采用阳极氧化/电泳涂漆或沸水封孔的工艺，但是从国内市场分析，静电粉末喷涂占有明显的市场优势，2017年铝阳极氧化膜（含电泳涂漆）的市场占有率估计只在30％。2010年以来，国内市场分析表明，铝合金阳极氧化在非建筑领域，诸如汽车零部件和电子产品装饰件以及诸多功能部件等方面发展极为迅速，已经出现工艺技术水平、辅料品质及装备研发落后于产品性能需求的情况。此外，如果将微弧氧化放在铝阳极氧化的应用方面来讨论，那么微弧氧化应用还是非常有限的，其滞后原因有其技术经济本身的缺点。微弧氧化技术及其应用今后可以得到进一步发展，只不过需要踏踏实实的基础性研究和切实可行的工艺措施方能实现。

众所周知，铝阳极氧化膜有两大类，一类是壁垒型膜，主要用于电解电容器等方面，另一类多孔型膜的使用面非常广阔。就多孔型阳极氧化膜而言，除了建筑和装饰用铝材之外，还可用于PS印刷板、光（热）反射器、汽车零部件、电子产品装饰件，还有机械工程用硬质阳极氧化膜等。另外利用铝阳极氧化膜的可控制孔径和孔隙度的十分有规律的多孔型结构，掺入功能型材料，制成一系列功能性铝阳极氧化膜，在抗菌膜、分离膜、催化膜、传感膜、光电膜、电磁膜等方面都已经得到应用。例如垂直记录高密度磁盘、超微过滤介质、土壤湿度测量等方面，铝阳极氧化膜技术均得到应用。20世纪80年代国外就已经对铝的功能性阳极氧化膜给予极大关注，专门召集过多次国际性学术会议，描绘出极其美好的应用前景，然而后续的工业发展并没有达到当年预计的规模。

1.6　铝的其他表面处理技术

铝的表面处理除了阳极氧化工艺之外，已经工业化的表面处理技术还很多，包括化学转化处理、静电喷涂、电泳涂装、电镀、化学镀和表面搪瓷化等工艺。

1.6.1 铝的化学转化技术

铝的化学转化处理既可以作为喷涂层的中间过渡层（也叫底层），也是一种最终保护性处理措施。长期以来铝合金采用铬酸盐处理，考虑到六价铬严重的环境影响，从降低铬含量角度出发，改用三价铬，使用磷铬化处理或磷化处理逐渐变化升级。近期出现无铬无磷化学转化处理，有望彻底告别铝表面化学转化处理中有毒六价铬的时代。

当然，铝的铬化膜目前还是耐腐蚀性最好和性能最稳定的铝的化学转化膜，工业操作管理方便，因此实际上国内外仍未彻底弃用。铬化膜又称黄铬化膜，磷铬化膜也叫绿铬化膜，它们的膜都有颜色，但耐腐蚀性前者是后者的两倍。近年来由于我国加强了环境治理的力度，建筑铝型材喷涂前处理的六价铬使用量已经明显减少，估计很快就会完全弃用。目前铬酸盐处理的铬化膜，作为最终表面处理手段，国外报道仍在航空和汽车部件某些方面采用，只是需要配套完善的六价铬治理措施。完全无铬的化学转化处理，目前工业上主要用钛和锆与氟的络合物为主成分的无机化学成分，还有以有机物为主成分（如有机硅烷或其他有机物）的。鉴于单一无机物的裸膜的耐腐蚀性比较差，而单一有机成分存在性能时效退化的可能性，目前国内外都趋向研发无机成分与有机成分的复合成分。无铬化学转化技术已经可靠地用在铝板带、啤酒罐和饮料罐等方面，铝型材方面正在大力推广应用中。由于受到喷涂膜下丝状腐蚀的困扰，近年阳极氧化作为喷涂前的预处理手段首先在欧洲引入，并纳入欧洲规范 Qualicoat 之中。这个变化意义很大，实际上认可了在亚洲已经使用多年的铝阳极氧化膜＋有机聚合物膜是建筑用铝合金性能最可靠的保护手段。

有关铝化学转化处理请参阅本书第 5 章"铝的化学转化处理"，环境保护参阅第 20 章"铝表面处理生产的环境管理"。

1.6.2 铝的涂装技术

本书第 14～17 章叙述铝的有机高聚物的涂装工艺，铝的涂装工艺包括电泳涂漆、静电喷粉、静电喷漆和辊涂四大类，读者可以阅读上述四章内容。铝阳极氧化＋电泳涂漆技术在 1960 年代起源于日本，目前在日本、东南亚地区和我国使用较多。由中日两国起草的国际标准 ISO-28340：2013《铝复合膜-铝阳极氧化膜与电泳涂漆膜的复合膜总规范》已颁布实施（见本章参考文献［22］），此标准从立项到通过历时近十年。尽管此前已经在欧美地区有使用阳极氧化电泳涂漆复合膜的报道，在西班牙和美国也已经设厂生产电泳漆，但是在欧美地区电泳漆的使用毕竟还不普遍，随着阳极氧化电泳涂漆复合膜国际标准的颁布，预计后续会在欧美等地更好得到推广应用。

阳极电泳涂漆膜属于铝阳极氧化复合膜的一部分，可以进一步提高铝阳极氧化膜的耐候性，尤其在海洋大气和沿海地域或工业污染大气中显示出优势，在技术上可以看作铝阳极氧化膜的有机聚合物封孔，从而明显提高耐腐蚀性能和延长服役寿命。日本在 20 世纪 60 年代成功开发复合膜，即在铝阳极氧化膜上阳极电泳聚丙烯酸树脂层，至今仍广泛使用并占有日本铝合金建筑门窗型材近 90％的市场。电泳涂装铝阳极氧化膜的特点是，它比单一铝阳极氧化膜的耐候性更优异，在污染大气和海洋大气中优势更加明显。电泳涂漆膜的另一个特点是复杂形状工件的表面有机聚合物涂层的均匀性，特别在难于涂覆的边缘棱角都有满意的涂层，这方面明显优于喷涂处理技术及其他涂层技术。实践证明，阳极氧化复合膜的铝合金门窗的使用寿命最长，笔者现场观察到在海洋性气候地域，有已经成功使用 50 多年的建筑物铝合金门窗的实例。

静电喷涂在欧洲是建筑铝门窗型材应用最广的表面处理方法，我国建筑铝型材静电粉末喷涂层的市场份额目前已经超过铝阳极氧化膜和复合膜。2010 年我国静电喷涂的市场份额至少占有 60%，长三角以北地区静电喷涂的产销量为 80% 的企业比比皆是。静电喷涂以静电聚酯粉末喷涂和静电氟碳液相喷涂为主要内容。粉末喷涂层尽管其使用服役寿命不及铝阳极氧化复合膜，但是具有涂层色彩鲜艳丰富、涂层与材质关系较弱、喷涂技术操作方便、生态环境好等优点，受到生产方和用户方的欢迎，其应用范围逐渐扩大，市场份额不断提升。家用装饰目前主要使用静电粉末喷涂环氧树脂系，建筑门窗采用静电粉末喷涂聚酯树脂系，以及静电液相喷涂氟碳树脂系。

静电粉末喷涂的喷枪有高压静电枪与摩擦静电枪两种，后者消除尖端放电现象，喷涂层的均匀平滑度较好。氟碳树脂涂层是耐腐蚀性和耐候性最好的表面喷涂层，但涂覆成本很高，常用于使用寿命需要特别长的建筑物上。近年来欧洲已经开发出使用寿命接近氟碳涂料的粉末涂料，即高耐用性聚酯/无 TGIC 粉末，在欧洲标准中称为Ⅱ类（type Ⅱ）粉末。此类涂层经过国际通用 Florida 现场挂片，10 年试验结果与氟碳涂层相当，15 年试验仅光泽下降大于氟碳涂层。由于Ⅱ类粉末价格比氟碳涂料低，则构成了对氟碳涂层的严重挑战。

尽管静电粉末喷涂工艺本身的环境效应好，但是目前的铬酸盐预处理工艺存在严重的环境污染，已经引起各国的广泛关注。无铬预处理工艺已经工业化多年，虽然涂层品质目前可能还不如铬酸盐，但是取代铬酸盐（Cr^{6+}）的方向是不可动摇的。鉴于铝合金喷涂膜下丝状腐蚀的频繁发生，而无铬前处理比六价铬前处理更加严重，欧洲对此进行了广泛研究，并且已经将阳极氧化处理纳入欧洲的涂层规范（Qualicoat），建议将阳极氧化作为喷涂层的前处理工艺。静电液相喷涂还存在有毒的挥发性有机溶剂的大气污染问题，即 VOCs 的污染。为此研发水性涂料替代溶剂型，并且达到附着力和耐蚀性的指标也是不可动摇的技术研发目标，但是水性涂料中也必须关注可能存在的非挥发性的毒性有机化合物的存在。

1.6.3　铝的电镀和化学镀

电镀或化学镀是比较成熟的传统表面处理工艺，也是金属或非金属表面获得金属镀层的主要方法。电镀既可以得到保护层，装饰层，有时也用于赋予某些特殊的功能。也就是说电镀层不仅保护铝不被腐蚀，又有光亮的金属外观，同时还可以保持良好的导电和导热性等。铝及铝合金上直接电镀相当困难，因为铝对氧的亲和力很大，表面总是存在自然氧化膜，使电镀层对铝的附着力很差。又由于铝的膨胀系数大于大多数金属，因此电镀层很容易脱落。因此如果没有特殊的镀前表面预处理，电镀过程会十分困难。这种情形在镁合金上同样存在，因此镀前预处理是铝或镁这类活性金属上电镀的技术关键。

铝制品与铝部件电镀前的表面预处理包括两个大的方面，一是常规方法，二是专用方法。前者指机械处理（喷砂、抛光等），化学处理（酸浸洗、碱浸洗）等。后者专门对铝表面进行特殊处理，在铝表面与电镀层之间形成一层中间过渡层，既保证与铝基体附着好，又与电镀层保持良好结合。事实上只要镀前预处理正确得当，随后的电镀或化学镀就可以按常规工艺进行，原则上不发生困难。当然由于中间过渡层较薄，要考虑电镀溶液 pH 值不宜太低，以免电镀溶液腐蚀过渡层而引起电镀层的附着不良。有关铝及铝合金电镀的具体工艺请见本书第 18 章。

1.6.4　铝的珐琅和搪瓷涂层技术

珐琅和搪瓷化是将无机氧化物的混合物熔融成不同熔点玻璃态物质的涂料进行涂覆。它们的基本成分是硼砂、石英、萤石、长石以及金属硝酸盐和碳酸盐、重金属氧化物等。就铝合金而言，珐琅成分应调整到使其熔点在 550℃ 以下，同时要考虑膨胀系数与铝合金相匹配。珐琅和搪瓷以粉末状态存在，选择好的铝合金经过表面预处理，可以用喷涂、浸涂、刷涂等方法涂覆，欧美有许多设备进行铝合金上静电喷涂珐琅层。铝合金珐琅涂层的使用历史很长，1929 年已出现建筑用铸铝板的珐琅涂层，但高耐用有机聚合物涂层的优势，制约了铝建材的珐琅涂层的工业发展。目前主要还是用在器具、浴室和厨房的配件、冰箱内衬、照明灯具等方面。由于珐琅涂层有其外观特点和性能特性，英、美等国也在建筑业上使用，例如招牌、路标、装饰、屋顶、外墙等。美国一个建材生产商报道，到 1968 年已经使用了大约 50 万平方米。我国搪瓷钢铁制品和日用品比较多，但搪瓷铝制品和搪瓷建筑用铝部件相当少。

1.7　我国铝表面处理的工艺现状和创新前景

铝表面处理是铝材延长使用寿命、扩大应用范围、提高市场价值必不可缺的重要工艺，是铝合金加工的延伸工序，其重要程度随市场发展更显突出。我国铝型材表面处理工业是在 20 世纪 80 年代从日本和意大利引进建筑铝型材加工生产线开始的，现在已经形成具有中国特色的工艺和装备的技术路线，产量约占全世界 60% 以上。我国铝型材表面处理的工艺路线、装备水平、产量质量、人才培养、标准制定和膜层品质等方面，当之无愧已经位于世界大国与强国的地位。其中铝表面处理工序与国际先进水平的接轨程度，远高于同行业的熔铸、模具和挤压工艺。当前我国铝型材表面处理的工艺创新的重点，应该放在补足环境效应短板，淘汰落后工艺，坚持和发扬新兴技术，全面提升产品品质，创造高端效益的目标上。就建筑铝型材表面处理而言，我国的阳极氧化、阳极氧化＋电泳涂漆、无铬前处理＋静电喷涂等工艺的总格局不会改变。但是必须按照以环境保护为前提，审视现行工艺路线，检查添加剂成分，全面提升产品质量，减少地域和企业之间的差距，以全面达到国际先进技术水平。我国非建筑业装饰与保护用铝合金的表面处理技术，如汽车内外装饰件和电子产品外装等（我国习惯称“小氧化”）的发展相对较晚，规模较小，当前虽已形成一定的生产能力，但应该强化和深化工艺研发，严格生产工艺管理制度，提升各类产品质量，深化品质监督检测，全面加快添加剂研发的国产化进程。

近年来，剖析铝型材表面处理领域的技术革新项目，已经开始围绕环境效益开发，例如涂层前的无铬转化处理技术、铝阳极氧化膜的中温无镍封孔技术、铝阳极氧化薄膜作为涂层前处理的工艺措施、消光电泳漆（消除光污染）的引入，以及一些新涂料如氟碳粉末和水性氟碳涂料等，都反映出铝表面处理技术的发展与进步已经与环境保护紧密相关，而且基本上是与国际先进水平同步发展的。由于过去我国对于环境保护的意识与措施相对薄弱而形成环境短板，当前我国加强环境保护、加快环境治理是十分必要和非常正确的。

1.7.1 我国当前铝材表面处理的环境效应的评价

20 世纪 80 年代是我国铝建筑型材表面处理的发展初期,当时强调工艺成本与产品效益,相对忽视了环境友好效应,导致了当前环境保护措施和环境管理的短板。目前的工艺改革与创新均在环境保护的基础上开发,这是弥补环境保护短板和工艺技术进步的明显标志。但是,在不断强化环境保护的措施时,如果无端提高"污染物排放"的限值指标,不一定是工艺开发创新的科学之举。在环境、工艺、品质、效益之间应该找到最佳平衡点,其中在一个时期某一方面强化是必要的,但是强调过度恐有失衡之虞。

我国目前有《污水综合排放标准》(GB 8978)和《大气污染物综合排放标准》(GB 16297)可供执行。但是这些标准发布距今已超过 20 年,排放限值明显偏松。为此,广东省铝型材表面处理的地方标准要求执行更为严格的其他行业的排放标准,如《电镀水污染物排放标准》(DB 44/1597)《表面涂装(汽车制造业)VOC 排放标准》(DB 44/816)及《锅炉大气污染物排放标准》(GB 13271)等。尽管如此,目前仍面临着污染物排放限值的行业针对性和技术操作性方面的困扰。2017 年环境保护部已经下达制定《铝型材行业污染物排放标准》,确定由环境保护部华南环境科学研究所为项目主持单位,中国有色金属加工工业协会、清华大学、广州华科环保工程公司和广州环境保护工程职业学院为协作单位完成标准的制定。

近十年来,笔者已经多次在有关技术会议提出环境问题(见本章参考文献 [19]、[20]),早在 2010 年广东有色金属协会年会上,发表《从环境效应的新视角对于我国铝型材表面处理技术的再思考》的报告,首次从环境保护的角度,回顾和审视目前我国铝型材表面处理工艺路线和管理规程,包括添加剂的成分和使用,提出了一些工艺设想和技术建议。又在 2013 广东会议发表《铝合金阳极氧化工艺之环境问题》,进一步深化分析我国铝型材阳极氧化生产工艺的环境问题,明确提出不仅需要行之有效的环境保护的治理措施,更应该检查探讨表面处理的污染源头,从工艺路线的内因和源头入手,彻底提升生态效应。直至 2016 年,在中国有色金属加工协会年会上发表《环境友好对铝表面处理技术创新的挑战》,提出环境友好要从表面处理工艺源头出发,要与工艺革新和产品质量提升挂钩,全面综合考虑。2018 年在一系列反复推敲环境、生产协调发展思路的基础上,按照中国有色金属加工协会的要求,在 2018 年年会发表《环境效应是我国铝材表面处理工艺创新的基础,兼谈环境/工艺/品质/效率的最佳化》,再次全面深入剖析以环境友好为基础和前提的工艺改革与技术创新的思路。

很多国家目前已经有了比较完善的控制污染物排放的标准或法规,这是铝表面处理的工艺发展进步的基础。美国、日本及欧洲在 1950 年代至 1970 年代,逐步建立并完善各项有关环境的标准或法规。铝表面处理污染物排放限值,各国的标准执行的情况不尽相同。日本按照统一的国家标准执行,如《水污染防治法》和《大气污染防治法》等,各行各业一视同仁都必须统一执行。美国标准的分类比较细,铝表面处理的水排放污染物限值可以按照《金属表面精整业(Metal Finishing)污染源类别》(法规号 40 CFR PART 433)执行。欧盟各国标准的分类也比较细,污染物排放的限值大体与美国、日本相当。

表 1-13 列出了我国三家企业执行的水排放污染物 9 个检验项目,并对比我国执行的排放限值与美国、日本、意大利标准的排放规定。所列出的检验项目,广东标准和太湖流域规定执行的水污染排放物限值均比国外严格,但是检测项目明显偏少而且不够细致,意大利和

日本的水污染排放物限值的检验项目较多（未在表中全部列出），意大利有 31 项，日本的有害物质检验项目 28 项，还有健康项目 15 项。

表 1-13　我国三家企业执行的水排放污染物限值与美国、日本、意大利排放标准的比较

单位：mg/L

序号	检验项目	广东两企业和浙江一企业水污染物排放限值	美国(M)日本(R)意大利(Y)标准规定的排放限值	表面处理工艺的污染物主要来源
1	总铬	0.5/1.0/0.5(车间排放口)	M2.77/R2/Y2(4)	涂前铬化处理等
2	六价铬	0.1/0.1/0.1(车间排放口)	M—/R0.5/Y0.2(0.2)	涂前铬化处理等
3	总镍	0.1/0.1/0.1(车间排放口)	M3.98/R—/Y2(4)	镍盐电解着色和封孔
	羰基镍	—	M—/R0.001/Y	日本专项规定
4	总锌	1.0/1.0/1.0(车间排放口)	M—/R2/Y0.5(1)	合金溶解及添加剂等
5	总铜	0.3/0.5/—(车间排放口)	M—/R3/Y0.1(0.4)	合金溶解及铜盐着色等
6	总磷	1.0/3.0/—(总排放口)	M—/R16/Y10(10)	化学抛光等
7	氟及其化合物	10/10/—(总排放口)	M—/R8(海域 15)/Y6(12)	化学处理及冷封孔等
8	总氮	15/20/—	M—/R—/Y20	去灰抛光等
9	COD	80/100/—(总排放口)	M—/R160(白天平均 120)/Y160(500)	多方面含添加剂的影响

注：1. 意大利标准中有水和污水之别，加括号者为污水对应标准；

　　2. 日本水污染物限值未列镍，在大气污染物中规定限值为 0.1mg/L；

　　3. 美国数据未作细致调查，主要取其镍和铬的数据。

从表 1-13 的水污染排放物限值的比较以及国内外企业环境效应的调研，可以简单地对比分析并总结如下。

① 在可以相互比较的相同的水污染物排放项目的限值上，我国在广东或太湖流域企业执行的标准实际比日本或意大利更为严格。关键在于我国企业的生产与环保实施是否得到有效监管，小型企业的污染排放和治理措施是否到位。

② 日本水质标准有两个方面，即水污染物排放标准和水质环境标准（健康项目），后者基本上比前者提高一个数量级甚至更多。意大利排放污水和普通水质的限值也不相同。我国可以考虑是否采用这种规定办法，以获得在水污染排放物限值与水质环境标准之间的一个缓冲过渡区域。

③ 我国和外国都没有明确规定单锡盐或镍-锡混合盐添加剂中的有机还原剂和络合剂等的限值（日本可能考虑到锡盐电解着色而规定了硫酸联胺排放限值），无法进行有效监管。在锡盐电解着色中使用的有机还原剂大多是有害的，如萘酚、苯酚和硫酸联胺等，即便苯酚也有邻苯二酚、间苯二酚和对苯二酚之别，它们毒性也有高低之分。虽然 COD 及 BOD 控制可能在一定程度上监控到还原性有机化合物，但是并不全面。

④ 日本对水污染排放物的镍没有作出限值规定，日本专家多次询问我国情况，这是我们没有想到的。日本规定了水污染排放物的羰基镍不得超过 0.001mg/L，气相镍化合物限值为 0.1mg/L。目前我国对于污染水中镍离子的控制十分严格，规定为 0.1mg/L，是否科学还有待检验。

⑤ 由于我国目前镍的排放限值很严格，添加剂生产企业突出宣传单锡盐是最环保的电解着色系统，兴起转向单锡盐电解着色的趋势，回避亚锡盐着色中添加剂的危害。事实上不

注意监管硫酸亚锡电解着色中有机添加剂的危害是很危险的。结合上述第③点和第④点，我国应该加强锡盐着色添加剂等各类添加剂的环境监管。

⑥ 六价铬主要来自喷涂前的铬酸盐预处理等，六价铬的严重危害已经很明确。总铬量中除六价铬以外还有三价铬，由于有些国家目前还允许使用三价铬的化合物，为此总铬与六价铬的限值不可能相同。我国目前不允许使用所有含铬化合物（不论三价还是六价）的规定是明确的，但是目前无铬预处理的涂层的实际可靠性还不够。

⑦ 我国目前对于镍的排放限制已经提到铬的高度，而铝阳极氧化工艺中立式自动化电解着色生产线和高品质常温或中温封孔均使用镍盐，此两项技术分别来自日本和意大利，并且不仅在中国还在许多国家使用，绝对禁用镍盐可能会影响采用先进工艺和影响产品品质。

⑧ 镍、铜、锰、锌等金属元素可能来自某些电解着色体系或铝合金的成分，尽管国际上目前没有一概称之为有害重金属，也应该通过国内外的系统调查研究，科学地、实事求是地规定这些重金属水污染排放物的限值。

⑨ 水中磷和氮的含量与化学抛光或电化学抛光及其他工艺添加剂有关，需要按照技术规范严格管控。磷可以回收进行资源化再利用，日本对水污染排放物磷的规定明确为有机磷，我国应该关注添加剂中含磷和氮的浓度，以便得到必要及时的处置。

⑩ 氟及其化合物目前主要来自冷封孔及化学预处理添加剂等，其浓度尽管明显低于氟化氢铵前处理，但是必须明确监管。原则上氟的有效治理相当简单，并不存在技术障碍，因此似乎不必禁止使用含氟化合物，严格监管含氟化合物的治理是必需之举。

⑪ 有机聚合物涂层工艺中的挥发性有机化合物 VOCs，目前集中关注有机化合物为溶剂的喷漆，例如氟碳漆喷涂等，这显然是必要的。但是还应该关注喷粉固化等工序中产生的 VOCs，全面检查表面处理各生产环节中产生的 VOCs，配套相应的治理措施。

⑫ 以往固体废弃物通常在一个沉淀槽中处理，没有严格区分无害的以铝化合物为主成分的铝渣与有害的固体废弃物，由此造成严重的固废污染，也没有充分变废为宝。发达国家都是分工序单独形成污水治理回路，值得我们参考学习。

⑬ 我国铝型材表面处理的地方标准的限值尽管严格，但是检测项目偏少，限值是否科学有据还值得调查探讨。建议环境管理部门、协会学会、学术团体等部门不仅关注污染排放的限值，更应该指导治理路线、方法和措施，促进行业向高水平健康发展。

我国已经形成世界上体量最庞大、技术最齐全的建筑铝型材表面处理生产线，既有欧美惯用的静电喷粉和静电喷漆生产线，又有亚洲的阳极氧化和电泳涂漆生产线。为此，工艺污染源头相对复杂。在某种意义上，铝表面处理工艺又是铝型材企业水排放污染物的主要来源。目前国外明确规定的有害重金属元素是铬、镉、汞、铅四种，镉和汞一般不会出现在铝材表面处理工艺中。而铅曾经作为处理槽内衬或电极使用，但已经弃用多年。在四种有害重金属中，只有六价铬是有机涂层前预处理的主要污染物。尽管镍、锰、铜、硒在国外尚未被认定为有害重金属元素，但是不能认为完全无害任其排放，实际上各国都有排放控制措施。在水排放污染物中，日本未明确规定镍的限值，美国规定为 3.98mg/L，意大利规定为 4mg/L（河水为 2mg/L），我国目前规定均为 0.1mg/L（见表 1-13）。

日本在 2006 年，由官方组织调查日本和欧美广大地域的镍离子的生态和环境危害，并通过一定的动物试验（如小白鼠实验），撰写了报告《镍的详细（环境）风险评估》（文献[30]）。报告认为，大气中镍化合物吸入人肺有发炎或致癌的风险。日本标准规定大气污染物的镍化合物限值为 0.1mg/L，但是没有明确规定水污染排放物的限值。表 1-13 列出了铝表面处理主要水污染物的工艺源头，提醒我们不仅可以切断污染物的源头，而且可以在工艺与环境之间寻找最佳平衡，更有利于引导工艺创新，在保证环境效益的前提下提高工艺水平和铝阳极氧化膜品质。

1.7.2　从环境友好出发对铝表面处理工艺创新

欧盟在 2006 年全面实施 RoHS（有害物质管制）指令，这是针对电子电器业的有害物质处理或最终废弃物不得对环境产生有害影响而出台的指令，其他行业具有相同或类似有害物的也必须执行。2007 年又出台实施 REACH（化学品登记、评价、认可及管制）规则，规定欧盟的生产商或进出口商，有义务将有害性/危险性评价信息向 ECHA（欧洲化学物质厅）登记申报，方可进入市场。RoHS 指令和 REACH 规则的核心不仅涉及污染排放物的限值，还关注产品的流向和由此引起污染的可能性，为此产品的服役寿命及回收原则也成为关注的目标，这样的环境管控思路更加科学、有效。RoHS 指令规定的对象有害物质为铅（Pb）、汞（Hg）、镉（Cd）、六价铬（Cr^{6+}）、聚溴化联二苯类（PBBs）、聚溴化联苯醚类（PBDEs）。但是欧洲一些国家还没有明确规定三价铬和镍，意大利和德国专家称，由于吸入硫酸镍或氧化镍等气相化合物对健康有害，皮肤接触镍有引起过敏的记载，欧洲正在考查镍及其化合物的水污染排放的限值问题。

日本执行的 PRTR（污染物排放和转移登记制度）中有关铝表面处理的主要对象物质有二甲苯、铬与三价铬化合物、六价铬、二氯乙烷、水溶性铜盐、三乙烯胺、三氯乙烯、甲苯、三乙胺、镍、镍化合物、氟化氢及其化合物、硼及其化合物、锰及其化合物等，此处属排放及转移登记，没有水污染排放物限值的明确规定。日本在铝阳极氧化工厂中，作为一般的排水基准的监控管理项目有：pH、SS（悬浮物）、COD、BOD、铅、磷、氟、硼、硝酸性氮及亚硝酸性氮等。请读者注意 PRTR 中规定了镍化合物为表面处理工艺的主要对象物质，而在日本水污染物排放限值中依然没有列入镍及其化合物。

鉴于上述分析，我国铝材表面处理的工艺创新以环境保护为前提是必要的。彻底治理铝表面处理污染的关键，是从铝表面处理的工艺源头（尤其是被忽视的添加剂）着手，改变甚至限时关停确有证据的污染源头。但是希望既杜绝或减少污染排放物，使之达到污染物排放标准，又促进铝表面处理技术的创新发展。根据这个思路，以下提出当前铝材表面处理工艺技术改革创新的一些意见，谨供读者参考。

① 必须坚持已经实施或已有共识的以环境友好为宗旨而关停的不良工艺的改革措施。我国越来越重视表面处理工艺路线的环境效应，应该继续坚持环境友好的工艺改革措施。以下已经实施的环境治理项目必须坚持：a. 废除涂层前处理中六价铬的铬酸盐化学转化处理工艺，目前已经在行业中推广无铬涂前预处理工艺，没有推广无铬的地区或企业必须完善六价铬的环境治理措施。b. 全面废除阳极氧化前为去除挤压条纹的氟化氢铵浸渍工艺，杜绝高浓度氟离子造成环境的大范围氟的污染。c. 因 Ni-Sn 混合盐电解着色的污水难于实施无害化处理，而单镍盐或单锡盐的污水处理比较方便可行，所以，继续限制和逐步淘汰目前广泛采用的 Ni-Sn 混合盐电解着色工艺，使环境污染的治理方法简单可靠。d. 清理和弃用铝型材三酸化学抛光处理，杜绝氮和磷等污染源头，而且三酸化学抛光还会引起二氧化氮、硝酸等气体的严重大气污染。在需要光亮表面的情况下，推广机械抛光加无硝酸化学光亮化处理是一种可行的方法，也可以推广以钼酸盐或钨酸盐替代硝酸的新型抛光技术。

② 建议调查研究单锡盐添加剂成分的毒性程度，选择使用无毒或低毒的有机还原剂及

络合剂。30年前笔者首次研发硫酸亚锡电解着色配方时，已经注意到防止亚锡氧化的有机物添加剂具有不同程度的毒性，当时鉴于性能与成本等原因，更由于并不细致了解添加各类有机化合物的环境效应，始终留下一点遗憾。30年来我国研发生产电解着色添加剂队伍已经壮大，现在已经有条件进行国内外系统调查，研究硫酸亚锡电解着色的有机添加物的毒性，提高环境友好程度。建议 Sn 盐（目前包括还在使用的 Ni-Sn 混合盐）电解着色的添加剂生产部门，研究开发硫酸亚锡着色溶液的新成分，努力寻找无毒或低毒有机还原剂（如抗坏血酸等）和络合剂（如磺基水杨酸），替代目前的有毒化学品，从根本上改变添加剂成分来降低或消除对于环境的污染。相应的标准或规范应考虑调研并规范一系列有机还原剂（如苯酚或萘酚）的品种和浓度，引导添加剂生产企业研发低毒高效锡盐电解着色添加剂，步入国际先进水平。水污染排放物中的金属离子容易检控，而有机化合物难于分辨限定，因此工艺源头把关只能由添加剂生产企业负责，相关部门和铝型材企业强力监督。

③ 镍和镍化合物的"环境污染"是目前国内特别关心的问题，在我国由于源于日本的自动化立式生产线的电解着色工艺和源自欧洲的冷封孔工艺都使用镍盐，也都是镍离子排放物的主要源头，如果强制停用镍盐可能存在技术和市场的困扰。如上所述，日本标准规定大气中镍盐限值为 0.1mg/L，水污染物排放未规定镍的限值数据。但是关于饮用水（非排放污水！）日本似有限值 0.01mg/L 的规定。而意大利的限值为自然水<2mg/L，污水<4mg/L，美国的污水的限值为<3.98mg/L，与意大利基本相同。笔者最近从日本菊池先生（日本铝制品协会原专务，长期从事标准制定，2017年退休）、意大利 Dr. Strazzi（原 Cisart 和 Itate-cno 公司）处获得相关技术资料。其中日本在2006年发表的调研和试验报告（文献[30]），全面评估镍的环境和生态风险，总结欧美对于镍化合物危害性的评价，还系统研究和实验验证水和大气中镍化合物的危害风险程度，并推定各种化合物的暴露浓度，报告很有参考价值。报告结论为，人体吸入镍化合物有炎症和癌变之危险，通过白鼠试验的镍的 LOAEC（最小风险剂量）为 1mg/m³，影响肺与鼻子发炎的剂量为 0.027mg/m³。而通过给白鼠反复口服 $NiSO_4(H_2O)_6$ 导出的对生殖毒性和死胎的 NOAEL（无可见有害作用水平）是 2.2mg/(kg·d)。日本的水排放污染物不做规定与这份报告数据有关系。生活实践经验告知我们，不锈钢仍然是食品、饮料行业和人们长期接触使用的"可靠"的金属材料，不锈钢含有金属镍并未发现不妥之处。菊池先生认为既然大量研究并没有证实水中镍化合物的危害，无需规定明确的限值。笔者对此并无细致研究，此处转述有关技术信息供同行参考。综上所述，一概禁用含镍工艺似乎并不恰当，应进一步分析论证。

④ 铝材表面处理中碱腐蚀造成大量固体铝渣，其主要成分为铝的化合物，体量虽大但基本无害。所以必须改变过去在同一沉淀池中形成"污染铝渣"的错误治理措施，应该将铝渣与有害的固体废弃物从工艺路线上严格分别处置，并加工为无害副产品的原料，既有利于环境保护又可以降低成本增加效益。日本的环境治理工艺就是分工序单独形成环保处理回路，碱腐蚀形成环境处理环路，阳极氧化、电解着色、封孔等都严格分开处理回路，既有利于环境保护，又可以直接回收化工原材料，降低化学品消耗和生产成本。目前我国广泛使用的长寿命碱浸蚀工艺源自欧洲，虽然解决了槽液结块影响连续生产的严重问题，却无法避免产生含水量高达 60% 的大量铝渣。好在基本上属于无害的固体铝渣，其成分与含量以碱浸蚀产物铝酸钠和偏铝酸钠[可按 $Al(OH)_3$ 计]以及碱洗添加剂的葡萄糖酸钠和硫代硫酸钠为主，可以直接设厂回收。碱腐蚀的铝渣与其他有害固体废弃物分开，不可混装废弃，这是非常重要的原则。至于从根本上改变长寿命添加剂工艺，可规划采用"碱回收系统"以消除

回收如此大量固体铝渣的困境。碱回收体系并非新创造工艺，在国外尤其日本已经使用多年，因此技术方面没有任何障碍，只需要投资设备并配合严格管理即可，我国企业已有成功使用的实例。采用没有添加剂的碱回收系统可以直接回收固体 Al (OH)₃ 待用并循环利用 NaOH，这是既环保又经济的科学措施。近年来国内企业有些新的工艺尝试，应该加以总结完善，使之实现工业化。某些工艺可以考虑变碱浸蚀为酸浸蚀路线，同样可以达到减少固体铝渣之目的，但必须关注酸浸蚀的环境污染。

⑤ 鼓励热封孔及研发无 Ni 冷（中温）封孔，彻底消除 Ni 和 F 的困扰。在有特殊品质（如高温或拉应力的耐开裂性或铝卷材连续阳极氧化封孔）要求时，提倡使用沸水封孔或高温蒸汽封孔，杜绝可能的污染源头，同时提高铝阳极氧化膜的韧性和抗开裂性。鉴于热-水合封孔工艺的能耗大、水质要求很高，为此在常规工艺下鼓励研发无镍常温封孔技术，这也是当前一项非常重要并值得推广的方向。目前欧洲推出"高性能无 Ni 冷封孔"是基于 Zr/F 络合盐体系的冷封孔工艺，据称该工艺的产品在碱性环境中的封孔品质（特别适合于 pH 为 12.5 及 13.5 的碱性溶液中）已经超过热封孔和含 Ni 冷封孔。据报道这种无 Ni 封孔（如德国的 SurTec 350，意大利的 Super seal 2S）的性能，更适合于汽车方面的应用，可以通过耐碱性溶液检测的考验。

⑥ 涂层前无铬预处理工艺已经在我国推广使用，可能还需要在服役现场检查其使用效果，尤其是发生涂层下丝状腐蚀的程度。我国目前已经有几个体系的无铬涂层前处理方法，无机化合物有锆（钛）/氟体系，但是存在化学转化处理的前处理或蚀刻要求高、转化膜无色难于判别、裸膜耐盐雾腐蚀性差等缺点。而有机化合物（有机硅烷或其他如单宁酸等有机酸）可以得到接近于铬化膜的裸膜耐腐蚀水平，而且已研发成功有色膜便于观察，但是又担心发生有机化合物时效性能减退问题。因此目前国内外基本上都趋于研发无机成分与有机成分的复合型的预处理开发方向。值得注意的是，市场上无铬处理工艺即使已经通过实验室的快速检定，得到满意的结果也还必须继续通过室外耐候性和现场服役的考验，方能达到真正可靠、放心使用的程度。此外，尽管欧洲相关规范已经将铝阳极氧化纳入无铬预处理工艺范围，以期杜绝涂层下丝状腐蚀的困扰，但是从经济和技术的可行性角度考量，目前我们宜密切关注欧洲的工艺动向，静观其变而无需紧跟为妥。有条件的单位可以择时探索铝阳极氧化＋静电喷涂的工艺连续性、技术可靠性以及降低生产成本和提升产品性能的措施。

⑦ 各种表面处理工艺过程中减少或避免挥发性有机化合物（VOCs）的大气污染，工艺途径不仅要管控液相喷涂的 VOCs 溶剂的污染，还必须注意喷粉或电泳漆固化过程中的挥发性有机化合物的污染。喷粉是环保型的表面处理工艺，由于涂层前铝表面钝化处理涉及六价铬的污染，还由于有机物单体固化聚合过程中可能形成 VOCs，所以粉末涂料的品质尤为重要。涂料中挥发性成分非成膜物质的增加，暴露出固化炉的污染日趋严重，由此粉末涂层的孔隙率增加、致密度降低，引起有机聚合物涂层保护性能下降，从而影响喷粉铝型材的使用寿命。为此规范粉末涂料品质就是一项有现实意义的而且刻不容缓的工作。为了避免喷漆溶剂的 VOCs 的污染，水性液相涂料应运而生，但是水性涂料中也可能存在某些有机化合物，这些有机物对于 VOCs 的"贡献"值得探讨和管控。

⑧ 日本推出的电泳涂漆膜综合了阳极氧化膜与有机聚合物膜的优点，既有铝阳极氧化膜的高耐磨性和硬度，也兼具有机聚合物膜对于污染大气和海洋大气的耐腐蚀性，因此这是阳极氧化/阳极电泳涂漆的复合膜。我国 GB/T 5237.3—2017 规定的也是复合膜，并不是单纯的电泳涂漆膜。铝合金电泳涂漆膜可以直接在铝合金基体上生成，但综合性能包括抗丝状

腐蚀性、硬度和耐磨耗性都不能与复合膜相比拟，其检验项目应该按照 GB/T 5237.4—2017 的性能指标进行。

⑨ 我国非建筑用铝合金零部件的铝阳极氧化比铝型材开发得晚，其性能要求也随着应用的多样化而比建筑用更复杂丰富，目前工艺技术路线和操作参数尚有不少可商榷、革新之处。例如为了通过 pH13.5 碱性溶液（12.7g/L NaOH＋2g/L Na$_3$PO$_4$＋0.33g/L NaCl）中浸渍 10min 后工件表面不发生明显变化，铝型材通常采用的封孔方法无法满足检验要求。目前采用三次封孔的办法，仔细分析所谓的三次封孔，实际上并不能够产生互相补充或叠加封孔效果。第 3 次封孔可能覆盖一层水玻璃型表面膜，确实可以提高耐碱性溶液腐蚀的性能，但是可能又损害通用的封孔质量，为此汽车工业铝零部件阳极氧化膜采用三次封孔过程大有改进之余地。对于各种各样的"小氧化"铝阳极氧化工艺，需要制定针对性更强的阳极氧化＋电解着色＋封孔的工艺路线以及设定合理的操作参数，满足诸如汽车部件、电子产品外装、铝卷材连续阳极氧化等特殊工艺的各种使用要求和不同性能指标。在我国已经建立如此强大的铝型材表面处理的技术基础上，实际上不是遥不可及的事情，期待我国各系统或各部门之间的技术交流更通畅。

⑩ 以环境保护为前提，并不是单纯以降低污染排放物的限值，甚至无端禁用国内外正在使用的工艺为目的，必须在环境效应/工艺开发/品质提升/效益增加的关系中寻找最佳平衡点。环境保护作为工艺开发的出发点是以广大人民群众的健康为前提，显然是不可动摇的基本原则，也是对过去形成的环境短板的有力补偿，但不应该无端牺牲产品品质和生产效益去单纯考虑污染物排放的"达标"问题，例如镍盐电解着色是最适于自动化立式铝阳极氧化大型生产线的着色方法，目前我国从日本引进的生产线就是一例。由于槽液稳定，工艺先进，着色均匀，尤其适合于自动化连续生产，并且可以配套完善的环境治理措施，镍盐电解着色目前是日本占优势的铝阳极氧化膜的电解着色工艺。即使必须考虑限制镍离子的排放限值，也应该强化和监管环境治理措施，以达到我国目前规定的排放标准而不只是禁用镍盐。

参考文献

[1] 朱祖芳等. 有色金属的耐蚀性及其应用. 北京：化学工业出版社，1995.

[2] 王祝堂，田荣璋主编. 铝合金及其加工手册. 第 2 版. 长沙：中南工业大学出版社，2000.

[3] Tjφstheim N J. Instructions for Use：Selecting Aluminium Alloys. Aluminium Extrusion，1999，4（1）：26.

[4] Brace W. The Technology of Anodizing Aluminium. 3rd. Modena：Interall Srl，2000.

[5] Sato T，Kaminaga K. Theory of Anodized Aluminium 100 Q and A. Tokyo：Kallos Publishing Co. Ltd，1997.

[6] アルミ表面処理ノート. 第 5 版. 东京：日本轻金属制品协会，1999.

[7] 朱祖芳. 80 年代我国铝材氧化及着色技术的进展. 轻合金加工技术，1993，21（4）：27.

[8] 朱祖芳. 我国 90 年代铝型材表面处理技术的回顾. 材料保护，2000，33（11）：1.

[9] 朱祖芳. 铝型材表面处理技术发展之过去和未来十年. 电镀与精饰，2002，21（2）：44.

[10] 朱祖芳. 铝合金化学转化处理技术进展及工业应用. 材料保护，2003，36（3）：1.

[11] Osmond M F. Architectural Powder Coatings for 21st Century. Aluminium Finishing，1998，（2）：19.

[12] Trolho J. Chromate，Phosphochromate and Chrome-free conversion coatings for Aluminium. Motichiari（Brescia）-Italy：4th world Aluminium congress Aluminium，2000.

[13] Ling Hao，Rachel Cheng B. Sealing Processes of Anodic Coatings-Past，Present，and Future. Metal Finishing，2000，98（12）：8.

[14] 朱祖芳. 铝阳极氧化的应用. 电镀与精饰，1999，18（1）：40.

[15] 川合慧著. 铝阳极氧化膜电解着色及功能膜应用. 朱祖芳等译. 北京：冶金工业出版社，2005.

［16］ 日本輕金属製品協会.アルミニウム加工方法と使い方の基礎知識.東京：日本輕金属制品協会，2004.

［17］ 日本輕金属制品協会.アルミ表面處理ノート.第 7 版.東京：日本輕金属制品協会，2011.

［18］ 朱祖芳.中国建筑铝型材的表面处理工艺及发展方向.东京：2004 年 8 月 24 日国际标准讨论会报告，2004.

［19］ 朱祖芳.从环境效应的新视角对于我国铝型材表面处理技术的再思考.佛山：广东有色金属加工学会国际技术交流会，2010.

［20］ 朱祖芳.环境友好对铝表面处理技术创新的挑战和促进.内蒙古：中国铝加工产业创新交流大会，2016.

［21］ 日本表面技術协会.アルミニウム表面技術百问百答.东京：KALLOS 出版株式会社，2015.

［22］ ISO 28340—2013 Combined Coatings on Aluminium-General Specification for Combined Coatings of Electrophoretic Organic Coatings and Anodic Oxidation Coatings on Aluminium.

［23］ Sheasby P. G，Pinner R. The Surface Treatment and Finishing of Aluminium and its Alloys. 6th edition. Finishing Publications LTD UK and ASM International USA，2001.

［24］ GB/T 1173—2013 铸造铝合金.

［25］ GB/T 15115—2009 压铸铝合金.

［26］ 李学朝编著.铝合金材料组织与金相图谱.北京：冶金工业出版社，2010.

［27］ 朱祖芳.我国铝材表面处理技术现状及发展前景.中国金属通报（2017 增刊），2017，9：13.

［28］ Simon Meirsschaut. Update of European Legislation Relative to Surface Treatment of Aluminium and Its Impact on the Finishing Industry，Al 2000 congress：2015.

［29］ アルミニウム表面処理の理论と实务，第 4 版.东京：日本轻金属制品协会，2007.

［30］ 镍的详细（环境）风险评估（非公开出版物）.东京：日本产业综合研究所化学物质风险评估管理中心，2006.

第**2**章
铝的表面机械预处理

铝及其合金制品的外观和适用性在很大程度上取决于精饰前的表面预处理。而机械处理是表面预处理的主要方法之一，很多时候起着无可替代的作用。机械处理一般可分为：抛光（包括磨光、抛光、精抛或者镜面抛光）、喷砂（丸）、刷光、滚光等方法。究竟使用哪一种方法，主要根据铝制品的类型、生产方法、表面初始状态以及所要求的精饰水平而定。铝件经过表面机械处理后，可达到如下目的。

（1）提供良好的表观条件，提高表面精饰质量。在现代社会中，大量铝制工业品和家庭日常用品已经得到了广泛的应用，其中相当一部分为铝的砂铸件和压铸件，这些铸件表面往往粗糙不平，有结瘤、砂眼、裂缝、气孔等比较严重的外观缺陷，借助于机械处理，可以获得平整、光滑的表面，为以后的阳极氧化、化学氧化或其他表面处理提供了良好的表观条件，大大提高了表面精饰的质量。

（2）提高产品品级。虽然挤压铝型材、铝板等在生产过程中就已形成了平滑的表面，这些制品在阳极氧化前一般不再进行机械预处理。但随着社会的进步，用户提出了更高的要求，纷纷钟情于抛光表面或"亚光""缎面"表面。挤压铝型材采用机械磨光或抛光，可以完全消除挤压纹等缺陷，甚至能获得如镜面般光亮的表面。若采用砂磨带、喷砂（丸）、刷光等方法处理，则形成消光磨砂的表面，经其他表面精饰处理后，极大地提高了产品的终极质量，初级产品可跃升为高级产品。

（3）减少焊接的影响。工业上大量使用铝制品焊接件，由于焊接时高温和焊料的影响，焊接处的显微金相组织往往发生变化，外观色泽不一致，机械处理可以减少焊接的影响。

（4）产生装饰效果。铝制工艺品和家庭日常用品大多要求美观、精致。通过一些特殊的机械方法如磨带砂磨、刷光等方法，可在铝件上产生线条花纹等装饰效果。

（5）获得干净表面。经机械预处理后，铝制品可以获得无油污、无锈蚀、颜色光泽均匀一致、充分暴露铝基体的干净表面，可紧接着进行下道工序。

2.1 磨光[1]

磨光和抛光实际上是同一种机械操作方法。在我国的工厂实践中，习惯上将布轮黏结磨料后的操作称为磨光，而将抛光膏涂抹于软布轮或毡轮后的操作叫做抛光。机械磨光或抛光难于像对阳极氧化、化学抛光那样作精确的阐述和定义，由于所用设备、操作方法、磨轮和磨料等不同可以获得不同的表面状态。同样无论是用磨光或者抛光，经过适当的操作，都能使制品表面产生相同的效果，达到同样的要求。因此本书只对磨光或抛光作简单的划分。

磨光是借助黏有磨料的特制磨光轮的旋转，使工件与磨轮接触时，磨削工件表面的机械处理方法。目的在于去除工件表面的毛刺、划痕、腐蚀斑点、砂眼、气孔等表观缺陷。这些缺陷除了影响产品的表面质量外，还易在以后的化学处理中残留酸碱或黏附尘粒等，不利于随后的表面精饰。

磨光分粗磨、中磨、精磨几道工序，每下一道工序，采用更细的磨料并降低转速，可使制品表面的光洁度及亮度逐步增加。

2.1.1 磨光轮

磨光轮通常采用皮革、毛毡、棉布等各种纤维织物或高强度的纸张等制成。其中尤以布质磨光轮使用最为普遍。因为布轮弹性好、适应性强。磨光轮的质地随所用布的层数及缝线密度的增加而逐渐变硬。根据工件外形状况和磨光的要求，可选用不同厚度或形状的磨光轮。如图 2-1 所示。

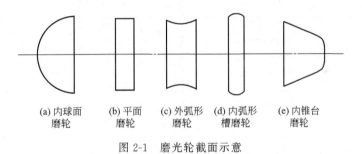

(a) 内球面磨轮　(b) 平面磨轮　(c) 外弧形磨轮　(d) 内弧形槽磨轮　(e) 内锥台磨轮

图 2-1 磨光轮截面示意

2.1.2 磨料的选用

磨光用的磨料一般采用人造金刚砂、人造刚玉、金刚砂和硅藻土等。其中人造刚玉的韧性较小，粒子的棱面较多而尖锐，适于磨削较硬的表面如硬铝。一般铝件采用人造金刚砂、金刚砂和硅藻土为好。各种磨光材料的物理性能及适用范围见表 2-1。

表 2-1 各种磨光材料的物理性能及适用范围

磨料名称	成分	硬度	韧性	结构形状	粒度/目	外观	用途
人造金刚砂(碳化硅)	SiC	9.2	脆	尖锐	24～320	紫黑闪光晶粒	脆性、低强度材料的磨光
刚玉	Al_2O_3	9.0	较韧	较圆		白色晶粒	韧性、高强度材料磨光
金刚砂(杂刚玉)	Al_2O_3、Fe_2O_3 及杂质	7～8	韧	圆粒	24～240	灰红至黑色砂粒	各种金属的磨光
硅藻土	SiO_2	6～7	韧	较尖锐	240	白至灰红粉末	磨光、抛光均适用
浮石		6	松脆	无定形	120～320	灰黄海绵状块或粉末	磨光、抛光均适用

续表

磨料名称	成分	物理性能					用途
		硬度	韧性	结构形状	粒度/目	外观	
石英砂	SiO_2	7	韧	较圆	24～320	白至黄砂粒	磨光、滚光、喷砂用
氧化铁红	Fe_2O_3	6～7			200	红色细粉	磨光、抛光均适用
绿铬粉	Cr_2O_3	7～8		尖锐		绿色粉末	磨光、抛光均适用
煅烧石灰	CaO	5～6		圆形		白色	磨光、抛光均适用

按国内标准，磨料的粒度由粗到细分为四级，即磨粒（8#～80#）、磨粉（100#～280#）、微粉（W40～W5）和超精微粉（W3.5～W0.5）。磨料的号数越大，则磨料越细。磨料的粒度用筛分法测定。即以相邻两个筛网孔的公称尺寸来确定，所以100#也可称为100目。微粉由于粉末极细，没有这样小孔径的筛来筛分，故只能用显微镜分析测定粉末微粒的宽度来划分。磨料粒度与尺寸见表2-2。

表 2-2 磨料粒度与尺寸

种类	粒度号码	基本粒的尺寸范围/μm	种类	粒度号码	基本粒的尺寸范围/μm
磨粒	8#	3150～2500	磨粉	180#	80～63
	10#	2500～2000		240#	63～50
	12#	2000～1600		280#	50～40
	14#	1600～1250	微粉	W40	40～28
	16#	1250～1000		W28	28～20
	20#	1000～800		W20	20～14
	24#	800～630		W14	14～10
	30#	630～500		W10	10～7
	36#	500～400		W7	7～5
	46#	400～315		W5	5～3.5
	60#	315～250	超精微粉	W3.5	3.5～2.5
	70#	250～200		W2.5	2.5～1.5
	80#	200～160		W1.5	1.5～1
磨粉	100#	160～125		W1	1～0.5
	120#	125～100		W0.5	0.5～更细
	150#	100～80			

2.1.3 磨轮与磨料的黏结

磨料应黏结到磨轮上才可用于磨光操作。黏合剂一般选用骨胶、皮胶和水玻璃等。粘接前先将胶浸泡在冷水中溶胀，再加入一定比例的水，水浴加热至60～70℃下蒸熬1～3h，待其全部溶化成稀浆液状。黏合剂的浓度要适宜，趁热立即黏结磨料，以免黏合剂冷却后失去黏性。黏结好的轮子晾干或低温（30～40℃）烘干，放置24h后才可使用，磨轮平时应妥善保管在干燥、通风的地方。

2.1.4 磨光操作要求

① 根据工件材料的软硬程度、表面状况和质量要求等因素选择磨料的种类和粒度。一般工件表面越硬或越粗糙，则越应选用较硬及较粗的磨料。

② 磨光应分多步操作。不能在一个磨轮上磨下量太大，工件压向磨轮的压力要适度，以免过热烧焦工件，同时使磨轮不致过量磨耗，延长使用寿命。

③ 新磨轮在黏结磨料前，应预先刮削使之平衡，安装在磨光机上试转平稳后才能卸下黏结磨料。

④ 磨光轮经使用一段时期后，由于磨料脱落或棱角磨钝，磨光能力下降且效率低下时，应当更换新磨料。此时应先将轮上的旧砂、旧胶刮除。

⑤ 由于铝制品合金成分不同，磨光时显示的组织纹理也不一样，另一方面因为铝合金在热处理或冷作加工时硬化，比纯铝或较软的铝合金更难于磨光。如含高硅的合金，比起简单的铝-镁合金光亮度要差些。Benson[2]认为：在美国，1100、3003、5005 铝板及挤压型材 6063 特别适用于磨、抛光。5357、5457 板及挤压型材 5357 和 6463 也适于磨、抛光。因此，应根据不同需要选择合金材料。

⑥ 磨轮的转速应控制在一定的范围内，过高时，磨轮损耗快，使用寿命短；过低时，生产效率低。在磨光铝制品时，一般控制在 $10\sim14\mathrm{m/s}$ 的范围。圆周速度的计算方法如下。

$$v=\frac{\pi dn}{60\times1000}$$

式中　v——圆周速度，m/s；

　　　d——磨轮直径，mm；

　　　n——磨轮转速，r/min。

铝制品磨光允许磨轮的转速见表 2-3。

表 2-3　铝制品磨光允许磨轮的转速

磨轮直径/mm	允许转速/(r/min)	磨轮直径/mm	允许转速/(r/min)
200	1900	350	1090
250	1530	400	960
300	1260		

⑦ 磨光效果主要取决于磨料、磨轮的刚性以及轮子的旋转速度、工件与磨轮的接触压力等因素。磨光操作没有一定的工艺规范可循，却注重于操作工人的实践经验及熟练技巧，因此加强操作训练尤为重要。

2.2　抛光

抛光一般在磨光的基础上进行，以便进一步清除工件表面上的细微不平，使其具有更高的光泽，直至达到镜面光泽。抛光过程与磨光不同，工件表面不存在显著的金属磨耗。

同磨光一样，抛光也可以分几步操作，分初抛、精抛、镜面抛光，以满足不同的精饰要求。很多时候，工件的初抛就是磨光操作。

2.2.1　抛光机理

抛光和磨光一样，虽然只是一种简单的机械操作，但其作用机理至今尚未有统一的认识。W. Burkert 等[3]认为：磨光和抛光的作用是逐渐地除去金属表面的毛刺、凸凹，直至达到高光泽。反对的观点认为：在抛光的最后阶段，金属从凸处移到凹处，形成无定形层或很细的金属晶体层。Beilby[4] 用的是黏滞流动理论，其他人用塑性变形的理论解释这种现象。电子显微镜的研究证实，抛光表面的外层被粉碎成不规则的、很细的结晶状态，在磨光与抛光时，局部可产生 $500 \sim 1000\,℃$ 的高温。Samuels[5] 用很简洁的术语探讨了金属表面的机械抛光过程。他认为：最外层的毛刺层基体晶体由于剧烈的塑性变形而破碎成很细的二次晶体。但表层里边的塑性变形较小，越靠里边变形越小。Vacher[6] 测量了工业纯铝抛光时产生的塑性变形层的厚度，见表 2-4。

表 2-4 X 射线衍射法测定多晶工业纯铝变形层的厚度

表面处理	变形的表观深度/μm	表面处理	变形的表观深度/μm
600 目刚玉抛光	5	1-G 号刚玉砂纸	33
3/0 号刚玉砂纸	50	100 目刚玉布带	95
0 号刚玉砂纸	26		

日本 Hitoni[7] 企图通过研究油脂、磨料种类、抛光压力、抛光速度、磨轮布料和表面初始状态对抛光铝及铜的影响来补充某些细节，结果表明：抛光表面的状态主要受所使用的磨料和抛光方法的影响。

表 2-5 列举了专门用于铝的磨、抛光的典型氧化铝磨粒尺寸。

表 2-5 专门用于铝的磨、抛光的典型氧化铝磨粒尺寸

产品	第一步①	第二步	第三步	第四步
铝压铸件	—	180 目	240 目	
铝砂铸件	内表 40～60 目 外表 90 目	180 目 150 目	— 240 目	—
铝机加工（去毛刺）	50～120 目	180 目	—	
铝板	120 目②	180 目	240 目②	
铝保险杆	—	180 目（局部）	240 目②	
铝结构件	—	180 目	240 目②	

① 进行多步联合操作时，根据表面粗糙度，第一步可不进行。

② 通常用油脂或润滑剂。

苏联 Spitsyn 等[8] 通过在羧基中引入放射性示踪原子 ^{14}C 研究证实，抛光膏中的硬脂酸与铝表面发生了反应，而且这些基团与金属化学键结合。

Steer 和 Samuels[9] 发表了一系列文章，指出大多数金属的抛光表面具有不同的特性，如较高的抗蚀性能，但是，不希望抛光时产生流变和碎晶，这可能会给随后进行的电镀和表面处理带来许多麻烦。

Krusenstjerm 和 Hentschel[10] 进行了一项有趣的实验，研究抛光对金属表面的影响。他们用逐层阳极氧化再剥离下来分析的方法，测量了抛光膏掺入铝表面的深度。发现渗透的深度很大程度上受合金成分的影响。在距表层 $3 \sim 5\,\mu m$ 的地方，还有相当量的 Fe（抛光膏 Fe_2O_3 中的 Fe）。

从以上许多人的研究中可知，对抛光的认识尚待进一步深化。一般认为：抛光时，高速旋转的抛光轮与工件摩擦产生高温，使金属表面发生塑性变形，从而平整了金属表面的凸凹，同时使在周围大气氧化下瞬间形成的金属表面的极薄氧化膜反复地被磨削下来，从而变得越来越光亮。所以抛光过程既具有机械的轻微磨削作用，又同时发生物理和化学的作用。

2.2.2　抛光剂的类型

许多抛光剂以它们组分中所使用的磨料来命名。另一些则按照它们常用于抛光的金属或其功能来命名。广泛使用的抛光剂有以下几个。

（1）硅藻土抛光剂。含有隐晶石英砂（SiO_2），其中75%为无定形或晶体的二氧化硅。它们一开始具有很强的磨削能力，随后被破碎成细小的粉末，形成更小的磨削作用和很高的镜面抛光作用，往往用于有色金属的抛光，特别是铜、锌、铝和黄铜。

（2）磨光剂。通常含有粗的砂子如石英砂。这种磨料要比硅藻土硬和尖锐得多，主要用于磨抛挤压铝型材的挤压纹以及铝铸件的斑点、凹痕。

（3）磨抛剂。一般含有用于抛光有色金属的硅藻土和用于抛光碳钢或不锈钢的熔凝三氧化二铝磨料，磨料作软、硬搭配。

（4）磨光和镜面抛光剂。快速磨光和镜面抛光相结合，虽牺牲了最大的磨削性能，但可获得镜面抛光的高光泽度。根据被抛金属希望达到的磨光和镜面抛光要求来选择合适的磨料进行混配。

（5）镜面抛光剂。使用很细的、较软的磨料，可以获得最大的光泽，并抛掉了工件上的微细裂纹。根据被抛光工件的不同类型，选择磨料硬度、抛光剂、抛轮圆周速度、抛光速率、接触压力和抛光时间。粗糙度按客户的要求。很细的三氧化二铝与作为润滑用的黏合剂做成抛光剂，采用很小的抛光压力，通常可以用来抛光铝、Sn-Pb合金、热熔性塑料和热固性塑料以及镁合金等。

（6）刚玉浆。用刚玉与油脂或牛油混合而成，主要用在刷光轮上刷除锈点或作刷光精饰用。

（7）不加油脂的抛光剂。这是一种特别的抛光剂。完全不加油脂的黏合剂、磨料与水和胶混合，然后装在气密的容器中，如果暴露在空气中一段时期，会变得干燥并发硬。这种抛光剂黏结于布轮，干燥后即成磨光轮。改变磨料品种，会得到不同的抛光效果。可以抛成高光泽的镜面，也可以将表面抛成漫反射的砂面。一般用于松散的抛光布轮。

如果将该种抛光剂用于缝制布轮或毡轮时，磨削作用会增加。因为抛光剂中不含脂、油或蜡，工件磨前和磨后均不用清洗。不过易于变质腐败，所以抛光剂储藏温度应在4～21℃为好。

（8）液体抛光剂。含有的磨料悬浮在一种液体黏合剂载体中，所用磨料与棒条状的抛光膏相同。可以通过高位自重流注、喷淋、刷或浸的方法，将液体抛光剂用于抛光轮或工件表面。这种抛光剂特别适用于大型工件在半自动或全自动抛光机上抛光。

比较传统的液体抛光剂具有下列优点。

① 直接降低劳动成本。因为节约了使用和更换抛光剂的时间，抛光剂可自动加注。

② 减少抛光剂的损耗。一般可以根据需要，用手工或自动控制的方法加很少的量，并且不会浪费。

③ 可以在很宽的范围内操作，达到磨光或镜面抛光的效果。只要选择不同的磨料和油脂黏合剂即可。

④ 延长抛光轮寿命。加些表面活性剂可渗入较深的深度，在整个抛光时间内，抛光轮

表面保持适量的抛光剂，可以降低抛光轮的温度。

⑤ 比棒条抛光膏容易皂化和乳化。因此不会粘在工件上或牢固地残留在缝隙和凹槽中，在随后的清洗操作中容易除去。

⑥ 可根据特殊的要求配制。不像抛光膏，要做成棒条状使用，还要有足够的强度经受抛光时的振动不致断裂。

2.2.3 抛光剂的选择

前面已经提到，磨光轮是将磨料利用黏合剂牢固地黏结在磨轮表面，但抛光轮一般不作牢固黏结。国内工厂抛光通常使用抛光膏，具有以下三种类型。①白抛光膏。磨料用煅烧石灰，按一定比例与硬脂酸、石蜡、动植物油脂混合而成。②红抛光膏。磨料用氧化铁红、长石粉，与动植物油脂、石蜡等混合而成。③绿抛光膏。磨料用铬绿（Cr_2O_3）与硬脂酸、油酸等调配。三种抛光膏均做成棒条状。工厂中也有用简易方法自行配制的，如将磨料加入菜籽油中，搅拌成浆状，用毛刷蘸取少许涂抹在抛轮上。

国外在磨、抛光中广泛使用抛光剂，品种繁多、用法各异。抛光剂所用磨料一般为下列物质。

（1）硅藻土或二氧化硅。适合抛光铝等有色金属及塑料制品。

（2）熔凝三氧化二铝。适合抛光钢铁、铝等有色金属。

（3）煅烧铝土。适合抛光钢铁和有色金属。

（4）氧化铁红粉。适于高光泽镜面抛光或黄铜制品。

（5）铬绿粉（Cr_2O_3）。适用于铝的高光泽镜面抛光或不锈钢和塑料制品。

这些磨料通常与脂肪酸和表面活性剂制成液体状，并能在电镀或阳极氧化前处理时从工件表面清除干净。

大多数抛光剂都由磨料浸在黏结载体中，磨料是主要的磨削介质，而黏合剂作润滑用。它可将磨料黏附在轮子上，并能防止工件过热。黏合剂对金属表面不能造成化学溶解、腐蚀或损伤现象。任何一种抛光剂的抛光作用随磨料粒度的大小而变化，也随黏合剂中使用的油脂类型和数量而改变。现代的抛光剂有些使用水溶性的黏合剂。黏合剂中所用的油脂一般是矿物油、动物油脂，也有用植物油脂的。

选择何种抛光剂，主要根据被抛金属的类型、初始表面状态、抛光设备的类型和表面的抛光要求而定。被抛光工件的尺寸和外形设计也影响抛光剂的选择，特别是工件的尺寸和外形直接决定了生产线上的抛光速度（有的工件会延长抛光时间）。

2.2.4 抛光轮的种类、制作和功用

带有磨料和抛光剂的抛光轮横向接触工件表面时产生磨光和抛光的作用。如果抛光轮选得不合适，不但抛好的表面不符合表面精饰的要求，而且会增加成本。这是因为：

① 缩减了抛光轮寿命；

② 抛光剂用得太多；

③ 直接增加了劳动强度；

④ 使抛光速度很快下降。

所以选择合适的抛光轮非常重要。

通常使用的抛光轮主要分为棘面轮、指宽轮、圆盘轮、拼合轮等。这些轮子的结构如

图 2-2所示。

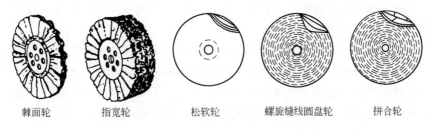

棘面轮　　指宽轮　　松软轮　　螺旋缝线圆盘轮　　拼合轮

图 2-2　抛光轮的结构

（1）棘面轮。在自动抛光中，普遍使用棘面轮。轮的横截面通常 13mm 宽，中间用圆盘夹紧并打孔。空气可以通过这些孔循环而冷却轮子，防止抛光轮表面或与工件接触的部位积聚热量。轮子表面的弹性可以用以下方法来调节。

① 改变布的层数，增加或者减少厚度。

② 改变中心夹盘的直径。

③ 改变打褶的褶皱度。

粗抛操作要求抛光轮的布层和褶皱多些。越向轮子中心靠近，皱褶越多，这样，当抛光轮磨损或表面速度降低时，仍能保持良好的抛光能力。

将布轮缝后使用可提高抛光效率，容易留住抛光剂，增加轮子的刚性和抛磨性，还能延长轮子磨损报废的时间。一般缝线 $12 \sim 13$ 圈/dm^2，精抛轮缝线 $10 \sim 11$ 圈/dm^2，工件在棘面上抛光，使抛光时缝线不会被磨掉。棘面轮常装在设计有合适抛光轴的自动设备上，空气卷至轴下再经轮缘排出，使被抛工件和抛轮得到冷却，延长了抛光轮的使用寿命。

棘面抛光轮往往用黏合剂黏结磨料，减少工件的抛光成本。这种抛光轮一般工作起来比较干净、寿命更长；增加金属的磨抛量；使用很少的抛光剂；而且磨速快，磨抛后工件表面粗糙度低；同时也减少抛光压力和抛光时间。

（2）指宽轮。由多个棘面轮重叠装配成一个指宽轮。抛光工件时，工件压向轮子，这些棘面部位受压弯曲，可随工件的外形轮廓而自由挠曲起伏，适于抛光外形复杂的工件。可以采用下列方法改变指宽轮的密实性。

① 改变每一片组合棘面轮的缝线线距。

② 增加或减少每一片组合棘面轮的缝线圈数。

③ 改变组装的棘面轮片数。

④ 改变抛光轮轮毂直径。

由于工件表面形状复杂，当其他抛光轮无法与工件表面接触时，就必须使用这种轮子。

（3）圆盘抛光轮。这种轮由一片片剪成圆形的布叠在一起而组成。标准层数为 20 层，平均厚度约 6mm，要求做厚一些或薄一些都可以。如果将布片围绕轴孔简单地缝一圈线装订在一起就制成了松软的抛光轮，用于精抛光或镜面抛光。作其他应用时，如需要不同的松软度和挠曲度，可改变缝线的圈数，以控制抛光轮的硬度、挠曲度、弹性和存留抛光剂的能力。最广泛使用螺旋形缝线方法。缝线线距宽度一般软轮为 10mm、中等硬度轮为 6mm、硬轮为 3mm。

（4）拼合轮。这种轮用新的、不规则形状的零碎布料制成。这些零碎布料夹在外层为圆形的布片之间，然后在整个抛光轮圆截面上一圈圈地缝线。这些轮子主要用于磨削量大的磨光操作。

（5）法兰绒布和剑麻抛光轮。这种轮可用法兰绒布，也可用剑麻制造。因为它们比较柔软。法兰绒布抛光轮主要用于镜面抛光。

剑麻是细长而硬、绞成股状的植物纤维，坚牢而富有弹性。剑麻轮可用于磨削量大的磨光操作，也可以用细磨料作抛光用，抛去工件表面的橘皮、磨光轮或磨带的粗磨磨痕和轻微的挤压纹。剑麻轮可做成与棉布轮同样的类型和规格。因为剑麻轮难于留住抛光剂，所以有时与棉布合用制作抛光轮。用于剑麻轮的抛光剂要求熔点低些，里边油脂的含量要比一般的高。操作时，剑麻轮圆周速率为 38～50m/s，当速度降至 30m/s 以下时，抛光效率大大下降。

2.3 抛光机械及操作[11-14]

磨光和抛光机械形式多样、品种繁多。有简单的手工磨光或抛光机，也有特制的半自动或全自动磨光、抛光生产线。专用磨光和抛光的设备及生产速度见表 2-6。

表 2-6 专用磨光和抛光的设备及生产速度

产品	抛光要求	机器类型	抛光轮	生产速度/(件/h)
挤压铝型材	光亮或砂面	往复运动直线式	剑麻或棉布抛光轮	①
汽车轮毂	光亮	单轴半自动抛光机②	布轮	40～60
电动工具零件压铸件③	光亮和镜面	通用直线型	布轮	300～600
	光亮和镜面	半自动抛光机	布轮	60～120
	光亮和镜面	连续旋转定位	布轮	300～600
闪光灯壳	光亮	四轴半自动抛光机	布轮	200～600
话筒	光亮	单轴半自动抛光机	布轮	100～120
炉头	光亮和镜面	旋转定位	剑麻和布轮④	300～600
冲压件	光亮	旋转定位	布轮	300

① 90～300m/h，挤压型材宽 45～100mm，四周抛光。

② 专门机械。

③ 摩托外壳、齿轮箱、手柄。

④ 棘面和圆盘布轮。

抛光设备及其操作条件见表 2-7。

表 2-7 抛光设备及其操作条件

工件和材料	前步操作	设备	抛光剂	抛光轮		生产速度/(件/h)	后续操作
				直径/mm	速度/(r/min)		
汽车零件头灯聚光圈（铝制）	压形	矩形直线抛光机①	液体硅藻土	405	1000～1400	1150～1200	阳极氧化
飞盘（铝）	旋转抛光	旋转定位	液体硅藻土	430	1750	450	电镀②

① 缝距 6mm 的缝制轮和 4#13～14 圈/dm² 棘面轮。

② 镍-铬装饰镀。

设计专用抛光机的类型取决于下列因素。

① 工件的形状和尺寸大小。

② 待抛光表面的状况。

③ 工件材料。

④ 抛光要求。

⑤ 生产速度。

当然抛光设备的投资也是一个主要的因素，希望价廉物美，抛光后大大提高产品的外观质量和均匀性，满足表面精饰的要求。

2.3.1　抛光机械的主要部件、类型和功用

无论是半自动还是自动抛光机，其最重要的部件为：抛光头、传送装置和夹持工件的夹具或机械手。

(1) 抛光头。抛光头有几种类型，包括那些安装在固定位置的半自动或手工抛光头，也包括那些可以调节抛光头角度的抛光头。一般采用弹簧、气动或液压来控制。

固定的抛光头称为传统的或背立抛光头。有用单轴的，安装一个抛光轮或抛光带。也有用两个轴的，安装两个头可以同时抛光，另一个头装在背面。

可调节类型的抛光头是活动的，一般装在半自动或全自动抛光机上。轴的直径、长度和调节抛光头的功率以及抛光速度等按照被抛工件的要求而定。用可调抛光头抛光效果更好，可以获得均匀一致的抛光表面，而且也节约了成本，延长抛光轮或抛光带的寿命。当工件转换抛光位置时，一般要求抛光头可以升起离开工件。同时抛光头还可伸缩，随着工件的外形轮廓起伏浮动，这样控制了抛光压力，避免工件烧焦，也减少了工件和抛光轮的过度磨损。

在精抛时，抛光头的转速应该低些，采用大直径的棘面轮，转速大约为 $300\sim1200$ r/min。精抛头特别适用于矩形抛光生产线，这种抛光头可以做得很宽。抛光头通常装在一个旋转臂上，当工件通过时，沿着工件轮廓表面抛光。

(2) 夹持工件的机械。当工件接触磨光或抛光轮时，利用夹持机械完成工件旋转、凸向抛光轮以及夹紧等工作。另外在工件抛好后将之传送至下一个抛光位。这种机械往往设计成夹具，带有夹紧轴、传送台、固定台的支撑或者传送装置的皮带等。图 2-3 所示为四种用于半自动抛光机的工件夹持装置。

(3) 半自动抛光机。半自动抛光机经常在工件的品种规格变化大但产量又不是很大的工厂中使用。与手工操作相比，半自动抛光更加经济实惠。这种抛光机大多装有一个或两个轴，也有专用机械装了八个轴的。半自动抛光机可以装固定的抛光头，也可以装可调式的抛光头。定位设计成手动或者自动定位。这种机械因为所用的抛光头比较简单，需要更换的夹具数量相对较少，因此用于装拆的工具消耗也少，比自动抛光机容易安装和调整。

半自动抛光机适于抛光椭圆形或矩形的工件，如五金件、管道件、电器零件及小的用具等。一种凸缩操作的夹具可使抛光轮随工件的外形轮廓抛光，形状复杂的工件也能获得良好的抛光质量，这种机械的生产效率为 600 件/h 左右。

(4) 全自动磨光或抛光机。当产量很大、需要多个抛光位进行抛光时，选用全自动抛光机是最适宜的。设备类型取决于工件的尺寸和形状、欲抛的产量、抛光工步的数量以及所要求的抛光工艺。自动抛光机一般由一个或多个抛光头以及传送装置组成。后者带有传送系统和夹持工件的夹具或紧固定位器。工件传送装置或夹具通常旋转或者活动连接，使工件所有

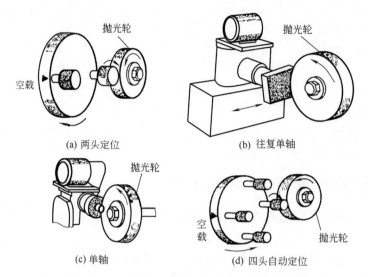

图 2-3　四种用于半自动抛光机的工件夹持装置

的边棱和表面都能得到有效的抛光。在某些情况下，也许整个工件只要进行简单的抛光就能达到要求，但另一些工件必须进行一系列的抛光操作，才能抛到不同的部位。全自动抛光机一般可分下列几种。

① 旋转的自动抛光机。基本上由一系列安装在旋转台上的轴组成。围绕旋转台的圆周在轴上安装可调抛光头进行磨光或抛光。这些机器适合多种不同尺寸和外形的工件，并可大量生产，使用起来比较经济，而且用途广泛。如果遇到特别的工件外形或者有特殊的抛光要求时，这种抛光机可采用定位台旋转、连续抛光台旋转或者定位台和装有由电机驱动单个夹紧轴的连续抛光台一起旋转，还可以在很宽的尺寸范围内将这些工作台合理排列，以满足工件的抛光要求。

② 定位装置。图 2-4(a) 所示为旋转型自动抛光机的定位装置，将工件从一个抛光位传送到另一个抛光位并定位进行不同的抛光操作。停顿的时间是可调的，按照工件的抛光要求预先设定。工件或装在旋转台上的夹具轴旋转，将工件旋转到每一个工作位。定位装置有以下用处。

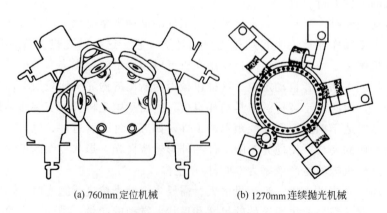

(a) 760mm 定位机械　　　　(b) 1270mm 连续抛光机械

图 2-4　旋转自动抛光机

a. 使工件在每一个抛光位都有足够的磨、抛光时间。

b. 减少在自动抛光机上夹持工件所需要的工具数量。

c. 抛好后使抛光头自动缩回，避免可能会发生的磨坏工件或抛光缺陷。

d. 可抛光非圆形的工件。

e. 使抛光头碰到工件凸或凹的部位可以伸缩，从而避免工件在传送过程中太大的抛光压力，并能延长抛光轮寿命。所有的定位装置都应用了接触抛光的原理。

③ 直线抛光机。直线型抛光机在所有磨光和抛光设备中用途最为广泛，实际上可以用它磨抛任何种类的工件。顾名思义，所有工件通过抛光头都在一条直线上。可以进行磨光，剑麻轮磨、抛光以及最后的镜面抛光。这种机器几乎可以做成任何尺寸，并能进行多种抛光操作。可以装上点接触磨抛的抛光头，或者装上较宽面积抛光的抛光头；设计各种定位装置使自动直线抛光机具有多种类型，并比标准的旋转定位装置要优异得多。直线抛光机又分下列几种。

a. 往复式直线抛光机。如图 2-5 所示。这种机器有一个工作台，工件在一个或多个抛光头下、在台面上作前后往复运动。工件在抛光位的夹具上夹紧，通过抛光头抛光后再返回到操作者处卸下。常用的建筑铝型材很适合在这种机器上抛光。

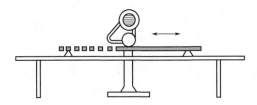

图 2-5 台面可调、使用一个（组）抛光轮的往复式直线抛光机

b. 水平反转直线抛光机。这是一种磨抛产量很高的设备，主要用于汽车或其他制品的去毛刺、磨光。操作者站在传送带的一端将工件装上或卸下。这种抛光机的夹具可以反转 180°，或设计成可上下安装的夹紧装置，使之能够抛光到一个工件的两面。对于不规则形状的工件，也可做成自由伸缩的夹紧装置。图 2-6 所示为这种机器的典型示例。

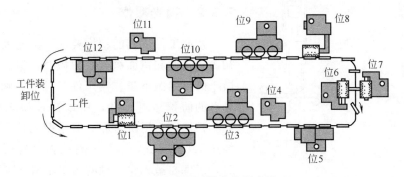

图 2-6 水平反转直线抛光机

c. 抛光头上下相对安装的抛光机。这种机器通常用于抛光小零件。诸如各种汽车压铸件、保险杆尾端、电器和打火机等。将抛光头装在传送装置的上、下两边以节约占地空间，而且可以同时抛光工件的两面。机器自动装卸工件，或者由一个工人站在机器的一端装卸。

d. 通用的或标准矩形的直线抛光机。这种抛光机有多种用途，可以抛各种压铸小零件，也能抛大的汽车零件。夹具设计成固定的，或者用仿形结构做成活动的，使工件可以转向任何方向。这种设计的一个例子如图 2-7 所示。

图 2-8 所示为另一种仿形装置，采用凸轮结构，凸轮仿照工件的外形，从动轮为圆轮。磨抛时，从动轮随着凸轮运动，使抛光轮能沿着工件的外形轮廓进行抛光。

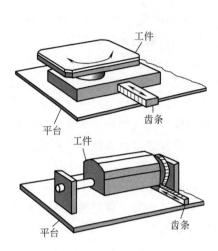

图 2-7　抛光时可将工件转动 180°的
直线抛光机仿形装置

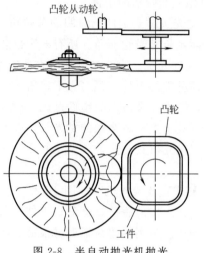

图 2-8　半自动抛光机抛光
非圆工件的凸轮仿形装置

e. 工件亚光砂面磨抛机。这种机器装有磨料带。用于金属、塑料、木头、陶瓷或橡胶制品的去毛刺、磨光或抛光。图 2-9 所示为磨带机简图及其送料装置。

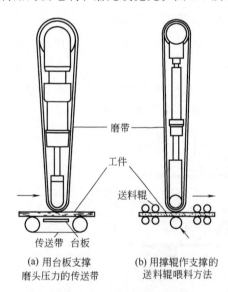

(a) 用台板支撑　　(b) 用撑辊作支撑的
磨头压力的传送带　　送料辊喂料方法

图 2-9　磨带机简图及其送料装置

磨料带用机械或气动装置来张紧，可手工或自动传送并调节磨、抛光压力。传送带一般由耐油橡胶、泡沫橡胶或覆有磨料的布带制成。有时在磨带上装有挡板或夹具，以防止工件在磨、抛光头下面滑动。自动传送的磨料带通常为 305mm 或更宽些。

2.3.2　抛光操作

按照工件不同的精饰要求，抛光大体上可分为初抛、精抛和镜面抛光。初抛时，被抛制品表面有微小的金属抛下量，当工件与抛轮接触时，要求接触点的面积尽量小些，所以这种抛光也叫触碰抛光。初抛通常用拼合轮，要求抛光轮稍硬些，转速高达 1200r/min，因为只有当抛光轮硬而高速旋转时，工件与抛光轮接触的面积才相对地变小。

初抛设备的传送装置和抛光头采用液压传动，这样可精确地控制速度并提高设备的通用性。工件改变时，设备能方便地调节，使抛光速度随之变化。最近几年又新设计了高速和直线定位传送系统、程序控制和三维定位装置。

精抛光也可叫做软抛光。使用宽轮，工件与抛光轮接触时，比初抛可以抛到更大的面积。精抛机的轴可长达 3.6m，在轴上安装多个抛光轮，每个抛光轮间的间距为 13～75mm。精抛采用指宽轮，抛光轮能自身挠曲裹住工件的轮廓抛光。轮的旋转速度要比初抛小得多，这样可使轮及工件的温度低些，避免"烧焦"，也延长了轮子的使用寿命。抛光轮的抛光速度低，还增加了抛轮的柔软性，提高了抛光的均匀性和质量。

用自动设备精抛时，可调抛光头装在传送装置的里边或外边，很容易装拆调整。当精抛不同的工件时，只要改变抛光头的位置和工件的夹具就行了。

镜面抛光可以获得最佳的精饰效果。在初抛或精抛时，工件表面难免会留下抛纹或微细的发裂纹。镜面抛光采用较软的抛轮，一般为棉布轮，缝线的圈数较少（10～11 圈），所用的磨料也要细一些，在整个抛光过程中，都要加注抛光剂。因抛光时会有金属屑抛下，抛光剂可以将它冲走，如果附在抛光轮上或工件表面，可能会在表面上产生划痕。经这种抛光后，工件表面获得似镜面般的光亮度和良好的表面状态。

镜面抛光往往是工件抛光的最后一道工序，所以操作时应该小心。抛光轮可用棘面轮，但褶皱要少些或者干脆不打褶皱。最好使用松软的圆盘轮。

2.4　磨光、抛光常见问题及解决办法

由于磨（抛）光轮、磨（抛）光料和抛光剂等选择不当，尤其是采用了太大的抛光压力或磨触时间太长时，工件表面易留下暗色的斑纹，通常称为"烧焦"印。若浸入电解抛光液中取出观察，则更加清晰，显示出雾状乳白色的斑纹。这是工件与抛光轮磨触时过热而造成的。一旦发生，常采用下列办法解决。

① 在稀碱溶液中进行轻微的碱蚀。

② 用温和的酸浸蚀，如铬酸-硫酸溶液，或者质量分数为 10％的硫酸溶液加温后使用。

③ 质量分数为 3％的碳酸钠和 2％的磷酸钠溶液，在 40～50℃的温度下处理。时间为5min，严重的可延长至 10～15min。

经上述处理清洗并干燥后，应立即用精抛轮或镜面抛光轮重新抛光。为了避免出现此类情况，操作时应注意下列事项。

（1）选择合适的磨光轮或抛光轮。磨光轮或抛光轮太硬，由于磨削量太大，容易使工件表面烧焦，特别是平面状的工件，操作不当，会磨出凸凹的波浪形表面。反之，若抛光轮太软，抛光剂中的磨粒不能与工件直接接触。在抛光时，磨抛下的铝屑有时会粘在轮缘表面，使抛光轮打滑。因此磨抛时要求操作者必须掌握熟练的技巧，选用合适的抛光压力和转速。

（2）选用适宜的抛光剂。抛光剂中的黏合剂会影响工件磨抛的表面特性。同一种抛光剂，若其中黏合剂含量少些，会降低磨削力，抛光的表面光泽度高。如增加黏合剂比例，在大多数情况下，磨削会更尖锐，但润滑性好。抛光剂中过多的油脂易使工件表面脏污，不利于检验抛光质量和清洗。无论是棒条状抛光膏还是液体抛光剂，都应做到少量但多次添加。抛光轮吸收了足够的抛光剂后，使磨下量减少并且抛得光亮。反之如抛光剂过多，抛轮与工件接触时容易打滑，不但影响抛光，还造成浪费，增加成本。

（3）工件与抛轮的磨触时间要适当掌握。在简单机械手工操作中，全凭操作者个人的经验。磨触时间只能以"秒"计，不可停留太长。在自动生产线上，要根据机器的类型、生产条件等因素进行计算，简单的可用下列公式计算。

$$磨触时间\ t = \frac{轮面宽度(m) \times 60}{传送速度(m/min)}(s)$$

2.5 其他机械处理方法

除了磨光与抛光外，为了使铝制品表面达到不同的精饰要求，有时也为了成本方面的考虑，还常采用如下几种机械处理方法，如喷砂（丸）、刷光、滚光、磨痕装饰机械处理等。

2.5.1 喷砂（丸）

喷砂是一种用净化的压缩空气将干砂流或其他磨粒喷到铝制品表面，从而去除表面缺陷，呈现出均匀一致无光砂面的操作方法。磨料一般采用金刚砂、氧化铝颗粒、玻璃珠或不锈钢砂等。钢铁磨粒不常使用，因为容易嵌入铝基体中生锈腐蚀。喷砂后获得的表面状态取决于磨料的品种和粒度、空气压力、冲击角度、喷嘴与工件的距离、喷砂方法等。喷砂具有以下几个作用。

① 去除工件表面的毛刺、铸件熔渣以及其他的缺陷和垢物。

② 喷砂还有改善铝合金力学性能的重要作用。如在航空工业上，喷砂可强化金属表面，减少应力和疲劳。喷砂通常给予表面压应力，能成倍增加某些组合件对交替应力的疲劳寿命，同时冲击零件表面，填塞表面可能存在的裂纹。

③ 工件经喷砂后呈现出均匀一致的消光表面，一般称为砂面。用石英砂喷吹得到浅灰色，而用碳化硅磨料喷吹则得深灰色。

如果在喷砂前将铝表面的某些部位保护起来，使喷到的部位消光，而保护的部位光亮，则会使铝制品表面呈现艺术图案，起到一定的装饰效果。

喷砂可用手工操作，也可以在半自动或自动喷砂机上进行。由于工件的外形和尺寸大不一样，因此设计的喷砂机也有很多种类型。一般在喷砂柜中操作。挤压铝型材喷砂往往设计成直线式的，固定喷嘴，型材沿轨道按一定传送速度前行。或者固定型材面，喷嘴与工件间保持一定的距离和角度往复运行。为了减少粉尘对环境的影响，国外已做了某些改进，将细磨料悬浮在水中，与水一起强力喷击制品表面。喷砂后的工件必须立即进行下道操作，以免沾染油污和指印等污垢。

喷丸与喷砂相似，主要有两点不同。一是喷丸的磨粒往往比较大，常常使用钢丸。钢丸先经处理，去除表面的氧化皮。大颗粒钢丸（铝合金常用不锈钢丸）可产生敲击或锤击状消光外观，而小颗粒钢丸形成砾石状表面，呈现出浅灰色。另一个不同之处是采用的操作方法不同。喷丸可以采用喷砂一样的方法和机械来进行，但另外还可运用机械快速旋转的离心力，将钢丸抛向工件表面，这种方法也称为抛丸，铝合金型材的"喷砂"常采用离心法。

2.5.2 刷光

刷光操作类似于磨光或抛光，不过要采用特制的刷光轮。刷光主要有两个作用，一是借助刷光轮的旋转，与工件接触时刷除工件表面的污垢、毛刺、腐蚀产物或其他不需要的表面沉积物。二是对于铝制品，使用刷光可起到装饰的作用。刷光轮一般用不锈钢丝组成。其他的金属丝易嵌入或黏着在铝基体上，在不利的条件下成为腐蚀中心。为了避免这种情况发生，也有使用尼龙丝的。

刷光轮圆周速度一般为 1200～1500m/min，可用干法刷光，也可用湿法刷光。后者用水或抛光剂作润滑剂。用刷光轮作装饰使用时，可在平面状制品上刷出一条条一定长度和宽度的无光条纹，光亮镜面和砂面相间，起到很好的装饰效果，常用于炉具面板等制作。

2.5.3　滚光

滚光是将工件放入盛有磨料和化学溶液的滚筒中，借滚筒的旋转使工件与磨料、工件与工件相互摩擦以达到清理工件并抛光的过程。这种方法适用于小零件，可以大量生产。

为了防止工件相互碰撞产生凹痕、划伤和碰伤，装料时应放一层工件，再铺一层磨料，鼓形滚筒装载量为筒容积的 $1/2 \sim 2/3$，水平圆筒则装满。溶液液面高度应等于或大于装料高度。用滚筒抛光时，圆筒转速应大些，一般为 $75 \sim 100$ 圆周米/min。所谓圆周米即圆周长与转速的乘积。

2.5.4　磨痕装饰机械处理

前面已经提到，用磨料带或刷光，甚至可用喷砂（丸）的方法在平面状工件表面产生光亮面与砂面相间的装饰条纹或装饰图案。这里所述主要采用鼓式磨光机或缸式磨光机等机械在工件表面产生磨痕装饰条纹。磨带一般为布质或纸质的，表面覆有碳化硅、金刚砂等磨料。选择不同的磨料类型和粒度，可以得到不同的磨砂效果。用手工或机械半自动及自动操作，有多种方法可以达到这一目的。如果采用软轮或软磨带，磨料粒度更细，使用抛光膏或者无润滑油脂的液体状抛光剂，使砂面更细致、更柔和，被称为缎面精饰。

参考文献

[1] 五机部第六设计研究院. 表面处理车间工艺设计手册. 石家庄：河北人民出版社，1981：195-199.

[2] Benson L J. Metal finishing, 1958, 56 (12)：44, 50.

[3] Burkert W，Schmotz K. Grinding and Polishing. Redhill，Surry：Portcullis Press Ltd，1981.

[4] Wernick S，et al. The Surface Treatment and Finishing of Aliminium and its Alloys // ASM International：vol 1. 5th edit. Ohio：Metal Park，1987：24-60.

[5] Samuels L E. Finishing of Aluminium：Chap 10 // Kissin G H. New York：Rein-hold Publishing Corp，1963.

[6] Vacher H C J. Res Bureau Standards，1942，29：177.

[7] Hitoni M，Tanaka Y，et al. Plating，1969，56 (8)：914.

[8] Spitsyn V I，Koyolev A Ya，et al. Dokl Akad Nauk SSSR，1964，159 (4)：865.

[9] Steer A F，Samuels L E. Electroplating and Finishing，1957，10 (9)：279；10 (10)：325；12 (4)：130；12 (5)：169.

[10] Krusenstjerm A，Hentschel F. Metalloberflache，1962，16 (10)：309.

[11] Brace A W. The Technology of Anodized Aluminium. 3rded. Modena：Interall Srl，1999：75-86.

[12] Wood W G，et al. Metal Handbook // ASM International：vol 5. 9thedit. Ohio：Metal Park，1982：105-150.

[13] 朱祖芳. 电镀与环保，1998，18 (1)：25.

[14] 朱祖芳. 材料保护，2000，33 (11)：1.

第 **3** 章

铝的化学预处理

3.1　概述

　　铝材的原始表面一般存在自然氧化膜和其他污染物，甚至存在轻微碰伤和划伤等缺陷。当铝材表面处理之前要经过加工成形、热处理和存放等过程，还或多或少沾上一定的油脂和灰尘等污染物，为了提高表面处理的装饰效果并使随后的铝表面处理主工序（阳极氧化或化学转化等）顺利进行，首先必须对铝材进行表面预处理。铝的表面预处理大致可分为三类，即机械预处理、化学预处理和电化学预处理。采用化合物溶液或溶剂对铝表面进行预处理的工艺称为铝的化学预处理，是最常使用的，一般来说也是最为经济的铝表面预处理工艺。化学预处理可以有效去除原始铝材表面的油脂、污染物和自然氧化膜等，使铝材获得润湿、均匀的清洁表面。铝材的加工方法有挤压、轧制、拉伸、锻造和铸造等，相应的挤压材料有型材、管材和棒材；轧制的有板材、带材和箔材；拉伸的有线材和丝材；锻造和铸造分别有锻件与铸件。在铝表面处理中挤压材占绝大多数，尤其是建筑用挤压铝型材都要经过阳极氧化或粉末喷涂等表面处理，而拉伸的线或丝材几乎都不要进行表面处理。表 3-1 为几种加工铝材表面存在的氧化膜情况和可能出现的污染物。

表 3-1　加工铝材表面存在的氧化膜和其他污染物

铝材种类	氧化膜	其他污染物
挤压型材	挤压时在空气中形成的氧化膜；热处理时高镁铝合金富氧化镁的氧化膜；可热处理强化铝合金的含铜、铁、锰氧化膜	锯切时用的润滑剂；钻孔等机械加工时用的润滑剂；挤压时用的成形润滑剂
挤压管材	挤压时空气中形成的氧化膜；热处理时高镁铝合金富氧化镁的氧化膜	挤压穿孔针用的润滑剂；弯管或冷拔时用的成形润滑剂
板材	退火时在空气中形成的氧化膜，若控制退火气体，降低含氧量，氧化膜的厚度变薄；热处理时形成厚的高温氧化膜	轧制和剪切时残留的润滑剂；轧制、旋压或冲孔等生产过程中残留的润滑剂
模锻件	热处理时形成厚的氧化膜	可能含 C 或 MoS_2 的残留锻造润滑剂
压铸件	冷却时形成的氧化膜；形成的富硅表面层	残留的模具修正物及润滑剂；砂模的残留物（石墨）

　　根据待处理铝材的用途，对于表面质量有不同要求，可以分别采取以下几种不同的化学

预处理工艺流程。

（1）"三合一"预处理（除油、去除自然氧化膜和除灰三道工序在同一个处理槽内完成）→水洗→水洗→铝表面处理主工序。

"三合一"预处理工艺处理的铝耗较低（约 0.5%）；基本能保持原始表面光亮度，是一种经济型化学预处理方法，但难于去除铝表面轻微的划伤、碰伤和毛刺等缺陷，一般也不能完全去除自然氧化膜。

（2）脱脂→水洗→碱洗→二道水洗→除灰→水洗→铝表面处理主工序。

该预处理工艺流程为常用的传统型流程，处理的铝耗中等（1.0%～2.0%），可以去除轻微的划伤、碰伤和毛刺等缺陷，但不能消除挤压痕。该工艺流程适合于生产质量要求较高的平光铝材。

（3）脱脂→水洗→长寿命碱洗→二道水洗→除灰→水洗→铝表面处理主工序。

该预处理工艺流程处理铝耗较高（5.0%～7.0%），能有效去除划伤、碰伤和毛刺等缺陷，同时也能消除一般的挤压痕。该工艺流程适合于生产具有金属光泽的柔和砂面铝材，但缺点是碱洗时间长、铝耗高。当主工序前检查到砂面程度不够时，可再重复进行一次处理：碱洗→二道水洗→除灰→水洗。

（4）脱脂→水洗→氟化物砂面处理→水洗→碱洗→二道水洗→除灰→水洗→铝表面处理主工序。

该预处理工艺流程处理铝耗相对不高（1.0%～2.0%），而且比较容易去除挤压痕，获得外观柔和的亚光砂面型铝材。选用该工艺的缺点是工艺路线长、氟化物砂面处理工序存在环境污染问题。如果主工序前检查到砂面程度不够时，可再重复进行一次处理：氟化物砂面处理→水洗→碱洗→二道水洗→除灰→水洗。

（5）脱脂→水洗→氟化物砂面处理→水洗→除灰→水洗→铝表面处理主工序。

该预处理工艺流程处理铝耗约 0.5%～1.0%，获得的表面很细腻，一般看不到挤压痕缺陷，但金属质感和光泽度较差。当主工序前检查到砂面程度不够理想时，可再重复进行一次处理：氟化物砂面处理→水洗→除灰→水洗。

（6）脱脂→水洗→碱洗→二道水洗→除灰→水洗→氟化物砂面处理→水洗→碱洗→二道水洗→除灰→水洗→铝表面处理主工序。

该预处理工艺流程处理铝耗约 1.5%～2.5%，当主工序前检查到砂面程度不够时，可再重复进行一次处理：氟化物砂面处理→水洗→碱洗→二道水洗→除灰→水洗。主要缺点是工艺路线特别长，只对表面存在严重油污或存放时间较长的铝材采用该工艺流程处理。

预处理所涉及的各工序（脱脂、碱洗、氟化物砂面处理和除灰及水洗）的槽液，一般都用普通自来水配制即可。对质量要求比较高的厂家，阳极氧化前道水洗可以用去离子水进行，以控制带入阳极氧化槽液的杂质含量，提高阳极氧化膜的质量。

3.2　脱脂

脱脂是铝材化学预处理的第一道工序，目的是清除铝表面的油脂和灰尘等污染物，使后道碱洗比较均匀，以提高阳极氧化膜的质量。脱脂质量的好坏可通过表面润湿性效果来检查，铝材经过脱脂、水洗后，表面应完全均匀润水，并以润水膜连续性保持 30s 以上为合格。铝材的脱脂大致可分为三种类型，即酸性脱脂、碱性脱脂和有机溶剂脱脂。

3.2.1 酸性脱脂

酸性脱脂大都在常温下进行，生产控制容易而且成本较低，目前已替代传统的碱性脱脂，而成为铝材（尤其是铝型材）脱脂的主体工艺。在以硫酸、磷酸或硝酸为基的酸性脱脂溶液中，油脂会发生水解反应，生成甘油和相应的高级脂肪酸，在溶液中添加少量的润湿剂和乳化剂，则有利于油脂的软化、游离、溶解和乳化，明显提高脱脂效果。当酸性脱脂溶液中硫酸含量不足时，也可利用阳极氧化槽内的"废硫酸"来补充，这样既可确保脱脂槽液所需的硫酸浓度并且同时可以有效降低阳极氧化槽内的铝离子浓度，又不需要增加脱脂的生产成本和废水处理负担。

"三合一"预处理流程的清洗剂（也称低温抛光剂）通常由磷酸、硫酸、氢氟酸、络合剂、氧化剂和少量表面活性剂组成。该溶液在常温下对铝材表面有轻微的浸蚀作用，浸渍处理 5～10min 左右可去除自然氧化膜，经水洗干净后，一般就能顺利进行阳极氧化或化学转化成膜处理。在建筑铝型材粉末喷涂的预处理场合，"三合一"清洗剂已被广泛使用。而在阳极氧化预处理场合，主要从保持原始铝材光泽度考虑，也许还与节省生产成本有关，"三合一"工艺较少采用。表 3-2 为典型的酸性溶液脱脂工艺。

表 3-2　典型的酸性溶液脱脂工艺

序号	溶液组成	含量/(g/L)	温度/℃	时间/min	备注
1	H_2SO_4	100～200	常温	3～5	一般铝型材厂常用
2	H_2SO_4 HNO_3	100～150 30～50	常温	2～4	铝基材和水质较差的铝型材厂使用
3	"三合一"清洗剂（也称低温抛光剂）	40～50	常温	5～10	处理溶液中含有氟离子，综合生产成本可能较低
4	H_3PO_4 H_2SO_4 表面活性剂	30 7 5	50～60	5～6	脱脂效果较好
5	HNO_3 H_2SO_4 HF OP 乳化剂	10 120～130 5～10 5	常温	3～8	兼有去除自然氧化膜的功能

3.2.2 碱性脱脂

铝材表面预处理中采用碱性脱脂是传统工艺。铝属两性金属，容易受碱性溶液浸蚀，因此可用碱性较低的溶液作表面脱脂清洗处理。碱性太强的脱脂溶液有可能引起铝材表面的不均匀浸蚀，因为它倾向于较快地浸蚀铝材的清洁表面，而对有油脂的表面浸蚀速度较慢，从而有可能导致铝材表面出现清洗斑痕。

碱性脱脂的作用原理是碱与油脂发生皂化反应，生成可溶性的肥皂，用皂化反应来消除油脂与铝材表面的结合，从而达到脱脂的目的。皂化反应是油脂（主要是硬脂类）与碱性物质（如氢氧化钠）一起加热发生化学反应，生成肥皂和甘油，其反应方程式如下：

$$(C_{17}H_{35}COO)_3C_3H_5 + 3NaOH \xrightarrow{\text{加热}} 3C_{17}H_{35}COONa + C_3H_5(OH)_3$$

硬脂类　　　　氢氧化钠　　　　　肥皂　　　　　甘油

一般来说，碱性脱脂溶液应满足如下几点要求：

① 所有盐类物质应当能完全溶解，性能稳定，并且容易清洗掉；

② 碱性程度对基体金属铝合适，pH 值最好为 9～11；

③ 碱度的缓冲性好，有利于维持稳定的活性；

④ 具有较好的湿润能力，清洗时间一般不超过 15min；

⑤ 具有较高的乳化能力，能有效溶解和消散油脂，与之形成可溶性的皂化物；

⑥ 对其他如灰尘类污染物具有散凝能力，靠胶体作用将污染颗粒消散于溶液中；

⑦ 对铝基体的浸蚀有抑制作用；

⑧ 环保与卫生要求对皮肤无刺激作用，最好是无毒的，废水处理方便；

⑨ 使用硬水配制时，硬水中的盐不会沉积在铝表面上。

当然还必须考虑生产成本，化学预处理的工艺选择中，生产成本是必须考虑的因素。

碱性脱脂最大的问题是溶液需要加温，这样不但带来生产成本的提高，也给生产控制带来一定难度。碱性脱脂溶液一般控制温度为 45～65℃，在生产过程中温度常常会下降，不得不需要频繁加热升温。使用厂家应严格按脱脂剂供应商规定的温度范围进行有效控制，一般如温度过低和过高，都会对脱脂处理效果产生较为严重的影响，甚至可能导致产品报废，为此有条件的厂家最好安装温度自控装置。另外，碱性脱脂剂的浓度范围控制相对酸性脱脂剂要窄得多，生产过程中还必须注意控制浓度变化。表 3-3 为典型的碱性溶液脱脂工艺，可以按照脱脂的需要选择使用。

表 3-3　典型的碱性溶液脱脂工艺

序号	溶液组成	含量/(g/L)	温度/℃	时间/min	备注
1	Na_2CO_3 Na_3PO_4 $Na_4P_2O_7$ $C_{18}H_{29}SO_3Na$	10～15 10～15 5～10 0.1～0.2	45～60	5～10	适于建筑铝型材碱性脱脂
2	Na_3PO_4 NaOH Na_2SiO_3	40～60 8～12 25～35	60～70	3～5	适于建筑铝型材重油污脱脂处理
3	Na_2CO_3 Na_3PO_4	5～15 5～8	80～95	2～5	小槽液、小零部件脱脂处理
4	Na_2CO_3 $NaHCO_3$ $C_{12}H_{25}SO_4Na$	18 36 少量	38～43	2～5	适于轻微油污脱脂处理
5	Na_3PO_4 Na_2SiO_3 液体肥皂	30～40 10～15 5～7	60～80	1～2	高纯铝镁合金较宜
6	Na_3PO_4 Na_2CO_3 NaOH	20 10 5	45～60	3～5	

3.2.3　有机溶剂脱脂

有机溶剂脱脂是利用油脂易溶于有机溶剂这一特点进行脱脂。有机溶剂既能溶解皂化油，也能溶解非皂化油，具有很强的脱脂能力，而且速度快，对铝基体无腐蚀性，只是有机溶剂易燃有毒，除非真正需要，应该尽可能避免使用。可供选择使用的有机溶剂为：四氯化碳、三氯乙烯、苯、汽油、煤油、酒精和丙酮等。常用的几种有机溶剂的一般性质见表 3-4。

表 3-4　常用的几种有机溶剂的一般性质

名称	分子式	相对分子质量	密度/(g/cm³)	沸点/℃
三氯乙烯	C_2HCl_3	131.4	1.471	87
四氯化碳	CCl_4	152	1.605	76.4
苯	C_6H_6	78	0.895	80
丙酮	C_3H_3O	58	0.790	56.1
汽油	—	85～140	0.69～0.74	—
酒精	C_2H_5OH	46	0.789	78.5

　　有机溶剂脱脂以后，一般不能获得如同酸性脱脂或碱性脱脂一样干净的表面，处理后的表面往往还有一层残留薄膜，需要作进一步的后道处理（碱洗）。另外，有机溶剂挥发性很强，易着火，成本也高，因此在推广使用上很受限制，主要用于小批量、小工件，或是极为污秽的铝制品。如清洗机械抛光铝制品表面的残留物，因为用酸性脱脂或碱性脱脂处理，需较长的清洗时间，会出现严重失光，但是用有机溶剂脱脂不存在腐蚀问题，也就不存在失光问题，经有机溶剂脱脂后只需很短的后道处理即可完成清洗，从而有效保持原有抛光获得的光亮度。对某些坯料表面原先用羊毛脂或某种油漆保护的特殊铝工件，也常用有机溶剂预先清除保护膜。三氯乙烯常用于蒸气浴脱脂，三氯乙烯沸点为87.19℃，蒸气的密度约为空气的 4.5 倍，因而容易外逸，但三氯乙烯有毒性，必须安装冷凝设备。

3.3　碱洗[1-5]

　　碱洗通常也称为碱蚀洗或碱浸蚀。碱洗的工艺过程即为将铝材放入以氢氧化钠为主成分的强碱性溶液中进行浸蚀反应，该工艺处理的目的是：进一步去除表面的脏物，彻底去除铝表面的自然氧化膜，以显露出纯净的金属基体，为随后阳极氧化均匀导电、生成均匀阳极氧化膜打下良好的基础。如果适当延长碱洗时间，还能使铝材表面趋于平整均匀，消除铝材表面轻微的粗糙痕迹，如模具痕、碰伤、划伤等；较长时间碱洗，可获得没有强烈反光的均匀柔和的漫反射表面（即砂面）。但是过度碱洗，对铝资源是一种浪费，还会使铝材出现尺寸偏差，而且可能显露出原有内部组织缺陷（如粗晶、偏析等）。

3.3.1　碱洗原理

　　铝表面都有一层自然氧化膜（约 $0.01～0.05\mu m$），因此，碱洗过程首先是自然氧化膜的溶解，即自然氧化膜与氢氧化钠反应生成偏铝酸钠和水，其化学反应方程式如下：

$$Al_2O_3 + 2NaOH \rule[0.5ex]{2em}{0.4pt} 2NaAlO_2 + H_2O$$

（3-1）

单纯进行式(3-1)反应，理论上不应有气体析出，但在实际生产中，由于铝表面的自然氧化膜很薄，反应很快就完成，所以铝材放入碱槽液后似乎气体立即析出，其实该过程是两个化学反应接连发生的结果。第二个反应即是基体铝与氢氧化钠水溶液的反应，生成偏铝酸钠并放出氢气，化学反应方程式如下：

$$2Al + 2NaOH + 2H_2O \Longrightarrow 2NaAlO_2 + 3H_2 \uparrow \tag{3-2}$$

实际上，整个化学反应过程还不是如此简单地完成，在强碱性的水溶液中，偏铝酸钠还会发生如下的水解反应：

$$2NaAlO_2 + 4H_2O \Longrightarrow 2Al(OH)_3 \downarrow + 2NaOH \tag{3-3}$$

反应(3-3)是可逆反应，从反应方程式可知：增加氢氧化钠浓度，会使反应向生成偏铝酸钠方向移动，即可以抑制水解产物氢氧化铝的产生。因此在偏铝酸钠不断增加的情况下，必须不断提高氢氧化钠浓度。当不能有效抑制氢氧化铝产生时，在槽壁、热交换器及空气搅拌管道上，会形成相当坚硬的白色沉淀结块，形成壳垢，这是氢氧化铝发生脱水反应(3-4)的结果。

$$2Al(OH)_3 \longrightarrow Al_2O_3 + 3H_2O \tag{3-4}$$

一旦氢氧化铝发生脱水反应，将无法再用提高氢氧化钠浓度的办法消除白色壳垢(Al_2O_3)。在工业化大生产中，抑制偏铝酸钠发生水解，避免坚硬的白色壳垢产生，常有如下两种方法。

① 采用碱洗槽液回收装置，降低槽液中偏铝酸钠浓度。也可以说降低铝离子浓度，使得偏铝酸钠浓度约 3 倍于铝离子浓度。

② 在氢氧化钠溶液中加入所谓长寿命碱洗添加剂，提高偏铝酸钠的临界水解浓度。

3.3.2　碱洗工艺

在整个化学预处理过程中，碱洗是一道非常重要的工序，它对铝材的表面质量起着至关重要的作用。影响铝材碱洗速度和碱洗表面质量的工艺因素主要有游离氢氧化钠浓度和溶液的铝离子含量、槽液温度及处理时间等。

碱洗新开槽液的氢氧化钠起始浓度一般为 35～40g/L，以后随着偏铝酸钠浓度的增加，游离氢氧化钠浓度应该相应地适当递增。氢氧化钠浓度随偏铝酸钠浓度增加而递增的实际控制值，对采用碱回收装置的厂家，主要根据碱回收装置的效率而定，同时考虑不让偏铝酸钠在碱洗槽内大量水解成氢氧化铝和保证适宜的碱洗速度。而对采用碱洗添加剂的厂家，应按供应商提供的说明书操作。图 3-1 描述了游离氢氧化钠浓度对 1050 纯铝板材碱洗速度的影响。随着氢氧化钠浓度逐渐提高到 250g/L，铝材的碱洗速度都随之提高。图 3-1 也反映了温度对于铝碱洗速度的影响，随着温度升高，铝的碱洗速度也随之加快。

碱洗槽液中的铝离子浓度与铝的碱洗速度也密切有关，铝离子浓度升高，铝的碱洗速度随之减慢，主要是因为化学反应中的反应产物，即偏铝酸钠浓度的升高，抑制了正向反应的进

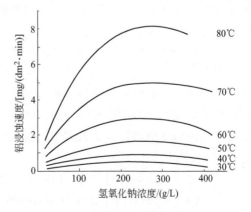

图 3-1　游离氢氧化钠浓度和温度对铝浸蚀洗速度的影响（1050 铝板，无铝离子）

行速度。从表 3-5 中可看出，在铝离子浓度为 26g/L 的条件下，铝的碱洗速度在不同温度下都比没有铝离子的减慢了。

表 3-5　铝离子浓度和温度对碱洗速度的影响[2]

槽液组成/(g/L)		碱洗速度/[mg/(cm² · min)]			
		21℃	45℃	56℃	70℃
NaOH	50	0.08	0.50	0.80	2.00
NaOH	50	—	0.30	0.50	1.20
Al³⁺	26				

注：试验材质为 6063 铝型材。

普通的碱洗工艺包括用碱洗添加剂和不用碱洗添加剂两种，其具体工艺分别如下。

（1）使用碱洗添加剂的碱洗工艺

氢氧化钠	40~55g/L	温度	40~55℃
碱洗添加剂(固体)	10~15g/L	时间	2~5min
或碱洗添加剂(液体)	20~30g/L		

该工艺在工业化生产中，检测到的铝离子浓度动态平衡（即反应生成的铝与带出槽液中的铝相等量）的浓度范围通常为 50~60g/L。生产过程中一般不检测碱洗添加剂的浓度，只根据供应商的要求，按碱洗添加剂与氢氧化钠的一定比例补加即可。在使用碱洗添加剂后，即使槽液有氢氧化铝沉淀物产生，也常以泥浆状的软垢沉淀沉淀于槽底，不会形成坚硬的白色沉淀壳垢，因此清理比较容易。

（2）没有使用碱洗添加剂的碱洗工艺

氢氧化钠	35~65g/L

（当铝离子浓度达动态平衡时，铝离子浓度约 20g/L，此时游离氢氧化钠浓度控制不低于铝离子浓度的 3 倍）

温度	40~50℃	时间	2~5min

3.3.3　槽液回收及循环利用

出于环境保护需求的考虑，国外已成功研发多种碱洗槽液回收和循环利用的方法，归纳起来分为物理法和化学法两种。以下简单说明这两种方法的基本工作原理、回收和循环利用工作过程。

（1）物理法。如 3.3.1 碱洗原理所述，铝在以氢氧化钠为基槽液内进行碱洗时，化学反应过程会生成偏铝酸钠，而当偏铝酸钠发生水解时，就会产生不溶于水的氢氧化铝白色沉淀物，并再生出氢氧化钠。物理法槽液回收及循环利用的基本工作原理也是基于这一碱洗事实，使铝以氢氧化铝固体形式得到回收，再生出的清液（偏铝酸钠浓度较低、氢氧化钠浓度较高）返回碱洗槽内得到重新利用。由 Strazzi 等[3]1993 年报道的碱洗槽液回收氢氧化铝装置如图 3-2 所示。

该装置氢氧化铝的回收过程按如下步骤进行：

① 把生产用的碱洗槽液用泵抽入碱回收反应器，并用冷水管将槽液温度降低至 20℃ 以下，以降低槽液内的铝离子浓度与游离氢氧化钠浓度的平衡比率，当槽液温度下降至 20℃ 以下，偏铝酸钠的溶解度会明显下降；

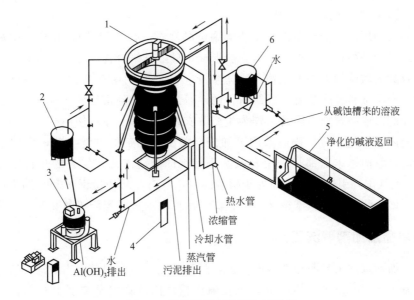

图 3-2　碱回收氢氧化铝装置示意

1—碱回收反应器；2—提纯的碱槽液储槽；3—离心分离机；

4—碱回收体系电气控制盘；5—碱浸蚀槽；6—碱溶解检测槽

② 向碱回收反应器内加入少量的粉状氢氧化铝（作为晶种），以加速偏铝酸钠发生水解反应，加快氢氧化铝结晶析出；

③ 用铁管吹入空气或二氧化碳气体一定时间，进一步促进偏铝酸钠水解反应；

④ 加入适当量的氢氧化钠溶液，对回收碱液的 pH 值进行一定调整；

⑤ 静止一段时间，让析出的氢氧化铝自然沉降于反应器底部；

⑥ 反应器内上部偏铝酸钠低浓度清液返回碱洗槽重新用于碱洗生产；下部有氢氧化铝沉淀物部分流入离心机，分离出含固量约为 90% 的氢氧化铝副产品。

该装置只能用于不加任何碱洗添加剂的碱洗槽液回收，为避免碱洗槽内偏铝酸钠发生水解生成氢氧化铝，游离氢氧化钠浓度应控制约为铝离子浓度的 3 倍。

（2）化学法。化学法回收利用的基本原理是，在碱洗槽液中加入一种适当的化学药品，使其与铝离子发生络合反应，形成一种铝的络合物沉淀，从而实现分离或减少碱洗槽液中铝离子、重新利用碱洗槽液中氢氧化钠的目的。

化学法与物理法相比最大的优点是不受碱洗槽液中是否加碱洗添加剂的限制。但化学回收法的使用前提是回收的副产品有商业出售途径和出售价值，因为化学法回收的生产运行成本较高，需要靠出售副产品获得必要的成本补偿。

化学法回收过程按如下步骤进行：

① 把生产用的碱洗槽液用泵抽入回收反应器；

② 加入一种适当的化学药品，并机械搅拌数小时，槽液内的铝离子与药品发生络合反应，生成铝络合物沉淀；

③ 静置一段时间，让铝络合物自然沉降于反应器底部；

④ 反应器内上部铝离子低浓度清液返回碱洗槽重新用于碱洗生产；下部沉淀物部分流入离心机，分离出白色、细小的铝络合物固体；

⑤ 用清水对铝络合物固体进行洗涤、脱水，洗去残留的槽液；

⑥ 烘干或最终产品的一些处理。

化学法回收利用的一个典型例子是获得副产品沸石（铝硅酸钠），在含有铝离子的碱洗槽液中加入适量的硅酸钠（水玻璃）后，会形成铝硅酸钠络合物沉淀。有资料介绍说这种回收方法能有效除去碱洗槽液中的铝离子，氢氧化钠的回收利用率高达 70%～80%，如果在回收前配置一台重金属预除装置，最终所得的沸石产品可达到市售质量标准，该产品与水中的可溶性钙盐能形成络合物，因此可作为生产洗衣粉的一部分原料使用。

在日本的阳极氧化工厂，普遍采用不加任何碱洗添加剂的碱洗工艺，大都配置回收设备。而在国内，目前基本上都是采用有碱洗添加剂的碱洗工艺，仅有的几台回收设备还是 20 世纪 80 年代从国外引进的，目前处于报废或停用状态。从环境保护和长期生产成本的角度考虑，采用回收装置降低碱洗槽液中的铝离子浓度，应该是铝阳极氧化工厂的发展方向。

3.3.4 长寿命添加剂碱洗工艺

长寿命添加剂碱洗工艺即碱洗砂面工艺，是基于生产砂面铝材而出现的。对生产砂面铝材，一般都需 15～25min 的碱洗时间，这让碱洗槽液内的铝离子浓度上升很快，动态平衡浓度（即反应生成的铝与带出槽液中的铝相等量）较普通碱洗工艺高许多。为使碱洗表面的砂面柔和而细腻，碱洗槽液内的铝离子浓度也最好控制在比较高的水平，例如控制在大约 120g/L。控制在如此高的铝离子浓度，无法再单纯使用提高氢氧化钠浓度的方法来抑制偏铝酸钠的水解的办法，从而开发出长寿命碱洗添加剂，我国长寿命碱洗添加剂工艺早期是从欧洲引进而开发的。

长寿命添加碱洗剂添加剂的主要成分与普通碱洗添加剂一样，也是铝离子的络合剂，只是对络合剂的要求更高，实际生产中也需要加入更高比例的络合剂。其作用原理是，借助于络合剂与铝形成可溶性的稳定络合物，以抑制偏铝酸钠的水解，使铝离子的临界沉淀浓度提高至 120g/L，甚至达到 140g/L 的水平。

有学者提出了络合剂主要是络合了氢氧化铝和偏铝酸钠的观点，其络合反应的方程式如下表示：

$$
\begin{array}{c}
\text{COO}^- \\
| \\
\text{CHOH} \\
| \\
\text{CHOH} \\
| \\
\text{COO}^-
\end{array}
+
\begin{array}{c}
\text{HO} \\
\text{AlOH} \\
\text{HO}
\end{array}
\Longleftrightarrow
\begin{array}{c}
\text{COO}^- \\
| \\
\text{CHO} \\
| \\
\text{CHO} \\
| \\
\text{COO}^-
\end{array}
\Big\rangle \text{AlOH} + 2\text{H}_2\text{O}
$$

络合反应可使偏铝酸钠水解产物——氢氧化铝转化成可溶性络合阴离子，带相同电荷的络合阴离子互相排斥，因而阻止了氢氧化铝晶种的互相碰撞和长大，减少了偏铝酸钠受氢氧化铝催化水解的倾向。同时络合剂亦可直接与偏铝酸钠形成络合物[5]。

长寿命添加剂碱洗的络合机理还有待人们进一步研究深化。碱洗槽液在使用长寿命碱洗添加剂后，一般日常管理很简单，槽液不用频繁地部分排放，只需几个月或半年倒槽清底一次。控制铝离子浓度在 120～130g/L 范围内，可获得质量稳定、柔和细腻的砂面铝材。

（1）长寿命碱洗添加剂的成分。根据所生产的砂面铝材的要求不同，可选用组分有所不同的长寿命碱洗添加剂，添加剂一般由以下成分组成。

① 铝离子络合剂。常用的有葡萄糖酸钠、庚酸钠、酒石酸钠、柠檬酸钠、山梨醇、糊精及阿拉伯胶等。

② 表面调节剂。可以改善碱洗表面的效果。如加入硝酸钠（或亚硝酸钠），可提高碱洗速度和碱洗的均匀性，使得表面趋于平整和光滑；加入氟化钠，表面趋于消光、清白，加入量一般为 1～2g/L，假如太高，易破坏铝离子与络合剂的络合稳定性，槽液内易造成氟铝络合物沉底现象；如果加入诸如过硫酸盐或者过氧化合物等氧化剂，可降低铝材的择优浸蚀倾向（择优浸蚀可导致闪烁晶面），表面趋于光亮。

③ 分离剂和洗涤剂。分离剂的作用是溶解硬水中的盐类，阻碍其副反应发生，常用混合磷酸盐作为分离剂；加入洗涤剂，是为了促进清洗，更容易除去脱脂时难以去掉的油脂，十二烷基苯磺酸钠等可用作洗涤剂。

④ 重金属沉淀剂。除去碱洗槽液中重金属离子。重金属离子会使碱洗表面出现黑斑点等缺陷，硫化碱是很好的重金属沉淀剂。

长寿命碱洗添加剂按外观分为固体和液体两种。液体添加剂的固体含量一般为 40%～50%，优点是方便加入，生产现场使用方便；固体添加剂的有效含量高，其用量不到液体添加剂的一半，因而运输和包装费用较低，但是容易受潮结块，使用时需先破碎和溶解，现场使用稍有麻烦。

（2）长寿命碱洗添加剂的碱洗工艺（砂面碱洗工艺）。在生产流程中为了得到高质量的砂面铝材，控制一个适当的碱洗速度是关键所在，一般碱洗砂面处理时间为 15～25min。

常用的砂面碱洗工艺条件见表 3-6。

表 3-6　常用的砂面碱洗工艺条件

Al^{3+}/(g/L)	游离 NaOH/(g/L)	液体长寿命添加剂加量[①]/(g/L)	槽液温度/℃	处理时间/min	砂面处理效果
新开槽 0～30	35～40	20～30	45～50	15～20	光亮区
30～60	40～50	按 NaOH 的 1/7 补加	50～55	17～22	变化区
60～90	50～55	按 NaOH 的 1/6 补加	55～60	18～23	变化区
90～120	55～60	按 NaOH 的 1/5 补加	60～65	19～24	砂面良好
120～130（动态平衡）	60～70	按 NaOH 的 1/5 补加	65～70	20～25	砂面优质稳定阶段

① 使用外购长寿命碱洗添加剂的厂家，应按供应商提供的说明书操作。

在实际生产操作中，碱洗槽液内铝离子的动态平衡浓度会随碱洗工艺和槽液带进量与带出量不同而波动。如铝材从前道水洗中带入的水量多，从碱洗槽内吊出、进水洗转移速度快，则铝离子的动态平衡浓度就会降低；反之，则会升高。碱洗处理时间除受砂面要求、槽液中的铝离子和游离氢氧化钠浓度、槽液温度等因素影响外，还与原始铝材的表面平整度有很大关系。不应该认为生产砂面铝材碱洗时间长，铝的原始表面粗糙一点没关系，其实同样的砂面处理，如原始铝材表面平整度方面存在较大差异，会使砂面处理的铝耗差别很大。对生产砂面铝材，在碱洗工序的生产成本中铝耗成本部分约占 4/5，因此，降低铝耗是生产砂面铝材厂家重点要考虑的一个问题。也正因为用碱洗法生产砂面铝材存在无法解决"高铝耗"的问题，使长寿命碱洗工艺近期渐渐淡出铝材砂面处理的行列，而被机械喷砂或氟化物砂面工艺替代。

为有效抑制碱洗槽液内的高浓度偏铝酸钠发生水解，长寿命碱洗添加剂的加量应随铝离子浓度的升高而逐渐递增；碱洗槽液体积不足需要加水时，不可单独在某一处快速加冷水，否则因局部槽液温度和氢氧化钠浓度骤降，会使偏铝酸钠浓度超过临界水解浓度，碱洗槽液会突然出现"发白"现象——氢氧化铝大量沉淀，此时生产的砂面质量会有一定影响，但对加有添加剂的槽液，一般氢氧化铝沉淀物不会发生脱水反应，槽内不会有难以处理的白色硬壳沉积产生。万一遇到这种情况，应及时倒槽，除去槽内底部氢氧化铝沉淀物，重新调整槽液时适当多加些长寿命碱洗添加剂，待槽液工作数天后槽液的颜色会转入正常灰黑色状态。偏铝酸钠的临界水解浓度无疑也与槽液的温度有关，当停槽不生产时，槽液温度会自然下降，为抑制槽液内偏铝酸钠发生水解，可适当提高氢氧化钠和长寿命碱洗添加剂浓度；也可对槽液采取不低于40℃的保温措施，生产厂家从稳定产品质量角度考虑，大都倾向于选择后者。

3.3.5 碱洗缺陷及对策

铝材经碱洗后，特别是经碱洗砂面处理后，时常会暴露出一些表面缺陷。外观粗糙、斑点、流痕是常见的碱洗的三大缺陷，其中很大一部分缺陷是由原始铝材所致，只是未经碱洗，肉眼觉察不到而已。当然不可否定，碱洗工艺和操作不当，也会造成一些表面缺陷。下面讲述碱洗三大缺陷形成的原因及相应的对策措施。

（1）外观粗糙。人们往往青睐那些柔和、细腻的砂面表面，但是在实际生产中，铝材砂面外观的粗细度常难以保持稳定，外观粗糙是碱洗法生产砂面铝材时常遇到的问题。通常是由原始铝材存在组织缺陷（粗晶或金属间化合物沉淀粒子大）引起，提高原始铝材的内在组织质量才能从源头上解决问题。碱洗后外观粗糙一般由以下几种原因引起。

① 挤压用的铝棒原始晶粒尺寸大。国家标准对挤压用铝棒晶粒度的要求是≤2级，铝棒的晶粒度大小无疑对挤压制品的晶粒粗细有一定的影响。

② 铝棒加热温度偏高或挤压速度太快。挤压工艺往往造成挤压制品的出口温度偏高，特别是在挤压终了阶段，制品的出口温度偏高更为明显。对6063铝合金，挤压出口温度应控制在500～540℃范围内，当出口温度高于540℃，除影响其机械性能外，挤压制品的粗晶组织也不可避免。阳极氧化操作者有时为避免碱洗粗晶现象发生，而大大缩短碱洗时间，但往往收效甚微，对出口温度偏高的挤压制品，常常碱洗2～3min（有时甚至1min）就会严重起砂。

③ 采用的挤压机吨位偏小。由于挤压制品的挤压比太小（$\lambda < 5$），铝棒的原始晶粒没有经过实质性的破碎与再结晶这一变形过程，保留了一定程度的铸造组织，原始铸造组织的遗传造成了制品的粗晶表面。

④ 挤压后淬火不足。对6063铝合金挤压，厂家在挤压出口处都安置一定数量的风机，这是对挤压制品进行风冷淬火，但一些厂家对风冷淬火这道工序不够重视，依据6063铝合金金相组织变化理论，刚挤压出来的制品在温度降至250℃以前，其内在组织都在发生一系列变化——再结晶、再结晶晶粒长大、强化相Mg_2Si沉淀和Mg_2Si粒子长大。因此应该进行快速风冷淬火，风量不足或风机数量不够的缓慢冷却方式容易引发再结晶晶粒粗大和大粒子Mg_2Si组织。

⑤ 碱洗速度太快。在微观上，铝合金表面都是由晶粒和晶界所组成，采用合理的碱洗速度，尽管晶粒与晶界在组分上存在一定差异，但在晶粒与晶界上的腐蚀速度差异微小，而在高氢氧化钠浓度或槽液温度过高下进行碱洗处理，晶界的择优浸蚀程度往往明显加大，因而碱洗外观粗糙，不能得到柔和、细腻的外观。

针对以上几种外观粗糙现象引起的原因，相应的对策措施是：选用晶粒度符合国家标准的挤压铝棒；控制好挤压制品的出口温度；加强挤压后的淬火；合理控制碱洗速度等。

（2）斑点。斑点缺陷通常是铝材表面处理的致命缺陷，碱洗后如发现腐蚀斑点，不得不中断后面的工序处理，直接作报废回炉处理。碱洗斑点形成的几种原因及对策措施如下。

① 熔炼铸棒时加入回收铝的比例太高。回收铝表面的阳极氧化膜一般约 $10\mu m$，主要由 Al_2O_3 组成，Al_2O_3 的熔点高达 2050℃。当挤压铝棒熔炼时加入大量的这种回收铝时，铝表面的 Al_2O_3 薄膜只是被破碎成小颗粒而已，不会与基体铝一样熔化，Al_2O_3 的密度又非常接近于熔体铝的密度，过多的 Al_2O_3 颗粒导致在随后的熔体精炼中难以除净，铸造时一同进入铝棒，也进入挤压制品。在碱洗过程中，Al_2O_3 与铝基体会出现择优浸蚀的现象而引起雪花状腐蚀斑点。

对策措施：铝棒熔炼时注意控制好那些表面有阳极氧化膜的回收铝的比例。实践证明，一般控制此类回收铝的投放量约＜10%；加强熔体的精炼除渣；铸造前保证熔体静止约 25min 和有效的熔体过滤，就基本除净熔体中的 Al_2O_3 夹渣，不会出现雪花状碱洗斑点。

② 水中氯离子含量高。当铝材的材质品质较差，而所用水中氯离子含量亦较高时，碱洗或碱洗前后水洗都会显露出腐蚀斑点。

对策措施：改善原始铝材的材质；采用符合国家标准的自来水；改用硝酸或硝酸加硫酸除灰；在水洗槽内加入 1～5g/L HNO_3 也可有效抑制水中氯离子的腐蚀影响[4]。

③ 大气腐蚀。在沿海地区，当铝材无遮盖放置约三天以上，铝材表面常有腐蚀斑痕。内陆地区如铝材放置于存在腐蚀性气体的熔炼炉旁，气压较低的阴雨天亦会出现由于大气腐蚀引起的斑点现象。大气腐蚀有明显的方位性，暴露在空气中的料框四周比较严重，而大气不易渗入的料框中间则腐蚀很轻，轻微的大气腐蚀斑点碱洗时可消除，但严重的腐蚀斑点，则无法用碱洗处理消除掉。少量表面斑点只能用费工、费时的机械打磨法消除。

对策措施：缩短原始铝材转入阳极氧化的周转时间；待阳极氧化的原始铝材放置在环境干燥、空气良好的位置；对长时间放置或阴雨天，可对原始铝材进行适当遮盖处理。

④ 挤压"热斑"。在挤压机出料台上，当挤出的铝材与出料台同步运动，且出料台采用导热较好的石墨棍时，与出料台石墨棍接触部分的铝材表面，碱洗后会呈现"热斑"缺陷，通常"热斑"出现的间隔距离与石墨棍之间的距离相等。在挤压过程中，与石墨棍接触部分的铝材表面先受到石墨棍急冷，后又受整体铝材的热量影响而产生复热，以使该表面在强化相——Mg_2Si 沉淀敏感温度区（400～250℃）[6]持续的时间较长，从而导致 Mg_2Si 沉淀出现大粒子现象。这种挤压铝材在随后的碱洗过程中无法避免出现择优腐蚀，因而与石墨棍接触部分表面呈现间隔状斑点。

对策措施：控制挤压出料台的运行速度在一定程度上大于铝材的挤出速度；采用导热效果较差的其他耐高温材料替代石墨棍；加强风冷淬火力度，快速将挤压出口铝材降至＜250℃。

（3）流痕。在铝材吊挂上有明显的纵向流淌痕迹，阳极氧化前一般不易发现，而在成品包装前会容易看到，这是由碱洗工艺条件和操作不当造成的碱洗流痕缺陷。流痕总的来说是由碱洗速度太快和转移速度太慢两个原因造成的，解决流痕可采取以下几种措施。

① 加快转移。铝材从碱洗槽吊出稍作停留，即转移到水洗槽进行水洗，一般碱洗后的水洗紧临碱洗槽旁边，对水洗槽相隔数个槽的厂家，转移速度更要加快，碱洗工序不能过分考虑减少槽液的带出消耗而停留在水洗槽之前。

② 降低碱洗槽液温度。碱洗槽液应有冷却装置，可采用普通铁管（不得用镀锌管）加工成蛇形，安置于槽壁，通自来水即可冷却槽液，出水进入旁边水洗槽二次利用。也可槽液加温与冷却合用一个装置，借助三通连接件控制，可进蒸汽加温，也可进自来水冷却。当发现有碱洗流痕现象时，将槽液温度降低约10℃，一般就能有效抑制流痕的发生。

③ 降低槽液中的氢氧化钠浓度。在一定温度下碱洗速度太快主要是由槽液中的氢氧化钠浓度太高而引起。在降低槽液温度仍无法消除流痕的情况下，只能适量排放部分槽液，用水稀释法降低槽液中的氢氧化钠浓度，这是浪费成本的一种解决办法，因此，最好要预先对槽液中的氢氧化钠浓度进行有效控制。

④ 铝材装料过密。铝材吊挂装料量适当减少，间距适当拉大防止装料过密，避免由于局部过热引起的碱洗流痕。

3.4 除灰

除灰又称中和或出光。铝材经过碱洗后，表面往往会附着一层灰褐色或灰黑色的挂灰，挂灰的具体成分因铝合金材质不同而异，主要由不溶于碱洗槽液的铜、铁、硅等金属间化合物及其碱洗产物组成。除灰的目的就是要除净这层不溶解在碱液的挂灰，以防止后道阳极氧化槽液的污染，使阳极氧化后获得外表干净的阳极氧化膜。在碱洗过程中，铝材中所含的这些挂灰物质通常不参与碱洗反应，也不溶解于碱洗槽液中，至碱洗和随后水洗后依然残留在铝材表面上，形成一层很疏松的附着物，有时候轻轻用湿布一擦即可擦掉，在工业化大生产中，通常采用酸性溶液将挂灰溶解除去。传统的除灰工艺是采用一定浓度的硝酸溶液作为除灰槽液，因为硝酸是具有强氧化性的强酸，其溶液的溶解能力很强，几乎能够除去碱洗后残留在铝材表面上的各种挂灰，又不会损伤铝基体。以铝材金属间化合物 $CuAl_2$ 为例，除灰过程的化学反应方程式如下：

$$CuAl_2 + 16HNO_3 \Longrightarrow Cu(NO_3)_2 + 2Al(NO_3)_3 + 8H_2O + 8NO_2\uparrow$$

残留在铝材表面上的固体挂灰物 $CuAl_2$ 与 HNO_3 反应溶解成 $Cu(NO_3)_2$ 和 $Al(NO_3)_3$ 留在除灰槽液内，而脱离铝材表面。另外，硝酸的强氧化性使铝材表面获得清洁、光亮、均匀的钝化性表面，铝材表面由碱性活化状态转化成酸性钝化状态，有效防止铝材表面产生雪花状斑点腐蚀。而对于6063建筑铝型材阳极氧化，因该铝合金不含铜和其他难溶的氧化物，也有相当一部分厂家单独采用硫酸（或硫酸加少量硝酸）溶液除灰。硫酸法除灰无疑具有生产成本较低、经济效益良好的优点。从环保和安全性方面考虑，硫酸法除灰也优于硝酸法。

3.4.1 硝酸除灰

传统的硝酸除灰工艺通常使用10%～25%的硝酸溶液，在常温下浸渍1～3min[2]。在化学抛光后宜采用高浓度硝酸溶液除灰，例如浓度为25%～50%，提高硝酸含量有利于除净化学抛光过程中铝表面附着的金属铜。铝在硝酸溶液中表面会生成一层很薄的氧化膜，起到钝化保护作用。硝酸含量越高，钝化保护作用越强。但是铝在硝酸中无论具有怎样的钝化保护，特别是在温度高的情况下，还是有很微小的腐蚀发生。当硝酸含量在30%左右时，腐蚀速度最大。同时腐蚀速度也随温度升高而增大，由图3-3所示可以清楚看出不同温度下腐蚀速度与硝酸浓度的关系。铝材的除灰通常是在常温下进行，从图 3-3 中可以看出，在常温下铝在所有的硝酸浓度下的腐蚀速度均不大。

大多数阳极氧化生产线采用较低硝酸含量的溶液，就可以满足 6063 建筑铝型材的除灰需要。有的采用较高的硝酸含量，是为了满足多种铝材的除灰要求。也有采用更高的硝酸含量，使之具有较大的钝化作用，形成致密的钝化膜，保护化学抛光中已获得的光亮度。一般硝酸除灰的工艺效果相当好，能满足多种铝材的除灰工艺的要求。硅含量高的铝合金经过碱洗后，表面残留的灰状物中，除了金属间化合物外，还有游离硅存在，可采用较高硝酸含量进行除灰，若还不能满足要求，可采用含氟化物的除灰工艺。含六价铬的铬酸溶液除灰的效果亦很好，但是有毒性，为了保护环境，应尽量设法避免使用。硝酸除灰处理后，铝材必须水洗干净，因为硝酸带入阳极氧化槽液中，会使阳极氧化槽液对阳极氧化膜的溶解能力大大增强，获得一定厚度的阳极氧化膜需要更长的阳极氧化时间。此外，除灰槽液内溶解留下来的重金属离子带入阳极氧化槽，也会使阳极氧化过程的失光程度变得严重。

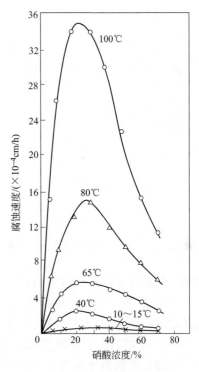

图 3-3　铝在不同温度下腐蚀速度与硝酸浓度的关系[7]

3.4.2　硫酸除灰[8]

在国内 6063 铝合金建筑型材阳极氧化生产线中，有相当一部分厂家使用硫酸法除灰工艺。为了充分利用资源以降低成本，实际上可以用阳极氧化的废硫酸槽液补充除灰槽液（其游离硫酸含量与阳极氧化槽液基本相同，通常都是 15％～20％）。生产实践表明，阳极氧化槽液在正常管理范围内的 12～18g/L 铝离子浓度，未见报道对除灰有害，当然也不意味着除灰槽液中可无限制地升高铝离子浓度。采用硫酸进行除灰的经济效果明显，对于 6063 铝合金建筑型材能够得到比较满意的除灰效果，但对其他铝合金材料就不一定适合。即便对于 6063 铝合金型材，也应该适当控制其杂质含量，否则也许会出现不理想的表面状态。硫酸除灰的操作温度为常温，操作时间要比硝酸稍延长一些，一般控制在 3～5min。硫酸与硝酸不同，硝酸是氧化性的酸，硫酸为非氧化性的酸，金属间化合物等残留的挂灰在氧化性的硝酸中的溶解速度比在非氧化性的硫酸中要迅速得多。另外，铝材在硫酸除灰溶液中没有得到钝化保护，在除灰后面的水洗槽中铝材不可停留太久，否则容易出现雪花状腐蚀斑点。在硫酸除灰溶液中添加过氧化氢、硝酸盐、三氯化铁、高锰酸钾或铬酐等氧化性物质，也可以增加除灰槽液的氧化性，提高除灰效果。

图 3-4 显示铝在不同硫酸浓度溶液中的腐蚀速度，从图 3-4 中可以看出，硫酸浓度在 15％～35％范围内，随着硫酸含量的增加，铝的腐蚀速度增加缓慢，一旦浓度超过 40％以后，铝的腐蚀速度急剧上升，约在 80％硫酸浓度中铝的腐蚀速度达最大。因此采用硫酸除灰的槽液管理要比硝酸更加精心，要更有规律，除了及时添加阳极氧化槽液外，必要时还得

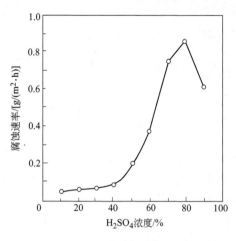

图 3-4　铝在不同硫酸浓度溶液中的腐蚀速度[7]

添加浓硫酸,以正确控制硫酸的浓度。采用硫酸除灰工艺,虽然除灰槽液与阳极氧化槽液基本相同,但中间不可没有水洗,硫酸除灰槽液久用后,槽液内除含有硫酸和铝离子外,也有相当量溶解下来的挂灰物质,带入阳极氧化槽会影响阳极氧化膜的透明度和光泽度。

除灰工序通常在常温下操作,槽液管理也比较容易,相对于铝阳极氧化和表面处理其他工序而言,除灰处理是最为简单的一道预处理工序,但也是不可缺少的工序,厂家应严格按工艺要求进行管理。除灰工序的工艺管理要点如下:

①定期测定槽液游离硫酸(或游离硝酸)浓度,控制在工艺要求范围内;

②除灰前一道水洗必须干净,防止铝材表面(特别是型腔内)残留碱液,否则会污染除灰槽液,也会使铝材阳极氧化处理出现质量问题;

③用定时器控制好除灰处理时间,太短,会除灰不净;太长,铝材表面会"发白""发糊"和随后阳极氧化膜出现不透明现象;

④在硫酸除灰工艺之后,进入阳极氧化前也要经过一次水洗,停放在后道水洗中的时间尽可能不要长;而对硝酸除灰工艺,最好要二次水洗,严防硝酸过多带入阳极氧化槽液内;

表 3-7　国内外常用的几种不同除灰工艺

序号	溶液组成	含量/(g/L)	温度/℃	时间/min	备注
1	HNO₃	100~300	常温	1~3	适用于传统普通工艺
2	H₂SO₄ HNO₃	150~180 30~50	常温	2~4	适用于经济实用工艺
3	H₂SO₄	150~200	常温	3~5	仅适用于6063建筑铝合金
4	H₂SO₄ CrO₃	150~180 20~50	35~60	3~5	航空材料工艺,除灰效果良好[8]
5	H₃PO₄ CrO₃	56 17	30~50	根据需要决定时间	也可用于剥离阳极氧化膜
6	H₂SO₄ NaF	90~120 7.5~15	常温	3~5	适用于低硅铝合金
7	HNO₃ NaF	90~120 7.5~15	常温	3~5	适用于低硅铝合金
8	HNO₃ HF	HNO₃/HF=3:1 (体积比)	常温	0.1~0.3	适用于高硅铝合金,操作注意安全
9	H₂SO₄ KMnO₄	150~180 10~20	常温	3~5	除灰效果良好,但易出现水锈斑
10	HNO₃	350~700	常温	1~3	适用于化学抛光后除灰

⑤ 脱落的铝材及时从槽底捞起，每年 1 次倒槽清理槽底沉淀物。

尽管除灰工艺并不复杂，如上所述，笼统地将除灰分为硝酸或硫酸溶液，为了适合各种类型铝合金或适用于不同目的的需要，表 3-7 归纳了国内外常用的几种不同除灰工艺。

3.5　氟化物砂面处理

碱洗砂面工艺存在一个很大的缺点是铝耗很高（5.0%～7.0%），导致生产成本上升较大，因而国内建筑铝型材阳极氧化厂一度用氟化物砂面处理工艺替代这一传统的砂面工艺。但是氟化物砂面工艺存在比较严重的环境污染问题，不应该予以推广使用，本节就技术要点进行探讨。

氟化物砂面处理是利用氟离子使铝材表面产生高度均匀、高密度点腐蚀的一种酸性浸蚀工艺。在浸蚀过程中，氟离子首先与铝表面的自然氧化膜发生反应，随即与铝基体反应，反应生成的氟铝络合物具有一定的黏度，黏附在铝表面并填平挤压纹沟底，使沟底的铝合金与酸蚀液完全隔离，从而反应速度急速下降，表面的其他部位则黏附氟铝络合物较薄，反应速度下降较小，从而实现消除挤压痕和平整表面之目的。

氟化物砂面浸蚀反应机理主要基于如下几个反应方程式：

$$Al_2O_3 + 6HF \longrightarrow 2AlF_3 + 3H_2O$$

$$3F^- + Al \longrightarrow AlF_3$$

$$2H^+ + Al \longrightarrow Al^{3+} + H_2 \uparrow$$

$$6F^- + Al^{3+} \longrightarrow AlF_6^{3-}$$

$$AlF_6^{3-} + Al_2O_3 \cdot 3H_2O \longrightarrow Al_3(OH)_3F_6 + 3OH^-$$

氟化物砂面浸蚀工艺得到的砂面，其细腻性、柔和性比碱洗更好，工艺控制也简单，产品质量较稳定，工序的总体生产成本相对碱洗可以降低，但是实际上铝表面存在水不溶性的氟化铝，因而金属质感有些不同。表 3-8 对氟化物砂面和碱洗砂面两种工艺作了比较。

表 3-8　氟化物砂面工艺和碱洗砂面工艺比较

项目	氟化物砂面工艺	碱洗砂面工艺
添加剂主要成分	氧化剂、缓蚀剂、整平剂	络合剂、表面调整剂、分离剂和洗涤剂、重金属沉淀剂
添加剂主要作用	促使腐蚀均匀、减慢腐蚀速度	络合铝离子、改善砂面质量
工艺优点	①铝耗低，一般只有 5～15kg/t ②能有效缓解粗晶和焊合线缺陷 ③槽液沉淀物处理方便	①砂面的金属感强 ②生产操作安全性相对较好
工艺缺点	①氟离子较高，存在环境污染问题 ②需定期或连续除去槽液内的沉淀物 ③工艺路线较长	①铝耗高，一般为 50～70kg/t ②除挤压纹速度慢，时间过长容易出现粗晶和焊合线 ③废渣利用价值较低
工序综合生产成本	较低（约碱洗砂面工艺的 1/2）	较高（生产每吨砂面铝材耗费约 1000 元）

3.5.1　典型工艺条件

典型的氟化物砂面工艺条件如下：

F⁻	25~35g/L	温度	30~50℃
添加剂	若干	时间	1~5min
pH 值	3.0~4.0		

在工业化生产中，常用氟化氢铵提供氟离子，一般工业级氟化氢铵中，氟离子含量高达65％以上，使用固体氟化氢铵，工人操作相对也比较安全。氟离子也可由氢氟酸提供，配用氨水和氟化铵调整槽液的 pH 值，但液体氢氟酸运输和使用存在较大的安全隐患，不适应大量或大型厂使用。当氟化物砂面槽液受前道酸脱脂槽液污染，使 pH 值小于 3.0 时，可用氟化铵或氨水调高 pH 值。添加剂的添加量按供应商要求操作。

添加剂常由铵盐和氨基类物质组成，铵盐和氨基类物质是很好的缓蚀剂。添加氯化物有助于获得更细的砂面，但如带入除灰槽液内，则铝材表面就会出现细小的黑斑点缺陷，添加磷酸盐和氧化剂等则有利于提高砂面的光泽度。

3.5.2 槽液沉淀物处理方法

氟化物砂面槽液在生产过程中，会产生大量的氟铝络合物沉于槽底，需定期或连续除去。氟化物砂面铝材产量不大的厂家，可采用定期倒槽法清除槽底沉淀物；产量较大的厂家，宜配置一套氟化物砂面槽液循环处理装置。图 3-5 为氟化物砂面槽液循环处理装置示意图。

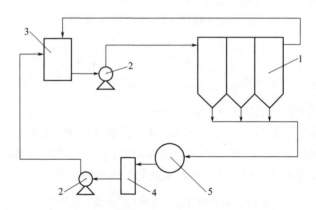

图 3-5　氟化物砂面槽液循环处理装置示意图

1—三组合沉降池；2—耐酸泵；3—氟化物砂面槽；4—低位池；5—离心机

对氟化物砂面槽液循环处理装置，即图 3-5 补充以下几点说明。

(1) 三组合沉降池。可用普通碳钢板焊接或钢筋混凝土结构内衬 PVC（或内贴玻璃钢）制成，每个沉降池体积为 3~5m³，总体积 10~15m³。

(2) 耐酸泵。以塑料泵或陶瓷泵为好，流量可选 5~10m³/h，扬程可选 5m。

(3) 低位池。为地下式，一般为钢筋混凝土结构内衬 PVC 或玻璃钢，容积为 2~3m³。

(4) 离心机。可选直径为 1m 内衬塑、三足式、上出料型离心机。

(5) 所有管道和阀门。均为 PVC 塑料材质。

(6) 氟化物砂面槽。可用普通碳钢板焊接或钢筋混凝土结构内衬 PVC（或玻璃钢）。

(7) 槽液加热。建议采用 316L 型不锈钢管插入槽液内约 2/3 深度，用蒸汽直接对槽液加热。考虑槽液对 316L 型不锈钢管也有较大的腐蚀性，管道上配置一个活接件，以方便更换插入槽液内的一段 316L 型不锈钢管。为防止槽液液位过高，在槽边蒸汽进管上配置一只疏水阀，在加热前先排尽管道内的冷凝水。

在循环处理装置的离心机中得到的白色固体，主要为氟铝络合物，可用作生产电解铝助熔剂——冰晶石（Na_3AlF_6）的原料。

3.5.3　缺陷及对策

在碱洗砂面过程中，当处理铝材存在严重粗晶和焊合不良时，往往碱洗的腐蚀越重，则粗晶和焊合线缺陷越明显。但在氟化物砂面处理过程中，由于腐蚀速度很快，处理时间短，在还未出现粗晶和焊合线的情况下，反应就已结束，因此能有效缓解显眼的粗晶和焊合线缺陷。在实际生产中，氟化物砂面处理产品常会出现如下一些缺陷。

（1）上表面有斑痕。当槽液内沉淀物较多、氟离子浓度又较低时，由于反应强度过弱，使槽液内沉淀物以自然沉降的形式，在铝材上表面沉积或停留过久，阻碍了氟离子的正常腐蚀，因此会出现斑痕。

对策措施：清除槽液内过多的沉淀物，或让槽液不生产、自然沉降数小时，绑铝材时再适当拉大与槽底的间隔距离，也能短期内抑制上表面斑痕缺陷；添加适量的氟化氢铵和添加剂，以提高氟离子浓度，增加反应强度。

（2）表面不易起砂。正常氟化物起砂反应为剧烈反应（2~3min），随后反应马上趋于缓慢。如果反应强度几乎不变时，往往是槽液受前道酸脱脂的污染而使 pH 值太低，此时可用氨水或氟化铵调整槽液的 pH 值至工艺要求范围。当槽液的氟离子和添加剂浓度不足时，铝材表面也常出现不易起砂现象，应按药品供应商要求及时补加氟化氢铵和添加剂。

（3）表面砂粒太粗。当槽液内氟离子浓度太高，或添加剂浓度不足，或处理时间太长时，会产生表面砂面太粗的缺陷，针对缺陷原因采取相应措施即可克服这种不良现象。

（4）表面光泽度有差异。工艺条件控制不当，或选用的供应商添加剂配方不适应，或铝基材存在问题。咨询供应商技术服务工程师解决。

（5）局部不起砂。局部可能存在复合氧化膜，通过调整工艺流程解决。

参考文献

[1]　Toyo Giken Co Ltd. Tokyo Japan，Proposal of Aluminum Anodizing Line，1985.

[2]　Brace Arthur W. The Technology of Anodizing Aluminium. Third Edition. Modena：Interall Srl，2000：62，63，71.

[3]　Strazzi E，Bianchetti D，et al. Aluminium 2000-1993 Congr Proc：Vol I. Modena：Interall Srl，1993：169.

[4]　Brace Arthur W. Anodic coating Defects. England：Technicopy Books，1992：120.

[5]　暨调和等. 建筑铝型材的阳极氧化和电解着色. 长沙：湖南科学技术出版社，1994.

[6]　Tom Hauge，Dr Kai F Karhausen. Aluminium Extrusion，1998，(1)：37.

[7]　手册编辑委员会. 金属腐蚀手册. 上海：上海科学技术出版社，1987：364.

[8]　Ministy of Defence Standard 03-2/1. Cleaning and Preparation of Metal Surfaces. London：1970.

第4章
铝的化学抛光和电化学抛光

4.1 概论

  一般工程应用的变形铝合金材料（如型材或板带材等）或建筑铝型材，其加工成型后的半成品，一般是可以直接进入阳极氧化生产线进行阳极氧化的，所获得的阳极氧化膜在许多工程应用上表现出了良好的防护性能，其表面基本上能够达到均匀一致的外观要求。机械抛光后的铝工件，若直接进行阳极氧化处理，只能获得平滑的阳极氧化膜，还不能得到高反射率的膜层。化学抛光或电化学抛光作为高级精饰处理方法，能去除铝制品表面较轻微的模具痕和擦划伤条纹，去除机械抛光中可能形成的摩擦条纹、热变形层、氧化膜层等，使粗糙的表面趋于光滑而获得近似镜面光亮的表面，提高了铝制品的装饰效果（如反射性能、光亮度等），并可以赋予更高的商业附加值，极大地满足了消费市场对具有光亮表面的铝制品要求。因此，对于需要表面平整、均匀又光亮等特殊外观要求的阳极氧化膜，则需要预先进行化学抛光或电化学抛光。化学抛光和电化学抛光与机械抛光一样，是制备高精饰光亮铝制品表面处理过程中不可或缺的表面预处理技术，某些情形下可以作为最终的精饰手段。

  本书第2章已经详细介绍了机械抛光的各种机械加工方法，本章着重介绍铝合金表面的化学抛光和电化学抛光的工艺技术。化学抛光或电化学抛光可以使特殊铝材获得非常光亮的表面[1]，但是从抛光的原理上看，化学抛光（及电化学抛光）与机械抛光却有着本质的区别。机械抛光是利用物理手段通过切削与研磨等作用使铝材表面发生塑性形变，使得表面的凸部向凹部填平，从而使铝材表面粗糙度减小、变得平滑，改善了铝材的表面粗糙度，从而使其表面平滑或光亮。但是机械抛光会引起金属表面结晶的破坏、变质而产生塑性变形层，以及因局部加热而产生组织变化层。化学抛光是一种在特殊条件下的化学腐蚀，它通过控制铝材表面选择性的溶解，使铝材表面微观凸出部位较其凹洼部位优先溶解，而达到表面平整和光亮的目的。电化学抛光又称电解抛光，其原理与化学抛光相似，也是依靠选择性溶解铝材表面微小凸出部分而达到平整光滑。铝材作为阳极浸入配制好的电解质溶液中，以耐腐蚀而且导电性能良好的材料作为阴极，根据电化学尖端放电原理，通电后的铝材表面微小凸出部位优先溶解，与此同时溶解产物与表面的电解液形成高电阻的黏稠性液膜层，微小凸出部位的液膜层较薄，其电阻较小，从而继续保持优先溶解。同时表面凹洼部位的液膜层厚，电阻增大，凹洼部位的溶解速度相对缓慢，经过短时间电解处理后，凸出部位被溶解整平直至凹洼部位的位置，铝材表面粗糙度降低而达到平滑光亮。铝的电化学抛光在有的文献上称为电抛光（electrpolishing）或电解抛光（electrolytic polishing），也有文献称之为电光亮化（electrobrightening）或电解光亮化（electrolytic brightening），它们实际上是同义词。本章根据我国多数专著和企业生产的习惯[1,2]，采用"电化学抛光"这一术语，偶尔也可能出现"电解抛光"的词语。

在工业生产中，采用化学抛光或电化学抛光的主要目的，一是取代机械抛光而获得平滑的光亮铝材表面；二是在机械抛光后再进行化学抛光或电化学抛光，以获得非常高镜面反射率的铝材或铝零部件，达到表面增亮的目的。

化学抛光和电化学抛光与机械抛光相比较，具有以下的优点：①设备简单，工艺参数易于调控，可大大节省机械抛光需要的基建与设备的费用，在某些情况下部分取代或继续机械抛光，表面光亮度更高；②可处理大型零部件或大批量的小型零部件，以及形状复杂而无法进行自动化机械抛光处理的工件，这种情况下机械抛光是无法替代的；③化学或电化学抛光后的表面洁净，无残留的机械抛光粉尘，有良好的抗腐蚀性；④化学抛光的表面镜面反射率更高，金属质感也更好，表面不会形成粉"霜"。表 4-1 列举的是通常的机械抛光、化学抛光和电化学抛光三种方法的特点比较。

表 4-1　化学抛光、电化学抛光和机械抛光的特点比较

化学抛光	电化学抛光	机械抛光
可达到平滑镜面	可达到平滑镜面	可达到平滑镜面
抛光后铝材表面凸凹、条痕可能依然存在	抛光后铝材表面凸凹、条痕可能依然存在	抛光后铝材表面凸凹、条痕基本消除
纯铝抛光效果好，合金抛光效果差	纯铝抛光效果好，合金抛光效果差	对纯铝和各种合金基本没有区别，均有良好的抛光效果
适用于形状复杂的零件	适用于形状复杂的零件	对形状复杂的零件抛光困难
适于精密件抛光	适于精密件抛光	不适于精密件抛光
材料消耗少	材料消耗少	研磨材料消耗多
操作简单	操作复杂，不适于大型铝材	操作简单
不用电源，投资少	需要电源设备，投资大	设备投资较大
抗蚀性较高一些，可以比较长保持光亮度	抗蚀性较高一些，可以比较长保持光亮度	抗蚀性及光亮度持续性差些

表 4-1 的三种抛光方法，在抛光原理、装备类型、操作方法、抛光特点及应用范围等方面差异都比较大。一般依据被处理铝材的成分类型、形状大小、表面初始状态、抛光质量要求以及处理的批量等因素选择抛光方法。

生产实践证明，铝材的纯度、铝及其合金材料的成分、抛光工艺的选择及其后续阳极氧化工艺选用对最终抛光效果的影响是显著的。其中纯铝中的杂质与合金元素对材料的化学抛光效果影响最大，工艺因素的影响次之。

表 4-2 是不同纯度铝材对白光的反射率，数据表明铝材的纯度愈高，对白光的反射率越大。由于不同纯度的铝材对白光的反射率存在较大的差异，因此，光亮阳极氧化铝材的材质

宜选用纯铝锭（Al99.70）乃至高纯度的精铝锭（Al99.99），以满足光亮度对铝纯度级别的特殊要求。

表 4-2　不同纯度的铝对白光的反射率[2]

铝材纯度/%	对白光的反射率/%	铝材纯度/%	对白光的反射率/%	铝材纯度/%	对白光的反射率/%
99.99	98	99.8	90	99.6	85
99.9	91	99.7	89	99.5	75

　　控制特殊铝材的化学成分、杂质含量及铝材制造工艺，对获得良好抛光效果是十分重要的，例如铁含量对高纯铝抛光效果的影响大于硅含量，在铝合金材料经过低温退火后，合金中铁、硅含量的控制更为重要。铝合金中铁含量大于 0.032%，此材料在抛光后对光的反射率就大大下降。添加合金元素镁可以提高铝材的光亮度，如添加 0.4%～1.2% 的镁的 5657 铝合金或 5457 铝合金板材，或者添加少量的镁和硅生产的 6463 铝合金挤压材，经过机械抛光、化学抛光后，其表面均可以获得比较高的光亮度。

　　此外，选用适宜的表面抛光精饰工艺（如机械抛光、化学抛光和电化学抛光的适当组合），才能保证铝材在阳极氧化后保持高镜面反射的表面质量。例如工业纯铝和某些变形铝合金，经磷酸-硝酸溶液化学抛光处理，可以获得相当好的光亮表面，再经过阳极氧化之后的光亮度可以接近于高纯铝阳极氧化后的光亮度，因此这些铝合金材料至今在欧美等国家汽车装饰零件上得以应用。当然鉴于高纯铝的抛光效果既好又比较稳定，发达国家仍然倾向于采用高纯铝（如 99.7%～99.85%）作为光亮阳极氧化的主要用的铝材。表 4-3 列举了一些主要工业化国家光亮阳极氧化处理用的高纯铝或铝合金材料的牌号及成分。

表 4-3　一些国家光亮阳极氧化处理用高纯铝与铝合金的牌号及成分[3]

国家	牌号	合金元素及其杂质/%						
		Mg	Fe	Si	Cu	Mn	Ti	Zn
美国	5357	0.8～1.3	0.17	0.12	0.2	0.15～0.45	—	—
	5457	0.8～1.2	0.10	0.08	0.2	0.15～0.45	—	—
	5557	0.4～0.8	0.12	0.10	0.15	0.1～0.4	—	—
	6463	0.45～0.9	0.15	0.2～0.6	0.2	0.05	—	—
	7016	0.8～1.4	0.12	0.10	0.45～1.0	0.03	—	4.0～5.0
	7029	1.3～2.0	0.12	0.10	0.5～0.9	0.03	—	4.2～5.2
德国	Al99.98R	—	0.006	0.010	0.003	—	0.003	0.01
	Al99.9	0.01	0.05	0.06	0.01	0.01	0.006	0.04
	Al99.8	0.02	0.15	0.15	0.03	0.02		0.06
	Al99.9Mg0.5	0.35～0.6	0.04	0.06	—	0.03	0.02	0.04
	Al99.9Mg1	0.8～1.1	0.04	0.06		0.03	0.01	0.04
	Al99.85Mg0.5	0.30～0.6	0.08	0.08		0.03	0.01	0.05
	Al99.9MgSi	0.35～0.7	0.04	0.35～0.70	0.05～0.2	0.03	0.01	0.04
	Al99.85MgSi	0.35～0.7	0.08	0.35～0.70	0.05～0.2	0.03	0.01	0.05
	Al99.8ZnMg	0.7～1.2	0.10	0.10	0.2	0.05	0.02	3.8～4.6

续表

国家	牌号	合金元素及其杂质/%						
		Mg	Fe	Si	Cu	Mn	Ti	Zn
法国	1090A	—	(Fe+Si)≤0.1		—	—	—	—
	1080A	—	(Fe+Si)≤0.2		—	—	—	—
	1070A	—	(Fe+Si)≤0.3		—	—	—	—
	5150A	1.3~1.7	(Fe+Si)≤0.15		0.10	0.03	—	0.01
英国	BTR1	0.3~0.8	0.1	0.1	0.15	0.2	0.05	
	BTR2	0.7~1.2	0.1	0.1	0.15	0.3	0.05	
	BTR3	0.4~0.8	0.15	0.2~0.5	0.20	0.05	0.05	

　　铝材进行化学抛光或电化学抛光处理后，其表面虽然可以得到很高的光亮度，但不能长时期保持，极易在空气中自然氧化而变暗，也容易黏附轻微的污染物，甚至可能留下指纹。因此抛光后必须配合相应的阳极氧化工艺，在铝材表面生成阳极氧化膜对其加以保护。由于阳极氧化膜中总是或多或少地混入金属杂质，即使是高纯铝中也含有微量的重金属杂质，容易导致铝材表面光亮度损失。

　　从图 4-1 可看出，铝材表面随着阳极氧化膜的增加，镜面反射率和全反射率明显降低，其降低的程度与铝材纯度有关。含有一定量镁的高纯度精铝锭为基的铝-镁合金材料最佳，全反射率降低很少，即使阳极氧化膜厚度增加到 $15\mu m$，其全反射率降低也不大。而铝纯度 99.5% 为基的铝材，其全反

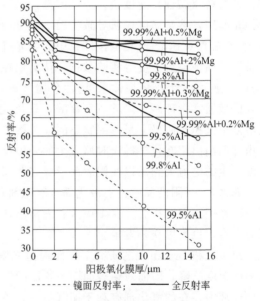

图 4-1　阳极氧化膜厚度对化学
抛光铝反射率的影响[4]

射率降低很多，光亮度损失很大，其镜面反射率下降得更低。

　　综上所述，通过选材（即控制铝材的化学成分、冶金工艺和加工工艺等）、高标准光亮精饰工艺（机械抛光、化学抛光、电化学抛光）组合及其选用以及后续阳极氧化工艺的配合，是铝材获得近似镜面光亮度的表面，提高其装饰效果（如反射性能、光亮度等）及商品附加值的主要途径。

4.2　化学和电化学抛光历程与机理

　　随着铝材生产过程中实际应用的不断扩大和发展，抛光机理研究总结也日臻完善。一般认为，化学抛光机理与电化学抛光机理相同，只不过后者在处理过程中施加了电流，而前者

用的是化学氧化剂，尽管后者的作用现在还未彻底弄清楚。

4.2.1　化学抛光

1949 年日本科学家木村、副岛等人[5]首次提出化学抛光工艺之后，Mohi 和 Stranski、Fischer 和 Koch、Meyer、Cliford 和 Arrowsmith 等人分别从化学抛光工艺及其机理作了全面的深入研究，从而奠定了化学抛光的理论基础。深入了解铝在化学抛光溶液中会发生何种反应，形成什么产物，表面膜层的形成与结构等化学抛光基本原理，对于实际工作的指导是十分必要的。

Politicky 和 Fischer[6]在其研究工作中，证实了铝在化学抛光过程中存在钝化现象。铝在三种不同化学组成溶液中腐蚀，其表面会呈现不同结构类型的膜层。电子显微镜观察结果显示，在氢碘酸（bydroiodic acid）溶液中处理的表面膜结构为面心立方晶格。在氢氟酸、盐酸或溴酸等溶液中处理的表面膜结构为 NaCl 型晶格。在磷酸-硫酸-硝酸溶液中呈平滑、多孔的无定形的晶体结构。铝在化学抛光时，表面所形成的光滑多孔的薄膜层，是由于凸突部位的溶解（腐蚀）速度快，而低凹部位的溶解（腐蚀）速度小，形成了局部阳极，发生部分钝化作用，溶解速度慢所导致。Fischer 和 Koch[7]等人分别研究了高纯铝在碱性溶液、磷酸-硝酸-硫酸、磷酸-氟化氢铵体系中的抛光过程，并根据抛光过程中铝的溶解速度、逸出气体量以及腐蚀电流密度等实验数据，认为铝在化学抛光中发生的化学反应是由于形成（一）Al/酸（或碱）/氧化-还原体系/惰性金属（＋）构成的局部电池发生氧化-还原反应的结果。此处的酸通常指硫酸、磷酸或氢氟酸，氧化-还原体系为 NO_3^-/N（N_2O_5 的还原产物），以及溶液中沉积于阴极上呈海绵状态的铜。溶液中的重金属离子起催化作用，使氧化剂还原。并由此归纳出铝在化学抛光时所发生的阳极反应与阴极反应主要如下。①阳极过程：由局部电池产生的电流大到足以在铝表面形成多孔固体膜时，作为局部电池一极（阳极）的铝的溶解（腐蚀）。②阴极反应：去极化剂（氧化剂）在阴极区的还原反应，如铜还原沉积的阴极反应。在铜还原沉积时，在阳极区有氧析出，阴极区有氢产生。氢既可与上述的两个主过程同时产生，也可以交替发生。

Meyer 和 Brown[8]的研究工作发现抛光溶液中添加氧化剂如硝酸，会使铝在磷酸溶液的溶解速度下降，因而对铝表面固态膜层的形成并无促进作用。Cliford 和 Arrowsmith[9]认为抛光液中存在的氧化剂有利于铜沉积。若磷酸-硫酸-硝酸抛光液中氧化剂的浓度适宜，在铝表面上沉积的铜质点既细小又均匀。如硝酸浓度过低，沉积的铜质点则相当粗大，形成粗化坑。硝酸浓度过高时，在铝溶解时就会形成粗糙的粒状表面，有如橘皮表面，达不到正常的抛光效果。硝酸与金属接触时会发生两种反应，其阳极反应可表示为：$M \longrightarrow M^{3+} + 3e$。一种反应是硝酸与金属反应产生非游离态的 $OH \cdot NO_2$，其结果形成金属氧化物和氮氧化物，如硝酸与惰性较强的铜的反应就是如此，反应的净结果是 $2Al + 3OH \cdot NO_2 \longrightarrow Al_2O_3 + 3HNO_2$。另一种反应是硝酸与惰性不强的金属，如锌、镉、铝等反应，形成游离的 $H^+ + NO_3^-$，氢离子则由于阴极反应优先分解。在用磷酸-硝酸型溶液抛光铝时，硝酸能抑制铝的溶解速度，硝酸按第一种反应被还原；而在硝酸-氟化氢铵溶液中抛光铝时，按第二种反应进行，没有硝酸还原产物，不析出氮氧化物气体。

Culpan 和 Arrowsmith[10]研究了在磷酸-硫酸-硝酸溶液中抛光铝时铜的作用，并计算了获得最佳光亮效果所需要的铜含量。他们认为，溶液中有重金属离子存在是化学抛光过程得以进行的先决条件，这一结论与实际情况可能有所出入。例如，在不存在阴极金属的条件下，在开始反应时，由于晶粒与晶界在组织上与成分上的不同，晶粒便是阴极，而当反应进行时，阳极氧化膜本身就是一个很好的阴极区。

综上所述，铝在酸性溶液中的化学抛光机理大致可以归纳为以下的化学过程：铝的酸性浸蚀过程→钝化过程→黏滞性扩散层扩散过程。以铝在磷酸-硫酸-硝酸溶液中化学抛光为例，当铝在热的浓酸（磷酸和硫酸）中浸渍时，发生强烈的酸性浸蚀反应并迅速溶解而除去表面的一层铝。为了获得良好的抛光效果，必须抑制过度的酸性浸蚀反应。由于硝酸的存在，铝表面发生氧化反应，形成一层仅有几十个原子层厚度的氧化铝的钝化膜覆盖在铝表面上，此钝化作用使得铝表面暂时受到保护，当然这一层氧化膜在抛光液中也会受到酸的作用而被缓慢地溶解。当铝表面氧化膜被完全溶解再次露出的金属基底时，抛光液中硝酸再一次起作用，在裸金属表面形成一层新的氧化铝的钝化膜，如此膜再溶解又再形成，周而复始，使铝的溶解以较低的速度进行。磷酸的黏度比较高，铝在磷酸中反应会形成一层含有铝盐的黏滞性的扩散层覆盖于铝材表面上，要使溶解反应继续进行，所产生的铝离子必须穿过扩散层进入溶液，因此铝的溶解速度受到扩散层厚度的控制。铝表面凹洼处的黏滞性扩散层厚度明显大于其在凸出处的厚度，致使铝离子难以扩散到溶液中去，其黏滞性就更高；而溶液中的氢离子也难以扩散进来，其酸性就更低。其结果是铝材表面凹洼处的铝因受黏滞性扩散层保护，溶解速度变得缓慢，而粗糙表面凸出处的铝能够较为迅速地溶解除去，产生宏观的平整作用，其机理与过程如图 4-2 磷酸基化学抛光溶液中氧化膜和扩散层的作用所示。

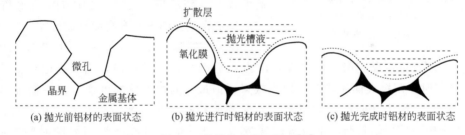

(a) 抛光前铝材的表面状态　　(b) 抛光进行时铝材的表面状态　　(c) 抛光完成时铝材的表面状态

图 4-2　化学抛光机理模型[11]

铝在酸性溶液中的抛光由氧化膜的形成和氧化膜的溶解两个过程交替进行的机理说明，可以用以下反应方程式表达为：

$$14Al + 10HNO_3 \longrightarrow 7Al_2O_3 + 4N_2 + 2NO_2 + 5H_2O$$

$$Al_2O_3 + 6H_3PO_4 \longrightarrow 2Al(H_2PO_4)_3 + 3H_2O$$

铝的碱性化学抛光是利用铝及铝合金在碱性溶液中的选择性自溶解作用来整平和抛光铝的表面，改善其表面粗糙度的化学方法，其抛光过程的化学方程式表达为：

$$2Al + 6NaOH \longrightarrow 2Na_3AlO_3 + 3H_2 \uparrow$$

$$Al_2O_3 + 2NaOH \longrightarrow 2NaAlO_2 + H_2O$$

$$2NaNO_3 \longrightarrow 2NaNO_2 + O_2 \uparrow$$

$$2Al + NaNO_2 + NaOH + H_2O \longrightarrow 2NaAlO_2 + NH_3 \uparrow$$

氢氧化钠有腐蚀整平作用，硝酸钠有一定的整平抛光作用。由于碱较酸对铝的溶解能力更强，因此采用碱性抛光工艺铝件的质量损失较酸性抛光液更多，同时碱性抛光工艺的控制也更加困难。

4.2.2　电化学抛光

电化学抛光又称电解抛光，是以被抛光的材料（如铝）为阳极，以不溶性金属（如铅或不锈钢）作阴极，在电解抛光液中利用直流电进行电解的过程。就抛光原理而言，电解抛光与化学抛光大体相似。电解抛光是借助电流的作用，使铝起电化学反应，其表面凹凸部分发生不同程度的溶解，最终使铝材表面变得既光滑又有光泽。金属的电解抛光机理可以通过阳极抛光过程的极化曲线（图 4-3）来说明。

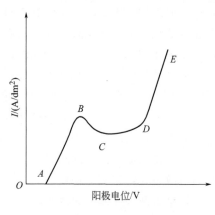

图 4-3　铝的典型阳极极化曲线

AB 区—铝的活性溶解区；

BC 区—在铝表面形成氧化膜；

CD 区—抛光区；*DE* 区—阳极化膜部分溶解与氧气析出区

AB 段电流密度随阳极电位升高而增大，是正常的阳极溶解过程，即 Al $\longrightarrow$ Al^{3+} +3e，这时阳极表面呈通常的浸蚀外观。到 *B* 点后，电位继续升高时，电流密度反而下降，*B* 点表示金属阳极的溶解速度与溶解产物向电解液内部的扩散速度相等。*B* 点之后由于金属溶解速度大于腐蚀产物扩散速度，使得阳极溶解产物开始在表面积累而出现黏膜层，此时阳极电阻增大，实际电流密度下降。一直到 *C* 点，阳极表面附近液层中溶解的金属盐达到饱和状态，黏膜层增长到一个确定不变的厚度，这时阳极的反应速度完全受扩散速度步骤所控制，所以电流密度与电位无关而延续到 *D* 点。电位到 *D* 点后电极上有新的反应发生，如 OH$^-$ 放电析氧等，此后电流密度又随电位升高而迅速增加。

图 4-3 的阳极极化曲线上有 *B* 和 *D* 两个明显的特征点，*B* 点以后黏膜层开始出现，*D* 点以后则气体开始析出，当阳极电位处于 *C* 点和 *D* 点之间时，阳极表面才能产生抛光效果，但最佳的抛光效果可能应该控制在 *D* 点之后的某个电位，因为此时有气体析出，对黏膜起搅拌作用，溶液更新快，在微观凸出部位电流更集中，致使铝材凸凹部位溶解速度差异更大，为此抛光所需要的时间短而效果更好。

4.3　以磷酸为基的化学抛光工艺

以磷酸为基的化学抛光槽液应用最广泛，以磷酸为基的抛光液大致可分为磷酸-硫酸（含无黄烟化学抛光）系、磷酸-硝酸系、磷酸-硫酸-硝酸（三酸抛光）系、磷酸-乙酸-硝酸系等体系。以下分别简单予以介绍。

4.3.1　磷酸-硫酸化学抛光

磷酸-硫酸化学抛光不同于磷酸-硫酸-硝酸的抛光，铝在由磷酸-硫酸所组成不含硝酸的化学抛光液中，因该体系本身钝化能力弱，其腐蚀过程所受到的抑制极其有限，铝材抛光表面虽光亮平滑，但是表面结构却较为粗糙，故这类抛光液属于酸性光亮浸蚀类型。磷酸-硫酸的化学抛光溶液于 1946 年首先由英国 United Anodising[12] 公司提出，并在工业上得到使用，其均匀溶解及整平性能可使铝材获得较通常碱性刻蚀更为光亮银白的装饰表面。该抛光液处理温度一般为 100～140℃，硫酸含量越高，处理温度也应该比表 4-4 的操作温度有所提高，表 4-4 为典型的抛光液成分及工艺条件。

表 4-4　典型磷酸-硫酸化学抛光成分及工艺条件

材料名称及工艺条件	配方编号	
	1	2
磷酸($\rho=1.70g/mL$)	75%(体积)	50%(体积)
硫酸($\rho=1.84g/mL$)	25%(体积)	50%(体积)
操作温度/℃	90～100	90～100

表 4-4 中配方 2 属于浸蚀型处理液，抛光效果差一些，适于去除铝材表面较深的模具痕或擦伤、划伤痕迹，不需要光亮度很高要求的铝材。处理后铝材表面覆盖白色含磷酸铝的膜层，其形成机理尚不十分清楚，有人认为是溶液界面上的反应产物发生局部饱和所引起，反复进行若干次浸渍-沥干处理可提高抛光品质。也可在以下溶液中，即 30g/L 铬酸、30g/L 硫酸或磷酸中浸渍，处理温度为 60～80℃，并搅拌清洗除去这种抛光之后发生的白色膜层。

随着环境保护、健康意识的加强，为减少含硝酸化学抛光溶液中所产生的氮氧化合物（NO_x）烟雾对健康的伤害和对环境的污染，自 20 世纪 70 年代以来，国内外学者对铝的无黄烟化学抛光工艺进行了大量研究。这类抛光液保留磷酸-硫酸作基础液，以复合添加剂代替硝酸，组成无黄烟化学抛光液。其化学抛光的基本原理与含有硝酸等氧化剂的化学抛光体系基本相同。日本 Tajama[13] 开发了添加缓蚀剂（钼酸盐）、整平光亮剂（硫酸镁）、烟雾抑制剂（人造沸石）等组成的无黄烟化学抛光剂。Takigawa[14] 等人开发了在磷酸-硫酸混酸中含噻吩衍生物和硫化物构成的光亮剂的无黄烟化学抛光液。小岛治夫[15] 开发了 70%～30% 磷酸、30%～70% 硫酸、0.01%～5% 钨化合物、0.001%～0.1% 铜离子（以铜换算）、0.01%～5% 铁离子（以铁换算）、适量的超磷酸盐（相对分子质量 5000～10000）组成的无黄烟铝材抛光液。我国李玲[16]、北京航空航天大学余维平[17]、沈阳工业学院安成强[18]、武汉材料保护研究所庞洪涛[19]、江西理工大学材料与化学工程学院的钟建华[20] 等人分别对铝合金无黄烟化学抛光工艺、添加剂及其应用进行了研究并取得了很大进展。国内部分无黄烟化学抛光工艺及其工艺条件见表 4-5，表 4-5 中的添加剂型号已经注明参考文献。

表 4-5　国内部分无黄烟化学抛光工艺及其条件

材料名称及工艺条件	配方编号			
	1	2	3	4
磷酸($\rho=1.70g/mL$)	80%	700mL/L	700mL/L	600mL/L
硫酸($\rho=1.84g/mL$)	20%	300mL/L	300mL/L	400mL/L
硫酸镍/(g/L)	—	—	0.5～10	—
Al^{3+}/(mol/L)	—	—	—	0.2～0.6
WXP[16]	2mL	—	—	—
添加剂[18]	—	20mL/L	—	—
BAA-1[17]	—	—	0.5～10mL/L	—
WP-98[19]/(g/L)	—	—	—	10～15
温度/℃	110～120	90～120	95～110	90～110
时间/s	30～120	15～120	30～120	60～180

总体上看，由磷酸-硫酸基础液中添加复合添加剂所构成的无黄烟化学抛光剂，基本含有腐蚀剂、缓蚀剂、表面活性剂、光亮剂等组分。这些成分整体起到了对铝光亮整平的增光作用，其中含硫的有机物部分起到吸附、加速黏性液膜形成、改善铝表面性能的作用；无机物部分则是起到加速凸出部位溶解、促进表面钝化作用；表面活性剂起润湿表面、加快气体从表面脱附、减少麻点和抑制酸雾的作用。由于磷酸-硫酸基础液的浸蚀能力较强，在实际生产中控制磷酸-硫酸的质量比显得尤为重要。武汉材料保护研究所在无黄烟化学抛光技术的开发与应用上起步较早，其无黄烟化学抛光添加剂近年来已被生产厂家所使用。采用无硝酸的无黄烟化学抛光工艺的最大优点是彻底根除了 NO_x 污染源，消除二次污染而不增加其他附加费用，是未来我国铝材化学抛光的方向。

4.3.2　磷酸-硝酸化学抛光

磷酸-硝酸化学抛光溶液适宜于抛光工业纯铝及 Al-Mg-Mn 系合金（如 LF2 铝合金）。工业纯铝表面对白光的反射率可达 87%，铝合金的反射率稍低一些。在这一类抛光体系中，硝酸对磷酸溶液中的铝合金具有钝化作用，在适当的浓度与温度时，能完全抑制溶液对铝表面的腐蚀作用。经过机械抛光处理的铝材及铝制品用磷酸-硝酸溶液抛光，可获得平滑如镜的表面。如果化学抛光液中不存在硫酸，则回收系统就简单些。美国的一些生产线多年来一直使用磷酸-硝酸为基的化学抛光溶液及其分立的回收系统。而在欧洲一些专利化学抛光溶液中依然使用含硫酸抛光液，后者给开发回收系统增加了一定的难度。

磷酸-硝酸化学抛光溶液的基本成分，从本质上讲是由磷酸-硝酸-水的三元体系组成。Cohn[21]绘制了磷酸-硝酸不同浓度的抛光溶液使铝材获得光亮表面的图解。图 4-4 中的 A' 和 A'' 区域槽液中的硝酸浓度超过 40%，如水含量低于 2.5%，化学反应十分剧烈，操作工人在实际生产中很难控制。从成本考虑，较多的配方采用相对密度为 1.70 的磷酸代替相对密度为 1.75 的磷酸作为抛光液基本成分，代价是抛光液中额外的水分会导致光亮

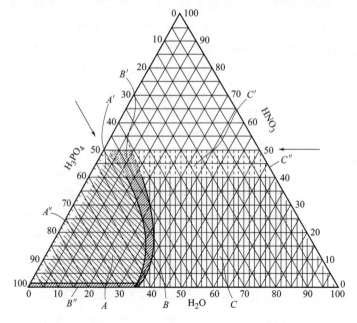

图 4-4　磷酸-硝酸-水的化学抛光液体系

A 部分表示光亮镜面；B 部分表示散射反射面；C 部分表示非光亮区

度下降。

美国孟山都化学公司[22]（Monsanto Chemical Co.）对上述抛光液体系做了一些改进，如添加约 0.01%～0.03% 铜离子以提高抛光品质。改进后的磷酸-硝酸抛光液的成分如下：

硝酸	2.8～3.2（质量分数,%）	磷酸	64～70（质量分数,%）
水	17～23（质量分数,%）	铜	0.01～0.02（质量分数,%）
磷酸铝	10～12（质量分数,%）		

4.3.3　磷酸-硫酸-硝酸化学抛光

由磷酸-硫酸-硝酸所组成的三酸化学抛光液，在铝材的化学抛光中的应用十分普遍。根据其组成中磷酸相对含量不同，可分为 I 类（磷酸相对含量较低）和 II 类（磷酸相对含量较高）两类。表 4-6 列举了法国工业生产中三酸抛光液的成分和抛光温度。

表 4-6　法国工业生产中三酸抛光液的成分和抛光温度[23]

类型	磷酸($\rho=1.71g/cm^3$)/mL	硫酸($\rho=1.84g/cm^3$)/mL	硝酸($\rho=1.50g/cm^3$)/mL	温度/℃
I	300	600	70～100	115～120
	400	500	60～100	100～120
	500	400	50～100	95～115
	600	300	50～80	95～115
II	700	250	30～80	85～110
	800	100	30～80	85～110
	900	50	30～80	85～105

从表 4-6 中的数据可以看到，I 类化学抛光液，其特点是磷酸相对含量较低而硫酸、硝酸相对含量较高，抛光温度也高，铝的溶解速度快，排出的 NO_x 气体也多，适于处理表面较粗糙的纯度大于 99.5% 的高纯铝。II 类化学抛光液，与铝的反应速度较缓慢，磷酸含量高，所以抛光液成本较高，适于抛光已经机械抛光的工业纯铝、Zn 含量低于 8% 的 Al-Mg-Zn 合金和 Cu 含量≤5% 的 Al-Cu-Mg 合金。我国常用的六种磷酸-硫酸-硝酸（三酸）抛光液，其成分、工艺条件（温度和时间）和适用范围列于表 4-7[24]。

表 4-7　国内常用的磷酸-硫酸-硝酸（三酸）抛光液成分和工艺条件

抛光液成分与工艺条件	抛光液含量（质量分数）/%					
	1	2	3	4	5	6
H_3PO_4	136	75	136	77.5	70	75～80
H_2SO_4	9.2	8.8	18.4	15.6	25	10～15
HNO_3	22.5	8.8	15	6	5	3～5
$Cu(NO_3)_2 \cdot 3H_2O$	1.2	—	—	—	—	—
$Cu(CH_3COO)_2 \cdot 2H_2O$	—	—	0.5～1.5	—	—	—
CrO_3	2～3	—	—	—	—	—

续表

抛光液成分与工艺条件	抛光液含量(质量分数)/%					
	1	2	3	4	5	6
$(NH_4)_2CO_3$	—	3	—	—	—	—
$(NH_4)_2SO_4$	—	4	—	—	—	—
$CuSO_4 \cdot 5H_2O$	—	0.02	—	0.5	—	—
H_3BO_3	—	—	—	0.4	—	—
温度/℃	85～120	100～120	85～120	100～105	90～115	95～105
时间/min	4～7	2～3	5～6	1～3	4～6	2～3
适用范围	Al-Zn-Cu 合金	工业纯铝，Al-Mg 合金	纯铝及铝合金	纯铝及含铜低的铝合金	高纯铝	含铜、锌较高的高强铝合金

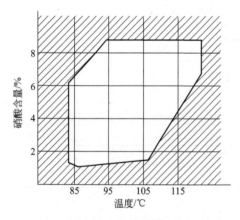

图 4-5　化学抛光镜面光亮区的综合界限图
磷酸：硫酸=2：1，逐次加硝酸，100℃

Lacombe[25]用 2 份磷酸（$\rho = 1.70 \text{g/cm}^3$）加 1 份硫酸（$\rho = 1.84 \text{g/cm}^3$），然后在混酸中逐次添加硝酸（$HNO_3$，$\rho = 1.40 \text{g/cm}^3$）直至硝酸达到 10%（体积）时为止，在适宜的温度下进行化学抛光，铝材均能获得光亮镜面。他所绘制的抛光镜面光亮区综合界限图（见图 4-5）对实际生产中抛光操作的控制十分有意义。

这类抛光液所允许的转移时间非常短，一般不足 30s，极易发生转移性腐蚀而产生表面缺陷。由于镜面光亮铝材从热的（85～105℃）抛光槽中取出，即从空气中进入水洗槽之前的过程中，铝材在空气中停留时，其表面的化学反应并未停止；当铝件进入到含有抛光液的水洗槽中水洗时，随即发生浸蚀反应，直到其表面温度下降至浸蚀反应停止为止。因此，为了获得镜面光亮的抛光效果，在实际生产中，通常是铝材从抛光槽取出后连带着黏稠抛光液迅速进入水洗槽中进行水洗，造成大量的抛光液带出损失，增加了生产成本。在有些配方中，通常添加适量的硫酸铵、尿素等物质，抑制和减少硝酸的分解和 NO_x 气体的析出；添加少量的苯并三氮唑、乌洛托品（六亚甲基四胺）等缓蚀剂，尽量抑制铝材的转移性腐蚀。

4.3.4　磷酸-乙酸-硝酸化学抛光

由磷酸-乙酸-硝酸组成的化学抛光液是巴特尔[26]（Battelle）研究所原创的，后经美铝公司（Aluminium Company of America）改进，形成商品代号 R5 的化学抛光工艺，应用于铝材的化学抛光。该工艺特点是具有较低的质量损失，铝的溶解速度主要决定于硝酸浓度与溶液温度。槽液溶铝量最高可达 40g/L，铝合金的溶解速度通常比纯铝的快，抛光效果与成分的关系很密切。生产实践证明，铝的溶解（腐蚀）量为 5～25μm 时，可获得最佳的抛光效果，其镜面反射率较高。表 4-8 是美铝公司[27]改进后的抛光液成分。硝酸含量的控制类似于三酸化学抛光液的槽液控制，每生产 1～2 天需要补充相应量的乙酸。有些专利文献提出使用硫酸代替乙酸或添加一定比例硫酸与乙酸的混酸，还有添加少量铜盐（约 $200\mu g/g$ 铜盐）。

表 4-8　美铝公司改进后的磷酸-乙酸-硝酸抛光液成分

抛光液成分	三种抛光液编号		
	1	2	3
磷酸(质量分数)/%	70	61	50
乙酸(质量分数)/%	15	—	6
硝酸(质量分数)/%	2	8	6.5
硫酸(质量分数)/%	—	16	23
水 (质量分数)/%	13	15	12.5

4.3.5　磷酸为基的化学抛光生产设备

由于以磷酸为基的化学抛光生产线设备是在严重腐蚀条件下使用的，必须具备坚固完备、耐腐蚀性能特别良好的生产设备方能满足生产要求。

（1）化学抛光槽体。化学抛光槽液应该盛放在一个安全、稳固而且耐腐蚀的槽子中，槽子内层选用含钼不锈钢制成。不锈钢的焊接要求很高，应由专业人员焊接并在焊接后由专家仔细检查，确保无假焊和微小渗漏；焊接时不得采用直角搭接而应采取圆弧过渡角焊接；槽子的上缘要求全部密封焊接，以避免抛光槽液从槽子上部溢出而渗漏进入夹层引起腐蚀。

（2）通风排气装置。化学抛光生产中会有细小的酸雾、液滴或与硝酸反应释放出的氮氧化物气体等逸出，因此生产线通风排气设计需要将环保因素考虑到设计方案中。排放烟雾的烟囱高度设计要满足环保要求所必须达到的高度，如英国规定烟囱高度不得低于 5m，烟雾排放时必须先用水淋洗后再行排放。

（3）搅拌装置。搅拌装置分为机械搅拌和压缩空气搅拌两类。机械搅拌由电机驱动凸轮带动导电横梁作水平往复移动，具体操作取决于铝材或铝制品大小和抛光表面最终品质要求，一般每分钟移动 10～15 周期，行程为 100～150mm 较为适宜。采用立式无油压缩空气搅拌时，注意槽液各处搅拌均匀，以确保铝材表面化学抛光的光亮度的均匀性。

（4）加热和温度控制装置。化学抛光槽液的加热通常采用蒸汽浸入式加热装置，蒸汽压力建议与生产线用蒸汽压力相当或略低些。由于化学抛光槽液极易吸收空气中的水分，因此不允许在槽液附近逸出大量水蒸气。加热管建议选用与槽子内衬相同的无缝含钼不锈钢管，尽量避免在浸入槽液内存在加热管的焊接缝，特别在液面附近处不得留有焊接缝。小型化学抛光设备可使用石英管电加热装置，使用时注意不要碰碎石英管。温控装置必须安全可靠地调控在工艺需要的温度范围内，一旦超过温度上限，能自动切断热源或电源，以保障安全。

4.3.6　含硝酸的磷酸基化学抛光液的工艺因素

（1）装料。铝材在进行化学抛光前的装料，原则上与普通阳极氧化生产的要求相同。铝材在装料前应仔细核对铝材的纯度、化学成分、外观质量等。基材表面应无严重擦伤、划痕、腐蚀等缺陷，以确保产品获得满意的光亮度。装料时注意加大铝材间距和倾斜度，使气体尽快逸出。由于化学抛光溶液的相对密度很大，抛光中形成的气泡附着在铝材表面，使导电横梁上浮，使得浮出液面的部分铝材化学抛光不充分，容易造成同一挂料中出现光亮度不均匀。因此，适当减少装载量，以减小铝材表面气体的积累，或在必要时采用大型加重导电横梁。对高光亮度要求的装饰面注意向外垂直装料，确保该面上的气体尽快逸出。此外装料要稳固，应采用夹具，夹具安放在非装饰面上，避免留下夹具痕迹。

（2）化学清洗脱脂。铝材化学抛光前，特别是经过机械抛光的铝材表面可能含有油脂，以采用高温水或高温蒸汽清洗为宜。但是对含共价键的润滑油脂，铝材表面不能被热水完全清洗干净，过去采用三氯乙烯等有机溶剂脱脂清洗，但因含有氯氟烃类有机化合物破坏大气臭氧层而被禁用，现在大多数生产线采用含有表面活性剂的水溶液化学清洗剂对铝材进行清洗，可以有效地除去铝材表面的油脂。

（3）搅拌。铝材在化学抛光过程中，伴随有大量气体逸出，如果没有搅拌装置，气体难以迅速脱离铝材表面，形成气体累积缺陷。铝材表面的气体积累到一定量时由于气泡向上逸出，又可能使表面产生条纹缺陷。因此用机械或无油压缩气体方式对化学抛光液进行搅拌，以保证表面化学抛光的均匀性来克服上述缺陷。由于化学抛光液由热的浓酸组成，而且具有很强的腐蚀性和刺激性气味，因此不推荐采用手工搅拌。

（4）时间。铝材化学抛光所需的时间通常由铝材牌号与制造工艺、半成品表面质量、化学抛光所要求的光亮度、抛光槽液中的溶铝量以及槽液温度等因素确定。化学抛光的时间通常为 1～3min。

（5）温度。温度对化学抛光的效率和品质有着重要的影响。温度越高，抛光效率提高，同时产生较多的泡沫，容易产生气体缺陷。新配制的化学抛光槽液因活性较强，应该注意操作温度不宜太高。待槽液溶铝量达到一定水平，操作时宜适当提高温度。随着化学抛光槽液溶铝量的增加，要维持一定的抛光效率，就要提高槽液温度。如果槽液温度超过设定温度上限，仍然不能达到满意的抛光效果，通常需要调整槽液浓度，或调整与浓度直接相关的密度。

（6）铝材转移。铝材在化学抛光后，特别是在含硝酸的化学抛光槽液抛光后，应迅速转移到水洗槽中进行水洗，否则铝材表面会出现转移性腐蚀的缺陷。这是由于附着在铝材表面的化学抛光槽液十分黏滞，铝材出槽后，其表面温度从很高的温度不可能迅速冷却，为此化学反应仍在继续进行，气体不断逸出，硝酸含量迅速下降，铝表面液层中溶铝量不断上升，愈加偏离正常的化学抛光必要的工艺条件，导致表面酸性浸蚀外观的发生。为避免铝材的转移性腐蚀，在实际抛光操作中，抛光后的铝材一般要求在 30s 内进入水洗槽。但是抛光铝材往往包裹着大量黏稠的抛光液进入水洗槽，不可避免造成极大的浪费。

（7）水洗。铝材水洗是化学抛光过程的终止，附着在铝材表面上黏滞的化学抛光液必须清洗干净，带有空气搅拌的水洗十分必要。也可采取导电横梁上下多次运动的方式清洗铝材，若采用循环流动的温水（如 40℃）水洗，效果更佳。

（8）除灰。铝材水洗后转移至除灰槽液中进行除灰处理，通常是在含体积分数为25%～50%的硝酸（$\rho=1.40g/cm^3$）溶液中进行，也可以用专用的除灰剂进行除灰。抛光铝材经过除灰处理后，其表面应平整光亮。若表面仍然附着有轻微的铜的特征颜色，表明除灰不充分，需要延长除灰时间，必要时增加除灰槽液中硝酸的含量。

（9）硝酸含量控制。磷酸为基的化学抛光液，硝酸含量宜每日进行检查，使其维持在正常的工艺范围内，特别要注意掌握硝酸补加规律，也可以按照实际操作经验进行调整。硝酸含量太低，铝材化学抛光的光亮度不理想或看到细小的白色附着物斑点等缺陷；硝酸含量过高，可以看到铝材表面所产生的浅蓝色至橙色的彩虹膜或伴有点腐蚀产生的粗糙（俗称起砂）。抛光液溶铝量也影响硝酸含量的确定，溶铝量偏高，硝酸含量适当提高，硝酸含量与溶铝量关系如图 4-6 中区间为推荐的光亮区的操作。

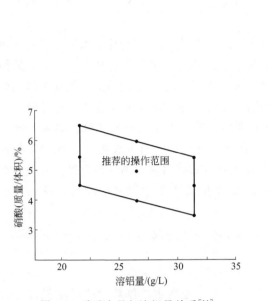

图 4-6 硝酸含量与溶铝量关系[11]

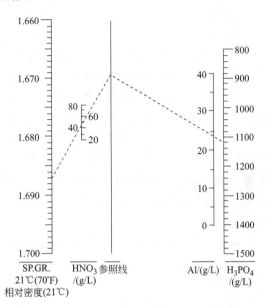

图 4-7 磷酸-硝酸-水槽液分析列线计算图

（10）相对密度。化学抛光槽液的相对密度可以用比重计测定，每周至少测量一次；若化学抛光的生产量很大，则需要每天测定。通常适宜的槽液相对密度与溶铝量及硝酸含量有相应的关系，见图 4-7 所示。例如，当测得相对密度为 1.687，分析硝酸浓度为 45g/L，磷酸浓度为 1120g/L，连线得 Al 浓度为 24g/L。如果测定相对密度太低，则可能表明抛光槽液中进入水分，过多的水分可能引起光亮度下降。若测定的相对密度偏高，溶铝量可能过高，会产生附着物等缺陷。实际生产中分析化学抛光槽液的硝酸含量的频度要求比较频繁，其他项目的分析频度相对较少。其他成分的分析可用测定其相对密度和目测铝材表面光亮度予以判定各组分是否在正常的含量范围。有经验的化学抛光操作人员可以从铝材化学抛光表面的光亮度来判定硝酸的含量。正常生产的化学抛光槽液，每班生产 8h 后要作槽液消耗药品的补加操作。典型的硝酸消耗量为化学抛光槽液消耗量的 1%～2%（体积分数），否则槽液会出现光亮度不足的现象。

4.4 硝酸-氟化物化学抛光工艺

磷酸基化学抛光液的抛光性能较好，工艺比较成熟，应用广泛。除此之外，在工业生产中还采用一些其他成分的溶液抛光，不过应用范围较小。以硝酸-氢氟酸为基的化学抛光工艺，对于经过特殊生产的高纯度铝及铝合金材料，也能够获得满意的光亮度。

4.4.1 硝酸-氢氟酸-阿拉伯胶化学抛光

本化学抛光工艺是由德国 Vereingte Aluminium-Werke A.G.（V.A.W.）[28-30]公司于

1950 年开发的，主要用于德国大众轿车上的以镜面光亮度为目的的铝装饰件的化学抛光，抛光液的成分与工艺[29]如下：

硝酸	13%～17%	温度/℃	55～75
氟化氢铵	16%～20%	时间/s	15～20
硝酸铅	0.01%～0.02%		

图 4-8 显示了在 55℃时，该化学抛光工艺的光亮区工作范围。这种化学抛光工艺对于铝纯度在 99.99% 为基的铝及铝合金材料具有良好的平整性及高的镜面反射光亮度，但对低纯度的铝材表面所获得的光亮度低于磷酸基化学抛光的光亮度。抛光液的特点是铝的溶解速度快（25～50μm/min），仅适合于高纯铝及高纯度的 Al-Mg 和 Al-Mg-Si 合金，此时抛光效果好，反射率高达 90% 左右，即使在阳极氧化处理后，反射率也仅略有下降。通常，此溶液在处理 0.25～0.35m²/L 材料后就应排放掉，浪费比较大，增加了成本。V. A. W. 公司原始的槽液配方是由硝酸和氢氟酸组成，后来采用氟化氢铵代替氢氟酸，改进型配方中含有少量的缓蚀剂如糊精或阿拉伯胶等。改进后的硝酸-氟化氢铵化学抛光槽液组成及工艺条件[31]为：

硝酸(ρ=1.40g/cm³)	100～160mL/L	糊精或阿拉伯树胶	5～100g/L
氢氟酸(40%)	26～40mL/L	操作温度	65～68℃
氟化氢铵	40～70g/L	操作时间	40～60s

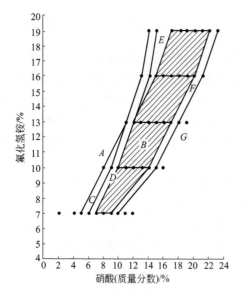

图 4-8　化学抛光光亮区

（Al 99.99Mg0.5；硝酸-氟化氢铵-
糊精；55℃；15s）

A 区—白色浸蚀区；B 区—光亮区；
C 区—不透明区；D 区—稍亮不透明区；
E 区—粗糙光亮区；F 区—条纹光亮区；
G 区—过多条纹区

在这类化抛光液中，氢氟酸或氟化氢铵等含氟化合物主要起溶解氧化膜和侵蚀铝材的作用，实际生产中，在一定温度和浓度范围内，控制含氟化合物对铝材腐蚀速度对获取良好抛光效果十分重要。在上述溶液中添加重铬酸盐、铵离子、铜离子、磷酸根离子、多羟基醇如甘油[32-38]等物质作为添加剂能有效抑制抛光过程中含氟化合物对铝材的点蚀作用，改善其抛光效果。

（1）工艺控制。该化学抛光槽液成分及工艺条件比较简单。当氟含量不足时，趋于出现细小的点蚀及条纹；如果氟含量超过规定范围，则出现不透明或乳白色的外观。添加氢氟酸或氟化氢铵的比例，依据铝制品表面积计算约为 2.5～3.3L/m²，糊精约为其数值的 1/20，硝酸约为 0.5L/m²。由于该工艺对金属铅比较敏感，市售的氢氟酸或氟化氢铵中铅的含量可能高达 0.02%，因此在实际操作中铅的安全限量应控制在 0.02g/L 以下。化学抛光后如不立即进行阳极氧化处理，宜在含 20g/L 铬酸钠（约 0.06% 铬酸）的溶液中进行不超过 100min 的钝化处理。如铝中的铁含量>0.002%，应严格控制溶液的铵浓度，为此最好添加氢氟酸。

（2）操作。鉴于氟对人体的皮肤、肌肉和骨骼会产生严重的浸蚀性伤害，操作人员一定要予以充分认识，重视安全生产，穿戴好防护服和面罩等安全防护用品。由于这类化学抛光溶液会产生一些氟化物的沉淀物，要定期用木制或塑料制的筛网过滤槽液并清除沉淀物。采用这类溶液对铝材化学抛光，一般对材料表面要求光亮平整、清洁、无油脂，因此在进行化学抛光前，通常需要对待抛光的铝工件进行外观检查，经确定铝制品表面黏附的润滑油脂或污染物清除彻底后，方可进行化学抛光处理。化学抛光后的铝材应迅速转移到流动水中水洗；再浸入含 25%（体积分数）的硝酸溶液进行除灰处理 1~3min，随后用流动水水洗 2~5min。

4.4.2　硝酸-氢氟酸-芳香胺化学抛光

为了降低含硝酸-氟化物类抛光液对铝的腐蚀速率，英国 Acorn Anodising Company 公司[39]开发了以硝酸-氢氟酸-芳香胺为主要成分的化学抛光工艺。其中的芳香胺能有效降低铝的腐蚀速率，起到缓蚀、光亮作用。表 4-9 列举了典型溶液组成及工艺条件。

表 4-9　硝酸-氢氟酸-芳香胺化学抛光液成分及其工艺条件

抛光液成分及工艺条件	五种抛光液编号				
	1	2	3	4	5
60%氢氟酸(体积分数)/%	15	3.25	11.8	12	3
($\rho=1.42$g/mL)硝酸(体积分数)/%	6	5.5	4.7	5	5
碳酸铅/(g/L)	1	0.17	2	2	1
邻甲苯胺(体积分数)/%	8.5	6.1	—	4	—
苯胺(体积分数)/%	—	—	1.96	3	—
2,6-二甲苯胺(体积分数)/%	—	—	—	—	9
处理温度/℃	20~35	50~60	20~35	20~35	50~60
处理时间/min	1~4	1~4	1~4	1~4	1~4

（1）槽液配制。硝酸-氢氟酸-邻甲苯胺化学抛光槽液配制顺序如下：先向洁净的槽子中添加约 2/3 工作容积的纯水，再添加硝酸并小心进行搅拌。待硝酸加完后，加热槽液到 40~50℃。然后添加邻甲苯胺，进行充分搅拌，待溶解后再添加氢氟酸，最后添加苯胺。化学药品添加结束补充水到工作容积，并加热到 55~65℃。采用该工艺能够对纯度 99.70% 为基的铝材成功地进行化学抛光获得平整光亮的外观。

（2）槽液控制。大量槽液的成分控制通常根据铝材抛光后的外观加以判断，从化学抛光后铝材的光亮度还可以判明是否使用了不适宜的较低纯度的铝材。当使用纯铝锭（Al 99.70）或更高纯度的铝锭为基制成的特殊铝材，如果化学抛光后光亮度不足表明可能硝酸含量较低，建议按照 3L/m³ 硝酸添加量进行补加，调整到规定的含量范围内。在极个别的情况下，有可能添加 2 倍量的硝酸。化学抛光槽液添加氢氟酸时需要有规律地进行，原则上以抛光槽处理的铝材表面积按照 60mL/m² 的比例进行添加。用抛光槽液每分钟溶去铝材厚度为 25~37μm 来检测槽液中氢氟酸含量是否处于正常的工艺范围内。添加氢氟酸的量按照每立方米槽液添加 2.25L 进行，直到每分钟溶解铝材除去其厚度值处于正常工艺范围为止。按此方法，如果氢氟酸含量在正常工艺范围，抛光效果仍然不佳，可能是邻甲苯胺含量较低，推荐按照每立方米槽液添加 1.25L 有机胺（作为光亮剂）。该化学抛光槽液的抛光能力为每立方米槽液可处理约 $750\sim1000m^2$ 表面积的铝材。由于化学抛光槽液存在有机化合物，因此槽液的稳定性不好，一般可以按每周或每两周定期全部更换槽液或部分更换槽液。该化学抛光槽液随着生产的进行会有氟化物沉淀积累，需要定期加以清理。由于槽液具有极强的腐蚀性，操作时必须戴好手套、眼镜、围裙、口罩、面罩、靴子等劳动防护用品，注意安全！

4.5 典型的电化学抛光工艺

电化学抛光能够赋予铝材表面高光亮的效果并呈现出高镜面反射性能，它适用于工业及科技领域有特殊光亮表面品质要求的铝材，特别是经过机械抛光、化学抛光后再进行电化学抛光处理，作用更加显著。电化学抛光较多用于铝工件，由于建筑铝型材每槽的铝材面积很大，工业控制比较困难，因此较少采用电化学抛光工艺。电化学抛光的效果与槽液温度、电流密度、抛光时间、抛光槽液中铝离子含量以及铝合金种类等相关因素有关。本节主要介绍典型的电化学抛光工艺，有碳酸钠-磷酸三钠碱性电化学抛光工艺（即 Brytal 工艺）、磷酸-铬酸-硫酸电化学抛光工艺（即 Battelle 工艺）、氟硼酸电化学抛光工艺（Alzak 工艺）、硫酸-铬酸电化学抛光工艺（Aluflex、GIV 等工艺）和无铬电化学抛光工艺。

4.5.1 碳酸钠-磷酸三钠碱性电化学抛光

Pullen[40,41] 提出碳酸钠-磷酸三钠组成的碱性电化学抛光工艺（Brytal 工艺），于 1936 年在英国问世以来，仍是至今唯一在工业生产中保持应用的碱性电解液抛光法。"Brytal" 是英国铝业公司（British Aluminium Company）对此工艺的注册商标名称。这一工艺特别适合于抛光高纯铝（99.99%），常用于已作机械抛光处理仍需进一步提高光亮度的铝制品，其优点是使用的电流密度低，抛光液对基材的溶解速度较小，缺点是溶液消耗较快，对杂质比较敏感。Brytal 工艺的典型成分及工艺条件列表于 4-10[36,37]。

表 4-10　Brytal 工艺的典型成分及工艺条件

项目	工作范围	最佳值	项目	工作范围	最佳值
无水碳酸钠（质量分数）/%	12~20	15	温度/℃	75~90	80~82
磷酸三钠（质量分数）/%	2.5~7.5	5	电压/V	7~16	9~12

Harris[42] 研究了槽液成分与操作条件对抛光品质的影响，其研究结果（未公开发表）见图 4-9。其中 N 为原先标准的抛光液成分；X 为改进后的抛光液成分。文献表明，Brytal 工艺槽液的最佳成分为 20% 碳酸钠与 6% 磷酸钠，而不是原先的相应含量 15% 和 5%。为了获得良好的抛光效果，在应用碱性电化学抛光工艺时，需要特别注意以下的一些工艺步骤。

（1）槽液配制。槽液配制要求使用纯水和无水碳酸钠。结晶状碳酸钠含有水分而且含量不确定，配槽应该使用无水碳酸钠，并将其保存在干燥处以备配槽和补加用。槽液中氯离子含量要严格控制不得超过 $2\mu g/g$，否则抛光质量会有下降。对纯度不低于 99.80% 的铝材及铝镁合金材料，通常操作温度为 80℃，使用 99.99% 为基的铝材可在低于 65℃ 操作温度进行抛光得到满意的抛光效果。抛光槽用软钢制成槽子的容量按给定的电源装机容量配置，每 1000A 电源要求槽容积不小于 4.5m³。

（2）电压控制。抛光电源采用硅整流或晶闸管整流电源，需要满足输出电压和输出电流的要求。较多推荐使用 12V 直流电压，也可能使用 16V 甚至更高的直流电压，具体操作电压根据槽子尺寸、电极间距离、导电系统的接触电阻、待抛光铝件大小、抛光工艺等因素决定。更精确的工艺条件选择，依然需要大量的实际经验。从适应不同工艺电压要求考虑，在设计时要使输出电压留有一定的余量。对纯度 99.99% 为基的凹形铝工件，使用可移动的阳极导电座，每分钟往复移动约 6 周，这样可以促进电化学抛光的均匀性。

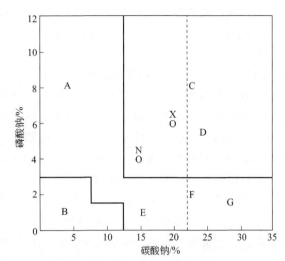

图 4-9　碳酸钠-磷酸钠电解抛光高纯铝的处理条件[42]

N—原先标准的抛光液成分；X—改进后抛光液成分；
A—出现白边和条纹斑痕；B—白膜区；C—抛光良好区；
D—20℃溶解极限线；E—腐蚀区；
F—晶粒显现区；G—钝化膜区

（3）预处理。电化学抛光前，铝的工件需要进行十分细致的机械抛光。在软轮磨光与镜面之间进行轻微的碱腐蚀，有利于获得最终理想的抛光效果。推荐的碱腐蚀槽液及工艺操作条件如下：

| 氢氧化钠 | 5%～10% | 时间 | 20～30s |
| 温度 | 50℃ | | |

或推荐采用温度在 50～60℃ 的硫酸-铬酸组成的除灰溶液中浸渍 3～5min。铝-镁合金制品经机械抛光后，其表面氧化铝膜常含有氧化镁，需要在进行电化学抛光前，将工件在除灰槽或在不通电的阳极氧化槽液中浸渍 1～3min 予以去除。

（4）相关操作。铝工件安装到阳极导电梁上要夹紧，放置到电化学抛光槽液中，为避免工件在不通电的情况下发生浸蚀反应，一般要求在 10～30s 内迅速启动电源开关，电压将缓慢上升直至达到所需电压。通电时间通常在 5～15min，具体通电时间根据表面光亮度要求而定。实际操作经验表明牢固的装料是关键操作之一，因此应采用夹具使工件与导电梁紧固，使之接触良好。较大的工件需要较大接触面积的夹具或其他紧固件装料，使之具有足够的导电面积以免引起局部过热烧伤。电化学抛光时，如果铝工件表面离阴极较远，逸出的气体较少，则光亮度较低。反之，接近阴极的表面，光亮度较高，因此对于复杂形状的工件在装料时要把装饰面安装到朝向阴极的最佳位置。

电化学抛光后，铝工件应迅速转移至水洗槽进行水洗。在阳极氧化前，铝工件表面上的一层彩虹色氧化膜务必要清除干净。为此推荐使用纯水配制的酸性槽液脱除氧化膜，其成分及操作工艺如下。

| 磷酸（密度 1.70g/cm³） | 7%（体积分数） | 操作温度 | 95～100℃ |
| 铬酸 | 4%（体积分数） | 操作时间 | 5～10min |

另一碱性的脱除氧化膜的槽液组成及操作条件如下。

无水碳酸钠	2%（体积分数）	操作温度	80～90℃
铬酸钠	1.5%（体积分数）	操作时间	1～3min

随着生产的进行，槽液的频繁使用，槽液中的溶铝量会不断增加而生成偏铝酸钠并水解絮凝成氢氧化铝沉淀出来，沉淀物的存在有形成铝材光亮表面点蚀的倾向，采用过滤器过滤这些沉淀物是保证抛光表面效果的最佳方法。过滤装置由带有石棉过滤芯的简易过滤桶和相应的循环泵组成。若没有使用过滤装置及时清除沉淀，则建议每周或每月定期清除沉淀物，以免沉淀物附着在加热管道上结垢形成绝热层而难以清除。

（5）槽液控制。碱性电化学抛光槽液控制只与磷酸盐和碳酸盐的添加量有关，只要精确控制在槽液的工作范围内。通常，新配制的槽液中磷酸盐的含量在4%～5%即可，通过一段时间生产后，磷酸盐的含量逐渐增加到6%～8%较为合适。由于磷酸盐的消耗量比碳酸盐要高，添加原则是磷酸盐和碳酸盐的添加比例为2：1为佳。

Brytal工艺对铝材纯度的要求十分严格，许多学者在原来Brytal工艺基础上，通过添加络合剂（如葡萄糖酸钠）或硫氰酸盐，或用氢氧化物替代碳酸盐等方法对原有工艺进行改进，形成了一些有实际应用价值的碱性电化学抛光工艺，以扩大不同纯度铝合金的应用范围，并降低抛光电压、改善抛光效果、减少抛光缺陷。如英国的Diversey公司的Edward Roitt[43]等人开发了含有氢氧化钠、葡萄糖酸钠、硝酸钠、EDTA的电化学抛光溶液，能使纯度为99.0%铝材抛光后反射率达到80%（以镀银玻璃镜的反射率为100%）。

4.5.2　磷酸-铬酸-硫酸电化学抛光

磷酸-铬酸-硫酸溶液电解抛光法（Battle法）是美国巴特尔研究所于20世纪40年代初由Faust等人研究成功的。溶液的基本成分是硫酸、磷酸、铬酸和Al^{3+}或$Al^{3+}+Cr^{3+}$，用水平衡所组成，抛光液的总酸浓度为50%～95%，并配置适当的搅拌装置。经典巴特尔电解抛光溶液及其工艺条件见表4-11。

表 4-11　经典巴特尔电解抛光溶液及工艺条件[44]

溶液成分及工艺条件	操作范围	典型溶液	
		1	2
硫酸（质量分数）/%	4～45	4.7	14
磷酸（质量分数）/%	40～80	75	57
铬酸（质量分数）/%	0.4	6.5	9
Al^{3+}及Cr^{3+}（质量分数）/%	0～6	4.5	—
水	平衡量	平衡量	20%
黏度（82℃）/mPa·s	9～13	10～11.5	—
电压/V	7～15	7～12	—
电流密度/（A/dm²）	6.5～21.5	6.4～16	17
温度/℃	70～90	80～85	80

文献［44］中提供的数据和图表显示经典巴特尔电解抛光工艺有以下一些特点：抛光液中含有少量硫酸能够允许Al^{3+}或Al^{3+}和Cr^{3+}在不超过2%的浓度范围内进行抛光。硫酸不

仅能有效降低抛光操作时电流密度、电压，并在一定范围内容许在较高温条件下进行电解抛光，同时还能有效抑制点蚀的发生；铬酸能够提高抛光表面的镜面反射率，并产生 Cr^{3+}，抛光液中的铬酸具有钝化作用，可以防止断电后抛光液对铝材的腐蚀；抛光液的黏度在抛光过程中十分重要。以下就经典巴特尔电解抛光工艺步骤加以简要说明。

（1）槽液配制与控制调整。槽液配制涉及浓酸操作，不得将水直接加入浓硫酸中。操作人员必须穿戴好防护服装和眼镜等防护用品，小心地添加各组分。添加酸溶液时不宜过快、过急，以免槽液溅出或溢出。一般程序是在清洗干净的抛光槽里先注入适量的纯水，然后添加磷酸。由于升温有利于铬酐溶解，所以要将槽液加热升温至 50～60℃后，再投放铬酐，最后添加硫酸。为避免硫酸加入时局部过热，可在添加前先缓慢开动无油空气搅拌或用泵循环槽液，缓慢地添加硫酸，最后补加纯水到规定的容量。

电化学抛光槽液的黏度控制是很重要的，在规定的操作温度下，黏度应控制在 10～11.5mPa·s。黏度低于 10mPa·s，表面可能产生麻点、亮度不足或出现酸性浸蚀缺陷。黏度高于 11.5mPa·s，虽然能得到良好的电化学抛光表面，但操作电压需要升高。若黏度达到 13～14mPa·s，操作电压则要高达 21V。随着黏度的升高，必须增加电流密度和加强搅拌才能满足高光亮度的要求。在极高黏度的条件下，也有产生麻点的倾向，这是由于在高电流密度下，铝表面产生大量气体，这些气体因槽液黏度高而难以逸出，导致在气体附着的地方出现麻点缺陷。随着电化学抛光的持续进行，抛光液黏度会随溶铝量的增加而不断增加，临时性应对措施可以提高操作温度或添加水来降低槽液黏度。然而，槽液长期维持在高温状态下工作将增加能耗和操作费用，还容易造成操作温度过高而影响抛光品质。由于添加水的结果会降低槽液的酸度，当添加水量达到槽液总量的 20% 时，将不能得到满意的光亮度。

因为黏度与溶铝量有一个恒定的关系，所以控制槽液黏度的最好办法就是控制槽液中的溶铝量，当检测到槽液中的铝含量达到某一数值时，需要清理一部分槽液，补加一部分新液。一般认为槽液中的溶铝量最高允许值为 30g/L，当溶铝量达到 28g/L 时，槽液就应该清理更新，使溶铝量降低到 25g/L，需要更新的量为槽液总量的 10%。

随着铝材电化学抛光生产过程的不断进行，槽液中溶铝量不断增加。抛光的工艺参数应进行适当调整，才能满足高光亮度表面的要求。在不同的溶铝量条件下，操作温度、槽液相对密度和槽液黏度等工艺参数需要进行调整。具体参数的推荐数据见图 4-10 所示。

随着溶铝量的增加，操作温度要向上调整，推荐相对密度要下降才能保持槽液黏度基本稳定。例如溶铝量维持在 25～30g/L，则操作温度要提高到 90～95℃，槽液的相对密度要降低至 1.59，这样槽液的黏度才能维持在稳

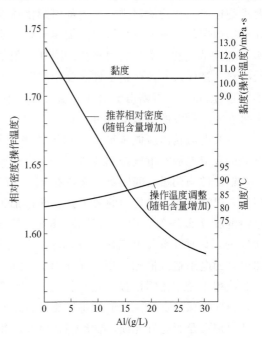

图 4-10　溶铝量增加与推荐相对密度、操作
温度和黏度的关系
（磷酸-铬酸-硫酸的巴特尔电化学
抛光槽液，恒电流密度）

定范围内的 10.4mPa·s。抛光槽液中的溶铝量还可以根据抛光效率及在一定时间内电化学抛光的生产量来推定。其总的指导原则是，电化学抛光时间为 2min，电流密度为 $11A/dm^2$，每平方米铝工件表面的溶铝量约为 15g，每分钟单位面积的溶铝量为 $7.5g/m^2$；若抛光时间需要延长到 5min，其他工艺条件相同，则电化学抛光 5min 的铝工件单位表面积的溶铝量约为 $35g/m^2$，其每分钟单位表面积的溶铝为 $7g/m^2$，稍有下降。

巴特尔电化学抛光工艺配方中含有铬酐槽液，会因 Cr^{6+} 还原而引起 Cr^{3+} 的积累而导致抛光质量的下降。当 Cr^{3+} 含量过高时，也可采用与钢铁电化学抛光溶液类似的方法进行电解处理使 Cr^{3+} 氧化成 Cr^{6+}。

（2）铝工件的预处理和后处理。在应用巴特尔电化学抛光工艺时，是否对铝材预先进行机械抛光处理可视实际效果决定。如果采用先机械抛光再进行电化学抛光，那么铝制品在电化学抛光前务必要将工件完全清洗干净后才能进行电化学抛光。清洗方法的选择一般根据铝制品表面污染程度加以确定，所用的清洗剂要求对产品的最终外观没有太大的影响。铝工件清洗和水洗后，应在铬酸-硫酸除灰液或硝酸除灰液中进行除灰处理，再次水洗后，将其转移至电化学抛光槽中进行电化学抛光处理。

经电化学抛光后的铝工件应迅速转移到带有喷淋装置的水洗槽中水洗。为加强水洗效果，一般可在温度为 50～60℃ 的热水槽中进行一道热水水洗工序，接着将工件转移到由磷酸-铬酐组成、温度为 95～100℃ 的除灰液中进行除灰，除灰后再次水洗，干燥后则完成整个电化学抛光工艺过程，也可以根据需要在水洗后进行相应的阳极氧化处理。

（3）设备与工艺操作。磷酸-铬酸-硫酸电化学抛光槽和除灰槽可采用外壁添加加强筋的钢板焊接而成，槽体外面包覆绝热层以减小散热。用 3mm 厚的铅板制作内衬，内衬的铅板要求翻边，防止槽液渗进夹层内部引起槽体腐蚀。各种水洗槽可用硬聚氯乙烯板焊接，也可在钢槽内用软聚氯乙烯板衬里。加热装置、阴极极板、机械往复搅拌装置和可移动阳极导电座、通风排气装置等作为抛光槽的附件，附加装置如果接触槽液，均用不锈钢或铅板作为制造材料。槽体尺寸按照铝工件表面积和产品的最大尺寸进行设计，每立方米槽液的负载电流不宜超过 500A。否则由于槽液升温太快，不能维持在正常的工艺操作范围。若有冷却装置，则每立方米槽液的负载电流可以达到 1000A。

电源电流输出应能满足最大铝工件表面积的电流密度的要求，一般选用直流电压约为 28V 的直流电源及电气控制装置。

铝工件与阴极之间距离应保持在 75～175mm，复杂结构的铝工件可能需要特殊设计的阴极，以满足光亮度均匀的要求。若两排铝工件同时进行电化学抛光，则需要三排阴极以尽量使电流分布均匀。阴极可选用 18-8 不锈钢板或铅板制作，每个阴极极板的宽度约为 100mm，以便于搬动和清洗。使用铅板作阴极时，由于盐类易在铅板上结晶覆盖表面，增加电极的电阻造成槽端电压严重下降，因此至少每周要擦洗铅板一次，除去盐类结晶覆盖层。使用不锈钢作阴极板，这种检查和清洗可按每月一次进行，以保证导电系统接触面清洁，使导电保持良好。对槽体每年要进行 1～2 次彻底的清洗维护和检修，同时检查铅内衬及其保护层是否完好无损，发现问题可及时维修。槽内的盐类结晶物和沉淀可用热水溶解除去。槽液温度可用自动温度控制装置，自动加热或冷却。加热管一般安放在阴极和槽壁之间，加热管与两者的间距均约为 50mm。

搅拌采用机械往复移动设备，使导电梁上的铝工件移动起搅拌作用，它对电化学抛光的均匀性提供可靠保证。大多数生产线的搅拌装置是由设备供应商提供适用的导电梁往复移动的搅拌装置，一般每分钟往复移动 20～35 周、行程 100～150mm 即可满足生产需要。对于新建的生产线或初次电化学抛光的铝工件，适当的搅拌程度是需要调整掌握的。通常建议采用很轻微的无油压缩空气搅拌，有助于槽液各处的均匀性，防止槽液出现分层现象。

电化学抛光过程产生的一定量的气体和细小的酸雾滴，需要采用通风排气装置排出，一般每立方米槽液表面积的最低通风排气量为 45m³/min。有的生产线采用槽侧通风排气装置，其每立方米槽液表面积的最低通风排气量为 60～90m³/min。若采用送风通风排气装置，则设备比较大，但可降低排气速度，有利于酸雾滴的沉降。

电化学抛光操作的重要工艺参数是电流密度，事先知道铝工件的准确表面积，按照铝工件的表面积和电流密度计算出所需的总电流。通常，纯铝、高纯铝或铝-镁合金材料电化学抛光的电流密度稍低，较难抛光的是铝-铜合金材料和其他复杂组成的高强度的铝合金材料，所需的电流密度比较高。电化学抛光时间一部分取决于铝合金材质，更主要的是取决于工件的表面状况。通常的操作时间为 2～10min。对于各种成分不同、表面状况不同的铝合金，应根据实际经验，或先进行小规模的电化学抛光试验来确定其电流密度和抛光时间等工艺参数。通常采用软启动方式启动电源，使之在一定时间内达到所需的电压，以防止电流上升过快，产生冲击电流，出现瞬间电流密度过大的现象。在生产现场要经常进行光亮度的表面质量检查，主要检查抛光时间是否能获得满意的光亮度。

4.5.3　氟硼酸电化学抛光

著名的 Alzak 工艺是由美国铝业公司的 Mason[45-48] 等人于 1933 年发明的，应用较多的是以氟硼酸为主要成分的电解液，另一类是氢氟酸添加硫酸、铬酸的电解液，后一类溶液应用相对较少。这一工艺适合高纯铝材，铝材纯度越高，抛光后的表面光亮度越好。该工艺至今仍然在美国应用于有极高镜面光亮度要求的高纯度或超高纯度铝材的抛光。Mason 的原始专利文献中的数据显示高纯铝材经 Alzak 工艺处理后，其反射率可达 85%。标准的 Alzak 工艺是用 2.5%（质量分数）的氟硼酸溶液对高纯铝进行抛光处理。其槽液配制方法[45]：首先用 40g 的硼酸与 48% 的氢氟酸混合，放置冷却，此混合物中氟硼酸的含量约为 37.5%、硼酸约 7.5%。将混合物按 20:1 的比例用水进行稀释形成电化学抛光工作液。适量添加一些氟化铵可以改善溶液的电导率。本工艺槽液成分及操作条件如下：

氟硼酸（初始浓度）	22g/L	温度	26～35℃
氟硼酸（工作浓度）	15～18g/L	电流密度	1.1～2.1A/dm²

抛光槽宜采用塑料衬里的钢结构槽，采用铜板作阴极，冷却管可采用铜材制造。操作电压取决于铝工件总表面积，而工件表面积又受抛光槽制约。对于表面积较小的铝工件，在新配制的电化学抛光槽液中，当给定电流密度为 1.1～1.3A/dm² 时，所需的电压约为 14V；而对表面积较大的铝材，其电压会升至 20V。随着槽液中溶铝量的升高，所需的最大电压可能升至 35V。辅助阴极的电流密度约为 6～10mA/dm²。槽液中最高溶铝量一般控制在 5g/L。抛光操作时间通常为 5min。

铝材在 Alzak 工艺电解抛光后、阳极氧化之前，一般将抛光铝材置于 70～95℃由 1.5% 重铬酸钠和 2% 碳酸钠组成的水溶液中浸渍 15s 至 3min 或是在 96℃的由 1% 磷酸和 0.5% 铬酸组成的水溶液浸渍 30s 除灰处理。这类除灰清洗溶液能松弛铝材表面经 Alzak 工艺电解抛光后产生的极薄氧化膜而不腐蚀铝材抛光面。

其他一些含氟的电化学抛光溶液成分及其工艺条件列于表 4-12。

表 4-12　其他一些含氟的电化学抛光溶液成分及其工艺条件

成分和操作条件	配方号					
	1	2	3	4	5	6
氟硼酸（HBF₄,40%)/(mL/L)	60					
氢氟酸（HF,40%)/(mL/L)		10～15	2～8	30	20	
铬酐（CrO₃)/(g/L)		60～80	3～5		100	
硫酸（H₂SO₄,98%)/(mL/L)			30～40	170		80～100
硼酸（H₃BO₃,40%)/(g/L)		3～4				
柠檬酸（C₆H₈O₇·H₂O)/(g/L)						500～700
阴极材料	铝、铜	铝、铅	铝、铅	铝、铜	铜	铅
温度/℃	30～50	50～60	50～60	60～70	50～75	95～100
电流密度/(A/dm²)	2～6	10～15	12～18	10～15	20～25	10～12
操作时间/min	10～25			10～15	10～25	3
搅拌方式	—	空气	搅拌	—	—	—

这些工艺配方在工业中实际应用并不广，含氟硼酸电解抛光溶液的适用范围与碱性溶液近似，含氢氟酸的溶液具有整平性好、光亮度高、溶液较易控制、可抛光含少量硅的铝合金等优点，但是并不很成熟。

4.5.4　硫酸-铬酸电化学抛光

硫酸-铬酸电化学抛光法是德国开发的，在欧洲获得了较为广泛的应用，又名阿卢夫莱克斯（Aluflex)[49]法或雷得尔·阿卢夫莱克斯（Riedel-Aluflex）法，其溶液成分与抛光工艺参数列于表 4-13。

表 4-13　硫酸-铬酸电化学抛光溶液成分及其工艺参数

材料名称及其工艺条件	工艺范围	最佳条件
硫酸/(g/L)	1200～1750	1450
铬酸/(g/L)	20～30	25
温度/℃	50～100	80～90
电压/V	8～24	13～20
电流密度/(A/dm²)	25～80	25～50

硫酸-铬酸电化学抛光槽液控制比较简单，关键是将硫酸和铬酸浓度控制在工艺规定的范围内。在这类抛光液中铝的溶解速度在初期的 2min 内相当快，约为 25μm 左右。槽液中溶铝量控制在 20～25g/L，当溶铝量太高时，会出现光亮度不足或表面有附着物等缺陷。生产量大时或经常用高电流密度进行抛光时，槽液容易产生沉淀，建议对抛光槽进行清理以消除沉淀物。硫酸-铬酸电化学抛光槽液常采用一些专利添加剂，以改善表面润湿状况，并有助于得到良好的光亮度，有些添加剂据称可以有利于铝工件的清洗。

硫酸-铬酸电化学抛光槽液的分散能力不十分理想，对于凹陷表面或有条纹表面的铝工件不容易获得均匀良好的光亮度。一般而言，这一工艺不适用于含铜或含硅大于 1% 的铝合金材料。

抛光槽可用纯铅板制作内衬，阴极材料也可采用铅板。工件移动频率为每分钟 15～20 周。加电方式宜采用电压软启动，使电压缓慢上升，控制电流密度在规定的范围内，一般为 $8～16A/dm^2$。通常电流密度采用 $11～16A/dm^2$，此时对应的电压一般控制在 13～16V，但具体的操作电压值还取决于操作条件、阴极和阳极之间的距离、槽液的使用期等因素。如果采取起始电压为满负荷的硬启动方式，将可能在 30～60s 内出现瞬间冲击电流，数值可能高达 $25～40A/dm^2$，造成工件表面的电灼烧，操作中应设法避免这种情况。硫酸-铬酸电化学抛光时间一般为 2～5min，时间长短主要取决于铝材质量、表面预处理状态和表面质量要求等。一般来讲，纯度低的铝材比高纯度铝材需要更长的抛光时间。

4.5.5　无铬酸电化学抛光

磷酸-硫酸-铬酸型抛光液的废液中都含有一定量的铬酸（即 Cr^{6+}），会造成严重的环境污染。虽然废液可以进行处理除去 Cr^{6+} 后再排放，但设备投资大。从 20 世纪 70 年代以来国内外学者一直致力于开发铝合金无铬酸电化学抛光液，我国学者在这一方面做了许多工作。表 4-14 列举了我国学者开发铝合金无铬磷酸型电化学抛光工艺的情况。

表 4-14　我国学者研发的铝合金无铬磷酸型电化学抛光工艺[50]

作者	开发单位	材料	基础液	添加剂
洪九德	—	铝及铝合金	H_2SO_4，H_3PO_4，H_2SO_4-H_3PO_4	有机酸、有机醇类
何兴章	上海日用化学制罐厂	铝及铝合金	H_2SO_4-H_3PO_4	二元醇
薛宽宏	南京师范大学	铝及铝合金	H_2SO_4-H_3PO_4	乙二醇
刘汝奇	532 厂	铝及铝合金	H_2SO_4-H_3PO_4	—
陈祖秋	中科院福建物构所	装饰铝合金，LT67M	H_2SO_4-H_3PO_4	添加剂
安成强	沈阳工业大学	纯铝	H_2SO_4-H_3PO_4	APH 添加剂
廖春业	普德化工有限公司	铝及铝合金	H_3PO_4	丙二醇、活性酸等

这类抛光液大都以磷酸为主，用醇类物质代替作为缓蚀剂的铬酸，利用醇分子间可形成氢键继而产生的缔合作用这一特殊性质来实现平整作用。根据电解抛光理论，有缔合特性含醇类的电化学抛光液，在被抛光铝材表面形成黏性膜层，使其凹陷处处于稳定的钝化状态，而凸突处则以更快的速度溶解，最后获得平滑光亮的表面。增加醇类分子的线度和羟基数目是有利于抛光的，采用含有更多羟基的可溶性多元醇聚合物效果更加明显[51]。冯宝义[52]等提出的以 PEG（多元醇聚合物）为添加剂的电解抛光液成分及工艺条件如下：

磷酸(质量分数)/%	30～40	时间/min	3～5
硫酸(质量分数)/%	20～30	电流密度/(A/dm²)	30～40
PEG 添加剂(多元醇聚合物)	20～30	阴极面积∶阳极面积	2∶1
（质量分数)/%		阴极材料	铅板
温度/℃	80～90		

另外，陈祖秋[53]针对铝合金化妆品盒盖开发的含磷酸 50%～55%、硫酸 10%～20%、添加剂 20%～25%、水 5% 的无铬电化学抛光工艺在漳州化学品厂得到工业化应用。其中的添加剂对铝合金具有显著的缓蚀作用和良好的抗断电腐蚀性能。

4.6 抛光缺陷及对策

4.6.1 化学抛光缺陷及对策

有关铝及铝合金材料化学抛光中出现的缺陷及其纠正措施，是在生产的发展过程中不断总结完善的。现以磷酸-硫酸-硝酸的化学抛光生产过程为例，总结归纳常见的缺陷及对策如下。

（1）光亮度不足。化学抛光最关心的问题是光亮度不足，究其原因可从抛光用特殊铝材的生产工艺和化学抛光工艺两方面入手。特殊铝材加工的选材及其加工工艺的品质控制是获得化学抛光高光亮度表面的基础，建议采用铝纯度99.70%及其以上级别的铝锭来生产特殊铝材。例如铝-镁合金5605是用纯度99.99%的精铝锭生产而成的，化学抛光后具有很高的光亮度。槽液控制中硝酸含量不足，会使表面光亮度不够，其表面可能过多地附着一层铜；如硝酸含量太高，铝材表面形成彩虹膜，会使表面模糊或不透明，还引起光亮度不足。化学抛光时间不足、温度不够、搅拌不充分、槽液老化等因素也会使化学抛光表面的光亮度不足。槽液相对密度较大，防止铝材浮出抛光液的液面，致使上部铝材光亮度不足。槽液中水分含量过大，也是造成铝材光亮度不足的因素之一。最好用干燥的铝材进入化学抛光槽液，杜绝水分带入。

（2）白色附着物。铝材化学抛光后表面附着有一层白色沉积物，而且分布不均匀，附着物底部的铝材表面有可能被腐蚀。通常情况是因为化学抛光槽液中溶铝量太高所造成，如果化学抛光液的相对密度在1.80以上，则需要采取措施调整槽液中的溶铝量到正常的范围内。

（3）表面粗糙。化学抛光后的铝材表面出现粗糙现象，可能是因化学抛光槽液中的硝酸含量过高，化学抛光反应过于剧烈，甚至伴有"沸腾"现象发生，由于酸性浸蚀而造成抛光铝材表面的粗糙现象。若硝酸含量正常，而铜含量偏高，水洗后铝材表面则附着有一层明显的金属铜的特征颜色。如果铜的特征颜色很深，则表示槽液中的铜含量偏高，应采取措施调整硝酸与铜的含量达到正常的范围内。如果添加剂中含铜量高，则应适当减少添加剂的加入量；如果槽液中的铜来自含铜铝材，则采取措施添加不含铜的添加剂或调整槽液。如果铝材内部组织缺陷引起表面粗糙，如铸造或压铸的铝工件，铝材晶粒细化不充分及疏松、夹渣等缺陷，加工过程中变形不充分、松枝状花纹等缺陷造成表面粗糙，则应从提高铝材内部质量来解决。因此，铝材生产工艺对提高化学抛光的表面质量显得尤其重要。

（4）转移性腐蚀。该缺陷发生在铝材化学抛光完成后转移到水洗的过程中，主要是由铝材转移迟缓造成的。如发现化学抛光后的铝工件表面光亮度不仅偏低，并带有一些浅蓝色物即可对该缺陷成因基本确认。铝材从化学抛光槽液中提升出来，热的抛光槽液仍在表面起剧烈反应，硝酸消耗很快，若转移迟缓，甚至水洗过程中搅拌不充分，都会出现这一缺陷。因此，铝材在化学抛光完成后，应迅速转移到水洗槽中水洗，并需要充分搅拌水洗干净。转移性腐蚀有时会在试样表面留下明暗交替的横向条纹流痕，若化学抛光温度过高，流痕会变成明暗不同的花纹，这种流痕的形成多是工件出槽后残液在工件表面继续作用的结果。从高温抛光液中取出的工件，其表面仍进行着剧烈的反应，并伴有黄烟和白色气泡产生。泡沫由于重力的作用向下滑落，有些地方滑落较快，有些地方则滑落较慢。水洗后发现，滑落快的地方较为光亮，滑落慢的地方则暗一些，由此形成明暗交替的横向条纹流痕，用 1∶1 的硝酸或更浓的硝酸溶液也不能将其溶解消除。引起流痕的工艺因素依作用大小的顺序是转移时间、抛光添加剂浓度、磷酸与硫酸的体积比以及抛光温度。XPS 和 EXM 对流痕的检验结果认为，流痕的主要化学成分是硫酸铝，消除流痕的主要途径是减少工件转移至水洗工序之间的时间。

（5）点腐蚀。通常是铝工件表面气体累积，形成气穴而产生，也有可能是因槽液中硝酸含量偏低或铜含量偏低造成的。如因气体累积所致，则应合理装料，增加工件倾斜度，加强搅拌尽快使气体逸出，夹具应选择正确位置夹紧，不能夹在装饰面上，不宜阻碍气体逸出。铝工件表面化学清洗不充分，也会引起点腐蚀。如果铝工件表面已经有浅表腐蚀缺陷或烤干的乳液斑痕，则会加剧点腐蚀缺陷的产生。如果确认硝酸等含量偏低，则应及时补加到规定的范围。

4.6.2　电化学抛光缺陷及对策

电化学抛光工件表面可能会出现各种不同类型的缺陷，以典型的磷酸-硫酸-铬酸工艺为例，常见的缺陷及对策探讨如下。

（1）电灼伤。其形貌与阳极氧化中的电灼伤形貌相似，通常是导电接触面积不足、接触不良、铝工件通电电压上升过快、电流密度瞬间过大等原因所致。电化学抛光的电流密度比阳极氧化的电流密度大几倍，因此电灼伤要比阳极氧化更容易发生，而且更为严重。为避免电灼伤缺陷，一定要注意工件与导电夹具接触良好，工件各处电流分布均匀，要保证装料用夹具坚固，导电接触面积能满足大电流密度通过的需要，使电化学抛光正常进行。通电电压宜采用软启动的方式升压，不宜升压过快。大的工件发生严重电灼伤时，局部过热产生高温甚至产生电弧光熔化铝，造成铝工件落入槽中，因此要特别注意避免大工件发生电灼伤。

（2）暗斑。其形貌为电化学抛光后的工件表面上产生圆形或椭圆形的斑痕，严重时可能形成灰黑色的斑痕。其原因可能是电流密度较低、电力线局部分布不均匀。如果铝工件在抛光槽下方接近底部区域或铝工件远离阴极的那个面出现这类缺陷，则可能是在阴极电流主回路覆盖范围电流密度分布极不均匀所致，需要调整阴极极板的分布或采用屏蔽的方法，使电流密度分布均匀。要根据电流密度控制装料量，工件不宜装载过多，不要接近槽底部区域，应尽量避免电力线分布不到的死角区域。

（3）气体条纹。这类缺陷在化学抛光和电化学抛光中均有可能发生，它是由气体逸出造成的。如果气泡只在铝工件表面某些地方形成，并沿着固定的通道上升，将会连续不断地对通道表面搅动，清除了覆盖在通道处的黏滞性的铝盐扩散层，加速气体通道处的溶解。电化学抛光中电流密度较大，产生的气体较多，形成气体条纹缺陷的倾向也较大。纠正方法要从装料着手，装料时尽量使工件的每个面都倾斜，装饰面最好垂直放置且朝向阴极，设法避免气体聚集，工件表面气体逸出的通道要尽可能短等。应将电流密度控制在规定的范围内，避免产生过多的气体。同时应充分搅拌溶液，破坏气体聚集。阴极导电梁移动太慢，行程不够远，也容易产生气体条纹，这时要调整移动搅拌装置的参数，以满足电化学抛光的搅拌要求。

（4）冰晶状附着物。在电化学抛光过程中，有时铝材表面会沉积冰晶状外观的附着物，这与槽液中磷酸铝的沉积有关。槽液中溶铝量太高或磷酸含量太高都有可能产生这类缺陷，解决的办法是降低槽液中的溶铝量，使之维持在规定值之下。如果因磷酸含量太高而形成冰晶状附着物，则应降低磷酸的含量以消除这类缺陷。

参考文献

[1] 国家标准局. 铝及铝合金阳极氧化阳极氧化膜的总规范. GB/T 8013—87. 北京：中国标准出版社，1988.

[2] 手册编写组. 轻金属材料加工手册：上册. 北京：冶金工业出版社，1979：16，439，375.

[3] 冯承才. 铝材及铝制品的化学抛光处理（5）. 轻金属，1996，（9）：51-52.

[4] 高荫桓等. 实用铝材加工手册. 哈尔滨：黑龙江科技出版社，1987.

[5] 王祝堂主编. 铝材及其表面处理手册. 江苏：江苏科学技术出版社，1992：281-292.

[6] Politicky V A，Fischer H Z. Electrochem，1951，56（4）：326-330.

[7] Fischer H，Koch L. Metal，1952，6（17）：305-310.

[8] Meyer W M，Brown S H. Proc Am Electroplat Soc，1946，36：163-169.

[9] Cliford A W，Arrowsmith D J. Trans Institute Metal Finishing，1978，56（1）：46-50.

[10] Culpan E A，Arrowsmith D J. Trans Institute Metal Finishing，1973，51（1）：17-22.

[11] Arthur W Brace. The Technology of Anodizing Aluminium. Modena：Interall Srl，2000.

[12] GB，625834. 46.

[13] JP，58-120781.

[14] JP，63-134675.

[15] CN，1480499. 2004.

[16] 李玲. 电镀与精饰，1990，12（6）：40-41.

[17] 余维平等. 电镀与环保，1990，4（4）：12-15.

[18] 安成强等. 表面技术，1996，25（2）：12-14.

[19] 庞洪涛等. 材料保护，2002，35（11）：38-40.

[20] 钟建华等. 材料保护，2006，39（4）：01-05.

[21] US，2729551. 1956.

[22] Nelson G D. Plating，1963，50（7）：651-657.

[23] 冯承才. 铝材及铝制品的化学抛光处理（3）. 轻金属，1996，（4）：57-62.

[24] 张允诚等主编. 电镀手册：上. 第2版. 北京：国防工业出版社，1997：226-227.

[25] Lacombe P. Trans Institute Metal Finishing，1951，31：1.

[26] US，2446060. 1948.

[27] US，2650157. 1947.

[28] GB，693776. 1953.

[29] GB，693876. 1953.

[30] GB，738711. 1955.

[31] GB，894075. 1962.

[32] US，2593447. 1952.

[33] US，2593448. 1952.

[34] US，2593449. 1952.

[35] US，2640806. 1953.

[36] US，2614913. 1952.

[37] US，2625468. 1953.

[38] US，2620265. 1952.

[39] GB，869926. 1961.

[40] US，2096309. 1937.

[41] US，2339806. 1944.

[42] Harris P G. British Aluminium Co.

[43] GB，1070644. 1967.

［44］ US，2550544．1951．

［45］ US，2108603．1938．

［46］ US，2040617．1936．

［47］ US，2040618．1936．

［48］ US，2153060．1939．

［49］ US，27513429．1956．

［50］ 陈祖秋．材料保护，2001，34（03）：23-24．

［51］ 王祝堂主编．铝材及其表面处理手册．江苏：江苏科学技术出版社，1992：287．

［52］ 冯宝义等．电镀与精饰，1988，（01）：43-46．

［53］ 陈祖秋等．电镀与精饰，1992，14（05）：3-5．

第 **5** 章
铝的化学转化处理

铝的化学转化处理就是在化学转化处理溶液中，金属铝表面与溶液中化学氧化剂反应，而不是通过外加电压生成化学转化膜的化学处理过程。化学转化膜曾经称化学氧化膜、化学处理膜，甚至直接采用日文的化成处理膜，现在我国基本上统一称为化学转化膜（chemical conversion coating），有时也简称为转化膜（conversion coating）。有人将阳极氧化膜放在转化膜中讨论，实际上阳极氧化膜应该是一种电化学转化膜。

铝的化学转化处理在本章中主要分为化学氧化处理、铬酸盐处理、磷铬酸盐处理，以及无铬化学转化几部分叙述。有些著作将 MBV 工艺作为化学氧化处理工艺，将其理解成铬酸盐缓蚀的化学氧化。由于该工艺的化学处理溶液含有铬酸盐，本书归在 5.3 节铝的铬酸盐处理中叙述。每一种化学转化处理的分类都按照化学处理溶液的成分，而不考虑生成膜的成分和结构，这种处理方法比较符合我国工业惯例。

铝的化学转化处理可以采用以下方法。

① 浸泡法：直接浸入化学转化处理溶液中。

② 喷淋法：将化学处理溶液喷在铝的表面。

③ 涂液法：将浓溶液涂在铝的表面。

可以根据生产条件和处理目的选择具体处理方法，一般说来第①种或第②种方法使用比较多。其中卧式生产线以①法为主，立式生产线以②法为主。

铝的化学转化膜具有广泛的用途，主要用于保护铝及其合金不受腐蚀。铝的化学转化膜可以作为直接使用的涂层，或者作为有机聚合物涂层的底层，具有很大的工业意义，并已经得到广泛应用。化学转化膜的厚度要比阳极氧化膜薄得多，因此它的保护性也无法与阳极氧化膜匹敌。但是化学转化处理经济、方便、快速、生产线结构简单、不需电源设备等，适合于大批量零部件的低成本生产。因此对于耐蚀性要求不太高或使用时间不很长的情况，化学转化处理仍有其广阔的应用空间。汽车和飞机的某些零部件至今还在采用铬化膜，就是铬酸盐处理成功应用的实例。化学转化处理作为喷涂前的预处理步骤是众所周知的工艺，不仅解决了涂层与铝基体的附着性，而且提高了有机聚合物涂层的耐蚀性。

5.1 化学转化处理的技术进展[1-39]

铝的自然氧化膜很薄，不足以有效防止铝的腐蚀。早在 1857 年，H. Buff 就提出了强化铝自然氧化膜的可能性。1915 年 O. Bauer 和 O. Vogel[1] 提出在温度为 90～95℃溶液中浸泡 2～4h，这个所谓"BV 工艺"实际上开创了沿用近百年并不断改进中的一种铝的铬酸盐处理法。该溶液基本成分为：25g/L 碳酸钠，25g/L 碳酸氢钠和 10g/L 重铬酸钾。该处理过程开始时得到浅灰色的虹彩膜，随处理时间的延长，膜变成深灰色。1923 年铬酸盐溶液得到改进[2]，加入铝的化合物（明矾）作为催化剂加速化学转化反应，其溶液成分为：3.3g/L 重铬酸钾，13.3g/L 纯碱和 1.0g/L 明矾。反应时间缩短到 0.5～1h，生成的转化膜可以在海水中保护铝，而且转化膜的塑性较好，即使弯曲也不会脱落。

在 BV 工艺的基础上，不断改进开发出一系列新工艺。1930 年德国又开发了至今还在使用的 MBV 技术[3]，这个工艺是建立在 Bauer 和 Vogel 方法的基础之上，是改进的 BV 工艺（M 是英语"改进"一词的缩写）。该工艺使用的成分为 30g/L 碳酸钠和 15g/L 铬酸钠的溶液，在 90～100℃条件下，反应时间一般为 3～5min，产生浅灰到深灰色膜。MBV 膜是有机涂层合适的底层，也可以经过水玻璃封孔直接使用。不过 MBV 工艺对于含铜的铝合金，不能生成满意的化学转化膜。

MBV 法的以后发展是 EW 法[4]和 LW 法[5]，虽然操作成本有所提高，但是可以得到无色的膜，也可以用于含铜的铝合金上。这层膜的耐蚀性也优于 MBV 膜，但 LW 膜一般不作为涂装底层。LW 溶液是在 MBV 的基础上添加硅酸钠或磷酸二钠发展起来的，因此 LW 与 MBV 工艺两个技术之间有不少共同之处。EW 溶液添加了 3g/L 氟化钠，成为以后国外明确称作铬酸盐处理方法的先导，而 BV 和 MBV 处理工艺国外常称之为化学氧化，因为尽管处理溶液中含有重铬酸盐和铬酸盐，据说这两个膜的成分是水合氧化铝。

美国开发的 Alrok 工艺也不能看作与 MBV 工艺无关的工艺，其处理溶液主要含有 20g/L 碳酸钠和 5g/L 重铬酸钾，在 65℃条件下浸泡 20min，然后用重铬酸钾溶液封孔。此后一系列改进的铬酸盐处理工艺不断出现，有些溶液比较复杂，但是都集中在降低六价铬的浓度和增加活化成分，以满足更高或一些特殊的性能要求。鉴于铬酸盐中六价铬的毒性，降低六价铬的浓度和采取更有效的环保措施，成为铬酸盐处理中无法回避的问题。

随后低铬的铬酸盐处理溶液大量出现，其中大部分是商品化的专利产品。磷酸-铬酸盐处理早在 1945 年就开发成功，并沿用至今。磷铬化膜的绿色源于三价铬的颜色，因此也叫绿铬化膜。铬化膜是黄色的，这是六价铬的颜色，因此又叫黄铬化膜。三价铬与六价铬完全不同，因其无毒甚至允许在食品工业使用。遗憾的是磷铬化膜的耐蚀性总不如铬化膜。

科技界一直努力在表面处理工艺中彻底消除六价铬的有害影响，1970 年代就已经开发出完全无铬的化学转化处理，当时是以氟锆酸、硝酸和硼酸为基础的配方，提供铝罐涂料的附着性，并已经在铝易拉罐上使用。由于建筑业对于有机聚合物涂层的耐蚀性和附着力要求比较高，因此在铝合金建筑型材上没有得到广泛使用。1980 年代开发的磷酸钛-磷酸锆系统，使用性能有所提高，但仍然没有突破建筑铝型材的使用屏障。1990 年代以来，由于环境保护观念进一步强化，无铬转化工艺得到进一步发展和应用，无铬免洗工艺也得到了工业应用。据国外报道 1990 年代中期欧洲铝罐工业已经 100%用无铬转化涂层，而建筑铝型材在 2008 年还不到 25%。为了提高建筑铝型材无铬转化膜的耐蚀性，还可以在无铬化学转化溶液中加上某些有机成分（如丙烯酸共聚体等），作为建筑铝型材喷涂之前的底层。2000 年代以来硅烷、铈酸盐等新的无铬处理工艺正在工业开发之中。

5.2 化学氧化

众所周知,铝的新鲜表面在大气中立即生成自然氧化膜,这层氧化膜虽然非常薄,仍然赋予铝一定的耐腐蚀性,因此铝比钢铁耐蚀性好。随着合金成分与暴露时间的不同,这层膜的厚度发生变化,一般说来在 $0.005\sim0.015\mu m$ 的范围内。然而这个厚度范围不足以保护铝免于腐蚀,也不足以作为有机涂层的可靠底层。通过适当的化学处理,氧化膜的厚度可以增加 $100\sim200$ 倍,从自然氧化膜成为化学氧化膜。广义的化学氧化膜可以包括重铬酸盐或高锰酸盐等氧化剂参与的化学氧化膜,某些作者把某些铬酸盐溶液处理或磷铬酸溶液处理理解为具有缓蚀阴离子的化学氧化处理,本章根据槽液的组成分别将它们列入铬酸盐处理或磷铬酸盐处理等章节,不再在化学氧化膜中叙述。化学氧化膜只包含铝与水反应生成勃姆体(Boehmite)膜或拜耳体(Bayerite)膜的情形,按我国习惯也称之为水合氧化膜。

5.2.1 化学氧化膜的用途

铝与水的相互作用已经有了详细的文献评述[6,7],在沸腾纯水中可以得到致密的保护性化学氧化膜,也称勃姆体膜。但是反应速度比较慢,不适合于作为生成保护性氧化膜的工艺,而在电解电容器中已经应用。水的纯度和反应温度必须严格控制,因为它们对于膜的结构和厚度具有明显影响。水中微量杂质对膜有明显影响,氯化物和硅酸盐必须从水中彻底去除。水中二氧化硅含量即使少到 $1\mu g/g$,生成的膜就不稳定而且厚度只有原来的一半,电解溶液在 $pH=5\sim6$ 的水中成膜的质量最好,pH 值大于 6 之后漏电电流迅速上升,这样就不适于电解电容器的生产了。

勃姆体膜的另一个工业用途是苏联提出的铝片氧化和染色,铝片在沸腾的乙醇与水的混合液中化学氧化。反应速度和膜厚与混合液的水含量有关,在 35% 水中生成无水氧化物,含 20% 水的溶液形成膜的水合程度相当于勃姆膜。日本的研究表明,在 70℃ 以下的水中生成的膜只含有拜耳体,而温度在 100℃ 时生成的氧化膜含有勃姆体与拜耳体的混合物。水中含三乙醇胺时,化学氧化膜的生成速度的温度敏感性提高,在 $60\sim90℃$ 时生成的膜是非晶态的,而 100℃ 时生成的膜中则只含有勃姆体了。

5.2.2 化学氧化膜的性能

勃姆体膜(化学氧化膜)的厚度与铝的纯度有关,在加热水中铝的纯度越低,则氧化膜越薄,图 5-1 所示为两种不同纯度的铝(Al99.99% 和 Al99.5%)在 100℃ 蒸馏水中氧化膜厚与时间的关系。化学氧化膜的颜色与处理方法和合金种类有关系,通常称为化学着色,详见表 5-1 化学着色方法的示例。添加氨水可以促进膜的生长,图 5-2 所示为同一条件的沸水中氨水浓度与铝质量增加(氧化膜质量增加)的关系,氨水量愈多,则膜厚愈大[2]。图 5-3 和图 5-4 所示分别表示勃姆体膜经过蒸汽处理之后对碱或酸溶液耐蚀性明显提高。图示系 99.5% 铝在 0.3% 氨水溶液沸腾 5min 后,再经过 0.3MPa 水蒸气后处理封孔 $10\sim60$min,勃姆体膜在 0.5% 氢氧化钠溶液(见图 5-3)或 0.5% 盐酸溶液(见图 5-4)中浸泡的质量损失。图中还列出其他表面处理的耐蚀效果,勃姆体膜的腐蚀减重最小,甚至还优于薄阳极氧

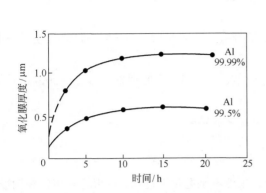

图 5-1　100℃蒸馏水中氧化膜厚与时间的关系

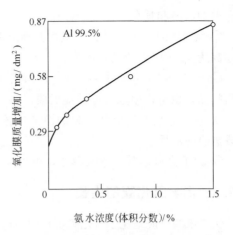

图 5-2　水中氨水浓度与氧化膜质量增加的关系

表 5-1　化学着色方法的示例[2]

色调	方法	色调	方法
灰色	MBV 法，90～100℃，3～5min	各种颜色	MBV 法处理后，有机染色
黑色	MBV 法处理后，10g/L 高锰酸钾，25g/L 硝酸钴，4mL/L 硫酸，80℃，10min	红色	MBV 法处理后，10g/L 高锰酸钾，25g/L 硝酸铜，4mL/L 硫酸，80℃，6～10min
黄金色	15g/L 硫化钾，1g/L 桑色素（morin），80～90℃，30min	橙色	15g/L 硫化钾，1g/L 茜素（alizarin），1g/L 桑色素
蓝色	MBV 法处理后，5g/L 亚铁氰化钾，5g/L 氯化铁，70～80℃，5min	褐色	22g/L 高锰酸钾或铬酸钾，10.5g/L 氯化亚铁，2～3mL/L 硫酸

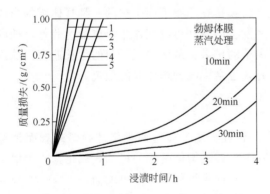

图 5-3　在 0.5%氢氧化钠中质量损失
1—无处理；2—MBV 氧化膜；3—Alodine 氧化膜；
4—阳极氧化膜 2μm，
0.3%NH₃·H₂O 封孔；5—阳极氧化膜 6μm

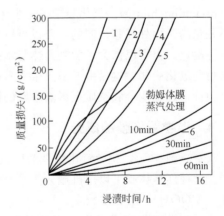

图 5-4　在 0.5%盐酸溶液中质量损失
1—无处理；2—0.5%NH₃·H₂O 沸腾 5min；
3—Alodine 氧化膜；4—MBV 氧化膜；
5—阳极氧化膜 2μm；6—阳极氧化膜 6μm

化膜[7]。另外还有一系列加入添加剂生成勃姆体膜的专利报道[8-14]。这些添加方法包括以下几种。

① 在热水中加入有机胺，可以生成大于 0.05μm 的勃姆体膜。该工艺已用于防止铝制

消毒器的污染和掉色。

② 含 0.001%～0.03%联氨或其他有机胺的 85℃以上纯水中（pH＝7～11），可以生成膜厚高达 5μm 以上的勃姆体膜。

③ 在 70～100℃水中用 0.1%～10%（质量分数）三乙醇胺或 0.5%～15%（质量分数）乌洛托品，也可以生成较好性能的膜。

④ 在含有机胺生成勃姆膜的溶液中添加 0.025～0.25mol 的锂盐，或 5～20g/L 甘油，可改进膜的品质。

⑤ 为了克服硅酸盐的敏感性，可以加入镁、钙或钴盐。

5.2.3　化学氧化膜的生长

铝与水的反应是化学氧化膜生长的驱动力，虽然不是电化学过程，一般还是用铝在阳极的氧化与水在阴极的还原两个半电池反应来说明。阳极反应几乎在整个铝表面上发生，而阴极反应发生在某些位置，比如杂质和晶界部位。在 80～100℃，经过孕育期后开始在铝表面明显析出氢气，实际上氢气泡是在晶界上发生的。上述阳极和阴极两个半电池反应可以写成下式。

阳极反应：
$$Al + 3H_2O \longrightarrow Al(OH)_3 + 3H^+ + 3e$$
$$Al + 2H_2O \longrightarrow AlOOH + 3H^+ + 3e$$
$$Al + \frac{3}{2}H_2O \longrightarrow \frac{1}{2}Al_2O_3 + 3H^+ + 3e$$

阴极反应：
$$3H_2O + 3e \longrightarrow \frac{3}{2}H_2 + 3OH^-$$

Al 的阳极半电池有三个反应，分别生成 $Al(OH)_3$、$AlOOH$ 和 Al_2O_3。阴极半电池反应同时放出氢气。在孕育期中氧化膜增厚，一直到水解反应条件建立之前，质子和氢氧根可以穿透氧化膜。铝的溶解反应是与氢氧化铝沉淀反应伴生的，而氢氧化铝可能转化为假勃姆体（pseudoboehmite）。氧化膜的进一步生长是通过扩散完成的，扩散速率是由水向内扩散而不是铝离子向外迁移控制的，所以可以认为新膜是在原膜下面生长的。拜耳体膜的形成模式尚不确定，但可以认为是假勃姆体与水接触发生溶解和再沉淀作用形成的。此外，纯度低的铝材则氧化膜薄，这是由于晶界杂质阻碍离子的扩散，从而降低了膜的生长速度。从推论可以预计，合金成分和杂质在影响膜厚的同时，也会影响勃姆体膜的颜色。

5.2.4　化学氧化膜的成分

从室温到 90℃，化学氧化膜是双层结构，靠近金属基体是假勃姆体膜，外表面是拜耳体膜。这种拜耳体膜可以用机械方法或胶带除去。假勃姆体是铝的羟基氢氧化物，类似于勃姆体（AlOOH），但含水较多。拜耳体实际上是一种氢氧化铝，即 $Al(OH)_3$。在 90～100℃条件下，化学氧化膜是具有一定结晶度的假勃姆体膜。在 1atm（1atm＝101.325kPa，下同）时未观测到拜耳体，当压力增加时发现了拜耳体。但是在 100℃以上正常大气压时，据报道勃姆体是惟一的氧化物。

5.3　铬酸盐处理[15-23]

铬酸盐处理是有色金属最常用的化学转化处理工艺，至今在工业上还用于铝、镁、锌及它们的合金，本章将铬酸盐处理膜称铬化膜。凡是化学转化处理溶液含铬酸盐或重铬酸盐者都视为铬酸盐处理，而并不探讨其反应历程及反应产物，所以本章的铬酸盐处理范围比较广泛，其中包括不少专利方法、商业名称以及工业过程。铬化膜是目前耐蚀性最佳的铝化学转化膜，它不仅常用于铝合金有机聚合物喷涂层的有效底层，也可以作为铝合金最终涂层直接使用，这在磷铬酸处理或无铬处理中难于实现。

5.3.1 铬酸盐处理溶液

含铬酸盐的化学处理溶液品种繁多，其中大量是商品名称，本章基本上不涉及不透露技术内容的商品。铬化处理溶液包括铬酸盐-氟化物体系和碱性铬酸盐体系。现代铬酸盐处理溶液与传统的溶液比较，其基本成分（铬酸盐、酸、氟化物、促进剂等）的含量都比较低，成分之间的作用更加平衡，有利于减少水污染并降低溶液成分的消耗。铬酸盐溶液的 pH 值为 1.5～2.5，对于反应平衡相当重要。铬酸盐的浓度本身不是非常重要，而氟的浓度与性质更重要些，其中氟与铬酸盐含量之比（F^-/CrO_4^{2-}）是关键。表 5-2 所列为几种碱性铬酸盐处理溶液的基本成分和工艺，表 5-3 所列为几种铬酸盐-氟化物体系处理溶液的基本成分和工艺。

表 5-2 几种碱性铬酸盐处理溶液的基本成分和工艺[7,8]　　　　　单位：g/L

成分及工艺	No.1	Alrok 工艺	EW 工艺	MBV 工艺	BV 工艺
$K_2Cr_2O_7$		5			10
Na_2CrO_4	1		15.4	15	
$Na_2Cr_2O_7$					
CrO_3					
Na_2CO_3	20	20	51.3	30	25
$NaHCO_3$					25
NaF			2.0		
pH 值	10～11				
温度/℃	90	65	90～100	90～100	100

表 5-3 几种铬酸盐-氟化物体系处理溶液的基本成分和工艺　　　　　单位：g/L

成分及工艺	No.1[16]	No.2[17]	No.3[18]	No.4[19]	No.5[20]
$K_2Cr_2O_7$	3～6				
$Na_2Cr_2O_7$		3.0～3.5	7	10～350	200
CrO_3	3～7	3.5～4	5		3～5
NaF		0.3	0.6		
KF	0.5～1				
HF				0.25～11	1～2
Na_2SiO_3					3～5
pH 值	1.2～1.8	1.5	1.8	<3	—
温度/℃	30～35	30	30～35	30	18～25

铬化免洗工艺是解决铬化溶液污染问题的一个巨大进步，20 世纪 80 年代国际上已有商

品问世。开始时在铝合金带材涂装生产线运用了免洗铬化工艺，涂装之前不需水洗，只要烘干即可涂装。早期的一个专利报道铬化免洗技术可追溯到 1970 年代初[21]，这个技术至今在铝合金带材生产线上还在使用。转化膜是由 $100\sim500g/L$ 铬酸溶液，用有机还原剂（如糖、淀粉或酒精）部分还原制得，最终溶液里 Cr^{6+} 与 Cr^{3+} 的比例应该位于 $0.5:1$ 到 $0.75:1$ 的范围中。铬化免洗溶液中加入二氧化硅或硅酸盐可能溶解并形成均匀的胶体溶液，而且以 $5\sim100g/L$ 热解二氧化硅为首选。添加碱金属氢氧化物（NaOH 或 KOH）可以提高膜的附着性，铬酸盐溶液的最终 pH 值可调节到 $2.5\sim3.5$。

另外一种铬化免洗的办法是在铬酸盐溶液中加入少量有机膜形成剂，有机膜形成剂有聚酯、丙烯酸酯、聚氟乙烯等。所谓 Alficoat Brugal 体系就是铬酸盐溶液含有机聚合物成分的双组分体系，现在以商标名称 Brugal 在各国使用。上述两种方法都可以在铬化膜烘干之后直接涂装（如喷涂、浸涂等）有机聚合物涂层。

5.3.2 铬酸盐处理反应

铝与铬酸盐溶液的反应可以写成简单的反应方程式，但是实际历程是相当复杂的，由于铬酸盐溶液品种较多，具体反应过程不会完全相同。MBV 工艺和 Alrok 工艺以及它们的改进工艺，都属于碱性铬酸盐体系，国外学者认为基本反应可能就是铝与水的反应，铬酸盐与铝的反应只是次级反应，因此将这种处理归入化学氧化讨论。实际上这个反应历程也比较复杂，这类膜的成分至少既存在铝的氧化物，又有铬的氧化物，膜的颜色一般也是从灰白色到灰色。

铬酸盐-氟化物体系是普遍一致认为的铬酸盐处理体系，其基本成分见表 5-3 所示，表 5-2 中第 3 列 EW 工艺是含 $2\sim3g/L$ NaF 的碱性铬酸盐溶液。有些配方可能还会添加一些促进剂，如铁氰化钾等。常规铬酸盐处理的条件一般是 pH=1.5 时，在温度 30℃ 左右的条件下保持大约 3min。如果用 $NaHF_2$ 代替 NaF，则 pH 值控制更加容易。膜的外观随合金成分和膜厚增加而变化，处理时间在 $6s\sim6min$ 范围内，颜色从无色透明变化到彩虹状黄色，甚至到褐色。现在将这类铬酸盐处理反应过程综合成下列反应方程式。

反应 1（表面浸蚀）： $Al+3H^+ \longrightarrow Al^{3+}+3H$

反应 2（铬酸盐的还原）： $6H+2CrO_3 \longrightarrow 2Cr(OH)_3$

反应 3（表面膜形成）(3-1)： $2Al^{3+}+4H_2O \longrightarrow 2AlO(OH)+6H^+$

同时 (3-2)： $Cr(OH)_3+CrO_3 \longrightarrow Cr(OH)_2HCrO_2$

有促进剂时 (3-3)： $Cr(OH)_3+K_3Fe(CN)_6 \longrightarrow CrFe(CN)_6+3KOH$

反应 4（络合过量铝离子）： $Al^{3+}+3F^- \longrightarrow AlF_3$

美国的飞机部件一般由高强铝合金制成，如 6061、7075、2024、5052 或 5056 铝合金。文献 [21] 记载了高强铝合金的铬酸盐处理工艺，以便达到最佳的耐蚀性。现简单介绍工艺流程如下：①非浸蚀性碱性清洗，然后淋洗至少 1min；②铬酸-硫酸去氧化剂、去氧化膜，然后淋洗至少 1min；③按美国标准 MIL-C-81706 生产 1A 级铬化膜，淋洗至少 1min；④温度低于 60℃ 空气干燥。

5.3.3 铬化膜的性状

美国 ASTM B-449-67 (1982) 将铝的铬化膜分为 3 级，即：第 1 级是高耐蚀性，不作涂层底层，可以直接使用。膜为黄至褐色，膜重 $3.2\sim11mg/dm^2$。第 2 级是中耐蚀性，用于涂层底层。膜为彩虹状黄色，膜重 $1.1\sim3.8mg/dm^2$。第 3 级是装饰用（膜无色）铬化膜，膜重更小，另外还有低电阻膜（浅黄至无色）。英国标准规定未涂层的铬化膜应该通过 96h 中性盐雾试验不发生腐蚀。从铬化膜的耐久性考虑，美国标准 MIL-C-5541 的规定比较严格，要求无有机物涂层的铬化膜必须承受 5% 中性盐雾试验 168h 不发生明显的点腐蚀。

在航空工业中，尤其在阳极氧化处理难于实现的场合，由于铬酸盐处理成本低，又有较好的耐蚀性，此时铬酸盐处理成为最合适的表面处理方法，至今还在继续使用。除了航空工业之外，核能工业、电力与电子工业也应用铬化膜，造船和军用，甚至建筑方面都还在使用铬酸盐处理技术。

在现有的铝的化学转化膜中，铬化膜的耐蚀性最佳，其抗盐雾腐蚀试验的结果几乎是磷铬化膜的两倍，甚至可以通过 2000h 中性盐雾腐蚀试验。其优越的耐蚀性的原因至少与铬化膜中保留六价铬有关系，它们在腐蚀介质中起到修补膜的作用[22]。铬化膜是由非晶态化合物所组成，其成分主要是由铬酸盐与含吸附水的氧化物所构成。在干燥过程中，如果温度太高或升温太快，铬化膜可能会开裂。为了防止膜的开裂，正规的干燥温度必须控制在温度低于 $70\sim80℃$。事实是只要坚持低温慢速干燥或自然干燥 $24\sim48h$，铬化膜可以承受喷涂后 180℃ 的固化温度，膜不会发生宏观裂纹，这对于保持有机聚合物喷镀层的耐蚀性和附着力非常重要。

铬化膜的平均质量（单位面积）一般在 $4\sim10mg/dm^2$，与铬酸盐溶液的成分和 pH 值、铬与氟的浓度及其比例，以及促进剂的品种和浓度有关，根据使用目标选择铬化膜的质量范围。根据上述反应历程，通过元素分析等检测方法，铬化膜具有下列近似成分[23]。

碱式铬酸铬[$Cr(OH)_2HCrO_4$]	48%～70%
铁氰化铬[$CrFe(CN)_6$]	14%～18%（有促进剂存在时）
碱式氧化铝（AlOOH）	16%～30%

其中氧化铝和铬酸铬含量的波动范围较大，这是与铬化液成分和促进剂含量及其相对比例有关。铬化液的成分平衡愈好，则铬酸铬成分愈高，那么铬化膜的性能更加稳定。理论上说，耐蚀性最佳铬化膜的成分只有铬酸铬，没有氢氧化铝（干燥后转化为氧化物）。如果氟化物能够络合所有的铝，那么理论上也可能达到这个目的，但这是不可能达到的。铬酸盐溶液中氟化物与铬酸盐之间成分尽可能完全平衡，就是希望尽可能趋近这个目标。

铬化膜和磷铬化膜的接触电阻大致相似，它们既随着合金成分而变化，又与不同化学转化处理工艺有关。据报道 2024-T3 铝合金铬化膜的接触电阻值在 $475\sim5050\mu\Omega$ 之间，电阻值相差范围实际上很大。而且在存放过程中电阻值也会升高，尤其是那些含重金属的铝合金。但是高电阻与耐蚀性之间似乎没有明显的相关性。铬酸盐溶液中生成的 γ-Al_2O_3 钝态膜与相同厚度的热氧化膜比较，离子电阻较低而电子电阻较高。离子电阻低是由于在氧化膜-溶液界面，形成离子电阻很低的一些晶体 γ-Al_2O_3 相。而电子电阻高归结于钝化膜中存在一些质子。

5.4　磷铬酸盐处理

铬酸盐-磷酸盐工艺早在 1945 年由美国化学涂料公司（ACPC）开发，即所谓的 Alodine

工艺。该工艺的处理溶液含铬酸盐、磷酸盐和氟化物，涂层中主要含有铬、磷以及铝。磷铬化膜呈绿色，这是源于三价铬的颜色。三价铬与六价铬完全不同，因为无毒甚至可以用于食品工业。磷铬酸盐溶液中六价铬的浓度很低，所以磷铬酸盐处理液的生态环境问题不像铬酸盐那么突出，但是磷铬化膜的耐蚀性不如铬化膜。

5.4.1 磷铬酸盐处理溶液

磷铬酸盐处理溶液的成分范围是，PO_4^{3-}：20～100g/L；F^-：2.0～6.0g/L；CrO_3：6.0～20g/L。实验表明氟化物（F^-）与铬酸（以 CrO_3 计量）含量之比应在 0.18～0.36，最佳值是 0.27。假如磷酸盐含量太低（如低于 6g/L），则氟化物和重铬酸盐的浓度变得严格，槽液难于控制。假如氟化物与重铬酸盐的比例太高，表面遭到腐蚀，磷铬化膜的附着性很差。反之，假如比例太低，则不能生成磷铬化膜。其中氟化物可能以氟硅酸或氟硼酸形式存在[15]。表 5-4 所示为早期专利中磷铬酸处理溶液的代表性成分，当前还有一定的参考价值。

表 5-4　早期磷铬酸处理溶液的代表性成分[15]　　　　　　　　单位：g/L

成　分	1	2	3	4	5	6	7
H_3PO_4(75%)	64	12	24				5～12.5
$NaH_2PO_4 \cdot H_2O$				31.8	66.5	31.8	
NaF	5	3.1	5.0	5.0			0.8～1
AlF_3						5.0	
$NaHF_2$					4.2		
CrO_3	10	3.6	6.8				3～5
$K_2Cr_2O_7$				10.6	14.7	10.6	3.5～5
H_2SO_4					4.8		
HCl				4.8		4.6	
H_3BO_3							0.1～2.0

一般而论，磷铬酸处理溶液包括以下几个主要成分：酸性磷酸盐，酸性或碱性铬酸盐，游离氟化物和络合剂，有时候还含有机或无机促进剂。与铬酸盐溶液相比较，磷铬酸盐处理溶液对铝的浸蚀性较大。磷铬酸溶液应控制其总酸度，如果酸度太高，生成附着性差的粉状膜，金属也会受到腐蚀。溶液中的还原剂也必须控制，因为六价铬还原成三价铬以后浓度下降，会影响膜的耐蚀性。磷铬酸盐溶液的 pH 值测定必须特别注意，因为重铬酸盐等氧化性物质对于指示剂和氢醌电极的氧化作用，以及氟化物对于玻璃电极的腐蚀损害，都会降低 pH 值测量的可靠性。此外磷铬酸盐处理溶液对金属铝的腐蚀作用比较大，随着氢气的逸出消耗了酸，从而降低了酸度。由于铝和三价铬含量的增加，会产生氟化铝和氟化铬沉淀，有时候磷酸铬也可能沉淀，因此六价铬、磷、氟都会损失。此外，磷、氟和铬都在磷铬化膜中存在，所以溶液成分的损耗和比例的变化是必然的，应该及时调控[23]。

5.4.2 磷铬化膜的生成

磷铬化膜的生成反应按下式进行[7,23]。

反应 1：$\qquad$ $Al + H_3PO_4 \longrightarrow AlPO_4 + 3H$

反应 2：$\qquad$ $CrO_3 + 3H \longrightarrow Cr(OH)_3$

反应 3：$\qquad$ $Cr(OH)_3 + H_3PO_4 \longrightarrow CrPO_4 + 3H_2O$

上述三个反应相加，得出总反应 4。

反应 4：$\qquad$ $Al + CrO_3 + 2H_3PO_4 \longrightarrow AlPO_4 + CrPO_4 + 3H_2O$

反应 4 表示磷铬化膜形成的全反应，值得注意的是，铬酸盐中的六价铬被还原成三价铬，与此同时铝从 0 价被氧化成 3 价。反应 4 中右边的化合物就是磷铬化膜的成分。磷铬酸盐处理与铬酸盐处理的差别事实上在于磷酸盐部分代替了铬酸盐，另外由于水解反应部分生成了氢氧化铝。

5.4.3　磷铬化膜的性状

磷铬化膜的单位面积质量大致为 $4 \sim 8 mg/dm^2$，虽然耐蚀性比不上铬化膜，但可以提供有机聚合物喷涂层满意的附着性。加热磷铬化膜失重达到 40%，这是由于膜受热脱水的结果，用这个方法脱水后磷铬化膜的耐蚀性显著提高。举例来说，加热脱水前磷铬化膜可溶于 70% 硝酸，而加热之后只有少量溶解。放置 24h 以上也有类似加热的脱水作用。空气干燥后的磷铬化膜成分如下[23]。

磷酸铬($CrPO_4$)	50%～55%	水(H_2O)	22%～23%
磷酸铝($AlPO_4$)	17%～23%	氟(有时可能)(F)	0.2%

磷铬化膜既薄又硬，在无铜的铝合金上得到带彩虹的浅蓝绿色，在含铜的铝合金上呈现橄榄绿色。颜色与操作条件有关，如果颜色太浅，可以用提高温度、延长时间和增加溶液浓度等措施予以校正。在决定磷铬酸-氟化物体系生成膜的颜色时，溶液中氟离子浓度也许是最重要的因素，如果把氟离子控制在变动很窄的范围内，就得到颜色均匀的膜。然而，氟化物的最佳含量并不是一成不变的，而是应该随着槽液中铝离子的增加而提高。另外还可以根据需要制备无色的磷铬化膜，据说这种膜是在下述溶液中生成的，即 CrO_3 0.1～1.9g/L；HF 0.1～1.5g/L；H_3PO_4 1～15mL/L。

Alodine 工艺的磷铬化膜厚度是与操作时间和温度有关的，图 5-5 所示是操作温度和时间对于膜厚的影响，斜线以外的区域表示磷铬化膜过厚或太薄，不适宜作为有机聚合物喷涂层的底层。Alodine 工艺一般在室温处理大约 5min，从图 5-5 所示可以看出，如果操作温度提高到 40℃，那么处理时间只有 2min。操作温度进一步提高，则处理时间还要缩短，因此不推荐在较高温度下处理。

铝合金经过 Alocrom 磷铬化处理后，其耐盐雾腐蚀（1000h）性随膜厚变化如图 5-6 所示，曲线的纵坐标是反映腐蚀速度的转化膜腐蚀增重（mg/dm^2），横坐标是反映膜厚的磷铬化膜质量（mg/dm^2）。图 5-6 所示表明无铜铝合金的膜厚（膜的质量在 $4 \sim 30 mg/dm^2$ 时）与腐蚀速度没有明确的相关性，在相当宽的范围中腐蚀速度并不增加。而含铜铝合金的腐蚀速度，当膜的质量大于 $4 mg/dm^2$ 之后，开始上升后来又下降，直到膜质量约 $20 mg/dm^2$ 之后开始下降，说明含铜铝合金可能不适于进行 Alocrom 磷铬酸盐处理。

磷铬化膜与铬化膜具有相似的应用，在作为喷涂层的底层时，即使铬化膜较薄（厚度大约 $0.5\mu m$），铝合金表面也会出现不均匀的彩虹色外观，影响以后涂装透明漆时的均匀外观，此时宁愿牺牲一些耐蚀性，采用颜色比较一致的磷铬化膜。不过在涂装有色聚合物涂层时，尤其在室外使用的情形，铬化膜既不会影响涂装的外观，又可以提供更好的底层耐蚀性

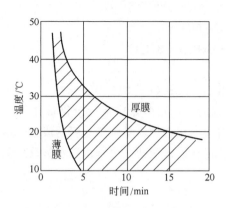 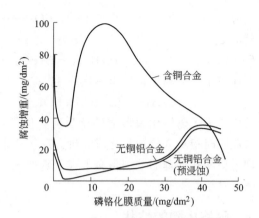

图 5-5　操作温度和时间对于膜厚的影响　　图 5-6　铝合金经过 Alocrom 磷铬酸盐处理后
（斜线部分是膜厚合格区）　　　　　耐盐雾腐蚀性随膜厚的变化

保护。此外在生产管理方面，磷铬酸盐处理槽液的控制和管理比铬酸盐处理容易。

　　不论是磷铬化膜还是铬化膜，都可以得到无色透明的表面膜层。无色膜都比较薄，它的质量只有 $0.5\sim1.5\mathrm{mg/dm^2}$，也就是说由于膜很薄，所以肉眼看不到颜色，当然有效的腐蚀保护程度也相应要差些。不管无色膜还是彩虹膜，其反应过程是相同的，膜的成分和含量也大致相同，只是膜厚的差别而已。

5.5　磷酸盐处理

　　铝及铝合金原则上是可以进行纯粹的磷酸盐处理的，至少在氟化钠或氟硅酸钠存在的磷酸盐溶液中可以。但是由于铝的纯粹的磷化膜耐腐蚀性很差，工业应用十分有限，所以不作专门介绍。文献常提到的铝的磷酸盐处理实际上是指铝的磷铬酸盐处理。

5.6　无铬化学转化处理

　　鉴于生态环境和工业卫生等考虑，1970 年代国外就着手开发完全无铬的化学转化处理。随着技术的不断进步，无铬化学转化处理已得到工业应用。据国外报道，在 1990 年代中期欧洲铝罐工业已经 100％采用了无铬转化处理工艺，而挤压铝型材只占了还不到 25％。其原因与许多因素有关，首先无铬膜的耐蚀性和附着力还不如铬化膜或磷铬化膜，早期开发的工艺不能满足建筑铝型材的性能需要，同时由于比较成功的钛锆体系的无铬转化膜是无色的，肉眼无法直接判断无铬处理是否完成，在工业操作上带来一些判断困难。目前国际上已有许多不同的无铬转化工艺及其相应的商品添加剂问世，但工业化大生产基本上采用含钛或（和）锆的氟络合物的无铬转化处理。按照美国建筑制造业协会与美国建筑喷涂业协会的有关规范，无铬转化膜的粉末喷涂层在工业生产中必须通过以下检测[22]：

① 3000h 中性盐雾试验；

② 3000h 抗湿度试验；

③ 72h 抗洗涤剂试验；

④ 5 年美国南佛罗里达耐候试验；

⑤ 20min 沸水划格附着性试验；

⑥ 24h 热水划格附着性试验。

喷涂层只有通过上述试验才能够使用，因此建筑铝型材喷涂前无铬转化处理的技术要求比铝罐的严格得多。

无铬化学转化膜作为有机聚合物涂层的底层时，其性能不只是取决于化学转化处理工艺本身，在很大程度上还取决于转化处理之前的整个化学预处理过程，这种对于化学预处理的依赖关系要比铬酸盐或磷铬酸盐处理严格得多。表 5-5 中举例说明喷涂之前无铬转化处理所需要的化学预处理的全过程。如果没有严格的化学预处理，无铬化学转化处理不可能得到满意的无铬转化膜。由于无铬转化膜是无色的透明膜，肉眼难于判断化学转化的实际效果，因此更加需要依赖于可靠的工艺和严格的控制加以保证。

表 5-5　喷涂前无铬转化处理所需的化学预处理的全过程[24]

序号	工序名称	处理时间/min		温度/℃	pH 值	调控方法
		喷淋	浸泡			
1	碱洗	2	5	50	11~12	游离碱度
2	水洗	1	2	室温	7	电导率
3	水洗	1	2	室温	7	电导率
4	酸性去氧化物	1.5	3	室温	1.2~1.5	游离酸和氟化物
5	去离子水洗	1	2	室温	7	电导率
6	去离子水洗	1	2	室温	6	电导率
7	无铬化学转化 (Gardobond X-4707)	2	4	40~50	3~5	pH 和总酸度
8	水洗	1	2	室温	6	电导率
9	去离子水洗	1	2	室温	5	pH 和电导率
10	干燥	—	—	≤90	—	—

5.6.1　无铬化学转化处理

完全无铬的化学转化处理在 20 世纪 70 年代已有报道，当时的基本成分有硼酸、氟锆酸盐和硝酸，一个典型的处理溶液实例[23]如下。

K_2ZrF_6	0.4g/L	KNO_3	10.0g/L
H_3BO_3	5.0g/L	HNO_3(4mol/L)	0.4mL/L

该处理溶液在 pH 值 3~5、温度 50~60℃条件下操作，可以得到无色透明的无铬转化膜，膜的质量一般小于 1mg/dm²。为了防止铬的化合物与食品接触和铝罐工业的污染，提供满意的抗沾染性以及对于保护性内涂层和印刷油墨的结合力，无铬化学转化膜应运而生。后来迅速出现一些专利报道，使用了钛、锆或铪与氟化物的络合物[25,26]。近 20 年工业应用

的发展大体循着钛、锆的方向，开发了许多商品化溶液成分及其相应工艺。这里介绍葡萄牙一项实验室检验结果：J. Trolho 对比了氟钛无铬膜与传统铬化膜的性能。无铬转化膜是在 6060 挤压铝合金基体上进行的，检验项目是按照欧洲 Qualicoat 规范（第 6 版）进行的，丝状腐蚀试验（Lockheed 试验）按照德国标准 DIN 65472 进行。试验结果见表 5-6，结果证明氟钛无铬转化膜的性能除了盐雾腐蚀试验的结果稍差以外，已经可以与常规的铬化膜的性能相比拟。

表 5-6　氟钛系无铬转化膜性能的实验室结果与传统铬化膜的对比[23]

性能项目	氟钛无铬转化膜	常规铬化膜
附着性	100% 0 级	100% 0 级
冲击试验	100% 无缺陷	100% 无缺陷
湿度试验(1000h)	100% 无缺陷	100% 无缺陷
盐雾试验(1000h)	80% <1mm	90% <1mm
丝状腐蚀试验(Lockheed)	<1mm	<1mm
室外暴露 1 年	无缺陷	无缺陷

目前工业上使用的无铬转化处理工艺大多还是基于钛、锆与氟的络合物，但是建筑和汽车工业对于耐蚀性、附着力和使用寿命的要求比铝罐工业高得多，因此还在工业检验认证之中。由于钛-锆氟化物体系的具体成分未见报道，现根据国外商品 Gardobond 和 Envirox 介绍两种工业化技术体系。以 Gardobond X-4707、Envirox S、Envirox A 和 Envirox NR 等四种工艺为例，说明当前无铬化学转化的研究成果和工业发展水平。

（1）Gardobond X-4707 工艺[24]。这是一个专用的氟-双阳离子处理过程，溶液主要成分是钛、锆与氟的络合物。生成膜的主要元素成分有钛、锆、铝、氧和氟，其中钛与锆占膜总质量的 25%～35%。膜的质量约在 1～4mg/dm^2，密度为 2.8g/cm^3，膜无色或稍呈蓝色。转化膜的化学成分见表 5-7。

表 5-7　一种钛、锆无铬化学转化膜的化学成分[24]

元素	质量分数/%	元素	质量分数/%
Ti	10～15	O	20～25
Zr	15～20	F	23～28
Al	20～25		

研究表明反应历程如下所示，下式中括号"【　】"当中的化合物分子式就是膜的成分。

反应 1：　　$Al + H_2O(低 pH) \longrightarrow AlO(OH) + H_2\uparrow(干燥后) \longrightarrow 【Al_2O_3】 + H_2O$

反应 2-1：　　$2Al + 6H^+ + 3ZrF_6^{2-} + 5H_2O \longrightarrow 【2AlOF \cdot 3ZrOF_2】 + 10HF + 3H_2\uparrow$

反应 2-2：　　$2Al + 6H^+ + 3TiF_6^{2-} + 5H_2O \longrightarrow 【2AlOF \cdot 3TiOF_2】 + 10HF + 3H_2\uparrow$

实际反应历程与膜的成分会随体系的不同而变化，这方面已经有不少的研究和报道。

Gardobond X-4707 工艺已经在许多工业领域应用，建筑用铝板作为幕墙、框格、门窗等，令人感兴趣的还用在热交换器（室内取暖用暖气装置）作为液相涂层的底层。据报道[24]该工艺已经涂装液相喷涂的铝带卷表面超过 1.5 亿平方米，没有发生腐蚀和附着问题。作为电泳漆和粉末涂层的底层，已经涂装室内暖气装置的铝带卷表面超过 2 亿平方米。如此广泛的工业实践，是给予 Gardobond 工艺可靠性的最佳回答。铝质室内暖气装置已在我国开始使用，耐锅炉热水腐蚀是首当其冲的关键问题，目前已经引起我国铝加工业和腐蚀学界的关注。

（2）Envirox 工艺[27]。Envirox S、Envirox A、Envirox NR 等三个工艺（以下简称 S、A、NR）均系无铬转化处理。S 是钛的酸性化合物体系，可浸泡，也可喷淋，限于铝及铝合金的涂装前化学转化处理；A 是完全不含重金属的碱性体系，只适于浸泡，不适于喷淋，限于铝及铝合金涂前化学转化处理；S 和 A 处理之后，必须充分彻底清洗。NR 是新近开发的单组分无铬免洗转化处理体系，其主要成分是钛的化合物与有机高聚物，保证优良的耐蚀性和漆膜附着性。NR 工艺过程不用水洗，反应只在干燥炉中发生。NR 方法的 pH 值在 2.3～3.0，温度 5～30℃。NR 膜的质量是 $1～2mg/dm^2$，膜的颜色在几乎无色到浅黄色之间。现将三种工艺与传统铬酸盐处理工艺的技术比较列于表 5-8。结果表明除了 Envirox 工艺应用范围只限于铝及铝合金使用外，其耐蚀性和有机涂层的附着性均相当于或优于传统铬酸盐处理工艺，而安全性、环境保护和生产效率明显优于铬酸盐处理法，其中 NR 法优点更加突出。

表 5-8　三种 Envirox 工艺与传统铬酸盐处理工艺技术的技术对比[27]

对比项目	铬酸盐技术	Envirox A	Envirox S	Envirox NR
膜的耐蚀性	＝	＝	＝	＋
有机涂层的附着性	＝	＝	＝	＋
操作的安全性	＝	＋	＋	＋
环境保护和废水调节	＝	＋＋	＋＋	＋＋
工厂效率	＝	＋	＋	＋＋
应用范围	多种金属	铝及其合金	铝及其合金	铝及其合金

注：＝相当，＋优于，＋＋远优于。

5.6.2　无铬化学转化膜的性状

无铬化学转化处理与经典的铬酸盐处理相比较，转化膜的厚度薄一些，耐蚀性一般相应也差一些。但是无铬转化膜比较紧密而且没有裂纹，附着性与较厚的铬化膜比较显得更加好一些。因此在静电粉末喷涂或液体喷涂之后，有利于保持喷涂层的最佳耐蚀性，也就是说喷涂层的总体性能，两种化学转化处理没有差别。表 5-9 所列为 Envirox NR 无铬免洗化学转化膜的性能，结果表明可以满足多方面的需求，并且已经得到相应的应用。

表 5-9　NR 无铬免洗化学转化膜的性能[27]

试验方法及相应标准	试验条件及试验结果
乙酸盐雾试验(DIN 50021 ESS)	试验＞1000h，浸润＜1mm，无气泡
冷凝水交替 SO_2 气氛(DIN 50017)	试验＞30 周期，浸润＜1mm，无气泡
落锤试验(ASTM D 2794)	＞0.23kgf·m
压力锅试验(E DIN 55632-1)	试验 2h 之后无气泡
附着力划格试验(ISO 2409)	0 级

注：1kgf=9.8N，下同。

5.7 无铬化学转化技术的研究动态

尽管钛、锆与氟的络合物体系已经是当前工业化无铬转化处理技术的主体，但是在铝合金建筑型材的化学转化方面，钛、锆与氟的络合物体系的应用还很有限。新颖无铬转化体系正在不断探索、研究和开发之中，目前主要有有机硅烷（silanes）处理、稀土盐处理（主要是铈酸盐处理）、溶胶-凝胶处理、有机酸转化处理和 SAM（自调整分子）处理等。上述技术的工业应用目前尚未成熟，本章根据已经发表的国内外资料简单介绍研究动态，以期引起国内同行的注意，其中有机硅烷处理和铈酸盐处理的工业化前景可能更好。

5.7.1 有机硅烷处理

美国 Cincinnati 大学 W. J. Van Ooij 和 Brent International 的 T. F. Child 报道了硅烷（或硅烷衍生物）处理体系，有望成为很有前途的无铬免洗新工艺。他们认为硅烷的结构和浓度、硅烷溶液的 pH 值，必须对每一种金属-涂层组合进行最佳化研究。为此铝合金的有机硅烷处理还需要进行工艺研究，一旦确定工艺参数，就可以在铝表面上浸、喷、刷、涂硅烷溶液。W. J. Van Ooij[28] 报道了已经研究过的三种硅烷水溶液：①γ-APS［NH_2—C_3H_6—Si—$(OC_2H_5)_3$，即 γ-氨丙基三乙氧基硅烷］；②VS［$H_2C \mathbf{=} CH$—$Si(CH_3)_3$，即乙烯基三甲氧基硅烷］；③BTSE［$(H_5C_2O)_3$—Si—CH_2—CH_2—Si—$(OC_2H_5)_3$，即双三乙氧基硅烷基乙烷］。他采用一步法或两步法在硅烷水溶液浸渍 2min，再检测硅烷处理膜的盐雾腐蚀试验的结果。盐雾试验按照 ASTMB-117 标准试验 336h，从外观（点腐蚀程度、变色情况等）分出级别，并与未处理或铬酸盐处理进行比较，表 5-10 表示试验结果。表 5-10 中第二列表示耐腐蚀级别，根据盐雾试验之后的外观确定，例如"1"表示稍变色，无点腐蚀发生，而"5"表示严重腐蚀和变色，参见表 5-10 的第 4 列中的说明。

表 5-10 铝合金 3003 板材硅烷处理膜的盐雾腐蚀试验结果[28]

序号	级别	处理方式	试样在盐雾试验后的外观
1	1	①2％BTSE,pH7；②5％VS,pH8	稍变色,无点腐蚀
2	1	①0.5％硅酸盐；②5％VS,pH4	稍变色,无点腐蚀
3	2	①2％BTSE,pH7；②5％VS,pH4	变色,个别分散点腐蚀
4	2	5％VS,pH4	变色,个别分散点腐蚀
5	3	①5％硅酸盐；②5％VS,pH4	变色,点腐蚀
6	3	5％硅酸盐	变色,点腐蚀
7	3	①5％硅酸盐；②2％γ-APS,pH10.6	变色,点腐蚀
8	3	2％BTSE,pH7	变色,点腐蚀
9	3	铬化处理	点腐蚀较多
10	4	5％VS,pH8	严重腐蚀
11	5	未处理	严重腐蚀,变色和点腐蚀

由表 5-10 可知，两步法 BTSE 处理＋VS 处理或者硅酸盐处理＋VS 处理生成的转化膜

耐蚀性最好，被列为 1 级。其盐雾腐蚀试验结果甚至还优于铬化膜，显示了新的无铬转化技术——硅烷处理的技术前景。硅烷处理是目前除钛锆体系处理外，唯一已经被欧洲 Qualicoat 认可的处理方法。

5.7.2 稀土盐转化处理[24]

尽管稀土盐类化学转化膜具有浅黄色，从而在工业生产中可能比钛-锆-氟系转化膜容易辨认，而且在 1980 年代中期已经开始研究稀土转化膜，但是目前还没有实现大规模的工业化实践。澳大利亚航空研究实验室的 Hinton 等人首次报道稀土金属盐对铝合金的缓蚀作用，一度被认为稀土盐类转化膜是最具希望替代铬酸盐处理的无铬转化膜。稀土盐类目前主要是铈酸盐，也有使用混合稀土的报道。

（1）铈酸盐处理[27]。铈酸盐处理是比较有希望的稀土盐类转化处理，可以得到铈与铝的氧化物为基础的表面处理层。该处理工艺的主要特点是，在不含带色有机添加剂的情况下得到浅黄色的表面膜，可以根据表面膜本身颜色简易地判断实际发生的化学转化进程，对于工业生产线的快速判别很有好处。

铈酸盐处理溶液是酸性的，含有铈离子和促进剂。主要工艺参数如下：①处理温度为 40～50℃；②溶液 pH=2；③处理时间为 2～3min；④转化膜质量为 0.2～0.4g/m^2。铈酸盐膜是铈与铝的氧化物为基础的表面膜，其附着性和耐蚀性可与铬化膜相比拟。喷涂以后的冲击试验和杯突试验都可以合格，湿热试验和乙酸盐雾试验均通过 1008h，中性盐雾试验已通过 3000h 考验，在性能方面提供了比较有希望的前景。

（2）稀土盐强氧化剂成膜工艺。通常用稀土金属盐、强氧化剂、成膜促进剂和其他添加剂组成成膜溶液。本工艺的特点是引入 H_2O_2、$KMnO_4$、$(NH_4)_2S_2O_8$ 等强氧化剂和 HF、$SrCl_2$、NH_4VO_3、$(NH_4)_2ZrF_6$ 等成膜促进剂，使成膜速率显著提高，同时转化处理温度降低。表 5-11 所示为哈尔滨工业大学[35]介绍的含氧化剂的稀土氧化膜处理的专利配方。

表 5-11 含氧化剂的稀土氧化膜处理工艺[35]

专利发明人	处理方法			
	处理液		温度/℃	时间/min
Wilson	$CeCl_3$ 5～15g/L；H_2O_2 5%；pH=2.7		50	10
Ikeda	$Ce(NO_3)_3$ 0.0025%～0.02%；H_3PO_4 0.0025%～0.02%； HF 0.0001%～0.005%；$(NH_4)_2ZrF_6$ 0.002%～0.01%； pH=3		30～40	1
Hinton	$CeCl_3$ 3.8g/L；H_2O_2 0.3%；pH=1.9		室温	5
Miller	第一步	H_2O 50mL；$CeCl_3$ 0.3g/L； H_2O_2 0.5mL；$SrCl_2$ 0.2g	室温	10
		H_2O 50mL；$CeCl_3$ 5g；$KMnO_4$ 0.2g； NaOH 5mL（1.69g/L）	室温	10
	第二步	H_2O 500mL；Na_2MoO_4 5g； $NaNO_2$ 5g；Na_2SiO_3 3g	93	10～15
	第三步	乙醇 90mL；苯基甲氧基硅烷 5mL； 3,4-环氧丙醇多功能团甲氧基硅烷 5mL	室温	0.5

（3）溶胶-凝胶法。溶胶-凝胶法具有反应温度低、设备及工艺简单、可以大面积涂膜等

优点。L. S. Kasten 和 J. T. Grant 等人探索了用溶胶-凝胶法在铝合金上形成稀土转化膜。操作过程需要配制两种溶胶，第一种溶胶由 1∶4 摩尔比的 TMOS 和乙醇混合制成，第二种溶胶由 1∶2 摩尔比的 GPEMS 和乙醇混合制成。两种溶胶分别搅拌 1h 后混合，再搅拌 24h。然后将铈盐溶解到混合后的溶胶中，再将 2024-T 铝合金试样放入浸涂。再在烤箱中加热凝固处理，即可获得转化膜。溶胶-凝胶法制备的 CeO_2-TiO_2-SiO_2 涂层，经 500h 中性盐雾试验后，外观没有发生明显的变化，可以满足空调铝合金翅片的要求[37]。

5.7.3 有机酸转化处理

有机酸转化膜是在金属基体表面形成的难溶性络合物薄膜，具有防腐蚀、抗氧化的作用。目前主要是指含植酸和单宁酸的转化膜。

植酸是一种金属多齿螯合剂，具有能同金属络合的 24 个氧原子、12 个羟基和 6 个磷酸基，因植酸在金属表面同金属络合时，所形成的转化膜致密、坚固，能有效地阻止氧气等进入金属表面，起到钝化的作用。另外，经植酸处理后的金属表面膜含有羟基和磷酸基等活性基团，能与有机涂层发生化学作用，因此与大多数涂料都有良好的附着力，可以作粉末喷涂膜的底层。欧洲专利 EP 78866 提供了一种用于铝及铝合金植酸表面处理的配方：$2g/L$ H_3PO_4、$1.2g/L$ 3-甲基-5-羟基吡唑、$1g/L$ 植酸、$0.7g/L$ H_2ZrF_6、$0.5g/L$ Na_2SO_4 和 $0.5g/L$ NaF。该配方转化处理后的铝及铝合金，经盐雾和耐湿热试验证明有较好的耐腐蚀性[38]。

单宁酸是一种多元苯酚的复杂化合物，水解为酸性，单宁酸本身对改善铝耐蚀性的作用不大，需要与金属盐类、有机缓蚀剂等添加剂联合使用。例如可以与氟钛化合物等配合使用，形成无毒的单宁酸盐转化膜。例如 $8.2g/L$ 单宁酸、$0.04g/L$ H_3PO_4、$0.4g/L$ F^-、$0.05g/L$ Ti 盐的溶液中，溶液 pH 值为 4.9，在 30～60℃ 的温度下，喷淋处理 5～50s，可以生成提高铝的涂装附着力和耐腐蚀性能的转化膜[39]。

5.7.4 SAM 处理[29]

SAM（self-adjusting molecule）处理即自调节分子处理工艺，该工艺原来主要是为汽车铝轮毂开发的，它是一种不含重金属和氟化物的有机膜预处理方法，具有极好的环境效应。该有机膜既薄又坚固，提高了铝的耐蚀性和对于有机聚合物膜的附着力。该工艺有一个新的思路，所谓自调节分子 SAM 具有两个不同功能的官能团，一个对于金属表面具有极好的亲和力，另一个对于有机膜有很好的亲和性，通过 SAM 处理使得铝具有对有机聚合物涂层产生极好的附着力。SAM 处理之后不需要水洗，直接干燥就可以涂装。

5.8 化学转化膜的鉴别

铝上化学转化膜的鉴别试验是主要针对铝的铬化膜和磷铬化膜，其试验方法与本书第 19 章的出发点和内容有些差别，但为了避免不必要的重复，现尽量择要介绍非通用的特殊部分。有关铬酸盐和磷铬酸盐转化处理有若干国际规范和我国国家规范，铬化膜和磷化膜的性能检测方法也有一些标准，但是针对铝及铝合金的铬化膜和磷铬化膜的规范很少，现列于本章参考文献 [30]～[33]。所有膜性能试验必须在干燥以后 24h 方可检验，铬化膜的干燥温度不应超过 65℃，磷铬化膜的干燥温度不应超过 85℃，以免过度脱水。无铬转化膜的检验，目前国内外均无标准可循，必要时参考有关铬化膜标准。下面介绍转化膜作为有机聚合物涂层的底层时的几项常规检验方法。

5.8.1 外观检验

铝的铬化膜和磷铬化膜的外观检验，包括颜色、均匀性、光反射性等，一般用肉眼观察，建议使用参比标样，进行对比鉴别试验。铬化膜的颜色由于膜厚的增加从淡黄色到褐色，在作为喷涂层的底层时由于厚度很薄，膜层呈淡黄彩虹色，此时不应该视为均匀性不良的问题。磷铬化膜的颜色是从淡绿彩虹色，视膜厚增加颜色从浅至深的绿色。转化膜作为聚合物喷涂层的底层时，彩虹色或颜色深浅既不影响喷涂层的附着性和耐蚀性，也不影响涂层外观的均匀性，所以不应该视为缺陷。

5.8.2 膜厚检验

由于铬化膜和磷铬化膜都很薄，不能用测厚仪器，也不能用横断面显微法测量。转化膜厚度都不用厚度 μm 表示，一般以单位面积上膜的质量（g/m^2 或 mg/dm^2）表示。单位面积上转化膜质量的测定，按照国家标准 GB/T 9792—88[34] 的失重法执行。

5.8.3 附着性检验

转化膜对于铝的附着性只要没有发现明显剥离，一般很少需要进行转化膜的附着性检验，如有需要，可以进行杯突试验或弯曲试验作定量对比。更重要的应该是转化膜上有机聚合物涂层的附着性，试验方法可参考本书第 19 章（19.11.1 附着性划格试验和 19.11.2 附着性仪器试验）及相应的国家标准。

5.8.4 腐蚀试验

转化膜的耐蚀性是一项重要的指标，通常进行中性盐雾腐蚀试验，即 5% NaCl、pH 值 6.8～7.1、温度（35±2）℃的盐雾试验。三片标准尺寸为 100mm×150mm 的试样，按照规定时间试验之后，三片的总腐蚀点数不得超过 8 点，每个点的直径不应大于 1mm。每单个试样表面腐蚀点数不应超过 5 点，直径也不应大于 1mm。我国国家标准规定的盐雾腐蚀时间按照铝合金的不同而变化，不能热处理的锻铝合金的试验时间是 168h、250h、500h；能热处理的铝合金试验时间是 120h、168h、336h，铸造铝合金的盐雾腐蚀时间较短。另外也可以视不同需要进行干/湿交替试验、溶液浸渍试验等。有些试验方法虽然不是铝的化学转化膜性能的专用方法，但是可以根据需要参照相关标准执行。

参考文献

[1] Bauer O，Vogel O. BP，226776. 1916.

[2] Bauer O，Vogel O. GP，423758. 1923.

[3] Erkert G，et al. Aluminium，1937，19：608.

[4] Vereinigte Aluminium Werk A G. GP，691903. 1937.

[5] Vereinigte Aluminium Werk A G. GP，678119. 1937.

[6] Alwitt R S. Oxide and Oxide Film：Vol 4//Diggle J W. New York：Marcel Dwkker，1976：169-253.

[7] 中山秀幸等. アルミニウム表面処理の理論と実務. 第 3 版. 东京：日本軽金属協会，1994：201-215.

［8］ Olin Methieson Chemical Corp. BP, 1134339. 1966.

［9］ Swiss Aliminium. BP, 1063869. 1963.

［10］ Rasa Industries Co. JP, J 52009642. 1975.

［11］ Fuji Sash Industries Ltd. JP, J 78005256. 1971.

［12］ Toyo Sash K K. JP, JAJ 7848174. 1974.

［13］ Matsushita Electric Industries Co Ltd. JP, JAJ 5416343. 1977.

［14］ Reynolds Metals Co. US, 3272665. 1966.

［15］ Wernick S, et al. The Surface Treatment and Finishing of Aluminium and its Alloys: Chap 5. 5th Edition. Ohio: ASM International, Metal Park, 1987.

［16］ Bacquias G. Galvano, 1966, 356: 593.

［17］ Kalauch C. Information Klimaschutz, 1965, 4: 91.

［18］ Anon. Galvano, 1966, 359: 869.

［19］ Spencer L F. Metal Finishing, 1960, 58: 58.

［20］ Zichis A D, Tenkina V I. Technology of the Surface Treatment of Aluminium and its Alloys. Moscow: Mashgiz, 1963.

［21］ Alright and Wilson Ltd. US, 3706603. 1971.

［22］ Renshaw J T. Metal Finishing, 1997, 95 (12): 28.

［23］ Trolho J, Lusitana P. 4thworld congress Aluminium 2000. Brescia: Montichiari, 2000: 67.

［24］ Falcone F. 4thworid congress Aluminium 2000. Brescia: Montichiari, 2000: 8.

［25］ Pyrene Chemical Services Ltd. BP, 2014617. 1979.

［26］ Amchem Products Inc. US, 4313769. 1980.

［27］ Dullus T, Stutte J. 4thworld congress Aluminium 2000. Brescia: Montichiari, 2000: 28.

［28］ Van Ooij W J, et al. International Symposium on Aluminium Surface Science and Technology. Antwerp: 1997: 137.

［29］ Falcone F. 5thworld congress Aluminium. Rome: 2003.

［30］ 中国标准 GB/T 17460—1998 化学转化膜——铝及铝合金上漂洗和不漂洗铬酸盐转化膜.

［31］ 国际标准 ISO 10546: 1993 Chemical conversion coating-rinsed and non-rinsed chromate conversion coatings on aluminium and aluminium alloys.

［32］ 意大利标准 UNI 4718—1961 Surface treatment of metallic materials. Phosphate-chromate treatment of aluminium and its alloys. Guiding principles.

［33］ 美国航天材料规范 AMS 2473 Chemical treatment for aluminium base alloys.

［34］ 中国标准 GB/T 9792—88 金属材料上的转化膜——单位面积上膜层质量的测定——重量法.

［35］ 于兴文. LY12 铝合金及 Al6061/SiCp 复合材料表面稀土转化膜的研究 ［学位论文］. 哈尔滨: 哈尔滨工业大学, 1999.

［36］ 杨昱, 李英杰, 许越. 用溶胶-凝胶法制备保护涂层的研究进展. 材料保护, 2005, (9): 35-38.

［37］ 赵景茂, 王禹慧, 张晓丰, 左禹. 利用溶胶-凝胶法制备铝合金耐蚀亲水性涂膜. 材料保护, 2005, (3): 6-8.

［38］ 张洪生. 无毒植酸在金属防护中的应用. 电镀与精饰, 2000, 22 (1): 1-4.

［39］ 任泉发. 铝及其合金化学转化膜技术. 电镀与环保, 1993, (4): 11-14.

第 **6** 章

铝阳极氧化与阳极氧化膜

铝阳极氧化的定义按照国家标准是：一种电解氧化过程，在该过程中铝或铝合金的表面通常转化为一层氧化膜，这层膜具有防护性、装饰性以及一些其他的功能特性。从这个定义出发的铝的阳极氧化，只包括生成阳极氧化膜的这一部分工艺过程。顾名思义，铝在电解槽液中应该作为阳极连接到外电源的正极，电解槽液的阴极连接到外电源的负极，在外加电压下通过电流以维持电化学氧化反应。铝在这种阳极氧化过程中同时存在氧化膜形成和溶解的两个对立的反应，最终的表面状态视上述两个反应速度的相对大小决定。

铝阳极氧化的分类可以按照铝材的最终用途分为建筑用铝阳极氧化、装饰用铝阳极氧化、腐蚀保护用铝阳极氧化、电绝缘用铝阳极氧化和工程用铝阳极氧化（如硬质阳极氧化）等。由于其不同的使用目的和不同的性能要求，应该采用不同的电解溶液成分、电源特征和工艺参数。另外从阳极氧化工艺控制出发，有定电压阳极氧化或定电流（密度）阳极氧化两类。从电源波形特征考虑可以分为直流（DC）阳极氧化、交流（AC）阳极氧化、交直流叠加（DC/AC）阳极氧化、脉冲（PC）阳极氧化和周期换向（PR）阳极氧化等。

铝的阳极氧化膜有两大类：壁垒型阳极氧化膜和多孔型阳极氧化膜。壁垒型阳极氧化膜是一层紧靠金属表面的致密无孔的薄阳极氧化膜，简称壁垒膜，其厚度取决于外加的阳极氧化电压，但一般非常薄，不会超过 $0.1\mu m$，主要用于制作电解电容器。壁垒型阳极氧化膜也叫屏蔽型阳极氧化膜，也称之为阻挡层阳极氧化膜。但是壁垒型阳极氧化膜（barrier-type film）与多孔型阳极氧化膜的阻挡层（barrier layer）应该明确地加以区分，实际上我国国家标准已经将壁垒膜与阻挡层的概念明确分开，阻挡层是指多孔型阳极氧化膜的多孔层与金属铝分隔的，具有壁垒膜性质和生成规律的氧化层。明确地说，多孔型阳极氧化膜由两层氧化膜所组成，底层是与壁垒膜结构相同的致密无孔的薄氧化物层，叫做阻挡层，其厚度只与外加阳极氧化电压有关。而主体部分是多孔层结构，其厚度取决于通过的电量。本书涉及的阳极氧化膜通常就是指多孔型阳极氧化膜，用于保护和装饰的场合，其中建筑铝型材的阳极氧化膜占据应用的绝大部分。

铝阳极氧化膜的成膜研究于 19 世纪末从铝的壁垒膜开始，壁垒膜是在溶解能力不强的电解溶液中生成，其生成规律和机理等许多方面都已经比较完整和清楚，至 20 世纪中叶 Bernard 建立了壁垒型阳极氧化膜生长的数学公式，研究比较深入。目前壁垒膜的研究已经延伸到几种氧化过程的协同作用，比如水合氧化或热氧化再加上阳极氧化等，其研究背景都从提高电解电容器的性能出发的。

100 多年来，许多国家的科学家都对铝的阳极氧化规律和阳极氧化膜结构的理论进行了相当广泛和深入的研究工作，英国、日本和苏联都发表过许多有价值的研究结果，其阳极氧化的规律基本上已经清楚。英国曼彻斯特大学 UMIST 的汤姆逊（Thompson）、伍德（Wood）等，日本北海道大学工学部永山政一（M. Nagayama）和高桥英明（H. Takahashi）等，苏联科学院物理化学研究所托马晓夫（Tomashov）为代表的研究集体等都进行了卓有成效的理论研究。本书内容是铝阳极氧化方面的工艺性和技术性的论述，本章虽涉及国外的理论研究成果，也注意尽量避免纯学术性探讨，内容选择不求深奥的物理理论和数学表述，而注重联系工艺实际或解释工艺特点的理论性结论，尽量选择比较直观的说明和图像的说明。本章所附的参考文献内容比较广泛和全面，大部分是 1980～1990 年代以后国外出版的有关著作和专题讲座，内容选择主要来自日本和欧洲（特别是英国）的研究成果。这些著作既有技术性和知识性的概括，也包括深入的专业性和理论性探讨，有兴趣的读者可以进一步参考本章所附的参考文献。本章的图表和照片均标明来源，取自本章后所附的参考文献，并不一定是原始作者发表的论文[1-11]。

6.1　铝阳极氧化的过程

6.1.1　铝阳极氧化按照电解溶液性质的分类

铝在各种电解溶液中作为阳极的极化行为至少可以分成 5 种情况，其中第①种和第②种属于国家标准定义范围的铝阳极氧化。

① 在电解溶液对阳极氧化膜基本不溶解的情况，比如中性硼酸盐、中性磷酸盐或中性酒石酸盐溶液中，开始时电压随阳极氧化时间迅速直线上升到比较高的电压，如果这个电压上升超过击穿电压 V_b，则氧化膜被击穿［见图 6-1(a)］。如果这个电压没有到达击穿电压，那么在这个电压下，电流又迅速下降到接近零或一个极小的所谓漏电电流值，此时电化学反应实际上停止了［见图 6-1(c)］。所谓"漏电电流值"主要可能是来自膜中的缺陷、杂质或局部薄膜的电子电流。此时生成的是壁垒型阳极氧化膜。

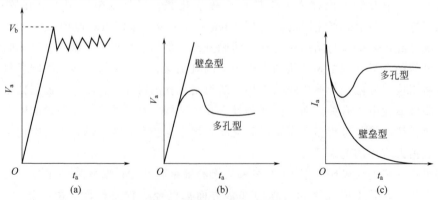

图 6-1　铝阳极氧化的阳极行为

(a)、(b) 为定电流时阳极电压与时间的关系；(a) 阳极电压超过击穿电压，

(b) 阳极电压低于击穿电压；(c) 为定电压时电流密度与时间的关系

② 在电解溶液对阳极氧化膜"有限度"溶解的情况，比如草酸、硫酸、磷酸或铬酸等溶液中，电压变化在开始时类似于上述情况，但是下降尚未到达一个极小值时，又重新上升到相对恒定的稳态电压，维持着阳极氧化的电化学反应［见图 6-1(b)］。此时生成的是多孔型阳极氧化膜。

③ 在某些有机酸溶液、中性硫酸盐溶液和含氯离子的电解溶液中，金属溶解速度与阳极氧化膜的形成速度差不多时，电压一般在逐步下降之前上升到一个极大值。此时金属铝表面发生点腐蚀，不能生成完整的阳极氧化膜。

④ 在一些强酸介质中，电压发生周期性波动或者稳定在一个较低的电压值上，此时金属表面不能成膜，只发生电解抛光。

⑤ 在一些强酸或强碱溶液中，开始电压很低并维持在低电压水平，此时金属铝的大部分表面发生电解浸蚀。

上述 5 种情形中，第①种和第②种都生成阳极氧化膜。由于电解溶液对铝氧化膜的溶解能力强弱不同，如表 6-1 所示分别生成壁垒型或多孔型阳极氧化膜。溶解能力较强的电解溶液生成多孔型阳极氧化膜，溶解能力较弱的电解溶液生成壁垒型氧化膜。本章主要叙述铝在第Ⅱ类电解溶液中阳极氧化的规律及其多孔型阳极氧化膜的结构，这类氧化膜主要用于保护性和装饰性场合。

表 6-1　铝阳极氧化按电解溶液对氧化膜溶解能力的分类

第Ⅰ类，生成壁垒型阳极氧化膜的溶液	第Ⅱ类，生成多孔型阳极氧化膜的溶液	第Ⅰ类，生成壁垒型阳极氧化膜的溶液	第Ⅱ类，生成多孔型阳极氧化膜的溶液
硼酸	硫酸	中性酒石酸盐	磷酸
中性硼酸铵	草酸	中性柠檬酸盐	硫酸加有机酸等
中性磷酸盐	铬酸	中性乙二酸盐	

多孔型阳极氧化膜最常用的电解溶液见表 6-1 的第Ⅱ类，有时候还加入一些有机酸，以降低电解溶液对于阳极氧化膜的溶解性能。但是由于硫酸与草酸的溶解能力有所不同，即使它们属于同一类电解溶液中，其阳极氧化的规律也不完全相同，生成的阳极氧化膜的性能也有所差别。这种性能差别往往与多孔型阳极氧化膜的结构，譬如微孔直径、孔壁厚度和孔隙率等因素有关，还与掺入阳极氧化膜中溶液阴离子的成分、数量和分布等因素都有关系。

在直流阳极氧化时，可以采用定电压或定电流技术，壁垒型阳极氧化膜或多孔型阳极氧化膜的电流-time（定电压时）曲线或电压-time（定电流时）曲线都明显不同。如图 6-1(c) 所示，定电压阳极氧化，电流密度与时间的关系，由于壁垒型膜致密无孔，电流密度以指数形式迅速下降，降到接近零或一个漏电电流值。而多孔型膜先下降然后由于膜的溶解又上升到一个大体不变的数值，这个时候多孔型阳极氧化膜呈稳定生长。如图 6-1(a) 和图 6-1(b) 所示，定电流密度阳极氧化电压随时间变化，如果电流密度很大使得电压直接到达击穿电压［见图 6-1(a)］，则氧化膜被击穿。如果电压低于击穿电压［见图 6-1(b)］，对于壁垒型膜电压直线上升，而多孔型膜的电压先上升后下降到一个稳定电压值不变，此时是多孔型膜的稳定生长阶段。不同形式的电压随时间的变化曲线或电流随时间的变化曲线，可以判别生成的是壁垒型膜还是多孔型膜。本章以后将详细解释两种类型阳极氧化膜的生成规律和生成机理。

6.1.2 铝阳极氧化的反应过程

铝作为阳极在电解溶液中通过电流,带负电的阴离子迁移到阳极表面失去电子放电,金属铝失去电子成为三价铝离子,从而都使得价态升高,用电化学语言称之为氧化反应。在水溶液中由于阴离子含有氧,则氧可能与铝化学结合生成氧化物,此时铝离子可能不再溶解在电解溶液中。这个反应的最终结果取决于许多因素,特别是电解质的本质、最终反应产物的性质、工艺操作条件(例如电流、电压、槽液温度和处理时间)等因素。

在生成多孔型阳极氧化膜的情形下,阳极铝上首先生成附着性良好的非导电薄膜(阻挡层),氧化物薄膜继续生长必定伴随着膜的局部溶解,这种溶解作用包括化学溶解和电化学溶解两部分,化学溶解发生在多孔型膜的所有面上,而电化学溶解取决于电场的方向,溶解电流基本上使得孔底的氧化膜溶解。随着阳极氧化膜原"壁垒膜"上微孔的加深,即氧化膜的厚度增加,使得氧化膜的生长速度逐渐受到阻滞。当氧化膜的生长速度降低到膜在电解溶液中的溶解速度时,则阳极氧化膜的厚度不再增长。电解溶液对于氧化膜的溶解能力和阳极氧化的工艺操作条件等因素控制着阳极氧化膜的结构,从而也制约着阳极氧化膜的性能,因此理解和掌握阳极氧化膜生长速度与氧化膜的溶解速度之间的平衡,是阳极氧化工艺的关键所在。在电解溶液中,阳极电流密度高、溶液温度低和酸浓度低有利于阳极氧化膜的生成,而阳极电流密度低、酸浓度高和温度高会加快和促进膜的溶解,不利于氧化膜的生长。

铝的阳极氧化反应不像电镀层那样建立在金属的外表面(即金属/电解液界面)上,而是在氧化膜/铝界面向铝的内部生长。在阳极氧化过程中氧化膜的外表面与电解溶液相接触,这样氧化膜更加容易溶解在电解溶液中,阳极氧化的结果使氧化膜外表面受到电解溶液相当程度的腐蚀。氧化铝膜的溶解似乎使得铝部件的原厚度应该有所下降,但是生成的氧化物又补偿了这种下降。一般说来阳极氧化的结果使得铝部件的尺寸稍为增加,但是又与电镀层厚度的净增加完全不同。如图 6-2 和图 6-3 所示,可以直观形象地观察到这种厚度变化的彼此消长关系。

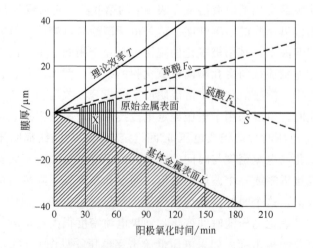

图 6-2　铝在硫酸和草酸溶液的阳极氧化膜生长过程中,
基体金属铝和氧化膜厚度随时间的变化(取自文献 [3])
(电流密度为 $1.6A/dm^2$,X 为硫酸溶液成膜的工艺范围)

在生成多孔型阳极氧化膜的情况,铝阳极氧化的过程仍然取决于铝合金与电解溶液的体

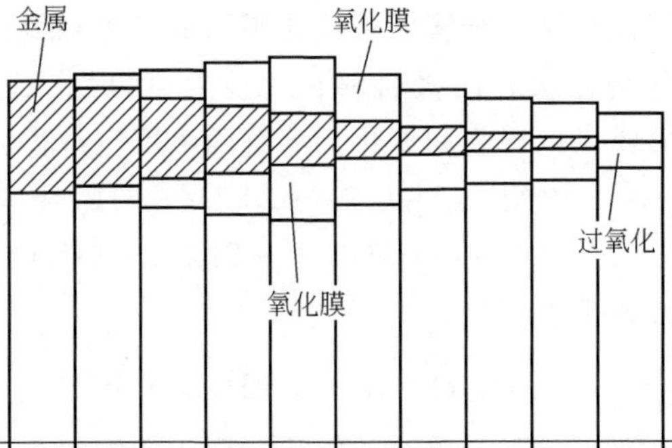

阳极氧化时间/min	0	30	60	90	120	150	180	210	240	300
氧化膜厚度/μm	0	14	26	37	43	43	43	43	43	40
质量变化/(mg/dm²)	0	+100	+174	+198	+40	−108	−270	−429	−588	−853
厚度变化/μm	0	+11	+19	+27	+29	+20	+7	−5	−17	−40

图 6-3　在阳极氧化过程中阳极氧化时间对于阳极氧化膜形成的影响（取自文献［3］）
0.12mm 厚的纯铝箔用硫酸阳极氧化工艺，20℃，1.6A/dm² 阳极氧化

系特征，即使在表 6-1 所列的第Ⅱ类电解溶液中，它们生成的虽然都是多孔型膜，但是阳极氧化的具体规律也不完全相同。图 6-2 所示为铝在硫酸和草酸溶液中，以电流密度 1.6A/dm² 阳极氧化，基体金属铝和阳极氧化膜厚度随时间的变化。曲线 T 表示理论效率下的阳极氧化膜的增长。草酸溶液中在研究时间 210min 之内，阳极氧化膜厚度随着时间一直呈线性增加（见图 6-2 中曲线 F_0 有继续线性增加的趋势），阳极氧化膜的厚度以 F_0 和 K 之差值表示。但是由于氧化膜的溶解作用，曲线 F_0 的斜率低于理论曲线 T 的斜率，这正好说明即使草酸溶液对于氧化膜的溶解作用很低，阳极氧化效率总不可能达到理论效率的。而在硫酸溶液中，曲线 F_s 开始时也呈线性增长，只是斜率低于草酸溶液的曲线，氧化时间到大约 120min 时氧化膜的生长受到抑制，阳极氧化膜已经达到了极限厚度（见图 6-2 中曲线 F_s），以后氧化膜厚度不再增加，但是试样厚度却在不断下降，在点 S 时试样的厚度已经下降到原始试样的厚度。图 6-2 中符号 X 的区域表示在硫酸溶液中形成阳极氧化膜的工艺区间，在 X 区域之外不可能有效生成阳极氧化膜。

为了更清楚和直观地反映阳极氧化过程中硫酸阳极氧化膜的生长与基体金属铝试样的关系，可参见图 6-3 所示在阳极氧化过程中阳极氧化时间对于阳极氧化膜形成的影响，从中可以看出阳极氧化膜的厚度和基体金属铝的厚度随时间的变化。对照图 6-2 中的曲线 F_s 在硫酸溶液中阳极氧化，大约到 180min，试样厚度达到相当于原始试样的厚度，以后中间金属铝的厚度继续减薄，直到大约 300min 以后，整片 0.12mm 厚的金属铝全部氧化成阳极氧化膜。此时试样内部已经不存在金属，由于铝阳极氧化膜是透明的，因此试样从铝箔变成过氧化状态的氧化铝透明箔。

上述情形可以看出在阳极氧化过程中，阳极氧化膜的生成不仅受到硫酸溶液溶解能力较大的影响，而且受到其他一些因素的影响，如氧化物水解能力和氧化物生成过程中释放大量热量等。当氧化膜厚度超过一定值之后，铝阳极的过热现象比较突出，从而加速了氧化膜的化学溶解。由于膜溶解速度的加快，氧化膜生成速度与溶解速度之间发生新的平衡，阻止了阳极氧化膜的继续生长。

铝在硫酸溶液中阳极氧化，金属铝的氧化膜形成过程和氧化膜溶解过程是相互对立而又密切关联的。金属铝作为阳极，阴极材料在工业上可以用 Al、Pb 等金属，实验室常采用 Pt。铝阳极同时发生形成氧化铝膜和氧化铝溶解两个反应过程。

成膜过程：
$$2Al + 3H_2O \longrightarrow Al_2O_3 + 6H^+ + 6e$$

膜溶解过程：
$$Al_2O_3 + 6H^+ \longrightarrow 2Al^{3+} + 3H_2O$$

阴极上发生水的分解析出氢气：

$$6H_2O + 6e \longrightarrow 3H_2 \uparrow + 6OH^-$$

在硫酸溶液中，实际上并不是单纯的氧化物形成和溶解反应，阴离子 SO_4^{2-} 参与了铝的阳极反应过程，最终生成含硫酸根的阳极氧化膜，大致成为 $Al_2O_3 \cdot Al(OH)_x(SO_4)_y$。

在溶液阴离子参与的情况下，阳极反应可能是下面这样的情况，即开始是铝的溶解：

$$2Al + 6H^+ \longrightarrow 2Al^{3+} + 3H_2 \uparrow$$

然后电解溶液中的阴离子参与了形成氧化物的反应，成为阳极氧化膜的成分之一（反应方程式右边"【 】"中就是含硫酸根的阳极氧化膜成分）：

$$2Al^{3+} + 3H_2O + 3SO_4^{2-} \longrightarrow 【Al_2O_3】 + 3H_2SO_4$$
$$Al^{3+} + xH_2O + ySO_4^{2-} \longrightarrow 【Al(OH)_x(SO_4)_y】 + xH^+$$

6.1.3　阳极氧化过程中铝合金合金化成分的影响

铝合金含合金化元素和杂质，一般不是单相固溶体合金。例如铁和硅是工业纯铝和铝合金的最常见杂质，这就不可避免地在铝和铝合金中存在富铁的第二相，即 AlFeSi 相的析出粒子。即使是 99.99% 的高纯铝，在显微镜下也可以观察到"不干净"的晶界，图 6-4 所示的金相照片显示少量残余杂质在高纯铝晶界的析出。1100 作为工业纯铝，铁硅量允许值为 0.95%，光学显微镜下可以观察到明显的第二相析出，图 6-5 所示的金相照片显示 1100 中存在 AlFeSi 金属间化合物析出物相的粒子。由于合金化元素生成的第二相与铝基体的电极电位不同，因此铝合金的阳极氧化行为和机理要比纯铝复杂得多，同时铝合金阳极氧化膜的成分除了氧化铝、溶液中的阴离子外，必然会有铝合金中一部分合金化元素，以单质状态、氧化物状态或金属间化合物状态存在。

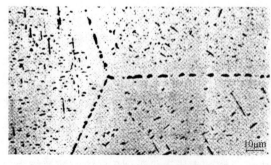 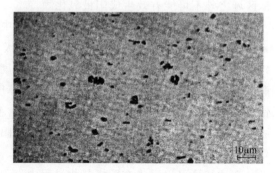

图 6-4　99.99% 高纯铝的金相照片　　　　图 6-5　1100 铝的金相照片（析出物为 AlFeSi）

在最常用的 5000 系和 6000 系铝合金中，Fe、Si、Mn、Cu、Mg、Cr 等元素是经常添加的合金化成分，除了可以形成固溶体之外，它们以单质或金属间化合物的第二相形式存在于铝合金中。在铝阳极氧化时，固溶体的元素（如镁）一般转化成氧化物，而如 AlFeSi 一类金属间化合物或硅一般不会氧化，而以单质硅或金属间化合物的形式直接留在氧化膜中。另外如铜或 Mg_2Si 之类金属间化合物大部分溶解在电解溶液中，从而在氧化膜中可能留下空洞。第二相析出粒子的不同的阳极氧化行为，取决于它们与铝基体电极电位的比较。析出相在阳极氧化过程中，对于铝基体如果是阳极，则优先溶解或氧化，如果是阴极，则可能直接进入氧化膜。铝合金中常见的第二相金属间化合物，它们的硫酸阳极氧化行为归结如下：Si、Al_6Mn、Al_3Ti、$\beta\text{-}AlFeSi$ 通常是惰性的，它们在硫酸中电极电位比铝基体正，因此不会优先氧化或溶解，可能直接掺入到阳极氧化膜中。Mg_2Si、Al_7Cr、Al_2Cu、Mg_2Al_3 等金属间化合物的电位比铝基体负得多，它们可能直接溶解在电解溶液中，或者（比较少）先氧化以氧化物形式掺入氧化膜。Al_3Fe、Al_6Fe、$Al_6(Fe,Mn)$ 等金属间化合物的电位与铝基体相仿，它们可能被氧化之后以氧化物形式（如 Al_2O_3、Fe_2O_3）掺入阳极氧化膜，或者（比较少）直接溶解在电解溶液中。有些金属间化合物的电极电位，例如 $Al_{12}(Fe,Mn)_3Si$ 还与它的粒子尺寸有关，它们可能比铝基体先溶解在电解溶液中，也可能氧化后以氧化物形式掺入氧化膜。所以根据第二相析出的金属间化合物的本质、形态、数量、尺寸和分布，析出相可能直接掺入阳极氧化膜，也可能以氧化物形式掺入阳极氧化膜，或者不进入氧化膜而直接溶解在电解溶液中。更详细的分析参见第 7 章和第 8 章相关内容。

6.2　阳极氧化膜的结构与形貌

在阳极氧化膜结构的讨论中，一些著作通常先从结构模型出发，使得读者以为这是理论模型的模拟，而不是真实的客观图像。本章首先介绍阳极氧化膜结构的实验观察，近 30 多年来电子显微技术的直接观测，已经揭示多孔型阳极氧化膜的真实结构与形貌。

多孔型阳极氧化膜的微孔是有规律地垂直于金属表面的孔形结构，本节首先做一个形象的比喻。假定硫酸阳极氧化膜的厚度为 $10\mu m$，由于微孔的直径一般小于 20nm，所以微孔的长度是直径的大约 500 倍以上，因此这个"孔"实际上应该说是一根细长的直管，这个概念在以后的电解着色和封孔的思考中非常有用。微孔的密度更是大得惊人，达到 760 亿个孔/cm^2，形象地说一个大拇指盖上的微孔数是地球总人口的 10 倍。再来看一下阳极氧化膜的氧化物结构单元胞（oxide cell），由于阳极氧化膜是非晶态的氧化物，因此不能称之为氧化物晶胞，而按照国家标准术语称之为"结构单元"，金属学者和结构分析者常称之为"胞"，本章基本上采用"单元胞"一词。单元胞是非晶态多孔型阳极氧化膜的最小结构单位，其中心是一个圆孔，直通孔底的呈扇形的阻挡层，孔壁为比较致密的呈六方结构的铝氧化物。因此，铝阳极氧化膜的单元胞可以形象地比喻是一支抽去中芯的铅笔，只不过单元胞的长度与中芯孔直径的比例要比铅笔大了许多倍。

6.2.1　阳极氧化膜的多孔型结构与形貌的直接观测

1970 年代以来，各国研究者，尤其是英国和日本的研究者，不断通过对阳极氧化膜直接观测，极大丰富了对铝表面和铝阳极氧化膜的认识。电子显微镜技术和试样制备技术都有了很大的发展，超薄切片试样的透射电镜观察不仅在国外运用，在我国也已经使用。阳极氧化膜的孔型扫描电镜观测也已经不限于剥离膜制备试样，较多采用高分辨扫描电子显微镜

（SEM）直接观测。日本表面技术协会铝表面处理技术分会在 2000 年以"45 周年纪念电子显微镜图片集 2000"[10] 为书名，发表了 131 幅铝表面的电子显微镜照片，不仅检阅了电子显微镜技术和仪器的进步，而且提供了各种最新的铝表面信息。透射电子显微镜（TEM）和扫描电子显微镜（SEM）等近代物理分析仪器，从各角度直接揭示阳极氧化膜的多孔性结构与形貌，而且近代物理仪器的进步使得阳极氧化膜的显微观测比以前更加方便和准确，为多孔型阳极氧化膜的结构模型和结构参数的动态变化提供了直接证据。当然，采用电子显微镜直接测量孔径或阻挡层厚度等结构参数时，不仅应该考虑试样制备过程中结构参数的可能变化，还不能不考虑电子显微技术本身的分辨率。因此电子显微镜直接测量阳极氧化膜的阻挡层厚度和孔径等参数，并不单纯是一种简单的仪器操作，要保证测量准确性和数据的精度。图 6-6～图 6-9 所示分别是铝阳极氧化膜的横断面和多孔型膜的孔型的直接观察。以下分别介绍每一幅图片的样品制备、照片说明等有关信息。

图 6-6 所示是高浓度硫酸溶液中形成的阳极氧化膜的横断面，这是一幅较早的发表于 1984 年多次被文章引用的 TEM 照片。样品制备是铝板（Al100）在 20℃的 13mol 硫酸溶液中，以电流密度 2A/dm² 阳极氧化 10min 制备的。照片放大倍率为 45000 倍。电子显微镜观察用超薄切片法制备试样，阳极氧化膜厚度约 7μm，由于氧化膜较厚，已与铝基体（右下黑的部分）分离。照片显示氧化膜由直的圆柱状孔的单元胞集合组成，测得孔径为 29.5nm，阻挡层厚度 39.6nm，单元胞尺寸为 87.9nm。

图 6-7 所示是理想单元胞排列的多孔型阳极氧化膜，这是 2000 年新发表的一幅清晰的 SEM 照片。样品制备是在铝的表面进行结构处理后，在 17℃的 0.3mol 草酸溶液中，以 60V 直流定电压阳极氧化，阳极氧化膜厚度约为 16μm。照片放大倍率为 12000 倍。扫描电子显微镜照片观察到非常规律的六方胞排列的多孔型阳极氧化膜。

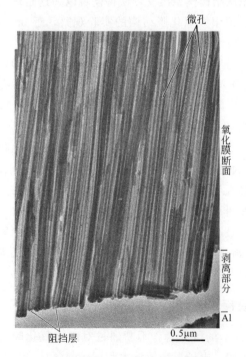

图 6-6　高浓度硫酸中形成的阳极氧化膜
的横断面（取自文献 [10]）

图 6-7　理想单元胞排列的多孔型
阳极氧化膜（取自文献 [10]）

图 6-8 所示是化学溶解后的草酸阳极氧化膜的表面形貌，这是一幅 1983 年发表的阳极氧化膜表面 TEM 的照片。照片放大倍率为 78000。样品制备是将电解抛光减薄的铝板（99.99％），在 30℃ 的 0.5mol 草酸溶液中，以电流密度 3A/dm² 阳极氧化 60min 制备的。然后用反向电解法将氧化膜剥离，再在 40℃ 的 1mol 硫酸溶液中化学溶解 140min（质量变为原始质量的 70％）。透射电子显微镜观察到孔的形貌，其孔径已经在化学溶解中扩大。化学溶解之前的孔径经过校正为 55nm，由于化学溶解 140min，孔径在照片中已经扩大到约 135nm。

图 6-9 所示是硫酸多孔型阳极氧化膜规则的单元胞排列和显微结构，这是 1999 年发表的阳极氧化膜非常规则的纳米孔的表面排列。样品制备是将铝箔（99.99％）在 25％（质量分数）硫酸溶液中，以电压 25V 阳极氧化 5min，然后用饱和氯化汞（Ⅱ）溶液剥离氧化膜供 TEM 观察。照片放大倍率：图 6-9(a) 为 260000 倍，图 6-9(b) 为 320000 倍。从图 6-9(a) 可以观察到单元胞的规则的排列，如果倾斜观察，可以看到规律性破坏的缺陷部分。图 6-9(b) 所示是氧化膜进一步减薄之后阳极氧化膜的单元胞的白色边界已经显露，可以看到六角形蜂窝状密排结构。由于平均化的掩盖，圆孔的形状和直径出现明显的"摆动"的像，只有单元胞的形状最接近六角形时，中间的孔最接近圆形。在阳极氧化的过程中，就氧化膜生长的每个瞬间来说，单元胞的形状在生长中总是"摆动"的。尽管如此，在照片上仍然可以非常清楚地观察到有规律性的近似六角形单元胞和中间圆孔的形状。

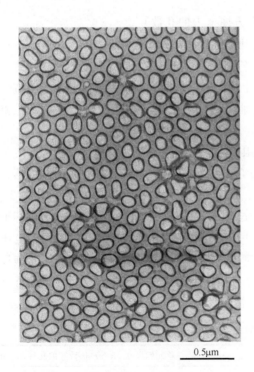

0.5μm

图 6-8　化学溶解后草酸阳极氧化膜
的表面形貌（取自文献 [10]）

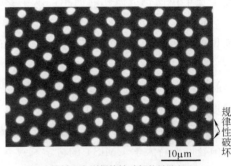

10μm

规律性破坏

(a) 倾斜观察到规律性破坏的缺陷部分

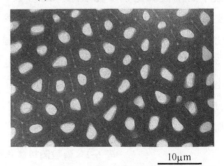

10μm

(b) 氧化膜减薄后显露六角形蜂窝状密排结构

图 6-9　硫酸多孔型阳极氧化膜规则的单元胞
排列和显微结构（取自文献 [10]）

6.2.2　阳极氧化膜的结构模型和结构参数

从多孔型阳极氧化膜的显微结构的直接观察，有理由提出阳极氧化膜的结构模型以及单

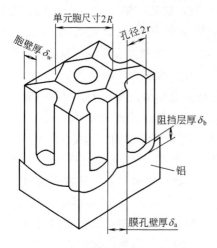

图 6-10　铝多孔型阳极氧化膜的典型
单元胞结构模型

元胞的结构参数，大量实验也确定了结构参数之间的关系。假如说 Keller 模型当时还有设想成分，那么现在的结构模型应该就是实验的总结、归纳和量化。图 6-10 所示是铝多孔型阳极氧化膜的典型单元胞的结构模型，它由中间有圆孔的六角形柱组成，其中单元胞尺寸 $2R$，是由孔径 $2r$ 加上单元胞孔的壁厚 δ_w 的两倍所构成，即 $2R = 2r + 2\delta_w$，孔的底部由阻挡层与金属铝分隔开。如图 6-10 所示，已经分别标出单元胞尺寸（$2R$）、孔径（$2r$）、阻挡层厚度（δ_b）、单元胞孔的壁厚（δ_w）以及阳极氧化膜孔的壁厚（δ_a）。单元胞孔的壁厚（δ_w）近似等于阻挡层厚度（δ_b），即 $\delta_w \approx \delta_b$（它们的准确关系视体系而定）。显而易见多孔型阳极氧化膜的孔的壁厚（δ_a）应该是两个单元胞孔的壁厚（δ_w）之和，孔径（$2r$）应该是孔半径（r）的两倍。普通硫酸阳极氧化膜的孔径 $2r$ 与阻挡层厚度 δ_b 的关系为：$2r \approx 0.9\delta_b$（系数 0.9 不是一个普遍适用的常数值，应视体系而异由试验确定）。阳极氧化膜的孔隙率是单位面积上微孔的面积，以 α 表示：

$$\alpha = \pi r^2 N \quad (N \text{ 是每平方厘米上的孔数})$$

一般来说单元胞尺寸 $2R$ 的范围是 30～300nm；阻挡层厚度 δ_b 的范围是 10～100nm；孔径 $2r$ 的范围也是 10～100nm；孔的数目 N 的范围是 $10^9 \sim 10^{11}$ 个/cm^2；孔隙率 α 约为 0.1～0.4，随电压升高而减少。上述结构参数都是阳极氧化电压的函数，阳极氧化电压增高，阻挡层厚度 δ_b、孔径 $2r$ 和单元胞孔的壁厚 δ_w 增加，而孔的数目和孔隙率反而减少。在相同的电流密度下，阳极氧化溶液的温度和浓度越低，则阳极氧化电压升高。

　　英国曼彻斯特大学 UMIST 的科学家致力于阻挡层、单元胞和孔径的直接观测，确定了不同酸溶液中的阳极氧化膜多孔层结构的参数，表 6-2 和表 6-3 所列为 UMIST 的试验数据。表 6-2 所列为磷酸阳极氧化膜的多孔层的结构参数。阻挡层厚度只取决于外加电压。其中 $2r$ 与 δ_b 的关系与硫酸阳极氧化膜并不相同，其关系经过计算是 $2r \approx (0.62 \sim 0.82)\delta_b$，假定取其平均值则应该是 $2r \approx 0.73\delta_b$。表 6-3 所示为不同电压下硫酸阳极氧化膜结构参数与外加阳极电压的关系，电压范围从 14.5～23.5V，相应的电流密度范围在 1.0～8.0A/dm^2。如果将单元胞尺寸和孔径分别除以阳极氧化电压，那么单元胞尺寸/电压等于 2.5～2.8nm/V，孔径/电压等于 0.90～1.01nm/V，它们之间的数值范围很小，习惯上常取一个平均的常数值。

表 6-2　磷酸阳极氧化膜的多孔层的结构参数[1]

电压/V	磷酸浓度（质量/体积）/%	阻挡层厚度 δ_b/nm	成膜率/（nm/V）	单元胞尺寸 $2R$/nm	计算的孔径 $2r$/nm
87	4	86	0.99	236	64
103	4	99	0.96	280	82
117.5	4	127	1.08	333	79
87	15	86	0.99	240	68
87	25	84	0.97	225	57

注：成膜率＝阻挡层厚度/氧化电压。

表 6-3　硫酸阳极氧化膜的结构参数与外加阳极电压的关系[1]

电压/V	电流密度/(A/dm²)	单元胞尺寸/nm	孔径/nm	单位面积孔/(个数/cm²)
14.5	1.0	40.6	14.6	81.3×10^9
17.8	2.5	46.1	16	61.6×10^9
19.6	5.0	53.5	18	45.2×10^9
23.5	8.0	58.5	21.5	41.7×10^9

6.2.3　多孔型阳极氧化膜的微孔形成

假定铝在硫酸溶液中定电压阳极氧化，其电流密度与氧化时间的关系（i_a-t_a）曲线如图 6-11(a) 所示，经过阳极氧化的开始阶段以后电流密度进入恒定的区域，即多孔型阳极氧化膜稳定生长的区域。按图 6-11(a) 所示曲线的物理化学意义可以将曲线分为 4 个区域，即区域 A、B、C、D，并从氧化膜的结构变化加以图解说明 [见图 6-11(b)]。在区域 A 中，铝表面的阳极氧化膜厚度迅速增加到由外加电压决定的薄的壁垒型膜（即多孔型氧化膜的阻挡层）的厚度，此区域中氧化膜存在均匀溶解。在区域 B 中，随着阻挡层的厚度增加，氧化膜的表面发生局部溶解，开始出现许多细孔，表面变得不均匀规则。当表面变得不均匀时，电流密度分布也变得不均匀，此时在低谷处电流密度增加，而在高脊处电流密度降低，出现"局部"电化学溶解的条件。在区域 C 中，由于电化学溶解（场致溶解）使得一部分低谷继续生长成为微孔，而另一部分低谷停止生长，这样就开始趋向形成均匀的六角结构单元胞的多孔型阳极氧化膜，从而进入区域 D 的多孔型阳极氧化膜稳定生长的阶段。在区域

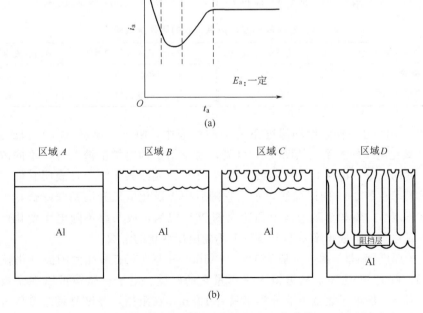

(a)

(b)

图 6-11　多孔型阳极氧化膜生成时电流-时间曲线（a）以及
相应区域的阳极氧化膜结构变化（b）（取自文献 [7] 和文献 [8]）

D 中，微孔的数目恒定而微孔的深度随时间而增加，也就是阳极氧化膜厚度随时间增加。多孔型阳极氧化膜的厚度是与通过的电流和时间的乘积（即通过的电量）成正比的。在恒电流密度阳极氧化的情形，多孔型阳极氧化膜的厚度（即微孔的深度）自然只是与阳极氧化时间成正比。

6.3 多孔型阳极氧化膜的厚度、结构和成分

多孔型阳极氧化膜由两部分组成，即阻挡层和多孔层。阻挡层的结构和形成规律相当于壁垒型氧化膜，多孔层的生成规律、结构和成分与阻挡层完全不同。以下分别叙述阻挡层和多孔层的厚度、结构和成分及其分布。

6.3.1 阻挡层的厚度

阳极氧化膜的阻挡层厚度只决定于外加阳极氧化电压，它与阳极氧化的时间没有关系，不会随阳极氧化时间的延长而加厚。阻挡层厚度除以相应的阳极氧化电压称之为"成膜率（coating ratio）"或"成膜比"，即 δ_b/V_a，这是一个与电解溶液本质有关的物理量，是一个体系决定的参数。在壁垒型阳极氧化膜的情形，铝的成膜率据报道分别有 $1.30nm/V$、$1.35nm/V$、$1.37nm/V$ 等，因此有时候取作 $1.40nm/V$。由于壁垒型阳极氧化膜在溶解速度较低的溶液中生成，其成膜率比多孔型阳极氧化膜的阻挡层应该高一些。在多孔型阳极氧化膜的情形，阳极氧化膜的阻挡层在不同溶液中的成膜率见表 6-4 所示。以表 6-4 中 $10℃$ 的 15% 硫酸溶液为例，阻挡层成膜为 $1.00nm/V$，如果阳极氧化的外加电压 V_a 是 $15V$，则阻挡层的厚度 δ_b 应该是 $\delta_b = 1.0nm/V \times 15V = 15nm$（即 150Å，$1\text{Å}=0.1nm$，下同）。草酸溶液的阳极氧化电压比较高，如果以 $50V$ 为例，那么阻挡层的厚度 δ_b 应该是 $\delta_b = 1.18nm/V \times 50V = 59.0nm$。

表 6-4 各种多孔型阳极氧化膜的阻挡层成膜率[7]

阳极氧化槽液成分和温度	阻挡层成膜率/(nm/V)	阳极氧化槽液成分和温度	阻挡层成膜率/(nm/V)
15%硫酸,$10℃$	1.00	4%磷酸,$24℃$	1.19
2%草酸,$24℃$	1.18	3%铬酸,$38℃$	1.25

图 6-12 所示为在不同浓度和温度下的草酸溶液中，阻挡层厚度（δ_b）和成膜率（δ_b/V_a）与阳极氧化电压的关系。从图 6-12 可见，对于给定的电解溶液而言，不同浓度和温度的阻挡层厚度的数据点都在同一条曲线（图 6-12 中以实线表示）上，表明它们只与外加电压有关。成膜率在图 6-12 中以虚线表示，它随着阳极氧化电压升高稍微降低，当到达某个阳极氧化电压以后，例如草酸溶液中到达大约 25V 以后，成膜率不随电压变化，这就说明在正常阳极氧化条件下成膜率基本上是一个不随电压变化的常数。

阻挡层的厚度 δ_b 非常薄，一般为 $10\sim100nm$，其厚度只有多孔型阳极氧化膜总厚度 δ_a 的 $1/500\sim1/1000$，因此光学显微镜无法测量它的厚度。电子显微镜可以观察极小的"物体"对象，但是一般电子显微镜的分辨率只有 10nm，在阻挡层厚度测量时希望分辨率达到 $0.1nm$，甚至 $0.01nm$。尽管分辨率不尽如人意，但是电子显微镜目前仍然广泛用于阻挡层厚度、微孔孔径等的测量。除了电子显微镜直接观测以外，阻挡层厚度测量还有以下一些方

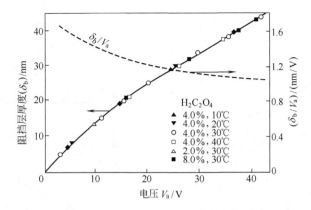

图 6-12 阻挡层厚度 (δ_b) 和成膜率 (δ_b/V_a) 与阳极氧化电压的关系 (取自文献 [4])

法：光反射法，椭圆仪法，电容法，阴极还原法以及从电解过程的电量计算厚度等方法，对于精确测量最好能用其他方法加以验证和修正。

6.3.2　多孔层的厚度和结构

阳极氧化膜多孔层的厚度 δ_p 实际上等于多孔型阳极氧化膜的总厚度（阻挡层加上多孔层）δ_a，因为阻挡层与多孔层相比非常薄，可以忽略不计。δ_a 与通过电流密度和阳极氧化时间的乘积（即通过的电量）成正比，因此阳极氧化膜的厚度 $\delta_a(\mu m)$ 可以由下式表示：

$$\delta_a = KIt$$

式中，I 和 t 分别表示阳极电流密度（A/dm²）和阳极氧化时间（min）；K 是比例常数，视电解溶液和操作参数而变化，在建筑用铝合金的硫酸阳极氧化时，K 一般取 $0.25 \sim 0.32$。但是多孔型阳极氧化膜的厚度是有一个极限值的，上述公式并不表示阳极氧化膜的厚度会随着时间延长而无限制增长。

多孔型阳极氧化膜的厚度测定并不困难，其厚度一般在几微米到几十微米之间。因此厚度值有许多方法可以测量，可以从单位面积阳极氧化膜的质量增加计算得到，也可以用光学显微镜直接测量阳极氧化膜横断面得到。工业上最常使用的是非破坏性的涡流测厚法，该方法适用于非磁性基体上非导电性膜的测量，因此对于铝的阳极氧化膜或有机聚合物涂层的厚度测定都十分快捷和方便。

多孔型阳极氧化膜的单元胞的尺寸 $2R$、孔径 $2r$ 和孔数 N，与阻挡层厚度 δ_b 一样，是由外加阳极氧化电压 V_a 决定的。图 6-13 所示是不同温度（a）和不同硫酸浓度（b）下的单位面积的孔数 N 相对于阳极氧化电压 V_a 的曲线，图 6-14 所示是不同温度（a）和不同硫酸浓度（b）下的单元胞尺寸 $2R$ 和孔径 $2r$ 对于阳极氧化电压 V_a 的曲线。从图 6-13 可以看出，阳极氧化膜孔数 N 随着阳极氧化电压 V_a 的上升而下降，并且只取决于外加电压，而与研究范围内的温度和浓度变动没有任何关系。表 6-5 中进一步列出四种不同酸溶液中各种电压下阳极氧化膜的孔数 N，在表 6-5 中所有研究的酸溶液中，外加电压 V_a 越高，则孔数 N 越小。再从图 6-14 所示可以看出，单元胞尺寸 $2R$ 随阳极氧化电压 V_a 升高而加大，孔径 $2r$ 随氧化电压 V_a 升高略有增加，但是在氧化电压较低（如小于 10V）时孔径基本不变。单元胞尺寸 $2R$ 和孔径 $2r$ 也都与氧化温度和硫酸浓度无关。

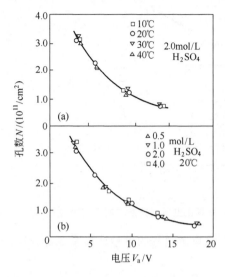

图 6-13　不同温度（a）和不同硫酸浓度（b）
下单位面积孔数 N 相对于阳极氧化电压
V_a 的曲线（取自文献[8]）

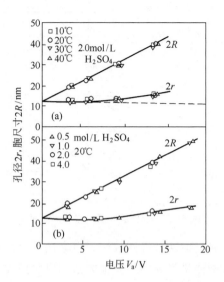

图 6-14　不同温度（a）和不同硫酸浓度（b）
下单元胞尺寸 $2R$ 和孔径 $2r$ 对于阳极氧
化电压 V_a 的曲线（取自文献[8]）

表 6-5　四种不同酸溶液中各种电压下阳极氧化膜的孔数[7]

阳极氧化溶液	外加电压/V	孔数/(10^9/cm^2)	阳极氧化溶液	外加电压/V	孔数/(10^9/cm^2)
15%硫酸溶液，10℃	15	76	3%铬酸溶液，50℃	20	22
	20	52		40	8
	30	28		60	4
2%草酸溶液，25℃	20	35	4%磷酸溶液，25℃	20	19
	40	11		40	8
	60	6		60	4

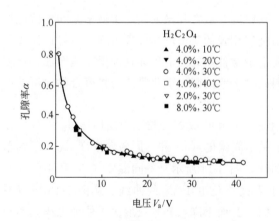

图 6-15　在不同温度和浓度的草酸溶液中
α-V_a 的关系（取自文献 [4]）

阳极氧化膜的孔隙率 α 一般随阳极氧化电压升高而下降，图 6-15 所示是在不同温度和浓度的草酸溶液中 α-V_a 的关系，草酸质量分数为 2.0%、4.0%、8.0%，温度为 10℃、20℃、30℃ 和 40℃。在外加电压 10V 以下时孔隙率随电压升高下降速度很快，在 10V 以上时 α 下降很慢直至基本不变，而且孔隙率也与溶液温度和草酸浓度基本无关。总结以上情况，凡是单元胞尺寸大、孔径大者，单位面积的孔数和孔隙率必然降低。

以上多次明确指出，单元胞的尺寸 $2R$ 只与阳极氧化电压有关，而与溶液温度和浓度无关，但是试验结果是在同种溶液中比较的。实际上在不同溶液和不同温度时单元胞尺寸也是相同的，例如从硫酸与草酸两种溶液中也得到了相同 $2R$ 的结果，图 6-16 所示比较了不同温度和浓度的硫酸（浓度 0.5mol/L、2.0mol/L、4.0mol/L）和草酸（浓度为 2.0mol/L、4.0mol/L、8.0mol/L）溶液中，阳极氧化膜的单元胞尺寸与氧化电压的关系，所有数据均在同一条线上。另外图 6-17 所示还收集和总结了不同年份和不同作者分别在草酸、磷酸、羟基乙酸、丙二酸、酒石酸、苹果酸（羟基丁二酸）等有机酸溶液中的结果，图 6-17 中各种酸溶液图标后的数字表示不同作者的代号。从测量结果得到多种阳极氧化膜的单元胞尺寸 $2R$ 与电压 V_a 的正比关系，所有试验数据也都在同一条线上，这就充分表明对于不同作者、不同无机酸、不同有机酸的电解溶液试验结果，上述规律和结论是普遍适用的。

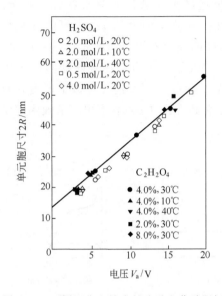

图 6-16　不同温度和浓度的硫酸和草酸阳极
氧化膜的单元胞尺寸与氧化电压的关系
（取自文献 [4]）

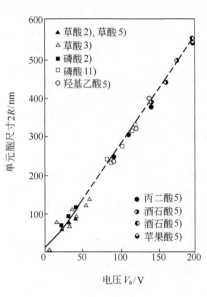

图 6-17　不同作者报道的不同电解液
的阳极氧化膜的单元胞尺寸与
氧化电压的关系（取自文献 [4]）

6.3.3　阻挡层的成分

阳极氧化膜的阻挡层是致密无孔的非晶态氧化物，这一点各国学者都没有疑义。至于其中可能夹杂结晶态或微晶态的 γ'-Al_2O_3 或 γ-Al_2O_3 颗粒，其中 γ'-Al_2O_3 的结晶度比 γ-Al_2O_3 低。可能由于结晶态的存在和数量与形成条件关系密切，为此各国学者对于存在的结晶态成分并未取得一致看法。国外学者将结晶态或微晶态的 γ'-Al_2O_3 或 γ-Al_2O_3 颗粒称为"结晶岛"，表示结晶态颗粒少量孤立存在于非晶态氧化物之中。并且认为在杂质聚集或缺陷位置造成局部高电场强度，由于局部焦耳热引起高温而产生"结晶岛"。

阻挡层的成分除了非晶态的氧化铝之外，溶液中的阴离子掺入阳极氧化膜已经有许多实验佐证，而且溶液阴离子绝对不是均匀地分布在阳极氧化膜的阻挡层中。根据一系列分析仪器的检测，证明阻挡层至少有两层，即含有溶液阴离子的外层和基本上由纯氧化铝组成的内层。这些分析仪器包括 X 射线光电子能谱仪（XPS）、俄歇电子能谱仪（AES）、二次离子质谱仪（SIMS）、卢瑟福背散射分析（RBS）和化学分析电子能谱（ESCA）等先进的物理分析仪器。还有一些比较成熟的物理化学技术与之配合测量，比如放射性示踪原子技术、分层剥离测量技术和分层溶解技术等。这些测试技术原则上同样可以用来测量阳极氧化膜多孔层的元素成分、价态、结构和分布。

1962 年 Bernard 等报道采用示踪原子技术发现中性磷酸盐的壁垒型阳极氧化膜中含有磷酸根，在硼酸的壁垒型膜中检出 1% 的硼，1961 年 Litchenberger 指出膜中掺杂约 2% 的水。1980 年金野等在壁垒型阳极氧化膜的减薄试验中发现溶解速度变化的现象，表明膜的成分沿深度方向不是均匀的而是有变化的。SIMS 技术对于掺杂离子在壁垒型膜中沿深度方向分布的测定，可以非常明确而直观地观察到溶液中阴离子掺入氧化膜的情况。1976 年 Rabbo 等报道铝在 1mol/L 中性磷酸盐溶液中阳极氧化，用 SIMS 测得 72nm 的膜中大约在 2/3 外层中含有磷，这与许多其他的研究报道结果一致，如图 6-18(a) 所示。Rabbo 又报道铝在 1mol/L 中性铬酸盐溶液中阳极氧化，在测量的大约 72nm 厚的壁垒型膜的外层，即靠近溶液/氧化物界面，大约有 20nm 厚度的膜含有铬，如图 6-18(b) 所示，但是铬的含量与铝或磷相比低了很多。1981 年 Thompson 等人报道铝在硼酸盐溶液中阳极氧化膜的 SIMS 剖面分析结果，在厚度约 48nm 壁垒型膜的外层大约 1/2 以上厚度含有硼，如图 6-18(c) 所示。从壁垒型膜的成分分析可以推论阻挡层中必然含有电解溶液阴离子的成分。

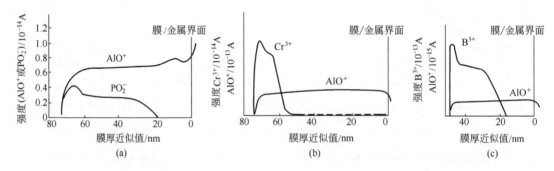

图 6-18　在中性磷酸盐（a）、中性铬酸盐（b）和硼酸（c）溶液中壁垒型阳极氧化膜
沿深度方向的 SIMS 剖面成分分析（取自文献［2］）

6.3.4　多孔层的成分

阳极氧化膜的多孔层是由非晶态的氧化铝所组成，这已经是公认的事实，当然其更不可能完全由 Al_2O_3 组成。关于多孔层中存在结晶态成分，还是有不同的报道和争议的。大约 1950 年代 Trillat 报道铝在 2mol/L H_2SO_4 溶液中生成的氧化膜，其外层含有 $\gamma\text{-}Al_2O_3$ 和 $\alpha\text{-}AlOOH$，而内层只有非晶态 Al_2O_3，同时提出水的掺入使非晶态氧化膜逐渐转化为假勃姆体 $\alpha\text{-}AlOOH$。1959 年 Tajima 等提出酸的阴离子部分控制结晶度，在浓硫酸溶液中容易生成部分结晶态。1964 年苏联 Pavelkina 等用化学分析方法鉴别出阳极氧化膜中的非晶态和结晶态物质。1978 年 Thompson 等人用电子显微镜直接观察超薄切片的阳极氧化膜，未发现存在结晶态氧化铝。1981 年 Shimizu 等人认为电子衍射发现的 $\gamma\text{-}Al_2O_3$ 或 $\gamma'\text{-}Al_2O_3$，是由于在电子显微镜中电子束加热形成的。因此阳极氧化膜的多孔层中是否有结晶态氧化铝的存在，至今仍然是有争议的。

多孔层与阻挡层不同，不是单方向的平面生长和溶解，而是多方向的立体生长和溶解，多孔层与电解溶液接触也不是一个平面，因此可以预想到多孔层中不仅掺入溶液的阴离子，而且它的成分分布更加复杂。此外多孔型阳极氧化膜的多孔层一般必须进行封孔处理，通过水合封孔后的多孔层的阴离子成分也会发生变化。冷封孔处理之后阳极氧化膜的成分更加复杂，必然掺入冷封孔的成分，譬如至少含有镍和氟，本章不讨论冷封孔阳极氧化膜的情形，只是涉及和比较水合封孔前后阳极氧化膜中的掺入阴离子成分的变化。多孔层成分分析的结果，不同研究者之间的结果通常不能完全一致，因为多孔层的成分不仅取决于使用的阳极氧化溶液和工艺参数，而且还与阳极氧化和阳极氧化之后的具体工序和操作细节有关系，比如至少与膜厚、水洗和封孔等因素密切相关。

1926 年 Bengough 等在铬酸溶液中阳极氧化，发现阳极氧化膜含 0.4％～0.7％的铬酸根。而 1939 年 Pullen 对铬酸阳极氧化膜经过水合封孔后，测得只含有不到 0.1％的铬，膜几乎完全由 Al_2O_3 构成。Pullen 又测定了水合封孔后的硫酸阳极氧化膜，发现具有 13％的 SO_3，而草酸氧化膜大约含 3％ $H_2C_2O_4$。1945 年 Scott 在他的博士论文中报道，从铝基体上剥离出比较厚的水合封孔硫酸阳极氧化膜，测得如下的成分。

Al_2O_3　72％　　　　　　　H_2O　15％　　　　　　　SO_3　13％

在 25 年之后 Scott 用不同的分析方法在比较薄的膜上重复了这个实验，得到了几乎相同的结果。Mason 测定普通硫酸阳极氧化膜的硫酸根含量为 13％～17％，但是没有报道是否进行了封孔处理。Spooner 对于硫酸阳极氧化膜发表了以下的测定结果。

成分	未封孔氧化膜	水合封孔氧化膜
Al_2O_3	78.9％	61.7％
$Al_2O_3 \cdot H_2O$	0.5％	7.6％
$Al_2(SO_4)_3$	20.2％	17.9％
H_2O	0.4％	2.8％

其中 $Al_2(SO_4)_3$ 含量中按 SO_3 含量计算，相当于未封孔和水合封孔后氧化膜的数据分别为 14.2％和 12.6％。而水的总含量应该是第 2 行 $Al_2O_3 \cdot H_2O$ 中的 H_2O 和第 4 行的 H_2O 之和，未封孔约为 0.5％，而水合封孔后约为 5.4％。Edwards 等测定两个硫酸阳极氧化膜的水含量是 1％和 6％，由这些不同数据可以看出，在水合封孔过程中，存在着阳极氧化膜部分水解的可能性。Phillips 报道草酸阳极氧化膜的水含量，相当于分子式 $2Al_2O_3 \cdot H_2O$。从上述阳极氧化膜水含量的测定结果中，发现不同来源的数据比较分散，这里应该区分水在阳极氧化膜中的状态，它们是吸附的水还是氢氧化铝和水合氧化铝中的水，这一点十分重要。由于各国作者有时候没有充分叙述实验样品的制备细节，因此很难对水含量数据加以分析、判断和统一。

磷酸和草酸阳极氧化膜也有类似的情况，Plumb 测定磷酸阳极氧化膜的磷酸根含量为 6％，Dorsey 测得磷酸根含量是 6％～8％。Wefers 从测定草酸阳极氧化膜的 C 含量，报道草酸根含量约为 8.6％，Fukuda 测得的数据是 7％。1976 年 Alvey 在他的博士论文中分别测定了四种溶液的水合封孔阳极氧化膜，得到的结果是 11.1％硫酸根、7.6％磷酸根、2.4％草酸根、0.1％铬酸根。上述结果说明，不同年代和不同作者的数据虽有出入，但是仍然可以得到一个含量范围，并且有一定的规律性。譬如水洗或水合封孔会降低 SO_3 的含量，水洗时间愈长，下降量愈大。从总结和比较一系列数据之中，可以得出以下的规律：阴离子硫酸根含量与工艺参数有关，电流密度高和溶液温度低，则阴离子硫酸根的含量增加。水洗可以除去弱吸附的阴离子，如含 13％ SO_3 的阳极氧化膜进行长时间水洗后，SO_3 含量可以下降到 8％。其中水洗除去的 5％ SO_3 可以称为"弱吸附"的阴离子，也称"游离阴离子"，水洗不能除去的 8％ SO_3 称为"化学结合阴离子"。这种在硫酸根中发现的所谓"弱吸附"或"化学结合"阴离子的情况，在阳极氧化膜的磷酸根和草酸根中同样存在。

多孔型阳极氧化膜中溶液阴离子的分布比较复杂，不可能像壁垒膜那样简单分成外层和内层，图 6-19 所示为掺杂阴离子在多孔层生成过程中的分布变化情形，可以看到阴离子的分布不是均匀的，而是呈一个浓度梯度的分布，在孔壁和阻挡层的中间位置浓度最高。而所有研究者测定的阴离子含量的数据只能是一个总体的平均值，即使测定厚度方向的阴离子含量的剖面分布，一般也不可能测出阴离子在多孔层孔壁的浓度梯度变化，因此对完全相同工艺而厚度不同的多孔型阳极氧化膜，测得的掺入阴离子的含量也不会相同。

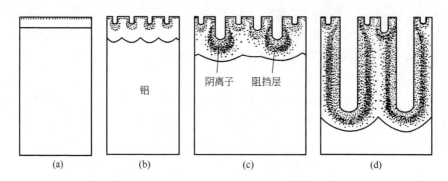

图 6-19　掺杂阴离子在多孔层生成过程中的分布变化情形（取自文献［7］）

6.4　结晶性阳极氧化膜的生长

铝的阳极氧化膜的主要成分是非晶态结构，不是结晶体似乎已经是公认的事实。上面介绍过电子衍射检测已经发现，硼酸阳极氧化膜除了主要成分是非晶态氧化物外，还有少量结晶态"岛"的 γ'-Al_2O_3 相的存在，阳极氧化膜多孔层也被发现有少量孤立结晶态"岛"存在。据报道外加电压高，有助于形成结晶态的氧化铝。自然在很高的外加电压下，可能已经发生火花放电，火花放电阳极氧化、微弧氧化不属于本章阳极氧化讨论的范围，请见本书第 10 章。

近期研究表明，在某些特殊处理条件下，已经证明可以得到结晶体或微结晶体层的阳极氧化膜。例如在热水处理或热氧化处理之后再进行壁垒膜的阳极氧化，那么壁垒型阳极氧化膜中可以存在结晶态氧化物层。

铝在沸水中浸泡发生下列反应，表面首先生成薄的水合氧化膜，即

$$2Al+(3+x)H_2O \Longrightarrow Al_2O_3 \cdot xH_2O+3H_2(x=2.0\sim2.7)$$

上述水合氧化膜有两层，即致密的内层和疏松的纤维状外层。在热水处理的初期，生成厚度为约 400nm 的水合氧化物膜，以后厚度大致不变。如果水合氧化膜在中性硼酸盐溶液中再进行定电流阳极氧化，经过水合氧化/阳极氧化双重处理的复合阳极氧化膜由 4 层不同的膜所组成，其中结晶态氧化物位于外层水合氧化物与内层非晶态氧化物的中间。如图 6-20 所示，外层是厚度为 δ_h 的水合氧化物（纤维状水合氧化物厚度未计入），中间层是厚度为 δ_c 的结晶态氧化物，内层是厚度为 δ_i 的非晶态氧化物。

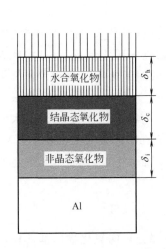

图 6-20　水合氧化/阳极氧化双
重处理的复合阳极氧
化膜（取自文献［8］）

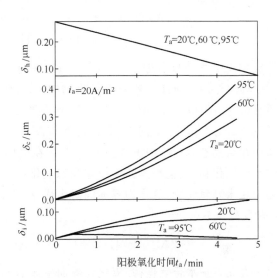

图 6-21　复合氧化膜在定电流阳极氧
化中 δ_h、δ_c、δ_i 随阳极氧化时间
的变化（取自文献［8］）

这三层氧化物随着阳极氧化时间 t_a 的延长，各层的厚度随之发生不同的变化（见图 6-21）。外层水合氧化膜厚度 δ_h 随时间 t_a 延长直线下降，而且下降速度与温度无关。中间结晶态层厚度 δ_c 随时间 t_a 延长而增加，增加速度随时间不断加快，而且阳极氧化温度提高，速度也随之加快。内层非晶态氧化膜厚度 δ_i 的规律则相反，阳极氧化温度愈高，则速度随之减慢，即厚度增加愈少。图 6-22 所示说明水合阳极氧化膜在阳极氧化后转变成复合阳极氧化膜的形态变化，最终复合阳极氧化膜可能有一层含有空洞的 γ'-Al_2O_3 或 γ-Al_2O_3 结晶态氧化物。

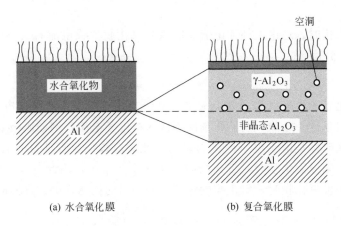

(a) 水合氧化膜　　　　　　(b) 复合氧化膜

图 6-22　水合阳极氧化膜阳极氧化后转变成复合
阳极氧化膜的形态变化（取自文献［9］）

对这种复合型阳极氧化膜的形成机理，高桥英明作了如下说明。阳极氧化时水合氧化膜被水浸透，水合氧化物下面有一层氧化物，阳极电位主要加在水合氧化物/氧化物的界面上，引起水合氧化物的下列脱水反应。

$$\text{Al}_2\text{O}_3 \cdot x\text{H}_2\text{O} \Longrightarrow \gamma'\text{-Al}_2\text{O}_3 + x\text{H}_2\text{O} + (\text{V}) \qquad (6\text{-}1)$$

$$x\text{H}_2\text{O} \Longrightarrow 2x\text{H}^+ + x\text{O}^{2-} \qquad (6\text{-}2)$$

脱水反应(6-1)生成的水进一步解离为 H^+ 和 O^{2-} [即反应(6-2)]，H^+ 扩散到溶液中，O^{2-} 按电场的作用方向迁移到内部氧化物中。上述水合氧化物的脱水反应（6-1）生成结晶态的氧化物 $\gamma'\text{-Al}_2\text{O}_3$，$\gamma'\text{-Al}_2\text{O}_3$ 是一种结晶度比 $\gamma\text{-Al}_2\text{O}_3$ 低的氧化物，由于水合氧化物的密度低（$\rho = 2.4\text{g/cm}^3$），脱水转变成密度较高（$\rho = 3.5\text{g/cm}^3$）的 $\gamma'\text{-Al}_2\text{O}_3$ 时体积发生收缩，从而在结晶态氧化物中出现空洞（V）。在电场作用下氧化物中迁移的 Al^{3+} 与水发生反应，在水合氧化物/氧化物界面生成非晶态氧化铝，并且填充在结晶氧化物的空洞（V）中。也就是说在水合氧化物/氧化物界面同时生成 $\gamma\text{-Al}_2\text{O}_3$ 和非晶态 Al_2O_3 两种氧化铝，即反应（6-1）和反应（6-3）。

$$2\text{Al}^{3+} + 3\text{H}_2\text{O} + (\text{V}) \Longrightarrow \text{Al}_2\text{O}_3（非晶态） + 6\text{H}^+ \qquad (6\text{-}3)$$

另一方面，在水合氧化物/氧化物界面生成的 O^{2-}，一部分再向氧化物内部迁移，在氧化物/基体铝界面，与 Al^{3+} 反应生成非晶态氧化物。

$$2\text{Al}^{3+} + 3\text{O}^{2-} + (\text{V}) \Longrightarrow \text{Al}_2\text{O}_3（非晶态） \qquad (6\text{-}4)$$

含结晶态氧化物的氧化物外层与非晶态氧化物的内层的界面，由于电场的作用，非晶态氧化物向结晶态氧化物转变，伴随着体积收缩和空洞形成。

$$\text{Al}_2\text{O}_3（非晶态） \Longrightarrow \gamma'\text{-Al}_2\text{O}_3 + (\text{V}) \qquad (6\text{-}5)$$

综合上述反应可以用图解说明结晶态氧化物的形成情况，如图 6-22 所示。

6.5 阳极氧化膜的生成机理

在铝的阳极氧化时，理论上外加电流 i 应该是氧化膜生成电流 i_{ox}、氧化膜溶解电流 i_d 和电子电流 i_e 三部分之和。

$$i = i_{ox} + i_d + i_e$$

因为阳极氧化膜的生长以离子导电为主，电子电导一般很低，因此电子电流 i_e 在铝阳极氧化时可以忽略不计。除非一些特殊情况不能忽略电子电流，例如阳极氧化膜"烧损"时或者阳极氧化发光时都是由于电子电流引起的，此时应该用半导体能带理论讨论其导电机制。当生成壁垒型阳极氧化膜时，氧化物的溶解作用非常小，因此 i_d 也可以忽略不计。只有在生成多孔型阳极氧化膜时，氧化膜的溶解占据相当的比例，则必须同时考虑氧化膜的溶解电流 i_d。

6.5.1 壁垒型阳极氧化膜

在生成壁垒型阳极氧化膜时，总电流 i 只包括氧化物生成电流 i_{ox}，这个电流是由 Al^{3+} 和 O^{2-} 在壁垒膜（阻挡层相同）中反向运动产生的，新生的氧化物在壁垒膜/金属铝界面与壁垒膜/电解溶液界面之间形成。当固体氧化物在壁垒膜/电解溶液界面生成时，可能通过铝离子溶解/氧化物沉淀的机理，电解溶液的负离子同时从溶液掺入氧化膜中，其结果如图 6-23 所示。从图 6-23 可见，壁垒型膜（阻挡层）由两层组成，即纯 Al_2O_3 的内层和阴离子加上 Al_2O_3 的外层。内层与外层的厚度之比，可以求出 Al^{3+} 和 O^{2-} 迁移数之比（即两个离子反向运动形成的电流之比）。离子迁移数可以用标记法或电子束照射结晶化法来确定，后者利用电子束照射之后，内层比外层容易结晶化，就可以方便地确定两层的分界面。

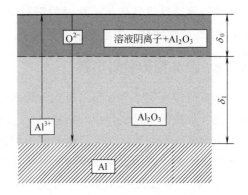

图 6-23　壁垒型阳极氧化膜的生长行为和构造（取自文献 [9]）

在不同的电解溶液中，譬如硼酸盐、硅酸盐、铬酸盐、钨酸盐、钼酸盐和磷酸盐，进入氧化膜的阴离子在阳极电场作用下，迁移方向和迁移速度是不同的。如图 6-24 所示，硼酸根、硅酸根在氧化膜中几乎不会迁移；而铬酸根、钨酸根、钼酸根向氧化膜的外侧迁移，磷酸根却向氧化膜的内侧迁移。图 6-24 所示是铝阳极氧化膜的生长过程和电解溶液阴离子在阳极电位下的迁移行为。

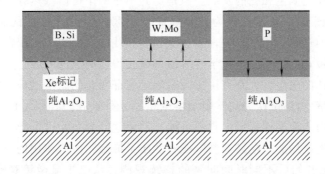

图 6-24　铝阳极氧化膜的生长过程和电解溶液阴离子在阳极电位下的迁移行为（取自文献 [9]）

氧化物的生成电流 i_{ox} 与加在氧化膜上的电场强度 E 的关系如下。

$$i_{ox} = A\exp(BE)$$

应该指出上述公式不是一个理论推导的方程式，而是一个实验归纳得到的方程式。式中，A 和 B 是常数，电场强度 E 可以表示为外加电压 V_a 除以膜的厚度 δ_b，那么上述方程式可以表示为：

$$i_{ox} = A\exp(BV_a/\delta_b)$$

在外加电压恒定时，δ_b 的增加导致电场强度的减小，此时 i_{ox} 以指数形式下降到极小值。随着 i_{ox} 降低到极小值，膜的厚度不再增加，也可以说壁垒膜的厚度是与外加阳极电压成正比的。上述方程式表示离子电导不服从欧姆定律，即电压不是与电流成正比的，而电压是与电流的对数成正比的。阳极氧化过程随着长时间推移，电流下降到极小的残余电流，这是氧化膜中通过缺陷的电子电流，或者修补缺陷的离子电流引起的，有时候称之为漏电电流。如果继续阳极氧化，就有转变为多孔性阳极氧化膜的可能性。

如果维持定电流阳极氧化，则 V_a/δ_b 随时间延长而上升。当 V_a 上升到某一个数值后，氧化膜的绝缘性遭到破坏，此时的阳极电压 V_a 称为破裂电压 V_b，或称击穿电压。一般说来，V_b 与试样纯度、电解溶液本性和浓度等因素有关。

6.5.2 多孔型阳极氧化膜

本章已经介绍了多孔型阳极氧化膜的厚度、结构、成分以及结构模型等，并且讨论了阳极氧化各阶段的阳极氧化膜的结构演变。从几何结构来看，铝的阳极氧化膜是极为典型的非常规则的多孔型结构，这与其他金属的阳极氧化膜有很大差别。铝的阳极氧化行为也与其他金属明显不同，其阳极电压随时间变化或者电流密度随时间变化的曲线 [见图 6-1(b) 和图 6-1(c)] 都是经过初期瞬间的变化（一般在几分钟之内，视体系不同而异）之后，进入了相应于阳极氧化膜稳态生长的稳定阶段。此时只要阳极氧化电压恒定，阻挡层厚度基本固定，多孔层的结构参数也保持不变，只有阳极氧化膜随时间延长而增厚。

如上所述，多孔型阳极氧化膜的生成电流包括氧化膜生成电流和溶解电流两部分。

$$i = i_{ox} + i_d$$

多孔型阳极氧化膜的生长是在阻挡层的基础上形成的，多孔层的生长过程大致分为两个阶段，即阻挡层上孔的萌生和孔的发展。但是这并不是两个可以截然分开的独立过程，只是为了便于理解，如图 6-11 所示，人为地分隔成 4 个区域，实际上 B 区域和 C 区域是连续的，也许还有重叠的过程。相对而言，多孔型膜的微孔的发展似乎比较容易理解，电流主要集中在萌生孔的位置，由于铝的电化学溶解使得微孔得以向纵深发展。

（1）阻挡层上孔的萌生。大量直接实验观测已经证明孔的萌生过程，但是孔的萌生原因和位置仍然并不清楚。Hoar 认为随着阻挡层的增厚，外加在阻挡层上的阳极电场减小，使得质子进入阻挡层的表面局部区域，它们可能是"无规"分布，也可能处于薄弱位置如晶界或缺陷等，孔的萌生是局部"电场抑制"或者"质子抑制"溶解作用的结果。Thompson 和 Wood 对于阳极氧化开始后不同时间间隔的持续观测，从电子显微镜观察的图像出发，以图 6-25 所示解释了孔的萌生和发展的过程，认为不存在也没有必要引入"质子抑制"的概念。他们从电子显微镜的直接观察中，发现在微孔萌生之前均匀的原氧化膜发生起伏，凸起之处称为"脊"，凹陷之处称为"谷"，利用图 6-25 所示从电流的不均匀分布解释孔的萌生，以后电流便集中在膜"谷"位置使微孔得到发展。

经过阳极氧化初期氧化膜均匀生长阶段 [见图 6-25(a)] 之后，电流出现瞬间的不均匀分布，使得金属表面氧化膜的"脊"的电流较大，从而使得氧化膜局部（脊）增厚，同时使得金属铝/氧化膜的界面平坦 [见图 6-25(b)]。为此电流分布局部集中并伴随局部焦耳热的产生，局部受热位置可能散布到邻近位置，改变了氧化膜的离子电导率，直到电流集中到"脊"之间的位置即阻抗最小的通道 [见图6-25(c)]。比较厚的氧化膜"脊"之间，有膜较薄的有效单元胞的尺寸的分布，具有较小单元胞尺寸的薄膜可以进一步增厚，比具有较大单元胞厚膜的增厚更加有效。较大单元胞的位置可能成为电流集中的择优位置，最终使得微孔得到发展。这个阶段仍然处于初期瞬变阶段，相当于图 6-1(b) 中所示的定电压阳极氧化中电流到达极大值以前的情形，还没有达到稳态的多孔型膜生长的阶段。关键在于如何解释图 6-25(a) 和图 6-25(b) 所示的"脊"和"谷"的发生位置，微孔位置与"脊""谷"的发生位置的关系，微孔何以会如此均匀地分布在整个氧化膜的表面，至今并没有一个统一的机理，甚至还没有令人十分满意的解释。

（2）孔的生长和发展。在电场的作用下阻挡层的均匀溶解转变成局部溶解，这种局部溶解是相对于电场的方向的电化学作用下形成的，加在阻挡层的阳极电压使 Al^{3+} 穿过阻挡层向孔底移动，也可以看成孔底的氧化膜不断溶解使得微孔向纵深发展。此时维持阻挡层厚度不变，多孔层厚度随之不断增长。而与此同时，O^{2-} 在阻挡层中反向移动，从孔底向氧化膜／金属铝界面移动，并在界面与 Al^{3+} 反应生成新的氧化物。因此阻挡层中离子的迁移在多孔层的生长中仍然起着重要的作用。

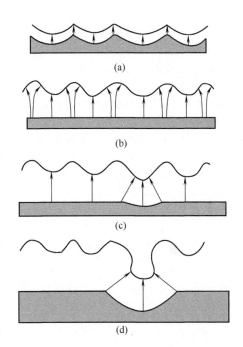

图 6-25　多孔型阳极氧化膜的生成中不均匀膜生长及其电流分布的示意
（取自文献 [2]）

在图 6-25(c) 所示情况以后，电流已经开始集中到"脊"之间的"谷"的位置，并逐渐发展成为微孔。初期出现的"谷"并不会全部成为微孔，没有发展成微孔的"谷"留在氧化膜表面，以后再被电解溶液溶解掉。由于氧化膜的生长中微孔底部铝的溶解，为了维持铝溶解区域电场强度的均匀，金属／氧化物的界面成为具有一定曲率半径的扇形［见图 6-25（d）］。随着微孔不断加深，除了阻挡层由于离子导电机理控制之外，微孔中溶液浓差引起的扩散作用随着微孔的加深也会变得比较重要，微孔中离子迁移的驱动力是电场的直接作用，微孔底部阻挡层由于电化学作用溶解的 Al^{3+}，也可以在电场作用下从微孔中排出，不至于使微孔内外 Al^{3+} 造成巨大的浓差。而氧化膜表面是与本体溶液相接触，其化学溶解作用与微孔中的浓度变化无关，只与电解溶液的本体浓度（微孔中的浓度与溶液本体浓度决然不同）和温度有关。

图 6-25 所示为从电流分布概念出发，提供多孔型阳极氧化膜微孔的萌生和发展的一个简单的物理图像说明。由于物理分析仪器的进步，电子显微镜直接观察的发展，引进了多孔型阳极氧化膜的孔萌生和孔发展的物理图像的概念，这是机理研究的一项重大进展。但是在多孔层的发展和生长过程中，许多物理化学问题还有待深入研究，譬如多孔层生长过程的速度控制步骤、阻挡层离子迁移的作用和微孔中离子扩散的作用、迁移与扩散的相互关系等，还需要进一步的实验论证。由于微孔非常细小，孔中的微区电化学测量很难进行，因此微孔中离子的行为目前仍然并不是十分清楚的。

参考文献

[1]　Wernick S. The Surface Treatment and Finishing of Aluminium and its Alloys：chap 6 // Anodizing of Aluminium：General Notes and Theory. 5th ed. Ohio：ASM International，Metal Park，1987.

[2]　Thomson G E，Wood G C. Corrosion：Aqueirous Process and Passive Film // Scully J C. Anodic Film on Aluminium. Treatise on Materials Science and Technology：Vol 23. chap 5. New York：Academic Press，1983.

[3]　Biestek T，Weber J. Anodic oxidation of Aluminium：chap 4 // Electrolytic and Chemcal Conversion Coatings. Warsaw：Portcullis Ltd，1976.

[4]　永山政一. 铝阳极氧化膜的形成及其应用 // 铝阳极氧化膜的热水处理以及结构变化：在中国北京有色金属研究总院

讲学之讲稿. 北京：1984.

［5］ 永山政一. 図解アルマイトの基礎：日本東京都立工業技術研究所講稿. 東京都：1986.

［6］ 高桥英明. アルミニウムの酸化皮膜の構造と性质. 表面科学，1988，9（9）：76.

［7］ Sato T（佐藤敏彦），Kaminaga K. Theory of Anodized aluminium 100 Q&A：Chap 2. Tokyo：Kallos Publishing Co. Ltd，1997.

［8］ 高桥英明. アルミニウムのアノード酸化皮膜の生成. 表面技术便览，1997，494-505.

［9］ 高桥英明. アルミニウムのアノード酸化. 电气化学便览，2000，449-455.

［10］ アルミニウム表面処理技術部会編集. 目で見ろアルミ表面技术の最前線（Surface of Aluminum viewed by The Eyes of The Electron Microscopes）. 東京：日本表面技术恊会，2000.

［11］ Satoshi Kawai（川合慧）. Anodizing and Coloring of Aluminum Alloys（translated from Japanese）. Ohio：ASM International，Metal Park，2002.

第**7**章

装饰与保护用铝的阳极氧化

铝合金可以分为变形铝合金及铸造铝合金两大类，变形铝合金用量特别大，用途非常广，尤其是建筑用铝合金型材都必须进行有效的表面处理，致使建筑铝型材表面处理的生产规模和生产体量极为庞大，为此人们对于变形铝合金的表面处理普遍关注。铸造铝合金主要在非建筑的工业领域使用较多，大部分铸造铝合金可能未经表面处理直接使用。据日本 10 年前资料统计，日本用量较大的 ADC12 压铸铝合金，没有通过表面处理直接使用的占 60%，经过涂装的约 35%，化学转化处理为 3%，阳极氧化仅占 2%。但是为了提高机械部件表面硬度和耐磨耗性等，铸态铝合金的阳极氧化处理是重要而有效的措施，某些特殊场合还是不可替代的工艺选择，近年来有显著扩大的趋势。

铝阳极氧化按照性能和用途要求，其工艺大致可以分成：

① 装饰及保护用阳极氧化（侧重近距离外观、装饰和耐腐蚀性）；

② 建筑用阳极氧化（侧重远距离外观、均匀性及长效耐候和耐光性）；

③ 机械部件用阳极氧化（侧重高硬度和耐磨耗等力学性能）；

④ 家装家具用阳极氧化（侧重外观美观和室内气氛长效使用）；

⑤ 电解电容器用阳极氧化等。电解电容器阳极氧化生成壁垒型铝阳极氧化膜，本书介绍的铝阳极氧化膜主要涉及有一定厚度的多孔性铝阳极氧化膜，不涉及壁垒型铝阳极氧化的工艺。

上述前四类阳极氧化虽然都是多孔性铝阳极氧化膜的生成工艺，但是由于服役环境、性能要求与技术指标有所不同，其阳极氧化工艺参数可以有些差别，甚至还涉及不同波形的阳极氧化，包括直流脉冲法、交直流叠加法、电流反向法及交流法阳极氧化等。但是就总体工艺路线而言，这四个方面的铝阳极氧化工艺并不是完全对立的，只不过其使用要求和性能指标有所侧重而已。国内惯用的"小氧化"和"大氧化"都是铝阳极氧化，其工艺原理、工艺路线、工艺参数和操作规范基本一致或大同小异。

实际上，建筑用门窗铝合金的阳极氧化膜也有装饰与保护的功能要求，装饰与保护的功能与建筑用铝合金不是对立的。但是建筑物门窗用的阳极氧化，铝合金的牌号与状态的选择相对比较单一，基本上以 6×××系为主，其中 6063 合金最为常用。建筑物铝门窗用的装饰和外观追求一般为远距离效果，通常没有特别精细的近距离外观要求以及高光亮度的表面状态，但是，对其长效耐候性等保护作用要求较苛刻，例如建筑物铝门窗至少使用 20 年，这与汽车用内外铝合金装饰件、室内或家具用铝结构装饰件、电子产品（如手机）铝制外壳的使用要求明显不同。众所周知，应用背景决定了性能指标、工艺路线和操作规范。为此，必须根据应用背景和用户要求，有的放矢地选择表面处理（尤其阳极氧化）的技术路线、装备水平、工艺措施和操作参数。

本章分为 4 节，7.1 节介绍装饰与保护（不排除建筑物门窗）用铝阳极氧化技术的研发以及工业化的发展概况。7.2 节介绍各种变形铝合金基体和铸态铝合金基体的阳极氧化适应性，明确指出铝合金的内在和表面质量，是高品质铝阳极氧化膜的前提与基础。7.3 节进一步剖析铝合金的成分、杂质、金属间化合物等对于铝阳极氧化膜外观和性能的影响，并以 $6×××$ 系（6063 为主）铝合金为例，说明铝阳极氧化膜对于"光亮度"的影响。7.4 节介绍脉冲阳极氧化和电流反转阳极氧化等新技术，这两项新技术主要应用于硬质阳极氧化，其原理将在第 9 章论述，本节简单介绍铸造铝合金的阳极氧化工艺。

铝阳极氧化膜的外观与性能（包括阳极氧化膜的缺陷），与铝阳极氧化工艺（包括外加电源的波形）和铝合金材料的品质都密切相关。本章重点阐述铝合金材料对于阳极氧化的影响，强化铝合金基体的作用对于装饰与保护用阳极氧化意义更大。本章还介绍铝合金阳极氧化的工艺发展，并叙述铸态铝合金阳极氧化技术。

7.1　概述[1-23]

早在 20 世纪 20 年代，欧洲首先研发了铝合金的阳极氧化技术，并在 1923 年建成铝合金铬酸法阳极氧化生产线，即 Bengough-Stuart 工艺的生产线，此工艺经适当修改目前还在英国军事工业上使用。就在 20 世纪 20 年代，日本理化学研究所植木荣获得草酸法铝阳极氧化专利。1927 年，英国 Gower-O'Brien 申请了第一个铝合金硫酸法阳极氧化专利，也就是以后广泛使用的工业化硫酸法铝阳极氧化工艺，并随后在美国首先实现工业化生产。日本和德国的研究工作者还进行了大量工艺技术的研发工作，并付诸工业化实践。20 世纪 40 年代苏联著名腐蚀学家托马晓夫提出了铝硬质阳极氧化技术并付诸工业化实践。1929 年，日本宫田聪发明了铝阳极氧化膜的沸水封孔处理技术，提高了铝阳极氧化膜的耐腐蚀性，从而为大规模工业化应用开辟了道路。铝阳极氧化膜的电解着色是耐候性最佳的着色方法，成为追求长期耐候效果的建筑用铝型材阳极氧化膜可靠的着色工艺，著名的日本浅田法就是在一系列研究开发总结过程中形成的。铝阳极氧化膜的性能还直接与封孔工艺有关，早期都采用沸水法或高温水蒸气封孔，从 20 世纪 80 年代开始至今，意大利开发的以氟化镍为主要成分的冷封孔工艺在中国建筑铝型材方面广泛使用，冷封孔及随后中温封孔工艺对于水质要求不高，工业操作控制方便，受到我国企业的广泛欢迎。综上所述，铝合金阳极氧化技术已经经历了大约 100 年的历史，铝合金硫酸法阳极氧化工艺已经完全成熟，实践证明可以满足建筑铝型材门窗的性能要求。

在铝合金阳极氧化工艺成熟的基础上，1972 年国际标准化组织 ISO 颁布了 ISO 7599 "铝及铝合金阳极氧化-铝阳极氧化膜总规范"。我国自 20 世纪 80 年代中期开始，主要从日本和意大利引进建筑铝型材阳极氧化技术和生产线，以后 20 多年间，生产规模迅速扩大并逐渐国产化，形成全球规模最强大、技术门类最齐全的建筑铝型材阳极氧化和静电喷涂的生产规模。因此铝合金阳极氧化技术和工艺及其工业化实践，我国已经有了相当成熟和可靠的技术基础，国外先进生产线的环境效应也符合相关的标准和要求。汽车部件内外装饰、电子产品装饰等"小氧化"在我国发展较晚，规模也较小，工艺技术水平不尽如人意，国产化程度还不高，但发展提高十分迅速。

铝阳极氧化的槽液主要有硫酸、草酸、铬酸、磷酸溶液和它们的混合溶液，其中硫酸槽液最为普遍。日本根据需要也用草酸溶液或硫酸＋草酸溶液，因为草酸减缓铝及其氧化膜的溶解，使铝阳极氧化膜的硬度更高些。铬酸溶液的铝阳极氧化膜耐腐蚀性较高，但是由于铬的环境问题，其应用范围受到明显限制。磷酸溶液对铝阳极氧化膜的溶解较快，生成的阳极氧化膜的微孔直径较大，在特殊需要的情形可以使用。表 7-1 为日本资料提出的所谓"标准"硫酸法和草酸法的铝阳极氧化处理工艺条件，目前各国硫酸法的工艺参数基本上大同小异。本书在表 7-1 所列工艺参数的基础上，继续讨论添加其他无机酸或有机酸等化学成分后对于工艺过程和产品性能的影响。根据工艺调整和性能需要，添加一些有机酸形成硫酸/有机酸的混合溶液，以满足特殊工艺和性能的要求，在非建筑铝型材阳极氧化方面应用较为常见。

表 7-1　硫酸法和草酸法铝阳极氧化处理的工艺条件[7]

铝阳极氧化工艺项目	硫酸法工艺参数	草酸法工艺参数
阳极氧化槽液浓度	游离硫酸(150 ± 20)g/L	游离草酸3％(质量浓度)
槽液中容许的铝离子含量	25g/L 以下	5g/L 以下
槽液温度	(20 ± 2)℃	(28 ± 2)℃
电流密度	DC 1.3A/dm²	DC 0.1A/dm² AC 0.1A/dm²
阳极氧化时间(举例)	10μm/30min 15μm/30min	6μm/25min 9μm/38min
阳极氧化电压	16～20V 通常是恒电流控制	DC 25V AC 80V

为了降低硫酸溶液对铝的溶解能力，为了降低硫酸槽液温度对铝阳极氧化膜性能敏感性的影响，或为了提高铝阳极氧化膜的硬度和耐磨耗等物理性能，在硫酸溶液中添加草酸是非常普遍的办法，在日本更为常见。早期两个典型的槽液成分为硫酸12％(质量分数)＋草酸2％(质量分数)，或者硫酸5％(体积分数)＋草酸5％(质量分数)，它们都可以用于铝合金硬质阳极氧化处理。但是近年来，硫酸-草酸混合槽液也扩展到以装饰与保护为目标的铝阳极氧化处理工艺，甚至建筑业铝阳极氧化也有应用的实例。欧洲 Qualanod 规范（本章参考文献［9］）建议建筑用铝阳极氧化的硫酸-草酸槽液为游离硫酸200g/L＋草酸7g/L，铝含量低于20g/L，该槽液的操作温度可以提高到24℃。尽管草酸价格较贵并且在铝阳极氧化过程中会因分解而消耗，促使阳极氧化处理的运行成本升高，但是铝阳极氧化膜的品质高，并且操作温度拓宽从而可以降低电能消耗，故硫酸-草酸槽液仍然是一种不可忽视的有利的选择，尤其对于厚膜或者染色膜优点更显著。

硫酸中添加草酸法的研究比较早，稍后又研发出添加其他有机酸的硫酸-有机酸混合槽液的应用，并已经有大生产应用实践的示例。Reynolds[10] 建议硫酸溶液中添加羟基乙酸(glycollic acid)和甘油(glycerol)以降低铝阳极氧化膜的溶解，其典型槽液成分为硫酸15％～24％(质量分数)＋羟基乙酸1.2％(体积分数)＋甘油1.2％(体积分数)。以后又改用甘露醇(mannitol)和山梨醇(sorbitol)替代甘油，得到硬质而且均匀平整的铝阳极氧化膜，据报道可以在建筑业铝合金方面使用，但是用于建筑业的铝阳极氧化需要适当调整电流密度和阳极氧化时间等工艺参数。这类槽液适用于高电流密度的铝阳极氧化，即快速阳极氧化技术，不易灼伤铝阳极氧化膜，而且可以用于铜含量较高的铝合金（如 2×××系），为此上述槽液曾冠以"多功能铝阳极氧化槽液"之美誉。

日本的福田和福岛[11]有意在硫酸槽液中添加硫酸铝或硫酸镁降低铝阳极氧化膜在硫酸中的化学溶解，可以得到比较平整而且孔隙率较低的铝阳极氧化膜。田岛和梅原[12]建议添加硫酸铵降低硫酸槽液中铝阳极氧化膜的溶解，遗憾的是硫酸铝铵（即铵矾）容易产生沉淀，需要将硫酸槽液连续过滤去除铵矾沉淀方可持续运转。实验数据表明，硫酸 15%（质量分数）＋硫酸铵 150g/L 的槽液中可以在 35℃时进行铝阳极氧化，不至于严重损害铝阳极氧化膜的性能。还有几位日本的研究工作者研究添加硫酸镍和酒石酸钾钠（罗谢尔盐），同样显示上述优点。

Acorn 阳极氧化公司的一项专利推荐的硫酸-硝酸溶液比较少见，其典型成分为 140g/L 硫酸＋14g/L 硝酸，据称可以使用较低外加电压得到特殊电流密度，从而可以降低电耗，尤其适用于阳极氧化比较困难的铝合金，例如含铜含硅高的铝合金。多项美国、英国和日本的专利添加各种有机化合物，也有添加某些润湿剂（例如芳香族磺酸）调节铝阳极氧化膜的硬度。还有报道称，添加 15%甘油可以提高铝阳极氧化膜的弹性等。总之，通过添加有机化合物等措施，拓宽工艺范围并提高铝阳极氧化膜性能是重要的研发内容，读者可以参阅相关专业书籍和专利文献深入研究。

以上已经介绍通过研究槽液成分变化，在硫酸溶液中添加有机酸/无机酸或无机酸/有机化合物，以降低铝及氧化膜在硫酸溶液中的化学溶解能力，从而提高铝阳极氧化膜的性能。本章7.4节中还将介绍通过改变铝阳极氧化的外加电源波形（包括采用脉冲法或电流反转法等）也可以得到同样的效果。在考虑改变外加电源的波形时，首先必须核实采用新电源的必要性和可靠性。建筑铝型材阳极氧化早年也使用过脉冲电源，经过国内外生产实践验证，现在基本上不再推荐脉冲法阳极氧化技术。但是在一些特殊场合，例如铸态铝合金所谓的"小氧化"中尚有特殊外加波形阳极氧化的用武之地。

表 7-2 收集了几个国家具有代表性的铝阳极氧化的处理方法，分别以硫酸（HS）、草酸（HO）、铬酸（HC）和磷酸（HP）的单一溶液中铝阳极氧化处理为例，列出了各种槽液成分、电流密度和电压、操作温度和时间，以及获得的铝阳极氧化膜颜色和膜厚等，并简单评述其性能和应用。表 7-2 的信息分别选自英国、美国、德国和日本等国的技术资料[1,2,5]，国外已经进行了长期多方面的研究、开发和工业化实践，读者需要更深入详尽的内容，可以通过本书的参考文献继续收集原始资料的工艺技术和操作参数，利用国外已有技术成果，在此基础上分析、核实、研究，可以达到事半功倍的效果。

尽管有许多种无机酸溶液可作为铝合金阳极氧化的槽液，国内外目前使用最为普遍的是硫酸法生产工艺。我国庞大体量的建筑铝型材阳极氧化生产线，基本上都采用硫酸法生产，工艺参数大体接近于表 7-1 的数据或表 7-2 中相当于 Alumilite 的对应数据。我国的铝型材阳极氧化和静电喷涂工艺，已经建立了体量庞大、装备完善的生产线，并且积累了十分丰富的实践经验。但是我国建筑铝型材阳极氧化生产线的工艺路线和操作参数大体固定不变，很难在原有生产线上根据用户提出的特殊性能要求做出工艺参数的变动。表 7-2 中收录了德国 Eloxal 草酸法的五种工艺的操作参数，可分别生产不同的产品，供读者思考并在工艺创新中参考使用。德国的 Eloxal 技术可以派生出五种工艺，即 GX、GXh、WX、WGX 和 WGX（厚

表 7-2　具有代表性的装饰与保护用铝阳极氧化方法示例

方法	槽液成分/%（质量分数）	电流密度/（A/dm²）	电压/V	温度/℃	时间/min	颜色	膜厚/μm	备注
硫酸（HS）法								
Alumilite	HS 15～20	DC 1～2	14～22	18～25	10～60	无色透明	5～30	硬质，耐腐蚀，可染色
Eloxal GS	HS 15～20	DC 1～2	14～22	18～25	10～60		5～30	
硬质氧化	HS 7	DC 2～5	23～120	-5～5	<120	灰色	<150	硬度高，耐磨耗
M. H. C 法	HS 15	DC 2.5	25～50	0	60	灰色	约 60	耐磨耗
Hard-Alumilite	HS 12 HC 若干	DC 3.6	—	9～11	60	灰色	约 60	耐磨耗
草酸（HO）法								
英美实用草酸法	HO 5～10	DC 1～2	50～65	30	10～30	半透明	15	防腐蚀，装饰
EloxalGXh	HO 3～5	DC 1～2	30～35	35	20～30	近无色		德系草酸法，兼具保护和装饰功能
EloxalGX	HO 3～5	DC 1～2	40～60	18～20	40～60	黄色	10～62	
EloxalWX	HO 3～5	AC 2～3	40～60	25～35	40～60	带黄色		
EloxalWGX	HO 3～5	DC 2～3 DC 1～2	30～60 40～60	20～30	15～30	带黄色		
EloxalWGX（厚膜）	HO 3～5	DC 1～2	40～60	3～5		黄色	<625	类似于硫酸槽液的厚膜
交流直流アルマイト	HO 2～4	AC 1～2 DC 0.5～1	80～120 25～30	20～29	20～60	半透明黄色	>3	日系草酸法，耐腐蚀，耐磨耗
交流アルマイト	HO 5～10	AC 2～3	20～60	25～35	—	—	—	容易染色
铬酸（HC）法								
Bengough-Stuart 法	HC 25～30	DC 0.1～0.5	0～40 40 40～50 50	40	10 20 5 5	不透明灰色	2.5～15	保护用，少用于装饰，不适于含 5% 重金属铝合金
改良的 B-S 法	HC 5～10	DC 0.15～0.3	40	35	30	不透明灰色	2～3	不可封孔
磷酸（HP）法								
波音公司磷酸法	HP 10	DC	10～20	23～25	20～30	无色	1～2	增加涂层附着性
日本磷酸法	HP 5～15	DC 0.65	—	20～30	20～60	—	>3	多孔，用于印刷

注：1. HS—硫酸；HC—铬酸；HO—草酸；HP—磷酸；DC—直流电；AC—交流电。

2. 基本上是针对 6×××系铝合金。

膜），槽液成分尽管都是 3%～5% 的草酸，但是阳极氧化电流可以是直流或交流，电流密度、温度和时间都可能按照性能要求有所变动，而且可以在同一条生产线中调节完成，这对于我国的生产企业针对不同用户要求而选择合适参数有一定的参考价值。

综上所述，欧洲、美国、日本的铝合金阳极氧化生产实践已经接近 100 年的历史，我国也经历了几十年的工业化大生产实践过程。目前我国在该方面拥有全球最强大的生产能力，最完善的生产装备，最庞大的技术队伍。因此，国内外都已经积累了非常丰富的铝型材阳极氧化的现场生产经验，铝阳极氧化的工艺规范和阳极氧化膜的性能指标都已经完善并互相接轨。国际上的相关标准的颁布也有了半个世纪的历史，为此铝阳极氧化的工艺规范化及性能指标与检测方法的标准化都已经完全成熟。我国已经具有比较高端完善的铝阳极氧化生产线，这些高端立式生产线不仅规模庞大，自动化程度较高，而且工艺技术及膜层品质也已经处于国际先进水平。当然，我国目前各企业之间和各地区之间的生产水平和产品质量还存在不小差距，但是正在不断补差之中。近年来环境效应在我国是被特别关注的，国内外铝阳极氧化生产线的环境效应可以达到国际规定的治理目标，并取得理想的环境管理的效果。铝阳极氧化生产尽管由于电解着色和常温封孔而存在"镍离子、氟离子和还原性有机化合物"等污染问题，但是重金属浓度远低于电镀行业，污染控制和环境管理也不存在技术困扰，通过完善而可靠的环境治理措施，完全可以达到合格排放的目标，详见本书第 20 章"铝表面处理生产的环境管理"。

7.2　铝合金基体是阳极氧化膜性能的基础

铝阳极氧化生产线涉及一系列串联的化学和电化学反应过程，为了获得理想的铝合金外观和性能要求，减少铝阳极氧化膜的缺陷，我们关注铝阳极氧化的工艺及其参数（如槽液成分和浓度、电流和电压、温度和时间、杂质成分和含量等）是理所当然的。而且还必须关注铝阳极氧化工艺的前处理及后处理工序，即阳极氧化前的脱脂、除灰（又称中和或出光）、机械或化学抛光等，阳极氧化后的电解着色或染色、水合热封孔或常温填充封孔等，选择合理配套的铝表面处理工艺路线和技术参数。

这里需要特别强调的是铝阳极氧化膜与涂层的生长机理完全不同，铝阳极氧化膜是在铝基体的晶格上共格生长起来的透明的表面膜，因此铝阳极氧化膜的透明度、均匀性、平整度、目视观察的感觉（包括目视的表面缺陷）等，包括铝阳极氧化膜的性状等都直接与铝合金的化学成分及其状态、铝合金产品的冶金和加工历程以及铝基体的表面状态和缺陷等因素密切相关。也就是说，铝阳极氧化膜直接与铝合金成分与状态、金属的组织结构、杂质与合金元素的成分与含量、第二相析出状态等因素密切有关。尤其是有关铝阳极氧化膜的外观品质，更应该关注相应铝合金基体的状况。在探讨铝阳极氧化膜的外观缺陷时，我国表面处理技术人员经常容易忽略铝合金基体品质的影响，出现问题时习惯于查找表面处理"本身"的原因，或许与我国表面处理的技术人员擅长化学而不熟悉金属材料有一定关系。

笼统地说，纯铝的阳极氧化膜优于铝合金，而各种纯度级别纯铝的阳极氧化膜实际上也有不少差别，其中外观差别更为明显。高纯铝（99.99％的 Al）与工业纯铝（如 99％的 Al）的阳极氧化膜的外观差异非常明显，从无色、清澈通透的表面到程度不同的雾状，直至浅灰或浅黄（颜色及其深度取决于杂质类型及其浓度）的外观。为此可以断言，铝阳极氧化膜的外观性状，如均匀性、透明度、色调（又称底色）差别等，虽然一定程度上取决于铝阳极氧化处理的工艺及其参数，可能更多取决于铝合金基体的品质。不同牌号的变形铝和铸态铝，对于保护性、光亮度、染色性及硬质化表面膜有不同的适应性。铝的涂层技术与铝阳极氧化技术决然不同，涂层实际上与铝合金基体品质的关系不那么密切，外加的涂层就像人穿衣服一样，甚至可以掩盖铝基体的外观缺陷。所以生产企业的一线人员形象地说"阳极氧化放大铝合金表面缺陷，而喷涂却掩盖缺陷"。这里我们只能探讨铝阳极氧化的适应性，而不系统讨论喷涂对于各种铝合金的适应性。

7.2.1　变形铝合金的阳极氧化适应性

表 7-3 为各种牌号变形铝合金对于保护性、染色性、光亮度和硬质阳极氧化的适应性。表 7-3 的适应性指南表明，纯铝的阳极氧化适应性最好，并且铝的纯度越高适应性越好。2×××系铝合金虽然还可以进行硬质阳极氧化，但是铝阳极氧化膜的保护性和染色性都不好，尤其难于进行光亮阳极氧化。2011、2014、2031 和 4043 铝合金也不适于进行光亮阳极氧化和染色。3103、5056、5083、6061、6082 和 7020 铝合金的光亮阳极氧化也不理想，恐怕这些铝合金的化学抛光或电化学抛光效果也不很理想。表 7-3 中大多数铝合金是可以进行化学转化处理和静电喷涂的，除 5×××系、6×××系铝合金和 7075 系铝合金中有几种合金除外，一般通过一定的前处理都可以顺利地进行电镀和化学镀。

表 7-3　变形铝合金的阳极氧化适应性指南[1]

铝合金牌号	名义成分	阳极氧化适应性			
		保护性	染色性	光亮度	硬质化
高纯铝	99.99Al	优	优	优	优
1180	99.8Al	优	优	优	优
1150	99.5Al	优	很好	很好	优
1200	99.0Al	很好	很好	很好	优
2011	Al-5.5Cu-0.4Pb-0.4Bi	中-好	中-好*	不可	好
2014	Al-4.25Cu-0.75Si-0.75Mn-0.5Mg	中	中*	不可	好
2031	Al-2Cu-1Ni-0.9Mg-0.8Si	中	中*	不可	好
3103	Al-1.25Mn	好	好	中	
3105	Al-0.6Mn-0.5Mg	好	好	中	
4043	Al-5Si	好	中*	不可	
5005	Al-1Mg	优	很好	好	优
5056	Al-5Mg	好	好	中	优
5083	Al-4.5Mg-0.7Mn-0.15Cr	好	好	中	优
5154	Al-3.5Mg-0.3Mn	很好	很好	好	优
5251	Al-2.25Mg	很好	很好	好	优
5454	Al-2.7Mg-0.75Mn	很好	很好	好	优
6061	Al-1Mg-0.6Si-0.2Cr	很好	好	中	很好
6063	Al-0.75Mg-0.4Si	优	很好	好	优
6082	Al-1Mg-1Si-0.0.7Mn	好	好	中	好
6463	99.8Al-0.75Mg-0.4Si	很好	很好	很好	很好
7020	Al-4.5Zn-1Mg	好	好	中	好

注：1. 阳极氧化适应性从优至不可，分为优、很好、好、中、不可五个级别。

　　2. * 表示只可以染深色。

铝阳极氧化膜的保护性取决于氧化膜的完整性、均匀性、厚度和是否存在缺陷等相关特性。保护性还可以体现在铝阳极氧化膜的耐腐蚀性和耐候性等可以量化的性能方面。对于铝合金成分而言，合金化元素 Mg 是对铝阳极氧化膜影响最小的添加元素，Mg 含量超过 5％才对氧化膜的耐腐蚀性有负面影响，Mg 含量居于 1％～5％时铝阳极氧化膜性能只有一定程度的轻微变化。Cu 含量影响铝阳极氧化膜的保护性最为显著，Mn 和 Si 也有程度不同的影响，因此含 Cu 的 2×××系铝合金阳极氧化膜的耐腐蚀性比较差。

铝阳极氧化膜的染色性好坏意味着氧化膜的无色透明度的强弱，由于合金化元素及其含量直接影响铝阳极氧化膜的色调和透明性，从而影响氧化膜的染色性。铝合金中 Mg 的存在对染色性负面影响最小，Cu、Si、Fe 都有影响。如果铝阳极氧化膜呈雾状，透明度差甚至会掺杂一些颜色，就会影响染色性。此外，铝阳极氧化膜的孔径和孔隙度变化，都会影响染色效果。铝阳极氧化膜的装饰效果除上述的均匀性、染（着）色性和无缺陷以外，还反映在保持原表面的镜面反射率（光亮度）的程度方面。以 Fe 为例可以说明铁的含量和状态都影响铝材的光亮度。通常认为 Fe 含量高则光泽度低，但是事实上不仅如此，还与生成何种 Fe 的金属间化合物有关系。在铝材均匀化处理中由于冷却速度不同可能生成 Al_3Fe、Al_6Fe 或 Al_9Fe，由于这三种化合物的阳极氧化行为不同，则不同程度地影响了阳极氧化之后的光亮度，7.3 节将会详细剖析这种影响。表 7-3 还表明各种铝合金的硬质阳极氧化基本上都可以实现，尽管合金化元素 Cu、Si、Mn 含量过高时，会影响铝阳极氧化膜的表面硬度和耐磨耗性，在表 7-3 中从"优"降为"很好"或"好"，但是还是可以通过硬质阳极氧化处理，获得比普通阳极氧化硬度更高的铝阳极氧化膜。

对于我们常说"光亮阳极氧化"，这里首先说明"光亮"阳极氧化的意义。"光亮"阳极氧化不应该理解为通过阳极氧化得到光亮的铝阳极氧化膜，实际上，应该理解为铝阳极氧化膜本身透明度高并且清澈无缺陷，即使有析出相也呈比较细小均匀的弥散分布状态，由此不会严重降低铝合金基体原表面的镜面反射率。"光亮"阳极氧化需要避免铝阳极氧化膜中存在沉淀相的粗质点，即避免杂质和第 2 相金属间化合物析出物的粗颗粒，因此准确的表达或许应该是"维持光亮"的阳极氧化，就是维持铝合金原有的表面光亮度的能力。光亮阳极氧化与外来元素及其含量和状态有密切关系，其中 Mg 的负面影响也是最小，其他杂质或添加的合金化元素都可能形成夹杂或第二相沉淀存在于铝阳极氧化膜中，因此都会不同程度地对阳极氧化膜的透明度和色调等产生负面影响。

由此可见，在涉及铝阳极氧化膜的外观缺陷时，铝合金基体的影响起到很大的作用。由于存在铝合金基体的杂质和第 2 相金属间化合物，必须对其生成条件、影响大小及其防治措施给予充分关注。本章 7.3 节将重点剖析铝合金成分和状态、杂质种类和数量、第 2 相金属间化合物的生成、形态和数量等因素的影响。也就是上述因素在铝阳极氧化处理工艺过程中的行为，例如在碱溶液浸渍、酸溶液浸渍或阳极氧化中的铝合金的行为，由此导致铝阳极氧化膜的外观和性状的变化，例如铝阳极氧化膜的色调、缺陷、透明度、均匀性以及对于铝材镜面反射率（光亮度）的影响等。归根结底，就是如何影响着铝阳极氧化膜的保护性及装饰性（染色性和光亮度等）。铝合金硬质阳极氧化涉及铝阳极氧化膜的硬度及耐磨耗性等，这是机械零部件产品的首要性能要求。有关铝合金硬质阳极氧化的信息，硫酸法或非硫酸法的工艺、设备及脉冲氧化等，以及硬质阳极氧化膜的性能和检验，请读者参阅本书第 9 章"铝的硬质阳极氧化"。

7.2.2　铸造铝合金的阳极氧化适应性

表 7-4 是不同铸造铝合金的阳极氧化适应性。总体而言，铸造铝合金的阳极氧化不如变

形铝合金，这与铸造铝合金中总含有比较高的 Si、Cu、Fe 等合金化元素或较多杂质有很大关系。考虑到提高铝合金熔体的流动性和降低热膨胀率等铸造性能的因素，一般在铸造铝合金中 Si 含量比较高。铝阳极氧化膜颜色会随 Si 含量增多逐渐加深，从浅灰、灰至深灰甚至呈黑色。不仅如此，Si 还会对铝阳极氧化膜的完整性和均匀性产生负面影响，因此染色性和光亮阳极氧化几乎不可能在铸态铝合金上实现。如果需要在铸造铝合金上染色或着色，首先必须设法将表面的 Si 析出。此外，一般铸造铝合金基体本身的均匀性也比较差，杂质或第 2 相析出物的颗粒度比较大，因此铸造铝合金基体的孔隙或孔洞也多，从而使得铝阳极氧化膜的品质明显变差，尤其不利于铝阳极氧化膜的染色或着色，更无法进行所谓的"光亮"阳极氧化。表 7-4 的铸造铝合金阳极氧化的适应性指南中，铸造铝合金牌号 LM 是英国标准 BS 1490 的牌号，括号中是日本标准的相应牌号，（—）表示没有相应的日本牌号。由于大部分参考文献的数据和信息（含本文引用者）取自欧洲或日本的研究报告和资料，所以表 7-4 中的国外牌号未作改动，没有转换成相应的我国铝合金牌号。读者在研发工作中如有需要，可以按照表中的名义成分对照相应或相近的中国铝合金牌号。

表 7-4　铸造铝合金阳极氧化适应性指南[1]

铝合金牌号	名义成分	阳极氧化适应性		
		保护性	染色性	光亮度
LM0（—）	99.5Al	很好	很好	很好
LM2（ADC12）	Al-10Si-2Cu	中	不可	不可
LM4（AC2A）	Al-5Si-3Cu	好	中 *	不可
LM5（AC7A）	Al-5Mg	很好	很好	好
LM6（AC3A）	Al-12Si	中	不可	不可
LM9（AC4A）	Al-12Si-0.4Mg	中	不可	不可
LM10	Al-10Mg	很好	中 §	不可
LM12（—）	Al-10Cu-2.5Si	中	中 *	不可
LM13（AC8A）	Al-11Si-1Cu-1Mg-1.5Ni	中	不可	不可
LM16（AC4D）	Al-5Si-1Cu-0.5Mg	好	中 *	不可
LM18	Al-5Si	好	中 *	不可
LM20（—）	Al-12Si-1Fe-0.5Mn	好	中 *	不可
LM21（AC2A）	Al-6Si-4Cu-2Zn	中	不可	不可
LM22（AC2A）	Al-5Si-3Cu-0.5Mn	好	中	不可
LM24（AC4B,ADC10）	Al-8Si-3Cu-1.3Fe	中	中 *	不可
LM25（AC4C）	Al-7Si-0.5Mg	好	中 *	不可
LM26（—）	Al-10Si-3Cu-1Mg	不可	不可	不可
LM27（AC2B）	Al-7Si-2Cu-0.5Mn	好	中 *	不可
LM28（—）	Al-19Si-1.5Cu-1Mg-1Ni	不可	不可	不可
LM29（—）	Al-23Si-1Cu-1Mg-1Ni	不可	不可	不可
LM30（—）	Al-17Si-4.5Cu-0.5Mg	不可	不可	不可

注：1. 阳极氧化适应性从优至不可，分为优、很好、好、中、不可五个级别。

2. LM10、LM18 在英国标准 BS 1490"通用工程用铝及铝合金锭和铸件规范"中无此牌号。

3. * 表示只可以染深色。

4. § 表示必须严格控制阳极氧化条件。

表 7-3 和表 7-4 列出的不同成分的变形铝合金或铸造铝合金的阳极氧化适应性，反映出铝合金的杂质或合金化元素及其含量对铝阳极氧化膜外观或性能的影响。以下简单综述铝合金中几个经常添加的合金化元素或杂质对于铝阳极氧化膜外观的影响（注意：并非对铝合金基体的影响）。

（1）镁（Mg）含量低于 3％时对铝阳极氧化膜的外观没有不利影响，可能由于氧化镁的光折射指数（1.736）与氧化铝（1.69）非常接近的缘故，都可以生成无色透明的铝阳极氧化膜。但是 Mg 含量当超过 5％时，一般对铝阳极氧化膜就有不同程度的负面影响。

（2）铁（Fe）是铝合金中最普通最常见的杂质元素，由于固溶度很低（见下文表 7-5），即便 Fe 含量并不高，也会呈第 2 相沉淀物析出，显著降低高纯铝阳极氧化膜的光亮度（实际上降低膜的透明度）。在 99.99％的高纯铝中加入 Fe，铝阳极氧化表面甚至会出现深灰或黑色条纹。

（3）硅（Si）含量不超过 0.8％可以维持均匀的弥散状态，当 Si 含量较高并从固溶体中析出时会引起雾状表面。Si 含量达到 5％的铝合金，阳极氧化得到深灰色或黑色的表面阳极氧化膜，既不可能染色或着色，更不可能达到"光亮"阳极氧化。

（4）铜（Cu）含量在 2％（也许更低些）以下并在铝合金中处于固溶体状态时，可能得到透明的铝阳极氧化保护膜。Cu 含量超过 2％时铝阳极氧化膜变色而不再透明，而且阳极氧化处理更为困难，铝阳极氧化膜的保护性也明显下降。

（5）锰（Mn）含量在 1％以下，铝阳极氧化可能得到从透明、灰色到棕色或斑驳多色的表面。对于比较厚的铝阳极氧化膜，只要 Mn 含量在 0.3％～0.5％的范围，铝合金都会得到棕色的铝阳极氧化膜。

（6）钛（Ti）像 Fe 一样会降低铝阳极氧化膜的光亮度（本质上是降低了透明度），为此必须关注 Ti 含量。但是 Al-Ti-B 是常用的晶粒细化剂，加入 Ti-B 可促进铝合金成核，细化晶粒，有助于得到均匀的细晶结构的铝合金基体。

（7）锌（Zn）含量低于 5％，可以形成保护性好的铝阳极氧化膜。当 Zn 处于均匀状态分布时，铝阳极氧化膜可能是无色的。当存在第 2 相含 Zn 的析出物时，表面可能呈浅灰色或大理石颜色的铝阳极氧化膜。

（8）铬（Cr）含量达 0.3％时，铝阳极氧化膜呈黄色。

以上对常见铝合金化元素和杂质如何影响铝阳极氧化膜进行了概述，但是还没有在机理层次深入剖析其作用，尤其是在铝合金中作为第 2 相金属间化合物析出物存在时，析出物电极电位必然与铝合金基体电极电位不同，它们在阳极氧化时的情况不同，决定了铝阳极氧化膜的外观和性能的不同。

7.2.3　6×××系铝合金主要合金化元素及杂质的影响

在 7.3 节剖析铝合金中第 2 相杂质和金属间化合物作用之前，此处首先介绍最常用的铝合金系，即 6×××系的 Al-Mg-Si 系合金的主要杂质和合金化元素的影响，希望起到举一反三的作用。6063、6061、6351 和 6082 是其中最为常用的，该系铝合金属于热处理可强化的铝合金，成形性和工艺性能良好，强度中等且耐腐蚀性较好，可焊性好，基本上没有应力腐蚀倾向，而且挤压型材制品的表面光亮。6×××系铝合金含 Cu（如 6061 合金）时，合金强度接近于 2×××系铝合金。6063 铝合金型材已经广泛用于建筑和装饰领域，我国建筑业铝型材门窗就是 6063 铝合金。6061 和 6351 铝合金的棒材作为锻件毛坯和机械加工零部件坯料，大量用于汽车和机械方面的结构件和零部件。表 7-5 是四种常用 6×××系铝合金的成分，下文将讨论表中合金化元素和杂质元素的作用。

表 7-5　6063、6061、6351 和 6082 铝合金的成分　单位：%（质量分数）

合金	Si	Fe	Cu	Mg	Mn	Cr	Zn	Ti	其余
6063	0.2~0.6	0.35	0.10	0.45~0.9	0.1	0.1	0.1	0.1	<0.15
6061	0.4~0.8	0.70	<0.4	0.8~1.2	0.15	0.04~0.35	0.25	0.15	<0.15
6351	0.7~1.3	0.50	0.10	0.4~0.8	0.4~0.8	—	0.2	0.2	<0.15
6082	0.7~1.3	0.50	0.10	0.6~1.2	0.4~1.0	0.25	0.2	0.1	<0.15

　　6×××系铝合金的合金化元素主要是 Mg、Si 和 Cu 以及微量元素 Mn、Cr 和 Ti，其主要杂质是 Fe 和 Zn。尽管它们都可能对铝阳极氧化产生一定的负面影响，但是对于铝合金的力学性能却有其正面作用。在 Al-Mg-Si 三元相图中，6061 铝合金处于 α（Al）＋Mg_2Si 的两相区，6063 和 6351 铝合金处于 α（Al）＋Mg_2Si＋Si 的三相区，Mg_2Si 都是这些铝合金有效的主要强化相。铝合金中还含有 Cu、Cr、Fe 等元素，以及 α（AlSiFe）、Al_6（FeMnSi）等杂质相。为此在铝阳极氧化过程中，必须密切关注这些铝合金的第 2 相组成和含量，以及作为第 2 相存在时发生的化学及电化学行为。

　　6×××系铝合金的主要合金化元素的作用及杂质元素的影响简述如下。

　　（1）镁和硅的作用。Al-Mg-Si 合金中 Mg 和 Si 的含量变化，对退火状态铝合金的拉伸强度和伸长率的影响并不明显。随着 Mg 与 Si 两者含量的增加，自然时效或人工时效状态铝合金的拉伸强度有所提高，而伸长率却有所降低。当 Mg 和 Si 的总量固定时，改变两者之间的含量之比，对力学性能影响比较大。如果固定 Mg_2Si 相的含量，再将 Si 含量提高，则可以提高强化效果而对伸长率影响不大；如果固定 Si 的含量，则铝合金的拉伸强度随 Mg 含量的增加而提高。铝合金中存在过量的 Si 和 Mg_2Si 时，随着含量的增加，不仅铝合金的耐腐蚀性降低，而且铝阳极氧化过程及铝阳极氧化膜的性能也受到影响。Al-Mg-Si 合金的拉伸强度最大值位于 α(Al)＋Mg_2Si＋Si 的三相区。当铝合金处于 α(Al)＋Mg_2Si 的两相区并且 Mg_2Si 相全部固溶于铝基体的单相区内，合金化元素对于铝阳极氧化膜的耐腐蚀性和铝阳极氧化过程都具有正面作用。

　　（2）铜的作用。Al-Mg-Si 合金中添加 Cu，其存在的形式不仅与 Cu 含量有关，而且受 Mg 与 Si 含量的影响。当 Cu 含量很少而 Mg 与 Si 含量之比为 1.73 时，生成 Mg_2Si 强化相而 Cu 全部固溶于铝基体中，既能提高铝合金强度也不发生对于铝阳极氧化处理的负面作用。如果 Cu 含量较高，Mg 与 Si 含量之比小于 1.08，可能形成 W（$Al_4CuMg_5Si_4$）相和 $CuAl_2$ 相。当 Cu 含量增加而 Mg 与 Si 含量之比大于 1.73 时，可能形成 S（Al_2CuMg）相和 $CuAl_2$ 相。上述 W 相、S 相、$CuAl_2$ 相作为金属间化合物的第 2 相存在于铝合金中，就会影响铝阳极氧化处理过程中的化学和电化学反应。

　　（3）微量合金化元素锰、铬和钛的作用。添加 Mn 可以提高铝合金强度，改善冲击韧性和弯曲特性。在 Al-0.7Mg-1Si 铝合金中添加 Cu 和 Mn，当 Mn 含量小于 0.2% 时，铝合金强度随 Mn 含量增加而升高；但是当 Mn 含量继续增加，由于生成了 AlMgSi 相而减少了强化相 Mg_2Si 的数量，会降低强化效果；当单独添加 Mn 时，则强化效果和延伸率都有所改善。添加 Cr 类似于 Mn 的作用，还可以细化晶粒，抑制 Mg_2Si 在晶界的析出。添加 Ti 和

Cr 也可以细化晶粒，减少铝合金铸锭的柱状晶组织。

（4）杂质铁和锌的影响。杂质元素 Fe 含量小于 0.4％时，对铝合金的力学性能没有负面影响。当 Fe 含量大于 0.7％时，由于生成 Al-Mn-Fe-Si 相，既会降低铝合金强度、塑性和耐腐蚀性，又会对铝阳极氧化处理产生负面影响。杂质元素 Zn 与 Mg 生成 $MgZn_2$ 相，其含量小于 0.3％时对铝合金没有明显影响。

6063 铝合金的均匀化温度为（560±5）℃，如采用水冷却，则过饱和固溶体析出的颗粒既细小又弥散，得到的铝合金挤压产品的强度高、表面质量好，对于铝阳极氧化处理及氧化膜品质也都有利。铝合金挤压型材采用出口风冷时，风冷强度不仅影响铝合金的力学性能，还影响随后的铝阳极氧化和电解着色。强化风冷使之迅速降到150℃以下，张力矫直前温度降到50℃，则铝合金的组织结构更加细小弥散，不仅提高了铝合金的耐腐蚀性，而且有利于阳极氧化处理及铝阳极氧化膜的表面品质。6061 铝合金的工艺性能与 6063 基本相同，但是强度较高，而耐腐蚀性低一些。

7.3　第 2 相析出物对铝阳极氧化的影响

上文以 6××× 系铝合金为例，阐述其主要合金化元素和杂质元素对于铝合金性能的影响。本节试图剖析铝合金的合金化元素和杂质元素，如何通过第 2 相析出物影响铝合金阳极氧化过程中的化学作用和电化学作用，从而影响铝阳极氧化膜的品质。不言而喻，杂质和合金化元素在铝中超过固溶度范围才可能析出第 2 相沉淀。

7.3.1　第 2 相影响缘由

为了提高铝合金的力学性能及其他技术指标，铝合金中通常存在第 2 相金属间化合物，但是必须注意其成分、含量和状态会直接影响到随后的铝阳极氧化处理。第 2 相的析出与否首先取决于它们在铝基体中形成固溶体的范围，也就是它们的固溶度，表 7-6 是在三个温度

表 7-6　铝合金中主要杂质元素和合金化元素的固溶度[1]

成分	在各种温度下铝基体中主要杂质元素的固溶度（质量分数）/％			
	20℃	300℃	500℃	共晶温度
Fe	0.005	0.005	0.006	0.05(655℃)
Si	0.01	0.1	0.8	1.65(577℃)
Cu	0.1	0.45	4.05	5.7(548℃)
Mg	1.9	6.7	—	17(450℃)
Mn	—	—	0.35	1.4(658℃)
Cr	—	0.015	0.19	0.72(660℃)
Ti	—	—	0.08	0.12(660℃)
Zn	2	37	—	82(382℃)
Ag	0.5	3.2	28	55.6(566℃)
Mg_2Si	0.3	0.3	1.0	1.8(595℃)
$MgZn_2$	0.5	4.5	—	17(475℃)

（20℃、300℃和500℃）和共晶温度下，铝合金中主要杂质元素和合金化元素的固溶度。在固溶范围内，第 2 相通过热处理可能产生完全弥散均匀的组织结构，这对于随后的铝阳极氧化处理是很有利的，也可能不产生负面影响。此时的迅速冷却可以在铝合金中保持第 2 相析出物的弥散均匀性，而且不产生粗晶的析出物，那么就不至于严重影响铝阳极氧化膜的性能和外观。为此，从铝阳极氧化处理和氧化膜品质的角度考虑，固溶体状态的铝合金比较有优势，即使存在第 2 相析出物，至少希望得到细小均匀的弥散分布，以尽可能降低对阳极氧化膜的负面影响。

超出固溶体范围的合金化元素或杂质元素会形成第 2 相析出物，可能对铝阳极氧化处理产生不同程度的负面影响。其影响程度的大小取决于第 2 相析出物的成分、含量和形态，这是与铝合金的加工历史（尤其是热影响历史）密切相关的。为此，首先必须关注杂质元素和合金化元素及其金属间化合物的强化相在铝合金基体中的固溶度。表 7-6 的数据表明，即使温度升高到 600℃，杂质 Fe 也几乎不能固溶在铝基体中。为此，在涉及所谓"光亮"阳极氧化时，为了提高铝阳极氧化膜的均匀性和透明度，必须严格限制无法固溶的 Fe 元素的含量。为此，在"光亮"阳极氧化处理时，一般需要选用高纯铝（99.8%以上）作为原料，其中 Fe 含量应低于 0.08%。其次要考虑限制 Si 含量，但是 Si 同时又是形成主要强化相 Mg_2Si 所必需的成分，因此需要权衡使 Si 含量在最佳状态。Cu 也是铝基体中固溶度很低的元素，会影响铝阳极氧化处理的适应性和铝阳极氧化膜的品质。

第 2 相析出物在化学反应（如碱腐蚀反应）或电化学反应（如阳极氧化反应）中的行为，与第 2 相析出物与铝基体之间电极电位的差别有关。表 7-7 列出主要的第 2 相析出物的腐蚀电位，为了方便与铝合金基体作比较，表 7-7 同时列出代表性铝合金的腐蚀电位。通过它们之间电极电位的比较，读者可以比较直观地推断第 2 相析出物的化学或电化学行为。例如 6063 铝合金中的 Si 或 Al_3Fe（表中 Al_2Cu 与 6063 铝合金基体腐蚀电位接近），其腐蚀电位比铝合金基体更正，理论上不会比铝基体腐蚀溶解更快而可能留在铝合金中。那些电极电位比铝合金基体更负的第 2 相析出物，显然更容易发生腐蚀溶解，至于腐蚀溶解对于铝阳极氧化膜的影响不能一概而论，需要具体研究深入探讨，可能还需要通过仪器分析或微观检测等予以证实。7.3.2 节及表 7-8 和表 7-9 将继续对此展开讨论，并举例具体说明第 2 相析出物的影响缘由。这里只是提供一个分析和推断的思路，读者应该首先检查和比较它们在具体环境中的腐蚀电位的差异大小，从而直观判断在铝阳极氧化过程中，第 2 相析出物的阳极行为以及第 2 相与铝合金基体之间的关系。

表 7-7　铝合金中析出相与代表性铝合金的腐蚀电位（SHE）

第 2 相析出物	析出物腐蚀电位/V	代表性铝合金基体	基体腐蚀电位/V
Si	−0.26	纯铝(1100)	−0.725
Al_3Fe	−0.56	Al-Cu(2024)	−0.600
Al_2Cu	−0.73	Al-Mn(3003)	−0.713
Al_6Mn	−0.85	Al-Mg(5052)	−0.722
MgZn	−1.05	Al-Mg-Si(6063)	−0.744
$MgAl_3$	−1.24	Al-Zn-Mg(7075)	−0.675

如上所述，铝合金基体中存在第 2 相金属间化合物通常是不可避免的，可能还是强化铝

合金所必需的。众所周知，6063 铝合金中 Mg_2Si 就是主要强化相，为此不可因为上述 Si 的负面影响而忽视 Mg_2Si 产生的必不可少的铝合金强化作用。铝合金基体中第 2 相金属间化合物析出对于铝阳极氧化的影响程度，还与析出数量有关。通过固溶热处理将第 2 相析出物完全充分弥散，然后通过急冷保持其弥散相的均匀性，不在铝合金中产生粗大的析出相颗粒，就可以降低对铝阳极氧化的负面影响。表 7-8 是铝合金中第 2 相金属间化合物的阳极氧化行为以及对于铝阳极氧化膜的影响，铝合金中各种第 2 相金属间化合物在阳极氧化过程中，其阳极氧化与溶解行为以及它们与铝基体本身的阳极氧化的先后快慢关系各不相同。以 Mg_2Si 相为例，在铝阳极氧化时它可以比铝基体更快地被氧化，其中 Mg 可能被溶解到槽液中，而 Si 又不会被氧化和溶解，留在铝阳极氧化膜中（这与铝合金中第 2 相 Si 元素留在铝合金中的过程不同），故影响铝阳极氧化膜的透明度。如果第 2 相金属间化合物在铝阳极氧化过程中被氧化和溶解，并不残留在铝阳极氧化膜中，一般就不会对铝阳极氧化膜性能产生负面影响。但是铝合金表面有存在凹坑或空洞的可能，也可能导致铝阳极氧化膜外观和性能的缺陷，这些都需要进行具体的验证分析。

表 7-8 铝合金中第 2 相金属间化合物的阳极氧化行为[3,18]

第 2 相成分	阳极氧化行为	溶解行为	对铝阳极氧化膜影响
Mg_2Si	比基体氧化快	Mg 溶解，Si 不溶解	阳极氧化膜/金属界面粗糙化
Al_3Fe	与基体氧化类似	不溶解	—
Al_6Fe	不被氧化	不溶解	—
α-AlFeSi	与基体氧化类似	不溶解	—
β-AlFeSi	不被氧化	不溶解	阳极氧化膜/金属界面粗糙化
$CuAl_2$	比基体氧化快	溶解快	阳极氧化膜生成效率显著下降
$MnAl_6$	不被氧化	不溶解	阳极氧化膜/金属界面粗糙化
β-AlMg	比基体氧化稍快	溶解	阳极氧化膜不连续，表面有空洞，阳极氧化膜/金属界面粗糙化
$CrAl_7$	比基体氧化稍快	溶解	阳极氧化膜中形成空孔
$CrAl_6$	比基体氧化快	溶解	—
AlZnMg	比基体氧化稍快	溶解快	阳极氧化膜中形成空孔
$TiAl_3$	不被氧化	不溶解	阳极氧化膜/金属界面粗糙化

图 7-1 是 6063 铝合金型材硫酸法阳极氧化膜常见的黑点或黑斑的表面局部缺陷，研究表明这是铝合金基体中杂质元素或金属间化合物夹杂，在水洗时与硫酸根或氯离子发生反应所形成的。当处理这类铝阳极氧化膜表面缺陷时，一般首先需要检查铝阳极氧化膜缺陷位置的铝合金基体成分异常情况和程度，以便确定或排除是否由于铝合金的杂质或金属间化合物的第 2 相析出物引起的。

Fe 是最常见的杂质元素，其有可能以不同形态存在，并形成不同的外观和色调。以 Al-Fe 的金属间化合物为例，由于冷却温度不同或均匀化温度不同，即热历程不同可能分别生成 Al_3Fe、Al_6Fe 或 Al_9Fe。例如当冷却速度小于 1℃/s 时生成 Al_3Fe，冷却速度在 3~12℃/s 时生成 Al_6Fe，而大于 12℃/s 时则生成 Al_9Fe。前两种 Al-Fe 金属间化合物，在 15% H_2SO_4 溶液中阳极氧化的行为完全不同，Al_3Fe 可以与铝基体接近的速度被阳极氧化而呈浅灰色，Al_6Fe 由于不被阳极氧化而留在铝合金中或夹杂在铝阳极氧化膜中呈现深灰

图 7-1　6063 铝合金中常见的黑点或黑斑表面缺陷[18]

色。还有 Al-Fe-Si 金属间化合物的 α 相或 β 相也是同样情况，见表 7-9。α-AlFeSi 与铝基体同时被阳极氧化成为无色铝阳极氧化膜，而 β-AlFeSi 不会被氧化，就可能夹杂在铝阳极氧化膜中呈现灰色。因此，假如在铝合金中同时存在 Al_3Fe 与 Al_6Fe，或者同时存在 Al-Fe-Si 金属间化合物的 α 相与 β 相，就可能会形成表面色差、斑点或斑块等外观缺陷。表 7-9 是在硫酸溶液中不同 Al/Fe 的第 2 相化合物（Al_3Fe，Al_6Fe，α-AlFeSi，β-AlFeSi）的阳极氧化行为及铝阳极氧化膜的色调。

表 7-9　不同第 2 相在 15% H_2SO_4 溶液中阳极氧化的行为和色调[18]

第 2 相成分	阳极氧化行为	阳极氧化膜的色调
Al_3Fe	被氧化	浅灰色
Al_6Fe	不被氧化	深灰色
Al_9Fe	—	—
α-AlFeSi	被氧化	白色
β-AlFeSi	不被氧化	灰色

7.3.2　第 2 相影响阳极氧化的分析

上述介绍已经表明，铝合金阳极氧化膜的性能及表面缺陷，不仅与铝阳极氧化的工艺规范和操作条件有关，还与铝合金成分、杂质与含量、第 2 相析出物成分与含量、组织结构和加工状态等因素密切相关，以下分别对固溶状态或第 2 相析出物状态对于铝阳极氧化影响进行简要分析。

（1）固溶状态的影响。铝合金阳极氧化时，如果铝合金中的固溶元素比铝更容易迁移，那么这些元素一般富集在铝阳极氧化膜中或者可能溶解在槽液中。而不容易迁移的元素则富集在基体金属表面附近或在金属基体中。实验表明，Mg、Li 等属于容易迁移的元素，对于铝阳极氧化处理几乎没有负面影响。特别是 Mg 由于固溶度很大，作为铝的合金化元素是理想的添加元素。Mg 添加量如果再增加，就容易受均匀化热处理的影响，增加色调的多样性。Cu 含量在 0.25% 以下（固溶度与温度有关，参见表 7-6），Cu 作为固溶体存在于铝合金中，阳极氧化时一般会残留在铝阳极氧化膜中。Cu 含量较高的 2024 或 7075 铝合金，元素 Cu 在铝阳极氧化膜中的残留量变小，一般就以第 2 相形式存在。合金化元素或杂质元素在铝中固溶后，铝阳极氧化膜的色调与固溶元素类型有关。例如 Cr、Cu 固溶在铝中呈现黄色，Mn 固溶呈现粉红色。大部分固溶度低的元素不能以固溶体状态存在铝合金中，通常以金属间化合物第 2 相析出物的状态存在。一般认为，根据原子半径的差异以氧化物的颜色为主的相互作用会产生不同的颜色。Mn 在铝中容易固溶强化，在适当的温度下热处理时析出 Al_6Mn 相，该析出相在铝阳极氧化膜中是比较稳定的，使得铝阳极氧化膜呈灰色，析出量再增多时呈黑色。

（2）第 2 相化合物的影响。铝合金中的第 2 相金属间化合物是普遍存在的，对碱腐蚀的化学反应和铝阳极氧化电化学反应的影响又很大，为此关注第 2 相析出物的化学行为和电化学行为对于铝阳极氧化膜的影响非常必要。表 7-10 是 22 种典型的第 2 相金属间化合物，在铝合金碱腐蚀和阳极氧化过程中的化学和电化学行为，与铝合金基体比较其溶解性和反应性，以及在铝阳极氧化膜中的存在状态。这些信息对于分析、判断和预测铝阳极氧化膜性能和外观，尤其是表面光泽度的意义很大。

表 7-10　典型的第 2 相金属间化合物的碱腐蚀溶解性及阳极氧化反应性[3]

第 2 相成分	碱腐蚀速度	阳极氧化状态
$FeAl_3$	=	=，+
$FeAl_6$	−	+
Mg_2Si	+	−
Si	−	+
$CuAl_2$	+	
$MnAl_6$	+	+
β-AlMg		
$TiAl_3$	−	+
$NiAl_3$	=	
$CrAl_7$	−	−
$(Fe,Mn)Al_3$	−	
$(Fe,Cr)Al_3$	−	
$(Fe,Cu)Al_3$	−	
$(Fe,Mn,Cr)Al_3$	−	
$(Mn,Fe)Al_6$	−	
$(Cr,Mn)_2Al_{611}$	−	
$(Mn,Cu)Al_6$	−	
α-AlFeSi	−	=
β-AlFeSi		+，=
α-AlFeCuSi	−	
α-AlFeMnSi		
α-AlFeCrSi	+	

　　注：1. 碱腐蚀：相对于铝基体的腐蚀速度，＋表示快，＝表示接近，－表示慢。
　　2. 阳极氧化：阳极氧化膜中的存在状态，＋表示以第二相存在，＝表示被氧化并残留在膜中，－表示溶解并形成孔洞。

从表 7-10 可以看出，在碱腐蚀时，第 2 相析出物可能比铝基体腐蚀速度快（＋）、可能慢（－）或者接近（＝）。而在铝阳极氧化时，第 2 相析出物可能没有被氧化而留在铝阳极氧化膜中（＋），也可能部分被氧化溶解而残留在铝阳极氧化膜中（＝），或者第 2 相析出物整体溶解在槽液中并可能形成表面孔洞（－）。在上述各种情形下，如果铝阳极氧化膜中残留的第 2 相金属间化合物的析出相数量比较多，可能成为很难预测的铝阳极氧化膜色调变化的原因。如果第 2 相析出物优先被氧化而整体溶解，铝阳极氧化膜中可能形成孔洞，从而引起铝阳极氧化膜的外观变化和性能下降，甚至还会影响铝合金表面硬度和耐磨耗性能。在铝阳极氧化时，Mg_2Si 析出相也可能被氧化分解，使 Mg 溶解在槽液中，而 Si 作为不溶性成分留在铝阳极氧化膜中。此外还有可能影响随后的电泳涂装过程，第 2 相化合物的优先溶解增加表面孔洞，从而引起涂层附着性下降，例如 2×××系铝合金含 Cu 化合物优先溶解形成表面孔洞，影响电泳涂装膜的附着性就是一个实例。在铝阳极氧化时，不溶解的第 2 相金属间化合物会形成表面污灰，如果残留在铝阳极氧化膜的表面，并且显著阻碍随后的铝阳极氧化处理过程，那么必须及时将其清除方可延续铝阳极氧化过程。第 2 相金属间化合物也可能干扰铝阳极氧化膜的电解着色，这是因为铝阳极氧化膜中残留的第 2 相析出物颗粒扰乱了多孔性阳极氧化膜的规律性结构，着色金属 Ni 或 Sn 不能在第 2 相金属间化合物的占据位置电解析出，妨碍随后的电解着色的正常进行而形成色差或色斑。Zn 的影响因固溶或析出状态的不同而异，Zn 残留在铝阳极氧化膜上的倾向比较大。上述分析表明，铝阳极氧化膜的性能和外观缺陷，可能在微观层面从铝基体的第 2 相析出物的化学或电化学行为说明缘由。

一般而言，影响铝阳极氧化膜色调的铝合金组织状态有结晶物、析出物和固溶元素三类。结晶物和析出物都是以第 2 相析出物形式存在于铝合金的，所谓结晶物就是在熔铸凝固时生成的结晶型金属间化合物，所谓析出物就是在压力加工的均匀化处理、热挤压或热压延、退火等热处理过程中，在固态铝基体中析出而生成的细微的金属间化合物。析出物的尺寸、密度一般容易变化，影响色调的因素也比较多。所谓固溶元素就是在铝的晶体结构中以铝的置换形式存在的异种金属元素。结晶物与析出物的尺寸也不同，一般前者较大后者较小，但本质上它们的成分都是金属间化合物。下面以 6063 为例，再进一步具体深入分析杂质 Fe 生成的金属间化合物在硫酸法阳极氧化时的行为。表 7-9 显示了铝合金中含铁金属间化合物在硫酸法阳极氧化时的行为以及铝阳极氧化膜的色调。

Fe 由于固溶度很低，通常都以金属间化合物的形式存在于铝合金中，并且严重影响铝阳极氧化膜的透明度，从而成为不利于"光亮"阳极氧化的杂质元素。前文已经说明，所谓"光亮"阳极氧化并非表示生成光亮的铝阳极氧化膜，事实上是指生成清澈透明的铝阳极氧化膜，以保持铝合金原表面镜面反射率高（一般都必须经过表面光亮化处理即抛光处理等工艺）的特征。为此，铝阳极氧化膜的透明度越高缺陷越少，即使有第 2 相析出物，其弥散越细小均匀，则保持铝合金原有表面光亮度越好，就称之为"光亮"阳极氧化。铝合金中 Fe 含量是影响铝阳极氧化膜光亮度最明显的元素，以 6063-T5 为例，图 7-2 是铝合金中 Fe 含量与铝阳极氧化膜的光亮度的关系，数据表明随着铝合金中 Fe 含量的增加，光亮度持续降低，如果 Fe 含量为 0.05％时光亮度为 75％，那么 0.10％对应 60％，0.20％对应 45％，而 Fe 含量为 0.40％时光亮度只剩下 25％了。同样条件的 6063 铝合金，挤压的冷却速度快则光亮度高。在相同铁含量情形下，加快挤压的冷却速度意味着含铁的金属间化合物分布更为弥散均匀，预期会提高表面光亮度。图 7-3 表明铝合金挤压的冷却速度与阳极氧化膜光亮度的关系，数据表明冷却速度从 20℃/min 加快到 100℃/min，光亮度陡然提高，效果非常显著。如果冷却速度继续上升到大于 100℃/min，光亮度虽然有所提高，但是上升相当缓慢，对光亮度的影响不再明显，当然工业化生产通常不会选择大于 100℃/min 的冷却速度。为此，控制铝合金的铁含量和提高挤压冷却速度是铝"光亮"阳极氧化的关键。

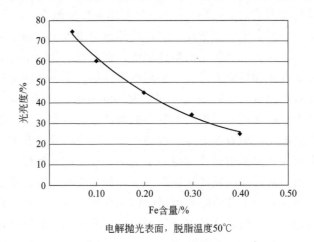

电解抛光表面，脱脂温度50℃

图 7-2　6063-T5 铝合金的 Fe 含量与阳极氧化膜光亮度的关系[18]

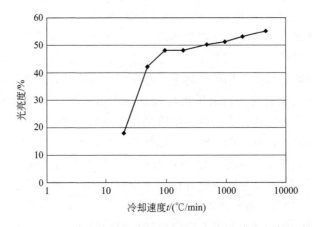

图 7-3　6063-T5 铝合金挤压的冷却速度与阳极氧化膜光亮度的关系[18]

　　总之，由于铝合金中的金属间化合物的种类、含量和状态不同，第 2 相析出物的化学和电化学的性质不同，因此，在铝阳极氧化时，这些化合物可能保持原封不动的状态，也可能被氧化或者被溶解，为此产生的铝阳极氧化膜的色调和缺陷也就各式各样了，必须进行具体试验和分析。实际上铝阳极氧化行为及其对铝阳极氧化膜的影响还与阳极氧化的工艺条件有关，还需要考虑铝基体与阳极氧化的相互作用，这是两个不可分割并且互相影响的因素。因为铝阳极氧化后由于材料的内部组织状态引起外观等变化更加显著，所以铝合金比其他金属材料的阳极氧化处理，更需要注意选择铝合金类型和关注铝合金加工历史。

7.4　铸造铝合金阳极氧化

　　铸造铝合金的使用量远不及变形铝合金，而且其制品并不一定需要进行表面处理，2015

年前日本的统计表明，压铸铝合金 ADC12 不经表面处理者占 60%，因此人们不熟悉铸态铝合金阳极氧化也就不足为奇了。近年来，国内外压铸铝合金制品需要量剧增而且应用面加宽，鉴于机械零部件提升其表面硬度和耐磨耗性的需求，压铸铝合金的阳极氧化工艺开发和理论研究进展很快，而且较多采用了脉冲阳极氧化、电流反转阳极氧化等新技术。新技术不仅提高了压铸铝合金阳极氧化的速度，降低了铝阳极氧化膜的灼伤危险，而且在厚度及其均匀性、硬度与耐磨耗性、耐腐蚀性、柔韧性、抗击穿能力等性能方面都显示出明显优势。

7.4.1　铸造铝合金阳极氧化工艺

我国铸造铝合金代号由表示铸铝的汉语拼音字母 ZL 及数字组成，ZL 后面第一位数字表示合金系列，其中 1、2、3、4 分别表示 Al-Si、Al-Cu、Al-Mg、Al-Zn，其后面第二、三位数字是铸铝合金的顺序号。同理，我国压铸铝合金的代号为 YL 开头，YL 后面第一位数字 1、2、3、4 分别表示 Al-Si、Al-Cu、Al-Mg、Al-Sn 系列铝合金，其第二、三位数字为压铸铝合金的顺序号。本节技术数据主要取自于日本和欧洲，读者可参考 GB/T 15115—2009 的附录"国内外主要压铸铝合金代号对照表"。

铸造铝合金按照铸造压力不同可以分为重力铸造、加压铸造（压铸）和减压铸造三大类，可以根据产品要求和尺寸精度选择不同的铸造工艺。目前在机械零部件制造方面，尤其是考虑汽车和摩托车零部件着重保护作用和耐磨耗性方面，压铸铝合金产品使用最为广泛。而且为了提高产品的表面硬度、耐腐蚀性和耐磨耗性，需要通过阳极氧化加以强化。由于铝中添加 Si 可以提高熔体流动性，但是铝阳极氧化膜的颜色视 Si 含量增加从浅灰色到深灰色，因此铸造或压铸铝合金中占有很大比重的 Al-Si 合金或 Al-Si-Cu 合金实际上无法进行着色或染色，光亮阳极氧化也几无可能。为此，主要关注的是压铸铝合金的保护性阳极氧化，重点放在提高硬度以及改善耐腐蚀性和耐磨耗性上。表 7-11 列出日本各牌号铝合金的工艺性能和压铸件的性能。

表 7-11　压铸铝合金各牌号的工艺性能及压铸件性能

铝合金牌号	压铸工艺性能				压铸件性能				
	耐热裂	气密性	充填性	抗粘模	耐腐蚀	机加工	耐磨耗	阳极氧化	高温强度
ADC10 ADC10Z	优	好	好	优	可	好	好	可	好
ADC12 ADC12Z	优	好	好	优	可	好	好	可	好
ADC1	优	优	优	优	中	中	中	可	中
ADC3	优	好	中	好	中	好	好	中	好
ADC5	差	差	差	差	优	优	优	优	可
ADC6	差	差	差	差	优	优	优	优	可
ADC14	中	中	优	中	差	差	差	差	优

注：各项性能按优、好、中、可、差分级。

压铸铝合金含 Si 高、流动性好，可得到精密压铸件，应用广泛，例如日本 ADC12。但是由于压铸铝合金的 Si 含量很高，而且 Si 的分布又不均匀，在凝固时存在不均匀析出的晶体 Si，Si 在铝阳极氧化中既不被氧化也不溶解，导致压铸铝合金的阳极氧化膜的厚度分散性极大。如果 Si 可以均匀细致地分布在压铸铝合金中，或许还能形成比较均匀的铝阳极氧化膜。笔者使用过日本生产的 ADC12 铝合金标准试片进行阳极氧化，可以得到相当均匀的铝阳极氧化膜，目视观察非常平整。为了提高 ADC12 铝合金的阳极氧化膜厚度的均匀性，各国研究者进行了广泛有效的研发工作，而且都注意到应该先从规范压铸铝合金的工艺，提高 ADC12 合金的成分均匀性开始。

日本于 1990 年代初，由著名学者永山政一教授（1986 年已从北海道大学退休）牵头，组织日本压铸协会及几家研究所、三所大学和一些企业共 13 家单位，全面研究压铸铝合金 ADC12 的阳极氧化。从压铸铝合金的市场应用动向和当时存在的技术问题出发，在规定 ADC12 铝合金"标准试样"的基础上研究 ADC12 铝合金制品在硫酸、草酸、磷酸和硫酸＋草酸槽液中的铝阳极氧化特性，各种新型铝阳极氧化方法（如脉冲法和电流反转法等）的实验及其技术特点，铝阳极氧化膜的特性（如铸造条件与阳极氧化，Si 含量与外加氧化电压课题等），并对 ADC12 铝合金的压铸和热处理条件与阳极氧化之间关系进行了系统研究，而且研究了压铸件 ADC12 实际产品的特性（含组织结构等）以及 ADC12 的阳极氧化工艺与阳极氧化膜性能。并在 1992 年以日本压铸铝合金表面处理研究会名义出版了研究成果报告书[22]。由于压铸铝合金阳极氧化对于压铸件品质的严重依赖性，该报告还规范了 ADC12 铝合金的压铸工艺条件，规范提出并提供 ADC12 压铸铝合金标准试验片（尺寸为 70mm×150mm×2mm）。报告书列出标准阳极氧化条件：槽液成分为 300g/L 硫酸＋3g/L 铝离子，温度 20℃，恒电流密度 2A/dm²，时间 60min，作为各类试验相互比较的基础。该报告书对于从事压铸铝合金的阳极氧化的工艺开发及微观研究具有非常实际的参考价值。

对于一般工业化生产，铸造铝合金的阳极氧化比较常用的槽液还是以硫酸为主成分，可能添加有机酸或金属盐，例如硫酸-草酸-酒石酸槽液、硫酸-甘油槽液、硫酸-氨基磺酸-镍盐槽液，或者直接采用有机酸溶液，甚至还增加特殊电源的外加波形，其目的都是考虑降低铝阳极氧化膜在槽液中的溶解，提高铝阳极氧化膜的厚度均匀性及其耐腐蚀性、耐磨耗性等。例如，压铸铝合金的 Sanford 的阳极氧化工艺，其槽液成分为 7％硫酸＋3％煤提取物＋7％甲醇＋0.02％壬醇＋0.02％聚乙二醇，温度－10℃，外加电压 15～60V，恒电流密度 1.5A/dm²。又如，槽液成分为 1mol/L 酒石酸＋0.15～0.20mol/L 草酸，温度 40～50℃，外加电压 40～60V，恒电流密度约 5A/dm²，铝阳极氧化膜的硬度可达到 300～470kgf/mm²（1kgf/mm²≈10MPa）。还有在 50～150g/L 硫酸＋10～100g/L 氨基磺酸＋25～30g/L 镍盐的槽液中，采用周期换向电源（120s 阳极＋60s 阴极）也有很突出的正面效果。典型示例如下：常用于汽车活塞的 AC8A（12％ Si＋1％ Cu＋1％ Mg＋1％ Ni），阳极氧化处理可以提高表面硬度和耐磨耗性，从而提升其服役寿命。阳极氧化的条件为 26％硫酸，温度 15℃，恒电流密度 2.3A/dm²，时间 25min，可以得到平均厚度为 18μm 的铝阳极氧化膜。或者 26％硫酸，温度 15℃，恒电流密度 23A/dm²，时间 2min15s，可以得到平均厚度为 20μm 的铝阳极氧化膜。读者如果需要深入研究，可参考本章参考文献 [1，2，5，19，20，22]。

日本学者比较倾向于使用草酸槽液阳极氧化，他们认为高 Si 铝合金的阳极氧化膜厚度不均匀是因为 Si 分布位置的阻抗比铝基体高，Si 分布少的地方因为阻抗低容易生成铝阳极氧化膜，由此产生膜厚的不均匀性。对此，应该采用高阻抗槽液进行铝阳极氧化处理，生成的铝阳极氧化膜本身阻抗也高，能够得到膜厚比较均匀的铝阳极氧化膜。与这种条件相匹配的处理方法之一就是采用草酸等有机酸溶液的阳极氧化方法，比硫酸槽液更合适。实验表明，ADC12 铝合金分别在硫酸或草酸槽液中阳极氧化处理，比较硫酸法阳极氧化膜和草酸法阳极氧化膜的横截面，证实草酸法阳极氧化膜的膜厚均匀性更好。

铸造铝合金阳极氧化可以通过溶解表面 Si 的前处理步骤，溶解除去铸造铝合金表面析出的粗晶 Si，减轻表面 Si 粒子对铝阳极氧化膜均匀性的负面影响，从而可以降低铝阳极氧化膜的厚度分散性。如图 7-4 所示，在铝阳极氧化处理之前，使用硝酸-氟化氢铵-醋酸的混合溶液浸渍 ADC12 压铸件，可以抑制铝的溶解而同时溶解压铸铝合金表面的 Si。通过 3min 的前处理（清洗和溶解铝合金表面的 Si 粒子）过程，使得同样条件下阳极氧化的铝阳极氧化膜的厚度增加（见图 7-4 中的平均膜厚），而铝阳极氧化膜厚度的不均匀性降低（见图 7-4 中的膜厚变化系数）。从本实验的思路出发，可进一步探索压铸铝合金阳极氧化膜的着色或染色的可能性，也可以在溶解铝合金表面的 Si 的技术思路指引下再深入试验研究。

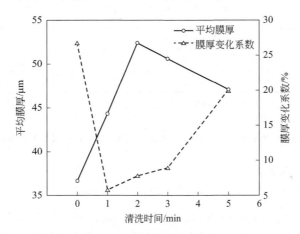

图 7-4 使用硝酸-氟化氢铵-醋酸的混合液清洗处理后 ADC12 合金的效果

7.4.2 外加电源波形对铸造铝阳极氧化的影响

日本学者早期研究过硫酸和草酸溶液外加电流的波形对于铝阳极氧化膜性能的影响[23]，所谓电流波形并不仅是指直流（DC）或交流（AC），还涉及 DC 与单相 AC 或三相 AC 组合的波形，研究结果见表 7-12。主要研究了外加电流波形对于铝阳极氧化膜的密度、膜厚、耐磨耗性、显微硬度及外观的明显影响。结果认为，不同外加波形的处理条件会引起铝阳极氧化膜各项性能的明显差别，例如铝阳极氧化膜密度为 2.25～2.76，膜厚为 5.5～8μm，耐磨耗性为 155～640s（差别相当大），硬度为 46～84 变动（详见表 7-12）。日本学者认为交流法铝阳极氧化膜性能很差，是由于阴极时氢离子放电，造成铝阳极氧化膜的微孔结构破坏，从而促进铝阳极氧化膜的化学溶解，为此使一系列宏观性能变差。实验数据还表明，单相半波整流或三相半波断续整流波形，对于铝阳极氧化膜各项性能都有正向影响，尤其对于铝阳极氧化膜的硬度和耐磨耗性更为有利，这似乎证明高电流半波断续整流输出可能对铝阳极氧化有好处。可控硅和高频开关电源的输出波形确实要比蓄电池的直流电的工艺性能及氧化膜品质都好得多。上述实验结果可以联系到脉冲阳极氧化及其理论的电流回复效应[22,23]，其技术思路应该是一致的。在压铸铝合金阳极氧化时，由于特殊波形包括脉冲阳极氧化、电流反转阳极氧化等比较有利，因此我们把电流波形对于铝阳极氧化的影响，放在此处进行讨论说明，并且推荐使用脉冲法和电流反转法等新电源技术进行铸态铝合金阳极氧化。

表 7-12　不同波形的硫酸法铝阳极氧化膜的性能[1,23]

波形	电压/V		膜厚 /μm	密度	耐磨耗性/s[①]	硬度[②]	外观
	DC	AC					
1 直流(蓄电池)	13.0	—	8	2.46	455	78	无色透明
2 单相半波整流[③]	13.5	14.5	8	2.66	435	84	无色透明
3 三相半波断续整流	13.0	15.5	7.5	2.76	640	80	无色透明
4 单相非对称整流(2∶1)[④]	4.0	10.0	7	2.32	205	54	不透明浅黄色至金色
5 单相非对称整流(3∶1)	4.5	10.0	7	2.32	225	46	不透明浅黄色至金色
6 单相非对称整流(4∶1)	4.5	10.0	7	2.42	280	64	不透明浅黄色至金色
7 三相非对称整流(2∶1)	5.5	11.5	6.5	2.38	175	48	不透明浅黄色至金色
8 三相非对称整流(3∶1)	6.5	11.5	6.5	2.46	165	47	不透明浅黄色至金色
9 三相非对称整流(4∶1)	8.0	11.0	7	2.25	185	47	不透明浅黄色至金色
10 AC+DC 叠加	10.0	10.0	7	2.50	370	78	无色透明
11 交流(AC)	1.6	11.0	5.5	2.70	155	43	不透明浅黄色

① 耐磨耗性按照日本工业标准 JIS H-8601 规定,以 s 为单位。

② 硬度后有括号(μ Vickers)标注。

③ "单相半波整流"波形的定名经江苏天马电源公司技术人员和日本顾问根据原书所附波形和电路图讨论决定,特此致谢。

④ 括号内表示正向电流与负向电流之比。

注:实验条件为 15% H_2SO_4,30℃,1A/dm² (平均正向电流),30min。

此处介绍成膜率 CR (Coating Ratio)的概念。国外有些学者非常重视这个成膜率 CR 的数据,认为该数据可以直接判断铝阳极氧化处理系统的生成效率。实际上"成膜率"一词早在 1954 年由 Marson 和 Fowle[21]提出,其物理意义是铝阳极氧化膜的质量与参与反应的铝的质量之比(后者是铝转化为阳极氧化膜的量加上溶解进入溶液的量)。举例说明:假如铝阳极氧化膜完全由 Al_2O_3 构成,既没有夹杂成分也没有铝溶解进入溶液,由计算得到成膜率的理论值应为 1.89。实际上,在铝阳极氧化过程中,溶液中总会存在铝离子,一般不可能达到 1.89。但是同时,铝阳极氧化膜可能总是掺有一些阴离子,理论上又可能会提高成膜率数值。

表 7-13 说明了外加电源的不同电流波形对成膜率的影响,其中单相半波整流波形的成膜率为 1.25,三相半波断续整流波形为 1.22。而交流和三相非对称整流波形的生成率最低。成膜率实际上是一个与铝阳极氧化体系的本质相关联的物理量,其数值大小不仅与槽液类型、操作参数等有关系,而且还与外加电源的电流波形有关。

表 7-13　不同阳极氧化的外加波形的成膜率[1]

不同外加波形的阳极氧化膜成膜率(波形的顺序与表 7.13 中波形顺序相同)										
1	2	3	4	5	6	7	8	9	10	11
1.16	1.25	1.22	1.10	1.13	1.16	1.04	1.08	1.09	1.13	1.04

压铸铝合金采用特殊的阳极氧化电源波形,可以有效提高铝阳极氧化膜的厚度均匀性。据报道,使用高频率(如 10kHz 左右)脉冲波进行阳极氧化,能够改善铝阳极氧化膜的厚度均匀性。图 7-5 所示分别为 ADC12 铝合金直流恒电流密度(1.5A/dm²)阳极氧化和高频

脉冲法阳极氧化膜的试验结果。我们可以通过试样横截面照片和膜厚测量值的标准偏差 σ 表示铝阳极氧化膜厚度的分散性。铝阳极氧化膜横截面照片目视可以判断,高频脉冲法的膜厚均匀性远优于恒电流法。高频脉冲电流法的膜厚标准偏差 $\sigma = 2.1\mu m$ 也好于后者的 $3.8\mu m$。为此,横截面照片和标准偏差数据都清楚表明,高频脉冲法阳极氧化显著提高了铝阳极氧化膜厚度的均匀性。

处理方法	负电压 /V	标准偏差 $\sigma/\mu m$	阳极氧化膜横截面照片
直流法	—	3.8	阳极氧化膜 铝基材 100μm/div
高频脉冲法	−2	2.1	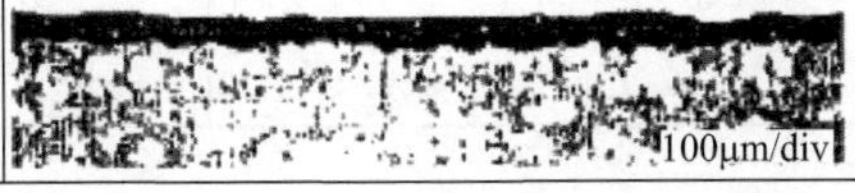 100μm/div

图 7-5 适用于 ADC12 铝合金材料的阳极氧化的效果

实验证明,对于铸态铝合金阳极氧化的外加电源,单一直流恒电流模式并不理想,工业上早已使用可控硅电源或高频开关电源供电。脉冲阳极氧化可以得到更为理想性能的阳极氧化膜,如提高硬度和耐磨耗性等,尤其对于铝阳极氧化膜硬度和厚度均匀性而言,脉冲阳极氧化和极性变换阳极氧化更有优势。

7.4.3 工艺参数对铸造铝阳极氧化的影响

上一节强调了外加电源的电流波形对于高硅或高铜压铸铝合金阳极氧化的特殊意义,本小节阐述铸造铝合金阳极氧化工艺对于铝阳极氧化膜的影响。

为了改进压铸铝合金表面的外观和耐腐蚀性,日本 APA 协会试验研究中心的技术资料建议,在铝阳极氧化之前首先将 ADC12 铸件表面用化学浸渍法,处理到 $20\mu m$ 左右的浸蚀溶解深度。即采用 20%氢氧化钠溶液在 70℃浸渍约 1min,表面溶解大约 $6.7mg/cm^2$,相当于铸铝表面去除了 $24\mu m$ 深度。然后用 2 份体积的硝酸＋1 份氢氟酸＋1 份乙醇溶液浸渍数秒进行去灰处理,完成铝阳极氧化的前处理步骤。欧洲研究者认为,铸态铝合金酸性腐蚀脱脂虽然腐蚀速度比碱性腐蚀慢,但是工艺全过程处于酸性环境,无需进行中和除灰处理,而且表面活性高。但是酸性脱脂效果较差,可能在表面残留油脂,所以需要视表面情况决定采用碱性还是酸性前处理。为了避免碱性脱脂形成大量的黑色污灰,不推荐强碱或强酸的阳极氧化前处理步骤,即便使用碱腐蚀脱脂也建议以弱碱性为宜。压铸铝合金除了化学法除油或碱性清洗液去除表面氧化膜外,有时还需要使用化学抛光或电化学抛光。典型的化学抛光工艺为,槽液成分 70%磷酸＋8.8%硫酸＋8.8%硝酸＋3.1%尿素＋4.4%硫酸铵＋0.02%硫酸铜,温度为 90～105℃,时间约 2～3min。其中硝酸是可以有效抑制铝表面点腐蚀发生的钝化剂,鉴于环境效应的考虑,在磷酸-硫酸基础抛光槽液中研发替代硝酸的钝化剂,才能真正实现环保型的化学抛光工艺。经过上述前处理工序之后,一般可以进行以下的阳极氧化处理。

硫酸通常作为铝阳极氧化的基础槽液,研究硫酸法工艺参数的影响是有现实意义的。试验表明电流密度高于 $2A/dm^2$ 为宜。在硫酸质量浓度为 150g/L、铝含量为 3g/L 时,用不同电流密度（A/dm²）：1，2，3，4，5，6 对标准 ADC 试片进行恒电流密度阳极氧化 30min，结果表明使用电流密度 1A/dm² 阳极氧化处理，铝极氧化膜厚度偏低并且成膜率也低，在电流密度为 2A/dm² 时，膜厚增长较快而且成膜率也提高。表 7-14 是阳极氧化膜的厚度和成膜率与电流密度的关系，表中数据表明，要兼顾膜厚和成膜率，电流密度为 2～3A/dm² 时铝阳极氧化较为有利。电流密度过高容易引起氧化膜灼伤，膜厚有所增加补不上电耗的提高。在恒电流密度长时间进行铝阳极氧化时，铝阳极氧化膜生成一定厚度以后不再增长，在上述试验条件下大约经过 120min，槽电压不再上升，膜厚也停止增长，达到所谓"极限厚度"。

表 7-14　铝阳极氧化膜厚度和成膜率与电流密度的关系

电流密度	1A/dm²	2A/dm²	3A/dm²	4A/dm²	5A/dm²
氧化膜厚度/μm	5	13	18	21	26
成膜率	0.16	0.22	0.20	0.18	0.19

试验表明，通过改变铸态铝合金阳极氧化的硫酸槽液温度和浓度，槽电压在大约 10min 内上升到定值不再增高，最终槽电压随着槽液温度和硫酸浓度的升高而降低，上述规律与普通阳极氧化的规律是相同的。试验条件及结果如下，在硫酸质量浓度为 150g/L，铝含量为 3g/L，电流密度为 2A/dm² 的条件下，以不同槽液温度（℃）：5，10，15，20，25，30，进行阳极氧化 30min，记录槽电压上升与时间的关系，都在大约 10min 以内达到最大值，（即最终槽电压）并基本不再上升。在试验范围内，随着槽液温度升高最终槽电压降低，而成膜率大体不变。再改变硫酸槽液的质量浓度（g/L）：50，100，150，200，300，600，在槽液温度为 20℃、电流密度为 2A/dm² 时进行恒电流密度阳极氧化，槽电压在 10min 以内迅速上升到达最大值，所有浓度的规律大致相同，浓度高的上升更快而最终电压较低，成膜率随硫酸浓度升高有所上升。

日本学者还建议选择草酸槽液进行铸造铝合金的阳极氧化，认为草酸槽液比硫酸阳极氧化膜的厚度均匀性显著改善，并认为高 Si 铝合金的阳极氧化膜厚度不均匀原因是 Si 分布位置的阻抗比铝基体大，因此 Si 分布少的位置容易生成铝阳极氧化膜，由此产生膜厚的不均匀性。所以日本学者建议，应进行高阻抗的阳极氧化处理，草酸溶液阳极氧化生成的铝阳极氧化膜本身阻抗也高。试验表明能够得到膜厚比较均匀的铝阳极氧化膜。

综上所述，适于压铸铝合金阳极氧化工艺，与普通阳极氧化比较可以采用的改进措施有：①提高电流密度，可以达到 5～10A/dm² 或以上，当然需要配套槽液冷却的强化措施；②降低槽液对铝材和阳极氧化膜的腐蚀能力，硫酸槽液添加有机酸，或直接采用有机酸（如草酸）槽液；③更多采用特殊波形的阳极氧化电源，如高频脉冲电源法或电流反转电源（DUTY 电源）法等；④日本用于 ADC12 的表面硬化层（SH coat）的专用工艺。

参考文献

［1］Sheasby P. G and Pinner R. . The Surface Treatment and Finishing of Aluminium and its Alloys. 6th edition. ASM IN-TERNATIONAL (USA) and FINISHING PUBLICATION LTD (UK)，2001.

［2］日本轻金属制品协会 . アルミニウム表面処理の理論と実務 . 第 4 版 . 东京：2007.

［3］日本表面技术协会 . アルミニウム表面技术百问百答 . 东京：カロス出版株式会社，2015 .

［4］Sato T，Kaminaga K. . Theories of Anodized Aluminium, 100 Q and A. 东京：カロス出版株式会社，1997.

［5］　日本轻金属制品协会．アルミ表面処理ノート．第 7 版．东京：2011.

［6］　［日］川合慧著．铝阳极氧化膜电解着色及其功能膜的应用．朱祖芳译．北京：冶金工业出版社，2005.

［7］　［日］菊池哲主编．铝阳极氧化作业指南和技术管理（原著第二版）．朱祖芳等译．北京：化学工业出版社，2016.

［8］　朱祖芳编著．铝合金表面处理膜层性能及测试．北京：化学工业出版社，2012.

［9］　Qualanod-Specification for the Quality Label for Anodic Oxide Coatings on Wrought Aluminium for Architectural Purposes，Zurich.

［10］　Reynolds Metals Co.，US Pat. 3，524，799（1970）.

［11］　Fukuda，Y. and Fukushima，T.. Elctrochimica Acta，1981. 68（1）：54-58.

［12］　Acorn Anodizing Co.. Brit. Pat. 1，114463（1968），Brit. Pat. 1，215，3114（1970）.

［13］　中国标准 GB/T 1173—2013 铸造铝合金.

［14］　中国标准 GB/T 15115—2009 压铸铝合金.

［15］　李学朝编著．铝合金材料组织与金相图谱．北京：冶金工业出版社，2010.

［16］　Yokoyama K，Konno H，et al. Plaing and Surface Finishing，1982，69（7）：62.

［17］　贝红斌，朱祖芳，侯江源．脉冲与恒流阳极氧化的氧化过程和氧化膜性能．电镀与环保，1996，16（4）：25.

［18］　田中义郎．阳极氧化铝材的管理要点．山东临朐铝型材会议报告，2015-07-25.

［19］　朱祖芳．脉冲技术在铝合金硬质阳极氧化中的应用．电镀与涂饰，2002，21（6）：22.

［20］　Brace A. W.. Hard Anodizing of Aluminium. Interall Srl，Modena，Italy 1992，British patent 8，120，591，959，US patent 3，524，799.

［21］　Marson R. B. and Fowle P. E.. J. Electrochem. Soc.，1954，101（2）：53.

［22］　日本アルミニウムダイカスト表面処理研究会，アルミニウム合金ダイカスト（ADC12）表面処理に関する研究报告书，平成四年.

［23］　Tajima S.，Satoh F.，Babs N. and Fukushima T.. J. Electrochem. Soc.，Japan，1959，27（E）：262.

第 **8** 章
阳极氧化工艺

8.1 硫酸阳极氧化工艺

以铝为阳极置于硫酸电解液中，利用电解作用，使铝表面形成阳极氧化膜的过程称为铝硫酸阳极氧化。因为硫酸交流阳极氧化电流效率低，氧化膜的耐蚀性差、硬度低，所以很少使用。目前国内外广泛应用的是硫酸直流阳极氧化，它与其他酸阳极氧化相比较，在生产成本、氧化膜特点和性能方面具有下列明显的优越性。

① 生产成本低。电解液所用的硫酸价格低，电解耗电少，废液处理简单，与其他阳极氧化比较是一种最为廉价的工艺。

② 膜的透明度高。一般硫酸氧化膜为无色透明，且铝越纯，膜透明度越好，合金元素 Si、Fe、Mn 会使透明度下降，但 Mg 对透明度无影响，最适合于抛光后的光亮阳极氧化处理。

③ 耐蚀性和耐磨性好。表 8-1 列出了铝及铝合金硫酸阳极氧化膜在各类大气和 CASS 试验中的耐蚀性。

表 8-1　铝及铝合金硫酸阳极氧化膜的耐蚀性[1]

基体	膜厚/μm	腐蚀孔数 $N/(个/cm^2)$				
		大气暴露 18 个月			CASS 试验	
		工业大气	乡村大气	海洋大气	8h	18h
Al 99.5%	5	30	10	3	10	30
	10	10	1	0	1	3
Al 99.99%	5	10	0	0	0.3	1
	10	3	0	0	0.3	1
Al 1.25Mn	5	0	10	10	10	30
	10	1	3	0	3	10
Al 1.25Mg	5	10	3	0	3	10
	10	3	0	0	1	3

注：普通硫酸阳极氧化膜。

④ 电解着色和化学染色容易。硫酸氧化膜是多孔型（孔隙率平均为 $10\%\sim15\%$），且无色透明，不受本色的影响，在电解着色过程中，金属离子能从其孔底析出而发色，使色泽美观、耐光和耐候性好；在化学染色中，多孔型膜吸附力强，容易使染色液渗入膜孔中去，发

生化学作用或物理作用，染成各种鲜艳的颜色。

8.1.1 硫酸阳极氧化工艺规范

（1）槽液配制

① 确认氧化槽、酸泵、热交换器、管道和阀门等不渗流。向槽内加入自来水至工作液位，打开管路阀门，开启酸泵 1~2h，检查是否有渗漏处，再静放约 10h，检查槽内水位是否下降。

② 彻底清洗槽子，包括管道和阴极板等，最后用去离子水冲洗一遍。

③ 按槽内所配溶液体积计算硫酸用量。硫酸应是无色、纯度高的工业一级品，不得使用乳黄色、褐黑色和浑浊的硫酸，这些现象都是硫酸中杂质所引起，即说明其中含有较多铁、铜、铅或氯化物等杂质。

④ 槽内先加入约 3/4 高度工作液位的去离子水，然后启动搅拌和冷却装置，缓慢加入硫酸，一般不使溶液温度大于 35℃。

⑤ 添加 0.1g/L 铝离子，以硫酸铝 $[Al_2(SO_4)_3 \cdot 18H_2O]$ 或部分氧化老槽液形式加入。

⑥ 补充去离子水至工作液位，当溶液温度冷却至约 20℃ 时，关闭搅拌和冷却装置，取样分析硫酸含量，符合要求即可生产，一般刚开槽生产，硫酸浓度取略低于规定浓度下限。

在配制溶液时，切不可先加浓硫酸，再将水加到浓硫酸中，不然会发生爆炸。

（2）槽液维护和工艺条件

① 防止前道中和（也叫出光）槽液带入氧化槽。一般中和以后要经过两道水洗，这是因为如果将中和槽内的硝酸带入氧化槽，就会造成氧化不成膜或仅成几个微米薄膜的现象。即使是采用硫酸中和，也至少要经过一道水洗，硫酸中和槽内含有较多铝材表面溶解下来的其他金属离子（尤其是铁），如果串液污染氧化槽，会造成氧化失光严重和氧化膜硬度差等问题。

② 对槽液要定期进行分析，一般只分析游离硫酸和铝含量。槽液在使用过程中，游离硫酸浓度会逐渐下降，而铝含量上升，当游离硫酸浓度降到规定浓度下限，铝含量尚未升到上限时，只需计量添加硫酸，但当铝含量超过规定上限时，应排放部分 1/4~1/3 槽液，然后再计量添加硫酸和去离子水。排放的硫酸溶液可用耐酸泵抽入硫酸脱脂槽内二次利用。降低氧化槽内的铝含量也可用硫酸回收设备。

③ 槽液液面上的漂浮物和油污应及时清除，脱落在槽液中的铝工件和杂物应及时捞起。

④ 氧化槽液沉淀物较少，一般只需一年倒槽清底一次，此时应刷洗或更换阴极板。

⑤ 硫酸阳极氧化工艺条件参见表 8-2，工艺条件的选择应根据氧化工件的形状和对膜厚、膜质量要求等决定，对现有的厂同时要考虑自身的设备能力。

表 8-2 铝材硫酸直流阳极氧化工艺条件

工艺参数	一般使用条件	最佳使用条件	20~25μm
游离硫酸/(g/L)	150~200	160~180	150~160
铝离子/(g/L)	5~20	1~5	5~15
温度/℃	15~23	19~21	17~19
电流密度/(A/dm²)	1.0~1.4	1.3~1.4	1.5~1.6
时间/min	按膜厚确定	一般 25~30	55~65

8.1.2 阳极氧化工艺参数的影响

（1）硫酸浓度。改变硫酸浓度对氧化膜的阻挡层厚度、电解液的导电性和对氧化膜的溶解作用、氧化膜的耐蚀性和耐磨性以及后道处理的封孔质量都将产生一定的影响。

硫酸浓度高，对氧化膜的溶解作用大，形成的阻挡层则薄，维持一定电流密度所需的电压降低；反之，阻挡层则厚，所需的电压升高（见图 8-1）。

硫酸浓度对电解液导电性的影响如图 8-2 所示。导电性最好的硫酸浓度约为 375g/L，但通常不采用这么高的浓度，绝大多数工业化生产阳极氧化电解液采用较低的浓度，一般在 150～220g/L。这是因为采用较高的浓度，虽然对维持恒定 1～1.3A/dm² 电流密度所需的电压可降低（见图 8-3），但是必须还要考虑硫酸浓度对氧化膜的影响。

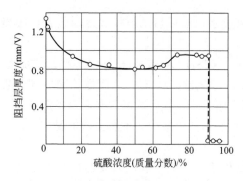

图 8-1 硫酸浓度和阻挡层厚度的关系[2]
（纯铝 99.99%，20℃，15V）

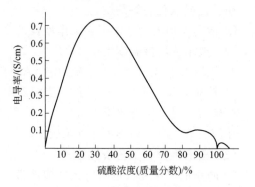

图 8-2 硫酸浓度与电解液电导率的关系[3]

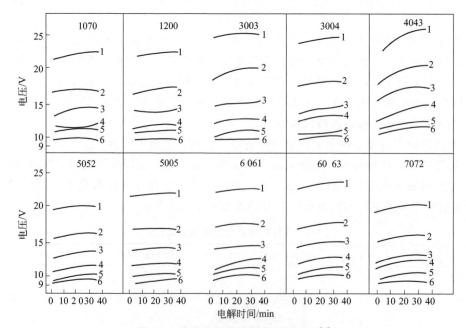

图 8-3 硫酸浓度和电解电压的关系[4]

（20℃，1A/dm²，铝含量 1g/L）

1—5%；2—10%；3—15%；4—20%；5—25%；6—30%

图 8-4 所示为在一定电流密度下，硫酸浓度、温度和电压的关系。随硫酸浓度和温度上升所需电压下降，表面上表示省电，实际上较高的硫酸浓度加大了对氧化膜的浸蚀。

图 8-5 所示为硫酸浓度对氧化膜质量的影响。硫酸浓度高，效率反而低，即获得一定厚度氧化膜的电耗大。由图 8-5 也可以看出，氧化膜的极限厚度随着硫酸浓度的提高而明显减薄，因此，如生产较厚的氧化膜，在其他工艺条件不变的情况下应适当降低硫酸浓度。

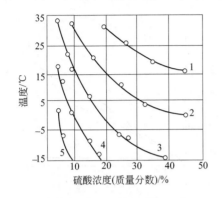

图 8-4　硫酸浓度、温度和电压的关系[5]
（纯铝 99.99％，1.3A/dm²）
1—10V；2—15V；3—20V；4—25V；5—30V

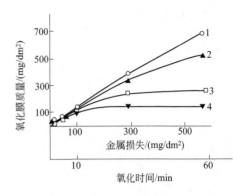

图 8-5　硫酸浓度对氧化膜质量的影响[6]
（1.6A/dm²，21℃）
1—5％；2—15％；3—30％；4—50％

硫酸浓度对氧化膜耐蚀性和耐磨性的影响分别如图 8-6 和图 8-7 所示。一般来说，随着硫酸浓度的增加，膜的耐蚀性和耐磨性均下降。耐蚀性近似线性递减，耐磨性以 15％ 硫酸浓度为界，大于这个浓度后，随着浓度的增加，下降幅度增大。但如果硫酸浓度太低，电解所需的电压则很高，电能消耗大，且得到的氧化膜发灰，亮度下降，着色性能也较差。

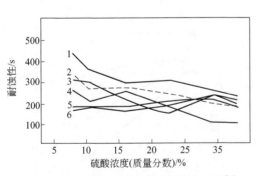

图 8-6　硫酸浓度与氧化膜耐蚀性的关系[4]
（20℃±1℃，1A/dm²，45min，铝含量 1g/L，
蒸汽封孔 5kgf/cm²，30min）
1—5052；2—6063；3—1200；4—4043；
5—5005；6—3003

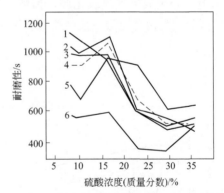

图 8-7　硫酸浓度与氧化膜耐磨性的关系[4]
（20℃±1℃，1A/dm²，45min，铝含量 1g/L，
蒸汽封孔 5kgf/cm²，30min）
1—5005；2—1200；3—5052；4—6063；
5—3003；6—4043

硫酸浓度对封孔也有较大影响。对建筑用 6063 铝合金型材，采用一般阳极氧化工艺条件（见表 8-2）和冷封孔常用工艺。Ni^{2+}：1～1.5g/L，F^-：0.3～0.5g/L，pH＝5.8～6.5，温度：27～30℃、时间：15～18min。当硫酸浓度超过 220g/L 时，冷封孔质量不合格（见图 8-8），表面出现粉霜。这是因为硫酸浓度太高时，特别是在电流密度亦较高的情况下，将会使膜层中的 SO_3 含量增加，使膜变得松散。另外硫酸浓度高，对氧化膜的溶解作用大，氧化膜膜孔锥度大、外层孔径增大，使封孔困难。

（2）槽液温度。在阳极氧化过程中，部分电能会转化为热量，因此必须对槽液进行冷却降温，以维持一个适宜的温度范围。

图 8-9 显示槽液温度对膜质量的影响，表明随着温度的升高，膜质量与金属损失比明显减小，而且膜的外层硬度较低，对 $15\mu m$ 以上的厚膜特别容易出现这种情况，在大气条件下这种膜会出现"粉化"现象。

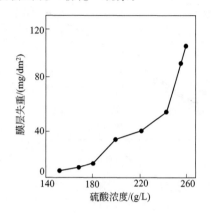

图 8-8　硫酸浓度对封孔质量的影响[7]

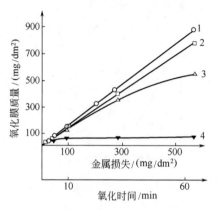

图 8-9　槽液温度对膜质量的影响[3]
（1095 铝合金，硫酸浓度 165g/L，1.7A/dm²）
1—10℃；2—21℃；3—30℃；4—50℃

对铝-铜合金系列，温度对阳极氧化膜质量的影响更为明显。图 8-10 所示为 2014 铝合金当采用硫酸浓度 183g/L 时，槽液温度在 15℃以上都生成非晶体的软膜，而当硫酸浓度为 275g/L 时，要生成致密的氧化膜，槽液温度必须要控制小于约 8℃。图 8-10 中 ABC 区和 $A'B'C'$ 区分别为两种硫酸浓度致密氧化膜生成区。

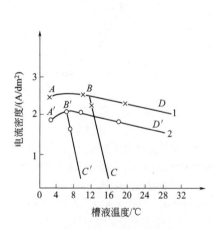

图 8-10　硫酸浓度提高对温度限制的影响[8]
（2014 铝合金）
1—硫酸浓度 183g/L；2—硫酸浓度 275g/L

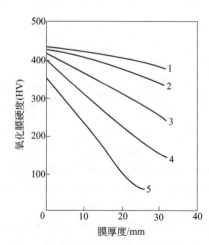

图 8-11　阳极氧化槽液温度对氧化膜硬度的影响[9]
（6063 铝合金，1.5A/dm²，硫酸浓度 200g/L）
1—0℃；2—10℃；3—15℃；4—20℃；5—25℃

图 8-11 所示为 6063 铝合金阳极氧化槽液温度对氧化膜硬度的影响[7]，表明随着温度的提高，膜的硬度下降。

槽液温度对氧化膜耐磨性（平面磨耗试验）的影响如图 8-12 所示。6061 铝合金在 10～30℃ 范围耐磨性几乎没有影响，一般铝合金随着温度的升高，膜层耐磨性明显下降，因此要获得硬度高、耐磨性好的膜层，需采取低温阳极氧化。耐磨性以 5052 最好，4043 最差。

槽液温度对氧化膜耐蚀性点碱试验的影响如图 8-13 所示。除 3004 铝合金在小于 30℃ 比较特殊外，一般铝合金在 20℃ 时耐蚀性最好，此后随着温度的升高，耐蚀性下降，40℃ 就下降到最低。耐蚀性与耐磨性相似，以 5052 铝合金最好，4043 铝合金最差。

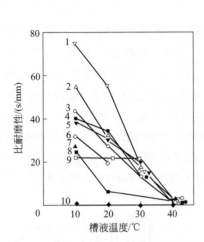 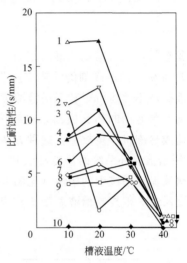

图 8-12　槽液温度对氧化膜耐磨性的影响[4]
（硫酸浓度 228g/L，1A/dm², 30min）
1—5052；2—5005；3—1070；4—1100；5—3003；
6—6063；7—3004；8—7072；9—6061；10—4043

图 8-13　槽液温度对氧化膜耐蚀性的影响[4]
（硫酸浓度 228g/L，1A/dm², 30min）
1—5052；2—5005；3—3004；4—1100；5—1070；
6—3003；7—6063；8—7072；9—6061；10—4043

一般来说，如果其他阳极氧化工艺条件恒定，槽液温度变化会产生下列影响。

① 槽液温度在一定范围内提高，获得的氧化膜重量减小，膜变软但较光亮。

② 槽液温度较高，生成的氧化膜外层膜孔径和孔锥度趋于增大，会造成氧化膜封孔困难，也易起封孔"粉霜"。对 6063 铝合金建筑型材，为确保封孔质量，温度不宜大于 23℃。

③ 较高槽液温度生成的氧化膜容易染色，但难保持颜色深浅的一致性，一般染色膜的氧化温度为 20～25℃。

④ 降低槽液温度，得到的氧化膜硬度高、耐磨性好，但在阳极氧化过程中维持同样电流密度所需的电解电压较高，普通膜一般采用 18～22℃。

槽液温度是阳极氧化的一个重要工艺参数，为确保氧化膜的质量和性能要求恒定，一般需严格控制在选定温度±(1～2)℃范围内，控制和冷却槽液温度有下列四种方法。

a. 冷冻机中的制冷剂与安装在氧化槽内的蛇形管连通直接冷却（见图 8-14）。这种方法的优点是装置简单、冷却效率高，适宜小型硬质氧化厂对槽液冷却，但一旦蛇形管出现意外破损，制冷剂泄漏进入氧化槽液内，会对槽液产生致命污染，因此一般工厂不采用这种冷却方法。

b. 用蛇形管间接冷却装置，即冷冻机冷却冷水池中的水，再用水泵将冷水打入氧化槽中蛇形管内冷却槽液（见图 8-15）。这种方法虽没有制冷剂污染槽液的危险，但因蛇形管冷

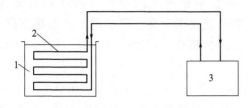

图 8-14　用蛇形管直接冷却装置

1—阳极氧化槽；2—冷却蛇形管；3—冷冻机

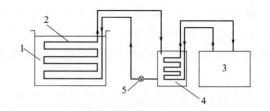

图 8-15　用蛇形管间接冷却装置

1—阳极氧化槽；2—冷却蛇形管；

3—冷冻机；4—冷水池；5—水泵

却表面积有限，且占据氧化槽内相当一部分位置，所以也仅适合小型氧化厂使用。

c. 冷冻机中的制冷剂借助热交换器冷却槽液循环系统中的槽液（见图 8-16）。在正常生产中槽液循环不停运行，利于槽液浓度和温度均匀，循环量一般为每小时 2～4 倍槽液。这种方法要一台专用的热交换器，也应注意一旦热交换器出现意外破损，槽液直接进入冷冻机，会造成冷冻机严重故障，这种方法适合中小型氧化厂使用。

d. 用槽液循环系统间接冷却装置，即冷冻机冷却冷水池中的水，再用冷水借助热交换器冷却槽液循环系统中的槽液（见图 8-17）。这种方法涉及两个热交换过程，使整个装置更复杂和更昂贵，但控制槽液温度比较容易，普通大型氧化厂大多采用这种方法。

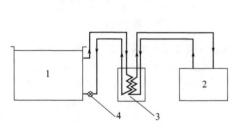

图 8-16　用槽液循环系统直接冷却装置

1—阳极氧化槽；2—冷冻机；3—热交换器；4—酸泵

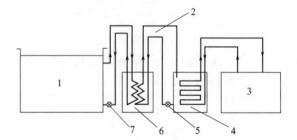

图 8-17　用槽液循环系统间接冷却装置

1—阳极氧化槽；2—三通阀；3—冷冻机；

4—冷水池；5—水泵；

6—热交换器；7—酸泵

（3）氧化电压。阳极氧化的氧化电压决定氧化膜的孔径大小，低压生成的膜孔径小、孔数多，而高压使膜孔径大，但孔数少。在一定范围内高压有利于生成致密、均匀的膜。有些工厂阳极氧化只控制电压和氧化时间，这样特别对厚膜处理，产品的膜厚有时相差较多，原因在于膜厚的增加在一定时间内，只与单位面积上通过的电量［也就是电流密度与时间的乘积，库仑（C）］成正比，与恒定电压下的氧化时间没有直接的关系。在恒定电压下，电流密度会随着氧化时间的延长而下降，下降情况视合金不同有差异，电流密度也随槽液温度和浓度而变化。维持一定电流密度所需的电压越高，则氧化过程中释放的热量就越多，为稳定膜性能需要带走热量越困难。电压和电流密度之间关系不是单一的关系，可能会受槽液浓度、温度、铝含量、搅拌和合金种类等影响。

图 8-18 所示为不同槽液温度时电压与电流密度的关系。表明温度低，恒定一个电流密度所需的电压升高，反之所需电压降低。因此，当用电压和时间控制氧化膜厚度时，如槽液温度出现大的波动，电流密度就会随之发生较大变化，使最终氧化膜厚度难以控制。

图 8-19 所示为槽液搅拌对不同合金的电压和电流密度的影响。在低电压时搅拌影响不大，随电压的升高，搅拌的影响就不能忽视。虽然搅拌使一定电压下的电流密度降低、一定电流密度下所需的电压升高，似乎需要更多的电能，但是因为搅拌有利于槽液温度和浓度的均匀，有利于及时带走铝工件表面的热量，有利于提高氧化膜的质量，所以一般工厂在阳极氧化过程中对槽液都进行不同程度的搅拌。

合金种类对电压与电流密度关系的影响见图 8-20。对采用恒定电压和时间控制氧化膜厚度的工厂，当阳极氧化处理不同合金时，应设定不同的电压，才能基本保证在同样时间内获得相同膜厚。氧化电压一般采用15～20V，在阳极氧化刚开始时应缓慢升高电压。

（4）氧化电流密度。氧化电流密度与生产效率有直接的关系。当采用较高氧化电流密度时，得到预定厚度氧化膜所需时间可以缩短，生产效率高，但电源的电容量要大。此外氧化电流密度过高，使膜厚波动大，还易引起工件"烧伤"。在一定电流密度范围内，膜层耐蚀性、耐磨性与电流密度的关系如表 8-3 所示。在 $0.5A/dm^2$ 的低电流密度下长时间氧化，由于化学溶解时间长，使膜层耐蚀性、耐磨

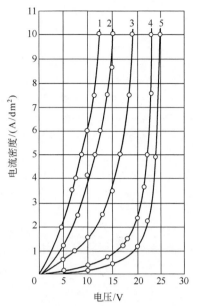

图 8-18　不同温度时电压与电流
密度的关系[10]

（99.99％纯铝，硫酸浓度 165g/L）

1—71℃；2—60℃；3—43℃；
4—21℃；5—10℃

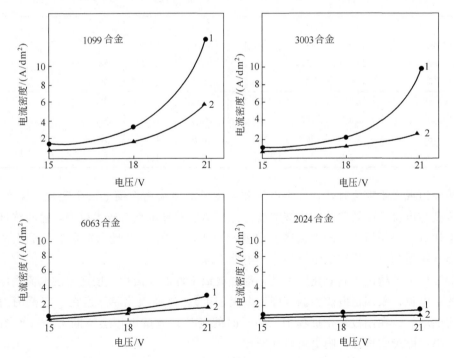

图 8-19　槽液搅拌对不同合金的电压和电流密度的影响[11]

（硫酸浓度 165g/L，21℃）

1—没有搅拌；2—搅拌

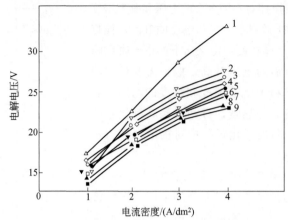

图 8-20 合金种类对电压与电流密度关系的影响[4]

（硫酸浓度 228g/L，20℃，30min）

1—4043；2—3003；3—3004；4—6061；5—1100；6—6063；

7—1070；8—5005；9—5052

性下降，因此，一般电流密度控制在 1.2～1.8A/dm² 范围内。

表 8-3 电流密度与耐蚀性、耐磨性的关系

电流密度×时间 /(A/dm²)×min	1100		3003		5052		6063	
	比耐蚀性 /(s/μm)	比耐磨性 /(s/μm)	比耐蚀性 /(s/μm)	比耐磨性 /(s/μm)	比耐蚀性 /(s/μm)	比耐磨性 /(s/μm)	比耐蚀性 /(s/μm)	比耐磨性 /(s/μm)
0.5×120	6.3	26.1	6.3	27.3	7.0	17.5	4.2	29.9
1×60	12.6	41.3	12.4	45.0	22.9	42.3	5.8	53.0
2×30	12.2	52.4	13.4	53.6	21.2	58.5	8.8	52.8
4×15	11.8	62.1	12.3	53.2	19.1	59.9	8.6	56.6
0.5×60	3.6	22.4	10.3	20.6	15.7	22.5	8.9	20.7
1×30	6.8	26.4	10.9	30.0	16.4	36.3	6.4	26.3
2×15	7.5	36.0	9.7	36.0	15.8	43.3	6.8	37.5
4×7.5	6.5	28.1	6.8	23.0	13.1	13.6	7.5	44.8

　　当槽液组成发生变化时，在一定电压和温度下的电流密度随之发生变化。图 8-21 所示为硫酸浓度与电流密度的关系，硫酸浓度高低对槽液的导电性有较大影响，硫酸浓度高，槽液的导电性好，因而恒压下的电流密度也就相应提高。图 8-22 显示铝含量与电流密度的关系，当铝含量增加时，槽液电阻增加，导电性下降。

　　一般工厂为了精确控制氧化膜厚度，都根据铝工件的表面积，按选定的电流密度计算出应设定的总电流，采用恒电流控制（即恒电流密度），这样氧化膜厚度在一定范围内与氧化时间成比例增加。在阳极氧化过程中，随时间的延长，电解电压会不断上升（见图 8-23），这是由于膜厚随时间增加，膜电阻增加所致。

　　电流密度的选择主要根据对氧化膜的质量要求和下列几点确定。

　　① 电流密度低（约 1A/dm²），处理表面光亮，但氧化效率低。

　　② 电流密度高，膜生成快，但易产生软膜，甚至烧伤。

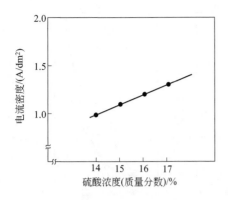

图 8-21 硫酸浓度与电流密度的关系[4]

(14V，21℃，铝含量 9g/L)

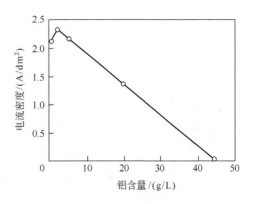

图 8-22 铝含量与电流密度的关系[4]

(15V，18～21℃，硫酸浓度 150g/L)

③ 电流密度越大，在膜与槽液界面上产生的热量就越多，槽液更需要搅拌。如果槽液有足够的搅拌和冷却能力，那么采用较大的电流密度阳极氧化，有利于提高膜的耐磨性。

④ 阳极氧化设定的总电流不允许超过电源的最大电流。

（5）槽液搅拌。为了使阳极氧化槽液温度和浓度均匀，特别是当采用较大电流密度时，及时将氧化膜附近的大量热量带走，一般在阳极氧化过程中都对槽液进行搅拌。槽液搅拌有两种方式，一是用无油空气搅拌，每平方米液面搅拌空气量 0.22～0.45m³/min，空气压力按每米液深（0.15～0.5）×10⁵Pa 考虑，搅拌不宜过于强烈，以免处理工件电接点松动，造成烧伤。二是用酸泵循环搅拌，将槽液从槽中部抽出或靠液面溢流，再从槽底部的钻孔管打回槽内。后种方式与槽液冷却组成一个系统，一般工厂都配置，但往往配置的循环量不够，普通阳极氧化为达到槽液温差在±1℃内要求，循环量需每小时 3～4 倍槽液体积。阴极板上套气袋会使槽液的流动性减弱，当循环量不足时，同时配置轻微空气搅拌也是一种较好的选择。

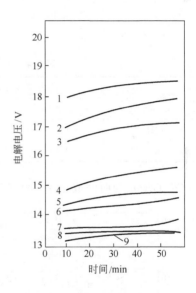

图 8-23 几种铝合金电解电压与时间的关系[4]

（硫酸浓度 165g/L，25℃，1.2A/dm²）
1—2014-T6；2—2024-T3；3—4043；
4—3003；5—6061-T6；6—1100；
7—7075-T6；8—6063-T5；9—5052

图 8-24 所示为不同电流密度下搅拌强度与膜厚均匀性的关系。在电流密度较低时，搅拌对膜厚均匀性影响不大，但当采用较高电流密度时，如没有搅拌或搅拌不够，因容易引起温度不均匀，导致处理铝工件不同部位电流密度不同和氧化膜溶解能力不同，使氧化膜厚度均匀性变差。表 8-4 列出了不同电流密度下铝工件阳极温度升高。

从表 8-4 可知，在 1.25A/dm² 普通阳极氧化过程中，温升也相差 4.3℃，由此可见搅拌是需要的，而对采用较大电流密度的硬质阳极氧化，必须要有足够强度的搅拌。

（6）氧化时间。阳极氧化时间的选择，必须根据硫酸浓度、槽液温度、电流密度、氧化铝工件对氧化膜厚度和性能的要求来决定。当采用恒电流密度氧化时，在一定时间内，氧化

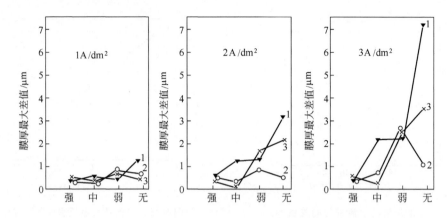

图 8-24　搅拌强度与膜厚均匀性的关系[4]

（实验条件：1200 铝合金，硫酸浓度 208g/L，铝含量 1g/L，30min；

空气搅拌：强 20L/min，中 6L/min，弱 3L/min，阳阴面积比 1∶10）

1—10℃；2—30℃；3—20℃

表 8-4　不同电流密度下铝工件阳极温度升高[2]

电流密度/(A/dm²)	铝阳极温度升高/℃		电流密度/(A/dm²)	铝阳极温度升高/℃	
	搅拌	无搅拌		搅拌	无搅拌
1.25	1.0	5.3	5.0	4.5	15.3
2.5	2.1	9.3			

膜厚度的增长与时间成正比。随着氧化时间的延长，氧化膜逐渐增厚，虽然氧化膜的生成能力在恒定电流密度下基本不变，但硫酸溶液对氧化膜的溶解能力在逐渐提高，产生这种现象的原因在于氧化期间膜孔中的酸液温度逐渐升高。当酸液对氧化膜的溶解速度达到膜的生成速度时，氧化膜厚度就不再增长，此时的厚度称为极限氧化膜厚度。极限氧化膜厚度的大小与氧化的工艺条件和合金种类有关。一般来说，电流密度小，硫酸浓度和槽液温度高，极限氧化膜厚度就薄。要提高极限氧化膜厚度，应适当提高电流密度和降低硫酸浓度、槽液温度。

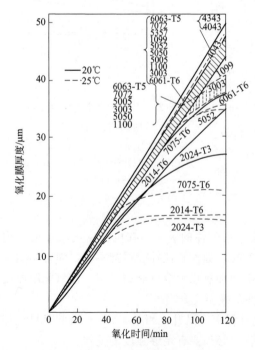

图 8-25　各种铝合金氧化时间与膜厚的关系[4]

（硫酸浓度 165g/L，1.2A/dm²，0～120min）

图 8-25 所示为各种铝合金氧化时间与膜厚的关系。在恒定电流密度下，氧化膜厚度随时间成正比例增长的厚度范围，2024-T3 铝合金最小（约 0～20μm），其次是 2014-T6 和 7075-T6 铝合金。由图 8-25 也可以看出，槽温度对此有较大影响，即说明在其他条件不变的情况下，槽液温度不同，极限氧化膜厚度也不同。

氧化时间对氧化膜耐磨性的影响见表 8-5。

表 8-5　氧化时间对氧化膜耐磨性的影响[12]

试样号	氧化时间/min	温度/℃	电压/V	膜厚/μm	摩擦后膜厚/μm	膜厚减薄/μm
1	20	17~19.5	14.5~14.0	8.5	6.5	2.0
2	30	17~19	14.2~14.0	11.2	9.1	2.1
3	40	17.5~19.5	14.2	14.1	10.7	3.4
4	50	18.5~20.5	14.0~13.9	19.2	14.4	4.8

从表 8-5 可以看出，氧化时间对耐磨性有明显影响，这是因为随着氧化时间的延长，硫酸溶液对氧化膜的溶解加剧，膜孔壁会减薄，使耐磨性降低。

以上讨论了阳极氧化工艺参数的影响，这些工艺参数既互相联系，又相互影响。表 8-6 中归纳了阳极氧化工艺条件对氧化膜性能和槽液性质的影响。

表 8-6　阳极氧化工艺条件对氧化膜性能和槽液性质的影响[4]

氧化条件的变化	膜层极限厚度	硬度	吸附能力	耐蚀性	铝的溶解度	孔隙率	电解电压
提高温度	↓	↓	↑	→	↑	↑	↓
增加电流密度	↑	↑	↓	→	↓	↓	↑
减少时间	—	↑	↓	↓	↓	↓	↓
降低硫酸浓度	↑	↑	↓	→	↓	↓	↑
采用交流电	↓	↓	↑	↑	↑	↓	↓
提高合金相结构均匀性	↑	↑	↓	↑	↓	↓	↑
加入添加剂	↑	↑	↓	→	↓	↓	↓

注："↑"表示增加；"↓"表示减小；"→"表示在一定条件下影响不大。

8.1.3　硫酸溶液中铝离子和杂质的影响

对阳极氧化技术来说，常常被人们忽视的一个方面就是电解液中杂质的影响。一些杂质会对氧化膜的耐磨蚀性、光亮度、硬度和槽液的导电性有较大的影响。

(1) 铝离子。在设定氧化电压下，铝离子含量会对电流密度产生影响（见图 8-22），电流密度随铝含量的升高而减小。对染色铝工件的阳极氧化，氧化槽液中的铝含量一般控制在 10~12g/L，铝含量如果较高，会使染色困难。铝含量对氧化膜厚度、耐蚀性、耐磨性的影响如图 8-26 所示。一般来说，铝含量在 1~10g/L 范围内，产生有利的影响，超过 10g/L 造成不利的影响。

硫酸槽液中铝含量的来源，在于氧化过程中有约 1/3 形成氧化膜的铝被硫酸溶液重新溶解。如果不对铝含量加以控制，当铝含量较高时，就会产生不溶性的铝盐沉积于铝工件、槽壁和热交换器上，影响产品的外观，也使热交换效率降低，甚至会堵塞热交换器。

目前在我国绝大多数工厂，在采用硫酸浓度 150~200g/L 时，控制铝含量 12~18g/L。而在英国标准 DEF 03-25[13] 中，规定硫酸浓度为 90g/L 时，最大铝含量为 25g/L，采用 400g/L 最大硫酸浓度时，最大铝含量下降到 12g/L。一般采用定期排放部分老槽液方法降低铝含量，现在也有一些工厂用阳离子交换柱设备除铝和其他杂质，这有利于减少排污量，保护环境。

(2) 阳离子铁、锰、铜、镍等

① 铁。铁是一种有害杂质，主要来源于商品硫酸中和被处理的铝工件。在硫酸溶液中

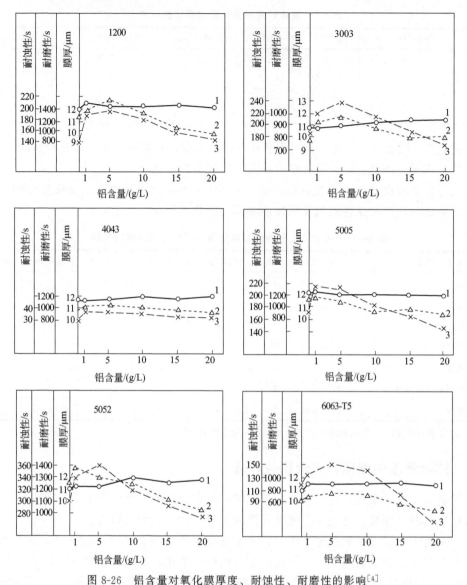

图 8-26　铝含量对氧化膜厚度、耐蚀性、耐磨性的影响[4]

[硫酸浓度 195g/L，(20±1)℃，1A/dm²，45min，阳阴面积比 1∶10，空气搅拌 5L/min，蒸汽封孔 30min]

1—膜厚；2—耐磨性；3—耐蚀性

当铁的含量超过 $25\sim50\mu g/g$ 时，就会导致氧化膜出现许多问题，如光亮度下降、膜松软等[14]。

② 锰。与铁的影响类似，但没有铁影响明显。

③ 铜和镍。铜和镍的影响相同，当总量超过 $100\mu g/g$ 时，使氧化膜原有的耐蚀性降低。W. Brace 用盐雾试验测定了 2000 系列铝合金氧化膜的耐蚀性，经验也表明铜和镍超过 $100\mu g/g$ 时，容易产生盐雾试验不合格的危险。

锰、铜和镍等主要来自被处理的铝工件，作为合金元素或杂质，在阳极氧化过程中溶解在槽液内，这一部分是无法防止的，值得注意的是铝工件进入氧化槽前，应在中和槽内除尽表面挂灰，挂灰主要为铁、锰、铜、镍等不溶于碱的化合物，对除去较严重的挂灰，硝酸溶液大大优于纯硫酸溶液。除去硫酸溶液中这些重金属离子，也可用阳离子交换柱设备，单独除铜可用电镀法。重金属离子除了对耐蚀性有不利影响外，也使氧化膜的光亮度下降。

（3）阴离子磷酸根、硝酸根、氯离子等

① 磷酸根。当铝工件化学抛光后水洗不足时，会将磷酸根带入氧化槽。氧化槽内只有百万分之几的磷酸根对阳极氧化本身没有大的影响，主要危害是磷酸根被氧化膜吸附，而在后道（工序）水合封孔时又释放出来。在热封孔槽液中，磷酸根超过 $5\mu g/g$，即可对封孔质量产生有害影响。

② 硝酸根。主要来自前道（工序）硝酸中和槽液和商品硫酸。当超过 $30\mu g/g$ 时，对光亮度有不利影响，过高的硝酸根也使电解液对氧化膜的溶解能力增强，不利于成膜。氧化前如用硝酸中和，应经过两道水洗后进入氧化槽，氧化槽液所用的商品硫酸也应保证质量。

③ 氯离子。主要来自所用的水，如果只是配槽用去离子水，而氧化前道水洗用氯离子含量高的自来水，那么迟早也会使氧化槽内的氯离子与自来水一样高。氟离子的影响与氯离子类似，一般控制氯离子和氟离子总量不超过 $50\mu g/g$，不然会使氧化膜产生腐蚀斑点。对自来水中氯离子含量高的厂家，氧化槽配槽和前道水洗均需用去离子水。

对氧化槽液采取过滤措施，去除细小的悬浮固体颗粒，将有助于改善氧化膜的质量，近几年在国外应用逐渐增多。

8.1.4　膜厚及其均匀性的控制

（1）阳极氧化膜厚度控制。在一定阳极氧化时间内，生成的氧化膜厚度与通过的电量成正比，而与电解电压没有直接的关系。因此膜厚控制较好的办法是采用恒电流密度和时间控制，不应以定电压和时间控制。

恒电流密度阳极氧化首先遇到的问题是确定氧化工件表面积，在氧化过程中会生成氧化膜的所有铝表面积都应计算在内，对有型腔的工件，要考虑一定深度的内表面积。恒电流密度控制在实际生产应用中即为恒电流控制，在氧化过程中电流值不变，电压值会稍作上升（见图 8-23），控制的电流值为所选电流密度（A/dm^2）与氧化表面积（dm^2）的乘积。

氧化膜厚度从理论上可按法拉第定律所推导的如下公式计算：

$$\delta = kIt$$

式中　δ——阳极氧化膜厚度，μm；

　　　I——电流密度，A/dm^2；

　　　t——氧化时间，min；

　　　k——系数，理论上取为 $1057/\gamma$，实测值一般是 $0.25\sim0.35m^3/kg$；

　　　γ——氧化膜密度，取决于合金种类和氧化条件，一般取 $2500\sim3000kg/m^3$，则 k 为 $0.42\sim0.35$。

然而在实际应用中，该公式中的 k 还应考虑膜的实际组成、电流效率和极比（阴极与工件面积之比）等，比较实用的方法是经验法，即根据实测结果倒推。如某厂处理一种铝合金，在一定温度、浓度条件下，以 $1.5A/dm^2$ 电流密度氧化 30min，得到实测膜厚 $12\mu m$，则 k 值约为 0.27，这样在同样条件下，如要得到 $15\mu m$ 氧化膜，则按 δ/kI 计算需氧化时间约 37min。即使改变电流密度，只要温度和浓度条件没有大的改变，则仍可按 $k=0.27$ 计算控制一定膜厚所需的氧化时间。

（2）阳极氧化膜均匀性的控制。膜均匀性的控制不能忽视，当出现某些着色和封孔等问题时，追溯根源有些就是膜均匀性有问题。控制膜均匀性从如下几个方面着手。

① 改善氧化槽液的循环方式，使槽液温度和浓度均匀。循环装置一般与冷却和热交换设备相连，在氧化过程中循环装置不断运行，即槽液不断从槽内中上部抽出或液面溢流，再通过热交换器之后抽回氧化槽，而冷却用的冷水泵则根据氧化槽的温度间断工作，槽液与冷水之间的热交换只在冷水泵工作时发生。冷却用的冷水温度控制越低，与槽液热交换速度越快，则抽回槽液与原槽液的温差也就越大。此时如槽液循环量较小和抽回槽液的分配不均匀，就会容易出现槽内两端和上下有较大的温差，使正在氧化的一挂铝工件上两端和上下膜厚不均匀。

图 8-27（a）和图 8-27（b）所示分别为阳极氧化槽液两种循环方式，显然图 8-27（b）中抽回槽液分配较均匀，容易使槽液温度均匀，是较好的循环方式。槽底的分配管最好按图 8-28 所示安置在槽底的中部。

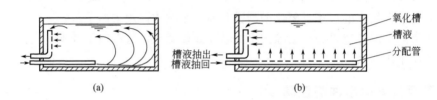

图 8-27　阳极氧化槽液循环方式示意[15]

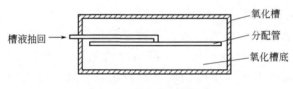

图 8-28　槽底分配管示意

② 控制氧化槽液温度和浓度的波动范围。温度和浓度如有较大波动，则槽液对氧化膜的溶解作用就会产生较大变化，对成膜厚度和膜的性能就有影响。温度变化应控制在小于 ±2℃，硫酸浓度变化应小于 ±10g/L，铝含量 12～18g/L。

③ 控制好每挂氧化表面积。在同样的电流密度和氧化时间条件下，挂与挂之间出现较大的氧化膜厚度差，往往就是挂与挂的氧化表面积相差较大造成的。电流密度和氧化时间是影响膜厚的两大主要因素，但极比对成膜速度也会产生一定影响，极比小，成膜速度相对较慢，反之较快。因此，在建筑铝型材处理中，如果挂与挂之间表面积相差约一倍，则会出现膜厚相差 3～5μm 的现象。遇到这种情况，应对氧化时间稍作变化。

④ 增大阴极面积。同根铝工件上的几个面，甚至凹槽内，膜是否均匀，与对应的阴极面积有较大的关系。对应的阴极面积大，使分布于铝工件各部位的电流密度均匀，因而成膜厚度亦均匀。为增大阴极面积，可将阴极板断面制成锯齿形或波纹状。

8.1.5　阳极氧化膜的缺陷及其防止方法

常见铝硫酸阳极氧化膜的缺陷、产生原因及其防止方法见表 8-7。

表 8-7 常见铝硫酸阳极氧化膜缺陷、产生原因及其防止方法[16,17]

缺陷名称	产生原因	防止方法
组织条纹	模具设计或修模不当,使在工件挤压生产中金属流动严重不均匀,这种情况容易在工件有厚度变化的对应平面上出现光亮度和晶粒度明显不同的组织条纹	改进模具设计和准确修模,使工件挤压时金属流动均匀
黑(灰)色条带	①挤压锭坯表面有油污或烟灰 ②挤压压余太少或锭坯温度较低而挤压筒温度较高使锭坯表皮物流入工件表面,表皮物一般含合金元素较高 ③挤压筒内衬变形,内铝残留物太多	①清洗挤压锭坯 ②控制好锭坯和挤压筒温度 ③合理留压余量 ④修理挤压筒
挤压焊缝明显	①模具设计或修理不当 ②挤压工艺条件不当 ③挤压比太小	①改进模具设计和准确修模 ②改善挤压工艺条件 ③改用较大吨位的挤压机生产
粗晶表面	①挤压比太小 ②挤压速度过快,锭坯温度较高,使挤压出口温度太高 ③淬火强度不够 ④锭坯原始晶粒粗	①改用较大吨位挤压机生产 ②控制好挤压出口温度 ③增强淬火力度 ④控制好锭坯原始晶粒度
膜厚不均	①同根工件上几个表面膜厚不同,是因挂料太密,或对应阴极面积较小 ②同根工件两端膜厚不同,是因槽液两端有温度差 ③同挂料上下膜厚不同,是因槽液上下有温度差 ④挂与挂之间膜厚不同,是因工艺条件波动太大,或挂料面积相差太多 ⑤极间距不等	①保证一定挂料间距 ②阴极布置合理,有足够面积 ③槽液循环量足够,方式合理 ④控制工艺条件波动范围 ⑤控制好挂料面积,对面积相差较大的,应适当调整氧化时间 ⑥调整极间距相等
膜厚不合格	①用恒电压和时间控制膜厚方法不对 ②计算挂料面积有误,设定的总电流不准确 ③氧化时间计时不准 ④电接触不良,出现"打火"或松动现象 ⑤没有考虑合金成分对成膜速度的影响	①改用恒电流密度和时间控制膜厚 ②准确计算好每挂氧化面积 ③准确计时 ④保证电接触良好 ⑤根据合金种类,合理调整氧化时间
表面流痕	①碱洗温度高,转移时间长 ②碱洗添加剂组成不合理 ③残留槽液没有洗净	①适当降低碱洗温度,缩短转移时间 ②更换碱洗添加剂 ③充分水洗
氧化膜疏松	①氧化温度太高,挂料太密,搅拌不够 ②电流密度太大 ③氧化时间过长	①适当降低氧化温度,减少挂料量和加强搅拌 ②降低电流密度 ③缩短氧化时间

缺陷名称	产生原因	防止方法
亮度下降	①挤压出口温度高 ②碱洗温度不够 ③中和除灰不彻底 ④氧化槽液内重金属离子较多 ⑤氧化温度低，电流密度大 ⑥封孔工艺不当	①采用低温快速挤压 ②适当提高碱洗温度 ③调整中和工艺 ④控制槽液杂质量 ⑤适当提高氧化温度和降低电流密度 ⑥调整封闭工艺
表面烧伤	①电接触不良 ②阴极损坏，面积太小 ③电流密度过大	①保证电接触良好 ②及时更换损坏的阴极 ③适当降低电流密度

8.1.6　硫酸交流阳极氧化

正弦波交流氧化的电源与普通交流电解着色的电源类似，没有整流装置，交流氧化应用较早，优点是两极都可挂工件、效率高、成本低。但发展速度慢，至今没有被广泛应用，主要因为交流氧化膜的耐蚀性差、硬度低、厚度小于 $10\mu m$。目前主要在铝线生产中应用，其工艺条件如下：

硫酸浓度	$130\sim150g/L$	温度	$13\sim26℃$
交流电压	$18\sim28V$	时间	$40\sim50min$
电流密度	$1.5\sim2.0A/dm^2$		

采用交流氧化，如果要获得和直流电同样厚度的氧化膜，需增加一倍的处理时间。因此交流氧化容易失光，不适宜处理光亮度高的铝工件。

对含铜量较高的铝合金，交流氧化膜常带有绿色。当氧化槽液中含铜量达 $0.02g/L$ 时，膜质量变坏，出现斑点或暗色条纹。为防止这种现象发生，可向槽液内加入铬酐 $2\sim3g/L$，这样槽液内铜含量能允许 $0.3\sim0.4g/L$，也可加硝酸 $6\sim10g/L$ 来消除槽液内铜的影响[18]。

8.2　其他酸阳极氧化工艺

除硫酸阳极氧化工艺外，国内外文献报道过的其他酸阳极氧化有很多，其中一些工艺只是具有学术意义，而没有实用价值，另一些工艺仅开发于非常特殊的用途，只有少数几种工艺工业化应用相对较广，本节简述较常用的铬酸、草酸和磷酸三种酸的阳极氧化工艺。

8.2.1　铬酸阳极氧化工艺

铬酸阳极氧化工艺最早是由 Bengough 和 Stuart 在 1923 年开发的（简称 B-S 法）[19]。铬酸氧化膜比硫酸氧化膜和草酸氧化膜要薄得多，一般厚度只有 $2\sim5\mu m$，能保持原来部件的精度和表面粗糙度。膜层质软，耐磨性不如硫酸氧化膜，但弹性好。氧化膜的颜色由灰白色到深灰色，膜层不透明，孔隙率较低，很难染色，在不做封孔处理的情况下也可以使用。铬酸溶液对铝的溶解度小，使针孔和缝隙内残留的溶液对部件的腐蚀影响小，适用于铸件、铆接件和机械加工件等的表面处理，该工艺在军事装备上也用得较多，美国、俄罗斯和英国的铝合金航空部件表面处理，一般都用该工艺。它除了生成铬酸氧化膜起防护作用外，还可作为对部件质量的检查手段，如部件上有针孔和裂纹等缺陷，在处理操作中，醒目的棕褐色电解液就会从中流出，很容易被人们及时发现。

(1) 阳极氧化工艺规范。铬酸阳极氧化工艺主要有 Bengough 和 Stuart 开发的 B-S 法和 Buzzard 开发的恒压法[20] 两种。

① B-S 法。现在人们所用的 B-S 法与最早的原始工艺相比没有大的改变。铬酸浓度 3%～5%，电解液温度 (40±2)℃，分阶段升高电压氧化，先在 10min 内缓慢将电压从 0V 升到 40V，恒压 20min，随后 5min 将电压从 40V 升到 50V，再恒压 5min，一般总共氧化时间 40min。但当处理铸造铝合金时，特别是高铜铸造铝合金，应将电解液温度降低至 25～30℃，对电解电压也作适当调整，需按 $0.5～0.7A/dm^2$ 电流密度设定电压，一般电解电压只需 15～20V，对 Al-Zn-Mg-Cu 锻铝电解电压仅需约 15V。

② 恒压法。1937 年 Buzzard 开发了恒压法，它是将铬酸浓度提高到 5%～10%，采用 40V 恒压氧化，处理时间由原来的 40min 缩短到 30min。苏联研究者[21] 也得出类似的结论，并发现如果电解液的 pH 值控制在 0.15～0.60 范围内，那么电解电压只需 30V，但如果 pH 值在 0.6～0.8，应将电解电压提高到 40V。而美国研究者[22] 在同样条件下采用 30V 电解电压，实验结果与之不完全一致，现在美国采用的恒压法一般以 9.5% CrO_3 电解液为主，同时控制电解液的 pH 值。

苏联研究者[23] 发现，将铬酸浓度提高到 200g/L 也没有害处，同时发明了一种使用铅阳极和钢阴极再生电解液的方法，再生电流密度阴极为 $0.25A/dm^2$，阴极与阳极之比 1∶40，再生时间为 24h。为了充分降低 pH 值，在第一次再生后把阴极上沉积的铬酸铅膜除掉，可连续进行第二次再生。美国研究者[24] 也发现，如果在阳极氧化过程中，阴极面积始终小于阳极面积，就不会发生铬酸还原为三价铬的现象。英国标准建议在阳极氧化过程中，阴极面积与阳极面积比为 (5∶1)～(10∶1)。Brace 和 Peek[25] 两人用恒压法在 10% CrO_3、温度为 54℃、电解电压为 30V 的条件下，电解 60min 可获得 $10\mu m$ 厚的氧化膜，膜层为不透明的灰白色，具有较好的染色特性，染色膜呈搪瓷外观。

(2) 槽液杂质控制

① 氯离子。氯离子主要来自所用的水和铬酸原料，在槽液中氯离子（以氯化钠计）含量控制一般不大于 0.2g/L，氯离子含量高，会侵蚀处理部件，使氧化膜变粗糙。

② 硫酸根离子。硫酸根离子是一种常有的杂质，也来自所用的铬酸原料，它会加快六价铬在阴极上还原为三价铬，使铬酸消耗增加。硫酸根离子对氧化膜的外观也有明显的影响，含量较高时，膜层趋于透明，可添加 0.2～0.3g/L 的 $Ba(OH)_2$ 或 $BaCO_3$，通过化学沉淀法除去。对采用 10% CrO_3 的槽液，一般硫酸根离子控制在小于 0.4g/L。

③ 铝离子和三价铬离子。在阳极氧化过程中由于铝的溶解，使槽液中铬酸铝 $[Al_2(CrO_4)_3]$ 及碱性铬酸铝 $[Al(OH)CrO_4]$ 的含量不断增多，三价铬含量也不断增多。借助 pH 仪器，用滴定法即可测定槽液内的铝含量、总铬和游离铬酸含量。一般用控制总铬的方法控制槽液内铝离子含量，对总铬含量（换算成 CrO_3）控制没有统一的规定。在英国采用 B-S 法工艺，总铬含量控制在小于 10%，而在美国采用 10% CrO_3 槽液恒压法，总铬含量控制在小于 20%，Brace 和 Peek 推荐的恒压法工艺，虽然游离铬酸浓度也采用 10%，但因槽液温度和电解电压不同，总铬含量可超过 20%。当槽液中三价铬含量高时，氧化膜

变暗无光，抗蚀能力降低，减少三价铬含量可用前面提到过的槽液再生方法处理。

为了更好地稳定槽液的氧化能力，必须有效控制槽液中游离铬酸浓度和总铬含量，定期对槽液进行分析，及时补加铬酸，保持游离铬酸浓度。采用去离子水和优质铬酸原料是控制槽液中 Cl^- 和 SO_4^{2-} 两种杂质的关键。当总铬含量超过规定范围时，应排放部分槽液进行调整，槽液中的杂质离子目前国外也可用离子交换设备除去。

8.2.2 草酸阳极氧化工艺[26-28]

草酸阳极氧化工艺早在 1939 年以前就为日本和德国广泛采用。因草酸电解液对铝及氧化膜溶解性小，所以氧化膜孔隙率低，膜层耐蚀性、耐磨性和电绝缘性比硫酸膜好。但草酸阳极氧化成本高，一般为硫酸阳极氧化的 3～5 倍；草酸在阴极上被还原为羟基乙酸，阳极上被氧化成二氧化碳，使电解液稳定性较差；草酸氧化膜的色泽易随工艺条件变化而变化，使产品产生色差，因此该工艺在应用方面受到一定的限制，一般只在特殊要求的情况下使用，如制作电气绝缘保护层、日用品的表面装饰等。草酸作为硫酸电解液中添加剂目前倒是常用，以放宽阳极氧化温度和利于生产厚膜，一般在硫酸电解液中，草酸加入量 7～10g/L，能使氧化温度由原来的不超过 22℃放宽至 24℃，草酸的加入使电解液对膜的溶解能力相对减弱，因而在一定程度上也能提高成膜速度。

（1）阳极氧化工艺规范。几种典型的草酸阳极氧化工艺见表 8-8。所用草酸浓度一般为 3％～5％，也有一些采用 1％，表 8-8 中同时列出了典型的硫酸阳极氧化工艺，以便比较。

表 8-8　几种典型草酸阳极氧化工艺[26]

工 艺 名 称	温度/℃	电压/V	电流密度/(A/dm²)	氧化时间/min	电耗/kW·h
GS 硫酸	21	17D. C.	1.0～1.5	30～40	0.5～2.0
GX 草酸	20	40～60D. C.	1.0～2.0	40～60	3～12
GXH 草酸	35	30～35D. C.	1.5～2.0	20～30	1～3.5
WH 草酸	35	40～60D. C.	2.0～3.0	40～60	5～9
WGX 草酸	25	30～60D. C.	2.0～3.0	15～30	2～10
		40～60A. C.	1.0～2.0		

注：D. C.—直流；A. C.—交流。

（2）阳极氧化工艺参数的影响。草酸阳极氧化所得的氧化膜通常不是无色的透明膜。膜的颜色取决于电解液的温度、电流密度、膜厚度和合金成分等因素，$5\mu m$ 薄膜一般为无色或稍有一点黄色，$25\sim50\mu m$ 的厚膜则为深黄色。电流密度增加，膜的颜色趋深；而电解液的温度提高，膜颜色趋浅。

在恒电流密度下草酸浓度与氧化膜厚度的关系如图 8-29 所示。在恒电压下草酸浓度与氧化膜厚度的关系如图 8-30 所示。由图 8-29 可见，采用低电流密度（$0.5\sim1.0A/dm^2$）时，草酸浓度对氧化膜厚度几乎没有影响，而采用较高电流密度（$1.5\sim2.0A/dm^2$）时，以 1.5％～2.0％草酸浓度为成膜最快，但考虑适当提高草酸浓度可降低氧化电压，减少电耗，有效降低生产成本，另外在高电压下，氯离子等杂质影响明显，易生成腐蚀斑点的膜，因此，大都采用 3％～5％的草酸浓度。

采用交流草酸阳极氧化，可得到颜色更深的氧化膜，但与直流相比，氧化膜较软，孔隙率较大。

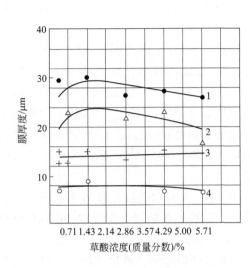

图 8-29　恒电流密度时草酸浓度与
氧化膜厚度的关系[28]

（氧化时间 60min，温度 20℃）

1—2.0A/dm²；2—1.5A/dm²；

3—1.0A/dm²；4—0.5A/dm²

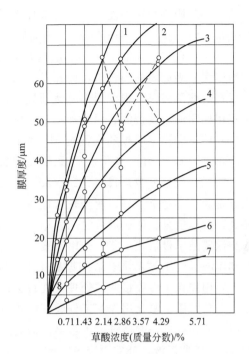

图 8-30　在恒电压下草酸浓度与
氧化膜厚度的关系[28]

（氧化时间 60min，温度 20℃）

1—100V；2—90V；3—80V；

4—70V；5—60V；6—50V；7—40V

草酸阳极氧化与硫酸一样，有一个氧化膜再溶解的现象，只是比硫酸溶解能力较弱，因此氧化膜厚度生长同样有一个极限，极限氧化膜厚度主要与电解液的温度、pH 值和铝离子含量有关。铝离子含量对电解液导电性的影响与硫酸阳极氧化相似，随着铝离子含量的增加，电解液的电导率线性下降，则电流密度变小，同时氧化膜的颜色变浅。铝离子含量对氧化膜的耐蚀性影响较小，铝含量上升到 2g/L，耐蚀性稍有下降，随后进一步上升，耐蚀性又稍有提高，而耐磨性随铝含量上升总是降低。铝含量一般不超过 2.5g/L[27]，当铝含量超过规定要求时，需排放部分槽液及时进行调整。槽液中的氯离子主要来自草酸原料和所用水源，氯离子一般不超过 0.2g/L，不然会引起斑点腐蚀，超过时需稀释或更换槽液。

草酸在槽液中的添加量可以根据电流的消耗来考虑，按每安·小时（A·h）消耗 0.13～0.14g 草酸，同时每安·小时（A·h）有 0.08～0.09g 的铝进入槽液中，溶解的铝将生成草酸铝，每一份质量溶解的铝又需 5 份质量的草酸。因此总的草酸消耗量为：电流消耗量（A·h）×[0.13～0.14+5×（0.08～0.09）]（g）。

8.2.3　磷酸阳极氧化工艺

磷酸阳极氧化是最早用于铝材电镀的一种预处理工艺（详见第 18 章铝及铝合金的电镀），原始工艺为：354g/L 磷酸、32℃、1.3A/dm²、10min[28]。后来 Bunce[29] 所作的工业化应用经验报告对该工艺作了一些修改，认为应根据被电镀的合金和电镀所沉积的金属种类，适当调整阳极氧化温度，一些合金如果将温度降低至 27℃（甚至 24℃），会有更好的预处理效果。Spooner 和 Seraphim[30]详细研究了磷酸阳极氧化工艺，建议采用：250g/L 磷酸、25℃、1.1～1.6A/dm²、10min，得到的膜厚约为 3μm。膜在磷酸电解液中的溶解要比在硫酸中大，因此磷酸膜较薄，而孔径较大。

现在磷酸阳极氧化很少用作电镀预处理，而被锌酸盐或锡酸盐预处理替代。磷酸阳极氧化主要用作印刷金属板的表面处理和铝工件胶接的预处理。

（1）用于印刷金属板的表面处理。早期所用的阳极氧化铝印刷版是先用交流电解法刻蚀，后再进行硫酸阳极氧化，而现在大都被单一的磷酸阳极氧化工艺替代。一般工艺：10%～30%（质量分数）磷酸、15～30℃、0.5～2.0A/dm²、2～20min、2～5μm。该工艺的优点是膜化学稳定性好，便于长久储藏，因磷酸膜孔径较大，使膜与感光涂料之间的黏着力提高，所以能延长印刷运行时间。用于印刷金属板表面处理报道过的其他磷酸阳极氧化还有：交流磷酸阳极氧化工艺；先用硫酸阳极氧化后再用磷酸阳极氧化工艺；采用 25～150g/L硫酸和 10～50g/L 磷酸混合酸阳极氧化工艺等。

（2）用作铝工件胶接的预处理。在过去的 40 多年，人们对磷酸阳极氧化的研究，比较注重于把磷酸阳极氧化用作铝工件胶接的预处理，目前特别在航空工业方面已得到广泛的应用。波音公司在这一领域进行了最早的研究[31]，先采用 F.P.L 蚀洗工艺（33g/L 重铬酸钠和 330g/L 硫酸溶液、68℃、15～30min），水洗后再进行磷酸阳极氧化 [10%～12%（质量分数）磷酸、21～24℃、12～15V、20～25min]。得到的磷酸膜与胶黏剂的结合力比其他预处理膜与胶黏剂的结合力都高。

表 8-9～表 8-11[32]为采用磷酸阳极氧化、铬酸阳极氧化和化学氧化三种表面预处理工艺后的铝合金表面，并用自力-2、自力-4 胶接时的耐热老化性能。从表中数据可以看出，铝合金磷酸阳极氧化膜胶接能力最强。

表 8-9　不同胶接表面的自力-4 胶接后的湿热老化性能

项目	试验温度/℃	表面处理工艺	时间/h				
			0	500	1000	2000	3000
剪切强度/MPa	室温	磷酸阳极氧化	3776	3697	—	3629	3716
		铬酸阳极氧化	3530	2589	2560	2560	2344
		化学氧化	3540	3020	2864	2050	2373
	150	磷酸阳极氧化	2550	1990	—	1638	2030
		铬酸阳极氧化	2530	1314	912	980	922
		化学氧化	2128	1569	1138	1069	1108
剥离强度/MPa	室温	磷酸阳极氧化	50	49	—	50	50
不均匀扯离强度/MPa	室温	铬酸阳极氧化	588	402	363	382	284
		化学氧化	618	451	422	275	206

表 8-10　不同胶接表面的自力-2 胶接试样疲劳性能

胶接表面	频率/(次/s)	最大剪应力/MPa	循环次数/×10⁷	剩余强度/MPa
磷酸阳极氧化	130	12.75	>1	22.56
磷酸阳极氧化	100	9.81	>1.3	26.48
铬酸阳极氧化	67	9.81	1	—
化学氧化	87	11.77	1	—

注：原始强度 28.3MPa。

表 8-11 不同胶接表面的自力-4 胶接试样湿热老化前后疲劳性能

老化时间/h	胶接表面	频率/(次/s)	最大剪应力/MPa	循环次数/×10⁷	剩余强度/MPa
0	磷酸阳极氧化	114	11.77	>1	61.39
0	化学氧化	126	9.81	>1	43.64
2000	磷酸阳极氧化	105	11.77	>1	56.29
2000	化学氧化	125	9.81	>1	49.03

注：磷酸阳极氧化原始静剪切强度 52.3MPa。

磷酸膜与胶黏剂结合力高的原因在于磷酸膜具有较强的防水性，阻止胶黏剂因水合作用而老化，也有人认为是由于磷酸膜具有与胶黏剂产生连锁的膜结构。

参考文献

[1] 朱祖芳. 铝阳极氧化膜的特性及阳极氧化技术//铝阳极氧化工艺技术论文汇编. 北京：中国有色金属工业总公司科技部，1994.

[2] Biestek T，Weber J. Electrolytic and Chemical Conversion Coatings. Poland：Partcullic Press Ltd，1976.

[3] Brace A W. The technology of anodizing aluminium. 3rd edition. Modena：Interall Srl，2000.

[4] アルミニウム表面処理の理論と実務. 第 3 版. 东京：日本轻金属制品协会编集发行，1994.

[5] Cochran W C，Keller F. Proc AES，1961，48：82.

[6] Spooner R C. J Electrochem Soc，1955，102（4）：156.

[7] 蔡锡昌. 表面技术，1994，（2）：94.

[8] Lacombe P. Trans IMF，1954，31：1.

[9] Sautter W. Aluminium，1978，54：636.

[10] Hunter M S，Fowle P E. J Electrochem Soc，1954，101：139.

[11] Spooner R C. Metal Industry，1952，81(13)：248.

[12] 房宝军. 轻金属加工技术，2000，28（4）：34.

[13] DEF 03-25，Issue 2，Sulphuric Acid Anodizing of Aluminium and Aluminium Alloys. UK：Ministry of Defence，1988.

[14] Elze J. Galvanotechnik，1962，53（8）：374.

[15] 吕建华. 轻金属加工技术，1999，27（10）：31.

[16] Brace A W. Anodic coating defects. England：Technicopy Books，Stonehouse，1992.

[17] Hauge T. Aluminium extrusion，1998，（1）：32.

[18] 黄奇松. 铝的阳极氧化和染色. 香港：香港万里书店出版，1981.

[19] BP，223 994/5. 1923.

[20] Buzzard R W. J Res Nat Bureau Standard，1937，18：251.

[21] Utyanskaya A I，Novaya Teknol V Aviostroenii. Pervoe Glavuoe Upravlenie N K A P，1939，4：41.

[22] Tarr O F，et al. Ind and Eng Chem，1941，33（12）：1957.

[23] Utyanskaya A I，Shivea Z I. Aviaprom，1940，10：50.

[24] Buzzard R W，Wilson J H. J Res Nat Bureau Standard，1937，18：53.

[25] Brace A W，Peek R. Trans IMF，1957，34：232.

[26] Jenny A. Die Electrolytische Oxidation des Aluminiums und seiner Legierumgen. Dresden Germany：Theodor Steinkopff Verag，1938.

[27] Hübner W，Schiltknecht A. Die Praxis der Anodischen Oxydation des Aluminiums. Düsseldorf Germany：Alumin-

ium Verlag Gmbh，1956.

[28] Aluminium Co of America. Eletroplating of Aluminium and its Alloys. 1946.

[29] Bunce B E. Electroplating and Met Fin，1953，6：317.

[30] Spooner R C，Seraphim D P. Trans IMF，1954，31：29.

[31] Mohler J B. Metal Finishing，1973，3：45.

[32] 李金桂，赵闺彦. 腐蚀和腐蚀控制手册. 北京：国防工业出版社，1988.

第 **9** 章
铝的硬质阳极氧化

9.1 概述[1-44]

铝的硬质阳极氧化技术是以阳极氧化膜的硬度与耐磨性作为首要性能目标的阳极氧化技术，硬质阳极氧化技术除了明显提高铝材的表面硬度和耐磨性以外，同时也提高了耐腐蚀性、耐热性及电绝缘性等。硬质阳极氧化膜一般以机械工程应用或军事应用为目的，其厚度可达几十微米甚至上百微米。硬质阳极氧化膜与普通阳极氧化膜一般没有绝对明确的分界线，有些著作将阳极氧化膜厚度在 $25\mu m$ 以上、横截面显微硬度 350HV 以上的膜称为硬质阳极氧化膜，也就是将厚度较厚和显微硬度较高作为区分。实际上，硬性规定具体指标来定义硬质氧化膜并不恰当，两种阳极氧化膜的硬度有一个过渡交叉的范围，而且显微硬度不仅与铝合金牌号、阳极氧化工艺等因素有关，还与横截面的测量位置密切相关。

硬质阳极氧化与普通阳极氧化的原理、设备、工艺和检测各方面没有本质差别，因此阳极氧化的理论和实践都对硬质阳极氧化有指导意义。但是在具体工艺措施方面仍然存在一些不同的侧重之处，其考虑的出发点主要在于在阳极氧化处理过程中，设法降低氧化膜的溶解性，主要有以下几个方面的工艺措施。

(1) 硬质阳极氧化的槽液温度较低。普通硫酸阳极氧化的槽液温度一般在 20℃ 左右，而硬质阳极氧化的温度一般在 5℃ 以下。一般而言，阳极氧化的槽液温度越低，生成阳极氧化膜的硬度越高。

(2) 硬质阳极氧化的槽液浓度较低。以硫酸阳极氧化为例，普通阳极氧化的槽液浓度一般在 20% H_2SO_4 左右；而硬质阳极氧化的槽液浓度一般低于 15%。

(3) 硬质阳极氧化的硫酸槽液中添加有机酸。在硫酸槽液中添加草酸、酒石酸等阳极氧化，甚至直接采用有机酸阳极氧化以提高膜的硬度，例如日本较多采用草酸溶液阳极氧化。

(4) 硬质阳极氧化的外加电流/电压较高。普通硫酸阳极氧化的电流密度一般为 1.0～1.5A/dm²，电压一般在 18V 以下；而硬质阳极氧化的电流密度一般为 2～5A/dm²，电压在 25V 以上，最高甚至可能达到 100V。

(5) 硬质阳极氧化外加电压宜采用逐步递增电压的操作方法。由于硬质阳极氧化的操作电压比较高，升高电压的时间需要长一些，而普通阳极氧化电压较低，不必强调如此操作。正因为硬质阳极氧化处理需要较大电流密度和较长的时间，因此相应的能耗必然比较高。

(6) 采用脉冲电源或特殊波形电源。硬质阳极氧化在某些情形下可能需要采用不同波形的脉冲电源，尤其对于高铜铝合金或高硅铸造铝合金，普通直流阳极氧化很难进行。

因此硬质阳极氧化膜与普通阳极氧化膜比较，一般硬质阳极氧化膜比较厚、硬度比较高、耐磨性较好、孔隙率较低、耐击穿电压较高，而表面平整性可能显得稍为差一些。

由于阳极氧化膜的厚度和尺寸精度比较容易控制，许多铝合金零部件在阳极氧化处理后可直接装配使用，硬质阳极氧化处理同样可以做到。硬质阳极氧化膜的结构微孔还可以吸收各种润滑剂，如吸收二硫化钼固体质点以进一步降低摩擦系数，从而减轻摩擦磨损。因此硬质阳极氧化技术已经广泛应用于航空、航天、船舰、汽车、摩托车、电子、仪表、纺织机械和家用电器等工业领域。从发展趋势来看，阳极氧化膜的结构微孔可以吸收各种各样的功能性质点，从而形成十分广阔的阳极氧化功能膜的领域。

铝的硬质阳极氧化处理技术的工业应用已经有 50 多年，但是公开文献资料中较少涉及工艺细节的内容，苏联发表过不少硬质阳极氧化的理论性文章。Brace 主编了两次"铝硬质阳极氧化"国际会议的论文，其中包括苏联发表的研究论文，并汇集成专著在意大利出版[1]，具有一定的参考价值。

国际上颁布一系列机械工程和军事工程的铝合金硬质阳极氧化的标准或规范，对于工艺措施与质量检测都有明确的依据和规定，这些国外的标准如下所述。

（1）国际标准 ISO 10074：工程用铝的硬质阳极氧化膜规范[2]。

（2）英国标准 BS 5599：工程用铝的硬质阳极氧化膜[3]。

（3）日本工业标准 JIS H 8603：工程用铝及铝合金硬质阳极氧化膜[4]。

（4）英国军用规范 DEF STAN 03-26/1：铝及铝合金硬质阳极氧化[5]。

（5）美国军用规范 MIL-A-8625F：铝及铝合金硬质阳极氧化膜[6]。

（6）美国宇航规范 AMS 2469D：铝及铝合金硬质阳极氧化处理[7]。

9.2　硬质阳极氧化与铝合金材料的关系

铝合金硬质阳极氧化膜与铝合金材料本身有很大的关系，不同铝合金系列和不同铝合金加工状态，即使采用相同的硬质阳极氧化的工艺，膜的性能也可能会有很大差别。按照国际标准 ISO 10074—2017 的规定，通常将硬质阳极氧化处理的铝合金，按性能要求分为 5 类，各类铝合金及其硬质阳极氧化膜的性能要求见表 9-1 所示。表 9-1 的性能包括表面密度、耐磨性能和显微硬度，由于测量得到的数据，尤其是耐磨性和显微硬度是与膜的厚度有关系的，为此在决定具体数据时，必须密切注意测量的条件。从表 9-1 的国际标准中的性能要求可以推论，2000 系铝合金硬质阳极氧化膜的表面密度和显微硬度值会低一些，铸造铝合金也与变形铝合金不同，其硬度比较低。实际上验收的合格值可能应该由用户根据使用要求，经过供需双方协商才能确定。表 9-1 规定的性能要求的数据只能作为参照，作为供需双方协商时的考虑依据。

硬质阳极氧化除了与铝合金类型有关外，还与铝合金的形态有关。变形铝合金的形态有薄板、板材、挤压材、锻件等。板材和薄板在硬质阳极氧化过程中可能出现窄向断面烧损倾向。挤压材可能在挤压方向上由于各向异性而存在粗晶带，这种情形在 6061 合金上较为常见，而 6063 合金则不太明显。不同取向晶粒的硬质阳极氧化速度不同，严重时可能会影响铝表面硬质阳极氧化膜的均匀性。锻件表面常有较厚的热氧化膜存在，用酸洗或机械加工除去表面大量氧化膜后，锻件内部的粗晶组织可能会在阳极氧化后显现出来。尽管普通阳极氧

表 9-1　各类铝合金硬质阳极氧化膜国际标准规定的性能要求

分类	铝合金	表面密度[①] /(mg/dm^2)	TABER 耐磨性 /mg	显微硬度[③] ($HV_{0.05}$)
1	2000 系以外的变形铝合金	1100	15	400
2A	2000 系变形铝合金	950	35	250
2B	2% Mg 的 5000 系和 7000 系铝合金	950	25	300
3A	2% Cu 和 5% Si 的铸造铝合金	950	②	250
3B	其他铸造铝合金	按合同规定	②	按合同规定

① 名义厚度为 $(50\pm5)\mu m$ 的表面密度，如厚度不同，应按比例校正。

② 铸造铝合金的性能要求由供需双方协商决定。

③ 膜厚大于 $50\mu m$ 之后硬度会降低，尤其在靠近膜的表面区的硬度更低。

化也可能存在同样问题，但是不同形态的铝合金对于硬质阳极氧化的影响比普通阳极氧化更加明显。铸态铝合金一般含有较高的硅含量，可能含有 10% 以上的硅，有时候可能还含有约 5% 铜，高硅/铜的铝合金铸件的阳极氧化一般比较困难，外加电压可能达到 120V，下面将专门予以介绍。

铝合金除了合金形态和加工状态的影响以外，合金成分当然对硬质阳极氧化有很大的影响，现在按不同牌号铝合金分别叙述不同铝合金系对于硬质阳极氧化的影响。

(1) 2000 系铝合金的硬质阳极氧化比较困难，该系铝合金中存在的富铜的金属间化合物（如 $CuAl_2$ 相），在阳极氧化过程中溶解速度较快，从而成为电流聚集中心而容易被烧损击穿，频添 2000 系铝合金硬质阳极氧化的困难。例如 2014 铝合金随着铁含量的增加，所谓的"针孔"或"气体-俘获"缺陷越加严重，采用交直流叠加或脉冲电源可以比较好地提高铝铜合金硬质阳极氧化膜质量，通过改变溶液成分、控制电流上升时间或降低电流密度等工艺措施，也可以防止富铜相的局部溶解，从而减轻铝铜合金的硬质阳极氧化的缺陷。

(2) 5000 系铝合金的硬质阳极氧化没有特殊的技术难度，只是在控制恒电流密度不理想时，可能存在"烧损"或"膜厚过度"的问题。随着合金中镁含量的增加，上述缺陷变得严重，换句话说，5000 系比 6000 系铝合金容易得到软质膜。

(3) 6000 系铝合金的硬质阳极氧化一般没有问题，尤其是 6063 铝合金更加方便，而 6061 铝合金或 6082 铝合金由于铜含量的影响，可能出现成膜效率低和耐磨性较差的现象。麦道飞机用 6013 铝合金（Al-Mg-Si-Cu）含 0.9% Cu，硬质阳极氧化类似于 6061 铝合金，阳极氧化膜的耐磨性稍低，同时成膜效率也低些。

(4) 7000 系铝合金的硬质阳极氧化膜存在"针孔"问题，但是不如 2000 系铝合金严重。波音公司的研究指出，7000 系铝合金硬质阳极氧化应该使用低铁含量，但是 7000 系铝合金的硬度和耐磨性一般不如 6000 系铝合金。

(5) 1000 系或 1100 系的普通阳极氧化和硬质阳极氧化都是最容易的，硬质阳极氧化主要用于电绝缘的场合，因为硬质阳极氧化膜较厚、电绝缘性也高。如果考虑在力学强度较高的场合使用，可以使用电导率高而强度中等的特殊电导铝合金。

图 9-1 为各种铝合金在恒电流密度下的成膜率，实线为各种铝合金在 $3.6A/dm^2$ 恒电流密度的阳极氧化（硬质阳极氧化）时，氧化膜厚度与阳极氧化时间的关系，虚线表示不同铝合金在 $1.2A/dm^2$ 恒电流密度下（普通阳极氧化）膜厚与时间的关系。由图 9-1 可见，硬质阳极氧化的成膜率明显高于普通阳极氧化。从图 9-1 还可以看出，两种阳极氧化时各种铝合

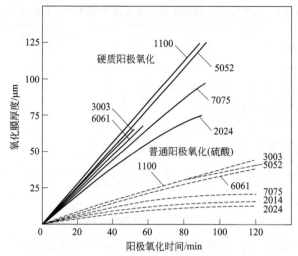

图 9-1 各种铝合金在恒电流密度下的成膜率（取自参考文献［8］p. 143）

金的成膜率从高到低的顺序都是依次为：1100→5052→3003→6061→7075→2024。也就是说1000 系铝合金的成膜率最高，2000 系铝合金最低，其余铝合金系居中。

在相同阳极氧化工艺条件下，不同成分的铝合金得到的硬质阳极氧化膜的膜厚和显微硬度等性能也有所不同，数据采自日本发表的资料，如表 9-2 所示。1000 系铝的氧化膜厚度最大，显微硬度也稍高些。

表 9-2 不同铝合金硬质阳极氧化膜的膜厚及截面显微硬度[①]（取自参考文献［9］p. 165）

铝合金	膜厚/μm	显微硬度（HV）	铝合金	膜厚/μm	显微硬度（HV）
Al-Mg-Si	65～67	346	Al-5％Mg	77～87	355
Al-Mn	50～52	384	99.0％Al	74～81	390
Al-Mg-Mn	61～76	365	99.5％Al	67～73	390
Al-3％Mg	59～73	375	99.8％Al	74～82	390

① 阳极氧化条件：15％H_2SO_4，0℃，60V，60min。

9.3 硫酸溶液的硬质阳极氧化

苏联著名学者 Tomashov（托马晓夫）[10]和美国 Smith（史密斯）[11]最早将硫酸电解液中得到的厚而硬的阳极氧化膜应用于机械工程中。托马晓夫通过试验表明降低电解槽的温度可以减缓阳极氧化膜的溶解速度，从而得到膜厚高达 250μm 的阳极氧化膜，而金属损失量却只有0.3g/dm^2。该阳极氧化膜具有良好的耐磨性和隔热性，可用于气缸或活塞，阳极氧化膜表面还可以吸收和保存油脂而有利于润滑，从而降低摩擦磨损。

1950 年代初，由 Glenn L. Martin 公司开发成功的，称之为 MHC（Martin hard coat 的缩写）的硬质阳极氧化工艺[12]在美国得到应用。该工艺在 15％硫酸电解槽液中进行，以电流密度为 2～2.5A/dm^2 直流电进行阳极氧化，槽液温度约为 0℃。为维持恒定的电流密度，外加电压由起始电压的 20～25V 逐渐提高到 40～60V。图 9-2 表示 MHC 硬质阳极氧化膜的生长速度，此外 MHC 工艺的另一重要特征是采用二氧化碳对槽液进行搅拌，因此特别适宜于生产较厚的硬质阳极氧化膜，但是实践表明对于 2000 系高铜含量的铝合金仍然具有相当的难度。

美国铝业公司（Alcoa）在 MHC 工艺的基础上开发出一系列硬质阳极氧化工艺，其中 Alumilite225 和 Alumilite226 工艺适合于变形铝合金，而 Alumilite725 和 Alumilite726 工艺适合于铸造铝合金。该硬质阳极氧化工艺的操作温度可以在 8～10℃下完成，得到厚度为 25～50μm 的硬质阳极氧化膜。直流阳极氧化的局限性在于存在"烧蚀"倾向，除非搅拌特别有效，高铜铝合金的"烧蚀"倾向比较常见，不然点接触难于避免。

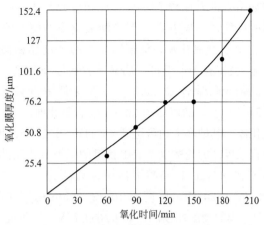

图 9-2　MHC 氧化膜的生长速度

（取自参考文献 [15] p.665）

工业上常用的硫酸硬质阳极氧化有时候添加草酸和（或）其他有机酸，电解温度一般总在 10℃ 以下，电流密度在 2～5A/dm²，典型的直流硫酸硬质阳极氧化的工艺条件见表 9-3。

表 9-3　典型的直流（DC）硫酸硬质阳极氧化的工艺条件（取自参考文献 [9] p.143）

工艺	电解液	电流密度/(A/dm²)	电压(DC)/V	温度/℃	时间/min	膜的颜色(A1100)	膜厚/μm
硫酸法	10%～20% H₂SO₄	2～4.5	23～120	0±2	＞60	灰色	15(30min) 34(60min) 50(90min) 150(120min)
Sanford 法	12% H₂SO₄，0.02～0.05mol/L 2-氨乙基磺酸	4	—	2	60	灰褐色	约60
硫酸-二羧酸	10%～20% H₂SO₄，若干二羧酸	4	—	＜10	60	灰褐色	约60
MHC 法	15% H₂SO₄	2.5	25～50	0	60	灰色	约60
Alumilite	12% H₂SO₄	3.6	—	9～11	60	灰色	约60
M.O.D	20% H₂SO₄	1.5～4.8	15～120	0～10	—	—	—

瑞士的一项以硫酸为主成分槽液的硬质阳极氧化工艺称为 Oxal-3 工艺，Oechslin[16] 比较详细讨论了该工艺在多种铝合金表面生成硬质阳极氧化膜的性能，还提出了名为 Oxal-4 的"半硬"阳极氧化工艺。Oechslin 指出：采用简单的直流电源，在 0℃ 的 1%～5% 的稀硫酸溶液中阳极氧化，膜的硬度较高，但是膜厚并不均匀，膜上可能还有瘤状的突出物，其余位置只有壁垒膜覆盖。随着硫酸浓度的提高，表面结瘤程度增加，直至结瘤彼此连接形成橘皮状表面。在硫酸浓度达到 7.5%（体积分数）时，低铜铝合金可以得到正常的硬质阳极氧化膜，但是高铜铝合金只能生成壁垒型阳极氧化膜。硫酸浓度在 7.5%～21%（体积分数）时，大部分铝合金可以生成满意的阳极氧化膜，但是浓度超过 21%（体积分数）之后，膜的硬度和耐磨性都会下降。上述结果似乎说明硫酸浓度提高不利于生成硬质阳极氧化膜。

Thompson[17]比较了10%（体积分数）与20%（体积分数）硫酸溶液的直流硬质阳极氧化膜的性能，结果表明10%硫酸氧化膜的硬度较高，可达到400～500HV，厚度可达100μm；而20%硫酸氧化膜，低铜铝合金的硬度还稍微高一些，高铜铝合金的硬度很低，但是采用直流/交流叠加电源可以明显改善膜厚及硬度。

匈牙利学者Csokan[18-20]在更低浓度仅含有0.5%～2%的稀硫酸溶液中，在温度为−5～5℃、外加电压为20～80V、氧化时间为1h的条件下获得了膜厚为150～250μm的硬质氧化膜，其硬度大约可达到450HV～600HV。此时阳极氧化膜的孔隙率很低，只有2%～4%，而在浓度高的硫酸电解液中获得的阳极氧化膜的孔隙率可能达到14%或更高。Csokan和Hollo[21]在0.1mL/L硫酸溶液中，温度为−1～1℃，外加电压在40～60V，得到显微硬度为600HV～620HV、厚度为100～250μm的硬质阳极氧化膜。他们还指出外加电压如果低于30V，膜的硬度比较低，如果超过70V，膜可能发生局部过热现象。因此匈牙利的企业明确规定，硫酸溶液浓度为1%（体积分数），操作温度为−1～1℃，外加电压在50～65V，电流密度在4～20A/dm²。试验证明在稀硫酸溶液中阳极氧化，与浓硫酸溶液不同，例如在稀硫酸溶液中外加电压为40～50V时，显微硬度达到500HV以上，其阻挡层厚度大约为38nm。但稀硫酸溶液硬质阳极氧化有一个缺点，即由于操作温度较低时稀硫酸溶液容易冻结，因此必须采取有效的溶液循环来阻止冻结的发生。另外稀溶液中生成的阳极氧化膜的表面状态，比浓溶液中生成的氧化膜的表面粗糙，只能通过机械精饰进行抛光或磨光。

9.4 硫酸硬质阳极氧化工艺参数的影响

铝及铝合金的硬质阳极氧化过程与普通阳极氧化过程相同，同时存在阳极氧化膜的电化学生成和化学溶解之间两个相对的反应。影响氧化膜生长速度和性能的因素很多，除了铝合金的成分和状态影响成膜效率和膜的性能（参见9.2 硬质阳极氧化与铝合金材料的关系）以外，还有阳极氧化的工艺参数，如电解液的类型与浓度、外加电压与电流密度、温度和时间等因素。硬质阳极氧化与普通阳极氧化相比较，总体说来，硫酸浓度和温度较低，电压和电流密度较高，为了消除工件局部温度偏高现象，硬质阳极氧化对于冷却设备的能力要求较高。

（1）铝合金对于工艺参数的影响。本章"9.2 硬质阳极氧化与铝合金材料的关系"中，已经叙述铝合金牌号对于硬质阳极氧化膜的性能影响，这里进一步简单说明不同铝合金对于阳极氧化的工艺参数的影响。表9-4系不同铝合金的外加阳极氧化电压、成膜率和阳极氧化膜的显微硬度，其中纯铝板（即2S）的成膜效率和显微硬度最高。由于表9-4中铝合金牌号是旧牌号，为读者方便起见，表9-5列出表9-4中铝合金牌号的成分。

表9-4 不同铝合金的阳极氧化电压、成膜率和膜的显微硬度[23]

铝合金牌号	阳极氧化槽压/V	成膜率/(nm/V)	膜的显微硬度(HV)
LM4	47	1.28	325
LM6	49	1.32	350
LM12	42	1.18	300
HE15	30	1.21	320
26S	34	1.23	320
2S	38	1.60	450

表 9-5　试验用铝合金的成分[23]　　　　　　　　　　　　　　　　单位：%

铝合金	Cu	Mg	Si	Fe	Mn	Ni	Zn
LM4	2~4	0.15	4~6	0.8	0.2~0.6	0.3	0.5
LM6	0.1	0.1	10~13	0.6	0.5	0.1	0.1
LM12	9~11	0.2~0.4	2.5	1.0	0.6	0.5	0.8
HE15	3.9~5.0	0.2~0.8	0.5~1.0	0.7	0.4~1.2	0.2	
26S	4.3	0.5	0.7	—	0.8	—	—
2S(纯铝板)	—	—	—	—	—	—	—

(2) 阳极氧化溶液浓度。一般情况下阳极氧化膜的极限膜厚和成膜效率随溶液浓度的提高而下降，Tyukina 等[1]研究了硫酸浓度对硬质阳极氧化膜厚度的影响，在 0℃ 的含 98g/L、196g/L、294g/L 的硫酸溶液中进行阳极氧化处理，结果表明随着硫酸浓度的提高，极限膜厚呈下降的趋势。其原因是非常简单的，因为随着溶液浓度的提高，氧化膜的溶解作用也随之提高。为此提高溶液浓度，氧化膜的孔隙率随之升高，透明度更好，吸附性增强（对于染色比较有利）。降低硫酸溶液浓度，使阳极氧化膜的密度增大，孔隙率降低，硬度增大，耐磨性提高。若溶液中添加有机酸（如草酸等），则降低阳极氧化膜的溶解作用，但是随着草酸浓度的提高，阳极氧化膜的颜色则逐步加深。

Thompson[17]对 10%（体积分数）硫酸与 20%（体积分数）硫酸直流硬质阳极氧化的性能比较，结果表明，20% 硫酸的阳极氧化膜的硬度较低，膜厚只达到大约 70μm，高铜铝合金的硬度下降更加严重。但当使用直流/交流（DC/AC）叠加波形电源时，20% 硫酸的阳极氧化膜的厚度可以达到 75~150μm，表明在高浓度硫酸溶液中交直流叠加电源比较理想。

(3) 阳极氧化温度。硫酸溶液的温度是影响硬质阳极氧化膜性能的重要因素，随着温度的升高，硬质阳极氧化膜的溶解速度加快，虽然对阳极氧化膜的厚度也有影响，不过在一定温度范围内还不十分明显，但是对于阳极氧化膜硬度的影响非常明显，如图 9-3 所示，随着操作温度的降低，阳极氧化膜硬度迅速增大，但是并不需要降到 0℃ 以下。同样阳极氧化温度对于耐磨性也有很大影响，温度降低使阳极氧化膜的耐磨性增加。喷磨试验和泰氏耐磨试验都证明，在 0~5℃ 温度范围内得到阳极氧化膜耐磨性的最大值。因此通过降低槽液温度、增加搅拌等方式可以得到较好耐磨性的硬质阳极氧化膜。

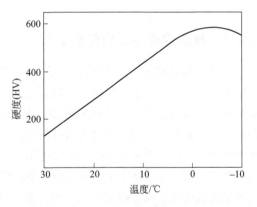

图 9-3　阳极氧化温度对硬质阳极氧化膜硬度的影响（取自参考文献 [9] p.166）
（15%H₂SO₄ 溶液，120min，1~3A/dm²）

(4) 阳极电流密度。众所周知，阳极氧化膜的厚度是与阳极氧化过程中通过的电量成正比的。对于硬质阳极氧化而言，一般在高电流密度和低槽液温度等条件下进行处理。适当提高电流密度，不仅可以加快硬质阳极氧化膜的成膜速度，能够提高膜的厚度，而且可以提高膜的硬度和耐磨性。如果电流密度过大，由于电化学过程中产生大量的热量，使工件局部过热，从而发生膜的局部溶解，引起阳极氧化膜的不均匀，疏松，甚至烧损。为了得到性能优良的硬质阳极氧化膜，根据不同铝合金的需要，宜选择适当的电流密度，一般硬质阳极氧化电流密度的选择范围为 $2\sim5A/dm^2$，通常电流密度不会超过 $5A/dm^2$。20 世纪 60 年代 Elze[1] 研究了电流密度对硬质阳极氧化膜耐磨性的影响，通过喷磨试验对温度和电流密度的影响进行了评价，试验表明，阳极氧化膜的耐磨性随着电流密度的增加而呈现增加的趋势。Koizumi[1] 利用泰（Taber）氏试验获得了大致相同的结论。

（5）阳极氧化时间。众所周知，硬质阳极氧化膜的厚度与通过电量成正比，通过的电量就是电流密度与时间的乘积。所以延长氧化时间可以提高硬质阳极氧化膜的厚度，但是氧化时间过长，成膜效率下降，与普通阳极氧化相同总是存在一个极限膜厚，膜厚是不可能无限增长的，因此硬质阳极氧化时间也需要控制在一个合适的范围内。

（6）电源类型。由于硬质阳极氧化的电流密度比较高，阳极氧化过程中产生热量大，保持优质硬质阳极氧化膜性能的关键在于有效散热，除了强化冷却和搅拌等常规措施以加强散热外，近年来在有关硬质阳极氧化的研发方面，电源波形和电源设备的研究已经成为最为活跃的一个领域，从直流、交直流叠加直到脉冲电流等都开展了大量的研究，并已取得了可喜的成果，请见本章"9.6 硬质阳极氧化电源波形的改进和脉冲阳极氧化"。

9.5 非硫酸溶液或非单一硫酸溶液的硬质阳极氧化

硫酸溶液的硬质阳极氧化是成本最低和性价比最好的方法，但是考虑到更高硬度或耐磨性等性能的特殊要求和新品种的扩大，可以选择非硫酸溶液的阳极氧化（如草酸等），或以硫酸为基础的混合溶液（如硫酸-有机酸溶液），甚至选择各种有机酸溶液进行硬质阳极氧化。

9.5.1 草酸溶液的硬质阳极氧化

在硬质阳极氧化中，草酸溶液虽不如硫酸溶液那么广泛使用，但是草酸法也是比较常用的硬质阳极氧化工艺，尤其在日本比较普遍。一方面，草酸溶液对于铝阳极氧化膜的腐蚀性小，草酸硬质阳极氧化膜与硫酸硬质阳极氧化膜比较，其孔隙率低、硬度和耐磨性较高。另一方面，草酸法需要较高的外加电压和电流密度，因此阳极氧化膜的阻挡层较厚，孔隙率较低，硬度与耐磨性较好。但是也正由于外加电压高，容易发生氧化膜的烧蚀现象，因此草酸硬质阳极氧化更需要良好的冷却系统。典型的草酸硬质阳极氧化工艺如表 9-6 所示。虽然草酸溶液硬质阳极氧化的成本较硫酸硬质氧化为高，但是由于草酸硬质氧化膜的耐磨性、绝缘性能和耐腐蚀性能较高，仍然在航空航天领域和电器工业，如制作电气绝缘保护层等场合广泛应用。

表 9-6 草酸硬质阳极氧化工艺[22]

电解液	温度/℃	电流形式	电压/V	电流密度/(A/dm²)	氧化膜特性
5%～10%（质量分数）草酸	0～20	直流	20～120	2～4	温度20℃时生成阳极氧化膜的硬度高
5%～10%（质量分数）草酸	0～35	交流	20～120	2～4	膜相对比较薄,硬度比直流生成的膜软
5%～10%（质量分数）草酸	0～20	脉冲	20	平均3～6,峰值20	生成硬而厚的阳极氧化膜

9.5.2　以硫酸为基础的混合酸硬质阳极氧化

单一硫酸溶液作为电解液进行硬质阳极氧化处理是最常用的工业化方法，硫酸溶液的成本低，理所当然成为理想的硬质氧化的槽液。但是硫酸溶液对于铝阳极氧化膜的腐蚀性毕竟比较大，考虑到硬质阳极氧化膜的特殊性能和扩大硬质膜的品种的要求，寻找腐蚀性更小的非硫酸槽液或非单一硫酸槽液的努力始终没有停止。在硫酸中添加有机酸的混合酸溶液也是一种很好的选择，添加有机酸成分可以拓宽硫酸硬质阳极氧化的温度范围并提高阳极氧化膜的生长速度，进一步改善与提高阳极氧化膜的性能。

典型的以硫酸为基础的硬质阳极氧化是由 Sanford Process 公司开发成功，并称之为 Sanford 的硬质阳极氧化工艺[13]，该工艺可对含铜和硅较高的铝合金进行硬质阳极氧化处理。该工艺的电解液配方如下：7%硫酸、3%煤提取物（peat extract）、0.02%壬醇（nonyl alcohol）、0.02%聚乙二醇（polyethylene glycol）和7%甲醇。槽液温度为−10℃，电流密度为 $1\sim2A/dm^2$，外加电压从15V左右上升到大约60V，据称在此条件下可在53min得到厚度为 $50\mu m$ 的硬质铝阳极氧化膜。为了解决高铜含量铝合金的硬质阳极氧化问题，Meissner 和 Mears[14] 在 385g/L 硫酸中添加 $11\sim15g/L$ 草酸，也比较有效地降低了阳极氧化膜的烧损倾向。

另一种以硫酸为基础的硬质阳极氧化溶液，可以在光亮阳极氧化和建筑业阳极氧化方面采用，也可以用在硬质阳极氧化方面，称为雷诺（Reynold）多用途电解溶液。该溶液成分为：在14%～24%（质量分数）硫酸中加入2%～4%（体积分数）MAE（2份甘油加3份70%羟基乙酸）。硬质阳极氧化的温度可以在15～21℃范围内操作，电流密度为 $2.4\sim6A/dm^2$，槽液的铝含量维持在 $4\sim8g/L$，硬质阳极氧化膜的厚度可达 $100\mu m$ 以上。如果用于普通阳极氧化，可以在常温下进行也不会发生粉化，显然对于节省能源消耗是有意义的。

John[23] 在10%（体积分数）硫酸溶液中添加 30g/L 硫酸钠，在温度为0℃和电流密度 $3.6\sim5.4A/dm^2$，建议外加交流电压 30～60V 可以用在含铜或硅的铝合金的阳极氧化。另有报道在硫酸溶液中添加硫酸钾、硫酸镁、硫酸铝或甘油等有机化合物，可以在10～25℃温度范围和电流密度 $2.5\sim3.2A/dm^2$ 下进行硬质阳极氧化，膜厚可以达到 $100\mu m$ 以上，维氏显微硬度达到 400HV～500HV。

其他以硫酸为基础的混合酸溶液的硬质阳极氧化工艺见表 9-7。

表 9-7　常用的以硫酸为基础的硬质阳极氧化工艺规范

序号	成分	浓度 /(g/L)	温度 /℃	电流密度 /(A/dm²)	电压 /V	适用材料
1	硫酸 草酸	120 10	9～11	3.5～4.0	10～75	各种铝合金
2	硫酸 甘油 苹果酸	200 12(mL/L) 17	16～18	3.0～4.0	22～24	7075 等铝合金
3	硫酸 草酸 甘油	200 20 20(mL/L)	10～15	2.0～2.5	25～27	2024 等铝合金
4	硫酸 酒石酸 草酸	160 40～60 15～30	13～17	2.5～3.5	—	7075、2024、2618 等铝合金

序号	成分	浓度/(g/L)	温度/℃	电流密度/(A/dm²)	电压/V	适用材料
5	硫酸 草酸 乳酸 硼酸	100 20 10 25	18～23	5.0～8.0	—	7076、2024 等铝合金
6	硫酸 乳酸 甘油 硫酸铝	150～240 12～24 8～16 3～8	9～20	2.5～4.0	35～70	7075、1280、5052、3008、3550、3560 取浓度下限；2017、2024、6851 取浓度上限
7	硫酸 2-氨乙基磺酸(Sanford)	12% 0.02～0.05mol/L	2	4	—	—
8	硫酸 二羧酸	10%～15% —	<10	4	—	—

9.5.3 其他混合有机酸硬质阳极氧化

非硫酸或草酸为主成分的其他混合有机酸的硬质阳极氧化也有不少研究，但是可能由于成本较高，大部分混合有机酸溶液并未实现大规模工业化生产。

（1）草酸为基础的有机混合酸溶液的硬质阳极氧化。单一草酸溶液进行硬质阳极氧化，有些铝合金材料成膜比较困难，或不易生成厚膜。所以在草酸溶液中有时加入某种添加剂，目的在于降低阳极氧化过程中的外加电压，同时有利于生成致密的硬质阳极氧化膜。在 50g/L 草酸溶液中添加 0.1g/L 氟化钙、0.5g/L 硫酸和 1g/L 硫酸铬，进行硬质阳极氧化可以得到耐磨性和硬度均佳的阳极氧化膜。草酸中加入少量硫酸也可以在温度为 5～15℃ 得到硬质阳极氧化膜。另外草酸与甲酸的混合电解溶液〔例如在 5%～10%（质量分数）草酸，2.5%～5%（体积分数）甲酸〕在 20～80V 电压下，采用 4～10A/dm² 的电流密度进行阳极氧化处理，可以较快地生成厚的硬质阳极氧化膜。

（2）磺酸为基础的硬质阳极氧化。早期在德国基于获得较致密的硬质阳极氧化膜的目标，用磺酸部分代替硫酸以减轻硫酸对于氧化膜的腐蚀作用，已经在室温得到耐磨的硬质阳极氧化膜。第二次世界大战后磺酸为基础的槽液在美国曾经用于建筑铝型材阳极氧化的整体着色，但是由于成本等原因，整体着色后来被所谓浅田法的电解着色所替代，然而磺酸为基础的溶液生成比较致密的硬质阳极氧化膜仍是不争的事实。

（3）酒石酸为基础的硬质阳极氧化。日本开发过酒石酸为基础的电解液，Fukuda[24] 报道了以 1mol/L 酒石酸、苹果酸（羟基丁二酸）或丙二酸为基础，加入 0.15～0.2mol/L 草酸作为硬质阳极氧化的溶液。这种槽液可在温度 40～50℃、外加电压 40～60V、维持电流密度在大约 5A/dm² 的条件下生成硬质膜而不至于粉化，其维氏硬度可达到 300HV～470HV。尽管有机酸的成本较高，由于冷却达到低温要求消耗大量电能，而该工艺可在高于室温时实现，因此从另外一方面可降低操作成本。

除了以上列举的混合有机酸硬质阳极氧化工艺之外，还有其他一些混合有机酸硬质阳极氧化工艺规范及适用的铝合金，见表 9-8 所示，供读者参考。

表 9-8　混合有机酸硬质阳极氧化工艺

序号	溶液成分	溶液浓度 /(g/L)	温度 /℃	电流密度 /(A/dm²)	电压 /V	适用的铝合金材料
1	丙二酸 草酸 硫酸锰	25～30 35～50 3～4	10～30	3.0～4.0	起始 40～ 50,终止 130	7075、5154、3600、3560、 5140 等
2	磺基水杨酸 苹果酸 硫酸 水玻璃	90～150 30～50 5～12 少量	变形铝合 金 15～20, 铸造铝合金 15～30	变形铝金 5.0～6.0, 铸造铝金 5.0～8.0	—	2024、6351、2618、3560、 7120 等
3	硫酸 粗蒽 乳酸 硼酸	10～15 3.5～5 30～40 35～40	18～30	3.0～5.0	—	7075、2017、2024、6351、 2618、3550 等

9.5.4　硬质阳极氧化复合技术

为了进一步提高硬质阳极氧化膜的使用性能,可以设法在阳极氧化膜的结构微孔中引入第二相颗粒(补充说一下,硬质阳极氧化膜的结构微孔,通常在使用时不一定进行封孔)。一般来讲,这种第二相颗粒可以分为耐磨"硬颗粒"或自润滑"软颗粒"两类。前者可以提高阳极氧化膜的硬度,如 SiC 和 SiN 等;后者可以增加阳极氧化膜的自润滑性能,如聚四氟乙烯(PTFE)和 MoS_2 等。日本专利(Japanese patent)2932437 报道了 Takaya 发明的所谓"10coat"的优异自润滑性的阳极氧化膜,采用电化学技术沉积有机碘的化合物。下面简要介绍两种比较成熟的引入"软颗粒"增加阳极氧化膜自润滑性能的技术:复合含氟聚合物涂层技术和复合固体润滑剂技术。

复合含氟聚合物涂层技术是较新发展起来的一项铝合金硬质阳极氧化复合技术。1980年代中后期,美国多家公司先后开发了这种技术,虽然采用的工艺途径有所不同,但实质上都是在硬质阳极氧化过程中或硬质阳极氧化之后,通过电化学方法或精密热处理方法在阳极氧化膜中引入聚四氟乙烯润滑物质。这样使其综合性能达到最佳状态,即硬度高、耐磨性高、耐蚀性好、介电性好、击穿电压可达 2000V 以上,并且具有良好的自润滑性、使之具备"永久"润滑能力。此外该阳极氧化膜表面柔韧性极佳,允许作 180°弯曲膜不会剥落,而且膜的表面极为光滑,厚度可精确控制等。复合含氟聚合物涂层技术具有广泛的应用价值,如注塑成型铝质模具经复合涂层处理后,使用寿命大大提高,其他应用还有电子、计算机组件、阀门、活塞、化工设备、船舶构件、医疗设备、厨房用具等,美国甚至已将其应用到航天器,如摄像机、遥感接收器、航天服等。

铝合金硬质阳极氧化复合固体润滑技术也是研发的一个热点,日本学者利用化学、物理或电化学方法,在多孔型阳极氧化膜的结构微孔中原位合成或沉积润滑性物质(如固相 MoS_2)的自润滑阳极氧化技术,既可以保留原硬质阳极氧化膜质硬、耐磨的特性,又能降低阳极氧化膜的摩擦系数,改善了铝质零部件的润滑性能。其中二次电解法和共生沉积法是最具开发价值的两项新技术。

二次电解法是由日本的石禾和夫[25]发明的,将已经生成的硬质阳极氧化膜的铝工件在硫代钼酸铵［$(NH_4)_2MoS_4$］的水溶液中进行二次电解，经过一系列电化学和化学反应，固体润滑剂 MoS_2 在阳极氧化膜结构微孔的底部开始析出，并向孔口方向生长，最后填满整个微孔，从而使阳极氧化膜获得自润滑能力。经过二次电解处理法，阳极氧化膜的摩擦系数明显降低，而且沉积在微孔中的 MoS_2 固体润滑剂还会随着膜层的磨耗而不断释放在表面，在铝合金工件表面不断形成润滑层，从而使摩擦系数不断降低。日本已经将此项技术应用于汽车、电子、纺织机械等工业部门。目前该技术主要存在的工艺缺点是槽液稳定性差，处理后的阳极氧化膜硬度有所下降等，还有待从工艺技术上改进提高。

1980 年代美国陆军提出了铝合金硬质阳极氧化共生沉积带电的固体润滑剂的研究计划。苏联的 Otkrytiya[26]最早于 1982 年取得了铝合金硬质阳极氧化共生沉积聚四氟乙烯固体润滑剂的专利，其特点是采用了氧乙烯烷基酚非离子表面活化剂为乳化分散剂，它同时又是聚四氟乙烯微粒的载体。日本的横山一男也于 1991 年申请了类似的专利[27]，但没有二次电解法那么受到广泛的关注。

9.6 硬质阳极氧化电源波形的改进和脉冲阳极氧化

硬质阳极氧化的电流密度高，局部过热问题非常突出，基本问题在于有效散热，除了冷却与搅拌等常规散热措施强化散热以外，近年来硬质阳极氧化的重要进展是引入新型的复杂电源，例如偏电压、交直流叠加、直流脉冲电压、反向电流、周期换向或周期间断电流等非常规直流电源。国外资料报道过许多种电流波形（其中主要是脉冲电源）对硬质阳极氧化膜性能的影响，包括对直流电源（单相全波、三相半波和六相半波）、周期间断电流、交直流叠加电流、脉冲电流（电压）等进行技术比较。他们发现，当采用直流电源进行硬质阳极氧化时，影响阳极氧化膜厚度的两个主要工艺参数为电流密度和氧化时间，如果采用较高纹波系数的直流波形，可以得到较厚的阳极氧化膜。直流硬质阳极氧化时特别需要控制起始电流以避免烧损，具体方法是控制电流上升速度，对于难于硬质阳极氧化的铝合金，其电流上升速度应该控制慢一些。或者先将电流密度控制在常规阳极氧化的电流密度 $1.0\sim1.5A/dm^2$ 范围内，当氧化膜厚度达到 $2\sim3\mu m$ 后，再将电流上升到需要的较高电流密度。上述方法虽然有些效果，但是毋庸讳言，都会延长硬质阳极氧化的时间而降低生成效率。

采用直流叠加脉冲的电源方式，由于实际引入的平均电流密度有所提高，又不至于发生阳极氧化膜烧损，从而明显提高成膜效率。因为铝合金在硬质氧化的成膜过程中，电源波形的峰值电流密度较大，对加快膜的生长有利，而基值电流密度较小，此时有利于散发焦耳热，使阳极氧化膜不易被烧损。试验表明当采用脉冲电流（如 30s 的高输出 $4A/dm^2$；7.5s 的低输出 $2A/dm^2$）时，阳极氧化膜厚度比用单纯直流阳极氧化明显增厚。目前在工业上使用最广泛、效果最理想的是直流单向脉冲技术，日本横山一男（Yokoyama）率先在硬质阳极氧化中采用单向脉冲技术并申报专利[28]，而且与日本永山政一（Nagayama）教授等人联合撰文[29,30]，用电流回复效应作了理论说明，为奠定脉冲阳极氧化的理论基础做出了重要贡献。采用直流脉冲电源、交直流叠加电源等电源类型，大都应用于难于进行硬质阳极氧化的高合金成分的铝合金（如 2000 系铝合金），可以减少铝合金工件的烧蚀倾向，或可以提高工作温度，提高阳极氧化膜的硬度、厚度和耐磨性等。

9.6.1 直流脉冲硬质阳极氧化

直流脉冲也称直流单向脉冲，1980 年代首先兴起于日本，后在美国、意大利等国也得到了应用。日本横山一男在硬质阳极氧化生产中率先应用了单向脉冲直流硬质阳极氧化技术，采用长脉冲周期（$T = 130 \sim 190\mathrm{s}$）恒电压方式，在 $20 \sim 25^\circ\mathrm{C}$ 下进行了铝合金的硬质阳极氧化处理，取得了非常良好的效果，特别适用于难于阳极氧化的 2000 系铝合金。并且专门论述了脉冲硬质阳极氧化的优点，即采用脉冲阳极氧化时，硬质阳极氧化膜可以更厚，而溶液制冷所需能量输入更少。横山一男与永山政一教授等人撰文用电流回复效应做了理论解释，他们关于脉冲作用的理论说明和脉冲电流避免阳极氧化膜烧损和粉化的解释，奠定了脉冲阳极氧化的理论基础。

图 9-4 为直流脉冲阳极氧化的电流回复效应的理论说明，图 9-4 的上半部分为直流脉冲阳极氧化的电压随时间的变化，图 9-4 的下半部分为相应的电流随时间的变化。从图 9-4 可见，当电压从 E_1 突然降到 E_2 时，虽然下降幅度并不大，而此时的电流从 I_1 立即下降到极小值（几乎是 0），然后电流逐渐上升（图 9-4 中下半部分的曲线 $c \to d$ 段）到一个相对于 E_2 的稳定电流值 I_2。在电压 E_1 的氧化过程中，阳极氧化膜具有大的结构单元尺寸（b），并且有相应于 E_1（图 9-4 中 $a \to b$ 段）的较厚的阻挡层。随着电压从 E_1 急降到 E_2，阻挡层的电场强度下降，此时电流几乎为零，因而阳极氧化膜几乎停止生长（此时对阳极氧化膜的散热有利！）。由于化学

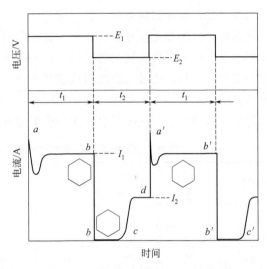

图 9-4　直流脉冲阳极氧化的电流回复效应的理论说明[29]

溶解作用，阻挡层开始逐渐变薄（图 9-4 中曲线 $b \to c$ 段），但是在这个阶段中结构单元尺寸还未变化，当电场强度由于阻挡层变薄而恢复时，电流又开始增加（图 9-4 中曲线 $c \to d$ 段），一层新的相应于 E_2 的较小结构单元（d）的膜生成。这样直流脉冲阳极氧化膜是一种多层结构，即两层较大结构单元的厚层中间夹进小结构单元薄层的"三明治"结构。脉冲阳极氧化之所以能够维持高电流密度而阳极氧化膜不烧损粉化，是因为在膜发生烧损之前已经将电压 E_1 降到了 E_2，也就是说电流回复效应使得焦耳热得到有效发散，温度趋于均匀。如果保持电压在 E_1（即恒电压非脉冲电源）不变，也就是不将电流下降以促进焦耳热的发散，那么阳极氧化膜会因为过热而发生烧损或溶解。

尽管直流脉冲阳极氧化有了上述理论说明，但是脉冲间隔、脉冲电压幅度、脉冲电压与基值电压幅度之比等工艺参数，仍然主要是凭借经验在实验资料的基础上确定的，并不是按照理论选择确定的。决定这些参数与合金类型、槽液成分等许多因素有关，日本的研究表明脉冲电压的维持时间一般保持在几十秒，有时也可能超过 1min，随体系不同而变化。基值低电压的维持时间也可能几十秒，因为时间太短，"电流回复"过程来不及完成。而脉冲电压与基值电压之比一般高出 $30\% \sim 50\%$。

目前还有一种脉冲间隔时间极短的直流单向脉冲电源，每秒钟大约有十几个脉冲甚至几

十个脉冲，这里暂且称之为"快"脉冲电源，以区别于上述的"慢"脉冲电源。我国从意大利引进的建筑铝型材阳极氧化电源即属于此类，生产厂家虽然也用电流回复效应来解释节能和省时的效果，但是实际上由于脉冲太快，也许根本来不及"回复"。Colombini 介绍采用短周期（$T = 0.1 \sim 1.09 \mathrm{s}$）恒电流方式进行阳极氧化，在 20℃下获得了 $18 \sim 20 \mu\mathrm{m}$ 的阳极氧化膜。该电源波形由幅度可调的脉冲电流叠加于电流值恒定的基准电流（I_b）而成。脉冲电流可在 $0 \sim 50\% I_b$ 的范围内调节。I_b 的持续时间 T_b 恒定在 $0.1\mathrm{s}$，脉冲电流的持续时间 T_p 为 $0 \sim 0.99\%\mathrm{s}$。此类"快"脉冲电源 1990 年代在我国建筑铝型材阳极氧化生产线已经引进应用，尽管当时使用此类脉冲电源的实践并未显示出明显的优点，而在我国并没有得到推广。但是如果生产高膜厚的阳极氧化膜，"快"脉冲电源不仅可以维持高成膜效率，而且可以使阳极氧化膜不至于因为提高膜厚而降低性能。

直流单向脉冲阳极氧化工艺生成的阳极氧化膜，在硬度、耐蚀性、柔韧性、绝缘性和厚度均匀性等方面都比较好。直流单向脉冲阳极氧化与常规恒电流阳极氧化方法比较，阳极氧化膜生长速度可以提高到大约三倍。但是脉冲阳极氧化的工艺，必须对不同的槽液、操作温度和铝合金材料，通过试验适当地选择 E_1、E_2（高电压、低电压）和 t_1、t_2（高电压和低电压持续时间）等工艺参数。表 9-9 列出了不同铝合金直流单向脉冲阳极氧化膜的生成条件以及膜厚和硬度，以使读者对脉冲阳极氧化有进一步的认识。

表 9-9　硫酸-草酸溶液中脉冲阳极氧化膜的生成条件、厚度和硬度[31]

合金牌号	温度/℃	时间/min	E_1/V	E_2/V	t_1/s	t_2/s	厚度/μm	硬度(HV)
5052S	20	30	18	14	180	10	13.0	
1080S	20	30	18	14	180	10	10.0	
5052S	20	60	18	14	180	10	26.3	689,685
1080S	20	60	18	14	180	10	19.4	
5052S	25	30	20	15	180	10	18.0	399
1080S	25	30	20	15	180	10	13.5	
5052S	25	60	20	15	180	10	35.0	
1080S	25	60	20	15	180	10	27.0	
5052S	25	30	20	15	180	60	12.8	
1080S	25	30	20	15	180	60	10.0	
5052S	25	60	20	15	180	60	26.8	448
1080S	25	60	20	15	180	60	21.0	429

注：槽液为 180g/L H_2SO_4，10g/L 草酸，5g/L Al^{3+}。

9.6.2　交直流叠加硬质阳极氧化

Jenny[15] 对草酸溶液交直流叠加阳极氧化的研究发现，叠加交流成分可以提高阳极氧化膜的厚度。苏联的研究工作者发现，使用交直流叠加可以改善含铜量高的铝合金在硫酸溶液中生成的厚膜的性能。英国 Campbell 研制的 Hardas 工艺就是采用交直流叠加技术，其中交流部分的贡献就是提高允许的电流密度。Hardas 工艺最初应用草酸电解溶液，但后来多采用硫酸电解溶液。Sanford 工艺的专利[32] 采用正常频率的正弦波交流电压调节直流电压，后来采用交流成分叠加低压直流成分。这些工艺的特点，都是允许采用比通常硬质阳极氧化低一些的电压，采用相对低的酸浓度和比通常阳极氧化更高的温度。

　　Lerner 描述了交直流叠加电源的波形与时间的变化，如图 9-5 所示[15]。图 9-5（a）为电源输出的直流部分的电压波形（即 V_{DC}），图 9-5（b）为电源的交流部分的电压波形（即 V_{AC}），图 9-5（c）为交直流叠加后输出的电压波形（即 V_{DC+AC}）。研究表明，在 −4～+10℃的电解溶液中，直流电压不超过 18～20V，这种低电压意味着只需要低得多的冷冻设备，而且硬质阳极氧化的烧损现象很可能少得多。

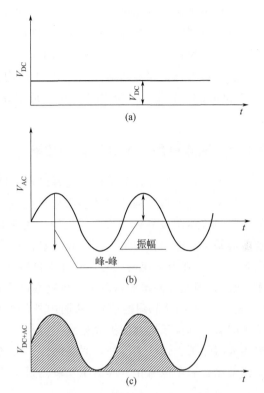

图 9-5　交直流叠加电源的波形与时间的变化
（a）低电压硬质膜电压波形的直流部分（V_{DC}）；
（b）低电压硬质膜电压波形的交流部分（V_{AC}）；
（c）低电压硬质膜交直流叠加后的电压波形（V_{DC+AC}）

9.6.3　电流反向法硬质阳极氧化

　　日本大久保敬吾博士与千代田株式会社共同开发了电流反向法高温、高速硬质阳极氧化工艺[33,34]（日本称之为"电流反转法"），电流反向法的电流波形如图 9-6 所示。

　　在图 9-6 中的 Duty 值为占空比，即 $\dfrac{A_t}{A_t+C_t}\times100\%$，为正脉冲的持续时间与脉冲总周期（正向与反向脉冲时间之和）的比值，其中 A_t 为阳极氧化膜成膜时间（正向电流通过时间）；C_t 为非阳极氧化时间（负向电流通过时间）。占空比为 100%时，无负向电流通过，占空比为 50%时，为交流阳极氧化。在阳极氧化时，占空比越小（负电通过时间长），则成膜速度越慢；减少负向电流通过时间，延长阳极氧化时间，氧化速度就会加快。根据日本千代田公司提供的资料，采用直流电流反向法具备以下优点：

　　（1）成膜速度快，在电流密度 $4A/dm^2$，1min 可生成 $12\mu m$ 厚的阳极氧化膜；

　　（2）在高电流密度和较高温度下可生成硬度较高、厚度均匀的阳极氧化膜；

　　（3）可以采用单一硫酸电解液，也可使用常规夹具；

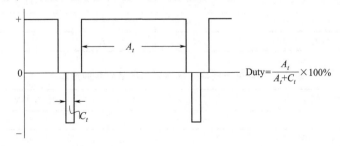

图 9-6　电流反向法电压、电流波形及占空比[34]

（6 相半波直流电源，13.3Hz，15%H_2SO_4）

（4）可阳极氧化多种牌号的铝及铝合金；

（5）可适当降低阳极氧化电压，起到节能的作用；

（6）通过调整 Duty 值及选择不同的金属盐可获得各种颜色。

武汉材料保护研究所刘复兴[35]等人使用自制占空比控制器设备，成功地在变形铝合金 7075 和 6063、铸造铝合金 ZL101 上生成了厚度为 24～63μm 的阳极氧化膜（阳极氧化时间为 60min）。

9.6.4　脉冲硬质阳极氧化膜的性能

如上所述，脉冲硬质阳极氧化可以得到性能优异的硬质阳极氧化膜，并可以在难于阳极氧化的铝合金上得到满意的硬质阳极氧化膜。为了说明方便起见，表 9-10 列出了脉冲阳极氧化膜与普通阳极氧化膜的性能比较。表 9-10 中所列的性能是选自日本发表的数据，其电解溶液是含草酸的硫酸溶液，试验的铝合金牌号是 1180、5052 和 6063。本章作者的实验数据表明[36]，在低电流密度时，脉冲阳极氧化没有显示出明显的优越性（见表 9-11 的硬度和耐磨性），但是在高电流密度下（也就是硬质阳极氧化条件下），脉冲显示出非常明显的优势（见表 9-12 的硬度和耐磨性）。从国内外的试验数据可以看出，脉冲阳极氧化膜的密度、硬度和耐磨性都优于普通阳极氧化膜，但是只是在高电流密度时才能充分体现出来。日本的数据还表明除了上述性能以外，耐腐蚀性、柔韧性、击穿电压和膜厚均匀性等方面，脉冲阳极氧化都比普通阳极氧化（或恒压）氧化膜性能好。

表 9-10　脉冲阳极氧化膜与普通阳极氧化膜的比较[30]

项目	普通阳极氧化	脉冲硬质阳极氧化	项目	普通阳极氧化	脉冲硬质阳极氧化
显微硬度（HV）	300（20℃）	650（20℃），450（25℃）	膜厚均匀性	25%（10μm,22℃）	4%（10μm，20～25℃）
CASS 试验达 9 级时间/h	8	＞48	电源成本比较	1	1.3
落砂耐磨试验/s	250	＞1500	电能消耗比较	大	小
弯曲试验	好	好	生产效率比较	1	3
击穿电压/V	300	1200			

表 9-11　低电流密度下脉冲对阳极氧化膜的影响[36]

阳极氧化条件（相同电量）	厚度/μm	密度/（g/cm³）	硬度（HV）	耐磨性/（s/μm）
恒流（$E=17V$）	12.4	2.198	256	7.86
脉冲 1（E_1-E_2 18～16V,t_1-t_2 40～10s）	13.3	2.340	311	8.12
脉冲 3（E_1-E_2 18～16V,t_1-t_2 20～10s）	11.6	2.245	276	7.89
脉冲 5（E_1-E_2 18～16V,t_1-t_2 60～10s）	15.3	2.217	281	7.95

表 9-12　高电流密度下脉冲对阳极氧化膜的影响[36]

阳极氧化条件（相同电量）	厚度/μm	密度/（g/cm³）	硬度（HV）	耐磨性/（s/μm）
恒流（$E=20.5V$）	53.0	2.603	300	8.06
脉冲 2（E_1-E_2 18～16V,t_1-t_2 60～10s）	43.1	2.752	460	9.67
脉冲 4（E_1-E_2 18～16V,t_1-t_2 25～10s）	40.2	2.705	400	8.71
脉冲 6（E_1-E_2 18～16V,t_1-t_2 90～10s）	55.1	2.670	436	9.21

9.7　铸造铝合金硬质阳极氧化

　　铸造铝合金可以直接制备机械零部件，压铸铝合金零部件是最常使用的，但是铸造铝合金机械零部件通常需要硬质阳极氧化以提高其使用性能，例如铝合金活塞或气缸的硬质阳极氧化。因此铸造铝合金的硬质阳极氧化特别受到关注，而且在技术上还具有一些特点。铸造铝合金中合金化元素的含量一般高于变形铝合金，其中铝/硅系合金由于具有良好的铸造性能和耐磨性能而成为用量最大的铸造铝合金，某些铸造铝合金中硅的含量可以高达 10％以上，广泛应用于结构件或零部件。铸造铝合金中有时还添加适量的铜和镁，以提高铝合金的力学性能和耐热性。铝/铜系铸造铝合金也是常用的铸造铝合金，含铜量在 4.5％～5.3％时，合金强化效果最佳，主要用于制作承受大的动、静载荷和形状不复杂的砂型铸件。由于铸造铝合金的成分复杂、含量较高，铝合金材料的缺陷比较多，因此铸造铝合金的硬质阳极氧化技术难度更大些，需要通过阳极氧化工艺进行调整。

　　铸造铝合金的硬质阳极氧化还存在一些技术难点，由于铸造铝合金中合金化元素含量比较高、缺陷较多（如气孔、针孔等），而且铸造铝合金一般制作形状比较复杂的零部件。而且高硅含量铝合金容易造成硅的偏析，导致成膜困难及膜厚均匀性差，严重影响阳极氧化膜的使用性能。另外，高硅含量的铝合金在硬质阳极氧化时，硅本身不能被氧化，而是以单质状态嵌在阳极氧化膜内（见图 9-7）。由于硅具有半导体特性，硅偏析位置的电流比较大，因此阳极氧化膜容易被局部击穿而烧损零件。另外高铜的铸造铝合金中，

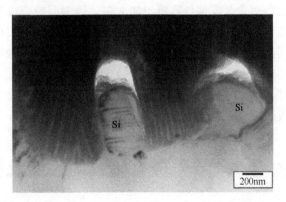

图 9-7　Al-10％ Si 合金在 2.25mol/L H_2SO_4 溶液中，电流密度 4.2A/dm^2、0℃、阳极氧化 25min 后的透射电镜照片[37]

$CuAl_2$ 相（θ 相）在阳极氧化过程中溶解速度较快，易使该部位成为电流聚集中心而被烧损或击穿。还有铸造铝合金硬质阳极氧化膜形成的过程中可能会产生大量气泡，气泡的出现使阳极氧化表面电流的分布状态发生改变，并且使得表面导电性变差，从而影响阳极氧化膜的生长。而且气泡的产生还会影响多孔型阳极氧化膜微孔的萌生、分布以及生长。

　　铸造铝合金的硬质阳极氧化需要注意更多的工艺因素的改善，目前至少可以从阳极氧化溶液和电源波形两方面加以改进。

　　（1）阳极氧化溶液。阳极氧化溶液的成分的改进，一般可以在硫酸溶液中添加某些金属盐类或有机酸。目前比较常用的槽液是硫酸-草酸-酒石酸溶液、硫酸-甘油溶液，或者直接采用有机酸溶液，都比单一硫酸溶液有效。改进阳极氧化溶液之目的在于降低阳极氧化膜在槽液中的溶解倾向，可以从提高阳极氧化的温度、改变工艺条件等方面创造条件，从而提高阳极氧化膜的品质。

　　（2）电源形式。改变直流电源的单一直流模式，通过非直流电方式改变膜的生长过程，如采用交直流叠加、不对称电流、脉冲电流等方法，可以得到比较理想的硬质阳极氧化膜。

国内外的实践均证明，脉冲硬质阳极氧化工艺对于铸造铝合金比较满意，表 9-13 列出了不同电源形式对含铜的铸造铝合金阳极氧化膜性能的影响，从表 9-13 中可以看出脉冲电流获得的硬质阳极氧化膜具有更佳的性能。

表 9-13　不同电源形式对含铜铸态铝合金阳极氧化膜性能的影响[38]

电 源 形 式	阳极氧化膜硬度	阳极氧化膜厚度
单一直流	严重粉化,无法测硬度	≤10μm
间断直流	阳极氧化膜品质较纯直流法有所提高,但不明显	
交直流叠加	250～300HV	50～60μm
脉冲电流	300～400HV	60～80μm

在铸造铝合金零部件硬质阳极氧化时，其锐边、尖端或毛刺等突出部分由于电流集中，容易局部产生大量的热，致使零部件局部烧损。当阳极氧化膜稍厚时，上述突出部位还会产生局部的大量微裂纹，并出现疏松、白斑、易脱落的阳极氧化膜。所以在硬质阳极氧化之前，应该尽可能将零部件的棱角倒圆、毛刺去除。对于复杂零部件的硬质阳极氧化，同槽进行的铝合金零部件数量不能太多，因为同槽阳极氧化的零部件越多，电流分布就越不均匀，电流集中的部位越容易被击穿烧损。由于硬质阳极氧化时，零部件承受较高的电压和电流，因此，零部件与夹具要保持良好接触，以免接触位置击穿烧损。此外零部件与零部件之间、零部件与阴极之间一定要保持适当的距离，绝对不能发生接触碰撞。为尽快带走铝合金零部件表面产生的焦耳热，复杂零部件采用阳极移动方式比较理想，因为压缩空气搅拌，容易造成表面存在气泡或零部件摇动。

9.8　硬质阳极氧化膜的性能及检验

铝合金硬质阳极氧化膜的性能包括外观、膜厚及其均匀性，硬度和耐磨性，电绝缘性，耐蚀性，耐热性等方面，硬质阳极氧化膜是一种阳极氧化膜，因此本书第 19 章"阳极氧化膜及高聚物涂层的性能与试验方法"及第 8 章"阳极氧化工艺"中的相关内容基本上适合于硬质阳极氧化膜。由于硬质阳极氧化膜是以高硬度和高耐磨性为重要特征，所以较多介绍阳极氧化膜的硬度和耐磨性及其检测方法。

(1) 外观与颜色。由于硬质阳极氧化的外加电压比较高，因此阳极氧化处理后的表面一般比较粗糙，而且阳极氧化膜的均匀性也比较差。阳极氧化膜的颜色与合金种类和氧化膜厚度都有关系，压铸铝合金中随着硅含量的增加，阳极氧化膜的颜色从浅灰色向深灰色过渡，而且阳极氧化膜越厚膜的颜色越深。此外硬质阳极氧化膜可能存在表面微裂纹，特别在边角位置有明显的"边角效应"，因为边角位置的氧化膜不可能三维生长，因此硬质阳极氧化膜的角半径应该取大一些，例如膜厚为 25μm，则半径 R 取 0.82mm，而膜厚达 75μm 时，则半径 R 宜取 3.2mm。由于表面粗糙度和尺寸公差的双重考虑，硬质阳极氧化膜可能需要机械研磨，因此预先必须考虑到零件的预留尺寸影响。

(2) 膜厚。硬质阳极氧化膜的膜厚较高，其膜厚的范围按照使用场合的需要，一般选择在 $25\sim150\mu$m。阳极氧化膜越厚，外观缺陷越严重，膜厚均匀性也越差，同时膜的外层越软。硬质阳极氧化膜的膜厚测量方法与普通阳极氧化膜相同，可用非破坏性的涡流测厚法，出现争议时采用金相法判别。

（3）硬度。硬质阳极氧化膜的硬度不仅取决于铝合金成分，而且与硬质阳极氧化工艺，甚至还与硬度测定的载荷大小等因素有关。特别需要注意的是，显微硬度数值与膜的横截面测量位置关系极大。例如 6061-T6 铝合金的 Hardas 硬质阳极氧化膜的显微硬度约 500HV，而 MHC 硬质膜可达 530HV，而且氧化膜硬度数值从铝基体一侧到膜表面一侧逐渐下降。图 9-8 为高纯铝和 5052 铝合金硬质阳极氧化膜横截面的显微硬度随厚度的变化情形，

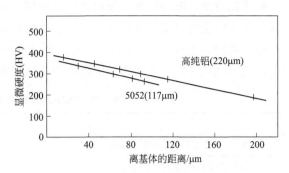

图 9-8　高纯铝和 5052 铝合金硬质阳极氧化膜横截面的显微硬度随厚度的变化（参考文献 [9] p.150）

膜两侧显微硬度的差别可能达到一倍或一倍以上。显微硬度测量的外加载荷与显微硬度的测量数据有关，表 9-14 为三种铝合金材料 Hardas 硬质阳极氧化膜在不同载荷下的显微硬度值，其阳极氧化条件为 15％硫酸、DC 3A/dm²、120min，测量负荷 0.49N。由于显微硬度与测量载荷大小没有简单的函数关系，因此应该在同一载荷条件下比较不同铝合金的显微硬度才有意义。

表 9-14　不同铝合金 Hardas 硬质阳极氧化膜在不同载荷下的显微硬度（参考文献 [15] p.701）

铝合金材料	状态	名义成分	不同载荷下的显微硬度(HV)			
			73.5N	147N	294N	441N
1200	半硬	工业纯铝	353	481	496	357
5056A	半硬	Al-5Mg	440	460	452	363
LM10（铸态）	固溶处理	Al-10Mg	301	282	312	336

铝阳极氧化膜硬度的影响因素很多，合金本身的因素如合金成分、晶粒尺寸、第二相成分和数量、表面应力等，阳极氧化膜中的微孔参数、孔隙率及氧化物的水和程度也密切相关。表 9-15 为铝及其各种形态氧化物的显微硬度和密度，这些数据可能对于调整工艺得到阳极氧化膜预期的显微硬度有所帮助。

表 9-15　铝及氧化物的显微硬度和密度[18]

铝及氧化物	显微硬度(HV)	密度/(g/cm³)
纯铝	50～55	2.7
铝合金	60～140	约2.8
刚玉（α-Al₂O₃）	1800	3.97
蓝宝石（γ-Al₂O₃）	1200	3.5～3.9
勃姆体氧化铝（Al₂O₃·H₂O）	250～600	3.014
拜耳体氧化铝（Al₂O₃·3H₂O）	150～300	2.42～2.53
阳极氧化膜中最小值	—	2.32
未封孔的阳极氧化膜	—	2.40
封孔的阳极氧化膜	—	2.60

硬质阳极氧化膜的硬度一般以维氏显微硬度来表示。由于硬质阳极氧化膜厚度不高，维氏显微硬度试验可以用低负荷和小压痕，以便得到可靠的显微硬度值。

根据我国标准 GB/T 19822《铝及铝合金硬质阳极氧化膜规范》[41] 的规定，不同牌号铝合金硬质阳极氧化膜应达到的显微硬度合格值如表 9-16 所示。

表 9-16　国标规定的铝合金维氏显微硬度合格值

铝合金种类	显微硬度 $HV_{0.05}$
1 类：除 2000 系以外的所有变形铝合金	400
2(a) 类：2000 系铝合金	250
2(b) 类：含≥2％镁的 5000 系合金和 7000 系合金	300
3(a) 类：铜含量<2％和（或）硅含量小于 8％的铸造合金	250
3(b) 类：其他铸造合金	合同规定

注：厚度大于 $50\mu m$ 膜的显微硬度值较低，尤其在膜横截面的表面侧。

（4）耐磨性。人们常将耐磨性与硬度联系考虑，但是它们的物理意义是完全不同的，硬度是材料抵抗较硬物体压入和刻划的能力，而耐磨性（耐磨耗性）是材料抵抗磨损的能力。因此硬度与耐磨性并不是同一的物理量，例如硬质阳极氧化膜的硬度（400HV～500HV）不如高速钢或硬铬（950HV～1100HV），但 MHC 硬质膜的耐磨性实际上却与硬铬相仿，甚至比高速钢还好一些。阳极氧化膜的耐磨性实际上是氧化膜硬度、附着性等性能的综合体现。

耐磨性可以用耐磨试验的磨耗量或耐磨指数表示。表 9-17 为铝合金硬质阳极氧化膜（MHC 膜和 Alumilite 226 膜）与普通阳极氧化膜（Alumilite 204 膜）的耐磨性，即磨料穿透膜的质量比较。为了排除不同膜厚的干扰，表 9-17 括号中以单位氧化膜厚度所消耗磨料的质量表示。数据清楚地表明，通过硬质阳极氧化除了 2024 铝合金的耐磨性只增加 20％左右外，其余铝合金都增加了 1～2 倍。

表 9-17　硬质阳极氧化膜（MHC 膜和 Alumilite 226 膜）与普通阳极氧化膜（Alumilite 204 膜）的耐磨性比较

铝合金材料	阳极氧化膜的类型	氧化膜厚/μm	磨料穿透膜的质量/g
1200	Alumilite 204	11.9	35(2.9)
	Alumilite 226	56.9	378(6.6)
	MHC	57.6	405(7.0)
3103-H18	Alumilite 204	13.5	33(2.4)
	Alumilite 226	59.2	368(6.2)
6061-T6	Alumilite 204	11.7	41(3.6)
	Alumilite 226	54.6	364(6.7)
	MHC	58.7	390(6.6)
7075-T6	Alumilite 204	11.4	46(4.0)
	Alumilite 226	54.1	357(6.6)
2024-T3	Alumilite 204	10.4	22(2.1)
	Alumilite 226	53.3	142(2.6)
	MHC	63.0	163(2.6)

注：括号内的数据系单位厚度（$1\mu m$）氧化膜消耗的磨料质量（g）即比耐磨性。

耐磨性一般在未封孔的阳极氧化膜上测定，因为热封孔处理后阳极氧化膜的耐磨性要降低 50％左右。检验耐磨性可以采用落砂试验或喷磨试验、轮磨试验和旋转磨耗（Taber）试验进行检验，其方法概要见表 9-18。这三种试验方法中，喷磨试验由于是测量磨穿氧化膜所消耗磨料的重量，所以得出的是关于氧化膜整体的或平均的耐磨性；而轮磨试验或 Taber 试验是随着逐渐磨耗膜的表层，用于研究不同层次阳极氧化膜的耐磨性能。我国的铝型材阳极氧化膜的耐磨性测量目前较多使用落砂试验，由于国际标准及国家标准目前尚无落砂试验的检测方法，可参考国标 GB/T 8013.1《铝及铝合金阳极氧化膜与有机聚合物膜　第 1 部分：阳极氧化膜》[42]或按照日本工业标准 JIS H 8682.3《铝及铝合金阳极氧化膜耐磨性测试方法　第 3 部分：落砂试验》[43]执行。

如果耐磨性通过膜的质量损失（失重法）来确定时，一般需要取 3 个试验结果的平均值。当测定膜的厚度减小时，每个厚度值应为检测区域的 10 个读数的平均值。耐磨试验应在阳极氧化处理后至少 24h 进行，试验前试样应该保存在试验环境中。GB/T 19822《铝及铝合金硬质阳极氧化膜规范》中规定的各类铝合金的硬质阳极氧化膜耐磨性的合格值请参见表 9-19。

表 9-18　铝合金阳极氧化膜耐磨性检验方法[39]

名称	方法概要
喷磨试验	利用尺寸为 $150\mu m$ 的 SiC 粒子喷磨阳极氧化膜表面一小区域,当 SiC 粒子磨穿氧化膜露出基体时,以测量所用时间或所用的 SiC 的质量来评价氧化膜的耐磨性
轮磨试验 （Erichsen/Suga 试验）	适用于膜厚大于 $5\mu m$ 的氧化膜,试验将宽度为 12mm 的 SiC(粒度为 320 目)研磨纸带围绕在直径为 50mm 的研磨轮的外缘上,采用载荷为 3.92N,磨轮前后移动的轨迹尺寸为 12mm$\times$30mm,每一双行程结束后,磨轮旋转 0.9°,试验一共进行 400 次双行程。耐磨性用氧化膜厚度或质量的损失来表示
旋转磨耗试验 即泰氏（Taber）试验	试样经磨轮(150 目 SiC)磨耗 1000 次后,以试片的减重(mg)或厚度的损失(μm)来表示其耐磨性

表 9-19　各类铝合金硬质阳极氧化膜耐磨性的合格值[41]

铝合金材料	轮磨试验		喷磨试验(相对平均磨耗系数合格值—相对于标样的百分数)	Taber 试验 （最大质量损失）/mg
	双程次数	相对平均磨耗系数合格值—相对于标样的百分数		
1 类	800～100	≥80％	≥80％	15
2(a)类	400～100	≥30％	≥30％	35
2(b)类	800～100	≥55％	≥55％	25
3(a)类	400～100	≥55％或合同约定	≥55％或合同约定	铸造合金一般不总能做耐磨试验,必要时需经双方协商确定合格值
3(b)类	400～100	≥20％或合同约定	≥20％或合同约定	

注：轮磨试验中的磨耗系数为磨轮每个双行程导致的氧化层厚度（或质量）的减少，喷磨试验中的磨耗系数为磨掉 $1\mu m$ 厚氧化膜所需要的磨料的质量（g）或时间（s）。

（5）电绝缘性。阳极氧化膜是非导电性的，其电绝缘性通常以击穿电压来表示，硬质阳极氧化膜的击穿电压甚至达到 1000V 以上。表 9-20 为 5054 铝合金 Hardas 硬质膜在不同条件下的击穿电压，沸水封孔并石蜡填充可以明显提高电绝缘性，击穿电压高达 2000V。如果击穿电压作为阳极氧化膜的首要考虑因素时，应升高阳极氧化外加电压以增加阻挡层的厚度。击穿电压的精确值难于测定，因为合金成分、环境湿度、膜的微裂纹等因素都有不确定的影响，GB/T 8754《铝及铝合金阳极氧化　阳极氧化膜绝缘性的测定　击穿电位法》[44]规定了击穿电位的测定方法。

表 9-20　5054 铝合金 Hardas 硬质膜在不同条件下的击穿电压（参考文献 [15] p.716）

单位：V

膜的厚度/μm	未封孔	沸水封孔	沸水封孔并填充石蜡
25	250	250	550
50	950	1200	1500
75	1250	1850	2000
100	1850	1400	2000

介电常数高并且热导率好使得硬质阳极氧化的铝优于其他电子部件的绝缘材料。Hardas硬质膜的使用温度可达480℃，介电强度为26V/μm，热导率为3.1W/(m·℃)。

（6）耐腐蚀性。一般来说，硬质阳极氧化膜的耐腐蚀性比常规阳极氧化膜高得多，可能与其较低的孔隙率和较高的膜厚有关。但是2024铝合金的硬质阳极氧化膜相对于普通阳极氧化膜，其耐腐蚀性和耐磨性都没有明显提高。可能是高含铜量铝合金材料，如2024铝合金经热处理后成为非均相合金，铜以中间化合物相形式偏析富集于晶界，在硬质阳极氧化时，该中间化合物相溶解速度较快，使得表面没有形成完整的阳极氧化膜。封孔处理可以提高阳极氧化膜的耐腐蚀性，但是一般会降低膜的耐磨性。有时候根据需要在封孔以后填充石蜡、矿物油和硅烷等，另外还需要注意厚膜容易出现微裂纹而影响其耐腐蚀性。填充聚四氟乙烯可以提高耐腐蚀性能，而且可以降低硬质氧化膜的摩擦系数，是一种十分有效的减摩手段，已经用于气缸内表面起到减摩作用。GB/T 19822《铝及铝合金硬质阳极氧化膜规范》[41]中规定的耐腐蚀性试验，适用于已经封孔的硬质阳极氧化膜，试验方法及评定指标为：中性盐雾试验336h后，除夹具痕1.5mm之内或角落处外，硬质阳极氧化膜不应该有腐蚀点发生。

（7）耐热性。无水三氧化二铝的熔融温度为2100℃，水合氧化铝在500℃左右开始失去结晶水。阳极氧化膜的比热容是0.837J/(g·℃)（20～100℃）和0.976J/(g·℃)（100～500℃）。阳极氧化膜的线胀系数是铝的1/5，而它的热导率只有铝的1/13～1/10。铝的热发射性随阳极氧化膜的生长迅速提高，10μm阳极氧化膜增加了80%。因此硬质阳极氧化膜是热耗散的良好"黑体"，可以消除加热部件的热斑，利用这个特性可以用在诸如炊具之类的用具上。

众所周知，阳极氧化膜的抗热裂性与封孔工艺关系极大，也与阳极氧化的工艺有关。一般说来，冷封孔阳极氧化膜的抗热裂性比较差，热-水合封孔可以承受80℃以上温度不致发生裂纹。阳极氧化膜的硬度越高、耐磨性越好，其抗热裂性可能会差一些，这似乎预期硬质阳极氧化膜在高温下更容易发生裂纹。此外封孔质量愈高可能降低抗热裂性水平，但是硬质阳极氧化膜通常是不需要封孔的，据报道Hardas硬质氧化膜可以承受在10min内加热到300℃，如此进行6次循环也没有发现有害影响。对于硬质阳极氧化膜而言，即使在加热中出现微裂纹，一般也不影响使用，而且通过调质处理还可以进一步改善其耐热冲击性。调质处理工艺是慢速加热到某一温度再慢速冷却完成的，例如厚度为200μm的硬质阳极氧化膜干燥之后，以3.2℃/min慢速加热到约100℃，保持1min左右，再以3.2℃/min的慢速冷却到室温。经过这样调质处理之后，阳极氧化膜可以承受30min加热到205℃再空气冷却不致产生裂纹。

（8）力学性能。硬质阳极氧化处理不会明显影响铝合金的力学性能，但是阳极氧化膜厚度的增加，基体铝合金的厚度会相应地减小，从而影响铝合金的伸长率和持久强度，尤其是铝合金疲劳性能。这可能是氧化膜内微观裂纹尖端的应力集中，成为合金疲劳裂纹引发位置。一般而言，合金强度越高，疲劳强度降幅越大。例如 7A04 合金经硬质阳极氧化处理后，疲劳强度可能下降 50％左右。表 9-21 列出不同厚度的三种铝合金，其 Hardas 硬质氧化膜对于合金极限抗拉强度和伸长率的影响，数据表明阳极氧化膜越厚，则合金的伸长率下降越大，而对于合金的抗拉强度的影响小得多。

表 9-21　不同厚度的 Hardas 硬质膜对于极限抗拉强度和伸长率的影响

（参考文献 ［15］ p.718）

铝合金	膜厚/μm	极限抗拉强度/(MN/m²)	延伸率/％
6061-T6	—	329	12.0
	13	339	12.5
	25	336	11.5
	75	313	8.0
	125	311	5.5
2024-T3	—	467	18.0
	13	458	17.5
	25	463	15.0
	75	432	11.0
	125	404	—
7075-T6	—	552	8.5
	13	556	7.5
	25	550	7.5
	75	538	7.0
	125	503	6.5(膜部分破裂)

参考文献

［1］　Brace A W. Hard Anodizing of Aluminium. Monena：Interall Srl，1992.

［2］　ISO 10074 Hard Anodic oxide coatings on Aluminium for engineering purposes.

［3］　BS 5599 Hard Anodic oxide coatings on Aluminium for engineering purposes.

［4］　JIS H 8603 Hard Anodic oxide coatings on Aluminium for engineering purposes.

［5］　UK Ministry of Defence Specification. DEF STAN 03-26/1. Hard Anodizing of Aluminium and Aluminium alloys.

［6］　US Ministry Specification. MIL-A-8625F. Anodic coatings of aluminum and aluminum alloys（Type Ⅲ）.

［7］　Aerospace Material Specification. AMS 2469D. Hard coating treatment of aluminum and aluminum alloys.

［8］　Brace A W. The importance of Material and component design. Alusurface'98 session 2C. Modena：1998.

［9］　アルミニウム表面処理の理論と実务. 第 3 版. 东京：日本轻金属制品协会，1994.

［10］　Tomashov N D. Light Metals，1966，8：429.

［11］　Smith P. Light Metals，1956，8：515.

［12］　Glenn L Martin Co：BP，701390. 1953.

［13］　Sanford process Co Inc：BP，812059. 1959.

［14］ Mears R B, Meissner H A. Proc AES，1958. 45：105.

［15］ Wernick S. The Surface Treatment and Finishing of Aluminium and its Alloys：Chapter 9 Hard anodizing. 5th edit. O-hio：ASM International，Metal Park，1987.

［16］ Oechslin A Schweiz. Alum Rendschau，1969，8：305.

［17］ Thompson D A. Trans Institute Metal Finishing，1976，54：97.

［18］ Csokan P. Corrosion et anticorrosion，1960，8（4）：158.

［19］ Csokan P. Electroplating and Metal Finishing，1961，15（3）：75.

［20］ Csokan P. Trans IMF，1964，42：312.

［21］ Csokan P，Hollo M. Werkst und Korrosion，1961，12（5）：288.

［22］ Kape G. Electroplating & Pollution Control，1992，12（2）：14.

［23］ John S，Balasubramanian V. Metal Finishing，1984，82（9）：33.

［24］ Fukuda Y. Metal Finishing Society Japan，1976，27（8）：396；1976，27（12）：681；1978，29（1）：33.

［25］ 石禾和夫，前鳴正受. 潤滑性皮膜ずよひその制造方法. 金属，1982，（7）：27.

［26］ Otkrytiya，Izobret：Su，935544. 1982.

［27］ 横山一男，涉谷清：JP，04-28898. 1991.

［28］ 横山一男. 公開特許公報. 昭 48-39337（1973）.

［29］ Yokoyama K，et al. Plating and Surface Finishing，1982，69（7）：62 .

［30］ Yokoyama K，et al. Anodic oxidation of Aluminium utilizing current recovery effect//Proc AES second pulse plating symposium，1981.

［31］ 朱祖芳. 脉冲技术在铝合金硬质阳极氧化中的应用. 电镀与涂饰，2002，6（21）：22-26.

［32］ Sandford Process Corp：US，4128461. 1978.

［33］ ［日］山本崇. 李国英整理. 材料保护，1982，32（6）：33.

［34］ 大久保 敬吾. 电流反転法によるアルミニウムの阳极酸化とその应用技术. 东京：日刊工业新闻社，1994.

［35］ 刘复兴. 扫描电子显微分析技术在铝阳极氧化中的应用. 材料保护，1990，23（4）：20.

［36］ 贝红斌，侯江源，朱祖芳. 脉冲氧化与恒流氧化的氧化过程和氧化膜性能. 电镀与环保，1996，16（4）：25.

［37］ Fratila-Apachitei L E，et al. A transmission electron microscopy study of hard anodic oxide layers on AlSi（Cu）al-loys. Electrochimica Acta，2004，49：3169-3177.

［38］ 刘爱民. 铝合金硬质阳极氧化技术的现代进展. 材料保护，1997，30（13）：12-15.

［39］ David R Gabe. Hard anodizing—what do we mean by hard. Metal Finishing，2002，12：52-58.

［40］ 韩德伟. 金属硬度检测技术手册. 长沙：中南大学出版社，2003.

［41］ GB/T 19822 铝及铝合金硬质阳极氧化膜规范.

［42］ GB/T 8013.1 铝及铝合金阳极氧化膜与有机聚合物膜 第 1 部分：阳极氧化膜.

［43］ JIS H 8682.3 铝及铝合金阳极氧化膜耐磨性测试方法 第 3 部分：落砂试验.

［44］ GB/T 8754 铝及铝合金阳极氧化 阳极氧化膜绝缘性的测定 击穿电位法.

第10章
铝及铝合金的微弧氧化

10.1 概述

铝合金微弧氧化（micro arc oxidation，MAO）技术又名等离子体微弧氧化、等离子体陶瓷化或电火花放电沉积技术等，它是在普通阳极氧化技术的基础上，通过升高外加电压等措施发展起来的。普通阳极氧化技术外加的电压比较低，一般低于30V，随着外加电压的升高，铝合金表面上已经生成的阳极氧化膜就会被击穿，产生孔洞或氧化膜局部脱落，因此对已经生成的阳极氧化膜来说，外加电压的升高可能破坏阳极氧化膜的完整性，所以普通阳极氧化严格限制外加电压的升高。苏联科学家在1960年代末已经发现，继续升高电压会生成新的氧化膜，这层氧化膜是在高电压下产生的，高温高压条件下会发生相和结构的变化，使原来无定形结构的氧化膜产生 $\gamma\text{-}Al_2O_3$ 相或 $\alpha\text{-}Al_2O_3$ 相等结晶相，为此微弧氧化膜的硬度和耐磨性都得到明显提高，其耐腐蚀性和电绝缘性也随之有较大的提高，因此引起了人们对微弧氧化这一新技术领域的关注。在随后的几十年间，苏联几乎与材料或化学有关的大学和研究所都进行过微弧氧化的研究，如俄罗斯莫斯科航空工程学院、门捷列夫化工学院、莫斯科钢铁学院、列宁格勒科学院、俄罗斯科学院西伯利亚分院材料学中心和俄罗斯科学院远东分院化学所等科研机构也都率先进行过卓有成效的研究和开发，并在军用和民用方面都有具体的应用。几个国外主要研发微弧氧化的单位及其所属的国家列于表10-1。

表 10-1　国外主要研发微弧氧化的单位及其所属的国家

研发单位名称	国家	研发单位名称	国家
俄罗斯科学院远东分院化学研究所	俄罗斯	美国伊利诺伊大学	美国
俄罗斯科学院无机化学研究所	俄罗斯	美国微等离子体公司	美国
莫斯科钢铁学院	俄罗斯	美国陶瓷涂层技术公司（CCTI）	美国
莫斯科航空工程学院	俄罗斯	英国 Keronite Ltd	英国
新莫斯科门捷列夫化工学院	俄罗斯	韩国国家金属研究所（ITI）	韩国
俄罗斯科学院西伯利亚分院材料学中心	俄罗斯	新西兰镁技术公司（主要研发镁抑弧氧化）	新西兰
美国北达卡它州应用技术公司	美国		

微弧氧化按俄语简称 МДО，按英语简称 MAO，有时候也称等离子体微弧氧化或表面

陶瓷化，欧洲和美、日等国和地区研究开发较晚，他们在文献资料上也称为火花放电沉积、火花阳极氧化等。我国不少研究院或大学，如北京师范大学、北京有色金属研究总院、哈尔滨科技大学等在 1990 年代初先后赴俄罗斯考察和引进，并开始自行研究和开发，目前我国从事铝、镁、钛微弧氧化研究开发的单位不下 50 个，并在不少工业部门中得到应用和推广。但是就总体而言，我国的铝合金微弧氧化的研究和开发还处于起步阶段，尤其在理论研究和新技术开发方面还比较粗糙。

俄罗斯的科学家认为，在外加电压达到起弧电压之前，金属表面已经被阳极氧化膜所覆盖，这层介电性质的氧化膜使得电流迅速下降，为了使阳极氧化膜继续生长，只有提高外加电压使原阳极氧化膜的薄弱部位发生击穿，导致局部火花放电以维持氧化膜生长所需的电流。因为局部薄弱部位是不断变动的，为此造成火花位置也在不断地变动。宏观上可以看到试样表面的火花（微弧）做无规则的移动，因此可以预计，微弧氧化膜并不是在所有表面上同时生长的，而是在不断增加电压过程中局部击穿与生长导致微弧氧化膜的增厚，而最后达到指定电压的极限厚度。一般说来，随着微弧氧化时间的增加，微弧氧化膜厚度可以达到 $30 \sim 300 \mu m$。

在微弧氧化过程中可能发生化学和物理两方面的现象。从化学上看，由于溶液中的成分会参与微弧氧化反应，当溶液中金属 M 的离子进入电弧区时，导致热分解并生成不溶性金属氧化物掺入微弧氧化膜中。因此调整溶液成分可以改变膜的性能，又可以改变膜的外观颜色。微弧氧化反应的同时伴有水的热分解，放出大量的氢和氧。

$$[M(H_2O)_6]^{3+} \longrightarrow M(OH)_3 + 3H_2O + 3H^+$$
$$\downarrow$$
$$1/2(M_2O_3) + 3/2(H_2O)$$
$$2H_2O \longrightarrow 2H_2 + O_2$$

火花放电和水的热分解会产生大量的热，使样品局部区域的温度急剧升高。有人根据微弧氧化膜存在结晶态高温相 $\alpha\text{-}Al_2O_3$ 的事实，估计相应温度可能达到几千甚至上万摄氏度。电弧在样品表面停留时间很短，约为几毫秒至几十毫秒，可使微弧放电周围的液体迅速气化，形成高温高压区，该区域的压强有人估计为 $20 \sim 50 MPa$[1]，使得铝合金表面的氧化膜发生相转变和结构转变。从实验中明显可见原来呈无定形结构的氧化膜已转变成含有一定量 γ 相和 α 相的 Al_2O_3 结构，当然这种结构不是在一次微弧时间内完成的，而是经历多次微弧氧化过程。由于 α 相和 γ 相 Al_2O_3 的硬度较高，一般显微硬度（HV）可达 $2000 \sim 3000$，使得铝及铝合金表面生成较厚的硬度较高的微弧氧化膜。微弧氧化膜具有极高的耐磨损、耐腐蚀、耐电压绝缘等特性，在工业部门具有广阔的应用前景，特别适用于高速运转需要耐磨的铝合金零部件的表面处理。

10.2 微弧氧化现象及其特点

在阳极氧化过程中，当铝合金上施加的电压超过一定范围时，铝合金表面的氧化膜就会被击穿。随着电压的持续不断升高，氧化膜的表面会出现辉光放电、微弧和火花放电等现象。表面辉光放电过程的温度比较低，对氧化膜的结构影响不大；火花放电温度比较高，甚至可能使铝合金表面熔化，同时发射出大量的电子及离子，使火花放电区出现凹坑及麻点，这对于材料表面是一种破坏作用；只有微弧区的温度适中，既可使氧化膜的结构发生变化，又不造成铝合金材料表面的破坏，微弧氧化就是利用这个温度区对材料表面进行改性处理的。图 10-1 表示在铝合金试样表面上施加的电压变化所观察到的辉光放电区、微弧氧化区及火花放电区，这些区域之间实际上往往没有明显的界限，有时候会互相重叠，所谓的"火花"（是指其亮点尺寸）比"微弧"的尺寸大，而且更亮、更刺眼。

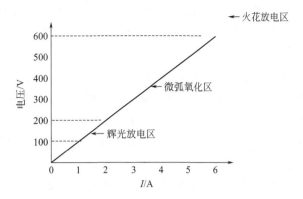

图 10-1　铝合金上施加的电压变化所产生的
辉光、微弧和火花放电区域

　　微弧氧化的微弧直径一般为几微米至几十微米，图 10-2 为微弧氧化膜表面的二次电子图像。从图 10-2 中可以看到氧化膜表面是由直径为几十微米的大颗粒与大量几微米的小颗粒所组成，每个大颗粒中间残留一个几微米大小的放电气孔，类似"火山口"形貌，颗粒熔化后连在一起，气孔周围能观察到膜熔化过程的痕迹。膜表面还有许多直径小于 $1\mu m$ 的气孔[见图 10-2(b)]，膜表面类似许多大小不同的火山喷发后残留的形貌，微弧氧化膜表层是多孔的，在强电场作用下，孔底气泡首先被击穿，进而引起氧化膜的介电击穿，发生微区弧光放电。微弧区形成的相应温度高达几千度甚至上万度，但是微弧在铝合金样品表面的停留时间极短，只有几毫秒到几十毫秒，微弧的出现可以使得微弧周围的液体气化，形成高温高压区。有人估计该区域的压强达到 $20\sim50MPa$，在这个区域中，由于电场的作用可以产生大量的电子及正、负离子。正是这个区域的特殊化学、物理条件，对于材料表层有着特殊的化学、物理作用，如化学氧化、电化学氧化、等离子体氧化以及相变等过程同时存在。因此微弧氧化膜的形成过程非常复杂，目前还没有一种完备的理论解释这一现象。

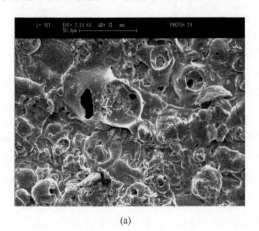
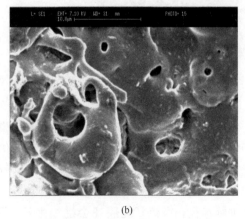

(a)　　　　　　　　　　　　　　　　(b)

图 10-2　Ti-6Al-4V 微弧氧化膜的表面形貌[2]

(b) 是 (a) 的局部放大照片

　　图 10-3 是铝合金样品表面上观察的微弧氧化照片，亮点为微弧氧化时发生微弧的亮点位置。亮点在样品表面上不是静止不动的，而是在样品表面上跳动，作无规则的移动。

微弧氧化产生的高温高压特性可使铝合金表面氧化膜发生相转变和结构转变。从实验中明显可见原来无定形结构的阳极氧化膜已变成含有一定比例 α 相和 γ 相的 Al_2O_3 结构，图 10-4(b) 是 2A12 铝合金经过微弧氧化处理后，用 X 射线衍射仪测定的 Al_2O_3 相结构谱，为了便于对比，图 10-4(a) 中还引入了氧化铝坩埚片之成分 α-Al_2O_3 相结构的 X 射线衍射谱，以及铝合金经硬质阳极氧化所得到的阳极氧化膜的 X 射线衍射谱 [图 10-4(c)]。从图 10-4 中可以看出，微弧氧化膜中都存在氧化铝陶瓷片的 α-Al_2O_3 相结构，而且 α 主线完全一致，还有少量的 γ 相 Al_2O_3 结构以及溶液中与 Al 结合的硅酸钠结构，即图 10-4(b) 中表示的 M 相。图 10-4(c) 为铝合金经硬质阳极氧化所得到的阳极氧化膜的 X 射线衍射谱，图中的几条谱线都表示铝的 X 射线衍射谱，阳极氧化膜不存在结晶态相。大家知道 γ 相氧化铝陶瓷的烧结温度为 1300℃，而 α 相氧化铝陶瓷的烧结温度为 2500℃，由此推论微弧氧化产生的高温区应高于 2500℃。当然 α 相和 γ 相的形成在微弧氧化过程中并不是在一次微弧的时间内形成的，而是要经历许多次微弧过程才逐步形成的。

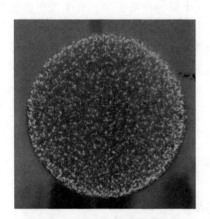

图 10-3　铝合金样品表面上
微弧氧化的照片[3]

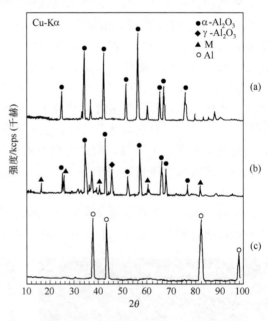

图 10-4　2A12 铝合金微弧氧化膜的 X 射线衍射谱[4]
(a) 陶瓷片；(b) 微弧氧化膜；(c) 硬质阳极氧化膜

在微弧氧化的过程下，原来生成的氧化膜不会脱落，只有表面一部分氧化膜可能会被粉化而沉淀在溶液中。铝合金表面可以继续氧化，随着外加电压的升高，或时间的延长，微弧氧化膜厚度会不断增加，直至达到外加电压所对应的最终厚度。在工艺过程中，随着微弧氧化膜厚度的增加，微弧的亮度会逐渐暗淡下去，直至最后消失。但是微弧消失后，只要外加电压继续存在，微弧氧化膜还会继续生长，从实际中发现，微弧氧化膜的最大厚度可达到 $200\sim300\mu m$。

微弧氧化与普通阳极氧化一样，也存在着表面氧化和氧离子渗透到基体内与铝原子氧化结合，俗称渗透氧化的过程。实际发现有大约 70% 的氧化层存在于铝合金的基体中，因此样品表面的几何尺寸变动不大。由于渗透氧化，氧化层与基体之间存在着相当厚度的过渡层，使氧化膜与基体呈牢固的冶金结合，不易脱落，这也是微弧氧化优于电镀和喷涂的地方。图 10-5 是微弧氧化的剖面结构图,由图 10-5 可以看出,微弧氧化膜由三层组成,靠近铝基体中氧化膜与基体结合的过渡层交界面为凹凸不平,相互咬合,说明氧化膜与基体结合牢固,不易脱落,氧化膜的表面是一层疏松的白色陶瓷粉末,很容易用砂纸磨去,氧化时间越长,这层疏松层会变厚,当除去这层疏松层以后,剩下的是硬度很高、质地致密的陶瓷氧化膜。图 10-6 表示铝合金的微弧氧化膜横截面的显微硬度和孔隙率的剖面,其纵坐标(左)表示显微硬度(HV),纵坐标(右)表示孔隙率。图 10-6 中明确地表明显微硬度和孔隙率与氧化膜的深度密切相关。

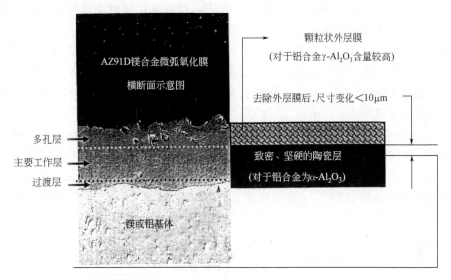

图 10-5　微弧氧化膜的剖面图(取自韩国 SuperDuraCoat 资料)

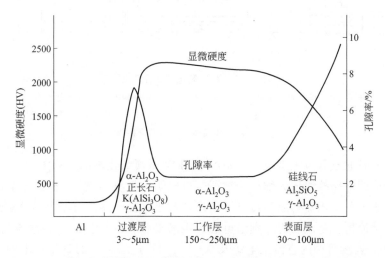

图 10-6　微弧氧化膜横截面的显微硬度和孔隙率的分布(取自俄罗斯资料)

从图 10-6 可以看出有三层组成:①过渡层为紧贴铝合金表面的薄层,厚度为 $3 \sim 5 \mu m$,由 $\alpha\text{-}Al_2O_3$、$\gamma\text{-}Al_2O_3$ 和正长石 $K(AlSi_3O_8)$ 组成;②主要工作层是微弧氧化膜的主体,厚度视需要可以在 $150 \sim 250 \mu m$,其成分以刚玉 $\alpha\text{-}Al_2O_3$ 相为主,也有 $\gamma\text{-}Al_2O_3$ 相存在,这一层孔隙率很小,约为 2%,硬度很高,图 10-6 中表示显微硬度可以达到 2500HV 左右;③表面层即疏松多孔层,其表面相当粗糙而且孔隙率很高,在含硅酸盐的溶液中微弧氧化,其主要成分为硅线石（Al_2SiO_5）和 $\gamma\text{-}Al_2O_3$。用于工程目的时，一般需要磨去粗糙疏松的表面层，可以直接接触工作层使用。

10.3 微弧氧化的基本设备[5-11]

　　微弧氧化的基本设备配置与阳极氧化大体相同，由氧化槽、电源及溶液的冷却与搅拌系统三部分组成。图 10-7 是微弧氧化装置的示意图，微弧氧化槽由不锈钢板焊接而成，外面有塑料板包裹，也就是不锈钢槽体与电极 4 置于塑料槽体 7 内，铝合金样品 1 固定在支架 2 上，不锈钢槽体与电极及样品支架分别连接到电源 9 的两极。微弧氧化的电源与普通阳极氧化不同，普通阳极氧化一般采用直流、交流或脉冲三大类型电源，微弧氧化由于采用较高的电压，通常采用正向与负向成一定比例的交流电。由于 Al_2O_3 薄膜具有二极管特性，因此正向与反向的电阻相差较大，采用相同的正、负向电压，会使负向电流过大而造成电源的损坏，也不利于 Al_2O_3 膜的生成。因此在制作微弧氧化的电源时，需要制作正向和负向两组独立的电源，这样就加大了电源制作的难度。施加在样品表面上的两组电流的电压不能同时作用，必须让一组电源作用完以后，才能允许另一组电源通过，否则会使电源的可控系统损毁。至于电流和电压的波形可以是锯齿形、方波或其他波形，按照工艺需要由用户选择使用。

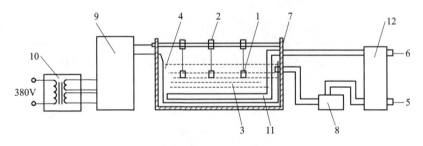

图 10-7　微弧氧化装置示意图

1—样品；2—样品固定支架；3—微弧氧化槽；4—不锈钢电极；5—冷却水进水口；
6—冷却水出水口；7—塑料槽；8—泵；9—双极性脉冲电源；10—隔离变压器；
11—溶液搅拌系统；12—热交换器

　　图 10-8（a）是北京师范大学设计制备的 100kW 微弧氧化电源示意图[11]，图 10-8（b）是微弧氧化工作槽的电路接线放大细部示意图。该电源首先将 380V 三相交流电经过电网滤波器分两路送至正电源变压器初级和负电源变压器初级，变压器次级输出再分别经电网滤波器送至三相可控整流桥，整流后再分别经电感、电容滤波，经可控硅移相触发稳压电路控制，获取 $0\sim+800V$ 连续可调的直流正电源及 $0\sim-300V$ 连续可调的直流负电源。在正、负脉冲开关控制电路输出的控制脉冲作用下，经正、负功率开关斩波，获得脉冲幅度和宽度连续可调的正、负脉冲。在微弧氧化的过程中，为了在金属铝表面生成优质的微弧氧化膜，双极性大功率脉冲电压波形选用平顶的高度，脉冲的幅度和宽度连续可调。图 10-9 是该设备输入到样品上的电流、电压脉冲波形图。图 10-10 是北京师范大学设计制备的 100kW 微弧氧化设备的外形，即电源和槽体的外形照片。本电源的优点是提供三相平衡的、对电网基本没有冲击、没有干扰和污染的，并可以用在工业生产的双极性大功率脉冲电源。本章作者曾经

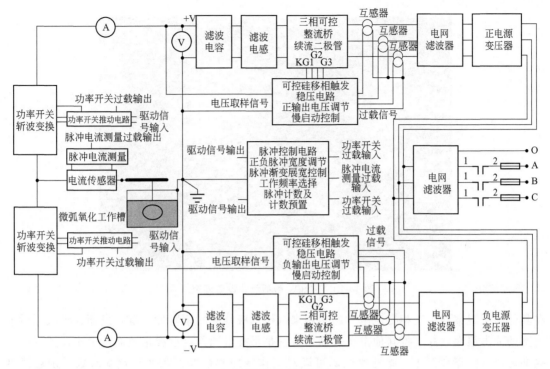

(a) 微弧氧化电源示意图

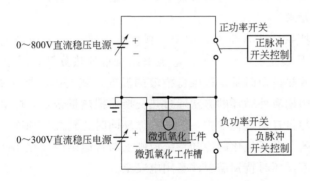

(b) 微弧氧化工作槽的电路接线细部示意图

图 10-8 100kW 微弧氧化电源原理示意图（a）及微弧氧化工作槽的电路接线细部示意图（b）

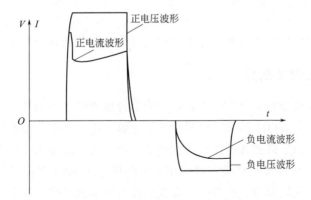

图 10-9 输入到样品上的电流、电压脉冲波形

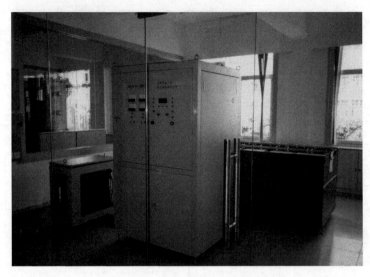

图 10-10　100kW 微弧氧化设备外观[9]

在其他国家观察到用三相交流电中的两相来制作双极性大功率脉冲电源，发现这种电源对于电网的冲击很大，并干扰其他电子仪器，特别是干扰电源稳定度要求较高的电子仪器（如直线加速器）的正常工作。此外本电源可以对工作脉冲的幅度、宽度和频率参数分别连续可调，以适应微弧氧化膜对不同材料的特殊需要，可以适用于各种铝合金、钛合金、镁合金的微弧氧化处理的特殊要求。

溶液的冷却、搅拌系统非常重要，由于微弧氧化处理工艺采用高电压（电压为 400～600V）和大电流，样品表面上出现弧光放电现象以及水的热分解，反应过程会有大量的热量产生，如果不把这些热量及时带走以维持槽液的温度，就会影响微弧氧化膜生长的品质。在实际生产中可以采用槽液外循环的方法通过热交换器把热量带走，即溶液从氧化槽上部溢出，通过热交换器冷却再打回氧化槽中，溶液的循环同时达到搅拌和冷却槽液的目的，比机械搅拌更加安全和有效。微弧氧化的冷却系统原则上与普通阳极氧化相同，但是由于微弧氧化的电压很高，在槽液循环时特别需要注意用电安全。

10.4　微弧氧化工艺

微弧氧化工艺包括槽液成分和工艺参数两大部分，现分别介绍如下。

10.4.1　微弧氧化槽液成分

微弧氧化的溶液成分相对比较简单，目前大部分槽液都以弱碱性水溶液为主，实验室可以采用最简单的 <1% NaOH 稀溶液得到微弧氧化膜。实际使用的槽液常加入硅酸钠、铝酸钠或磷酸钠等成分。为了得到各种颜色的微弧氧化膜，还可以加入不同的金属盐类，依靠不同金属离子沉积掺杂在微弧氧化膜中得到相应的颜色。表 10-2 列出了代表性的五种微弧氧化的电解槽液成分，仅供参考。从微弧氧化膜的性能要求或氧化工艺的需要出发，调整槽液的成分可以得到许多正面效果，例如槽液中加入钒酸盐可以在微弧氧化膜中引入氧化钒而提

高耐腐蚀性能；槽液中添加氨或有机胺，可以抑制电弧以降低微弧氧化处理的能耗等，都已经显示出非常明显的效果。

表 10-2　代表性的微弧氧化槽液的成分（取自参考文献 [5] p. 157）　单位：g/L

成　　分	1	2	3	4	5
氢氧化钠(钾)	2.5	1.5～2.5	2.5	—	—
硅酸钠	—	7～11	—	10	—
铝酸钠	—	—	3	—	—
六偏磷酸钠	—	—	3	—	35
磷酸三钠	—	—	—	25	10
硼砂	—	—	—	7	10.5

表 10-2 中列入的五个配方成分从 1～5 其碱性逐渐降低，考虑到改善微弧氧化膜的性能或改变膜的颜色等需要，经常添加一些相应的化合物。例如苏联尼克拉耶夫[6]采用磷酸盐-钒酸盐体系的溶液，在温度 20～22℃、电流密度 5A/dm² 和最终电压 200V 下进行微弧氧化，明显提高了微弧氧化膜的耐腐蚀性能。为了提高微弧氧化膜的强度，张欣宇等[7]报道了某些成分对于成膜过程的影响，当 NaOH 溶液浓度从 1g/L 增加到 6g/L 时，微弧氧化膜的生长速度有些起伏，但变化还不大，在 NaOH 溶液中加入 5～10g/L 的 Na_2SiO_3 时，微弧氧化膜的生长速度基本保持不变，如果 Na_2SiO_3 浓度继续增加，则成膜速度加快，但膜的表面愈加粗糙。在 NaOH 溶液中添加 $(NaPO_3)_6$ 时，浓度从 1g/L 增加到 5g/L 时，成膜速度开始下降后来又上升。据文献报道[8]也有采用 Na_2SiO_3＋KOH 体系组成的溶液，Na_2SiO_3 控制在 3％～5％的浓度，KOH 与 Na_2SiO_3 的质量比为 1：10，溶液的 pH 值一般控制在 9～13。微弧氧化膜的生长速度约为 30～50μm/h，而微弧氧化膜硬度（HV）可达 1500～2000，应该说是一种比较好的溶液配方。

10.4.2　微弧氧化工艺参数

微弧氧化的工艺参数首先应该是施加在铝合金样品上的外加电压，一般说来最终电压决定微弧氧化膜的厚度。最终电压是外加电压不断升高达到的，一般在工艺操作过程中需要进行逐步调节升高，不能直接加至最终电压，否则因为微弧氧化膜的生长速度过快，可能出现局部麻坑，甚至发生试样表面的局部烧蚀。微弧氧化的开始起弧电压是与溶液成分、金属类型和工艺等因素有关的。随着外加电压的不断升高，微弧氧化膜的厚度也不断增加，最终其厚度达到外加最终电压所决定的厚度。在某些工艺，最终电压可以达到 450～600V，电流密度平均值大约为 10A/dm²。

微弧氧化膜的基本特性是与待处理材料及其表面状态有关的，也与槽液类型、电解质溶液成分、外加电压、电流密度、槽液温度和搅拌状况等因素有关。微弧氧化与普通阳极氧化比较，对于铝合金材料及其表面状态要求不高，即使铝合金表面存在自然氧化膜，也不会对微弧氧化发生影响。但是槽液的成分及其活度是微弧氧化膜性能的关键所在，前面已经列举了几种槽液成分及其 pH 值，一般说来在相同的微弧氧化外加电压下，电解质浓度越高，成膜速度越慢，槽液温度上升越慢。反之，成膜速度变快，槽液温度上升也快。

微弧氧化的电压与电流密度对于氧化膜的性能至关重要。铝合金材料不同和槽液成分不同，则微弧放电击穿电压（工件表面刚刚发生微弧放电的电解电压）也不同。微弧氧化的电压一般控制在高出击穿电压几十伏至上百伏的电压条件下进行，不同微弧氧化电压生成的陶瓷膜，其性能、厚度和表面状态均不同。根据微弧氧化膜的性能要求和微弧氧化的工艺条件，微弧氧化电压可选择在 $200\sim600$V 范围内变化。微弧氧化可以选择控制电压或控制电流两种方法进行，在控制电压微弧氧化时，电压值一般应分段递增，即先在较低的电压下使铝表面生成一定厚度的绝缘氧化膜，然后增加电压到控制电压值进行微弧氧化。当微弧氧化电压刚刚达到控制电压值时，电流一般都很大，可能为 10A/dm^2；随着氧化时间的延长，表面微弧氧化陶瓷膜不断形成和完善，其氧化电流也逐渐降低，最后可能降到 1A/dm^2 以下。氧化电压波形对微弧氧化膜的性能也有影响，可以采用直流、交流、锯齿、方波等波形进行微弧氧化。控制电流法比控制电压法在工艺控制方面更加方便，控制电流法的电流密度一般为 $2\sim8$A/dm^2。控制电流微弧氧化时，开始的氧化电压上升很快，当达到微弧放电后电压上升减慢。随着微弧氧化膜的形成，氧化电压又较快地上升，最后维持在一个较高的电解电压下。

微弧氧化的溶液温度和搅拌与普通阳极氧化完全不同，微弧氧化的温度允许范围相当宽，原则上可以在 $10\sim80$℃很宽的范围中进行。但由于设备使用材料的限制，如塑料管道和水泵的影响，一般只能在 $10\sim50$℃ 的温度下进行。槽液的温度越高，工件与溶液界面处的水汽化程度越厉害，微弧氧化膜的生成速度也越快，膜的粗糙度也随之增加；同时温度越高，电解液蒸发也越快，所以微弧氧化的槽液温度一般控制在 $20\sim60$℃ 的范围。由于微弧氧化的大部分能量以热能的形式释放，微弧氧化的槽液温度上升比普通阳极氧化快得多，所以微弧氧化过程需要配备容量大的热交换制冷系统，以控制槽液温度的上升。尽管微弧氧化过程中工件表面有大量气泡析出，对槽液起到一定的搅拌作用，但是为了保证槽液温度均匀性和体系成分的一致性，一般应该配备机械搅拌装置或压缩空气搅拌装置对槽液进行有效搅拌。

微弧氧化过程中有一个很大的优点是，如果工艺过程中电源突然中断，等电源接通后可以直接继续进行氧化，不需要除去样品上已经生成的氧化膜，也不必更换样品重新处理。但是普通阳极氧化是不允许电源中断的，否则样品的阳极氧化过程必须从头开始，即样品表面的已经生成的氧化膜必须清除干净重新进行。此外微弧氧化的工艺流程比普通的阳极氧化简单，不需要像普通阳极氧化那样对样品表面进行脱脂、碱洗、除灰等一系列化学预处理工序，而只需要去除金属表面的油污和尘土就可以进行。假如工件表面没有严重污染，甚至可以直接进行微弧氧化，因为微弧氧化的碱性溶液和微弧氧化工艺本身就可以起到脱脂等化学预处理的清理功能。

样品的电接触支架设计是微弧氧化的工艺难点之一，比起普通阳极氧化要复杂得多。在普通阳极氧化过程中，由于施加的电压比较低，可以采用挂钩式或简单的固定模式，而微弧氧化中由于采用高电压、大电流，样品必须与支架接触牢固，不能采用简单的挂钩方式，有时候甚至需要用螺钉牢牢固定。支架暴露在电解槽液的那部分必须用耐高压的绝缘胶带包裹住，否则使用一次支架就作废了，使微弧氧化的成本增加。

10.5　微弧氧化膜的主要性能

微弧氧化膜由于经受高温高压的物理化学作用，发生了相和结构的变化，由原来的无定

形结构的 Al_2O_3 过渡到致密的 α-Al_2O_3 和 γ-Al_2O_3 的结晶相,因此硬度大大增加,从而提高了它的耐磨性能。此外由于微弧氧化膜的孔隙率低、致密度高,因而具有很高的耐腐蚀性能以及较高的电绝缘性能和抗高温冲击特点,以下分别叙述其性能特点。

(1) 铝微弧氧化膜的硬度及其分布。铝微弧氧化膜的硬度极高,图 10-11 所示为 2A12 铝合金微弧氧化膜剖面的硬度分布。由图 10-11 可见,靠近基体界面约 $50\mu m$ 区域内,微弧氧化膜硬度可达到 1500HV 以上,最高点可超过 2000HV,比硬质阳极氧化膜高 4～5 倍。随着测试点离基体界面距

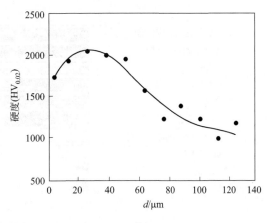

图 10-11　2A12 铝合金微弧
氧化膜剖面的硬度分布[9]

离的加大,硬度逐渐降低,最后平稳地趋近 1000HV 左右。该样品是在 30kW 微弧氧化设备上制备的,电解液采用 Na_2SiO_3＋KOH 的弱碱性溶液,微弧氧化时间累计为 12h,氧化膜厚度为 $160\mu m$。样品横截面用 $400^{\#}$ 水磨砂纸和金刚砂磨抛至表面粗糙度 Ra 为 $0.32\sim 0.63\mu m$,用 NEOPHOT 光学显微镜每隔十几微米,逐点测量横截面的显微硬度值。

不同铝合金生成的微弧氧化膜,硬度也有所不同,以 2×××系铝合金为最高,6×××系铝镁合金次之,铸态铝硅合金最差。表 10-3 列出不同铝合金微弧氧化膜的硬度值,铸态铝合金的硬度值只有 1000HV 左右,而 2024 铝合金可能达到 2000HV 以上,普通最常使用的 6063 铝合金也可以保持在 1500HV,也就是微弧氧化膜的硬度达到硬质阳极氧化膜的 3 倍。

表 10-3　不同铝合金微弧氧化膜的不同硬度值

铝合金	显微硬度(HV,100g)
Al-Cu-Mg 系:2024,2014	1400～2200
Al-Mg-Si 系:6061,6063	1300～1800
Al-Mg、Al-Mg-Zn 系:5056,3003	1200～1500
Al-Zn-Mg 系:7075,7175	1200～1600
Al-Si-Cu 系:A319.0,A305.0	800～1200

为了说明微弧氧化膜的硬度在各种材料中的位置,图 10-12 中还列出了不同材料包括 SiC 陶瓷、钨合金、铬合金、硬质合金等著名高硬度材料和不锈钢的表面硬度,从中可以看出,铝合金微弧氧化膜的表面硬度是相当高的,仅稍低于氮化物黏结的碳化硅,高于碳化钨、碳化铬和硬质工具钢等硬质材料。

(2) 微弧氧化膜的耐磨性能。一般而论,微弧氧化膜的耐磨性比硬质阳极氧化膜可以大 7 倍左右。现以北京师范大学的实测数据[9]为例说明如下,微弧氧化膜的摩擦磨损试验是在 SRV 微动摩擦磨损试验机上进行的。实验采用球-盘摩擦副接触形式,用碳化钨球作摩擦副,球直径为 10mm,硬度在 2000HV 以上。下试样以 2A12 铝合金经微弧氧化得到的微弧氧化膜为试盘,表面经磨抛达到该试验机所要求的光洁度 ▽ 8(Ra 0.40μm)以上。摩擦磨损试验的参数为:载荷 20N,振幅 1.54mm,往复频率 20 次/s,图 10-13 为试验的结果,表明 2A12 铝合金表面微弧氧化膜与碳化钨试球对磨时,表面磨痕形貌 [图 10-13(b)]和摩擦

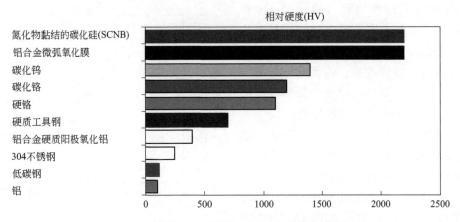

图 10-12　各种材料的硬度与铝合金微弧氧化膜的比较

系数［图 10-13（a）］随时间 t 的变化，摩擦系数在 1min 内迅速下降，然后基本上稳定在 0.48 左右。

　　表 10-4 列出了摩擦磨损试验的结果。由图 10-13（b）的磨痕计算出表 10-4 的体积磨损率为 $6.60×10^{-8}mm^3/(N·m)$。图 10-13（a）可以看出，平摩擦下的初始摩擦系数较高，而达到稳定状态后摩擦系数约为 0.48，从表 10-4 中还可以看出，随着摩擦时间的延长，磨损体积损失和磨损率反而显著减小。这是由于靠近基体的微弧氧化膜更加致密，相应的膜硬度和膜密度更高，因此摩擦磨损性能明显提高，这与硬度测定的结果是一致的，因此越靠近基体的微弧氧化膜，其磨耗体积损失和磨损率更小。

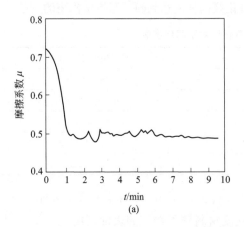

(a)

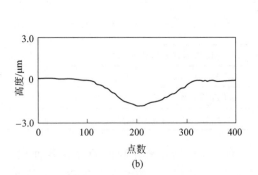

(b)

图 10-13　2A12 铝合金表面微弧氧化膜与碳化钨试球对磨时的摩擦系数及磨痕形状[9]

表 10-4　SRV 摩擦磨损试验结果[9]

样品	试验时间 t/min	磨耗体积损失 /($10^{-6}mm^3$/min)	摩擦系数	磨痕深度 /μm	磨痕宽度 /μm	磨痕横截面积 /μm^2	磨损率 /(μm/h)
1	15	18.9	0.48	1.36	621.5	184	5.40
2	30	19.4	0.48	1.55	512.5	395	3.10
3	210	4.9	0.48	2.85	493.5	651	0.81

　　（3）铝微弧氧化膜的耐蚀性能。铝合金微弧氧化膜具有很好的耐腐蚀性能，由于 Al_2O_3

具有很好的化学不活泼性，其耐盐雾腐蚀性能可以达到 2000h 以上。图 10-14 列出了 6061 铝合金微弧氧化膜的耐腐蚀性能与硬质阳极氧化膜、化学镀镍膜及硬铬膜的比较。图 10-14 中的微弧氧化膜已经经过封孔处理，微弧氧化膜的耐中性盐雾腐蚀性能比硬质阳极氧化膜高出 5 倍。如果不进行封孔处理，微弧氧化膜的耐腐蚀性能就会有所下降，但仍然可以经受 1000h 的中性盐雾试验，腐蚀等级可以达到 9 级。

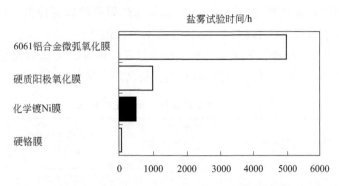

图 10-14　微弧氧化膜与硬质阳极氧化膜、化学镀 Ni 膜等耐中性盐雾腐蚀性能的比较

（4）铝微弧氧化膜的绝缘特性。微弧氧化膜具有很好的电绝缘特性。北京师范大学试验中曾采用 2500V 的摇表测定其绝缘电阻为 $10\sim500M\Omega$[6]（由于微弧氧化膜厚度不同，所以绝缘电阻也不同）。若用普通的电阻测试（一般施加电压为 $10\sim100V$），电阻值则高于 $10^{10}\Omega$，如果用耐压特性表示，微弧氧化膜在封孔以前约为 $10V(DC)/\mu m$，封孔后可以达到 $30V(DC)/\mu m$。有些电子仪器如计算机磁头需要良好的抗静电特性，采用纯陶瓷材料或塑料其电阻太大，而韧性又不好；最好采用金属材料，其韧性虽好，但表面电阻又太小，一般抗静电需要表面电阻在 $10^6\sim10^{10}\Omega$ 范围内。厂家曾采用多种方法，如喷漆、喷塑、陶瓷喷涂来制备这些绝缘膜，都不甚理想。采用微弧氧化技术制备的微弧氧化膜，通过改进溶液配方和控制氧化时间，可以使微弧氧化膜的电阻达到 $10^6\sim10^9\Omega$ 的范围，满足了厂家的技术需求。表 10-5 给出了微弧氧化膜的表面电阻 R_s、延迟时间 t_d 和摩擦放电电压 U_T 的测试结果，可以满足用户要求，并且成品合格率很高。

表 10-5　微弧氧化膜的表面电阻 R_s、延迟时间 t_d 和摩擦放电
电压 U_T 测试结果及合格率

编号	t_d/s		$R_s/G\Omega$		U_T/V	
	标准	测量	标准	测量	标准	测量
1	2	0.1	$10^{-4}\sim10$	3.2	20	10
2	2	0.1	$10^{-4}\sim10$	2.5	20	10
3	2	0.1	$10^{-4}\sim10$	3.4	20	16
4	2	0.1	$10^{-4}\sim10$	2.3	20	14
5	2	0.1	$10^{-4}\sim10$	2.5	20	11
6	2	0.1	$10^{-4}\sim10$	3.4	20	9
7	2	0.1	$10^{-4}\sim10$	2.3	20	13
8	2	0.1	$10^{-4}\sim10$	2.5	20	12
9	2	0.1	$10^{-4}\sim10$	3.4	20	15
10	2	0.1	$10^{-4}\sim10$	2.3	20	19

（5）铝微弧氧化膜的其他特性。铝微弧氧化膜的抗高温冲击特性很好，将铝合金的微弧氧化膜整体在加热炉中升至300℃，然后放在冷水中，经过35次反复急冷试验未发现微弧氧化膜有任何脱落现象，甚至用1300℃的氢氧火焰冲击（几秒钟）反复几次，也没有发现微弧氧化膜的龟裂和脱落现象。当然受热时间不能太长，因为铝合金本身会被熔化，但是至少可以说明微弧氧化膜的抗高温冲击性能很好。

国外曾报道铝微弧氧化膜可以经受500℃连续加热周期的高温冲击，优于美国材料试验协会关于热冲击标准检测方法 ASTM C 85-58 所给出数值[8]。

综合前面几节对铝合金微弧氧化膜的基本性能，可以用表10-6进行概括，从表10-6中可看出微弧氧化膜具有很高的硬度，良好的耐磨损、耐腐蚀、耐电绝缘以及抗高温冲击特性等。

表 10-6　铝合金微弧氧化膜的主要特性[9]

材料	硬度（HV）	磨损率（用 WC 作摩擦剂）/[mm³/(N·m)]	中性盐雾试验的耐腐蚀性	耐击穿电压特性/V
铝合金表面 MAO 膜	1000～3000	4.9×10^{-7}（干磨）	1000h（未封孔）5000h（已封孔）	1000（未封孔）3000（已封孔）

10.6　微弧氧化技术的应用

微弧氧化技术是一项新型的铝合金表面改性技术，它把氧化铝的陶瓷性能与铝合金的金属性能很好地结合起来，使铝合金材料表面具有更加优良的物理化学性能，以适应现代工业对材料提出的更高的要求。虽然铝合金微弧氧化膜具有非常优异的物理化学性能，但是由于技术、经济和推广力度等多方面的原因，目前微弧氧化技术的应用在我国还不广泛。铝合金微弧氧化膜由于具有抗磨损、耐腐蚀、高介电和隔热等特性，在许多工业领域，包括航天航空、机械制造、军工、民用、电子、石油化工、纺织、医疗、建筑等方面有广阔的应用前景。图10-15是微弧氧化技术可能应用的工业领域及应用部件，有些领域已经在我国开始小批量生产应用。以下简单介绍目前的典型应用实况，以期在我国国民经济各部门得到更加广

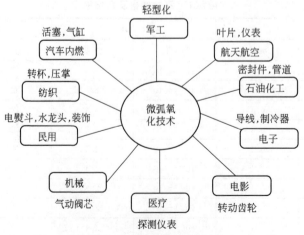

图 10-15　微弧氧化技术的工业应用

泛的应用。

（1）在航空与汽车发动机制造业中的应用。气缸-活塞组件的铝合金微弧氧化膜可以防止高温气体的腐蚀，同时又使得金属本身的温度降低大约 3/5。图 10-16 是经微弧氧化处理的活塞照片。这项技术也适合于处理涡轮叶片及发动机的喷嘴。苏联造船工业部批准微弧氧化技术在海洋舰船上广泛使用，作为防护海水腐蚀的方法列入苏联国家标准 ГOCT B-55573—87。

图 10-16　活塞的微弧氧化处理[10]

（2）在石油化工和天然气工业中的应用。铝合金微弧氧化膜显示很好的耐腐蚀性和耐磨损性，尤其在硫化氢等介质中可以显著提高铝合金零部件的使用寿命。它不仅直接在铝合金上生成微弧氧化膜，而且可以在诸如泵柱塞、闸板等钢制部件上生成双层膜（即钢部件-铝镀层铝微弧氧化膜）。在机械制造业用于苛刻条件下的无油真空泵部件、心轴等，与钢相比可以减轻 2/3 质量。图 10-17 和图 10-18 是微弧氧化在泵体和齿轮中的应用照片。

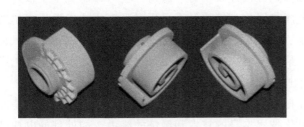

图 10-17　微弧氧化在泵体中的应用[10]

图 10-18　微弧氧化在齿轮中的应用[10]

（3）纺织工业中的应用。在纺织工业中用于生产纤维的零部件，例如纺杯、储纱盘、搓轮等高速运转部件常采用铝合金制作。由于铝合金的耐磨损性较差，特别在耐磨耗要求较高的位置，如内表面、沟区或溶液不易流动的地方，由于电场屏蔽效应或工作温度过高，这些位置的耐磨性能更差，采用微弧氧化技术后，不仅可以使氧化膜覆盖全面、厚度增加，而且耐磨性能也有很大的提高。图 10-19 是纺杯通过微弧氧化处理后的应用照片。

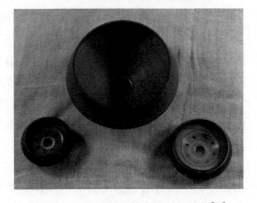

图 10-19　微弧氧化技术处理的纺杯[10]

（4）在电子工业中的应用。由于铝微弧氧化膜具有很好的介电特性，又有隔热、消光和黑色吸收等特点，在电子仪器仪表中有很好的应用，图 10-20 是抗静电的某些磁头部件。在低能加速器中，耐压较低的绝缘圈过去用陶瓷材料制作，由于加工难度较大、加工量很少，往往成本较高，而且加工时间较长。采用微弧氧化处理后，可以在铝合金表面上直接生成绝缘性很好的陶瓷膜，以满足低能小型加速器的需要，并且加工形状可以自行设计。图 10-21 是铝合金微弧氧化技术处理过的绝缘环。

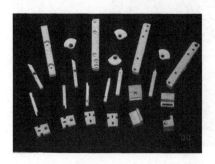

图 10-20　微弧氧化技术处理的抗静电零件[10]　　　　图 10-21　微弧氧化技术处理的绝缘环[10]

（5）铝微弧氧化技术在其他方面的应用。综上所述，铝微弧氧化技术已经得到不少应用实例，但是并不表示已经得到广泛的大规模工业化运用，其中不少仅为试验性的应用，其原因可能与经济因素有关。现介绍铝微弧氧化技术在其他方面的应用，铝合金电熨斗底板的微弧氧化处理，不仅可以提高硬度、增加耐磨特性，还可以降低摩擦系数，使用性能可以超过目前使用的聚四氟乙烯喷涂膜，据说苏联曾建立电熨斗底板的微弧氧化生产线。铝合金制作的自行车部件包括车圈、车条和车架都可以采用微弧氧化技术以提供很好的耐腐蚀和耐磨耗特性。此外在一些医疗部门也有应用，如前列腺治疗仪中有一放射性窗口，需要采用很薄的铝合金材料，为了提高耐磨特性及防止金属与肌体直接接触，采用微弧氧化技术以生成耐磨的陶瓷层，满足仪器的需要。此外在印刷、造纸等方面用铝合金制作的滚筒可以用微弧氧化技术进行处理，以提高它们的耐磨特性。最近某研究单位引进微弧氧化工艺处理某些军工产品，都取得很好的效果。图 10-22 分别给出微弧氧化技术在这些应用中的照片。

尽管微弧氧化技术在上述各方面已经得到一些应用，并且呈现出新的应用前景，但是推广应用的力度还很不够，这其中有微弧氧化技术本身的技术和经济的缘由，如处理的电耗高带来的生产成本过高，技术与经济双重因素引发的大生产局限性等。以上提供的应用实例的 10 幅照片，尽管其中有些目前也只是一种使用的探索，毕竟为微弧氧化技术的应用展现了前景。但是微弧氧化处理技术的工艺和经济特征，应该考虑和把握其应用的领域，曾经有人将微弧氧化工艺运用于铝合金建筑型材门窗的生产，甚至还企图在微弧氧化膜上继续进行电泳涂漆处理，投入了资金和人力，这是不切实际的在经济和技术两方面都难于实现的"规划"，也必然因为没有考虑微弧氧化的工艺特点而没有实现工业生产。因此微弧氧化技术在我国各工业领域的推广和发展，必须针对微弧氧化的工艺特点进行，才有可能得到有效的、可持续的发展。

综合国外发表的资料，表 10-7 还列出了国外微弧氧化技术在纺织工业、石油机械制造、电子及生物工程等方面应用的一些实例，对微弧氧化膜的要求、性能改善的效果以及估计的经济效益，仅供读者参考。

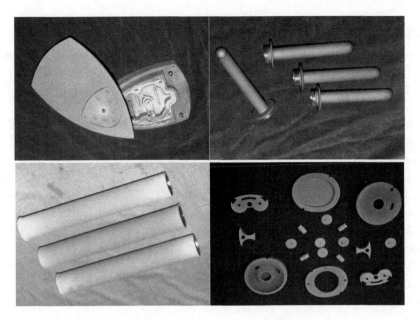

图 10-22　微弧氧化技术在其他方面应用的照片[10]

表 10-7　国外微弧氧化技术应用实例

工业领域	应用部件	试用材料	氧化膜涂层要求	改善性能	经济效益
纺织机械	转子、针尖	高强铝合金	α-Al_2O_3，100~150μm	增加寿命200%~300%，减少起毛现象	降低生产成本60%~80%
天然气和石油工业	操作轮、密封环	Al-Mg 合金	γ-Al_2O_3，60~120μm	增加寿命150%~200%，减少重量和惯性力	降低成本50%~60%
发动机工业	活塞	Al-Si 合金	α-Al_2O_3，100~150μm	增加寿命160%~250%，减少天然油消耗	降低成本80%以上
电极、电容器	电极、电容器	Al 阳极铝合金	γ-Al_2O_3，30~50μm	增加电容量20%~50%，改善热交换	降低成本60%
生物工程	叶片	高强铝合金	α-Al_2O_3，120~160μm	增加寿命160%~250%	减少成本70%以上

从目前微弧氧化技术发展水平观察，毕竟还是属于发展较近的新型技术，仍然存在许多不够完善的技术缺陷。微弧氧化技术作为工业化的工艺制度还需要进一步成熟和完善，我国从事微弧氧化技术的研究和开发的时间还没有超过三十年，实际应用的水平没有预计那么顺利，首先在基础研究和应用研究方面都没有投入足够的人力和物力。从技术层面上来分析，由于微弧氧化处理发生火花放电，造成火花腐蚀，使得表面层比较粗糙。表面粗糙层在使用时往往需要磨去，不可避免带来各方面的浪费。加上由于微弧氧化过程中光和热的作用，造成电能消耗特别高，至少比普通阳极氧化高出 5 倍。降低能耗同时保持高性能、高品质表面氧化膜，应该是微弧氧化技术的努力方向，在某些应用领域中研发抑弧或无弧（arc-free）高电压氧化新技术，是微弧氧化技术发展的顺理成章的选择和发展。

参考文献

［1］ Drobyshevskii E M, Zhokovit B G. Radiation and equilibrium composition of the plasma in a pulsed discharge in an e-lectrolyte. Zh Tekh Fiz, 1977, 47：155-262.

［2］ 薛文斌, 邓志威等. 钛合金在硅酸盐溶液中微弧氧化陶瓷莫的组织结构. 金属热处理, 2000, (2)：5.

［3］ 来永春. 铝合金表面微弧氧化处理. 轻合金加工技术, 2002, 30 (10)：31-33.

［4］ 来永春, 陈如意等. 微弧氧化技术在纺织工业中的应用. 腐蚀科学与防护技术, 1998, (10)：49-52.

［5］ 朱祖芳. 铝合金阳极氧化与表面处理技术. 北京：化学工业出版社, 2004：157.

［6］ Николаев A B. Nзв CO AHCCCP Cep X им Hayk, 1977, 5 (12)：32.

［7］ 张欣宇, 方明等. 材料保护, 2002, 35 (8)：39.

［8］ Yerokhin A L, Nie X, Leyland A, et al. Plasma electrolysis for surface engineering. Surface and Coatings technology, 1999, (122)：73-79.

［9］ 来永春, 邓志威等. 耐磨性微弧氧化膜的特性. 摩擦学学报, 2000, 20 (4)：304-306.

［10］ 北京师范大学低能核物理所微弧氧化组资料.

［11］ ZL01110353.1—2004 双极大功率脉冲电源.

第**11**章
铝阳极氧化膜的电解着色

11.1　概述

铝阳极氧化膜的着色有好几种方法，工业化技术着色的氧化膜大体可以分为以下三大类。

（1）整体着色膜。日本又称自然发色膜或一次电解发色膜。这里有时又细分为自然发色膜和电解发色膜。自然发色指阳极氧化过程使铝合金中添加成分（Si、Fe、Mn 等）氧化，而发生氧化膜的着色，比如 Al-Si 合金的硫酸阳极氧化膜；电解发色指电解液组成及电解条件的变化而引起氧化膜的着色，比如在添加有机酸或无机盐的电解液中阳极氧化，其代表性的技术有 Kalcolor 法（硫酸＋磺基水杨酸）及 Duranodic 法（硫酸＋邻苯二甲水杨酸）。

（2）染色膜。以硫酸一次电解的透明阳极氧化膜为基础，用无机颜料或有机染料进行染色的氧化膜，在本书第 12 章中将详细介绍。

（3）电解着色膜。以硫酸一次电解的透明阳极氧化膜为基础，在含金属盐的溶液中用直流或交流进行电解着色的氧化膜，在日本也叫二次电解膜。它的意思是阳极氧化叫做一次电解，而电解着色叫做二次电解。代表性的电解着色的工业化技术是浅田法（Ni 盐交流着色法）、Anolok 法和 Sallox 法（二者均系 Sn 盐交流着色法）、住化法和尤尼可尔法（Ni 盐"直流"着色和"直流"脉冲着色法）等。近年来在工业上开始得到推广的多色化技术，可以在一个电解着色槽中得到多种颜色。这是一种新型的利用干涉光效应的电解着色方法，由于在电解着色之前增加电解调整，在日本又称之为三次电解法。

电解着色膜的耐候性、耐光性和使用寿命比染色膜好得多，其能耗与着色成本又远低于整体着色膜，目前已经广泛用于建筑铝型材的着色。1960 年代日本浅田法[1] 问世并工业化之后，交流电解着色技术以其氧化膜性能好、工业控制方便、操作成本较低而独占鳌头，成为建筑铝型材阳极氧化膜的首选着色方法。电解着色技术经过工业实践考验而不断发展和改进，着色电源更新，槽液成分稳定，工艺更加成熟，成本不断下降，规模日益扩大。电解着色技术在理论和实践方面都有很大进步，尤其表现在阳极氧化电解着色的工程上，国外已有若干种铝阳极氧化膜电解着色的总结性的专著出版[2,3]。

在建筑铝型材阳极氧化生产线中，电解着色总是处于技术核心的地位。我国建筑铝合金型材阳极氧化膜的电解着色技术，是 1980 年代开始从日本和意大利等国陆续引进的。早期电解着色的金属盐以单锡盐或锡镍混合盐为主，大多为年产 3000t 的小规模的卧式生产线，当时曾作为我国"标准"规模的阳极氧化生产线。我国的电解着色技术在研究开发和生产实践中不断改进和提高，到 1990 年代不仅可以提供价廉物美的国产锡盐添加剂，而且生产线上的几乎所有的配套设备，包括各种电源设备、冷冻机、热交换器、工艺天车、所有管道阀门以及全套电气机械装备都逐渐可以立足国内供应，并且已经向国外出口。我国技术人员已经独立完成了工厂生产线设计、施工、安装、调试和生产操作的全部技术工作。近年来我国为了适应大批量稳定生产，特别是生产浅色系的需要，引进了几条大规模（如年产 30000t 以上）单镍盐自动化立式生产线，同时具有电泳涂装生产工序，使得技术装备、工艺水平与产品质量有了进一步提升。即使在这些大规模新建生产线中，除了某些关键设备之外我国也可以配套提供。我国铝合金阳极氧化膜电解着色工业，在 1970—2000 年，发展得非常迅速，总体技术水平和产品质量有了很大的提高。我国新建的建筑铝型材阳极氧化生产线，其装备和产品质量已经达到国际先进水平。

国内外工业化的电解着色槽液基本上都是镍盐或锡盐（包括锡镍混合盐）溶液两大类，其着色膜的颜色大体上都是从浅到深的古铜色系，这是在可见光范围内散射效应得到的色系。理论上能够电解着色的金属盐不少，不同的金属盐可以得到多种多样不同的颜色，但由于着色膜的性能以及着色槽液的成本与稳定性等原因，未必都能够产业化和商品化。表11-1所列为普通硫酸阳极氧化膜在不同金属盐的电解着色槽液中可能达到的着色结果。

表 11-1　普通硫酸阳极氧化膜在不同金属盐的电解着色槽液中的着色结果

电解着色的金属盐类	电解着色阳极氧化膜的颜色	电解着色的金属盐类	电解着色阳极氧化膜的颜色
Ni 盐	黄色,青铜色,黑色	Se 盐	红色
Co 盐	黄色,青铜色,黑色	Cr 盐	绿色
Cu 盐	茶色,青铜色,红褐色,黑色	Ba 盐、Ca 盐	不透明白色
Sn 盐	茶色,青铜色,黑色	Mo 盐、W 盐	黄色,蓝色
Pb 盐、Ca 盐、Zn 盐	青铜色系	Cu＋Sn 混合盐	颜色类似 Sn、Cu 盐,但随电压而变
Ag 盐	绿色	15％ H_2SO_4＋$CuSO_4$	绿色
Au 盐	紫色	15％ H_2SO_4＋$SnSO_4$	绿色,蓝色,紫色,黄色
SeO_3 盐	浅金色(钛金色)	H_3PO_4＋$NiSO_4$	绿色,蓝色,红色
TeO_3 盐	浅青铜色	氰化亚铁	蓝色
MnO_4 盐	金黄色,浅青铜色		

表 11-1 列示了多种多样的色彩，但不少只能停留在实验室，不一定具有商品化前景。对于工业技术界而言，人们感兴趣的显然是已经工业化和商品化的工艺技术，或者至少具有产业化前景的技术。表 11-2 所列为各国开发的各种电解着色专利工艺的商品名称、专利技术拥有企业和所使用的金属盐类。

从表 11-2 可见，工业化技术开发比较成功的国家主要是欧洲各国和日本。工业化商品技术中电解着色金属盐基本上是 Ni 盐、Sn 盐和 Sn-Ni 混合盐。Sn-Ni 盐着色工艺基本上与 Sn 盐相同，其着色主盐都是 $SnSO_4$。日本以 Ni 盐着色较多，占 70％以上。而欧洲、中国和东南亚一带主要用 Sn 盐（含 Sn-Ni 盐）着色。Co 盐着色虽然也已经实现工业化生产，由于成本较高没有得到推广，我国至今没有采用 Co 盐电解着色工艺。电解着色的电源形式除了日本的住友和日轻用所谓直流和直流脉冲之外，大部分都采用交流着色工艺。

表 11-2　电解着色的商品名称、所属企业和使用的金属盐类

商品名	企业名	金属盐	商品名	企业名	金属盐
Almecolor	Henkel & Co.,德国	Sn	Metaruby	Pilot,日本	Sn,Sn-Ni
Anolok	Alcan International Ltd.,加拿大	Ni-Co	Metoxal	V. A. W,德国	Sn
Colinal 2000	Swiss Aluminium Ltd.,瑞士	Ni-Co,Ni-Cu	Oxicolor	Riedel & Co.,德国	Sn,Sn-Ni
Colorox	Josef Gartner GmbH,德国	Sn	Rocolor	Rodriguez,西班牙	Sn-Ni
Electrocolor	Langbein Pfanhauser,德国	Sn-Ni	Sallox	Itatecno,意大利	Sn
Endacolor	Endasa,西班牙	Sn-Ni	Summaldic	Sumitomo,日本住友	Ni(直流)
Eurocolour 800	Pechiney,法国	Sn-Ni,Sn	Sandocolor	Clariant Ltd.	Sn
Korundalor	Korundalwerk,德国	Sn	Trucolor	Reynolds,美国	Sn
Metacolor	Metachemie,德国	Sn,Sn-Ni	Unicolor	NKK,日本日轻	Ni(脉冲)

11.2　电解着色机理

本书第 6～8 章对铝阳极氧化膜的形成工艺、规律和结构特征的阐述已经比较清楚。多孔型阳极氧化膜的有规律和可控制的微孔，通过电解着色在孔的底部沉积非常细的金属或（和）氧化物颗粒，由于光的散射效应可以得到不同颜色。这些颗粒的尺寸分布是任意的，因此对于一定的膜厚而言，颜色深浅是与沉积颗粒的数量有关，也就是与着色时间和外加电压有关。一般说来，从各种工业化电解着色溶液中得到的颜色相当类似，都是从香槟色、浅与深的青铜色一直到黑色，但色调（习惯上所谓底色偏红或偏青）又不完全相同，这可能是与析出颗粒的尺寸分布不同有关系。

11.2.1　电解着色阳极氧化膜[4-10]

关于电解着色阳极氧化膜的微孔中沉积析出的物质和分布状态，已经做过许多研究工作，从 1970 年代中期国外就开始有文章发表，直到 1990 年代以后专利和论文逐渐减少，从一个侧面反映出电解着色技术的成熟和工业化的成功。日本的浅田太平在 1960 年代初的专利[1]中，已经提出沉积物可能是金属氧化物或金属氢氧化物的设想，但当时他并没有给出具体的实验依据。随着先进电子仪器的普及和应用以及显微结构研究的深入，各国学者对于电解着色阳极氧化膜陆续进行了大量试验。Laser[5] 运用 X 射线测角仪检出，Cu 盐和 Sn 盐电解着色工艺中，在阳极氧化膜孔中沉积出的 Cu 和 Sn 颗粒具有结晶态的金属特征。Sandera[6] 采用了电子能谱仪（ESCA）和 X 射线衍射仪等多种技术，对各种电解着色膜进行研究，结果表明着色膜中既检出结晶态的金属又发现金属氧化物。Sautter 等人[7] 用 X 射线技术，检出阳极氧化膜微孔中沉积的是 Cu 或 Sn 结晶态的金属粒子，长度（即微孔中沉积的高度，视颜色深浅而异）为 60～250nm。Sheasy 等人[8] 用电子探针显微分析证明孔底沉积的是 Ni 粒子，如图 11-1 所示。Cohen[9] 采用 Mossbauer 能谱仪对 Sn 盐的沉积物进行测定，发现能谱主线与金属 Sn 完全一致，但又有 SnO_2、$Sn(OH)_4$ 谱线的痕迹。北京有色金属研究总院李宜等人[10] 后来对于 Sn 盐着色膜进行了系统研究，X 射线衍射发现沉积物具有结晶态的金属特征，而光电子能谱技术证明沉积物中还存在 Sn 的氧化物。由于 X 射线衍射没有发现 Sn 的氧化物，这似乎表明 Sn 的氧化物是以非晶态的形式存在的。国内外大量发表的

研究结果可以证明，不论何种金属盐的交流电解着色膜，阳极氧化膜中的沉积物既有结晶态的金属粒子，也有非晶态的金属氧化物或氢氧化物存在。

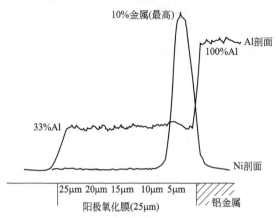

图 11-1　阳极氧化膜横断面的电子探针显微分析的 Ni 和 Al 的剖面图

阳极氧化膜孔中着色沉积物的位置是技术界又一个关注的重点。图 11-1 已经提到沉积的 Ni 基本上位于孔的底部，Cohen 证实 Sn 也基本上位于氧化膜的底部。李宜等人[10]采用电子探针扫描测量氧化膜沿厚度方向的元素分布，也证明 Sn 分布在孔的底部。令人感兴趣的是，在某些条件下，Cu 盐着色沉积的 Cu 不像 Ni 和 Sn 那样总是在孔底，有时却趋于在阳极氧化膜的孔口，这正好与工艺上发现 Cu 盐着色容易水洗褪色和封孔不良相吻合。但 Ni 盐也有过沉积在阳极氧化膜孔口的不良记录，这种情形似乎与电解着色的工艺缺陷有关系，造成着色后水洗褪色或影响封孔质量。

11.2.2　电解着色时金属离子和氢离子的放电

铝的阳极氧化膜主要成分是氧化铝，纯氧化铝是一个不导电的绝缘体。不过阳极氧化膜不是纯的氧化铝，而是一个掺杂的半导体。交流电解着色过程中，交流电的负半周（阴极反应）是金属离子在阳极氧化膜的微孔中，在阻挡层上还原析出金属，同时电子从金属迁移到阻挡层表面，如图 11-2（b）所示。如果电解液中没有金属离子，那么自然只有氢离子放电，如图 11-2（a）所示。由于电解着色溶液中总是金属离子和氢离子同时存在，所以电解着色过程可以认为是金属离子与氢离子的竞争放电。当然金属离子的放电是有条件的，电解着色的工艺就是创造金属离子优先放电的条件，尽量抑制氢离子的放电，以保证电解着色过程的顺利进行。至于电子如

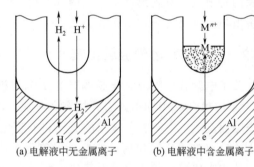

图 11-2　金属（Ni）离子在阳极氧化膜孔中电解还原沉积示意

何从金属通过阻挡层到达阻挡层表面，这方面曾经有不少假说和机理，这些假说和机理是：

① 双极子论；

② 缺陷论；

③ 金属杂质论；

④ 半导体论。

它们都可以解释一部分实验现象，半导体论可以较好地说明电子在阻挡层中迁移到阻挡层表面，使阳离子得到电子而还原，金属析出在孔底的阻挡层表面。本章限于篇幅，不作电子在阻挡层中如何迁移的介绍，这并不影响对金属阳离子放电析出的理解，而金属离子的优先放电才是电解着色的关键。

不言而喻，阳极氧化工作者首先关注的是金属离子在阴极的还原沉积反应：

$$M^{n+} + ne \longrightarrow M$$

因为这与电解着色直接有关，而与此同时氢离子也在阴极发生放电反应产生氢气：

$$2H^+ + 2e \longrightarrow H_2$$

或
$$4H^+ + O_2 + 4e \longrightarrow 2H_2O（高阴极电压时）$$

上述反应方程式实际上与电镀过程的反应方程式相同，因此理解电镀理论肯定有助于研究电解着色工艺。不过上述电解着色反应不是发生在铝的表面，而实际上发生在阳极氧化膜孔底的阻挡层上，显然比电镀时金属离子在金属表面放电复杂得多，其外加电压还包括阻挡层的电压降，因此比电镀时的电压高得多。电解着色的溶液条件和工艺参数的选择，应该设法有利于金属离子放电，同时尽量抑制氢离子放电，以提高电解着色的效率并防止氧化膜剥落。

交流（AC）电解着色表示阳极氧化膜交替处在阳极（即交流电的正半周）和阴极（交流电的负半周）状态，克服了直流着色通常因为氢气连续放出使阳极氧化膜散裂脱落的弊病。阳极过程在交流着色中的作用是不容忽视的，也一直受到技术界的关注。尽管至今还缺乏具有实验基础的统一的化学解释，但对于交流着色中正半周作用的若干假说并不是完全没有根据的，比如"阳极电压可以重建阳极氧化膜的阻挡层""阳极电压使得阴极析出的氢气迅速得到逸出释放，从而防止氧化膜的脱落"等。事实上试验已经证明在交流着色中，阳极电压会影响阴极着色反应的速度，图 11-3 表明随着阳极电压下降 [图 11-3(a)]，不仅使得阳极电流密度下降 [图 11-3(b)]，而且也使得阴极电流密度随之下降 [图 11-3(b)]，从而使着色速度减慢。此外阳极电压可能还是孔中金属氧化物形成的原因之一。

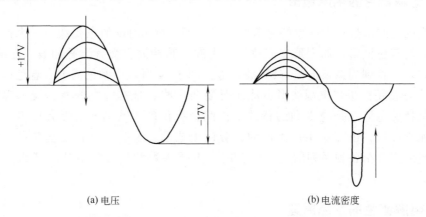

(a) 电压   (b) 电流密度

图 11-3 交流着色中阳极电压对电流密度的影响

11.2.3 阻挡层及其散裂脱落

多孔型阳极氧化膜由阻挡层与多孔层两部分组成，如果阻挡层被破坏，那么整个氧化膜随之散裂脱落（spalling）。由于阳极氧化膜的半导体特性，H^+ 可以穿透阻挡层，在铝基体上得到电子生成氢原子，其中一部分氢原子复合生成氢分子。如果氢分子生成过快、过多，会造成局部氢气压过高，最终导致氧化膜脱落，因此直流电解着色存在氧化膜剥落的危险。很长一段时间内许多观点认为直流电不能着色，正是从 Sn 盐着色中连续直流时间过长引起氧化膜剥落现象的解释出发推论提出的。

11.2.4 直流电解着色特点

既然电解着色过程中金属离子的还原析出是阴极反应，那么按直觉会认为直流着色会比交流着色速度快并且节省电能，也就是说直流电解着色应该具有较高的电流效率。尽管许多研究一直在证实交流电解着色中阳极过程对于阴极还原着色的必要性，甚至否定直流电解着色的工业化可能性的观点也一直存在，但是继续改进和完善"直流电解着色"的工作并未停止。日本在直流电解着色方面的研究和工业开发尤其令人瞩目，在直流电解着色电源波形、槽液控制设备和操作工艺等方面作了相当细致的研究。表 11-2 中列举的日本住友 Summaldic 工艺和日本轻金属 Unicolor 工艺，就是 Ni 盐"直流着色"技术的工程应用实例，它们着色速度快，颜色均匀性好，自动化程度高，但是这种"直流"电实际上已经不是纯粹的连续直流的概念了，准确地说应该是周期换向的直流技术。我国哈尔滨、西安、四川和广东等地几家铝材厂先后使用了日本住友专利发展起来的"住化法"工艺，广东两家铝材厂引进了日轻专利 Unicolor 工艺，这类工艺目前还在扩大应用之中。

尽管 2000 年我国开始热衷于 Ni 盐直流电解着色技术，但是目前仍然不可能在直流与交流两种工艺之间，作出孰好孰坏的笼统结论。直流法虽有着色速度快、电能利用率高的优点，但是必须使用特殊电源和槽液控制设备。日本的设备（如着色电源、槽液控制装置等）和操作技巧曾经都是不公开的专利技术，一次投资相对较大，目前我国已经可以国产化了。国外尤其是日本的直流着色基本上用于 Ni 盐，所以将在本章 11.4 节"镍盐电解着色"中再对 DC 电解着色某些技术问题补充介绍。

11.2.5 电解着色的电源波形

电解着色的波形最初为简单的交流电波形，即 $50 \sim 60 Hz$ 的正弦波。后来许多专利提出各种各样的着色波形，如变形交流波、锯齿波、脉冲波、交直流叠加波、连续直流波、断续直流波，一直到周期换向波（PR 波）等。图 11-4 所示为常见的电解着色的各种电源波形[2]，实际使用的进口电源波形可能还要复杂一些。日本开发的专利技术都采用特殊电源，但是特殊电源总是与专利的特殊工艺配套提供的。欧洲的情形有些不同，它们的电源往往独立提供，由专业工厂生产的、着色工艺的开发公司选择配套装备。所以欧洲的电源生产厂家介绍各种系列的电源设备时，电源参数和性能特点比较详细，便于工艺选择使用。

11.2.6 电解着色的发色原理

许多作者已经证明电解着色膜是由于孔底沉积的金属粒子对入射光发生散射而显色的，微孔中的沉积物越多，由于多重散射则颜色越深。Bajza 等[11]曾对 Cu 盐电解着色膜进行过研究，发现氧化膜微孔中 Cu 含量与着色时间成正比，而明度值 L（反映颜色深浅的仪器测量值）与 Cu 含量之间不是线性增长关系。北京有色金属研究总院刘文亮等人[12]的实验表明阳极氧化膜中的 Sn 含量与着色时间成正比，而颜色 ΔE（色差仪测得颜色测量值）与着色时间不成正比增长关系，上述两者的结论是完全一致的。现以沉积 Sn 为例再作一些说明，阳极氧化膜的颜色随氧化膜孔中的 Sn 含量的增加而加深，Sn 含量增加表示 Sn 粒子在孔中析出的高度越大，但是并不是成正比的，因此 ΔE 和 L 与 Sn 含量呈非线性增长的规

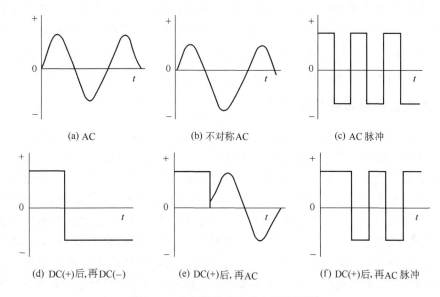

图 11-4　电解着色的各种电源波形[2]

律。阳极氧化膜的微孔直径只有大约 $15\sim25nm$，沉积在孔中 Sn 的线度小于可见光的波长

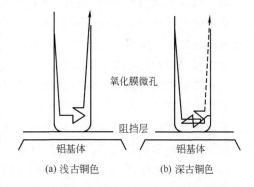

图 11-5　阳极氧化膜中析出微粒的光散射模型

$(470\sim750nm)$，因此对于入射光的散射属于 Rayleigh 散射，其特点是散射光强度与波长的 4 次方成反比，也就是说氧化膜中金属 Sn 粒子对波长较短的散射光强度要大于波长较长的散射光强度。而且氧化膜本身又部分吸收了散射光，因此电解着色膜总是呈现古铜色系。图11-5所示为阳极氧化膜中析出微粒的光散射的模型，当氧化膜中沉积金属 Sn 粒子较少，如图 11-5(a) 所示，粒子之间的多重散射造成的光的损失量也少，则氧化膜的颜色比较浅；当氧化膜中沉积的 Sn 粒子较多时，如图 11-5(b) 所示，粒子之间的多重散射增多，光损失量增大，则氧化膜颜色变深。

11.3　锡盐电解着色

单 Sn 盐和 Sn-Ni 混合盐电解着色是我国和欧美各国主要的着色方法，其主要着色盐是硫酸亚锡（$SnSO_4$），也就是利用 Sn^{2+} 电解还原在阳极氧化膜的微孔中析出而着色。但是 Sn^{2+} 在溶液中很不稳定，由于空气和光线的影响，容易氧化成没有着色能力的 Sn^{4+}，因为 Sn^{4+} 的水解会生成氢氧化锡 [$Sn(OH)_4$] 沉淀，也有人认为是 β-偏锡酸沉淀（$SnO_2 \cdot xH_2O$），这种水解产物沉淀呈胶态存在于溶液之中，形成的浑浊溶液是不可能过滤澄清的。因此锡盐着色的关键是槽液控制和添加稳定剂，以提高槽液的使用寿命，阻止 Sn^{2+} 氧化成 Sn^{4+}，并同时改善着色的均匀性，也就是说槽液的成分和锡盐着色稳定剂的质量在很大程度上是锡盐着色工艺水平的标志。由于硫酸亚锡槽液对杂质不如镍盐敏感,对于生产线的水质要求不高,Sn 盐槽液的分布能力也比较强,因此着色的均匀性相对比较好,此外金属锡盐又不是严重的环境水质污染源等原因,因此除了自动化立式生产线外,Sn 盐至今仍然还是我国和大多数国家的首选电解着色溶液。

11.3.1 锡盐着色溶液的稳定方法

由于亚锡盐氧化与水解的产物形成胶态,带相同电荷的胶态粒子互相排斥,减少了粒子之间碰撞聚集的可能性。除了一部分沉淀在槽底之外,大部分分散悬浮于槽液之中,使得槽液日见浑浊,着色性能日趋恶化。锡盐着色溶液的成分和工艺,尤其是锡盐添加剂的生产和使用一直是相当保密的。为了提高槽液的稳定性,保持优良的着色性能,通常采取以下措施。

(1) 提高槽液酸度(即降低 pH 值)。在 Sn 盐(包括 Sn-Ni 混合盐)槽液中需要加入硫酸,使得 pH 值控制在 0.7~1.5,一般以 1 左右为佳。当 pH 值大于 1.5 时,水解作用极易发生。而酸度过高(如 pH 值小于 0.5),着色不易均匀,色调偏青,容易褪色。硫酸是提高酸度最经济和有效的无机酸,其他常用无机酸(如硝酸和盐酸)对电解着色是有害的。有机酸如酒石酸、柠檬酸都可以加入,但价格比较高。着色槽液加入有机酸与其说是为了提高酸度,倒不如说利用它们的络合作用。

(2) 减少槽液与空气的接触。为了减少槽液与空气接触,Sn 盐槽液一般不采用空气搅拌,槽液的机械循环也常在槽液表面之下进行。避免剧烈的槽液溢流,以减少空气的夹入。甚至有时还加入液面覆盖掩蔽剂,隔断槽液表面与空气的接触。尤其对于长期停工放置的槽液,液面覆盖掩蔽的办法也不失为一种考虑。

(3) 控制槽液的温度。Sn^{2+} 的氧化和水解反应速度一般随温度升高而加快,因此控制槽液温度还是有必要的。尽管槽液可以在 30℃ 以上着色,但是这个温度对槽液稳定性有害,而且着色速度较快,工艺控制比较困难。因此推荐槽液温度控制在 20~25℃,既考虑槽液的稳定性,又考虑到着色工艺的容易控制。

(4) 加入抗氧化剂(还原剂)。加入抗氧化剂降低 Sn^{2+} 的氧化是十分有效的方法。在现有的添加剂中,有机还原剂是不可缺少的主要成分,起到减少 Sn^{2+} 氧化的作用。但是有机还原剂,比如邻苯二酚、萘酚等酚类有机物虽然有抗氧化作用,却往往是环境水质的严重污染物质,从环境保护的角度考虑应该慎用。某些有机还原剂如果含量过高,会产生较多灰黑色沉淀物。另外 Fe^{2+} 或 Sn 粉由于本身与氧反应,也有保护 Sn^{2+} 不受氧化的作用。

(5) 加入络合剂。使用络合剂而不是单纯加入还原剂,达到稳定 Sn^{2+} 与防止水解的目的,这是添加剂从还原剂到稳定剂开发中的一大进步,从环境保护的角度考虑也有它的明显优点。而且络合剂不仅有稳定槽液,从而延长着色溶液使用期的作用,还有着色均匀、色调偏红和掩蔽杂质离子的有害作用等优点。但是,络合剂的加量不宜过多,不然,槽液内较高的 Sn^{4+}(有时高达 10g/L 以上)会严重影响着色速度和着色均匀性。在现代添加剂的研制和开发中比较注重络合剂与还原剂的协同作用和两者的比例匹配。

11.3.2 添加剂的开发现状

添加剂的使用是 Sn 盐着色工艺得以工业化的关键,因此添加剂的成分曾经是十分保密的内容。我国早期添加剂大多从国外进口,其成分由国外公司控制。我国从 1980 年代开发应用电解着色添加剂以来,科研机构、高等学校和工厂全面合作,迅速完成了各种添加剂的国产化过程，而且成本不断降低，技术有所提高，生产经验逐渐丰富，现在已经替代了进口化学品，使 Sn 盐电解着色生产的所有化学品都立足于国内供应。为了进一步提高产品质量和降低生产成本，商品化的添加剂的成分也在不断变化、发展和改进之中。

早期的添加剂主要是有机还原剂，如硫酸联氨、氨基磺酸、酚磺酸或甲酚磺酸等，性能虽不是完全满意，但至少可以降低 Sn^{2+} 的氧化损失，起到稳定槽液的作用。不过这类还原性化合物大多数有毒，造成严重的环境问题。为了进一步改善 Sn 盐着色槽液的性能，添加剂的发展方向是，在考虑槽液稳定功能（stabilizing function）的同时，改进槽液的分布能力（throwing power），同时还必须有环境考虑（environmental consideration）。就稳定功能而言，目前添加剂并不是单纯依靠有机还原剂，而是在络合物方面扩大选择范围达到稳定槽液的目的。络合剂不仅络合亚锡离子，起到稳定槽液的作用，还络合铝离子等杂质，减轻杂质离子对于电解着色的有害作用。

市场供应的各种添加剂，它的配方属于生产厂家，还是不公开的内容。这方面的研究成果，公开报道的很少，后来还是有一些文章开始披露某些试验结果[13,14]。本节综合已经公开发表的各种化合物对于稳定性及分散性的试验结果，这些内容只有参考意义。电解着色溶液的稳定性，一般采用通电法和加氧法两种试验方法考察，试验结果分别见表 11-3 和表 11-4，电解着色溶液分布能力的试验结果见表 11-5。试验条件和结果的技术分析见如下说明，顺便说明的是这些化合物只能提供一种思路和几项试验方法。

表 11-3　电解着色溶液通电试验中稳定剂效果的比较[13]

序号	稳定剂	浓度/(g/L)	至 Sn^{2+} 为 5g/L 的耗电量/(A·h)	备注
1	不加入	—	560	参比之用
2	邻苯二酚	1.0 2.0	1000 875	
3	P₃-almecolor S	20.0	765	基准
4	8-氨基-3,6-磺基萘酚	0.5 2.0	440 510	
5	二(2-羟基乙基)硫化物	0.5 2.0 0.5	800 1200 720	
6	t-丁基邻苯二酚	0.5 2.0	580 580	有泡沫
7	硫酸羟胺	0.5 2.0	475 525	
8	4-甲氧基苯酚(又称 4-羟基苯甲醚)	2.0	650	有气味
9	2-甲氧基苯酚	0.5 2.0	910 1350	有气味
10	3-甲氧基苯酚	0.5 2.0	1000 1180	有气味
11	甲基对苯二酚	0.5 2.0	770 1160	
12	1-萘酚-3,6-二磺酸	0.5 2.0	1070 1070	

续表

序号	稳定剂	浓度/(g/L)	至 Sn^{2+} 为 5g/L 的耗电量/(A·h)	备注
13	2-萘酚-3,6-二磺酸	0.5 2.0	630 800	
14	1,2,3-三羟基苯	1.0 2.0	850 695	有泡沫
15	三甲基对苯二酚	0.5	930	
16	$HOC_6H_4—O—(CH_2)_4SO_3Na$(对位)	0.5 2.0	1000 1000	
17	$HOC_6H_4—O—(CH_2)_4SO_3Na$(邻位)	0.5 2.0	570 790	

表 11-4　电解着色槽液加氧试验中稳定剂效果的比较[13]

序号	稳定剂	稳定剂浓度/(g/L)	$SnSO_4$ 开始浓度/(g/L)	$SnSO_4$ 通氧 4h 后浓度/(g/L)	减少率/%
1	无	—	14.7	4.1	72.1
2	邻苯二酚	1.6	17.2	16.4	4.7
3	P_3-almecolor S	20.0	17.4	17.0	2.3
5	二(2-羟基乙基)硫化物	0.2 2.0	17.0 16.5	13.6 6.7	20 59.4
6	丁基对苯二酚	0.2 2.0	12.7 13.8	12.7 13.8	0.0 0.0
9	4-羟基苯甲醚	0.2 2.0	17.7 17.4	17.7 17.4	0.0 0.0
12	甲基对苯二酚	0.2 2.0	17.7 17.9	17.7 17.9	0.0 0.0
13	1-萘酚-3,6-二磺酸	1.0	15.2	14.1	7.2
16	三甲基对苯二酚	1.0	17.1	17.1	0.0
17	2-羟基苯丁基磺酸钠醚(邻位)	0.2 2.0	18.1 18.6	17.7 18.4	2.0 1.0

表 11-5　部分化合物对于目视颜色均匀性和仪器测定分布能力的筛选结果[13]

序号	待考查的化合物	浓度/(g/L)	分布能力/%	目视	气味
1	柠檬酸	15	81.4	可	无
2	N-(1,2-二羧基-2-羟乙基)天冬氨酸钠	1	82.9	好	无
3	DL-天冬氨酸	5	84.5	可	无
4	磺基丁二酸	5	84.6	可	无
5	萘-1,2-二磺酸二钠(95%)	20	86.6	可	无
6	N-羧乙基亚胺乙酸三钠	1	86.7	可	无
7	L(+)-酒石酸	15	88.3	可	无
8	次氮基三乙酸三钠	1	88.6	可	无
9	亚乙基二胺四乙酸二钠	1	89.7	可	无
10	萘-1,2-二磺酸二钠(95%)	10	89.8	好	无

序号	待考查的化合物	浓度/(g/L)	分布能力/%	目视	气味
11	磺基丁二酸	10	90.3	好	无
12	2-磺基苯丙酸	5	90.6	好	无
13	萘-1,2-二磺酸二钠(95%)	5	90.6	好	无
14	N-(1,2-二羟乙基)天冬氨酸	1	90.8	好	无
15	次氮基三乙酸	1	92.6	好	无
16	2-磺基苯丙酸	10	93.2	好	无
17	磺基丁二酸	20	94.8	好	无
18	4-磺基邻苯二酸	10	94.8	好	无
19	2-磺基苯丙酸	20	95.8	好	无
20	甲苯-4-磺酸	10	96.3	好	有
21	5-磺基水杨酸二水化物	12	96.4	好	无
22	苯六碳氢酸	10	98.0	好	无

表 11-3 中电解着色溶液是首先制备 20g/L $SnSO_4$ 与 20g/L H_2SO_4 的基础溶液，加入表 11-3 中各序号的稳定剂。然后利用等效电路模拟电解着色条件连续电解，采用电量计记录在 $SnSO_4$ 浓度下降到 5g/L 时消耗的电量（A·h）。比较耗电量大小筛选稳定作用的大小，从而考察通电对于这些化合物抗氧化作用的效果。

结果表明大部分苯酚或萘酚的衍生物有比较好的稳定作用。在甲氧基苯酚中对位衍生物不如间位和邻位（见表 11-3 中序号 9、序号 10、序号 11）。然而上述化合物在空气中容易挥发，有气味，对皮肤有刺激性，宜改用分子量大的同类化合物（见表 11-3 中序号 16 和序号 17，其化合物学名较长，我国译名为 2-羟基苯丁基磺酸钠醚），但表 11-3 中序号 16 和序号 17 结果对比表明邻位不如对位，而在加氧试验中邻位的抗氧化性能非常好。主链置换的苯酚（见表 11-3 中序号 6、序号 12、序号 16）的作用与甲氧基苯酚接近，而毒性比较低。此外，1-萘酚-3,6-二磺酸试验结果比较好，而且与浓度关系不大，与此同时，2-萘酚的衍生物并不理想（见表 11-3 中序号 13 和序号 14）。当然很多国内的试验结果早就已经知道，邻苯二酚也比较有效，只是对环境有不良作用。

表 11-4 所列的基础电解着色溶液与表 11-3 相同。再以 12L/h 的通气速度通入氧气 4h 后测量 Sn^{2+} 的含量，用 $SnSO_4$ 的减少率判断稳定效果。表 11-4 的结果表明，序号 6、序号 9、序号 12（序号与表 11-3 相同）最佳，序号 17 次之。综合加氧和通电两项试验的结果，序号 9、序号 12、序号 17 在稳定性方面最佳。加氧试验比较简单，我国早期在筛选化合物的对于 Sn^{2+} 稳定性时，许多研制单位进行了大量的筛选试验，最简便的方法常采用着色溶液通空气后，按照溶液浑浊的程度来判断。试验表明酚磺酸、甲酚磺酸和萘酚磺酸等对抑制 Sn^{2+} 的氧化都有一定作用，但单独使用很难完全阻止浑浊和沉淀形成。通过大量抗氧化化合物稳定性的筛选试验，我国许多厂家也推出了多种系列的商品化锡盐电解着色添加剂，年销售额达数千万元以上比较有影响的专业生产添加剂的厂家在 5 家以上。

添加剂中另一个重要性能是电解着色溶液的分布能力，因为这涉及电解着色产品的颜色均匀性，虽然电解着色的颜色均匀性并不是完全取决于溶液的分布能力，还与电解槽以及电

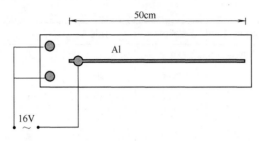

图 11-6 电解着色溶液分布能力试验示意[13]

极极板的设计和安排等都有很大关系。电解着色溶液分布能力试验安排按图 11-6 所示进行，试样是 $500mm \times 5mm \times 1mm$ 纯铝板。试样在氧化前经过化学预处理后，再用常规硫酸阳极氧化使膜厚为 $20\mu m$。分布能力试验槽的基础电解着色溶液为 $10g/L$ $SnSO_4$ 与 $20g/L$ H_2SO_4，加入待考察的化合物，以 16V 交流着色 5min 后，检查试样颜色的纵向均匀性。检验方法是在试样纵向每隔 50mm 用色差仪测定，得出 C_1，C_2，…，C_{10} 10 个数据，求出颜色的算术平均值 C_a，分布能力的表示是颜色的最小值 C_s 除以颜色的平均值 C_a，以百分数表示，即分布能力 $= \dfrac{C_s}{C_a} \times 100\%$。表 11-5 只选入试验结果中分布能力一般大于 80%，目视在"可"以上的有效化合物的测量结果。目视判断"好"指试样颜色一致，基本无色差，大致相当于分布能力大于 90% 的情形。但值得注意的是目视判断与仪器测试并不总是一致的，这在颜色和色差检验中并不罕见。

表 11-5 列出的试验结果表明，芳香族衍生物的磺酸及其盐类效果最佳，如序号 19～22（注意：表 11-5 中序号的化合物与表 11-4 和表 11-3 不同）。一般情况下，浓度越高，效果越好（对比序号 4、序号 11、序号 17 以及序号 12、序号 16、序号 19 都是同一化合物的三个浓度）。

作为添加剂的成分，其稳定性及分散能力的测定和筛选只是最基本的考虑。商品添加剂的推出显然还有更多的考虑，包括添加剂在使用过程中的变化及反应产物对槽液的影响、添加剂对于电解着色参数的影响、添加剂各成分在溶液中的稳定性以及使用过程中的变化对于着色和环境的影响、添加剂对于减轻积累杂质的负面作用等。只有综合以上因素，不仅仅依靠它的还原性作出的"理论"预测，而必须通过反复验证、大量实验，并在电解着色生产实践中不断改善和优化，并结合成本和消耗等经济因素，才能在工业生产中应用。

11.3.3 典型的锡盐电解着色工艺

在 Sn 盐电解着色中添加剂的品质处于一个非常重要的地位，当然添加剂品质不是惟一的因素，还必须与电解着色的工艺控制和生产经验有机结合，形成行之有效的工艺规范，才能保持稳定生产和保证产品质量。表 11-6 列出 Sn 盐和 Sn-Ni 混合盐的典型槽液成分和交流电解着色条件，事实上只具有参考价值，不同的电解着色添加剂都应该具有与之相配套的工艺。

表 11-6 **Sn 盐和 Sn-Ni 混合盐的典型槽液成分和 AC 电解着色条件**

槽液成分	No. 1	No. 2	工艺参数	No. 1	No. 2
$SnSO_4$	8g/L	20g/L	pH 值	1	1
H_2SO_4	17g/L	10mL/L	温度/℃	25	20～25
$NiSO_4 \cdot 6H_2O$	20g/L		电压/V	15	14～16
酒石酸	10g/L		电流密度/(A/dm²)	0.8	0.6～0.8
酚磺酸		20mL/L	时间/min	1～10	1～10
添加剂(市售)	—	—			

Sn 盐与 Sn-Ni 混合盐电解着色溶液具有大致相同的成分和工艺条件，它们都要在低 pH 值的着色溶液中操作，两者具有相同的防止 Sn^{2+} 氧化的槽液稳定性问题。需要着重提出的是，工业常用的 Sn-Ni 混合盐溶液，电解着色时沉积在孔中一般只有 Sn，因为在 pH＝1 左右的溶液中一般 Ni^{2+} 不能被还原沉积。只有在某些特殊条件下，如 $NiSO_4$ 含量比 $SnSO_4$ 高出很多时，Sn^{2+} 与 Ni^{2+} 才有可能发生共沉积。例如在 30g/L $NiSO_4$＋5g/L $SnSO_4$ 和 Ni/Sn 比例下，发现着色膜中 Ni 和 Sn 发生共沉积，但是 Ni 的析出量比 Sn 少得多。当然 Sn-Ni 混合盐没有析出 Ni，也并不意味着加入 Ni 盐毫无意义。Sn-Ni 混合盐似乎有较好的着色稳定性，它与单 Sn 盐的色调（底色）也有些不同，因此工业上 Sn-Ni 混合盐用得不少。即使 Sn 盐与 Ni-Sn 混合盐析出的都是 Sn，但是色调有些不同，这可能意味着沉积物 Sn 的粒度及其分布有所不同，引起散射光的波长不同引起的，而并不是析出金属不同引起的。Sn 盐与 Sn-Ni 混合盐槽液都需要添加剂，而且其成分是大同小异的，例如磺化邻苯二甲酸、酚磺酸、甲酚磺酸等都可以使用。国外的着色添加剂都是专业工厂生产的，很少见到阳极氧化工厂自行配制的情形，所以原料和产品的质量都比较稳定，添加剂的品质可以不断提高，品种也随之扩大并且系列化。

电解着色电压一般按颜色深浅控制在 5～20V（最佳值大约是 15～16V），相应的电流密度大约在 0.2～0.8A/dm^2。对浅色系着色如采用 10～14V 低电压，虽能使着色时间延长，有利于一次性颜色深浅控制，但低电压可能使着色得到的沉积物的密度降低或沉积分布更接近膜孔表面，在实际生产中表现为容易褪色，且颜色的分散性也不如较高电压着色，往往出现凹槽与平面色差严重。而着色可以在室温操作，有条件控制槽液温度更加理想。电解着色随时间延长颜色加深，从香槟色、浅青铜、深青铜直到黑色，一般时间控制在 1～20min。由于 Sn 盐着色槽液的 pH 值一般小于 1，酸性比较强，着色时间过长对膜的性能不利，为此在酸性较强的槽液中，着色时间绝对不会超过 20min。

11.3.4　锡盐电解着色工艺参数的影响

Sn 盐着色的工艺参数有溶液参数和操作参数两方面，它们都影响颜色的深度。一般可以用色差计的色差 ΔE 或明度值 L 定量表示氧化膜的颜色深浅。溶液参数包括硫酸亚锡浓度、硫酸浓度、pH 值、添加剂浓度和各种杂质影响等，操作参数包括着色电压、溶液温度、着色时间等。上述各种影响因素请分别参见本章的图 11-7、图 11-8 及图 11-10～图 11-12。

Gohausen[15] 对 Sn 盐着色中各参数的影响进行了研究，指出外加电压 14～16V 时着色速度最快，而且着色比较稳定，即电压稍有变化颜色深度不变（见图 11-7），因此推荐的电解着色电压常在 15V 左右。同时还得到杂质离子对于着色效率的影响（见图 11-8），在 Sn 盐着色槽中 Na^+ 和 K^+ 达到 10g/L 浓度之后才发生有害影响，与单 Ni 盐比较杂质宽容度大得多。Gohausen 的数据是在 10～20g/L $SnSO_4$、10～20g/L H_2SO_4 和 20g/L 稳定剂的槽液中得到的。由于数据是与槽液成分和添加剂类型有关，本章选用我国北京有色金属研究总院刘文亮等人[16] 发表的实验数据加以说明，请见本章的图 11-10～图 11-12。

刘文亮等人[16] 研究了在温度（20±1）℃ 的 140g/L H_2SO_4 溶液中，电流密度为 1.5 A/dm^2 进行铝合金阳极氧化 30min，再在表 11-7 所示的电解着色条件下进行着色，电解着色试验装置是根据电镀用霍尔槽的原理，按照图 11-9 的示意安排的。试样颜色采用自动测色计测量 ΔE_1，ΔE_1 越小表示颜色越深。ΔE_{1-2} 表示试样 1 和试样 2 颜色的差别，其中试样

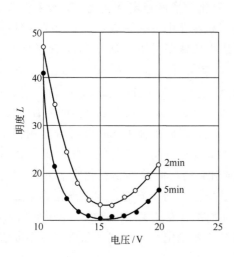

图 11-7 外加电压对于着色
速度的影响[15]

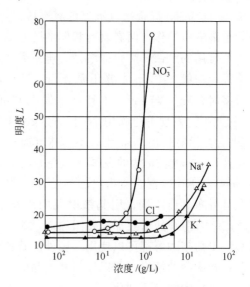

图 11-8 杂质离子对于着色
效率的影响[15]

表 11-7 试验采用的电解着色槽液和着色工艺

槽液成分/(g/L)	No. 1	No. 2	工艺参数	No. 1	No. 2
$SnSO_4$	15	15	着色电压/V	15	15
H_2SO_4	15	15	pH 值	1.1	1.1
BY-C11	50		温度 $T/℃$	20	20
BY-F12		25	时间 t/min	2.5	2.5

注：BY-C11、BY-F12 系北京有色金属研究总院研制的两种着色添加剂。

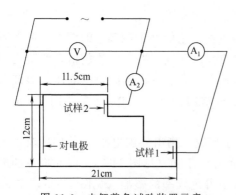

图 11-9 电解着色试验装置示意

2 与对电极的距离是 11.5cm，而试样 1 与对电极的距离是 21cm（见图 11-9），因此不同对电极颜色的差别 $\Delta E_{1\text{-}2}$ 越小，表征这个体系的分布能力越好，也就是着色的均匀性更好。图 11-9 与图 11-6 所示的装置的测试原理是相同的，就判别分布能力而言，图 11-6 所示的结果是在一个试样上观察，而图 11-9 所示的结果是在几个试样上观察比较的。

在图 11-10（a）与图 11-7 所示，颜色深度与外加电压的关系，其结果的规律性是一致的。在 14～18V 之间着色速度随外加电压变化不大，16V 时着色速度最快。当外加电压大于 20V 或小于 13V 之后，着色速度迅速下降。实验表明着色电压小于 7V 时很难着色，在 8～10V 时着色速度很慢而且随电压变化较大。当电压大于 20V 之后试样表面大量析出氢气，抑制了金属离子的还原析出，并随电压升高析出氢更多使着色更加困难。如图 11-10（b）所示，着色速度与电压的关系，其规律不随 $SnSO_4$ 浓度而变化，只不过浓度增加着色速度加快。

随着着色温度升高，着色溶液的电导率增大，同时 Sn^{2+} 的还原反应加快，所以着色速度有所增加，如图 11-11（a）所示。而随着色温度升高 $\Delta E_{1\text{-}2}$ 逐渐变大，即着色均匀性下降。

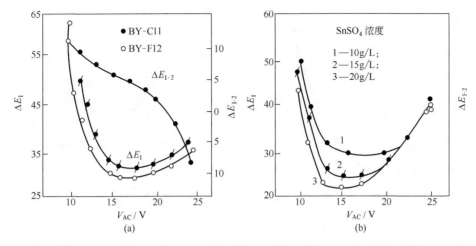

图 11-10　ΔE_1 和 ΔE_{1-2}（a）及不同 $SnSO_4$ 浓度下 ΔE_1（b）与电压关系

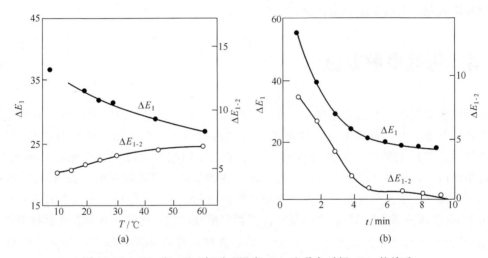

图 11-11　ΔE_1 和 ΔE_{1-2} 相对于温度（a）和着色时间（b）的关系

另外温度升高对槽液稳定性也有不利影响，所以在工艺参数的选择上没有必要考虑升高着色溶液的温度。着色时间是电解着色中控制颜色深浅的方法，如图 11-11（b）所示，在 3min 以内着色膜颜色很快加深，在 3～7min 之间，变化比较缓慢。但是到一定时间（7min）之后，着色膜的颜色已接近或达到一个极限颜色深度，随后的变化幅度就很小了。但是这个极限时间随着槽液的成分、$SnSO_4$ 含量、添加剂的种类和浓度以及工艺参数等因素而变化，图 11-11（b）中所示的极限时间是 7min，它只是一个着色体系的特定数值。

着色槽液的 pH 值与着色速度关系很大，如图 11-12（a）所示，如果 pH 在 0.5～1 范围内，着色速度较快并且在此范围内着色速度基本不变。如果 pH 值继续降低，则析氢反应激烈，抑制 Sn^{2+} 的还原沉积。在 pH 值大于 1.2 之后，随 pH 值升高，着色速度和均匀性都下降。如图 11-12（b）所示，随着 $SnSO_4$ 浓度的增加，着色速度逐渐加快，一直到 14～16g/L 着色速度变化开始减慢，在大于 18g/L 之后，着色速度基本保持不变。这个数值也是与着色体系有关的，对于上述两种国产添加剂而言，为了控制最小色差，应将 $SnSO_4$ 浓度控制在大于 14～16g/L 操作，此时颜色不会随 $SnSO_4$ 浓度的变化而大幅变化，对于工业生产的控制比较有利。对不同添加剂的槽液，$SnSO_4$ 浓度影响的具体数据会有差异，这个

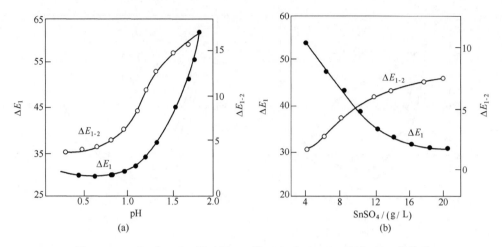

图 11-12　ΔE_1 和 ΔE_{1-2} 相对于 pH 值（a）和 $SnSO_4$ 浓度（b）的关系

临界值应由着色体系的实际测量得到。

11.4　镍盐电解着色[16-29]

镍盐电解着色在日本比较普遍，尽管 60 年前日本人浅田太平的电解着色专利就是交流镍盐着色，但实际上目前日本使用的都不是简单的交流电着色，也不是欧洲的 DC/AC 着色，而往往是与新工艺和新电源的推出有关系的。我国很长一段时间以来，较多采用 Sn 盐，近年来由于市场对于浅色系（仿不锈钢色、浅香槟色）需求的增加，我国的单 Ni 盐着色工艺开始得到发展。目前使用较多是源自欧洲的 DC/AC 工艺和源自日本的特殊直流工艺。由于 Ni 盐槽液没有类似 Sn^{2+} 的稳定性问题，槽液稳定，比较适合于大规模自动化生产线，为此新建的几条大型自动化立式线都采用了单 Ni 盐着色体系。

11.4.1　镍盐电解着色的优缺点

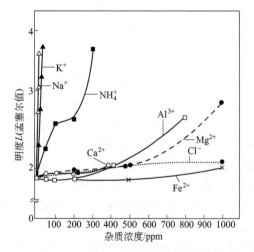

图 11-13　Ni 盐着色溶液的杂质对于着色膜明度的影响[17]

（试样：1100 铝板，膜厚 9μm；着色条件：电流密度 0.5A/dm²，温度 22℃，时间 0.5min）

Ni 盐和 Sn 盐是两个工业规模电解着色的常用体系，国内长期讨论哪一种更好的问题，实质上往往只是一种"学术"讨论。从技术层面分析，只要 Sn 盐槽液添加剂解决，槽液的稳定性得到保证，那么 Sn 盐的抗杂质性能好（见图 11-8）、电解着色溶液分布能力强，工业控制比较简单，为此交流 Sn 盐着色本身不存在技术困难。但是 Sn^{2+} 的稳定性毕竟比较差，实现大规模自动化生产平添不少问题。此外，对于浅色系着色而言，Sn 盐着色的色差和色调都比较难于控制。Ni 盐着色速度快，槽液稳定性好，但是对于槽液的杂质比较敏感。图 11-13 所示为 Ni 盐着色溶液的杂质对着色膜明度的影响，着色溶液是 50g/L NiSO₄、30g/L H₃BO₃[26]，着色条件见图 11-13 的注释。纵坐标是明度值 L（孟塞尔坐标），颜色越浅，则 L 值越大。横坐标是杂质浓度（以 ppm❶ 表示），图 11-13 说明该体系 Ni 盐槽液对杂质（尤其是 Na^+ 和 K^+）十分敏感，某些槽液中 NH_4^+ 更加敏感。从图 11-8 与图 11-13 所示的对比中（请注意图 11-8 横坐标是 g/L，而图 11-13 横坐标是 ppm，即 $\mu g/g$），可以十分明显地发现两种槽液的差别。目前工业上相关设备已经成熟，利用离子交换、特殊吸附和反渗透技术除去 Na、K、Al 等杂质，实现工业化稳定生产已经不至于发生问题。日本在大规模自动化 Ni 盐着色的新技术方面有比较大的进步，一系列设备可以克服 Ni 盐电解着色溶液的固有缺点，但一次性投资比较大。因此客观地说，Sn 盐与 Ni 盐都有他们本身固有的优缺点，不可能笼统地分出伯仲，应该根据具体条件选择使用才比较合理。

11.4.2　交流镍盐电解着色

早期浅田专利的镍盐电解着色是交流的，代表性的硫酸镍电解着色槽液的成分和工艺参数见表 11-8。

表 11-8　早期交流 Ni 盐电解着色的槽液成分和工艺参数[1]

槽液成分/(g/L)		工艺参数	
硫酸镍(NiSO₄·6H₂O)	30	pH 值	3.5～5.5
硼酸	30	着色电压	10～18V(AC)
硫酸铵	15	电流密度	0.1～9.5A/dm²
		着色时间	0.5～25min

从表 11-8 可见，槽液的主要成分是硫酸镍和硼酸，硫酸镍是着色主盐，提供电解着色沉积的金属镍离子。镍离子浓度越高，则着色速度越快，当然硫酸镍的消耗相应也大一些。当时也许考虑到经济的原因，有些研究者认为没有必要采用高浓度硫酸镍，因此表 11-8 所列槽液中硫酸镍的浓度只有 30g/L。硼酸是着色溶液的 pH 值缓冲剂，如果没有硼酸，就不可能保持 pH 值的稳定，由于界面的电化学反应使表面 pH 值迅速升高，而直接产生氢氧化镍沉淀，这样 Ni^{2+} 不可能在阳极氧化膜的微孔中还原，也就是根本不可能着色，因此硼酸对于电解着色是必不可少的成分。硫酸铵或硫酸镁是一种导电盐，降低电解着色溶液的电阻，提高其分布能力，也是不可缺少的成分。有时候硫酸镁的效果更好，它不仅提高着色溶液的电导率，而且有利于调节溶液 pH 值和抑制有害杂质的影响，防止阳极氧化膜在着色过程中的散裂脱落。表 11-9 所示为一个改进的 Ni 盐电解着色槽液的成分和工艺参数，3～5g/L 柠檬酸三铵调节 pH 值到约 4.5，还有利于维持 pH 值稳定，并与镍离子生成络合盐抑制沉淀。工艺要求在电解着色之前先在槽液中浸渍 2min 以上，着色电压是 15V(AC)，电压上升必须软启动（0～15V/30s），此时在 30s 内电流密度开始从 0A/dm² 上升到大约 0.7A/dm²。

尽管欧洲主要选用交流 Sn 盐着色技术，但是在生产浅色系的阳极氧化膜时，欧洲的公司也推荐使用交流 Ni 盐电解着色技术，电解着色溶液的成分除了熟知的硫酸镍、硼酸和硫

---

❶　1ppm＝10^{-6}，下同。

表 11-9　交流 Ni 盐电解着色的槽液成分和工艺参数（参考文献［2］p. 77~79）

槽液成分/(g/L)		工艺参数	
硫酸镍(NiSO$_4$·6H$_2$O)	35±5	pH 值	4.5
		电压	15V(AC)
硼酸(H$_3$BO$_3$)	25±5	温度	22~28℃（最佳25℃）
硫酸镁(MgSO$_4$·7H$_2$O)	20±5	槽液循环	2~5 次/h
硫酸铵[(NH$_4$)$_2$SO$_4$]	50±5	对电极	石墨棒、镍板
柠檬酸三铵	5±1	时间	1~10min

酸镁以外，还需要加入一些添加剂，提高其电解着色溶液的抗杂质干扰能力。另一项重要改进是提高硫酸镍和硼酸的含量，据说可以稳定色调、减少色差。在意大利和西班牙等欧洲国家，电源大多采用 DC/AC 电源，首先将铝型材在着色溶液中外加直流（DC）阳极氧化再用交流（AC）电解着色，据说这种 DC/AV 电源可以提高着色铝型材的均匀性，调整 DC 还可以调整阳极氧化膜的色调，这种电源相对于日本的专利电源简单得多。欧洲工艺与日本浅田法比较，硫酸镍和其他成分的浓度都比较高，并有控制原材料中 Na$^+$、K$^+$、Fe^{3+} 在大约 50μg/g 以内的要求。由于 pH 值用氨水调节，并不需要控制着色槽液中的氨。欧洲的意大利、西班牙等国基本上是同一类型的，典型的交流 Ni 盐着色溶液成分和工艺参数见表 11-10。

表 11-10　典型的交流 Ni 盐着色槽液成分和工艺参数

槽液成分/(g/L)		工艺参数	
硫酸镍(NiSO$_4$·6H$_2$O)	100	pH 值	5.5
添加剂Ⅰ（市售）	150	外加电压	15~20V
添加剂Ⅱ（市售）	10	电流密度	0.5A/dm^2
		着色时间	15s~5min

在操作过程中铝离子会不断积累，溶液 pH 值提高有利于降低积累的 Al^{3+} 的溶解度，使 Al^{3+} 及时从槽液中沉淀分离出来，防止由于着色液中铝离子过高引起表面白点等缺陷。在开槽时有意加入一些硫酸铝，以保证上述机制在开槽时就起作用。另外的办法是加入氨基酸或羧酸络合铝离子，也有提议加入少量有机胺、重金属碳酸盐、氧化物、氢氧化物或羟基碳酸盐，目的都是使槽液中的铝离子不致太高。为了得到我国企业需要的所谓"真黑色"，可以在镍盐槽液中添加少量硫酸铜促进着色。

1990 年代有许多硫酸镍溶液的快速着色专利，这些专利以日本最多。申请的要点许多是电源输出的波形、正向与反向分别调节的输出频率和周期等。而 Ni 盐电解着色溶液成分则比较简单，一般是 140g/L 硫酸镍、45g/L 硼酸和 15g/L 添加剂。这种工艺在东南亚比较盛行，因为它不比 Sn 盐溶液昂贵，如果配备硫酸镍回收设备，则可以进一步降低硫酸镍的消耗，同时节约镍离子污染环境的排污处理费用。

硫酸镍槽液的着色需要解决的一些问题是：

① 深古铜色和黑色不容易得到；

② 槽液的分散能力不太高；

③ 由于 Na$^+$、K$^+$、NH$_4^+$ 等杂质的影响，阳极氧化膜有比较大的剥落的可能性；

④ Ni 离子污染环境，水排放标准对 Ni 离子的排放浓度和总量日趋严格；

⑤ 对于电解着色生产中积累铝的敏感性等。

日本的全自动直流镍盐着色新工艺装备，尽管一次性投资较大，从技术方面考虑已经比较有效地解决了上述问题。

11.4.3　直流镍盐电解着色

由于直流电解着色容易引起氧化膜的散裂脱落，长期以来在工业化方面未得到充分发展。但是直流电解着色时间快，槽液简单稳定，在工业装备改进以后仍有其独到的优点，比 Sn 盐着色更有利于全自动生产。川合慧（Kawai）先生在他的专著《铝电解着色技术及其应用》一书（参考文献［2］p.87~90）中，首先介绍"DC 弱酸性 Ni 盐电解着色处理"技术，电解着色溶液成分十分简单：(50 ± 5)g/L NiSO$_4$·6H$_2$O，(30 ± 5)g/L H$_3$BO$_3$。其工艺条件见表 11-11。

表 11-11　直流 Ni 盐电解着色的工艺条件[2]

项目	工艺条件	备注
着色之前	着色槽中浸渍	2min 以上
温度	25℃	22~28℃
pH	4.5	
循环	3~7 次/h	
阳极	石墨,镍板	面积比 1∶1.2
电源（＋）	DC,15V,0.2A/dm^2	电压上升,0~15V/30s
		电流密度上升,0~0.2A/dm^2
时间	1~2min	
电源（－）	DC,15V,1.0A/dm^2	电压上升,0~15V/30s
		电流密度上升,0~1.0A/dm^2
时间	1~10min	不锈钢色:1min
		古铜色:3min
		黑色:5~10min

直流镍盐电解着色的特点是槽液的电导率高，一般都大于 20mS/cm。硫酸镍的浓度高，一般大于 100g/L。化合物的纯度要求高，尤其要控制钠和钾离子，有时还要控制铵离子，具体指标视工艺不同而异。杂质控制除了注意化合物的纯度之外，还需要连续纯化槽液的设备，使得生产过程中保持杂质在容许范围之内。为了避免阳极溶解污染槽液，直流电解着色的阳极不推荐采用不锈钢，建议使用纯镍板或石墨。电源是按照工艺的要求采用电脑控制的输出特殊波形的电源设备，绝对不能用普通直流电源。

日本住化法是又一个"典型的"直流 Ni 盐着色工艺，其电源波形类似于图 11-4(d) 所示，但双向直流都需要软启动，实际上称为"极性反转直流法"可能更加确切。住化法着色溶液的成分非常简单，只有两个成分，即 (150 ± 5)g/L 硫酸镍和 (40 ± 5)g/L 硼酸。着色温度 (22 ± 2)℃，pH 值 3.6~4.2。着色的阳极采用纯镍板，以免引进杂质使槽液变质。槽液的管理通过设备实现，采用离子交换（IR）和吸附技术除去钠、钾、铁和铝等杂质，并将操作过程中下降的 pH 值调节到正常值。采用反渗透（RO）技术处理清洗水回收 Ni，既降低硫酸镍的消耗，又减少环境污染。表 11-12 所列该工艺要求的各种杂质的容许值，与 Sn 盐着色的杂质容许值比较可以发现 Ni 盐苛刻得多。

表 11-12 直流镍盐着色的杂质容许值 单位：$\mu g/g$

铝离子	钠离子	钾离子	铵离子	铜离子	氯离子
<100	6~10	<100	<150	<20	<300

日本轻金属公司的专利[18]的 Unicol（尤尼克尔）是一种定电流密度控制的直流脉冲电解着色技术，我国目前约有 3~4 个工厂引进这项技术。据该专利介绍，铝经过阳极氧化之后在电解着色槽中先作为阳极进行处理，然后作为阴极按 60~1800 次/min 附加正脉冲电压的直流电，正负脉冲电压的时间比 t_a/t_c 为 0.005~0.30，得到着色均匀、附着性好的电解着色阳极氧化膜。该专利举例的一种槽液成分和工艺条件见表 11-13。槽液成分虽比住化法多一些，但并不是特别复杂。电源要求比较特殊，在直流阴极电流上有极其短暂的阳极尖峰脉冲，这是一种附加正向（阳极）脉冲的直流电解着色技术。该技术对于槽液的杂质控制更加严格，如铵离子一般应低于 $20\mu g/g$。槽液的杂质去除和 pH 值的调节也像住化法那样，必须选用相关设备实现。这项技术原则上也可以用于 Sn 盐电解着色，但是实际上这种电源和工艺用于 Sn 盐着色的必要性很小。

表 11-13 专利举例 Unicol 的镍盐电解着色槽液成分和工艺条件[18]

槽液成分/(g/L)		工 艺 参 数	
硫酸镍（NiSO$_4$·6H$_2$O）	90	脉冲电压数	500 次/min
硫酸镁（MgSO$_4$·7H$_2$O）	100	t_a/t_c	0.10
硼酸	40	阴极电流密度	0.2A/dm^2
酒石酸	9	时间	2~7min
		温度	20~30℃

不论是住化法还是日轻法，实际引进的工业化生产线的工艺与发表的专利报道还有所差别，工业实践的不断修正和更新使原专利工艺更加完善，关于电解着色的具体操作和诀窍由专利持有单位提供，本章不宜详细介绍。

11.4.4 镍盐电解着色的电化学研究

从上述各种 Ni 盐电解着色工艺来看，不论是交流还是直流，某些工艺参数（如电压等）都没有差别，说明它们之间的着色机理存在其共同性。本节在 11.2 节"电解着色机理"的基础上，补充 Ni 盐着色的电化学研究（图表取自文献 [3]p.241~242 和文献 [4]p.109~118），有助于对 Ni 盐着色工艺的深入理解，也是对电解着色机理的补充。如果用 DC 恒电压对阳极氧化膜电解着色，阴极电流是一条衰减曲线，而 AC 电解着色同样也是衰减曲线。早期人们常把 DC 着色与 DC 电镀相比拟，但是尽管都是金属离子的沉积，它们的电化学行为并不相同。恒电压电镀的电流-时间曲线不是逐渐衰减，而是在开始大约 1s 内电流急剧下降然后维持恒定电流。电镀开始时的瞬间大电流是双电层的充电电流，然后急剧下降到一个恒定电流值，表示在这个恒定速度下的金属离子还原的电镀反应。阳极氧化膜的电解着色则完全不同，由于氧化膜的电阻（阻抗）逐渐增加，致使阴极电流缓慢下降。阳极氧化膜阻抗增加的原因是由于阻挡层的电阻增加和孔中沉积物引起的电阻增加。电解着色过程中的总电阻是可以测量的，但是无法单独测量阻挡层的电阻。Sato（佐藤）等测定了铝阳极氧化膜在硫酸镍-硼酸电解液中的阴极极化曲线，如图 11-14 所示，极化曲线有三个峰，第一峰（−4V处）表示 H$^+$ 的还原，第二峰（−13V处）的起因目前还不十分清楚，但是第三峰

（—16～—17V 处）确定无疑是 Ni^{2+} 的还原。按照图 11-14 所示的阴极极化曲线的还原峰位置，应该选择外加阴极电压在 16～17V 的范围内进行着色。

阴极极化曲线的峰值与许多因素有关，如阳极氧化膜厚度（见图 11-15）、阻挡层厚度、着色电解溶液浓度［如硫酸铝浓度（见图 11-16）、硫酸镁浓度（见图 11-17）、络合物浓度等］及采用的工艺条件（如温度、时间）等。在图 11-15 所示的阴极极化曲线中，曲线上标出的数字是阳极氧化膜的厚度，当阳极氧化膜的厚度只有 $2\mu m$ 时，曲线没有峰值，电流完全由析氢产生；当阳极氧化膜的厚度为 $4.5\mu m$ 时，在—4V 位置处出现第一个峰，此峰并非 Ni^{2+} 还原电流；只有当阳极氧化膜的厚度超过 $6.5\mu m$ 时，才出现 Ni^{2+} 的还原电流第一个峰。当阳极氧化膜厚度超过 $9\mu m$ 之后，Ni^{2+} 还原的两个峰都出现在极化曲线上，第二个峰值比较强。因此从图 11-15 所示可以预计，薄阳极氧化膜不能直流电解着色，因为阻挡层表面的 H^+ 很快从溶液中得到，此时只有氢气产生。如果多孔膜的厚度增加，H^+ 供应较慢，则微孔中 pH 升高，达到 Ni^{2+} 放电还原的条件，才能够有效地析出 Ni。

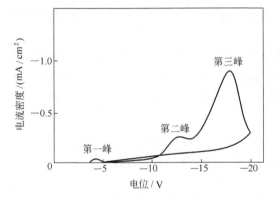

图 11-14　铝阳极氧化膜在硫酸镍-硼酸
电解液中的阴极极化曲线

（阳极氧化膜厚度 $9\mu m$，阻挡层厚度 15nm）

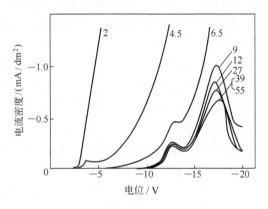

图 11-15　铝阳极氧化膜在硫酸镍-硼酸电解液
中氧化膜厚度对阴极极化曲线的影响

（曲线上的数字是膜厚，μm）

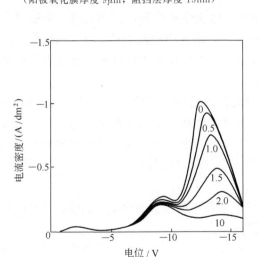

图 11-16　铝阳极氧化膜在硫酸镍-硼酸
电解液中添加硫酸铝对于阴极极化的影响

（曲线上的数字是硫酸铝浓度，g/L）

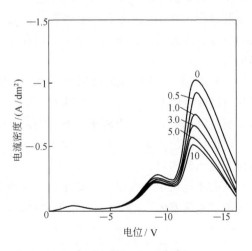

图 11-17　铝阳极氧化膜在硫酸镍-硼酸电解
液中添加硫酸镁对于阴极极化的影响

（曲线上的数字是硫酸镁浓度，g/L）

从图 11-16 和图 11-17 中可以看出，加入 $Al_2(SO_4)_3$ 和 $MgSO_4$ 都能够使 Ni^{2+} 阴极还原电流下降，也就是说 Al^{3+} 或 Mg^{2+} 使得 Ni^{2+} 的还原速度下降，即着色速度变慢从而使颜色变浅，显然这样有利于浅色系的工业控制。这是由于铝盐和镁盐在孔中形成 $Al(OH)_3$ 或 $Mg(OH)_2$，增加了阳极氧化膜的电阻，从而减少电解着色中 Ni^{2+} 还原电流使得颜色变浅。另外还可以明显看到，$Al(OH)_3$ 阻滞作用比 $Mg(OH)_2$ 更为显著，在硫酸铝为 $10g/L$ 时，甚至已经达到阳极氧化膜很难着色的严重程度。日本川合慧对于电解着色的电化学研究作了以下概括说明。

（1）阴极极化。阳极氧化膜进行阴极极化时，Ni^{2+} 放电并沉积在阻挡层的表面。上面已经说过电解着色与电镀不同，因为需要克服阻挡层的高电阻，所以外加电压比较高。电子从铝基体以电子电流的形式，通过阻挡层到达微孔底部的阻挡层表面。在阴极极化开始时 H^+ 引起的离子电流流过，待达到一个界限值之后，H^+ 电流下降，金属离子发生还原析出。据报道界限电流约为 $0.67mA/cm^2$，这是一个比较高的数值。一旦金属在阻挡层上沉积，H^+ 电流可以认为就停止了。因此电解着色的起始阶段，可以认为是离子电流与电子电流叠加。

（2）扩散过程。在电解着色过程中，电解质溶液的离子按照它们各自的迁移数成为电流，金属离子放电并析出沉积在阴极表面，使表面附近的离子浓度降低。按照扩散理论，金属离子的放电正比于迁移速度。如果其他导电盐存在时，解离的其他离子分担了迁移数，因此金属离子的供应更加受到限制。

如果电解质溶液的本体金属离子的浓度和电极表面的活性金属离子的浓度分别取 a_0 与 a，D 为扩散系数，d 为扩散层的厚度。那么扩散电流 I 由下列方程式决定。

$$I = \frac{-FDZ(a_0 - a)}{d}$$

式中，F 为法拉第常数。如果 $D \approx 10^{-5}\ cm^2/s$，$a_0 \approx 10^{-4}\ mol/cm^3$，$a \approx 0$，$I \approx 0.005A/cm^2$；对于 2 价金属 $Z=2$，那么扩散层的厚度 d 约为 $0.05cm$。

阳极氧化膜厚假定是 $10\mu m$，则这个厚度仍然在电化学扩散层的范围之内。阳极氧化膜的微孔直径只有 $15nm$ 左右，电解着色在微孔中进行，微孔中的离子只能由扩散提供，搅拌或对流都无法直接进入微孔之中。用电化学语言概括，"微孔中金属电解还原沉积属扩散控制的"。

（3）AC 极化。如果扩散层厚度增加，浓差极化也增加，阻碍了金属的均匀析出，AC 极化可以降低浓差极化现象。因为在 AC 极化过程中，电极瞬间处于阳极状态，此时电极表面不析出沉积金属。由于离子从电解溶液本体的扩散，电极表面的金属离子浓度缺少得到恢复，使得扩散层变薄。因此 AC 着色有利于消除浓差极化，也就是有利于均匀的金属沉积，使得着色比较均匀。

从上述电化学研究出发，真正的连续直流波形也是不可能实现稳定着色的，目前已经工业化的"直流着色"，实际上采用了"特殊电源"。

11.5　其他金属盐电解着色

除了 Ni 盐、Sn 盐、Sn-Ni 混合盐、Mn 盐和 Se 盐之外，Fe 盐、Cu 盐、Ag 盐电解着色也都有工业应用。它们都有一些特点或特殊的颜色，如 Fe 盐的低成本，Cu 盐的紫红色，Ag 盐的黄绿色，Se 盐的钛金色都有其特点。表 11-14 列出代表性的 Fe 盐、Cu 盐、Ag 盐的槽液成分，尽管金属盐的类型不同，其 AC 电解着色工艺条件相差不大，现列在表 11-15 中统一表示。对照表 11-1 可以看出，着色的金属盐实际上还有很多，主要由于缺少工业应用不列在表 11-14 中介绍。

表 11-14 其他金属盐交流电解着色的槽液成分[2,19]

化合物	浓度/(g/L)	浓度范围/(g/L)	摘要
Fe 盐			
硫酸亚铁($FeSO_4 \cdot 7H_2O$)	50	30～60	
硼酸	25	20～30	
柠檬酸三铵	5	4～6	pH＝5.0
抗坏血酸[$L(+)C_6H_8O_6$]	3	2～4	抗氧化剂
硫酸铵	50	45～55	电导率 65mS/cm
添加剂	指定值		抗氧化，调 pH（市售）
Cu 盐			
硫酸铜($CuSO_4 \cdot 5H_2O$)	15	13～20	
硫酸	17	15～20	电导率 65mS/cm
硫酸镁($MgSO_4 \cdot 7H_2O$)	20	18～25	
Ag 盐			
硝酸银	5	4～7	
硫酸	17	15～20	电导率 65mS/cm
硫酸镁($MgSO_4 \cdot 7H_2O$)	20	18～25	

Fe 盐着色主要考虑其经济因素，着色槽液的成本不到 Ni 盐的一半。硫酸亚铁作为着色的主盐，类似于 Sn 盐着色，也需要加入抗氧化剂防止 Fe^{2+} 氧化成 Fe^{3+}。柠檬酸三铵用于调节 pH，保持 pH＝5 很重要，硫酸铵作为导电盐加入槽液中。着色的颜色体系与 Ni 盐类似，工艺参数见表 11-15。Cu 盐着色得到的着色系从酒红色变化到黑色，但是封孔性能往往不太理想。Ag 盐的色系从黄绿色、橙色变化到黑色，我国基本上没有使用。Se 盐着金黄色比较浅，我国称为钛金色，南方地区一度比较流行。但是"钛金色"颜色本身不太稳定，长期暴露后的颜色变化估计与沉淀析出物的氧化有关系。

表 11-15 其他金属盐溶液交流电解着色的工艺条件

项目	工艺条件	摘要
着色之前	着色槽中浸渍	2min 以上
温度	25℃	22～28℃
循环	2～5 次/h	过滤
电极	石墨	电极面积比 1：1.2
电源	AC,15V,0.7A/dm²	电压上升,0～15V/30s
		电流密度上升,0～0.7A/dm²
时间	1～10min	不锈钢色:1min
		古铜色:5min
		黑色:10min

11.5.1 锰酸盐电解着色

高锰酸盐电解着色得到的金黄色系是我国开发的一种较浅的黄色体系,颜色与硒酸盐电解着色的金黄色色调不同,故硒酸盐着色者称为钛金色,锰酸盐电解着色的原理是电解还原沉积在阳极氧化膜微孔中的二氧化锰微粒,对于入射光发生散射作用而显色。由于二氧化锰微粒导电性较差,随着二氧化锰微粒的增加,表面电阻增加,使得着深色变得困难,而且容易引起阳极氧化膜剥落。锰酸盐电解着色的典型生产工艺见表 11-16 所示[29],着色槽液为高锰酸钾的硫酸溶液,金黄色的阳极氧化膜与电泳涂漆膜的溶液成分和工艺稍有差别。锰酸盐着色的优点是颜色分散性很好,可以有效避免复杂断面铝型材的色差。锰酸盐电解着色的外加电压不宜太高,尤其在着深色时,注意控制在 12~15V 范围,电压过高或时间太长容易引起阳极氧化膜剥落(外观出现白点)。电解着色对电极面积应大于待着色工件,如果对电极面积因各种原因小于工件时,容易引起阳极氧化膜的剥落。

表 11-16　典型锰酸盐电解着色的槽液成分和工艺参数

品种	槽液成分/(g/L)	温度/℃	电压/V	时间/min
阳极氧化材	高锰酸钾 8~10,游离硫酸 25~30,添加剂 20	20~30	12~15	2~4
电泳涂漆材	高锰酸钾 9~11,游离硫酸 28~34,添加剂 20~25	22~25	12~14	5~7

锰酸盐电解着色的金黄色原则上可以比硒酸盐着色的深一些,但是有许多原因使金黄色不能得到深色,其原因有以下几个方面。①槽液老化:对电极有沉积物致使面积降低,钾离子积累过高,添加剂含量不够;②游离硫酸浓度偏低:对老化槽液宜适当提高硫酸浓度如增加到 30~32g/L 以上;③槽液温度较低:对于封孔的阳极氧化膜,着深金黄色的温度可取 25~30℃。

11.5.2 硒酸盐电解着色

硒酸盐电解着色得到浅黄金色,也称钛金色。目前有单硒酸盐和铜-硒酸盐电解着色两种,其外观色调差别很小。硒酸盐电解着色工艺在 1997~2002 年间国内曾风靡一时,但国外市场上硒酸盐电解着色铝材很少,目前国内市场占有率已经缩小。硒酸盐电解着色配制槽液所需的二氧化硒费用较高,特别是铜-硒酸盐电解着色的槽液配制费用,数倍于普通的锡-镍混合盐电解着色,而且二氧化硒有毒,其色调也没有明显优势。

(1) 单硒酸盐电解着色。单硒酸盐电解着色只能得到浅金黄色系,大都以亚硒酸钠作为着色主盐,但是钠离子累积到一定浓度,很容易导致着色膜出现剥落现象。早期单硒酸盐电解着色的槽液成分和工艺参数见表 11-17。

表 11-17　早期的单硒酸盐电解着色的槽液成分和工艺参数

槽液成分/(g/L)		工艺参数	
亚硒酸钠(Na_2SeO_3)	5	着色电压	8V(AC)
硫酸(H_2SO_4)	10	着色温度	20℃
		着色时间	8min
		电流密度	0.5~0.8A/dm^2

国内研究人员发现用二氧化硒(水溶液即为亚硒酸)替代亚硒酸钠,有效解决了钠离子累积问题。由于单硒酸盐电解着色不能得到深色调,开发了"先扩孔再着色"工艺,即在电

解着色前先用硫酸或磷酸溶液浸泡扩孔数分钟，再进行单硒酸盐电解着色。经扩孔处理的氧化膜虽然容易获得深颜色，但难以保证封孔质量问题而容易褪色。后来开发出中温单硒酸盐电解着色工艺，才真正解决了单硒酸盐的电解着色问题。典型中温单硒酸盐电解着色的槽液成分和工艺参数见表 11-18。

表 11-18　典型中温单硒酸盐电解着色的槽液成分和工艺参数

槽液成分/(g/L)		工艺参数	
二氧化硒(SeO_2)	2.0～3.0	着色电压	12～14V(AC)
硫酸(H_2SO_4)	12～18	着色温度	43～48℃
添加剂(市售)	15～20	着色时间	2～4min

添加剂可以增加槽液导电性和防止着色膜的剥落。在实际生产中对中温单硒酸盐电解着色，必须按表 11-18 所示控制槽液成分和工艺参数，槽液温度在 40℃以下，温度升高对着色速度提高影响较小，而在 41～50℃范围内温度升高，着色速度则明显提高。

（2）铜-硒酸盐电解着色。铜-硒酸盐电解着色以铜盐和硒酸盐两种主盐着色，在阳极氧化膜孔内同时沉积铜和硒，混合沉积物的导电性大大好于硒的沉积物，因此不需要提高温度就能获得深颜色。但铜-硒酸盐电解着色膜的封孔品质不好，其颜色抗室外紫外线能力较差，因此在铜-硒酸盐电解着色后宜采用电泳涂漆进行封孔处理。典型铜-硒酸盐电解着色的槽液成分和工艺参数见表 11-19。

表 11-19　典型铜-硒酸盐电解着色的槽液成分和工艺参数

槽液成分/(g/L)		工艺参数	
二氧化硒(SeO_2)	6.0～10.0	着色电压	15～19V(AC)
硫酸铜($CuSO_4 \cdot 5H_2O$)	2.5～4.0	着色温度	20～25℃
硫酸(H_2SO_4)	15～18	着色时间	4～8min
添加剂(市售)	20～30		

添加剂主要由导电盐和无机酸组成，以提高着色槽液的导电性，克服电解着色铝材的边缘效应。在铜-硒酸盐电解着色过程中颜色只能加深不能褪色。在电泳漆膜的烘烤固化过程中会有少许褪色，烘烤温度越高，则褪色趋重，因此着色时要把握好对色，烘烤炉的炉内温差要小，希望达到≤10℃。

11.6　干涉光效应着色的工业应用

干涉光效应着色在欧洲称为多色化（multicolouring），日本称之为三次电解，这个工艺的本质就是利用干涉光原理显色，而不是普通电解着色的散射光原理显色，本章中多色化与三次电解两个术语同义并通用（资料来自日本时可能延用三次电解）。普通电解着色的颜色比较单调（香槟色、古铜色、黑色），多色化技术可以在一个电解着色槽中得到干涉色，即太阳彩虹（习惯称红橙黄绿青蓝紫）发出的色系。有关多色化和三次电解的实验室研究早就开始，20 多年前国外申请了不少专利，发表过许多研究论文，而工业应用则比较晚。尽管都称为"多色化"和"三次电解",显色原理是一样的,但是各国和各公司的工艺路线不完全相同,它们的工业化实践水平更不一样。

目前通过阻挡层和孔底的调整比较容易实现稳定的工业控制,颜色变化(这里所指的颜色变化与普通电解着色的颜色深浅概念不同)容易控制,阳极氧化膜的性能不至于下降。从意大利 Italtecno 公司在世界各地已经建成的 11 条生产线来看,颜色的重现性还是比较满意的。从考察日本、意大利等国的多色化生产线,以及调试我国的引进生产线的实践中感到,尽管目前产量都不高,但至少证明工业应用已经开始而且基本成功。工业化的成功使这项技术走出实验室面向大生产,实现一个着色槽得到多种色彩的目标,这是电解着色技术几十年来少见的革命性的进步。

11.6.1 多色化工艺的特点和发展

虽然电解着色已经广泛采用,但是颜色范围太狭窄。粉末喷涂虽可得到许多色彩丰富的外观,但表面缺乏金属的质感。Cu 盐、Ag 盐、Se 盐和 Mo 盐等可以分别得到紫红、黄绿、钛金和蓝色,由于生产成本、色差控制、使用寿命等原因,工业化生产不大普遍。因此追求工业生产电解着色的多色化的努力由来已久,而干涉效应显色的研究工作早已开始。Sheasby[20] 早在 1980 年代已经作过理论说明,Kawai(川合慧)[21,22]、Strazzi[23] 等各国学者专家相继在理论与实践诸方面进行了研究和开发。与此同时欧洲对于复合着色(染色与电解着色叠加)进行了大量研究,也有了工业化的尝试,遗憾的是至今没有得到大规模的推广应用,工业推广情况目前落后于多色化工艺。而干涉效应的多色化工艺,在工业化和商品化方面有了明显进展,目前全世界估计不下 20 条生产线正在运转。

尽管现有的多色化工艺路线不少,从原理方面可以归结成两个大的方面,即扩孔处理和阻挡层调整。其主要特点是在阳极氧化与电解着色之间增加一道中间工序,不管这道工序是增加电解槽还是在原电解槽(阳极氧化槽或电解着色槽)中进行,都为了达到扩孔或调整阻挡层的目的,因此中间工序是控制颜色的关键。事实上新工艺的研究工作和工业实践都集中在中间工序的开发和完善,中间工序的可靠程度保证了多色化产品的稳定,实现了新工艺的产业化和商品化。

11.6.2 利用扩孔处理显色

国内外资料介绍多色化电解着色时,通常以磷酸处理使微孔底部扩大为例作干涉光效应的技术原理说明,实际上这只是为了理论说明方便而已,并不是说当前实际使用的工业实践就只能是扩孔处理,当然扩孔处理目前仍不失为是一种思路和方法。现以 Alcan 公司[27] 的 Anolok Ⅱ 工艺为例进行说明,工艺基本上分成三步:①普通硫酸阳极氧化;②扩孔处理,磷酸电解溶液在 25V 外加电压下进行 4~7min 短时间"阳极处理";③普通 Ni 盐电解着色溶液着色,得到从灰-蓝、灰-绿、黄-棕直到紫色的多色彩表面。

典型的扩孔过程是在 100~150g/L 的磷酸中,于 15~30℃和外加电压 10~40V 进行电解大约 2~10min。电源可以采用直流(DC),工件作为阳极,或交流(AC),甚至是交直流叠加,视工艺要求而定。图 11-18 所示为磷酸扩孔三次电解过程中阳极氧化膜的显微结构模型,在磷酸扩孔过程中,虽然整个孔稍有扩大[见图 11-18(b)],但在孔底 $1\mu m$ 深度以内孔径显著扩大。在底部扩孔的膜中金属析出层一般只有 $0.05~0.3\mu m$[见图 11-18(c)],构成了干涉效应的金属薄膜的光学条件,而不会像普通电解着色那样析出层达到 $1~5\mu m$[见

图 11-18(d)]。这种孔底扩大的原因部分归结于电场促进的溶解（场致溶解），部分归结于在新的阳极氧化条件下膜生长。

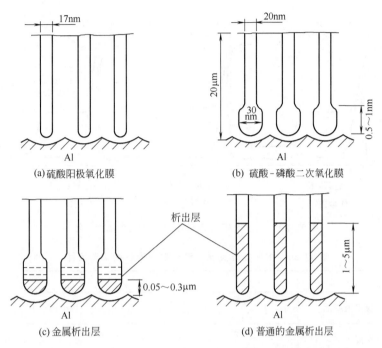

图 11-18　磷酸扩孔三次电解过程中阳极氧化膜的显微结构模型示意

在普通电解着色时，当孔中沉积金属粒子很薄的时候，有时也会观察到可见光干涉效应，呈现干涉色的外观，但是无法进行有效的人为控制，得到稳定的颜色。当入射光通过两个相距可见光波长范围（即几十纳米）的平行表面时，入射光被两个平行表面反射就产生干涉现象。图 11-19 所示为阳极氧化膜中金属析出薄膜发生光干涉效应的模型。虽然早期专利采用了 Ni 盐电解着色溶液，但 Sn 盐和 Co 盐同样可以实现多色化着色，因为问题不在着色工序上。Seddon[25] 报道了 Anolok Ⅰ和 Anolok Ⅱ工艺的生产实践，在中间电解的扩孔过程中，可能不能排斥也同时发生阻挡层的调整，为此启发了利用阻挡层调整来实现多色化的目的。

扩孔的条件及与此有关的径向扩孔程度以及纵向范围对于颜色控制至关重要。如果

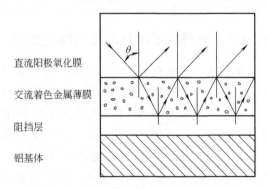

图 11-19　阳极氧化膜中金属析出薄膜发生光干涉效应的模型示意[28]

扩孔过程中微孔直径增加太大，可以预想微孔底部的孔壁趋于消失，则多孔型阳极氧化膜整个破裂脱落。因此干涉光显色的成败关键在于既要扩孔又不能太大，所有工艺因素之间必须有恰到好处的平衡，扩孔不足不能构成金属薄膜的干涉条件，扩孔过度会影响氧化膜的性能，因此多色化阳极氧化膜的最终性能检测仍然是十分必要的。

川合慧[21] 对于蓝色、绿色和黄色的三次电解着色膜横断面的 EPMA（电子探针显微分析）图进行了分析。如图 11-20 所示，不同颜色的 Sn 沉积量有所不同，从蓝色、绿色至黄

色，Sn 析出层依次增厚。这个试样是直流硫酸阳极氧化，中间步骤是硫酸交流电解，再进行 Sn 盐交流着色三道电解工序制成的，三次电解着色膜的生成条件见表 11-20。

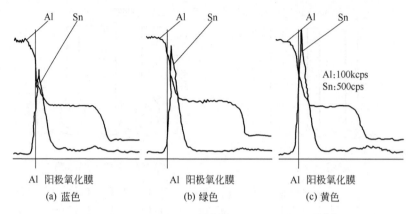

图 11-20　三次电解着色膜横断面的 EPMA 示意[2]

表 11-20　扩孔处理实现干涉光效应显色的工艺条件[2]

序号	工序	成分	浓度/(g/L)	条件
1	直流阳极氧化	硫酸 Al³⁺	150 2	$13\sim16V,1.0A/dm^2,20℃,30min$
2	交流电解	硫酸 Al³⁺		$3\sim8V,1.0A/dm^2,20℃,2\sim6min$
3	交流着色(50Hz)	硫酸亚锡 六水硫酸镍 硫酸 酒石酸 抗氧化剂	8 20 17 10 10	$10\sim13V,25℃,2\sim8min$

11.6.3　利用调整阻挡层与孔底的显色

扩孔和调整阻挡层都是阳极氧化与电解着色之间的中间步骤，后者人们可能不十分熟悉，但是工业化的步伐却非常快。Strazzi[23] 为了有别于扩孔处理称之为阻挡层调整处理步骤，该工序在含添加剂而且对氧化膜有保护作用的弱酸性溶液中，外加电脑控制特殊频率的交流电完成的。该工序的电子显微镜照片证明调整步骤使阻挡层实现增厚，颜色是从 Sn 盐电解着色在孔底沉积 Sn 薄层而实现的，在一个着色槽中可以得到灰色、蓝色、黄色、黄-绿色、绿色、砖红色和紫色。工业实践表明后两种颜色重现性较差，前两种颜色比较容易控制。实现上述工艺的关键在于：①中间调整槽的溶液成分；②电脑控制的特殊电源。Benitez[26] 的专利报道了在普通阳极氧化之后，立即在同一个氧化槽中进行阻挡层调整，也实现了多色化的目标，这与 11.6.4 节将介绍的意大利 Italtecno 推出的多色化工艺有所不同。

中间处理过程的参数变化，如电压、时间等决定了多彩膜的颜色，工业上由电脑存储程序控制，操作简单方便。而随后的电解着色在普通的交流 Sn 盐着色槽或 Ni 盐着色槽均可，只要调节到最合适的一个工艺参数即可。在多色化工艺控制方面与普通的电解着色的概念完全不同，色彩的过渡绝对不是着色时间所决定。川合慧[2] 和 Strazzi[23] 等作者对此做过色度学的分析，他们基本上还是按照孟塞尔（Munsell）系统的三刺激值，即色度（hue）、明度

（value）和彩度（chroma）综合判别。由于二次电解着色主要在于颜色深浅，许多作者可以采用明度 L 讨论。这里三次电解的颜色比较丰富，必须综合三个分量在三维坐标用 X、Y、Z 分别表示"色度 a^*""明度 L^*"和"彩度 b^*"，然后用方程式 ΔE^* 表示颜色。即

$$\Delta E^*_{ab} = [(\Delta L^*)^2 + (\Delta a^*)^2 + (\Delta b^*)^2]^{1/2}$$

式中，a^* 正向红色而负向绿色；b^* 正向黄色而负向蓝色；L^* 正向色深而负向色浅。

11.6.4　典型的多色化着色生产工艺

典型的多色化着色工艺包括：①普通硫酸阳极氧化；②阻挡层调整；③Sn 盐电解着色。现以意大利 Italtecno 的生产工艺为例作简单介绍[23,24]。为了降低和消除色差，工业控制参数比常用电解着色工艺严格得多。但是从我国对于这项技术的工业实践来看，只要设备和工艺到位，颜色重复性和成品率是可以达到产业化的要求的，尤其是蓝色和灰色是很容易控制的。

（1）新工艺的化学因素。在工厂生产时，铝型材经过常规化学预处理（脱脂、碱洗、中和）之后，按照表 11-21 所列的工艺条件进行阳极氧化、阻挡层调整和电解着色处理。

表 11-21　典型的多色化着色生产工艺的工艺条件

工序	成分	浓度/(g/L)	条件	
阳极氧化	硫酸 Al^{3+}	(160～220)±3.0 8～12	温度 电流密度 氧化膜厚	20℃±0.5℃ ≤1.5A/dm² ＞10μm
阻挡层调整	硫酸 添加剂	30±0.2 40±1.0	温度 电流密度 处理时间	19℃±0.1℃ ≤0.5A/dm² 10～20min
电解着色	硫酸 硫酸亚锡 稳定剂	(18～22)±0.5 (14～18)±0.5 按使用说明	温度	20℃±0.5℃

表 11-21 中的成分和工艺参数虽列出一个范围，但确定之后容许误差范围很小，也就是要求控制得非常精细，绝非普通粗放操作。例如阳极氧化的硫酸浓度虽是 160～220g/L，假如确定为 180g/L，那么它的浓度控制变化范围应该是 177～183g/L，而温度的容许偏差范围只有±0.5℃。电解着色以后可以采用普通方法封孔，热封孔或冷封孔均可。但目前多色化氧化膜的电泳涂漆还没有成功，电泳涂漆之后颜色也会发生变化（不是变浅）。

（2）电脑控制的新电源。本章不可能讨论电源的细节，意大利的多色化工艺采用了 ELCA 的多功能电源 Tecnocolour，用于调整槽，也可以同时用于电解着色（即可以一机两用）。欧洲的电源并非必须与特殊工艺配套，而总是独立提供的，因此往往是多功能设备。这个电源是三相可变频率的全电脑控制的整流器-变压器。它可以输出直流电（DC）、普通交流电（AC）、可变频率交流电、直流与可变频率交流相组合电等。应该说这台电源并非只用于阻挡层调整，而是具有多功能的通用电源，它拥有 100 个程序，具有多方面的用途。

（3）多色化阳极氧化膜的性能。技术成熟的多色化阳极氧化膜，应该可以达到普通电解着色膜的性能指标。本章介绍的多色化阳极氧化膜，除了已经通过常规的膜厚、封孔质量、现场挂片的美国佛罗里达试验（ISO 2810）和耐磨性试验（ISO 8251）之外，还按照德国标准 DIN 50018 和 DIN 53384 通过重要的耐腐蚀试验和耐候试验，即含 SO_2 的潮湿大气腐蚀

试验［克氏（Kesternich）试验］、人工加速耐候与荧光紫外线试验。上述性能指标的实现，标志着多色化着色工艺日渐完善，已经完成从实验室向工业化大生产的过渡。

参考文献

［1］ 浅田太平. 日本特许，310401. 1960.

［2］ 川合慧. アルミニウム电解カラ一技术とその应用. 东京：日刊工业新闻社，1999.

［3］ Brace A W. The Technology of Anodizing Aluminum：Chapter 15 Electrolytic Colouring of Anodic Coatings. Third Edition. Modena：Interall Srl，2000.

［4］ Sato T，Kaminaga K. Theories of Anodized Aluminium. Tokyo：Kallos Publishing Co，Ltd，1999：107-148.

［5］ Laser L. Aluminium，1972，48（2）：169.

［6］ Sandera L. Aluminium，1973，49（8）：533.

［7］ Sautter W. Aluminium，1974，50（2）：143.

［8］ Sheasy P G，Cooke W E. Trans Inst Metel Finishing，1974，52（2）：103.

［9］ Cohen R L，Electrochem J Soc，1978，125（1）：34.

［10］ 李宜，朱祖芳. 腐蚀与防护，1991，12（5）：219.

［11］ Bajza E I，et al. Metal Finishing，1973，71（9）：50.

［12］ 刘文亮，朱祖芳. 电镀与精饰，1997，19（4）：17.

［13］ Riese-Meyer L，Sander V. Aluminium，1992，68（1）：155.

［14］ Wernick S，et al. The Surface Treatment and Finishing of Aluminium and its Alloys：Vol 1. 5th Ed. Ohio. ASM international，Metal Park，1987：606.

［15］ Gohausen H J. Trans Inst Metal Finishing，1982，60：74.

［16］ 刘文亮，朱祖芳. 电镀与环保，1995，15（1）：14.

［17］ Yanagida K，et al. J Metals，1976，（9）：3.

［18］ 吉田幸一等（日本轻金属株式会社）. 公开特许公报. 昭 58-52037（1983）.

［19］ 高桥英明. Journal of the Japan Society of Color Material（色材），1989，62（10）：21.

［20］ Sheasby P G，Short E P. Trans Inst Metal Finishing，1985，63（5）：47.

［21］ Kawai S，Yamamuro M. Plating and Surface Finishing，1997，84（5）：116.

［22］ 川合慧. アルミニウム电解カラ一技术とその应用. 东京：日刊工业新闻社，1999：92-94，255-259.

［23］ Strazzi E，Vincenzi F，Bellei S. Aluminium 2000 3rd world congress. Limassol：1997：15-19.

［24］ Bellei S，Strazzi E. Aluminium 2000 4th world congress. Brescia：2000：12-15.

［25］ Seddon W E. Aluminium 2000 3rd world congress. Brescia：1977：15-19.

［26］ Benitez. US，8274684. 1994.

［27］ Alcan R & D Ltd. BP，1532235. 1978.

［28］ 福田保. 色の测定技术. 东京：日刊工业新闻社，1962.

［29］ 黄允芳，蔡锡昌. 有色金属加工，2005，74（1）：33.

第12章

铝阳极氧化膜的染色^[1-55]

铝及其合金制件经阳极氧化、电解着色后，尽管膜层具有耐磨、耐蚀、耐晒、不易褪色的特点，但毕竟色调尚显单调，只有古铜色、黑色、金黄色、枣红色等几种。虽然亦可以通过特殊的方法电解着色其他颜色，但往往工艺复杂、技术难度大、生产成本高、实际操作也不易掌握。而对于那些不需要户外使用的大量铝制日用品、室内用铝制工业品以及装饰品等，则可以通过染色的方法使制品获得色彩缤纷的外观，满足现代社会人们审美的要求，也进一步加强了产品的市场竞争能力，更有效地发挥产品的功能和使用效果。

1923 年，英国发表了铝的铬酸氧化膜采用有机染料染色的第一个专利^[1,2]。由于阳极氧化膜具有孔隙率高、吸附能力强、容易染色的特点，各种染色法便应运而生。染色法即是将刚阳极氧化后的铝工件清洗后立即浸渍在含有染料的溶液中，氧化膜孔隙因吸附染料而染上各种颜色。这种方法上色快、色泽鲜艳、操作简便；染色后经封孔处理，染料能牢固地附着在膜孔中，提高了膜层的防蚀能力、抗污能力以及可以保持美丽的色泽，因此得到了迅速的发展和广泛的应用。

12.1 染色对氧化膜的要求

因为染色是在铝阳极氧化膜的膜孔中进行的，一方面要求膜层具有足够的孔隙率，另一方面要求膜孔内壁保持一定的活性，所以不是所有的阳极氧化膜都能染上合适的颜色，必须具备下列条件。

① 铝在硫酸溶液中得到的阳极氧化膜无色而多孔，因此最适宜于染色。但是采用交流电阳极氧化时，常常会发生如下反应：

$$2SO_4^{2-} + 17H^+ + 13e \longrightarrow SH^- + S\downarrow + 8H_2O$$

$$H_2SO_4 + 4H_2 \longrightarrow H_2S\uparrow + 4H_2O$$

$$H_2SO_4 + H_2S \longrightarrow S\downarrow + SO_2\uparrow + 2H_2O$$

因为膜层中含有硫，虽然也很容易染色，但因染料与膜层中的硫生成硫化物，所以即使在同一种染色液中，直流与交流处理获得的阳极氧化膜色调往往不一样。因此在阳极氧化时必须选择合适的工艺和操作条件，以获得质量良好的膜层。

其他阳极氧化膜如草酸氧化膜本身呈现黄色，只能染深色。文献[3]引述，在 35℃下氧化，获得了几乎无色的膜，可很好地作为染色的底层。铬酸氧化膜层一般也不适于染色，因为膜薄而且孔隙率低，另一方面膜层颜色发灰，也只能染深色，Peek 和 Brace[4]曾经进行过深入的研究，认为采用等电压或高浓度的铬酸阳极氧化工艺，所得的膜层也能染上满意的颜色。此外瓷质氧化膜以及某些化学氧化膜层都能染色。

② 氧化膜层必须具有一定的厚度，应大于 $7\mu m$。较薄的膜层只能染上很浅的颜色。

③ 氧化膜应有一定的松孔和吸附性，所以硬质阳极氧化膜层以及铬酸常规氧化膜层均不适于染色。

④ 氧化膜层应完整、均匀，不应有划伤、砂眼、点腐蚀等缺陷。

⑤ 膜层本身具有合适的颜色，且没有金相结构的差别，如晶粒大小不一或严重偏析等。因此对铝合金材料也有一定的要求。合金成分中硅、镁、锰、铁、铜、铬等含量过高时，往往会引起氧化膜暗哑，则在染色时产生色调变化。

12.2　染料染色机理

染色一般分为有机染料染色和无机染料染色两种，这是两种截然不同的染色方法。

12.2.1　有机染料染色机理

有机染料的染色基于物质的吸附理论。吸附有物理吸附和化学吸附之分，它们具有各自的特点。

（1）物理吸附。分子或离子以静电力方式的吸附，称为物理吸附。氧化膜的组成是非晶态的氧化铝，内层靠近铝基体的为致密的阻挡层，上面生长着呈喇叭状向外张开的多孔型结构，呈现出优良的物理吸附性能，当染料分子进入膜孔时，就被吸附在孔壁上。

（2）化学吸附。以化学力方式吸附的叫做化学吸附。此时有机染料分子与氧化铝发生了化学反应，由于化学结合而存在于膜孔中。这种化学结合的方式有如下几种：氧化膜与染料分子上的磺基形成共价键；氧化膜与染料分子上的酚基形成氢键；氧化膜与染料分子生成络合物等。由于染料分子的性质和结构不同，产生的化学吸附方式也不尽相同。

Giles[5~11]认为，氧化铝在酸中处理后膜孔表面覆盖了一层酸的阴离子，它们以共价键连接或者以水合离子形式存在，这取决于阴离子的性质。

$$\text{Al—OH} + \text{HX} \rightleftharpoons \text{Al—X} + \text{H}_2\text{O}$$

$$\text{Al}^+ \text{X}^-$$

染色时，这些阴离子被染料阴离子所取代，这意味着铝氧化膜吸附了染料而络合，并可能构成了氢键、螯合键和共价键以及离子交换。Giles 和他的合作者描绘了染色的顺序，开始时铝氧化膜表层迅速地溶蚀使比表面积增大，增加了染料的吸附量。接着膜外层迅速地吸附了染料，然后慢慢地沿着孔壁向内扩散，这最后一步（扩散）是决定染色速度的关键，因为扩散太慢，在 60℃ 下染上十多小时，也未必能使染色达到动态平衡。

Cutroni[12]提出了一个稍微不同的染色理论。他认为阳极氧化时生成了络合离子

$Al(H_2O)_4(OH)_2^+$，染色时与染料相结合，随后在封孔中，络合物离子又生成了氢氧化铝沉积于膜孔。

$$Al(H_2O)_4(OH)_2^+ + OH^- \longrightarrow Al(H_2O)_3(OH)_3 + H_2O$$

$$Al(H_2O)_3(OH)_3 \longrightarrow Al(OH)_3 \downarrow + 3H_2O$$

（3）温度要求。物理吸附与化学吸附对温度的要求不同，物理吸附希望低温，高温时易脱附。恰恰相反，化学吸附要在一定的温度下进行。化学吸附力比物理吸附力大。一般认为，染色时物理吸附和化学吸附同时进行，但以化学吸附为主，所以有机染料染色通常在中温下进行。

12.2.2　无机染料染色机理

无机染料染色通常在常温下进行。染色时将氧化后的工件按照一定的次序先浸渍在一种无机盐溶液中，再依次浸入另一种无机盐溶液中，使这些无机物在膜孔中发生化学反应生成不溶于水的有色化合物，填塞氧化膜孔隙并将膜孔封住（某些情况下可省去染色层的封孔处理），因而使膜层显示颜色。

无机染色早期的专利大概在 1930 年左右发表[13]，那时的商店门面及栏杆等均已采用挤压铝型材，阳极氧化后浸入 20～50g/L 醋酸钴溶液，随后浸入相似浓度的高锰酸钾溶液中，两种溶液均为 50℃ 左右，可将氧化膜染成古铜色。如果重复操作 2～3 次，可以得到较深的古铜色。Kape 和 Mills[14] 首先研究了无机染色的耐晒度。在实际生产中，无机染料得到的颜色范围有限，色泽一般不够鲜亮，但却很耐温、耐晒，当有机染料常常刚超过 100℃ 就变色时，许多无机染色膜甚至加热到直至金属熔点时也不会变色，因此目前还有某些独特的用途。

12.3　有机染料的选择

有机染料的品种繁多。除天然染料（如靛蓝）外，随着现代有机化工工业的突飞猛进，已开发出了许多新的有机染料。最初用于阳极氧化膜的染料是为织物染色而生产的，按照传统染布和皮革的用途，染料分为如下主要的几类[15]：酸性染料、直接染料、碱性染料、分散染料、媒染染料和溶剂染料，还有还原染料和活性染料等。并不是所有的染料都能用于阳极氧化膜的染色，它必须符合以下几个条件。

① 考虑到成本和使用方便，生产中一般都在有机染料的水溶液中进行染色，因此不溶于水的染料不宜使用。溶剂染料仅用在一些特殊用途的场合。

② 应考虑到染色后的色泽度、耐晒度和结合牢度。那些在光线照射下易于变色的染料不宜使用。

③ 因为铝氧化膜孔壁呈电正性，所以应优先考虑显示负电性的阴离子染料。如直接染料、酸性染料、还原染料和活性染料，它们的分子中带有磺酸基（—SO_3Na）、羧酸基（—$COONa$）。阳离子染料带有电正性，与氧化膜孔极性相同，不易进入膜孔被孔壁牢固吸附，用水可以冲掉，故不能染色。中性染料虽部分被膜孔吸附，但因为吸附量少，所以颜色太浅，也不宜用于染色。

12.3.1 几种有机染料的特性

（1）媒染染料。媒染染料分子结构中有能与金属螯合的基团，它能与金属离子以共价键、配位键或氢键络合生成不溶性的有色络盐，结合牢固，因而耐洗、耐晒。茜素红、茜素黄为这一类染料的代表，它与铝生成络合物的结构示意如图 12-1 所示。

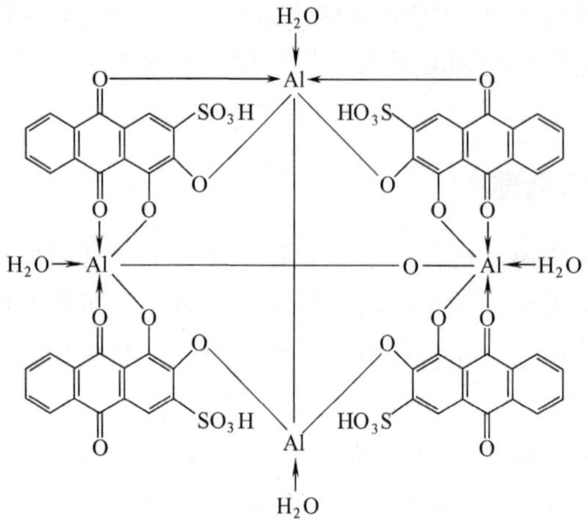

图 12-1　茜素红、茜素黄等与铝生成络合物的结构示意

Giles[16]也认为媒染染料主要与铝氧化膜生成络合物，如铝红 S：

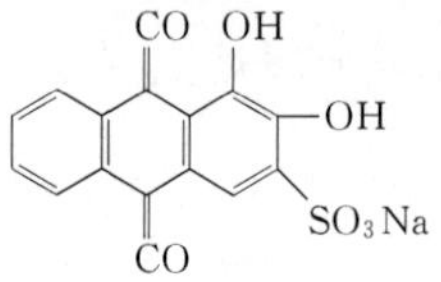

Speiser[17]举了一个金属和染料中水杨酸基团络合的例子，如铬橙 R 和鲜枣红 BN：

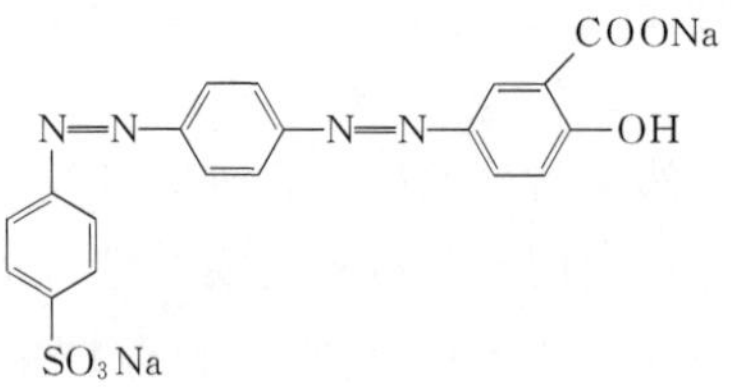

在这些例子中，络合物吸附在铝氧化膜上，而且也可以与封孔液中的镍离子或钴离子反应。

（2）直接染料和酸性染料。直接染料大部分是芳香族化合物的磺酸钠盐。它们往往是水溶性的偶氮染料，含有亲水的磺酸基（—SO_3H）或羟基（—OH）。以双偶氮、三偶氮居多。直接染料又分一般直接染料、直接耐晒染料和铜盐染料三种。一般直接染料水洗和光照度均差，仅用在普通使用的场合。铜盐与铝会发生置换反应，故不太适用。最佳的直接耐晒染料有耐晒翠蓝 GL 等。

在酸性（或中性）介质中进行染色的染料叫做酸性染料。分子中也含有—SO_3H 和—COOH等基团，有偶氮、蒽醌、酞菁等染料。常用的如酸性元青。

按照 Giles[16]和 Speiser[17]的说法，直接染料和酸性染料不会与铝反应生成色淀，但能被氧化膜物理吸附。染料阴离子受氧化膜孔的正电荷吸引，作为单一阴离子或者复合阴离子被强烈吸附，同时在染料和膜之间也可能生成共价键。如酸性染料橙Ⅱ：

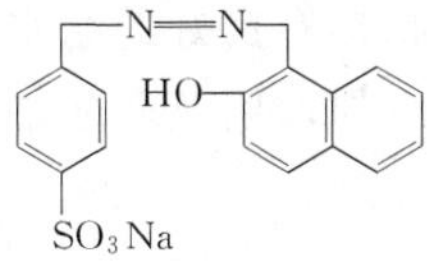

苏威蓝 BN：

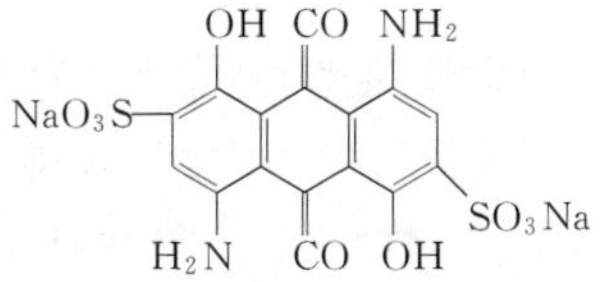

在耐光和耐候性方面，这些染料属中等。

（3）活性染料。活性染料又称反应性染料。它由反应性基团、染料母体和桥基三部分组成。染料母体有偶氮、蒽醌、酞菁结构。特点是色泽鲜艳、匀染性好、耐晒度高。

（4）还原染料。还原染料一般不溶于水，但如果制成硫酸酯钠盐，就能溶于水而染色。主要有蒽醌型（溶蒽素）和硫靛型（溶靛素）两类，还可称作印地素染料。如溶蒽素金黄 IGK，其结构式为

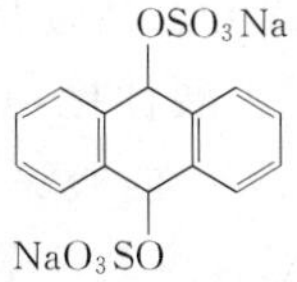

使用这种染料染色后经过水洗还必须浸入显色液中才显出所需要的色彩。显色有三种配方，其工艺条件如下。

［配方 1］

| 硫酸（H$_2$SO$_4$） | 20g/L | 温度 | 室温 |
| 亚硝酸钠（NaNO$_2$） | 10g/L | 时间 | 1～2min |

［配方 2］

| 高锰酸钾（KMnO$_4$） | 1～2g/L | 温度 | 室温 |
| 硫酸（H$_2$SO$_4$） | 20～30g/L | | |

［配方 3］

| 铬酸酐（CrO$_3$） | 5～10g/L | 温度 | 室温 |
| 硫酸（H$_2$SO$_4$） | 5～10g/L | | |

通常采用配方 2 为多，操作和控制都很方便。

（5）碱性染料。这类染料很少使用，典型的例子是 Rhodamine B（若丹明红、盐基桃红），结构式如下：

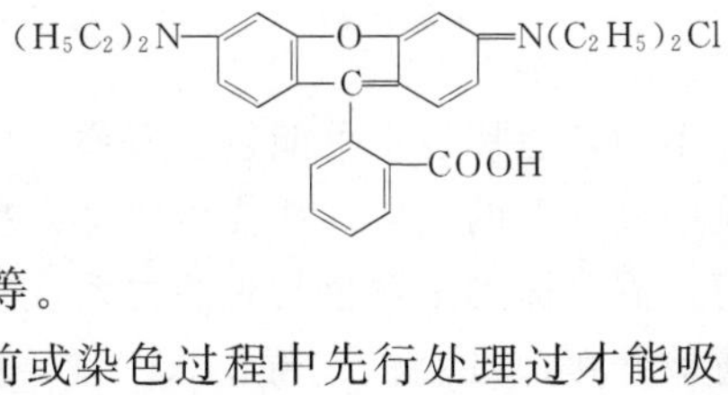

其他还有金胺、亮绿 B 等。

在使用时，氧化膜在染前或染色过程中先行处理过才能吸附这些染料[18,19]。先在一个冷溶液中媒染，如 5%（质量分数）酒石酸锑钾或 2%（质量分数）硅酸钠溶液中处理 10min，也可用酒石酸处理。这类染料耐晒度很差，因此很少用于铝氧化膜的染色。

本节将碱性染料单独列出的理由是：其中的一部分在现代化生产中进行重氮化并与氧化膜发生反应生成不溶于水的色淀，因此具有良好的耐水性和耐晒度，而且不需要封孔就能防止褪色。这种染料是将伯胺在冰水中冷却，用亚硝酸钠的盐酸溶液重氮化，然后再与碱性的 β-萘酚或 δ-萘胺反应而制得的。

12.3.2　适用有机染料的色系分类

为了便于选择使用，按照有机染料所染颜色可以分为下列几类。

（1）红色。溶蒽素红紫 IRH、艳桃红 IR、大红 IR 等；活性艳红 K-2BP、M-2B；活性红紫 X-2R、KN-2R；活性红 K-10B；酸性红 B、酸性红 G；酸性大红 GR；酸性桃红 3B；酸性曙红；直接枣红 GB、直接桃红、直接耐酸大红 4BS、直接耐酸桃红 G；茜素红 S；媒介红等。

（2）黄色。溶蒽素黄 V、活性黄 M-5R、活性嫩黄 K-4G、活性嫩黄 X-6G、活性黄 K-RN、酸性萘酚黄 S、酸性喹啉黄、直接冻黄 G、直接耐晒嫩黄 5GL、媒染纯黄、茜素黄 R。

（3）橙色。溶蒽素金黄 IGK、溶蒽素艳橙 IRK、溶靛素橙 HR、活性艳橙 K-7R、活性艳橙 X-GN、酸性橙 II、酸性金黄 G。

（4）蓝色。溶蒽素蓝 IBC、溶靛素蓝 O、活性艳蓝 KN-R、活性艳蓝 X-BR、活性翠蓝 K-GL、活性翠蓝 KN-G、活性深蓝 K-R、酸性艳纯蓝 R、直接耐晒翠蓝 GL、直接耐晒蓝 B₂RL、酸性络合蓝 GGN、弱酸艳蓝 RAW、弱酸深蓝 GR、弱酸深蓝 5R。

（5）绿色。溶蒽素 IB、溶蒽素绿 I3G、溶蒽素橄榄绿 IB、媒染绿 B、酸性墨绿、直接耐晒翠绿。

（6）棕色。溶蒽素棕 IBR、溶靛素棕 IRRD、媒染棕 RH、活性黄棕 K-GR、直接黄棕 D3G、直接红棕 M。

（7）紫色。溶蒽素艳紫 I4R、溶靛素紫 IBBF、活性紫 K-3R、活性艳紫 KN-4R、酸性青莲 4BS。

（8）黑色。酸性黑 K-BR、酸性黑 10B、酸性黑 NBL、酸性毛元 ATT、苯胺黑、直接黑 BN、弱酸黑 BR、直接耐晒灰 3B 等。

在我国，有机染料工业与世界发达国家相比，还有一定的差距，上述染料大部分是为染色纺织品而设计制造的，但国际上盛行的是为铝阳极氧化膜特制的各种铝染料。如著名的奥铝美（Aluminium）铝染料和山拿度（Sanodal）铝染料，具有各种颜色可供选择，且性能优良。

12.4　色彩的组合与调配

由于市售的各种染料品种不同，色标也不可能包罗万象、应有尽有，用户所需要的颜色常不能凭借市售的一种染料就染成满意的色彩，往往需要将染料合理调配成适宜的色谱。色调的调配是一件很复杂的事情，需要深刻了解色与光的关系，并且还必须具备足够的经验。

白色的太阳光通过三棱镜被分解成红、橙、黄、绿、青、蓝、紫七色组成的光谱色带。物体受到光源的照射后，若物体将光线全部反射，则显白色；若光线全部被吸收，则呈黑色；若光线全部通过，物体则呈无色透明。如只是部分吸收、反射或透过某些光波，则物体就会呈现出各种不同的颜色。色彩可按有彩和无彩、暖色和冷色、有光和无光区分。无彩色系如白、灰、黑，为不带彩的色，称为素色，它们只有明度上的变化。有彩色系为凡是带有彩的色，如红、橙、绿等。红、橙、黄给人以暖的感觉，为暖色系的色。冷色系主要是蓝色，给人以冷的感觉。具有强光泽的色如金色、银色等称之为有光泽的色。在七种颜色中，有三种是最基本的，用任何其他颜色也调不出来的色，红、黄、蓝三色，在色彩学上称之为三原色。它们互相调配能产生许多其他的色，故三原色又被称为第一次色，原色具有纯度高、鲜明的特点。

将三原色中的任何两色作等量混合而产生的颜色称之为间色，即橙、绿、紫，它们又被称为第二次色。如橙=红+黄；绿=黄+蓝；紫=红+蓝。

原色和间色，或两间色调配而产生的颜色称为复色，复色是第三次色。如橙黄（黄灰）=橙+绿；橙紫（红灰）=橙+紫；紫绿（蓝灰）=紫+绿。

补色又称互补色或余色。三原色中的一原色，与其他两原色混合成的间色，即互为补色关系，如红（原色）与绿（间色）为互补关系，即红与绿为补色。互补的两色并列时，相互排斥、对比强烈，色彩呈现跳跃和鲜明的效果。为了记忆方便，可用简图表示，如图 12-2、图 12-3 所示。

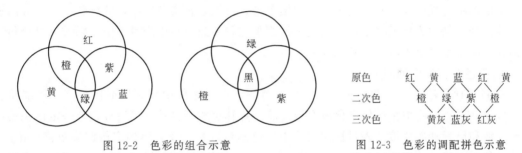

图 12-2 色彩的组合示意   图 12-3 色彩的调配拼色示意

进行染料调配拼色时，还必须用同一类型的染料来调配。只有染料亲和力、扩散力、坚牢度、耐晒度等性能相似的同一类染料拼色才能保证良好的染色质量。采用混合染料染色时，由于染料被膜层吸附的速度不一样，染液成分容易发生变化，因此最好根据经验、试验确定，使混合染料对染色条件的要求、在染液中的染色行为以及染后的质量方面大致相近。拼色染料的个数应尽量少，一般用两个，最多使用三个染料调配，以免难于混匀，使染液成分不一致，容易引起发花、逃色等弊病。

12.5 有机染料染色工艺

12.5.1 工艺流程

前处理→阳极氧化→清洗→氨水中和或其他处理→清洗→染色→清洗→封孔处理→烘干。

12.5.2 染色液的配制方法

称取计算量的有机染料，先用少量热蒸馏水或去离子水调成糊状，再取 20 倍量的热水边搅拌边加入糊浆内，必要时加热煮沸 30min，直至完全溶解为止。此时取几滴溶液到滤纸上试验，应该没有未溶的残余物，冷却后过滤，滤液加纯水稀释，按规定用冰醋酸或氨水等调整染液的 pH 值。加水至工作水平并加热到所需温度，经试染合格后方投入正规生产。

配制染液不能用硬水，因为在硬水中含有钙离子（Ca^{2+}）、镁离子（Mg^{2+}）和其他的盐，Giles[26]发现在用茜素红染色时会引起变色。生产实践证明，还有其他一些染料也会出现同样的现象。他还指出，自来水中往往混有磷酸盐、硅酸盐和氟化物，这些倾向于生成络合物的离子易被氧化膜吸附，即使浓度很低也会完全抑止上色。

12.5.3 有机染料染色工艺规范

（1）染色溶液的浓度

① 染色溶液的浓度范围。染色液的浓度应根据阳极氧化膜的工艺条件（酸浓度、电流密度和温度等）、氧化膜的种类（在何种介质中阳极氧化）、氧化膜的厚度以及染料的选择、染色的深浅要求等因素来确定。浓度高，染色速度快，但染色色调不易掌握，容易产生浮色。染浅色调时，浓度一般控制在 0.1~1g/L，而染深色往往要求 2~5g/L，黑色常要调到 10g/L 以上。对那些孔隙率较低、氧化膜较薄的膜层染黑色，染料浓度则更高。在某些情况下，为增加染色强度，也不一定用很浓的染色液，可以延长染色时间，使染料分子充分渗透到膜孔深处，增加染色的坚牢度，并使色泽更加均匀一致。在生产过程中，随着有机染料不断消耗，应定期对染液进行调整和补充。

② 染色溶液浓度的测定

a. 目视比色法。按照染色液要求的浓度范围，在容量瓶中配制标准比色液。标准比色液分成 5~10 挡。再取生产用染色液在容量瓶中稀释至相同倍数，然后分别取一定体积的标准比色液和已稀释的染液注入目视比色管中比色测定，则可以大体测定待测染色液的浓度。这是一种不精确的浓度测定方法，受操作者的熟练程度和对颜色目视灵敏度的影响。主要的局限是不能够测定染液报废时浓度或者杂质污染的影响。

Stiller[27]试验了一种典型的比色法，将 5~10mL（取决于染料）工作染色液稀释成 500mL，经过滤后分出 25mL 与新配的已知浓度的染液分别注入 50mL 比色管中比色，对着白色背衬观察，稀释标准染液直至两种溶液的颜色深浅相等为止。然后计算出染色工作液的浓度。

b. 分光光度法。使用分光光度计，配制标准浓度染色液经稀释后测定消光值，绘出消光值随浓度变化的曲线，再将工作染液以相同比率稀释后测定消光值，换算成实际染料浓度。

Hoban[28]详细叙述了采用分光光度计控制染液的一个实用方法。该法是将新配的染色液取出放在一个密封的容器中存放在暗处，当工作槽液需要测定时，用样板同时在工作染液和存放的新配染液（取出部分未用过的）中作染色试验。添加染料到旧染液中直到它在相同的时间内与新配染液染成一致的色调为止。需要加到工作染液中的添加量可以用这种方法计算出来。

染色液经使用一段时期后，由于杂质离子增多等原因，虽然染料浓度达到了工艺规定的范围，但染色能力明显变差，用上述方法可以调整染液的浓度，从而避免了盲目补加，也弥补了目视比色法的不足之处。

③ 其他方法。有些染料可以采用容量分析方法，M. Class 和 E. Class[33]论述了一个方

法用于定量测定氧化膜吸附的染料量：样板用 pH＝1.2 的磷酸（H_3PO_4）溶液将膜中的染料溶解下来，浓缩后染料浓度可以用紫外线消光法来测定。第二种直接的方法是将染色的氧化膜溶解下来，用分光光度计作比较测定，Sadoz[3] 用此法证实，膜层已吸附了相当量的染料。他用 NaOH-EDTA 溶液溶解染色膜，使用分光光度计，以一个对每一种染料都适合的波长来测定（如 623nm）同样浓度的工作染液和标准染液的消光值，结果表明，补加后获得了正常的染色活性。

Glayman[34] 研究了测试染料浓度和不同的操作条件下染液性能的方法，并且强调了吸收光谱仪对测定颜色和进行染液之间比较的优越性。

（2）染色溶液的温度。染色可冷染或热染，这主要根据染料的性质及工艺要求而定。如一些酸性染料和溶蒽素染料可用冷染。一般而言，室温染色如果不提高染色液的浓度（几乎是常规的 2 倍）是难于染得深色的，而且染色时间相对要长一些。Clariant 公司建议在冷染前先浸入 0.5％（体积分数）硫酸溶液中（40℃、15min），或者浸在 10％～20％（体积分数）硝酸中几分钟，这有助于获得深色。

通常有机染色液必须加热，此时染色速率随温度的上升而提高，一般控制在 50～70℃，假使温度太低，染色颜色浅，耐晒度下降。温度太高时，在染色的同时还会发生封孔效应，易使染色膜发花。

Schenkel 和 Speiser[29,30] 用 1g/L 铝黑 LCR 染色液在 pH＝4.0 时，画出了温度从 25～80℃的影响曲线，如图 12-4、图 12-5 所示。

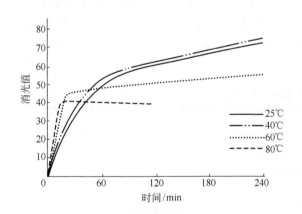

图 12-4　染液温度和染色时间
对消光值的影响

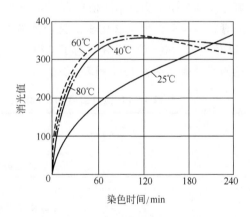

图 12-5　染液温度和染色时间对铝黑
LCR 染料吸附的影响

Giles[31,32] 研究了三种磺化染料分别在不同温度下染液的吸附速率，如图 12-6 所示，他的研究证实了 Schenkel 和 Speiser 的说法。

Sadoz[32] 推荐较低的染液温度，甚至是室温染色，染后可局部脱色，用于多色铭牌的制作。低温下也适于染浅色。这种低温染色的染料一般热稳定性不好，具有较低的吸附速率，可以借提高染液浓度或延长染色时间来弥补。

在封孔槽中容易渗色（染料从膜孔中扩散出来）的染料有时采用高温染色（大于80℃）。由此可见，温度往往对染色造成较大的影响，在较高的温度下获得最大的吸光值（E）或者最深的色调比低温染色的时间要短得多。所以操作时槽液最好采用恒温控制。

（3）染色溶液的 pH 值。pH 值对有机染料染色很重要。染色过程中 pH 值有两种作用，

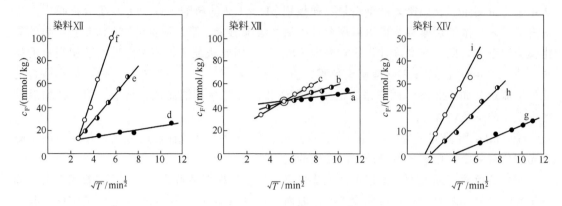

图 12-6　铬酸阳极氧化膜吸附磺化染料的速率

染料Ⅻ：d—35℃；e—51℃；f—58℃

染料ⅩⅢ：a—25℃；b—49℃；c—59℃

染料ⅩⅣ：g—30℃；h—51℃；i—59℃

一是对染料本身水溶的亲和性能影响很大，二是对被染物氧化膜的表面性能有影响。水中有机物的离子分解度和络离子的配位数都与 pH 值有关，即使采用同一种染料，由于染液的 pH 值不同，会变成完全不同的物质。若 pH 值调得不适当，可能染出的颜色与预期的大相径庭，也影响染色牢度。同时 pH 值的高低也影响阳极氧化膜的膜孔性能。一般而言，阳极氧化膜的吸附能力随 pH 值的降低而增加，但很低的 pH 值（<4）会引起膜层的溶蚀。太高时，可能会产生氢氧化物沉淀填塞膜孔导致染色困难。对于大多数染料来说，最佳染色 pH 值范围为 5~6，但有些为了染得最佳色调，要求 pH 值范围为 4~5。pH 值还能影响染色的耐晒度，见表 12-1 和表 12-2[3]。

表 12-1　pH 值对铝黑 MLW 耐晒度的影响（浓度为 10g/L，60℃时染色 15min）

pH 值	封孔	耐晒度/级
4.2	水	8
	乙酸镍/乙酸钴（$NiAc_2$/$CoAc_2$）	8
6.5	水	5
	乙酸镍/乙酸钴（$NiAc_2$/$CoAc_2$）	5~6

表 12-2　染液 pH 值对色调的影响

pH 值	pH=3	pH=5	pH=7	pH=9	pH=11
铝金黄 RLW[1]的色调	很浅	深金黄	中等	中等	很浅
耐晒度/级	7~8	7~8	7~8	7~8	7~8
铝紫 CLW[2]的色调	深紫	深紫	中等	中等	白色
耐晒度/级	5	4	4	4	
铝古铜 G[1]的色调	深黄棕	中等红棕	浅红棕	浅红棕	极浅红棕
耐晒度/级	4~5	3~4	3	3	膜层斑点

[1] 染料浓度为 1g/L。

[2] 染料浓度为 0.5g/L。

从表 12-1、表 12-2 可以看出，使用相同的染料，由于染液的 pH 值不同，染色的色调及耐晒度均发生了变化，这是因为 pH 值影响了染料的吸附量，如图 12-7 所示。

为了在染色生产时 pH 值不致变化太大，常常在染液中加入缓冲剂。推荐使用 8g/L 醋酸钠（NaAc·3H₂O）和 0.4g/L 醋酸（100％HAc 计）的混合液来缓冲 pH 值。一般用加稀醋酸降低或加稀氨水升高来调节。醋酸和氨水都是易挥发的物质，因此根据测定必须有规律地补加，还要注意到醋酸加得太多可能会腐蚀溶解氧化膜，在实际操作中，有时用稀硫酸或稀氢氧化钠溶液来调节似乎更方便一些。pH 值变化最好控制在±0.5。

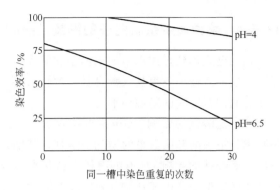

图 12-7　pH 值对染色效率的影响
（10g/L 铝黑 MLW，15min，60℃，pH=4 和 pH=6.5，100℃热水封孔 30min）

（4）染色时间。染色时间通常为 5～15min，染深色的时间宜长一些，如深黑色可延长至 30min。图 12-5 所示也显示了铝黑 LCR 对染色时间的影响。染浅色的时间可短一些，快的 2～3min 即可，视染料性能和要求而变化。最好根据具体情况由试验决定染色时间的长短。时间太短，只能染成浅色，且容易褪色，倒不如采用较低浓度的染液，延长染色时间。反之，染色时间太长，易使染色过头，达不到原定色标要求，应该根据经验试染后严格掌握。

Gardam[35] 利用分光光度计测定了色泽与染色时间的关系，结果表明：染色速率与染色时间的平方根成正比，近似于直线关系。如图 12-8 所示。虽然染色也受温度的影响，但与染色时间的平方根仍呈一定的关系。

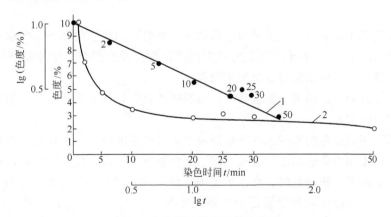

图 12-8　色泽对染色时间的曲线
（铝试样氧化膜 25μm，用酸性蓝 45 染色）
1—lg 色度对 lgt 的曲线；2—色度对时间 t 的曲线

这种关系证实了 Giles 和他的合作者[5-11,29] 对染料吸附量的测定及图 12-6。染色时间也对染料的耐晒度产生一定的影响，见表 12-3。

表 12-3　染料浓度和染色时间对铝绿 GLW 染色耐晒度的影响（60℃）

浓度/(g/L)	染色时间	耐晒度等级
2	20min	6
7	5s	4～5

12.5.4 染色液中杂质离子的影响及控制

前面已经提到,硬水中的阳离子和阴离子均对染色产生不利的影响,如果染液采用去离子水配制,寿命一般很长(数月甚至数年),但是在生产过程中不可避免地会混进其他杂质离子,它们对染液的影响如下。

(1)硫酸钠的影响。Giles[29]等表示,硫酸钠(Na_2SO_4)降低染色速率,这种影响随染料离子中磺酸基团数量的增加而增加,特别是金属络合物染料。Schenkel 和 Speiser[30]也证实了硫酸钠的影响。所有的有机染料几乎均含有 SO_4^{2-},通常为硫酸钠,这是在生产过程中产生的。但染液中要达到 1g/L 以上时才会使染色明显减慢。SO_4^{2-} 总会存在于染液中,所以还可以用稀硫酸调节 pH 值,少量的硫酸钠对染色的影响可忽略不计。

(2)氯化钠的影响。另一个通常在生产过程中产生的杂质是氯化钠(NaCl),这是引起电蚀点(白点)的主要原因。Polfreman 和 Budd[41]曾对此作过深入的研究,他们发现,电蚀点能被阴极电流所抑止,这在工业上已获得了应用。

氯离子(Cl^-)很小,能相当容易地渗透进氧化膜的微孔中,当挂杆放置在潮湿的染槽边缘时,在不锈钢槽和铝工件间会形成腐蚀电偶,加快引起小的点蚀。

(3)表面活性剂的影响。非离子型表面活性剂对染色无影响,但阳离子表面活性剂如加入铝黑 MLW 中会减慢染色,所以在除油剂中不适宜添加离子型表面活性剂,因某些阴离子也对染色不利。

(4)三价铝离子(Al^{3+})的影响。一些铝被染色液溶解而进入染液。少量 Al^{3+} 对许多染液无影响,除非达到 $500\sim1000\mu g/g$,此时可能造成变色,如蓝色调变成带红等。若挂具上的铝工件掉入染液中,将导致铝慢慢溶解而浓度升高,引起颜色改变或铝盐在封孔时产生粉霜。

(5)重金属离子的影响。染液被重金属离子污染时,如生锈的钢铁工件或草酸铁铵(无机染金色)带入的 Fe^{2+} 具有十分严重的有害作用,它会改变颜色,加速染液报废和降低耐晒度,其他金属如铜、镍或铅等也会发生问题。

(6)阴离子的影响。阴离子如硅酸根、磷酸根和氟化物等对染色有严重的影响,在染液的配制一节中已经论及。

(7)细菌作用对染色的影响。在某些环境下,有机染液由于细菌作用而报废的事时有发生。这通常是由于相当高的温度和湿度。细菌能在染液中繁殖,使染液发霉,首先在染液表面起小泡,当染液不工作静置时,在泡的周围聚集一些不溶解的有色颗粒,使染色不正常。假如肉眼可见,应将浮于表面的发霉物捞掉,并加入 $0.05\sim0.10g/L$ 合适的杀菌剂,如二氯酚 G4,用乙醇溶液溶解后加入槽中。有时只有将染液倒掉。此时应用杀菌剂或次氯酸盐溶液清洗槽壁,然后重新配制。一般在染料中已经添加有合适的防霉剂。

(8)不溶杂质对染色的影响。染色液中有时不可避免地会带入油污,沾污工件使染色发花,此时应用吸油纸(棉纸或称桑皮纸)吸沾除去或加入少量非离子表面活性剂,使油滴分散不致聚集在染液表面。

另一些不溶的微细杂质会渗透进入膜孔,影响染料向孔内扩散,必须用滤网过滤。

12.5.5 操作注意事项

① 工件经阳极氧化后必须用流动水彻底清洗干净,特别是工件的狭缝、盲孔处,避免

残留酸、碱慢慢冒出表面，使染色发花。另一方面也防止有害离子带入染液，降低染液寿命。实际操作中，第一次清洗可在一个相对酸性的清洗槽中进行（pH≤4），接着在接近中性的水中清洗（pH＝5～7），以防止胶体氢氧化铝沉积在膜孔中影响染色。

清洗后可用 $w(NH_3 \cdot H_2O)$ 1％～3％中和去除残酸，有利于提高染色效果。Akahori[42]认为用 5％（质量分数）碳酸钠（Na_2CO_3）溶液较好，而 Schenkel 和 Speiser[29]则建议浸入 20g/L 草酸铵溶液合适。特别对长时间清洗后的工件有助于染色。

② 工件在阳极氧化清洗后应该立即进行染色，其时间间隔不超过 1h，氧化膜的吸附能力随时间延长而减弱，会影响染色质量。如染槽不空时，应将工件浸泡在干净的水中，假使工件必须放置较长时间，用草酸盐或邻苯二甲酸盐处理一下是很有用的。Durand 和 Huguenin[43]主张在 5mL/L 的硫酸溶液中（80℃，1min）浸一下，可溶解因长时间浸在水中可能生成的氢氧化物膜。如工件暴露在空气中太长，导致氧化膜干燥也会抑制染色。通常浸在 3％～35％（体积分数）的硝酸中或放入氧化电解液中浸一下，其他如 5％～15％（质量分数）的乙酸、磷酸、草酸、酒石酸或柠檬酸中处理都可以使陈化的氧化膜激活。这种方法尤其适用于铭牌的制作。

③ 染色工件一般以小件为主，制作夹具应选择铝硬质材料为好。夹具不宜做成挂钩式，以防止在阳极氧化过程中松动改变触点位置，使氧化膜不完整，染色不均匀。最好采用弹性夹具夹紧工件，同时夹具应有一定的横截面积，才能保证有足够的弹力和夹紧力，使工件与夹具保持良好的接触。用过的夹具要在碱溶液中褪膜后再使用。染液中氯离子多时会产生点蚀，若挂钩采用高镁的铝合金如铝 5654 或铝 5083，点蚀会加剧。

④ 工厂中的电网容易产生杂散电流，这也是造成点蚀的一大原因，因此应将染色槽和封孔槽接地。为了避免灰尘杂物进入染色液，平时不生产时染槽应加盖防护。

⑤ 染色时工件不可重叠，尤其是平面部位，否则由于遮盖易形成阴阳面。

⑥ 装挂工件夹具的挂杆应绝缘，不可与槽体直接接触，以免工件与不锈钢染槽产生电偶腐蚀。

⑦ 染色时往往采用空气搅拌，这不是最好的办法。一方面如将热的染液连续空气搅拌易使染料分子结构中的双键氧化，造成染色强度减弱。另一方面容易带入油污，使染色膜发花。可以采用小型的电动搅拌器或者挂杆移动来搅匀染液。

⑧ 染色槽的材料选择很重要，因为有些染料与某些金属会发生反应，例如铝、铜、铅，所以最好用 Ni-Cr-Mo 型或 Ni-Cr-Ti 型的不锈钢。小型的可用陶瓷容器、耐热塑料、硬质橡胶等。染槽一般还装有加热装置和搅拌的管道等，这些与染液接触部件的材质也不能用铝、铜、铅来制造。

12.5.6　染色后的封孔处理

为了进一步提高氧化膜层的抗蚀性能和色泽的牢固度及耐晒度，染色清洗后还必须进行封孔处理，将膜孔封住，使染料固定在膜层中，产品的外观才能经久不变。常用的封孔方法如下。

（1）热水封孔处理。采用去离子水在 95～100℃，处理 30～40min。

（2）水蒸气封孔处理。把工件吊入加热容器中，盖上盖子，在 100～110℃通入蒸汽，加热 30～40min，即可。

沸水封孔和蒸汽封孔的原理与第 13 章提到的阳极氧化膜水合热封孔的原理一样，主要是氧化膜层（Al_2O_3）发生了水合作用生成了水合氧化铝，增大了体积，所以封住了孔隙。封孔的结果往往使染色膜提高了耐候性。对于多种染料，封孔提高它们的耐晒度比预期的大得多。因此也有人认为[3]染料分子大概在封孔时逐渐地从吸附不牢的孔壁表面脱附下来，然后聚集成较大的胶态分子团，由于膜孔的孔隙直径所限，因而紧紧地填塞膜孔，从而大大地改善了染色的耐晒度。

（3）镍盐封孔

硫酸镍（$NiSO_4 \cdot 6H_2O$）	4～5g/L	pH 值	4.5～5.5
醋酸钠（NaAc）	5～6g/L	温度	80～85℃
硼酸（H_3BO_3）	5～6g/L	时间	10～20min

有些染料染色后在镍盐封孔槽中会褪色，所以是否适于镍盐封孔，必须在生产中通过试验决定。封孔烘干后可以用软轮轻轻进行机械抛光，要求高的还可浸入护光剂或水溶性树脂涂料，或喷涂透明罩光漆，以获得更为美观耐用的染色铝制品。

有些染料在封孔期间有溢出来的倾向，扩散到染液中，一般称之为"渗色"或"浮色"。为此，在常规封孔前常常先在50g/L醋酸镍 [$Ni(Ac)_2 \cdot 4H_2O$]、5g/L硼酸（H_3BO_3）溶液中（pH＝6.0，80℃）短时间（5min）处理一下。

Sandoz公司[44]建议进行如下封孔前处理。

① 将已染色工件浸入沸水中20s，快速取出放入冷水中，随后采用常规的封孔处理。

② 将已染色件封孔前浸在45℃、20%（质量分数）的氯化钡（$BaCl_2$）溶液中5min。

12.5.7 常用有机染料染色工艺实例

国内常用有机染料染色工艺实例见表12-4。

奥铝美（Aluminium）和山拿度（Sanodal）铝染料的染色工艺规范见表12-5。

表 12-4 国内常用有机染料染色工艺实例

色彩	染料名称	工艺规范				耐晒度/级
		浓度/(g/L)	T/℃	t/min	pH 值	
黑色	①苯胺黑	5～10	60～70	10～30		7～8
	②酸性元 NBL[①]	10～15	60～70	10～20	5～5.5	
	③酸性毛元 ATT	10～15	50～60	10～20	4.5～5.5	
	④酸性蓝黑 10B	10～15	60～70	5～10	5～5.5	
红色	①直接桃红 G	2～5	60～70	5～10	4.5～5.5	5～7
	②酸性大红 GR	5	室温	2～10	4.5～5.5	
	③酸性紫红 B	4～6	20～40	15～30	4.5～5.5	
	④活性艳红	2～5	70～80	2～15		
	⑤茜素红 R	5～10	55～65	15～30	5.0～5.5	
	⑥直接枣红 B	5～8	45～55	5～15		
	⑦酸性红 B	5～10	室温	10～20		
蓝色	①直接耐晒蓝	3～5	15～30	15～20		6～8
	②直接耐晒翠	3～5	60～70	1～3		
	③湖蓝 5B	5～8	室温	1～3	5～5.5	
	④酸性蒽醌蓝	5	50～60	5～15		
	⑤活性艳蓝	5	室温	1～5	4.5～5.5	
	⑥酸性蓝	2～5	60～70	2～15	4.5～5.5	
	⑦酸性艳纯蓝 R	5	20～30	15～30		
	⑧溶蒽素蓝 IBC	0.2～0.5	15～30	15～30		
	⑨直接铜盐蓝 2R	5～10	45～55	5～10		

续表

色彩	染料名称	工艺规范				耐晒度/级
		浓度/(g/L)	T/℃	t/min	pH 值	
绿色	①酸性绿	5～6	65～75	10～15	5.0～5.5	7～8
	②直接耐晒翠绿	3～5	15～25	15～20		
	③酸性墨绿	2～5	70～80	5～15		
	④媒染绿 B	3～5	60～70	10～15		
	⑤直接墨绿 NB	5～10	45～55	5～10		
金黄色	①茜素黄 S	0.2～0.5	50～60	1～5	5.0～5.5	7～8
	茜素红 R	0.5～0.8				
	②活性艳橙	0.5	70～80	5～15		
	③溶蒽素金黄 IGK	0.035	室温	1～3		
	溶蒽素橘黄 IRK	0.2				
黄色	①活性嫩黄 K-4G	2～5	60～70	2～15		5～6
	②茜素黄 R	2～3	60～70	10～20		
	③酸性嫩黄 G	4～6	15～30	15～30		
	④直接冻黄 G	5～10	50～60	10～15		
	⑤铝黄 GLW	2～5	室温	2～5	5.0～5.5	
棕色	①碱性黑	3～5	55～65	4～6	4.5～5.5	
	茜素红	0.4～0.5				
	②酸性黑	1.5～2.5	50～60	4～6	4.7～4.8	
	茜素红	0.3～0.5				
	③直接深棕 M	5～6	40～50	20～30		
橙色	活性艳橙	3～5	室温	5～15	5.5～6.5	
紫色	活性紫	5～8	45～55	15～25		
灰色	直接灰 D	2～6	45～55	10～15		
仿古铜色②	甲液： 茜素黄 酸性黑	0.2～0.4 0.04～0.08	50～60	1～1.5	4.5～5.0	
	乙液： 茜素红 茜素黄 酸性黑	0.28～0.32 0.08～0.12 0.03～0.08	45～55	15～25s	4.2～4.8	

① 除溶蒽素外，其他各染液一般需加 0.5～1.5mL/L 醋酸调节 pH 值。

② 染仿古铜色时，工件先在甲液中染成草绿色，清洗后再入乙液染成仿古铜色。

表 12-5　国外铝染料染色工艺规范

奥铝美和山拿度铝染料	浓度/(g/L)	固有的 pH 值		最佳 pH 值范围
		去离子水中	13.75°BH(布氏硬度)自来水中	
铝金 4N	30	3.5～4.5	4.0～5.0	4.0～4.5②,⑩
铝黄 G3LW	2.5	3.0～4.0	6.5～7.5	5.0～6.0
铝牢金 L	3	5.5～6.5	6.5～7.5	5.0～6.0①,②
铝黄 3GL	3	7.5～8.0	6.5～7.5	5.0～6.0
铝金橙 RLW	3	4.0～5.0	7.0～8.0	5.0～6.0⑧,⑪
铝橙 RL	3	9.5～10.5	7.5～8.5	5.0～6.0①
铝橙 G	3	9.0～10.0	7.5～8.5	5.0～6.0①
铝红 RLW	6	5.5～6.5	7.5～8.5	5.0～6.0

奥铝美和山拿度铝染料	浓度/(g/L)	固有的 pH 值		最佳 pH 值范围
		去离子水中	13.75°BH(布氏硬度)自来水中	
铝红 GLW	4	7.5～8.5	7.0～8.0	5.0～6.0③
铝红 B3LW	5	3.5～4.5	6.5～7.5	5.0～6.0
铝火红 ML	5	4.5～5.5	6.0～7.0	5.0～6.0
铝酒红 RL	5	3.5～4.5	3.5～4.5	5.0～6.0④
铝紫 CLW	1	3.0～4.0	5.5～6.5	5.0～6.0⑪
铝蓝 2LW	3	2.0～3.0	3.0～4.0	5.0～6.0④
铝翠蓝 PLW	5	3.5～4.5	5.5～6.5	5.0～6.0⑨
铝蓝 G	5	9.0～10.0	7.5～8.5	5.0～6.0⑨
铝绿 LWN	5	7.5～8.5	7.5～8.5	5.5～6.0①,⑤
铝橄榄棕 2RW	5	5.5～6.5	6.0～7.0	5.5～6.0⑪
铝黄棕 2G	3	3.0～4.0	4.5～5.5	5.0～6.0⑨
铝红棕 RW	6	9.0～10.0	8.5～9.5	5.0～6.0⑪
铝古铜 G	3	2.5～3.5	3.5～4.5	5.0～6.0⑨
铝古铜 2LW	2	5.0～6.0	7.0～8.0	5.5～6.0①,⑤
铝坚古铜 L	3	9.0～10.0	8.9～9.0	5.0～6.0
铝棕 GSL	5	5.5～6.5	6.5～7.5	5.0～6.0⑨
铝灰 NL 液	3	5.5～6.6	7.0～8.0	5.5～6.0①,⑤
铝黑 2LW	10	3.5～4.5	3.5～4.5	4.0～4.8⑥,⑦
铝黑 CL	6	3.0～4.0	3.0～4.0	3.5～4.5
铝深黑 MLW	10	3.5～4.5	3.5～4.5	4.0～4.8⑥,⑦
铝黑 GL 浆	30	8.5～9.5	7.5～8.5	5.0～6.0⑦

① 必须加入缓冲剂。
② pH 值小于 3.5 时染色较浅，pH 值大于 5.5 时生成沉淀物。
③ pH 值大于 6 时，染色膜耐磨性不理想。
④ pH 值小于 5 时，染色较深，但色调不均匀。
⑤ pH 值小于 5.5 时，染液稳定性大大下降。
⑥ 必须保持 pH 值范围，才使染液稳定。
⑦ 染料本身有缓冲性，无需另加缓冲剂。
⑧ pH 值小于 4 时，吸附能力大大下降。
⑨ pH 值相同时，加缓冲剂色调可深些。
⑩ 自行缓冲，再加草酸调整可提高染色稳定性。
⑪ pH=8 时可用，仍不会损害吸附能力。
注：保持 pH=5～6 的最佳方法是用缓冲剂。

12.5.8 染色问题的产生原因及排除方法

前面已经论及，许多因素影响了染色的质量和色调的一致性。由于氧化后未清洗干净或染色操作不当，最容易发生不同批次的工件色调不同。另一方面这种染色色调的变化也可能是染色液不稳定或混合染料染色不均匀所致。同一批工件色泽的差异可能是由阳极氧化膜厚度不规则引起的。同一批工件中若所用合金材料成分不同，也会发生这种问题。还必须记住：工件最先浸入染液的部位，当取出时应最后离开染液，因此染深色的染液应该避免染色速度过快。

最常出现的染色问题大概是在同一个工件上存在色差。主要是因为缝隙和深孔中有残酸流出来，有必要在染色前彻底清洗干净并且尽可能地用氨水或稀碱液中和。清洗不当或阳极氧化不当还会引起染色膜发花。局部色浅甚至染不上色，很可能有油污沾染。铝制工件碱蚀以后的外观缺陷不能都被阳极氧化所掩盖，相反在染色后更易暴露出来。譬如焊接件，焊接处金相组织发生变化。铸件的气孔中也会流出残酸，用稀碱溶液中和不一定非常成功。此时可通过在 65℃ 的温水和冷水中交替清洗来解决，随后，在染色前浸入浓硝酸（HNO_3）[45] 或 5～10g/L 草酸铵溶液中处理 0.5～1min。

工件上划痕或沟槽的周围常会产生不规则形状的不上色部位，原因是机械损伤，或者是工件在电抛光或化学抛光时少量合金成分溶解形成孔洞，染液中往往由于这些金属杂质离子的存在产生杂散电流，使这些部位发花，特别是染液中掺杂氯离子时[46]更是如此。染液中如铝离子与多种贵金属离子共存时，氯离子特别有害，这种问题可以采用非金属染槽或金属槽内衬来解决。

除了以上的问题，如果阳极氧化和染色的工艺规范控制不严、生产中操作不当等，都会引起染色膜发生问题。主要的染色问题、产生原因及排除方法见表 12-6。

表 12-6　主要的染色问题、产生原因及排除方法

疵病现象	形成原因	排除方法
不上色	①染料已被分解 ②pH 值太高 ③氧化膜太薄 ④放置时间过长 ⑤染料不当	①调换染料 ②调整 pH 值 ③提高膜层厚度 ④及时染色 ⑤选用合适染料
部分着不上色或颜色浅	①氧化膜沾上油污脏物 ②染料成分太低 ③氧化膜太薄 ④工件松动和位置不当 ⑤着色液有油污 ⑥染料溶解不当	①加强防护措施 ②提高染料浓度 ③提高膜层厚度 ④夹紧工件，调正位置 ⑤调换着色液 ⑥改进染料溶解
染色后表面呈白色水雾状	①氧化膜孔内有水汽 ②返工件褪色液太浓 ③返工件褪色时间太长	①甩去水汽 ②调整褪色液浓度 ③缩短褪色时间
染色后发花	①染液 pH 值低 ②清洗不良 ③染料溶解不完全 ④染液温度太高	①调整 pH 值 ②加强清洗 ③加强染料溶解 ④降低染液温度
染色后有点状	①氧化膜沾上灰尘 ②染液内有不溶杂质 ③氧化膜沾上酸或碱 ④氧化膜沾上油污	①用水冲洗表面 ②过滤染液 ③氧化后工件放入清水槽 ④加强防护

续表

疵病现象	形成原因	排除方法
染色后易逃色	①染色液 pH 值太低 ②氧化膜孔隙小 ③染色时间短 ④封孔槽 pH 值太低 ⑤封孔时间太短	①调高 pH 值 ②提高氧化槽液温度等 ③延长染色时间 ④调整封孔槽 pH 值 ⑤延长封孔时间
染色表面易擦掉	①氧化膜质量不良 ②染色液温度低 ③氧化膜粗糙	①重新氧化 ②提高染色液温度 ③氧化温度太高
染色过暗	①染料浓度高 ②染色液温度高 ③染色时间过长	①冲稀染液 ②降低温度 ③缩短时间

12.5.9　不合格染色膜的褪色

当工件在染色后和封孔前检查出染色不合格时，经常有可能要全部或局部去除染色膜但又不允许损伤阳极氧化膜。此时可用硝酸（HNO_3）27%（质量分数）或者 5mL/L 硫酸（H_2SO_4）在 25℃ 条件褪除。然而有些染料是难于褪色的，如山拿度和奥铝美铝染料中的铝橙 RL、铝翠蓝 PLW、铝红 GLW、铝棕 GSL、铝红棕 RW 等，有必要使用更高浓度的硫酸。

在酸溶液中不能褪色的染料用下述方法有时会成功。

[**方法 1**]　　次氯酸钠（NaClO）10g/L，室温。

[**方法 2**]

高锰酸钾（$KMnO_4$）	50g/L	温度	20~30℃
硝酸（HNO_3）	50~100g/L	时间	5~15min

然后再在亚硫酸氢钠（$NaHSO_3$）50~100g/L 溶液中（20℃）处理 1~5min。

[**方法 3**]

高锰酸钾（$KMnO_4$）	100~200g/L	醋酸（HAc）	1~2mL/L

褪色后清洗干净可以重新染色。

如果在染色封孔后才发现不合格，则必须将阳极氧化膜一起褪除。方法如下。

[**方法 1**]

磷酸（H_3PO_4）	50~100g/L	温度	98℃
重铬酸钠（$Na_2Cr_2O_7$）	50g/L	时间	5~30min

[**方法 2**]

磷酸（H_3PO_4）	600g	温度	40℃
铬酐（CrO_3）	200g	时间	0.5~5min
水（H_2O）	200g		

最简单的褪膜方法是浸渍在碱蚀槽中褪除，再重新阳极氧化和染色。

12.5.10　染色废液的再生和处理

随着染色液使用时间的增加，染液透明度逐渐降低，出现浑浊。若继续用于生产，即使增加浓度和延长染色时间，都不能使染色力恢复，往往会引起工件色调不匀或染色困难。这时可以判定染色液已经老化。老化的染色液一般可以采用下列方法处理。

（1）混凝过滤法。先将染色液用冰醋酸调整 pH 值到 3 左右，加入 15~20mg/L 已经充分溶解的聚丙烯酰胺，搅拌均匀后静置 1~2h，经过过滤后将滤饼弃去。滤液中添加适量的染料经调整试染合格后即可继续使用。用软水或纯水配制的染液可以多次再生。用此法免去了老化液的排放，大大节约了成本，也保护了环境，本法特别适用于茜素染料的染液。

（2）废水氧化脱色法。若老化液不能再用于染色，或者染色漂洗水一般都自然排放。虽然染色废水中有机染料的含量很低，也不含重金属离子，pH 值在 4~6 之间，无明显的强酸、强碱特征，溶液中也极少悬浮物质，所以铝材染色的废液一般很少会超过国家规定的排放标准。但是一个突出的问题是废水中即使含有少量染料分子，却有特别显眼的颜色，容易给人以污染严重的印象，且有机物容易滋生霉菌，尤其影响水的含氧量，因此应该处理后排放为好。

有机染料分子中一般都存在发色基团，例如偶氮基（—N＝N—）、羰基（ $\diagdown$ C＝O）、醌式结构（ O＝◯＝O ）等，加入次氯酸钠（NaClO）能将分子结构中的不饱和键断开，使染料分子氧化分解，生成分子量较小的有机酸、醛类等物质，从而失去颜色。

脱色时，先将废水用冰醋酸调节 pH 值为 1.5~2.0，1L 废水约加入次氯酸钠 2~8mL，搅拌 1.5~2min，褪色率可以达到 95% 以上。

（3）活性炭吸附。Grossmann[51] 曾对老化染色液的处理作过深入的研究，他尝试过活性炭吸附、沉淀、反渗透、蒸发和焚烧等方法；利用光催化反应或电化学反应，化学氧化或化学还原的可能性。他发现，这些方法中用活性炭吸附是最有效和经济的方法，尤其是其不会造成二次污染和固体废渣的清除问题。虽然各种活性炭都有效，但他发现长柱形或球形的活性炭通常用于吸附气体，于此不太适用。只有粉状的或者用于净化水的粒状活性炭最宜用于褪色。那种具有高比例大孔型、表面积很大且在溶液中显中性的效果最好。既可以将活性炭加到溶液中褪色，然后再过滤分离出来，也可以让有色溶液慢慢地渗透过活性炭层。

12.6　无机染料染色工艺

12.6.1　无机染色的化学反应

常用的无机染料染色一般在常温下操作，通常分两步进行。先在第一种溶液中浸 5~10min，取出清洗后再在第二种溶液中浸 5~10min，则染成所需要的颜色。染色时一般发生如下化学反应。

（1）红棕色。工件先浸入硫酸铜溶液，然后再浸入亚铁氰化钾溶液中。

$$2CuSO_4 + K_4Fe(CN)_6 \longrightarrow Cu_2Fe(CN)_6 + 2K_2SO_4$$

（2）棕色。硝酸银和重铬酸钾或铬酸钾反应。

$$2AgNO_3 + K_2Cr_2O_7 \longrightarrow Ag_2Cr_2O_7 + 2KNO_3$$

（3）棕褐色。醋酸铅和硫化铵反应。

$$Pb(Ac)_2 + (NH_4)_2S \longrightarrow PbS + 2NH_4Ac$$

或硝酸钴和双氧水在氨水溶液中反应。

$$2Co(NO_3)_2 + H_2O_2 + 4NH_3 \cdot H_2O \longrightarrow 2Co(OH)_3 + 4NH_4NO_3$$

（4）黄色。醋酸铅与重铬酸钾或铬酸钾反应。

$$PbAc_2 + K_2CrO_4 \longrightarrow PbCrO_4 + 2KAc$$

或醋酸镉与硫化铵反应。

$$CdAc_2 + (NH_4)_2S \longrightarrow CdS + 2NH_4Ac$$

（5）白色。醋酸铅与硫酸钠反应。

$$PbAc_2 + Na_2SO_4 \longrightarrow PbSO_4 + 2NaAc$$

（6）蓝色。亚铁氰化钾与硫酸铁或氯化铁反应。

$$2Fe_2(SO_4)_3 + 3K_4Fe(CN)_6 \longrightarrow Fe_4[Fe(CN)_6]_3 + 6K_2SO_4$$

（7）黑色。醋酸钴与硫化钠反应。

$$CoAc_2 + Na_2S \longrightarrow CoS + 2NaAc$$

12.6.2 常用无机染色工艺规范

常用无机染色工艺规范见表 12-7。

表 12-7 常用无机染色工艺规范

色彩	溶液成分	含量/(g/L)	生成有色盐
蓝色[①]	①亚铁氰化钾[$K_4Fe(CN)_6 \cdot 3H_2O$] ②三氯化铁($FeCl_3$)或硫酸铁[$Fe_2(SO_4)_3$]	30~50 40~50	亚铁氰化铁（普鲁士蓝）
黑色[②]	①醋酸钴($CoAc_2$) ②高锰酸钾($KMnO_4$)	50~100 15~25	氧化钴
黄色	①醋酸铅($PbAc_2 \cdot 3H_2O$) ②重铬酸钾($K_2Cr_2O_7$)	100~200 50~100	铬酸铅
白色	①醋酸铅($PbAc_2 \cdot 3H_2O$) ②硫酸钠(Na_2SO_4)	10~50 10~50	硫酸铅
白色	①氯化钡($BaCl_2$) ②硫酸钠(Na_2SO_4)	30~50 30~50	硫酸钡
橙色	①硝酸银($AgNO_3$) ②铬酸钾(K_2CrO_4)	50~100 5~10	铬酸银
褐色	①铁氰化钾[$K_3Fe(CN)_6$] ②硫酸铜($CuSO_4 \cdot 5H_2O$)	10~50 10~100	铁氰化铜
黄色	①硫代硫酸钠($Na_2S_2O_3$) ②高锰酸钾($KMnO_4$)	10~50 10~50	氧化锰
金色	草酸高铁铵[$NH_4Fe(C_2O_4)_2$] (pH=4.8~5.3,35~50℃,2min)	10(浅) 25(深)	
古铜色	草酸($H_2C_2O_4$) 硫酸亚铁铵[$(NH_4)_2Fe(SO_4)_2 \cdot 18H_2O$] 氨水($NH_3 \cdot H_2O$) (pH=5~6,50℃±5℃,2~5min)	22 28 30mL/L	

① 染蓝色时，1# 预浸液，30~50℃，浸 3~5min，清洗后浸入 2# 液，40~55℃，2~5min。

② 染黑色时，1# 预浸液，50℃，浸 1min，清洗后浸入 2# 液，50℃，浸 1~2min。

Kape 和 Mills[52] 论述了两步法无机染色的某些细节，列出了一些具有实用价值的例子，见表 12-8。

表 12-8　无机染色实例

第一种溶液	第二种溶液	可能的化合物	颜色范围
$FeSO_4(NH_4)_2SO_4 \cdot 7H_2O$	$NH_4VO_3 1\%$(质量/体积)	碱式钒酸亚铁	浅绿黄
单宁酸	$NH_4VO_3 1\%$(质量/体积)		绿褐色
单宁酸	$Na_2Cr_2O_7 \cdot 2H_2O$		黄橙色
单宁酸	$FeSO_4(NH_4)_2SO_4 \cdot 7H_2O$		紫色
单宁酸	$Fe(NO_3)_3 \cdot 6H_2O$		紫色
没食子酸	$NaVO_3$		黄色
没食子酸	$Na_2WO_4 \cdot 2H_2O$		很浅黄绿色
没食子酸	$Na_2MoO_4 \cdot 2H_2O$		黄橙色
没食子酸	$Na_2Cr_2O_7 \cdot 2H_2O$		橙色
没食子酸	$FeSO_4(NH_4)_2SO_4 \cdot 7H_2O$		紫色
没食子酸	$Fe(NO_3)_3 \cdot 6H_2O$		紫色
$PbAc_2 \cdot 3H_2O$	K_2CrO_4	$PbCrO_4$	黄色
$K_4Fe(CN)_6$ $PbAc_2 \cdot 3H_2O$	$Fe(NO_3)_3 \cdot 6H_2O$ K_2CrO_4	$Fe_4[Fe(CN)_6]_3$ 和 $PbCrO_4$	绿色
柠檬酸铋络合物	$K_2Cr_2O_7$	$Bi_2(Cr_2O_7)_3$	黄色
Tl_2SO_4	$K_2Cr_2O_7$	$Tl_2Cr_2O_7$	黄色
$ZnSO_4 \cdot 7H_2O$	K_2CrO_4	$ZnCrO_4$	黄色
$BaCl_2 \cdot 2H_2O$	K_2CrO_4	$BaCrO_4$	淡黄
$AgNO_3$	K_2CrO_4	Ag_2CrO_4	砖红色
$PbAc_2 \cdot 3H_2O$	K_2SO_4	$PbSO_4$	白色
Tl_2SO_4	$Na_3Co(NO_2)_6$	亚硝酸钴亚铊	黄色
草酸铁铵$[NH_4Fe(C_2O_4)_2]$		氧化铁	黄棕色

　　表 12-8 中所列染色方法在第一种溶液中吸附往往无关紧要，一般 1％浓度就可以了。温度常温。假如一次处理不能染成满意的颜色，可以重复染色。

　　无机染色除采用两步法浸渍外，还可以进行一步法染色。此时将阳极氧化后的工件浸入一个含重金属盐的溶液中，此重金属盐在膜孔中水解生成色淀。如将工件浸入 2％（质量分数）草酸铁铵溶液中或 5％～10％（质量分数）草酸铁和 2％～5％（质量分数）草酸铵的混合溶液中，即能染成古铜色。也可使用其他的溶液，如氯化铁的醋酸溶液、硫酸亚铁和亚铁氰化钾的混合液、高锰酸钾溶液等。铁的氢氧化物沉淀可用没食子酸或焦性没食子酸来增色[53]。此法提供了在加有合适稳定剂的单一溶液中生成色淀染色的工艺[54]。

　　草酸铁铵常常用于工件染金色，具有良好的耐晒和抗热性能，适宜于制作建筑物的构件。

　　另一种一步染色法专为交流阳极氧化膜设计。因为交流氧化膜层含有少量硫（S），将工件浸入一种稀金属盐溶液中染色，封孔后色泽会加深。染色前如果将工件浸入氨水溶液中处理一下，可以增强染色能力。Kape[55] 曾对此作过深入研究。一些实例见表 12-9。

表 12-9　交流阳极氧化膜一步法无机染色

盐溶液	浓度(质量/体积)/%	热水封孔后增色	盐溶液	浓度(质量/体积)/%	热水封孔后增色
硝酸银（$AgNO_3$）	1	橄榄棕色	草酸铁铵[$NH_4Fe(C_2O_4)_2$]	2	黑色
醋酸铅（$PbAc_2$）	2.5	红褐色	硫酸亚铁铵[$(NH_4)_2Fe(SO_4)_2$]	1	橄榄绿色
醋酸镉（$CdAc_2$）	1	黄色	二氧化硒（SeO_2）	1	黄色
醋酸钴（$CoAc_2 \cdot 4H_2O$）	1	黑色	硝酸铵铋[$NH_4Bi(NO_3)_4$]	1	棕色
硫酸铜（$CuSO_4 \cdot 5H_2O$）	2.5	绿色	硫酸亚锡（$SnSO_4$）	1	棕黄色
酒石酸氢钾	1	橙色	高锰酸钾（$KMnO_4$）	1	浅黄色

12.7　染色的特殊方法

随着人们生活水平的提高，一些铝制日用品以及工艺品等希望得到更为绚丽夺目的外观色彩，促使表面处理工作者试验出了多种特殊的染色方法，主要有以下几种。

12.7.1　双色染色工艺

在阳极氧化膜上染一种颜色的过程称为单色处理。为了增加铝件表面处理的花色品种，利用多种工艺手段在铝件上形成两种或两种以上颜色的过程称为双色染色处理。双色处理的方法很多，仅举以下几例。

（1）方法 1。阳极氧化后的铝件先染第一次色（一般为浅色），然后用橡皮印刷法或丝网印刷法，以透明醇酸清漆作印浆，在铝件上印上所需图案花样。烘干后进行褪色处理，然后再染第二次色（一般为深色），经清洗封孔后，就获得美丽的双色图案花样。

褪色处理溶液可用下列溶液：

① 次氯酸钠（NaClO）1%（质量分数）；

② 硝酸（HNO_3）30%（质量分数）；

③ 磷酸钠（Na_3PO_4）5%（质量分数）；

④ 铬酐（CrO_3）100～200g/L 和硫酸（H_2SO_4）100g/L。

（2）方法 2。第一次染色后用漆印上花式图案，烘干后进行褪色处理，再第二次阳极氧化（第二次可用瓷质氧化），接着染第二次色，封孔后显现美丽外观。

（3）方法 3。第一次染浅色，印上图案烘干后接着染深色，中间不用褪色，也能获深浅明暗不同的图案。

12.7.2　渗透染色工艺

本工艺是以十分简单、便宜的方法，来获得抽象、无规则的似花朵以及大理石、树纹等彩色、多色花纹。

渗透染色工艺是将已氧化染好色而未封孔的工件，用铬酸或草酸喷洒、点滴，再用石棉、玻璃纤维等随意捭划。主要利用铬酸、草酸溶液的润湿性来渗透铺展，凡与铬酸、草酸接触的部位颜色被褪去，然后立即用水冲洗，使其反应停止，再染上不同颜色。上述步骤可以多次重复,最后获得一幅五彩缤纷的抽象图案。

消色液一般用下列溶液。

[溶液 1]

铬酐(CrO$_3$)   300~400g/L

[溶液 2]

草酸(H$_2$C$_2$O$_4$)   200~300g/L

[溶液 3]

硫酸镁(MgSO$_4$·7H$_2$O)   300~400g/L   醋酸(HAc)   3~5mL/L

[溶液 4]

高锰酸钾(KMnO$_4$)   100~200g/L   醋酸(HAc)   1~2mL/L

在铬酸或草酸等溶液处理后,如果再在下列任一溶液中浸一下,可获得更多的杂乱色彩。

[溶液 1]

高锰酸钾(KMnO$_4$)   10~200g/L   时间   5~10s

[溶液 2]

氢氧化钠(NaOH)   10~50g/L   时间   3~5s

[溶液 3]

次氯酸钠(NaClO)   50~150g/L   时间   10~15s

如果采用瓷质氧化,其阳极氧化膜经渗透法染色后,花纹更为大方、美观,极像古董瓷器,颇具独特魅力。

此法比双色染色法简单易掌握,成本低廉,而且用本法生产时,因花纹是不规则的抽象图案,所以合格率高,没有废品。经本法染色的产品,耐晒、耐磨等质量良好,目前已广泛应用在打火机、茶盘、保温杯、台灯等日用铝制品的染色上,深受消费者的欢迎。

12.7.3 花样染色工艺

花样染色法是另一种可以获得自由抽象图案的方法。铝件经阳极氧化后浸入辅助剂溶液,辅助剂为含有少量油脂的冷水,氧化后的铝件浸入浮有油脂的水中,表面会沾上部分油,由于这些油膜不是均匀地涂布在铝件表面,所以染色时铝件表面会获得深浅不一的抽象花纹。

12.7.4 转移印花工艺

转移印花是 20 世纪 70 年代发展起来的一种较新的工艺,它先用印刷的方法将特殊的转移油墨按图案的要求印在纸上,制成转移印花纸,然后将印花纸反贴于铝阳极氧化后的制品上,通过高温热压,使原来印在纸上的分散性染料升华或气相转移到铝氧化膜孔隙中。由于转移到产品上的是染料,印花浆中的糊料或油墨中的填充剂仍留在纸上,不需经过水洗等处理,工艺简便,无污水、废气产生,而产品则具有层次丰满、花纹精细等特点。此法首先应用于合成纤维上,随着现代科技的发展,该工艺逐步在铝及其合金制品上推广应用,为铝制件装饰工艺开辟了一条新的途径。

印好图案后将制件在 150~170℃烘烤 10min,干后浸入水溶性树脂溶液封孔 3~5s,取出甩干，再在 80～100℃烘烤 5min 后取出即得成品。

采用此法必须注意以下几点。

① 此工艺要求铝件平滑无光，可用瓷质氧化。氧化后用水清洗干净，再用 5％稀氨水溶液中和残酸，务必将残酸、残碱冲洗得干干净净，再将分散性染料的转移印花纸蘸水贴于制品表面。对于大件制品，可直接用分散性染料绘画于其表面。

② 染料要选用分散性染料。一般是低分子偶氮蒽醌及二苯胺的衍生物，相对分子质量在 1000 以下，分子直径 2×10^{-7}mm 左右。

12.7.5　感光染色工艺

铝及铝合金感光染色工艺是在阳极氧化过的铝板表面涂布骨胶或明胶感光液，经紫外线曝光，保留所需图案文字，再浸入染色液中进行染色，配合保护手段，可在铝板表面获得各种色彩图案，用清漆罩光，此法也称照相染色法。即主要通过涂布感光胶，经曝光、显影、染色、定影等一系列步骤，根据底片花样，在阳极氧化后的铝板上成像，染上各种悦目颜色图案。

12.7.6　印染染色法

用丝网漏印法或其他印染法将色浆直接印在铝氧化膜上，膜孔吸附色素，然后封孔，使铝制品表面呈现各种图案的方法称为印染染色法。这种方法尤其适用于工艺美术品、室内装饰品及家庭用具等。

印染浆一般采用阴离子染料，如直接染料、酸性染料等。为了减少表面张力、增加染料在膜孔中的扩散渗透力，可加入一些非离子表面活性剂。

色浆配方为：羧甲基纤维素 55％（质量分数）、海藻酸钠 15％、六偏磷酸钠 0.6％、色基 30％、山梨醇 4％、甲醛 0.4％。依次配入并充分搅匀后备用。

参考文献

[1]　Brace A W. The Technology of Anodizing Aluminium. 3rd Edition. Modena：Interall Srl，2000.

[2]　BP，223995. 1923.

[3]　Wernicks，et al. The Surface Treatment and Finishing of Aluminium and its Alloys. 5th Edition. Ohio：ASM International，Metal Park，1987.

[4]　Peek R，Brace A W. Trans Institute Metal Finishing，1957，34：232-249.

[5]　Giles C H，Mehta H V，Stewart C E，Subramanian R V R. J Chem Soc，1954，4360-4374.

[6]　Cummings T，Carven H C，Giles C H，et al. J Chem Soc，1959，535-544.

[7]　Giles C H，et al. J Appl Chem，1959，9（9）：457-466.

[8]　Giles C H. Internet Conference on Anodizing. Nottingham：1961. 174-180.

[9]　Giles C H，Datye K V. Trans Institute Metal Finishing，1963，40，（3）：113-118.

[10]　Giles C H. Rev Progress Coloration，1974，5：49-64.

[11]　Giles C H. Trans Institute Metal Finishing，1979，57：48-52.

[12]　Cutroni A. Galrano Tecnica，1961，12（7）：148-150.

[13]　Aluminium Colors Inc：BP，401370. 1932.

[14]　Kape J M，Mills E C. Trans IMF，1958，35：353.

[15]　Soc of Dyers and Colourists. Colour Index. Bradford，UK.

[16]　Giles C H，et al. J Appl Chem，1959，457：66.

[17] Speiser C T. Electroplating & Metal Finishing, 1956, 9 (4): 109-116, 128.

[18] Dunham R S, Tosterud M: BP, 387806. 1932.

[19] Swiss Pat, 258630. 1947.

[20] 刘晓东. 材料保护, 1990, 23 (9): 29.

[21] 王健春. 电镀与精饰, 1989, 11 (2): 27.

[22] 郑瑞庭. 电镀与涂饰, 1996, 15 (2): 45.

[23] 唐基禄. 电镀与精饰, 1996, 18 (1): 35.

[24] 郑永丰. 电镀与环保, 1996, 16 (1): 13.

[25] 高福全, 沈富春. 上海电镀, 1982, (3): 37.

[26] Giles C H, Datye K V. Trans IMF, 1963, 40: 113-118.

[27] Stiller F P. Plating, 1956, 43 (12): 1419-1421.

[28] Hoban R F. Plating, 1967, 54 (2): 183-185.

[29] Schenkel H, Speiser C T. Metal Finishing, 1972, 70 (6): 41-45, (7): 34-40.

[30] Schenkel H, Speiser C T. Aluminium, 1972, 48 (8): 545-552.

[31] Giles C H. Proc International Conference on Anodizing 1961. London: The Aluminium Development Association, 1962: 174-180.

[32] Metal Prod Manuf, 1961, 18 (8): 39.

[33] Class M, Class E. Aluminium, 1967, 43 (2): 98.

[34] Glayman J. Galvano, 1967, (370): 835-840.

[35] Gardam G E. Trans IMF, 1964, 41: 190-194.

[36] 张祥生等. 材料保护, 1999, 32 (2): 15.

[37] 唐春华. 电镀与涂饰, 1990, (4): 23.

[38] 李贤成. 材料保护, 1996, 29 (1): 34.

[39] 朱亚璋. 材料保护, 1980, (2): 37.

[40] 王祖源. 材料保护, 1980, (3): 23.

[41] Polfreman R E M, Budd M K. Trans IMF, 1961, 38: 137.

[42] Akahori H J. Metal Finishing Soc (Japan), 1963, 13 (10): 433-437.

[43] Durand, Huguenin A G, Basle. Colorants Aluminium. 2nd Ed. Switzerland, 1954.

[44] Sandoz Ltd Guid to the adsorptive dyeing of anodized aluminium. 1980.

[45] Vanden Berg R V. Products Finishing, 1960, 24 (5): 25-35.

[46] Polfreman R E M, Budd M K. Trans Institute Metal Finishing, 1961, 38 (4): 137~140.

[47] 刘晓东. 表面技术, 1990, 19 (3): 27.

[48] 潘志信. 电镀与环保, 1995, 15 (1): 31.

[49] 席士贤. 电镀与环保, 1987, 7 (1): 40.

[50] 徐安福. 电镀与环保, 1985, 5 (6): 36.

[51] Grossmann D H. Trans Inst Met Fin, 1977, 55: 1-5.

[52] Kape J M, Mills E C. Trans Inst Met Fin, 1958, 35: 353-384.

[53] United Anodising Ltd: BP, 645443. 1949.

[54] United Anodising Ltd: BP, 716119. 1951.

[55] Kape J M. Trans Inst Met Fin, 1977, 55: 25-30.

第**13**章
铝阳极氧化膜的封孔

建筑、装饰和保护用铝合金的阳极氧化基本上是生成多孔型阳极氧化膜，以建筑用 6063 铝合金的硫酸阳极氧化为例，孔隙率大致达到 11％。第 6 章已经叙述了这种多孔型阳极氧化膜的结构，它是由紧贴金属基体的阻挡层与多孔层两部分所组成。这种多孔的特性虽然赋予阳极氧化膜着色和其他功能的能力，但是耐腐蚀性、耐候性、耐污染性等都不可能达到使用的要求，因此从实践应用考虑，铝阳极氧化膜的微孔必须进行封闭。未封孔的阳极氧化膜，由于大量微孔孔内的面积，使暴露在环境中的工件或试样有效表面积增加几十倍到上百倍，为此相应的腐蚀速度也大为增加。因此铝的阳极氧化膜除个别如耐磨的硬质氧化膜以外，从提高耐腐蚀性和耐污染性考虑，都必须进行封孔处理。

国际标准对于封孔的定义曾经是"为了降低阳极氧化膜的孔隙率和吸附能力，对于铝阳极氧化以后的阳极氧化膜所进行的水合处理过程"。这个定义实际上将铝阳极氧化膜的封孔局限于水合过程，在当今冷封孔工艺已经占据封孔工业生产的半壁江山之时，应该扩充封孔定义的内涵。我国和欧洲各国的建筑铝型材生产目前基本上采用冷封孔工艺或中温封孔工艺。为了反映封孔技术的发展，我国新国家标准对封孔的定义修改为"铝阳极氧化之后对于阳极氧化膜进行的化学或物理处理过程，以降低阳极氧化膜的孔隙率和吸附能力"。将水合处理修改扩充为化学或物理处理，说明了封孔工艺的发展和多样化。封孔已经不局限于以水合反应过程为原理的沸水和高温蒸汽封孔，从而使充填过程的冷封孔、铬酸盐封孔、乙酸镍封孔或新开发的中温封孔等都包括在封孔范畴之内，甚至电泳涂装、浸渍涂装或有机物封孔等也可以看作是一种有机聚合物的封孔过程。这样封孔的内容和范围已经大大地扩充了。

13.1　封孔技术的发展及分类[1-49]

1930 年代 Dunham[1] 的专利，用铬酸盐或重铬酸盐封闭阳极氧化膜的微孔，至今在某些场合仍在使用。同一时期日本报道[2] 首先采用了高温蒸汽封孔，随后在工业上发展成为一度普遍使用的沸水封孔。1960 年代日本开发了阳极氧化膜的电泳涂装并得到工业应用，目前日本的建筑铝合金型材 90％以上采用电泳涂装。1970 年代以后欧洲开发了以氟化镍为主成分的冷封孔技术，已经在包括我国的许多国家中广泛采用，目前除日本以外的绝大部分国家基本上认可了冷封孔工艺。目前世界各国的建筑铝型材的生产方面，阳极氧化膜的封孔技术基本上采用沸水封孔（或高温蒸汽封孔）、冷封孔和电泳涂装三项工艺。90 年代以来中温封孔，包括无镍和无氟的新中温封孔工艺也已经从实验室走向大生产，鉴于环境保护和能源节约的考虑，中温封孔有扩大应用的趋势。在其他某些应用领域中，早期开发的硅酸盐封孔、重铬酸盐封孔以及有机物封孔等也还在工业生产中继续得到应用。

铝阳极氧化膜的封孔方法很多，从封孔原理来分主要有水合反应、无机物充填或有机物充填三大类。为了清晰和方便起见，表 13-1 中列出现在工业上采用的铝阳极氧化膜的主要封孔处理方法、工艺条件及其性能特点。

表 13-1　铝阳极氧化膜的主要封孔方法、工艺条件及其性能特点

方　法	封孔溶液	主要封孔条件	备　　注
沸水法	离子交换水	pH＝6～9,95℃以上	耐蚀、耐候性能好
水蒸气法	高温加压水蒸气 高温常压水蒸气	1.2atm 以上	耐蚀、耐候性能好,封孔时间比沸水法短
冷封孔法	氟化镍等水溶液	常温	我国和欧洲通用,性能同水蒸气法
电泳法	聚丙烯酸树脂水溶液	常温	耐蚀、耐候性能好,尤其在污染大气中
浸渍法	聚丙烯酸树脂有机溶液	常温	性能相似于电泳法,膜均匀性较差
乙酸镍法	乙酸镍或乙酸钴水溶液	pH＝5～6,70～90℃	可能带淡绿色,适于染色膜
重铬酸钾法	重铬酸钾水溶液	pH＝6.5～7.0, 90～95℃	带淡黄色,适于 2000 系铝合金
硅酸钠法	水玻璃	约 20%(体积分数),85～95℃	耐碱性好
油脂法	—	—	特殊情况或临时保护用

13.2　封孔质量的品质要求

鉴于封孔处理可以降低多孔型阳极氧化膜的沾染性（降低膜吸附力），提高耐腐蚀性和电绝缘性，因此封孔品质的评价方法直接指向上述几项性能改善的效果，有关封孔品质检验方法的我国标准和国际标准如下。

（1）评定封孔之后阳极氧化膜吸附能力降低的染色斑点试验，以染斑颜色深度分级作为评判依据。详见国家标准 GB/T 8753.4 以及相应的国际标准 ISO 2143。

（2）评定封孔之后阳极氧化膜电绝缘性提高的导纳试验，合格标准各国有所不同，德国、英国和国际标准分别采取导纳值 $300/t$、$500/t$、$400/t$ 为合格标准，其中 t 是膜厚（μm），以德国最为严格，国际标准折中。导纳实验在德国用得比较多，我国在生产中基本上没有采用导纳试验方法，只在个别实验室的研究中使用。试验细节见国家标准 GB/T 8753.3 以及相应的国际标准 ISO 2931。

（3）评定封孔之后阳极氧化膜在酸溶液中溶解速度降低的磷铬酸失重试验，见国家标准 GB/T 8753.1 以及相应的国际标准 ISO 3210。这是阳极氧化膜封孔品质目前惟一的仲裁试验方法，尤其适合于装饰和保护用的阳极氧化膜。近年来欧洲的标准规定磷铬酸失重试验之前，应该先在硝酸中预浸，用两次失重之和（mg/dm^2）作为评判依据，实际上比无硝酸预浸的一次失重作为判据更加严格。并且欧洲标准已经将它作为建筑用铝阳极氧化膜惟一的仲裁试验方法（见欧洲标准 EN 12373-7），有时也称之为硝酸预浸的 ISO 3210 试验方法。硝酸预浸的磷铬酸试验的数据重复性好，与大气环境中使用效果的相关性强，我国在 2005 年颁布的新国家标准（GB/T 8753.2）已经增加硝酸预浸的磷铬酸试验方法。关于合格值的判据，不论是否经过硝酸预浸，目前我国、欧洲和国际标准的合格值都是 $30mg/dm^2$，美国标准是 $40mg/dm^2$。

（4）评定封孔之后阳极氧化膜在酸溶液中溶解速度降低，还有一个酸浸失重试验，即国家标准 GB/T 14952.2—94 以及相应的国际标准 ISO 2932—1981。这个酸浸试验采用乙酸-乙酸钠或酸化亚硫酸钠溶液，其合格值也是 $30mg/dm^2$，一度曾经作为封孔的仲裁试验方法。但是由于酸浸试验结果与实际使用的相关性不如磷铬酸试验的结果灵敏，目前国内外已经很少使用，而且不再是仲裁试验方法。欧洲标准（EN）现在已经撤销这个试验方法，我国在新颁布国家标准中也已经撤销这项酸浸试验方法。

我国国家标准（GB）的封孔质量检测方法和合格标准基本上按照国际标准（ISO）执行，实际上与欧洲试验方法和合格标准比较一致。美国的试验方法和合格标准有些不同，它们的材料性能试验方法一般采用 ASTM 标准。表 13-2 所列为目前中国、欧洲和美国的主要封孔试验方法和合格标准的对比。由于国内外导纳试验和酸浸试验使用较少，表 13-2 不列入。

表 13-2 目前中国、欧洲和美国的主要封孔试验方法和合格标准的对比

中国试验方法 国家标准 GB	欧洲试验方法 Qualanod 或 EN 标准	美国试验方法 ASTM 标准	情况比较
无硝酸预浸的磷铬酸 GB/T 8753.1 $<30mg/dm^2$ 为合格	硝酸预浸的磷铬酸 EN 12373-7 $<30mg/dm^2$ 为合格	无硝酸预浸的磷铬酸 ASTM B-680 $<40mg/dm^2$ 为合格	中国、欧洲标准最严格 美国标准最宽松
染色斑点试验 GB/T 8753.4 1min 氟硅酸 1min 红或蓝色染料	染色斑点试验 ISO 2143 1min 氟硅酸 1min 红或蓝色染料	修改的染色斑点试验 ASTM B-136 2min 50% 硝酸 3min 蓝色染料	美国标准最严格 中国、欧洲标准较宽松

13.3 热封孔工艺

热封孔技术是在接近沸点的纯水中，通过氧化铝的水合反应，将非晶态氧化铝转化成称为勃姆体（böhmite）的水合氧化铝，即 $Al_2O_3 \cdot H_2O(AlOOH)$。由于水合氧化铝比原阳极氧化膜的分子体积大了 30%，体积膨胀使得阳极氧化膜的微孔填充封闭，阳极氧化膜的抗污染性和耐腐蚀性随之提高，同时导纳降低（即阻抗增加），阳极氧化膜的介电常数也随之变大。在 1970 年代冷封孔技术问世之前，热封孔曾经是建筑铝型材阳极氧化膜惟一的封孔方法。由于日本市场至今不认可冷封孔技术，因此在日本热封孔仍然是除了电泳涂装以外惟一的铝建材阳极氧化膜的封孔方法。

13.3.1 热封孔机理

热封孔的本质是水合反应，国外在近期文献中一般不简单地称之为热封孔或沸水封孔，而常称之为"水合-热封孔"（hytro-themal sealing），某些技术文献也称热-水合封孔（ther-mal-hydro-sealing）。这既反映了"水合"的本质，又说到了"热"的现象。本章在讨论热封孔机理时也采用水合-热封孔的术语，但在工艺讨论时仍按照习惯简称热封孔或沸水封孔。水合-热封孔化学反应的过程本身十分简单，可以写成为下列反应方程式。

$$Al_2O_3 + H_2O \Longrightarrow Al_2O_3 \cdot H_2O(AlOOH)$$

硫酸阳极氧化多孔膜的孔径非常小，约为 $15 \sim 25nm$。在封孔过程中 OH^- 扩散进入氧化膜的孔中，只要扩散过程是封孔速度的控制步骤，那么封孔速度随时间的变化应该是非线性的关系。换句话说，封孔程度不是与封孔时间成正比，开始时速度较快而以后逐渐降低。此外阳极氧化膜在水温 80℃ 以下不能转化为勃姆体，虽然实际反应历程还可能复杂一些，但是基本上认为在水温 80℃ 以下只能生成三份结晶水的拜耳体 [即 $Al_2O_3 \cdot 3H_2O$ 或 $Al(OH)_3$]。而拜耳体水合氧化铝的耐腐蚀性远不如勃姆体的水合氧化铝。因此为了得到有效的封孔，实际工业生产操作的温度必须保持在 95℃ 以上。此外铝硫酸阳极氧化的多孔型结构的非晶态氧化物，其成分相当复杂，并不是单一的 Al_2O_3，至少可能含有不到 15% 的硫酸根。如果孔中遗留硫酸溶液未洗干净，对于封孔反应也有不良影响。图 13-1 所示为铝阳极氧化膜的水合-热封孔过程的机理模型。

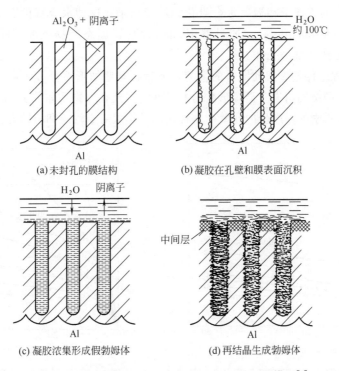

图 13-1　铝阳极氧化膜水合-热封孔过程的机理模型[4]

图 13-1(a) 所示为未封孔的阳极氧化膜孔型结构；图 13-1(b) 所示为当放在大约 100℃ 的水中，在膜表面和孔壁上沉积水合氧化膜的凝胶；图 13-1(c) 所示为凝胶浓集形成假勃姆体，继续反应的速度受水进入膜孔与阴离子进入溶液的扩散控制；图 13-1(d) 所示为再结晶生成勃姆体，先在表面开始，中间层仍由扩散生成。上述四个步骤在孔中生成了耐腐蚀的勃姆体，完成了氧化膜微孔的封闭。

在上述模型提出之前，许多研究已经证明以下事实：

① 电子探针显微分析发现阳极氧化膜的硫含量随封孔时间明显降低，同时膜中凝胶状的沉淀开始发生，随着封孔时间的延长，这种沉淀的深度和数量不断增加；

② 电子显微镜直接观察到阳极氧化膜在封孔中孔壁的变化及微孔的封闭过程，起初在膜孔的外部接近表面处有凝胶状的沉淀，随封孔时间的延长，凝胶状的沉淀向微孔深处不断发展；

③ 在生成勃姆体之前，孔中有中间态水合凝胶状的假勃姆体沉淀存在；

④ 在生成勃姆体之前，孔壁经历着腐蚀溶解及再沉淀过程，溶解-再沉淀过程的反应速度是扩散控制的；

⑤ 部分水合氧化膜的中间层可能存在于勃姆体层的下面，中间层的生成速度也是扩散控制的，并与封孔条件及封孔时间密切相关。

上述试验观察的结果就是图 13-1 所示的水合-热封孔机理模型的根据。

关于封孔机理的研究，英国 UMIST 的科学家在几十年中做了大量开创性研究工作，尤其在使用先进的物理仪器进行显微观察方面，其中包括我国访问学者徐源等也做了工作。UMIST 的 Thompson 和 Wood[3] 对于水合-热封孔反应过程还提出过下列现象说明。

① 在正常封孔条件下，热水可能很快地渗透到微孔中，因为局部 pH 值相当高，氢氧根与孔中向外扩散的铝离子相遇，水合氧化铝沉淀出来。这种水合氧化铝可能是不完全结晶的假勃姆体（pseudo-böehmite）。通过溶解-沉淀反应，固态产物沉淀不断增多，从孔壁和孔底开始发展到阻塞了整个孔体。

② 在封孔进程中伴随着假勃姆体的沉淀，或者在某些情形下，可能直接发生勃姆体的结晶态沉淀，使得孔型结构消失。显微形貌分析表明，"充孔"物质常常具有片状或针状形态，并逐渐扩展为更加紧密的新产生的孔壁，这种结构的扩大对于耐候和耐蚀有很好的作用。

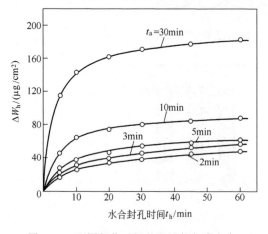

图 13-2　不同氧化时间的阳极氧化膜水合-热封孔增重与封孔时间的关系[5]

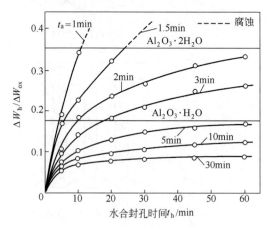

图 13-3　不同氧化时间的阳极氧化膜水合度与封孔时间的关系[5]

日本北海道大学永山政一教授等人对于铝阳极氧化膜的水合封孔机理进行了从化学研究到显微观察等卓有成效的工作，发表了大量论文。由于草酸溶液中生成的阳极氧化膜孔径较大，易于进行显微观测，为此理论研究常常选择草酸溶液阳极氧化膜作为研究对象。图 13-2 所示为不同厚度（阳极氧化时间 t_a 不同）的阳极氧化膜，水合-热封孔的增重 ΔW_h 与封孔时间 t_h 的关系。从图 13-2 中可以明显地看到，开始时水合封孔膜的增重很快，厚膜（阳极氧化时间 $t_a=30\text{min}$）的增重比薄膜（$t_a=2\sim5\text{min}$）更快，封孔时间 t_h 在 $10\sim15\text{min}$ 以后，增重趋缓直至达到极限值。如以 $\Delta W_h/\Delta W_{ox}$ 对于封孔时间 t_h 作图（见图 13-3），表示阳极氧化膜的水合度（即水合封孔增重 ΔW_h 除以阳极氧化膜重量 ΔW_{ox}）与封孔时间的关系。图 13-3 中 7 条曲线分别表示不同阳极氧化时间 $t_a(t_a=1\sim30\text{min})$ 的试样，阳极氧化膜的水合度与水合封孔时间的关系。对于下列封孔的水合反应：

$$Al_2O_3+nH_2O\Longrightarrow Al_2O_3\cdot nH_2O$$

假如 $t_a<1.5\text{min}$，则阳极氧化膜完全水合，此时只能是 $n=2$ 或金属迅速发生腐蚀（图 13-3 中虚线表示）。只有阳极氧化时间 $t_a=5\text{min}$、10min、30min 时才可能生成 $Al_2O_3\cdot H_2O$ 的勃姆体结构。

根据草酸溶液中阳极氧化膜的水合-热封孔及酸溶解试验的重量测定、阻抗测定及充孔特性测定等结果，永山教授引证了水合封孔的另一种机理模型，将薄膜及厚膜的水合-热封孔的物理图像分别表示为如图 13-4(a) 和图 13-4(b) 所示。可以这样理解水合-热封孔的水合反应历程：开始时，水合反应在孔壁的所有表面上进行，生成水合氧化膜后孔径变小。水合反应时间 t_h 到达 $10\sim15\text{min}$ 之后，微孔开始封闭。这两种封孔过程的模型虽然没有本质差别，但是已经提供了分别处理厚膜与薄膜的思路。只要想象氧化膜继续增厚，由于孔底部分受到扩散的控制，孔口部分首先封闭，厚膜的孔底存在不完全封闭的可能。在以后的电子显微镜观察研究中发现，阳极氧化膜的微孔确实没有完全封闭，而微孔的孔口变得十分狭小或者接近封闭，也有科学家认为此时膜孔已经不呈化学活性。

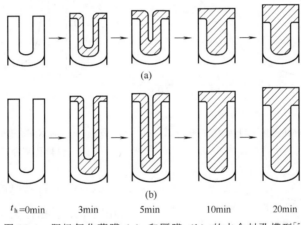

$t_h=0\text{min}$　　3min　　5min　　10min　　20min

图 13-4　阳极氧化薄膜（a）和厚膜（b）的水合封孔模型[5]

上述水合氧化膜的成分大致是 $Al_2O_3\cdot nH_2O$，当温度在 95℃左右时，$n=1$，即为耐腐蚀性较好的勃姆体；当温度低于 80℃时，$n=3$，即为耐蚀性较差的拜耳体；有些研究者在试验中发现 $n=2$，密度约为 2.6g/cm^3，而氧化铝的密度应该是 2.9g/cm^3。实验表明水合度高，耐蚀性差，n 趋于 1 耐蚀性提高。

国外曾经对于水合-热封孔的机理进行过广泛深入的研究，尤其在英国和日本提出过许多见解和模型。以上介绍表明，封孔过程从孔壁开始向孔中心发展，孔中的物质迁移受扩散控制，封孔的最终产物是经过一系列反应步骤实现的。

13.3.2　沸水封孔参数对封孔质量的影响

热封孔主要包括沸水封孔及高温蒸汽封孔，其原理都属于水合反应生成勃姆体达到封孔的目的。本节先叙述沸水封孔工艺参数的影响，高温蒸汽封孔将放在 13.5 节中叙述。

（1）沸水封孔的温度。水温一般要保持在95℃以上，如果温度低于80℃，水合反应的产物耐腐蚀性较差，其成分是 $Al_2O_3 \cdot 3H_2O$，即 $Al(OH)_3$。图 13-5 所示为封孔温度对于封孔品质试验失重的影响，纵坐标是封孔时间（min），横坐标是品质试验失重（mg/cm²），分别对五个封孔温度80～100℃作图。结果表明只有封孔温度大于94℃后，封孔品质明显转好，温度继续升高，封孔品质更好。

（2）沸水封孔的 pH 值。这是另一个保证封孔质量的工艺因素，实验表明最佳的 pH 值范围应该是5.5～6.5。从 pH-电位图也可以预测到，铝在酸性或碱性水中都会发生腐蚀，不可能生成耐腐蚀的勃姆体结构，显然不适合于水合封孔。图 13-6 所示为沸水封孔的 pH 值对于100℃沸水封孔时的增重和封孔膜导纳值的影响。封孔的增重与膜的导纳有很好的对应关系，由图 13-6 所示说明 pH 值在5～8时封孔品质处于比较好的状态。

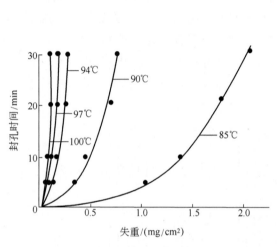

图 13-5　封孔温度对于封孔品质
试验失重的影响[6]

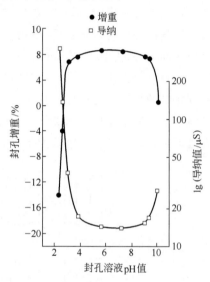

图 13-6　沸水封孔的 pH 值对于封孔增重
和封孔膜导纳值的影响[7]

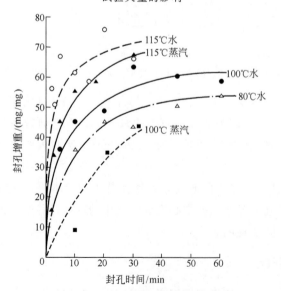

图 13-7　25μm 阳极氧化膜在不同封孔
条件下封孔增重与封孔时间的关系[8]

（3）沸水封孔时间。封孔时间取决于氧化膜厚度、孔径大小和封孔品质试验的要求。封孔时间的选择与膜厚的关系虽然一般按照封孔速度 2～3min/μm 来确定，但是按照封孔机理分析不能理解为封孔从孔底开始向孔表面发展，封孔过程应该是从孔壁开始向孔中心发展的。图 13-7 所示为 25μm 阳极氧化膜在 80℃、100℃和115℃的水或水蒸气中封孔增重与封孔时间的关系，从图 13-7 中可以看出，在开头的 5～10min 内增重很快，以后增重逐渐变慢直到大约40min基本上停止增重，表明封孔过程全部完成。

13.3.3　水中杂质的影响

沸水封孔的工艺虽然非常简单，但是封孔的效果很大程度上取决于维持高水质和控制 pH 值。表 13-3 所列为根据国外已经发表的资料汇集的各种离子对于沸水封孔品质的影响。沸水封孔曾经是主要的封孔方法，水质是最关键的控制因素。离子交换水原则上应该是完全合格的水质，但这里可能忽视了二氧化硅的有害作用，而二氧化硅是地下水中最常见的杂质，它以硅酸（H_2SiO_3）的形式存在于水中，离子交换又难于除去二氧化硅。沸水封孔工艺要求二氧化硅的含量不应超过 $17\mu g/g$，离子交换的地下水很难达到，因此必须时常检测水中的硅含量。假如原水的水质含硅量较高，就应该考虑采用比离子交换更加有效的措施，只有除去杂质二氧化硅才能保证沸水封孔的品质。

表 13-3　根据国外已经发表的资料汇集的各种离子对于沸水封孔品质的影响[9]

离子	容许值 /$(\mu g/g)$	杂质影响	离子	容许值 /$(\mu g/g)$	杂质影响
Al^{3+}	100	大于 $100\mu g/g$ 有沉淀	Cl^-	1000	降低耐蚀性
Sn^{2+}	400	大于 $400\mu g/g$ 有沉淀	F^-	14	说法不一，有报道大于 $30\mu g/g$ 有害
Ca^{2+}	1000	大于 $1000\mu g/g$ 容易产生斑迹	SO_4^{2-}	450	说法不一，有报道大于 $50\mu g/g$ 有害
K^+	1000 以上	影响不大	NO_3^-	1000	
Na^+	1000 以上	影响不大	PO_4^{3-}	7	有说大于 $5\mu g/g$ 抑制封孔
Fe^{2+}	60	大于 $60\mu g/g$ 有沉淀	SiO_2	17	有说大于 $7\mu g/g$ 抑制封孔
Mg^{2+}	1000	有报道大于 $5\mu g/g$ 影响封孔质量	草酸	1000 以上	

表 13-3 中列出的杂质容许量是根据国内外发表的数据收集综合得到的，但是各种来源的具体数据往往不一，难于作为判别的依据，只具有参考价值，表 13-3 尽量反映各种不同数据。例如有报道铝含量在 $7\sim10\mu g/g$ 时，对于封孔质量没有有害影响。但是铝含量过高时，会在封孔膜的表面形成难于除去的白灰，因此只能经常清槽换水控制铝含量，表 13-3 中取铝含量为 $100\mu g/g$。硫酸根是从氧化槽带入封孔槽的主要杂质，尽管容许量报道不一，根据建筑铝材工厂实践，沸水封孔宜控制在 $450\mu g/g$ 以下。实验室研究表明磷酸根、硅酸根和氟化物应分别低于 $7\mu g/g$、$17\mu g/g$ 和 $14\mu g/g$。它们都抑制封孔，称为"封孔毒物"。磷酸根是从化学抛光槽带入的，二氧化硅在地下水中含量较高。其他有害的如有机物杂质、水中悬浮的泥灰、染色添加剂等，一般只要达到 $10\sim100\mu g/g$，因为被阳极氧化膜吸收从而对封孔有害，也应该尽量避免带入封孔槽。

13.3.4　封孔灰的防止措施

沸水封孔的最常见缺陷是表面起白灰，有时候很难去除，其防治措施一般有以下三个方面。

（1）水质控制。控制水质是根本措施，如果水中含有 $100\mu g/g$ 以上固体分的镁盐和钙盐，则表面很容易产生一层白霜。原则上只要使用去离子水并保持优良水质，封孔质量应该可以得到保证，但有时候还是难以完全避免产生白灰。

（2）封孔溶液抑灰剂。沸水封孔时通常在水中加入抑灰剂，主要由于控制水质还不足于防止白灰。因为所谓"封孔白灰"（sealing bloom）可能就是水合-热封孔生成的勃姆体，换句话说表面的封孔白灰就是孔中的封孔物质，此时表面白灰某种意义上可能就是完成微孔封闭的标志。防治白灰措施的思路是加入大分子有机化合物，它们无法进入孔中，不影响孔中的封孔反应，只在外表面起到抑灰的作用。Gohausen[10]、Speiser[11]发表过一些论文，提出加入抑灰的添加剂。一般是乙酸镍加上抑灰剂和缓冲剂，已经发表的抑灰剂成分有木质磺酸盐、聚丙烯酸、糊精、萘酚磺酸、羟基羧酸、亚磷羧基羧酸（phosphonocarboxylic acids）、磷酸盐等，它们的使用量很少，一般为 $1\sim2g/L$ 或 $1\sim2mL/L$，据说都具有抑制表面起灰的功效。

（3）化学或机械去灰。阳极氧化膜的表面一旦生成白灰，不管是何种原因，都会影响外观性能，必须予以去除。早期经常使用硝酸溶液浸渍，既可以去除白灰，又不至于损伤氧化膜。工厂也采用人工擦拭，有时擦拭时还加入软性磨料，如细氧化镁或硅酸钙，有时候用石蜡溶液或石蜡乳浊液擦拭保护表面。顺便提一下，阳极氧化膜的白灰有很多产生原因，可能来自封孔过程，也可能由于阳极氧化。国际标准将封孔发生的白灰称封孔灰，也有人称封孔华，都由英语 sealing bloom 翻译而来。而源于阳极氧化膜粉化层，我国标准将之称为白灰，英语是 chalking，在英语表达中是两个术语，但我国在汉语表达中目前没有严格区分开。应该将它们分别称之为"封孔白灰"和"氧化白粉"，简称为"封孔灰"和"氧化粉"以示区别。

13.4 冷封孔工艺

冷封孔是源于欧洲的封孔技术，也是我国目前最基本和常用的封孔工艺。这固然与大量引进欧洲阳极氧化工艺技术有关，也与我国许多地区使用水质较硬的地下水，难于满足沸水封孔的水质要求有很大关系。冷封孔节省能源和时间，操作温度在 $20\sim25℃$ 的室温，与沸水封孔比较，封孔时间缩短一半或三分之二。冷封孔的机理与沸水封孔完全不同，不是依靠水合反应生成勃姆体的体积膨胀，而是由于微孔中沉积的填充物质。国外资料尤其在标准中，直接将冷封孔称为充填封孔（impregnation sealing）。冷封孔的方法很多，本节叙述以氟化镍为主成分的冷封孔工艺，这个技术已经得到欧洲标准 Qualanod 的认可，并在我国和欧洲许多国家广泛使用。

13.4.1 冷封孔机理

相对于沸水封孔而言，冷封孔技术的机理研究还不太深入，或者说冷封孔的研究时间和研究深度都不够充分。Cavallotti 等[12]早期研究氟化镍封孔的过程，提出氟离子首先与阳极氧化膜反应，形成氟铝酸盐，再进一步与氧化铝和水反应得到铝的羟基氟化物。与此同时必须有镍离子的存在，氟化物可以促使镍离子以氢氧化镍形式在膜中沉积。其反应过程可能是含有氟化物的铝酸镍进一步与水发生反应，在铝酸盐的分子中提高 OH^-/F^- 的比率，随着 OH^- 的增加，使得氢氧化镍体积增加引起孔的阻塞。Cavallotti 等[13]进一步指出与水合-热封孔相比，冷封孔膜在强阳光或高温下容易发生微裂纹，冷封孔后的热水处理在降低微裂纹方面起到非常重要的作用，显示了无可替代的优越性。

Short 和 Morita[14,15]利用电子探针显微分析、发射电子显微镜、电子能谱仪和扫描电子显微镜研究了冷封孔的机理，揭示阳极氧化膜的孔中开始被铝和镍的氢氧化物所阻塞。他们认为充填物质在开始 $3\sim6\mu m$ 内是 $Ni(OH)_2$、$Al(OH)_3$ 和 AlF_3。同时提出孔中沉积的可能有 $Al(OH)F_2$，从冷封孔的陈化效应分析，冷封孔膜在大气中吸收水汽继续发生水合反应，沉淀出更多的 $Al(OH)_3$ 使得充填过程更加完全。

北京有色金属研究总院李宜、朱祖芳与复旦大学江志裕等[16,18]合作，利用 X 射线衍射、红外光谱、热重分析和差热分析等技术，研究了冷封孔膜的成分和结构。检定结果表明：冷封孔的主要反应产物有 $AlOOH$（勃姆体）、$Ni(OH)_2$ 和 AlF_3。上述反应产物分别由水合反应、水解反应和化学转化反应生成，并在此基础上提出了冷封孔机理，这个机理明确区分薄膜与厚膜的不同封孔过程。

李宜等[17,19]根据重量法对阳极氧化膜的封孔过程以及封孔膜的溶解过程的试验，结合俄歇电子能谱等表面物理仪器的观测，分别对薄的和厚的阳极氧化膜提出两种冷封孔模型。对于阳极氧化薄膜，封孔反应在氧化膜外表面及整个内孔壁进行，反应产物从孔壁向孔中心逐渐发展并将孔封闭（见图 13-8），不同厚度的薄氧化膜所需要的封孔时间几乎相等。而对于较厚阳极氧化膜而言，封孔反应主要在氧化膜微孔的外层区域发生，反应产物可能只将孔的外层区封闭，内层区仍未填满（见图 13-9）。这是由于封孔溶液的成分沿孔壁扩散到孔底需要一定时间，微孔愈长（即膜较厚），扩散时间愈长，封孔反应不可能在整个孔壁上以相同速度进行，所以厚膜封孔的增重速度系数和稳态增重系数比薄膜的相应系数要小。也就是说，封孔反应主要在氧化膜外层区域进行，反应产物逐步将外层区域封闭，阻塞了扩散途径，即使继续延长时间，也不可能使孔底完全封闭。这种微孔底部未被充填与热封孔厚膜的底部有些差别，后者的底部仍处于热封孔的工艺条件之下，只不过水分可能供应不足而已。以氟化镍为主成分的冷封孔技术，其最终的封孔品质取决于冷封孔膜的镍吸收量，如果膜（膜厚在 $12\sim15\mu m$）中的镍吸收量达不到 $7\sim8mg/dm^2$，则封孔品质就不可能合格。足够的镍吸收量取决于溶液的 Ni^{2+} 与 F^- 的浓度以及 Ni^{2+}/F^- 的比值，还与工艺因素（pH 值、温度和时间等）有关系。

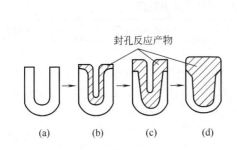
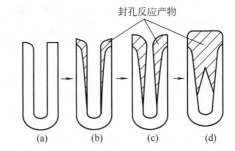

图 13-8　薄阳极氧化膜的冷封孔模型[17,19]　　图 13-9　厚阳极氧化膜的冷封孔模型[17,19]

13.4.2　冷封孔的溶液因素

以氟化镍为主成分的冷封孔技术中，溶液因素是前提，早期冷封孔添加剂问题曾经制约了我国冷封孔工艺的发展。冷封孔溶液的关键成分是 Ni^{2+} 与 F^-，Ni^{2+} 浓度一般在 $0.8\sim1.3g/L$，F^- 浓度在 $0.3\sim0.6g/L$。欧洲各国提出的 Ni^{2+} 与 F^- 的浓度高一些，分别为 $1.2\sim1.8g/L$ 和 $0.5\sim0.8g/L$。Ni^{2+} 与 F^- 的浓度不够就不能有效地封孔，Ni^{2+} 浓度过高，则冷封孔膜容易发绿，F^- 的浓度过高，则容易起灰。一般而论，冷封孔溶液只要加入 $5\sim6g/L$ $NiF_2\cdot4H_2O$ 就可以满足基本成分的要求，但是作为冷封孔添加剂，就不可能只有氟化镍。

冷封孔添加剂不仅要满足镍与氟的浓度及其比例，而且要考虑操作中溶液 pH 值的稳定、对于杂质的掩蔽作用等工艺因素，以延长冷封孔溶液寿命及拓宽工艺范围。Kalantary 等[20,21]对于冷封孔进行了系统的工艺研究，指出 Ni^{2+} 与 F^- 的浓度非常重要，建议溶液中游离 F^- 的浓度为 $0.5\sim1.2g/L$，Ni^{2+} 浓度在 $1\sim2g/L$（该数据明显高于我国工业实践）。他们研究了表面活性剂对于冷封孔的影响，发现表面活性剂有助于冷封孔时镍的吸收，只有氧化膜中吸收足够数量的镍，才能够达到封孔目的。研究还进一步发现非离子型表面活性剂效果最佳，其次是一些特殊的阴离子型表面活性剂，使用的浓度范围一般为 $25\sim50\mu g/g$。某些醇类作为添加成分也有助于镍在孔中的沉积，例如 2-丁醇、异戊醇等。冷封孔槽液内 F^- 浓度控制和稳定 pH 值对确保封孔质量至关重要。由于冷封孔主成分（氟化镍）中氟、镍比例与实际封孔处理中氟、镍消耗的比例不相同，所以封孔剂中都需要添加其他氟化物。常见额外提供 F^- 的原料有 $NiSiF_6\cdot6H_2O$、NaF、NH_4F、NH_4HF_2、HF、HBF_4 等。使用不同原料配方，对槽液 F^- 浓度控制和 pH 值要求有所不同：添加 $NiSiF_6\cdot6H_2O$ 和 HBF_4，对稳定 pH 值也有好处；在生产过程中，适当控制较高 pH 值，有利于降低 F^- 的消耗；冷封孔槽液内掉入铝丝及铝件，会加快 F 的消耗和 pH 值上升。

冷封孔溶液的杂质容许量远高于沸水封孔，我国某些工厂甚至不用去离子水配制槽液，当然此时冷封孔槽液的成分消耗会有增加，但可以达到封孔合格的要求。各国都进行过杂质对于冷封孔影响的研究，发表的数据差异较大，这可能与封孔溶液的具体成分有关系，也与添加剂中存在抑制杂质有害作用的物质有关系。我国的研究结果表明，加入 $0.5g/L$ 的下列离子对于封孔有明显有害作用的顺序是：Sn^{2+}，Ca^{2+}，Mn^{2+}，Mg^{2+}，Cr^{6+}，NH_4^+ 以及 $C_2O_4^{2-}$，NO_3^-，Cl^-，SO_4^{2-}，PO_4^{3-}（以有害作用大小为序），其中 NH_4^+ 和 PO_4^{3-} 的影响较小。此外铁离子也是有害的，而铝和钠达到 $1.5g/L$ 之后才有明显影响。国外报道的实验数据相差很大，表 13-4 中列出欧洲阳极氧化规范 Qualanod[24] 的冷封孔溶液中杂质容许值的范围，由于种种情况的影响，另外选自国外文献 Kalantary[21] 发表的数据作为参考比较。

表 13-4　冷封孔溶液中杂质的容许值范围

杂质离子	Qualanod 规范[23,24]	另一参考数据[21]	杂质离子	Qualanod 规范[23,24]	另一参考数据[21]
悬浮不溶物	$<3\%$	—	Zn^{2+}		$50mg/L$
Al^{3+}	$<250mg/L$	$150mg/L$	NH_4^+	$<1500mg/L$	—
Na^+，K^+	$<300mg/L$	$5000mg/L$ 有白灰	PO_4^{3-}	$<5mg/L$	$30mg/L$
Cu^{2+}	—	$50mg/L$	SO_4^{2-}	$<4000mg/L$	—
Fe^{2+}	—	$20mg/L$	Cl^-		$200mg/L$
Mn^{2+}	—	$30mg/L$			

13.4.3　冷封孔的工艺参数

冷封孔的工艺参数包括溶液的 pH 值、冷封孔温度、冷封孔时间等几个方面，现在分别叙述如下。

（1）溶液的 pH 值。pH 值的最佳控制范围是 $5.5\sim6.5$，工业控制以 pH＝6 为最佳。如 pH＞6.5，溶液开始稍显浑浊，pH＞7.0 之后出现沉淀，但此时可以过滤后调整成分再使用。膜中吸收镍的数量是保证封孔品质的先决条件，图 13-10 所示为磷铬酸腐蚀失重试验的封孔品质（a）和阳极氧化膜的镍吸收（b）与冷封孔溶液 pH 值的关系，图 13-10(b) 所示为除 Ni 吸收之外，还表示了膜中另外一个金属 M 以及两个阴离子 A_4^- 和 A_5^- 的吸收量。从图 13-10 中可见 pH＝6 时的镍吸收最大，此时磷铬酸腐蚀失重最小，表明了最佳封孔质量与最大镍吸收之间的相关性。另一个金属离子和两个阴离子的吸收量与 pH 的关系不大。上述结果是我国研制的冷封孔添加剂得到的数据，国外研究得到相同的规律和类似的数据范围。

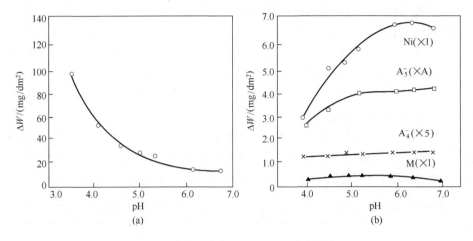

图 13-10　磷铬酸腐蚀失重试验的封孔品质（a）
和阳极氧化膜的镍吸收量（b）与溶液 pH 值的关系[22]

（2）冷封孔温度。冷封孔又称常温封孔，工艺上我国习惯在室温操作，并不刻意控制温度。但是实际上封孔温度对于膜的镍吸收是有影响的，也就是说冷封孔温度与封孔品质有关系的。图 13-11 所示为不同冷封孔时间膜的镍吸收与封孔温度之间的关系，图 13-11 所示表明 25℃ 时镍吸收最高，封孔时间在 15～20min 时最高镍吸收的温度范围稍宽一些，可以选在 20～27℃。封孔温度超过 25～27℃ 后膜的镍吸收显著下降，表示冷封孔温度高封孔效率反而降低，因此实验已经表明提高冷封孔温

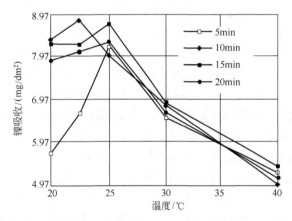

图 13-11　不同冷封孔时间膜的镍吸收
与封孔温度之间的关系[21]

度无助于镍的吸收，也就是提高温度无助于提高封孔的效率。

（3）冷封孔时间。冷封孔时间在生产工艺上一般规定为 10～15min（膜厚为小于 18μm），即使对于厚膜，封孔时间也不能过长，否则会引起膜的腐蚀而使得表面呈现彩虹色。虽然冷封孔的工艺规范一般提出封孔速度是 1μm/min，实际上冷封孔也不是从孔底开始向孔口发展，所以 25μm 的阳极氧化膜不必要封孔 25min，这用李-朱的冷封孔模型（见图 13-8 和图 13-9）中厚膜孔底没有充填很容易得到解释。

13.4.4　冷封孔的后处理

早就发现，冷封孔之后立即测定封孔品质往往不能合格，随着放置时间的延长，检验封

孔品质的腐蚀失重不断下降。我国标准明确规定，对于冷封孔膜的封孔品质检测应该在封孔24h 之后进行。另外冷封孔膜在强烈阳光或高温曝露下比沸水封孔膜容易发生微裂纹，工厂生产实践还发现冷封孔的铝材很难干燥无法及时包装，上述种种问题促使冷封孔后处理的探索和完善。

（1）冷封孔之后封孔膜品质随时间的变化。众所周知，冷封孔膜不能在冷封孔后立即测试，在常温大气中放置 24h 以后，就可以进行测试是否达到合格标准，时间延长或湿度提高，封孔质量更好。这个现象表明冷封孔膜在放置过程中发生了某些变化，这个过程一般称之为冷封孔膜的陈化处理。我国的实验[22]发现冷封孔膜在大气环境或干燥器内放置的效果不同，表 13-5 中表示封孔品质（以磷铬酸失重 ΔW 表示）与冷封孔后的陈化时间和放置方式的关系。从表 13-5 中的数据可明确看出，陈化第 1 天变化最大，第 2 天稍有变化，以后基本不变。北京的大气环境虽然并不潮湿，但是干燥器内更加干燥，由此可见环境湿度愈大效果愈好，这似乎暗示如果在环境湿度高或热水中陈化效果也许会更好。这种估计在以后国内外的生产实践中得到了印证，从而逐渐形成冷封孔后热水陈化处理的新规范。

表 13-5　磷铬酸封孔品质 $\Delta W(\mathrm{mg/dm^2})$ 与冷封孔后陈化时间和放置方式的关系[22]

陈化天数	0	1	2	3	4	5	6	7
北京室内，ΔW	>100	9.7	9.1	8.6	7.6	7.4	7.4	7.3
干燥器内，ΔW	>100	12.2	11.2	11.0	9.2	9.3	9.1	9.2

Otero[23] 在常温湿度箱中也进行了类似实验，用磷铬酸失重值以及导纳值对比三种膜的封孔质量与陈化时间的关系。这三种膜是未封孔膜（Unsealed）、沸水 4min 未完全封孔膜（S.4min）和冷封孔膜（Cold-S）。图 13-12 所示为封孔后导纳值变化与陈化时间的关系，图13-13 所示为封孔后磷铬酸失重值与陈化时间的关系。导纳测试的结果表明冷封孔膜在第 1天陈化之后就可以合格，未完全热封孔膜大约 15 天后，而未封孔膜大约 30 天后也慢慢接近大致合格值。磷铬酸溶解试验有大致相同的规律，冷封孔膜陈化 1 天后可以合格，而未完全封孔膜和未封孔膜分别大约在 10 天和 50 天后也开始合格。为了正确反映热（沸水）封孔膜的封孔质量，排斥所谓"自封孔"的干扰。国际标准和我国国家标准都规定热（沸水）封孔之后 1~4h 测定，不许在 48h 之后测定。而冷封孔之后，必须放置 24h（陈化处理）之后方可测定。顺便提一下，上述磷铬酸的试验数据都没有经过硝酸预浸，硝酸预浸的磷铬酸试验

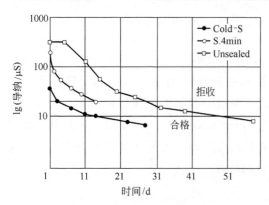

图 13-12　封孔后导纳值变化与
陈化时间的关系[23]

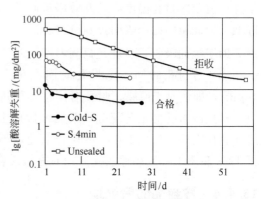

图 13-13　封孔后磷铬酸失重值与
陈化时间的关系[23]

对于封孔不良膜的鉴别更加有效。

（2）冷封孔后热水陈化处理的效果。欧洲阳极氧化规范 Qualanod—1999 版明确规定[24]，将冷封孔之后热水后处理作为冷封孔工艺的第 2 阶段，许多文献[26]也直接称之为"冷封孔后处理"。我国到目前为止还没有将冷封孔膜的热水后处理正式列入规范。从冷封孔陈化过程的增重规律分析，常温大气条件下一般需要 4～5 天左右基本稳定，但是在 80℃热水陈化处理 15min 之后已经基本稳定。图 13-14 是阳极氧化膜在冷封孔之后，分别在 60℃和 80℃的热水中陈化处理，冷封孔膜增重与热水陈化时间的关系。在第一个 5min 内迅速增重，第二个 5min 增重稍慢，15～20min 之后大致不变。对照图 13-15 可知，磷铬酸检验封孔膜的失重随时间延长和温度升高而减少，60℃热水陈化后处理 10min 后磷铬酸腐蚀失重已经变化不大，而 80℃热水陈化后处理 5min 后封孔品质也变化不大了。所以工业生产一般规定，冷封孔之后在 60～80℃热水中处理 10～15min 就可以达到目的。需要注意的是，热水陈化后处理之前必须将工件上冷封孔溶液清洗干净，以免将冷封孔溶液中的氟离子污染热水，造成阳极氧化膜在水中的腐蚀而呈现彩虹色。实验表明在 100℃去离子水中氟离子容许量应该低于 3μg/g，热水后处理温度降低，氟离子容许量或许相应可以提高。

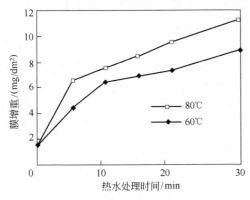

图 13-14　热水陈化处理的冷封孔膜
增重与陈化时间的关系[25]

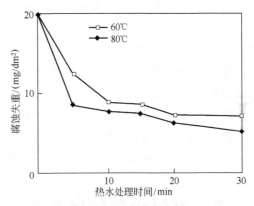

图 13-15　热水陈化处理的冷封孔膜封孔质量
（磷铬酸检验）与热水处理时间的关系[25]

13.4.5　冷封孔工艺的最佳控制

在讨论了氟化镍为主成分的冷封孔槽液成分和工艺的影响因素以及冷封孔热水陈化后处理的作用之后，就有条件对于冷封孔工艺提出最佳生产控制措施。

（1）冷封孔工艺。冷封孔的溶液和工艺最佳控制参数见表 13-6 所示，表 13-6 中数据是参考国外规范并根据国内工业实践提出的。冷封孔槽应该尽量采用去离子水配制，假如水中钙、镁离子高（水质太硬），会产生氟化物沉淀，从而消耗封孔溶液的成分，增加成本并缩短槽液寿命。

表 13-6　氟化镍为主成分的冷封孔最佳工艺参数

项目	最佳控制范围	注释
Ni^{2+}	0.8～1.5g/L	＜0.8g/L 封孔不良，＞1.8g/L 膜易带绿色
F^-	0.4～0.6g/L	＜0.3g/L 封孔不良，＞0.9g/L 容易起白灰
其他成分	表面活性剂、pH 缓冲剂等	由添加剂供应商确定

项目	最佳控制范围	注释
pH 值	6±0.5	pH 值＜5 封孔不良,pH 值＞7 槽液容易沉淀
温度	(25±2)℃	22～28℃镍吸收的效率最高
时间	12～18min	超过 20min 表面容易呈彩虹状

（2）冷封孔后处理。冷封孔热水后处理的工艺条件见表 13-7。冷封孔处理之后，应该在去离子的热水中进行"冷封孔后处理"，水的 pH 值必须控制在 6 左右，温度保持在 60℃以上，如果阳极氧化膜需要比较高的柔韧性，则温度可以提高到 80℃甚至更高一些。

表 13-7　冷封孔热水后处理的工艺条件

项目	最佳控制范围	注释
去离子水		水质必须严格控制,尤其要防止 F⁻的带入
pH 值	6～6.5	pH 值必须严格控制
温度	＞60℃	视性能需要在 60～80℃,温度高,膜的柔韧性好
时间	10～15min	按 1min/μm 处理速度考虑

需要提出的是，冷封孔热水后处理对于封孔品质的明显效果，染色斑点检测和磷铬酸失重检测都可以反映，但是有作者报道[21]导纳法有时不能满意地反映冷封孔热水后处理的有利作用。这也许说明导纳法检测对于冷封孔热水后处理的作用不够灵敏，但染色斑点和磷铬酸试验已经证明冷封孔后处理可以提高膜的抗污染性和抗磷铬酸溶解性，由于磷铬酸检测是公认的仲裁方法，因此冷封孔后处理的有利作用是可以正面肯定的。

13.5　高温水蒸气封孔工艺

高温水蒸气封孔与沸水封孔的机理相同，其原理都属于水合-热封孔，由于水合反应氧化铝体积膨胀而使得多孔膜阻塞。高温水蒸气封孔与沸水封孔比较具有以下优点：

① 封孔速度比较快；

② 封孔品质与水质的关系和封孔品质与 pH 值的依赖关系比沸水封孔小；

③ 封孔后较少出现沸水封孔常见的白灰；

④ 染色的阳极氧化膜封孔时，较少发生染料外溢和褪色的危险，比较适合染色的阳极氧化膜。

但是建设和使用高温水蒸气封孔装置的成本比较高，建造一个有效密闭的高温蒸汽箱比沸水封孔槽要贵得多。欧洲的德国、意大利和亚洲的日本都有工业应用的实例，但是目前在我国和北美却很少使用。

高温水蒸气封孔的技术关键是设备的密闭性，以保证需要的温度和湿度。图 13-7 所示中一部分曲线示出不同温度水蒸气和热水的封孔增重与封孔时间的关系，令人有些意外的是100℃水蒸气封孔的增重甚至低于 80℃的热水封孔，似乎表示 100℃水蒸气封孔的效果还不如 80℃的热水封孔，Brace[8] 为此专门作出解释："这是由于水蒸气封孔箱密闭性不良，导致试样表面冷凝水蒸气所致"。在 115℃水蒸气封孔的增重明显高于 100℃水蒸气封孔的增重，然而在图 13-7 中 115℃的热水封孔（工业生产很难采用高于 100℃的热水，也许是实验室高压釜的研究数据），其增重比同温度的蒸汽封孔更高。Lenz[27]报道水蒸气封孔温度升高到 150℃，封孔的阳极氧化膜的耐蚀性得到进一步改善，许多研究者从各个角度研究都强调了一点共识，水蒸气封孔的关键必须避免水蒸气在表面的冷凝，因此只有在＞115℃高温水蒸气封孔，才能显出最优异的封孔品质。

高温水蒸气封孔的温度必须高于 100℃，工业生产一般考虑在 115～120℃，水蒸气压力控制在 0.7～1atm（1atm＝101.325kPa）为佳，严格防止水蒸气在表面的冷凝。高温水蒸气封孔应该比沸水封孔效率更高，因为水蒸气温度可以高于 100℃，而工业生产热水封孔的沸水温度很难达到 100℃。从化学反应动力学可知，反应温度升高可以明显加快化学反应速度，而温度升高 10℃时，扩散速度实际会提高 30%。因此可以预计采用高温水蒸气封孔，可以提高封孔品质、加快封孔速度。不过在工业操作方面，高温水蒸气封孔设备的热量供应必须十分迅速，升温时间最好不超过 5min。升温快、保温好、不冷凝等所有这一切要素，都是与设备的设计和操作有密切关系。高温水蒸气封孔没有得到广泛应用与设备的设计、制作和操作要求很高有关系。

13.6 无机盐封孔工艺

除了氟化镍为主成分的冷封孔之外，无机盐的封孔技术还包括铬酸盐封孔、硅酸盐封孔和乙酸盐封孔等。近年来我国在欧洲发展中温封孔的基础上，大力研发和应用中温封孔工艺，中温封孔的开发是为了弥补水合热封孔和冷封孔的缺点和不足。热封孔的缺点是能源成本高、水质要求高、封孔速度慢（2～3min/μm）、容易起白灰等；冷封孔的缺点是冷封孔之后表面很难干燥、封孔后不能立刻检测封孔效果、冷封孔膜有发生"微裂纹"的危险等；按照欧洲 Qualanod 标准的规定，冷封孔以后应该经过 60℃以上热水的"冷封孔后处理"，这无疑又增加了时间和成本。本节还将涉及温度介于水合-热封孔与冷封孔之间的无机盐封孔技术，即我国目前的中温封孔工艺。

13.6.1 铬酸盐封孔

铬酸盐封孔已经用了几十年，一直认为可以提供很好的防腐蚀作用，尤其对于压铸铝合金和高铜的铝合金，Ling Hao[28]收集了三种常用的铬酸盐封孔工艺，比较了它们的槽液成分和工艺参数，列于表 13-8 中，数据（Ⅰ）取自文献 [29] p.233，数据（Ⅱ）取自美国军用标准[30]，数据（Ⅲ）取自波音公司资料[31]。波音公司的配方是稀铬酸盐溶液，膜的耐蚀性能已经达到传统重铬酸盐封孔的水平，但稀铬酸盐溶液比传统重铬酸盐封孔的环境有害作用则大为减轻。稀铬酸盐虽然只有大约 0.1% CrO_3，但是试验证实封孔时孔壁的氧化铝发生水合反应生成勃姆体，而传统重铬酸盐封孔时氧化铝一般不会转化为勃姆体。由于勃姆体结构的水合氧化铝具有非常好的耐蚀性，这就解释了稀铬酸盐（大约 0.1% CrO_3）耐蚀性何以能够提高到传统重铬酸盐（5%～10% $K_2Cr_2O_7$）封孔的水平。

表 13-8　阳极氧化膜的铬酸盐封孔工艺[28]

槽液成分和工艺参数	数据（Ⅰ）	数据（Ⅱ）	数据（Ⅲ）	槽液成分和工艺参数	数据（Ⅰ）	数据（Ⅱ）	数据（Ⅲ）
$K_2Cr_2O_7/(g/L)$	100	50	—	pH 值	6.0～7.0	5.0～6.0	3.2～3.8
$NaOH/(g/L)$	13	—	—	温度/℃	94	90	90
$CrO_3/(\mu g/g)$	—	—	70～120	时间/min	10	15	20～25

传统铬酸盐封孔的机理目前仍然采用早期苏联著名学者托马晓夫的观点[32]，他认为铬酸盐封孔的基本反应是生成羟基重铬酸铝（$AlOHCrO_4$）或羟基铬酸铝 [$(AlO)_2CrO_4$]，在 pH 值较低的溶液中主要生成羟基重铬酸盐，在 pH 值较高的溶液中生成羟基铬酸盐，这个机理得到英国 UMIST 科学家的进一步肯定。这种羟基重铬酸铝或羟基铬酸铝阻塞微孔，起到封孔作用。其基本反应方程式如下所示：

$$Al_2O_3 + 2HCrO_4^- + H_2O \Longrightarrow 2AlOHCrO_4 + 2OH^- \quad （pH 值较低时）$$

$$Al_2O_3 + HCrO_4^- \Longrightarrow (AlO)_2CrO_4 + OH^- （pH 值较高时）$$

研究表明最佳封孔的溶液 pH 值为 6.32～6.64，大约 10min 就可以达到完全封孔，其耐蚀性可以达到最佳状态。pH 值提高使得封孔速度加快，但是 pH 值升到 8.5 以后氧化膜可能发生溶解。

铬酸盐封孔后由于羟基重铬酸铝或羟基铬酸铝渗入膜的微孔，阳极氧化膜呈浅黄色。传统的重铬酸盐封孔的颜色比稀铬酸盐封孔的颜色深得多，但比化学转化的铬化膜颜色浅。铬酸盐封孔不仅具有很好的耐蚀性，并且改善了抗疲劳性和氧化膜的涂层附着力，而且没有明显降低耐磨性。表 13-9 表示 6061-T6 铝合金 $50\mu m$ 阳极氧化膜，采用不同封孔方法的 Taber 耐磨试验结果的比较。尽管重铬酸盐和硅酸盐封孔的温度也比较高，但耐磨性并没有显著降低。

表 13-9　封孔方法对 Taber 耐磨试验结果的影响[31]

封孔方法	Taber 试验结果 10000 循环/mg	封孔方法	Taber 试验结果 10000 循环/mg
未封孔	8.4	重铬酸钠封孔（95℃）	9.8
沸水封孔（100℃）	19.7	硅酸钠封孔（85℃）	9.2
乙酸镍封孔（90℃）	15.0	氟化镍封孔（30℃）	11.5

13.6.2　硅酸盐封孔

硅酸盐封孔也叫水玻璃封孔，是一种早期开发的工艺，代表性的操作条件见表 13-10 所示。尽管硅酸盐封孔没有热封孔和冷封孔那么普遍，但是在某些军用零部件上目前还在应用。表 13-9 表明硅酸盐封孔的耐磨性类似于铬酸盐封孔，估计封孔物质不是勃姆体，而可能是硅酸铝。硅酸盐与铬酸盐相同，都是阻止氧化铝转化为勃姆体的有效抑制剂，因此硅酸盐封孔只能是在微孔中生成硅酸铝的阻塞作用，不可能生成勃姆体结构的水合氧化铝。硅酸铝封孔的阳极氧化膜的 Mohs 硬度值为 6。Whitby[33] 进一步研究了 20 世纪 30 年代的一个专利，发现当 Na_2O 与 SiO_2 原子数比为 1：3.3 时耐盐雾腐蚀性最好，如果其比例小于 1：2.9，由于碱性太高使得性能变坏。他认为微孔中硅酸铝的形成，是由于在阳极氧化膜壁上沉积硅酸生成的，或者硅酸钠与硫酸阳极氧化膜中的硫酸铝双重分解生成硅酸铝。

表 13-10　阳极氧化膜的硅酸钠封孔工艺

槽液成分和工艺参数	数据值	槽液成分和工艺参数	数据值
水玻璃(42°Bé)	20%(体积分数)左右	温度/℃	85～95
pH 值	11 左右	时间/min	10～15

硅酸盐溶液封孔的阳极氧化膜虽然具有相当好的耐酸性和耐碱性（优于镍盐冷封孔），但是在中等腐蚀环境下不如乙酸镍封孔、冷封孔和热封孔，甚至比不上铬酸盐封孔。硅酸盐封孔膜常常发生白灰或变色，而且对阳极氧化溶液有污染作用。所以一般说来，除非由于某种特殊需要，如在 pH 13 左右的环境下使用。硅酸盐封孔不像其他封孔工艺那么广泛使用，建筑铝型材阳极氧化膜的封孔不会选择硅酸盐溶液。

13.6.3　乙酸镍封孔

乙酸镍封孔可以得到优良的封孔品质，目前在北美地区用得比较多。我国目前除了有机染色的小部件用了乙酸镍封孔之外，目前我国建筑铝型材的中温封孔就是以乙酸镍为主成分发展起来的技术。表 13-11 所列为阳极氧化膜的乙酸镍封孔槽液成分和工艺参数[34]。

表 13-11　阳极氧化膜的乙酸镍封孔槽液成分和工艺参数

槽液成分和工艺参数	数据值	槽液成分和工艺参数	数据值
Ni^{2+}/(g/L)	1.4～1.8	添加剂(分散剂、络合剂、表面活性剂)/%	0.5～1.5
硼酸/(g/L)	50	温度/℃	85～95
pH 值	5.5～6.0	时间/min	15～25

文献［28］报道变形铝合金的阳极氧化膜，用乙酸镍封孔后可以通过 3000h 中性盐雾腐蚀试验，酸溶解试验失重只有 $1mg/dm^2$，上述数据似乎有点难于置信。乙酸镍封孔的突出优点是有可能防止染色膜在封孔时染料的浸出，所以特别适用于染色的阳极氧化膜，而且乙酸镍封孔的杂质容许度比沸水封孔大得多。虽然乙酸镍封孔温度低于沸水封孔，而封孔速度远高于沸水封孔，因此与沸水封孔比较，乙酸镍封孔过程的能耗低，槽液寿命长，确实有其独特的优点。

乙酸镍封孔机理比沸水封孔复杂，不仅在大于 80℃ 的水中发生氧化铝转化为勃姆体结构的水合氧化铝，而且同时存在 $Ni(OH)_2$ 在微孔中的沉积，兼有热封孔与冷封孔的双重过程。也就是说下列两个反应同时存在：

$$Al_2O_3(阳极氧化膜) + H_2O \Longrightarrow 2AlOOH(勃姆体)$$
$$Ni^{2+} + 2OH^- \Longrightarrow Ni(OH)_2$$

由于在含乙酸镍的 80℃ 水中存在氧化铝转化为勃姆体的过程，因此有理由相信 $Ni(OH)_2$ 沉淀对于生成勃姆体的水合反应起到催化作用，而封孔品质检测表明氢氧化镍与勃姆体的同时存在提高了阳极氧化膜的耐腐蚀性。Spooner 和 Forsyth 采用 X 射线发射光谱对溶解的乙酸镍封孔膜进行成分测定，证实镍参与在封孔的膜中，Wood 和 Marron 还用电子探针显微分析仪（EPA）对厚膜的横断面测定了镍的分布，证明镍主要分布在微孔的外部。李宜等[35]在氟化镍为主成分的冷封孔中也进行了类似的 EPA 分析，图 13-16 所示为铝阳极氧化 Sn 盐着色未封孔（a）和氟化镍冷封孔（b）后，阳极氧化膜横断面的 EPA 元素剖面分析。从两个图的比较中可以证明 Ni 分布在微孔的外部，来自冷封孔溶液。乙酸镍封孔与氟化镍封孔一样，其封孔物质的主要成分是氢氧化镍，镍在孔中的位置也就表明封孔物质的位置，以氟化镍为主成分的冷封孔的微观研究，对于乙酸镍封孔的机理具有直接的借鉴作用。

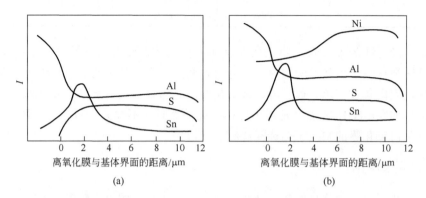

图 13-16　铝阳极氧化 Sn 盐着色未封孔（a）和氟化镍冷封孔（b）后，
阳极氧化膜横断面的 EPA 元素剖面分析[35]

阳极氧化膜在乙酸镍封孔之后，如果封孔添加剂成分失调或 pH 值太高、封孔时间过长，表面有时可能出现小点、白灰等缺陷。如果 pH 值太低或者氯离子过高，则表面可能发生点腐蚀。虽然乙酸镍封孔（90℃）是一种有效的封孔方法，但表 13-9 所列的结果表明耐磨性与沸水封孔一样有所降低，似乎预示中温封孔的硬度和耐磨性都会低于冷封孔。此外镍盐除了污染环境水源之外，近年来发现镍盐引起过敏性皮炎，因此未来在表面处理工业中，乙酸镍封孔面临环境和卫生的双重困境，这也是冷封孔同样面临的问题。

13.7　新型中温封孔

顾名思义，中温封孔的温度低于沸水封孔而高于冷封孔，实际上它不是单独的一个方法，而是包括许多开发中的一系列工艺。13.6 节叙述的一些封孔技术实际上也是一些"中温"封孔。鉴于镍离子和氟离子对于环境的损害，本节"中温封孔"介绍的是新开发的无氟、无镍、无重金属的新型中温封孔技术。尽管国外发表的研究论文相当多，开发之中的品种也不少，而经过工业生产认可，欧洲 Qualanod 批准的并不很多。但是这一类中温封孔代表了封孔技术的发展方向，目的在于减少能耗、降低污染、提高效率、改进品质和方便控制。所以虽然许多品种的工业应用尚不完善，但已经呈现了美好前景，本节将作简单介绍以引起国内同行的注意。

13.7.1　无镍中温封孔

无镍中温封孔采用碱金属、碱土金属或其他二价或三价金属的乙酸盐，譬如锌、钴、铬（Ⅲ）、钙、锰、钡、铈以及镁和锂等乙酸盐，代替以镍盐为主成分的封孔技术，再加上表面活性剂和抑灰剂等构成无镍体系。汉高公司开发出钴盐代替镍盐，命名为 ENVIROSEAL 2500 已经投放欧洲市场。从环境保护和应用功能出发，三价铬的乙酸盐也许有希望作为封孔剂。Pearstein 等人的专利[36]申请以三价铬盐为基础的封孔技术：2～8g/L 三价铬盐，温度 60～100℃，pH 4.1～4.7，封孔时间 5～15min。Mansfeld[37,38] 报道稀土金属盐溶液，例如铈盐或钇盐，有很好的封孔性能。据报道[23] 钛氟酸或锆氟酸的络合盐也是一种正在开发的封孔工艺，工艺条件如下：钛氟酸或锆氟酸的络合盐 3～10g/L，硅酸盐 0.5g/L，硫脲 5g/L，封孔温度 25～35℃，封孔时间 0.5～1.0min/μm。其磷铬酸失重检测大约为 10mg/dm²，有希望取代现有的镍盐为主成分的冷封孔配方。文献 [28] 综述钼酸盐、钒酸盐、钨酸盐也可能成为封孔溶液的一个主要成分，例如钼酸钛（或钼酸锆和钼酸铈）或乙酸钛、硼酸和乙酸铵，加上抑灰剂和分散剂。抑灰剂是相当大分子尺寸的高分子化合物，可以吸附在阳极氧化膜的表面，而不可能进入微孔内影响封孔过程。封孔在 80℃进行，在微孔中同时生成勃姆体、非镍氢氧化物和缓蚀性化合物，钼酸盐起着类似重铬酸盐的缓蚀作用，对于阳极氧化膜的钝化有类似六价铬的"自愈"作用。

意大利 Vincenzi[39] 列举两种研制开发中的金属 A 盐和金属 B 盐的无镍中温封孔技术，表 13-12 所列为金属 A 盐封孔膜的磷铬酸失重试验，按照欧洲检测和合格标准数据不能认为合格，而按照美国检测和合格标准应该是可以合格的。有意思的是对照表 13-12 中有硝酸预浸（欧洲）与无硝酸预浸（美国）的磷铬酸检验，发现数据有很大差别，无硝酸预浸可以合格，而硝酸预浸之后可能不合格。因此这个金属 A 盐溶液的封孔工艺目前无法进入欧洲市场，而可以进入美国市场。

表 13-12　金属 A 盐（无镍）为基的中温封孔膜的磷铬酸失重[39]

温度/℃	封孔时间/(min/μm)	欧洲标准(硝酸预浸的磷铬酸失重 合格值:30mg/dm²) /(mg/dm²)	美国标准(无硝酸预浸的磷铬酸失重 合格值:40mg/dm²) /(mg/dm²)
85	0.5	40.5	24.6
85	1.0	35.7	11.6
85	2.0	32.1	4.3
90	0.5	37.5	18.6
90	1.0	33.2	6.5
90	2.0	30.2	2.6

表 13-13 所列为另一个金属 B 盐封孔的检验结果，从欧洲观点来看金属 B 盐比金属 A 盐效果好一些，Vincenzi[39] 认为调整好金属 B 盐的封孔工艺，按照欧洲标准可以接受。但是对于美国检验方法而言，它并不见得比金属 A 盐的效果好一些。因为金属 B 盐封孔在表 13-13 中按美国标准尽管也已经合格，但是不能通过美国的染斑试验，因此不能满足美国市场的需求。从上述讨论可见，一种新封孔工艺以及新封孔溶液准入市场需要经过多方面的试验、论证和鉴别，最终才可能得到市场认可和有关机构的批准。但是在工业化试验之前，实验室的研究必须可靠、真实、重复、规范，经得起工业生产的考验。

表 13-13　金属 B 盐（无镍）为基的中温封孔膜的磷铬酸失重[39]

温度/℃	封孔时间/(min/μm)	欧洲标准(硝酸预浸的磷铬酸失重 合格值:30mg/dm²) /(mg/dm²)	美国标准(无硝酸预浸的磷铬酸失重 合格值:40mg/dm²) /(mg/dm²)
85	1.0	35.8	29.5
85	2.0	25.4	15.2

温度/℃	封孔时间/(min/μm)	欧洲标准(硝酸预浸的磷铬酸失重 合格值:30mg/dm²) /(mg/dm²)	美国标准(无硝酸预浸的磷铬酸失重 合格值:40mg/dm²) /(mg/dm²)
85	3.0	22.1	13.1
90	1.0	23.7	14.0
90	2.0	14.0	12.5
90	3.0	13.7	11.9

13.7.2　无重金属的中温封孔

不仅是镍，其他重金属离子对于环境也往往是有害的，因此从保护环境的角度出发，无重金属离子的中温封孔更受关注。Koerner[40]等人采用轻金属开发了无重金属离子的封孔工艺，选用锂或镁的盐溶液，加入少量氟化物和抑灰剂（如聚膦基羧酸、环己烷-六羧酸等）以及表面活性剂（如十二烷基硫酸锂）。封孔工艺过程可以分两个步骤：首先阳极氧化的铝浸入室温的锂盐溶液中，然后在含抑灰剂的热水中封孔。据说欧洲已经将锂盐和镁盐为基础的配方推向市场，可以达到封孔要求，具体封孔工艺和性能的细节目前还不清楚。轻金属盐为基础的封孔工艺适合于透明阳极氧化膜的封孔，不适合用于染色的阳极氧化膜，因为轻金属离子不能防止吸附的有机染料在封孔时浸出。碱土金属盐类的封孔效果也有报道，金野英隆[41]的实验室结果表明使用 Ba^{2+}、Sr^{2+} 和 Ca^{2+} 的封孔，可以提高铝阳极氧化膜的抗点腐蚀性，其中 Ca^{2+} 效果最好，Sr^{2+} 其次。Strazzi[42]报道了 Hardwall MTS 的封孔工艺及效果，其特点是：①封孔无白灰；②在 75℃封孔可以通过染斑试验；③大于 75℃封孔可以通过磷铬酸失重试验；④大于 80℃封孔后导纳值也可以合格。文章作者并未透露封孔溶液的具体成分，但声称该产品无毒性，有希望在工业上得到应用。表 13-14 列出该封孔工艺的操作参数。

表 13-14　Hardwall MTS 封孔工艺的操作参数

项目	参数	项目	参数
Hardwall MTS 的浓度/(g/L)	25～35	封孔温度 80℃时的封孔时间/(min/μm)	2
pH 值	6.0～6.5	封孔温度 85℃时的封孔时间/(min/μm)	1

13.7.3　"无金属"的中温封孔

欧洲正在致力于开发完全没有金属离子的配方，在接近 90℃时封孔，最佳的结果已经大致可以达到无镍的金属封孔的水平。最近欧洲 Clariant 公司开发一种新的配方，据说金属离子含量极低，实际上依靠一些非金属离子的成分，包括表面活性剂、抑灰剂等在内的多种成分来保证封孔质量。目前还没有见到详细的技术报道，但是鉴于环境保护和节省能源的考虑，这个技术方向应该值得关注。

上述新型中温封孔技术虽然已有产品在欧洲上市，但是实际使用效果的考验和认定，还需要时间。

13.8　有机物封孔技术

有机物封孔技术是指在阳极氧化膜上涂装有机聚合物涂层，通常称之为阳极氧化复合涂层，其中最著名的是电泳涂装丙烯酸聚合物的阳极氧化膜。第 14 章将详细叙述电泳涂装的阳极氧化复合膜，通过水溶性丙烯酸盐在阳极氧化膜上的电沉积过程实现涂覆。如果采用溶剂型丙烯酸聚合物，可以通过浸涂或喷涂来涂覆，但是不可能像电泳涂覆那样得到特别均匀的涂层，尤其对于复杂断面的型材以及边棱位置。溶剂型涂料不可避免存在挥发性有机化合物（VOC）的环境污染问题，因此我国一般不提倡使用溶剂型涂料的浸涂技术系统。

13.8.1　有机酸封孔

有机酸封孔是一种新开发的有机物封孔方法，最适合用于室内使用的染色膜的封孔[43]。这些有机物包括硬脂酸、壬二酸、苯并三氮唑-5-羧酸及其衍生物等，用异丙醇或 N-甲基吡咯烷酮作溶剂，可以作为阳极氧化多孔膜的封孔剂。这种封孔方法没有发生水合作用，有机酸与氧化膜反应，形成疏水的脂肪酸铝同时微孔得以充填，可视为一种有机物的充填过程而使耐蚀性明显提高，类似于铬酸盐处理中疏水的羟基氧化铬的保护作用。20 世纪 70 年代 Kramer[44] 报道 2014 铝合金阳极氧化后，用熔化的硬脂酸浸渍 8h 可以保持 6000h 不会破坏。但是由于熔化的硬脂酸熔体本身极易氧化，槽液寿命很短，该项技术很难实现工业化。所以在此基础上开始考虑一系列溶剂，例如 5% 硬脂酸的异丙醇溶液或者液态的异硬脂酸（大量具有分支的硬脂酸，即主要是甲基、乙基和更高的烷基的异硬脂酸）。表 13-15 列出铝（2024、7075 和 6061 铝合金板）的 15μm 硬质阳极氧化膜，经过不同方法硬脂酸封孔处理之后的盐雾腐蚀试验结果的比较。盐雾腐蚀结果表明硬脂酸封孔显示很好的抗点腐蚀性。

表 13-15　铝的 15μm 硬质阳极氧化膜经硬脂酸封孔后盐雾腐蚀试验结果的比较[43]

铝合金	表面处理	盐雾腐蚀时间/h	结果(腐蚀点数目)	铝合金	表面处理	盐雾腐蚀时间/h	结果(腐蚀点数目)
2024	未处理	24	许多	7075	硬脂酸-IPA①	2850	0,2
2024	阳极氧化	336	许多	7075	异硬脂酸	2850	0
2024	硬脂酸-IPA	2850	3,4	7075	硬脂酸熔体	2850	0
2024	异硬脂酸	2850	0	6061	阳极氧化	2400	0
2024	硬脂酸熔体	2850	0	6061	硬脂酸-IPA	2400	0
7075	阳极氧化	336	点腐蚀				

① IPA—异丙醇。

虽然硬脂酸-IPA 体系封孔已经满足抗腐蚀的目标，其耐腐蚀性已经达到或超过铬化处理的效果，但是这个体系容易着火。技术界又致力于非着火的异硬脂酸系统，即螯合剂-异硬脂酸体系。人们曾经担心液态体系的螯合剂-异硬脂酸可能会从微孔中流出，或者更为麻烦的是表面总是呈油状的，而事实上最终表面状态是干净稳定的，有些滑的感觉，但又是干燥的并不沾手的。如上所述，事实上异硬脂酸已经与氧化膜反应，形成疏水的脂肪酸铝使微孔得以充填。表 13-16 所示为 2024 铝合金阳极氧化膜用螯合剂-异硬脂酸封孔的盐雾腐蚀试验的结果。由于液态酸更容易流动，对于氧化膜表面覆盖性更好，也就是具有更快修补局部损坏的能力，而 BZT 比 BZA 更容易溶解于异硬脂酸。从表 13-16 可以看出，螯合剂降低了耐腐蚀性，但是只要少量螯合剂（哪怕是 0.1%）的存在，既有助于提高槽液的稳定性，又对于耐腐蚀性影响不大，槽液的稳定性无疑对于工业控制十分重要。

表 13-16   2024 铝合金阳极氧化膜用螯合剂-异硬脂酸封孔的盐雾腐蚀试验的结果[43]

螯合剂	数量/%	破坏(5个腐蚀点)时间/h	螯合剂	数量/%	破坏(5个腐蚀点)时间/h
BZA①	饱和	816	BZT	3.0	1056
BZT②	0	2050	Cobratec 700③	饱和	2050
BZT	0.1	1650	BZA 预处理	0	1556
BZT	0.5	1400	BZT④	0.1	1650
BZT	1.0	1200			

① benzotriazole-5-carboxylic acid，苯并三氮唑-5-羧酸。
② benzotriazole，苯并三氮唑。
③ 专利的三唑螯合剂。
④ 封孔之前染色。

异硬脂酸体系是非水溶性的油，铝浸渍之后表面覆盖一薄层异硬脂酸。在实验室可以用纸或布擦去部件上多余的异硬脂酸。但是手工擦拭不适合于工业生产，此时可以用氨水、碱性清洗剂或 60%N-甲基吡咯烷酮加 40%水浸渍，然后水洗以除去多余的异硬脂酸。

13.8.2   其他非水溶液的有机物封孔

在一些特殊应用情形下，有机物封孔的优势特别明显。譬如光亮阳极氧化的铝，水溶液体系封孔会损失其红外反射性，石蜡封孔可以克服这个现象。据报道[45]阳极氧化部件先用 2%碳酸钠溶液中和，清洗干燥后浸在 160℃的石油冻（凡士林）中封孔 2min。另外也用过羊毛脂或羊毛脂-石油溶剂混合物进行有机物封孔，可以保持原有的光亮度。还有美国研究者[46,47]报道一种比单一铬酸盐封孔的耐盐雾腐蚀性优异得多的封孔工艺，先用含 5mL/L 烷基芳基聚乙二醇的沸水封孔 5min，再用 5%重铬酸钠溶液封孔。还有用聚四氟乙烯与硬脂酸二甘醇酯的悬浮液封孔，既可以提高耐腐蚀性，又明显降低阳极氧化膜的摩擦系数。

阳极氧化的铝置于某些高温（如大于 95℃）气相混合物中，也可能在微孔中形成有机聚合物起到封孔的作用，譬如酚与乙醛尿素、邻苯二甲酸酐与甘油、苯乙烯与呋喃甲基醇的混合物等[48]。丙烯酸酯和甲基丙烯酸酯的乳浊液中浸入工件是又一个形成有机聚合物涂层的方法。透明聚乙烯蜡的上蜡、甲基丙烯酸漆或乙酰丁酸纤维素涂料的涂装都可以起到封孔作用。TFS（trichlene finishing system，即三氯乙烯涂装系统）涂装技术是一种工业化的浸涂方法，丙烯酸酯或甲基丙烯酸酯采用不燃性的三氯乙烯为溶剂，铝型材垂直浸渍其中，涂层的厚度通过铝型材提升速度和涂料溶液的黏度进行调整，它们的成分都是丙烯酸的聚合物，因此耐腐蚀性能可以达到电泳涂装的水平。日本在 20 世纪 90 年代以前工业上使用过 TFS 方法，市场竞争的结果目前基本上已经由电泳涂装所替代。

13.9   封孔引起的阳极氧化膜缺陷

如上所述，封孔的目的主要是降低多孔性阳极氧化膜的沾染性和提高氧化膜的耐腐蚀性。生产实践的经验表明，氧化工艺正确、封孔品质合格的阳极氧化膜，可以通过包括盐雾腐蚀试验在内的一系列耐腐蚀性检验。所以在常规的生产在线检测时，一般只需要作封孔品质试验，这是国内外生产的必测项目。而如盐雾腐蚀等一类耐蚀和耐候检测并不一定是在线必测项目。尽管这样，这里需要指出的是封孔品质与盐雾腐蚀的评估方法不同。封孔品质是按照指定面积上的质量损失（习惯称失重）来评判的，它是一定面积的平均值。而盐雾腐蚀是根据待测表面的腐蚀点的面积比例来判别的。因此如果盐雾腐蚀的结果具有明显的位置局限性，例如腐蚀点只是发生在某些特殊的个别位置（如型材加强筋）上，在全部测试面积上并未发生。那么封孔品质可能合格，而盐雾试验的结果无法合格，此时两者结果之间的对应性就比较差。这时必须具体分析两者试验结果差别的原因，而不是简单怀疑封孔检测的准确性。

　　阳极氧化每个工序都可能产生缺陷，本书在有关章节分别叙述。许多缺陷还来自挤压、铸造、机械加工和环境腐蚀等因素，只是在阳极氧化过程中显露出来。这里只涉及一部分由于封孔引起的缺陷类型及其防止措施[49]。

　　(1) 封孔白灰。这是热封孔常见的缺陷，又名表面白霜，起源于水中钙或镁离子过高，但是一般可以用湿布擦掉。封孔灰应该与粉化膜区分，封孔灰不会与染料作用，而粉化的阳极氧化膜与染料能发生作用。解决办法常在热封孔的纯水中加入抑灰剂，效果较好。如果已经生成，可用20%硝酸溶液浸渍除去，再在清洁水中清洗干净，不得留有残存的硝酸溶液。

　　(2) 冷封孔膜微裂纹。冷封孔比较脆，其柔韧性不及热封孔膜。冷封孔膜不仅在机械变形（如弯曲）时，而且在受热时都可能有微裂纹产生。解决办法是冷封孔膜清洗干净之后，再在 $60 \sim 80℃$ 热水中浸渍 $10 \sim 15min$，可以显著改进膜的柔韧性，比较有效地防止微裂纹发生。热水处理温度越高，则膜的柔韧性越好。

　　(3) 热封孔膜龟裂。这种缺陷多见于硬质阳极氧化膜，尤其发生在抛光铝表面的热封孔膜上。主要原因是热封孔时阳极氧化膜的热胀系数低，而金属铝的热胀系数高，使得氧化膜中产生大的拉应力。此时一般应考虑降低阳极氧化的电流密度，或适当升高槽液温度来解决。热封孔之前先增加一道60℃左右的热水洗也有助于减轻膜龟裂现象。

　　(4) 冷封孔膜发绿。这是由冷封孔膜的镍吸收量过高引起的。诚然，一定量的镍吸收是保证封孔品质的前提，但是镍离子吸收量过高的膜有发绿的可能，尽管这并不影响封孔膜的腐蚀失重，甚至某种意义上是封孔品质的直观保证。从封孔工艺本身分析，应该降低冷封孔溶液的 Ni^{2+} 含量和 Ni^{2+}/F^- 的比值，添加剂中增加 Co 含量也是一个有效措施。此外阳极氧化过程中有助于缩小微孔的孔径和降低孔隙率的措施均有减少发绿的效果。

　　(5) 热封孔膜发黄。这在热封孔中偶尔发生，主要由于水中铁或铜的污染，很可能是金属在热水中腐蚀引起的，一般铁或铜超过 $50\mu g/g$ 就存在发黄的危险。解决办法是一旦发现就必须立即更换溶液。

　　(6) 彩虹膜，即干涉膜。彩虹膜是光干涉现象，表示存在一层表面薄膜。原因可能是封孔不良，也可能是封孔膜遭到腐蚀。应根据出现的现象分析原因，采取相应措施。

　　(7) 封孔不合格（热封孔）。热封孔不合格的原因很多，主要有封孔温度低、pH 值偏低、封孔时间短以及溶液中杂质超标等，在杂质控制中尤其要控制二氧化硅和磷酸根的含量。针对封孔不合格的原因，采取相应措施。一般槽液温度应该高于95℃，pH 值保持在 6.0 ± 0.5，封孔时间应该维持在阳极氧化时间的一倍以上。而大家关心的杂质含量，二氧化硅和磷酸根应在 $10\mu g/g$ 以下，具体指标见本章13.3.3节。

（8）封孔不合格（冷封孔）。冷封孔不合格的原因主要有 pH 值偏低、封孔溶液 Ni^{2+} 或 F^- 偏低、Ni^{2+}/F^- 的比值不当等。尤其是槽液的成分需要准确测定及时调整。按照我国的生产实践，考虑到保证质量和降低成本，可以将 Ni^{2+} 和 F^- 含量（g/L）分别控制在 1.0 和 0.6 左右，Ni^{2+} 含量稍高一些更好，F^- 含量不宜过高，不然容易起粉。一般 Ni^{2+}/F^- 的比值保持在 1.5 左右或以上，但不宜超过 3.0。

参 考 文 献

[1] Dunham R S. BP, 393996. 1931.

[2] Setoh S, Miyata A. Sci Paper Inst Phys Chem Res (Tokyo), 1932, 17: 189.

[3] Thompson G E, Wood G C. Anodic Films on Aluminium//Scully J C. Corrosion: Aqueous Processes and Passive Films. New Yook: Academic Press, 1983.

[4] Wefers K. Aluminium, 1973, 49: 553.

[5] 永山政一. 铝极阳极氧化膜的热水处理和结构变化//日本北海道大学教授在华技术讲座. 北京：中国有色金属工业总公司主办，北京有色金属研究总院承办，1984.

[6] Sheasby P G, et al. Trans Inst Met Finishing, 1966, 44: 50.

[7] Bradshaw T G, Sheasby P G, et al. Trans Inst Met Finishing, 1972, 50: 87.

[8] Brace A W. The Technology of anodizing aluminium. 3rd edition. Modena: Interall Srl, 2000: 275.

[9] 朱祖芳. 电镀与涂饰，2000，19（3）：32.

[10] Gohausen H J. Galvanotechnik, 1978, 69（10）: 893.

[11] Speiser C T. Aluminium, 1983, 59: E350.

[12] Cavallotti P L, Galbisti E, et al. Interfinish 1984 Conf Proc. Jerusalem, Israel, 1984: 466.

[13] Cavallotti P L, Nobili L, et al. Trans Inst Met Finishing, 1990, 68: 38.

[14] Short E P, Morita A. Electroplating and Surface Finishing, 1988, 75（6）: 102.

[15] Short E P, Morita A. Trans Inst Met Finishing, 1989, 67（2）: 13.

[16] Li Yi, Zhu Zufang, Jiang Zhiyu, et al. Plating and Surface Finishing, 1993, 80（9）: 79.

[17] Li Yi, Zhu Zufang. Plating and Surface Finishing, 1993, 80（10）: 77.

[18] 李宜，朱祖芳，江志裕等. 中国腐蚀与防护学报，1992，12（4）：315.

[19] 李宜，朱祖芳. 中国腐蚀与防护学报，1992，12（4）：321.

[20] Kalantary M R, Gabe D R, et al. Plating and Surface Finishing, 1991, 78（7）: 24, 42.

[21] Kalantary M R, Gabe D R, et al, Trans Inst Met Finishing, 1992, 70（2）: 56, 62, 159.

[22] 北京有色金属研究总院"七五"重点科技攻关鉴定验收资料. 1989.

[23] Otero E, Lopez V, Gonzalez J A. Plating and Surface Finishing, 1996, 83（8）: 50.

[24] European Anodisers Association, Qualanod. CH-8002 Zurich. 1999.

[25] Kalantary M R, Gabe D R, Ross D H. Plating and Surface Finishing, 1993, 80（12）: 52.

[26] Strazzi E. The Sealing of Anodic Oxide Layer on Aluminium and its Alloys: the past, the present, the future//Alu-Surface' 98. Modena: 1998.

[27] Lenz D. Aluminium, 1956, 32: 126, 190.

[28] Ling Hao, Cheng B R. Metal Finishing, 2000, 98（12）: 8.

[29] Brace A W, Sheasby P G. The Technology of Anodizing Aluminium. 2nd Ed. Eng land: Technicopy Limited, 1979: 233.

[30] MIL-A-8625F. Military Specification. Naval Air Warfare Center Aircraft Div. Lakehurst, NJ: 1993.

[31] Boeing Process Specification: BAC 5884. 1995.

[32] Tomashov N D, Tyukina A. Light Metals, 1946, 9: 22.

[33] Whitby L. Metals Ind, 1948, 72: 400.

[34] Strazz E, et al. High-Speed Sealing Methods for Aluminium Anodizing//4th World Congress Aluminium 2000. Brescia: 2000: 12-15.

[35] 李宜，朱祖芳，江志裕. 腐蚀与防护，1991，12（5）：219.

［36］ Pearstein F，et al. US，5374347. 1994.

［37］ Mansfeld F，et al. J Electrochem Soc，1998，145（8）：2792.

［38］ Mansfeld F. Plating and Surface Finishing，1997，84（12）：72.

［39］ Vincenzi F. Medium temperature sealing：industral experience after QUALANOD approval//5th World Congress Aluminium 2000. Rome：2003：18-22.

［40］ Koerner T，et al. WO，9714828. 1997；US，5935656. 1999.

［41］ 金野英隆，西浦正人. 材料と環境，1998，47（11）：729；Konno H，Nishiura M. Corrosion Engineering，1998，47：873.

［42］ Strazzi E，Bellei B. Aluminium Finishing，1997，17（2）：22.

［43］ Shulman G F. Metal Finishing，1995，93（7）：16.

［44］ Kramer I R，Burrow C F. US，3510411. 1970；US，4130416. 1976.

［45］ Briese W. Metallwaren Industrie und Galvanotechnik，1954，45（8）：373.

［46］ Bauman A J. US，5362569. 1994.

［47］ Pearlstein F. Metal Finishing，1960，58（8）：40.

［48］ Detombe E，Pourbaix M. Corrosion，1958，14：498.

［49］ Brace A W. Anodic Coating Defects. England：Technicopy Books，1992.

第**14**章
铝阳极氧化膜的电泳涂漆

    溶液中带电的涂料粒子在直流电的作用下由于电泳作用形成涂层的方法称为电泳涂漆。早在 19 世纪初,科学家列斯首先发现了胶体粒子在电场作用下能产生电泳现象。但当时由于缺乏良好的水分散性树脂,在工业上一直没有得到广泛应用。1965 年日本哈霓化成株式会社开始把阳极电泳涂漆工艺(AED 法)应用于阳极氧化后的铝型材,用电泳涂装技术作为铝合金阳极氧化膜的有机封孔技术,以取代沸水或常温封孔技术。由于涂装效率与效果、安全性等综合因素,电泳涂漆获得较稳定的发展。1969 年美国成功地将超滤装置应用于电泳生产线涂料的回收利用,既提高了电泳漆利用率,又解决了废水处理的难题,使电泳涂装在防止环境污染、实现规模化生产和提高经济效益等方面取得了长足的进展。

    电泳漆膜和粉末涂层都是有机高聚物涂层,可以有效抵御污染大气和海洋大气的腐蚀。而阳极氧化电泳复合膜兼具阳极氧化膜与有机聚合物膜的优点,由于电泳漆膜下有阳极氧化膜,不会发生有机膜下通常发生的丝状腐蚀问题,可望成为污染大气中理想的表面处理手段。电泳漆的品种除了我们熟悉的透明有光漆外,目前还有消光漆以及有色电泳漆等,都已经用在建筑铝合金门窗上。日本曾检测电泳涂漆复合膜的耐光性,结果表明电泳漆膜与粉末静电喷涂聚酯/TGIC 涂层颜色变化类似,但光泽保持率和耐腐蚀性都明显优于粉末涂层。

    铝合金阳极氧化电泳复合膜兼具阳极氧化膜与有机聚合物膜的性能优点,铝合金阳极氧化电泳复合膜是指在一定厚度的阳极氧化膜的基础上,阳极电泳涂装有机聚合物膜(目前为丙烯酸树脂),也就是说铝合金阳极氧化电泳复合膜是阳极氧化膜与有机聚合物膜的双层结构。

    日本在 1960 年代开始使用电泳涂漆工艺,作为铝合金建筑型材的主导表面处理方法。这种技术可以进行全封闭循环运行,涂料几乎 100% 得到利用,解决了有机溶剂污染问题。1980 年代中期,我国开始引进铝型材阳极氧化电泳涂透明漆生产线,现在已投产数百条铝型材阳极氧化电泳生产线,既有手工操作的原始卧式生产线,也有电脑控制的自动卧式电泳生产线,更有大型全自动立式铝型材阳极氧化电泳生产线。目前我国仍以有光透明电泳漆膜为主,消光漆和有色漆尚不普遍。

14.1 电泳涂漆概述

14.1.1 电泳漆和电泳涂漆的主要术语

    (1) 有光电泳漆。当漆膜厚度在 $7\sim10\mu m$ 时的 $60°$光泽值$\geqslant30$ 光泽单位时,该电泳涂料为有光电泳涂料。

（2）消光电泳漆。当漆膜厚度在 $7\sim10\mu m$ 时的 $60°$ 光泽值＜30 光泽单位时，该电泳涂料称为消光电泳涂料。

（3）固体分。在规定的实验条件下，电泳漆中非挥发物所占的质量百分数。

（4）电导率（$\mu S/cm$）。又称比电导，指在 1cm 间距的 $1cm^2$ 电极面积的电导量。

（5）电阻率（$\Omega\cdot cm$）。又称比电阻，电阻率为电导率的倒数，电阻率＝10^6/电导率（$\Omega\cdot cm$）。

（6）库仑效率。消耗 1C 电量析出漆膜的质量（mg/C）；或沉积 1g 固体漆膜所需电量的库仑数（C/g）。库仑效率表示漆膜生长难易程度。

（7）泳透力。在电泳涂漆过程中使背离电极（阴极或阳极）的被涂物表面上漆的能力称为泳透力。它也表示电泳涂膜膜厚分布的均一性，故又称为泳透性。

（8）更新周期（T.O）。补给涂料的累计使用量与初始配槽所使用的电泳涂料量相等的时间称为一个更新周期（1T.O）。

（9）击穿电压。在电泳涂漆时，电泳电压超过一定的电压时会在沉积电极上产生大量气体，使电泳涂膜炸裂，电泳电流突然增大，造成异常析出状态的电压值。

（10）中和当量（MEQ）。使电泳漆水溶后乳化所必要的中和剂的量（mmol），通常是以 100g 电泳漆固体中所含中和剂的物质的量（mmol）表示。

14.1.2　铝及铝合金电泳涂漆原理

电泳涂漆可以分为阳极电泳涂漆和阴极电泳涂漆。铝在阳极氧化膜上的电泳涂漆应该采取阳极电泳形成阳极氧化/电泳涂漆复合膜。

当铝阳极氧化膜上被施加相反的电泳高电压（工件为负极）时，铝阳极氧化膜可能会破坏，产生裂纹或缺陷致使铝材的耐腐蚀性能降低。同时铝阳极氧化膜微孔内的外来物质渗入电泳液中，着色沉积的金属渗入槽液会造成着色阳极氧化膜发生褪色或脱色。氧化膜微孔内外来物质溶入电泳槽液还会引起槽液的污染，增加电泳槽液管理困难，很难得到正常的漆膜外观和漆膜性能，因此铝阳极氧化膜表面的电泳涂漆不宜采用阴极电泳，而应采用阳极电泳。

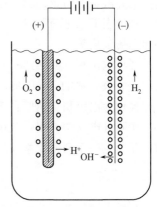

图 14-1　铝阳极氧化膜的
阳极电泳涂漆

铝阳极氧化膜的阳极电泳涂漆原理，如图 14-1 所示。

电泳涂漆过程是一个复杂的电化学过程，主要包括电泳、电沉积、电渗和电解四个反应过程。

（1）电泳（electrophoresis）。在电泳漆胶体溶液中，分散在水介质中的带电胶体粒子，在直流电场作用下向着带异种电荷的电极方向移动称电泳。电泳漆液中除了带负电荷的胶体粒子可以电泳外，有色电泳中不带电荷的颜料或填料粒子也会吸附在带电荷的胶体粒子上随着电泳到达阳极。图 14-2 所示为阳极电泳涂料的胶粒模型。

从图 14-2 中可以看出 $R(COO)_n^{n-}$ 带负电荷树脂表面吸附 RNH_3^+ 形成吸附层，吸附层带有正电荷，它又吸附水介质中的 OH^- 形成扩散层而呈双电层结构，漆溶液中存在分散介质和分散相，两相之间就产生电位差，这是胶体粒子的双电层结构引起的。其泳动的速度公

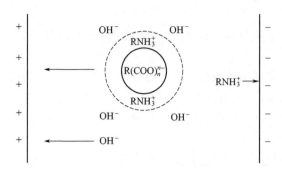

图 14-2 　阳极电泳涂料胶粒模型

式为：

$$V = \frac{E\xi\epsilon}{k\pi\eta}$$

式中　　V——泳动速度；

　　　　E——电场强度；

　　　　ξ——双电层介面电位；

　　　　ϵ——分散介质介电常数；

　　　　η——体系黏度；

　　　　k——胶粒形状系数，当胶粒为圆柱状或近似圆柱状时，$k=4$，胶粒为球状时，$k=6$。

从胶体粒子泳动的速度公式中可以看出，带电胶体粒子的泳动速度与电场强度 E、双电层介面电位 ξ、分散介质的介电常数 ϵ 成正比，与体系的黏度 η 成反比。其中电场强度、分散介质的介电常数、体系的黏度为电泳漆的外部条件，可通过选择设备和溶液介质进行调整，例如溶液介质选用高纯水以增加其泳动速度。影响电泳的因素有：带电粒子的大小、形状，粒子表面的电荷数量，溶剂中的电解质种类，离子强度（ionic strength）以及 pH、温度和电场强度等。

（2）电沉积（electrodeposition）。在电泳涂装时，带电荷的粒子在电场作用下到达相反电荷的电极，被 H^+（阳极电泳）或 OH^-（阴极电泳）所中和，变成不溶于水的漆膜，这一过程称为电沉积。树脂在金属表面的沉积速度取决于电场强度、槽液浓度和温度。

在阳极电泳中，当带负电荷的水溶性树脂粒子在直流电场作用下到达阳极（被涂工件）时，即发生一系列电化学反应，首先是 OH^- 放电：

$$2OH^- \longrightarrow O_2 \uparrow + 2H^+ + 4e$$

$$OH^- + H^+ = H_2O$$

此反应的结果使阳极区周围 H^+ 积聚，局部 pH 降低，这时过量 H^+ 与 $RCOO^-$ 树脂阴离子反应，使树脂析出并沉积在阳极工件表面：

$$R(COO^-)_n + nH^+ = R(COOH)_n$$

随着沉积量的增加，在工件表面形成一层均匀的不溶于水的疏水性漆膜。

由于边缘效应的存在，电沉积首先在工件的边角等电力线密度高的部位进行。随着电沉积的进行，沉积后电阻增加，漆膜逐步向平面沉积，直至完全覆盖。这也是电泳涂漆能够获得比较好的泳透力、获得相对均匀漆膜厚度的主要原因。因而，不论工件形状如何，在电力线能够达到的部位均可以得到完全均匀的涂层，获得满意的涂装效果。

电沉积的漆膜质量遵循法拉第定律：

$$m = z \int_0^t I \, dt = zQ$$

$$z = \frac{E}{F}$$

式中　m——沉积的漆膜质量，g；

　　　I——电流，A；

　　　t——时间，s；

　　　z——电化学当量，g/C；

　　　Q——电量，C；

　　　E——化学当量，g；

　　　F——法拉第常数。

（3）电渗（eletroendosmosis）。电渗是电泳的逆过程。在外加电场下分散介质会通过多孔膜或极细的毛细管，向着电泳粒子泳动相反方向运动的现象称为电渗。具体到阳极电泳涂漆上，就是漆液胶体粒子在电场作用下向阳极移动并沉积时，吸附在阳极上的介质（水、溶剂）在内渗力作用下从阳极穿透沉积的漆膜进入槽液中。

电渗的特点是固相不动，液相移动，电渗是胶体的一种固有特性。通常新沉积的漆膜含水量为 5%～15%。电渗使电沉积涂层脱水，也就是漆膜的含水量显著减少。沥干表面的水滴后可直接进行烘烤固化而得到结构致密、平整光滑的漆膜。若电渗过程不好，漆膜中含水量过高，烘烤时容易产生气泡、漆膜泛白或流挂现象，影响漆膜的品质。

电渗与电沉积过程同步发生。在整个电泳漆沉积过程中前期以电沉积为主，电渗为辅。随着通电时间的增加，漆膜增厚，逐步转化为以电渗为主，电沉积为辅。后期基本是电渗过程，电沉积作用不明显。

（4）电解（electrolysis）。在整个电泳涂漆过程中电解反应始终存在，当直流电场外加于电泳漆的水溶液时，水在电场中发生电解，在阳极区析出氧气，在阴极区析出氢气。水的电解反应在电泳涂漆过程中是不可避免的，尽管电解反应的存在使得电沉积效率降低。一般情况下，电泳槽液中杂质离子含量愈高，即槽液的电导率愈高，水的电解作用愈剧烈，过于剧烈的电解反应将导致大量氧气在作为阳极的工件表面逸出，使树脂沉积时夹杂气体导致漆膜产生针孔、气泡以及表面粗糙等缺陷。因此，在电泳涂漆过程中应尽量防止杂质离子进入电泳液以保持电泳液洁净。水的电解反应程度是与电场强度成正比的，为此电泳涂漆应尽量避免采用高电压。实际生产中，应根据电泳漆的工艺参数范围采用适当的电泳电压，以减少电解反应发生。

在铝及铝合金的电泳涂漆过程中，由于直流电的存在，还伴随着铝阳极氧化膜阻挡层的增厚反应，如果电泳涂漆是在电解着色的阳极氧化膜上进行，则还会发生着色膜微孔中沉积金属的阳极溶解或阳极氧化反应，导致着色膜的颜色变浅。这可能就是着色材电泳后的颜色往往比电泳前浅的原因。

14.2　电泳漆

电泳漆作为一类低污染的涂料，具有涂膜平整、耐水性和耐化学性好等特点，容易实现涂漆的机械化和自动化，适合形状复杂、有边角或孔穴工件的涂装，目前被大量应用于汽车、机电、家电、铝合金建筑型材等的涂装。

电泳漆是以水溶性树脂为主要成膜物质，常选用多种单体合成的有机聚合物，形成的漆膜具有多方面的化学性能，如耐腐蚀性、柔韧性、低温稳定性等。电泳漆的分子链上含有一定数量的亲水基团，例如羧基（—COOH）、羟基（—OH）或氨基（—NH$_2$）等。而它们经过氨（或胺）或酸中和成盐则可部分溶于水中，见图14-3。水溶性树脂在水中能够成为带电荷的胶态粒子，与一般的涂料相比，电泳漆有两个显著的优点：以水为主溶剂，无污染、无毒、无火灾危险；对于复杂的工件能得到均匀致密的涂层，具有较高的耐蚀性。被涂物可以作为阳极，也可以作为阴极。在直流电场作用下，带电荷的胶态粒子移向极性相反的极板上沉积析出。电泳漆按照被涂工件电极分为阳极电泳漆和阴极电泳漆；也有的按成膜物在水中存在的离子形态将电泳漆分为阴离子电泳漆和阳离子电泳漆。电泳涂漆法（ED法）按照被涂物电极分为阳极电泳法（AED）和阴极电泳法（CED）。

图 14-3　水溶性阳极电泳涂料

阳极电泳漆的成膜物质是带羧基的阴离子型聚合物，用胺中和形成羧酸盐而赋予水溶性。常用的中和剂主要为有机胺，如氨水、三乙胺、三乙醇胺及二甲胺基乙醇等。二甲氨基乙醇是较好的中和剂，目前在电泳漆中使用广泛。

电泳漆大致有丙烯酸漆、环氧树脂漆和聚氨酯漆。

丙烯酸阳极电泳漆是当前广泛使用的电泳漆，它是由甲基丙烯酸酯、羧基丙烯酸酯和丙烯酸单体共聚形成的带羟基和羧基的树脂，其分子量大、分子质量分布范围窄，经过胺中和后具水溶性。用水溶性的氨基树脂作交联剂，在电泳涂装时，能按比例沉积析出。在烘干固化时丙烯酸的羟基与氨基树脂交联，形成耐候性和防腐蚀性优良的电泳漆膜，这类涂料作为清漆时，漆膜无色透明，具有光泽性好、硬度高、附着力强、耐候性优异等优点。亦可配制成白色漆或色漆，在铝合金表面处理上获得大量应用。

环氧树脂阳极电泳漆是环氧树脂和不饱和油酸酯化形成环氧树脂，再与马来酸酐加合接上羧基，经胺中和后赋予其水溶性。环氧树脂涂料耐紫外线性能差，但耐腐蚀性能较好，不宜用于户外产品。

聚氨酯漆主要是阴极电泳漆，适用于锌合金、钢铁件、电镀金属等，也可用于铝合金。有透明漆和亚光漆，还有银色、金色、古铜色、白色、黑色等多种颜色品种。由于具有色彩丰富、品种多样、装饰性强、硬度高、耐磨性好等优点，一般用于涂覆首饰、眼镜架、领带夹等既耐磨又具装饰功能的五金件表面。

我国目前生产的铝阳极氧化膜表面用电泳漆有乳液型涂料和溶液型涂料之分。溶液型电泳漆固体分较高，一般在40%～60%之间，黏度为2500～4500cP（25℃）。乳液型涂料的电泳漆固体分一般为30%～40%，黏度仅为100～800cP（25℃）。乳液型涂料的优点是黏度低，添加容易，不会因附着在容器内壁而造成浪费，添加速度快，容易搅拌均匀，不易产生漆颗粒等缺陷；缺点是原漆固体分低，仓储运输较溶液型麻烦。电泳漆的膜层性能由电泳漆原材料和生产工艺及电泳涂漆工艺决定，与原漆是乳液型还是溶液型基本无关。

丙烯酸阳极电泳漆中主要成分是成膜物质、颜料及填料、助溶剂和助剂。助溶剂和助剂通常采用异丙醇、乙二醇丁醚、正丁醇、异丙二醇甲醚、二甲氨基乙醇/三乙胺等，起助溶和调节 pH 的作用，帮助树脂分散到水中，并调节黏度。

铝阳极氧化膜表面用电泳漆常用的是透明有光电泳，近年来有色电泳和消光电泳的使用量也在逐步上升。

14.2.1 有色及消光电泳

1980 年代后期日本发明了消光电泳漆。消光漆既能减少铝型材在使用环境下的光污染，还可以在一定程度上起到掩盖铝型材挤压纹等缺陷的作用。消光电泳漆的表面光泽度大约只有8％～25％（60°光泽），光泽均匀且有一种由内而外的金属质感。同时漆膜的硬度和耐蚀性也有所提高。

1990 年代初期日本推出了有色消光电泳漆，不仅达到消光的效果，还因为它在生产中采用了涂膜半透明技术，使有色消光电泳具有颜色多样化，减少光污染，耐蚀性、耐候性和自洁性能更优异，可部分遮盖挤压纹和型材表面轻微缺陷等优点。

14.2.2 消光电泳原理

电泳漆实现消光的方法主要有三种。

（1）消光粉（粉末微粒子）添加法。在电泳槽液中加入消光粉，混入的消光粉在漆膜固化后使光反射形成漫反射，从而降低光泽度。如图 14-4 所示。

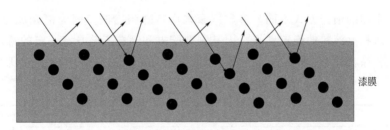

图 14-4 消光粉（粉末微粒子）添加法消光原理图

消光粉没有与树脂结合，而单独悬浮在漆液中。电泳漆如使用此消光方法，电泳主槽的循环过滤系统易将消光粉过滤掉，另外电泳主槽及副槽循环弱的地方容易造成消光粉的聚集沉淀。卧式生产线容易在型材的上表面聚集，造成型材上下表面的光泽度差异（上表面光泽低、下表面光泽高的倾向）。因此槽液中的消光粉含量管控较难，很难实现稳定的消光电泳生产。

（2）加蜡法。通过在电泳槽液中加入水溶性液体蜡来控制光泽度，在漆膜表面形成凹凸不平状态，造成光漫反射，从而降低光泽度。如图 14-5 所示。

此方法和添加消光粉相比，槽液管理以及稳定生产相对容易。但液体蜡的种类繁多，为得到同等的光泽度，不同种类液体蜡的添加量会有很大区别。另外需注意电泳槽液中的溶剂对蜡的溶解劣化作用，故而蜡的选择很困难。固化时蜡在固化炉内挥发的可能性很高，需要关注气体及蜡的挥发物对固化炉造成的污染。

（3）特殊树脂法。在电泳漆生产过程中采用特殊工艺，使得树脂在电沉积时形成不溶性

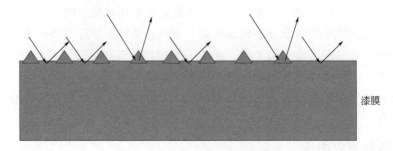

图 14-5　加蜡法消光原理图

微凝胶粒子沉积在漆膜表面和漆膜内部，相当于消光粉添加法和加蜡法的混合效果，形成消光作用。这种方法是目前铝及铝合金表面处理消光电泳普遍采用的方法。在漆膜的表面形成凹凸的同时在漆膜中形成微粒子，使光反射产生乱射，从而降低光泽度。如图 14-6 所示。

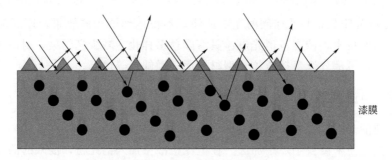

图 14-6　树脂法消光原理图

各涂料厂采用的消光方式不同，多数厂家采用特殊树脂法。因为消光成分与树脂结合，与上述两种方法相比涂料的稳定性好。因其制造配方和制造工艺具有一定的特殊性，涂料的消光工艺也是各涂料厂家技术水平能力的一种标志。以上三种方法优缺点对比见表 14-1。

表 14-1　电泳消光工艺对比表

项目	消光粉添加法	加蜡法	特殊树脂法
涂料开发技术能力	低	低	高
槽液长期稳定性	差	差	优
漆膜性能	差	中	优
槽液管理可操作性	中	中	中
在线生产稳定性	中	中	优
涂料成本	中	高	低
生产成本	高	高	低
消光成分分离性	沉淀	沉淀/上浮	无
槽液循环要求	连续循环	连续循环	可以停止
光泽稳定性	中	中	优

现以特殊树脂法为例进行技术说明。在生产中消光电泳漆通常由高光漆和低光漆两个组分混合而成。电泳漆膜的光泽度可通过改变高光漆和低光漆的比例调整。在长时间不生产的情况下会存在漆膜光泽上升的情况，再次生产前需要进行漆膜光泽确认和调整。

消光电泳在生产上和有光电泳有所不同，主要表现如下。

① 消光电泳电源必须具有定电量控制模式。

② 消光漆膜对漆膜中的水分均匀性有较高的要求，否则固化后会出现漆膜发花的缺陷。为解决这一问题需要在 RO 水洗后进行低温预干。一般采用预干炉，也有采用常温长时间滴干的方法。第一种方法工艺稳定性、一致性比较好；第二种方法受气温影响，冬季难以有效控制，并且滴干时间过长容易受到空气中灰尘的污染。

14.2.3　有色电泳

有色电泳是在无色底漆（有光或消光）中加入颜料从而形成彩色漆膜的电泳涂漆方法，其优点是无法用电解着色得到的颜色可以通过有色电泳得到，也可以通过与电解着色叠加产生复合色。所采用的颜料有无机颜料（炭黑、氧化钛、氧化铁类）和有机染料。无机颜料颜色基本上为黑色、白色、棕褐色、棕色等，其他颜色基本使用有机染料。如果使用水溶性液体颜料可在电泳漆配槽后加入。使用有色电泳需要对漆膜的耐候性及耐化学性能进行充分的确认。

需要注意的是随时间的推移，电泳槽液中含有的溶剂有可能会使颜（染）料产生凝聚，粉末颜（染）料需要在涂料生产过程中将其分散在涂料原液中，颜（染）料浓度含量过高可能影响漆膜的外观和性能，所以颜（染）料的选择非常重要，同时也要注意添加量的控制。因为颜（染）料密度较大，为防止电泳主槽的颜（染）料发生沉淀，通常主槽必须连续不停地进行循环。

目前有色消光电泳漆的消光程度也可通过高光漆和低光漆组分的变化进行调整。由于电泳漆膜的半透明性，产品的最终颜色取决于型材的底色和漆膜颜色形成的复合色，因而可以根据用户的需要生产出一系列色系产品，极具颜色多样化之优点。底色可由普通电解着色获得，底色越浅，复合色也越浅。比如蓝灰色系在底色相应为不锈钢色、香槟色、古铜色、深古铜色和黑色时可生产出铂灰、瓷灰、铜灰、棕灰、蓝灰等一系列灰色系颜色。

14.2.4　有光电泳和消光电泳的区别

有光电泳和消光电泳的区别见表 14-2。

表 14-2　有光电泳（透明/有色）和消光电泳（透明/有色）对照表

光泽	有光		消光	
颜色	无色透明	有色	无色透明	有色
颜料成分	无	有	无	有
消光成分	无	无	有	有
附着性	好	中	好	中
耐候性	好	好，注意脱色	很好	很好，注意脱色
槽液循环	可停止	不可停止	可停止	不可停止
槽液管理	容易	容易	难	难
膜厚管理	容易	中	容易	容易
光泽管理	容易	容易	难	难
色差控制	无	难	难	中
槽液管理成本	低	中	高	高
生产成本	低	中	中	高
溶剂补充量	少	少	多	多

有色电泳无论是有光、消光、使用的颜料以及添加量都有可能对漆膜性能产生不良影响，尤其需要注意的是附着力、耐化学性、脱色、光泽保持率。有色电泳槽液的电导率高，电泳过程中产生的气体相对无色透明电泳也比较多，要防止漆膜性能下降及漆膜外观不良。

漆膜厚度的差异容易使有色消光电泳漆膜产生光泽度差异和色差。消光电泳比有光电泳更易受到杂质离子（槽液污染）、槽液管理以及生产条件等的影响，其中有色消光电泳漆的管理最为重要。

14.2.5　铝及铝合金丙烯酸阳极电泳漆的主要成分及指标

铝及铝合金丙烯酸阳极电泳漆的主要成分及指标见表 14-3。

表 14-3　铝及铝合金丙烯酸阳极电泳漆的主要成分及指标

原液类别			成分（质量分数）/%					黏度/Pa·s	密度/(g/mL)
			丙烯酸树脂	氨基树脂	水+助剂	有机溶剂	颜料		
清漆	有光	溶液型	20～55	10～25	5～40	11～40	—	1.000～6.000	0.9～1.1
		乳液型	20～40	10～20	40～60	10～20		0.040～0.50	
	消光		15～30	10～25	25～52	11～35		0.040～0.50	
色漆	有光	溶液型	20～45	10～25	5～35	11～35	0.5～20	1.000～6.000	0.9～1.2
		乳液型	20～40	10～25	5～30	11～40		0.100～1.000	
	消光		20～40	10～15	5～35	11～35	0.5～30	0.100～1.000	

阳极电泳漆的质量可以从电泳漆的稳定性、泳透力和漆膜的性能这三个方面综合评判。电泳漆的稳定性包括原漆储存稳定性、槽液存放稳定性及槽液连续使用的稳定性。泳透力与电泳漆中树脂的品种、树脂的交联程度及电泳漆的配方有关，同时亦与电泳涂漆的电压和时间相关。

14.3　铝及铝合金电泳涂漆工艺

铝及铝合金在涂漆前必须对被涂工件进行表面预处理，以除去工件表面油污和天然氧化膜，并经阳极氧化处理形成多孔型铝阳极氧化膜，作为电泳涂漆膜的底层。通过电泳涂漆，在铝阳极氧化膜表面沉积一层均匀的无缺陷的电泳漆膜，此漆膜在固化炉中烘烤固化即可完成电泳涂漆过程。

铝及铝合金典型的阳极氧化电泳涂漆工艺流程是：

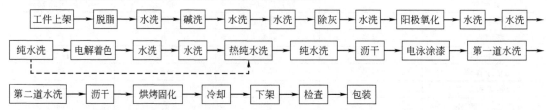

在热纯水洗之前的工艺称为电泳涂漆的前处理工艺，热纯水洗及之后工艺称为电泳涂漆工艺。采用光亮透明电泳漆时，漆膜对底材缺陷有一定的放大作用，因而对底材质量及其表

面预处理要求更高，为了消除基材的挤压条纹或轻微的机械刮伤，可以先对基材进行机械喷砂等机械预处理。

14.3.1　前处理

① 脱脂。脱脂处理目的是除去铝材表面可能存在的工艺润滑油、手印及其他污物，以保证在碱洗工序中，铝材表面腐蚀均匀，从而提高铝阳极氧化膜的质量。脱脂有溶剂脱脂、酸性脱脂、弱碱性脱脂、电解脱脂、超声波脱脂等方法。酸性脱脂是一种对铝表面浸蚀损伤非常轻微的脱脂方法。在正常情况下铝及铝合金表面不存在重度油污时使用酸性脱脂即可满足要求。为了减轻废水处理的负担，降低生产成本，也可采用氧化槽排放的废硫酸进行脱脂。

② 碱洗。碱洗处理是铝材氧化之前最重要的工序，碱洗处理对获得优质氧化着色膜具有决定性意义，直接影响铝材成品外观质量。铝型材氧化着色和电泳涂漆产品质量事故50%以上是碱洗处理不好造成的。碱洗出槽后，要迅速转到水洗槽中清洗，清洗及空留时间不应过长。碱洗后在空气中停留时间不能超过 1min，在水洗槽中停留不超过 10min，否则易产生洗不去的花斑或表面碱蚀斑。漆膜烘烤后表面呈现黄色斑痕。

③ 除灰。除灰处理的目的是除掉碱洗后残留在铝材表面上的反应产物，同时也兼有中和残留碱液的作用。除灰一般采用硫酸。为了获得好的除灰处理效果也可以采用氧化性强的无机酸（如硝酸）、硝酸硫酸的混合酸、添加氧化剂的硫酸（不能使用含有六价铬的添加剂）。

除灰后的工件不宜在水槽中停留过长时间，除灰后的工件在氧化前应认真观察除油、碱蚀和除灰出光的效果，发现问题及时处理，以免到成品才发现造成大批量报废。硝酸除灰处理一定要注意清洗干净后才能进入下道工序进行氧化，以防止将 NO_3^- 等杂质带入氧化槽。

④ 阳极氧化。用于电泳涂漆生产的阳极氧化工序一般采用 H_2SO_4 阳极氧化。建筑用铝合金型材阳极氧化膜局部膜厚要 $\geqslant 9\mu m$。

⑤ 电解着色。常用的有单锡盐、单镍盐和锡镍混合盐电解着色。由于电泳涂层会使色差放大，而且电泳后会比电泳前颜色略浅，色差控制难度比常规氧化着色材更大，生产中应给予重视。

14.3.2　电泳涂漆处理

① 热纯水洗。热纯水洗的主要作用是彻底清洗铝合金阳极氧化膜微孔中杂质，避免杂质离子尤其是硫酸根离子污染电泳槽液，同时对阳极氧化膜的微孔有一定的填充封闭作用。热纯水的温度在 80℃ 左右，清洗时间 4min 左右，热水的 pH 必须严格控制在 5.5～6.5，pH 偏低可换水或用二甲氨基乙醇或三乙胺进行调整，严禁使用 NaOH 等强碱性试剂调整 pH。如果电导率超标，则需更换或部分更换纯水。水质、水温、清洗时间达不到要求时会造成微孔内硫酸根离子清洗不彻底，容易造成铝材烘烤后泛黄。

② 纯水洗。纯水洗的目的是继续对工件进行清洗，预防杂质进入电泳槽，同时使工件降温，避免工件以高温状态进入电泳槽而加速电泳槽液的老化。pH 偏低可用二甲氨基乙醇或三乙胺进行调整，严禁使用 NaOH 等强碱性试剂调整 pH。如果电导率超标，则需更换或部分更换纯水。

③ 电泳涂漆（ED）和反渗透（RO）水洗。电泳工序是电泳涂装工艺过程中决定涂装

质量的关键工序。需要控制好槽液固体分、pH、电导率、胺值、温度、电泳电压、电泳时间等工艺参数。反渗透循环水洗是指利用反渗透回收系统，把电泳槽液中的部分水分离出来作为电泳后的工件表面的清洗用水，并通过液位差使水洗水重新溢流回电泳槽，以达到电泳漆回收之目的，并保证电泳后水洗水的有关参数符合工艺要求，其系统原理见图14-7。

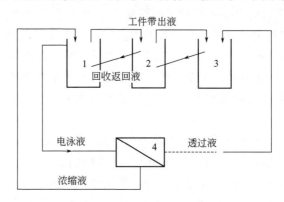

图 14-7　反渗透循环水洗系统原理

1—电泳槽；2—反渗透循环水洗 1 槽；3—反渗透循环水洗 2 槽；4—回收设备

　　从图 14-7 可以看出，由于电泳槽和反渗透循环水洗槽形成一个封闭的系统，其槽液参数主要由工件带出液和透过液共同决定，一般无需特别调整。在工件带出液不变的条件下，透过液的参数（固体分、电导率、pH 等）决定了反渗透循环水洗槽的参数。

　　④ 烘烤固化。经沥干后的电泳漆膜，需进行固化处理。固化是电泳漆成膜的关键工序，对漆膜的物理化学性能影响极大。电泳漆膜固化温度为（180±10）℃，炉内各点温差不超过±5℃，固化时间为 20～30min。不同的电泳漆固化温度和时间略有不同，具体工艺应根据工艺说明书而定。

14.4　铝及铝合金电泳涂漆的影响因素

14.4.1　阳极氧化工艺的影响

　　铝阳极氧化的槽液温度过高、电流密度过大、冷却能力不足、氧化槽液铝离子过高等容易造成氧化膜起白霜（起粉）。轻微白霜会在氧化膜表面形成"粉底"效应，在光线的折射下，可造成电泳漆膜乳白的缺陷，影响到漆膜的鲜映性，严重白霜可造成漆膜失光或发黄。

　　铝合金基体的金相组织不均匀性（如局部粗晶、夹杂等）、工艺因素（如温度、电流密度等）会影响阳极氧化膜微观结构、表面状态、厚度均匀性等。一方面，会造成下一步电解着色不均匀而出现色差。由于光折射的原因，透明电泳漆膜对色差有一种放大作用，因此电泳铝合金型材的色差控制要求比普通氧化型材更为严格。另一方面，由于电极反应的原因，氧化膜不均匀性会给电泳沉积反应带来直接影响，产生电击穿、异常沉积等现象，使电泳漆膜出现针孔、缩孔等弊病。

　　在阳极氧化及水洗过程中，受氧化电压、槽液浓度、液温及水洗时间、水洗温度、存放时间等因素影响，氧化膜可能出现膜层过厚、膜微孔局部阻塞等现象。在电泳过程中造成漆膜不均匀、局部脱膜，烘烤时产生裂纹等现象。

14.4.2 氧化后水洗的影响

氧化后两道水洗温度应控制在 25℃ 以下，否则会在氧化膜表面析出颗粒状物质，在后续的水洗中难以被清洗掉，电泳后漆膜表面会形成颗粒物。由于氧化膜的多孔结构，为清除大量吸附于微孔内的硫酸电解液，在电泳涂装前，必须进行一道热纯水洗涤。热水洗效果与水温和水质有关，通常水温在 70～85℃，水的电导率控制在小于 $50\mu S/cm$，从效果来看，温度高一些比水质好一些更重要。但水温过高清洗时间长时会引起铝合金阳极氧化膜局部（特别是边缘部分）封孔造成漆膜固化后氧化膜膜裂问题。

14.4.3 电解着色的影响

目前电泳涂漆的铝型材大都使用电解着色工艺。电解着色是无机盐中的金属微粒沉积于氧化膜微孔底部的结果。这种沉积可能使氧化膜的电阻值变小，导电性增加。在电泳沉积过程中，由于氧化膜电性能的改变，使电泳沉积过程加速。所以电解着色铝合金阳极氧化膜在电泳过程中会出现以下现象。

一是在相同电泳电压下，经电解着色铝合金（即着色料）比无电解着色铝合金（银白料）电泳膜厚度要高些。换言之，要获得相等厚度漆膜，电解着色料的电泳电压可低些。

二是电解着色膜的电泳涂装的某些缺陷比未着色膜严重，如易出现针孔、缩孔等。这是在电解着色氧化膜表面电泳时电解反应较为剧烈的缘故。

电解着色时金属盐在铝阳极氧化膜膜孔中形成金属和（或）金属氧化物沉积，见图 14-8(a)。由于铝及铝合金电泳涂漆是阳极电泳，在电泳时铝阳极氧化膜微孔中的电解着色析出金属发生部分阳极溶解，如图 14-8(b) 所示。

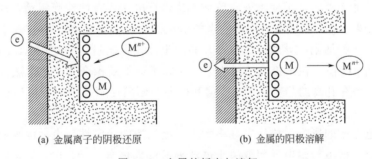

(a) 金属离子的阴极还原　　　　　　(b) 金属的阳极溶解

图 14-8　金属的析出与溶解

由于电解着色工艺的不同，金属及其化合物在氧化膜微孔中沉积的部位也有所不同。理想的沉积部位是在氧化膜微孔底部，实际沉积时氧化膜微孔底部、孔壁及上部都可能出现沉积。微孔上部出现的金属沉积越多，电泳涂漆时着色氧化膜微孔中金属的阳极溶解程度越大，着色氧化膜的褪色程度也就越大。这和电解着色的工艺控制有直接关系。

对不同金属盐着色工艺来说，锡盐、铜盐着色的阳极氧化膜电泳后比镍盐着色的氧化膜电泳后脱色程度深。

14.4.4 电泳工艺的影响

影响漆膜质量的主要因素：固体分、胺值、酸值、pH 值、电导率、电压、电流、液温、通电时间、溶剂含量、电泳后水洗等。

(1) 槽液固体分含量的影响。电泳槽液固体分含量是指槽液中成膜物质（树脂与颜料）的含量，一般以质量百分比表示：

$$C_S = \frac{W_{BP}}{W_0} \times 100\%$$

式中　　C_S——电泳槽液固体分含量，%；

　　　W_{BP}——电泳槽液中树脂与颜料的质量，g；

　　　W_0——电泳槽液的质量，g。

槽液固体分含量与电泳漆膜的质量密切相关。如果采用低固体分电泳槽液，电解反应激烈，气泡增多，电沉积性能变差，导致漆膜变薄，漆膜外观变差，附着力下降。槽液稳定性变差，泳透力降低。

固体分含量高时，槽液导电性好，电沉积速度快。固体分含量过高时漆膜易产生粗糙、橘皮等缺陷。因此电泳槽液的固体分要保持在合适的范围内，一般丙烯酸阳极电泳漆溶液的固体分在 6%～10% 之间，不同的电泳漆固体分控制范围略有区别。

(2) 胺值的影响。胺值又称胺浓度（MEQ），用于表示电泳槽液中氨基的多少。不同的电泳漆会有不同的胺值控制范围。胺值高则漆的水溶性好，漆液的泳透力好。但胺值过高会导致漆膜出现变薄、失光、泛黄等缺陷。随着生产过程的进行，胺值会逐渐升高，此时可使用精制系统进行调整。

(3) 酸值的影响。酸值用于表示丙烯酸电泳漆中所含有机酸的量，与丙烯酸树脂的中和度有密切关系。酸值高，则漆膜的光泽度、平整度等均会有所改善。然而，酸值太高，则会影响槽液的 pH 值，严重时会出现下层胶凝现象。实际生产中较少控制酸值。

(4) pH 值的影响。pH 值是涂膜质量的主要因素。pH 值过低，电泳树脂的水溶性、稳定性和电沉积性能变差，甚至使槽液凝胶而无法进行电泳或者使漆膜粗糙，漆膜耐水性、流平性、附着性变差。pH 值过高，则会使水的电解加剧，气泡增多，库仑效率下降，泳透力下降，漆膜的再溶解加剧，导致漆膜变薄，易产生针孔等缺陷。因此在电泳涂漆中必须严格控制电泳槽液的 pH 值，在阳极电泳过程中，铵离子会不断积聚在电泳槽液中，使电泳槽液的 pH 值及电导率有升高的趋势，当 pH 值和电导率偏离控制范围时，可通过电泳漆精制设备进行调整。

(5) 槽液电导率的影响。槽液电导率大小对电泳漆的稳定性、电泳漆膜的品质和漆的泳透力有直接影响。槽液初始电导率取决于电泳槽液的固体分、pH 值、温度、纯水的电导率及杂质离子含量等因素。随着电泳生产过程的延续，槽液本身产生的 NH_4^+ 和前道工序带来的杂质离子会在电泳槽中积聚而增加，致使槽液电导率增大，槽液劣化，电解过程加剧，库仑效率下降，泳透力降低，进而引起涂层表面粗糙，针孔等缺陷增多，漆膜耐水性和附着力下降。严重时甚至难以形成完整的漆膜，造成电泳槽液的报废。为了保持电泳槽液电导率的稳定，必须严格控制槽液中杂质离子的含量。加强控制电泳前处理最后一道纯水洗的洁净度。对已进入电泳槽液中的杂质离子，可通过槽液精制系统部分去除。

(6) 有机溶剂的影响。电泳漆中除了固体分和水，还添加有机溶剂，丙烯酸电泳漆有机溶剂主要有异丙醇、正丁醇和乙二醇丁醚。不同厂家的电泳漆使用的溶剂种类和含量有所不同。有机溶剂可以提高电泳漆的分散性、水溶性和电泳性能，使成膜能力及膜层的耐水性、流平性和漆膜光泽度提高。此外，还有调节槽液黏度的作用，以提高槽液的稳定性。但是过高的溶剂含量会使沉积的漆膜再溶解造成漆膜发花。

（7）电泳电压的影响。电泳电压是由丙烯酸树脂本身的分子量和结构特性决定的，一定的电泳漆一般有其适用的电压范围，在此范围内，漆膜厚度随电压的升高而增加。电泳电压还与槽液的固体分、槽液温度、pH 值、电导率、胺值、极间距离、工件的表面特性（如阳极氧化膜的厚度、有无电解着色、着色的盐类、着色的深浅等）等因素有关，因此在特定的电泳槽液体系中，必须根据工件的表面状况调整电泳电压，使其处于最佳范围。

电压升高，电场加强，分散体系中的带电粒子泳动速度加快，库仑效率随之上升。但电压过高，电解反应加剧，气泡增多，引起漆膜粗糙、橘皮或针孔等，为了抑制电解反应尽可能采取较低的电压。电压太低时，带电粒子泳动速度降低，成膜速度变慢，漆膜较薄，表面无光泽，电泳涂漆和浸涂混杂，附着力下降。如果成膜速度低于漆膜在电泳槽液中的溶解速度则无法成膜。

（8）电泳槽液温度的影响。在电泳涂漆的电沉积过程中，由于部分电能转化为热能，槽液循环系统的机械能也会部分转化成热能，使槽液温度上升。

电泳槽液温度高，丙烯酸树脂粒子的运动速度加快，库仑效率上升，漆液的黏度降低，漆膜厚度增加，泳透力下降，电解过程加剧，气泡增多而导致漆膜变粗糙，易出现橘皮、针孔，甚至产生流挂，漆膜的附着力下降。电泳槽液温度低虽然可以得到致密的涂层，但库仑效率下降，沉积速度慢，漆膜薄，易无光泽。

（9）电泳时间的影响。电泳涂漆在通电前应将工件在槽液中浸泡一段时间，使槽液与工件表面充分浸润减少漆膜气泡的产生。如图 14-9 电泳电流-时间曲线所示，在电泳过程中，刚开始通电时，电极反应相当剧烈，电流急速增加。为防止反应过于激烈，电流增加的速率可通过电泳电源的软启动控制，一般软启动时间为 30s 左右。当漆膜逐渐在工件上增厚时，表面电阻增大，在漆膜上的电位降增大，而漆膜表面与槽液间电位差降低，电极反应逐渐趋于缓和，电流逐渐下降，最终呈现残余电流，树脂的沉积反应基本停止，此时主要是电渗过程。

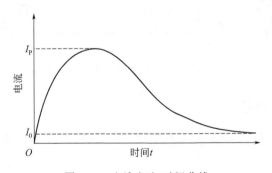

图 14-9　电泳电流-时间曲线

在电泳过程中，主要通过控制电压来控制漆膜厚度。电泳时间增加到一定程度时漆膜厚度不会显著增加。因此电泳涂漆工艺难以得到高膜厚产品。

从电泳漆膜的厚度增长来看，通电初期漆膜厚度增长速率较快，然后增长速率减缓，一般在 2~3min 后漆膜厚度趋于饱和，故电泳时间通常为 2~3min。电泳时间的长短需要根据电泳槽液的电导率、固体分含量等因素的变化，在确定溶液温度和电压的前提下，选择最佳的电泳时间。另外，在电泳结束后，要尽量缩短工件出槽时间，以免使漆膜再溶解而影响漆膜质量。

（10）槽液循环搅拌的影响。电泳槽液循环搅拌是为了保证漆液成分、浓度和温度的均匀，同时具有排除悬浮杂质和气泡的作用。循环量应保证整个电泳槽液在 1h 内循环 3～6 次，一般液面应有 0.1～0.2m/s 的流速，以确保槽面上的气泡能够及时溢流排掉。

（11）水洗的影响。两道水洗均要保持足够的时间。时间不足漆膜表面黏附的电泳漆不能充分溶解，漆膜的亮度也会受到影响；时间过长会造成漆膜的再溶解。

上述影响电泳涂装的各种因素之间是相互依存和相互制约的，必须严格按照电泳涂漆工艺要求来配置设备和管理槽液，使各工艺参数控制在最佳范围中。此外，电泳涂漆的漆膜品质还受通电方式、涂漆环境、氧化膜质量、电解着色等因素的影响，必须进行综合考虑。

14.5　电泳涂漆通用设备要求

铝及铝合金阳极电泳涂漆工艺系统如图 14-10 所示，主要设备有槽体、阴极、电源、精制系统、回收系统、加漆系统和固化炉等。

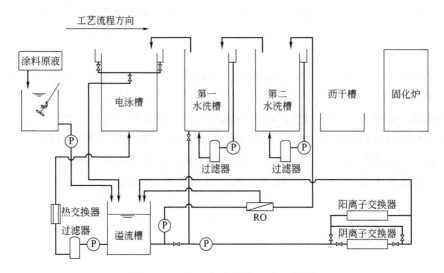

图 14-10　阳极电泳涂漆工艺系统图

14.5.1　槽体及循环系统

根据电泳工艺的要求，电泳槽通常由主槽、溢流槽、水洗槽、循环过滤装置和热交换装置等组成。

（1）电泳主槽及水洗槽。槽体内用硬质 PVC 或玻璃钢衬里。从施工质量和使用寿命方面来看，以玻璃钢为好。为防止玻璃钢中的树脂溶解于槽液，玻璃钢槽衬宜采用乙烯基树脂制作。电泳主槽的溢流宜采用双侧溢流，水洗槽采用单边溢流。有色电泳的槽体底部边角应做弧形处理。

（2）溢流槽。其容量通常取电泳槽（主槽）容量的 1/5～1/3。溢流槽中应安装两道消泡网，如图 14-11 所示。溢流槽回液管管口应在溢流槽液面 500mm 以下，以免产生气泡。在电泳精制系统串联通液时溢流槽液面下降不应超过 300mm。

（3）循环系统。循环泵流量应保证能使整个电泳槽的槽液在 1h 内循环 3～6 次，消光电泳及有色电泳循环泵需采用变频控制。水洗槽循环次数控制在 1h 内 1 次。电泳槽循环系统中应装有热交换装置，所用的热交换器一般为板框式热交换器。为了减少工件漆膜表面的气泡，在循环系统运行时应控制电泳槽主槽和两侧溢流道液位差在 50mm 左右，电泳槽主槽和溢流槽液位差控制在 500mm 左右。具体液面关系见图 14-11。

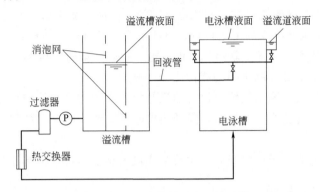

图 14-11　电泳槽循环液面关系图

14.5.2　阴极

（1）极板。通常采用 304 不锈钢。应注意的是作为阳极的工件面积最大不能大于阴极极板面积的两倍。为了保险起见，极比（正极/负极）一般控制在 1.0～1.2 之间。阴极面积太小会引起系统阻抗增大而产生不良影响。

（2）极罩。也称消泡袋，主要用于收集阴极上反应生成的 H_2。可使用聚丙烯材料制作，也可以使用 1♯工业帆布制作。

（3）极间距离。电泳槽液的电阻与电极间的距离成正比，与电极表面积成反比。电极间距离越小，则电泳槽液的电位梯度越大，当被涂工件形状较复杂时，则工件各部位极间距离差别大而引起各部位电位差大，在极距较小处电流较大，在极距较大处电流较小，使得沉积在各部位的漆膜厚度不均匀。相反，如果极间距离过大，则槽液的电阻增大，要获得相同的沉积电流就需要更高的电压，使电沉积效率降低，容易产生异常电沉积。一般可根据工件的复杂程度和工件的尺寸大小，选择极间距为 200～800mm，在铝及铝合金阳极电泳方面，最常采用的是（300±50)mm。

14.5.3　电源

铝及铝合金电泳涂漆电源的特点是电压高、电流小、直流电，一般采用三相桥式整流方式。要消除脉冲直流对漆膜的影响，还需加上平波电抗器和滤波电容。由于电泳生产的不连续性，必须设置软启动，以利于漆膜形成和防止对电网的冲击。

纹波系数一般≤5%。纹波系数为输出电压交流成分的最大峰值的 1/2 与直流成分之比（%）。纹波系数表征直流成分的纯净程度，纹波系数大，则提供的电流中含交流成分多，交流成分太多则影响成膜速度及成膜质量，从而导致漆膜薄、表面粗糙，容易产生针孔等缺陷。

电源的控制方法有两种，即定电压软启动和定库仑电量软启动。

（1）定电压软启动方式。这是目前生产中最常用的一种方式。这种控制是设定一个工作电压值，设备在启动以后，以一种可以调节的启动时间缓缓地升至一定电压后进行自动稳压，直至工作时间结束。电压设定值的大小主要取决于阳极工件面积，槽液温度，浓度，胺值，电导率和涂料分子量的大小等。这种工作方式通常用于有光电泳的生产。

（2）定库仑电量软启动方式。这种控制是根据工件总面积和膜厚要求计算所需库仑值，设备启动后，当流入工件的总电量达到设定值后，设备自动停电，报警，确保不同截面和批次之间产品电泳漆膜厚度的统一性。有色电泳和消光电泳一般采用定库仑电量的工作方式。

根据铝及铝合金电泳涂漆的工艺特点，电泳电源应具备以下特性：

① 具有自动稳压和 0～180s 软启动功能，电压、软启动时间可调节；

② 具有稳压、定电量控制选择功能，运行可靠；

③ 具有缺相、过流、输出短路、设备超温等故障自动检测和保护系统；

④ 采用十二相整流加滤波电抗器，降低输出电压纹波，使纹波系数不大于5%，最好能 ≤3%；

⑤ 输出电压、电流、运行时间应采用数字式仪表显示，具有精密计时及到时报警功能。

14.5.4　精制（IR）系统

随着电泳涂漆生产的进行，电泳漆中的胺会游离出来，从而使电泳槽液的 pH 值上升，同时电导率也上升。工件从前道工序带来杂质离子，如硫酸根离子或金属阳离子，以及空气中飘浮的碱雾、酸雾溶解在槽液中，都会使杂质离子不断积聚，电泳槽液性能慢慢恶化，进而影响漆膜表面品质。

为了有效去除电泳槽液中有害的阳离子和阴离子等杂质离子，需使用电泳漆精制设备。电泳精制设备由阴离子树脂塔（A塔）和阳离子树脂塔（C塔）组成。其中分别装载阴离子树脂和阳离子树脂。阴离子树脂主要用来除去槽液中的硫酸根、碳酸根和氯离子等阴离子；阳离子树脂主要用来除去槽液中的铵离子、钠离子和镍离子等阳离子及原液补充积蓄的二甲氨基乙醇（DMAE）。这些杂质离子大量混入电泳槽液中，使电泳槽液的导电性发生变化，电泳通电时，容易加大电解过程，阳极气体增多，产生橘皮、水痕、针孔、光泽度低下、涂膜不良等现象。其原理见图 14-12。槽液中的杂质离子与树脂上的氢离子或氢氧根离子交换结束后，就必须进行再生处理。再生过程与精制过程正好相反，利用氢离子或氢氧根离子进行再生，交换附着在离子交换树脂上的杂质离子。

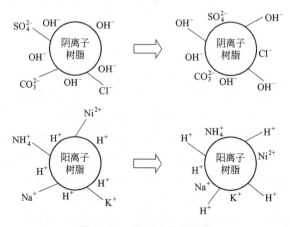

图 14-12　离子交换原理图

在精制树脂的再生过程中，必须注意再生剂的品质，尽量避免再生剂本身的杂质离子影响到离子交换树脂的使用寿命以及污染电泳槽液。精制过程的流程示意见图 14-13。阳离子交换塔和阴离子交换塔其树脂容量之比一般为 1：3。

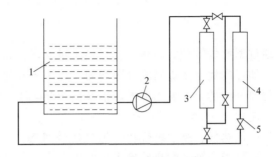

图 14-13　精制过程的流程示意

1—槽液；2—输送泵；3—阴离子交换塔；4—阳离子交换塔；5—阀门

14.5.5　回收系统

回收是为了减少电泳涂料的消耗，把工件从电泳槽带出的以及在电泳后水洗中溶解的电泳涂料通过回收装置与回路，重新汇集到电泳槽中。这样既可提高电泳涂料的使用效率，降低漆液的损耗，又可以稳定电泳槽及电泳后水洗槽的成分，进而稳定漆膜品质。通过回收系统实现闭路循环，不产生漆液排放污染。回收主要有微滤（MF）法、超滤（UF）法、纳滤（NF）法和反渗透（RO）法。电泳涂料的回收一般采用超滤法或反渗透法，也有超滤和反渗透联用的。

超滤膜是一种强韧、薄、具有选择性的通透膜，可以截留大部分某种特定大小以上的分子。较小的分子则可以通过滤膜。所以，超滤法可以将截留液中的大分子加以浓缩。但是，仍有一些大分子会渗漏至过滤液中。电泳涂漆中，超滤装置实现了高分子电泳漆与电解质分离的目的。也可以说是漆、水分离。其工作压力为 1kgf（1kgf＝9.80665N）左右，约等于 3 倍的渗透压，膜孔较大。UF 与 RO 的本质区别在于膜孔的大小，UF 膜很容易将电泳槽中的一些有用的溶剂超滤出去。随着漆液使用时间的延长和超滤的使用，溶剂不断滤出，其含量会逐渐下降，影响漆膜质量。严重时，漆膜会在烘烤前脱落。因此，应及时添加溶剂调整。由于以上缺点目前很少单独使用 UF，一般电泳精制排水采用 IR-UF 串联处理。

反渗透（RO）法使用的 RO 膜包括由乙酸纤维酯制成，或是以聚硫胺与聚砜基质的混合薄层聚合物。其形式通常为卷式元件，将半透膜、导流层、隔网按一定排列黏合卷制在有排水孔的中心管上，原水从元件一端进入隔网层，经过隔网层时，在压力的作用下，一部分水通过半透膜，渗透到导流管内，通过导流层水道，流到中心管，经排水孔从中心管流出，剩余部分则从隔网层的另一端排出。

电泳涂漆中，反渗透将溶液净化或浓缩，即实现有机物与无机物的分离，工作压力为 25kgf 左右。RO 回收设备中的关键部件是 RO 膜。选用 RO 膜必须充分考虑到漆液的黏度、极性、平均分子量、分子量的分散系数、所含辅剂的种类特性等条件。如果选用不当，将使透过液流量不足或引起 RO 膜因堵塞而报废。回收系统的选择应保证第二道水洗槽固形分控制在 0.3% 以下。

14.5.6　加漆系统

加漆系统由搅拌槽、电动搅拌器及输液泵等组成，用管道、阀门与电泳溢流槽相连。搅拌槽、电动搅拌器及输液泵材质一般采用 SUS304 不锈钢，搅拌槽应具有可开启的盖板防止灰尘进入。容量满足一次补充量的五倍以上，一般大于 $1m^3$。

14.5.7　固化炉

固化炉通常有烘道通过型和烘箱型。加热方式有热风对流式、远红外辐射式、红外加热风式等多种。热风对流式加热的优点是炉温度分布均匀，适用于各种形状的工件；缺点是工件受热是由表及里逐步传递升温的，升温速度慢。铝及铝合金电泳涂漆一般采用烘箱型固化炉，加热方式采用热风对流式。

固化炉的热源可选择电加热器、燃油燃烧机、燃气燃烧机等。从固化炉温度控制而言，选择电加热较为理想，它可根据检测到的热风发生器的出口温度，对电加热器的电流进行模拟量控制，或对多路电加热管进行多组开关量控制，使固化炉内的温度升降较为平稳，采用电加热器循环的热风较为洁净。电热式固化炉操作维修简便，但其运行费用较高。

燃油热风炉为保持循环热风的洁净应采用热交换的方式间接加热，火焰及烟气流经的炉膛及烟道均不应有渗漏现象，一旦出现渗漏等故障，会影响漆膜质量。燃气热风炉由于燃气中一般不含污染涂膜的杂质，能直接作为热风进行循环，热效率高，运行费用低。

固化炉内循环的热空气是否洁净对电泳漆膜固化后的表面品质有重要的影响，如果炉内循环热风中含有过多的粉尘及杂质，会使漆膜固化后表面粘上颗粒，直接影响成品表面的外观品质，因此固化炉应安装循环热风过滤系统。

14.5.8　有光电泳和消光电泳的设备区别

有光电泳和消光电泳在设备方面的要求有所不同，具体见表 14-4。

表 14-4　有光电泳和消光电泳的设备差异

光泽	有光		消光	
颜色	无色透明	有色	无色透明	有色
循环变频器	不要 *	要	要	要
通电软启动	要	要	要	要
定电量控制	不要 *	要	要	要
主槽、副槽槽底角	—	曲面	—	曲面
溢流槽槽内循环	不要	要	不要	要
硅藻土过滤器	要	要	不要	不要
预干燥	不要	不要	要	要

注：* 表示可以不需要，但是有相关设备更好。

14.6　工艺条件及槽液管理

14.6.1　工艺条件

有光电泳和消光电泳在电泳生产中产生不良现象的原因不同，为防患于未然需要采用不同的工艺条件。具体工艺条件见表 14-5。

表 14-5　有光电泳和消光电泳工艺条件

光泽	有光		消光	
颜色	无色透明	有色	无色透明	有色
热水洗温度	75~85℃	75~85℃	80~85℃	80~85℃
热水洗时间	4~6min	4~6min	4~6min	4~6min
热水洗水 pH 值	5.0~6.5	5.0~6.5	5.0~6.5	5.0~6.5
热水洗水电导	40~80μS	40~80μS	40~80μS	40~80μS
电泳前纯水洗	要	要	不要	不要
电泳前液切	不要	不要	完全干燥	完全干燥
电泳液温	21~23℃	21~23℃	21~23℃	21~23℃
电泳电压	80~180V	80~180V	100~200V	100~200V
浸渍时间	1min 以上	1min 以上	1min 以上	1min 以上
升压时间	30s	30s	30s	30s
库仑管理	不要*	要	要	要
通电时间	3min 以内	3min 以内	3.5min 以内	3.5min 以内
通电后放置时间	1min 以内	1min 以内	1min 以内	1min 以内
RO1 液温	RT	RT	RT	RT
RO1 时间	3~6min	3~6min	3~6min	3~6min
RO2 液温	RT	RT	20~30℃	20~30℃
RO2 时间	4~7min	4~7min	4~7min	4~7min
电泳后液切温度	RT	RT	15~35℃	15~35℃
电泳后液切时间	15min 以上	15min 以上	15min 以上	15min 以上
固化温度(型材表面温度)	150~200℃	150~200℃	150~200℃	150~200℃
固化时间	30min	30min	30min	30min

注：＊表示可以不需要，但是有更好。另，表中"液切"为干燥操作；RT 表示室温。

14.6.2　槽液管理

在电泳涂漆时，电泳槽液及水洗的固体分、pH 值及电导率应保持在一定的范围之内，使槽液各参数相对稳定。

(1) 槽液补充。一般固体分的变化控制在 1%~2% 以内。随着电泳涂漆过程的延续，涂料不断被消耗，当槽液固体分下降到一定值时需要及时补充原漆，这时应通过电泳漆补给装置给予补充。需先将原电泳槽槽液（约占补充涂料量的 50%）加入搅拌槽中，再将电泳漆原漆输送到搅拌槽中，开动电动搅拌器连续搅拌 30min 以上，待原漆充分乳化后，用输漆泵将漆液徐徐输入电泳溢流槽中。对于乳液型电泳漆则可以直接在电泳主槽添加。

电泳漆使用的溶剂主要有异丙醇（IPA）和乙二醇丁醚（BC），异丙醇是为了提高电泳漆的水溶性、加强水洗效率，乙二醇丁醚是为了增加膜厚，提升漆膜的耐水性、外观和流平性。此两种溶剂一般可以直接投入水槽或主槽的溢流槽。但是电泳主槽加入乙二醇丁醚时，应与原液加入方法相同，在搅拌槽中搅拌后加入。

二甲氨基乙醇主要用来调整第一道水洗和第二道水洗的 pH 值。电泳主槽 pH 值偏低时也可用二甲氨基乙醇进行调整。

（2）电泳槽液的精制（IR）。电泳精制用以调整槽液的电导度和 pH 值。电泳精制的操作一般分为阴塔单独通液（A-IR 阴离子交换）和阴塔阳塔串联通液（AC-IR 阴离子交换和阳离子交换），阳塔出口的 pH 值应保持在 7.0 以上。一般不采用阳塔单独通液（C-IR 阴离子交换）。

槽液电导上升接近控制上限时开启阴塔单独通液（A-IR），槽液 pH 值接近控制上限时开启阴塔阳塔串联通液（AC-IR）。即使在不生产时，因空气中的二氧化碳溶解进入电泳槽液中等因素的存在，一般需要保持两周一次的 A-IR 通液频率。

A-IR 通液时槽液 pH 值的变化曲线见图 14-14，电导的变化曲线见图 14-15。

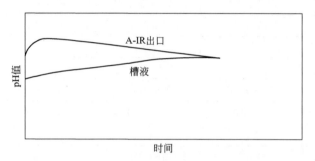

图 14-14 A-IR 通液时槽液 pH 值的变化曲线

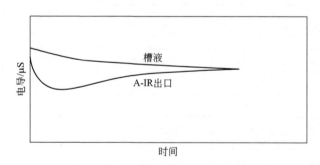

图 14-15 A-IR 通液时槽液电导的变化曲线

串联通液（AC-IR）时槽液 pH 值的变化曲线见图 14-16，电导的变化曲线见图 14-17。

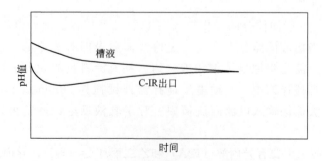

图 14-16 AC-IR 通液时槽液 pH 值的变化曲线

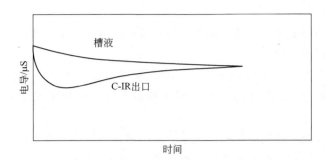

图 14-17　AC-IR 通液时槽液电导的变化曲线

14.6.3　消光电泳与有光电泳槽液管理差异

消光电泳比有光电泳更容易发生外观不良，所以更有必要严格遵守槽液管理规范。

消光电泳特别重要的管理措施有：

① 通过恰当的离子交换处理进行 pH 值、电导、胺值管理。

② 定期进行溶剂补充管理。

③ 进行适当的漆膜厚度管理。

④ 进行电泳原液的平衡补充。

按槽液管理项目不同将有光电泳和消光电泳管理项目重要性进行比较，具体见表 14-6。

表 14-6　有光电泳和消光电泳槽液管理项目重要性对比

光泽	有光		消光	
颜色	无色透明	有色	无色透明	有色
电泳液 pH 值	○	○	◎	◎
电泳液电导	○	○	◎	◎
电泳液固体分	○	○	○	○
电泳液胺值（TA）	○	○	◎	◎
电泳槽液溶剂含量	○	○	◎	◎
杂子离子量	○	◎	◎	◎
RO 水洗 pH 值	○	○	◎	◎
RO 水洗固体分	○	○	◎	◎
RO 水洗溶剂含量	○	○	◎	◎

注：◎表示最重要；○表示重要。

14.7　阳极氧化电泳涂漆复合膜常见缺陷的起因及防治

（1）氧化膜破裂。氧化膜太厚；热纯水洗温度过高或水洗时间过长；固化炉炉温或局部温度过高。

防治措施：控制好氧化膜厚度；调整热纯水洗槽温度、水质和水洗时间等工艺参数；控制固化炉温度和炉温均匀性。

（2）水斑。从阳极梁、夹具等掉落下来的水滴附着在半干燥的漆膜表面，在烘烤固化时，由于附着水滴部分的光泽发生变化，或者黏附水滴中的杂质成分而使光泽或颜色发生变化。

防治措施：延长脱水时间；擦拭阳极梁上的水滴；改进夹具结构。

（3）漆膜花斑。漆膜过厚；槽液杂质离子多，pH 高；溶剂含量失调。

防治措施：漆膜厚度调整；通过离子交换降低杂质离子含量，通过离子交换将 pH（胺值）调整至恰当值；严格按照溶剂管理范围进行控制。

（4）接触痕。较软的型材挂点少（卧式生产线），工件间吊挂间距小；固化炉内风压太强而使未完全固化的工件相互接触产生的痕迹。

防治措施：增加挂点，调整吊挂间距离；降低固化炉内的风压。

（5）气泡附着。工件浸入电泳槽时卷入漆液表面的气泡或空气，卷入循环系统的空气或阴极掩蔽不良等原因使漆液中含有微小气泡，工件电极产生气泡过多而漆液流动性差无法带出。

防治措施：调整型材绑料角度，调整型材入槽角度，降低型材入槽速度；控制型材之间的间隔；延长电泳前浸渍时间；检查循环系统和阴极掩蔽情况，对不合要求的进行调整；加大循环量，降低电泳槽液固体分，严格按照溶剂管理范围进行控制。

（6）水平表面粗糙。氧化膜表面颗粒物附着；电泳槽液固体分低，有细小的凝聚物或不溶颗粒；槽液溶剂含量过低；槽液电导率太高，杂质离子含量太高；槽液 pH 值低。

防治措施：提高氧化后清洗效果；提高槽液固体分，加强过滤；严格按照溶剂管理范围进行控制。通过离子交换降低杂质离子含量。

（7）橘皮。电泳槽液溶剂含量低；补给原漆时没充分乳化；电泳电压过高；漆膜过厚；槽液 pH 值低，杂质离子含量高。

防治措施：补充溶剂；原漆补给时进行充分搅拌；降低电泳电压；降低漆膜厚度；提高槽液 pH 值；进行电泳精制去除杂质离子。

（8）酸痕。阳极氧化处理中阳极梁及夹具等残留酸，水洗时未清洗干净，在电泳涂漆后流到型材表面，使漆膜表面变成凝胶化的流痕花纹。

防治措施：确保水洗充分；改变夹具结构或更改绑料方式。

（9）异常电沉积。通电条件及槽液组成异常，如胺值过高等，电泳时电流部分集中或存在异常电流，伴随气泡产生不均匀的厚漆膜，特别是电泳电压设定较高时，容易产生厚漆膜的花纹；电泳中途二次通电。

防治措施：改进通电条件，降低电泳电压，控制槽液温度；通过离子交换将 pH 值调整至恰当值；避免二次通电。

（10）针孔。氧化膜微孔吸附的杂质离子清洗不干净；氧化膜厚度不足；阴极屏蔽不良或消泡袋破损，在漆液中存在细微的气泡；电泳电压过高，电解反应过剧烈，产生气泡过多；混入电泳漆中的杂质（油、润滑脂等）黏附在漆膜上；槽液温度过高，杂质离子太多；在槽液的 pH 值过低及溶剂过剩的条件下，抵抗杂质的能力变弱。

防治措施：调热水洗温度、时间及水质；调整恰当的氧化膜厚度；根据针孔部位查找破损的消泡袋并予更换；适当降低电泳电压；进行硅藻土过滤，除去电泳漆中的油、脂等杂质；调整电泳主槽循环量，控制好槽液温度；通过离子交换降低杂质离子含量；通过离子交换将 pH 值调整至恰当值；将漆膜厚度控制在必要范围内；严格按照溶剂管理范围进行控制。

（11）麻点。电泳槽前的水洗水太脏；电泳槽液中存在较粗大的外来杂质；车间空气中含有尘埃等漂浮物飘落到沥干区的工件上；烘烤固化炉内存在尘灰等杂物。

防治措施：更换电泳前水洗水；检查电泳槽过滤装置并过滤电泳槽液；搞好车间环境卫生，控制沥干区风向，防止灰尘飘浮；清理固化炉，清洁或更换热风循环过滤网。

（12）雾斑。酸雾、碱雾或有机溶剂气雾飞入电泳涂漆的气氛中，附着在烘烤前的漆膜表面引起局部凝固、交联反应；热水洗的温度、pH 值控制不好；电泳后水洗槽的 pH 值太低。

防治措施：注意生产线风向，加强对产生酸雾、碱雾的工序或设备的排气；控制热水洗温度和 pH 值；控制好电泳后水洗槽的 pH 值。

（13）涂料滴痕（漆斑）。电泳出槽后停留时间过长；涂料的质量分数不适当；电泳后水洗不足；第二道水洗槽固体分过高；未滴干的导电梁从正在沥干的料挂上方跨过。

防治措施：电泳出槽后停留时间控制在 1min 以内；降低电泳槽漆液浓度，调整溶剂浓度，提高 pH 值；电泳后进行充分的水洗，并适当降低第二道水洗槽的固体分，提高水洗槽的 pH 值。

（14）漆膜乳白。热纯水洗和纯水洗不充分，阳极氧化膜膜孔中有残留的硫酸根离子，在电泳涂漆时与漆膜成分发生反应，局部地异常促进漆膜的交联反应；槽内涂料被污染，特别是硫酸根离子污染。

防治措施：保证阳极氧化后水洗的时间；对电泳涂装前的水洗进行检查，使其水质及清洗时间合乎要求；热水洗温度、水质和清洗时间控制在工艺要求范围；通过离子交换降低杂质离子含量。

（15）凝胶涂料黏附。电泳槽或水洗槽中混入酸，发生涂料树脂的部分凝聚而黏附在工件上。

防治措施：防止电泳槽或电泳后水洗槽中混入酸；检查过滤系统，必要时更换过滤滤芯；除去涂料中的凝聚物，查清涂料树脂产生凝聚的原因。

（16）凹坑（火山口）。固化时炉温升温太快；电泳槽液中混入了油脂等异物并附着在漆膜表面；电泳槽液的 pH 值过低，溶剂含量高。

防治措施：减慢固化炉升温速度；查明油脂等异物的来源，用硅藻土过滤等方法去除异物；通过离子交换将 pH 值调整至恰当值。

（17）光泽不均。漆膜厚度高；涂料中的硫酸根离子积聚；槽液 pH 值异常；电泳槽及水洗溶剂含量高；水洗槽 pH 值偏低；水洗槽的固体分高，循环量和液温偏低；水洗时间不足；电泳后滴干的温度和滴干时间不足（消光电泳）。

防治措施：调整漆膜厚度；通过离子交换降低杂质离子含量；缩短电泳后进入水洗槽的时间；用精制设备去除硫酸根离子；通过离子交换调整 pH 值；电泳主槽、水洗槽严格控制溶剂管理范围；提高水洗水的 pH 值，降低水洗槽的固体分，提高水洗槽循环量和液温，延长水洗时间；提高电泳后滴干的温度和滴干时间（消光电泳）。

（18）泛黄。氧化膜吸附的硫酸根离子量多；涂层太厚；固化温度太高或时间过长。

防治措施：控制氧化后水洗水的水质和水洗时间；改进涂漆条件，降低漆膜厚度；选择适当的固化温度和时间。

（19）再溶解。电泳后的水洗槽溶剂含量高；电泳后水洗槽的 pH 值高；水洗槽固体分低；水洗槽的循环量高和温度高，水洗时间长。

防治措施：电泳后水洗槽严格控制溶剂管理范围；降低电泳后水洗槽的 pH 值；严格按照管理范围控制水洗槽固体分；降低水洗槽的循环量，降低水洗槽温度；缩短水洗时间。

（20）光泽度不良（消光电泳）。漆膜厚度太厚；消光原液/有光原液补充比率不当；pH 值异常。

防治措施：降低漆膜厚度；调整消光原液/有光原液的补充比率；通过离子交换调整 pH 值。

矫正缺陷首先要能准确鉴别缺陷。任何一种缺陷其原因都是多方面的，必须根据实际情况，结合工厂的工艺、设备、环境和操作条件等，具体问题具体分析，才能从根本上判断和消除缺陷产生的根源。

14.8 电泳涂漆产品的质量要求及执行标准

铝阳极氧化电泳涂漆复合膜具有许多优点，首先电泳涂漆膜的厚度非常均匀而且容易精确控制，同时可以覆盖静电喷涂难于达到的表面，这与静电喷涂膜完全不同，显示出明显的优点。此外铝阳极氧化膜作为电泳漆膜的底层，在使用性能上基本不会发生膜下丝状腐蚀的问题，这是复合膜最大的优点。美国的一项长期大气腐蚀试验的结果表明，电泳涂漆膜检测了耐灰浆性、4000h 耐中性盐雾腐蚀性、耐盐酸和耐硝酸等性能，都没有发生腐蚀问题，不仅全部通过性能检测指标，而且明显优于普通封孔的阳极氧化膜。5 年大气暴露腐蚀试验的光泽保持率，电泳涂漆膜可以与氟碳喷涂膜相比美，明显优于粉末喷涂膜和阳极氧化封孔膜的性能。阳极氧化电泳涂漆复合膜的性能优势逐渐显现，尤其是可以综合铝阳极氧化膜与有机聚合物漆膜的优点，耐腐蚀性和耐磨耗性的双重性能特点十分明显。

建筑用铝及铝合金产品电泳漆膜质量一般按照 GB/T 5237.3—2017《铝合金建筑型材　第 3 部分：电泳涂漆型材》的要求进行控制。具体内容见表 14-7。其中膜厚、色差、漆膜硬度、漆膜附着性、耐沸水性、耐盐酸性、耐碱性和耐砂浆性、外观质量是逐批检验的项目；耐磨性、耐溶剂性、耐洗涤剂性、耐湿热性、耐盐雾腐蚀性、紫外盐雾联合和加速耐候性属于定期检验项目。非建筑用铝及铝合金产品电泳漆膜质量按照各行业的具体质量要求进行控制。

表 14-7　铝及铝合金建筑型材阳极氧化电泳涂漆复合膜性能要求

	性能	要求
膜厚	A 级	氧化膜局部膜厚≥9μm,漆膜局部膜厚≥12μm,复合膜局部膜厚≥21μm
	B 级	氧化膜局部膜厚≥9μm,漆膜局部膜厚≥7μm,复合膜局部膜厚≥16μm
	S 级	氧化膜局部膜厚≥6μm,漆膜局部膜厚≥15μm,复合膜局部膜厚≥21μm

性能	要求
色差	颜色应与供需双方商定的色板基本一致,或处在供需双方商定的上、下限色标所限定的颜色范围之内
漆膜硬度	漆膜硬度应不小于 3H
漆膜附着性	漆膜干附着性和湿附着性应达到 0 级
耐沸水性	经耐沸水浸渍试验后,漆膜表面应无皱纹、裂纹、气泡,并无脱落或变色现象,附着性应达到 0 级
耐磨性	采用落砂试验时,落砂量应不小于 3300g;采用喷磨试验时,喷磨时间应不小于 35s
耐盐酸性	复合膜表面应无气泡或其他明显变化
耐碱性	保护等级应不小于 9.5 级
耐砂浆性	复合膜表面应无脱落或其他明显变化
耐溶剂性	型材表面不露出阳极氧化膜
耐洗涤剂性	复合膜表面应无起泡、脱落或其他明显变化
耐湿热性	复合膜表面的综合破坏等级应达到 1 级
耐盐雾腐蚀性	乙酸盐雾	保护等级≥9.5 级
	铜加速乙酸盐雾	保护等级≥9.5 级
紫外盐雾联合试验	保护等级≥9.5 级
加速耐候性	粉化等级达到 0 级,光泽保持率≥75%,色差值≤3.0
外观质量	漆膜应均匀、整洁,不准许有皱纹、裂纹、气泡、流痕、夹杂物、发黏和漆膜脱落等影响使用的缺陷

参考文献

[1]　Sato T,Kaminaga K. Theory of Anodized Aluminium 100 Q&A. Tokyo:Kallos Publishing Co. Ltd,1997.

[2]　朱祖芳编著. 铝合金阳极氧化工艺技术应用手册. 北京:冶金工业出版社,2007.

[3]　GB/T 8013.2—2018 铝及铝合金阳极氧化膜与有机聚合物膜　第 2 部分:阳极氧化复合膜.

[4]　GB 5237.3—2017 铝合金建筑型材　第 3 部分:电泳涂漆型材.

[5]　刘宪文编著. 电泳涂料与涂装. 北京:化学工业出版社,2007.

[6]　朱祖芳. 铝合金建筑型材表面处理技术发展问题之我见. 轻合金加工技术,2007,(11):8-11.

[7]　朱祖芳. 铝材表面处理技术发展之过去和未来十年. 2001 年北京两岸三地表面精饰技术交流会. 北京,2009.

[8]　朱祖芳. 铝合金建筑型材阳极氧化电泳复合膜的性能分析及质量评价. 中国金属通报,2008,增刊:5-9.

[9]　大田裕. 日本铝材复合氧化膜涂层技术的现状. 轻合金加工技术,2004,(2):1-4.

[10]　唐亮. 铝型材电泳涂漆工艺的生产实践. 轻合金加工技术,2006,(4):36-39.

[11]　夏范武. 热固性氟碳树脂在卷材涂料及喷涂铝单板涂料中的应用. 涂料工业,2006,(2):34-41.

[12]　卿胜波,朱生,孙争光,黄世强. 水性氟碳树脂涂料. 涂料工业,2003,(1):35-37.

[13]　JIS H 8602—2010 [S] 铝及铝合金阳极氧化涂漆复合膜.

［14］ 日本轻金属制品协会表面处理技术研究委员会. 電着涂装にょろァルミニゥム陽極酸化涂装復合の皮膜缺陷事例集. 1994.

［15］ 李贤成，吴梅. 铝件电泳涂漆. 电镀与精饰，1997，（1）：20.

［16］ ［日］川合慧著. 铝阳极氧化膜电解着色及其功能膜的应用. 朱祖芳译. 北京：冶金工业出版社，2005.

［17］ ［日］菊池哲. 铝阳极氧化作业指南和技术管理. 朱祖芳等译. 北京：化学工业出版社，2015.

第**15**章

铝及铝合金粉末静电喷涂

15. 1 粉末喷涂的概述

粉末喷涂始于 1930 年代后期,当时想把聚乙烯用作金属容器的喷涂或衬里的材料。但是聚乙烯不能溶于溶剂中,无法制成溶剂型涂料,于是就采用火焰喷涂法,把聚乙烯粉末以熔融状态涂覆到金属表面上,这就是粉末涂装的开端。1962 年法国 Sames 公司首次研究成功粉末静电喷涂设备,为粉末涂装技术的快速推广应用奠定了基础。1964 年,SHELL 公司开创了现今粉末涂料行业广泛使用的熔融挤压法粉末涂料生产技术,使粉末涂料的生产实现连续化,走上了工业化生产道路。从 1970 年代初,溶剂价格急剧上升,随着工业的迅速发展,废气、废水和废渣对环境造成严重污染,欧美国家对挥发性有机化合物(VOCs)的限制越来越严格。1992 年联合国环境和发展大会召开以后,环境保护成为世界性的重要问题。粉末喷涂作为效率(efficency)、性能(excellence)、生态(ecology)和经济(economy)俱佳的 4E 型涂装技术,得到世界涂料和涂装行业的重视。目前,粉末涂装的应用已涉及建筑装饰、家用电器、轨道交通、农用及工程机械、家装家具、3C 产品、管道防腐蚀等多个领域,已经取得了巨大的经济效益和社会效益。

我国的粉末涂料和涂装工业起步比较晚,以绝缘粉末涂料开始,1965 年广州电器科学研究院研发了环氧绝缘粉末涂料,建成年产 10t 的中试车间。20 世纪 70 年代中期到 80 年代初建成年产 300t 的国内第一条静电喷涂用粉末涂料连续生产线,在国内率先建立了粉末静电喷涂流水生产线。之后,我国吸引了大型跨国粉末涂料生产商和粉末喷涂设备制造商来投资办厂,例如荷兰阿克苏、美国杜邦、瑞士金马、德国瓦格纳等,把我国粉末涂料生产及喷涂技术提高到新的水平。

1990 年代全球粉末涂料以每年超过 10% 的增长速度增长,我国在国家环保及供给侧结构性改革政策的推动下,2012 年粉末涂料产量已经占世界粉末涂料产量的 50%,成为世界上粉末涂料生产量最大、增长速度最快的国家。据中国化工学会涂料涂装专业委员会统计,2017 年我国热固性粉末涂料销售量 160.5 万吨,比上年度增长 13%。图 15-1 所示为我国2007—2017 年的热固性粉末涂料的市场增长情况。

近年来国家和地方政府大力推进 VOCs 的治理,粉末涂料已在建材、家电、农用工程机械及汽车领域有了大规模的应用。

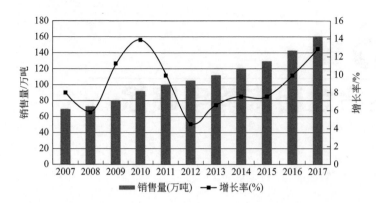

图 15-1 我国 2007—2017 年热固性粉末涂料的市场增长情况

15.1.1 粉末喷涂的特点

粉末喷涂借助于空气作为分散介质，以粉末形态进行涂布。因此，粉末喷涂具有与其他类型涂装工艺所不同的特点。

① 无溶剂污染。粉末涂料一般不含有机溶剂，从而避免了在涂装过程中因溶剂挥发引起大气污染和对人员健康带来的危害，同时保证了生产、运输、贮存中的安全，也避免了因水溶性废料造成的废水对环境形成的污染。

② 涂覆性能好。粉末涂料不易形成针孔等缺陷，涂层更致密而坚固耐用。对于一些常温下不溶或难溶于有机溶剂而性能优异的高分子树脂，可采用粉末喷涂的方法，从而得到具有各种功能的高性能涂层。

③ 涂装效率高。粉末涂料一次喷涂可得 $50\sim300\mu m$ 厚的涂层，而液体涂料一次涂覆膜厚约 $5\sim20\mu m$。粉末喷涂减少或避免了液体涂料在厚膜喷涂时常产生的流挂、积滞、塌边以及边角涂覆不良的缺陷。

④ 涂料利用率高。一般粉末涂料是在封闭体系中进行喷涂，其实际利用率均在 95% 以上。近年来，随着粉末回收技术的不断改进，粉末涂料利用率可高达 99%。

⑤ 不受气温和季节的影响。粉末喷涂与液相喷涂相比，不受气温和季节的影响，操作相对简单，容易实现自动化。

⑥ 涂装工序简化、经济效益高。粉末喷涂由于一次性涂覆就可达厚膜要求，因此可大大简化涂装工序。粉末喷涂一般只需要前处理、涂装、固化三个工序，一涂一烘一次成膜，降低了设备投资和场地配置，节省了资源与能源，缩短了涂装周期，从而提高了经济效益。

⑦ 粉末涂料对各种涂装方法适应性好。除了主要用静电喷涂法进行涂装外，还可以用流化床法、静电流化床法、空气喷涂法和火焰喷涂法等方法进行喷涂。

⑧ 喷涂工艺操作简单。主要技术参数已经可以实现微电脑控制，有效地降低了工艺操作难度，同时辅助设备大为减少，如通风冷冻设施、加热管道等。

⑨ 成品率高。一般情况下，各项措施得当，可最大限度地控制不合格品的产生。

⑩ 粉末涂层具有优良的理化性能，如铝合金建筑型材上用的粉末涂层具有优良的耐候性、耐盐雾腐蚀性和耐化学稳定性等。

⑪ 粉末涂层光泽度范围广，颜色丰富，效果可媲美溶剂型涂料。

⑫ 粉末涂层的纹理丰富多样，有光面、砂面、垂纹、木纹、大理石纹等。

但粉末涂装也有一些不足之处，主要如下：

① 不易实现薄层化。除超细粉末外粉末喷涂膜厚一般均在 $40\mu m$ 以上，要实施 $30\mu m$ 以下的涂层十分困难。

② 涂层外观装饰性较差。粉末涂层一般较厚且为 100％固体分，固化成膜熔融黏度高而流平困难，易造成轻微橘皮状，使涂层的平整性和光泽度不及液相喷涂层，从而限制了粉末涂装在高装饰性产品上的应用。

③ 调色换色困难。粉末涂料配色不能在涂装前用原色料调配，必须在制粉生产混炼挤出前配好；同时在粉末静电喷涂中换色时必须清理供粉系统、喷房和回收系统等设备，故难以短时间内完成换色。近年来，由于相关涂装设备系统的不断改进，换色时间已大为减少。

④ 固化温度高。粉末涂料烘烤温度通常均在 160℃以上，耗能大。近年来，已经有在 130℃下固化的粉末品种问世，但涂层性能尚有待改善提高。

粉末涂料与溶剂型涂料的特点比较见表 15-1。

表 15-1　粉末涂料与溶剂型涂料的特点对比

项目	粉末涂料	溶剂型涂料
一道涂装的涂层厚度/μm	50～300	10～30
薄涂的可能性	比较困难	很容易
厚涂的可能性	比较容易	比较困难
喷逸涂料的回收利用	比较好	很难
涂料的利用率	很高	一般
涂装劳动生产率	很高	一般
涂料制造中调色和换色	比较麻烦	比较简单
涂料的运输和贮存	方便	不大方便
涂层的综合性能	好	好
溶剂带来的火灾危险	没有	有
溶剂带来的大气污染	没有	有
溶剂带来的毒性	没有	有
粉尘带来的爆炸危险	有,但很小	没有
粉尘带来的污染问题	有,但很小	没有

15.1.2　粉末喷涂原理

粉末涂装方法很多，包括空气喷涂法、流化床浸涂法、静电流化床涂装法、静电喷涂法、火焰喷涂法等。在这些涂装方法中，目前最普遍采用的是静电喷涂法，包括高压静电喷涂法和摩擦静电喷涂法。

高压静电喷涂法和摩擦静电喷涂法的基本原理如图 15-2、图 15-3 所示。

(1) 高压静电喷涂。高压静电喷涂是利用喷枪枪体上的电极和高压发生器相连，产生高压静电场，使喷枪周围空气发生电晕电离，由于高压静电场的电晕放电及空气动力作用，当粉末从喷枪喷出时，粉末粒子与电离空气粒子碰撞而带上负电荷，粉末从喷枪口随气流飞向接地工件并均匀地吸附在工件表面，经过加热烘烤，粉末熔融流平并固化成均匀、连续、平整、光滑的涂层。由于法拉第屏蔽作用，粉末涂料较难附着到被涂物凹进去的内表面。

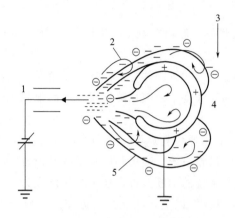 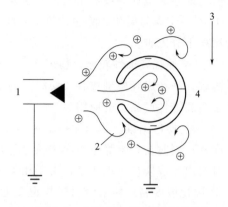

图 15-2　高压静电粉末喷涂原理　　　　　图 15-3　摩擦静电粉末喷涂原理

1—喷枪；2—空气束流；3—重力；4—被涂物；5—电场线　　　1—喷枪；2—空气束流；3—重力；4—被涂物

　　（2）摩擦静电喷涂。摩擦静电喷涂与高压静电喷涂不同的是，它不需要高压静电发生器，粉末的带电及静电场是靠摩擦产生的，当粉末在净化的压缩空气输送下高速经过由强电阴性材料（通常为特氟隆）制的摩擦喷枪时，便与枪体内壁发生摩擦而带正电荷。

　　目前，国内大部分装饰性的热固性粉末涂料使用高压静电喷涂法进行涂装。由于设备投资、粉末涂料品种及价格等问题，在我国高压静电喷涂所占的比例很大，而摩擦静电喷涂的占比很小。高压静电喷涂与摩擦静电喷涂的优缺点对比见表 15-2。

表 15-2　高压静电喷涂法与摩擦静电喷涂法的优缺点对比

项目	高压静电喷涂	摩擦静电喷涂
粉末涂料上粉率	很好	良好
凹部涂装效果	一般	很好
平板涂装效果	很好	良好
涂层外观	良好	很好
粉末涂料适应性	很好	一般
生产过程安全性	良好	很好
配件更换	较少	较多
橘皮效应	有	小
吸附粉尘	有	无

15.2　粉末静电喷涂设备

　　粉末静电喷涂设备主要由喷枪、喷粉室、供粉系统、粉末回收系统、控制系统、传送链和固化炉组成。

15.2.1　高压静电喷枪

　　静电喷枪一方面使粉末涂料带上静电，另一方面把带静电的粉末涂料输送到被涂物上面。粉末静电喷涂要求喷枪出粉均匀，雾化好，粉末充分带电，包覆效应好，结构轻巧，使用方便。高压静电产生的原理如图 15-4 所示。喷枪控制器提供约 12V 的高频低电压给喷枪，通过电缆供给喷枪内部的高压块；在高压块中，低电压首先被转化为 4.5kV 的初始高电压；初始高电压再在倍压器中修正和放大，最终获得需要的高电压，最高电压可达到 100kV，喷枪电极针与工件之间形成高压电场。

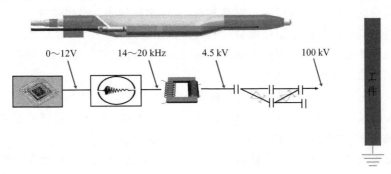

图 15-4　高压静电产生的原理

　　粉末涂料是用气流通过管道输送至喷枪管内，从喷枪管前面喷出，由于喷枪内部电极针的电晕放电，喷出的粉末涂料都带上负电荷。带负电荷的粉末涂料粒子离开喷枪管出口，即向被涂物方向前进，由于粉末涂料带负电荷而被涂物带正电荷，粉末涂料被吸附到被涂物表面完成喷涂任务。粉末涂料粒子表面所带电荷量与静电场强度和粉末涂料粒子在电场中停留时间有关。电场强度与电极电压成正比，与被涂物和喷枪之间的距离成反比。

　　性能优秀的高压静电喷枪应具备以下的特点：

　　① 具有精密充电控制 PCC 模式，电流可以以 $0.5\mu A$ 为单位精确调整，确保最佳的充电效果，大大提高沟槽上粉性能和涂层的均匀性。

　　② 当工件与喷枪之间的距离低于 70mm 时，喷枪的输出电压会自动下降直至为零。

　　③ 完美的枪身设计，最少的粉末残留。

　　④ 100kV 的高电压精确可调，平板工件一次上粉率可达 75％。

　　⑤ 能适应金属比例达 10％ 的金属粉的喷涂作业。

15.2.2　喷粉室

　　在粉末静电喷涂生产线上，工件固定在输送链的挂具（或夹具）上被送入喷粉室，在喷粉室内完成喷涂作业。为了防止粉末涂料污染输送链，只有挂具（或夹具）可以从喷粉室内部通过。

　　喷粉室的结构随着粉末涂料回收系统的结构、挂料方式以及自动化程度的不同而有很大的区别，目前，典型的喷粉室的形式有卧式方形、立式 V 形以及立式 U 形喷粉室。

　　喷粉室的设计是否合理将直接影响喷涂效果和生产效率。喷粉室的设计应该考虑以下因素：

　　① 卧式喷粉室要考虑每挂料的长度、宽度和高度；立式喷粉室主要考虑每支料的长度和宽度。

　　② 喷枪数量的设置主要考虑生产线的设计链速和固化炉长度。原则上是在满足固化条件和达到标准、均匀的涂层厚度的前提下，能创造出最高的生产效率。

③ 同样的喷枪数量，横布喷枪使喷粉室的占地面积增加，但由于喷枪的上下回转点少，工件同一位置喷枪涂覆叠加的数量多，所以涂层厚度均匀；竖布喷枪可以减少喷粉室的占地面积，但由于喷枪的上下回转点多，工件同一位置喷枪涂覆叠加的数量少，所以涂层厚度不够均匀。

④ 卧式喷粉室内壁表面要求平整光滑，边角为圆弧状，内部没有死角，清扫容易。

⑤ 卧式喷粉室的材质最常用的是阻燃 PVC 工程塑料材质，表层带导电因子。

⑥ 卧式喷粉室底部建议采用自动翻板和气刀自动清理机构。

⑦ 卧式喷粉室前后可考虑设置手动补喷平台，平台可安装气刀自动清理机构。

⑧ 建议配备快速换色供粉系统。

⑨ 往复机的配备要求运行平稳，上下换向无抖动，停顿时间短。

⑩ 配备大旋风二次回收系统，旋风一次分离率达到 95% 以上。卧式喷粉室的抽风量大约为 16000m³/h，立式喷粉室的抽风量大约为 24000m³/h。

⑪ 建议配备光栅系统用于精确检测工件尺寸，根据光栅感应，自动精准开启和关闭喷枪，避免空喷、漏喷等现象，保证高上粉率，降低粉末消耗，并实现输送链启停自动开关喷枪。

⑫ 建议配备集中控制系统，集成所有电气参数的设置及故障监控。

⑬ 喷粉室要有良好的接地，建议采用 3~5 根直径 15~25mm 的铜棒，在厂房外间隔 3000mm 打入地下并全部连通，连通用电线为 4~6mm² 的铜芯线，测量设备的接地电阻值应小于 1MΩ。

15.2.3　供粉系统

供粉系统将粉末连续、均匀、定量地供给喷枪，是粉末静电喷涂中取得高效率、高质量的关键部件之一。供粉量的控制精度对涂装产品的质量有很大的影响。由于粉末涂料不能像液相涂料那样流动，故不能像液相涂料那样传送，而需以压缩空气为载体吹送。现代最常用的供粉系统一般由喷枪控制器和供粉中心组成。供粉中心保证多个喷枪集中供粉和实现快速换粉，控制器则利用 DVC 数字阀门控制技术实现对喷枪出粉量和雾化气压的精准控制。

供粉系统的核心是粉泵，最常用的是文丘里粉泵。根据文丘里原理，当在三通管中喷射高压气流时，在侧管产生负压，可以抽吸粉末涂料，并可以输送粉末涂料至喷枪，其原理如图 15-5 所示。

近年来，还开发出更为先进的密相传输粉泵，实现长距离稳定的可重复的粉末输出，保证粉末涂层厚度的均匀性，而且与传统的文丘里粉泵相比，工作寿命大大延长，粉末输出量的衰减也大大减小。密相传输粉泵的原理如图 15-6 所示，与传统文丘里粉泵的对比如图 15-7 所示。

15.2.4　粉末回收系统

喷逸的粉末涂料可以回收再利用是粉末涂料与涂装的重要优点。粉末回收系统直接关系到粉末涂料的利用率和环保问题，因而配置高效率的粉末回收设备十分重要。粉末回收装置应具备以下条件：回收效率高，一般不小于 95%；回收的粉末能再利用，连续作业性好；占地面积小、噪声小；应配套采用有效的清洁中心和供粉系统；回收系统抽风量应满足与其连接的喷粉室排风量的要求；安全可靠，备有防爆措施。

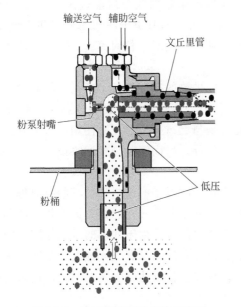

图 15-5　文丘里粉泵粉末输送原理

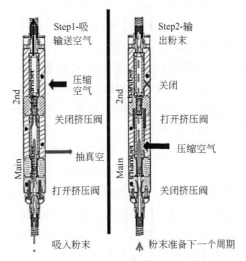

图 15-6　密相传输粉泵粉末输送原理

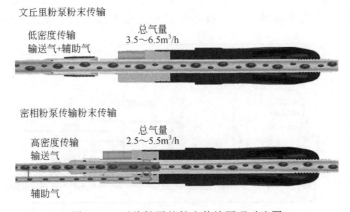

图 15-7　两种粉泵的粉末传输原理对比图

　　粉末涂料回收设备的种类很多，有旋风分离式、滤袋式、滤芯式（弹筒式）、传送带式、薄膜式等。每种设备既有优点，又有缺点，只用一种设备往往不能得到满意的效果。在实际生产中，常采用两种或两种以上设备组合的形式回收粉末涂料。在自动化生产线上，用得最多的还是旋风分离式和滤袋式（或滤芯）相结合的回收系统。

　　（1）旋风分离式粉末回收设备。旋风分离式粉末回收设备由旋风分离器、鼓风机、振动筛等组成。它像旋风除尘器一样，是利用龙卷风的原理制成的。当高速气流通过倒锥形分离器上部圆筒部分时，气流就在圆筒内部高速旋转，同时在倒锥形内部产生离心力，这种离心力把较重的粉末颗粒分离出来。当被回收的粉末涂料随着气流被带入分离器时，由于离心力的作用，粗颗粒粉末就沉积在锥形筒的底部，得到回收，过细的粉末就从上部被气流带走。采用该设备回收 $15\mu m$ 以上的粉末涂料时，回收率高达 95% 以上。

　　（2）滤袋式回收设备。袋滤式回收设备由滤袋、振荡器、抽风机、振动筛等组成。这种设备的基本原理是当带有喷逸粉末涂料的气流通过滤袋时，只有空气通过滤布，粉末涂料不能通过，从而把粉末涂料从空气中分离出来，分离的粉末涂料收集后经过振动筛去除杂质，再与新粉混合使用。这种设备的回收率可达 99.9%，回收率取决于滤布的材质和空隙大小，常用的滤布材料有毛毡、帆布、尼龙布、涤纶布和其它合成纤维材料等。为了保证滤布的正常过滤功能，必须及时清扫附着在滤布上的粉末。

滤袋式回收设备的优点是：粉末涂料回收率高，排放的空气比较干净；运转时噪声比较小；设备地占面积和体积均比旋风分离式回收设备小。其缺点是：设备清扫和换粉比较困难。在不要求回收粉末涂料时可以单独使用，通常是与旋风分离器配套使用。一般旋风分离器安装在前面，主要回收喷逸的粉末涂料中较粗的部分；后面安装袋式回收设备，主要回收旋风分离器排放的超细粉。

（3）滤芯式回收设备。滤芯式回收设备是滤袋式回收设备的改进型，其回收原理基本上与滤袋式回收设备一样，主要区别在于过滤装置的小型化和高效化。其关键设备是滤芯（弹筒）式过滤器。当喷逸的粉末涂料随空气进入过滤器内部时，由于滤芯的过滤作用，粉末涂料就不能透过滤芯，而是附着在滤芯外壁或者落在滤芯底部，只有空气透过滤芯壁，排放到外部。滤芯顶部装有喷嘴，定时将粉末吹落下来。当回收粉末达到一定量时，通过倾斜板把粉末涂料收集到喷粉室底部回收利用。

在滤芯过滤器开发初期，滤芯是纸制的，使用寿命有限，粉末涂料处理量比较小。现在滤芯已大量使用合成纤维，寿命大大延长，而且采用多个滤芯组合的方式来提高回收粉末涂料的处理能力。旋风分离器和滤芯回收设备相结合的粉末涂料回收系统见图 15-8。

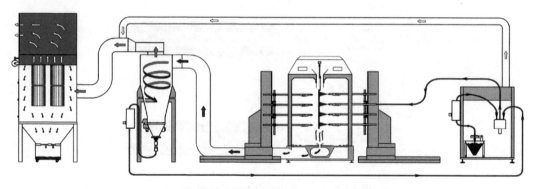

图 15-8　旋风分离器与过滤器相结合的粉末回收系统

15.2.5　固化炉

静电粉末喷涂中，固化炉性能直接影响工件涂装的质量。选用固化炉时，要按照以下原则进行：单位时间内喷涂产量或面积匹配；工件的外形尺寸、挂料间距和悬链的传输速度匹配；符合粉末涂料胶化温度、固化温度和时间的要求；经济实用的热源种类和加热方式；达到涂层外观品质要求；设备维修方便等。

铝合金静电粉末喷涂中，卧式生产线常用的有隧道型炉和链条积放式厢式炉，立式生产线常用立式厢式炉。固化炉的结构示例见图 15-9、图 15-10。

隧道型炉的两个炉口相对，由于空气对流的影响，热量损失大而且占地面积大，单位面积产量低；链条积放式厢式炉的两个炉口错开，减低了空气对流的影响，热量损失小、占地面积小而且单位面积产量高；立式厢式炉的炉口根据链条的走向设计很灵活，炉内工件悬挂的密度很大，所以单位面积产量最高。

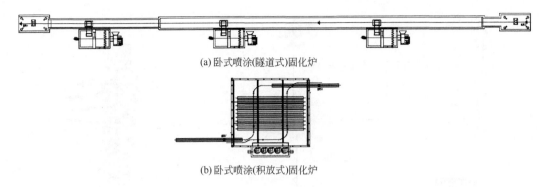

(a)卧式喷涂(隧道式)固化炉

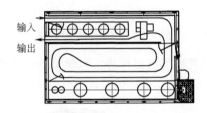

(b)卧式喷涂(积放式)固化炉

图 15-9　卧式喷涂固化炉

输入
输出

图 15-10　立式喷涂固化炉

固化炉一般采用热风循环的加热方式，根据循环气流的加热方式可分为直接加热和间接加热，两者的主要区别是燃料的燃烧产物是否进入循环气流。直接加热方式的优点是炉子升温时间短，控温精度高，但缺点是燃料的燃烧产物会进入炉内，当发生不完全燃烧时产生的不完全燃烧产物会污染炉内气氛，直接影响涂层的表面质量，所以一般采用天然气作为加热热源。间接加热方式的优点是燃料燃烧产物不进入炉内，炉气干净清洁，有利于保证涂层的表面质量，但缺点就是炉子升温时间长，控温精度低，所以一般采用油、气等作为加热热源。

在设计固化炉时，应注意以下问题：

① 应明确所用粉末涂料的耐热温度，在烘烤温度和时间已确定的条件下，涂层不泛黄、不变色。

② 炉内的温度分布应均匀，一般要求卧式生产线的炉子上、中、下三点的温差小于±5℃，立式生产线的炉子上、中、下三点的温差小于±2.5℃。

③ 炉内热风循环的次数每分钟应大于 4 次，以保证热风循环气流稳定和温度分布均匀。

④ 炉体必须做好保温，保证炉体外壁与环境温度的温差小于 10℃。

⑤ 应在炉口设置风幕，以减少炉子的热量损失，提高热效率。

⑥ 需选配准确、灵敏、稳定和可靠的温控设备，以保证固化条件稳定。

15.2.6　喷涂设备的发展趋势

客户对粉末涂层表面质量的要求越来越高，企业的用工成本和原材料成本也在提高，新的喷涂设备必须具备几个特点：设备自动化程度提升，涂层控制更加精密，涂料利用率提高，设备安全稳定性提高。喷涂设备的发展方向主要有激光扫描系统和机器人喷涂。

（1）激光扫描系统。利用激光扫描系统可以实现对喷枪的自动控制，对工件的自动识别等功能。图 15-11 所示为激光扫描的原理。

（2）机器人喷涂。机器人应用于静电粉末喷涂行业，具有降低运营成本、提高产品品

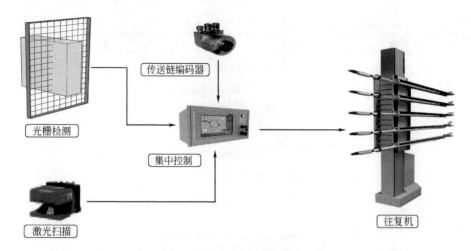

图 15-11　激光扫描的原理

质、改善工作条件、扩大产能规模等突出优势，可满足多班生产和高品质喷涂效果的要求。机器人喷涂的原理如图 15-12 所示。

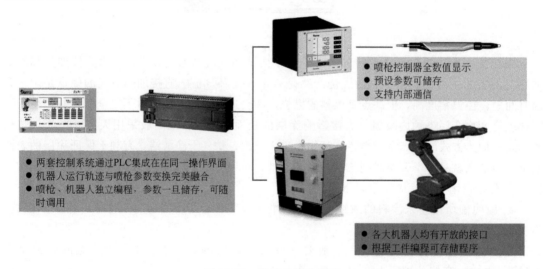

图 15-12　机器人喷涂原理

15.3　粉末涂料

15.3.1　粉末涂料的分类

粉末涂料是一种含 100％固体分，以粉末形态进行涂装的涂料，它与一般溶剂型涂料和水性涂料不同，无需使用有机溶剂或水作为分散介质，而借助于空气作为分散介质。粉末涂料的品种繁多，基本组成通常包括树脂、固化剂、各种助剂（流平剂、消光剂等）和颜料、填料。树脂是粉末涂料的主要成膜物质，是决定粉末涂料性质和涂层性能的主要部分，树脂有热塑性和热固性两大类。固化剂是热固性粉末涂料组成中必不可少的成分，通过交联聚合固化成膜得到具有一定物理力学性能和耐化学药品性能的涂层。颜料在粉末涂料中的作用是使涂层着色和产生装饰效果。填料的作用是提高涂层的硬度、耐划伤性、耐磨性等物理性能，同时改进粉末涂料的松散性和提高玻璃化温度等性能。助剂可改进边角覆盖力，改进涂层流平性，改进涂层纹理以及起到涂层消光效果。

粉末涂料虽起源于热塑性粉末涂料，随着热固性粉末涂料的开发与应用，其涂层具有热塑性粉末涂料难以比拟的物理、化学性能和外观装饰性，使其成为市场主流，产量急剧上升，新产品层出不穷。铝合金上涂覆的粉末涂料基本上是热固性粉末涂料，它具有较好的流平性，能牢固地附着于经过预处理的铝合金表面，固化后具有较好的装饰性和防腐蚀性。常用的热固性粉末的分类见表 15-3。

表 15-3　热固性粉末的分类

分类原则	类型	特点	缺点
按涂层树脂类型分类	聚酯粉末涂料	①耐候性优异 ②层平整光滑，无针孔等 ③涂层耐热性好，烘烤过程不易泛黄 ④涂层力学性能好 ⑤易配制不同颜色和不同光泽的产品 ⑥易配制金属效果和砂纹效果的产品 ⑦原材料来源丰富，价格比较便宜	①涂层流平性不如聚氨酯粉末涂料好 ②贮存稳定性不佳，一般室温 25℃下，保质期只有 6～12 个月 ③固化剂 TGIC 具有毒性 ④替代 TGIC 的固化剂 HAA 抗黄变差以及不适用于厚涂（100μm 以上）
	聚氨酯粉末涂料	①流平性能优异 ②涂层表面硬度高 ③涂层耐各类化学品的性能良好 ④易配制不同颜色和不同光泽的产品 ⑤贮存稳定性比较好 ⑥可配制高档热转印粉末涂料	①烘烤时产生大量烟气 ②涂层过厚易产生针孔等影响涂层外观 ③固化温度较高 ④价格高于聚酯粉末涂料
	聚丙烯酸粉末涂料	①涂层耐热性和耐泛黄性好 ②涂层耐候性、保光性、耐污染性非常好，优于聚酯和聚氨酯粉末涂料 ③涂层的力学性能比较好 ④涂层耐水、耐化学品性能很好 ⑤可用于薄涂	①涂层的流平性和颜料的分散性差 ②涂层的刚性较强，柔韧性和冲击强度较差 ③与其他粉末涂料的相容性较差，容易受到污染 ④价格比聚酯和聚氨酯粉末涂料贵
	氟树脂粉末涂料	①涂层力学性能好 ②涂层耐候性、耐光性、耐污染性、耐酸碱性非常好，是热固性粉末涂料中最好的	①价格非常高 ②粉末制造工艺复杂
按涂层耐候性分类	普通粉末涂料	①由普通聚酯树脂与固化剂 TGIC 或者 HAA 组成 ②具有一般的耐候性能，适合于太阳辐射强度一般的环境 ③满足 GB/T 5237.4 性能标准的Ⅰ级粉末 ④满足 QUALICOAT 性能标准的 1 类粉末 ⑤涂层性能满足 AAMA2603 的要求 ⑥可提供 5～8 年的室外质保
	超耐候粉末涂料	①由超耐候聚酯树脂与固化剂 TGIC 或者 HAA 组成 ②具有良好的耐候性能，适合于太阳辐射较强的环境 ③满足 GB/T 5237.4 性能标准的Ⅱ级粉末 ④满足 QUALICOAT 性能标准的 2 类粉末 ⑤涂层性能满足 AAMA2604 的要求 ⑥可提供 10～15 年的室外质保

续表

分类原则	类型	特点	缺点
按涂层耐候性分类	氟树脂粉末涂料	①由耐候性极佳的 PVDF 或者 FEVE 树脂组成 ②具有优异的耐候性能,适合于太阳辐射强烈的环境 ③满足 GB/T 5237.4 性能标准的Ⅲ级粉末 ④满足 QUALICOAT 性能标准的 3 类粉末 ⑤涂层性能满足 AAMA2605 的要求 ⑥可提供 20~25 年的室外质保	
按涂层外观分类	平面粉	按光泽分为低光、平光、高光三类	
	砂面粉	①粉末涂料配方中加入砂纹剂,熔融固化后,涂层形成砂纹纹理 ②具有耐脏污、耐磨、喷涂施工合格率高等优点	
	木纹粉	①由聚酯树脂或者聚氨酯树脂组成 ②木纹纹理的形成工艺最常见的有热转印、刨花、3D 等 ③同样原理可形成大理石纹等多种纹理	
	金属粉	①配方中含有金属颜料和珠光颜料 ②喷涂时容易产生阴阳色 ③不同批次粉末容易造成色差	
按涂层功能分类	隔热保温粉末	具有隔热保温的功能,可实现冬暖夏凉,降低夏季制冷、冬季供暖的能源消耗以及减少由此引起的环境污染	
	耐高温粉末	涂层在 350℃ 左右的温度条件下,涂层不变色,能保持力学性能、耐腐蚀性能和耐候性能	
	防沾污粉末	涂层具有强劲的疏水性、疏油性和极强的抗污能力,不仅能防污而且易清洗,对附着在涂层表面的灰尘、油污等污染物极易清除	
	抗菌防霉粉末	涂层带有抗菌防霉功能,一方面减少涂层受到细菌、霉菌等有害微生物的侵害,另一方面能避免和减少病菌对人类健康的威胁	
	光固化粉末	具有粉末固化过程无挥发性物质释放、节省能源、生产效率高等优点	
	抗静电粉末	具有抗静电的功能	

15.3.2　粉末涂料的特性

铝及铝合金粉末静电喷涂产品,其粉末涂料的特性要求如下。

(1) 优良的电性能。粉末涂料的电阻率主要影响粉末的带电率、上粉率和涂装效果。通常要求有合适的体积电阻和表面电阻。体积电阻太低,喷枪放电电压下降;电阻太高,则涂料粒子荷电困难,涂装效率低。表面电阻低时,容易使工件棱角处的电荷泄漏,使粉末脱落。粉末的体积电阻应控制在 $10^{10} \sim 10^{14} \Omega \cdot cm$,而表面电阻应控制在 $10^8 \sim 10^{10}$ $\Omega \cdot cm$。

(2) 接近球体的粒子形状。最理想的粉末粒子形状是球体形状,它不仅具有理想的涂装效率,而且流动性好,不容易堵塞喷枪和空气管道,粒子间存在的空气少,因而在涂层中不易残留气泡。

(3) 合适的粒径分布。从提高涂装效率出发,希望使用粒径小的粉末。但粒径<10μm 的超细粉末的传输性差,流化效果不好,容易堵塞输粉管和喷枪,且带静电性能差,反而使涂装效率大大降低。当粉末涂层的厚度为粉末涂料平均粒径的 2~3 倍时,能够得到满意的流平效果和涂层外观。理想的粉末涂料其粒径分布应符合表 15-4 的规定。

表 15-4　理想的粉末粒径分布（YS/T 680—2016）

项目	要求			
	$D_{10}^{①}$	$D_{50}^{②}$	$D_{95}^{③}$	最大粒径
粒径分布	≥10μm	25～45μm	≤90μm	<125μm

① 负累计粒径分布曲线上，对应体积分数为10%的粒径。

② 负累计粒径分布曲线上，对应体积分数为50%的粒径，一般称为中位粒径。

③ 负累计粒径分布曲线上，对应体积分数为95%的粒径。

（4）较好的贮存稳定性。贮存稳定性是指在规定的储存条件下，粉末涂料不发生黏结，并能保持原有性能的能力。若贮存稳定性差，容易在喷涂过程中堵塞喷枪、上粉不好甚至会影响涂装效果。从粉末涂料生产之日算起，至少有6～12个月的使用贮存期。粉末贮存稳定性的检测按 GB/T 21782.8 的规定进行，粉末贮存稳定性应小于 2 级。

（5）较好的遮盖能力。遮盖力反映了粉末涂料对底材颜色的覆盖能力，遮盖力高的粉末可以在涂层厚度较低的情况下实现对底材颜色的完全覆盖。遮盖力的检测可参照 YS/T 680—2016 的附录 C 进行。

（6）粉末灼烧残渣。粉末涂料的灼烧残渣实际为体系中不能够燃烧的无机物，无机物主要为填料及无机颜料，有机物以树脂、固化剂及助剂为主。残渣的含量高，则体系的树脂含量会偏少，影响涂层性能。但粉末质量的提升并不是完全依靠树脂含量的提高而实现的，更多的是取决于树脂的质量好坏。粉末灼烧残渣的检测按 GB/T 7531 的规定进行，对于铝合金建筑型材用粉末涂料，规定灼烧残渣的质量分数不大于 40%。

（7）粉末流化性。粉末流化性用流动速率来表征，流动速率在很大程度上决定了粉末输送和喷涂特性。粉末涂料只有在流化充分后才能有较好的涂层质量。粉末流动性的检测按 GB/T 21782.5 的规定进行，对于铝合金建筑型材用粉末涂料，规定流动速率为120～180g。

（8）重金属限量。随着环保要求的提高，粉末涂料作为环保型涂料需要在重金属限量上做出明确的要求。对于铝合金建筑型材用粉末涂料，重金属元素限量应符合表15-5的规定。

表 15-5　重金属限量（YS/T 680—2016）

重金属元素	重金属元素含量/(mg/kg)
可溶性铅(Pb)	≤90
可溶性镉(Cd)	≤75
可溶性六价铬(Cr^{6+})	≤60
可溶性汞(Hg)	≤60

15.3.3　粉末涂料的发展方向

（1）HAA（Hydroxyalkyl Amide）替代 TGIC（Triglycidyl Isocyanurate）固化剂。目前铝合金建筑型材喷涂用粉末涂料大部分还是聚酯/TGIC 体系的。由于 TGIC 的毒性以及对人体皮肤和眼睛的刺激作用，我国从 2000 年开始用 HAA 替代 TGIC，但由于 HAA 在固化过程中会释放水分子，影响涂层的外观效果，拖慢了替代的进程。但从国家的环保政策和涂装人员的健康出发，取消 TGIC 作为固化剂势在必行。

（2）氟碳粉末涂料替代溶剂型氟碳涂料。由于建筑行业高层、超高层建筑以及地标建筑对于装饰性和耐久性提出了很高的要求，溶剂型氟碳涂料占据了绝大部分的高端市场。但由于在生产过程中释放出大量的挥发性有机物，造成对人体健康的伤害，所以在保持涂层高性能的前提下，采用环保型的氟碳粉末涂料就变得很有必要了。

（3）薄涂或超薄涂粉末涂料。粉末涂料的缺点之一就是涂层较厚，而且涂层外观的平整性不如溶剂型涂料好。所以从改进涂层外观、降低涂料成本的角度出发，涂层的薄涂化是很重要的。

（4）低温固化粉末涂料。聚酯/TGIC 体系的粉末涂料的固化温度≥180℃，固化时间≥15min，采用低温固化粉末涂料一方面可以满足生产企业节能降耗的要求，还可以减少粉末涂料在固化过程中产生的挥发物，避免因挥发物着火而引发火灾。

15.4 铝合金粉末静电喷涂流程

铝合金粉末静电喷涂典型工艺流程如图 15-13 所示。

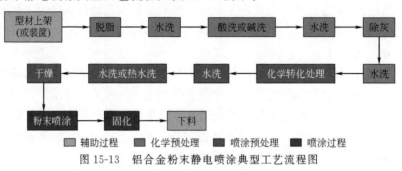

图 15-13　铝合金粉末静电喷涂典型工艺流程图

15.4.1 粉末喷涂前处理工艺

粉末喷涂前处理包括化学预处理和喷涂预处理，目的是提高粉末涂层的外观质量、附着性、耐腐蚀性以及其他特殊的性能要求。化学预处理和化学转化处理在本书的第 3 章和第 5 章已有介绍，本章节主要介绍工艺参数以及无铬喷涂预处理。

（1）化学转化处理分类，见表 15-6。

表 15-6　化学转化处理的分类

处理方式	化学转化处理剂类型				典型用途
	类型	类型	体系	主要组分	
化学法	铬化的类型	无机型	铬酸盐处理	主要由铬酸盐、酸、氟化物和促进剂构成	铝合金建筑型材
		无机型	磷铬酸盐处理	主要由铬酸盐、磷酸盐和氟化物构成	铝合金建筑型材
	无铬化的类型	有机型	硅烷系	主要由硅烷水解物及其聚合物构成	铝合金板带箔和轮毂
		无机型	锆钛系	主要由无机物氟锆酸盐、氟钛酸盐成膜物质构成	铝合金建筑型材、铝合金板带材
		有机-无机复配型	有机酸-钛系	主要由有机酸、氟钛酸及其盐类构成	易拉罐用铝箔、手机外壳用铝板带
			有机酸-锆钛系	主要由有机酸、氟锆酸、氟钛酸及其盐类构成	铝合金建筑型材和轮毂
			有机酸-锆系	主要由有机酸树脂、氟锆酸及其盐类构成	铝合金建筑型材
			硅烷-锆系	主要由硅烷偶联剂和氟锆酸盐构成	铝合金建筑型材和板带材
电化学法	—	无机型	硫酸阳极氧化系	主要由铝的氧化物构成	铝合金建筑型材、铝合金彩涂板

（2）铬化喷涂预处理工艺示例，见表 15-7。

表 15-7 铬化喷涂预处理工艺示例

序号	工序名称	项目	参数范围	检验频率	处理时间
1	预水洗	自来水	适当溢流	—	—
2	脱脂 1#	总酸浓度	8～10	1 次/12h	8～15min
		铝离子	<6g/L	1 次/周	
3	脱脂 2#	总酸浓度	6%～8%	1 次/12h	5～10min
		铝离子	<6g/L	1 次/周	
4	水洗	回流水	—	—	1～4min
5	水洗	回流水	—	—	1～4min
6	纯水洗	电导率	<100μS/cm	1 次/12h	30～60s
7	铬化	药剂浓度	4%～8%	1 次/12h	1～5min
		pH	1.8～2.3	1 次/12h	
		氟离子	0.18～0.28g/L	1 次/12h	
	磷铬化	药剂浓度	4%～8%	1 次/12h	1～5min
		铬酐	2.5%～4.5%	1 次/12h	
		pH	1.8～2.5	1 次/4h	
		氟离子	0.18～0.30g/L	1 次/12h	
8	水洗	回流水	—	—	1～4min
9	水洗	回流水	—	—	1～4min
10	纯水洗	电导率	<80μS/cm	1 次/12h	30～60s
11	烘干	温度	60～90℃	—	20～30min

注：1. 本工艺为卧式喷涂预处理典型工艺示例。

2. 实际生产中建议药水槽和纯水槽每月清槽一次。

3. 脱脂槽新配槽或清槽后，槽液中氟离子含量较高，铝离子含量较低，处理时间短；随着铝材处理量的增加，铝离子含量升高，处理时间逐渐延长。

4. 脱脂后刻蚀量不应小于 1g/m² （沿海地区用产品刻蚀量宜大于 2g/m²）。

5. 铬化转化膜的质量应为 400～1000g/m²，磷铬化转化膜的质量应为 400～1200g/m²。

6. 有铬化学转化处理与涂装的时间间隔应不超过 16h。

（3）无铬（锆钛系）喷涂预处理工艺示例，见表 15-8。

表 15-8 无铬（锆钛系）喷涂预处理工艺示例

序号	工序名称	项目	参数范围	检验频率	处理时间
1	预水洗	自来水	适当溢流	—	—
2	脱脂 1#	游离酸点数	10～25mL	1 次/4h	2～3min
		铝离子	<6g/L	1 次/天	
3	脱脂 2#	游离酸点数	10～25mL	1 次/4h	2～3min
		铝离子	<6g/L	1 次/天	
4	水洗	回流水	—	—	1～2min
5	水洗	回流水	—	—	1～2min

序号	工序名称	项目	参数范围	检验频率	处理时间
6	纯水洗	电导率	$<50\mu S/cm$	1次/天	30~60s
		pH	>4	1次/天	
		流量	$3\sim4m^3/h$	—	
7	无铬转化	游离酸点数	2.0~7.0mL	1次/4h	16~48s
		pH	2.2~3.2	1次/4h	
		电导率	$1000\sim1500\mu S/cm(\leqslant25℃)$	1次/4h	
			$800\sim1100\mu S/cm(>25℃)$		
		铝离子	$\leqslant0.15g/L$	1次/天	
8	水洗	回流水	—	—	1~2min
9	纯水洗	pH	>5	1次/天	30~60s
		电导率	$\leqslant30\mu S/cm$	1次/天	
		流量	$0.5\sim1.0m^3/h$	—	
10	烘干	温度	80~100℃	—	10~15min

注：1. 本工艺为立式喷涂预处理典型工艺示例。

2. 脱脂槽温度低于20℃时宜取浓度的上限，无保证刻蚀量的要求；当槽液温度高于25℃时，在保证刻蚀量的前提下，可适当降低槽液浓度。

3. 脱脂槽和无铬转化槽当铝离子浓度达到上限时，可考虑排放部分槽液或者重新换槽。

4. 当工艺停链时间超过5min以上，无铬转化槽到烘干炉的这一段型材不能做喷粉处理，必须重新前处理，固化炉内的型材需加强检验。

5. 脱脂后刻蚀量不应小于$1g/m^2$（沿海地区用产品刻蚀量宜大于$2g/m^2$）。

6. 无铬转化膜的质量应为$20\sim150g/m^2$。

7. 无铬化学转化处理与涂装的时间间隔应不超过12h。

（4）铝板带辊涂用硅烷预处理工艺示例，见表15-9。

表15-9　铝板带辊涂用硅烷预处理工艺示例

序号	工序名称	项目	参数范围	检验频率
1	酸性脱脂	浓度	2%	1次/4h
		温度	25~35℃	1次/4h
		pH	1.0~2.0	1次/4h
		游离酸点数	15~40mL	1次/4h
2	水洗1(浸)	温度	常温	—
		pH	5.5~6.5	1次/4h
3	水洗(喷)	温度	常温	—
		pH	6.5~7.0	1次/4h
4	水洗2(浸)	温度	常温	—
		pH	6.5~7.0	1次/4h
		电导率	$\leqslant50\mu S/cm$	1次/4h
5	水洗(喷)	温度	常温	—
		pH	6.5~7.0	1次/4h
		电导率	$\leqslant50\mu S/cm$	1次/4h

序号	工序名称	项目	参数范围	检验频率
6	硅烷处理	浓度	0.5%～1.0%	1次/4h
		温度	常温	—
		pH	6.0～7.0	1次/4h
		电导率	≤200μS/cm	1次/4h
7	烘干	温度	80～120℃	—

注：1. 本工艺为辊涂预处理典型工艺示例。

2. 酸性脱脂槽每星期须沉淀一次。

3. 水洗2槽必须每天更换。

4. 硅烷处理槽每天都要观察槽液清洁度，若有浑浊、发臭现象或者电导率超过200μS/cm应更换槽液；正常条件下每15～30天必须更换一次槽液。

5. 生产时水洗保持自来水溢流。

6. 由于硅烷处理对槽液带出的要求很高，所以在立式线使用很困难。

（5）阳极氧化预处理工艺如表15-10。

表 15-10　阳极氧化卧式生产线前处理工艺示例

序号	工序名称	项目	参数范围	检验频率	处理时间
1	脱脂	浓度	2%～3%	1次/天	5～8min
		温度	常温	—	
2	水洗	自来水	—		1～2min
3	碱洗	氢氧化钠	50～55g/L	1次/天	2～15min
		铝离子	55～100g/L	1次/天	
		温度	40～50℃	1次/3h	
4	水洗	自来水	—		1～4min
5	水洗	自来水	—		1～4min
6	除灰	硫酸	180～220g/L	1次/天	2～7min
		温度	常温	—	
7	水洗	自来水	—		1～4min
8	阳极氧化	硫酸	160～180g/L	1次/天	8～12min
		铝离子	10～15g/L	1次/天	
		电流密度	1.0～2.0A/dm²	1次/天	
		温度	25～30℃	1次/3h	
9	水洗	pH	1～2	1次/3h	1～4min
		温度	常温		
10	水洗	pH	2～4	1次/3h	1～4min
		温度	常温		
11	纯水洗	电导率	30μS/cm	1次/3h	1～3min

注：1. 阳极氧化后的纯水洗最好采用80℃的去离子水。

2. 阳极氧化膜厚度宜控制在3～6μm。

3. 阳极氧化膜可达到铬化膜的性能，并且可以避免涂层的丝状腐蚀。

（6）无铬化学转化预处理的注意事项。

① 上料前要检查型材表面是否被雨水淋过，有腐蚀的水迹斑痕一定要去除干净，才能上料生产。

② 采用脱脂前的预水洗工序，有效去除型材锯口铝屑、表面的灰尘、油污等，减轻对脱脂槽的污染。

③ 对于型材表面的重油污，可先用乙醇、乙二醇、丙酮等溶剂进行清除后再进行脱脂处理。

④ 生产线上应通过控制刻蚀量的大小来保证除油污、除氧化物的效果。脱脂后刻蚀量不应小于 $1g/m^2$（沿海地区用产品刻蚀量宜大于 $2g/m^2$）。

⑤ 为避免脱脂槽的杂质带入对无铬钝化槽的污染，脱脂后的纯水洗水质必须严格控制电导率小于 $50\mu S/cm$；为保证无铬钝化后的清洗效果，无铬钝化后的纯水洗的电导率必须小于 $30\mu S/cm$。

⑥ 建议立式线脱脂槽增加一套耐酸性的自动加药泵装置，无铬钝化槽增加一套在线检测 pH 值和微电脑控制的自动加药泵装置，在立式线连续生产过程中可稳定控制槽液浓度在极窄的范围内波动。

⑦ 建议无铬钝化槽增加一套槽液过滤装置，可以提高槽液的活性和清洁度。

⑧ 立式线安装设备故障自动报警装置，当链条停止运转且停止时间超过 10min 时，应将已无铬钝化但未水洗的型材重新进行前处理。

⑨ 应杜绝用手直接接触已无铬钝化后的型材，特别是夏天要注意穿戴好劳保用品。

⑩ 严格日常生产工艺管控，做好日常生产工艺记录，加大各工艺槽液检测的频率，实现生产各环节的精益管理。用附着力检测作为现场前处理效果的判定。

（7）无铬预处理涂层的性能应符合表 15-11 的规定。

表 15-11　无铬预处理涂层的性能

项目	性能要求	适用产品
柔韧性①	≤2T 时，涂层应无开裂或脱落	建筑、家用电器、交通运输用铝及铝合金彩色涂层板、带材
耐高压蒸煮性	涂层无起泡、无脱落、无变色现象	经辊涂处理的容器箔
高温灭菌（121℃，30min）	涂层应无泛白、失光、剥离、脱落现象	食品包装、易拉罐盖及拉环用铝合金涂层板、带材
耐硫性（121℃，30min）	内涂层应无泛白、失光、剥离、脱落现象	
耐酸性（121℃，30min）	内涂层应无泛白、失光、剥离、脱落现象	
耐冲击性①	应达到 GB/T 8013.3 规定的要求	保护和装饰用有机聚合物喷涂铝及铝合金产品
抗杯突性①	应达到 GB/T 8013.3 规定的要求	
附着性	干、湿附着性和沸水附着性应达到 0 级	静电喷粉、喷漆型材
	干附着性至少应达到 1 级	食品包装、易拉罐用板带材及铝合金涂层带材；建筑、家用电器、交通运输用铝及铝合金彩色涂层板、带材
	干附着性应达到 0 级	经辊涂处理的容器箔
耐沸水性	表面应无脱落、起皱等现象，附着性应达到 0 级	静电喷粉、喷漆型材

项目	性能要求	适用产品
耐盐雾腐蚀性	AASS 试验：1500h 后，表面应无起泡、脱落或其他明显变化，划线两侧膜下单边渗透腐蚀宽度应不超过 4.0mm	静电喷粉型材
	AASS 试验：1500h 后，其涂层表面不应产生腐蚀斑点。划线两侧膜下单边渗透腐蚀宽度应不超过 2.0mm，用胶带法撕剥时，在离划线 2.0mm 以外部分，不应有漆膜脱落的现象。CASS 盐雾试验：经 120h 试验后其保护等级应不小于 9.5 级	表面经氟碳漆喷涂处理的铝幕墙用铝单板
	NSS 试验：4800h 后，划线两侧膜下单边渗透腐蚀宽度应不超过 2.0mm，划线两侧 2.0mm 以外部分的涂层不应有腐蚀现象	静电喷漆型材
	NSS 试验：1500h 后，表面应无起泡、锈蚀、划线处膜下单边渗透腐蚀宽度应不超过 3.0mm	汽车轮毂
	NSS 试验或 AASS 试验 1500h 后，表面应无起泡、锈蚀	保护和装饰用有机聚合物铝及铝合金产品
耐丝状腐蚀性	丝状腐蚀系数不宜大于 0.3，腐蚀丝长度不宜大于 2mm	建筑用静电喷粉铝型材
	按 GB/T 26323—2010 附录 B 的规定	表面静电喷涂色漆、清漆的铝及铝合金产品
其他性能	耐候性、耐湿热性等其他性能由供需双方参照 GB/T 8013.3 或相应产品标准商定	保护和装饰用有机聚合物喷涂铝及铝合金产品

① 某些性能不适用于阳极氧化前处理膜。

15.4.2　粉末静电喷涂工艺

工件经预处理后就可以进行粉末喷涂，静电喷涂工艺如表 15-12 的规定。

表 15-12　粉末静电喷涂工艺

工序名称	工艺要求
上架	(1)卧式线 ①按型材的长度、横截面和重量以及客户对装饰面的要求，选择合适的挂具，主要装饰面优先朝喷枪方向；②型材上架方式要合理，避免型材掉落，尽量避免扎线痕、挂具印的出现；③型材的间距要控制合理，当横向面为装饰面时，间距控制为横向面宽度的 1～1.5 倍为宜；④挂具与型材接触点应裸露出金属材质，保证型材接地良好 (2)立式线 ①严禁在隔热型材的穿条位、注胶槽处打孔，尽量避免在型材的装饰面上打孔；②为避免型材间相互碰撞，应控制好型材的间距，一般型材之间的间距控制在 50～70mm；③挂钩与型材、挂钩与挂具之间要导电良好，挂钩与挂具表面不应有积粉
静电喷涂	(1)喷枪参数 喷枪间距：150～250mm 出粉量：出粉比例 20%～60% 喷枪电场：电压 60～100kV，电流 5～30μA 总气量：3.5～5.5m³/h

工序名称	工艺要求
静电喷涂	(2)空气要求 最大输入压力 10bar(1bar＝0.1MPa),最下输入压力 5bar 压缩空气的水气最大含量 1.3g/m³ 压缩空气的油气最大含量 0.1×10^{-6} 含尘颗粒小于 $0.01\mu m$ (3)接地状况 接地电阻<1MΩ (4)膜厚控制 50～90μm
下架	①下架一定要轻拿轻放,堆放整齐,避免磕碰伤的发生 ②严禁直接用手去接触刚出固化炉的高温铝材,避免烫伤

注：严禁手直接接触前处理过的型材,避免二次污染,造成附着性不良。

15.4.3 固化工艺

固化是粉末喷涂后粉末涂料聚合成膜的重要步骤。静电粉末喷涂后的型材进入固化炉进行烘烤,对于热固性粉末,在其所要求的固化温度和时间内,粉末涂料熔融流平,并交联聚合成膜。粉末涂层典型固化工艺如表 15-13 所示。

表 15-13　粉末涂层典型固化工艺

粉末分类	涂层固化工艺
Ⅰ级粉	180℃×15min
Ⅱ级粉	200℃×15min
Ⅲ级粉	232℃×10min

注：1. 本工艺适用于铝合金建筑型材用粉。

2. 粉末分类按照 GB/T 5237.4—2017 的 4.1.4 条款的规定。

3. 固化工艺是指型材温度达到固化温度后保温的时间。

4. 根据固化炉温跟踪曲线制订型材壁厚与输送链速的关系,原则上壁厚越厚,链速越慢。

5. 定期用炉温跟踪仪测量固化炉的炉温曲线,保证固化条件。

6. 固化炉内温度必须均匀,型材表面上中下三点温度偏差不大于 5～10℃。

表 15-13 中,固化温度和固化时间呈线性关系,如图 15-14 所示。图示为Ⅰ级粉固化温度与固化时间的关系,从图可知,如果提高固化温度,固化时间可以相应减少。但固化温度也不能无限制提高,因为涂层会发生黄变等不良缺陷。

15.4.4　粉末喷涂的主要影响因素

静电粉末喷涂的影响因素很多,如原材料、设备、操作的因素等。主要包括预处理品质、粉末品质、喷涂电压、喷涂距离、供气质量、供气压力等。

（1）粉末品质的影响

① 粉末涂料的带电能力。静电喷涂的主要吸附力是所带静电电荷的多少,因此提高粉末涂料的带电能力可以提高上粉率,粉末涂料的带电能力与以下因素有关。

a. 粉末的带电量与粉末粒径的平方成正比,增大粉末的粒径,粉末的带电量增加,上

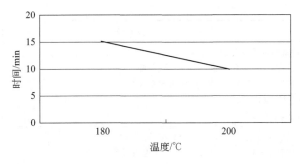

图 15-14　固化温度与时间的关系

粉率提高；反之，减小粉末粒径，降低粉末的带电量，粉末的上粉率下降。但是粉末的粒径也不能太大，粒径太大，涂层的外观质量下降，橘皮严重。

　　b. 粉末的带电量与粉末的介电常数成正比。选择介电常数较高的涂料组分，能增加粉末粒子的带电量，使粉末吸附力大大提高，上粉率增加。

　　② 粉末的角覆盖力。角覆盖力用来评价粉末对尖角部位的覆盖能力，角覆盖力的大小，直接影响粉末涂层的完整性。因为在实际涂层腐蚀防护中，腐蚀首先发生在薄弱的部位，例如尖角、沟槽等位置率先发生丝状腐蚀，所以控制粉末的角覆盖力，可以保持粉末涂层的整体防护能力，提高粉末涂层的使用寿命。

　　③ 粉末的沉积效率。沉积效率，即沉积的粉末量相对于喷出的粉末量的比例，以质量分数（％）表示。由于沉积效率在实验室是根据一定的条件测得的，所以结果受到粉末的性质、测定的环境和喷涂的设备的影响，但可间接反映粉末的粒径分布以及粉末中树脂含量。通常沉积效率越高，细粉比例越低和/或树脂含量越高。

　　④ 粉末的流化性。粉末的流化性是粉末喷涂时，粉末充分流化、粉末输送性和出粉性等方面的性能指标。它会受到粉末密度、粉末颗粒形状、粉末粒径分布以及粉末涂料配方（松散剂）的影响。粉末流化性好的粉末不仅在涂装设备中有很好的输送性能，而且更容易形成均匀的气固溶液，从而得到均匀的涂层。

　　⑤ 粉末的配方及固化剂的影响。

　　a. 超耐候粉及氟碳粉的涂层厚度不宜太厚，一般控制在 $60\sim90\mu m$，否则会出现附着性不良等缺陷，基本不允许返工；如果一定要返工，须做小批量试验。

　　b. 对于使用 HAA 固化剂的聚酯粉末，注意控制边角的涂层厚度，因为用 HAA 固化的聚酯粉末，在烘烤固化时会释放出结晶水等小分子化合物，当喷涂涂层过厚时，涂层容易产生肥边、缩孔等缺陷。

　　c. 使用 HAA 固化剂的聚酯粉末的耐热性比使用 TGIC 固化剂的聚酯粉末差，烘烤时涂层容易黄变，在使用浅色系的粉末进行生产时，必须适当降低固化温度。

　　（2）喷涂设备的影响（表 15-14）

表 15-14　喷涂设备的要求

设备名称	设备要求
喷枪	①具备精密充电控制 PCC 模式，所有参数精确可调 ②全数值调节，可集中控制；具备故障报警功能 ③平板工件一次上粉率达到 70% 以上 ④喷枪作业时无打火，符合国际防爆标准

设备名称	设备要求
控制系统	①集中/独立调整喷枪设置参数 ②可实现自动精准开启/关闭喷枪,避免空喷、漏喷 ③实时监控生产线的运行状态,链条停时可自动关枪 ④DVC 数字阀门控制技术 ⑤故障检测系统,检修方便
喷房	①采用大旋风二级回收设计,旋风一次分离率达到 95% 以上 ②喷房材质采用阻燃 PVC 工程塑料,表层带导电因子(卧式喷房) ③采用自动翻板＋气刀自动清理结构(卧式喷房) ④配备前后手动补喷工位(卧式喷房) ⑤喷房各开口处于稳定的负压,保证整体抽风效果
供粉系统	①自动清理吸粉管、粉泵、粉管、喷枪内壁、喷嘴、电极针 ②具备粉末流化功能,新粉、回收粉充分融合 ③粉末喷涂过程中,没有任何粉末外溢 ④内置超生粉筛 ⑤快速换色仅需 3～4min

喷涂设备的选型、控制及调节方式、运行的稳定性都会影响喷涂效果,因此,对喷涂设备有相应的要求,见表 15-14。

(3) 喷涂工艺的影响

① 预处理品质的影响。铝合金粉末静电喷涂预处理方式有铬酸盐转化处理、磷酸盐转化处理、磷铬酸盐转化处理、阳极氧化处理和无铬化学处理等。目前随着国家对环保的日益重视,对铝型材行业的污水排放的整治力度加大,要求各铝型材生产厂家逐步取消对人体和环境有很大毒害的铬酸盐转化处理和磷铬酸盐转化处理,转而采用更加安全环保的无铬化处理工艺。

铝材脱脂不干净将引起转化膜不完整、涂层附着性不好,表面容易产生凹坑、针孔等缺陷,造成基材腐蚀。化学转化膜的品质直接影响到后续的粉末涂装品质。转化膜一定要致密、无挂灰,以免导致涂层粉化龟裂甚至脱落、鼓泡等缺陷产生。脱脂、转化处理后都要进行彻底水洗。一般每道工序后都要水洗两次,转化后水洗应采用纯水,通过水洗去掉表面残留物,以免造成涂层起泡、沾污,涂层下的金属腐蚀。铝材前处理完成后应立即进行干燥,干燥温度不能过高,温度过高将使转化膜过多失去结晶水而发生转型,变得疏松而使喷涂层附着力下降。对于无铬化处理,一定要达到刻蚀量的工艺要求以及达到水洗水电导率的工艺要求。对于超耐候粉(Ⅱ级粉)和氟碳粉(Ⅲ级粉)来说,采用铬酸盐转化处理比较可靠。

② 静电电压的影响。粉末颗粒的带电量与所在电场强度成正比,即在一定范围内,增大喷涂静电电压,粉末颗粒的带电量也增加。但不是电场强度越高,上粉率就越高,电场强度太大,会发生反电离现象。试验表明,静电电压与粉末附着力的关系如图 15-15 所示。所以静电电压应控制在 50～90kV 之间。

正常喷涂时,静电电压控制在 90kV 左右,既保证粉末颗粒最大的带电量,又可以最大限度延长静电喷枪高压发生器(高压包)的使用寿命。当喷涂复杂工件时,特别是沟槽位很多的时候,要适当降低静电电压。这是因为在工件沟槽处,由于静电屏蔽的作用,静电电压越高,静电屏蔽作用就越大。二次喷涂或喷涂返工料时,静电电压要降低至 40～50kV。

③ 喷涂距离的影响。喷涂距离主要影响涂层厚度和粉末沉积效率,原因是在静电电压

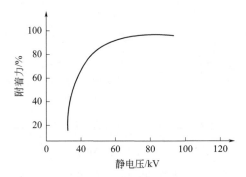

图 15-15　静电电压与粉末附着力的关系

不变的情况下，喷涂距离的变化使电场强度发生变化。实践证明，一般喷涂距离控制在 150～250mm，在这一范围内，粉末的沉积效率最高。当喷涂距离太大时，粉末的沉积效率太低，增加了粉末的回收量，使粉末被污染的机会增大。当喷涂距离太小时，到达工件表面的电流就越强，工件表面单位面积内的自由离子密度大大增加，反电离作用提前发生，阻止粉末的沉积，上粉率下降。喷涂距离对粉末沉积效率的影响见图 15-16。

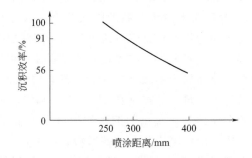

图 15-16　喷涂距离对粉末沉积效率的影响

④ 供粉量的影响。在输送链链速一定的情况下，为了保证工艺要求的涂层厚度，应对喷枪的出粉量进行控制。输粉管内气流量低，出粉量不足，会造成粉末输送不稳定，容易出现"吐粉"现象。出粉量过大时，由于粉末颗粒的带静电电荷量有限，粉末的上粉率就会下降。在生产过程中，如果出粉量不足可以从以下几个方面查找原因：粉泵的文丘里管管径太小；流化板堵塞，透气不均匀；流化桶内粉位低于吸粉口及流化气压太低；粉末本身流动性差或有结块现象等。

⑤ 供粉压力的影响。由于静电粉末喷涂主要是靠带电的粉末粒子在静电力作用下吸附到工件表面上，而不是靠粉末气流的动能冲到工件表面上的，因此在喷涂时应尽量把气压和粉末输送空气量保持在所需的最小要求量上。供气压力增大时，供气量增大，粉末动能增加，容易引起粉末在工件表面上的反弹而使粉末沉积率下降。图 15-17 是供粉压力与沉积效率的关系。从图中可以看出，在一定的喷涂条件下，以 0.05MPa 的供粉压力为 100% 的沉积效率为标准，随着供粉气压的增加，沉积效率反而降低。

⑥ 挂具导电性的影响。在粉末喷涂过程中，粉末不仅被吸附到工件表面，还会被吸附到挂具上，经烘烤固化后形成的涂层具有绝缘性，随着挂具上粉末涂层厚度的增加，工件与挂具之间的接触面积越来越小，工件的导电性会越来越差，最终会影响粉末涂料的上粉率。因此，必须及时将挂具上的涂层处理掉，一般采用浸泡脱模剂或使用焚化炉燃烧处理，才能

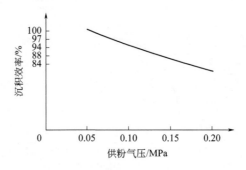

图 15-17　粉末供粉压力与沉积效率的关系

保证粉末涂料的上粉率和涂层厚度的均匀性。

⑦ 工件接地的影响。在粉末喷涂过程中，当带电粉末和负离子吸附到工件表面时，在工件表面内便感应出相等数量的正电荷，并形成电场。这个电场又将空气电离成正负离子，正离子向外运动与向工件运动的带负电的粉末颗粒中和，从而使上粉效果迅速下降。为解决这种现象，通常要求工件具有良好的接地。如果工件接地不良（挂具、输送链上附着了较厚的粉末涂层或油污等），吸附到工件上的负离子不能流到地极，上粉率便会明显下降。

⑧ 金属粉喷涂的影响。金属粉末由于金属的闪光效果，深受消费者喜爱，在喷涂型材中占据的比例越来越高。金属粉末生产包括熔融挤出法、干混法以及邦定法。熔融挤出法容易造成金属表面氧化，金属粒片破碎变形，喷涂过后的型材往往得不到理想的金属效果。干混法金属粉末不容易被破坏，喷涂后金属效果能充分发挥，但金属粉与基粉分离现象明显，造成型材表面色差，金属粉的添加量只能控制在 5% 以下。邦定法使金属粉与树脂的物化性能趋于一致，可达到较好的金属效果，金属粉的添加量可以控制在 20% 以下，但生产成本较高。由于金属粉的特殊性质，所以喷涂工艺与普通粉有所差异。

a. 保证粉桶内的金属粉流化均匀、充分，粉桶内的粉末量保持在粉桶的三分之二的高度，流化效果以均匀流动而有轻微的沸腾为准。

b. 枪距不宜太近，取正常工艺的远距离为宜，枪距太近，会出现反电离现象。

c. 静电电压控制在 40～60kV，电压较低时，铝粉金属效果明显；当电压超过 80kV 时，会发生反电离现象，粉末涂层被击穿，金属效果反而不理想。

d. 在其他喷涂工艺参数的情况下，雾化气压在 0.05MPa 时，金属效果最佳；随着雾化气压的增加，金属效果反而下降。

e. 回收粉的添加比例不一致，会引起批次色差。如果自动添加会造成与标准版产生色差的话，可以改为手动添加，但要经过试验得出回收粉的添加比例；不同金属含量和不同颜色的金属粉的回收粉的添加比例是不一样的；如果经过试验添加回收粉后颜色很难控制，则可全部采用新粉生产，不添加回收粉，回收粉退回生产厂家返工成新粉再次使用。

f. 大批量喷涂金属粉前，要检查确认喷枪粉管、粉泵、枪嘴是否处于正常状态，磨损严重的要马上更换。

g. 喷涂金属粉时，要注意同一支型材的不同装饰面的涂层厚度差异，差异越大，色差越明显，一般控制涂层厚度差≤20μm；卧式线生产时只能挂单面生产，杜绝挂双面生产。

h. 喷涂金属粉时为了控制双面色差，后喷面的喷枪与前喷面的喷枪相比，喷枪距离要稍远一些，静电电压要稍小一些，并可以考虑在后喷面进行手补。

⑨ 返工工艺的影响。

　　a. 型材固化后因表面质量缺陷需打磨返工的，应先采用 180♯ 植绒砂纸进行初步打磨，之后必须采用 360♯ 或 400♯ 的细砂纸进行二次打磨；将打磨合格的返工料用酒精擦拭干净黏附在型材表面的打磨物并晾干后上排返喷。

　　b. 返工料与新料的上排要求一致，禁止皮肤接触返工料表面。返喷料喷涂的工艺参数与正常喷涂时基本一致，但静电电压必须降低，一般控制在 30～60kV。

　　⑩ 固化工艺。在粉末喷涂中，固化温度太高、时间太长，特别是固化炉温度控制系统失灵使温度过高，突然停电或设备故障使工件在固化炉中滞留时间过长等，容易引起涂层泛黄、失光、耐冲击性差等。固化温度低或时间不够，则涂层的耐候性差、硬度不够、附着性不好等。因此控制好固化温度和时间是保证涂层理化性能达到品质要求的重要因素。此外，不同壁厚的工件，固化工艺也应区别对待。厚壁厚的工件，要求固化炉温度要高一些或链条速度降低一些；反之，薄壁厚的工件则固化炉温度要低一些或链条速度快一些。

　　(4) 环境的影响

　　① 喷粉室周围环境的影响。粉末静电喷涂中，喷粉室周围的生产环境不干净，特别是空气中的一些粉尘和颗粒物被带入粉末涂料或喷粉室，或因静电感应作用使带电杂质被吸附到工件表面，在粉末涂料固化熔融流平时，会成为涂层中的杂点或颗粒。因此必须通过将喷粉室与生产车间隔离，并维持车间内和室外有一定的正压，防止生产车间的粉尘带入喷粉室。若喷粉室被污染，造成涂层缩孔，则须将污染物从现场清除，最好对喷粉室进行密封隔离，并立即停止使用已被污染的粉末涂料。喷粉室的相对空气湿度最好是 45%～55%，空气湿度过大（≥75%）时容易产生放电，击穿粉末涂层；而空气湿度过小时，空气导电性差不易电离。

　　② 粉末贮藏环境的影响。粉末涂料生产厂家为了追求工件的表面流平性，在允许的粉末粒径范围内，尽量降低粉末的粒径，但是粉末越细，越容易吸潮。粉末涂料的吸湿性（含水量）直接影响粉末的介电常数。轻微吸潮将影响其带电性能，降低粉末的上粉率，影响粉末的流动性，从而使涂层不平滑，甚至难以在工件上吸附，涂层会产生起泡、针孔等缺陷；粉末严重吸湿则结团，无法进行静电喷涂。所以一般要求粉末的贮藏温度为 20～25℃，相对湿度≤80%。

　　③ 固化炉炉内环境的影响。在粉末喷涂生产过程中，常常会遇到炉灰颗粒的问题。这种炉灰在固化炉口通常呈灰白色，而稍再往里通常呈淡黄色、黄色。炉灰呈絮状，堆积过厚时遇高温可能会引发火灾；炉灰黏附到粉末涂层表面，造成炉灰颗粒，影响型材的外观质量。所以，需要进行频繁的清理，会使生产效率大打折扣。至于炉灰的产生，有的说是粉末配方中多元醇的比例失调造成的，有的说是脱气剂安息香造成的。减少炉灰产生一般是采用预固化、提高固化炉出入口风帘的风量等方法。

　　④ 安全的影响。

　　a. 在粉末贮藏和粉末喷涂过程中，将粉尘浓度控制在最低爆炸极限浓度以下（对于聚酯粉末，最低粉尘爆炸浓度为 $40g/m^3$）；加强消除静电措施，所有设备要完全接地；在喷涂过程中，要绝对防止电火花的发生，以免引起粉末涂料着火或引起粉尘爆炸。

　　b. 在粉末喷涂过程中，要安装空气净化系统，保证向大气排放的气体达到国家环保要求规定的排放标准。

　　c. 防止喷枪发生漏电的现象。控制喷枪距离，避免喷枪与工件之间发生短路产生电火花。

　　d. 保持生产场所的良好通风，工作期间佩戴好劳保用品，防止职业病的发生。

15.5 铝合金粉末及喷涂产品的性能指标

15.5.1 铝合金建筑型材用粉末的性能指标及测试方法

见表 15-15。

表 15-15 铝合金建筑型材用粉末的性能指标及测试方法

检测项目	测试方法	性能指标
粉末粒径分布	GB/T 21782.13	D^{10}:$\geqslant 10\mu m$,D^{90}:$25\mu m\sim 45\mu m$, D^{95}:$\leqslant 90\mu m$,最大粒径:$<125\mu m$
重金属含量	GB/T 9758.1 GB/T 9758.4 GB/T 9758.5	可溶性铅(Pb):$\leqslant 90mg/kg$ 可溶性镉(Cd):$\leqslant 75mg/kg$ 可溶性六价铬(Cr^{6+}):$\leqslant 60mg/kg$ 可溶性汞(Hg):$\leqslant 60mg/kg$
粉末爆炸下限	GB/T 21782.4	聚酯粉:$40g/m^3$
粉末密度	GB/T 21782.2 或 GB/T 21782.3	$1.0\sim 1.8g/cm^3$
粉末灼烧残渣	GB/T 7531	户外用:$\leqslant 40\%$
角覆盖力	按 YS/T 680—2016 附录 B 进行	户外用:$\geqslant 40\mu m(R>0.5mm)$ 供需双方商定($R<0.5mm$)
遮盖力	按 YS/T 680—2016 附录 C 进行	户外用:$\leqslant 40\mu m$
粉末沉积效率	GB/T 21782.10	供需双方商定
粉末流动性	GB/T 21782.5	$120\sim 180g$
粉末贮存稳定性	GB/T 21782.8	应小于 2 级
外观质量	以正常视力,目视检查	粉末应色泽均匀、干燥松散,无异物或结团现象
胶化时间[①]	GB/T 16995	
相容性[①]	GB/T 21782.12	

① 粉末的胶化时间与相容性在 GB/T 5237.4—2017 中没有规定。

15.5.2 铝合金建筑型材粉末涂层的性能指标及测试方法

见表 15-16。

表 15-16 铝合金建筑型材粉末涂层的性能指标及测试方法

检测项目	测试方法	性能指标
膜厚	GB/T 4957	最小局部膜厚$\geqslant 40\mu m$ 平均膜厚:$60\sim 120\mu m$
光泽	GB/T 9754,采用 60°入射角	$3\sim 30$:± 5;$31\sim 70$:± 7;$71\sim 100$:± 10
色差	目视法按 GB/T 9761 仪器法按 GB/T 111862.2 GB/T 111862.3	单色涂层与样板间的色差 $\Delta E_{ab}^{*}\leqslant 1.5$ 同一批(指交货批)型材之间的色差 $\Delta E_{ab}^{*}\leqslant 1.5$

检测项目	测试方法	性能指标
压痕硬度	GB/T 9275	涂层抗压痕性应不小于 80
附着性	GB/T 9286	涂层的干附着性、湿附着性和沸水附着性应达到 0 级
耐沸水性	按 GB/T 5237.4 中 5.4.6 规定的方法	涂层表面无脱落、起皱等现象,但允许目视可见的、极分散的未尝微小的气泡存在,附着性应达到 0 级
耐冲击性	GB/T 1732	Ⅰ级涂层:涂层应无开裂或脱落现象 Ⅱ级、Ⅲ级涂层:涂层允许有轻微开裂现象,但采用黏着力大于 10N/25mm 的胶黏带进一步检验时,涂层表面应无脱落现象
抗杯突性	GB/T 9753	Ⅰ级涂层:涂层应无开裂或脱落现象 Ⅱ级、Ⅲ级涂层:涂层允许有轻微开裂现象,但采用黏着力大于 10N/25mm 的胶黏带进一步检验时,涂层表面应无脱落现象
抗弯曲性	GB/T 6742	Ⅰ级涂层:涂层应无开裂或脱落现象 Ⅱ级、Ⅲ级涂层:涂层允许有轻微开裂现象,但采用黏着力大于 10N/25mm 的胶黏带进一步检验时,涂层表面应无脱落现象
耐磨性	GB/T 8013.3	磨耗系数应不小于 $0.8L/\mu m$
耐盐酸性	按 GB/T 5237.4 中 5.4.11 规定的方法	涂层表面应无气泡或其他明显变化
耐砂浆性	按 GB/T 5237.4 中 5.4.12 规定的方法	涂层表面应无脱落或其他明显变化
耐溶剂性	GB/T 8013.3	宜为 3 级或 4 级
耐洗涤剂性	按 GB/T 5237.4 中 5.4.14 规定的方法	涂层表面应无起泡、脱落或其他明显变化
耐盐雾腐蚀性	GB/T 10125 Ⅰ级、Ⅱ级:1000h Ⅲ级:2000h	划线两侧膜下单边渗透腐蚀宽度应不超过 4mm,划线两侧 4mm 以外部分的涂层表面应无起泡、脱落或其他明显变化
耐丝状腐蚀性	GB/T 26323	丝状腐蚀系数不宜大于 0.3,腐蚀丝长度不宜大于 2mm
耐湿热型	GB/T 1740 Ⅰ级、Ⅱ级:1000h Ⅲ级:4000h	涂层表面的综合破坏等级应达到 1 级
加速耐候性	GB/T 1865 Ⅰ级、Ⅱ级:1000h Ⅲ级:4000h	Ⅲ级:光泽保持率≥75%,色差值 ΔE_{ab}^{*}≤3 Ⅱ级:光泽保持率≥90%,ΔE_{ab}^{*}不应大于 YS/T 680—2016 附录 D 中规定值的 50% Ⅰ级:光泽保持率≥50%,ΔE_{ab}^{*}不应大于 YS/T 680—2016 附录 D 中规定值
自然耐候性	GB/T 9276 Ⅰ级:1 年 Ⅱ级:3 年 Ⅲ级:5 年	Ⅰ级:光泽保持率≥50%,ΔE_{ab}^{*}不应大于 YS/T 680—2016 附录 D 中规定值 Ⅱ级:光泽保持率≥50%,ΔE_{ab}^{*}不应大于 YS/T 680—2016 附录 D 中规定值 Ⅲ级:光泽保持率≥50%,ΔE_{ab}^{*}不应大于 YS/T 680—2016 附录 D 中规定值
外观质量	GB/T 9761	涂层应平滑、均匀,允许有轻微的橘皮现象,不允许有皱纹、流痕、鼓泡、裂纹等影响使用的缺陷

注:1. 本表数据取自 GB/T 5237.4—2017《铝合金建筑型材　第 4 部分:喷粉型材》。

2. 其他用途的铝合金粉末喷涂产品的性能及指标可参考 GB/T 8013.3—2018《铝及铝合金阳极氧化膜与有机聚合物膜　第 3 部分:有机聚合物涂膜》。

15.5.3 铝合金电子产品粉末涂层的性能指标及测试方法

见表 15-17。

表 15-17 铝合金电子产品粉末涂层的性能指标及测试方法

检测项目	测试方法	性能指标
粉末类型及储存期限	物理化学全性能测试	环氧聚酯混合型、聚酯型粉末涂料有效储存期至少为半年
粉末外观	目视检查	粉末应颗粒均匀、干燥，无结团、受潮、夹杂脏物等不良现象
筛余物	称取 100g 粉末试样，将试样放到 120 目（125μm）的标准筛中，在电动振动机上振动 30min，振动停止 10min 后用肉眼观察	粉末试样应全部通过标准筛，不允许有筛余物
固化温度及时间	GB/T 1728	涂层应达到实际干燥
涂层外观	目视检查	涂层表面应连续、均匀，纹理应与相应的标准样板保持一致，且无结瘤、缩孔、起泡、针孔、开裂、剥落、粉化、颗粒、流挂、露底、夹杂脏物等缺陷
涂层颜色	GB/T 11186.2	与相应的标准样板比较时 $\Delta E_{ab}^* \leqslant 0.5 \sim 0.6$
涂层光泽	GB/T 9754，采用 60°入射角	$12 \pm 5, 15 \pm 5, 20 \pm 5$
涂层厚度	GB/T 13452.2	光面粉：$50 \sim 70\mu$m 砂纹粉：$60 \sim 80\mu$m 橘纹粉：$60 \sim 100\mu$m
附着力	ISO 2409	100%附着
硬度	GB/T 6739	铅笔硬度不低于 2H
抗冲击性	GB/T 1732	不低于 50kg·cm
柔韧性	GB/T 11185	通过的最小轴径不大于 3mm
耐盐雾性	ASTM B117 室内 500h，室外 1000h	涂层无起泡、生锈和脱落等现象，允许有轻微、不明显的变色
耐水性	GB/T 9274 96h	涂层无失光、变色、起泡、起皱、脱落、腐蚀等现象
耐老化性	GB/T 11190 250h	涂层应不起泡、不剥落、无裂纹且不会比一下状态更差：①粉化程度轻微，当用手指或布用力擦样板时，布或手指沾有少量颜料粒子；②变色程度轻微，样板老化前后的色差 $\Delta E_{ab}^* \leqslant 3.0$
耐低温性能	ISO 2409 -45℃放置 24h	涂层应不起泡、不剥落、无粉化、不变色；附着力无降低
耐溶剂型	室温下，用无水乙醇润湿脱脂棉球，以 1kg 压力和 1s 往返 1 次的速度擦拭涂层表面同一位置 50 次	涂层不应出现失光、明显掉色等表露出被擦拭的迹象

15.5.4 铝合金汽车外结构件粉末涂层的性能指标及测试方法

见表 15-18。

表 15-18　铝合金汽车产品的性能指标及测试方法

检测项目	测试方法	性能指标
色差	FLTM BI 109-01 SAE J1545	与标准色板对比无明显差异
光泽	FLTM BI 110-01 ASTM D 523	与标准色板对比无明显差异或得到工程师确认
膜厚	FLTM BI 117-01 ASTM B 487	膜厚范围：50～100μm 最大膜厚：350μm(不允许有超过三次的修补)
附着性	FLTM BI 106-01	不大于 2 级
耐水性	FLTM BI 104-01, 240h	涂层应无起泡、失光、起皱等其他表面缺陷；脱离水浸渍环境 20min 内测试附着性应符合要求
耐湿热性	FLTM BI 104-02 ISO 105-A02 85℃,90%R. H,168h	至少达到 4～5 级,光泽保持率≥75%,脱离测试环境后,涂层应无起泡、失光、起皱等其他表面缺陷
耐丝状腐蚀性	SAE J2635,不划线,672h	所有可见部位不发生丝状腐蚀
耐盐雾腐蚀性	FLTM BI 123-01 ASTM D 610,1500h	不大于 6 级,划线两侧膜下单边渗透腐蚀宽度应不超过 3mm,划线两侧 3mm 以外部分的涂层表面应无腐蚀或其他明显变化
抗污染性	FLTM BI 168-01 ISO 105-A02	至少达到 4～5 级,不允许变色,脱离测试环境后测试附着性应符合要求
耐酸性	FLTM BI 113-01,分别浸渍在三种介质：pH＝2 的硫酸,0.5%的磷酸或混合酸(47g 甲酸、24g 单宁酸的 10%的溶液与 24g 蜂蜜、5g 蛋白配置成的 10%溶液混合)中,放入 60℃和 80℃的烤箱中 30min	30min 后,取出试样,用水冲洗干净试样表面残留的液体,检测涂层的腐蚀、变色的程度,达到或优于现有标准材料的表现
耐擦拭性	FLTM BI 161-01	光泽保持率≥70%
耐划伤性	FLTM BO 162-01, 试验力＝2N	不大于 2 级
谷粒吹击试验	FLTM BI 157-06	至少达到 4 级
耐石击性	SAE J400	达到 5B 级或 97%的涂层保留
冷热循环试验	FLTM BO 104-07, ISO 105-A02,15 个循环	至少达到 4～5 级,光泽保持率≥75%,与原样板比较,涂层应无起泡、起皱等其他表面缺陷
耐热性	ISO 105-A02, 80±2℃,168h	至少达到 4～5 级,光泽保持率≥75%,脱离测试环境后测试附着性应符合要求
氙灯加速老化试验	SAE J2527, 0.55W/m³,3000h	至少达到 4 级,光泽保持率≥75%
自然耐候性	SAE J 1976, 1～2 年佛罗里达曝晒	至少达到 4 级,光泽保持率≥75%

15.6 粉末喷涂中常见缺陷及解决方法

15.6.1 喷涂过程中的缺陷及解决方法

粉末喷涂过程中产生的缺陷有设备故障、工艺控制及操作不当、生产环境问题三方面。

（1）设备故障的问题

① 粉末带电性差。如果粉末难以进入工件的沟槽位，应当检查喷枪与工件的接地状况、喷枪出粉量和喷枪电压三方面。挂具上的粉末涂层过厚会导致接地不良，可用万用表测定工件与输送链轨道之间的电阻，如果测得电阻超过 $1M\Omega$，则说明接地不良。此时需要清除挂具、挂钩上的粉末涂层，以保持良好的接地。

粉末吐出量过大将使带电效率下降。检查流量计并降低粉末流量。

喷枪电极针处的高电压可以产生强静电场。检查喷枪电极针的电压，以确保喷枪极针电压与测量仪上的显示电压一致。

粉末喷涂的法拉第屏蔽效应使粉末很难涂覆到工件的沟槽位，这是静电场力阻止的结果。静电场力总是引导粉末粒子附着在工件的突出部位，因为此处的电阻最低。在这些突出部位的粉末涂层快速增厚，自由离子很快增加，从而产生妨碍粉末渗透的阻力。通过限制喷枪电流，选择合适的喷枪出粉量和喷涂距离，可以减少法拉第屏蔽效应。

② 反电离现象。反电离是指随着粉末涂层的增厚，工件表面的电场强度增大，当其达到一定值时粉末涂层中的空气发生电离，释放出正离子，使涂层发生破裂，并排斥随后粉末的上粉，导致喷涂层缺陷。粉末喷涂中产生反电离的主要原因有：电压过高、喷枪距离工件太近、涂层过厚，在具有涂层的工件表面喷粉，涂层产生绝缘电阻、工件接地不良等。

控制电流、降低静电电压、增大喷枪与工件的距离均可以降低反电离发生的可能性。

③ 流化板堵塞。由于超细粉或压缩空气中的水分、油污、杂质等导致流化板微孔堵塞，造成粉末流化不好，容易结团，喷涂后膜厚不均。

④ 喷涂过程发现粉末吐出量不足或产生吐粉现象。

a. 检查使用的输粉管是否具有抗静电功能。

b. 检查输粉管及雾化气管是否弯折，接头是否脱落以及管壁的磨损情况。

c. 检查供粉中心吸粉管是否堵塞。

d. 检查文丘里管和粉泵的磨损状况，当文丘里管即将磨穿时必须马上更换，及时更换文丘里管会最大程度上延长粉泵的寿命。

e. 检查雾化气压压力的大小，如产生吐粉现象，可适当提高雾化气压的压力。

f. 检查粉末是否受潮、结团。

g. 检查喷枪内粉管是否磨损、堵塞。

⑤ 喷涂过程中发现喷房内粉末飞扬。

a. 检查喷粉量是否适当。

b. 检查喷枪的静电电压，如电压降低或无电压，及时更换高压包。

c. 检查抽风系统是否运转正常，抽风阀门是否打开，滤袋或滤芯是否堵塞。

（2）工艺控制及操作不当的问题

① 前处理质量差。脱脂不良、表面有残留物、刻蚀量未达到要求；化学转化质量差，化学转化膜质量未达到要求；水洗不干净，电导度未达到要求，都会造成涂层橘皮、缩孔、颗粒等缺陷和降低涂层附着力。此外，工件未彻底干燥，会使涂层产生气泡。

② 压缩空气质量差。压缩空气含水量、含油量、颗粒物含量不达标或供气压力、流量不足，容易产生粉末流平性差、缩孔、吐粉等缺陷。

③ 电压控制不当。电压过高或过低，电压不稳，使工件凹陷部位无法上粉或降低上粉率，涂层厚度不均匀。

④ 固化温度控制不当。固化温度过高或过低，涂层抗冲击强度和硬度均低，且外观、光泽度有差异，容易产生橘皮等缺陷。

⑤ 操作不当。喷枪口位置或方向不正确，上粉率低，调整喷枪口朝向，使粉末云团直接喷向工件凹陷区域；喷距太近，将产生强烈的反电离现象，导致静电击穿，引起粉末打火燃烧，或形成纹路或金属闪光效果不好；喷枪对工件局部停留时间过长，产生静电击穿，是涂层产生针孔、气泡的原因之一。

⑥ 交叉污染。换色时喷涂系统清理不干净会引起交叉污染现象。为了避免交叉污染，回收系统及供粉系统的各个部分都必须清理干净。一般工人清理喷粉室都着重于清理供粉系统和回收系统，而交叉污染往往发生在粉管、粉泵或枪管内。当喷涂系统出现交叉污染时，应当检查整个换色程序，找出可能发生交叉污染的所有部位并加以清理，涂装区域所有部位都应当是清洁干净的。

（3）生产环境的问题

① 喷涂车间内有散落物污染生产现场。此时应清除工件挂具、回收设备、悬链和烘道等设备的硬质附着物，并对喷涂车间的空气循环和补充空气进行过滤处理，维持车间内外一定的正压。同时，尽量避免在进风口走动和打磨返修工件，在风道的出口加装 60～70 目的不锈钢丝滤网，对烘烤炉内的循环热风进行过滤处理。

② 固化炉被污染。粉末中的某些有机物质在低于固化温度时会挥发为气体，在固化炉口附近遇冷凝聚为疏松的固体，积累到一定厚度时松动脱落到工件上，造成脏点。因此，需要定期清理固化炉口的凝聚物。

③ 喷粉室被污染，造成涂层缩孔。此时，应当将污染物从现场清除。最好对喷粉室进行密封隔离处理，同时，停止使用已被污染的粉末。

15.6.2　粉末喷涂涂层缺陷及解决方法

（1）缩孔（图 15-18）

① 产生原因：粉末涂料受污染，回收粉未确认；喷涂时压缩空气中含有油或水；涂层过厚，造成静电排斥；粉末涂料含水量过大，受潮结块；铝材表面有油脂、水分或腐蚀凹坑。

② 防治措施：改善粉末原配方，当更换粉末时清理要彻底，防止交叉污染；粉末存放环境要保持干燥，对未用完的粉末防止受潮；降低膜厚，控制在相应的标准内；要求经常检查压缩空气除水、除油设备装置，要经常排放压缩空气罐里残留的水和油。

（2）橘皮（图 15-19）

① 产生原因：涂层膜厚过厚或不均匀；固化预热升温过慢；工件与喷枪距离太近。

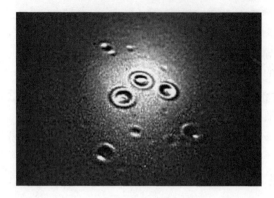

图 15-18　缩孔　　　　　　　　　　　　　　　图 15-19　橘皮

② 防治措施：降低膜厚，控制在相应的标准内；适当调整喷枪距离，型材与喷枪距在 $250\sim300$mm 之间；适当提高固化炉进炉端温度。

（3）附着性不良（图 15-20）

① 产生原因：工件除油不良；化学转化处理不良；喷涂层厚太厚；固化温度太低或固化时间不足；粉末配方的原因。

② 防治措施：严格按照前处理工艺执行，保证刻蚀量的要求，保证转化膜质量的要求，保证水洗水电导率的要求，保证水分干燥的要求；严格控制喷涂层厚度，Ⅰ级粉膜厚宜控制在 120μm 以下，Ⅱ、Ⅲ级粉膜厚宜控制在 90μm 以下，避免多次返工；对于Ⅱ、Ⅲ级粉膜，前处理宜采用铬化处理；严格按照粉末供应商提供的固化工艺执行，当工件壁厚较厚时，降低输送链的速度或者提高固化温度；对于Ⅱ、Ⅲ级粉膜，返工前须作返工试验，确认返工附着性合格才可大批量返工。

图 15-20　附着性不良　　　　　　　　　　　图 15-21　气泡

（4）气泡（图 15-21）

① 产生原因：粉末中含有挥发性物质和水；铝材表面有水分；膜厚过厚；涂层固化升温过快。

② 防治措施：调整粉末原配方；前处理必须烘干，进炉前将料倾斜一定的角度进行滴干，目视无水滴点状态，方可进炉；降低膜厚，控制在标准范围；调整炉温。

（5）凹坑、针孔（图 15-22）

① 产生原因：粉末涂料受污染，回收粉末打样确认；喷涂时压缩空气中含有油或水；粉末涂料含水量过大，受潮结块；更换粉末时生产设备清理不彻底，回收粉末打样确认。

② 防治措施：改善粉末原配方，当更换粉末时要清理彻底，防止交叉污染，回收粉要打样确认；粉末存放环境要保持干燥，对未用完的粉末防止受潮；要求经常检查压缩空气除水、除油设备装置，要经常排放压缩空气罐里残留的水和油；增加培训，搞好车间 5S 管理。

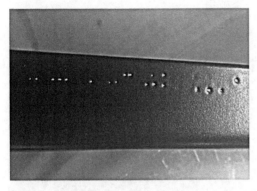

图 15-22　凹坑、针孔

图 15-23　厚度不足

(6) 厚度不足（图 15-23）

① 产生原因：超细粉含量太多及导电性差；喷涂工艺操作不当；挂具不导电。

② 防治措施：调整粉末质量，提高上粉；合理控制工艺，调整粉末吐出量；检查静电电压是否正常；挂料时要选取处理干净、导电良好的挂具进行挂料。

(7) 露底（图 15-24）

① 产生原因：喷枪移动速度及链速过快；喷枪粉量、电压、气压调节不合理；喷枪口积粉过多或堵塞；铝材中凹槽受法拉第效应影响；粉末涂料导电性差。

② 防治措施：调整喷枪速度及降低链速；调整喷粉工艺，及时观察沟槽上粉情况；随时清理喷枪上的粉末；调整粉末配方。

图 15-24　露底

图 15-25　颜色不均、杂色

(8) 颜色不均、杂色（图 15-25）

① 产生原因：生产环境受污染；换色粉末交叉污染；固化炉污染；粉末本身受污染。

② 防治措施：换色时，喷涂设备清理彻底，防止混入其他颜色的涂料；增加回收风量；改善 5S 管理。

(9) 吐粉（图 15-26）

① 产生原因：气压不稳定，喷枪出粉不均；粉末在储存时受潮；粉管、文丘里管堵塞

或磨损严重。

② 防治措施：上班前检查气压压力，检查喷枪设备有无异常；改善粉末储存条件；调整流化桶气压使其达到优良的浮动效果；定期更换粉管及文丘里管；提高雾化气压；检查输粉管、雾化气管是否弯折、堵塞；检查枪内粉管是否破损。

图 15-26　吐粉

图 15-27　污点、颗粒

（10）污点、颗粒（图 15-27）

① 产生原因：固化炉有炉灰；涂层膜厚过低或不均匀；前处理清洗不干净；型材表面有毛刺或吸附颗粒。

② 防治措施：定期清理固化炉；控制膜厚标准，检察喷枪设备；增大除油浓度，加大水洗槽溢流；控制挤压型材表面，如有毛刺严重的料要进行打磨或机械喷砂处理。

（11）色差（图 15-28）

① 产生原因：膜厚太薄或太厚；炉温不均、烘烤时间过长；与标准色板的厚度偏差较大；粉末质量问题。

② 防治措施：调整固化工艺，按粉末生产工艺进行调整；控制膜厚在标准范围；样板留样膜厚要达标准要求，不能有过厚或欠膜现象；每批次新粉、库存粉末、回收粉末通过打板确认后才可进行批量生产。

图 15-28　色差

图 15-29　擦、划伤

（12）擦、划伤（图 15-29）

① 产生原因：吊装运输时相互碰撞；装框时，层与层之间，长短料之间未用隔条隔开；喷涂上下排时被挂具划伤。

② 防治措施：吊机手在运料时要小心谨慎，以防碰伤其他料；装框一定要垫上隔条，防止碰伤；喷涂上下排杜绝野蛮操作，轻拿轻放。

（13）抗杯突性不良（图 15-30）

① 产生原因：前处理除油不干净；铬化膜重量不达标；粉末涂层附着力差；粉末涂层未完全固化。

② 防治措施：除油刻蚀量要≥1g/m²，铬化膜重量≥0.6～1.2g/m²；调整粉末配方；要定期跟踪炉温实际情况，要求达到 200℃±10℃，保温时间 10～15min，可参考工艺设定标准进行调整。

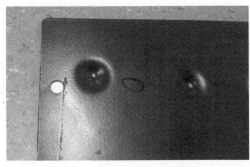

图 15-30　抗杯突不良　　　　　　　图 15-31　抗弯曲性不良

（14）抗弯曲性不良（图 15-31）

① 产生原因：前处理除油不干净；铬化膜重量不达标；粉末涂层附着力及折弯性能差；粉末涂层未完全固化。

② 防治措施：除油刻蚀量要≥1g/m²，铬化膜重量≥0.6～1.2g/m²；调整粉末配方；要定期跟踪炉温实际情况，要求达到 200℃±10℃，保温时间 10～15min，可参考工艺设定标准进行调整。

（15）耐磨耗性不良（图 15-32）

① 产生原因：粉末质量问题；粉末涂层未完全固化。

② 防治措施：调整粉末配方；要定期跟踪炉温实际情况，要求达到 200℃±10℃，保温时间 10～15min，可参考工艺设定标准进行调整。

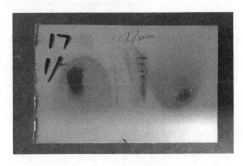

图 15-32　耐磨耗性不良

15.7　粉末喷涂的木纹纹理处理

木纹纹理处理就是在铝合金材质上进行静电粉末喷涂后，在有涂层的材质上通过木纹转印设备、机械木纹滚刷机或木纹洒涂机，在涂层表面形成木纹装饰效果的一个转化过程。木纹纹理铝合金型材既有金属的固有特性，又体现了木纹的装饰效果，特别在注重环保、节能的现代装饰市场上，已经形成了一种流行趋势。

15.7.1 粉末喷涂木纹产品的分类

见表 15-19。

表 15-19 粉末喷涂木纹产品的分类

涂层类型	加工工艺		涂层代号	特性
喷粉木纹型材	热转印	粉末喷涂＋热转印	M1GU	表面色彩丰富
		多层粉末喷涂＋热转印	M2GU	纹理清晰、表面立体感强、有凹凸手感
	非热转印	多层粉末喷涂	MPGU	表面立体感强、有凹凸手感

15.7.2 粉末喷涂木纹产品的工艺

（1）热转印工艺

① 典型（M1GU）工艺。工艺流程如图 15-33 所示。

图 15-33 典型热转印喷粉木纹产品（M1GU）的工艺流程图

工艺要求：

a. 底材覆上木纹纸后，采用高温胶纸封住木纹纸两端的开口。

b. 抽真空负压宜为 0.03～0.08MPa，在操作过中避免木纹纸破裂和折叠。

c. 热转印处理温度宜为 170～210℃，保温时间宜为 10～30min。

② 多层喷粉（M2GU）工艺。工艺流程图如图 15-34 所示。

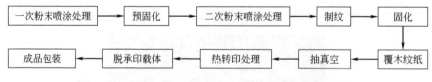

图 15-34 多层喷粉木纹产品（M2GU）的工艺流程图

工艺要求：

a. 在符合 GB/T 5237.1 的基材上按 YS/T 714 的规定进行一次喷涂，膜厚宜为 40～80μm。

b. 预固化温度宜为 120～160℃，预固化时间宜为 8～10min。

c. 二次粉末喷涂处理后的膜厚增加值宜为 20～40μm。

d. 通常采用辊压方式制纹。

e. 固化温度宜为 200～220℃，固化时间宜为 10～20min。

f. 覆上木纹纸后，采用高温胶纸封住木纹纸两端的开口。

g. 抽真空负压力宜为 0.03～0.08MPa，操作过程中避免木纹纸破裂和折叠。

h. 热转印处理温度宜为 170～210℃，保温时间宜为 10～30min。

（2）非热转印（MPGU）工艺

① 工艺流程图如图 15-35 所示。

图 15-35　非热转印喷粉木纹生产工艺流程图

② 工艺要求：

a. 在符合 GB/T 5237.1 的基材上按 YS/T 714 的规定进行一次喷涂，膜厚宜为 40～80μm。

b. 预固化温度宜为 120～160℃，预固化时间宜为 8～10min。

c. 制纹通常采用二次喷涂辊压和洒粉工艺。

d. 固化温度宜为 200～210℃，固化时间宜为 10～15min。

15.7.3　转印木纹纸的要求

木纹纸主要由承印载体和油墨组成，其组成及作用见表 15-20。

表 15-20　木纹纸组成及作用

组成	作用
承印载体	承载图案油墨的纸或膜
油墨	木纹纹路的组成部分,体现木纹纹理及颜色

木纹纸按耐候级别分类，见表 15-21。

表 15-21　木纹纸的分类

耐候级别	要求							
	加速耐候性(氙灯老化试验)				自然耐候性			
	试验时间/h	光泽保持率[1]	变色程度	色差	试验时间	光泽保持率[1]	变色程度	色差
Ⅲ级	4000	≥75%	≤1级	亮底[2] $\Delta E^*_{ab} \leq 2$, 暗底[3] $\Delta E^*_{ab} \leq 3$	5 年	≥50%	≤1级	亮底[2] $\Delta E^*_{ab} \leq 2$, 暗底[3] $\Delta E^*_{ab} \leq 3$
Ⅱ级	1000	≥90%			3 年			
Ⅰ级	1000	≥50%			1 年			

① 光泽保持率为试验后的光泽值相对于其试验前光泽值的百分比。

② 亮底是在国际通用劳尔色卡，色号为 RAL1001 米色粉末涂料制作的标准底板上热转印木纹试板。

③ 暗底是在国际通用劳尔色卡，色号为 RAL8001 棕色粉末涂料制作的标准底板上热转印木纹试板。

承印载体的基本要求见表 15-22。

表 15-22　承印载体的基本要求

项目	承印载体材质			
	纸	检验方法	塑料膜	检验方法
表面	表面光滑,无裂纹、杂点、破洞、纹路清晰	目视	不应有明显的料柱痕或气痕;无杂点、破洞;纹理清晰;无严重松懈、皱纹	目视
厚度	≥30g/m²	GB/T 451.3	≥19μm	GB/T 4957
水分	≤0.5%	GB/T 462	—	—

15.7.4 木纹粉末的要求

木纹粉的种类和主要特性见表 15-23。

表 15-23　木纹粉的种类和主要特性

粉末涂料种类	主要成膜物质	特性
聚酯型	羧基聚酯＋TGIC	成膜过程基本无副产物产生，涂层不易产生缩孔、针孔等弊病，且涂层抗泛黄性优异；但涂层流平性一般，转印纹路清晰度相对较差。另外，TGIC 会引起皮肤过敏
	羧基聚酯＋HAA	烘烤时释放出水等小分子化合物，当涂层太厚时，易产生针孔，且涂层易泛黄。由于涂层硬度低易粘纸，一般不用于热转印
聚氨酯型	羟基聚酯＋IPDI	涂层流平优异，表面丰满度好，涂层硬度高，耐磨性好，转印纹路清晰
改性聚氨酯型	羧基聚酯＋TGIC 羟基聚酯＋IPDI	涂层外观和转印效果优异，兼顾了聚酯型的经济性和聚氨酯型的涂层硬度高、易撕纸、转印纹路清晰等优点
氟碳型	FEVE＋IPDI	目前，耐候性最好的热固性粉末品种，具有非常优异的耐化学稳定性及耐腐蚀性，但是涂层外观和耐冲击性能、耐沸水性、抗弯曲性差

木纹粉的工艺指标见表 15-24。

表 15-24　木纹粉的工艺指标

应用工艺	涂料指标		
	粒径分布	贮存稳定性	压痕硬度
热转印	D_{50} : 20～45μm	应小于 3 级	≥90
多层喷涂	符合 YS/T 680	符合 YS/T 680	≥80
洒涂	D_{50} : 30～50μm, D_{95} ≤100μm	符合 YS/T 680	≥80

15.7.5 喷粉木纹产品的性能指标

见表 15-25。

表 15-25　喷粉木纹产品的性能指标

检测项目	涂层代号	性能指标	检测方法
膜厚	M1GU	装饰面上局部膜厚不小于 40μm，平均膜厚应控制在 60～120μm	按 GB/T 5237.4 的规定进行
	M2GU、MPGU	装饰面上局部膜厚不小于 40μm	按 GB/T 8013 的规定，或供需双方商定方法进行
耐烘烤性	M2GU、MPGU	经耐烘烤性试验后，涂层表面应无起泡，无开裂；变色程度不大于 1 级	将干燥箱（温度控制精度±2℃）升至 98℃，放入试样，保持 168h 后停止加热，取出试板，冷却至室温。检查其表面木纹图案及其他外观质量变化情况，按 GB/T 1766 的规定进行评级
	M1GU	经耐烘烤性试验后，涂层表面应无起泡，无开裂；变色程度不大于 1 级，光泽保持率不小于 50%	
图案油墨的渗透深度	M1GU、M2GU	装饰面上图案油墨的渗透深度应不小于 40μm	选定相对平整的区域，用涡流测厚仪测定膜厚，先用中位径为 169.3μm（150＃）金相砂纸打磨，至图案油墨基本消失；再用中位径为 63.5μm（400＃）金相砂纸继续打磨，至图案油墨完全消失为止，清洗干净并抹（晾）干，再测定该处的膜厚，打磨前后的膜厚差即为图案油墨的渗透深度

检测项目	涂层代号	性能指标	检测方法
压痕硬度	M1GU	≥90	按 GB/T 5237.4 的规定进行
	M2GU、MPGU	符合 GB/T 8013 的规定,或供需双方商定	按 GB/T 8013 的规定,或供需双方商定方法进行
喷磨耗试验	M2PU、MPGU	符合 GB/T 8013 的规定,或供需双方商定	按 GB/T 8013 的规定,或供需双方商定方法进行

注：1. 本表针对的是户外用喷粉木纹产品的性能及指标。

2. 本表列取的是喷粉木纹产品独有的性能或有异于普通喷粉产品性能的指标,其他性能请参考 GB/T 5237.4 以及 GB/T 8013.3。

15.7.6　喷粉木纹产品的常见问题及解决办法

(1) 热转印后不易脱纸或脱膜

① 被转印基材的表面有质量问题,如不耐高温,有粘纸或粘膜现象。

② 在喷粉后,被转印基材表面的粉末涂层未完全固化,致使在热转印时发生二次固化。

③ 如使用了热转印胶水,胶水的质量、配比浓度及涂刷量等因素都会影响到脱纸;建议在胶水中加入离形剂 (又称硅油),即可解决不好脱纸的现象。

(2) 热转印后热转印纸 (膜) 易碎或变焦

转印烘烤的时间太长或温度太高造成转印纸 (膜) 过快老化所致。

(3) 同一种热转印纸 (膜) 转印批次间出现色差

① 比色时,一定要遵守"选取相同纹理、相同位置的对比样,用相同的转印条件、转印在同一底色的基材上,在同一光源下做对比"的比色条件。

② 转印基材有色差,特别是半透明粉或透明粉作底粉时,一定要控制膜厚在 40～60μm,膜厚越高,色差越明显。

③ 热转印加工时,未控制好转印的温度与时间。一般转印温度在 150～190℃时,转印温度及时间与转印纹理颜色的深浅成正比关系;转印温度<150℃时,无法转印;转印温度>190℃时,随着时间的推移,逐渐使已转印至基材上纹理的颜色变浅。

(4) 转印后产品表面颜色不均匀,有深有浅

① 转印纸 (膜) 与基材的表面未紧密接触。

② 烘炉内的温度不均匀。

③ 设备故障造成产品不同位置进入烤箱的时间有长有短。

(5) 热转印后产品出现斑点或雾状块

① 基材表面在转印前就有斑点。

② 基材表面不耐高温,有粘纸或粘膜现象。

③ 如使用了热转印胶水,胶水的质量、配比浓度及涂刷量等因素都会造成该现象,正常的热转印胶水在经过高温后会自动挥发,不会留下痕迹。

（6）转印后产品表面无光泽

① 基材粉末涂层膜厚过高。

② 基材粉末涂层固化时间不足，固化温度不够。

（7）转印后产品表面图案不清晰

① 烘炉温度过高，烘烤时间过长。

② 基材粉末涂层膜厚过低。

参考文献

[1] 南仁植编著．粉末涂料与涂装技术．3版．北京：化学工业出版社，2014.

[2] 南仁植编著．粉末涂料与涂装实用技术问答．北京：化学工业出版社，2004．

[3] 冯素兰，张昱斐编著．粉末涂料．北京：化学工业出版社，2004.

[4] 冯立明，管勇主编．涂装工艺学．北京：化学工业出版社，2017.

[5] 傅绍燕．涂装工艺及车间设计手册．北京：机械工业出版社，2012.

[6] 冯立明，牛玉超，张殿平等编著．涂装工艺与设备．北京：化学工业出版社，2004.

[7] 管从胜，王威强．氟树脂涂料及应用．北京：化学工业出版社，2004.

[8] 刘国杰，夏正斌，雷智斌．氟碳树脂涂料及施工应用．北京：中国石化出版社，2005.

[9] 唐春华，唐彬．粉末喷涂故障处理．电镀与环保，2006，（9）：33-35.

[10] 余泉和．铝型材木纹转印工艺控制．电镀与涂饰，2006，（5）：45-46.

[11] 余泉和．铝型材喷涂化学转化处理工艺现状与发展．轻合金加工技术，2008，（1）：39-41.

[12] 夏范武．热固性氟碳树脂在卷材涂料及铝单板涂料中的应用．涂料工业，2006，2：34-41.

[13] 杨育才，陈刚，汪蛟．铝型材彩色木纹转化膜形成机理与生产实践．轻合金加工技术，2002（4）.

[14] 王丽萍，邓小民．铝型材表面图纹处理的质量控制．轻合金加工技术，2001，（9）.

[15] Zeno W.，威克斯等著．有机涂料科学和技术．经桴良，姜英涛等译．北京：化学工业出版社，2003.

[16] ［日］山边正显，松尾仁主编．含氟涂料的研究开发．闻建勋，闻宇清译．上海：华东理工大学出版社，2003.

[17] 颜勇．粉末喷涂在铝型材处理中的应用．铝加工，2003，（6）：52-54.

[18] 赵金榜．国内外涂料工业现状及发展趋势（一）．电镀与涂饰，2006，（1），51-54.

[19] 赵金榜．走向新世纪的世界涂料工业动态及其技术发展趋势．上海涂料，2002，40（1）：16-21.

[20] 周国祥．挑战21世纪——简论世界涂料技术走向．上海涂料，2005，43（1/2），1-3.

[21] 袁永壮．高效桥式热风循环炉．粉末涂料与涂装（中海油常州涂料化工研究院，中国化工学会涂料涂装专业委员会主办出版，下同），2004，24（2）：63.

[22] 李新力．金属涂装前处理．粉末涂料与涂装，2005，25（3）：63-65.

[23] 中国金属通报．铝合金建筑型材标准与质量研究论文专辑，2017年增刊.

[24] 金东．粉末涂料静电喷涂层表面常见缺陷浅析．涂料技术与文摘（中海油常州涂料化工研究院，中国化工学会涂料涂装专业委员会主办出版，下同），2017，（7）.

[25] 吴向平，宁波，郭沩，徐萍．2015年度中国粉末涂料行业运行分析．涂料技术与文摘，2017，（2）.

[26] 张华东．粉末涂料与涂装发展简史．涂装与电镀，2007，（10）.

[27] 李朋朋．铝型材行业粉末喷涂设备，2018，（3）.

[28] 秦湘宇，刘飞，蔡劲树．浅谈影响铝型材用粉末涂料喷涂面积的因素．涂料技术与文摘，2017，（2）.

[29] 孙同明．浅谈建筑用粉末喷涂铝型材涂层缺陷的返工处理措施．中国建筑金属结构·技术.

[30] 曹志阁．静电粉末喷涂作业的安全要点分析．工程技术，2017，（3）.

[31] 龙高飞．静电粉末喷涂与质量控制．技术应用，2017，（2）.

[32]　巩永忠，陶冶．建筑铝型材用氟碳粉末涂料的技术进展及应用展望．涂料工业，2017，(11)．

[33]　高庆福，史中平．提高粉末涂料在静电喷涂中死角上粉率的工艺技术研究．涂料技术与文摘，2014，(4)．

[34]　林锡恩，李勇，陈利，万貂，程润．建筑铝型材涂装分析及粉末涂料研究进展．涂料技术与文摘，2017，(2)．

[35]　刘晓辉，占稳，欧阳贵．铝合金无铬化学转化工艺的研究现状及展望．电镀与环保，2014，(3)．

[36]　任伊锦，周全．金属涂装硅烷前处理技术的研究进展．电镀与精饰，2014，(12)．

第 16 章

铝及铝合金的液相静电喷涂

16.1 液相静电喷涂概述

液相喷涂又称喷漆，通过喷枪、旋杯或旋碟，借助于压力或离心力，分散成均匀而微细的雾滴，施涂于工件表面形成黏附牢固、具有一定强度、连续的固态涂膜的涂装方法。可分为空气喷涂、无空气喷涂、静电喷涂以及上述基本喷涂形式的各种派生的方式，如大流量低压力喷涂、热喷涂、多组分喷涂等。

液相喷涂具有喷涂效率高、涂层均匀、外观平整的特点，可手工喷涂，也可大规模自动化作业，已逐渐成为广泛采用的涂装工艺之一，普遍应用于汽车、仪器仪表、玩具、建筑建材、家电产品、日用五金等领域。近年来，随着电子和微电子技术的发展，液相喷涂设备，包括喷枪结构、自动控制等，在可靠性和设备结构的轻型化方面取得显著进步，为液相喷涂工艺的发展提供了广阔的空间。

在液相喷涂中，使用最多的是溶剂型涂料，但由于溶剂型涂料含有大量的挥发性有机溶剂（VOCs），造成了资源的浪费，同时也污染了环境，因此各国都以法规形式限制 VOCs 的排放。水性涂料具有无色无味、低黏度、快干、高固含量等特点，并且在制造过程中不使用或少使用有机溶剂、施工过程不排放有机溶剂，符合国际流行的"4E"原则，因此水性涂料具有良好的发展前景。

16.1.1 液相喷涂特点

由于液相喷涂是以有机溶剂或水作为分散介质，所以具有与其他涂装工艺不同的特点：

① 可以实现薄涂。粉末涂层的厚度一般均在 $40\mu m$ 以上，而热固性丙烯酸漆涂层厚度在 $17\mu m$ 以上就可以了。

② 漆膜流平容易，不宜造成橘皮，漆膜具有良好的平整性，在高装饰性要求产品上的应用突出。

③ 漆膜涂层具有优异的理化性能，如铝合金建筑型材上使用的氟碳漆涂层具有优异的抗老化性、抗紫外光性、抗裂性以及化学稳定性。

④ 漆膜涂层颜色丰富，金属漆可实现突出的金属闪光效果。

⑤ 漆膜涂层可以实现优异的自洁功能。

⑥ 可以实现自干的功能。

⑦ 施工场所多样化，可以进行室内或者室外涂装作业。

但液相喷涂也有一些不足之处，限制了它的应用，主要有以下几点：

① 对于溶剂型涂料，在施工和固化过程中，排放挥发性有机化合物气体，对人体和周边环境造成损害。治理挥发性有机物（气体、漆渣）的成本非常高。

② 液相涂料的价格一般比粉末涂料高。

③ 漆膜的施工质量受温度、湿度的影响较大。

④ 漆膜施工的工艺比较复杂，如铝合金建筑型材上使用的氟碳漆涂层就必须经过至少两次（最多四次）喷涂，然后还要经过固化处理才能完成。

⑤ 液相涂料的调配比较复杂，要根据施工现场的实际环境情况，利用各种溶剂的不同配比，调配出合适的施工黏度。

⑥ 对于需要固化处理的漆膜涂层，固化温度较高，耗能较大。

⑦ 涂料利用率低，实际利用率一般低于 50%。

16.1.2　静电喷涂的原理及优缺点

静电喷涂法是液相喷涂中应用最多和最广的方法。

液相静电喷涂是对喷枪施加负高压，对被涂工件做接地处理，使之在工件与喷枪之间形成一高压静电场。当电场强度（E_0）足够高时，喷枪针尖端的电子便有足够的动能，冲击枪口附近的空气，使空气分子电离产生新的离子和电子，空气的绝缘性产生局部破坏，离子化的空气在电场力的作用下产生电晕放电，当液相涂料粒子通过喷枪口时便带上电荷变成带电粒子，在通过电晕放电区时，进一步与离子化的空气结合而再次带电，带电的涂料液滴受同性相斥的作用被充分雾化，并在高压静电场的作用下，向极性相反的被涂工件方向运动并沉积于工件表面而形成均匀的涂层。液相静电喷涂示意图见图 16-1。

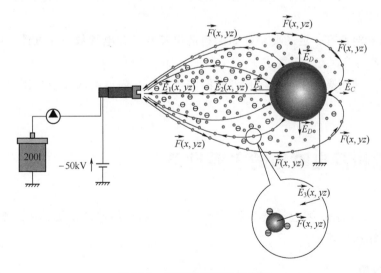

图 16-1　液相静电喷涂示意图

当电场强度继续增强超过极限（E_{max}）时，枪口与工件之间的空气层完全电离并被击穿而形成火花放电，这时很容易产生火灾。因此，在液相静电喷涂作业时，电场强度 E 应控制在 $E_0 \sim E_{max}$ 之间，在实际生产中，$E = -60 \sim -90kV$。静电喷涂也可采用对喷枪施加正高压，即采用正极性电晕放电的方法。但其电晕放电的起始电压比负极性电晕放电的起始电压要高，且电晕放电的电压范围较窄，容易击穿而产生火花放电。因此实际应用中多为负极性静电喷涂。

液相静电喷涂时，涂料不断受到离子化空气的冲击而带上电荷，在同性电荷的相互排斥作用下，涂料被雾化直至与涂料液的表面张力相抗衡，由于雾化充分，涂膜外观装饰性良好，广泛应用于装饰性材料的施工。由于电场的环抱作用，带电荷的漆雾有效地沉积在工件表面，附着率很高且均匀地附着在整个表面。

液相静电喷涂具有以下优点：

① 较大提高了涂料利用率。静电喷涂靠静电引力将涂料粒子吸附于工件正面、侧面及背面上。一般空气喷涂的涂料利用率仅为 $30\%\sim50\%$，甚至更低，而静电喷涂的涂料利用率一般可达 $80\%\sim90\%$，比空气喷涂提高 $1\sim2$ 倍。

② 提高产品涂层质量。利用静电喷涂的特点，并通过对喷涂参数的调节，可获得平整、均匀、光滑、丰满的涂层，提高装饰性。

③ 提高劳动生产率，适用于大批量生产。可实现多支喷枪同时喷涂，生产效率比空气喷涂高 $1\sim3$ 倍。

④ 便于实现喷涂作业自动化，减轻劳动强度。

⑤ 工件的凸出部位、端部、角部等都能良好地喷涂上漆。

⑥ 减少产生大量废漆雾，改善作业环境，减轻治理负担。

但同时静电喷涂也有以下缺点：

① 因静电场尖端效应，电场分布不均，易致使漆膜在凸出、尖端和锐边部位很厚，对凹坑处会产生静电屏蔽，凹坑处涂层很薄，甚至不上漆，还需手工补漆。

② 不良导体（如木材、塑料、橡胶、玻璃等）材质的工件，要经过特殊的表面预处理，才能进行静电喷涂。

③ 对涂料和溶剂有一定的要求，如涂料的电特性（介电常数、导电性、电阻等）和溶剂的沸点及溶解性等都有一定要求。

④ 静电喷涂使用高电压，必须有可靠的安全接地。静电喷涂存在高压火花放电，引起火灾的危险性较大。

16.2 液相静电喷涂的主要设备

液相静电喷涂设备主要包括喷漆室、喷涂机、涂料供给输送系统、喷漆室送风装置等。设备的组成如图 16-2 所示。

16.2.1 喷涂机

喷涂机的喷涂原理如图 16-3 所示。

16.2.1.1 静电旋碟

静电旋碟的喷涂原理如图 16-4 所示。

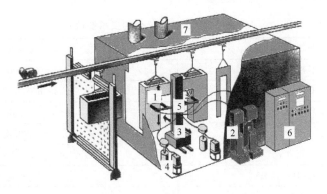

图 16-2　静电喷涂设备的组成

1—喷涂机；2—高压发生器；3—往复机；4—涂料供给系统；

5—换色阀；6—控制柜；7—喷漆房

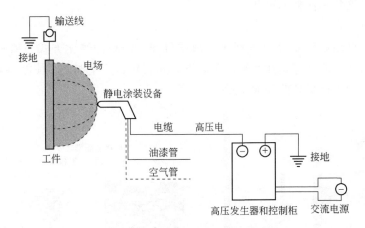

图 16-3　喷涂机喷涂原理图

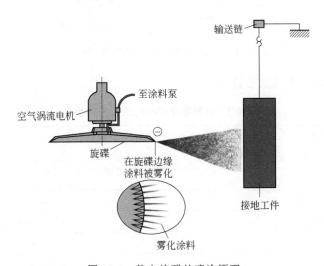

图 16-4　静电旋碟的喷涂原理

典型静电旋碟的主要技术参数见表 16-1。

表 16-1　典型静电旋碟的技术参数

电机速度	40000r/min
长度	36in(0.92m)
直径	13.25 in(0.337m)
涂料压力	0.55～0.70MPa
空气压力	0.40～0.70MPa
溶剂压力	0.2～0.4MPa
空气消耗量(标准状态)	0.8m³/min
输入电压	0～100V
涂料吐出量	1L/min

静电旋碟的特点：涂装效率高；涂层表面美观；可应用于高黏度（无稀释剂）涂料的涂装；可应用于难微粒化涂料的涂装。

16.2.1.2　静电旋杯

静电旋杯的喷涂原理如图 16-5 所示。由图可知，旋杯的雾化方式为离心雾化与静电雾化的叠加。锯齿状的旋杯杯头在涡轮的驱动下高速旋转，产生离心力使涂料雾化成细小均匀的颗粒，从而赋予工件极高的表面质量。

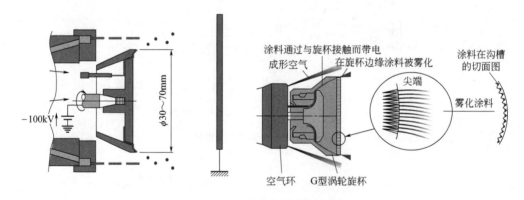

图 16-5　静电旋杯的喷涂原理

典型静电旋杯的主要技术参数见表 16-2。

表 16-2　典型静电旋杯的主要技术参数

旋杯杯径	ϕ65mm	ϕ50mm
旋杯长度	全长 542mm	
旋杯质量	3.5kg	
旋杯吐出量	600mL/min(max)	
旋杯转速	60000r/min(max,空载)	
高电压	DC-90kV(max)	
转速检测	光纤电缆	
使用空气过滤器	0.01μm(涡轮空气、轴承空气、制动空气)	

空气消耗量	涡轮空气	180L/min
		380L/min
	轴承空气	50L/min
	成形空气	200～500L/min
	制动空气	约 100L/min

新型静电旋杯的特点：

① 具有螺旋空气功能，漆雾无中空，喷金属漆时涂层金属颗粒排列接近空气静电喷枪的效果，覆盖均匀性好。

② 具有螺旋雾化能力，针对深槽部位及夹角部位在螺旋空气交叉叠加下具有更好的穿透力，从而有效提高涂料利用率。

③ 采用外置高压，静电效果好。

④ 适用于油性及水性涂料的喷涂。

⑤ 涂层具有极高的表面质量。

⑥ 具有极高的涂料传递效率。

⑦ 维修简便快捷。

16.2.1.3　空气静电喷枪

空气静电喷枪的喷涂原理如图 16-6 所示。由图可知，空气静电喷枪的雾化方式是空气雾化和静电雾化的叠加，空气静电喷涂是用压缩空气使涂料雾化成细小的雾滴，并在气流带动和静电吸附的共同作用下喷涂到工件表面。

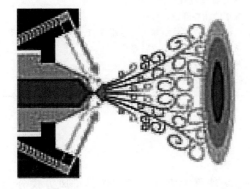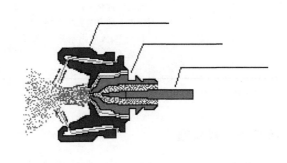

图 16-6　空气静电喷枪的喷涂原理

典型空气静电喷枪的主要技术参数见表 16-3。

表 16-3　典型空气静电喷枪的主要技术参数

喷枪长度		全长 410mm
喷枪质量		2.4kg
喷枪杯吐出量		300mL/min(max)
高电压		DC-90kV(max)
空气消耗量	成形空气	0.7MPa(max)
	雾化空气	0.7MPa(max)

新型空气静电喷枪的特点：

① 空气喷射与静电涂装特性相结合。

② 喷枪具有超低的雾化与成形压力，压力范围为 0.07～0.11MPa。

③ 喷枪无旋转部件，可长时间使用，具有优越的耐久性；枪身外壳、喷嘴、空气帽均由非导电性且耐冲击的树脂材质制成。

④ 内置高压发生部分能从枪体外部单独拆除更换，有利于涂料管道的清洗等维护保养。

⑤ 涂层表面效果好，漆雾穿透力强。

⑥ 涂料传递效率低。

16.2.1.4 各种静电喷涂机的比较

见表 16-4。

表 16-4　各种静电喷涂机的特点对比

项目	静电旋碟	静电旋杯	静电喷枪
涂着效率	◎	○	△
涂料纵深性	△	○	◎
涂膜厚度	○	◎	△
金属感	△	○	◎
包覆性	◎	○	△
换色	△	◎	◎
微粒化能力	◎	○	△
特征	膜层薄，喷涂次数多，因其涂料的雾化不使用空气，适合于以下的涂装要求：高黏度涂料使用、大吐出量涂装、高涂膜品质	旋杯高速旋转过程中产生均一的微小的涂料颗粒，通过成形空气压力可以调整喷幅，能进行高涂着效率的涂装；高黏度涂料使用、高微粒化、高涂层品质	适用性较高，条件设定比较容易

注：优劣顺序：△＜○＜◎。

16.2.2 喷漆室

喷漆室的结构形式很多，一般按供排风方式和捕集漆雾的方式分类。按供排风方式分为敞开式（无供风型）和封闭式（供风型）。敞开式仅装备有排风系统，无独立的供风装置，直接从车间内抽风，适用于对涂层质量要求不高的涂装。封闭式装有独立的供排风系统，从厂房外吸取新鲜空气，经过滤净化，甚至经调温、调湿后进入喷漆室，适用于对装饰性要求高的涂层涂装。供排风方式有垂直层流的气流模式（即上供下抽式）和水平层流的气流模式（即侧供、侧抽或侧下角抽风）。

16.2.2.1 干式喷漆室

干式喷漆室的喷漆处理装置是折流板、过滤材料。经过折流板或过滤材料过滤的空气，一般可直接排放，漆雾被折流板或过滤材料截留下来的漆粒，经清理折流板或过滤材料后直接做危废处理。干式喷漆房的特点有：

① 结构相对湿式喷漆室简单，由于不用水等液态介质，湿度容易控制，涂层质量较高，可以用于大批量自动化流水线生产，特别适用于立式喷漆室。

② 漆雾捕集效率不高，捕集漆雾所用材料容量有限，必须定时及时更换，否则漆雾沉积在过滤材料中，火灾危险性大。

③ 黏附有漆雾的过滤材料属于危险废物，须交由有资质的废物处理公司处理，运行成本较高。

（1）折流板式喷漆室。在喷漆室排风孔前设置折流板，当漆雾通过折流板时，由于折流板使气流急速改变方向，气流减慢，使漆雾冲向并黏附在折流板上，结构如图 16-7 所示。

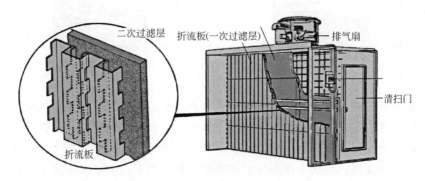

图 16-7　折流板式喷漆室

（2）过滤网式喷漆室。在喷漆室的排气孔前设置过滤网，漆雾气体通过时，利用过滤材料（玻璃纤维、纸纤维、过滤棉）漆雾被捕集在过滤网孔中，其捕漆效率取决于过滤材料的过滤精度、容漆量的大小。由于漆雾的黏附使过滤孔堵塞，降低了捕漆效率，过滤材料更换频繁，结构如图 16-8 所示。

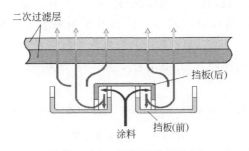

图 16-8　过滤网式喷漆室

16.2.2.2　湿式喷漆室

湿式喷漆室一般用水捕集漆雾，具有效率高、安全、干净等优点，广泛用于各种溶剂型涂料喷涂作业中，但运行费用高，含漆雾的水需设置专用废水处理装置。

（1）水帘-水洗式喷漆室。水帘-水洗式喷漆室利用流动的帘状水层来收集漆雾，通过喷嘴将水雾化后喷向含漆雾的空气，利用水粒子的扩散与漆粒子的相互碰撞、凝聚，将漆雾收集到水中，然后对水进行再处理，结构如图 16-9 所示。帘状水层一般设置在含漆雾空气流的正前方，由循环水泵维持，调节阀调节水量的大小，以控制水帘形状的完整性。水帘-水洗式喷漆室的室壁不易污染，处理漆雾效果较好，但废水必须进行再处理；由于使用大面积水帘，水的蒸发面积大，室内空气湿度大，可能影响涂层的装饰质量。

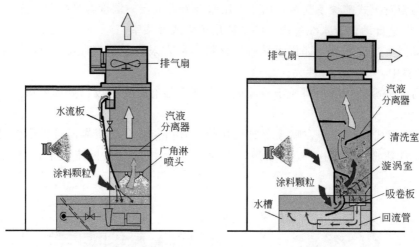

图 16-9　水帘-水洗式喷漆室　　　　图 16-10　无泵水帘式喷漆室

（2）无泵水帘式喷漆室。无泵喷漆室以无水泵得名。喷漆室内空气在风机引力的作用下通过水面与漩涡室的狭缝时形成高速气流，高速气流在水面上出现文丘里管现象，将水吸入气流中雾化，以此代替喷嘴雾化作用。喷漆室风机启动后，含漆雾的空气在压力作用下，以高速经窄缝进入清洗室，空气中漆雾与水在吸卷板的作用下，被吸卷板的水膜收集，其余的漆粒与水粒一起在清洗室里反复碰撞，凝聚成含漆雾的水滴，落入水槽，流到水槽前部存积处理。除去漆雾、水粒的空气经风机排向室外。无泵水帘式喷漆室的结构如图 16-10 所示。

16.2.2.3　喷漆室的作业环境

① 喷漆室一般要求温度为 15～30℃，最佳温度范围为 18～22℃，冬季不应低于 12℃，夏季不应超过 35℃。

② 喷漆室要求控制相对湿度，溶剂型涂料大约为 65%，水性涂料大约为 70%。

③ 光照度应保证操作者操作、观察、检验的照明要求，一般涂装和自动静电涂装在 300lx 左右，照明电力 10～20W/m²；普通装饰性涂装照明在 300～800lx，照明电力为 20～35W/m²；高级装饰性涂装照明在 800lx 以上，照明电力为 35～45W/m²；超高装饰性涂装照明在 1000lx 以上。

④ 喷漆室空气洁净度从 100000 级到 1000 级，如表 16-5 所示。

表 16-5　空气洁净度等级

等级	≤0.5μm 尘埃数/m³(L)空气	>0.5μm 尘埃数/m³(L)空气
100 级	≤35×100(3.5)	
1000 级	≤35×1000(35)	≤250(0.25)
10000 级	≤35×10000(350)	≤2500(2.5)
100000 级	≤35×100000(3500)	≤25000(25)

16.2.2.4　喷漆室的送风系统

送风系统是向喷漆室提供合乎工艺要求的温度、湿度和洁净度新鲜空气的设备，送风系统的送风量是根据喷漆室内截面积和风速来确定的。一般空气喷涂溶剂的扩散速度为 0.7～0.8m/s，喷漆室内风速一般为 0.3～0.6m/s。送风系统一般是由进风段、过滤段、淋水段、风机和送风段等组成。

进风段应设置在厂房外，一般有如下位置要求：

① 应设置在室外空气清洁的地点；

② 应设置在排风口排出气流常年最小频率方向，且低于排风口 2m；

③ 进风口底部距离地面不宜低于 2m；

④ 进风口应设置有金属网，以防止异物吸入。

过滤段根据需要设置 1～3 段，过滤器可采用黏性过滤器、干性过滤器、静电过滤器等，按照从大到小的过滤粒度来设置，一般为 $10\mu m \rightarrow 5\mu m \rightarrow 1\mu m$。由于空气中尘埃物的积累，过滤器的除尘效率会逐渐下降，室内空气的洁净度也会随之降低，因此必须定期清理或更换过滤器。

淋水段主要的功能是增加空气的湿度，使用时不允许水滴滴落在送风管道与涂装室顶部的过滤器上，此外水中不能添加防锈剂和防腐剂。

16.2.3　涂料供给输送系统

液相静电喷涂一般采用压送式供漆。压送式供漆是依靠压缩空气或压力泵将漆液加压后输送到喷枪。压送式供漆能提供漆液以较高的压力和较大的流量，可以实现高黏度涂料的远距离输送以及大规模的集中输送。

压送式供漆系统按涂料的供给方式可分为以下三种形式。

（1）涂料压力罐供漆。压力罐式供漆，靠调节压力容器内的气压，将容器内的漆液压送到喷枪。一般在喷涂易沉淀的涂料或使用量较大时，可配置气动或电动的搅拌器，保证罐内的涂料成分均匀，喷涂后的漆膜颜色均匀一致。压力罐是带密封盖的圆柱形压力容器，密封盖上装有减压阀、压力表、安全阀、搅拌器等。可调节压力范围一般为 0.1～0.7MPa，容量为 2～80L，空气消耗在 0.5MPa 的空气压力下为 0.42m³/min。由于每次补充油漆的时候都要停止喷涂作业，影响生产效率；打开密封盖前还要进行放气，确认压力罐内无气压，否则会有危险，所以现在在自动化生产线上已很少使用压力罐供漆。

（2）涂料泵供漆。涂料泵一般采用隔膜泵和齿轮泵。

① 隔膜泵。往复泵的一种，用弹性薄膜、耐腐蚀橡胶或弹性金属片将泵分隔成互不相通的两部分，分别是被输送液相涂料和活柱存在的区域，所以活柱是不与输送的液相涂料相接触的。活柱的往复运动通过同侧的介质传递到隔膜上，使隔膜亦作往复运动，从而实现被输送液相涂料经球形活门吸入和排除。静电喷涂常用的隔膜泵一般选用压力比为 1∶1，最大输出液相涂料压力为 0.7MPa，进气压力范围为 0.2～0.7MPa，最大工作空气消耗量为 0.5m³/min，每往复一次吐出量为 0.15L。隔膜泵由于其工作原理，可以实现长距离的传输，但不能实现精确的流量控制。它结构简单，维修方便，膜片使用寿命长，使用成本较低。

② 齿轮泵。液压泵的一种，属旋转式。齿轮箱内有两个或两个以上的齿轮啮合，在旋转作用下从一侧吸入液相涂料再向另一侧排出，其作用是使液相涂料具有一定的压力和流量。齿轮泵最基本形式就是两个尺寸相同的齿轮在一个紧密配合的壳体内相互啮合旋转，这个壳体的内部类似"8"字形，两个齿轮装在里面，齿轮的外径及两侧与壳体紧密配合。静电喷涂常用的齿轮泵规格一般为压力 50kgf/cm²（1kgf/cm²≈0.1MPa），吐出量为 3.0mL/min、4.5mL/min 或 6.0mL/min。齿轮泵不能实现长距离的传输，但能实现精确的流量控制；传

输管道内有空气时不易排空；齿轮会出现磨损，磨损后不能维修，只能更换，使用成本较高。

为了克服齿轮泵的缺点，一般采取隔膜泵和齿轮泵配套使用，适用于卧式静电喷涂生产线。

（3）循环系统供漆。循环系统供漆是压送式集中供漆系统的一种，它具有以下的特点：

① 可控制液体涂料输送流量的大小和压力，保持向多个作业点供漆的连续性、均匀性，并保持喷涂作业的稳定性。

② 由于集中调漆，保证了涂料黏度和颜色的一致性。

③ 涂料始终保持一定的流动速度，防止涂料沉淀。

④ 可以改善现场环境、便于集中管理，减少运输和涂料的浪费。

⑤ 设备造价较高，整体投资较大。

循环系统供漆一般采用柱塞泵供漆。柱塞泵属于容积式泵，往复泵。柱塞泵通过柱塞在柱塞缸体中做往复运动，造成柱塞缸体中密封容积的变化，产生的压力差使流体介质进行工作。改变柱塞的工作行程就可以控制柱塞泵流量的大小。为使循环系统长期工作，柱塞泵的最大吐出量应两倍于循环系统平均吐出量（系统循环流量＋喷枪平均吐出量）。循环系统供漆一般适用于立式静电喷涂生产线，选择柱塞泵的技术参数压力比一般为 3：1；每往复一次吐出量为 $0.63\sim1.5L$；最大空气消耗量为 $0.6\sim0.8m^3/min$；进气压力范围为 $1\sim7kgf/cm^2$。

16.2.4 换色阀

换色阀（CCV，Color change valve）是一种外形小巧模块式的换色组块，它通过两根固定杆将多块换色片连接在一起。涂料通道使用一只 O 形圈密封。每块换色片安装两个 Nano 阀，用于快速选择一个或两个回路涂料或溶剂，其主要用于喷涂颜色的选择和执行换色时清洗、快速填充动作。

16.3　液相静电喷涂用涂料

16.3.1　溶剂型涂料

溶剂型涂料是完全以有机化合物为溶剂的，并以各种天然树脂或合成树脂为主要成膜物质，加上各种颜料、填料和稀释剂研磨分散而成的一种涂料。尽管溶剂型涂料的有机溶剂含量很高，但以其独特的性能，如具有良好的施工特性、流平性、耐腐蚀性、优异的装饰性和良好的配套性，目前在整个涂料领域仍然占据着重要的位置。

16.3.1.1 氟碳涂料

氟碳涂料是以含氟树脂为主要成膜物质的系列涂料的统称，它是在氟树脂基础上经过改性、加工而成的一种新型涂层材料，其主要特点是树脂中含有大量的 F—C 键，其键能为 485kJ/mol，在所有化学键中堪称第一。在受热、光（包括紫外线）的作用下，F—C 键难断裂，故其稳定性是所有树脂涂料中最好的。

1938 年，美国杜邦公司合成聚四氟乙烯树脂（PTFE），开发出"特氟龙"不粘涂料，它是将聚四氟乙烯以微小颗粒状态分散在溶剂中，然后以 360～380℃ 的高温固化而成，其耐化学品性超过所有的有机聚合物，主要应用于不粘涂层。

1960 年代，Elf Ato 公司开发出以"Kynar500"为商标的聚偏二氟乙烯（PVDF）氟碳树脂。它具有优良的耐候性、耐水性、耐污染性、耐化学品性，尤其用于建筑物的外部装饰有其他涂料无法相比的优点。但由于 PVDF 树脂不溶于普通溶剂，涂层的形成需要 230～250℃ 的高温固化，限制了它的使用。

1982 年，日本旭硝子公司开发出了氟烯烃-乙烯基醚共聚物（FEVE），与 PVDF 相比，具有一定的活性官能团，它克服了原来氟碳涂料不能常温固化的缺点，可以与其他成分交联而达到常温固化的目的，实现了施工工地现场喷涂氟碳涂料的可能。

我国氟碳涂料市场起步于 1990 年代，1997 年 PPG Duranar 公司率先在天津设立氟碳涂料工厂，随后，阿克苏-诺贝尔、威士伯等国际知名的涂料公司也先后在我国设立工厂，进入我国氟碳涂料市场。建筑建材和室内外装饰装修行业是我国 PVDF 氟碳涂料使用量最大的领域，建筑用铝型材、铝幕墙用 PVDF 氟碳涂料占 PVDF 涂料全年销量的 80％ 以上。氟碳涂料的主要应用领域见表 16-6。

表 16-6　氟碳涂料的主要应用领域

氟碳涂料	主要应用领域
PTFE 乳液涂料	不粘涂层、绝缘材料等
FEVE 涂料	建筑、防腐蚀、光伏背板、风电
PVDF 涂料	建筑、铝幕墙、卷材

主要氟碳涂层性能比较见表 16-7。

表 16-7　主要氟碳涂层性能比较

品种	PTFE	PVDF	FEVE
耐燃性	—	好	好
耐腐蚀性	极好	良好	良好
成膜温度	380～435℃	230～250℃	常温
不粘性	极好	较好	好
装饰性（光泽）	极好	一般	较好
耐化学稳定性	极好	较好	较好
阻燃性	不燃	自熄	自熄
低摩擦性	极好	一般	较好

氟碳涂层特性：

① 超耐候性。涂层中含有大量的 F—C 键，决定了其超强的稳定性，氟碳涂料户外长期使用和人工加速老化试验表明，可在户外使用二十年以上，外观仍完美如初。

② 优良的防腐蚀性能。得益于极好的化学惰性，涂层耐酸、碱、盐等化学品和多种化学溶剂；涂层坚韧，表面硬度高、耐冲击、抗弯曲、耐磨性好，显示出极佳的力学性能。

③ 免维护、自清洁。氟碳涂层具有极低的表面能，极好的疏水性（最大吸水率＜5％）

及极小的摩擦系数（0.15~0.17），不易黏附灰尘，防污性好。

④ 优异的施工性能。氟碳涂料可以喷涂、辊涂、刷涂，涂层具有优异的附着力和硬度；可高温固化，也可常温固化，可在施工现场直接进行涂装。

⑤ 高装饰性。氟碳涂料可调配出素色、金属色、珠光色等各种色彩以及低、中、高等各种光泽，为设计师提供了丰富的想象空间和奇异的装饰效果。

16.3.1.2　丙烯酸涂料

丙烯酸涂料是以丙烯酸树脂为主要成膜物质的一类涂料，丙烯酸树脂以丙烯酸酯、甲基丙烯酸酯等与少量烯类单体共聚而成，所用单体不同所得树脂性质也不同，分为热塑性丙烯酸树脂和热固性丙烯酸树脂。

热塑性丙烯酸树脂涂料属于挥发型自干涂料，干燥迅速，户外耐光性、保色性好；但耐热性和耐溶剂性差，易受热发黏。热固性丙烯酸树脂涂料属于烘烤型涂料，涂层坚韧耐磨，防腐蚀性好，交联后涂层机械强度和耐候性优良。

丙烯酸涂料的特性：

① 颜色可达水白程度，有极好的透明度。

② 耐光、耐候性好。由于主链中不含双键，因此树脂户外暴晒耐久性强，不易分解或泛黄，保光、保色性好。

③ 附着性好。树脂主链为非极性碳—碳链。在支链上有极性酯键，这种结构决定了丙烯酸树脂对锌、铝、黄铜等有色金属及塑料等具有很好的附着性。

④ 耐热性。热塑性丙烯酸树脂耐热性不高，热固性丙烯酸树脂经高温烘烤交联后，耐热性高。

⑤ 耐蚀性。由于主链为碳—碳链，不含活性官能团，因此树脂能较好地耐酸、碱、盐、油脂和洗涤剂等化学物质的污染，具有良好的防盐雾、防湿热、防霉菌性能。

⑥ 硬度与丰满度。热塑性树脂涂层较软，丰满度、光泽度不高。热固性树脂经交联固化后，硬度、丰满度、光泽度都很高。

16.3.1.3　环氧涂料

以环氧树脂为主要成膜物质的涂料称为环氧树脂涂料。在涂料中常用的环氧树脂为双酚 A 型环氧树脂，它以双酚 A 与环氧氯丙烷缩聚而成。环氧树脂涂料可用含—OH 的树脂，如酚醛树脂、醇酸树脂、氨基树脂、聚酯树脂、有机硅树脂等作为交联树脂，形成羟基固化环氧树脂涂料，同时对环氧树脂进行改性，调整所用树脂的种类和数量，可以得到不同性能的涂料。

环氧涂料的特性：

① 极好的附着力。双酚 A 型环氧树脂结构中强极性的羟基、醚键使环氧涂料和相邻表面之间形成很强的作用力，而环氧基能与金属表面上的游离键结合形成化学键，使环氧涂料在钢铁等基体上具有很强的附着力。

② 韧性高。双酚 A 型环氧树脂的固化反应主要是通过树脂两端环氧基的加成反应实现，由于交联点远，分子链容易旋转，因而这类涂料机械强度高。

③ 耐化学腐蚀性好。环氧树脂分子链是由 C—C 键和醚键构成的，化学性质很稳定，结构中的羟基为脂肪族羟基，不与碱起反应，所以环氧涂料具有好的耐酸碱性。在环氧涂料固化过程中，由于树脂中的羟基亦参加化学反应形成极性相对较弱的醚键，故环氧涂料具有较好的耐水性及很高的耐有机溶剂性能。

④ 电气绝缘性能优良。环氧树脂固化后具有很好的电绝缘性能，是一种很好的绝缘涂料。室温下其击穿电压为 35~50kV/mm，介电常数（50Hz）为 3~4。

⑤ 施工性能好。涂料用树脂分子量小，涂料黏度低，易于施工。

⑥ 户外耐候性差。在紫外线照射下，涂层易失光、变色。

⑦ 由于双酚 A 型环氧树脂自身为线性结构，涂层固化时聚合度低，涂层硬度、丰满度、光泽度低。

16.3.1.4 氨基涂料

以氨基树脂为交联剂并对涂料性能起决定性作用的一类涂料称为氨基树脂涂料。

涂料用氨基树脂主要有两种，即三聚氰胺甲醛树脂和尿素甲醛树脂。氨基树脂颜色浅，透明度高、硬度、光泽度高，不易泛黄，因而具有较高的装饰性；耐酸、耐碱、耐水、耐有机溶剂等性能优异，因而具有较高的保护性；树脂固化时，聚合度高，因而涂层硬而脆；由于涂层中主要官能团为醚键，极性小，因而附着力差。所以，尽管氨基树脂本身具有很多优异的性能，但不能单独制成涂料，必须与醇酸树脂、丙烯酸树脂等其他树脂拼用，克服各自的不足。

16.3.1.5 聚氨酯涂料

聚氨酯涂料是以聚氨基甲酸酯树脂为主要成膜物质的一类涂料。一般可分为湿固化型聚氨酯涂料、催化固化型聚氨酯涂料、封闭型聚氨酯涂料、聚氨酯改性涂料等。

聚氨酯涂料的特性：

① 具有优良的物理力学性能。涂膜坚硬、柔韧、光亮、丰满、耐磨、附着力好。

② 防腐蚀性能好。涂膜耐油、耐酸、耐碱、耐工业废气。其耐酸性强于环氧树脂涂料，耐碱性、耐油性与环氧树脂涂层接近。

③ 涂层可在室温固化，也可加热固化。

④ 具有良好的电绝缘性能。宜作漆包线涂料，并能在熔融的焊锡处涂装，特别适宜作电信器材涂料。

⑤ 能与多种树脂拼用，配成多种类型的聚氨酯涂料。

⑥ 喷涂要求高，价格较贵。

⑦ 芳香族聚氨酯保光、保色性差，易粉化失光。

16.3.2 水性涂料

随着时代的发展，人们越来越关注环境保护，水性涂料具有良好的发展前景。

16.3.2.1 水性氟碳涂料

根据 HG/T 4104—2009《建筑用水性氟涂料》，可将水性氟涂料分为 PVDF 类、FEVE 类和含氟丙烯酸类三种类型。但 GB/T 5237.5—2017《铝合金建筑型材 第 5 部分：喷漆型材》中又规定铝合金建筑型材用水性氟涂料为水性溶剂型 PVDF。水性 PVDF 涂料使用的基料是 PVDF 与丙烯酸树脂的共聚乳液，其 PVDF 含量达 70%，可以达到溶剂型 PVDF 涂层的耐久性，同时具备水性环保的特点。由表 16-8 可以看出，相比于传统溶剂型氟碳涂料，水性 PVDF 涂料 VOCs 排放明显降低，降幅可达 80% 以上，具有明显优势。

大量试验数据表明，水性 PVDF 的耐 MEK 擦拭性能较差，一般溶剂型 PVDF 耐 MEK 反复擦拭的次数＞100 次，而水性 PVDF 的耐 MEK 反复擦拭的次数＜50 次，所以为了满足耐强溶剂性的要求，可在水性 PVDF 涂层外用溶剂型清漆罩面。

表 16-8　几种氟碳涂料的 VOCs 对比

氟碳涂料类型	施工固含量/%	VOCs/(g/L)
溶剂型 PVDF	30～35	500～600
溶剂型 FEVE	45～50	300～400
水性 FEVE	45～50	＜100
水性 PVDF	40～45	＜50

16.3.2.2　水性环氧涂料

常用常温固化型的水性环氧涂料是双组分水乳化涂料，一个组分是低相对分子量的环氧树脂，另一个组分是固化剂。通常水性涂料的施工时限较短，超过时限则涂层失去光泽。Anchor 公司的 S Darwen 用胺加成物代替聚酰胺作为固化剂，制得的水性环氧涂料不仅施工时限延长，而且其防腐蚀性能可以与溶剂型涂料媲美。

双组分水性环氧涂料一般分为Ⅰ型和Ⅱ型。Ⅰ型的环氧树脂为液体，使用的固化剂一般是聚酰胺类固化剂。Ⅰ型的水性环氧涂料亲水性高，且含有醋酸，一般只用于混凝土墙面或者地坪底漆，不能用于金属底材。Ⅱ型水性环氧涂料使用环氧树脂的乳化液替代了Ⅰ型中的环氧树脂，同时采用憎水性的胺加成物的水分散体取代水溶性聚酰胺，所以耐水性好，可用于金属底材的防腐蚀。

16.3.2.3　水性丙烯酸涂料

丙烯酸类水性涂料在水性涂料中应用比较广泛，在使用过程中能显示出优良的性能，包括防腐蚀、耐碱、耐水，容易配成施工性良好的涂料。水性丙烯酸涂料主要有两大类，第一类是水稀释型丙烯酸涂料，第二类是乳液型丙烯酸涂料。将水稀释型丙烯酸树脂与氨基树脂、异氰酸酯一起使用，可以得到水性单组分和双组分丙烯酸聚氨酯涂料，通过该方法制得的水性树脂的性能会得到很大提高，甚至可以接近溶剂型丙烯酸树脂。

但单一的水性丙烯酸树脂涂料的耐水性、力学性能、热稳定性和电化学性能差，具有很大的使用局限性。因此，可将水性丙烯酸树脂用环氧树脂改性以提高其附着力，使用聚氨酯改性以提高其力学性能，使用纳米粒子改性以提高其防腐蚀性能等。

16.3.2.4　水性聚氨酯涂料

水性聚氨酯涂料是以水性聚氨酯树脂为基料，以水为分散介质的一类涂料，具有物理力学性能良好、耐有机溶剂、耐腐蚀及可以低温固化等优点，被广泛应用于国防、车辆、飞机等各个方面。目前水性聚氨酯涂料主要包括单组分、双组分、改性水性聚氨酯涂料三类。

单组分水性聚氨酯涂料是应用最早的，具有很高的断裂延伸率和适当的强度，并能常温干燥，但耐蚀性和耐溶剂型很差，硬度、表面光泽度都较低。双组分水性聚氨酯涂料由异氰酸酯类固化剂和多元醇两部分组成，具有良好的施工性能和稳定性。改性水性聚氨酯涂料中最重要的是水性聚氨酯改性丙烯酸酯树脂，将聚氨酯树脂的韧性及弹性与丙烯酸酯良好的保色性、光稳定性、硬度等综合起来。

16.4　液相静电喷涂流程

本节主要以氟碳涂料的静电喷涂（以下简称氟碳喷涂）工艺为例来介绍介绍液相静电喷涂工艺。为了充分发挥氟碳涂层的耐久性、耐候性的优势，氟碳喷涂多采用多层喷涂。氟碳喷涂的工艺流程如图 16-11 所示。

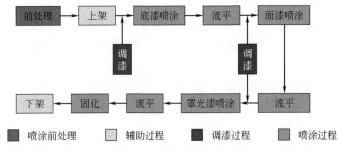

图 16-11　氟碳喷涂的工艺流程

① 前处理：在铝合金基材进行喷涂前，基材表面要经过去油污及化学、电化学处理，增强涂层和铝合金基材表面的结合力和抗氧化能力，有利于延长涂层的使用年限。

② 底漆涂层：作为基材的底漆涂层，其作用在于提高涂层的抗渗透能力，增强对基材的保护，稳定铝合金表面层，加强面漆与铝合金基材表面的附着力，保证面漆涂层的颜色均匀性。涂层厚度一般为 $5\sim8\mu m$。底漆的树脂一般由 PVDF 树脂、丙烯酸树脂、环氧树脂等组成，其中 PVDF 树脂约占总树脂质量分数的 30%，丙烯酸树脂占总树脂 $68\%\sim70\%$，环氧树脂占总树脂 $1\%\sim2\%$。底漆通常有黄色底漆、灰色底漆和白色底漆等。

③ 面漆涂层：是喷涂层最关键的一层，为工件提供所需要的装饰颜色，使工件外观达到设计要求，并且保护金属表面不受外界环境大气、酸雨、污染的侵蚀，防止紫外线穿透，大大增强抗老化能力。面漆涂层是喷涂中最厚的一层，涂层厚度一般不小于 $25\mu m$。面漆通常有单色面漆和金属色面漆，金属色面漆一般含有铝粉或珠光粉。通过对铝粉或珠光粉作相应的表面包覆处理（一般采用二氧化硅包覆或树脂包覆处理）可提高涂层的耐酸、耐碱性能。水性氟碳涂料使用的铝粉还需要考虑防水处理，在总树脂组分中，PVDF 树脂约占 70%，丙烯酸树脂约占 30%，该比例涂层综合性能最佳。

④ 阻挡漆涂层：主要是减少底漆中环氧树脂的粉化，进一步提高涂层的附着性，阻挡漆涂层的厚度一般不小于 $25\mu m$。阻挡漆一般采用白色面漆，其成分结构与面漆相同。

⑤ 罩光漆涂层：也称清漆涂层，主要目的是更有效地增强涂层的耐候性和抗污染能力，保护面漆涂层，增加面漆色彩的光泽。罩光漆涂层的厚度一般为 $10\sim13\mu m$。罩光漆中 PVDF 树脂约占总树脂质量分数的 70%，丙烯酸树脂约占 30%。

16.4.1　前处理工艺

氟碳（丙烯酸）喷涂的前处理工艺与粉末喷涂的前处理工艺相同，详情请参阅本书 15.4.1 内容。

16.4.2　调漆工艺

调漆工序，即在涂料里加入适当的有机溶剂将其稀释，并确保涂料稀释后的黏度、内含溶剂的挥发性及固含量等特性值符合作业环境。而这些特性值对后续的喷涂质量会起到关键性作用，如：黏度关系到涂料流动输送和雾化效果，溶剂的挥发速率则影响涂料喷涂后涂层的流平效果等。若挥发速率过快，涂膜流平性不好，易产生橘皮、麻点、针孔、泛白等涂层缺陷；若挥发速率太慢，易出现流挂、肥边等涂层缺陷。因此，为保证喷涂质量的一致性，不同的工作环境或时间段，涂料经调漆后的特性参数应是一致的。

影响涂料经稀释后的特性参数的因素有：

① 溶剂挥发性存在不确定性。溶剂的挥发性不是恒定的，它除了受自身的饱和蒸汽压影响外，还会随温度变化而变化。通常随着温度的升高，饱和蒸汽压加大，溶剂的挥发速度明显增加。

② 溶剂的多样化及人为因素带来诸多不确定性。生产线往往提供几种有机溶剂以便混合搭配使用，不同的溶剂，其稀释能力和挥发速度不同，混合后的比例很难精确掌握；不同的操作人员也存在人为误差。

③ 调漆与喷涂环境的不一致性。大部分调漆工序需先将涂料用溶剂稀释调整好，再送到各个喷漆室使用。如喷涂过程中遇到温湿度变化，则调配稀释好的涂料就不利于喷涂作业，影响产品质量，需重新调配，操作效率低甚至浪费涂料。

常用溶剂的性能见表 16-9。

表 16-9　常用溶剂的性能

溶剂名称	蒸发速度比（N-BAC 为 1）	沸点/℃	极性	相对密度	燃点	电阻率/MΩ
甲苯	1.9	228~233	0.7	0.871	538	>20
二甲苯	0.7	275~290	0.5	0.865	499	>20
丁酮（MEK）	3.8	79.6	4.4	0.802	474	0.20
乙二醇丁醚（BC）	0.09	169~172.5	2.5	0.902	238	<0.2
甲基异丁基酮（MIBK）	1.6	114~117	3.0	0.802	449	0.4
丁基卡必醇	0.003	227~235	3.4	0.955	205	<0.3

典型的调漆工艺见表 16-10。

表 16-10　典型的调漆工艺

涂料种类	工艺参数		卧式线 管理范围 下限	挥发值	上限	挥发值	立式线 管理范围 下限	挥发值	上限	挥发值
底漆		黏度/s	10		12		10		12	
	稀释参数 溶剂种类与用量配比	气温 10~15℃	甲苯:丁酮 1:3	600	甲苯:丁酮 0:1	750	甲苯:丁酮 1:1	500	甲苯:丁酮 1:3	620
		气温 15~20℃	甲苯:丁酮 2:1	410	甲苯:丁酮 1:3	600	甲苯:丁酮 2:1	410	甲苯:丁酮 1:1	600
		气温 20~25℃	甲苯:丁酮:BC 4:1:1	300	甲苯:丁酮 2:1	410	甲苯:丁酮:BC 3:1:1	290	甲苯:丁酮 2:1	410
		气温 25~30℃	甲苯:BC 4:1	200	甲苯:丁酮:BC 4:1:1	300	甲苯:BC 3:1	180	甲苯:丁酮:BC 3:1:1	290
		气温 30~35℃	二甲苯:BC 3:1	50	甲苯:BC 4:1	200	二甲苯:BC 1:1	30	甲苯:BC 3:1	180
	涂料电阻/(MΩ/cm)		0.3		2		0.3		2	

涂料种类	工艺参数		卧式线 管理范围				立式线 管理范围			
			下限	挥发值	上限	挥发值	下限	挥发值	上限	挥发值
单色面漆	黏度/s		24		28		14		18	
	稀释参数	溶剂种类与用量配比 气温10~15℃	甲苯:丁酮 1:2	580	甲苯:丁酮 0:1	750	甲苯:丁酮 1:1	500	甲苯:丁酮 1:2	580
		气温15~20℃	二甲苯:丁酮 2:1	290	甲苯:丁酮 1:2	580	二甲苯:丁酮 3:1	240	甲苯:丁酮 1:1	500
		气温20~25℃	二甲苯:甲苯:BC 2:2:1	120	甲苯:BC 4:1	200	二甲苯:甲苯:BC 1:3:1	160	甲苯:BC 4:1	200
		气温25~30℃	二甲苯:BC 2:1	40	甲苯:BC 3:1	180	二甲苯:BC 2:1	40	甲苯:BC 3:1	180
		气温30~35℃	二甲苯:BC 1:4	18	二甲苯:BC 1:1	40	二甲苯:BC 1:6	14	二甲苯:BC 1:1	40
	涂料电阻/(MΩ/cm)		0.3		1		0.3		1	
金属面漆	黏度/s		24		28		14		20	
	稀释参数	溶剂种类与用量配比 气温10~15℃	甲苯:丁酮 2:1	410	甲苯:丁酮 0:1	750	甲苯:丁酮 3:1	300	甲苯:丁酮 1:2	580
		气温15~20℃	二甲苯:丁酮 4:1	200	甲苯:丁酮 2:1	410	二甲苯:丁酮 4:1	200	甲苯:丁酮 2:1	410
		气温20~25℃	甲苯:BC 3:1	180	二甲苯:丁酮 4:1	200	甲苯:BC 3:1	180	二甲苯:丁酮 4:1	200
		气温25~30℃	二甲苯:BC 2:1	40	甲苯:BC 3:1	180	二甲苯:BC 2:1	40	甲苯:BC 3:1	180
		气温30~35℃	二甲苯:BC 1:4	18	二甲苯:BC 1:1	40	二甲苯:BC 1:5	15	二甲苯:BC 2:1	40
	涂料电阻/(MΩ/cm)		0.1		1		0.1		1	
罩光漆	黏度/s		13		15		13		15	
	稀释参数	溶剂种类与用量配比 气温10~15℃	二甲苯:丁酮 2:1	230	甲苯:丁酮 1:1	500	二甲苯:丁酮 2:1	290	甲苯:丁酮 1:1	500
		气温15~20℃	甲苯:BC 3:1	200	二甲苯:丁酮 2:1	230	甲苯:BC 2:1	160	二甲苯:丁酮 2:1	290
		气温20~25℃	二甲苯:BC 3:1	50	甲苯:BC 3:1	50	二甲苯:BC 2:1	50	甲苯:BC 2:1	160
		气温25~30℃	二甲苯:BC 1:3	20	二甲苯:BC 3:1	20	二甲苯:BC 1:2	25	二甲苯:BC 2:1	50
		气温30~35℃	二甲苯:BC 1:5	15	二甲苯:BC 1:3	40	二甲苯:BC 1:6	14	二甲苯:BC 1:2	25
	涂料电阻/(MΩ/cm)		0.3		1		0.3		1	

调漆的注意事项：

① 表 16-10 中的涂料黏度的测量采用的是盐田 4# 杯。

② 溶剂型丙烯酸的涂料稀释主要用甲苯和二甲苯，黏度控制在底漆房 12～13s，面漆房控制在 15～16s（溶剂型丙烯酸喷涂可采用单涂的工艺，黏度控制在 20s 左右，为了保证涂层的厚度以及表面质量，可采用二涂的工艺，但采用的涂料是同一种，只是控制的黏度不同）。

③ 水性氟碳涂料的涂料稀释主要用水（90%～100%），调整挥发速率用的是 0～10% 的醇类或醚类，底漆黏度控制在 13～16s，单色面漆黏度控制在 18～22s，金属面漆黏度控制在 23～28s，罩光漆黏度控制在 14～16s。

④ 调漆不采用单一溶剂，而采用混合溶剂，其中丁酮（MEK）、甲基异丁基酮（MIBK）、乙二醇丁醚（BC）、丁基卡必醇为 PVDF 树脂的溶剂，甲苯、二甲苯为丙烯酸树脂的溶剂。

⑤ 调漆的工艺以控制涂料的黏度为主，但也要关注涂料的稀释比例，一般底漆原油（一般称未稀释的涂料为原油）与溶剂的比例为 1:1，面漆原油与溶剂的比例为 1:（0.2～0.5），罩光漆原油与溶剂的比例为 1:（0.8～0.9）。

⑥ 调漆用溶剂的种类和比例不是一成不变的，是根据实际的环境条件（包括温度、湿度），喷涂生产线的设置（包括喷房送风、抽风的情况，喷枪品种与数量的设置，流平时间的设计，链速等）来调整的。

⑦ 一般来说，温度高或湿度小的时候要采用慢干（挥发速率低）溶剂，温度低或湿度大的时候要采用快干（挥发速率高）溶剂。

⑧ 立式喷涂生产线的涂料黏度比卧式生产线的涂料黏度要低，主要是因为立式喷涂生产线是采用中央供漆，管路较长，涂料黏度高会影响涂料传输的稳定性；其次是立式喷涂生产线与卧式喷涂生产线相比，配置的喷枪数量较多，每支喷枪的油漆吐出量较小，涂层叠加次数较多，所以同样的涂层厚度，涂料黏度可以降低。但立式喷涂生产线的涂料要比卧式生产线的涂料快干。

⑨ 实际涂料的黏度调整最终要以生产线上实际的涂层厚度为判断依据，一般在现场会每隔一段时间在生产线上挂上涂层厚度检测样板，一块板只喷底漆，一块板只喷面漆，一块板只喷罩光漆，全部固化后测量涂层厚度是否达到标准，用以调整涂料的吐出量和涂料的黏度。

⑩ 实际涂料的快慢干的调整最终要以在各喷房后的流平区观察到的表面状况为判断依据，比如出现橘皮现象则可判断涂料可以调得慢干一些，出现流挂现象则可判断涂料可以调得快干一些。

⑪ 调漆室必须配置通风与挥发气体的处理装置，确保气体排放符合国家与地方的气体排放标准；调漆人员必须佩戴好个人劳保用品。

⑫ 调漆所用的容器、搅拌泵等设备必须接地；调漆室严禁烟火；调漆室严禁携带手机入内。

16.4.3　喷涂工艺

根据氟碳涂层的特点以及不同的适用环境，喷涂工艺可分为以下几个种类：

二涂一烤：前处理→上架→底漆喷涂→面漆喷涂→固化→下架；

三涂一烤：前处理→上架→底漆喷涂→面漆喷涂→罩光漆喷涂→固化→下架；

四涂二烤：前处理→上架→底漆喷涂→阻挡漆喷涂→固化→面漆喷涂→罩光漆喷涂→固化→下架。

1980 年前，氟碳三涂还是采用三涂二烤的工艺，那时由于底漆配方的原因不能进行连续喷涂，而且喷涂金属色时采用三涂二烤的工艺会稳定一些；但随着底漆配方和喷涂设备的改进，现在基本都采用三涂一烤的工艺。

二涂涂层一般为单色或珠光云母闪烁效果涂层，不需要额外的罩光漆保护，适用于太阳辐射较强、大气腐蚀较强的环境。三涂涂层一般为金属效果的涂层，该涂层面漆中使用球墨铝粉以获得金属质感效果，因铝粉易氧化或剥落，涂层表面需要罩光漆保护，以保证涂层的综合性能，适用于太阳辐射较强、大气腐蚀较强的环境。四涂涂层一般为性能要求更高的金属效果涂层，该涂层在三涂涂层的基础上，增加阻隔紫外线的阻挡漆涂层，提高了耐紫外光能力，适用于太阳辐射极强、大气腐蚀极强的环境。

（1）溶剂型氟碳涂料喷涂工艺。典型的溶剂型氟碳涂料的喷涂工艺见表 16-11。

表 16-11　溶剂型氟碳涂料的喷涂工艺

涂料种类	工艺参数		卧式线		立式线	
			管理范围		管理范围	
			下限	上限	下限	上限
底漆	喷涂参数	旋转雾化气压/MPa	0.2	0.25	0.18	0.25
		扇形气压/MPa	0.2	0.25	0.2	0.25
		油漆吐出量/(mL/min)	320	420	800	1200
		静电压/kV	65	85	40	65
		喷涂距离/cm	20	35	20	35
		链速/(m/min)	1.8	2.5	1.8	2.2
单色面漆	喷涂参数	旋转雾化气压/MPa	0.2	0.25	0.1	0.15
		扇形气压/MPa	0.2	0.3	0.12	0.15
		油漆吐出量/(mL/min)	360	480	1000	1800
		静电压/kV	65	80	50	70
		喷涂距离/cm	20	35	20	35
		链速/(m/min)	1.8	2.5	1.8	2.2
金属面漆	喷涂参数	旋转雾化气压/MPa	0.12	0.2	0.12	0.2
		扇形气压/MPa	0.12	0.2	0.12	0.2
		油漆吐出量/(mL/min)	90	120	1000	1600
		静电压/kV	60	80	60	80
		喷涂距离/cm	20	35	20	35
		链速/(m/min)	1.8	2.5	1.8	2.2
罩光漆	喷涂参数	旋转雾化气压/MPa	0.1	0.15	0.1	0.15
		扇形气压/MPa	0.12	0.15	0.12	0.15
		油漆吐出量/(mL/min)	100	200	1400	2000
		静电压/kV	75	85	75	85
		喷涂距离/cm	20	35	20	35
		链速/(m/min)	1.8	2.5	1.8	2.2

喷涂工艺的注意事项如下。

① 如图 16-12 所示，建筑铝合金型材的氟碳喷涂通常是采用对喷喷房的，表 16-11 所列的喷涂工艺参数是对应单个喷房的。

图 16-12　典型的氟碳喷涂生产线

② 表 16-11 所列的喷涂工艺参数对应以下的设备配置：

a. 卧式线底漆：1×旋杯，立式线底漆：1×旋碟；

b. 卧式线单色面漆：1×旋杯，立式线单色面漆：12×喷枪；

c. 卧式线金属面漆：4×喷枪，立式线金属面漆：12×喷枪；

d. 卧式线罩光漆：3×喷枪，立式线罩光漆：8×喷枪。

③ 在策划喷涂工艺时须注意以下几个方面：

a. 对于高压静电喷枪来说，每支枪的吐出量≤250mL/min 时可达到最佳雾化效果。

$$吐出量(mL/min) = \frac{输送链速度(m/min) \times 膜厚(\mu m) \times 升降机行程(m)}{固含量(\%) \times 涂着效率(\%)}$$

其中，

$$固含量(\%) = \frac{挥发后的涂料重量}{挥发前的涂料重量} \times 100\%$$

$$涂着效率(\%) = \frac{板件上附着重量(g) \times 输送链速度(m/min) \times 板块幅度(m)}{实际吐出量(g/min) \times 固含量(\%)} \times 100\%$$

$$实际吐出量(g/min) = \frac{使用涂料重量(g) \times 60}{实际喷涂时间(s)}$$

b. 由于稳定性的要求，升降机速度≤60m/min。

$$升降机速度(m/min) = \frac{输送链速度(m/min) \times 升降机行程(m) \times 喷涂次数}{喷枪喷幅(m) \times 喷枪数量}$$

其中喷涂次数的设置：底漆喷涂 6 次，面漆喷涂 10 次，罩光漆喷涂 6 次。

c. 为保证涂层厚度的均匀性，要求升降机往复一次输送链移动的距离≤0.28m（喷幅）。

$$输送链移动距离(m) = \frac{升降机行程(m) \times 输送链速度(m/min)}{升降机速度(m/min)}$$

举例说明，基本技术参数见表 16-12。

表 16-12　喷涂工艺基本技术参数示例

项目	设计参数 （底漆喷涂）	设计参数 （面漆喷涂）	设计参数 （罩光漆喷涂）
链速/(m/min)	2	2	2
膜厚/μm	10	25	15
固含量/%	21	20	22
涂着效率/%	75	75	75
喷幅/m	0.28	0.28	0.28

续表

项目	设计参数 （底漆喷涂）	设计参数 （面漆喷涂）	设计参数 （罩光漆喷涂）
喷枪数量/个	2	4	2
工件高度/m	1.8	1.8	1.8
升降机工作行程/m	2.0	2.0	2.0

按表 16-12，底漆的吐出量 $=2\times10\times2.0/(0.21\times0.75)=253(mL/min)$，

每支枪的吐出量 $=253/2=126.5(mL/min)<250(mL/min)$，满足要求；

面漆的吐出量 $=2\times25\times2.0/(0.21\times0.75)=253(mL/min)$，

每支枪的吐出量 $=253/2=126.5(mL/min)<250(mL/min)$，满足要求；

罩光漆的吐出量 $=2\times10\times2.0/(0.21\times0.75)=253(mL/min)$，

每支枪的吐出量 $=253/2=126.5(mL/min)<250(mL/min)$，满足要求。

底漆升降机速度 $=2\times2\times6/(0.28\times2)=43(m/min)<60(m/min)$，满足要求；

面漆升降机速度 $=2\times2\times10/(0.28\times4)=36(m/min)<60(m/min)$，满足要求；

罩光漆升降机速度 $=2\times2\times6/(0.28\times2)=43(m/min)<60(m/min)$，满足要求。

升降机往复一次，底漆输送链移动距离 $=2\times2/43=0.093(m)<0.28(m)$，满足要求，

面漆输送链移动距离 $=2\times2/36=0.111(m)<0.28(m)$，满足要求，

罩光漆输送链移动距离 $=2\times2/43=0.093(m)<0.28(m)$，满足要求。

④ 为了避免涂层过厚造成起泡、流挂等缺陷，在生产过程中一定要调整好升降机的上下原点以及前后开、关枪喷涂的时机。

如图 16-13 所示，下原点控制喷枪上升过程的开、关枪位置，上原点控制喷枪下降过程的开、关枪位置。一般来说，上、下原点离工件的最上端和最下端的距离为 100~200mm。

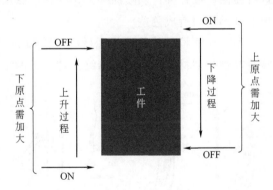

图 16-13　升降机上下原点控制原理图

如图 16-14 所示，用扩大和缩小的功能来调节前后开、关枪的时机。

为了避免涂料内压，喷枪信号和供漆信号的控制如图 16-15 所示。

⑤ 要保证足够的流平时间，一般底漆流平时间为 5~8min，面漆流平时间为 8~10min，罩光漆流平时间为 10~15min。流平时间的长短具体要以在流平室观察到的表面效果来判断，一般涂层要呈现表干的状态。流平时间过长，涂层的平整度受到影响；流平时间过短，下一涂次的涂料很难叠加上去，容易出现流挂的缺陷。流平的时间还与涂层的厚度有关，厚

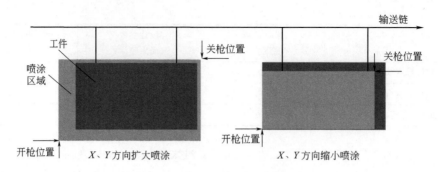

图 16-14　喷涂扩大、缩小原理图

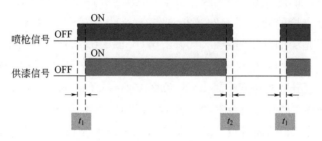

图 16-15　喷枪和供漆信号控制原理图

度越大，需要的流平时间也就越长。

流平室通道应洁净，通风良好，通常为封闭结构。顶部有排风系统，将工件散发的漆雾排除室外进行处理。流平室两侧设置大面积采光玻璃，局部装照明灯，以方便人员观察涂层表面品质。

⑥ 手动喷涂（以下简称手补）在氟碳漆喷涂中是一项很重要的操作，主要是针对凹槽位以及比较宽的上下面进行喷涂，以弥补自动喷涂无法达到标准涂层厚度的不足。手补操作必须在自动喷涂前，避免手补不均匀造成色差。

a. 喷涂距离如图 16-16 所示，喷枪的最前端与型材的待喷面的距离应控制在 $25\sim35cm$ 为宜。在喷涂过程中，喷枪与被喷型材装饰面间应始终保持一致的距离。

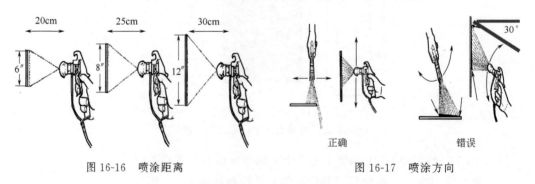

图 16-16　喷涂距离　　　　　　　　　　图 16-17　喷涂方向

b. 喷涂方向如图 16-17 所示，喷枪喷射的油漆雾流需与型材被涂装饰面垂直。当型材上下侧面等无法垂直涂装时，允许略有倾斜。

c. 凹槽位喷涂时，如图 16-18 所示，喷枪与凹槽角位尽量保持对中垂直，以便角位两侧部位能涂覆油漆。

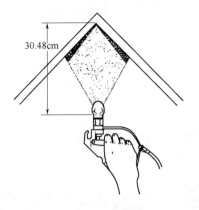

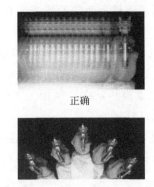

图 16-18　凹槽位手补　　　　图 16-19　走枪手法

　　d. 走枪手法，如图 16-19 所示，走枪的过程中始终保持喷枪与被喷平面呈直角，并确保手臂沿着被喷型材的表面做平行运动，绝对不能以手腕或手肘为轴心做弧形摆动。

　　e. 走枪速度，如图 16-20 所示，喷枪的移动速度与型材的装饰面、上架数量以及涂料的黏度有关，一般应保持 80～100cm/s 的速度进行匀速移动。

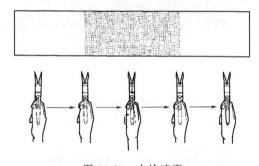

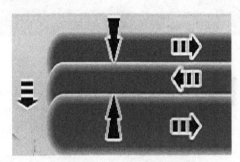

图 16-20　走枪速度　　　　　　图 16-21　喷幅叠加

　　f. 喷幅叠加，如图 16-21 所示，大装饰面多道手补喷涂时，需让每道喷幅有 30％～50％的部分相互重叠，以便涂膜更加均匀。

　　g. 扳机控制，如图 16-22 所示，由于扣紧扳机时的涂料流量较大，为了便于前后行程喷幅搭接处膜厚过高，需要在喷枪行程的末端略微放松一点扳机，以减少供漆量。

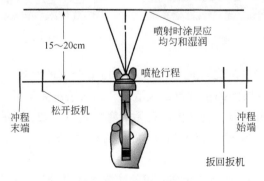

图 16-22　扳机控制

　　⑦ 在喷涂过程中，如果喷枪枪头部位（空气帽、喷嘴、电极针）积聚了一定量的油漆，

会一团喷出，形成工件表面的油漆渣或打油点，所以要经常清洗喷枪枪头。旋杯和旋碟的原理一样。

a. 清洗时机，如图 16-23 所示，每次换色或枪头及枪体周围附着较多油漆时，须对枪头部位清洗。在连续运作时，清洗的频次应大于 1 次/h。

b. 关闭喷涂及高压，在控制柜上关闭喷涂运作、设备高压等，并确认高压已关闭，指示灯灯灭或接地灯灯亮。

c. 设备放电，如图 16-24 所示，手持接地放电钩触及喷枪枪头、油漆桶等。放电钩触及时其部位必须没有溶剂存在。触及后将其放于指定位置。

图 16-23　清洗时机　　　　　　　　图 16-24　设备放电

d. 准备溶剂和软毛刷，注意软毛刷不要缺损。

e. 清洗，如图 16-25 所示，将溶剂勺放置于喷枪的下方，用软毛刷蘸溶剂对枪头及周围枪体部位进行轻扫。清洗时须始终保持只能软毛接触喷枪。

图 16-25　清洗时　　　　　　　　图 16-26　清洗后

f. 对枪头及周围部位清洗完一道后，需对已污染严重的溶剂进行更换。更换成干净的溶剂，重新对喷枪枪头及周围部位进行二次清洗。二次清洗完毕后，需检查喷枪，枪头部位应无油漆附着、电极针无变形、空气输送孔无堵塞，如图 16-26 所示。

g. 确认清洗干净后，在控制柜上启动喷枪进行喷涂吹洗。吹洗枪头部位残留的溶剂，吹洗时间不少于 5s。

⑧ 员工进行喷涂作业时，必须配穿专用的防静电导电鞋袜（鞋的电阻＜100MΩ），必须配穿专用的防静电工作服（衣服的电阻＜100MΩ），必须佩戴专用的防毒面具。

⑨ 操作安全注意事项：

a. 喷漆室内所有的物体、被涂工件、挂具、涂料容器等都要保证接地。

b. 高电压在喷涂作业以外的时间务必切断。

c. 在进行涂料补充或更换、喷枪清洗等作业前，喷枪与涂料容器务必用接地棒接地放电之后才能进行作业。

d. 高电压施加的部位，包括喷枪（旋杯、旋碟）、涂料阀、涂料管、涂料容器等，严禁人员靠近。

e. 生产线所在的区域，严禁烟火，禁止携带移动电话进入。

（2）溶剂型丙烯酸涂料喷涂工艺。溶剂型丙烯酸涂料喷涂时的静电压、雾化气压、扇形气压、喷涂距离等工艺参数与氟碳涂料的基本相同，只是涂料吐出量要稍微调整，因为标准要求涂层厚度≥$20\mu m$ 即可。

（3）水性氟碳涂料喷涂工艺。

① 固含量：底漆 45%，面漆 42%，罩光漆 39%。

② 喷涂工艺：静电压 60kV，雾化气压 1.8～2.0kgf/cm²，扇形气压 2.0～2.2kgf/cm²。

③ 流平时间：底漆流平时间 5min，加热温度（空气温度）60℃；面漆流平时间 10min，加热温度（空气温度）60℃；罩光漆流平时间 10min，密闭空间。

④ 注意事项：

a. 使用水性涂料专用的喷枪；使用绝缘的枪架和绝缘台；涂料容器不能用金属材质；涂料管不能接触金属材质，宜架空铺设。

b. 水性涂料由于潜热大、干燥慢，所以在流平室必须安装加热装置。

c. 水性涂料受施工环境温湿度的影响大，施工环境温度<5℃时，施工困难。

d. 水性涂料由于表面张力大，容易形成缩孔等缺陷。

16.4.4 固化工艺

氟碳涂料和丙烯酸涂料都是靠化学反应由小分子交联成高分子而成膜的涂料，此类涂料是通过缩合反应、加成聚合反应或氧化聚合反应交联成网状大分子固态涂层。由于缩合反应大都需要外界提供能量，因此一般都需要加热使涂层固化。

不同类型涂料的固化工艺见表 16-13。

表 16-13 固化工艺

涂料类型	固化工艺
溶剂型氟碳涂料	232℃×5min(工件实体温度)
溶剂型丙烯酸涂料	(190～200℃)×(20～30min)(空气温度)
水性氟碳涂料	230℃×5min(工件实体温度)

16.4.5 液相静电喷涂主要影响因素

根据工件大小、形状、生产方式、所用涂料品种、涂层质量要求等因素选择和设计静电喷涂设备，以确保有最好的涂装效率和最高的经济效益，除此之外，在操作过程中还必须选择好工艺条件。

① 静电电场强度。电场强度是经典涂装的动力，它的强弱直接影响静电喷涂的效果。

如图 16-27 所示，在一定的电场强度范围内，电场强度越强，静电雾化和静电引力效果越好，涂装效率越高；反之，电场强度小到一定程度，电场变弱，涂料粒子的荷电量减少，静电雾化和涂装效率变差。

② 喷涂距离。被涂物与电极之间的距离和电压的高低有关，电压在 80～100kV 时，极距一般为 200～300mm。极距小于 200mm 时，有产生火花放电的危险；极距大于 400mm 时，涂装效率很差。喷涂距离与涂装效率的关系如图 16-28 所示。

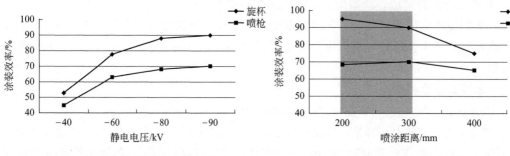

图 16-27　静电电压与涂装效率的关系　　　图 16-28　喷涂距离与涂装效率的关系

③ 涂料的平均粒径。涂料的平均粒径影响喷涂时涂料雾化的效果，从原理上说，粒径越小，雾化效果越好，但荷电能力下降，所以平均粒径在 20～30μm 之间能得到最佳的涂装效率。喷枪与旋杯的雾化粒径分布如图 16-29 所示，涂料的平均粒径与涂装效率的关系如图 16-30 所示。

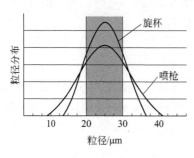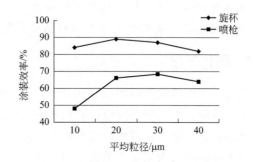

图 16-29　喷枪与旋杯的雾化粒径分布　　　图 16-30　涂料的平均粒径与涂装效率的关系

④ 选择合适的溶剂。涂料的稀释一定要选择合适的溶剂，一方面会影响涂料的稀释黏度，黏度越高，雾化效果越差，涂装效率也越低；另一方面会影响涂料的荷电能力，涂料的电阻值越高，荷电能力越差，涂装效率越低。溶剂电阻值与涂装效率的关系如图 16-31 所示。一般氟碳涂料的稀释会采用两种或几种溶剂的组合，高沸点溶剂用于挥发速度的调整，极性溶剂用于电阻值的调整。

⑤ 工件的吊挂密度。若被涂工件之间的距离太小，涂料没有办法包覆到工件的背面；被涂工件之间的距离太大，涂料从工件之间的空隙穿过，没有喷涂到工件表面上，造成涂料的浪费。被涂工件之间的合适距离一般以工件的纵向尺寸的 2.5 倍为基准。工件吊挂密度与涂装效率的关系如图 16-32 所示。

⑥ 被涂工件表面的导电性应低于 1.0GΩ。

⑦ 被涂工件的接地电阻应低于 1.0MΩ。

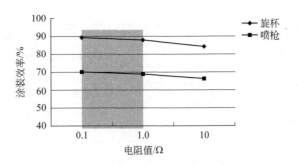

图 16-31　溶剂电阻值与涂装效率的关系

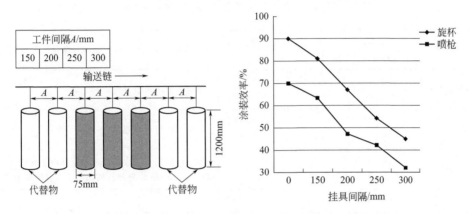

图 16-32　工件吊挂密度与涂装效率的关系

⑧ 涂料最合适的阻抗值为 0.1~1.0MΩ。

16.5　铝合金液相喷涂产品性能及指标

16.5.1　铝合金建筑型材氟碳喷漆涂层

氟碳喷漆涂层的测试方法及性能指标见表 16-14。

表 16-14　铝合金建筑型材氟碳喷漆涂层的测试方法及性能指标

检测项目	测试方法	性能指标		
		膜层类型	平均膜厚/μm	局部膜厚/μm
涂层厚度	GB/T 4957	二涂层	≥30	≥25
		三涂层	≥40	≥34
		四涂层	≥65	≥55
光泽	GB/T 9754,采用 60°入射角测定	允许偏差值为 10 个光泽单位		
色差	目视法按 GB/T 9761 仪器法按 GB/T 111862.2 GB/T 111862.3	单色涂层与样板间的色差 $\Delta E^*_{ab} \leqslant 1.5$,同一批(指交货批)型材之间的色差 $\Delta E^*_{ab} \leqslant 1.5$		
铅笔硬度	GB/T 6739	涂层硬度应不小于 1H		

检测项目	测试方法	性能指标
附着性	GB/T 9286	涂层的干附着性、湿附着性和沸水附着性应达到 0 级
耐沸水性	按 GB/T 5237.4 中 5.4.6 规定的方法	经高压水浸渍试验后,涂层表面应无脱落、起皱、起泡、失光、变色等现象,附着性应达到 0 级
耐冲击性	GB/T 1732	涂层允许有微小裂纹,但胶黏带上不允许有黏落的涂层
耐磨性	GB/T 8013.3	磨耗系数应不小于 $1.6 L/\mu m$
耐盐酸性	按 GB/T 5237.5 中 5.4.9 规定的方法	涂层表面应无气泡或其他明显变化
耐硝酸性	按 GB/T 5237.5 中 5.4.10 规定的方法	单色涂层的色差值 $\Delta E_{ab}^{*} \leqslant 5.0$
耐砂浆性	按 GB/T 5237.5 中 5.4.11 规定的方法	涂层表面应无脱落或其他明显变化
耐溶剂性	按 GB/T 5237.5 中 5.4.12 规定的方法	型材表面不露出基材
耐洗涤剂性	按 GB/T 5237.5 中 5.4.13 规定的方法	涂层表面应无起泡、脱落或其他明显变化
耐盐雾腐蚀性	GB/T 10125 4000h 中性盐雾试验	划线两侧膜下单边渗透腐蚀宽度应不超过 4.0mm,划线两侧 4.0mm 以外部分的涂层不应有腐蚀现象
耐湿热性	GB/T 1740 试验温度:47℃±1℃ 4000h	涂层表面的综合破坏等级应达到 1 级
自然耐候性	GB/T 9276 10 年	涂层光泽保持率≥50% 色差值 $\Delta E_{ab}^{*} \leqslant 5.0$ 膜厚损失率≤10%
加速耐候性	GB/T 1865 4000h 氙灯	涂层光泽保持率≥75% 色差值 $\Delta E_{ab}^{*} \leqslant 3.0$ 粉化等级达到 0 级

注:1. 本表数据取自 GB/T 5237.5—2017《铝合金建筑型材　第 5 部分:喷漆型材》。

2. 其他用途的铝合金粉末喷涂产品的性能及指标可参考 GB/T 8013.3《铝及铝合金阳极氧化膜与有机聚合物膜　第 3 部分:有机聚合物涂层》。

3. 本表的试验方法与性能指标同样适用于溶剂型氟碳漆喷涂产品及水性氟碳漆喷涂产品。

16.5.2　铝合金建筑型材丙烯酸喷漆涂层

丙烯酸喷漆涂层的测试方法及性能指标见表 16-15。

表 16-15　铝合金建筑型材丙烯酸喷漆涂层的测试方法及性能指标

检测项目	测试方法	性能指标
涂层厚度	GB/T 4957	涂层平均厚度≥20μm 最小局部厚度≥17μm
附着性	GB/T 9286	涂层的干附着性、湿附着性和沸水附着性应达到 0 级
耐盐雾腐蚀性	GB/T 10125 1500h 中性盐雾试验	划线两侧膜下单边渗透腐蚀宽度应不超过 2.0mm,划线两侧 2.0mm 以外部分的涂层不应有腐蚀现象

检测项目	测试方法	性能指标
耐湿热型	GB/T 1740 试验温度:47℃±1℃ 1500h	涂层表面的综合破坏等级应控制在 1 级
加速耐候性	GB/T 1865 1000h 氙灯	涂层光泽保持率≥50% 色差值 $\Delta E_{ab}^* \leqslant 5.0$
光泽、颜色和色差、涂层硬度、耐冲击性、耐盐酸性、耐砂浆性、耐洗涤剂性	按符合 GB/T 5237.5 规定的试验方法进行试验	应符合 GB/T 5237.5 的规定

注：1. 本表数据取自 GB 30872—2014《建筑用丙烯酸喷漆铝合金型材》。

2. 铝合金建筑型材丙烯酸喷漆涂层的性能及指标也可参照美国建筑制造商协会 AAMA2603 的标准。

16.5.3　汽车用溶剂型喷漆涂层

汽车用溶剂型喷漆涂层的测试方法及性能指标见表 16-16。

表 16-16　汽车用溶剂型喷漆涂层的测试方法及性能指标

检验项目	试验方法	指标				
		中涂漆	本色面漆	实色底色漆	金属底色漆	罩光清漆
原漆性能						
在容器中状态	按 T/CNCIA 01001—2016 中 6.4.2 规定的方法	搅拌后均匀无硬块				
贮存稳定性 50℃±2℃,7d 60℃±2℃,16h	按 T/CNCIA 01001—2016 中 6.4.3 规定的方法	无异常,无结块,黏度变化合格				
施工性能						
施工固体分/%	GB/T 1725	≥57~60	≥60(白色) ≥50(黑、红) ≥55(其他)	≥60(白色) ≥45(其他)	≥42	≥58
烘干条件	GB/T 1728	140℃×20min(工件实体温度)				
打磨性(20 次)	GB/T 1770	易打磨不粘砂纸				
复合涂层性能						
涂层外观	目视	平整光滑无缺陷				
耐二甲苯擦拭性	GB/T 23989	擦拭 25 次,不咬起,不渗色				
划格试验	GB/T 9286	≤1 级				
耐冲击性	GB/T 1732	耐冲击高度≥30cm				
涂层硬度	GB/T 6739	≥HB				
光泽值(20°)	GB/T 9754	—	≥80		≥85	
杯突试验	GB/T 9753	—	≥3cm		≥3cm	
鲜映值/DOI 值	用多功能橘皮仪重复测定 5 次,取平均值	—	≥80		≥80	

检验项目	试验方法	指标				
		中涂漆	本色面漆	实色底色漆	金属底色漆	罩光清漆
复合涂层性能						
耐温变性(8 次) −40℃±2℃,1h 60℃±2℃,1h 为一次循环	按 T/CNCIA 01001—2016 中 6.4.15 规定的方法	—	无粉化、开裂、剥落、气泡、明显变色等现象			
耐水性(240h)	GB/T 5209	—	无异常			
耐酸性(0.05mol/L H₂SO₄,48h)	GB/T 9274	—	无异常,无侵蚀			
耐碱性(0.1mol/L NaOH,48h)	GB/T 9274	—	无异常,无侵蚀			
耐油性(SE 15W-40 机油,48h)	GB/T 9274	—	无异常			
耐汽油性(92 号汽油,国V,4h)	GB/T 9274	—	无异常			
耐盐雾性(240h)	GB/T 1771	—	划格附着力≤2 级			
耐湿热型(240h)	GB/T 1740	—	无起泡、生锈、开裂现象,变色≤1 级			
耐人工老化,1500h,氙灯 白色	GB/T 1865	—	无粉化、起泡、脱落、开裂现象,变色≤1 级、失光≤2 级			
耐人工老化,1500h,氙灯 其他颜色	GB/T 1865	—	无粉化、起泡、脱落、开裂现象,变色≤2 级、失光≤2 级			
户外暴晒(24 月)	GB/T 9276	—	综合评级≤1 级			

注:本表数据取自 T/CNCIA 01001—2016《汽车用高固体分溶剂型涂料》。

16.5.4 水性丙烯酸喷漆涂层

水性丙烯酸喷漆涂层的测试方法及性能指标见表 16-17。

表 16-17 水性丙烯酸喷漆涂层的测试方法及性能指标

检测项目		试验方法	性能指标
原漆性能			
在容器中状态		按 HG/T 4758—2014 中 5.4.1 规定的方法	搅拌混合后无硬块,呈均匀状态
贮存稳定性 50℃±2℃,7d		按 HG/T 4758—2014 中 5.4.2 规定的方法	无异常
施工性能			
固体分/%	清漆	GB/T 1725	≥30
固体分/%	色漆	GB/T 1725	≥35
细度/μm		GB/T 6753.1	≤30
烘干条件		GB/T 1728	商定
涂层性能			
漆层外观		目视	正常
耐冲击性		GB/T 1732	≥40cm

续表

检测项目		试验方法	性能指标
涂层性能			
弯曲试验		GB/T 6742	2mm
划格试验 划格间距 1mm		GB/T 9286	≤1 级
铅笔硬度		GB/T 6739	≥HB
光泽值(60°)		GB/T 9754	商定
耐水性,168h		GB/T 1733	不起泡、不脱落,允许轻微变色
耐挥发油性符合 SH 0004—90 的溶剂油,6h		GB/T 9274	不发软,不发黏,不起泡
耐盐雾型,96h		GB/T 1771	无起泡、生锈、开裂、剥落等现象
耐人工老化性,500h	白色	GB/T 1865	不起泡、不开裂、不剥落 粉化≤1 级,变色≤2 级,失光≤2 级
	其他颜色		不起泡、不开裂、不剥落 粉化≤1 级,变色双方商定,失光≤2 级

注：1. 本表数据取自 HG/T 4758—2014《水性丙烯酸树脂涂料》。

2. 本表数据对应的是烘烤交联固化型涂料。

16.5.5　汽车用水性喷漆涂层

汽车用水性喷漆涂层的测试方法及性能指标见表 16-18、表 16-19。

表 16-18　汽车底漆和中间漆涂层的测试方法及性能指标

检验项目	试验方法	性能指标	
		底漆	中间漆
原漆性能			
在容器中状态	按 HG/T 4570—2013 中 6.4.2 规定的方法	搅拌后均匀无硬块	
细度	GB/T 6753.1	≤40μm	≤30μm
贮存稳定性 40℃±2℃,7d	按 HG/T 4570—2013 中 6.4.4 规定的方法	沉降性≥8 级,贮存前后细度的变化≤5μm	
施工性能			
烘干条件	GB/T 1728	商定	
涂层性能			
划格试验	GB/T 9286	≤1 级	
耐冲击性	GB/T 1732	50cm	
弯曲试验	GB/T 6742	2mm	
杯突试验	GB/T 9753	≥5mm	≥4mm
耐盐雾性(168h)	GB/T 1771	划痕处单向锈蚀≤2.0mm, 未划痕区无起泡、生锈、开裂、剥落等现象	—

表 16-19　汽车面漆涂层的测试方法及性能指标

检验项目	试验方法	性能指标		
		本色面漆	底色漆	罩光清漆
原漆性能				
在容器中状态	按 HG/T 4570—2013 中 6.4.2 规定的方法	搅拌后均匀无硬块		
细度	GB/T 6753.1	≤20μm		—
贮存稳定性 40℃±2℃,7d	按 HG/T 4570—2013 中 6.4.4 规定的方法	沉降性≥8 级,贮存前后 细度的变化≤5μm		—
施工性能				
烘干条件	GB/T 1728	商定		
复合涂层性能				
涂层外观	目视	正常		
耐冲击性	GB/T 1732	50cm		
铅笔硬度	GB/T 6739	≥HB	—	≥HB
弯曲试验	GB/T 6742	2mm		
光泽值(60°)	GB/T 9754	≥90 或商定	—	≥90 或商定
划格试验	GB/T 9286	≤1 级		
杯突试验	GB/T 9753	≥3mm		
鲜映性	用鲜映性测定仪测定 G_d 值 或用橘皮仪重复测定 DOI 值 5 次,取平均值	G_d 值≥0.7,或 DOI 值≥80		
耐温变性(8 次) −40℃±2℃,1h 60℃±2℃,1h 为一次循环	按 HG/T 4570—2013 中 6.4.14 规定的方法	无异常		
耐水性(240h)	GB/T 5209	无异常		
耐酸性(0.05mol/L H_2SO_4,24h)	GB/T 9274	无异常		
耐碱性(0.1mol/L NaOH,24h)	GB/T 9274	无异常		
耐油性(SE 15W-40 机油,24h)	GB/T 9274	无异常		
耐汽油性(92 号汽油,国Ⅴ,6h)	GB/T 9274	无异常		
耐盐雾性(500h)	GB/T 1771	划痕处单向锈蚀≤2.0mm,未划痕区无起泡、 生锈、开裂、剥落等现象		
耐湿热性(240h)	GB/T 1740	无起泡、生锈、开裂现象,变色≤1 级		
耐人工老化性(1000h) 白色	GB/T 1865	无粉化、起泡、脱落、开裂现象,变色≤1 级,失光≤2 级		
耐人工老化性(1000h) 其他色	GB/T 1865	无粉化、起泡、脱落、开裂现象,变色≤2 级,失光≤2 级		

注：1. 本表数据取自 HG/T 4570—2013《汽车用水性涂料》。

2. 光泽和鲜映性项目是对高光泽体系的要求。

16.6　液相喷涂过程及产品的常见缺陷和解决方法

16.6.1　液相喷涂过程的常见缺陷和解决方法

（1）涂层厚度不均。

① 产生原因：涂料吐出量不均匀；涂料稀释黏度不稳定；喷枪前后、上下位置的开关枪的设置不正确；工件接地不良；未按要求进行手补；未在喷涂过程中及时检测湿膜厚度等。

② 预防措施：由于一般喷漆涂层多为复合涂层，所以控制好每一涂次的厚度是至关重要的。为了控制好每一涂次的厚度，一方面要根据环境的温湿度严格按照涂料稀释规范调配出符合黏度要求的涂料，在喷涂过程中，根据观察涂层的表面状况和定期检测湿膜的厚度来适当调整涂料的黏度，还要定期检测涂料的阻抗值，保证涂料的带电能力。另一方面在喷涂作业前要验证喷枪高压实际的输出值、涂料的实际吐出量与设定值是否相当，保证工艺的稳定性，定期检查涂料泵的磨损情况，特别是齿轮泵的啮合间隙，如果间隙过大，涂料的吐出量就会不均匀；经常检查工件的接地状况，保证工件接地良好；对喷枪前后、上下开关枪的位置是否合理进行调整；制订手补的规范要求并进行培训。

（2）光泽度不稳定。

① 产生原因：涂层厚度不均匀，特别是对于三涂一烤或四涂二烤的复合涂层，罩光漆厚涂的影响很大；稀释后的罩光漆的挥发速率对光泽度有很大的影响；固化温度和固化时间不合理；换色时，供漆系统未清理干净。

② 预防措施：对罩光漆的厚度进行单独检测和验证，保证罩光漆厚度的均匀性；保证涂料稳定的稀释工艺，使涂料的挥发快慢合适得当；定期进行炉温跟踪，对于厚、薄料采取对应的固化工艺，保证固化工艺的合理性；每次换色时要彻底清理喷漆系统和供漆系统，避免涂料受到污染。

（3）打油点。

① 产生原因：由于雾化气压不足、喷枪空气帽堵塞、旋杯转速不足或涂料黏度不适造成涂料粒子不能够分散成极微小的液滴，而是以大液滴的形态喷涂到工件上。

② 预防措施：在正式喷涂作业前进行试喷，调整到正确的工艺参数，如果出现打油点，就要对设备进行逐一排查。

（4）斑马线。

① 产生原因：由于输送链链速过快，升降机往复速度过慢、枪距太近、雾化气压太低、涂料黏度不适或喷枪数量不足造成喷幅重叠不均匀。

② 预防措施：对涂料吐出量、升降机速度、喷枪数量进行计算，使整条生产线的设备、工艺匹配与同步；调整到正确的工艺参数。

（5）金属漆色斑（发花）。

① 产生原因：金属漆漆膜上产生不均匀的凸起或斑点，实际上是铝粉聚集。主要是由于枪距太近、稀释剂挥发速率太低、雾化气压太低、涂料黏度太高或太低所造成的。

② 预防措施：喷涂前充分搅拌涂料，使铝粉分散均匀；调整雾化气压，对金属漆来说，

雾化气压要比单色漆要高；调整成形气压，使喷幅稍大；合理调整枪距和升降机的往复速度。

（6）颗粒，如图 16-33 所示，凸起的颗粒在涂层上分布。

① 产生原因：主要是涂料搅拌不均匀、涂料过滤不良或稀释剂选择不当等原因造成。

② 预防措施：选择合适的过滤筛进行涂料的过滤，一般单色漆选择 100 目的过滤筛，金属漆选择 80 目的过滤筛；选择对涂料有充分溶解力的溶剂；在喷涂时，特别是喷涂金属漆时，保持对涂料的不间断搅拌。

图 16-33　颗粒

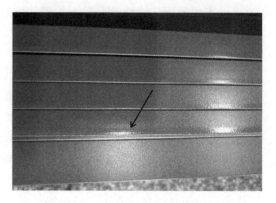

图 16-34　流挂

（7）流挂，如图 16-34 所示，漆膜产生垂直或倾斜状的流痕。

① 产生原因：主要是涂料吐出量太大、涂料的挥发速率太低、闪干时间不足、枪距太近等原因造成。

② 预防措施：合理控制涂料的吐出量；合理调整喷枪前后、上下开关枪的位置；根据实时的温湿度，选择合适的溶剂的种类和添加比例。

16.6.2　液相喷涂产品的常见缺陷和解决方法

（1）扎线痕、挂具印，如图 16-35 所示。

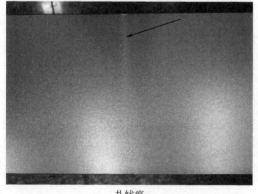

扎线痕

挂具印

图 16-35　扎线痕与挂具印

① 产生原因：扎线痕是采用铝线或铁线扎排时，工件与铝线或铁线接触的位置喷涂不良所造成的；挂具印同样是工件与挂具接触的位置喷涂不良造成的。

　　② 预防措施：扎线时采用 14♯ 或 16♯ 的铝线或铁线；扎排时铝线或铁线与工件的接触只能是点接触，不允许面接触；与客户沟通好允许的扎排位置；挂具与工件的接触选择点接触而不能是面接触；挂具与工件的接触面尽可能是非装饰面；设计形式多样的挂具避免与装饰面接触。

　　（2）脏点，如图 16-36 所示。

　　① 产生原因：输送链链条掉脏，喷漆室送风系统的过滤器失效，固化炉不干净等。

　　② 预防措施：定期清理输送链链壳与链条；定期清理送风系统的过滤器；定期清理固化炉。

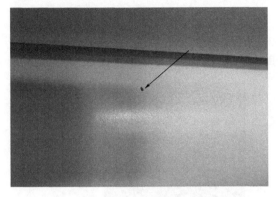

图 16-36　脏点

图 16-37　漆泡

　　（3）漆泡，如图 16-37 所示。

　　① 产生原因：涂料黏度太高，闪干时间太短，固化时升温太快等。

　　② 预防措施：选择合理的涂料黏度；降低输送链的速度，延长涂料流平的时间；加入少量慢干的稀释溶剂；在固化炉的前端设置一个低温的区域或对涂层进行低温预固化。

　　（4）露底，如图 16-38 所示。

图 16-38　露底

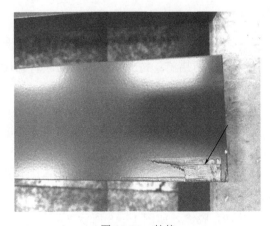

图 16-39　粘接

　　① 产生原因：涂料遮盖力不好，涂料黏度过低，涂层厚度不够，工件形状复杂，未进行正确的手补等。

　　② 预防措施：如喷涂后有返底的现象则要通知涂料供应商调整涂料配方；按工艺要求

合理调整涂料的黏度；调整型材挂料方式与方向，使工件装饰面对准喷枪方向；按规范的要求进行手补。

（5）粘接，如图 16-39 所示。

① 产生原因：主要是挂料时，料与料之间的间距太密所造成的，多出现在立式喷涂生产线。

② 预防措施：挂料时，控制好料与料之间的间距，一般控制在 3～5cm 为宜。

（6）色差（阴阳色），如图 16-40 所示。

① 产生原因：涂料搅拌不均匀，涂料的遮盖力不够，涂料稀释得太干或太湿，固化温度过高或固化时间太长，静电的包覆作用等。

② 预防措施：选择合适的涂料黏度与挥发速率；选择合适的固化工艺；对金属漆的静电包覆作用，后喷喷漆室的枪距要适当加大，电压要适当降低。

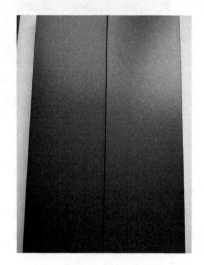 

图 16-40　色差　　　　　　　　　图 16-41　橘皮

（7）橘皮，如图 16-41 所示。

① 产生原因：涂料黏度过高，溶剂挥发太快，喷涂雾化不良，喷涂环境温度过高等。

② 预防措施：按工艺要求调配涂料黏度，合理调整溶剂的种类和添加比例；按工艺要求调节工艺参数；适当降低送风温度。

（8）涂层龟裂，如图 16-42 所示。

① 产生原因：溶剂挥发太快，底漆厚度过厚，固化升温太慢，涂料的底漆与面漆不配套等。

② 预防措施：底漆不宜喷得过厚，干膜厚度控制在 5～8μm；底漆在面漆之前不宜闪干太快；调整固化炉的升温曲线。

（9）脱涂，如图 16-43 所示。

① 产生原因：一般发生在返工料上的机会比较大，主要是由于涂层厚度过厚，返工料打磨后有异物黏附在表面；涂料的配方有问题；返工时固化温度不够或固化时间不足。

② 预防措施：返工料打磨后要用干净布擦拭；返工前过炉一次；适当升高固化炉的温度或延长固化时间。

图 16-42　涂层龟裂　　　　　　图 16-43　脱涂　　　　　　图 16-44　附着力不良

（10）附着力不良，如图 16-44 所示。

① 产生原因：工件除油不良，化学转化处理不良，固化不良，前处理后、喷涂前产生二次污染，底漆、面漆不配套等。

② 预防措施：保证工件前处理的质量，保证喷涂前工件表面未被二次污染，保证足够的固化温度和固化时间；底漆、面漆配套使用。

参考文献

[1]　倪玉德编著．FEVE 氟碳树脂与氟碳涂料．北京：化学工业出版社，2006.

[2]　冯立明，管勇主编．涂装工艺学．北京：化学工业出版社，2017.

[3]　张学敏，郑化，魏铭编著．涂料与涂装技术．北京：化学工业出版社，2005.

[4]　傅绍燕．涂装工艺及车间设计手册．北京：机械工业出版社，2012.

[5]　冯立明，牛玉超，张殿平等编著．涂装工艺与设备．北京：化学工业出版社，2004.

[6]　管从胜，王威强．氟树脂涂料及应用．北京：化学工业出版社，2004.

[7]　刘国杰，夏正斌，雷智斌．氟碳树脂涂料及施工应用．北京：中国石化出版社，2005.

[8]　余泉和．铝型材喷涂化学转化处理工艺现状与发展．轻合金加工技术，2008，(1)：39-41.

[9]　夏范武．热固性氟碳树脂在卷材涂料及铝单板涂料中的应用．涂料工业，2006，2：34-41.

[10]　徐龙贵，刘娅莉．氟树脂涂料的研究动向．电镀与涂饰，2001，20 (4)：30-33.

[11]　于伟．涂装生产线烘炉设计中的问题分析．表面技术，2001，(2)：17-19.

[12]　干场弘治等．ペィント、グィキン工業．塗料技術，2001，3.

[13]　Zeno W，威克斯等著．有机涂料科学和技术．经桴良，姜英涛等译．北京：化学工业出版社，2003.

[14]　[日] 山边正显，松尾仁主编．含氟涂料的研究开发．闻建勋，闻宇清译．上海：华东理工大学出版社，2003.

[15]　高锐．氟碳涂料及其在建筑铝材上的应用．中国建材科技，2003，(4)：29-34.

[16]　蔡树军，张观涛．铝板表面氟碳喷涂工艺．黑龙江冶金，2009，29 (1)：1-2.

[17]　王平．铝合金板材和型材表面氟碳喷涂工艺研究．轻合金加工技术，2005，33 (8)：37-39.

[18]　杨中东，陈淑华．铝合金聚四氟乙烯复合涂膜技术及应用．宇航材料，2002，(2)：16-17.

[19]　温海军．浅析汽车水性漆技术．轻工科技，2018，34 (8)：39-40.

[20]　黄泽涛．改善铝型材喷涂油漆消耗量的方法．轻合金加工技术，2014，42 (3)：60-64.

[21]　郑伟．铝材水性漆喷涂工艺．广州化工，2018，46 (15)：76-77.

[22]　渠毅．超耐候水性聚偏二氟乙烯氟碳树脂涂料产品性能与施工探讨．涂料工业，2017，47 (1)：49-54.

[23]　闫福成．中国新能源汽车车用涂料和涂装技术的发展．中国涂料，2017，32 (12)：30-34.

[24]　贺玉平．铝合金用水性聚氨酯涂料的研制．腐蚀与防护，2015，36 (12)：1146-1149.

［25］ 许东方.高附着力水性涂料在高档装饰铝型材的应用研究.技术研究，2015，12.

［26］ 杜安梅.2016氟碳涂料行业现状及发展趋势.涂料技术与文摘（中海油常州涂料化工研究院，中国化工学会涂料涂装专业委员会主办出版，下同），2017，38（10）：51-57.

［27］ 杜安梅.2015氟碳涂料行业发展状况.涂料技术与文摘，2016，37（10）：48-56.

［28］ 吕太勇.水溶性氟碳涂料的研究进展.化工新型材料，2016，44（9）：45-46.

［29］ 罗士烓.铝型材氟碳喷涂自动调漆新工艺.南方金属，2017，6：47-49.

第 **17** 章
铝及铝合金的辊涂

17.1 辊涂概述

铝及铝合金辊涂是由卷钢辊涂发展起来的，我国在 1980 年代末到 1990 年代初开始引进，起初引进的都是彩钢板生产线。1984 年广东引进国内第一条专门涂装铝卷材的生产线，也是第一条以钢辊作为涂装辊的生产线。

铝及铝合金卷材辊涂生产线具有连续性好、效率高、产量高、品质好、原材料及涂料利用率高、损耗少、节能源、成本低、经济效益好、污染少等优点。针对钢材和铝材的不同特性开发了高速度的彩涂生产线，目前最快速度已达到 240m/min。铝及铝合金辊涂生产技术经过更新换代，钢辊、胶辊结合的精密涂装机使设备更加精良，自动化程度更高，产品质量更趋完善。根据彩铝市场对厚板辊涂的要求，我国从 2002 年起就着手研发单张厚铝单板辊涂生产线，经历了从无到有的过程，现在产品已大量投放市场，并广泛应用于建筑装修的幕墙领域。

铝材辊涂目的在于通过涂装施工，使涂料在铝及铝合金表面形成牢固的连续涂层而发挥其装饰、防护和特殊功能等作用。经过辊涂处理的铝卷、板材，用户可直接加工成型，制成各种部件和产品，组装或安装后便是成品，而不需要再进行涂装处理。也就是将传统的铝单板制品的先加工成型再进行涂装处理的工艺，改变成铝卷、板材先涂装处理，然后加工成型的工艺，简化了金属板制成成品的生产工艺过程，节省涂料 2/3 以上。

铝卷、板材辊涂产品具有美观、耐候、耐蚀、抗污、装饰性强、加工成型性好等优点，主要用途有以下几个方面。

(1) 建筑用材：屋顶、墙体用材、雨篷、门窗及百叶窗、天花板及铝塑板等；

(2) 家用电器用材：空调、加热和通风设备、电冰箱和家电产品、灶具、厨具、电器设备等；

(3) 运输设备用材：预涂车船壳体、卡车盘盖、车体器件等；

(4) 包装用材：包装罐体和端盖、食品包装等；

(5) 其他用材：货架、金属家具、灯具用材等。

17.1.1 辊涂原理

铝材辊涂涂层的生产是由精密辊涂机在经过前处理的铝卷、板材表面均匀涂布一定厚度的涂层，匀速进入带有排气装置的烘箱进行烘烤固化，得到具有一定厚度的完整辊涂膜。

辊涂涂装是以涂装辊作为涂料的载体，涂料在涂装辊表面形成一定厚度的湿膜，借助涂装辊在转动过程中与被涂物接触，将涂料涂覆在被涂物的表面。辊涂涂装适宜于平面状金属板的涂布，尤其适合于铝卷材的高速涂装。辊涂要求涂料具有良好的流平性、湿润性和附着力，有一定的硬度、柔韧性和耐磨性，良好的耐候性与耐玷污性，涂层烘烤固化成膜速度快。辊涂涂装具有以下特点：

（1）高速自动化涂装作业，涂装速度快，生产效率高，线速度一般在 60m/min 以上，最高线速度可达 244m/min；

（2）除涂料盘有些剩余涂料外，涂料利用率接近 100%，生产过程不产生漆雾；

（3）涂膜厚薄可通过定膜辊进行控制，使涂层的厚度保持均匀一致；

（4）可在正、反两面同时涂布。

但是辊涂只适应平面涂装，不适应其他形状的被涂物。由于辊涂机采用统一的涂料循环输送、回收系统，涂料的投入量大，不适宜多品种、小批量生产。涂料是在涂装辊表面以湿膜形式转移至被涂物表面，溶剂挥发快，辊涂过程中涂料黏度容易产生变化，若工艺条件控制不当，涂膜容易产生辊痕等缺陷。

铝卷、板材经过辊涂涂装后，涂料在其表面形成一层有机聚合物涂层，从而起到防护或装饰的作用。优良的有机聚合物涂层应该均匀平整、与基体附着良好、厚度足够、涂料化学稳定性和耐候性强、涂层抗腐蚀能力强。

涂层的致密性直接影响涂层的使用性能，一般自干型漆膜致密性较差。如果漆膜发生软化膨胀，附着力下降，形成鼓包，更易导致水分侵入，促使鼓包长大、破裂，大的鼓包破裂将导致大面积的腐蚀，甚至出现涂层脱落现象。所以在实际涂装中，为了减少甚至杜绝漆膜的针孔现象，提高涂层内部分子结构的致密性、硬度、力学强度等，应选择烘烤固化型涂层。烘烤固化型涂层一般属于热固性涂料（辊涂氟碳漆例外）。经过烘烤达到规定固化温度，才能交联成膜的涂料都称为烘烤固化型涂料。经过烘烤的涂膜，其分子结构更为严密，硬度、力学强度、耐久性、耐酸碱性均优于自干型漆膜。

烘烤固化型涂料根据烘烤温度分为中温和高温两类。烘烤温度在 100～150℃为中温烘烤型涂料；烘烤温度大于 150℃为高温烘烤型涂料。目前，铝及铝合金辊涂涂装基本采用高温烘烤型涂料。铝卷、板材经过深加工后，长期暴露的户外产品，天长日久，经过风吹雨打，特别是在紫外线的辐射下涂层褪色并老化分解。为了提高铝卷、板材耐候性能，可以采用超耐候性能的有机烘烤型涂料——PVDF 氟碳涂料。PVDF 涂层的耐候性极强，已有 50 多年应用实例，并通过了美国佛罗里达 50 多年户外暴晒试验。

17.1.2　常用涂料

（1）辊涂对涂料性能的要求。辊涂的涂料大致有以下性能要求。

① 黏度适当，流平性好。由于辊涂工艺具有快速进带、辊涂涂覆、高温短时间烘烤和出炉急剧降温的特点，为了能使涂装辊带上足够量的涂料，涂装到铝材上有良好的流平性，要求涂料有一定的施工黏度。溶剂型涂料的黏度以 40～150s 为宜，水性涂料以 28～35s 为宜。同时，要求涂料的黏度不受或很少受剪切力的影响，否则，会使涂装辊上附着不住所要求的涂料量。

② 快速固化。辊涂生产线上机列运行速度很快，由于不能有支撑，烘烤炉又不能太长

（50m 左右），涂料在炉内烘烤时间很短，要求涂料在卷材温度 260℃ 以下在 5～60s 内完全固化。另外，辊涂机至烘烤炉入口只有十几米远，涂漆后流平时间很短，所以要选用挥发速度合适的溶剂，以免起泡、条纹、产生针孔及流平性不好。

③ 装饰性。从对漆膜性质的要求看，聚酯涂料一涂即能满足装饰要求，氟碳涂层要有底、面漆各一道。底漆应有好的防腐蚀性及对底材和面漆的附着力，面漆应有好的遮盖力和装饰性。即涂底漆、面漆各一道，外观颜色相当美观，应能满足使用要求。

④ 耐候性。PVDF 氟碳涂层可根据不同场所的使用要求进行二涂、三涂或四涂，以满足户外使用的耐久性、耐酸雨、耐大气污染性、耐腐蚀性、耐玷污性及耐霉菌性等方面综合性能的要求。

（2）辊涂常用涂料分类。铝及铝合金辊涂涂料按其分散介质可分为溶剂型涂料和水性涂料；按用途分可分为工业涂料、民用建筑涂料、家电用涂料、运输用涂料、食品包装用涂料等；按涂膜工序分可分为底漆、背漆、面漆、罩光漆；按涂膜物质分可分为氟碳树脂、聚酯树脂、环氧树脂、丙烯酸树脂、乙烯基树脂、聚氨酯树脂等。

（3）辊涂常用底漆。铝材辊涂常用涂料有氟碳（PVDF）涂料、聚酯涂料、环氧涂料等。对底漆的要求是原材料成本要低，与底材及面漆的附着力要强，柔韧性及防腐性要好，抗紫外线性能优异。

（4）辊涂常用面漆。铝材辊涂常用面漆涂料有环氧涂料、聚酯涂料、氟碳涂料、硅改性聚酯、丙烯酸涂料、水性丙烯酸涂料、聚氨酯涂料等，下面介绍目前常用的各种面漆。

① 环氧树脂面漆。工业辊涂用环氧树脂漆通常具有极强的附着力，防腐性能及耐水、耐热稳定性好，涂膜坚韧耐磨，缺点是漆膜外观及耐候性差，室外使用易粉化，故常用于涂层产品底漆及防腐类食品包装涂料。如在环氧树脂中加入有机硅改性，可使涂料耐水、耐化学性得到进一步加强，可经受高温、水煮、耐酸等检验，能满足食品卫生要求。

② 聚酯树脂面漆。卷材涂料中，聚酯树脂漆通常固体分高、漆膜丰满、光泽高、物理机械性能好，漆膜坚韧、耐磨、抗冲击力优良，具有良好的抗划性，但由于分子链酯基的存在，漆膜耐水性略差，影响了其耐久性，聚酯漆在建筑装饰材料中应用较广，常用作涂层产品面漆、背漆，主要用于室内装修。饱和聚酯树脂需加入氨基树脂交联剂配成烘烤漆，特别是使用六甲氧甲基三聚氰胺交联剂时，有更好的交联效率和韧性，可作彩板用高抗冲击涂料，如酯基有大的邻烷基保护或用有机硅改性，则有良好的耐水、耐久性，部分可作为室外装饰涂料使用，目前聚酯涂料应用领域和用量不断扩大，正在对其作为室外面漆应用的研究。

③ 氟碳树脂面漆。铝卷、板材常用的氟碳涂料主要是偏二氟聚乙烯涂料（PVDF）。氟树脂由于 F—C 键极性小，键能高（485.7kJ/mol），故有极低的表面自由能，较好的耐热性，优异的耐候性，良好的低温柔韧性和优良的耐化学性。氟碳树脂的低表面张力也赋予它良好的抗油、抗水、抗玷污及表面不黏性。由于它的摩擦系数很小，还有优良的耐磨性。PVDF 树脂的物理特性如表 17-1 所示。

表 17-1　PVDF 树脂的物理特性

特性	数值	测定方法	特性	数值	测定方法
氟含量/%	59.3	—	分解温度/℃	382～393	热解重量分析法
密度/(kg/m³)	1.75～1.77	ASTM D792	限氧指数/%	43	ASTM D2863
折射率 n_D^{25}	1.42	ASTM D542	比热容/[J/(kg·K)]	1.24	差热扫描量热法
熔点/℃	160	ASTM D3418	拉伸强度/MPa	33～55	ASTM D638
吸水率/%	0.04	ASTM D542	冲击强度/(kJ/m)	800～4270	ASTM D256

17.2 铝卷材辊涂工艺

铝卷材经过清洗、化学转化处理、辊涂等工序，再经过烘烤固化以后，在铝卷材上形成各种颜色和各种性能的辊涂层。其工艺流程为：开卷—化学预处理—辊涂—后处理—收卷。整个生产线包括引入部分、前处理部分、涂装部分和引出部分。图17-1是典型的铝卷材辊涂连续涂装生产机组的工艺流程。目前代表国内外铝卷材涂装先进的流程就是铝卷材连续辊涂生产机组。

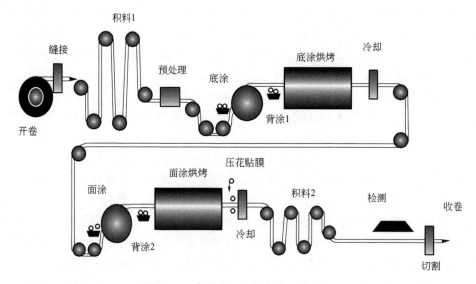

图 17-1 典型的铝卷材辊涂工艺流程

17.2.1 引入部分

引入部分包括开卷、剪头、对缝及储料活套等设备，该部分的功能是将金属原料松开并将两卷金属连接起来，以便连续地、匀速地向机组提供铝卷材。储料活套是储存卷材用的，在生产线高速运行时，储料活套慢慢地将卷材储存起来，而当两卷间停下来对缝时，它就能够放出储存的卷材。

（1）开卷。铝卷材辊涂生产线的开卷是通过开卷机实现的。涂层机组开卷机有悬臂式和顶针式两种，其作用是用来张紧和支承带卷，通过旋转运行将卷材打开或将带材卷成卷，并且在机列运行过程中建立带材张力和对带材进行对中。开卷后的铝卷材通过喂料板传递给夹送辊，由夹送辊送料到切头剪，切去料头后，铝卷材进入黏合机或缝合机接带（薄带黏合，厚带缝合）。接缝须通过碾平辊平展后，将带材送入化学预处理段。

为保证开卷机运行的稳定，必须控制开卷机的张力。张力过小，易出现松卷及跑偏，而张力过大，则可能引起断带或打滑。因此，无论张力太大或太小，均可能导致停机。开卷机的张力应根据不同铝卷材的宽度和厚度调整张力系数，保证张力在控制范围内，使铝卷材张紧。

（2）缝合。卷材缝合主要是通过机械冲压方法在垂直带材的方向对前后两带材的头尾进行缝合，使生产连续化。铝卷材缝合的方式可分为焊接、粘接或机械缝合三种，其中最常用的是机械缝合。为了保证工艺顺利正常运行，必须迅速实施缝合。如果缝合时间太长，积料塔内储存的料放空，将造成生产线停车，停车后带材在烘烤炉停留的时间较长，致使涂层表面会产生漏涂、过烘烤、擦划伤等缺陷。

缝合好的铝卷材通过牵引带将待涂料引入辊涂生产线。其长度必须大于整个生产线的长度，这样才能穿过生产线。牵引带不能有明显的折痕、裙边、裂边、波浪等明显缺陷，以防止在生产线上划伤或断带，造成停车漏涂。

（3）机列运行速度。机列运行速度是根据铝卷材的不同规格和涂料品种确定的。选择机列运行速度的基本原则为：根据带材厚度选择，厚度薄的铝卷材，应选择低速生产；根据烘烤炉长度选择，烘烤炉的长度越长，生产速度宜快，反之则宜慢；根据涂料品种选择，聚酯和环氧树脂的流动性较好，不易产生橘皮、条纹等缺陷，可选择较快的速度，氟碳涂料的流动性相对较差，表面易产生橘皮等缺陷，宜采用较慢的生产速度；根据铝带材的宽度选择，带材宽度小于涂装辊宽度的 90% 时，可采用较快的生产速度；根据涂装辊材质选择，一般钢制涂装辊选用低速，而胶制涂装辊可选用高速。

17.2.2　前处理部分

前处理的作用是清洗金属基材并进行表面处理，以提高金属基材的防腐蚀能力以及与涂料的附着力。为了去除铝卷材表面的油污、灰尘、氧化物等，得到适合辊涂涂装要求的良好表面，确保辊涂膜具有良好的附着性、耐蚀性、装饰性，像所有有机聚合物涂装之前一样，必须对辊涂铝卷材表面进行化学预处理。铝卷材化学预处理的目的是提供铝卷材表面均匀的润湿性，形成适合于辊涂层附着的清洁表面，增强有机辊涂层对铝卷材表面的附着力。

化学预处理是保证铝卷材辊涂质量的前提。其通过除油、清洗和化学转化的工序，使铝卷材表面的油污和污染杂质清洗干净，并使铝卷材表面形成一层化学转化膜，有效地保证辊涂层在铝卷材表面的附着力。

铝卷材脱脂常用的脱脂液有酸性和碱性两类，常用的是酸性脱脂清洗剂。

铬酸盐处理液仍然是目前最常用的化学转化溶液，可以在铝卷材表面转化成以铬酸盐为主的化学转化膜。通常，金属铝在含有能起活化作用的添加物的铬酸盐溶液中形成转化膜的过程如下。

（1）铝卷材表面的金属铝被溶解并以离子形式转入溶液，与此同时，新生态氢在表面上析出。

$$Al + 3HF \longrightarrow AlF_3 + 3H$$

或
$$Al + 3H^+ \longrightarrow Al^{3+} + 3H$$

（2）所析出的氢使一定数量的六价铬被还原成三价铬，并由于金属铝-溶液界面液相区 pH 值的提高，三价铬便以氢氧化铬胶体的形式沉淀。

$$CrO_3 + 3H \longrightarrow Cr(OH)_3 \downarrow$$
$$2Al + Cr_2O_7^{2-} + 14H^+ \longrightarrow 2Al^{3+} + 2Cr^{3+} + 7H_2O$$

（3）氢氧化铬胶体自溶液中吸附和结合一定数量的六价铬，构成具有某种组成的转化膜。

$$Al^{3+} + 2H_2O \longrightarrow AlO(OH) + 3H^+$$
$$Cr(OH)_3 + CrO_3 \longrightarrow Cr(OH)_3 \cdot CrOH \cdot CrO_4 + H_2O$$

这种转化膜通过内在分子的引力与金属铝结合在一起，不仅有良好的耐蚀性能，而且给涂料提供了良好的附着基础，是有机涂层的良好底层。

化学转化处理典型的化学预处理工艺流程见图 17-2 所示。

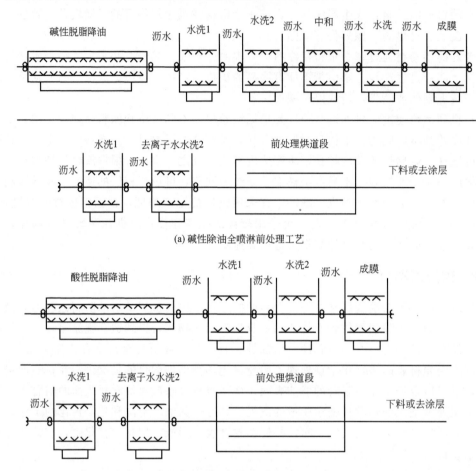

图 17-2　典型的化学预处理工艺流程图

化学预处理的具体工艺形式有喷淋式、浸渍式和无漂洗式三种。

喷淋式化学转化处理是转化液加压后，通过喷嘴喷向铝卷材表面，它除了有转化液与铝表面发生化学作用外，还具有一定的机械冲击作用，所以处理效率高，处理时间相对较短，还可以通过调整喷压来调整反应程度。一般来说，喷淋处理的效率是浸渍处理的三倍左右。所以，高速辊涂生产线的预处理采用喷淋的方式进行处理。但喷淋处理的缺点是设备投资相对较大，而且喷嘴容易堵塞，造成喷淋不均，影响处理质量。

浸渍式化学转化处理是将铝卷材直接浸渍在转化液中反应，其接触面完全，但反应时间相对喷淋式为长，一般应用在低速辊涂生产线和一些低速单独分机处理的生产线中。

无漂洗式化学转化处理是处理后无需再次用水漂洗的一种新工艺，其优点是没有废水排放等问题，而且能够使用同种转化液处理多种卷材。该工艺正在世界范围内被广泛使用。它代表着铝卷材化学预处理工艺的主流。目前国内已经有多条新建或正在筹建的铝卷材辊涂涂装生产线选用了无漂洗预处理工艺。

无漂洗化学转化处理工艺的关键是要将转化液均匀地涂覆到铝表面上，然后干燥成膜。

无漂洗化学预处理工艺，其最终反应是在烘箱中进行的，直至干燥后反应才停止。所以烘干是非常重要的工艺，烘干温度一般控制在 60～80℃。无漂洗工艺处理后的铝卷材表面仍含有大量的六价铬，因此，处理后的铝卷材不能用于食品包装行业。现在已开发出铝卷材表面转化膜处理膜层中只含三价铬的无漂洗转化膜处理化学转化剂，以适应食品包装行业的要求。

目前国内外上规模的铝卷材辊涂生产线的前处理工序均与涂料涂装、涂料固化等连续一体成生产线。这样的生产线生产连续、速度快、产量高、效率高、质量容易控制，但设备投资大，自动化程度要求高。一般连续铝卷材涂装生产线均采用两次脱脂喷淋或无漂洗辊涂化学转化液或者喷淋和无漂洗辊涂二者兼备的工艺。

喷淋工艺、浸渍工艺和无漂洗工艺三种化学预处理工艺流程的特点比较见表 17-2。

表 17-2　三种化学预处理工艺的特点比较

工艺流程	药剂成本	质量控制	环保排放	处理时间	投资	适用规模	适用产品
喷淋工艺	一般	一般	差	较短	中	高速	铝板
无漂洗工艺	经济	容易	优	短	大	高速	铝板
浸渍工艺	一般	一般	差	长	小	低速	铝箔

17.2.3　化学预处理的品质控制

(1) 铝卷材清洗质量的控制。要求铝卷材经过化学预处理后，能满足辊涂的工艺要求。即铝卷材清洗后表面无水渍痕、无发花等表面缺陷；清洗后表面铬化层均匀，干燥无水汽。生产过程中，需根据清洗状况调整清洗剂浓度，通常可采用白纸擦拭法来判断清洗效果。在生产时每隔半小时用白色纸巾，使用中等力度在铝卷材上横向来回擦拭几次，纸巾不发黑为清洗干净，说明清洗剂浓度适合。若纸巾发黑，表示清洗不干净。这时可以适当提高清洗剂浓度，直到清洗干净为止。若铝卷材清洗后出现严重发白或发花，则表明铝卷材被过腐蚀，此时应降低清洗剂浓度。

槽液温度对清洗能力和槽液泡沫都有一定的影响，槽液温度越高，清洗能力越强。清洗剂里一般都添加了一定比例的表面活性剂以提高清洗能力，而表面活性剂在使用中很容易起泡。适量的泡沫有助于油污的溶解和悬浮，对脱脂起到间接的促进作用。泡沫过多时，会溢流出槽体或冒出清洗箱体，不但污染工作场地，造成脱脂液流失，而且会使喷射泵不能正常运转，影响喷射压力，同时影响后续的水洗，因此必须有效控制槽液泡沫。

控制槽液泡沫常用的方法有：选择喷淋专用乳化剂，如低泡或中泡乳化剂；降低喷射压力，采用低压喷射，并检查喷嘴位置和距离是否合适；添加消泡剂；采用提高或降低温度的方法来减少泡沫。对于许多表面活性剂来说，低温时泡沫较多，尤其是那些含有低泡表面活性剂或消泡剂的清洗剂，此时适当升高温度，可以减少泡沫的产生。而许多皂化类乳化剂在高温时泡沫较多，低温时则泡沫减少。

(2) 化学转化膜的质量控制。影响浸泡式或喷淋式化学转化膜厚度的主要因素有化学处理液的浓度和处理时间。化学转化处理液的浓度越高，化学转化膜厚度相应会增加；处理时间增加，化学转化膜厚度也会相应增加。但是，若浓度过高或时间太长，转化膜容易形成疏松的厚膜，直接影响涂层的附着力。一般磷化膜质量控制在 $2\sim3g/m^2$，铬化膜质量控制在 $30\sim40mg/m^2$。

影响辊涂式化学转化膜厚度的主要因素有化学转化液的浓度、辊速配比以及辊间距。提高化学处理液浓度可以适当提高化学转化膜厚度。在化学转化处理液浓度一定的情况下，作为辊涂式化学转化膜，可通过调整辊速配比和辊间距来调整湿膜厚度。

① 调整辊速配比。辊速配比是指化学涂装辊与带料辊的转动速度。提高化学涂装辊或带料辊的转动速度，有利于提高化学涂层的湿膜厚度。这是因为提高了转速，单位时间里辊身带的药剂增多，转移至铝卷材上的药剂量相应增多，从而提高化学涂层湿膜厚度。反之，降低化学涂装辊或带料辊的转动速度有利于降低化学涂层的湿膜厚度。

② 调整辊间距。辊间距是指化学涂装辊与带料辊之间的距离。辊间距增大，化学涂层的湿膜厚度增加，这是因为带料辊与化学涂装辊间通过挤压、摩擦实现带料辊上的药剂部分转移至化学涂装辊。辊间距增大，辊间压力减小，带料辊上的药剂被挤掉的量减少，转移至化学涂装辊的量增多，最后涂覆到带材上的药剂就增多，化学涂层湿膜厚度增加。反之，辊间距减少，化学涂层的湿膜厚度会降低。

(3) 化学预处理常见缺陷及防治。化学预处理在整个辊涂涂装工艺中属于基础工序，发生的缺陷往往具有潜伏性，会直接影响产品的最终质量，因此必须引起充分的重视。预处理缺陷形成的原因是多方面的，有预处理试剂和铝卷材材质问题，还有设备操作等人为因素。这些因素相互联系，又相互制约。有时一种缺陷的产生与多方面的因素相关。铝卷材预处理过程中常见的缺陷及其解决办法见表 17-3。

表 17-3 铝卷材预处理过程中常见的缺陷及其解决办法

缺陷		形成原因	解决办法
铝卷材表面脱脂不干净，存在挂珠或局部残迹		①油污过重，皂化、乳化不足 ②脱脂槽液温度过低，反应速度不快 ③喷淋压力不够，机械冲洗强度不够 ④喷嘴堵塞 ⑤水洗不彻底 ⑥槽液含油量高或槽液老化 ⑦试剂脱脂能力弱，水洗性差 ⑧清洗槽泡沫过多	①提高转化处理液浓度 ②适当提高温度 ③适当提高喷淋压力 ④清洗喷头，更换过滤槽液的过滤网或更换槽液 ⑤加强热水洗的清洗，提高常温水洗喷量、压力 ⑥适当加大槽液溢流量或更换槽液 ⑦更换脱脂能力强、水洗性好的脱脂剂
铝卷材表面存在浅白色的斑点		①槽液浓度太高，腐蚀性太强 ②温度太高，反应太快，引起腐蚀太强 ③清洗不彻底 ④药剂碱性太强，腐蚀性太强 ⑤处理时间太长	①调整浓度 ②适当调整温度 ③提高清洗压力，增加清洗水量 ④更换碱性适当的药剂 ⑤调整线速，控制处理时间
出光后表面存在乳状斑块		①脱脂不彻底 ②清洗不够，存在 Na_2SO_3 在酸介质中分解(SO_2)残留	①调整除油工艺参数 ②适当提高热水洗温度，提高喷淋压力，增加溢流量，提高清洗力度
喷淋法	化学转化膜太薄	①铬点(浓度)低，酸值太低，反应速度慢 ②处理温度太低，反应速度慢 ③表调不达要求	①适当提高酸值和铬点(浓度) ②适当提高处理液温度 ③调整表调浓度等
	化学转化膜太厚、膜层疏松	①酸值太高，反应速度太快 ②铬点(浓度)太高，反应速度太快 ③处理液温度太高，反应速度太快	①适当降低酸值，调整反应速度 ②适当降低铬点 ③适当降低处理液温度

续表

缺陷		形成原因	解决办法
无漂洗工艺	化学转化膜太薄	①处理液浓度太低 ②涂覆量太小	①适当提高处理液浓度 ②调整辊速配比或涂覆辊间隙,加大涂覆量
	化学转化膜太厚、膜层疏松	①处理液浓度太高 ②涂覆量太大	①适当降低处理液浓度 ②调整辊涂涂覆量
	转化膜存在斑点或卷材两边存在色差	①处理液浓度过高 ②卷材左右涂覆量存在偏差 ③处理液存在杂质等	①降低处理液浓度 ②调整辊涂机左右两边的涂覆量 ③过滤处理液或更换槽液

17.2.4　涂装部分

涂装部分是整个生产线的核心部分,其设备包括辊涂机、烘烤炉和冷却系统。辊涂机通常采用正、反两面同时涂装的二涂二烤工艺,即涂底漆、背漆→烘烤→冷却→涂面漆→烘烤→冷却。根据产品要求不同,还可以是一涂一烤或只涂单面。涂装时大多采用逆向辊涂施工,优点是通过调节金属基材的运行速度和涂装辊辊速的比例以及调节带料辊和涂布辊的间隙,可以得到各种厚度的漆膜;另外经逆向辊涂的漆膜细腻、平滑。

辊涂机是利用涂装辊将涂料涂布在铝卷材表面,常用的有二辊涂装工艺和三辊涂装工艺及目前国内刚兴起的四辊涂装工艺。

辊涂涂装辊分为钢棍及胶辊两种。钢辊使用寿命长,一般不需要磨辊,寿命可达 10 年以上,涂装品质好,但易产生漏涂。聚氨酯胶辊磨损快,要经常换辊,涂装表面易产生橡胶纹,但是不易产生漏涂。目前国内兴起的四辊涂装机列,将钢辊及胶辊结合在一起,使辊涂机互补了钢、胶辊的优缺点,涂装品质得到了改善,已得到广泛认可。

辊涂机按区分有二辊和三辊,一般二辊机涂装用在对表面要求不高的场合,如底漆和背漆;三辊机涂装用在对表面要求比较高的场合,如面漆和清漆等。工作时带料辊将涂料从涂料盘中提起转移到涂布辊上,涂布辊再将涂料均匀地涂在金属基材上,三辊体系中的计量辊用来调节涂料量以及表面要求更细腻的涂装。二辊体系中,带料辊与涂布辊在切点上运行方向相同,而三辊体系中,带料辊、涂布辊和计量辊在切点上运行方向相反。三辊系统中,通常计量辊的运行速度越慢,金属基材表面的涂装越细腻。

(1) 二辊涂装工艺。图 17-3 是二辊涂装常见的两种方式,即正向涂和逆向涂。

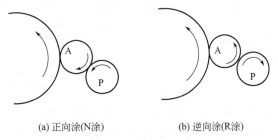

(a) 正向涂(N涂)　　　　　　(b) 逆向涂(R涂)

图 17-3 二辊涂装

A—涂装辊；P—带料辊

从示意图 17-3 中可以看出,顺涂和逆涂两种辊涂方式,主要区别在于涂料的传递比不同。顺涂方式在等速转动的情况下,带料辊与铝卷同向运行,涂装辊上只有 50% 的涂料传递到铝卷材表面，因而漆膜较薄；而逆涂方式在同等情况下，带料辊与铝卷逆向运行，涂辊上的涂料可接近100%地进行传递，漆膜相对较厚。二辊顺涂适用于背漆及膜厚较厚的涂层，其特点是顺涂不伤辊，但表面品质不如逆涂，一般应用于印刷、亲水箔等产品上。二辊逆涂较易伤涂辊，换辊频率较高，其表面质量优于顺涂。逆涂主要用于工业、民用建材等领域。

（2）三辊涂装工艺。图17-4是三辊涂装常见方式示意图，主要适用于较厚漆膜的面漆的辊涂。三辊涂装增加了计量辊 M（也称定膜辊），使涂料分散更均匀，涂料传递比例更大，适用于氟碳涂料和溶胶等高黏度的涂层。由于增加了计量辊，涂料的传递较二辊涂装大，使漆膜厚度易于满足涂厚膜的要求，漆膜表面品质优于二辊涂装。

三辊涂装通过调节计量辊 M 与带料辊 P、带料辊 P 与涂装辊 A 之间的压力，使带料辊 P 表面涂料高度均匀。调节辊间压力时不能过大或过小。辊间压力过大，会造成漆膜厚度太薄，表面不均，易发花，涂装辊受压力过大易发热，磨损变形；辊间压力过小，会造成漆膜太厚，易形成条纹或流痕。在实际生产中，在确保 P 辊上涂料均匀的前提下，辊间压力越小越好。

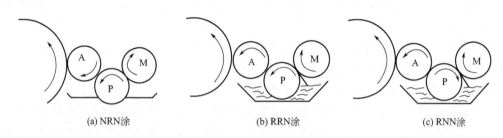

(a) NRN涂   (b) RRN涂   (c) RNN涂

图 17-4 三辊涂装示意图

A—涂装辊；M—计量辊；P—带料辊

采用三辊涂装，由于转速比及辊间压力较大，使涂料受到的剪切力较大，故在涂装时，涂料易产生温度升高引起黏度降低的现象。此时，可适当加快涂料在涂料盘中的流动速度，并使回流的涂料另装桶，待温度正常后再使用。

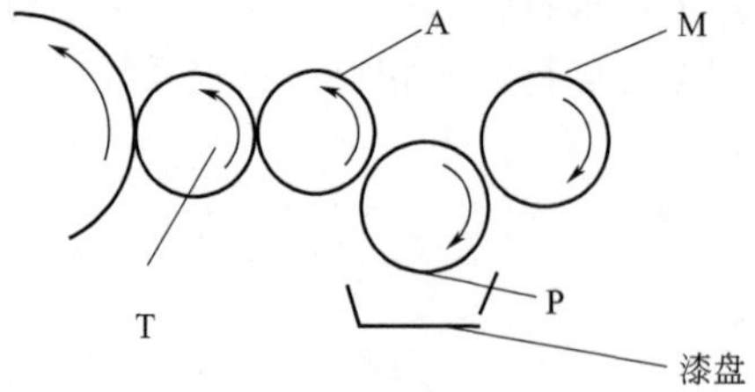

操作中需根据不同涂料的特点，选择不同的涂覆方式。同时，根据所需漆膜厚度和质量状况来进行辊间间隙、压力及辊速比的调整，可单独调整任一辊辊间间隙、压力及辊速，也可同时调整间隙、压力和辊速比，最终以获得质量合格的漆膜为目的。

现在还有一种改进型的三辊涂装工艺，又称四辊涂装。图17-5是四辊涂装的示意图。四辊涂

图 17-5　四辊涂装示意图

A—涂装辊；M—计量辊；P—带料辊；

T—聚氨酯橡胶辊

装是在原三辊钢辊涂装的涂装辊 A 之前加上一个聚氨酯橡胶辊 T，使原钢辊上的涂层转印到胶辊上，胶辊再转印到铝卷材上，这样既降低了钢辊涂装的缺欠，又可以弥补胶辊湿膜定膜的困难，由胶辊完成最终涂装，减少漏涂，以提高涂装表面质量。

17.2.5　铝卷材的烘烤和冷却

（1）铝卷材辊涂涂膜的固化。铝卷材辊涂涂膜的烘烤固化是将涂覆在铝卷材表面的湿

膜，经烘烤快速完成湿膜干燥与聚合物膜固化生成干膜过程。该过程包括溶剂挥发、树脂熔融、缩合、聚合等物理或化学作用。铝卷材辊涂涂膜固化的加热方式有空气对流加热、辐射加热固化及近红外线固化（NIR）三种方式。烘炉内温度分段控制，取决于涂料的种类、基材的厚度及通过烘炉的时间。

空气对流加热是通过燃料燃烧，直接或间接地将热量传导给空气，依靠热空气对流，对铝卷材辊涂层加热固化。空气对流固化的机理是流体流过固体壁面的情况下所发生的热量传递。其特点是加热均匀，温度控制精度高，控制容易，对溶剂的挥发和涂料树脂熔融或聚合反应成膜的固化速率比较适宜，是一种传统的我国目前主要采用的固化方式。不足之处是设备体积大，占地面积大，能量利用率相对较低。

近红外线固化（以下简称 NIR）是近年来在国际上刚刚兴起的一种新型的烘烤方式，国际上已得到广泛应用，主要在于红外线加热固化具有以下优点：红外线可以穿透涂料，直接加热底材；红外线为热辐射，不需要介质，热效率高，热损耗低；加热时间短，不需要温机，节省能源成本。

红外线干燥加热的原理是在加热固化的过程中，溶剂会往低溶剂的方向移动，而涂料内部的温度由高温向低温扩散。如果温度移动与湿度扩散方向一致，将会加快溶剂干燥的速率。如果温度移动与湿度扩散方向相反，则热扩散与湿扩散相互排斥；若热扩散比湿扩散速度快，则溶剂不但无法由内部扩散到外界，反而会把溶剂进一步赶往内部，其结果不但不能达到加热固化的目的，甚至有可能会因溶剂挥发不完全而导致品质不良。

红外线干燥加热的方式正是以辐射方式加热底材，使热扩散由底部向外扩散，而溶剂也同样由内向外挥发，所以可以在短时间内固化涂料。

超短波红外线烘烤固化方式分为三个热源，以红外线辐射热的方式，75%短波辐射能直接穿透漆膜层达到基材，由漆层底部加热，约 15%反射出中波辐射能穿透漆膜的中间层加热，表层由炉内的热空气干燥。漆膜内的有机溶剂大量由漆层底部加热，快速挥发到表面。如此，即可达到平滑细致的漆膜层效果。与传统的热风干燥型烤漆线比，不但涂层表面针孔少，更确保涂层完全干燥，发挥涂层最佳性能，增加材料的耐候年限。

在生产过程中，基板行进速度很快，为保证有足够的固化时间，烘炉一般长 30～50m。铝卷材辊涂后两面都是湿的漆膜，为使铝卷材能悬空通过炉腔，使铝卷材在贯穿整个炉子的过程中不接触任何东西，通常有两种炉型：悬垂式和气浮式。悬垂式是利用张力辊将两头拉紧而悬挂在炉腔内，因距离很长，铝卷材会有一定的悬垂度，这种炉腔必须做成相应的反弓形。气浮式是利用炉内向上气流托住铝卷材。一条涂装 0.6～1.5m 宽基板的生产线的气浮炉在使用常规涂料生产时，炉内气流中有机溶剂含量在 $1～2g/m^3$ 以上，流动速度 15000～30000L/min。采用装有旁路陶瓷储热部件的再生储热氧化装置，将排出的含有机溶剂的热风引入燃烧室，在预热进炉冷空气的同时与燃料气混合进入焚烧炉燃烧，溶剂变成无害的水和二氧化碳，放出的热量通过装有陶瓷填料的热交换床被回收利用，最后排入大气的尾气中有害物含量小于 50ppm。为了分别固化底漆和面漆，一条生产线上至少有两个固化炉，其结构完全一致。

（2）烘烤温度的设定。一般每个固化炉分四个区，每个区的温度可单独控制。为了让铝卷材加热到适宜的温度，必须对各区的温度分别进行设定。第一区设定温度较低，一般设定在 160～180℃以下。第二区主要是让铝卷材快速升温到 200～240℃，第三区达到固化温度，一般在 240～260℃，并保持这个温度，第四区在 240～200℃。所以第二、三区设定温度较高，并且这两个区的温度相差不大。

涂层从室温升温至所需要的金属卷材温度，所需要的时间为升温时间。这一段延续时间构成为升温段，需要大量的热量来加热铝卷材，辊涂涂层中绝大部分溶剂在此时间段挥发，所以需要加强抽风以排出溶剂蒸气。升温时间应根据溶剂沸点进行选择，沸点高者升温时间宜短。但升温速度过快导致溶剂挥发不均匀，涂层容易产生表面气泡等缺陷。

涂层达到需要的烘干固化温度后，进入保温段。保温段使涂层树脂发生聚合作用而成膜，也有少量残留的溶剂蒸发，所以还需要进行通风，并补充新鲜空气。

涂层温度从烘干固化温度下降，这段时间称为冷却时间，一般指铝卷材通过固化炉出口段区域的时间。在这一阶段，带材温度开始下降，基本已无溶剂挥发，所以不需要抽排气。

在铝卷材辊涂生产中，经常出现因气流平衡调节不当而导致涂层温度过高，或者引起炉气不能快速地达到设定温度。为此，一般设计要求烘炉的入口风速较高，出口风速较低，使固化炉保持负压。炉的供气压力越大，预热温度越高，炉内升温越快；调节任一供气和排气阀门，均影响气流平衡，并且随着气流量大小的变化，将影响各阶段的升温情况。

固化工艺与涂料的固化温度、铝卷材厚度、机列速度等因素相关，图 17-6 是厚度为 0.33mm、机列速度为 30m/min 的铝卷材在固化炉内的炉气与铝卷材升温曲线。

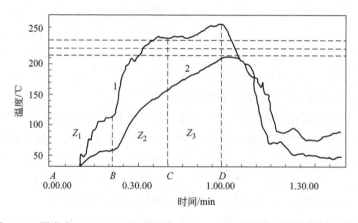

图 17-6　厚度为 0.33mm、机列速度为 30m/min 的炉气与铝卷材升温曲线
曲线 1—炉气升温曲线；曲线 2—铝卷材升温曲线

（3）铝卷材的冷却。从固化炉出来的铝卷材温度较高，需要将温度降到 50℃ 以下，使辊涂膜冷却、硬化成型，不至于产生压斑、粘连、划伤、掉漆等表面缺陷。铝卷材的冷却方式有空气冷却和水冷却两种方式。空气冷却通过风机将冷空气直接吹到铝卷材上，起散热降温作用，当铝卷材厚度小于 0.3mm 时，单独使用空气冷却系统即可将铝卷材温度降至 50℃ 以下。水冷却通过循环泵将水喷淋到铝卷材上降低温度，当铝卷材厚度大于 0.3mm 时，通常先使用空气冷却，把铝卷材温度降至 150℃ 左右，再用水冷辊或水冷系统将温度降至 50℃ 以下。铝卷材辊涂高装饰表面的辊涂膜对于冷却水水质的要求非常高，不允许有油污、悬浮物，通常采用去离子水或蒸馏水。

17.2.6　引出部分

引出部分是预涂金属卷材生产线的结束部分，也最为简单，预涂金属卷材在这里收卷成品。

收卷是通过卷取机完成的，辊涂生产线上常用的是带张力卷筒的卷取机。这种卷取机通常是在冷状态、带有张力的情况下卷取辊涂后的铝材的。其卷筒能够使铝卷材在卷取过程中保持张力，确保铝卷材在收卷过程中板面平直，方向稳定，不抖动。张力卷筒是卷取机的主要组成部分，它在构造上应能保证两个动作，一是开始卷取时能夹紧片头，二是卸卷时卷取机的卷筒能缩小自身的直径，以便于铝卷材从卷筒上脱出。

在开始卷取时，为了使片头易于绕在卷取机的卷筒上，新式辊涂生产线的卷取机上都装有助卷器。助卷器由液压缸、导辊、框架和助卷片带等部件组成。当铝卷材的料头通过卷取机的卷筒时，液压油缸先将助卷器推向卷取机的卷取轴，并用助卷片带将卷取轴紧紧包住。铝卷材的料头从助卷片带和卷取轴之间的缝隙中通过，借助卷取机的旋转将铝卷材料头紧紧缠绕在卷取轴上，铝卷材在卷取轴上缠绕数圈后，料头就牢固地缠绕在卷取轴上，并建立起卷取所必需的前张力。对于 0.1mm 以下的铝卷材，通常是用胶带纸将铝卷粘贴在纸卷心上，人工辅助缠绕数圈后，建立张力。

为了保证收卷的正常进行，不产生断带、抖动、松层，卷取机张力需控制在一定的范围内。铝卷材宽度不同或厚度不同，张力系数也不同。实际操作中应以能使铝卷材张紧、收卷顺利进行为准。

17.3　铝板材辊涂工艺

铝板材辊涂涂装是将分切好的长方形单张铝板，用辊涂工艺连续涂装施工的一种工艺，国内从 2002 年开始开发应用，至今已逐步完善。目前 1.5～8.0mm 厚板系列产品已被市场广泛接受，可以取代除特殊异型件的铝单板幕墙工程。铝板材辊涂工艺流程见图 17-7。

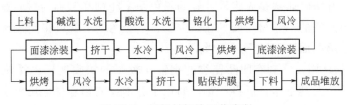

图 17-7　铝板材辊涂工艺流程

（1）铝板材的上料与传递。铝板材的上料多数厂家由人工搬抬放到输送带上，也有用真空吸盘吸附至移动输送带上。铝板材辊涂生产线的传送带用来传动铝板，传送带由滚轮及链条运转传送，传送速度可在 0～40m/min 范围内调整。传送带承受不了高温烘烤，因此烤箱内的传送由钢制托辊通过链条带动托辊转动来传递。

（2）铝板材辊涂涂装预处理。铝板材辊涂涂装的化学预处理与铝卷材辊涂涂装的相同，请见本章 17.2.2 所述。

（3）铝板材辊涂涂装。铝板材辊涂底漆和面漆均采用同样的三辊涂装装置，由涂装辊、上料辊和定膜辊三辊组成。其中涂装辊为胶辊，上料辊和定膜辊为钢辊。在涂装辊的下方有一个和涂装辊等直径胶制涂装支撑辊，它的作用是和涂装辊一同来对铝板建立摩擦力传递铝板，平稳支撑涂装辊涂装，可上下调节来适应不同板厚的涂装。铝板材三辊涂装装置示意图见图 17-8。

铝板材上漆系统与铝卷材的有些不同，并没有采用传统的漆盘来上漆，而是采用上料辊

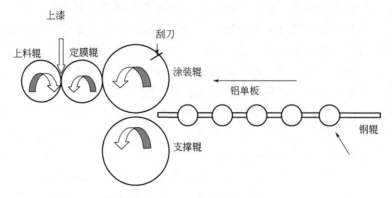

图 17-8　铝板材三辊涂装示意图

和定膜辊之间缝隙上漆，通过定膜辊传递给涂装辊涂装到铝板上。这种涂装上漆装置的涂料利用率几乎达到 100%。

（4）烘烤固化和冷却。烘烤固化和冷却方式与本章 17.2.4 介绍各种方式相同，但铝板不能双面同时涂装，因铝板行走无张力，炉内必须有托辊支撑铝板行走。这与有张力的铝卷材辊涂完全不同，铝卷材有张力，可以悬空在炉膛内行走。此外冷却方式也不能采用水冷辊来冷却。一般先采用风冷，然后再采用水冷，再用挤干辊挤干水分用风吹干。

（5）后处理段。表面干燥的铝板涂装面一般有人工辅助贴好保护膜，由人工搬运下料。

① 贴膜。贴膜是将聚烯烃可剥性薄膜压贴在经烘烤冷却的面漆上，作为临时性保护膜，防止在运输、加工及装配过程中损伤漆膜。

② 印花。印花是在涂完面漆的铝卷材烘烤冷却后，再经过一组印花辊，在上面印上各种花纹，如木纹、云纹、布纹以及其他各种图案。一般只能印单色。为增加图案的色彩，开发了升华转印法。升华转印法是先将设计好的彩色图案印刷在和铝卷材同宽的纸卷上，将有图案的一面放在辊涂好的铝卷材正面，在一定压力下经约 30s 就可将图案转印到铝卷材涂层上，印料能渗透过透明面漆而被下层漆吸附。

③ 压花。压花是用表面刻有凹凸花纹的钢辊在较厚的漆膜上压出浮雕似的图案，显示出很好的装饰效果。尤其是印花后再压花，如在印有木纹的铝卷材上压出木头的纹理，可显示出很逼真的木质效果。

④ 压型。压型是铝卷材通过一对阴阳纹相匹配的钢辊，被压出立体图案，主要是用于各种装饰板。因为压型后产品不是平的，压型设备要装在引出段储料器的后面，并切成单张包装。

17.4　铝卷材辊涂质量的主要影响因素

影响铝卷材辊涂质量的因素很多。主要因素有铝卷材基材的质量，涂料的施工性能，涂料黏度的变化，涂料中颜料粒度，以及涂装辊的材质和质量等。

17.4.1　铝卷材坯料质量的影响

铝卷材坯料质量状况对辊涂装质量影响很大，涂装前、涂装过程中应进行预防和控制。

基材表面特别是涂层面不允许有影响产品质量的印痕、擦划伤、起皮、波浪超标、折痕、腐蚀、油斑、油泥、板型不均等缺陷。表面不允许有明显的裂边、毛刺、黑条、擦划伤、波浪等影响涂层表面的缺陷。基材端面不允许有明显的毛刺、翻边、扣边、裂边、碰伤等目视可见或有手感的缺陷。

根据基材或前道工序的质量缺陷，确定其对涂装作业的影响。部分基材特别是合金退火料，其头尾易出现梗伤等缺陷，操作时应观察机列运行中缺陷的分布情况，对影响涂装或涂后存在可见缺陷的，可确定退出涂层机，待铝卷材中缺陷段通过后再涂装或退下基材。

17.4.2　涂料施工性能及黏度变化的影响

国内铝卷材涂装行业近几年发展迅猛，目前已有 200 多条辊涂生产线，其装备水平和生产工艺情况差异较大，这就要求涂料的施工性能要有针对性和适用性，来满足不同辊涂涂装生产线的要求。首先，涂料流平性、分散性、稳定性适应机列运行速度的要求，确保涂层表面光滑、均匀、无明显缺陷；其次，辊涂生产线对涂料固化温度和时间有严格的要求，针对不同的辊涂生产线和不同产品的特点，要求涂料的固化温度、时间能与之匹配，最终目的是使涂膜性能达到要求；同时，不同的生产线，对涂料黏度的要求差异较大，运行速度较快的涂装线，涂料黏度较高，涂层机采用三辊涂装时，要求涂料黏度高于二辊涂装。此外，使用钢涂装辊或胶涂装辊时，由于辊面弹性的差异和需要的涂膜厚度不同，对涂料的要求也有差异。

除了涂料的适应性外，涂料的保存和使用温度对产品质量也有很大的影响。采用密封桶装的涂料应存放在阴凉通风的库房，存放温度以室温为宜，未开封涂料在室温下一般存放周期为 6～12 个月（最长不超过 2 年），如存放环境较差，涂料存放时间过久，则会影响涂料品质，进而影响产品质量。此时，涂装线应加快涂料上线作业，保证涂层生产要求，同时对于已上线使用过或已加过稀释剂的涂料，允许存放时间更短，更应加快使用。

环境温度变化以及涂料受外力作用引起的温度变化都会使涂料黏度发生变化。实践证明，温度变化 1℃，对涂料黏度会有 3～5s 的影响，随着温度升高，涂料黏度会有所下降，反之黏度上升。通常情况下，涂装室配置有恒温装置或通风系统。涂料出库搅拌时的温度最好能与涂装室温度保持一致。

生产过程中，涂料受引力作用会引起涂料温度升高。采用三辊涂装时，由于涂料所受的剪切力较二辊涂装大，涂料温度升高更为明显。此时，可以采取不断补充新涂料和使新涂料注入涂料盘而采用一空桶回流涂料，使其冷却后再投入生产的办法加以解决。

涂料常规理化指标主要有：固体分、涂覆面积、密度、黏度、闪点等，这些指标代表了涂料的基本状况，决定涂料在涂装时的施工性能。涂料进入涂装前应符合相关涂料验收标准，经验收合格后，方能上线涂装。聚酯涂料、氟碳涂料和罐盖类涂料理化指标应符合表 17-4 的规定。

表 17-4 中，涂覆面积代表了涂料的技术经济指标，表明在单位产量中涂料的消耗量，涂覆面积越高，涂料消耗越低，也代表了对涂料使用的一种评价。

实际生产中聚酯涂料固体分范围较大，一般在 35%～65% 左右，固体分低的聚酯涂料一般应用于漆膜要求较低的底漆或背漆上，固体分较高的涂料主要用在面漆上，通常情况下聚酯漆膜较薄，涂料黏度较氟碳涂料低。

表 17-4 聚酯涂料、氟碳涂料和罐盖类涂料理化指标

涂料品种	聚酯涂料		氟碳涂料			罐盖类涂料	
	底漆	面漆	底漆	面漆	清漆	内涂漆	外涂漆
固体分/%	≥35	≥45	≥45	≥45	≥45	≥30	≥28
涂覆面积/(m²/L)	50~70	20~40	50~70	15~20	30~40	—	—
黏度(25℃,F4 杯)/s	60~90	80~110	≥30	≥90	≥90	—	—
闪点/℃	≥26	≥29	≥26	≥26	≥26	≥30	≥30
密度/(g/mL)	1.10~1.50	1.10~1.50	1.10~1.50	1.10~1.50	0.95~1.20	1.0~1.1	0.95~1.0

注：罐盖类涂料组分有改性环氧树脂及有机溶胶。

氟碳涂料固体分一般在 40%~50%，由于其漆膜较厚，涂料黏度通常较高，一般为 110s 左右，由于漆膜厚度差异，氟碳涂料涂覆面积低于聚酯涂料。

17.4.3　涂料中颜料粒度的影响

由于类型不同，涂料的颜料粒度也不一样。涂料按颜料的品种和含量分，主要有金属粉涂料、素色涂料以及清漆和透明涂料。其中以金属粉涂料中颜料粒度最大，素色涂料次之，而清漆和透明涂料中几乎不含颜料。不同颜料粒度、密度、表面性质及其对漆料的亲和力的差异，会造成涂膜浮色、发花。为了保证涂装质量稳定，杜绝涂料中微粒及涂装生产过程中杂质颗粒经涂料带至辊上，在漆膜上产生线条、浮色、发花等缺陷而影响产品质量，涂料从涂料桶泵入涂料盘时，应经过滤网或过滤器过滤。

考虑到不同涂料的特点，选用过滤网、过滤器时，要保证涂料能正常流动。如选用过滤网的目数过高，则会使涂料流动受阻，造成涂料在过滤网中堵集，引起过滤网爆裂或过滤芯堵塞而无法向涂料盘正常供应涂料，影响生产进行；反之，过滤网目数过低，则达不到过滤杂质的作用。各涂装厂广泛采用过滤网来过滤涂料，对于金属粉涂料，应选择目数较低的过滤网，可在 75~120 目中选择，素色涂料一般选择 150 目左右过滤网，清漆及透明漆一般选择 200 目左右的过滤网。

17.4.4　涂装辊材质及涂装辊质量的影响

（1）常用的两种涂装辊。目前，铝卷材辊涂涂装普遍采用胶涂装辊或钢涂装辊。铝板材辊涂涂装采用胶涂装辊。胶涂装辊由钢芯和胶层组成，胶层通常采用聚氨酯材料，新辊胶层厚度要求大于 20mm，以保证胶层弹性及辊面磨削余量。钢涂装辊则由钢辊表面镀铬而成，表面光泽为 10 以上，$Ra < 0.2 \mu m$，表面硬度较高。

胶涂装辊和钢涂装辊在涂装上各有特点，二者性能比较如表 17-5 所示。

表 17-5　胶涂装辊和钢涂装辊性能比较

性能	胶涂装辊	钢涂装辊
涂膜厚度	调整范围较大	调整范围较小,漆膜较薄
生产效率	适用于高、低速机列	适用于低速机列
漆膜表面质量	漆膜表面饱满，易产生胶纹	表面细腻,易产生漏涂
使用周期	更换频次较大,易损伤	更换频次较小,不易损伤

性能	胶涂装辊	钢涂装辊
存放条件	存放要求较高	一般存放
修复条件	磨削	镀铬研磨
基材要求	对基材适应范围较大	对基材要求较高

由于胶涂装辊表面采用橡胶材料，胶层有一定的弹性范围，涂装时与铝卷材和带料辊之间的压力及间隙调整范围大于钢涂装辊生产方式，因而在铝卷材表面形成的漆膜厚度范围较大。

采用胶涂装辊时，带料辊可采用陶瓷辊、钢辊配置，胶涂装辊涂料传递量较大，一般可适用于机列速度较快的涂装线，而避免了采用钢涂装辊在涂装时易产生漏涂，铝卷材边部涂不满的现象，从而提高生产效率和成品率。

采用胶涂装辊涂装作业时，由于辊间压力较大，使涂料分散较为均匀，从而使涂装表面较为饱满，钢涂装辊作业一般在生产速度较低的情况下进行，其特点是涂层表面较细腻。

和钢涂装辊比较，由于胶涂装辊辊间压力较大及与金属带长期接触，表面较易损伤，导致换辊较频繁。在采用胶涂装辊涂装时，应按先宽后窄的顺序生产，以延长涂辊使用周期。

胶涂装辊表面损伤后应在涂装辊磨床磨削掉表层损伤部分，对磨削精度和辊面质量有严格要求，精度一般要求 $<3\mu m$，辊面不允许磨辊纹路、条纹等影响涂装的缺陷。钢涂装辊经长期使用后，表面镀铬层也会受带材影响造成辊面损伤，此时需重新镀铬研磨处理。

(2) 涂装辊质量的影响。橡胶层的厚度及弹性直接影响到涂装辊的涂装性能，新辊多次使用后，涂装辊经磨削其胶层厚度逐渐变小，弹性范围越来越小。当厚度过小，由于涂装时受外力作用，胶层易出现撕裂，且辊面变硬，会影响漆膜表面质量，易使表面粗糙、条纹明显等。用于铝卷材涂装的涂装辊橡胶层最小厚度 $\geqslant 10mm$。涂装辊表面必须光洁均匀，手感细腻，不得有砂轮印、划伤、碰伤、夹渣、压入物、砂眼、缩孔、腐蚀痕、胶痕、辊面不均匀等缺陷。

为保证材料的性能稳定，胶层为聚氨酯材料的涂装辊，应保存在室温环境下，防止阳光照射及高温老化、低温冻伤等，保证涂装辊使用寿命。同时，为防止涂装辊长久存放，胶层受重力及环境影响而变形，可倾斜放置。如条件限制，也可水平放置，但最好要定期转动，避免静态存放过久造成辊面胶层变形而影响使用。

选择涂装辊可用目视观察及手感触摸，也可借助外界光源按要求检查涂装辊表面质量。涂装辊上机前用干净布或毛巾蘸清洗剂清洗涂装辊表面，转动涂装辊观察、触摸涂装辊表面，合格后使涂装辊带上涂料再观察，如辊面无缺陷，即可进行试涂作业。

涂装作业过程中，要经常检查涂装辊表面湿膜的稳定性及均匀性，注意铝卷材，尤其是铝卷材边部对涂装辊是否造成损伤，涂料或环境中杂物有无附着在涂装辊上或损伤涂装辊，以减少涂装辊损伤，提高涂装辊使用周期，减少换辊、磨辊次数，延长涂装辊使用寿命。出现涂装辊损伤而影响涂装质量时，要及时换辊。

17.5　铝卷材辊涂的标准及质量要求

铝卷材辊涂产品的质量应根据不同市场的产品要求来符合 GB/T 17748《建筑幕墙用铝

塑复合板》或 YS/T 431《铝及铝合金彩色涂层板、带材》的要求。出口国外产品要求满足"美国建筑业制造商协会 AAMA2605"的要求。具体对产品质量的要求请参照以上及相关标准。

17.5.1 性能指标

建筑、家用电器、交通运输等行业用彩色涂层板、带材的涂膜性能应符合表 17-6 的要求。

表 17-6 铝及铝合金彩色涂层板、带材的性能要求

项目	涂层性能		
	氟碳漆涂层[①]		聚酯漆涂层
	无清漆	有清漆[②]	
涂层厚度/μm	≥24	≥30	≥18
光泽	60°光泽值≥80 光泽单位时,允许偏差为±10 个光泽单位		
	60°光泽值≥20~80 光泽单位时,允许偏差为±7 个光泽单位		
	60°光泽值<20 光泽单位时,允许偏差为±5 个光泽单位		
铅笔硬度	≥1H		≥2H
涂层柔韧性	≤2T 时,涂层无开裂或脱落		
耐冲击性	无粘落、无裂痕		
附着性	0 级或 1 级		
耐酸性	涂层无变化		
耐砂浆性	涂层无脱落或其他明显变化		
耐溶剂性	100 次不露底		70 次不露底
耐沾污性	≤15%		—
色差	涂层颜色应与供需双方商定的样板基本一致。使用色差仪测定时,单色涂层与样板间的色差 ΔE_{ab}^{*}≤1.2。同批交货产品色差 ΔE_{ab}^{*}≤1.0		
耐盐雾性	在划线 2mm 以外,无腐蚀和涂层脱落现象		—
耐湿热	涂层经 1000h 湿热试验后,其变化≤1 级		
耐候性	涂层经 2000h 氙灯照射人工加速老化试验后,不应产生粉化现象(0 级),光泽保持率(涂层试验后的光泽值相对于其试验前的光泽值的百分比)≥85%,变色程度至少达到 1 级		—

① 氟碳漆涂层指用 PVDF 树脂含量在 70% 以上的氟碳涂料涂层。

② 清漆膜厚≥8μm。

17.5.2 外观质量

(1)饮料罐盖(瓶盖除外)用涂层板材、带材的表面质量

① 涂层板、带材的两面不允许有漏涂;

② 接触饮料面不允许有擦划伤等破坏涂膜的缺陷,不接触饮料面允许有轻微擦划伤;

③ 涂层板、带材的两面允许有轻微的亮条、色差、印痕等缺陷;

④ 带材每卷允许有两处接头,接头处不允许有松层和错动,接头只能搭接,并在端面作上标记。

(2)非饮料罐盖(含瓶盖)用涂层板、带材的表面质量

① 涂层板材装饰面（在铝塑复合板中指面板的涂层面）不允许有气泡、划伤、漏涂、色差、过烧、花斑、辊印、周期性印痕等缺陷，允许有个别轻微的、在自然光条件下距板面1.5m 处目测不明显的各种缺陷存在。非装饰面（在铝塑复合板中指背板的涂层面）不允许有漏涂、严重色差、划伤及面积较大的严重的缺陷（注：对于上、下两层由涂层板材组成，中间层用其他材料组成的复合板，安装时紧贴或靠近墙体的一层涂层板材称为背板；另外一层涂层板、带材称为面板）。

② 铝塑复合板用的涂层板、带材，复合面（接触中间层的一面）在合同中注明时应进行表面铬化处理，处理后不允许有化工原料的异物、大面积粘伤。

③ 涂层带材表面允许有漏涂、涂层过烧、印痕等缺陷，但缺陷处数、每处长度以及有缺陷的总长度应符合表 17-7 的要求。

表 17-7　涂层带材表面允许缺陷处数、每处长度以及有缺陷的总长度要求

卷重/t	缺陷要求		
	漏涂、涂层过烧、印痕等缺陷允许处数、长度		
	允许处数	每处长度/m	总长度/m
≤2	≤1	≤20	≤20
>2	≤2	≤20	≤40

注：1. 缺陷总长度不得超过卷材总长度的 5%。

2. 该表取自 YS/T 431—2009"铝及铝合金彩色涂层板、带材"。

④ 厚度≤0.5mm 的涂层带材，每卷允许有一处接头，接头处不允许有松层和错动，接头只能搭接，并在端面作上标记，且每批有接头卷数不超过总卷数的 10%。

17.5.3　涂装过程的质量控制

辊涂涂装过程是连续的生产过程，影响产品质量因素多，涉及原辅材料、清洗、涂装、固化、机列卫生、工人操作等方面。因此要能够判断主要缺陷形成的原因，做到及时预防、及时控制、减少缺陷产生。

（1）印痕。铝卷材表面存在的单个或有规律性的凹陷，凹陷处比较光滑。是由于设备机列上的挤干辊、张紧辊、转向辊、支承辊、纠偏辊等辊子上有异物（如粘铝、胶带、渣质等）压入铝卷材表面产生的印痕。此时应使用卷尺量出印痕的周期，根据印痕的周期找出产生印痕的辊子，并用清洁道路的专用工具清除。

（2）塔形。卷与卷因相继数层横向滑移使卷端不整齐而形成的圆锥形。此时应立即调整卷取对中装置。

（3）错层。铝卷材在卷取时层与层之间发生横向滑移造成的卷端不整齐。塔形与错层的主要区别在于，塔形是同一部位多层带材向一个方向逐渐滑移形成的，而错层是一层或很少几层突然横向滑移形成的。出现塔形的卷材端面呈圆锥形，而错层无这一特征。此时应立即调整卷取对中装置。

（4）擦划伤。因板角、金属屑或设备上的尖锐物等与铝卷材表面接触，有相对滑动时造成的呈单条状分布的伤痕。出现擦划伤时，应根据擦划伤分布的特征迅速查找出擦划伤所产生的部位，并用清洁道路的专用工具清除辊子上的异物。若产生部位是烘烤炉箱体，则应调整炉内悬垂度，保证铝卷材在炉内悬空。

17.5.4 成品常见缺陷产生原因及控制措施

（1）漏涂

① 产生原因：涂装中设备故障停机；基材板型差；工人操作不熟练；生产中断带；涂装室环境太差。

② 防治措施：设备日常维护点巡检不到位，加强设备维护保养；带材表面凹凸不平，致使部分涂覆不上涂料，按标准验收基材质量；因接带、卸卷时间过长导致停机，加强工人操作技能培训；带材存在裂边或板型差而撕扭折，检查、控制基材边部质量及板型；空气中有颗粒悬浮带到涂层面，改善涂装室环境，加强密封。

（2）色差

① 产生原因：涂膜厚度不均；不同批次涂料稳定性差；固化温度不均；光泽不均匀；涂料库存存放不当或过期；其他色料污染；标准板不对或被污染；测量方法不正确；金属板温错误；油漆没有搅拌均匀；膜厚不正确；底漆颜色不正确。

② 防治措施：涂装过程中温度及涂料黏度发生变化，调整辊速比和涂料黏度；涂料内部各色项配置出现偏差，及时联系客户及涂料厂作调整；固化炉内温差较大，使漆膜受热不均，测试炉温，调整各区温度；板温不正确，膜厚不正确，固化炉内排气量不够或带材表面出现冷却不均以及涂料稀释剂使用不当，测量板温，调整膜厚，加大排气量，保持冷却稳定；使用规定的稀释剂，室温通风环境下保存涂料，对过期涂料生产前应进行复验，合格后使用；导致涂料内部分变质或不稳定；更换涂料时漆盘和管道涂层室主要工具等没清洗干净而残留其他颜色涂料污染涂料，保证接触涂料的工具清洁；是否拿错标准板，统一标准；测量方法，方式及测量数值单位，统一测量数值和单位；板温过高、过低或炉温偏差，测量板温，调整炉温；由于涂料各组分分散不均匀而致，涂装前充分搅拌均匀，涂装中保持搅拌桶底无沉淀；面漆膜厚不够，透底，正确面漆膜厚；使用了不同颜色的底漆，改用正确的底漆。

（3）气泡

① 产生原因：涂料黏度过低或漆膜过厚；固化板温过高；烘炉第一区温度过高；生产线速过快；涂料搅拌不当；涂料受污染或有杂质。

② 防治措施：固化时漆膜下部溶剂挥发不出而致，调整辊速及压力；漆膜表层固化过快，内层没完全固化，适当降低固化温度；炉温设定错误，降低第一区炉温；生产线速度设定错误，调整生产线速度；涂装中搅拌速度过快所致，涂装时保持均匀搅拌；因污染物不溶于涂料，固化时形成，检查过滤或更换涂料。

（4）橘皮或皱纹

① 产生原因：涂料黏度不当；涂料流平性差；涂膜过厚；辊速配置不当。

② 防治措施：黏度过高、过低均易使漆膜不均匀，调整黏度，适当降低生产速度；在涂装及固化时，涂料在漆膜表面分散不均，表现涂料施工性不良，增加辊间压力；涂料聚集影响涂料流平，降低膜厚；涂装辊与挂料辊转速不匹配，使涂料分配不均而致，调整辊速配置。

（5）缩孔、鱼眼或凹陷

① 产生原因：漆膜固化时间不够，固化温度过高；带材表面不干净；涂料配制不当。

② 防治措施：漆膜固化前溶剂挥发不完全及涂料没完全流平，降低生产速度，降低固

化炉 1 区温度；涂装时，带材表面因异物而使涂覆不均，加强机列道路卫生及带材表面检查；稀释剂使用不当，引起漆膜流平不均，使用配套稀释剂。

（6）横条纹

① 产生原因：涂装辊转速不均；涂装辊直径不圆；铝板张力不均；涂料黏度过低；辊道配置与机列速度不稳定；涂装辊磨削或使用不当；涂装机列有震动。

② 防治措施：因涂料传递不足而致，降低涂装辊转速；磨辊问题或放置不当，重新磨辊；没有建立稳定张力，重新建立张力；涂料固体分降低，达不到漆膜厚度，提高涂料黏度；导致涂料分配不均，降低辊速比或提高机列速度；涂装辊表面横条纹传递至漆膜表面，换辊或调整辊间压力；地脚螺栓松动或轴承座松动，上紧松动螺栓。

（7）直条纹

① 产生原因：涂料黏度过高；涂装辊损伤或辊面有杂质；涂料内有大颗粒；基材表面不干净。

② 防治措施：漆膜表面涂料分散不均，调整黏度；因带材接头或边部缺陷损伤辊面或有杂质，更换涂装辊或重新过滤涂料保持作业环境清洁；涂装辊带不走颗粒形成拉线，重新过滤涂料；损伤漆膜表面，检查并及时清洁道路卫生。

（8）颗粒

① 产生原因：固化炉内不清洁；涂料自带或受污染；稀释剂使用不当；涂料未搅拌均匀。

② 防治措施：炉内经长期使用如抽、排气不够，易产生残留物或环境卫生差，生产前打扫干净；涂料生产中产生或操作中受污染，检查涂料，重新过滤或更换，保证涂装工具干净卫生；稀释剂与涂料不配，使涂料内组分不均，检查并使用配套稀释剂；涂料存在分层现象，特别是桶底的颜料沉积较多，搅拌均匀。

（9）光泽不均匀

① 产生原因：稀释剂使用不当；冷却条件不一致；涂层厚度不均；金属板温错误；涂料搅拌不均；固化炉气流不平衡。

② 防治措施：烘烤时挥发速度不一致，生产前确认稀释剂；固化后冷却不均匀所致，保持冷却稳定均匀；涂装中黏度、温度及工艺条件发生变化，控制黏度、温度恒定，工艺稳定；温度过高或过低，调整板温；涂料分散不良而致，生产中保持涂料均匀搅拌；主要是溶剂气体抽排量不足，加大抽排气，及时补充新空气，保持炉内平衡。

（10）附着力不好

① 产生原因：前处理质量不佳；金属板温不正确；烘烤时间太短（线速太快）；涂料问题；测试条件变化。

② 防治措施：前处理除油不尽，转化膜太厚或不均等，调整前处理工艺；板温过低，调整烘烤温度或机列运行速度；烘烤时间不够，升高炉温；烘烤温度不够或时间不够，调整线速；涂料配比不当，要求涂料商整改；压力、溶剂、擦拭用布、破坏点认定，改变条件。

17.6　铝材辊涂的发展方向

随着经济建设的发展，对铝卷、板材涂装产品的市场需求量将会继续增加，同时对花色品种的需求会越来越多，对宽（2m 以上）厚（3～4mm）板材用量亦日益增加，对品质要求、特别是使用寿命的要求也进一步提高。这将促使铝卷材涂装产品向多样化、高级化发展。另外，随着世界能源与资源紧张情况的加剧，以及工业污染的日趋严重，对铝材涂装工艺在能源与资源的节约上也提出了新的要求，铝卷、板材涂装，铝厚板单张板辊涂涂装，铝卷材厚板辊涂涂装（厚度 2.0mm 以上的国内尚属空白），尤其是预处理的污染问题也愈来愈引起人们的关注。面临这种情况，铝材辊涂技术今后将在以下几个方面进一步开展工作，以取得更大的发展。

（1）辊涂的化学预处理。在辊涂的化学预处理方面，对常规喷淋预处理系统，力求采用自动控制装置，通过对处理溶液的监控来提高效率、节约药剂。为了节约能源，将进一步研究低温脱脂方法、低温脱脂剂及低温化学转化方法。为了消除公害，将继续开展预处理密封系统的研究，使预处理及废水处理在一封闭系统中完成。另一方面探索廉价的预处理自动监控装置，并推广无铬化学转化处理方法。

（2）涂料和工艺。在滚涂的涂料方面，应大力开发快干水溶性涂料，减少稀释溶剂的使用，以降低污染并适应高速机组的要求。同时研制高品质、高效能的涂料，改进辊涂涂层的致密性、加工性和耐腐蚀性。在辊涂的工艺路线上面临着对传统转化处理方法与就地干燥无漂洗方法的选择与组合。

（3）烘烤。在烘烤方式上，国外已开始大量采用 NIR 近红外线烘烤技术，可以节能 17%～25%。

我国铝材辊涂涂装工业发展迅速，从不同国家引进辊涂生产线开始，并在引进的基础上研发出了具有相当水平的设备，目前铝卷材辊涂生产线已全部实现国产化，并已经出口到中东、欧洲及南美等地。根据国内市场需求也开发了铝材单张厚板辊涂生产线，我国铝材辊涂产品和技术已接近世界先进水平。

参考文献

[1] YS/T 431 铝及铝合金彩色涂层板、带材.

[2] 王祝堂，田荣璋. 铝合金及其加工手册. 第 3 版. 长沙：中南工大出版社，2005.

[3] 张中主编. 铝塑复合板. 北京：化学工业出版社，2005.

[4] 肖佑国，祝福君编著. 预涂金属卷材及涂料. 北京：化学工业出版社，2003.

[5] 南仁植等编. 涂料工艺. 第 3 版. 北京：化学工业出版社，1997.

[6] 倪玉德编著. FEVE 氟碳树脂与氟碳涂料. 北京：化学工业出版社，2006.

[7] 张学敏编著. 涂装工艺学. 北京：化学工业出版社，2002.

[8] 赵战奎. 铝塑复合板用铝卷材的辊涂. 现代涂料与涂装，1999.

[9] 夏范武，王建刚. 热固性氟树脂在卷材涂料及喷涂铝单板涂料中的应用. 涂料工业，2006，36（2）：34-41.

[10] 白山. 我国卷材涂料的现状和发展趋势. 精细与专用化学品，2003，23：8-9.

[11] 张敏. 辊涂花纹厚铝板浅谈. 上海涂料，2008，46（1）.

[12] 王平. 铝合金板材和型材表面氟碳喷涂工艺研究. 轻合金加工技术，2005，33（8）：37-39.

[13] 杨中东，陈淑华. 铝合金聚四氟乙烯复合涂膜技术及应用. 宇航材料，2002，（2）：17-17.

[14] 神田胜美. 色材協会志，1998，71（1）：25.

[15] 水谷广树. 工業塗料，2000，(164).

[16] Bront P J. Product Finishing，1980，33（11）.

[17] Perfetti B M. Metal Finishing，1983，81（5）.

[18]　Van Enckevort P. OC (Oppervlaktetechnicken)，1996，40（7）：288-289；WSCA，97/345.

[19]　Falcone F E. Caldana. WSCA，00/1793.

[20]　Meuthem B. JOT/Oberflaeche，2000，40（7）：17-17；WSCA，01/4349.

[21]　Wang D. Chemical Report，2002，13（8）：11；WSCA，03/680.

[22]　JOT/Oberflaeche，2000，40（3）：68-69；WSCA，00/8056.

第**18**章
铝及铝合金的电镀

　　电镀是利用电化学方法对金属或非金属制件进行表面处理的一种工艺技术，即在含有镀层金属离子的电解液中，以镀层金属或不溶性金属为阳极，以被镀金属或非金属制件为阴极，通以直流电，制件的表面上电沉积一层金属，这个过程称为电镀。

　　电镀是获得金属镀层的方法之一。它可以通过控制电镀时的工艺参数（镀液成分及 pH 值、电镀温度、时间、电流密度等）得到所需的镀层厚度。用电镀的方法可以在大多数金属材料上镀覆金属及其合金层，使金属制品达到一定的要求：

　　① 对制品表面施以装饰性外观，改变色调和增加光泽；

　　② 提高金属表面的抗腐蚀性能，延长使用寿命；

　　③ 改善金属和非金属制品表面的力学性能，如提高硬度、耐磨性、润滑性和耐热性等；

　　④ 赋予制件表面以特殊的物理性能，如钎焊性、磁性或电磁屏蔽、导电性以及其他特殊功能性。

18.1　铝及其合金制件电镀的重要性[1-3]

　　自 1920 年代世界上第一例电镀专利发表以后，电镀首先在钢铁制品上获得了快速而广泛的应用。

　　铝及其合金以质轻、比强度大、在通常环境下不易腐蚀等优良性能，备受人们的青睐，已广泛应用于飞机、汽车、航天器材、石油化工、通信网络、计算机、电器等各个工业部门以及家庭的日常用品中，铝及其合金已经成为当今世界除钢铁以外使用最广泛的金属。

　　纯铝虽然具有较高的耐蚀性，但质地偏软，在机械强度要求较高的场合无法满足要求。为了提高铝的机械强度，往往在铝中添加某些合金元素如镁、铜、锌、硅、锰等形成铝合金，但铝合金耐蚀性较纯铝明显下降，加之铝合金的耐磨性差、接触电阻大等缺点，在许多场合影响了铝合金的使用性能。为此，在铝及铝合金制件上电镀显得尤为重要，正好可以弥补其某一方面的不足，正越来越引起人们的关注。不过，由于铝及其合金本身的化学物理特性，使铝制品上的电镀比起钢铁基材上施镀要困难得多，必须进行一些特殊的处理。

18.2　铝及其合金的化学物理特性

铝及其合金虽然具有强度高、密度小、质轻、易于加工成形等优良特性，然而它们还有一些不利于在其制品表面进行电镀的化学物理特性。

① 铝的标准电极电位很负（$E^\ominus=-1.67V$），当制件浸入槽液中，立即与槽液中电位较正的金属离子发生置换反应，生成疏松易剥落的接触镀层，影响后续电镀层的结合力。

② 铝的化学性质极其活泼，与氧的亲和力很强，极易生成氧化铝（Al_2O_3）薄膜，利用碱蚀、酸浸等方法除去旧氧化膜后，表面又会很快生成一层新的氧化膜。

③ 铝是典型的两性金属，在酸或碱溶液中都易溶解，基体易于腐蚀。在电镀槽液中，也会因为铝的溶解使 Al^{3+} 增多，污染电镀溶液。

④ 铝的线胀系数比大多数金属都大［铝为 $24\times10^{-6}/℃(20℃)$、镍为 $13.7\times10^{-6}/℃$$(20℃)$、铬为 $8.1\times10^{-6}/℃(20℃)$］，在电镀过程中，基体与镀层间易产生内应力，影响镀层结合力，特别是当温度发生变化时，镀层就易产生裂纹、起泡、起皮等缺陷。

⑤ 铝合金中若含有硅、铜、镁等元素，其含量越高，往往对镀层的结合力影响越大。

以上因素直接增加了铝及其合金制件上电镀的困难。为了获得结合力良好的镀层，除了像其他金属制品施镀前必须严格进行除油、除锈等镀前预处理外，还必须采取一些特殊的镀前预处理方法，除去制件表面的氧化物，并有效防止其再生，阻止铝及其合金制件在电解液中置换反应的发生，使电镀过程顺利进行。

18.3　镀前预处理方法

18.3.1　预处理常规方法及工艺规范

铝及其合金制件在电镀前的预处理常规方法并没有什么特殊性，同铝的阳极氧化、化学转化膜处理一样，制件表面根据不同需要进行喷丸（砂）、机械抛光、化学或电化学抛光、化学清洗和浸蚀等步骤，其一般工艺规范如下。

（1）有机溶剂除油。用汽油、三氯乙烯等有机溶剂洗去制件表面的油污。近年开发出了许多金属清洗剂，一些专门适用于铝制件的金属清洗剂已经商品化，也可以使用，以避免有机溶剂的可燃性和毒性的危害。

（2）碱性除油

氢氧化钠(NaOH)	2~4g/L	OP-10	1~3mL/L
碳酸钠(Na_2CO_3)	30~40g/L	温度	60~70℃
磷酸三钠($Na_3PO_4\cdot12H_2O$)	40~60g/L	时间	1~2min

该配方一方面可除去制件表面油污，另一方面溶解表面自然氧化膜，暴露基体金属表面，使制件具有理想的镀前表面状态。

（3）碱蚀

氢氧化钠（NaOH）	15～20g/L	碱蚀添加剂	适量
碳酸钠（Na_2CO_3）	20～30g/L	温度	60～70℃
磷酸三钠（$Na_3PO_4 \cdot 12H_2O$）	20～30g/L	时间	1～3min

（4）酸洗出光。除去制件表面碱蚀后的挂灰及其他成分，使基体金属结晶充分暴露。工艺规范如下：

项 目	配方 1	配方 2
硝酸（HNO_3）	1∶1（体积）	75%（质量分数）
氢氟酸（HF）	—	25%（质量分数）
温度	室温	室温
时间	0.5～1min	0.5～1min

配方 2 适用于高硅的铝合金，特别是铝合金铸件。

18.3.2　预处理的特殊方法

铝及其合金制件经上述常规预处理后，虽然已经除去了表面的油污、脏物和自然氧化膜，基体金属得到了充分的暴露。但是，该表面还会立即与空气或溶液中的氧反应，氧化生成一层薄而致密的氧化膜，所以在电镀前还必须进行一些特殊的处理方法。主要有以下几种：

① 经盐酸浸蚀活化表面后直接电镀或先预镀中间镀层；

② 阳极氧化；

③ 条件化处理；

④ 浸锌处理；

⑤ 化学镀 Ni-P 合金；

⑥ 浸 Ni-Zn 合金处理。

18.4　预处理特殊方法的工艺规范及电镀实例[4-42]

18.4.1　盐酸活化直接镀硬铬

（1）工艺流程。除油→碱蚀→出光→HCl 活化→电镀硬铬→后处理。

（2）活化液工艺规范

| 盐酸（HCl） | 120～160g/L | 温度 | 室温 |
| 缓蚀剂 | 7～15g/L | 时间 | 2～6min |

天津大学姚素薇[4]等人利用上述方法在铝合金制件上获得了质量可靠的硬铬层。

（3）镀铬工艺规范。1920 年，G. T. Sagent[5]首先用 CrO_3 和 H_2SO_4 提出了镀铬工艺。1925 年 C. G. Fink[5]将镀铬工艺引入工业生产。镀铬分低、中、高三种浓度，通常以中等浓度为标准镀铬液，其工艺条件如下：

| 铬酸酐（CrO_3） | 250g/L | 温度 | 55～60℃ |
| 硫酸（H_2SO_4） | 2.5g/L | D_K | 50～60A/dm² |

变更工艺规范，在标准镀铬液中可以获得装饰铬层或耐磨硬铬层。但为了节省 CrO_3 的消耗，降低废水、废气中的含铬量，电镀硬铬层一般采用低浓度的镀液，其工艺条件如下：

| 铬酸酐(CrO_3) | 150~180g/L | 温度 | 55~60℃ |
| 硫酸(H_2SO_4) | 1.5~1.8g/L | D_K | 30~45A/dm² |

1967 年，美国 W. Romanocoki[6,10]申请了含稀土化合物的镀铬专利。1974 年日本贺考昭[6,10]发表了使用稀土化合物低浓度镀铬的文章。20 世纪 80 年代我国陈惠国[7]等人也在这方面开展了研究，并逐渐推广应用于生产实际中。陈氏镀铬液的工艺条件如下：

铬酸酐(CrO_3)	50~180g/L	CS-1(混合稀土)	0.8~2g/L
硫酸(H_2SO_4)	0.3~1.2g/L	温度(硬铬)	30~50℃
CrO_3：H_2SO_4	100：(0.4~0.7)	D_K(硬铬)	6~35A/dm²
Cr^{3+}	0~5g/L	$S_阴$：$S_阳$	1：(3~4)

注：S 为面积。

加入稀土的镀铬液具有如下特点：

① 稀土化合物对 CrO_3 电解液有其独特的作用，少量稀土阳离子在电沉积过程中强烈影响电解液的阴极还原过程，改变了电化学特性；

② 稀土阳离子改善镀液性能，可在低温和宽温度范围内操作，CrO_3 浓度可降低，节约成本，减少环境污染；

③ 添加少量稀土化合物，可以大大提高阴极电流效率、分散能力，提高光亮区范围等镀液性能，并能进一步提高镀铬层硬度、耐磨、耐蚀性等镀层性能。

本法获得的硬铬层与铝基体结合力良好，显微硬度由镀前 HV109 增加到镀后 HV1041。耐磨性能比镀前提高约 5 倍。

18.4.2　直接镀锌或闪镀 Zn-Fe 合金预镀层

(1) 工艺流程。除油→碱蚀→出光→电镀锌或 Zn-Fe 合金预镀层→后处理。

镀锌前预处理均采用常规方法。

(2) 工艺规范

① 直接电镀薄锌层

氧化锌(ZnO)	50~55g/L	硫化钠(Na_2S)	3~5g/L
氢氧化钠(NaOH)	50~55g/L	温度	30~35℃
氰化钠(NaCN)	90~100g/L	D_K	0.2~0.5A/dm²

本法适用于高纯铝。这种电解液的特点是氢氧化钠的含量比一般的氰化镀锌电解液低，而其质量最好与氧化锌的含量相近，这样可以减少游离 NaOH 对铝件的腐蚀，以改善镀锌层与铝基体的结合力。另外本法使用的电流密度 D_K 较低，因此可以相应减少游离 NaCN 的量。操作时直接带电进槽电镀即可。

② 闪镀锌铁 Zn-Fe 合金

氧化锌(ZnO)	14~16g/L	镀锌添加剂	5~10g/L
硫酸亚铁($FeSO_4 \cdot 7H_2O$)	5~10g/L	D_K	1~4A/dm²
氢氧化钠(NaOH)	140~160g/L	温度	室温
铁(Fe^{2+})络合剂	20~30g/L	时间	1~5min

Fe^{2+} 络合剂可用三乙醇胺、葡萄糖酸钠、酒石酸盐或山梨醇的混合物。镀锌添加剂加入有机胺-环氧氯丙烷系列的光亮剂如 DPE-Ⅲ 等。

(3) 镀层性能

① Zn-Fe 合金镀层呈灰色，含铁量为 3%～5%（质量分数）。它能与基体铝、镀铜层相互扩散成合金，另外其热胀系数和铝相近，故镀层结合异常牢固。

② 电镀 Zn-Fe 合金层均匀覆盖整个铝及其合金制品表面,镀液分散能力强,从而保证随后的电镀能正常进行。

③ 铝制件经闪镀 Zn-Fe 合金再镀铜等其他金属镀层时必须带电入槽,以大电流(正常电流密度的 2～3 倍)冲击镀 3～5min,然后再按正常电流密度施镀,直至所需厚度。

④ 镀液中高氢氧化钠浓度对铝基体起活化作用,闪镀 Zn-Fe 合金层较薄,可以再镀氰化铜层,再在酸性镀铜槽液中加厚,并可套镀镍和铬层作装饰用。

18.4.3 直接预镀镍后仿金镀

(1) 工艺流程。除油→碱蚀→出光→预镀镍→镀光亮镍→仿金电镀→后处理。

(2) 工艺规范

• 预镀镍

氯化镍($NiCl_2 \cdot 6H_2O$)	200～250g/L	D_K	5～10A/dm^2
盐酸(HCl)	180～200g/L	时间	0.5～1min
温度	室温		

• 镀光亮镍

硫酸镍($NiSO_4 \cdot 6H_2O$)	300～350g/L	pH 值	4.0～4.5
氯化钠(NaCl)	25～30g/L	D_K	3～6A/dm^2
硼酸(H_3BO_3)	40～45g/L	温度	45～55℃
糖精($C_6H_4COSO_2NH$)	1～3g/L	时间	5～10min
光亮剂	市售选用	阴极移动	是
十二烷基硫酸钠 ($C_{12}H_{25}OSO_3Na$)	0.1～0.3g/L		

• 仿金镀

氰化亚铜(CuCN)	25～30g/L	氨水($NH_3 \cdot H_2O$)	1～5mL/L
氰化锌[$Zn(CN)_2$]	8～10g/L	pH 值	10.5～11.5
总氰化钠(NaCN)	50～55g/L	温度	25～35℃
游离氰化钠	15～20g/L	D_K	0.5～2A/dm^2
碳酸钠(Na_2CO_3)	20～30g/L	时间	30min

仿金镀层即 Cu-Zn 合金镀层,调节铜、锌在镀层中的比例,可以获得类似 18K、24K 金的金黄色镀层。

18.4.4 阳极氧化后电镀

(1) 磷酸交流阳极氧化后镀亮镍套铬

① 工艺流程。除油→碱蚀→出光→阳极氧化→活化→电镀亮铜→脱膜→镀亮镍→套铬→后处理。

② 工艺规范

• 阳极氧化

项 目	配方 1	配方 2	配方 3
磷酸(H_3PO_4)/(g/L)	200	250～500 或 286～354	100～120
草酸($H_2C_2O_4 \cdot 2H_2O$)/(g/L)	5		
十二烷基硫酸钠 ($C_{12}H_{25}OSO_3Na$)/(g/L)	0.1		

硫酸(H_2SO_4)/(g/L)			20
冰醋酸(HAc)/(g/L)			50
交流电压/V	25～30	15～30	30～45
		或 30～60	
D_A/(A/dm^2)	1～2	1.3	1～2
温度/℃	20～25	20～25	50～60
时间/min	20～25	10	10

槽液中可添加些无机物，主要用来增加氧化膜的孔隙率。硬铝氧化时，电压、时间取下限，防锈铝、纯铝取上限，电压软启动。配方 3 开始 60s 电压 45V，以后维持在 30V 即可。添加硫酸可增加溶液的导电性，以减少外形复杂零件对电流密度的敏感性，并可以缩短阳极氧化时间，添加冰醋酸也是为了进一步改善氧化膜的质量，提高铝和铝合金与电镀层的结合力。配方 2 中磷酸浓度范围很宽，可根据不同的铝合金牌号试验决定合适的浓度和电压范围，使在铝基体上生成厚而多孔的氧化膜，可在膜孔底及膜面上产生金属的沉积，增加镀层的结合力。

• 活化

氢氟酸(HF)	0.5～0.7ml/L	时间	45～60s
温度	10～30℃		

• 电镀亮铜

硫酸铜($CuSO_4 \cdot 5H_2O$)	180～220g/L	光亮剂 KK-1	12～18mL/L
硫酸(H_2SO_4)	80～120g/L	D_K	0.8～1.0A/dm^2

镀件带电入槽，电流逐级上升。0.2～0.3A/dm^2 下镀 5～10min；0.5～0.6A/dm^2 下镀 15～20min；0.8～1.0A/dm^2 下镀 20～25min。

• 脱膜

硫酸(H_2SO_4)	30%(质量分数)	时间	2～3min
温度	10～30℃		

• 电镀亮镍

硫酸镍($NiSO_4 \cdot 6H_2O$)	200～300g/L	温度	45～55℃
氯化钠(NaCl)	15～25g/L	D_K	3～6A/dm^2
硼酸(H_3BO_3)	30～40g/L	时间	10～15min
光亮剂	选用市售商品光亮剂	阴极移动	是
pH 值	4～5		

• 电镀铬

铬酸酐(CrO_3)	250～300g/L	温度	46～50℃
硫酸(H_2SO_4)	2.5～3.0g/L	D_K	15～20A/dm^2
三价铬离子(Cr^{3+})	3～7g/L	时间	2～3min

(2) 镀铜槽液中阳极氧化反向电镀铜。复旦大学郭湛和、郁祖湛[20]研究了在铝合金制件上一步法镀铜获得了成功，并已投入了生产。该法的特点是在镀铜电解液中先将铝件作为阳极，在 1.0～2.5A/dm^2 下处理 30～60min，使铝件表面先生成一层 Al_2O_3 氧化膜，然后再将电流反向，使铝件作为阴极进行铜的沉积。在铜层上可以再镀其他金属如镍、银等。本工艺适用于防锈铝、锻铝、硬铝、压铸铝等合金制件的电镀，尤其适用于铜含量高的铝合金。

① 镀前预处理方法采用常规工艺。

② 工艺规范如下。

硫酸(H_2SO_4)	90～110g/L	D_A	1.0～2.5A/dm²
硫酸铜($CuSO_4 \cdot 5H_2O$)	160～200g/L	时间	30～60min
主添加剂 E·T	0.5～0.8mL/L	D_K	0.2～1.0A/dm²
辅添加剂 M	0.1～0.2mol/L	时间	15～20min
温度	20～30℃	对极	纯铜板

18.4.5 表面条件化处理后电镀

表面条件化处理的原理是将铝及其合金制件浸在含有络合剂的腐蚀性溶液中进行微腐蚀，同时在表面上生成络合物，防止了氧化膜的再生成，并且使制件表面保持了良好的活性状态。条件化处理工艺规范列于表18-1。

表 18-1　条件化处理工艺规范

组成及工艺	配方1	配方2	配方3
氯化镍($NiCl_2 \cdot 6H_2O$)/(g/L)			3～5
硫酸镍($NiSO_4 \cdot 6H_2O$)/(g/L)	25～30		
乙酸镍($NiAc_2 \cdot 4H_2O$)/(g/L)		1～2	
乳酸($C_3H_6O_3$)/(mL/L)			5～6
HEDP(1-羟基亚乙基-1,1-二膦酸)/(mL/L)	40～45		
柠檬酸钠($Na_3C_6H_5O_7 \cdot 2H_2O$)/(g/L)		5～6	
酒石酸钾钠($KNaC_4H_4O_6 \cdot 4H_2O$)/(g/L)		3～5	
乙二醇[$C_2H_4(OH)_2$]/(mL/L)			10～20
硼酸(H_3BO_3)/(g/L)			10
乙醇(C_2H_5OH)/(mL/L)			30
氨水($NH_3 \cdot H_2O$)/(mL/L)		200～250	
pH 值	>12	10～11	5～6
温度/℃	室温	室温	40～45
时间/s	60～240	10～20	20～30

经条件化处理后的铝及其合金制品表面可以进行预镀镍、化学镀 Ni-P 合金等，再电镀所需要的镀层，使镀层获得良好的结合力，在试验条件下不致起皮、起泡和脱落。

18.4.6 浸锌处理后电镀

（1）一般概念。铝及其合金制件表面经常规预处理后再进行浸锌处理，是目前铝合金电镀用得最广和最成功的一种方法。浸锌溶液的配方较多，溶液浓度有低、中、高之分；处理方法由一次浸锌改为两次浸锌为主；目前又从纯粹浸锌发展到浸锌合金等方法。

浸锌典型工艺规范见表18-2。

表 18-2　浸锌典型工艺规范

溶液成分/(g/L)	配方1	配方2	配方3	配方4	配方5	配方6
氢氧化钠(NaOH)	500	100	100	120	80～240	100
氧化锌(ZnO)	100	20	8	20	10～50	5
酒石酸钾钠($KNaC_4H_4O_6 \cdot 4H_2O$)	10	20	10	50		15

续表

溶液成分/(g/L)	配方 1	配方 2	配方 3	配方 4	配方 5	配方 6
三氯化铁($FeCl_3$)	2	3	2	2		2
硝酸钠($NaNO_3$)		1	2	1		1
亚硝酸钠($NaNO_2$)					1～2	
氢氟酸(HF)/(mL/L)				1		
氯化镍($NiCl_2 \cdot 6H_2O$)			15			
柠檬酸钠($Na_3C_6H_5O_7 \cdot 2H_2O$)					50	
氰化钠(NaCN)						3
温度	室温					
时间/s	第一次 60～90,第二次 30～60					

（2）浸锌机理和作用。当铝及其合金制件浸入表 18-2 所列溶液中时，将发生如下反应。

阳极：
$$Al + 3OH^- \longrightarrow Al(OH)_3 + 3e$$
$$Al(OH)_3 \longrightarrow AlO_2^- + H_2O + H^+$$

阴极：
$$Zn(OH)_4^{2-} \longrightarrow Zn^{2+} + 4OH^-$$
$$Zn^{2+} + 2e \longrightarrow Zn$$
$$H^+ + e \longrightarrow H \longrightarrow \frac{1}{2}H_2 \uparrow$$

在上述反应中，铝被溶解，锌置换沉积在铝基体表面。由于锌和铝的标准电位比较接近，而且氢在锌上的超电压较高（0.75V），因此所发生的共轭反应缓慢而均匀，所形成的置换锌层相对致密。D. S. Lashmore[27]认为：通常的锌置换过程是使 3 个铝原子溶解，置换成 2 个锌原子。如果在置换液中加入三氯化铁（$FeCl_3$）1g/L、酒石酸钠钾（$KNaC_4H_4O_6 \cdot 4H_2O$）10g/L，则使 9 个铝原子溶解而置换 1 个锌原子，就可以提高铝表面的活性，获得较薄而结合力强的 Zn-Fe 合金层。加入镍离子可形成 Zn-Ni 合金。这些合金的氧化趋势比较小，使浸锌层保持活性，并使其耐蚀性提高。

（3）浸锌操作及注意事项。目前，一般采用两次浸锌方法。可以选择在表 18-2 所列配方 1 中的浓溶液浸渍 1.0～1.5min，经退锌后再在配方 2 中浸 0.5～1min，也可以选择在表 18-2 所列配方的一种溶液中浸渍，退锌后再在同一种溶液中第二次浸锌，第二次时间要短一些，通常为 30～60s。退锌溶液工艺规范见表 18-3。

表 18-3　退锌溶液工艺规范

成分及工艺	配方 1	配方 2	成分及工艺	配方 1	配方 2
硝酸(HNO_3)/(mL/L)	500	500	温度	室温	室温
氢氟酸(HF)/(mL/L)		50～100	时间/s	5～15	5～15

配方 2 适用于含硅量高的铝合金制件。浸锌操作必须严格、认真，其注意事项如下。

① 浸锌挂具采用铝材。禁用铜及其合金，以防止产生接触置换反应。

② 退锌时应适当摆动零件，防止零件间相互碰撞和遮蔽，使零件表面膜层完整、均匀。

③ 退锌液要防止异金属污染，如铜离子（Cu^{2+}）、铅离子（Pb^{2+}）等容易毒害浸镀液。

④ 浸锌后工件应呈微光泽的青灰色或深灰色，当工件表面出现大块斑点、发花、色泽

不均匀、膜层附着力差时，应立即退锌后重新操作。

（4）浸锌后镀银实例

① 工艺流程。除油→碱蚀→出光→两次浸锌→氰化镀铜→镀银→后处理。

② 工艺规范见表 18-4。

表 18-4　氰化镀铜工艺规范

成分及工艺	配方 1	配方 2	配方 3
氰化亚铜($CuCN$)/(g/L)	60～70	40～42	25～35
总氰化钠($NaCN$)/(g/L)		48～50	
游离氰化钠/(g/L)	20～25	3～6	7～10
碳酸钠(Na_2CO_3)/(g/L)	30～50	30	
酒石酸钾钠($KNaC_4H_4O_6 \cdot 4H_2O$)/(g/L)	60	60	20～30
硫氰化钠($NaCNS$)/(g/L)	3～8		
硫氰化钾($KCNS$)/(g/L)			4～6
温度/℃	40～55	35～40	50～65
电流密度 D_K/(A/dm²)	0.4～0.6	1.3	0.5～2

浸锌后的铝制件应及时转入氰化镀铜工序。用于铝件镀铜的氰化液不用强碱氢氧化钠（$NaOH$），而且氰化亚铜含量较高。制件必须带电入槽，用比正常电流大 2～4 倍的电流闪镀 1～2min，然后再在正常电流密度下施镀。

配方 1 镀铜 40～60min 后可以直接清洗转入镀银槽施镀。

配方 2 在 $D_K = 2.5 A/dm^2$ 下闪镀 2min，再在 $D_K = 1.3 A/dm^2$ 下镀铜 3～5min，得到较薄的预镀铜层。因为铜与银的电极电位相差仍较大，最好在镀银前先进行浸银。

• 浸银液工艺规范

硝酸银($AgNO_3$)	15～20g/L	温度	室温
硫脲[$(NH_2)_2CS$]	200～220g/L	时间	1～2min

浸银前先用 $\overline{V}$（HCl）=1∶1 活化镀铜层。为了避免镀银液中置换银层的产生，配方 3 镀铜后进行汞齐化处理。

• 汞齐化工艺规范

氧化银(Ag_2O)	6～8g/L	温度	15～35℃
氰化钾(KCN)	60～70g/L	时间	1～2s

镀银工艺规范见表 18-5。镀银时也要带电入槽，并用 0.6～1.2A/dm² 的大电流密度闪镀 1～2min，再降至正常电流密度施镀。

表 18-5　镀银工艺规范

组成及工艺	配方 1	配方 2	组成及工艺	配方 1	配方 2
氰化钾(KCN)游离/(g/L)	35～45	45～80	碳酸钾(K_2CO_3)/(g/L)	30～80	18～50
氯化银($AgCl$)/(g/L)	25～35		电流密度 D_K/(A/dm²)	0.3～0.4	0.3～0.8
氰化银($AgCN$)/(g/L)		25～35	温度	室温	室温

　　注：沉积速率约为 10μm/h。

（5）镀银层防变色处理。镀银层受空气中硫化物、卤化物气体腐蚀容易发生变色，不仅影响外观，而且影响电接触元器件的导电性能，因此必须采取措施延缓变色。防变色方法很多，一般采用化学钝化、电化学钝化、涂覆有机防腐蚀层等。

①　镀银层化学钝化工艺规范见表 18-6。

表 18-6　镀银层化学钝化工艺规范

组成及工艺	配方 1	配方 2	组成及工艺	配方 1	配方 2
铬酸酐（CrO_3）/（g/L）	80～85		硝酸（HNO_3）/（mL/L）		10
氯化钠（NaCl）/（g/L）	8～21		温度	室温	室温
重铬酸钾（$K_2Cr_2O_7$）/（g/L）		15	时间/s	3～10	5

钝化清洗后先在浓氨水中脱膜，再在 5%～10%（质量分数）HNO_3 的溶液中室温下出光 5～15s，得到银亮光泽的保护膜。

②　镀银层电解钝化工艺规范见表 18-7。

表 18-7　镀银层电解钝化工艺规范

组成及工艺	配方 1	配方 2	组成及工艺	配方 1	配方 2
重铬酸钾（$K_2Cr_2O_7$）/（g/L）	25～30		pH 值	6～8	
氢氧化铝［$Al(OH)_3$］/（g/L）	0.5		温度	室温	室温
氯化亚锡（$SnCl_2 \cdot 2H_2O$）/（g/L）		20	时间/min	2	2
盐酸（HCl）/（mL/L）		50	对极	不锈钢	不锈钢
电流密度 D_K/（A/dm²）	0.1～0.5	0.05			

配方 1 中氢氧化铝［$Al(OH)_3$］胶体以新制取为好，用硫酸铵铝和氨水制取。氢氧化铝也可用碳酸钾（K_2CO_3）30g/L 代替。

③　苯并三氮唑钝化

苯并三氮唑	2～4g/L	pH 值		2～3
磺基水杨酸	3～4g/L	温度		室温
十二烷基硫酸钠	0.2～0.5g/L	时间		2～4min

目前国内较好的防变色剂有 AT-2、Ax、CSA-2、BY-2、DJB-823、SC-9001 等。

④　有机保护涂层常用丙烯酸清漆、聚氨酯清漆及有机硅涂料等。

18.5　铝及其合金制件化学镀镍[43-79]

18.5.1　一般概念

自 Brenner 和 Riddel[43,46] 于 1946 年在镍盐和次亚磷酸盐等组成的溶液中首次获得化学镀 Ni-P 非晶态镀层以来，化学镀技术得到了突飞猛进的发展。该技术有不需外电源、镀层均匀、硬度高、耐磨性能好、镀覆部件不受尺寸形状限制等优点，已广泛应用于航天、电子、机械、石油化工等各个工业领域。

铝及其合金制件上化学镀 Ni-P 后，由于镀层本身的优异特性可以用作终极镀层，起到抗蚀、装饰等作用。同时还可以作为中间镀层，在其表面电镀上其他金属或合金镀层，以满足多方面用途的需要。

18.5.2 化学镀镍机理

化学镀镍磷（Ni-P）的机理目前尚无统一的认识，只有 Brenner[44,46] 和 Gutzeit[45] 提出的原子氢态理论得到了普遍认同，并在指导化学镀镍的实践中起着很好的作用。他们认为化学镀 Ni-P 的机理如下。

在具有催化活性的镀件表面上，次磷酸盐首先分解：

$$H_2PO_2^- + H_2O \xrightarrow{\text{催化}} HPO_3^{2-} + H^+ + 2[H]$$

其中一部分原子态氢［H］将镍离子（Ni^{2+}）还原成镍（Ni）：

$$Ni^{2+} + 2[H] \longrightarrow Ni + 2H^+$$

一部分活性氢［H］将 $H_2PO_2^-$ 还原，析出磷（P）：

$$H_2PO_2^- + [H] \longrightarrow H_2O + OH^- + P$$

另一部分活性氢［H］相互结合，析出氢气（H_2）：

$$2[H] \longrightarrow H_2 \uparrow$$

析出的磷（P）与镍（Ni）组成 Ni-P 合金镀层且具有自催化作用，因此反应可以在镀层上继续进行，镀层不断增厚。

18.5.3 化学镀前铝的预处理

前面已经提到，铝合金表面即使在空气中停留时间极短也会迅速地形成一层氧化膜，以致影响镀层质量，降低镀层与基体的结合力。与电镀的要求一样，铝及其合金制件在化学镀 Ni-P 合金前必须进行除油→碱蚀→出光等常规预处理外，还必须进行一些特殊的预处理。主要有条件化活化处理和两次浸锌处理。

18.5.4 化学镀 Ni-P 合金实例

（1）直接法化学镀 Ni-P 合金

① 工艺流程。除油→碱蚀→出光→碱性化学镀 Ni-P 合金→后处理。

② 工艺规范

氯化镍（$NiCl_2 \cdot 6H_2O$）	21g/L	氨水（$NH_3 \cdot H_2O$）	50mL/L
次亚磷酸钠（$NaH_2PO_2 \cdot H_2O$）	12g/L	pH 值	9～10
柠檬酸钠（$Na_3C_6H_5O_7 \cdot 2H_2O$）	45g/L	温度	78～82℃
氯化铵（NH_4Cl）	30g/L		

本工艺方法稳定可靠，镀层结合力良好，且工艺配方简单易掌握，成品率高，镀液寿命长。

（2）条件化处理化学镀 Ni-P 后电镀光亮锡

① 工艺流程。除油→碱蚀→出光→条件化处理→预浸镍→化学镀 Ni-P →电镀光亮锡。

② 工艺规范

· 条件化处理

柠檬酸钠（$Na_3C_6H_5O_7 \cdot 2H_2O$）	6g/L	温度	室温
氨水（$NH_3 \cdot H_2O$）	220mL/L	时间	20～30s

条件化处理后不经水洗直接进入预浸镍槽，由于预浸镍层很薄，直接进入酸性光亮镀锡液易击穿，导致镀层结合力差，因此需要化学镀 Ni-P 合金层加厚。

- 预浸镍

醋酸镍($NiAc_2 \cdot 4H_2O$)	2g/L	三乙醇胺$[(HOCH_2CH_2)_3N]$	10mL/L
柠檬酸钠($Na_3C_6H_5O_7 \cdot 2H_2O$)	6g/L	pH 值	10~11
氨水($NH_3 \cdot H_2O$)	220mL/L	温度	室温
乳酸($C_3H_6O_3$)	10mL/L	时间	30~60s

- 化学镀 Ni-P 合金

硫酸镍($NiSO_4 \cdot 6H_2O$)	30g/L	稳定剂 LX-98A	30mL/L
次亚磷酸钠($NaH_2PO_2 \cdot H_2O$)	30g/L	光亮剂 LX-98B	30mL/L
柠檬酸钠($Na_3C_6H_5O_7 \cdot 2H_2O$)	8g/L	pH 值	4.0~5.0
乳酸($C_3H_6O_3$)	30mL/L	温度	(60±5)℃
硫酸铵$[(NH_4)_2SO_4]$	20g/L	时间	30~40min

- 电镀光亮锡

硫酸亚锡($SnSO_4$)	40~60g/L	稳定剂(市售)	10~20mL/L
硫酸(H_2SO_4)	140~160g/L	电流密度 D_K	1~4A/dm²
酒石酸($C_4H_4O_6$)	8~15g/L	温度	10~35℃
光亮剂(市售)	15~25mL/L	时间	10~15min

注：阳极为纯锡极，阴极移动。

（3）条件化处理化学镀 Ni-P 耐蚀层

① 工艺流程。除油→碱蚀→出光→条件化处理→化学镀 Ni-P →后处理。

② 工艺规范

- 条件化处理

硫酸镍($NiSO_4 \cdot 6H_2O$)	25~30g/L	稳定剂	25~30mL/L
HEDP(1-羟基亚乙基-1,1-二膦酸)	20~28mL/L	温度	室温
		时间	1~5min

- 化学镀 Ni-P（酸性溶液）

硫酸镍($NiSO_4 \cdot 6H_2O$)	20~30g/L	十二烷基硫酸钠	0.01~0.02g/L
次亚磷酸钠($NaH_2PO_2 \cdot H_2O$)	30~40g/L	（$C_{12}H_{25}OSO_3Na$）	
乙酸钠($NaAc$)	20g/L	硫脲$[(NH_2)_2CS]$	0.002g/L
柠檬酸($C_6H_8O_7 \cdot H_2O$)	5~7g/L	温度	88~90℃
丁二酸$(C_2H_4COOH)_2$	9~10g/L	pH 值	4.5~4.8

装载量：1dm²/L。沉积速度：17~20μm/h。镀层含磷量：9.9%~10.1%（质量分数）。

镀后进行后处理，采用加热到 200~250℃、保温 2~3h 为佳。这样可以消除镀层应力，得到耐蚀和耐磨性能优异的 Ni-P 层，以延长制件使用寿命。

（4）两次浸锌后化学镀 Ni-P 合金

① 工艺流程。除油→碱蚀→出光→两次浸锌→化学镀 Ni-P 合金→后处理。

② 工艺规范。两次浸锌工艺与电镀前的浸锌工艺一样操作，可以选用表 18-1 中列举的浸锌溶液配方。

- 化学镀 Ni-P 合金（碱性溶液）

硫酸镍($NiSO_4 \cdot 6H_2O$)	30g/L	三乙醇胺$[(HOCH_2CH_2)_3N]$	100g/L
次亚磷酸钠($NaH_2PO_2 \cdot H_2O$)	30g/L	温度	46~60℃
柠檬酸钠($Na_3C_6H_5O_7 \cdot 2H_2O$)	100g/L	pH 值	9~10
氯化铵(NH_4Cl)	40g/L	时间	60~90min

③ 操作注意事项

a. 挂具采用铝丝及其他绝缘材料。

b. 根据每升镀液在处理 12～15dm² 工件后弃去 10％（体积分数）的旧液，补充添加同等数量的新液后再施镀。

c. 不允许在中间处理过程中加料。镀后待镀液冷却后过滤；去除槽壁沉积物。滤液经调整补加合格后使用。

④ 镀后处理。因为铝和铝合金的热胀系数大［24×10^{-6}/℃(20℃)］，而镍的膨胀系数小［13.7×10^{-6}/℃(20℃)］，所以在后处理加热时，温度要适当降低一些，以 100～150℃ 去应力为好。当锌加热到 100～150℃ 时延展性较好，超过 200℃ 变脆，400℃ 时则造成浸锌层疏松，所以经两次浸锌后的化学镀 Ni-P 层，其热处理退火温度通常比其他方法获得的化学镀 Ni-P 层要低一些。

（5）两次浸锌、两次化学镀 Ni-P 合金

① 工艺流程。除油→碱蚀→出光→两次浸锌→碱性化学镀 Ni-P→酸性化学镀 Ni-P→后处理。

② 工艺规范。酸性化学镀 Ni-P 合金往往要求在 pH＝3～5 的酸性条件下进行，通常温度高达 85～95℃。实践证明，此时浸锌膜极易溶解，这样不仅失去了锌膜对铝表面的保护作用，同时亦使酸性化学镀镍液毒化，缩短槽液寿命，影响 Ni-P 层质量，因而优先选用先碱性化学镀 Ni-P 合金。一般闪镀 3～5min，镀层很薄，约为 0.5μm，然后再采用酸性化学镀 Ni-P 层加厚。

• 碱性化学镀 Ni-P（低温）

硫酸镍（$NiSO_4 \cdot 6H_2O$）	20～25g/L	pH 值	9.5～10.5
次亚磷酸钠（$NaH_2PO_2 \cdot H_2O$）	20～25g/L	温度	20～40℃
络合剂	50～80g/L	时间	3～5min
氨水（$NH_3 \cdot H_2O$）	22～25mL/L		

络合剂可用柠檬酸钠、焦磷酸钠、三乙醇胺三者混合使用，或加乳酸钠 30g/L、三乙醇胺 15mL/L。

• 酸性 Ni-P 合金加厚

硫酸镍（$NiSO_4 \cdot 6H_2O$）	20～30g/L	丙酸（C_3H_7COOH）	2.0～2.4mL/L
次亚磷酸钠（$NaH_2PO_2 \cdot H_2O$）	20～30g/L	pH 值	4.2～4.8
乳酸（$C_3H_6O_3$）	27～30mL/L	温度	85～90℃

装载量：1dm²/L；沉积速度：20μm/h。

③ 操作要点。

a. 乳酸须先用水冲稀后用碳酸氢钠（$NaHCO_3$）中和至 pH＝5 左右再与其他组分混合。pH 值用稀硫酸 $\overline{V}(H_2SO_4)=1:1$ 或冰醋酸调低，用 $\overline{V}(NH_3 \cdot H_2O)=1:3$ 调高。

b. 用水浴加热，防止槽液局部过热。

c. 不锈钢槽应定期用 $\overline{V}(HNO_3)=1:1$ 钝化处理，及时过滤及清除槽壁沉积物。

④ 施镀时最好采用槽壁保护系统，通常阳极保护电流为 0.1A/dm²。陆剑芳[75]曾对此作了一番改进。不锈钢外套铁槽作水浴加热，不锈钢槽体作阴极，阴极镍棒不直接插入槽液中，而改为插入水浴隔槽中，水浴中加入少量氢氧化钠（$NaOH$），一方面增加电导率，另一方面可抑制外铁槽生锈。这种方法可加大钝化电流达 1A/dm²，可有效达到不锈钢槽钝化的目的，不致在槽壁引起镍的沉积，从而延长镀液寿命。

（6）两次浸锌再活化后镀 Ni-P 合金

① 工艺流程。除油→碱蚀→出光→两次浸锌→条件化活化→化学镀 Ni-P→后处理。

② 工艺规范。两次浸锌后为了防止锌层在其后的酸性化学镀 Ni-P 槽中溶解而污染槽液，因此镀前先采用条件化活化处理。

• 活化液工艺规范

硫酸镍($NiSO_4 \cdot 6H_2O$)	25～30g/L	pH 值	>12（用 NaOH 溶液调）
HEDP	40～50g/L	温度	室温
稳定剂 N	25～35mL/L	时间	3～4min

络合剂可用 HEDP（1-羟基亚乙基-1,1-二膦酸）、EDTA（乙二胺四乙酸）、乙二胺。因 EDTA 较贵，乙二胺毒性大，故用 HEDP 最好。

• 化学镀 Ni-P 合金（该镀液稳定性好）

硫酸镍($NiSO_4 \cdot 6H_2O$)	20～25g/L	氟化钠(NaF)	2～5g/L
次亚磷酸钠($NaH_2PO_2 \cdot H_2O$)	20～25g/L	稳定剂 Pb^{2+}	1mg/L
柠檬酸($C_6H_8O_7 \cdot H_2O$)	20g/L	pH 值	4.3～4.6
苹果酸(羟基丁二酸)	6g/L	温度	(90±2)℃
$[C_2H_3OH(COOH)_2]$			

18.5.5　Ni-P 镀层的褪除

因为铝基体易于溶解于酸或碱中，所以铝及其合金制件表面不合格 Ni-P 层的褪除与其他基材上 Ni-P 层的褪除方法稍有不同，一般采用如下方法。

① 浓硝酸（HNO_3），室温，褪尽为止。

② 用下面的酸液褪除：

硫酸(H_2SO_4)	450mL/L
硝酸(HNO_3)	250mL/L

③ 化学镀 Ni-P 套铬的镀层可用下列溶液电解褪除：

碳酸钠(Na_2CO_3)	50～80g/L	电流密度 D_A	10～15A/dm^2
温度	室温		

18.6　氟硼酸盐浸镍锌（Ni-Zn）合金层电镀

近年来，随着摩托车、汽车以及其他机械工业的高速发展，铝合金压铸件的数量都呈相当快的速率增长。这些压铸件含硅（Si）及其他合金元素的量一般都比较高，而且它们与铝板材和挤压材不同，往往存在组织不均匀、晶间偏析、金属间化合物等微观缺陷和气孔、疏松、表面皱折等宏观缺陷；前处理还常常受到铝合金压铸件形状复杂程度的制约；由于铝中含硅（Si）量很高，硅和铝形成的合金电位很负，从而铝硅合金铸件的电镀尤其困难。前面已经介绍了几种铝镀前预处理的特殊方法，但这些方法对铝合金压铸件未必适用。为了解决铝合金铸件电镀的结合力问题，近年来，在氟硼酸盐溶液中浸镍锌（Ni-Zn）合金的方法获得了广泛的应用，并取得了良好的效果。

18.6.1　工艺流程

机械抛光→除油→碱蚀→出光→浸 Ni-Zn 合金→电镀→后处理。

18.6.2 工艺规范

浸 Ni-Zn 合金工艺规范见表 18-8。

表 18-8 浸 Ni-Zn 合金工艺规范

组成及工艺	配方 1	配方 2
氢氟酸(HF)/(mL/L)	150～210	175～180
硼酸(H_3BO_3)/(g/L)	50～100	60～70
氧化锌(ZnO)/(g/L)	2～6	4～5
pH 值	3.0～3.5(加碳酸镍调)	3.0～3.5(加新制碱式碳酸镍调)
温度	室温	室温
时间/s	30～120	30～90

置换层应为灰黑色或淡黄灰色。

18.6.3 氟硼酸盐浸镍锌（Ni-Zn）合金机理

氟硼酸盐浸镍锌（Ni-Zn）合金是近年来出现的铝件电镀前处理新工艺,其溶液主要由氟硼酸镍[$Ni(BF_4)_2$]和氟硼酸锌[$Zn(BF_4)_2$]组成,在浸镍锌合金过程中,发生下列反应。

(1) 溶解反应。铝件经出光获得的新鲜表面,很快又生成一层自然氧化膜,当工件浸入 Ni-Zn 合金液时,这层氧化膜又立即被溶解,并伴随有基体铝和锌的部分溶解。反应如下:

$$Al_2O_3 + 6HBF_4 \longrightarrow 2Al(BF_4)_3 + 3H_2O$$
$$2Al + 6HBF_4 \longrightarrow 2Al(BF_4)_3 + 3H_2 \uparrow$$
$$Zn + 2HBF_4 \longrightarrow Zn(BF_4)_2 + H_2 \uparrow$$

(2) 置换反应。经溶解反应暴露出来的基体在溶液中发生电化学反应,在阳极区域,铝和锌被溶解,在阴极区域,析出镍和锌。

$$Ni(BF_4)_2 + 2e \longrightarrow Ni + 2BF_4^-$$
$$Zn(BF_4)_2 + 2e \longrightarrow Zn + 2BF_4^-$$

(3) 催化还原反应。在酸性溶液中,靠镍的催化作用,游离硼酸发生还原反应。

$$H_3BO_3 + 3H^+ + 3e \xrightarrow{\text{Ni 催化}} B + 3H_2O$$

由上述机理可知,从氟硼酸盐体系中获得的浸镀层由镍、锌、硼组成。因此可以认为:铝硅合金压铸件经氢氟酸、硝酸出光后,再经氟硼酸溶液腐蚀,使晶界偏析而富集的金属间化合物受到选择性腐蚀而除去,得到电位均匀的基体表面,随后镍、锌、硼按一定比例均匀析出,从而使电镀后增强了结合力。

18.6.4 浸 Ni-Zn 后电镀工艺

铝件浸 Ni-Zn-B 层后,最好先采用中性镀镍溶液进行预镀,其工艺规范如下。

硫酸镍($NiSO_4 \cdot 6H_2O$)	120～180g/L	pH 值	6.6～7.0
柠檬酸钠($Na_3C_6H_5O_7 \cdot 2H_2O$)	150～230g/L	电流密度 D_K	0.5～1.2A/dm²
氯化镍($NiCl_2 \cdot 6H_2O$)	10～20g/L	温度	35～40℃
硫酸钠(Na_2SO_4)	10～20g/L		

电镀时带电入槽，预镀后经阴极硫酸电解活化处理后再镀亮镍套铬；或者浸镀 Ni-Zn-B 层后直接带电入槽镀亮镍套铬，都能获得结合力良好的镀层。

18.7　铝及其合金制件化学镀金

半导体器件等电子元部件表面的铝基体由于焊接的需要，往往要求化学镀镍和化学镀金（Au），随着近年来电子工业的飞速发展，21 世纪已经进入了电子时代，目前电子元件和印刷电路板的年增长率越来越大，因此铝基体上化学镀金就显得愈发重要。

18.7.1　工艺流程

$$除油 \rightarrow 碱蚀 \rightarrow 出光 \rightarrow 第一次浸锌 \rightarrow 退锌 \rightarrow 预处理液 \rightarrow 第二次浸锌 \rightarrow$$
$$化学镀镍 \rightarrow 酸洗 \rightarrow 预浸 \rightarrow 化学镀金 \rightarrow 后处理$$

18.7.2　工艺规范

（1）浸锌溶液

氢氧化钠（NaOH）	50g/L	酒石酸钾钠（$KNaC_4H_4O_6 \cdot 4H_2O$）	50g/L
氧化锌（ZnO）	5g/L	硝酸钠（$NaNO_3$）	1g/L
三氯化铁（$FeCl_3$）	2g/L	温度	室温

（2）预处理液

氢氧化钠（NaOH）	50g/L	酒石酸钾钠（$NaKC_4H_4O_6 \cdot 4H_2O$）	50g/L
三氯化铁（$FeCl_3$）	2g/L	硝酸钠（$NaNO_3$）	1g/L

（3）化学镀镍磷（Ni-P）合金

硫酸镍（$NiSO_4 \cdot 6H_2O$）	25g/L	EDTA	10g/L
次亚磷酸钠（$NaH_2PO_2 \cdot H_2O$）	15g/L	氯化钠（NaCl）	0.1g/L
柠檬酸（$C_6H_8O_7 \cdot H_2O$）	20g/L	pH 值	6.0～6.5
丙二酸［$CH_2(COOH)_2$］	5g/L	温度	（85±2）℃
硫化钾（K_2S）	5mg/L		

（4）酸洗。镀件浸于 25℃质量分数为 10%（H_2SO_4）硫酸溶液中 0.5～1min，然后取出水洗干净。

（5）预浸

氯化铵（NH_4Cl）	75g/L	温度	92℃
柠檬酸钠（$Na_3C_6H_5O_7 \cdot 2H_2O$）	50g/L	时间	0.5～1min
次亚磷酸钠（$NaH_2PO_2 \cdot H_2O$）	10g/L		

（6）化学镀金（Au）

氰化金钾［$KAu(CN)_2$］	2g/L	次亚磷酸钠（$NaH_2PO_2 \cdot H_2O$）	10g/L
氯化铵（NH_4Cl）	75g/L	温度	92℃
柠檬酸钠（$Na_3C_6H_5O_7 \cdot 2H_2O$）	50g/L	镀层厚度	50nm

该法获得的化学镀金层具有良好的焊料湿润性和镀层附着力。

18.8 镀层质量的检验

18.8.1 外观检查

在天然散射或无反射光的白色透明光线下以目视检查。观察镀件外观是否有疵病，不允许有针孔、麻点、起皮、起泡、脱落、斑点和色泽不均匀等疵病发生。外观应平整、细密、光泽。

18.8.2 电镀层厚度的测量

电镀层的厚度在很大程度上影响产品的可靠性及其使用寿命。因此电镀层都有一定的厚度要求。

测量电镀层的厚度分为化学法与物理法。化学法包括液流法、溶解法、点滴法和电量法（库仑法）；物理法包括重量法、仪器测量法、金相法等。但这些方法大都适用于钢铁基体或铜基体上的电镀层厚度测定，其中有些方法也适用于铝上的镀层，可参照相关标准试验确定。

18.8.3 镀层孔隙率的测定

采用贴滤纸法测定孔隙率。用滤纸浸渍含铁氰化钾 10g/L、氯化钠 20g/L 的混合溶液后，附贴于试件表面 5～6min（保持纸面湿润），用蒸馏水冲洗干净，晾干后计算单位面积里的蓝色点个数。

对于铝及其铝合金上的所有阴极性镀层，还可以采用浇浸法测定孔隙率。

试剂配制：将 10g 的白明胶溶于少量蒸馏水中，待膨胀后在水浴上加热到呈胶体溶液，冷却后和 3.5g 铝试剂、150g 氯化钠的水溶液一起，注入 1L 的容量瓶中，用水稀释到刻线处，均匀混合备用。

将试液浇在工件清洁干净的受检部位表面上或浸入试液中，5min 后取出，吸去水分，干燥后检查有色斑点数。换算成单位面积里的孔隙点数。

18.8.4 结合力试验

（1）弯曲试验。将试样沿一直径等于试样厚度的轴，反复弯曲 180°，直至试样的基体金属断裂，镀层不应起皮、脱落。

（2）锉刀试验。将工件夹在台钳中，用粗锉刀锉镀层的边棱。锉刀与镀层表面大约呈45°角，由基体金属向镀层方向锉，镀层不得揭起或脱落。

（3）加热试验。将镀件在烘箱内加热至 200℃，恒温 2h，取出后迅速投入冷水中骤冷，5min 后取出，镀层应无起皮、脱落等现象。

18.8.5 镀层显微硬度的测定

用维氏硬度计进行测定。将显微硬度计上特制的金刚石压入头在一定的负荷作用下压入试样的表面或剖面，用硬度计上的测微器，测量正方形或菱形印痕对角线的长度。显微硬度按下式计算：

$$HV = \frac{1854P}{d^2}$$

式中　HV——硬度值，kg/mm²；

　　　P——负荷，g；

　　　d——压痕对角线长度，μm。

18.8.6　镀层耐腐蚀性试验

评定镀层耐蚀性能的方法可分为两大类。一类为自然环境试验，它包括产品在储存、运输和使用环境中的现场试验及大气暴露试验。它能够较真实地评定镀层的耐蚀性能，但试验周期较长。另一类为人工加速试验，包括中性盐雾试验、醋酸盐雾试验、铜盐加速醋酸盐雾试验、腐蚀膏试验、工业气体腐蚀试验等。

中性盐雾试验一般在试验箱中进行。试验溶液组分常用质量分数分别为 3％、5％ 和 20％ 的氯化钠溶液，pH 值在 6.5～7.2（35℃），温度（35±2）℃，连续喷雾 8h，间隙 16h，24h 为 1 个周期。观察试件锈蚀产生的周期及锈蚀情况。

为了考察电子元件的镀层对焊接的影响，还常常进行如下腐蚀试验。

（1）接触点和连接件的二氧化硫（SO₂）试验。试验箱内气体的组成必须满足下述条件：

二氧化硫(SO₂)	(25±5)μL/L	温度	(25±2)℃
二氧化碳	<4500μL/L	相对湿度	(75±5)％

考核周期应优先选用连续暴露试验 4 天、10 天、21 天。合格标准可按产品技术条件规定。

（2）接触点和连接件的硫化氢试验。试验箱内气体的组成一般符合下列条件：

硫化氢(H₂S)	10～15μL/L	相对湿度	(75±5)％
温度	(25±2)℃		

上述两种方法均根据接触电阻的变化值来进行性能评定。特别适用于对比试验，但不能作为通用的腐蚀试验，不能预测接触点和连接件在实际工业大气中的耐腐蚀性能。

18.8.7　镀层钎焊性的测试

镀层表面被熔融焊料润湿的能力称之为焊接性能。评定钎焊性能的方法有流布面积法、润湿时间法等。

（1）流布面积法。将一定质量的焊料放在待测试样上，滴上几滴松香异丙醇焊剂，试样在电热板上加热到 250℃，保持 2min，取下试样，然后用面积仪计算焊料流布面积。

（2）润湿时间法。取一定尺寸的镀样 10 块（可采用 5mm×5mm），先浸松香异丙醇焊剂，然后浸入 250℃ 熔融的焊料中，浸入时间根据不同试样编号从 1～10s 取出。评定方法：观察试样全部润湿所需的时间，以最短时间润湿焊料为最佳。

上述两种方法通常采用的焊料为含锡 60％（质量分数）、含铅 40％（质量分数）的锡铅合金，焊剂为 25％（质量分数）的松香异丙醇中性焊剂。

18.8.8　镀层耐磨性能测试

采用 PM-1 型平磨机，载荷 400g，用 280 目砂纸平磨 1000 次，每磨 200 次后用分析天平称量平磨前后试样的质量，计算磨损量 ΔG，考察试样的耐磨性。

电镀层的性能测试尚有氢脆性测试方法等。本章节仅对测试目的和试验方法作一大概的介绍，在实际测试时，应该按照电镀层性能测试的国家标准中有关规定严格执行。

参考文献

[1] 曾华梁，吴仲达等. 电镀工艺手册. 北京：机械工业出版社，1989：74-84.

[2] 沈伟. 材料保护，1999，28（3）：40-41.

[3] 王宏英. 表面技术，1996，27（1）：42-43.

[4] 姚素薇等. 电镀与环保，1985，1（6）：29.

[5] ［联邦德国］电镀技术出版社编. 实用电镀技术. 邵性波译. 北京：国防工业出版社，1985.

[6] 邹驯. 稀土应用简讯，1991，（3）.

[7] 陈惠国. 材料保护，1991，24（5）：30.

[8] Brockman D K. Product Finishing，1982，46（4）：46.

[9] 柳玉波. 表面处理工艺大全. 北京：中国计量出版社，1996.

[10] 陈宗华. 电镀与涂饰，1996，15（4）.

[11] 刘光年等. 电镀与涂饰，1992，11（3）：44.

[12] 杨旭江等. 电镀与精饰，1996，18（2）：27.

[13] Wittrock H J. Plat & Surf Finish，1980，（1）：44-47.

[14] US, 3943039.

[15] US, 3915811.

[16] GB, 1506184.1978.

[17] 沈光惠. 材料保护，1989，（3）：34.

[18] 刘振林. 电镀与环保，2000，20（5）：38.

[19] 顾金忠. 电镀与涂饰，1996，15（3）：15.

[20] 郭湛和，郁祖湛. 电镀与环保，1988，44（6）：7.

[21] 蒙铁桥. 电镀与精饰，1999，21（5）：33-34.

[22] Bandrand D. Products Finishing，1995，79（2）.

[23] Jeanmenne R. Products Finishing，1993，64（9）.

[24] 张刚等. 电镀与环保，1992，12（3）：11-13.

[25] 李晓达等. 材料保护，1985，1（6）：29.

[26] Wyszynski A E. Trans Inst Met Finish，1967，45（4）：147-154；1980，58（2）：34-40.

[27] Lashmore D S. Plat & Surf Finish，1978，（5）：44-47.

[28] GB, 1007252.1965.

[29] US, 3560245.1979.

[30] 付明. 材料保护，1996，29（3）：30.

[31] 王宏英. 表面技术，1996，25（1）：42.

[32] Lashmore D S. Plat & Surf Finish，1980，（1）：37-41.

[33] 金子昌雄. 實務表面技術，1980，6289.

[34] 王文忠. 材料保护，1995，28（5）：30.

[35] 王文忠. 电镀与涂饰，2000，19（1）：59.

[36] 侯清强等. 电镀与精饰，1997，19（5）：26.

[37] 邓小民. 电镀与环保，2002，22（3）：37.

[38] 原顺德等. 电镀与环保，2002，22（3）：39.

[39] 李宁等. 电镀与涂饰，2001，20（3）：17.

[40] Edward B Saubestre. Metal Finishing，1962，60（8）：46-52.

[41] Simpkins D. Electro-Plating and Metal Finishing，1973，26（10）：33-34.

[42]　Sugg D J. Product Finishing, 1989, 53 (9): 66.

[43]　Brenner A, Riddel G. Proc Amer Electropl Soc, 1946, 33: 16.

[44]　Brenner A. Nature, 1948, 162: 183.

[45]　Gutzeit G. Plating, 1959, 46: 1158.

[46]　Brenner A, Riddel G. J Res Natl Bureau Standards, 1946, 37: 1725; 1947, 39: 1875.

[47]　孔南方. 电镀与精饰, 1994, 16 (3): 34.

[48]　王文忠. 电镀与环保, 2001, 21 (4): 5.

[49]　于光. 材料保护, 1995, 28 (19).

[50]　Petit G S, et al. Plating, 1972, 59 (6): 567-570.

[51]　王海林等. 材料保护, 1999, 32 (3): 7.

[52]　Lukes R M. Plating, 1964, 51: 969.

[53]　鹰野修. 實務表面技術, 1987, 34 (5): 2.

[54]　Onia Trans. Inst Metal Finishing, 1988, 66 (2): 47-49.

[55]　Colarwotolo J F. Plat & Surf Finish, 1985, (12): 22-25.

[56]　Friedman I. Plating, 1967, 54 (9): 1035-1038.

[57]　尨有前, 肖鑫. 电镀与环保, 2000, 20 (5): 17.

[58]　杨力军等. 电镀与精饰, 1999, 21 (4): 20.

[59]　Schardein D J. Plat & Surf Finish, 1984, 71 (2): 64-67.

[60]　Chassing E, Cherkaoui M, Srhiri A J. Appl Electrochem, 1993, 23: 1169-1174.

[61]　王玲. 电镀与涂饰, 1996, 15 (2).

[62]　Thomas M Harris, Ouoc D. Electrochem Soc, 1993, 140 (1): 81-83.

[63]　En Touhami M, Cherkaoui M, et al. J Appl Electrochem, 1996, 26: 487-491.

[64]　沈光惠. 材料保护, 1989, (3): 34.

[65]　刘淑兰等. 电镀与精饰, 1993, (3): 3.

[66]　Laughton R W. Transactions of the Institute of Metal Finishing, 1972, 70 (3): 120-122.

[67]　US, 2726969.

[68]　刘贵昌. 电镀与环保, 1997, 17 (4): 11.

[69]　姚红宇. 电镀与环保, 1993, 13 (2): 16.

[70]　Parker K. Plat & Surf Finish, 1980, 67 (3): 48.

[71]　矢俊正幸. 表面技术, 1985, 40 (22).

[72]　王海燕, 于秀娟, 周定等. 电镀与涂饰, 2000, 19 (2): 49.

[73]　李朝林, 周定. 电镀与环保, 1997, 17 (1): 13.

[74]　张永生等. 电镀与精饰, 1984, 11 (1): 37.

[75]　陆剑芳. 电镀与涂饰, 2002, 21 (5): 29.

[76]　Wolfgang Frick. Metallober Fläche, 1987, 41 (12): 578.

[77]　任冬艳. 分离化学镀镍老化液中亚磷酸盐方法的研究: [学位论文]. 哈尔滨: 哈尔滨工业大学, 1995.

[78]　胡信国. 电镀与精饰, 1998, 20 (2): 30.

[79]　蔡积庆. 电镀与环保, 2002, 22 (2): 13-14.

第**19**章
阳极氧化膜及高聚物涂层的性能与试验方法

19.1 概述

铝及铝合金产品具有一系列优良的化学、物理、力学、加工性能和特征，因此铝合金制造工业得以迅猛发展，在国民经济各部门中无不大量使用铝及铝合金产品。表面处理技术更使铝及铝合金获得新的更好的表面性能，不仅改善和提高了铝的表面物理和化学性能，如耐腐蚀性、耐化学稳定性、耐磨性、电绝缘性和表面硬度等表面特性，而且可以在铝表面赋予各种颜色，甚至木纹状图案，大大提高了铝的表面装饰性。目前国内外表面处理的方式种类繁多，可以满足不同使用部门的需要。

铝表面处理膜可以从各角度予以分类，按生产工艺来分，如阳极氧化膜、静电粉末喷涂膜、静电液相喷涂膜、电泳涂漆膜等；按膜层材料来分，如氧化铝膜、氟碳漆膜、丙烯酸漆膜、聚酯涂层等。为了简明和方便，本章将铝及铝合金表面处理膜统归为两大类，即阳极氧化膜和高聚物涂层。但由于这两类表面处理膜包括的范围很广，其中包括了许多不同材料和不同处理方式得到的表面处理膜，考虑到有些性能和试验方法只适用于其中的某些特定的膜，因此本章也将按有关标准的规定指出该试验方法的适用范围。

阳极氧化膜是金属铝在电解质溶液中作为阳极于通电的情况下进行的电化学阳极过程，在铝表面生成的保护性阳极氧化膜。它包括阳极氧化后未经着色膜（即银白色膜或称透明膜）、阳极氧化电解着色膜和阳极氧化有机染色膜。高聚物涂层（简称为涂层）是金属通过表面化学预处理，再进行电泳、喷涂或辊涂等工序处理，使铝及铝合金表面涂覆一层具有保护性的有机高分子聚合物材料膜，内容包括阳极氧化电泳涂漆复合膜、氟碳漆喷涂膜、丙烯酸漆喷涂膜、聚酯粉末喷涂膜等。

在铝及铝合金制造工业发展初期，人们在使用中经常发现产品具有许多不尽人意的缺陷，铝合金产品的质量不够稳定。为了解决这些问题，必须完善产品的质量检测手段，经过长期的努力目前已经制定了许多试验方法，以评价产品是否能满足在各种使用环境条件下的需要。随着表面处理技术的不断发展，这些试验方法也不断得到改进，为了满足新的使用条件的需要还可能增加新的检测项目与试验方法。

本章中的试验方法绝大部分来自国家标准或国际标准，这些试验方法在相应的标准中都作了详细的描述。不过有些性能试验方法目前还没有相应的国家标准或国际标准，考虑到这些性能比较重要，其试验方法也比较常见，本章中也参照采用了其他一些国家的相应标准，例如落砂试验来自日本 JIS H 8682-3，耐碱试验来自日本工业标准 JIS H 8681.1。有些试验方法仅在某些行业规范或有关产品标准中叙述了试验操作，如马丘腐蚀试验、涂层聚合作用试验、沸水试验和涂层加工性能试验等来自欧洲的技术规范 Qualicoat，而耐酸试验、耐灰浆试验和耐洗涤剂试验等来自美国的行业规范 AAMA 2603、AAMA 2604 和 AAMA 2605。

另外，考虑到本章内容的实际情况，本章修改了部分标准中的术语及适用范围，如：在人工加速耐候试验"老化"一词，本章改为"破坏"以适用于无机氧化物膜，并且将氙灯辐射耐候试验中的方法"人工气候老化试验"改为"人工气候曝露试验"；此外，在企业实际生产检验过程中，对于高聚物涂层厚度的测量一般采用涡流法，因此在涡流法测膜厚的试验范围中增加了对涂层厚度的测量。

本章中各试验方法的适用范围是不同的，有些方法对阳极氧化膜及高聚物涂层都适用，如：采用涡流法测量膜厚、外观质量的检查、盐雾腐蚀试验、含二氧化硫潮湿大气腐蚀试验、耐候性试验、耐磨性试验等，但是对于不同的表面处理膜其性能要求可能不同，这一点请读者注意。而有些试验方法仅适用于某种或某几种特定的表面处理膜，如封孔质量的检查、采用重量法测量膜厚、分光束显微镜测量膜厚、滴碱腐蚀试验、绝缘性试验等仅适用于阳极氧化膜的检测，而附着力试验、涂层聚合作用试验、耐酸试验、耐碱试验、耐灰浆试验等仅适用于有机聚合物膜的检测等。

19.2　外观质量

对于具有表面装饰功能的铝合金产品，其外观质量尤其重要。外观质量的检查通常采用目视检查法。一般来说，外观质量应包括颜色、色差、光反射性能和表面缺陷等几个方面，然而，由于外观质量的检查方法通常采用目视检查法，对于颜色和色差、光反射性能等要求只能笼统地规定为颜色和光泽均匀，无法进行量化，因此对于结果的判定带来一定的困难。为了更好地控制颜色和色差以及表面光反射性能，有些标准（如 GB/T 5237.4、GB/T 5237.5 和美国 AAMA 2604 等）就将颜色和色差、光反射性能作为单独的检测项目列出，未包括在外观质量检查之中，并采用了相应的仪器进行检查。在本章中，笔者也将颜色和色差、光反射性能这两个检测项目单独列出，本节"外观质量"检查实际是针对表面缺陷的检查，其检查方法仅为目视检查法。

采用目视检查法检查外观质量，应根据产品的最终使用目的，在指定光照条件下，选择适当的观察距离进行。对于装饰性的阳极氧化膜和高聚物涂层产品，其观察距离一般为 0.5m，对于建筑用阳极氧化膜和高聚物涂层产品，其观察距离一般为 3m。检查时应有正常的视力或者经矫正后视力不低于 1.2，并且在自然散射光或人工照明 D65 标准光源条件下以垂直于测试表面或以 45°斜角进行观察。结果要求装饰面上无气泡、针孔、夹杂物、流痕和划伤等影响使用的缺陷。其具体规定参见 GB/T 12967.6。对于外观质量的检查，国外标准有不同的规定，欧盟 Qualicoat 中规定：在 3m 远的距离，以 60°进行观察；而美国 AAMA 2605 等标准中规定：在垂直于测试表面且相距 3m 的远处进行观察。

19.3 颜色和色差

对于具有表面装饰功能的阳极氧化着色膜或高聚物涂层，其颜色和色差是一项重要的检测项目，颜色不均匀对装饰性能影响极大。对于颜色和色差的检查大致可归为两种检测方法，一种是目视比色法，一种是仪器检测法。以下就这两种检测方法分别进行介绍。

19.3.1 目视比色法

本方法规定了在自然散射光或人工照明 D65 标准光源条件下对氧化着色膜和高聚物涂层产品进行目视比色检查，以判断产品的颜色与标准色板的差异程度。

采用本方法进行比色操作时，要求试验人员要有正常的视力或者经矫正后视力不低于1.2，并且要求无色盲和色弱等影响颜色分辨能力的眼科疾病；所采用的光源必须是自然散射光或在比色箱中的人工照明 D65 标准光源，在垂直于试样和色板表面或者与试样和色板表面呈 45°进行观察。对于装饰性的阳极氧化着色膜和高聚物涂层产品，其观察距离为0.5m；对于建筑用阳极氧化着色膜和高聚物涂层产品，其观察距离为 3m。

本方法具有诸多影响因素，比如环境的颜色、试样表面粗糙度、试样的形状和大小、试样与色板的放置位置、照光的强弱以及视点位置等都会影响人的判断。在检测周围不应有彩色物体的反射光；试样与色板应并排平行放置在同一平面上；在放置试样的地方照光应均匀等。具体规定参见 GB/T 12967.6。

19.3.2 仪器检测法

人们对颜色的观察，受外界因素的影响很大，诸如物体的大小、环境颜色和亮度，同时亦受人为因素的影响，包括人的性别、年龄、疲劳度以及人的情绪。因此对颜色的感觉具有主观性，感觉的颜色或色差重复性差。为了解决这一问题，人们研究并采用了测色仪器进行检测。这类测色仪器一般都使用了国际标准所规定的颜色系统，对有颜色的物体及其色差给出一个客观的评价。

仪器检测法就是通过色差仪测量试样与参照色板之间的颜色差异。本方法只适用于测定反射光的颜色，即用正常视觉检查，能显示一种均匀颜色（即单色）的涂膜。也可以按本方法测量不能完全遮盖不透明底材的涂膜（属于不透明系统涂膜）。但不适用于发光涂膜、透明和半透明涂膜（例如：用于显示器或灯玻璃上的涂膜）、反光涂膜（例如：用于交通标志的涂膜）和金属光泽涂膜。由于金属光泽的影响，仪器检测对阳极氧化膜颜色与色差测量还存在一些问题。因此我国还未颁布仪器测量阳极氧化膜颜色的国家标准，国际标准目前也只是一个技术报告，即 ISO/TR 8125（1984）。

色差仪基于对波长为 400～700nm 的可见光谱的反射光的测量。仪器所采用的标准照明体一般为标准照明体 D65，其相关色温是 6504K 时相状态的昼光；有些仪器也采用标准照明体 A，它被规定用于特殊同色异谱指数的色度测定，其代表的是钨丝灯的光，光谱分布相当于 2856K 温度下的全辐射体。用于测量涂膜颜色的色差仪可采用多种测量反射辐射量的照明和观测条件，通常的照明和观测条件有：45/0、0/45、t/8、8/t、d/8、8/d，在试验前应根据是否需要除去镜面光泽来决定选择何种照明和观测条件的仪器，需要注意的是，采用不同照明和观测条件的仪器所测出来的色差值通常是不一致的。另外，试样表面的粗糙度、条纹以及表面沾染等因素会影响测试结果，因此测量时应选择清洁的、无划痕的表面，并且试样表面必须完全覆盖仪器的测量孔。

根据仪器测量出的参照标准色板和试样的色坐标，可以通过很多公式计算出色差值，但按这些公式计算的结果不能在所有情况下与视觉取得完全一致，并且它们之间也可能不一致。1976 年国际照明委员会（CIE）推荐的 CIE1976（L^*、a^*、b^*）色差公式（缩写为 CIELAB 色差公式），现已证明其对于涂膜的色度评价是有实用意义的。除 CIELAB 色差公式之外，目前常见的色差公式还有 CIELCH 色差公式和 CMC 色差公式，其中 CMC 色差公式得出结果较人眼接近，因而有人认为 CMC 色差公式对色差的表示方法比 CIELAB 的表示方法更精确。其具体规定参见 GB/T 11186.1～11186.3 和 ISO 7724.1～7724.3。

19.4　阳极氧化膜及高聚物涂层厚度

阳极氧化膜（或涂层）厚度是指氧化膜（或涂层）表面到金属基体/处理膜界面之间的最小距离。氧化膜及涂层厚度是铝合金阳极氧化及高聚物涂覆产品的一项重要的常用性能指标，它不仅对产品的耐腐蚀性有重要影响，而且对产品的装饰性以及涂层的耐冲击性、抗杯突性和抗弯曲性等性能都有影响，另外它还是决定铝合金产品生产成本的主要因素。因此在订购合同或在产品标准中对此作出规定是非常必要的。

在铝合金表面处理工业生产中，要想在产品的多个处理面上得到完全一致的膜厚是不可能的，而且在同一处理面上也难以达到完全相同的膜厚，由此在工业生产中以及产品标准中，通常采用"平均厚度""最小局部厚度"和"最大局部厚度"来对表面处理膜的厚度进行描述和控制。

然而，对于一支工件来说，并非工件的各个表面的处理膜都具有同等重要的作用。有些部位的表面处理膜的性能和外观对使用有重要影响，而有些部位的表面处理膜的性能和外观对使用无多大影响，如果不分主次对它们都严格加以控制，从经济学的角度来讲是不合理的，因此在工业生产和产品标准（如 GB/T 5237.2～5237.5）中都提出"装饰面"和"非装饰面"的概念并加以区别对待。

要想控制表面处理膜的厚度，首先就必须确保能够准确地测量出膜的厚度。我国标准和国际标准 ISO 标准给出了四种铝合金阳极氧化膜厚度的测量方法。这四种测量方法是：①横断面厚度显微镜测量法；②分光束显微镜测量法；③质量损失法；④涡流法。在测量膜厚时，必须选择有代表性的部位进行，距阳极接触点 5mm 内以及边角处都不宜选作膜厚测量部位。对于涂层厚度的测量，可以参照氧化膜厚度的测量选择适当的方法（如涡流法）。

为了使测量结果尽可能地准确并在争议时具有唯一性，在相关标准中对仲裁方法都进行了规定。当碰到争议时，如果氧化膜厚度等于或大于 $5\mu m$，应采用横断面厚度显微镜测量法作为仲裁方法；如果氧化膜厚度小于 $5\mu m$，则采用质量损失法作为仲裁方法。

19.4.1　显微镜测量横断面厚度

本试验所规定的方法是一种有损测量方法。试验采用金相显微镜对铝及铝合金基体横断面上氧化膜厚度进行测量，它所测量的是局部厚度。

试验采用金相显微镜直接观察试样横断面的厚度，因此它要求试样能够清晰、真实地显现出阳极氧化膜。这就对试样的制备提出了很高的要求，需要对试样进行适当的研磨、抛光和浸蚀处理。

本试验有很多影响测量精度的因素，比如表面粗糙度、横断面的斜度、覆盖层变形以及机械加工不好等，都会导致测量结果的偏差。对于待测试样，其横断面必须垂直于待测处理膜，当垂直度偏差 $10°$，则测量值比真实厚度大 1.5%。另外，显微镜的选择和操作不当也会影响测量的精度，对于载物台测微计的目镜测微计在使用前都必须标定，而仪器的放大倍数也必须选择合理，对于待测膜厚，其测量误差一般是随放大倍数减小而增大，一般选择放大倍数应使视场直径为膜厚的 $1.5\sim3$ 倍。

采用金相显微镜测量处理膜的厚度，对其精度应该有要求，对于显微镜及其附件的使用和校准，以及横断面的制备方法都应加以选择，使待测膜厚的误差在 $1\mu m$ 或真实厚度的 10% 中较大的一个值之内。在良好的条件下，使用一台金相显微镜，本试验能得到 $0.8\mu m$ 的绝对测量精度，当厚度大于 $25\mu m$ 时，合理的误差均为 5% 或者更小。其具体操作参见 GB/T 6462 和 ISO 1463。

19.4.2　分光束显微镜测量透明膜厚度

本试验采用分光束显微镜对铝及铝合金基体上的氧化膜厚度进行测量，它仅限于测量透明膜厚度，是一种无损的测量方法。在一般工业条件下，可用于测量厚 $10\mu m$ 以上的氧化膜，当表面平滑时也可测量厚约 $5\mu m$ 的氧化膜。特殊的处理膜（如深色阳极氧化膜）、试样基底粗糙的膜不适用本试验。

试验的测量原理是：采用一束狭长平行光线倾斜地入射到阳极氧化膜表面，其入射角通常为 $45°$，然后一部分光束在阳极氧化膜的外表面反射出来，另一部分光束穿过氧化膜并在金属/氧化膜界面上反射出来。由此在视区可以见到两条平行的亮线，通过目镜即可测出两平行线间的距离，而两平行线间的距离与氧化膜的厚度和显微镜的放大倍数成正比。通过氧化膜折射率和显微镜的几何形状即可计算出氧化膜的真实厚度。氧化膜折射率一般在 $1.59\sim1.62$ 之间。

为了得到准确的测量值，仪器应采用已知阳极氧化膜厚度的标准样品进行校准，并且应进行多次测量，计算其算术平均值。其具体操作参见 GB/T 8014.3、ISO 2128 和 EN 12373.3。

19.4.3　质量损失法测量阳极氧化膜厚度

本试验通过测得试样的质量损失来测量铝及铝合金基体上氧化膜的厚度。它适用于除铜含量大于 6% 以外的绝大部分铝合金制品，适用于铸造或变形铝合金阳极氧化生成的所有氧化膜。这是一种有损测量方法。由于试验中所涉及的密度为近似值，因此本试验结果只能得出一个近似的平均厚度值，当阳极氧化膜厚度等于或小于 $10\mu m$ 时，所估算的氧化膜平均厚度比较精确。

试验的操作步骤是：首先计算出氧化试样待测表面的面积，并称量其质量（精确至 $0.1mg$），接着将试样置于 $100℃$ 的 $35mL/L$ 磷酸和 $20g/L$ 铬酸混合溶液中浸泡 $10min$，然后取出试样用蒸馏水清洗干净，干燥后再称量。如此重复浸泡和称量，直到再没有质量损失为止，然后记录其质量并计算出它的质量损失，这一质量损失量即为氧化膜表面密度（单位面积上的质量）。

若已知氧化膜的生成条件及其密度，通过对表面密度（单位面积上的质量）的测定，就可以计算出氧化膜的平均质量，同时也可以估算出氧化膜的厚度。氧化膜的密度与合金成分、阳极氧化工艺和封孔工艺等条件有关，在正常的工艺条件下，氧化膜的密度在 $2.3 \sim 3g/cm^3$ 之间，对于不含铜的铝及铝合金在 20℃ 的硫酸中，于直流电下生成的氧化膜，封闭后的氧化膜密度约为 $2.6g/cm^3$，未封闭的氧化膜密度约为 $2.4g/cm^3$。

采用本试验应该注意，随着磷铬酸溶液使用时间的延长，其溶解能力将会降低，当观察到氧化膜难以溶解时应弃置，重新配制试验溶液。一般来说，1L 试验溶液大约可以溶解 12g 氧化膜。另外，对于非待测表面，应该采用机械方法或单面浸在化学试剂中去除其表面的氧化膜，也可以采用适当的保护试剂涂在试样的非待测表面上，以便阻止试验溶液对它的浸蚀。其具体操作参见 GB/T 8014.2、ISO 2106 和 EN 12373.2。

19.4.4　涡流法测量阳极氧化膜及高聚物涂层厚度

本试验采用涡流测厚仪对铝及铝合金基体上氧化膜及涂层厚度进行测量，它具有快速、方便、非破坏性的特点。特别适用于在生产现场、销售现场或施工现场对产品进行快速无损的膜厚检查，是当前生产线质量控制方面应用最广的方法。但由于涡流测厚仪存在着固有的测量误差，因此一般不适用于测量薄的转化膜。

涡流测厚仪是利用涡电流原理进行测量的，要求基体金属为非磁性且表面膜层不导电。当测头与试样接触时，测头产生的高频电流磁场，在基体金属中会感应出涡电流，此涡电流产生的附加电磁场会改变测头参数，而测头参数的改变则取决于与氧化膜或涂层厚度（相关的测头到基体之间的距离），涡流测厚仪通过对测头参数改变量的测量，经过计算机分析处理，便可得到氧化膜或涂层的厚度值。

采用本试验时应注意各种因素对测量精度的影响，尽量减少或避免各种影响测量精度的因素。采用涡流测厚仪测量膜厚，一般有以下影响测量精度的因素：待测的覆盖层厚度、基体金属电性质、基体金属厚度、边缘效应、试样的曲率、试样表面的粗糙度、试样表面的附着物质、测厚仪的测头压力、测厚仪测头的放置、试样的变形、环境温度等。

为了保证测量精度，每台仪器在测量前都应进行校准，在基体材料的合金成分改变、试样形状改变及使用了较长时间等情况下建议进行再次校准，校准一般都采用没有涂层的基体试样进行零点校准和采用已知精确厚度值的校准标准片进行两点或多点校准，当采用的校准标准片为标准箔时，必须确保校准箔与基体紧密接触，避免使用有弹性的箔，以防止产生测量误差。

在进行测量操作时，应将探头平稳、垂直地置于清洁、干燥的待测试样上，测头置于试样上所施加的压力要保持恒定。通常由于仪器的每次读数并不完全相同，因此必须在任一测量面积内进行多次测量，并取其平均值。其具体操作参见 GB/T 4957 和 ISO 2360。

19.5　阳极氧化膜封孔质量

阳极氧化膜的封孔质量是极为重要的，它实际上意味着产品的使用寿命，封孔质量差的产品容易沾污，表面容易被腐蚀或产生其他不良的后果。从 1930 年代起，人们就已经认识到阳极氧化膜封孔的重要性，并进行了封孔质量的研究。但由于当时的研究还刚刚起步，还缺乏全面的理论知识，因此产品质量不够稳定，许多阳极氧化产品的使用寿命很短，容易沾污，更有甚者出现起粉等现象，因此如何了解阳极氧化产品的封孔质量被提上了议事日程，于第二次世界大战之后，人们开始采用各种功能试验来评价封孔质量。以下就一些应用较广的试验方法分别进行介绍。

19.5.1　指印试验

在铝合金阳极氧化工业发展初期，人们在使用中发现，氧化膜表面经常留有手指印痕，影响产品的美观，引起用户的不满。为了避免此类事情的发生，早在 1949 年版本的 BS 1615 标准中就规定了采用指印法检查氧化膜的封孔质量，此方法是采用橡胶"手指"来模拟人的手指进行试验，其操作是将橡胶"手指"放在试样的待测表面上 5min，然后移去并用丙酮擦干净以备检查。如果测试面上留有印痕，则说明封孔质量不合格。

19.5.2　酸处理后的染色斑点试验

本试验通过用酸处理后的抗染色力来评定阳极氧化膜的封孔质量。它是一种应用比较广泛的试验，适用于检验对有待于在大气曝露与腐蚀环境下使用的氧化膜，特别适用于检验对耐污染性有要求的氧化膜。但它不适用于检验铜含量大于 2％和硅含量大于 4％的铝合金基体上形成的氧化膜，重铬酸钾封孔后的氧化膜，涂油、打蜡、上漆处理过氧化膜，深色氧化膜以及厚度小于 $3\mu m$ 氧化膜。

对于本试验需要考虑的是，当封孔质量不良时如何使其显染色更明显以及选择最佳的染色剂。在英国标准中采用甲基紫醇溶液作为试验用染料，其操作是先在待测部位滴上 50％（体积分数）硝酸，经彻底漂洗后再在待测部位滴上染色溶液并保持 5min，然后移去并清洗干净，干燥后检查。若染色斑点能够完全去除，则说明试样通过此染色溶液的试验。后来发现尽管产品能够通过此染色试验，但是在使用中还有可能产生污点等缺陷。

德国采用绿色染料做试验。其操作是先对氧化膜进行脱脂处理，接着在待测部位滴上 50％（体积分数）硝酸并在室温下保持 10min，然后用清水冲洗干净，再在待测部位滴上 10g/L 铝绿 GLW 溶液保持 2min，经彻底漂洗和干燥后，采用标准染斑图进行比较以评价封孔质量。该试验与染紫试验相比，发现常与氧化膜的表面粗糙度有关，而这种染料也已不再生产，故这一试验越来越少用。

而我国 GB/T 8753.4 等同采用 ISO 2143 中的染色斑点试验方法。本试验方法有两种酸溶液可供选用，一种是 25mL/L 硫酸和 10g/L 氟化钾混合溶液，一种是 25mL/L 氟硅酸溶液。所采用的染色溶液亦有两类：一类是 5g/L 铝蓝 2LW 溶液，用稀硫酸或稀氢氧化钠溶液将其调整为 pH 5.0±0.5 的范围（温度为 23℃）；一类是 10g/L 山诺德尔红 B3LW 或铝红 GLW，用稀硫酸或氢氧化钠溶液将其调整为 pH 5.0±0.5 的范围（温度为 23℃）。

为求试验的准确性，本试验一般要求试样应从生产工件上直接选取。首先用蘸有丙酮或乙醇的棉花球将试样表面擦干净，使试样表面保持洁净、干燥并水平放置。接着用一滴酸溶液滴在试样表面，在试验溶液温度为 23℃的条件下保持 1min，除去酸溶液，并将试样表面清洗干净与干燥好，然后将一滴染色溶液滴在已用酸处理过的试样表面处，保持 1min，洗净染色液滴，用浸泡了悬浮溶液（由水和软质研磨剂配成，其中软质研磨剂为氧化镁等）的干净抹布将试样的试验表面彻底擦干净（时间约为 20s），并仔细冲洗和干燥。通过检查试验表面是否有染色斑点来评价阳极氧化膜的封孔质量。在标准中将试验后的试样分为 0～5

级，0 级封孔质量最好，5 级封孔质量最差，大部分验收标准规定 0、1 和 2 级为合格。

采用此试验应注意，当封孔槽液中含有钴或其他有机添加剂时，氧化膜抗染色力可能会有所降低。如果这时对封孔质量存在疑问，可采用有关检验封孔质量的仲裁试验方法加以评定。其具体操作参见 GB/T 8753.4、ISO 2143 和 EN 12373.4。

另外，在有些铝合金阳极氧化工厂中也存在着采用墨水在生产现场进行快速检验。其操作是当氧化产品下排后，用干布将水擦掉，然后用钢笔或签字笔在受检面上涂上墨水，保持几分钟后，用干净的湿抹布将试样受检面擦干净，通过检查试验表面是否染有墨迹来评价氧化膜的封孔质量。应注意的是此方法并非标准的试验方法，它有许多影响试验结果的因素，此方法仅能用于同一个企业在同一工艺条件下类比检查，作为生产现场初步的判断，最终产品的封孔质量如何，应以有关检验封孔质量的仲裁试验方法为准；但由于本试验方法非常快速，而且操作简单，对于生产企业封孔质量控制及节约生产成本还是有一定实际意义的。

19.5.3 酸浸蚀失重试验

本试验是通过铝及铝合金阳极氧化膜在试验溶液（如磷酸溶液、磷酸/铬酸混合溶液、磷酸钼酸钠溶液等）中浸蚀后的质量损失来评定其封孔质量。本试验主要适用于曝露在大气中以装饰和保护为目的，并偏重抗污染的阳极氧化膜；既适用于热封孔的阳极氧化膜，又适用于冷封孔的阳极氧化膜，但是冷封孔的材料应在封孔后 24h 以上取样试验。而对于通常不进行封孔处理的硬质阳极氧化膜、在重铬酸盐溶液中封孔处理过的阳极氧化膜、在铬酸溶液中生产的阳极氧化膜和经疏水处理的阳极氧化膜不适用采用本试验。

酸浸蚀失重试验包括磷铬酸试验、磷酸试验、磷酸钼酸钠试验等。磷铬酸试验最早为美铝公司所采用，由于与实际使用的相关性好，后来逐渐在美国及其他国家推广使用并发展成为阳极氧化膜封孔质量的仲裁试验。磷铬酸试验所采用的溶液与用重量法测定阳极氧化膜厚度的溶液相同，都是采用 20g/L 铬酸和 35mL/L 磷酸混合溶液，但试验温度不同。

为便于测量，通常所取的试样其质量不超过 200g，用干布擦去试样表面的霜斑，并在室温下用适当的有机溶剂对试样进行脱脂，干燥后称量，接着将试样浸入（38±1）℃的磷铬酸溶液中浸泡 15min。然后取出试样，将试样清洗干净、干燥后再次称量，并计算其失重。

英国 Survilla 和 Andrews 提出了一个改进方案，即先用 50% 硝酸进行预浸处理，试样经硝酸预浸后可改善其结果的再现性。而我国在封孔质量的评定标准方面，也增加了硝酸预浸的磷铬酸试验方法标准，我国标准参照 EN 12373.7 的规定采用 650mL/L 硝酸进行预浸处理。此方法与无硝酸预浸的磷铬酸试验的差异是，试样在磷铬酸溶液中浸泡之前，先放入温度为（19±1）℃的 650mL/L 硝酸溶液中浸泡 10min，其余的步骤相同，而失重是两次浸泡试验失重之和，因此硝酸预浸的磷铬酸试验更加严格。该方法尤其适用于建筑用铝合金阳极氧化膜封孔质量的检验，因此有些国家标准曾将硝酸预浸的磷铬酸试验作为阳极氧化膜封孔质量的仲裁试验，其失重规定为 30mg/dm² 以下为合格。

由于硝酸预浸磷铬酸试验和无硝酸磷铬酸试验的试验溶液中含有六价铬离子，对环境污染严重，因此近些年来，国内外相关专家都在致力于寻找与磷铬酸试验关联性较好的替代方法。通过多年来的试验研究，寻找到了许多替代方法，如硝酸预浸的磷酸试验、无硝酸预浸的磷酸试验、硝酸预浸的磷酸钼酸钠试验和无硝酸预浸的磷酸钼酸钠试验等。这些试验方法采用 1g/L 钼酸钠和 35mL/L 磷酸混合溶液或 35mL/L 磷酸溶液代替磷铬酸溶液进行试验。试验研究表明，采用 1g/L 钼酸钠和 35mL/L 磷酸混合溶液代替磷铬酸溶液进行试验，其试验结果与磷铬酸法的试验结果相关性比较好；而采用磷酸溶液代替磷铬酸溶液进行试验，其试验结果受试样基体裸露面积的影响比较大，随着试样基体裸露面积比例增大，磷酸法检测的封孔质量试验数据增加幅度比磷铬酸法的封孔质量试验数据大。因此，采用磷酸法检测阳极氧化膜的封孔质量最好是采用无基体裸露的试样进行或考虑对裸露的基体进行遮盖。其具体操作参见 GB/T 8753.1、ISO 3210、EN 12373.6 和 EN 12373.7。

对于酸浸蚀失重试验应注意以下几点。首先是试验前后两次试样的干燥方法对试验结果会产生影响，操作时必须保证前后两次干燥步骤完全相同，其干燥温度不应高于 63℃。其次是试验温度对试验结果影响很大，操作时应使用水浴和连续搅拌以保证溶液温度均匀。然后是试验溶液经处理一定数量的试样后会失效，因此要求每升溶液浸泡的若干试样的总有效表面积之和不得超过 10dm²，并且应避免溶液接触到铝及铝合金阳极氧化膜以外的材料。

19.5.4　导纳试验

本试验通过导纳法测定铝及铝合金阳极氧化膜经封孔后的表面导纳值，从而判断氧化膜的封孔质量。本试验方法系无损检验方法，其操作简单，可用于产品质量控制，也可以作为供需双方商定的验收方法。本试验一般不适用于检验膜厚小于 $3\mu m$ 的氧化膜。

铝及铝合金的阳极氧化膜可以等效为由若干电阻和电容在交流电路中经串联和并联组成电路。导纳值决定于以下变量：铝合金材质、封孔工艺、阳极氧化膜的厚度和密度、着色方法、封孔与测试之间的间隔时间和存放条件。

本试验应先对试样的测试部位用无水乙醇或丙酮进行脱脂处理；接着将导纳仪的一个电极接到试样上，与基体保持良好的电接触，再将用橡胶圈作成的电解池粘到试样的测试部位；在电解池内注入 35g/L 的硫酸钾或氯化钠溶液，并将导纳仪的另一个电极插入电解液中，当数值稳定后读取数值。试验所得到的导纳值不能超过要求的数值，氧化膜的导纳值越低则说明封孔质量越好。导纳的最大允许值（合格值）在国际上引起相当多的争议，当前依然随各国而异，如在德国把标准定为 $300/t\ \mu S$（t 为膜厚，μm），Bradshaw 等人研究了导纳值与酸化亚硫酸钠试验和染色斑点试验的相关性，认为导纳值为 $500/t\ \mu S$ 合格，这一结论已被英国 BS 1615 所采纳，而国际上定为 $400/t\ \mu S$ 为合格。但对于所有的深色氧化膜，导纳值要达到 $400/t\ \mu S$ 是不可能的。对于有些种类的着色氧化膜，其数据可由阳极氧化生产厂家和用户商定；而热水封孔槽液中加入某些添加剂后，必然会影响封孔氧化膜的导纳值，这时应采用仲裁试验进行检查。

导纳试验所测试的结果应按有关标准的规定进行修正运算，以便于对不同条件下测量数据进行比较。目前导纳试验仅在德国使用比较多，而在其他国家已很少使用。其具体操作参见 GB/T 8753.3、ISO 2931 和 EN 12373.5。

19.6　耐腐蚀性

铝合金产品表面处理的目的一般都是获得很好的装饰性能和防护性能，因此耐腐蚀性是铝合金阳极氧化及高聚物涂覆产品的一项重要的性能指标。氧化膜及涂层的防护性能受到以下因素的影响。

① 膜厚。一般来说，随着膜厚的增加，产品的耐腐蚀性能也增加。为了使其在使用环境

条件下有良好的耐腐蚀性,则必须保证产品有适当的膜厚。

② 生产的预处理工序。当预处理不符合要求时,则产品的耐腐蚀性差。

③ 基体铝合金成分。这是决定氧化膜耐腐蚀性的重要因素,例如铝合金中含有高铜成分时,则阳极氧化膜的耐腐蚀性差。

④ 阳极氧化膜的封孔质量。封孔质量不良则容易被沾污和腐蚀。

⑤ 高聚物涂料的性质。这是决定高聚物涂覆产品耐腐蚀性的重要因素,不同涂料的涂层其防护性能是不同的,其中以氟碳涂层的防护性能最佳,它优于丙烯酸涂层和聚酯涂层。

19.6.1　盐雾腐蚀试验

盐雾腐蚀试验是众多耐腐蚀试验中的一种常用的检验方法,由于影响产品腐蚀的因素很多,单一的抗盐雾腐蚀性并不能代替抗其他介质的性能,所以本试验的结果不能作为被试产品在所有使用环境中抗腐蚀性能的直接指南。尽管如此,本试验仍不失为检验产品耐腐蚀性能的一种重要方法。

(1) 中性盐雾腐蚀试验(NSS 试验)方法。本方法在专用的盐雾箱进行,在 35℃±2℃ 的条件下,通过压缩空气将中性的氯化钠溶液(其浓度为 50g/L±5g/L)雾化,然后沉降在试样表面。试验前应先在试样表面沿对角线划两条深至基体的交叉线,在经过规定试验时间后取出,小心清洗试样表面以备检查。在 GB/T 5237.5 中规定试验 4000h 后,要求在离划线 2.0mm 以外部分,涂层无腐蚀并无脱落现象为合格;而美国 AAMA 2603、AAMA 2604 和 AAMA 2605 要求具体参照 ASTM B117 的规定分别试验 1500h、3000h 和 4000h,试验后要求试样在划线区域或边缘的腐蚀等级至少达 7 级,其他部位起泡等级至少达 8 级。

为了确保试验结果的准确性,本方法在操作时应注意,在试验期间的试验温度、盐液流量和空气压力必须稳定在规定的范围内,而且要求使用过的喷雾溶液不可重复使用。

(2) 乙酸盐雾腐蚀试验(AASS 试验)方法。为了加速腐蚀,以求在较短的时间内检查产品的耐腐蚀性能,可以采用 AASS 试验方法对铝合金阳极氧化及高聚物涂覆产品进行检测。AASS 试验是采用冰醋酸或氢氧化钠将 50g/L±5g/L 的氯化钠溶液的 pH 值调节到 3.0~3.1(则盐雾箱内收集液 pH 值为 3.1~3.3),其余条件与中性盐雾腐蚀试验相同。在 Qualicoat 中规定试验时间为 1000h,其要求是在 10cm 长的划线部位其腐蚀面积不能超过 16mm²,单个腐蚀点的直径不能超过 4mm。

(3) 铜加速乙酸盐雾腐蚀试验(CASS 试验)方法。铜加速乙酸盐雾腐蚀试验方法是在乙酸盐雾腐蚀试验的溶液中加入 0.26g/L±0.02g/L 的氯化铜,盐雾箱内试验温度提高到 50℃±2℃,其余条件与乙酸盐雾腐蚀试验相同。在三种盐雾腐蚀试验中,CASS 试验对于铝合金阳极氧化膜的加速腐蚀性最快,非常适用于工厂生产检验。在 GB/T 5237.2~5237.5 中对 CASS 试验都作了规定,是评价产品有无耐腐蚀性能的有效方法。

以上三种试验方法其具体操作参见 GB/T 10125 和 ISO 9227。

19.6.2　含 SO_2 潮湿大气腐蚀试验

在城市大气中通常都含有 SO_2 和 CO_2 等酸性氧化物,对氧化膜及涂层会产生不利的影响。由于其腐蚀速度主要取决于 SO_2 的浓度和温度,因此本试验[又称克氏(Kesternish)试验]就是通过提高 SO_2 的浓度和温度来达到加速腐蚀的目的。

本试验最初用于检验汽车上装饰性的阳极氧化膜的耐腐蚀性,当时采用 2L SO_2 和 2L

CO_2 加入 300L 的容器中并加水 20L，将温度控制在 48～54℃ 之间。后来欧洲 Qualicoat 技术规范要求按照 ISO 3231 的规定执行，其中要求试验应在气密箱中进行，先在受检面上用刀划深至基体的交叉线，接着将试样置于试验箱内，然后关上设备，按规定通入 0.2L SO_2，并将温度控制在 (40±3)℃，经 24 个循环周期后检查试样的变化情况。要求肉眼观察无颜色变化、无起泡，交叉线两侧膜下渗透浸润不超过 1mm。其具体操作参见 ISO 3231。

19.6.3　马丘腐蚀试验

马丘（Machu）腐蚀试验来自欧洲 Qualicoat 技术规范，仅用于对铝合金型材产品的检测，主要检测的是产品的膜下耐丝状腐蚀性能。

马丘腐蚀溶液成分为：氯化钠 50g/L，冰醋酸 10g/L，过氧化氢（30%）5mL/L，pH 值为 3.0～3.3，试验温度为 (37±1)℃，试验时间为 48h。在试验前应先在试样表面用刀划深至基体的交叉线，接着将试样浸泡在试验溶液中 24h，然后加入 5mL/L 过氧化氢（30%），并用氢氧化钠或冰醋酸将 pH 值调节到 3.0～3.3 之间，再接着试验，直至试验达到规定的时间周期。试验要求试样在离划线 0.5mm 以外不能有腐蚀现象。

19.6.4　耐湿热腐蚀试验

温度和湿度对于产品的使用会产生影响，本试验通过控制一定的温度和湿度条件，在规定的试验周期后检查产品的变化情况，本试验适用于高聚物涂覆产品耐湿热性能的测定。

GB/T 1740 规定试样应垂直悬挂于温度为 (47±1)℃、相对湿度为 (96±2)% 的调温调湿箱中，在经过规定的时间后检查试样的外观破坏程度，并进行评级。试验结果一般分为三级，1 级最佳，试样表面仅有轻微变色，涂层无起泡、生锈和脱落等现象；3 级最差，试样表面破坏严重。

GB/T 5237.3—2017、GB/T 5237.4—2017 和 GB/T 5237.5—2017 规定，试验后试样表面综合破坏等级应≤1 级。美国 AAMA 2603、AAMA 2604 和 AAMA 2605 要求具体参照 ASTM D2247 或 ASTM D4585 的规定，分别将试样置于温度为 38℃，相对湿度为 100% 的调温调湿箱中 1500h、3000h 和 4000h，试验后要求无尺寸大于 8 号的小泡。

对于本试验应注意，在悬挂试样时其待测面不能相互接触；试样在放入调温调湿箱时，其温度和湿度将会有所下降，当温度和湿度回升到规定值时才可开始计算试验时间；检查时，应避免用手直接触摸待测表面。

19.6.5　耐碱腐蚀试验

本试验要求来自日本 JIS H8601 标准，试验方法按照 JIS H 8681-1 标准执行，而国际标准也正在制定耐碱性试验方法。我国原 GB/T 5237.2—2000 将该试验称为"滴碱试验"，而日本标准和国际标准草案中都称为"耐碱性试验"，考虑到称为"耐碱性试验"将会与本书后面耐化学稳定性中的"耐碱稳定性试验"相混淆，因此将本试验称为"耐碱腐蚀试验"。耐碱腐蚀试验主要用于考察阳极氧化膜的抗碱性物质腐蚀的性能。对于阳极氧化膜来说，其耐碱腐蚀性能相对比较差，当一定浓度的氢氧化钠溶液滴在阳极氧化膜表面之后，将很快对阳极氧化膜进行侵蚀，如果封孔不良或氧化膜疏松等原因而导致阳极氧化膜耐碱腐蚀性差时，其侵蚀速度将会更快，因此通过计算阳极氧化膜被穿透时间可用于评价阳极氧化膜的耐碱腐蚀性能。但由于氢氧化钠溶液对氧化膜的侵蚀速度快，给氧化膜耐碱腐蚀性能的评价带来一定的难度。日本 JIS H8681-1 规定了两种耐碱腐蚀试验方法，一种是滴碱试验，另一种是电极电位试验。

滴碱试验是基于阳极氧化膜的电绝缘性而提出的，铝基体是电的良导体，铝阳极氧化膜则是高电阻的绝缘膜，其绝缘性与氧化膜的厚度有关，在氢氧化钠溶液溶解氧化膜过程中，随着膜厚降低其电阻也慢慢降低，当电阻降低到一定数值（5000Ω 或更低）的时候可认为导电，此时即认为氧化膜被溶解。我国 GB/T 5237.2 参照日本方法制定了目视观察法，即在 35℃±1℃ 下，将 100g/L 氢氧化钠溶液滴在试样表面，目视观察液滴处直至产生腐蚀冒泡，计算其氧化膜被穿透时间，或者通过可测电阻的仪器测量其导电性来判定氧化膜溶解时间。

电位腐蚀试验是采用电极电位测量仪进行试验，试验温度为 35℃±0.5℃，试验溶液为 100g/L 氢氧化钠溶液，将约 1mm 试验溶液滴到待测面上，至仪表上显示 1.0mV 的电位时所持续的时间作为耐碱腐蚀性的指标。具体操作参见 JIS H8681-1。

19.6.6　丝状腐蚀试验

丝状腐蚀试验也是一种比较常见的腐蚀试验，丝状腐蚀一般从有机聚合物涂层的切割边缘或涂层局部损伤处开始产生，腐蚀形状为细丝状，通常腐蚀丝生长的长度和方向是不规则的，但接近平行，长度大致相等。

试验前应先在试样待测面上划两条相互垂直、至少 30mm 长的划痕，划痕应划穿至铝基体（0.05～0.1）mm。将试样置于装有盐酸的容器中，待测面朝下，试样划痕面与盐酸液面保持水平距离（100±10）mm，试样之间间隔应不小于 20mm。盖上容器盖子，在（23±2）℃温度下保持（60±5）min。取出试样，在 GB/T 9278 规定的标准条件下放置 15～30min，然后立即将试样放入恒温恒湿箱中，保持温度为（40±2）℃，相对湿度为（82±5）%，直至试验结束。试验结束后对试样丝状腐蚀情况进行检查，在检查过程中应注意试样在试验箱外停留时间不能超过 30min。具体操作参见 GB/T 26323、ISO 4623-2、EN 3665。

19.7　耐化学稳定性

耐化学稳定性用于对高聚物涂层质量的评价。国内外许多高聚物涂覆产品标准对耐化学稳定性都有规定，它是涂层的一项重要的性能指标，一般有四项试验方法。

19.7.1　耐酸试验

为了评价高聚物涂层的耐酸稳定性，国内外曾使用了多种试验进行检查，以下就两种常见的耐酸稳定性试验方法进行简要的介绍。

（1）盐酸试验方法。本试验方法来自美国 AAMA 2603、AAMA 2604 和 AAMA 2605，其操作是将 10 滴 10%（体积分数）的盐酸滴在样品的测试面上，并用表面皿盖住，在 18～27℃的环境温度下放置 15min，然后取下表面皿用自来水冲洗干净，晾干后检查，要求表面无气泡和其他明显变化为合格。

（2）硝酸试验方法。美国的 AAMA 2604 和 AAMA 2605 对涂层耐硝酸性也作了规定，其方法是将试样盖在装有半瓶 70% 硝酸的宽口瓶的瓶口，测试面朝下，经 30min 后用水冲洗干净并擦干，放置 1h 后，检查涂层颜色变化，要求颜色变化 $\Delta E_{ab}^{*} \leqslant 5$。我国 GB/T

5237.5 在参照美国标准（AAMA 2605）的基础上，制定出了与我国实际情况相结合的试验方法，它与美国标准中所规定的方法相似，只是将硝酸改为我国市面上容易买到的分析纯硝酸，在结果的评定方面要求颜色变化 $\Delta E_{ab}^* \leqslant 5$。通过对国内产品检验发现，电泳漆膜经本试验之后，其颜色变化一般都很小，但会出现起泡甚至脱膜现象；粉末喷涂膜经本试验之后，不同喷涂膜之间的颜色变化差异很大；而氟碳漆喷涂膜经本试验之后，其颜色变化一般都不会太大，可达到上述产品标准的要求。部分样品试验结果如表 19-1 所示。

表 19-1　电泳漆膜、粉末喷涂膜和氟碳漆喷涂膜耐硝酸试验结果

涂层种类	颜色	色差 ΔE_{ab}^*	表面状况
电泳漆膜	电泳香槟	0.21	有起泡现象
电泳漆膜	电泳香槟	0.24	有起泡现象
电泳漆膜	电泳香槟	0.77	有起泡现象
电泳漆膜	电泳银白	0.85	有起泡现象
电泳漆膜	电泳银白	0.13	有起泡现象
粉末喷涂膜	灰色	4.16	无起泡现象
粉末喷涂膜	蓝色	11.63	无起泡现象
粉末喷涂膜	绿色	3.94	无起泡现象
粉末喷涂膜	灰白色	11.22	无起泡现象
粉末喷涂膜	白色	0.31	无起泡现象
粉末喷涂膜	棕色	4.00	无起泡现象
氟碳漆喷涂膜	绿色	0.15	无起泡现象
氟碳漆喷涂膜	银灰色	3.65	无起泡现象
氟碳漆喷涂膜	灰色	0.17	无起泡现象
氟碳漆喷涂膜	银灰色	3.62	无起泡现象
氟碳漆喷涂膜	银灰色	0.71	无起泡现象
氟碳漆喷涂膜	绿色	0.32	无起泡现象

19.7.2　耐碱试验

本试验来自我国 GB/T 5237.3 和日本工业标准 JIS H 8602，试验采用凡士林或石蜡把玻璃（或合成树脂）环固定在试样的待测表面上，将 5g/L 氢氧化钠溶液注入环高的 1/2 处，并盖住环口，在（20±2）℃的环境温度下保持规定的时间后，用水清洗干净，放置 1h 后，用 10～15 倍放大镜观察试样的腐蚀情况，并按标准要求予以评级。

我国 GB/T 5237.3—2017 中规定试验时间为 24h，试验后要求达到 9.5 级以上为合格。日本 JIS H 8602—2010 中规定 A1 类、A2 类和 B 类产品试验时间为 24h，C 类产品试验时间为 8h，试验后要求达到 9.5 级以上为合格。

19.7.3　耐砂浆试验

本试验最初见于美国的 AAMA 2603、AAMA 2604 和 AAMA 2605 规范，一般用于检

验电泳涂漆复合膜、粉末喷涂层和氟碳漆喷涂层等高聚物涂层的耐碱性砂浆的能力，而铝合金阳极氧化膜耐砂浆性比较差，一般不要求做耐砂浆试验。

本试验采用 75g 建筑石灰和 225g 干砂，再加大约 100g 水混合成砂浆，并将其涂在试样表面，在温度为 38℃、相对湿度为 100% 的环境中放置 24h 后检查，要求表面砂浆容易抹去，残渣用湿布可擦掉，残余石灰用 10% 盐酸容易去掉，目视观察试样表面无脱落和其他明显变化。我国 GB/T 5237.3、GB/T 5237.4 和 GB/T 5237.5 中规定的试验与美国 AAMA 2605 等标准规定的试验大致相同，但英国 BS 6496 采用 15g 熟石灰、41g 普通水泥和 244g 标准砂混合而成的砂浆进行试验。

19.7.4　耐洗涤剂试验

美国标准 AAMA 2603、AAMA 2604 和 AAMA 2605 对耐洗涤剂试验都作了规定。本试验所采用洗涤剂溶液的浓度为 30g/L，其配方如下：焦磷酸（四）钠 53%，无水硫酸钠 19%，烷基苯磺酸钠 20%，水合硅酸钠 7%，无水碳酸钠 1%。在试验温度为 38℃ 下，将试样浸入洗涤溶液中 72h，接着用水冲洗并擦干，先用目视检查，其表面不应有气泡，然后用专用胶带紧贴于试样上，再快速撕离胶带，要求涂层不能有脱落。

我国 GB/T 5237.3、GB/T 5237.4 和 GB/T 5237.5 在参照美国标准的基础上制定了自己的标准，我国标准与美国标准所规定的方法基本相似，其主要差异在于我国标准所用的烷基苯磺酸钠具体明确为十二烷基苯磺酸钠。

19.8　耐候性

室外使用的铝合金阳极氧化或高聚物涂覆产品，耐候性是一项非常重要的性能指标。耐候性是阳极氧化膜或高聚物涂层在自然气候诸因素作用下的耐久性，它反映了表面处理膜抵抗阳光、潮湿、雨、露、风、霜等气候条件的破坏作用而保持原有性能的能力。耐候性好的产品其使用寿命长，色泽经久不变。耐候性差的产品在室外使用一段时间后，其表面处理膜可能出现颜色变化大、光泽损失率高等现象，影响其装饰性，甚至可能出现粉化、开裂、起泡、生锈、霉点、斑点、沾污和表面处理膜剥落等恶劣的影响。

影响产品耐候性的因素很多，包括表面膜层的性能、阳极氧化着色的生产工艺条件、阳极氧化膜的封孔质量、涂层的固化温度和固化时间以及颜料的颜色等。

19.8.1　自然曝露耐候试验

自然曝露试验是了解产品的耐候性的常用方法，也称为大气腐蚀试验，其试验数据是非常重要的基础性数据。为了使试验样板能充分承受大气各因素的作用，作为试验用的曝露场地应平坦、空旷、不积水，并保持当地的自然植被状态，草高不能超过 30cm；如有积雪时，不要破坏积雪的自然状态；其四周障碍物至曝露场的距离通常要求至少是该障碍物高度的 3 倍。曝露场附近应无工厂烟囱、通风口和能散发大量腐蚀性化学气体的设施，以避免局部严重污染的影响。工业气候曝露场应设在工厂区内，盐雾气候曝露场应设在海边或海岛上。为了了解曝露场的环境状况，曝晒场内应设置气象观测仪器，位于国家气象站附近的曝露场，可直接利用该气象站的观测资料。气象资料主要包括：气温、湿度、日照时数、太阳辐射量、降雨量、风速、风向等。工业气候曝露场应测定大气中腐蚀性化工气体和杂质含量；盐雾气候曝露场应测定大气中氯化钠含量。

试验用曝露架由不影响试验结果的惰性材料（如木材、钢筋混凝土、铝合金或经涂刷防腐蚀涂料的钢材）制成，结构要求坚固，经得起当地最大风力的吹刮。试验前，应先观测涂膜的外观，如光泽、颜色以及要求测定的物理力学性能，并做好原始记录，主要包括：底材种类、表面处理方式、涂料名称、原始光泽、膜厚、涂膜表面状态以及投试日期等。由于曝露试验的结果会随投试季节而改变，因此对曝露投试季节应作规定，一般规定在每年春末夏初。进行曝露试验时，曝露架面向赤道。为了使样板表面接受最大的太阳辐射量，应将曝露架面与地平线成当地纬度角安装，曝露架的底端离地面不小于 0.5m。曝露架的摆放应保证架子空间自由通风，避免互相遮挡阳光和便于工作，行距一般不小于 1m。样品的检查周期通常以年和月作为耐候性测定的计时单位，投试三个月内，每半个月检查一次；投试三个月后至一年内，每月检查一次；投试超过一年后，每三个月检查一次。当天气骤变时，应随时检查，如有异常现象应做记录或拍照。位于风沙、灰尘较多的曝露场，应经常用软扫帚打扫样品表面，使样品充分受到大气因素的作用。试验结果的检查项目通常包括失光、变色、裂纹、起泡、斑点、生锈、泛金、沾污、长霉和脱落等。

由于不同地方其气候环境条件不同，产品在不同的地方自然曝露的试验结果不同。为了客观、公正地评价产品的耐候性，应该选择能代表各种气候类型最严酷的地区或在受试产品实际使用环境条件下的地方建立曝露场。其具体规定参见 GB/T 9276—1996。

按 ISO 2810 规定，美国佛罗里达州海洋大气腐蚀站是国际标准推荐的标准试验场，也是各国普遍采用的标准试验场。试验周期应保持试样待测面向上，以 45°朝南置于样品架上进行曝露，每年四月开始，经规定试验时间后检查试样的变化情况。欧洲 Qualicoat 规范规定：1 级粉末涂料试验一年，1.5 级粉末涂料试验两年，2 级粉末涂料试验三年，3 级粉末涂料试验十年，并且每年都要检查试样的变化情况；试验结束后所检查的项目是光泽保持率和颜色变化。而美国 AAMA 2603、AAMA 2604 和 AAMA 2605 中分别规定试验时间为一年、五年和十年，试验结束后所需检查的项目有颜色变化、粉化程度、光泽保持率和膜厚变化。

我国也在各种气候条件下建立了一系列大气腐蚀曝露场，有代表亚湿热工业气候的广州大气腐蚀试验场和武汉大气腐蚀试验场，代表湿热气候的琼海大气腐蚀试验场，代表亚湿热高原气候的昆明大气腐蚀试验场和苍山大气腐蚀试验场，代表寒冷气候的海拉尔大气腐蚀试验场，以及代表寒冷高原气候的西宁大气腐蚀试验场等。海南岛的纬度和气候条件比较接近于美国佛罗里达州，广州电器科学研究院气候试验中心管理的海南琼海大气曝露试验场可望成为铝型材的定点试验场所。

19.8.2　人工加速耐候试验

自然曝露试验虽然可以比较真实反映产品的使用寿命，但该试验也受到诸多不确定因素的影响，即自然环境随季节、气象、地理、地形的变化其自然曝露的影响也随之变化，而且更主要的是试验周期很长，不适用于企业生产时的质量控制。为了便于生产控制，企业往往采用人工加速耐候试验来检查产品的耐候性。人工加速耐候性试验是采用专用的模拟自然环境条件的试验设备进行试验，它可以大大缩短试验时间，便于指导企业生产。

一般来说，采用人工加速耐候试验其破坏进程与曝露在自然气候条件下所发生的破坏进程之间的相关性是难以确定的，因为到达地球表面的阳光，其辐射特性和能量随气候、地点和时间而变化。进行自然阳光曝露时，影响破坏进程的因素除太阳辐射外，还有许多因素，如温度、温度的周期性变化和湿度等。不过，通过大量的重复性试验，在特定的地理位置下，人工加速破坏与自然气候破坏之间的相关性是可以得到改进的。

尽管人工加速耐候试验无法完全再现自然气候条件，但是人工加速耐候试验作为一种评价产品耐候性的试验方法还是很有用的。它可用于确定不同批次材料的质量与已知对照样品是否相同，只要严格按照规定的试验条件进行测试，其评定结果也可用于确定产品是否合格。

为了使试验产生与自然阳光照射相同的效果，所采用的试验光源应尽可能与阳光的光谱分布相类似。目前国内外主要采用三种人工加速耐候试验方法，即荧光紫外灯人工加速耐候试验方法、氙灯人工加速耐候试验方法和碳弧灯人工加速耐候试验方法。我国采用氙灯人工加速耐候试验方法和荧光紫外灯人工加速耐候试验方法，日本和韩国采用碳弧灯人工加速耐候试验方法，Qualicoat 技术规范只规定氙灯人工加速耐候试验方法，而美国 AAMA 2603（旧版本规定了人工加速耐候试验，但在 2002 版标准中已将人工加速耐候试验取消了）、AAMA 2604 和 AAMA 2605 未采用人工加速耐候试验，在标准中只规定了自然曝露试验。以下就这三种试验方法进行分别阐述。其具体描述参见 ISO 4892.1—2016 和 GB/T 16422.1—2006。

（1）荧光紫外灯人工加速耐候试验方法。本试验方法采用荧光紫外灯人工加速耐候仪进行检测。荧光紫外灯人工加速耐候仪是一台模拟自然环境具有破坏效果的实验室设备，它可用于预测材料曝露于室外环境下的相对耐久性。它以一套冷凝系统模拟雨露现象，以荧光紫外灯模拟太阳紫外光照射现象，并装有温度自动控制系统。采用本设备进行循环试验就如同产品置于室外进行曝露雨淋，经本设备试验几天或几周将可能造成曝露在室外几个月或几年才可能发生的破坏效果。

在做本试验时，有以下事项应加以注意。首先是荧光紫外灯的选择，荧光紫外灯分为UV-A（包括 UV-A340、UV-A351、UV-A355 和 UV-A365，其中 UV-A340 灯模拟从300～340nm 的阳光的性能比其他灯更好）、UV-B、UV-C、UV-D、UV-E 等多种类型，各种类型的荧光紫外灯出现最大峰值的波长是不同的，其紫外光能量分布也是不同的，而这些差异将会引起试验结果有较大的不同。在 GB/T 16585 中规定，一般使用 UV-B 灯。而 ISO 4892.3 中推荐选用 UV-A 灯或 UV-A 组合灯。

其次是辐照度的控制，辐照度的设定对试验结果有很大的影响，通常辐照度越高，试样的破坏速度越快。GB/T 16585 中规定，试样表面所接受的 280～400nm 波长范围的辐照度通常不大于 $50W/m^2$。由于荧光紫外灯光能量输出随使用时间而逐步衰减，为了减少因为能量的衰减对试验结果造成的影响，应采取一些有效的方法进行补救。对于有太阳眼控制器的荧光紫外灯加速耐候仪应定期进行校准，当无法达到设定值时应更换紫外灯。对于无太阳眼控制器的荧光紫外灯加速耐候仪应在 8 支灯中每隔 1/4 的灯寿命时间，在每排由一支新灯替换一支旧灯，其余灯按顺序换位，使荧光紫外灯按顺序定期更换。

再次是试验温度的设定，通常温度越高，试样的破坏速度越快。GB/T 16585 推荐选用以下试验条件：4h 紫外光曝露（一般温度为50℃±3℃，根据材料的特性和应用环境可选用60℃±3℃或其他温度），接着 4h 冷凝（温度为 50℃±3℃）。如果需要亦可采用 8h 紫外光曝露（一般温度为 50℃±3℃，也可选用 60℃±3℃或其他温度），接着 4h 冷凝（温度为

50℃±3℃）。ISO 4892.3 推荐：4h 紫外光照射（温度为 60℃±3℃）接着 4h 冷凝（温度为 50℃±3℃），或 5h 紫外光照射（温度为 50℃±3℃，相对湿度为 10％±5％）接着在紫外光照射的同时喷水（温度为 20℃±3℃）1h。最后是试样安装位置，在试验周期应定期调换曝露区中央和曝露区边缘的试样位置，以减少不均匀的曝露。

试验结束后应按要求对颜色变化、光泽损失率和粉化程度等项目进行评价。其具体规定参见 ISO 4892.3、GB/T 16422.3 和 GB/T 16585。

（2）氙灯人工加速耐候试验方法。本试验方法是采用氙灯辐射耐候仪进行检测。氙灯辐射耐候仪是一台模拟自然气候作用或在（窗）玻璃遮盖下试验所发生的破坏过程的设备。它装有具有滤光系统的辐射源、温湿度调节系统等装置，耐候仪通过控制有限的几个变量来达到加速破坏的目的。

在自然气候曝露过程中，太阳辐射是产品破坏的主要原因，对于曝露于玻璃板下的（太阳）辐射原理是相同的。因此，对人工气候曝露和人工辐射曝露而言，模拟这个参数是特别重要的。氙灯辐射耐候仪采用氙灯作为光辐射源，辐射光经过不同滤光系统能改变所产生的辐射的光谱分布，可分别模拟太阳的紫外光和可见光辐射（即方法 1：人工气候曝露试验）或与通过 3mm 厚窗玻璃滤过的太阳紫外光和可见光辐射（即方法 2：人工辐射曝露试验）的光谱分布。辐照度是关键性试验参数，方法 1 通常设定 300～400nm 之间的平均辐照度为 60W/m²，或在 340nm 处为 0.51W/m²；方法 2 通常设定 300～400nm 之间的平均辐照度为 50W/m²，或在 420nm 处为 1.1W/m²。当供需双方商定使用高辐照度的试验时，则也可选择以下辐照度：方法 1 可设定 300～400nm 之间的平均辐照度为 60～180W/m²，或在 340nm 处为 0.51～1.5W/m²；方法 2 可设定 300～400nm 之间的平均辐照度为 50～162W/m²，或在 420nm 处为 1.1～3.6W/m²。试验时，要求到达试样表面任何一点的辐照度的变化不应超过到达整个表面上辐照度算术平均值的±10％，否则在试验周期内要定期调换试样位置，使试样在每个位置得到同样的曝露。

氙灯和滤光器使用后会老化，导致运行过程中相对光谱能量分布的变化和辐照度的降低。因此，氙灯和滤光器要定期更换，光谱能量分布及辐照度保持恒定。此外，脏物的积累也会使氙灯和滤光器产生变化，因此定期清洁是有必要的。

试验温度对于试样的破坏进程有重要影响，必须严格按规定控制试验温度。黑标准温度通常控制在（65±2）℃或黑板温度通常控制在（65±2）℃，当选测颜色变化项目进行试验时，则黑标准温度通常控制在（55±2）℃或黑板温度通常控制在（50±2）℃。需要注意的是，黑标准温度为 65℃或 55℃与黑板温度的 63℃或 50℃并不是等同的关系，通常黑板温度为 63℃或 50℃意味着试样表面温度相应要比黑标准温度的 65℃或 55℃高。这四种试验温度代表着四种不同的测试条件，每一种测试条件的测试结果会不相同。

试验仪器内的相对湿度也是一项重要的控制参数，对于人工气候曝露试验一般采用 18min/102min（润湿时间/干燥时间），在干燥期间的相对湿度控制在 60％～80％；而人工辐射曝露试验的相对湿度一般控制在 40％～60％。其具体规定参见 ISO 4892.2 和 GB/T 1865。

在 GB/T 5237.3～5237.5—2017 中规定采用 GB/T 1865 中方法 1 的循环 A 进行，其中 GB/T 5237.3 分为三个耐候性等级，分别连续照射 1000h、2000h 和 4000h，试验后要求粉化为 0 级、光泽保持率≥75％、变色程度 ΔE_{ab}^{*}≤3.0；GB/T 5237.4 分为三个耐候性等级，经过 1000h 连续照射后要求Ⅰ级粉末涂料的涂层光泽保持率＞50％、变色程度 ΔE_{ab}^{*} 不大于

YS/T 680—2016 附录 D 的规定值，Ⅱ 级粉末涂料的涂层光泽保持率＞90％、变色程度 ΔE_{ab}^* 不大于 YS/T 680—2016 附录 D 规定值的 50％，Ⅲ 级粉末涂料的涂层经 4000h 连续照射后要求光泽保持率＞75％、变色程度 $\Delta E_{ab}^* \leqslant 3.0$；GB/T 5237.5 中规定经过连续照射 4000h 后要求涂层不应产生粉化现象（0 级），光泽保持率≥75％、变色程度 $\Delta E_{ab}^* \leqslant 3.0$。

（3）碳弧灯人工加速耐候试验方法。本试验方法采用碳弧灯辐射耐候仪进行检测。碳弧灯辐射耐候仪是一台模拟和强化自然气候的人工加速耐候试验设备。它所采用的光源是开放式碳弧灯光源，并装有滤光系统、控温系统、控湿系统和喷水系统等装置，通过控制几个主要的影响因素，来达到加速破坏的目的。

碳弧灯光源由上、下碳棒之间的碳弧构成，碳弧灯发出的辐射中含有大量自然阳光中所没有的短波紫外辐射，经选择合适的滤光器过滤后，可滤掉大多数短波辐射，得到试验所需要的光谱能量分布。随着使用时间的增加，滤光器的透光性能会因玻璃的老化和积垢等因素而产生变化，因此需定期清洗和更换。滤光片的使用寿命为 2000h，如出现变色、模糊、破裂时，应立即更换。为了尽可能使滤光器长期保持一致的透光性，建议每 500h 以一对新滤光片替换一对使用时间最长的滤光片。

另外，为了使每个试样面尽可能受到均匀的辐射，应定期以一定次序变换试样在垂直方向的位置。当试验时间不超过 24h 时，应使每个试样与光源的距离相同；当试验时间不超过 100h 时，建议每 24h 变换试样位置一次。当然经有关双方协商后，也可使用其他变换试样位置的方法。

本试验的喷水系统是通过试验箱内的喷嘴将试样表面均匀喷湿和迅速冷却。水质对于试样的破坏进程是有影响的，为了满足水的纯度要求，可在喷水系统上连接水质处理装置，如过滤器和水质软化器等；在规定条件下，也可使用蒸馏水、软化水或去离子水间歇喷淋试样表面。

采用连续光照试验时应对试验条件严格加以控制，除非另有规定，一般推荐采用以下循环试验：黑板温度一般为（63±3）℃，相对湿度一般为（50±5）％，喷水时间/不喷水时间为 18min/102min 或 12min/48min。如果需要，亦可以选用更复杂的暗周期循环曝露程序，使试验箱内有较高的相对湿度，并在试样表面形成凝露。其具体规定参见 ISO 4892.4 和 GB/T 16422.4。

19.9　硬度

表面处理膜层的硬度是一项重要的物理性能，直接影响膜层的一些重要性能，如耐磨损性、耐摩擦性以及产品清洗难易等。按照表面处理膜层的不同，分别进行压痕硬度试验、铅笔硬度试验和显微硬度试验。

19.9.1　压痕硬度试验

本试验主要用于检测高聚物涂层的硬度，试验采用巴克霍尔兹压痕仪进行检测，尤其用于检测膜厚要求较高的产品的抗压痕性。

由于压痕深度受涂层厚度的影响，因此只有在涂层厚度符合规定值时，所测得的抗压痕性结果才是有效的。另外，采用本试验所测定的结果与时间、温度和湿度有关，为了使测得的结果具有可比性，必须保证试验在符合规定的条件下进行。试验一般在温度（23±2）℃，相对湿度50％±5％的条件下进行。操作时将压痕器轻轻地放在试板适当的位置上，放置时应首先使装置的两个脚与试样接触，然后小心地放下压痕器，放置（30±1）s后，将压痕仪移去，移去压痕仪时应注意先抬起压痕器，接着抬起装置的两个脚。移去压痕仪后（35±5）s内用精确到0.1mm的显微镜测定所产生的压痕长度，并计算出其抗压痕性。为了减少偶然误差，一般应在同一试样的不同部位进行5次测量，并计算其算术平均值。其具体操作参见GB/T 9275。

GB/T 5237.4和欧洲规范Qualicoat对抗压痕性作了规定，要求涂层的抗压痕性不小于80。

19.9.2 铅笔硬度试验

本试验主要适用于有机高聚物涂层硬度的测定。试验采用已知硬度标号的铅笔刮划涂层，并以铅笔的硬度标号来确定涂层硬度。由于铅笔尖对试验结果有重要的影响，因此本试验对于铅笔尖的制备有严格规定，要求笔芯呈圆柱状，并将笔芯垂直靠在砂纸上慢慢研磨，直至铅笔尖端磨成平面，边缘锐利为止。本试验方法取自GB/T 6739—2006《色漆和清漆铅笔法测定漆膜硬度》，该标准等同采用ISO 15184—2012的规定。对于铅笔硬度试验通常有两种试验方法，一种是试验机法，另一种是手动法，这两种试验方法在旧版GB/T 6739—1996中都有规定。在新版GB/T 6739—2006中推荐采用试验机法，对于手动法虽然认可，但未给出具体的操作方法。

试验机法是采用铅笔硬度试验仪进行测定，首先将已削好的铅笔插入到试验仪器中并用夹子将其固定，使仪器保持水平，铅笔的尖端放在涂层表面上，当铅笔的尖端刚接触到涂层后立即推动试板，以0.5～1mm/s的速度朝离开操作者的方向推动至少7mm的距离，在30s后目视检查涂层表面是否有划痕，根据涂层表面出现划痕的情况再进行如下操作：①如果未出现划痕，则在未进行过试验的区域采用较高硬度标号的铅笔重复试验，直至出现至少3mm长的划痕为止。②如果已经出现超过3mm的划痕，则在未进行过试验的区域采用较低硬度标号的铅笔重复试验，直至超过3mm的划痕不再出现为止。然后以没有使涂层出现3mm及以上划痕的铅笔的硬度标号表示涂层的铅笔硬度。本试验应平行测定两次，并确保两次试验结果一致，否则应重新试验。GB/T 5237.3—2017中规定复合膜硬度≥3H，GB/T 5237.5—2017中规定喷漆涂层硬度≥H，而美国AAMA 2603规定涂层硬度至少达H，AAMA 2604和AAMA 2605规定涂层硬度至少达F为合格。

19.9.3 显微硬度试验

试验采用显微硬度计进行测量，以规定的试验力，将具有一定形状的金刚石压头以适当的压入速度垂直地压入待测覆盖层，保持规定的时间后卸除试验力，然后测量压痕对角线长度，并将对角线长度代入硬度计算公式进行计算或根据对角线长度查表，从而获得维氏和努氏显微硬度值。本试验适用于金属覆盖层中的电沉积层、自催化镀层、喷涂层的维氏和努氏显微硬度测定，也适用于铝合金阳极氧化膜的维氏和努氏显微硬度测定。

由于试验采用显微镜直接观察试样上的压痕对角线长度，这就要求试样待测表面不允许粗糙，而涂层表面相对比较粗糙，因此一般都在试样的横截面上测定显微硬度，试验前应对试样进行适当的化学、电解或机械抛光处理。

本试验有诸多影响硬度准确度的因素，比如采用的试验力、压头的速度、试验力的保持时间、振动、试样的表面粗糙度和表面曲率、试样的方位、显微镜分辨率以及压痕位置等。根据覆盖层不同应选择相适应的试验力，对于铝合金阳极氧化膜宜采用 0.490N 的试验力。在正常情况下，试验力应保持 10～15s，当保持时间小于 10s，则硬度值可能偏高。另外，为了获得准确的结果，试样的膜厚应符合规定的要求，并应选择适当的显微镜和放大倍数。其具体规定参见 GB 9790 和 ISO 4516。

19.10　耐磨性

阳极氧化膜及涂层的耐磨性能与膜的质量及使用情况密切相关，可以反映膜的耐摩擦、耐磨损的潜在能力，是氧化膜及涂层的一项重要的性能指标。氧化膜及涂层的耐磨性能主要取决于铝合金成分、膜的厚度、高聚物涂料的固化条件、阳极氧化条件和封孔条件等。当阳极氧化温度不正常升高时，它对氧化膜质量所产生的影响可通过磨损试验进行鉴别。

19.10.1　喷磨试验仪检测耐磨性

试验采用喷磨试验仪测定表面处理膜的平均耐磨性，本试验适用于膜厚不小于 5μm 的所有氧化膜的检验，尤其适用于检验区直径为 2mm 的小试样和表面不平的试样。由于不同批次的磨料会使试验结果产生一定的误差，所以本试验只是一种相对的检验方法。

磨料对试验结果会有影响，因此对磨料应该作出规定。本试验推荐采用碳化硅颗粒作为试验用磨料，其粒度最好为 105μm 或 106μm。磨料使用前应在 105℃ 下进行干燥；然后进行粗筛，以保证磨料中没有大的颗粒或条状物。磨料经多次使用后会有磨损，因此在使用一定次数后（一般可重复使用 50 次）应弃置，而改用新的磨料进行试验。

在试验前应对仪器进行校正，以便得到试验时所需要的喷磨系数；在一系列的检测中，每天按校正步骤检验 1～2 次，以便对喷射流或磨损特性随时间的变化进行校正。校正时应选好标准试样的磨损面并作标记，用测厚仪精确地测量受检面的膜厚。将标准试样固定在试样支座上，其受检面与喷嘴相对，并与喷嘴成正确角度（通常为 45°～55°）。再在供料漏斗中加入足够量的碳化硅，如果耐磨性能是按磨料用量来测量，则应称量供料漏斗中的磨料质量，精确到 1g。把压缩空气或惰性气体的流速调整到 40～70L/min、压强为 15kPa，并在整个试验周期始终保持在这一设定值。在整个试验周期内应保证磨料喷射自如，当磨损面中心出现一个直径为 2mm 的小黑点时，应立即停止喷砂和计量器。记录试验时间，如果需要还应称取供料漏斗中所剩磨料的质量，精确到 1g，从两次称量中计算出磨穿膜层时所需的碳化硅质量。然后在标准试样的其他部位至少再进行两次测量。

测试时，用待测试样置换标准试样按校正步骤进行。为了达到控制质量的目的，在试验中可以使用协议参比试样进行比较；当需要时，也可以用协议参比试样来替代标准试样进行校正。其具体操作参见 GB/T 12967.1 和 ISO 8252。

19.10.2　轮式磨损试验仪检测耐磨性

试验采用轮式磨损试验仪测定铝及铝合金表面处理膜的耐磨性及磨损系数。本试验适用于氧化膜的厚度不小于 5μm 的板片状试样检验，对于氧化膜的整个层厚以及表层或任意选定的氧化膜的某一层都可以用本试验测定其耐磨性和磨损系数。而表面凹凸不平的阳极氧化试样不适用于采用本试验。

本试验所采用的研磨纸带宽为 12mm，碳化硅的粒度为 $45\mu m$（320 目）。在试验前应对仪器进行校正。校正时应选好标准试样的磨损面并作标记，用测厚仪测量受检面的平均膜厚。将标准试样固定于仪器的检测位置上，在研磨轮的外缘上绕上一圈碳化硅纸带，调节研磨轮，保证在规定的研磨宽度内检验表面的磨损量均匀一致，研磨轮与检验表面之间的力应调到 3.92N。仪器运行 400 次双行程后，取下标准试样仔细清扫，并测量检验面上的平均膜厚。然后在标准试样的其他部位至少再进行两次测量。

测试时，用待测试样置换标准试样按校正步骤进行，并计算出相对磨损率。为了减少误差，所用的研磨纸带应与校正时使用的纸带是同一批次的。对于着色阳极氧化膜或硬质阳极氧化膜的检验，如果检验面上的膜厚损失小于 $3\mu m$，可通过调节研磨条件进行研磨。例如：增加研磨轮与检验面之间的力；采用较粗的碳化硅纸带；增加双行程的次数等方法进行研磨。

本试验也可以通过称量试验前后的质量损失量，并计算出相对磨损率来评价膜的耐磨性能。另外，为了检验膜层沿厚度方向每层的耐磨性能变化情况，可采用分层检验法进行检验。其操作是，采用适宜的双行程数，一层一层地重复磨损与测量厚度，直至基体金属裸露为止。然后计算出膜厚和耐膜性变化的关系，以及计算出耐磨系数和磨损系数，还可以绘制膜厚和双行程之间的关系图。其具体操作参见 GB/T 12967.2 和 ISO 8251。

19.10.3　落砂试验仪检测耐磨性

落砂试验方法在 GB/T 5237.2～5237.5 和 GB/T 8013.1～8013.3 中都有规定，在美国、日本等国家都有相应的方法标准。试验采用落砂试验仪测定膜的磨耗系数来评价膜的耐磨性能。本试验所用的磨料一般有两种，一种是 80♯黑碳化硅，另一种是标准砂（各国标准所规定的标准砂会有区别）。为了保证试验结果的准确性，试验用磨料必须是干燥的，试验室的相对湿度不能大于 80%，并且要注意避风。

采用黑碳化硅作为磨料进行测试时，应先用测厚仪测量试样表面处理膜的厚度，再将试样固定于仪器的试样支座上，其受检面向上，并与导管相对，受检面与导管成 45°。接着倒入已知质量的磨料，让磨料自由落下并将流速控制在 320g/min 左右，当磨损面中心出现一个直径约为 2mm 的小黑点时，应立即停止落砂。再次称量所剩磨料的质量，计算出磨耗系数。GB/T 5237.2—2017 中规定氧化膜的磨耗系数 $\geqslant 330g/\mu m$；GB/T 5237.3—2017 中规定电泳产品复合膜的耐磨性 $\geqslant 3300g$。而 GB/T 5237.4—2017 和 GB/T 5237.5—2017 参照美国 ASTM D968 的规定采用标准砂（两个标准规定的标准砂不同）作为磨料，其流量控制为 16～18s 内流出 2L，直至逐渐磨出直径为 4mm 的基材为止。GB/T 5237.4—2017 规定其磨耗系数应不小于 $0.8L/\mu m$，GB/T 5237.5—2017 规定其磨耗系数应不小于 $1.6L/\mu m$，美国 AAMA 2604—2013 规定其磨耗系数应不小于 20L/mil（1mil＝0.0254mm）。AAMA 2605—2013 规定其磨耗系数应不小于 40L/mil。其具体操作参见 ASTM D968。

在实际检验工作中发现，本试验操作比较困难，试验结果容易造成比较大的误差。首先，磨料存在差异。不同批次不同厂家生产的磨料都可能产生差异，有专家曾经分析过中日两国四家企业的 80♯黑碳化硅，四家企业的 80♯黑碳化硅的密度有差异，其中日本的 80♯黑碳化硅的密度比中国的 80♯黑碳化硅的密度大些。其次，导管角度控制困难。导管应竖直向下，以确保磨料自由落下冲刷试样待检面，否则将可能对试验结果产生比较大的影响，因此如何保证导管竖直向下，保证落砂的集中下落是保证数据准确性的前提。

19.10.4　砂纸擦拭检测耐磨性

砂纸擦拭试验方法适用于硫酸阳极氧化膜耐磨性的测定，通过使用玻璃砂纸擦拭来评价阳极氧化膜的耐磨性。如果阳极氧化膜比砂纸硬，则砂纸容易在阳极氧化膜表面上滑动，阳极氧化膜仅仅被抛光；如果砂纸比阳极氧化膜硬，当磨料咬入阳极氧化膜时会感觉到一定的阻力，阳极氧化膜被磨损，并且大量的白色粉末沉积在砂纸上。通过此试验就可以确定阳极氧化膜是否比玻璃砂纸更硬。

试验时，先将干燥的 00 号玻璃砂纸制成 12mm 宽、150～200mm 长的砂纸条。将砂纸条缠绕在厚度为 6～8mm、宽度约为 30mm、长度约为 40mm 的弹性支撑件上（支撑件的硬度应为 30～70 国际橡胶硬度，即 IRHD，通常采用橡胶或软塑料铅笔橡皮擦作为支撑件），磨料面向外，将砂纸条紧紧地压在阳极氧化膜表面上，来回擦拭 10 次（擦拭 1 个来回计为 1 次），擦拭长度为 25～30mm 的。擦拭完 10 次后，检查与阳极氧化膜接触的砂纸部位。如果砂纸表面仅有少许粉末沉积物，不完全填充在磨料颗粒之间，则可认为去除的是非常薄的表面封孔灰，说明阳极氧化膜比玻璃砂纸硬，阳极氧化膜的耐磨性是合格的。如果有疑问，可用干布擦拭测试区域，重新使用一个新砂纸在原测试区域重复试验。具体操作参见欧洲 Qualicoat 规范。

以上试验方法是通过测试后的砂纸表面的粉末沉积物来判断阳极氧化膜耐磨性是否合格，该方法也可以通过测量试验后阳极氧化膜膜厚损失来评价阳极氧化膜耐磨性是否合格。其操作是参照上述操作在待测面上来回擦拭 50 次，每擦拭 10 次后应清除测试面的粉末颗粒并更换新砂纸再进行擦拭。擦拭完 10 次后，清洁测试表面，并测量测试表面阳极氧化膜的厚度以及紧挨测试部位未被擦拭部位的阳极氧化膜厚度，以未擦拭部位的阳极氧化膜厚度与擦拭部位的阳极氧化膜厚度之差作为膜厚损失量。如果膜厚损失量超过 $2\mu m$，则认为该阳极氧化膜耐磨性不合格。

19.11　附着性

附着性主要是针对高聚物涂层而提出的性能要求。显而易见，附着性是涂层一项至关重要的性能指标，如果附着性差，涂层容易脱落，这必将影响产品的使用性能。在实际生产中影响涂层附着性的因素有很多，如基材预处理清洗不干净，这是实际生产中最常见原因之一；预处理时无铬转化膜、铬化膜或磷铬化膜不合格；喷涂前基材上的水未烘干；涂层固化不完全；在生产电泳产品过程中氧化膜起粉、汤洗温度太高、烫洗时间太长等因素都会影响涂层的附着性。

19.11.1　附着性划格试验

（1）干式附着性试验方法。本试验方法是在以直角网格图形切割涂层穿透至基材时来评定涂层从基材上脱离的抗力。本试验方法主要用于实验室检验，但也可以用于现场检验。本试验方法不适用于涂层厚度大于 $250\mu m$ 的涂层，也不适用于有纹理的涂层。

　　为了保证测试结果的准确性，应确保切割刀具有规定的形状和刀刃情况良好。一般规定切割刀具的刀刃为 20°～30°，也可以选择其他的尺寸。胶黏带对试验结果也有影响，因此对胶黏带作出规定，一般规定采用宽 25mm，黏着力为 (10±1)N/25mm 的胶黏带。由于涂层厚度会影响附着性，因此试验用样品的涂层厚度必须符合规定的要求。对于切割间距应该作出规定，GB/T 9286 对于切割间距的规定如下：切割间距取决于涂层厚度和基材类型，一般来说，对于铝及铝合金产品，涂层厚度 0～60μm 其间距为 1mm；61～120μm 其间距为 2mm；121～250μm 其间距为 3mm。

　　试验时应先在试样表面切割 6 条规定间距的平行直线，所有切割线都应划透至基材表面。然后重复上述操作，在与原先切割线垂直方向作相同数量的平行切割线，并与原先切割线相交，以形成网格图形。用软毛刷在网格图形上轻扫几次，再将胶黏带紧密地贴在网格图形上，为了确保胶黏带与涂层接触良好，可用手指尖用力蹭胶黏带。贴上胶黏带 5min 内，在 0.5～1.0s 内以尽可能接近 60°的角度平稳地撕离胶黏带。然后按标准的规定进行评级，在 GB/T 9286—1998 中将试验结果分六级，0 级为切割边缘完全平滑，无一格脱落；5 级最差，有较大面积的脱落。在 GB/T 5237.3～GB/T 5237.5、欧洲 Qualicoat 和美国 AAMA 2605 等标准中都规定涂层无脱落（0 级）为合格。其具体操作参见 GB/T 9286 和 ISO 24092。

　　(2) 湿式附着性试验方法。GB/T 5237.3～5237.5 和美国 AAMA 2605 等标准中对湿式附着性也作了规定，其具体操作是按干式附着性试验方法的规定进行划格，接着把试样放在 (38±5)℃的蒸馏水或去离子水中浸泡 24h，然后取出并擦干试样，在 5min 内进行检查，其检查方法与干式附着性相同。要求涂层无脱落（0 级）为合格。

　　(3) 沸水附着性试验方法。GB/T 5237.4、GB/T 5237.5 和美国 AAMA 2605 等标准中还对沸水附着性作了规定，其具体操作是按干式附着性试验方法的规定进行划格，接着把试样放在温度不低于 95℃的蒸馏水或去离子水中煮沸 20min，试样应在水面 10mm 以下，但不能接触容器底部。然后取出并擦干试样，在 5min 内进行检查，其检查方法与干式附着性相同。要求涂层无脱落（0 级）为合格。

19.11.2　附着性仪器试验

　　本试验采用附着性测定仪进行圆滚划痕，按圆滚线划痕范围内的涂层完整程度评级，以评价涂层的附着性。

　　本试验所用的附着性测定仪的针头应保持锐利，否则可能对试验结果产生影响。测定时，将试样放在试验台上，按顺时针方向均匀摇动摇柄，速度以 80～100r/min 为宜，使产生的圆滚线划痕标准图的标准回转半径为 5.25mm、图长为 (7.5±0.5)cm。然后用毛刷扫去划痕上的碎屑，用四倍放大镜检查划痕并评级。本试验结果共分为七级，一级附着性最佳，七级附着性最差。其具体操作参见 GB/T 1720。

19.12　耐冲击性

　　耐冲击性采用冲击仪进行检测，通过固定质量的重锤落于试样上是否引起涂层破坏来评价涂层的质量。本试验适用于漆膜耐冲击性的测定，对于建筑用铝合金型材表面的静电粉末喷涂膜可参照采用本试验方法。

本试验有众多因素对试验结果产生影响，比如喷涂前的预处理工序、涂层厚度以及冲击仪的冲头直径等。为客观、准确地评价产品的耐冲击性能，检验时必须严格按标准的规定进行。本试验有两种试验方法，一种是正冲试验方法（重锤直接冲击受检面），如 GB/T 5237.4—2017、GB/T 5237.5—2017 和美国 AAMA 2605 等标准的规定；一种是反冲试验方法（重锤冲击受检面的背面），如欧洲 Qualicoat（第 15 版）的规定。国内外标准规定的冲击试验操作基本相似，GB/T 5237.4—2017 和 GB/T 5237.5—2017 规定，本试验采用标准试板进行检测。当采用标准试板进行检测时，试板用厚度为 1.0mm 的 H24 或 H14 的纯铝板作基材，其涂层应当与产品采用同一工艺且在同一生产线上制得。除另有规定外，一般应在（23±2）℃的温度和 50%±5%的相对湿度条件下进行测试，所采用的冲头直径为 16mm，重锤质量为（1000±1）g。试验时将试样受检面朝上（正冲试验）或将试验受检面朝下（反冲试验），试样受冲击部分距边缘不小于 15mm，每个冲击点的边缘相距不小于 15mm。然后将重锤置于适当的高度自由落下，直接冲击在试样上，使之产生一个深度为（2.5±0.3）mm 的凹坑，并观察凹坑及周边的涂层变化情况。GB/T 5237.4—2017 中 I 级粉末涂层、欧洲规范 Qualicoat 中 1 级粉末涂层要求涂层经冲击试验后不能有开裂和脱落现象；GB/T 5237.4—2017 中 II 级、III 级粉末涂层、欧洲规范 Qualicoat 中的 1.5 级、2 级、3 级粉末涂层和 AAMA2604 等标准中还采用了胶黏带紧贴于受冲击处，然后迅速撕离胶黏带，要求涂层无脱落。其具体操作参见 GB/T 1732。

19.13 抗杯突性

抗杯突性采用杯突试验仪进行检测，它通过杯突试验仪使试样逐渐变形，以评价涂层抗开裂或抗与金属底材分离的性能。本试验可按规定的压陷深度进行试验，评定涂层是否合格；也可以逐渐增加压陷深度，以测定涂层刚出现开裂或开始脱离底材时的最小深度。

众多因素会对试验结果产生影响，比如喷涂前的预处理工序、涂层厚度以及温湿度等。为客观、准确地评价产品的耐冲击性能，试验时必须注意各因素的影响。本试验一般要求采用标准试板进行检测，试板用厚度为 1.0mm 的 H24 或 H14 的纯铝板作基材，其涂层应当与产品采用同一工艺且在同一生产线上制得。除另有规定外，一般应在（23±2）℃的温度和 50%±5%的相对湿度条件下进行测试，所采用的冲头直径为 20mm。试验时将试板牢固地固定在固定环与冲模之间（注意使冲头的中心轴线与试板的交点距板的各边不小于 35mm），并将冲头的半球形顶端以每秒（0.2±0.1）mm 恒速推向试板，直到达到规定深度。试验后以正常视力或经同意采用 10 倍放大镜检查涂层的变化情况。GB/T 5237.4—2017 中规定：涂层经压陷深度为 5mm 的杯突试验后，I 级粉末涂层应无开裂和脱落现象，II 级、III 级粉末涂层允许有轻微开裂现象，但采用胶黏带进一步检验时，涂层表面应无粘落现象。而欧洲规范 Qualicoat 中规定：涂层经压陷深度为 5mm 的杯突试验后，1 级粉末涂层不能有开裂和剥落现象；1.5 级、2 级、3 级粉末涂层采用胶黏带紧贴于杯突变形处，然后迅速撕离胶黏带，要求涂层无脱落现象。其具体操作参见 GB/T 9753 和 ISO 1520。

19.14　抗弯曲性

抗弯曲性是采用弯曲试验仪进行检测的，它将试样绕圆柱轴弯曲，观察涂层的变化情况，从而评价涂层弯曲时抗开裂或从金属底材上剥离的性能。本试验用于对色漆、清漆涂层（包括单层或多层系统）抗弯曲性的测定，建筑用铝合金型材静电粉末喷涂膜也可参照采用此试验所规定的方法。本试验可按规定的圆柱轴直径进行试验，评定涂层是否合格；也可以依次使用圆柱轴（圆柱轴直径从大到小）进行试验，以测定涂层刚出现开裂或开始脱离底材时的最小直径。

由于涂层厚度对本试验结果会产生影响，因此试样的涂层厚度应符合规定的要求。本试验一般要求采用标准试板进行检测，试板用厚度为 1.0mm 的 H24 或 H14 的纯铝板作基材，其涂层应当与产品采用同一工艺且在同一生产线上制得。除另有规定外，试验应在（23±2）℃的温度和（50±5）%的相对湿度下进行。试验时首先将试样插入弯曲试验仪中，并使涂层面朝座板，然后在 1～2s 内平稳地弯曲试样，使试样在轴上转 180°。弯曲后不将试样从仪器上取出，立即以正常视力或经同意采用 10 倍放大镜检查涂层的变化情况。GB/T 5237.4—2017 中规定：涂层经曲率半径为 3mm 的弯曲试验后，Ⅰ级粉末涂层应无开裂和脱落现象，Ⅱ级、Ⅲ级粉末涂层允许有轻微开裂现象，但采用胶黏带进一步检验时，涂层表面应无粘落现象。而欧洲规范 Qualicoat 中规定：涂层经圆柱轴约为 5mm 的弯曲试验后，1 级粉末涂层不能有开裂和剥落现象；1.5 级、2 级、3 级粉末涂层采用胶黏带紧贴于弯曲变形处，然后迅速撕离胶黏带，要求涂层无脱落现象。其具体操作参见 GB/T 6742 和 ISO 1519。

19.15　涂层聚合性能

有机聚合物涂层的聚合性能是采用有机溶剂对涂层进行检查，以考察涂层是否完全固化，聚合试验也称耐溶剂试验。聚合试验可作为涂层的在线控制，以检查铝合金产品有机聚合物膜涂装生产时的固化作用是否已经完成。

我国 GB/T 5237.4—2017 和 Qualicoat（第 15 版）的试验方法基本一致，其操作是将一棉条浸于溶剂（粉末涂层采用二甲苯，液体涂层采用丁酮作溶剂）中，在 30s 内在待测试样上轻轻来回擦拭 30 次，放置 30min 后进行检查。本试验将结果共分为四级，四级判别如下：1 级涂层很暗很软；2 级涂层很暗，能用手指甲划出划痕；3 级涂层光泽稍有损失（光泽降低小于 5 个光泽单位）；4 级无明显变化，手指甲划无划伤。其中 3 级和 4 级为合格，1 级和 2 级不合格。

我国 GB/T 5237.3—2017 和 GB/T 5237.5—2017 对耐溶剂性试验方法进行了修改（原标准为 2008 年版），具体操作为：在室温环境下，用至少六层医用纱布包裹 1kg 的重锤锤头（锤头与试样表面接触面积约为 150mm²），吸饱试验溶剂（复合膜以二甲苯作为试验溶剂，氟碳漆膜以丁酮作为试验溶剂）后在试样表面上沿同一直线路径，以每秒 1 次往返的速率，来回擦拭 100 次（擦拭一个来回计为 1 次）。试验过程中应保持纱布湿润。试验结束后，目视检查试验后的漆膜表面。电泳涂漆产品要求经耐溶剂性试验后，型材表面不露出阳极氧化膜；喷漆产品要求经耐溶剂性试验后，型材表面不露出基材。

19.16　阳极氧化膜绝缘性

　　阳极氧化膜绝缘性的检验主要是针对以绝缘性能为目的的氧化膜以及以击穿电位原理制定工艺规范的氧化膜。在一般情况下，击穿电位法仅适用于对封孔和干燥后的氧化膜进行检验，不适用于涂漆或其他覆盖层的检验。

　　击穿电位法是基于氧化膜的介电性能和绝缘性能而拟定的。所测电压是指电流瞬间通过氧化膜的电压值。击穿电压的大小取决于氧化膜的厚度及其他因素，其中比较重要的是：表面状态、基体金属的合金成分、封孔效果、工作的干燥及陈化程度。

　　采用击穿电位法检验时，应注意以下几点：①在球电极上所施加的力必须确定，应恒定在 0.5～1N；②将两个电极放在平滑的或经过加工的试样上时，彼此之间应相距几厘米，也可以放在曲率半径大于 5mm 的曲面上，但应距离锐角边缘 5mm 以上；③对于窄试样，检验应在长轴上进行，但电极应离边角至少 1mm。其具体操作参见 GB/T 8754、ISO 2376 和 EN 12373.17。

19.17　阳极氧化膜抗变形破裂性

　　虽然在一些产品标准中对阳极氧化膜的抗变形破裂性一般未作为要求提出，但是在一些有特殊要求的产品中，如在阳极氧化后需加工变形，其氧化膜的抗变形破裂性是有必要了解的。本试验通过弯曲变形法来评价氧化膜的抗变形性能，主要适用于板材表面厚度小于 $5\mu m$ 的薄阳极氧化膜的检验。

　　本试验的操作是将试样固定在一个具有一定曲率半径并带有刻度值的专用装置上，试样有效面向外。然后使试样沿着螺线方向逐渐弯曲，试样弯曲的方式应紧挨着测量仪器进行，弯曲完毕后用螺钉将试样固定，并在阳极氧化试样上标出出现裂纹位置所对应的最小刻度值，并用该值计算出试样的百分弯曲率以评价其抗变形性。其具体操作参见 GB/T 12967.5。

19.18　阳极氧化膜抗热裂性

　　阳极氧化膜抗热裂性是用于评价阳极氧化膜在比较高的温度环境条件下保持膜完整性（例如不出现裂纹）的能力。在铝型材产品标准 GB/T 5237.2 中对阳极氧化膜抗热裂性未作要求，但我国标准 GB/T 8013.1 美国 AAMA 611-02 对阳极氧化膜提出了抗热裂性的要求。通过试验发现，对于冷封孔的阳极氧化膜来说，一般阳极氧化膜越厚，其抗热裂性相对差些，而封孔质量越好，氧化膜抗热裂性可能反而会更差。因此，在生产控制中应引起注意，切不可片面追求某一性能而导致其他性能不合格。

抗热裂性试验的具体操作是将恒温箱加热到 46℃（此温度为 GB/T 8013.1 的规定，美国 AAMA 611 规定为 49℃），接着将阳极氧化样品置于恒温箱中并保温 30min，取出样品目视检查表面有无裂纹。如无裂纹，则提高 6℃继续保温 30min，然后再目视检查表面有无裂纹。如此依次提高 6℃重复试验 30min，直至试验温度达到 82℃不出现裂纹为合格。

19.19　薄阳极氧化膜连续性

薄阳极氧化膜的产品容易出现阳极氧化膜连续性差的现象，从而产生可见瑕疵。本部分采用硫酸铜试验法快速检验铝及铝合金薄阳极氧化膜的连续性。一般用于对阳极氧化膜表面的可见瑕疵进行判断，例如当对氧化膜表面的可见瑕疵存有疑问时，可用本方法来判断该瑕疵是否为局部裸露出基体金属的缺陷。

硫酸铜试验法的试验原理是基于：当试验面积内具有裸露出的基体金属或氧化膜覆盖不良时，铜在铝表面发生化学沉积，同时伴有气体放出。试验后便可以在氧化膜的不连续处观察到黑点或红点。用硫酸铜溶液进行检验时，可以用肉眼或借助放大镜进行观察，同时在裸露基体金属的部位立即有气体析出。其操作是在（20±5）℃的温度下，将四滴 20g/L 硫酸铜溶液滴在干净的试样表面，保持 5min。然后检查试样表面黑点或红点的数目，如有需要亦可估算黑点或红点的平均直径，从而作出评价。其具体操作参见 GB/T 8752、ISO 2085 和 EN 12373.16。

19.20　耐沸水性

耐沸水性主要是针对高聚物涂层而提出的，它通过沸水试验后的涂层表面是否有气泡、皱纹、水斑和脱落等缺陷来评价产品的质量。在铝合金型材生产企业中此项性能指标常常被用于检查铝合金表面处理生产时的前处理工序是否合格，虽然由于涂料本身的原因以及生产中的其他原因也会产生此项不合格。

沸水试验通常有两种试验方法，一种是常压沸水试验，另一种是高压水浸渍试验。欧洲 Qualicoat（第 15 版）对两种试验方法都有规定，我国 GB/T 5237.3—2017 和 ISO 28340—2013 是采用常压沸水试验，而 GB/T 5237.4—2017 和 GB/T 5237.5—2017 是采用高压水浸渍试验。

常压沸水试验具体操作是：采用沸水浸渍试验，在烧杯中注入去离子水或蒸馏水至约 80mm 深处，并在烧杯中放入 2~3 粒清洁的碎瓷片。在烧杯底部加热至水沸腾。将试样悬立于沸水中煮 5h（欧洲 Qualicoat 规定的试验时间是 2h）。试样应在水面 10mm 以下，但不能接触容器底部。在试验过程中保持水温不低于 95℃，并随时向杯中补充煮沸的去离子水或蒸馏水，以保持水面高度不小于 80mm。取出并擦干试样，目视检查沸水浸渍试验后的漆膜表面（试样周边部分除外），要求经耐沸水浸渍试验后，漆膜表面应无皱纹、裂纹、气泡，并无脱落或变色现象，然后按划格法进行附着性测试，要求漆膜附着性应达到 0 级。

高压水浸渍试验具体操作是：在压力锅中注入去离子水或蒸馏水，将试样垂直置于水中，但不能接触容器底部，加热至压力达 0.1MPa±0.01MPa，并保持恒压 1h 后，取出并擦干试样，目视检查试验后膜层表面的变化情况，要求经高压水浸渍试验后，膜层表面应无脱落、起皱等现象，然后按划格法进行附着性测试，要求涂层附着性应达到 0 级。

19.21　光反射性能

产品外表面的光反射性能会影响产品的外观质量，当两种产品外表面的光反射性能差别很大时，纵使二者颜色完全一样，也能很容易地看出其外观上的差异，因此对于装饰性产品外观质量的检查也应考虑其光反射性能的检查。采用目视法检查光反射性能具有一定的难度，这是因为它受观察者的性别、年龄以及疲劳度等因素的影响，因此对于光反射性能往往采用各种光学仪器进行测量。对于光反射性能通常可用全反射率、镜面反射率、镜面光泽度、漫射反射率和影像清晰度等进行评价。

19.21.1　镜面光泽度的测量

试验采用光泽计以 20°、60° 和 85° 的几何角度测定涂层的镜面光泽度。其中 60° 法适用于所有光泽范围的涂层，但对于光泽很高的涂层或接近无光泽的涂层，20° 法或 85° 法则更为适宜。20° 法对高光泽涂层可提高鉴别能力，适用于 60° 光泽度高于 70 单位的涂层；85° 法对低光泽涂层可提高鉴别能力，适用于 60° 光泽度低于 10 单位的涂层。本试验方法不适用于测定含金属颜料涂层的光泽度。

本试验所用光泽计由光源部分和接收部分组成。光源经透镜使平行或稍微会聚的光束射向涂层表面，反射光经接收部分透镜会聚，经视场光阑被光电池所吸收，然后通过接收器测量仪表测得数值。接收器测量仪表所测得的数值与通过接收器视场光阑的光通量成正比。采用本试验方法测定光泽，所用的试样必须是平整性好的表面上的涂层，如果底材稍微弯曲或局部不平整都会严重影响测定结果。另外，所用试样的膜厚必须符合规定的要求，受检表面流平应与产品相同，其表面必须干净，不可用手触摸受检表面，因为这些因素都会对测定结果产生影响。其具体规定参见 GB/T 9754 和 ISO 2813。

在现有光泽计中除了以上规定的 20°、60° 和 85° 几何角度光路外，有的仪器还采用 45° 和 75° 等几何角度来测定产品外表面的镜面光泽。测定镜面光泽时，应选择恰当的几何角度进行测量，由于不同几何角度测出的镜面光泽度不同，因此报告中应注明是采用哪种几何角度测量的镜面光泽度。

19.21.2　反射率测量

（1）积分球测量法。本方法采用积分球仪测量铝及铝合金阳极氧化膜表面的总反射和漫反射特性，利用积分球仪在接近试样表面法线的不同入射角，使光照射在试样表面上，测量试样的总反射和漫反射。本方法还可用于测量镜面反射（主光泽度）、镜面反射值和漫反射值，但不适用于测量照明灯反光器。

本方法所用的积分球仪由光源、积分球装置、光电池、信号放大器和记录器、显示器或计算装置组成。入射光束照在试样表面，并反射到积分球内，光线在球中自动集聚，光电池测量的平均光通量就是反射光的强度。积分球仪分为偏转式和固定式两种类型。偏转式积分球仪中的球体可以绕着通过样品固定台的垂直轴转动，球体转动范围为 9°±1°。Ⅰ型固定式积分球仪的试样台是固定的，积分球内壁上开有一个与入射口同样大小的孔，用以接收镜面反射光；这个接收口还配有可拆换帽盖，黑色帽盖能够吸收镜面反射光，用于测量漫反射，白色帽盖用于测量总反射。Ⅱ型固定式积分球仪的球体是固定的，但试样可以倾斜，当测量漫反射时，试样放置在与入射光垂直的位置上；当测量总反射时，则使入射光线与试样表面法线的夹角为 $9°\pm1°$。其具体规定参见 GB/T 20505、ISO 6719 和 EN 12373.12。

(2) 角度仪或遮光角度仪测量法。本方法用于测定具有高光泽阳极氧化铝表面反射性能，也适用于测定其他具有高光泽的金属表面，但不适用于测定表面处理成漫反射的金属表面，也不适用于测定表面颜色。

角度仪或遮光角度仪所用的光源一般都是 CIE 规定的标准照明体 C（或 D_{65}），其入射光方向为 $30°$，而观测方向分别为 $-30°$、$-30°\pm0.3°$、$-30°\pm2°$、$-30°\pm5°$、$-45°$。仪器在使用前应采用标准样品进行校准，测量时应使测量面与试样的纵向平行，夹紧试样保证在观测过程中足够平直。为了找准试样的纵向，可转动试样夹具，使得到的镜面反射率或影像清晰度达到最佳值为止。纵向观测后，将试验样旋转 $90°$，进行横向观测。其具体规定参见 GB/T 20506、ISO 7759 和 EN 12373.13。

(3) 条标法。本方法采用条标片和明度标片，目视测定阳极氧化膜表面影像清晰度，它仅适用于测定能反映条标影像的平滑表面。阳极氧化膜表面影像清晰度由影像分辨度、影像畸变度和浑度值三项光反射特性确定，而这三项特性是通过目视评定试样表面上的条标黑白线影像获取的。仪器所用的条标片由两块半透明的双层塑料片或玻璃片构成，每块上面由横、竖两种排布方式、不同宽度的黑白线构成各级条标。一块是 1～6 级条标，另一块是 6～11 级条标；同级条标中黑线和白线的宽度相等，且完全平行，各级中 1 级最宽，11 级最窄，其中 7 级以上各级用来评定影像清晰度较高的表面。明度标片是一组 18 片不同明度值的中性色标片，其范围为 1.0～9.5，间隔为 0.5。

用于检测的试样表面应平整，尺寸一般需大于 $90mm\times65mm$。测量时将适当的条标片（1～6 级或 6～11 级）置于观测箱内，再将箱体放置于试样上。照亮条标片，观察从试样反射出的条标黑白线，通过确定横、竖方向分辨清楚黑白线影像的最高级别即可得到横、竖方向的影像分辨度级别。确定影像分辨度以后，再观察其黑线在宽度上的畸变程度，即可确定试样横、竖方向影像畸变度级别。而对于浑度值的测定是将明度标片置于观测箱内，用 1 级条标黑线进行比较，可找到能分辨出这级黑线影像的明度标片，则该片的明度值即为试样的浑度值。通过测得的影像分辨度、影像畸变度和浑度即可计算出试样的影像清晰度。其具体规定参见 GB/T 20504 和 ISO 10215。

19.22 涂层加工性能

对于建筑或其他用途的经表面处理的铝合金产品，免不了要进行锯、铣、钻等机械加工处理，因此高质量的高聚物涂层的可加工性是一项非常实际的监测项目。

涂层的机械加工性能与涂层的其他性能具有一定的关联性。当出现前处理不合格、涂层附着性差、涂层本身质量差以及固化条件不佳等情况时，都可能引起涂层加工性能不合格。在实际使用中发现，当涂层的其他所有性能都合格时，一般不会出现涂层加工性能不合格现象，在其他一些产品标准中也可能忽略了对涂层的加工性能进行检测，但在欧洲 Qualicoat

技术规范中对涂层的加工性能作了明确规定，其操作是使用适合于铝合金的锋利刀具进行锯、铣、钻操作，然后检查涂层表面状况，要求涂层无碎屑和开裂为合格。

参考文献

[1]　Brace，A. W.. The Technology of Anodized Aluminum，3rd edit. Modena；Interall Srl.，2000.

[2]　Qualicoat（第 15 版，中文版）. 建筑用铝型材表面喷漆、粉末涂装的质量控制规范.

[3]　Qualanod；2017（中文版）. 硫酸系铝阳极氧化标准.

[4]　AAMA 2603—2013. Voluntary Specification，Performance Requirements and Test Procedures for Pigmented Organic Coatings on Aluminum Extrusions and Panels.

[5]　AAMA 2604—2013. Voluntary Specification，Performance Requirements and Test Procedures for High Performance Organic Coatings on Aluminum Extrusions and Panels.

[6]　AAMA 2605—2013. Voluntary Specification，Performance Requirements and Test Procedures for Superior Performing Organic Coatings on Aluminum Extrusions and Panels.

[7]　朱祖芳. 铝合金建筑型材有机聚合物喷涂层的性能检测方法兼国家标准与国外标准的内容比较：[技术报告]. 广州：2003.

[8]　朱祖芳. 铝合金建筑型材有机聚合物喷涂膜的性能分析及质量评价. 电镀与涂饰，2008，27（12）：25-30.

[9]　朱祖芳. 铝合金建筑型材阳极氧化电泳复合膜的性能分析及质量评价. 材料保护，2008，41（6）：47-50.

[10]　朱祖芳. 铝合金建筑型材阳极氧化膜的性能分析及质量评价. 电镀与涂饰，2008，27（4）：30-33.

[11]　朱祖芳. 铝阳极氧化膜性能检测. 北京：国家有色金属材料质量检测中心，1994.

[12]　夏秀群，梁金鹏. 氧化膜封孔质量试验方法——磷钼酸浸泡法. 中国有色金属通报（2017 年增刊），2017：36-39.

[13]　梁金鹏，夏秀群. 氧化膜封孔质量试验方法——磷酸浸泡法. 中国有色金属通报（2017 年增刊），2017：40-42.

[14]　卢继延，戴悦星. 铝合金建筑型材阳极氧化膜滴碱试验方法的探讨//Lw2004 铝型材技术（国际）论坛文集. 广州：广东省有色金属学会加工学术委员会，2004：614-616.

[15]　潘学著，谢国安，梁裕铿. 喷涂涂层耐丝状腐蚀试验结果及分析. 中国有色金属通报（2017 年增刊），2017：137-141.

[16]　朱祖芳. 铝合金建筑型材表面技术发展和质量评价分析：[技术报告]. 广州：2007.

[17]　戴悦星. 耐溶剂性试验的探讨//Lw2007 铝型材技术（国际）论坛文集. 广州：广东省有色金属学会加工学术委员会，2007：712-714.

第**20**章
铝表面处理生产的环境管理

环境管理是对损害人类和自然环境质量的人的活动施加影响的一种行为，其内涵是通过规范和限制人类的观念和行为，以求达到人类社会的发展与自然环境的承载力相协调。随着工业化进程的不断深入，环境污染问题已经变得越来越突出。环境污染给生态系统造成直接的破坏和影响，如沙漠化、温室效应、酸雨及臭氧层破坏等，使人类赖以生存的环境质量下降，影响人类的生活质量和身心健康，并可能诱发癌症。当水体被污染后，污染物通过饮用水或食物链（污染物在食物链上往往具有放大作用）进入人体，将引起急性或慢性中毒甚至致癌。

常见的铝表面处理工艺主要有阳极氧化、电泳涂漆、粉末喷涂、液相喷漆四大类。在引进国外技术及国产化的过程中，重点放在结合当时国内的技术水平、自然资源、人力资源等特点，从管理的便捷和生产成本廉价等因素考虑比较多，环境效应关注得非常少。目前铝表面处理的环境污染已经得到广泛关注，生产过程中的环境友好已经成为行业的共识，我国对大气、水质和土壤污染物的管理日趋严格和具体，并且不断提出新的要求。所以对铝表面处理过程中产生的水污染物、大气污染物和固体物的治理方案、治理措施以及管理方法，甚至在某些工艺路线方面，从当前环保要求的角度去审视，都存在许多不尽人意之处。

因此，对生产过程中所产生的污染物（如水污染物中的镍）给环境造成的真实影响进行科学评估，制订合理的行业排放限值；对固体物中所含物质（如高含量氧化铝泥渣）进行科学分析，对固体物进行合理准确的定性以实现资源化利用，减少固体污染物（危废）的量；对水污染物根据属性的不同分别形成或适当合并环境治理回路，分开进行沉淀和浓缩减量，以减轻对环境的影响；对生产工艺和装备进行优化和研发，变污染型为环保型生产；对污水的循环利用和重金属的回收利用等方面开展研究已迫在眉睫，这不仅关系到铝表面处理行业的可持续高质量发展，也直接影响到每个企业的生产经营秩序和污染物治理或处置成本。

20.1 污染物排放限值的规定与环境管理

2007年国家环境保护总局发布的《加强国家污染物排放标准制修订工作的指导意见》提出，"国家级水污染物和大气污染物排放标准的排放控制要求，主要应根据技术经济可行性确定，并与当前和今后一定时期内环境保护的总体要求相适应"，其中对新设立污染源，应根据国际先进的污染控制技术设定严格的排放控制要求，对现有污染源应根据较先进技术设定排放控制要求，并规定在一定时期内达到或接近新设立污染源的控制要求。

20.1.1　水污染物排放限值的规定与环境管理

在使用过程中由于丧失了使用价值而被废弃外排并使受纳水体受到影响的水统称为污水。根据污水的来源将其分为工业污水和生活污水两大类。其中工业污水又可分为生产污水和冷却污水。工业生产污水具有水量和水质变化大、组分复杂、污染严重、危害性大及效应持久、处理难度大等特点，常含有大量有毒有害的重金属、强酸、强碱、有毒的有机化合物、生物难于降解的有机物、油类污染物、放射性毒物、高浓度营养性污染物等。不同工业的生产污水，其水质差异很大，需要控制的污染物质也不尽相同，为此污水排放的污染物及其允许排放限值也有差异。

（1）我国水质标准体系。我国水质标准从水资源保护和水体污染控制两方面考虑，分别制订了水环境质量标准和污水排放标准，是水污染控制的基本管理措施和重要依据。我国的水环境质量标准体系分为天然水体水质标准、用水水质标准和再生利用水水质标准三类。

在各种天然水体环境质量标准中，最为重要的是《地表水环境质量标准》（GB 3838—2002）。标准根据水域环境功能和保护目标，将水体划分为五类：Ⅰ类适用于源头水、国家自然保护区；Ⅱ类适用于集中式生活饮用水地表水源地一级保护区、珍稀水生生物栖息地、鱼虾类产卵场、幼鱼的索饵场等；Ⅲ类适用于集中式生活饮用水地表水源地二级保护区、鱼虾类越冬场、洄流通道、水产养殖区等渔业水域及游泳区；Ⅳ类适用于一般工业用水区、人体非直接接触的娱乐用水区；Ⅴ类适用于农业用水区及一般景观要求水域。

（2）我国污水排放标准简介。污水排放标准对所排放污水中污染物质规定最高允许排放浓度或限量阈值。污水排放标准体系根据适用范围还可分为综合排放标准、行业排放标准和地方排放标准。

① 综合排放标准。我国现行的综合排放标准最重要的是《污水综合排放标准》（GB 8978—1996）。该标准适用范围广，不仅适用于排污单位污染物的排放管理，也常常用于建设项目的环境影响评估、建设项目的环境保护设施的设计、竣工验收以及建设项目投产后的排污管理等方面。GB 8978—1996 中允许排放的限值按地面水域使用功能要求和污水排放去向分别执行一、二、三级标准。对排入重点保护水域、生活饮用水水源地、一般经济渔业水域、重点风景游览区等的污水执行一级标准；对排入一般保护水域、一般工业用水区、景观用水区及农业用水区等水域的污水执行二级标准；对排入城镇下水道并进入二级污水处理厂进行生物处理的污水执行三级标准。污水排放方式可分为直接排放和间接排放。直接排放是指直接向受纳水体排放，执行一级或二级标准；间接排放是指排入二级污水处理厂，执行三级标准。

GB 8978—1996 把排放的 69 种污染物按性质分为两类：第一类污染物主要为有害重金属和有毒有害物质，以及能在环境或动植物体内蓄积，对人体健康产生长远不良影响的污染物，如汞、镉、铬、铅等有毒重金属。含有此类有害污染物质的污水，不分行业和污水排放方式，也不分受纳水体的功能类别，一律在车间或车间处理设施排出口取样。第二类污染物是其余一般污染物，其长远影响小于第一类，如铜、锌、磷酸盐等，规定的取样地点为排污单位的排出口，其排放限值按地面水功能要求和污水排放去向，分别执行不同的标准。

② 行业排放标准。行业排放标准是国家对部分行业制订的水污染物的排放标准，如《电

镀污染物排放标准》（GB 21900—2008）等，至 2017 年止，已发布或征求意见的行业排放标准已近百个。按照国家对污水综合排放标准与行业排放标准不交叉执行的原则，有行业排放标准的优先执行行业排放标准。GB 21900—2008 对电镀行业的 20 种污染物根据设施所处地区不同，分别制订了不同的排放限值以及单位产品基准排水量。

③ 地方排放标准。省、自治区、直辖市等根据经济发展水平及管辖地域水体污染控制的需要，可以依据国家相关法律法规制订地方污水排放标准。制订原则是可以增加污染物控制指标数，但不能减少；可以提高对污染物排放限值的要求，但不能降低。如广东省地方排放标准 DB 44/1597—2015《电镀水污染物排放标准》，在珠三角地区的排放限值和单位产品基准排水量的大部分指标都比国家标准要求更高，具体见表 20-1。

表 20-1　广东省电镀水污染物排放限值（DB 44/1597—2015）　　　单位：mg/L

序号	污染物	排放浓度限值		
		广东珠三角地区	广东非珠三角地区	需要采取特别保护的地区
1	总铬	0.5(1.0)	0.5	0.5
2	六价铬	0.1(0.2)	0.1	0.1
3	总镍	0.1(0.5)	0.5	0.1
4	总镉	0.01(0.05)	0.01	0.01
5	总银	0.1(0.3)	0.1	0.1
6	总铅	0.1(0.2)	0.1	0.1
7	总汞	0.005(0.01)	0.005	0.005
8	总铜	0.3(0.5)	0.5	0.3
9	总锌	1.0(1.5)	1.0	1.0
10	总铁	2.0(3.0)	2.0	2.0
11	总铝	2.0(3.0)	2.0	2.0
12	pH	6～9(6～9)	6～9	6～9
13	悬浮物	30(50)	30	30
14	化学需氧量(COD_{Cr})	50(80)	80	50
15	氨氮	8(15)	15	8
16	总氮	15(20)	20	15
17	总磷	0.5(1.0)	1.0	0.5
18	石油类	2.0(3.0)	2.0	2.0
19	氟化物	10(10)	10	10
20	总氰化物(以 CN^- 计)	0.2(0.3)	0.2	0.2
单位产品基准排水量（镀件镀层）/(L/m²)	多镀层	250(500)	250	250
	单镀层	100(200)	100	100

注：括号中的数值为 GB 21900—2008 的排放限值。

到目前为止，我国还没有专门针对铝表面处理污水排放的行业标准，企业普遍执行 GB 8978—1996。但该标准发布已有多年，污染物种类偏少，限值偏松，一些对环保要求比较严格的地方政府要求企业按照其他相似行业的排放标准执行，如广东省要求执行 DB 44/1597—2015。太湖流域因属上海市水源，对水污染物的排放限值也较严格，与广东省珠三角地区的要求大体相当。

（3）国外污水排放标准简介。

① 美国。美国水污染物的排放管理是通过两个计划来实施的，即国家污染物排放消减计划（NPDES）对直接排放的污水进行管理和控制，预处理计划针对间接排放的污水进行管理和控制。美国水污染物排放限值的确定有两个依据：一是基于技术水平，二是基于水环境质量。基于水环境质量的排放限值没有统一的导则，而是由州环保部门根据污染源所在水体的具体情况，为逐个污染源进行计算的。《清洁水法》和 NPDES 法规规定，当发现基于技术的排放限值已不能满足当地水环境质量要求时，须采用基于水环境质量的排放限值。《清洁水法》将水污染物分为三类：有毒污染物共 65 类；常规污染物，包括 BOD_5、TSS（总悬浮固体）、粪大肠菌群、油脂类等；非常规污染物，除常规污染物和有毒污染物外的污染物，如 COD、TOC 等。通过对污染物进行分类和采取以行业标准为主体的方法，对每一类型的污染源和污染物都规定了详细的技术标准，使排放限值具有科学性和可操作性。对一些有毒或者特定污染物，实行禁排。

美国的水污染物排放限值一般由两部分组成，一是多日平均值（LTA），反映工厂污水处理系统所达到的对污染物的平均控制水平；二是变异系数（VF），反映处理系统的波动时可能出现的污染物排放的最大值与期望值的比值。最终的标准限值＝LTA×VF。美国铝表面处理的水污染物排放限值可以按照金属加工行业的水污染物排放限值（法规号 40 CFR PART 433）执行：总铬 2.77mg/L，总镍 3.98mg/L，有机毒性物质 2.13mg/L。

② 日本。随着《水污染防治法》的发布，日本 1971 年 6 月开始实施水污染物排放标准。该法为防治公共水域水质污染的法律，是日本水污染控制的法律依据。日本的污染物防治法律制度是以达标排放作为基础和核心要求而确立的，达标排放包括排放总量和排放浓度均不超标。《水污染防治法》将水污染物分为健康项目（有害物质）和生活环境项目两类并实行统一的排水标准，其中健康项目 27 项，生活环境项目 15 项。

在日本的铝阳极氧化工厂中，水污染物排放限值可以按照统一的国家标准执行，作为一般的废水排放的控制项目主要有 pH、SS（悬浮物）、COD、BOD、磷、氟、硼、硝酸性氮和亚硝酸性氮等。耐人寻味的是，着色工艺以单镍盐为主的日本铝行业并未把重金属镍列入监控项目之中。

（4）国内外水污染物排放限值的比较及其对环境管理的启示。发达国家已经建立了完善的环境法律体系，普遍制订了一系列的水污染物排放标准，对各行业、各污染源的排污行为进行规范管理。铝表面处理的水污染物排放限值可以执行统一的国家标准，也可以按照更为细致的行业法规执行。如美国铝表面处理的水污染物可以按照《金属表面精整业污染源类别》（法规号 40 CFR PART 433）执行；日本执行《水污染防治法》；德国按照《废水法令》的"附录 40 金属表面精整，金属加工"专项执行；意大利则按照 D. Lgs152/2006 P. Ⅲ，Sez. Ⅱ Tit. Ⅲ All. 5 中的表 5 执行。

表 20-2 为我国国家标准、广东地区和太湖流域地区执行的标准跟意大利、日本的标准限值的比较。

表 20-2　国内外标准中水污染物排放标准的限值比较　　　单位：mg/L

项目名称	GB 8978—1996 限值	GB 21900—2008 限值	DB 44/1597—2015 限值	太湖流域限值	日本限值	意大利限值
镉及其化合物	0.1	0.05	0.01	0.01	0.1	0.02
氰化物	0.5	0.3	0.2	0.2	1	0.5
总磷	0.5	1.0	0.5	0.5	—	10
有机磷化物	—	—	—	—	1	—
铅及其化合物	1.0	0.2	0.1	0.1	0.1	0.2
总铬	1.5	1.0	0.5	0.5	2	2
六价铬化合物	0.5	0.2	0.1	0.1	0.5	0.2
总镍	1.0	0.5	0.1	0.1	—	2
羰基镍	—	—	—	—	0.001	—
总锌	2.0	1.5	1.0	1.0	5	0.5
砷及其化合物	0.5	—	—	—	0.1	—
汞及其化合物	0.05	0.01	0.005	0.005	0.005	—
硒及其化合物	0.1	—	—	—	0.1	0.03
硼及化合物（非海域）	—	—	—	—	10	2
硼及化合物（海域）	—	—	—	—	230	—
氟及化合物（非海域）	10	10	10	—	8	6
氟及化合物（海域）				—	15	
氨氮（总氮）	15	15(20)	8(15)	8(15)	—	20
苯	0.1	—	—	—	0.1	—
多氯联苯	0.2(氯苯)	—	—	—	0.003	—
三氯乙烯	0.3	—	—	—	0.3	—
四氯乙烯	0.1	—	—	—	0.1	—
二氯甲烷	0.3 （三氯甲烷）	—	—	—	0.2	—
四氯化碳	0.03	—	—	—	0.02	—
1,2-二氯乙烷	—	—	—	—	0.04	—
1,2-二氯乙烯	—	—	—	—	0.2	—
顺式 1,2-二氯乙烯	—	—	—	—	0.4	—
1,1,1-三氯乙烷	—	—	—	—	3	—
1,1,2-三氯乙烷	—	—	—	—	0.06	—
1,3-二氯丙烯	—	—	—	—	0.02	—
pH（非海域）	6～9	6～9	6～9	6～9	5.8～8.6	
pH（海域）					5～9	
BOD	20(BOD₅)	—	—	—	160(白天平均 120)	40
COD	100	80	50	50	160(白天平均 120)	160
SS	70	50	30	30	200(白天平均 150)	80

注：GB 8978—1996、GB 21900—2008 的限值为一级排放限值，DB 44/1597—2015 限值为广东地区排放限值，太湖流域限值为特别排放限值。

分析表 20-2，可以发现：

① 日本控制的项目比较多，分类更细，指向明确。如规定羰基镍、有机磷、硼及其化合物、有机化合物等；根据处理后水的走向，分为海域和非海域（含封闭性海域）；COD、BOD、SS 分白天平均限值和全日限值，白天平均限值要比全日平均限值低等。

② 日本未对排放水中的镍做出规定，但规定了羰基镍的限值；意大利虽然也对镍做出规定，但水的限值为 2.0mg/L（污水的限值为 4mg/L）；我国的标准限值最低为 0.1mg/L，明显比日本、意大利严格得多。

③ 日本排水标准分为健康项目和生活环境项目两类，生活环境项目如 COD、BOD、SS 的限值明显比我国的标准宽松；意大利标准也比较宽松。

④ 日本标准中包括不少有机化合物，如顺式 1,2-二氯乙烯、1,1,2-三氯乙烷、1,3-二氯丙烯等，我国现行的标准中都未列入。

⑤ 在可以直接对比的项目中，广东和太湖流域执行的标准实际比日本、意大利的标准更为严格。

⑥ 我国地方标准规定的限值尽管严格，但项目偏少，指向不够明确。

⑦ 在锡盐电解着色中使用的有机还原剂如萘酚、苯酚和硫酸联氨等属于有害的有机化合物，但在我国标准和日本、意大利标准中都没有做出明确的规定。

为了更加全面了解我国铝材企业对污染物实际控制的情况，表 20-3 列出了水污染排放物的典型的 9 项检验项目及其主要来源，并对广东和太湖流域的三家铝表面处理企业执行的排放限值和美国、日本、意大利的排放限值进行对比。

表 20-3　我国三家铝材厂的水排放污染物限值与美国、日本、意大利的比较

单位：mg/L

序号	污染物	A厂/B厂/C厂 排放限值	美国/日本/意大利 排放限值	主要来源
1	总铬	0.5/1.0/0.5	2.77/2/2(4)	喷涂前铬化处理
2	六价铬	0.1/0.1/0.1	—/0.5/0.2(0.2)	喷涂前铬酸盐处理
3	总镍	0.1/0.1/0.1	3.98/—/2(4)	镍盐着色/封孔
4	总锌	1.0/1.0/1.0	2.61/2/0.5(1)	铝合金
5	总铜	0.3/0.5/—	3.38/3/0.1(0.4)	铝合金/铜盐着色
6	总磷	1.0/3.0/—	—/16/10(10)	化学/电化学抛光
7	氟及其化合物	10/10/—	—/8/6(12)	化学处理/冷封孔等
8	总氮	15/20/—	—/120/—	化学抛光/除灰等
9	COD	80/100/—	—/160/160(500)	前处理/有机染色/清洗水

注：1. 意大利标准中有水和污水之别，加括号者系污水的排放限值。

2. 美国的限值为每日最大值。

表 20-3 数据表明：

① 在列出的检验项目中，广东和太湖流域的一些企业执行的排放限值均比国外的严格，尤其是对重金属镍的规定。

② 六价铬的危害已众所周知，其来源主要为喷涂前的铬酸盐处理工艺。总铬的排放限值

应该主要指六价铬与三价铬之和，尽管有些国家是允许使用三价铬的，实际上也规定了三价铬的排放限值。

③ 中外都没有明确规定单锡盐或镍锡混合盐添加剂中的有机还原剂和络合剂（日本提及了硫酸联氨）等化学物质的相关内容。虽然 COD 和 BOD 的控制涉及了还原性有机化合物，但仅靠 COD 和 BOD 的控制应该是不够全面和不够准确的。

④ 目前我国对于镍的控制非常严格，尤其对于新建设的企业，在环评中都有意回避含镍的工艺。在实际生产中，立式自动氧化生产线的电解着色和高品质的冷封孔工艺中均需要使用镍盐，现在摒弃镍盐是否会对产品品质造成影响有待进一步评估，同时镍盐的实际毒害程度也有待进一步明确。

⑤ 污水中磷和氮主要源自化学/电化学抛光工艺、除灰工艺等，氟及其化合物主要来自冷封孔及化学预处理添加剂（如脱脂），而大部分的化学预处理的成分特别是作为添加剂的成分，铝表面处理的从业人员和污水处理设施的设计者均无从知晓，由此带来污水处理设施的不完备、检测项目的缺失以及寻找工艺源头困难。

⑥ 铜、锰、锌、硒等重金属元素可能来自某些电解着色体系（如铜盐/硒盐着色等）或铝合金中的成分在表面处理过程中的溶解，在 GB 8978—1996 中归类于第二类污染物并均有明确的排放限值，应引起业界必要的重视。

此外，我国铝材产能分布相对比较集中，如广东佛山、山东临朐、江苏江阴等地区都是铝材生产的集中地，并且各地区自然环境条件迥异，水体的纳污能力、自洁功能亦不相同，产业规划布局各有侧重。因此，在国家层面和地方政府层面都可能需要对各地的环境承载量进行科学的调研、论证，进而做好环境规划，科学、合理地制订好各种污染物的排放限值，尤其是排放总量（不考虑排放总量的排放限值也许是不够全面的）等指标并将其优化分配到各污染源，以促进各地区环境、经济和社会的可持续性发展。同时，日本、美国对排放限值采用平均值的做法，可能更符合废水处理技术的特点以及废水处理设施的实际运行效果，值得我们考虑。

20.1.2　大气污染物排放限值的规定与环境管理

大气污染物的存在状态有颗粒污染物和气态污染物。颗粒污染物指沉降速度可以忽略的固体粒子、液体粒子或它们在气体介质中的悬浮体系。按其来源和物理性质有粉尘、烟、飞灰、黑烟、雾（如酸雾、碱雾等）和一些重金属及其化合物（如铅及其化合物、镍及其化合物等）。气态污染物是以分子状态存在的污染物，其种类繁多，大致分为含硫（如 SO_2、H_2S）、含氮（如 NO_x、NH_3）、含卤素（如 HF、HCl）和含碳（如 CO、CO_2、$C_1 \sim C_{10}$）的化合物。这些污染物不仅对人体健康造成很大的危害，而且影响气候、腐蚀建筑物和物品，降低产品质量，同时还影响动植物的生长和发育。

大气中的含碳化合物主要包括 CO、CO_2、挥发性有机化合物（VOCs）、过氧乙酰基硝酸酯（PAN）等。目前，国际上对 VOCs 的定义不尽相同，我国的定义是指沸点为 $50 \sim 260$℃ 的一系列易挥发性有机化合物，一般指碳氢化合物。碳氢化合物除了碳和氢原子外，还可能含有氧、氮或硫原子。按照化学结构不同，VOCs 有烷类、芳烃类、烯类、卤烃类、脂类、醛类、酮类等。表 20-4 列出了一些常见的 VOCs 种类。

表 20-4　一些常见的 VOCs 种类

类别	挥发性有机化合物
烷类	戊烷、正己烷、环己烷
芳烃类	苯、甲苯、乙苯、二甲苯、联苯
烯类	丙烯、丁烯、环己烯
卤烃类	二氯甲烷、四氯化碳、二氯乙烯
脂类	乙酸乙酯、乙酸丁酯
醛类	甲醛、乙醛、丙烯醛
酮类	丙酮、甲基乙基甲酮、丁酮、环己酮
其他	乙醚、四氢呋喃

　　(1) 我国大气污染物排放标准简介。我国大气污染物排放标准最早可以追溯到 1973 年颁布的《工业"三废"排放试行标准》(GBJ 4—73)，标准规定了一氧化碳、二氧化碳、硫化氢、氟化物、氮氧化物、硫酸雾和铅、铍及其化合物等 13 种有害物质的排放限值。1997 年在 GBJ 4—73 废气部分和有关其他行业性国家大气污染物排放标准的基础上制订发布了《大气污染物综合排放标准》(GB 16297—1996)。该标准规定了 33 项大气污染物的排放限值，其中有机气态污染物 14 项：包括苯、甲苯、二甲苯、酚类、甲醛、乙醛、丙烯腈、丙烯醛、甲醇、苯胺类、氯苯类、硝基苯类、氯乙烯、非甲烷总烃。其指标体系由最高允许排放浓度、最高允许排放速率、无组织排放浓度限值 3 项构成。该标准不仅适用于排污单位大气污染物的排放管理，也常常用于建设项目的环境影响评估、设计、环境保护设施的竣工验收以及投产后的大气污染物排放管理等方面。

　　广东省在 1989 年制订了地方标准《大气污染物排放标准》(DB 44/27—1989)，并于 2001 年进行了修订 (DB 44/27—2001)，增加了砷及其化合物、锰及其化合物和一氧化碳 3 项指标，共 36 项污染物。随着经济的发展，大气污染物尤其是 VOCs 的日益增加，广东先后出台了本地区产业比较集中的地方性行业标准，如《表面涂装(汽车制造业)挥发性有机化合物排放标准》(DB 44/816—2010)，规定排气筒的总 VOCs 排放限值 $50mg/m^3$，设施去除率为 90%；苯的排放标准为 $1mg/m^3$，甲苯和二甲苯合计为 $18mg/m^3$，苯系物的排放标准为 $60mg/m^3$。排放速率根据排气筒高度执行表 20-5 的标准。目前珠三角地区的地方政府普遍要求铝生产企业的大气污染物排放限值按 DB 44/816—2010 执行。

表 20-5　DB 44/816—2010 排气筒 VOCs 排放限值

项目	与排气筒高度对应的最高允许排放速率/(kg/h)			其他排气筒排放浓度限值/(mg/m³)
	15m	30m	60m	
总 VOCs	2.8	15	30	90
苯	0.2	1.0	1.9	1
甲苯与二甲苯合计	1.4	7.7	15.4	18
苯系物	2.4	9.6	19.2	60

　　北京市于 2007 年开始实施地方标准《大气污染物综合排放标准》(DB 11/501—2007)，并于 2017 年重新修订成为 DB 11/501—2017。该标准污染物共 51 种，其中气态有机物 27

种。与 GB 16297—1996 和 DB 44/27—2001 相比，大幅度增加了有机污染物的种类。除 DB 11/501—2017 标准外，北京市还对近 20 种行业制订了地方行业标准，其中包括工业涂装、汽车涂装等行业的大气污染物排放标准。

上海市则于 2015 年发布《大气污染物综合排放标准》（DB 31/933—2015）。该标准的排放限值由 70 种大气污染物的排放限值以及附录 A 中 136 种污染物的参考限值两部分组成。指标体系由排放浓度、排放速率、厂界+厂内控制、工艺控制以及在线监测构成。控制体系则由有组织排放、无组织排放、工艺控制要求和排放管理要求四个方面构成。在 70 种主要污染物控制项目中，包含无机污染物 20 种、重金属 10 种、极毒物质 3 种以及有机物 37 种。总体来看，DB 31/933—2015 应该是目前我国大气污染物排放标准中比较完善的。

（2）国外大气污染物排放标准简介。

① 美国大气污染物排放标准。美国的大气污染物排放标准以《清洁空气法》为基础，主要执行《新污染源执行标准》（法规号 40 CFR PART 60）以及《有害大气污染物国家排放标准》，（法规号 40 CFR PART 60）。具体限值根据区域、排放源类别差异，以最佳可行控制技术、最低可达排放率为依据进行制订。

对于固定污染源，美国将大气污染物分为常规污染物和有毒有害污染物两类。有毒有害污染物共计 187 种，包括有毒有害 VOCs、酸雾、重金属及其化合物等；常规污染物主要包括颗粒物、一氧化碳、臭氧、二氧化硫、氮氧化物、铅、一般性 VOCs、酸性气体（氟化物、HCl）等。在常规污染物中，颗粒物和 VOCs 属于优先控制项目，涉及颗粒物的项目有 32 项，涉及 VOCs 的有 25 项。

美国的大气污染物排放限值指标设计根据不同的污染物有不同的表述方式。如汞的排放限值采用 g/d；砷的排放限值则采用以一年内的最大排放速率 kg/h 来表述；氯乙烯的排放限值采用 ppm。

ppm 浓度值（Y）与 mg/m³ 浓度值（X）单位换算公式为：

$$Y = 22.4X/M$$

式中　M——污染物的分子量。

② 日本大气污染物排放标准。日本大气污染物依据《大气污染防治法》及《大气污染防治法施行令》按设施类型不同执行相应的排放标准，包括固定源和移动源两部分。固定源标准体系分为一般排放标准，特别排放标准，追加排放标准，总量限制标准，设施的构造、使用和管理标准，大气中的容许限度标准，事故排放时的措施规定七种类型。固定源大气污染物包括烟气、VOCs、粉尘、特定物质（事故状态时）和有害大气污染物五种。排放限值包括排放总量和排放浓度的限值。VOCs 的排放限值根据排放设施不同和设备规模的大小在 400～60000ppmC 之间（ppmC 为浓度单位，即 ppm 乘以碳数）。

日本规定的特定物质有 28 种，分别是：氨、氟化氢、氰化氢、一氧化碳、甲醛、甲醇、硫化氢、丙烯醛、二氧化硫、氯、二氧化碳、苯、吡啶、苯酚、硫酸（含三氧化硫）、磷化氢、氯化氢、氟化硅、二氧化硒、黄磷、三氧化磷、溴、羰基镍、五氯化磷、硫醇、光气、氯磺酸。

日本列为有害大气污染物的数量高达 248 种，其中包括 23 种优先控制的污染物：丙烯腈、乙醛、氯乙烯单体、氯甲基、铬及三价铬化合物、六价铬化合物、氯仿、氧化乙烯、1,2-二氯乙烷、二氯甲烷、汞及其化合物、二噁英类、四氯乙烯、三氯乙烯、甲苯、镍化合物、砷及其化合物、1,3-丁二烯、铍及其化合物、苯、苯并芘、甲醛以及锰及其化合物。在

23 种优先控制的污染物中，将苯、三氯乙烯、四氯乙烯规定为特定物质，其排放设施及排放限值示例见表 20-6。

表 20-6 日本特定物质的排放设施及排放限值示例

特定物质名称	主要设施	排放限值
苯	干燥设施	$50\sim600\text{mg/m}^3$
三氯乙烯	清洗设施	$150\sim300\text{mg/m}^3$
四氯乙烯	清洗设施	$150\sim300\text{mg/m}^3$

（3）国内外大气污染物排放限值的比较及其对环境管理的启示。目前，我国还没有出台针对铝表面处理行业的大气污染物排放的行业标准，除部分省市外，我国大多数省份也没出台地方标准，因此我国铝行业普遍执行 GB 16297—1996。表 20-7 为国内外大气污染物排放标准中控制的污染物数量的比较。铝表面处理产生的 VOCs 主要源于涂装工艺，表 20-8 为我国国标及地方或行业标准与日本汽车制造业涂装工艺过程中 VOCs 排放限值的比较。

表 20-7 国内外大气污染物排放标准控制的污染物数量的比较

项目	国标 GB 16297—1996	广东 DB 44/ 27—2001	北京 DB 11/ 501—2017	上海 DB 31/ 933—2015	美国	日本
总污染物数量	33 种	36 种	51 种	70 种	有毒有害物质 187 种，常规污染物多种	有害物 248 种，特定物质 28 种以及烟气、粉尘、VOCs 等多种
其中 VOCs 种类	14 种(类)	14 种(类)	18 种(类)	37 种(类)	58 种	—

表 20-8 我国和日本汽车制造业涂装工艺过程中 VOCs 排放限值的比较

单位：mg/m^3

项目	国标 GB 16297—1996	广东 DB 44/ 816—2010	北京 DB 11/ 1227—2015	上海 DB 31/ 859—2014	日本
甲醛	25	—	—	—	厂区内 0.021
乙醛	125	—	—	—	按 PRTR 要求自定
丙烯醛	16	—	—	—	按 PRTR 要求自定
苯	12	1	0.5	1	依据设备规模 $50\sim100$
甲苯	40	甲苯二甲苯合计 18	苯系物 10	3	VOCs 总量控制
乙苯	—	—	—	—	VOCs 总量控制
二甲苯	70	—	—	12	VOCs 总量控制
苯系物	—	60	10	21	VOCs 总量控制
总 VOCs	非甲烷总烃 120	90	非甲烷总烃 25	非甲烷总烃 30	214

注：1. PRTR 系统是指日本企业自行掌握排放到环境中的对人类健康和生态系统可能有害的化学物质的量以及混合在废弃物中的送出量，并报告给日本国，日本国则根据这些报告数据和估算，统计和公布排出量和送出量。该制度从 2001 年 4 月开始实施。

2. 苯系物指苯、甲苯、乙苯、苯乙烯等的合计。

通过表 20-6～表 20-8 可以发现：

① 美国和日本控制的大气污染物种类比较多，分类更细，指向明确。如日本规定羰基镍、氯乙烯单体、铬及三价铬化合物、六价铬化合物、1,2-二氯乙烷、二氯甲烷等。

② GB 16297—1996 发布距今已 20 多年，控制的大气污染物种类明显偏少，指向也不明确。如铬酸雾并未明确是三价铬还是六价铬。

③ 日本的排放限值依据排放设施不同和设备规模的大小而异，体现了总量控制的要求。

④ 日本未将甲苯、乙苯、二甲苯、苯乙烯列入单独控制的项目，由 VOCs 总量控制；而将特定物质苯列入单独控制的项目。

⑤ 在可以直接对比的项目中，我国的标准实际比日本的标准更为严格。

⑥ 我国地方标准规定的限值尽管严格，但项目比较少。

20.2　铝表面处理生产对环境的影响

20.2.1　铝阳极氧化对环境的影响

铝阳极氧化工艺过程大致为：[机械预处理（机械喷砂/抛光/扫纹）]→脱脂、水洗→[抛光（化学/电化学抛光）]→[酸蚀、水洗]→碱蚀、水洗→除灰、水洗→阳极氧化、水洗→[电解着色/化学染色、水洗]→封孔、水洗。带 [ ] 的工艺为根据产品需要而可供选择的工艺。常见的生产工艺类型见表 20-9。

表 20-9　常见的铝阳极氧化工艺类型

序号	工艺类型	
1	机械预处理	机械抛光
		机械喷砂
		机械扫纹
2	脱脂	硫酸脱脂（最常使用）
		酸性脱脂或碱性脱脂
		有机溶剂脱脂
3	抛光	化学抛光（两酸或三酸抛光）
		电化学抛光
4	酸蚀	高氟化物的酸蚀法
5	碱蚀	添加剂法
		碱回收法
6	除灰	硫酸法
		硝酸法
		硫酸＋硝酸或氧化剂法
7	阳极氧化	硫酸法（最常使用）
		铬酸法/草酸法/磷酸法
		混合酸法

序号	工艺类型	
8	电解着色和化学染色	单锡盐法
		单镍盐法
		锡镍混合盐法
		铜、锰、硒盐法
		化学染色法
9	封孔	热-水合封孔(沸水封孔或高温蒸汽封孔)
		填充封孔(常温封孔或中温封孔)

从工艺过程简单说明评述各工艺产生的污染物。

(1) 机械预处理。机械预处理是目前较为环保的工艺,包括喷砂、喷丸和扫纹等,主要为粉尘污染。需要注意的是,喷丸材料如果含有铬等有害重金属元素,将随工件进入酸性除油槽溶解,从而使污水含重金属污染物,因此喷丸材料以选择不含有害重金属的钢砂为宜,或采用石英砂、碳化硅等非金属材料。

(2) 脱脂。根据成分不同可分为硫酸脱脂、酸性脱脂、碱性脱脂和有机溶剂脱脂。

① 硫酸脱脂一般利用阳极氧化的废硫酸作为原料的酸性脱脂,其污染物为含 Al^{3+} 的酸性污水,对环境影响小。从环境友好角度来看,应优先选用。

② 酸性脱脂的槽液一般由硫酸、磷酸、氢氟酸、氟化氢铵、络合剂、洗涤剂及少量乳化剂等组成。工件经酸性脱脂后无需通过碱蚀和除灰工艺,可直接进行阳极氧化,俗称"三合一"工艺,其污水量较少,氟离子含量也较低,一般仅为 $1\sim 2g/L$。产生的污水主要含 Al^{3+}、F^- 和磷酸盐等。

③ 碱性脱脂通常由磷酸盐、碳酸盐、硫酸盐、促进剂及少量表面活性剂等组成。污染物主要为含较高磷酸盐的污水。目前已有工业化应用的低磷或无磷配方,在工艺配方选择时应优先考虑。

④ 有机溶剂脱脂一般由一种或几种有机溶剂和少量表面活性剂等组成。污染物主要为含有机溶剂的污水,并有可能存在有机化合物的大气污染,成本较高,一般不建议采用。

(3) 抛光。化学前处理中,污染较为严重的当属抛光工艺。抛光工艺包括化学抛光和电化学抛光。传统的化学抛光工艺为三酸抛光,槽液主要成分为硫酸、磷酸和硝酸。为了消除硝酸对环境的影响,开发了二酸抛光,但其光亮质感不如三酸。目前二酸抛光槽液成分可能含有其他的氧化性酸 (如钼酸等),有些甚至仍含少量的硝酸。抛光工艺污水含磷、氮、硫,可能还有少量的有机化合物;大气污染物主要为硫酸雾、磷酸雾,可能还有氮氧化物。从污染物方面看,三酸抛光工艺的污染最为严重,一般不建议采用。

(4) 酸蚀。高氟化物的酸蚀工艺于 1990 年代中后期从日本引进。与碱蚀工艺相比,具有铝耗低、有效缓解型材粗晶和挤压条纹以及焊合线缺陷、总体生产成本低等优势,一度成为我国建筑铝型材砂面品种的一种热门工艺。但该工艺的大面积使用会对我国的环境质量造成极大的损害,在引进之初,北京有色金属研究总院的朱祖芳教授就对此工艺表示了明确的反对。目前酸蚀工艺的危害已经得到业内许多有识之士的广泛关注;同时也引起了各级环保部门的高度重视,在新建项目的环境影响评估中已禁止使用该工艺。在酸蚀工艺中,槽液成分主要有 F^-,并可能含有磷酸根、硝酸根等。其中 F^- 在主槽中的浓度一般为 $25\sim 35g/L$,

有些高达 40g/L，按每吨铝材面积 400m²，每平方米带出液为 100mL 计，每吨型材带出的 F^- 可能高达 1600g。这将给环境带来严重的污染。

（5）碱蚀。按槽液组分分为两种：源自意大利添加剂工艺和源自日本碱回收工艺，目前我国较多采用添加剂。在添加剂工艺中，槽液成分主要为 NaOH、Al^{3+} 和添加剂。常见的添加剂由 Al^{3+} 络合剂（葡萄糖酸钠等）、表面调整剂（硝酸钠、氟化钠等）、分离剂和洗涤剂（磷酸盐、十二烷基苯磺酸钠等）、重金属沉淀剂（硫代硫酸钠等）等组成。因此水污染物取决于添加剂的成分，甚至有些成分还属有毒有害物质。碱回收工艺的槽液成分非常简单，只有 NaOH 和 Al^{3+}，基本不存在污染问题，但需要相应设备。由于碱蚀温度通常为 40～55℃，而且在碱蚀过程中工件表面产生氢气，氢气浮出液面时产生大量的氢氧化钠雾气，对车间环境和工件表面造成污染。

（6）除灰。常用的酸性除灰工艺有：

① 槽液仅为硫酸，污染物主要为酸性污水，成本低且对环境影响小。

② 硝酸属氧化性酸，污水中有硝酸盐，还可能产生气态氮氧化物。

③ 硫酸＋硝酸槽液实际上是一种折中的槽液，减少了硝酸含量，环境效应优于硝酸。

④ 硫酸＋氧化剂槽液采用硫酸和氧化剂（如过氧化氢、硫酸铁等）的混合溶液，环境效应优于硫酸＋硝酸。

（7）铝阳极氧化工艺最常用的是硫酸法，其污染最轻。还有铬酸法、草酸法、磷酸法和混合酸法等。铬酸法采用铬酸作为电解液，而且温度比较高（例如 B-S 法的温度为 40℃±2℃），因此存在六价铬的水污染和铬酸雾的大气污染。磷酸法则存在含磷污水以及磷酸雾的污染。草酸法的环境效应优于铬酸或磷酸，产生含草酸的有机污水；在电解过程中可能被还原为羟基乙酸而在阴极上产生有机化合物气体。混合酸法槽液成分是硫酸加上有机酸，如草酸、苹果酸、酒石酸等，因此污染物一般为硫酸及相应的有机酸污水和大气污染物。

（8）电解着色和化学染色。常用的电解着色工艺有单镍盐、单锡盐、镍-锡混合盐以及为数不多的铜盐、锰盐和硒盐等。化学染色工艺有：无机颜料和有机染料染色。电解着色和化学染色一般不产生大气污染物。

① 单镍盐的槽液成分一般比较简单，为硫酸镍与硼酸。水污染物主要为镍离子和硼。

② 单锡盐的槽液由硫酸亚锡、硫酸和添加剂组成。使用的添加剂一般由络合剂、还原剂和促进剂等组成。水污染物主要为有机络合剂、有机还原剂中的有害成分。

③ 镍-锡混合盐的槽液成分在单锡盐的基础上增加了硫酸镍，在水污染物治理过程中，难于同时还原镍离子和氧化有机还原剂而使污水治理变得非常困难。

④ 锰盐、铜盐、硒盐的电解着色水污染物主要为锰、铜、硒及其添加剂中的有害物质。

⑤ 化学染色的水污染物主要影响色度和 COD。

（9）封孔。封孔有热-水合封孔（沸水或高温蒸汽封孔）及填充封孔（常温或中温封孔）两大类。热-水合封孔工艺基本上不产生水污染物；填充封孔工艺的水污染物主要为镍或其他金属（无镍封孔）、氟或某些添加剂成分。

综上所述，在铝阳极氧化生产过程中，水污染物主要有：磷、硝酸盐氮、氟、铬、镍、铜、锰、硒、硼、有机化合物、色度和添加剂中的有毒有害物质等；大气污染物主要有：粉尘、硫酸雾、磷酸雾、氮氧化物、铬酸雾和氢氧化钠雾等，有些工艺还可能含有机化合物。

从工艺的环境效应和减轻污染物对环境的影响方面出发，在选择阳极氧化工艺路线和工艺方法时考虑如下几点：

① 摒弃高氟化物酸蚀工艺，从源头上控制大量氟的污染。

② 对砂面产品和抛光产品，应尽量采用机械方法代替化学方法。

③ 脱脂工艺宜选择硫酸法，尽量避免氟的加入。

④ 化学抛光宜选择两酸抛光，含硝酸的抛光工艺应逐步淘汰。

⑤ 碱蚀以碱回收工艺为上，添加剂工艺应管控其成分（如避免加入氟）。

⑥ 除灰工艺宜选择硫酸法，尽量避免使用含硝酸的工艺。

⑦ 在单镍盐着色体系中，由于镍回收系统形成的闭路循环生产中的镍排放量非常少，且镍治理系统可以满足环境要求，因此不必禁用单镍盐着色工艺。尤其在立式自动化生产线中，为了保证工艺和产品质量的稳定性，采用配备镍回收系统的单镍盐着色工艺也许是一种较好的选择。

⑧ 在单锡盐着色体系中，应详细了解添加剂的成分，尽量选择低毒或无毒的添加剂产品，并需要针对性地有效管控污水中的有害物质。

⑨ 鼓励选择热-水合封孔工艺。无氟无镍的常温或中温封孔工艺，目前应慎重选择以确保产品质量，并预防产生新的污染物。采用有镍封孔时应配套完善的镍治理设施，治理工艺优先考虑镍的回收利用。

20.2.2　电泳涂漆对环境的影响

电泳涂漆工艺过程为：电泳前铝阳极氧化处理（含氧化着色/染色）→纯水洗→热纯水洗→纯水洗→滴干→电泳涂漆→RO 闭路循环水洗→滴干→固化。

电泳涂漆可以理解为铝阳极氧化膜的一种有机聚合物封孔方法，从这个角度看，对解决填充封孔工艺中的氟、镍污染是有益的，而且电泳漆膜进一步提高了阳极氧化膜的耐腐蚀性和耐候性，已经在我国建筑铝型材方面占有一定的市场份额，有着良好的技术基础，从产品的使用寿命和生产过程对环境友好方面而言，电泳涂漆是一种值得推广的工艺。铝合金电泳涂漆工艺使用的电泳漆一般为水溶性丙烯酸漆。虽然其主要溶剂为水，但还含有中和剂、助溶剂如异丙醇、乙二醇丁醚等挥发性有机化合物。因此电泳涂漆工艺过程中产生的大气污染物主要为 VOCs。

由于电泳漆可以通过膜分离的方法进行闭路回收循环利用，因此在正常情况下，电泳涂漆工序在生产中可以做到基本无污水排放。但工件表面会将少量含漆污水带到滴干区，所以在滴干区应设置收集槽进行收集后返回 RO 水洗槽。此外，电泳漆搅拌装置、精制设备、回收设备及除油设备等的清洗用水含电泳漆及其溶剂，需要收集并送至有机污水治理站进行专项治理。

20.2.3　粉末喷涂对环境的影响

粉末喷涂被誉为环保型的表面处理工艺，其过程为：化学预处理、水洗→喷涂前处理（如化学转化）、水洗→水分烘干→粉末喷涂→粉末固化。

（1）化学预处理。传统的化学预处理工艺过程为：脱脂、水洗→碱蚀、水洗→中和、水洗，由于其工艺路线较长、逐渐被"三合一"即酸性脱脂工艺所取代。酸性脱脂工艺的水污染物主要为 Al^{3+}、F^- 和磷酸盐，与氧化前处理工艺中的酸性脱脂类似，因此污水可以合并治理。

（2）喷涂前处理。喷涂前处理有铬化处理及无铬化处理两大类。a. 铬化处理有铬酸盐处理与磷铬酸盐处理。铬酸盐处理的工艺污水主要含六价铬和氟；磷铬酸盐处理的工艺污水主要含六价铬、氟、磷和硼。b. 无铬化处理工艺目前主要有无机化合物［如锆（钛）/氟络合物］处理和有机化合物（如有机硅烷或其他有机酸）处理。一般认为工艺污水中含氟络合物或有机物，但因其含量很低，对污水排放指标中的 COD 和氟的影响并不大，与铬化处理工艺相比，无铬化处理可视为环保型工艺。

（3）粉末喷涂。粉末涂料为 100% 的固体成分，不含任何溶剂，以空气作为分散剂，因此除采用 TGIC 作为固化剂的粉末涂料本身具有一定的毒性外，在粉末喷涂过程中产生的大气污染物为超细粉末即粉尘污染物。

（4）粉末固化。粉末涂料经喷涂后，必须进入固化炉使粉末熔融流平（热塑性粉末）或交联固化（热固性粉末）成膜。目前铝合金用粉末涂料品种以热固性为主，因此此处主要介绍热固性粉末涂料（以下简称为粉末涂料）在固化炉内产生的污染物。热固性粉末涂料一般由树脂、固化剂、颜料、填料和助剂等组成。在铝材领域，户内型以环氧-聚酯粉末为主；户外型常用的有聚酯粉末、丙烯酸粉末和氟碳粉末等。

粉末涂料被认为是环保型产品，具有很低的 VOCs 排放。但是在烘烤固化过程中给人的直观感受是经常会出现冒烟现象和异味，并对人的口、鼻和眼产生较强烈的刺激，这是由于各种粉末涂料中仍存在着分子量相对较低的易挥发成分。这些烟雾和 VOCs 几乎全部来源于粉末涂料中的原材料。

① 成膜树脂和固化剂。

a. 环氧-聚酯粉末涂层的主要成膜物质是羧基聚酯树脂和固体环氧树脂。在烘烤固化过程中，主要化学反应是羧基聚酯树脂中的羧基与环氧树脂中的环氧基的加成反应，不会产生小分子反应生成物，没有挥发性反应物。然而在羧基聚酯树脂生产过程中，由于少量酯化低聚物在真空缩聚过程中未能抽除干净，制成粉末后，涂膜固化烘烤过程中会有刺鼻的烟雾产生，其产生量一般占粉末挥发量的 0~0.3%。

b. 聚酯粉末涂层以羧基聚酯树脂为主，它一般由多元醇和多元羧酸经缩聚反应得到羟基聚合物后再加酸酐加成反应而成。在缩聚反应过程中如果副产物水和未完全反应的醇或酸不能被完全消除时，将成为粉末涂料中的易挥发成分，导致烘烤固化时产生烟雾。其产生量因树脂不同和配方不同而异。聚酯粉末涂料常用品种有聚酯-TGIC（异氰脲酸三缩水甘油酯）体系和聚酯-HAA（羟烷基酰胺）体系。TGIC 固化剂不但对人体皮肤有明显的刺激作用，而且对原生物有异变作用，对人体有一定的毒性。而 HAA 固化剂的毒性则小得多。TGIC 在烘烤过程中的挥发成分主要为残留的环氧氯丙烷（ECH）、水、甲醇、低聚物和催化剂的分解物等；HAA 中残留的单体、低聚物以及溶剂、中间产物等脱除不彻底也将在烘烤固化时释放出小分子化合物。以上这些因素是聚酯粉末涂料在固化成膜过程中产生烟雾和 VOCs 的成因。

c. 丙烯酸粉末树脂一般分为两种：羧基丙烯酸树脂和羟基丙烯酸树脂。前者用含环氧基团的固化剂固化成膜，后者一般与 IPDI（异佛尔酮二异氰酸酯）固化剂固化成膜。丙烯酸树脂通常由各种单体原料共聚而成，聚合反应结束后经真空抽除溶剂和残留单体、低聚物等，残存的溶剂、单体、低聚物等在烘烤固化时挥发便形成 VOCs 和烟雾。IPDI 固化剂大都采用 ε-己内酰胺封闭而得到，在涂膜烘烤固化时，ε-己内酰胺封闭剂解封逸出，在环境中形成白烟造成一定的 VOCs 排放，其排放量依据不同品种是粉末量的 1.5%~3%。还有一种自封闭 IPDI 固化剂，则不会产生这种 VOCs 排放，但该固化剂在目前市面上量少价高，还未形成规模化应用。

d. 氟碳粉末分为两种：一种是 PVDF 热塑性氟碳粉末，另一种是 FEVE-IPDI 热固性氟碳粉末。热塑性氟碳粉末在成膜烘烤时不发生化学交联反应，极少有大气污染物排放。FEVE-IPDI 热固性氟碳粉末若使用己内酰胺封闭的固化剂，固化烘烤时的大气污染物排放量在粉末重量的 2% 以内。

② 颜料和填料。粉末用颜料分为无机颜料和有机颜料，无机颜料一般为金属化合物或多种金属化合物的固体溶液（固溶体）的细微粉末。填料一般为不具遮盖力和着色力的无机金属盐、金属氧化物和非金属化合物。无机颜料和填料由于其粉末状态，会吸附少量的空气和水，有些还含有结晶水（如氧化铁黄、高岭土等），在高温烘烤时挥发，但基本属无害排放。需要注意的是有些无机颜料含有重金属元素，如铬黄、镉红等，如发生无序排放，则会对环境和人体造成危害。但这类重金属颜料目前都有相应的环保型替代品。有机颜料品种繁多且复杂，但在粉末涂料中使用的都是稳定的产品，基本上不会产生烟雾。

③ 助剂。助剂的种类繁多，不同的种类、相同种类的不同品种在烘烤固化时对环境的影响各异。人们在生产实践中发现，对环境影响比较大的助剂有安息香、裂解蜡、石蜡等助剂。这些助剂在粉末中用量少，排放量小。但需注意的是裂解蜡和混入裂解蜡中的石蜡会产生明显的烟雾。

综上所述，粉末涂装生产过程中，水污染物主要有：磷、氟、铬、硼、有机物等；大气污染物主要为粉尘和 VOCs。为减轻粉末涂装生产对环境的影响，在选择工艺方法和原材料时可从以下几方面考虑：

a. 采用"三合一"工艺时主要考虑是否已经清理干净，同时考虑刻蚀量，在满足刻蚀量的前提下应尽量选用无氟、低氟或无磷、低磷的化学品。

b. 坚持无铬化方向。选择无铬药剂时应考虑药剂主要成分的环保治理要求，不能采用其他有害物质代替六价铬，供方应提供化学品物资安全数据表 MSDS。由于六价铬产品质量通常优于无铬产品质量，出于质量需求无法采用无铬产品时，在使用含六价铬产品时应完善环保治理工艺和保证治理效果。

c. 粉末涂料在固化时产生的大气污染物比较复杂。涂料组分中的大多数原材料都有可能产生 VOCs，其类型及产生量则受涂料的品种、体系、组分、原材料纯度等因素的影响。涂料的合理选择是减少污染的重要环节，选择的基本原则有：固化剂以 HAA 代替 TGIC，以自封闭型代替封闭型；选择安息香含量低的涂料；选择含费托蜡的涂料，少用裂解法制备聚乙烯蜡的涂料；选择双组分树脂消光的涂料，少用助剂型消光剂的涂料；不使用含铅、铬、镉、汞、砷等有毒物质的涂料；尽可能购买大品牌的产品，以确保涂料组分中原材料的纯度等。

d. 涂料生产企业应严把原材料质量关，并有义务明确告知涂料中所含的可能对环境造成影响的物质。

20.2.4　液相喷涂对环境的影响

液相喷涂俗称喷漆。其工艺过程为：化学预处理、水洗→喷涂前处理（如化学转化）、水洗→水分烘干→喷漆→流平→固化。

根据所用分散介质的不同，液相涂料可分为溶剂型涂料和水性涂料。溶剂型涂料主要环境影响因素是 VOCs。水性涂料 VOCs 含量低，主要环境影响因素是喷漆废水。

（1）喷漆水污染物的来源及其对环境的影响。喷漆的化学预处理和喷涂前处理与粉末喷涂相同，生产中可以共线使用，所产生的水污染物也一样。喷漆室一般也会产生水污染物，主要为悬浮物和有机溶剂等。喷漆室的结构形式很多，目前大量使用的是以水作为漆雾捕集介质的湿式喷漆室，它借助于循环水系统清洗喷漆室的排气并对漆雾进行捕集。循环水中一般添加涂料絮凝剂，使漆雾失去黏性而絮凝为废渣，其中一部分悬浮于水的表面，另一部分沉降于水槽底部。两部分废渣经定期清理后形成油漆废渣，属于危废。循环水使用一段时间后，由于水中悬浮物、可溶物、微生物等增多而成为有机污水，需要进行治理。

（2）喷漆大气污染物的来源及其对环境的影响。

① 液相涂料对环境的影响。溶剂型涂料由基料（树脂）、溶剂、颜染料、填料和助剂等构成，可视为由固体分和有机溶剂组成。固体分一般包括：主要成膜物如油料、树脂等高分子材料，次要成膜物如颜染料，辅助成膜物如催干剂、固化剂、防橘皮剂等。固体分构成了涂膜。有机溶剂对主要成膜物起溶解、分散等作用，并能调节涂料的施工性能和储存稳定性，该组分在涂料的施工过程中（喷漆、流平、固化）完全挥发，因此又称为挥发分，它是喷漆过程中大气污染物的主要来源，也是影响喷漆车间空气质量的主要物质。在溶剂型涂料中常用的有机溶剂如苯、甲苯、二甲苯、200 号汽油等都是有毒物质，同时易燃、易爆。目前市场上部分溶剂型涂料替代性溶剂中可能含有二氯乙烷、甲醇、醚类、醇类等物质，比苯类溶剂对人体健康影响更大。水性涂料以水及高沸点溶剂代替低沸点溶剂，其产生的 VOCs 主要为高沸点溶剂。

从保障生产人员的身心健康和生产安全等因素考虑，在作业场所必须严格控制溶剂在空气中的浓度。表 20-10 为我国《工业企业设计卫生标准》中部分有害物质（常用溶剂）在车间空气中允许浓度的最大值。

表 20-10　常用溶剂在车间空气中允许浓度的最大值　　　　单位：mg/m^3

溶剂名称	允许浓度	溶剂名称	允许浓度
苯	10	醋酸丁酯	300
甲苯	100	丁醇	100
二甲苯	100	苯乙烯	100
丙酮	450	溶剂汽油	300
环己酮	50	三氯乙烯	30
醋酸乙酯	300	松节油	300

颜料毒性最大的是含铅、铬、镉的物质。目前国内彩色颜料采用铬酸盐的较多，如铅铬黄、锌铬黄、铬酸镉、铬酸汞等，在涂装作业中会造成多种危害。助剂中有些物质也是有害的，如防污涂料中的有机铜、有机汞，防霉涂料中使用的铅、汞类防霉剂，铅催干剂等。涂料中有些基料也会对人体造成不良影响。如环氧树脂类涂料使用的胺类固化剂，可引起接触性皮炎；聚氨酯涂料的游离异氰酸酯可刺激呼吸系统引起过敏性疾病等。

② 液相喷涂过程中大气污染物的来源。液相涂料的成分包括：主要成膜物质（基料）、颜料、填料、溶剂及其他助剂等，在作业时还需要稀释剂（稀料）。

a. 主要成膜物质在喷漆室中是漆雾的主要组成物之一，在固化炉中可能热分解而产生VOCs。

b. 颜染料在涂料中所占比例很小，但有很强的着色能力，造成漆雾带有颜色。

c. 填料构成漆雾的一部分。

d. 溶剂目前常用的有甲苯、二甲苯、乙酸乙酯、乙酸丁酯、正丁醇、二乙醇、丁醚、汽油、混合溶剂等。溶剂为挥发性液体，是喷漆过程中最主要的大气污染物来源。溶剂型涂料产生的 VOCs 有苯、甲苯、二甲苯和非甲烷总烃等。水性涂料也有 VOCs，如醇类和醚类等。

e. 稀释剂和溶剂一样最终完全挥发进入空气中，也是 VOCs 的主要来源之一。

③ 液相喷涂施工过程中的恶臭物质。在施工过程中，除直接污染大气的 VOCs 和漆雾外，通常还会产生让人不适的恶臭。一般嗅觉能闻出的恶臭的临界值极低，技术上很难检测出来，只能以嗅觉为基准。因此含有恶臭成分的涂料，即使排放的 VOCs 指标达标，也可能在嗅觉上通不过。液相喷涂有关的恶臭物质及其临界值和主要来源见表 20-11。

表 20-11　与液相喷涂有关的恶臭物质及其临界值和主要来源

恶臭物质名称	临界值/(mg/m^3)	主要来源
甲苯	0.48	喷漆室、流平室、固化炉
二甲苯	0.17	喷漆室、流平室、固化炉
甲酮、乙酮	10	喷漆室、流平室、固化炉
甲醛	1.0	固化炉
丙烯醛	0.21	固化炉

通过上述分析可知，在液相喷涂生产过程中，水污染物主要有：磷、氟、铬、硼、悬浮物和有机溶剂等；大气污染物主要为漆雾、VOCs 和恶臭。为减少液相喷涂生产对环境的影响，需要注意以下几个方面：

a. 前处理工艺尽量选用无氟或低氟、无磷或低磷的化学品，必须坚持无铬化方向，杜绝六价铬的污染。

b. 喷漆室产生的漆雾粒径约为 $20\sim200\mu m$，属颗粒污染物。涂料中一般均含有颜染料，具有很强的着色能力，使漆雾通常带有颜色。因此对漆雾进行治理时，应执行染料尘的限值标准，GB 16297—1996 规定限值为 $18mg/m^3$。

c. 溶剂型涂料是液相喷涂 VOCs 的最大贡献者。相对而言，水性涂料对环境的影响已大大降低，是当前研发的热点和重点环保涂料，应该是涂料使用的首选。

d. 关注颜染料和助剂中的有毒物质如铅、铬、镉、汞等可能进入喷漆室的污水中，如有必要应治理。

e. 在施工过程中，通常还会产生恶臭，成为污染附近居民的主要元凶。液相涂料的这种特性应该引起相关企业和环保部门的重视。

20.2.5　铝表面处理添加剂成分对环境的影响

在铝表面处理生产中，由于多种原因需要使用各种添加剂。如脱脂添加剂以提高铝材的脱脂效果和均匀性；碱蚀添加剂防止铝离子浓度过高时碱蚀槽结块；单锡盐着色添加剂稳定着色槽液；封孔添加剂提高封孔质量和延长槽液寿命等。添加剂的使用使污水的成分变得复杂，而且有毒成分会给环境带来不同程度的影响。

铝阳极氧化的各种添加剂中可能含有以下元素（基团）和（或）化合物：锂、钠、钴、镍、硫、硼、氟、铵、硝酸根、亚硝酸根、硫酸根、磷酸根、氟硼酸根、氟硅酸根、酒石酸根以及苯酚、萘酚、硫脲、乌洛托品、硫酸联氨等，其中有些物质存在不同程度的毒性，表20-12列出部分可能涉及的化合物对人体及环境的影响。新开发的无镍封孔剂有钛锆系、镁、钙或锂系等，国内外均未系统化、标准化，有待现场的实际考验。

表20-12 铝表面处理可能涉及的化合物对人体及环境的影响

序号	化合物名称	对人体及环境的影响
1	亚硫酸	皮肤腐蚀/刺激；严重眼损伤/眼刺激
2	硫化碱	急性毒性-经皮；皮肤腐蚀/刺激；严重眼损伤/刺激；危害水生环境-急性危害
3	硝酸	皮肤腐蚀/刺激；严重眼损伤/眼刺激
4	氢氟酸	急性毒性-经口；急性毒性-经皮；急性毒性-吸入；皮肤腐蚀/刺激；严重眼损伤/眼刺激
5	氟化钠	急性毒性-经口；皮肤腐蚀/刺激；严重眼损伤/眼刺激
6	氟化铵	急性毒性-经口；急性毒性-经皮；急性毒性-吸入
7	氟硼酸	皮肤腐蚀/刺激；严重眼损伤/眼刺激
8	硼酸	生殖毒性
9	亚硝酸钠	氧化性固体；急性毒性-经口；危害水生环境-急性危害
10	硝酸钠	氧化性固体；严重眼损伤/眼刺激；生殖细胞致突变性；特异性靶器官毒性--次接触；特异性靶器官毒性-反复接触
11	氨基磺酸	皮肤腐蚀/刺激；严重眼损伤/眼刺激；危害水生环境-急性危害
12	硫脲	生殖毒性，危害水生环境-急性危害；危害水生环境-长期危害
13	氢氧化锂	急性毒性-吸入；皮肤腐蚀/刺激；严重眼损伤/眼刺激；生殖毒性；特异性靶器官毒性--次接触
14	乌洛托品	皮肤致敏物；危害水生环境-急性危害
15	苯酚	急性毒性-经口；急性毒性-经皮；急性毒性-吸入；皮肤腐蚀/刺激；严重眼损伤/眼刺激；生殖细胞致突变性；特异性靶器官毒性-反复接触；危害水生环境-急性危害；危害水生环境-长期危害
16	邻苯二酚	皮肤腐蚀/刺激；严重眼损伤/眼刺激；致癌性；危害水生环境-急性危害
17	间苯二酚	皮肤腐蚀/刺激；严重眼损伤/眼刺激；危害水生环境-急性危害
18	对苯二酚	严重眼损伤/眼刺激；皮肤致敏物；生殖细胞致突变性；危害水生环境-急性危害；危害水生环境-长期危害

注：摘自《危险化学品目录（2015版）实施指南（试行）》。

20.3 铝表面处理水污染物的治理

铝表面处理的水污染物主要有：磷、氮、氟、六价铬、镍、铜、锰、硒、硼、有机化合物、色度染料以及各种添加剂，其主要来源见表20-13。

表20-13 铝表面处理水污染物的主要来源

污染物	主要来源
磷	酸性/碱性脱脂、化学/电化学抛光、磷酸法阳极氧化、喷涂前处理等
氮	三酸抛光、硝酸法/硫酸+硝酸法除灰等

污染物	主要来源
氟	酸性脱脂、酸蚀、含氟封孔、喷涂前铬化处理等
六价铬	铬酸法阳极氧化、喷涂前铬化处理等
镍	单镍盐法/锡镍混合盐法着色、含镍封孔等
铜	铜盐着色
锰	锰盐着色
硒	硒盐着色
硼	单镍盐着色
有机化合物	有机溶剂脱脂、草酸法/混合酸法阳极氧化、有机染色、电泳涂装、喷漆等
色度染料	化学染色
添加剂	脱脂、添加剂法碱蚀、着色、染色、封孔、喷涂前处理等

20.3.1 水污染物的环境管理总则

水污染物的环境管理总的原则如下：

① 推行清洁生产工艺，控制污染源头。摒弃高氟化物酸蚀、三酸抛光和铬化处理，控制各种添加剂成分，落实生产用水的循环利用，开发无毒低毒添加剂等都是实行清洁生产的具体体现。

② 推广分类闭路循环处理技术。如单镍盐着色工艺的镍回收，电泳涂漆工艺的漆回收等。再推广到铜盐着色、硒盐着色、镍封孔等工艺，研发相应的工艺和装备，以减少污染物的产生和排放。

③ 做好固体物的分类收集工作，避免产生大量危废而增加后续处理处置的难度和费用。如大多数的碱蚀工艺产生的固体物主要成分为 Al_2O_3 及其水化合物和少量含硫的化合物，且量大渣多、不含毒性并可回收利用（注意添加剂成分）。

④ 凡属于第一类的污染物（如铬），均须单独收集、单独处理。

⑤ 以废治废，降低化学品消耗和降低处理成本。如酸性废水和碱性废水可分别收集后进行混合处理，可以大量节省酸碱中和所需的化学品。

⑥ 设置事故池，防止冲击负荷。为了避免和减轻因污水处理设施维护、检修或生产故障等原因造成高浓度、大流量污水的冲击，有必要设置事故应急池。

⑦ 建立健全的污水治理工程运行管理制度，保证水污染物的治理效果。污水治理工程的运行管理是实现工程目标、削减水污染物排放的关键。良好的运行管理，是通过制定科学、严谨的操作规程，建立健全各工艺环节的管理制度，配备和培训合格的操作管理人员，并配合相应的监测和监控手段来实现的。

20.3.2 水污染物的治理方法

工业污水治理是采用各种方法将水的污染物分离出来，或将其转化为无害物质，最基本目的是保证污水达标排放。按工艺流程划分，工业污水治理系统通常由污水的预处理、主处理、深度处理以及污泥的处理处置等单元构成。

预处理单元的主要功能是分离去除污水中的漂浮物、粗大颗粒和悬浮物，同时均衡污水水量和水质。对于难以生物降解的污水或对微生物有毒性的有机类污水，往往采用分质收集进行预处理以改善污水的可生化性。预处理使用的主要技术手段有格栅、初次沉淀和气浮等。处理过程中通常会产生栅渣、初沉污泥和浮渣、浮油等。

主处理单元的主要功能是去除污水中呈胶体状态和溶解状态的主要污染物。对工业污水中的有机污染物通常采用生物治理方法，即好氧生物治理和厌氧生物治理。一般来说，低浓度有机污染物采用好氧生物治理，高浓度有机污染物则采用厌氧生物治理后再进行好氧生物治理。对于重金属等无机污染物，通常采用化学或物理化学的方法进行治理。

深度处理单元的主要功能是在主处理的基础上，进一步去除微量的溶解性难降解有机物、胶体、氨氮、磷酸盐、无机盐、大肠杆菌等污染物以及影响污水再生利用的溶解性矿物质等，或者经主处理后仍不能满足排放标准的都需要进行深度处理，以确保处理水达标排放或实现回用。深度处理经常采用混凝、过滤、化学氧化、超滤、反渗透、活性炭吸附、离子交换、消毒和生物法等技术。

污泥处理处置单元是工业污水治理系统的重要组成部分，其目标是在安全、环保和经济的前提下，实现污泥的减量化、稳定化、无害化和资源化。污泥处理是在污泥浓缩、调理和脱水的基础上，根据污泥处置要求做进一步的处理，通常包括污泥稳定、污泥热干化和污泥焚烧等。污泥处置是污泥的消纳过程，包括土地利用、填埋、建筑材料综合利用等。

常见的工业水污染物治理方法见表 20-14。

表 20-14　常见的工业水污染物治理方法

水污染物	合适的治理方法
BOD(可生物降解有机物)	生物法
总悬浮物	沉淀、气浮、格栅、过滤、混凝/絮凝/沉淀或气浮等
难降解有机物(COD)/氮	吸附、化学氧化、硝化和反硝化、离子交换、折点加氯等
磷	沉淀、生物法、离子交换等
重金属	化学沉淀、化学还原、混凝、吸附、离子交换、膜分离、电化学、生物法等
溶解性无机盐	离子交换、电渗析、反渗透等
脂肪、油脂	混凝/絮凝/气浮、超滤等
挥发性有机物	曝气、化学氧化、吸附、吹脱、生物法等
色度染料	混凝、吸附、化学氧化、化学还原、光氧化等

铝表面处理污水中所含的污染物大体上可分为无机污染物和有机污染物两大类。无机污染物有铬、镍、铜、锰等重金属，以及氟、氮和磷等非金属。

(1) 重金属污染物的治理方法。重金属污染物的治理方法主要有物理化学法和生物法两种。目前国内常用的物理化学法包括化学沉淀、螯合沉淀、化学还原、混凝、吸附、离子交换、膜分离、电化学等。在铝表面处理中，应用最为普遍的是化学沉淀法，可有效去除铬、镍、铜、锰等重金属污染物和氟、磷、硼等离子态非金属污染物，某些有机污染物也可通过化学沉淀法去除。化学沉淀法是向污水中投加合适的化学品，使之与重金属离子发生化学反应，生成难溶的金属化合物，然后通过沉淀加以分离的方法。化学沉淀法是目前污水治理的最基本方法之一。

生物法也称生化法，常用于污水的二级处理和深度处理。生物法包括生物絮凝、生物吸附、植物治理等。在重金属污水治理中，生物治理技术是通过微生物或其代谢产物与重金属离子的相互作用达到净化污水的目的，具有成本低、环境效益好等优点。由于传统的治理方法具有成本较高、对大流量低浓度的重金属难以治理等缺点，随着耐重金属毒性微生物技术的发展，生物治理技术越来越受到重视与青睐。

① 氢氧化物沉淀法。氢氧化物沉淀法是最常使用的一种化学沉淀法。在含有铬、镍、铜、铝、锌、锰等污染物的污水中加入氢氧化钠或氢氧化钙，使金属离子与氢氧根离子反应生成不溶于水的氢氧化物并以沉淀方式分离。金属离子与 OH^- 能否生成氢氧化物沉淀，取决于污水中金属离子浓度和 OH^- 浓度。对于金属离子含量一定的污水来说，pH 值是形成金属氢氧化物沉淀物最主要的条件。在实际的污水中，往往共存多种金属离子，因此控制沉淀反应的 pH 值变得尤为重要。部分金属氢氧化物沉淀析出的最佳 pH 值范围见表 20-15。

表 20-15　部分金属氢氧化物沉淀析出的最佳 pH 值

金属离子	Ni^{2+}	Cr^{3+}	Cu^{2+}	Mn^{2+}	Al^{3+}	Fe^{3+}
化学沉淀最佳 pH 值	>9.5	8~9	>8	10~14	5.5~8	6~12
加碱后重新溶解 pH 值	—	>9	—	—	>8.5	—

采用氢氧化物沉淀法治理重金属离子时应注意下列问题：

a. 每种金属离子析出都有一个最佳 pH 值范围，pH 值过高或过低都会影响治理效果甚至使之重新溶解，因此必须严格控制 pH 值。

b. 有些金属氢氧化物沉淀后容易返溶，使治理过的污水又出现不达标现象。

c. 当多种金属离子共存时，需要首先掌握污水中的各种金属离子沉淀的最佳 pH 值，进行分步沉淀；对最佳 pH 值无交集且来源不同的金属离子污水应实行分流收集，分别进行沉淀处理后再汇集。

d. 随着环保要求的日益提高，对重金属污染物的排放限值要求越来越严格，有些重金属离子用单独的氢氧化物沉淀法治理难于达标排放，需要在沉淀治理后再采用其他方法做进一步的深度处理，使之达标排放。

② 螯合沉淀法。螯合沉淀法也是一种有效去除污水中重金属离子的物理化学法。螯合沉淀法常用重金属离子捕捉剂，它是一种具有螯合官能团、能从含金属离子的溶液中选择捕集、分离、沉淀特定金属离子的有机化合物。氢氧化物沉淀法治理重金属污染物时可能存在一些问题，如各种重金属离子的最佳 pH 值不同，有些重金属离子可能与溶液中其他离子形成络合物而增加溶解度，以及重金属离子在碱性介质中生成的氢氧化物沉淀，部分会在排放中随着 pH 值的下降而重新溶解于水中影响治理效果等。采用螯合沉淀法则可有效解决这些问题。

目前应用较多的重金属离子捕捉剂主要有两类：黄原酸酯类和二硫代氨基甲酸盐类衍生物（DTC 类）。其中 DTC 类衍生物应用最为广泛。其作用原理是：DTC 类重金属捕捉剂为长链高分子物质，分子量为 10000~150000，含有大量的极性基，极性基中的硫原子半径较大、带负电荷、易极化变形产生负电场，在常温下能与污水中的 Hg^{2+}、Cd^{2+}、Cu^{2+}、Pb^{2+}、Mn^{2+}、Ni^{2+}、Zn^{2+}、Cu^{2+}、Cr^{3+} 等多种重金属离子迅速反应而生成不溶于水的螯合盐后再加入少量有机或无机絮凝剂以形成絮状沉淀，达到捕集去除重金属离子的目的。

在环境污染日益严峻的今天，DTC 类衍生物凭借其与重金属离子极强的螯合能力，已经成为污水治理领域研究的新热点。由于对重金属污水的排放要求越来越严格，传统的化学沉淀法有可能无法满足要求。DTC类衍生物在重金属污染物治理中的作用日益彰显，这一领域的研究也越来越深入。

重金属离子捕捉剂具有如下特点：

a. 治理方法简单易行。

b. 捕捉剂与重金属离子强力螯合，去除效果好。

c. 对低浓度的重金属离子也具有很强的捕集能力。

d. 能与重金属离子生成良好的絮凝体，絮凝效果佳。

e. 生成的污泥量少且易脱水。

f. pH值适用范围广，一般在3～11范围内均有效。

重金属离子捕捉剂的缺点是成本较高，比较适合小水量重金属污水的治理。对大水量的重金属污水，则可以先采用氢氧化物沉淀法将大部分重金属离子去除后，再对不能形成沉淀物的少量重金属离子采用捕捉剂进行治理，以减少捕捉剂的使用量，从而降低治理成本。

③ 生物吸附法。生物吸附法是指利用生物体本身的化学结构及成分特征，吸附溶于水中的重金属离子。常见的生物吸附剂有胞外聚合物、腐殖酸类物质和壳聚糖及其衍生物等。生物吸附剂具有来源广、价格低、吸附能力强、易于分离回收重金属等特点而被广泛应用。胞外聚合物分离重金属离子是利用了有些细菌在生长过程中释放的蛋白质能使溶液中可溶性重金属离子转化为沉淀物。腐殖酸类物质是一组具有芳香结构、性质相似的酸性物质的复合混合物。据测定，腐殖酸含的活性基团有羟基、羧基、羰基、氨基、磺酸基、甲氧基等。这些基团决定了腐殖酸对阳离子的吸附性能。腐殖酸是较为廉价的生物吸附剂，可用于治理重金属污染物和放射性污染物，一般吸附效率可达90%～99%。金属离子的价态不同，吸附效果也不同，如对Cr^{3+}的吸附效率大于Cr^{6+}。腐殖酸对阳离子既有物理吸附又有化学吸附作用，包括离子交换、螯合、表面吸附、凝聚等作用。当金属离子浓度较低时以螯合作用为主，浓度较高时则以离子交换为主。腐殖酸吸附重金属离子后容易脱附再生。此外，壳聚糖及其衍生物也是重金属离子的良好吸附剂。

④ 重金属污染物治理工艺示例。

a. 镍的治理工艺示例。镍的治理工艺基本流程如图20-1所示。含镍污水经管道收集后，先通过格栅或筛网去除大颗粒及大块垃圾类漂浮物等，避免管道、阀门和泵等的堵塞和损坏。然后进入调节池。调节池内设置搅拌系统（通常采用鼓风搅拌），通过搅拌作用对水质进行调节。

将调节好的污水定量（水量调节）送至pH调整池。调整池内设置pH控制和调整系统，pH值一般设定为9.5～10.5，使镍离子与OH^-反应生成难溶的氢氧化镍，然后流入混凝反应池。在混凝反应池内通过投加一定量PAC、PAM进行混凝反应，使氢氧化镍生成更大的絮体，然后流入沉淀池进行沉淀，从而去除镍离子。在沉淀池中，氢氧化镍絮体下沉至底部而形成污泥；上清液则从沉淀池的溢流堰流出进入砂滤池（过滤池），通过过滤材料的截留、吸附作用，进一步降低SS、总镍等污染物的浓度。由于从过滤池流出的清液pH值较高，因此还需要通过中和处理将pH值调整至8左右后排入清水池中存放以备回用或直接达标排放。

含镍污泥经污泥池浓缩后，送至脱水装置进行脱水减量、固化，以便污泥后续的处理处置。经脱水处理的污泥视其属性进行相应的处理和处置。

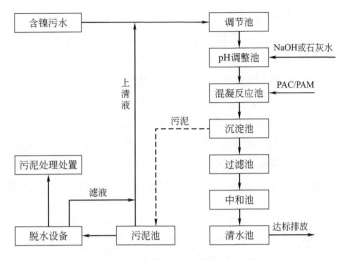

图 20-1　镍的治理工艺基本流程

通过上述工艺治理后，污水中的镍离子含量一般可降至 0.5mg/L 以下。当排放限值为 0.1mg/L 时，采用该工艺一般很难达到这一要求。因此可在此基础上再采用离子交换树脂吸附、重金属捕捉剂捕集等方法进行深度治理后达标排放。对小水量的含镍污水也可直接采用重金属离子捕捉剂进行治理。

b. 酸碱综合污水的治理工艺示例。酸碱综合污水主要来源于硫酸脱脂、碱蚀、硫酸除灰和硫酸阳极氧化工艺，所含物质主要为 Al^{3+} 和强酸强碱，一般也采用氢氧化物沉淀法进行治理。酸碱综合污水的治理工艺基本流程如图 20-2 所示。

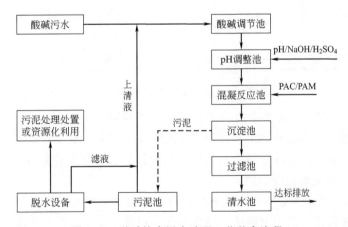

图 20-2　酸碱综合污水治理工艺基本流程

酸碱综合污水经管道收集并除去其中的大颗粒及大块垃圾类漂浮物等后进入调节池进行水量和水质的调节。再由调节池送至 pH 调整池内将 pH 值调整至 7～8，使污水中的铝离子生成氢氧化铝沉淀物后进入混凝反应池。在混凝反应池内通过添加适量的 PAC、PAM 后，对氢氧化铝进行絮凝，达到增强沉淀的效果。污水经混凝反应后流入沉淀池进行泥水分离，泥水分离后的清液流入砂滤池进一步降低水中 SS 及其他污染物的含量，经过过滤后的水排入清水池中存放以备回用或直接达标排放。

治理过程产生的沉淀物经污泥池浓缩后送至脱水装置进一步脱水减量和固体化。脱水后形成的固体物主要成分一般为 Al_2O_3 及其水化合物和少量含硫的化合物，量大，一般可通过适当的技术方法进行资源化利用。

⑤ 六价铬的治理工艺示例。六价铬不能直接通过传统的氢氧化物沉淀法去除，需先将其还原为三价铬。六价铬的还原剂有亚硫酸钠、亚硫酸氢钠、硫酸亚铁等。六价铬的还原，需要控制其还原电位和 pH。除硫酸亚铁外，其他硫化合物还原六价铬的最佳 pH 值为 2～3，同时将还原电位维持在 250mV 左右，反应时间约为 30min。六价铬被还原成三价铬时，污水的颜色由黄变绿。当使用硫酸亚铁作为还原剂时，在 pH 值为 7.5～8.5 的条件下可在几分钟内将六价铬还原为三价铬。硫酸亚铁的投加量取决于污水中的氧化剂量（包括溶解氧）。与其他还原剂相比，硫酸亚铁所产生的污泥较多。六价铬被还原后，再加碱（石灰水或氢氧化钠溶液）调整 pH 值至 8.0～8.5 产生 $Cr(OH)_3$ 沉淀。其治理工艺基本流程如图 20-3 所示。

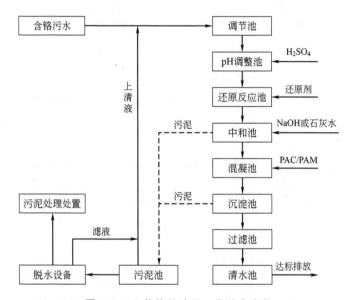

图 20-3　六价铬的治理工艺基本流程

通过上述工艺治理后，污水中的六价铬含量一般可降至 0.5mg/L 以下。如果还不能满足特定的排放要求，可在此基础上再采用离子交换树脂吸附、重金属离子捕捉剂捕集等方法进行深度处理，以进一步去除微量的六价铬后达标排放。对于小水量的六价铬污水，也可直接采用重金属离子捕捉剂进行治理。

（2）氟的治理方法。工业污水中的氟多以氟化物以及氟化氢的形态存在。氟的治理方法有混凝沉淀法、吸附法、离子交换法、电渗析法和电凝聚法等。其中传统的混凝沉淀法在目前仍是除氟的主流技术。吸附法则常用于氟的深度治理。

氟化物通常采用投放 Ca^{2+} 进行沉淀处理，即 $2F^- + Ca^{2+} \rightleftharpoons CaF_2 \downarrow$。由于采用石灰乳进行治理会形成大量沉淀物，并且存在治理后出水很难达标、泥渣沉降缓慢且脱水困难等缺点，宜采用投放 $CaCl_2$ 来处理含氟污水。

当污水中存在强电解质时会产生盐效应，增加氟化钙的溶解度，降低除氟效果。宜在投加钙盐的基础上联合使用镁盐、铝盐、磷酸盐以形成更难溶的复合沉淀物来达到更好的除氟效果。

形成氟化钙沉淀最佳的 pH 值控制在 8 左右。在温度 18℃时，氟化钙的溶解度为 16mg/L，折算成 F^- 含量为 7.7mg/L，该值为钙除氟达到的理论极限值，一般情况下可以将氟离子降到 10mg/L 以下。

当采用混凝沉淀法无法满足排放要求时，可采用吸附法进行深度治理。吸附氟最常用的材料为活性氧化铝，其原材料为铝矿石，具有很高的孔隙率和良好的吸附性能。活性氧化铝能有效去除水中的砷、铍、铊和氟化物，最佳 pH 值为 5.5~6.0。

含氟污水治理工艺基本流程如图 20-4 所示。

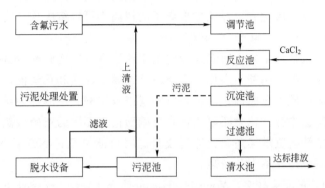

图 20-4　含氟污水治理工艺基本流程

（3）氮磷的治理方法。

① 磷的治理方法主要有化学法和生物法两大类。生物法主要是依靠厌氧/好氧菌的除磷工艺，适合低浓度含磷污水或有机磷污水；化学法主要是化学沉淀法，适合治理无机磷污水。铝表面处理中的磷以浓度较高的无机磷为主，通常采用化学沉淀法。常用的化学品有铁盐（氯化铁和氯化亚铁，硫酸铁和硫酸亚铁）、铝盐（明矾、铝酸钠、聚合氯化铝）或石灰等。铁盐或铝盐与磷酸盐反应形成磷酸盐沉淀（$M^{3+} + PO_4^{3-} \rightleftharpoons MPO_4 \downarrow$），其 pH 值控制在 7 左右。石灰与磷酸盐反应生成羟基磷灰石钙沉淀 $[5Ca^{2+} + 3HPO_4^{2-} + 4OH^- \longrightarrow Ca_5OH(PO_4)_3 \downarrow + 3H_2O]$。

由于石灰进入水中首先与碳酸根作用生成碳酸钙，然后过量的钙离子才能跟磷酸根反应。因此所需石灰量既取决于待治理污水的碱度，又取决于污水的磷酸盐含量。此外，污水中镁的含量也是影响石灰法除磷的因素，在 pH 比较高时，可以生成氢氧化镁沉淀。况且由于碳酸钙是胶体沉淀物，不但消耗石灰，而且不利于污泥的脱水。在用石灰法除磷的过程中，pH 的影响很大，随着 pH 的上升，羟基磷灰石钙的溶解度迅速下降，即磷的去除率迅速增加，当 pH 值达到 9.5 后，废水中大部分的磷酸盐都将转变为不溶性的沉淀物。因此，一般来说，pH 值控制在 9.5~10，除磷效果最好。反应时间一般控制在 30min 左右。对于石灰的投加量，由于废水中可能存在其他金属离子的影响，所以需要通过试验的方法才能确定。石灰法除磷的治理效果主要受 pH 影响，与污水的磷浓度关系不太。因此，当污水的磷浓度较高时，可以优先选择石灰法。

② 铝表面处理污水中的氮主要来源于高浓度的硝酸和硝酸盐以及某些添加剂，难于采用沉淀法去除，目前较多采用物理化学法、化学还原法和生物法。氮在工业污水中的存在形式除硝酸盐氮（$NO_3^- \text{-N}$）外，还有氨氮（$NH_4^+ \text{-N}$）、有机氮（有多种形态）和亚硝酸盐氮（$NO_2^- \text{-N}$）。

a. 物理化学方法主要包括反渗透、电渗析和离子交换等。其中离子交换法设备简单、治理后污水的含氮浓度低、运行管理方便，因此应用较为普遍。其原理是：溶液中的 NO_3^- 通过与离子交换树脂上的 Cl^- 或 HCO_3^- 发生交换而被去除。树脂饱和后可用 NaCl 或 $NaHCO_3$ 溶液再生。一般阴离子交换树脂对阴离子的选择顺序为：$HCO_3^- < Cl^- < NO_3^- < SO_4^{2-}$。在铝表面处理污水中，通常含有大量的硫酸根离子。因此，用常规的离子交换树脂处理硝酸盐变得困难，树脂几乎交换完污水中的所有硫酸根离子后，才能与硝酸根离子进行交换，即大量硫酸根离子的存在大大降低了树脂对硝酸根离子的去除能力。一般通过对树脂官能团进行适当的改性制成优先选择硝酸根离子的树脂则可以解决这个问题，即对阴离子的选择顺序为：$HCO_3^- < Cl^- < SO_4^{2-} < NO_3^-$。

b. 化学还原法除氮是近年来发展起来专门用于治理高浓度亚硝酸盐氮和硝酸盐氮的一种新方法，目前在工业上的应用并不多见，主要包括金属还原法和化学催化反硝化法。前者是以铁、铝、锌等金属单质为还原剂，后者是以氢气以及甲酸、甲醇等为还原剂在有催化剂存在的条件下使还原反应进行。化学还原法首先将硝酸盐氮还原为亚硝酸盐氮，继而被还原为氮气或氨氮。从亚硝酸盐氮继续还原为氮气或氨氮时可能要经过 NO 或 N_2O 阶段，目前对硝酸盐氮的还原反应机理并不十分清楚。

近年来对铁还原法的研究较多。Yong H. Huang 研究了在低 pH 条件下铁粉对硝酸盐氮的去除。低 pH 被认为是 H^+ 直接参与对硝酸盐氮的氧化还原反应并且 H^+ 影响硝酸盐氮在活性位点上的吸附。此法中 pH 是关键因素，在 Fe^0 与硝酸盐氧化还原过程中，以 $NO_3^- \text{-N} \longrightarrow NO_2^- \text{-N} \longrightarrow NH_4^+ \text{-N}$ 为主要反应路径，结果是硝酸盐氮被还原为氨氮。氨氮可以用气提法或沸石吸附法去除。

有研究表明，锌还原法的原理是使硝酸盐氮在锌的作用下还原成亚硝酸盐氮，然后再与氨基磺酸反应生成氮气。该法具有对环境无二次污染、反应速度相对较快、操作简单、运行费用低、对硝酸盐去除率高等特点，更适用于高浓度硝酸盐氮污水的治理。其反应过程为：$Zn + NO_3^- + 2H^+ \longrightarrow Zn^{2+} + NO_2^- + H_2O$，$NO_2^- + H_2NSO_2OH \longrightarrow N_2 \uparrow + SO_4^{2-} + H_2O + H^+$。实验室的研究结果表明：最佳反应停留时间为 1.5～2h；污水的 pH 值对反应的影响很大，最佳为 1.0；金属锌及氨基磺酸的最佳投入量与硝酸盐氮的比例为：锌∶氨基磺酸∶硝酸盐氮 = 5∶3.2∶1。在上述条件下，实验室的硝酸盐氮去除率可达 90% 以上。

c. 生物法除氮可分为氨化→硝化→反硝化三个步骤。生物除氮是在微生物的作用下，将有机氮和 $NH_4^+ \text{-N}$ 转化为 N_2 和 N_xO 气体的过程。在治理过程中，有机氮被异养微生物氧化分解，即通过氨化作用转化为 $NH_4^+ \text{-N}$，而后经硝化过程转化为 $NO_x \text{-N}$，最后再通过反硝化作用使 $NO_x \text{-N}$ 转化为 N_2 而直接进入大气。由于氨化反应速度快，在一般的污水治理设施中就能完成，因此生物除氮的关键在于硝化和反硝化。硝化作用是指将 $NH_4^+ \text{-N}$ 氧化为 $NO_x \text{-N}$ 的生物化学反应，包括亚硝化反应和硝化反应，总反应过程为 $NH_4^+ + 2O_2 \longrightarrow NO_3^- + 2H^+ + H_2O + 346.69kJ$。亚硝化反应由亚硝酸菌完成，硝化反应由硝酸菌完成，亚硝酸菌和硝酸菌统称为硝化菌。硝化过程的最终产物为硝酸根离子。反硝化作用是指在厌氧或缺氧（溶解氧为 0.3～0.7mg/L）的条件下，硝酸根离子被反硝化细菌转化为氮气。其反应历程为：$NO_3^- \rightarrow NO_2^- \rightarrow NO \rightarrow N_2O \rightarrow N_2$。

将硝化和反硝化过程耦合便形成生物除氮（BNR）工艺：硝化反应生成硝酸盐氮，硝酸盐氮经反硝化过程转化为氮气。对于铝表面处理污水中的硝酸盐氮，则可直接通过反硝化反应予以去除。反硝化法具有效率高、能耗低等特点，是目前治理硝酸盐氮最成熟、使用最广的一种方法。

③ 生物法同时脱氮除磷有 A^2/O 工艺、五级 Bardenpho 工艺、UCT 工艺、VIP 工艺等。其中最常用的为 A^2/O 工艺——厌氧-缺氧-好氧生物脱氮除磷工艺。该工艺由厌氧池、缺氧池、好氧池串联而成。工艺流程如图 20-5 所示。该工艺是在厌氧/好氧除磷工艺中加入缺氧池，将好氧池流出的一部分混合液流至缺氧池的前端，以达到反硝化脱氮的目的。A^2/O 工艺比较适合治理有机化合物和氮磷浓度都较低的场合，因此通常应用在二级污水处理厂或作为污水的深度治理。

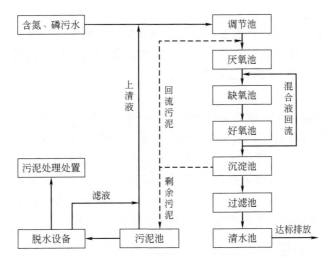

图 20-5　厌氧-缺氧-好氧生物脱氮除磷工艺流程

在铝表面处理各种工艺污水中，由于添加剂的存在，用传统的方法处理后的出水在有机化合物、氮、磷等方面往往容易超标，这时可视实际情况采用相应的脱氮、除磷技术做深度治理后达标排放。

在三酸抛光工艺污水中，硝酸盐氮和无机磷同时存在，且浓度都较高。因此，可以采用适当的方法分步进行脱氮、除磷，如先用化学沉淀法除磷后再用反硝化法脱氮。

（4）有机污染物的治理方法。从反应机理大体上可分为生物法、物理法和化学法三大类。生物法包括活性污泥法、稳定塘法、固定生物膜法和厌氧法等；物理法主要有空气吹脱法、汽提法和吸附法等；化学法主要是指化学氧化法。每种方法包含多种工艺，并有各自的适用范围。因此在选择工艺时，应根据污染物的具体成分进行选择。

在众多的治理方法中，属于化学氧化的 Fenton 法应用最为成熟和广泛，而且能同时去除多种有机污染物及色度，因此特别适合治理成分比较复杂的铝表面处理有机污染物。Fenton 法能在常温常压下具有非选择性地将有机污染物降解矿化的能力，可有效去除醛类、胺类、染料、对苯二酚、硫醇、杀虫剂、酚及酚类化合物、芳香烃、表面活性剂等以及其他难降解的有机污染物。

Fenton 法的氧化剂为 H_2O_2，催化剂为铁，属环境友好型技术。H_2O_2 在 Fe^{2+} 的催化作用下，产生的羟基自由基（·OH）与其他氧化剂相比，具有更强的氧化能力，易于攻击有机化合物分子夺取氢而将大分子有机化合物降解为小分子有机化合物或二氧化碳或水或无机物。该方法具有反应时间短，可处理高浓度（COD<5000mg/L）有机污染物，副产物易降解，可有效降低污水毒性、去除色度等特点。

影响 Fenton 法反应的因素有：

① pH。pH 过高或过低都不利于羟基自由基的产生，实验数据表明，最佳 pH 值为 3～5。

② H_2O_2 的投放量与投放方式。H_2O_2 的投放量应根据试验确定，在投放量一定时，均匀地分批投放可提高利用率，从而提高总氧化效果。

③ 催化剂种类及投放量。催化剂种类较多，最经济常用的是 Fe^{2+}（Fe^{3+}、铁粉等），投放量应通过试验确定，它与 H_2O_2 投放量的最佳比例，与污水中有机污染物有关，一般为 0.3～1。

④ 反应时间。羟基自由基的产生速率以及它与有机污染物反应的速率决定了有机污染物在反应器中的停留时间。通常在反应初期对 COD 的去除率随反应时间的增加而明显增大；当反应达到一定时间后，COD 的去除率趋于稳定（一般约为 70%），这个时间就是最佳反应时间，需通过试验确定。

⑤ 温度。根据化学反应动力学，温度升高，反应速度加快。但对于 Fenton 系统，温度的升高不仅加速了正反应的进行，同时也加快了逆反应的进行。有时反应温度升高，对 COD 的去除率增加并不明显。因此在工程实践中通常采用常温。

由于 Fenton 系统氧化有机污染物所需的反应时间较长，通常需要数十分钟至数小时。尤其在电泳涂漆生产和液相喷涂生产实践中，由于有机污水量较小，因此常采用序批方式。序批式 Fenton 法治理有机污染物的典型工艺流程如图 20-6 所示。

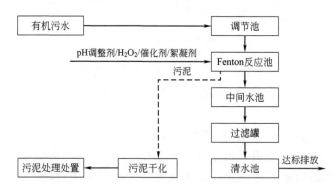

图 20-6　序批式 Fenton 法治理有机污染物的典型工艺流程图

20.3.3　生产用水的循环利用

近年来由于水资源的短缺问题越来越突出，许多国家都将水领域的总体战略目标从单纯的水污染控制转变为全方位水环境的可持续性发展。我国也高度重视当前水资源短缺的严峻形势，采取了多种措施缓解水危机。自 2000 年开始，发布了城市污水再生利用系列水质标准。2006 年 11 月国家环保部发布了《清洁生产标准　电镀行业》（HJ/T 314—2006），将电镀污水回用明确列入电镀清洁生产标准。铝表面处理的生产用水量巨大，如何从单纯的水污染控制变为清洁型、环保型的生产模式，是摆在铝行业面前一道紧迫的重要课题。生产用水的循环利用不失为破题的有效手段之一。目前，铝表面处理生产用水的循环利用技术主要包括污水的再生回用、氢氧化钠回收、硫酸回收、重金属回收、电泳漆回收等。

（1）污水的再生回用。铝表面处理污水再生回用的目标是去除重金属、有机和无机污染物、颗粒状物和病原微生物等。处理技术主要有：过滤、离子交换、活性炭吸附、膜分离技术等。

对阳极氧化而言，回用水如果作为氧化前处理的漂洗用水，则对回用水水质要求相对较低。如果要作为阳极氧化、电解着色、填充封孔的漂洗用水，总的原则是需要分析回用水中的杂质种类、含量，是否会与前道工序带进水产生不良反应以及对下道工序是否会造成污染。比较简单和安全的方法是按生产工序分项收集、分质治理后分质回用，但可能会给生产管理、污水治理和投资成本等带来一些困扰。目前，成熟、安全、可靠的污水再生回用技术是将经过治理并达到排放限值后的污水再经过膜分离技术处理，使回用水水质完全达到生产用水水质的要求。图 20-7 为应用膜分离技术对污水进行再生回用的典型工艺流程。

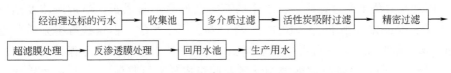

图 20-7　膜分离技术再生回用典型工艺流程图

经治理达标的污水通过砂滤或多介质过滤、活性炭吸附过滤进行预处理，再经过精密过滤器，而后采用超滤膜分离技术，将废水中的绝大部分悬浮物、颗粒物、有机物、细菌等去除后再经反渗透膜分离技术处理。经过反渗透膜的产出水的电导率指标一般可以接近甚至超过自来水水质而直接回用。

（2）氢氧化钠的回收利用。氢氧化钠的回收利用适用于碱回收工艺。通过碱回收装置可使槽液中氢氧化钠浓度和铝离子浓度降低，同时也使槽液黏度降低，因此被工件带出的氢氧化钠和铝离子都减少，从而降低清洗用水，达到节约生产用水和减轻污水治理的目的。碱回收方法及碱回收装置详见本书第 3 章相关内容。

（3）硫酸的回收利用。硫酸回收利用的方法目前有离子树脂阻滞法和扩散渗析膜法。

① 离子树脂阻滞法是利用特种离子树脂对硫酸的阻滞作用原理来进行硫酸回收的。当含有硫酸铝和游离硫酸的溶液经过特种离子树脂时，游离硫酸滞留在树脂中，硫酸铝则透过树脂而被排出进入污水治理系统。当树脂对游离硫酸快要失去阻滞能力时，停止通液。然后用水将阻滞在树脂中的游离硫酸反洗出来，达到从槽液中去除硫酸铝并回收游离硫酸的目的。

② 扩散渗析膜法。由一定数量的膜组成一系列结构单元，其中每个单元由一块阴离子均相膜隔开成扩散室和渗析室，因此该膜被称为扩散渗析阴离子均相膜。在阴离子均相膜的一侧通入槽液、另一侧逆向通入水时，槽液侧的游离硫酸及硫酸铝的浓度远高于水侧，根据扩散渗析原理，由于浓度梯度的作用，游离硫酸及硫酸铝均具有向水侧渗析的趋势。但由于膜对阴离子具有选择透过性，因此在浓度差的作用下，槽液侧的阴离子（SO_4^{2-}）可以顺利地通过膜的孔道而进入水侧。同时根据电中性的要求，必然需要携带阳离子，由于 H^+ 的水合半径小、电性弱，而 Al^{3+} 的水合半径大，电性强，故此 H^+ 会优先通过膜孔，这样游离硫酸就进入到水侧而被回收，硫酸铝则被挡在槽液侧成为残留液而被排出，达到硫酸回收的目的。

无论是树脂阻滞法还是扩散渗析法，硫酸回收率和 Al^{3+} 的去除率分别与槽液中游离硫酸和 Al^{3+} 的浓度相关。硫酸回收率与游离硫酸浓度为负相关，也就是说，游离硫酸浓度越高，则回收率越低；Al^{3+} 的去除率则与其浓度成正相关，当 Al^{3+} 浓度较高时，去除率也高。因此，选择合理的控制点是有效发挥硫酸回收设备作用的关键指标之一。

（4）重金属的回收利用。目前应用最为成熟和可靠的是镍回收设备。大部分单镍盐着色槽液成分只有硫酸镍和硼酸，可以用反渗透膜有效截留，因此采用反渗透技术可以将槽液中的水分离出来作为漂洗用水，分离出来的水通常称为透过液被送至水洗槽，被膜截留的浓缩液则回流至主槽。然后通过逆流漂洗的方式把工件带出的槽液重新返回着色槽。这种回收方式称为闭路回收。从本质上说，镍回收设备实质上是槽液回收设备。从整个着色系统（工艺主槽＋水洗槽）看，实现了工艺过程生产用水的循环利用，不存在直接外排的生产性污水。因此，称单镍盐着色为环境友好型工艺也不为过。

实现闭路回收的关键在于单镍盐精制设备的配套使用。由于前道工序会带入一些对着色有害的化学杂质，以及着色用的化学品不可避免也会含某些杂质，如 Na^+、K^+、Al^{3+}、SO_4^{2-} 等，因此在着色生产过程中，槽液中的有害杂质会不断累积，当杂质浓度达到一定时（如住化法要求 Na^+ 浓度小于 20×10^{-6}），将对着色产生影响。但这些有害杂质可通过离子交换树脂（槽液精制设备）去除并能调整槽液的 pH，使着色槽液成分保持稳定。所以，镍回收系统应该是镍回收设备与槽液精制设备共同组成的有机整体。图 20-8 为镍回收系统原理图。

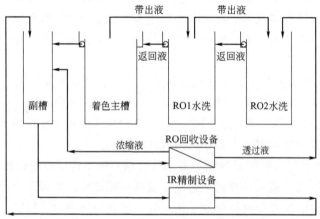

IR阳离子：去除钾、钠、铝阳离子；阴离子：去除硫酸根离子

图 20-8　镍回收系统原理图

至于其他重金属如铜、铬等的回收利用，从反渗透膜的原理与性能上看是不存在问题的。关键在于需要研究生产过程中会产生哪些化学杂质以及槽液对这些杂质的容许值，然后

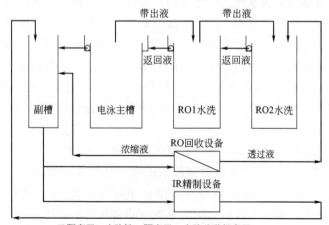

IR阳离子：去除铵；阴离子：去除硫酸根离子

图 20-9　电泳漆回收系统原理图

找到合适的去除方法，使槽液保持稳定。因此开展基础研究，开发与工艺配套的重金属回收利用设备，实现工艺过程生产用水的循环利用，变污染型为环保型工艺，当是今后环保治理的一个发展方向。

（5）电泳漆的回收利用。与镍回收一样同为闭路回收系统，同样采用离子交换树脂去除电泳漆中的化学杂质和调整槽液的 pH，实现电泳工序不外排生产性污水。由于槽液成分及性质的不同，膜和离子交换树脂的具体性能要求是不同的。电泳漆回收系统由回收设备和精制设备组成，其原理如图 20-9 所示。

20.4　铝表面处理大气污染物的治理

铝表面处理大气污染物既有颗粒污染物，又有气态污染物。颗粒物污染包括粉尘、漆雾、碱雾、酸雾等，气态污染物主要有氮氧化物、苯、甲苯、二甲苯以及 VOCs 等。各种污染物的主要来源见表 20-16。

表 20-16　铝材表面处理大气污染物的主要来源

污染物名称	主要来源
粉尘	机械喷砂/抛光/扫纹、粉末喷涂等
漆雾	喷漆室
氢氧化钠雾	碱蚀
硫酸/磷酸雾	硫酸阳极氧化、电解/二酸抛光等
氮氧化物	三酸抛光、硝酸法除灰等
苯	液相喷涂
甲苯	液相喷涂
二甲苯	液相喷涂
VOCs	电泳、喷漆室、流平室、固化炉

20.4.1　粉尘和漆雾的治理方法

铝表面处理中产生的粉尘主要是指机械喷砂/抛光/扫纹粉尘、粉末涂料粉尘。粉尘的治理技术和设备多种多样，主要有机械除尘器（机械力）和电除尘器（电力）两大类，过滤属于机械力作用。在除尘过程中是否采用液体又可分为干式和湿式两类。

除了按除尘机理分类外，除尘器习惯上分为以下四大类：

① 机械除尘器包括重力除尘器、惯性除尘器和旋风除尘器等。除尘效率不是很高，主要适合捕集较大粒径的粉尘，常用作多级除尘系统中的前级预除尘。

② 过滤式除尘器的除尘效率主要取决于滤料和设计参数，可以达到很高（99.9%以上）。

③ 湿式除尘器大部分用水作为除尘介质，不仅可以除去粉尘，同时可除去气体中的水蒸气及某些有毒有害气体，并能对气体进行冷却。湿式除尘器的除尘效率一般较高，主要缺点是会产生二次污染的污水，需要进行污水治理。但铝表面处理生产系统中有配套的污水治理设施，因此二次污染的问题可以得到有效的解决。

④ 电除尘器包括干式（干法清灰）和湿式（湿法清灰），除尘效率可达 99％甚至更高（尤其是湿式电除尘器）、能耗低。主要缺点是投资较大。

上述分类是指起主导作用的除尘机理，在实际的除尘器中，往往综合了几种除尘机理。近年来，为了提高除尘效率，研发了多种机理复合的除尘器，如电袋复合式除尘器、静电强化除尘器、"旋风＋过滤"除尘器等。机械抛光/喷砂/扫纹及粉末涂料的粉尘粒径和质量较大，因此通常采用"旋风＋过滤"的方法进行治理。旋风除尘设备和过滤除尘设备的原理和特点见本书第 15 章相关内容。

漆雾的治理设备通常为喷漆室设备中不可分割的一部分。其结构形式很多，按捕集漆雾的方式可分为干式喷漆室和湿式喷漆室两类。其中湿式喷漆室用水捕集漆雾，具有效率高、安全、干净等优点，在去除漆雾的同时也去除空气中的大部分挥发性溶剂，一般可以达标排放。

湿式喷漆室按捕集漆雾的原理又可分为过滤式、水帘式、文丘里式、水洗式、水旋式等。目前最为常见的是水帘式喷漆室，其主要结构和特点见本书第 16 章相关内容。

在铝表面处理设备中，粉尘和漆雾的治理设备一般作为系统设备的附属设备由系统供应商一起提供，无需企业另行采购。如粉末喷涂系统就已包含粉末回收设备及粉尘净化设备，机械喷砂系统包括喷砂机和除尘设备等。但需要注意以下三个方面：系统供应商提供的治理设备的排放指标必须符合使用地的排放限值；当治理设备的排放口在车间内时，排放浓度应不高于车间容许浓度；对于含颜染料的漆雾，需要执行染料尘的排放限值。

20.4.2 硫酸/磷酸雾、氢氧化钠雾、电泳 VOCs 的治理方法

硫酸/磷酸雾、氢氧化钠雾等酸碱雾其实是一些液体粒子，在大气污染物的归类中与粉尘一样属于颗粒物。从原理上说，用于粉尘治理的方法和设备基本上都是适用的，只是治理效果有所不同。如硫酸雾粒子质量较大，采用离心分离的方法也是可行的。在工程实践中，以湿法除尘器处理酸碱雾较为常见。

由于硫酸/磷酸、氢氧化钠以及电泳 VOCs 都易溶于水，所以通常采用填料洗涤塔的方法进行治理。该方法具有设备投资小、运行费用低、设备维护管理方便等特点，是一种经济、实用的有效治理方法。

填料洗涤塔是在塔中填充不同形式的填料，并将洗涤液喷洒在填料表面，以覆盖在填料表面上的液膜捕集或吸收气体中的污染物。特别适合于易溶于水的污染物的去除。洗涤液可以是水，也可以在水中添加有利于吸收污染物的其他物质，例如用酸性溶液吸收碱雾或用碱性溶液吸收酸雾等。如图 20-10 所示，按洗涤液与含污染物气流相交方式不同，分为错流、逆流和顺流洗涤塔三种形式。在实际应用中较多采用气液逆流填料洗涤塔，其空塔速度一般设计为 1.0～2.0m/s。每米高的填料阻力根据填料种类的不同而异，一般为 400～800Pa。

在逆流填料洗涤塔中，治理效果主要取决于填料的形式和填料的高度。填料的技术参数主要有比表面积、自由空间体积和当量直径。从增大气液两相接触表面有利于提高治理效果来看，填料的比表面积越大、自由空间体积越小、填料高度越高，其治理效果也越好。填料的形式很多，常见的有拉西环、鲍尔环、贝尔鞍、伊塔罗克斯鞍、波纹填料和多面空心球（又称湍流球）等。其中多面空心球应用较为普遍。

除填料形式和填料高度外，气流分布的均匀性和流动方式也是影响治理效果的重要因素。气流分布越均匀，治理效果越好，所以在实际应用中常采用二层填料以保证气流均匀的

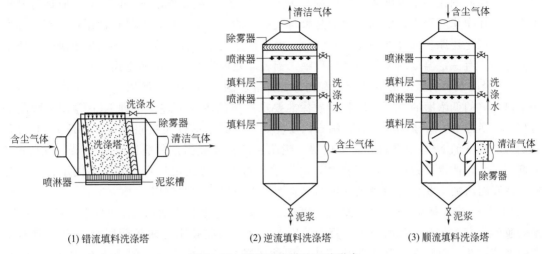

（1）错流填料洗涤塔　　　（2）逆流填料洗涤塔　　　（3）顺流填料洗涤塔

图 20-10　填料洗涤塔的三种形式

设计方法；湍流比层流的气流治理效果好，因此选择湍流球填料更为有利。

电泳 VOCs 虽溶于水，但其溶液具有挥发性。因此在填料洗涤塔运行时需要注意洗涤液中所含的挥发性有机化合物的浓度，防止因浓度过高而影响治理效果，确保 VOCs 达标排放。

20.4.3　氮氧化物的治理方法

氮的氧化物种类很多，有 N_2O、NO、NO_2、N_2O_3、N_2O_4、N_2O_5 等，总称为氮氧化物。氮氧化物的治理常称为脱氮或脱硝。目前常用的治理方法按作用原理的不同有催化还原、吸收和吸附三类；按工作介质的不同有干法和湿法两类。常见氮氧化物的净化方法见表 20-17。

表 20-17　常见 NO_x 的净化方法

净化方法		净化要点
催化还原法	非选择性催化还原法	用 NH_3 作还原剂在较高温度下与 NO_x 进行还原反应，废气中的氧参与反应，放热量大
	选择性催化还原法	用 NH_3 作还原剂在较低温度下将 NO_x 催化还原为 N_2，废气中的氧很少参与反应，放热量小
液体吸收法	水吸收法	用水作吸收剂对 NO_x 进行吸收，吸收效率低，仅适用于气量小、净化要求低的场合，不能净化以 NO 为主的 NO_x
	酸吸收法	用浓硫酸或漂白后的稀硝酸作吸收剂对 NO_x 进行物理吸收和化学吸收
	碱液吸收法	用 $NaOH$、Na_2SO_3、$Ca(OH)_2$、NH_4OH 等碱性溶液作吸收剂对 NO_x 进行化学吸收，但对于含 NO 较多的 NO_x 废气的净化效率比较低
	氧化吸收法	对于含 NO 较多的 NO_x 废气，用浓 HNO_3、H_2O_2、O_3、$NaClO$、$KMnO_4$ 等作氧化剂，先将 NO_x 中的 NO 部分氧化成 NO_2，然后再用水或碱溶液吸收，使净化效率提高
	液相还原吸收法	将 NO_x 吸收到溶液中，与 $(NH_4)_2SO_3$、NH_4HSO_3、Na_2SO_3 等还原剂反应，NO_x 被还原成 N_2，其净化效率比碱溶液吸收法好
	络合吸收法	利用络合剂 $FeSO_4$、$F(Ⅱ)$-EDTA 及 $F(Ⅱ)$-EDTA-Na_2SO_3 等直接与 NO 反应，NO 生成的络合物加热时重新释放 NO，从而使 NO 能富集回收。适用于主要含 NO 的废气。该方法未有工业应用
吸附法		用丝光沸石分子筛、泥煤、风化煤、活性炭等吸附废气中 NO_x 将废气净化

利用还原剂在一定温度条件下将废气中的 NO_x 还原为无害的 N_2 和 H_2O，通称为催化还原法。在净化过程中，依据还原剂是否与气体中的氧发生反应以及是否使用催化剂，分为非选择性催化还原和选择性催化还原两种。由于催化还原法需要在一定的温度下进行，所以主要应用于有一定温度的烟气脱硝工程中，铝表面处理生产中一般不适用。

由于吸附剂具有较好的分离效果和选择性并能脱除痕量物质，所以吸附法常用于其他方法难以分离的低浓度的有害物质和排放标准要求严格的废气治理。治理 NO_x 常用的吸附剂材料有：活性炭、分子筛、硅胶、沸石以及泥煤等。其中活性炭吸附有较多的研究和应用，在治理低浓度的 NO_x 中具有一定的优势。吸附法因存在吸附剂的吸附容量有限、需要的吸附剂用量大，使得设备庞大而投资高，需要进行再生作业而使运行过程多为间歇操作等弊端，使吸附法的工业化应用受到一定的限制而没有得到广泛的应用。

液体吸收法常称湿法脱硝（催化还原法和吸附法统称为干法脱硝）。与干法脱硝相比，湿法脱硝具有工艺及设备简单、投资少等优点，其中某些技术方法还能回收 NO_x，具有一定的经济效益。因此在实际工程应用中，湿法脱硝技术较为广泛。但由于在 NO_x 废气中，NO 在水和碱液中的溶解度都很低，因此，在湿法中，如何有效去除 NO 或把 NO 转化为溶解性好的 NO_2 或 N_2O_3 就成为湿法脱硝技术的关键。

在液体吸收法中，比较常见的有碱液吸收法、氧化吸收法和液相还原吸收法。

（1）碱液吸收法。碱液吸收法是利用一些碱性溶液能与 NO_2 反应生成硝酸盐和亚硝酸盐，能与 $N_2O_3(NO+N_2O_3)$ 反应生成亚硝酸盐的性质来净化含 NO_x 废气。常用的碱性溶液有 NaOH、Na_2CO_3、$Ca(OH)_2$、氨水等。当采用氨水作为吸收剂治理 NO_x 时，反应生成的铵盐（亚硝酸铵、硝酸铵）微粒粒径在 $0.1\sim10\mu m$ 之间，属于气溶胶颗粒，不易被水或碱液捕集而逃逸形成白烟；同时反应生成的亚硝酸铵也不稳定，尤其当浓度较高时，吸收热超过一定温度或溶液 pH 不合适时会发生分解甚至爆炸，这种特性限制了氨水吸收法的应用。

碱液吸收法的实质是酸碱中和反应。在吸收过程中，NO_2 先溶于水生成硝酸和亚硝酸，气相中的 NO 则和 NO_2 反应生成 N_2O_3，生成的 N_2O_3 溶于水生成亚硝酸，之后亚硝酸和硝酸与碱液发生中和反应。由于酸碱中和反应是不可逆的，所以决定吸收效率的关键是吸收速度的问题。

通常将 NO_2 在 NO_x 中所占的体积百分比称为 NO_x 的氧化度。大量的研究表明，当氧化度大约为 $50\%\sim60\%$ 时，碱液吸收的速度最快，吸收效率也最高。氧化度对 NO_x 吸收效率的影响见图 20-11。

从图 20-11 可见，当 NO 浓度高时，碱液的吸收效率很低。因此碱液吸收的方法不适合吸收以 NO 为主的 NO_x 废气，一般适合于治理 NO_2 含量超过 50% 的 NO_x 废气。不同的碱性溶液对 NO_x 吸收的效率也有影响。据介绍，浓度为 $10\sim100g/L$ 的各种碱液吸收 NO_x 的反应活性顺序为：$KOH>NaOH>Ca(OH)_2>Na_2CO_3>K_2CO_3>Ba(OH)_2>NaHCO_3>KHCO_3>MgCO_3$。

考虑到价格、来源及吸收效率等因素，工业上应用较多的碱液是 NaOH 和 Na_2CO_3，其中又以 Na_2CO_3 应用最多。一般用 30% 以下的 NaOH 或 $10\%\sim15\%$ 的 Na_2CO_3 溶液作为吸收液，在 $2\sim3$ 个填料塔内串联吸收，吸收效率视废气的氧化度、设备结构和操作条件而异，一般为 $60\%\sim90\%$。

碱液吸收的传统工艺流程如图 20-12 所示。废气按顺序进入三级串联吸收塔中，碱液以

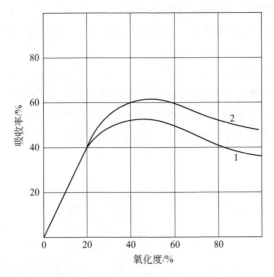

图 20-11　氧化度对 NO_x 吸收效率的影响

1—NO_x 含量 1%；2—NO_x 含量 2%

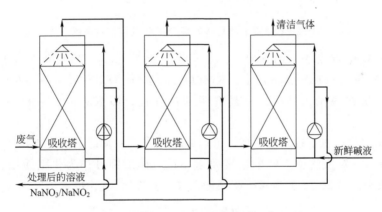

图 20-12　碱液吸收法吸收 NO_x 流程示意图

逆向方式进入吸收塔。当第一个吸收塔的循环碱液下降到 5g/L 时，即可放出吸收液。放出的吸收液可经过蒸发、结晶、分离处理循环使用，其副产物硝酸钠和亚硝酸钠可作为成品进行利用或销售。

　　碱液吸收法最大的优点是能回收 NO_x，并将其转化为可销售或利用的亚硝酸盐和硝酸盐产品，在净化废气的同时产生一定的经济效益，真正实现变废为宝。但这种方法对氧化度较低的 NO_x 吸收效率不高，因此为了提高吸收效率，可以采用强化吸收操作、改进吸收设备、优化吸收条件等办法。最重要的改进措施是有效控制废气中的氧化度，常用方法有：①配气处理。一般采用高 NO_2 含量的气体进行调节，提高待治理废气的 NO_x 氧化度。如在用碱液治理硝酸废气时，可在 NO_x 进吸收塔之前将少量高 NO_2 含量的气体引至吸收塔的入口或其他适当的位置使其混合。②对废气中的 NO 采用一定的氧化处理，如可采用氧化吸收串联碱液吸收的方法对传统碱液吸收装置进行改造，达到提高吸收效率的目的。

　　（2）氧化吸收法。氧化吸收法是通过氧化剂将 NO 氧化成 NO_2 以提高其氧化度，然后再采用水或碱液吸收进行治理。常见的 NO 氧化方法有催化剂氧化或富氧氧化、化学氧化剂氧化以及硝酸氧化等，其中应用较多的是化学氧化剂。

常见的化学氧化剂有气相和液相。气相有 O_2、O_3、Cl_2 和 ClO_2 等；液相有 HNO_3、$KMnO_4$、H_2O_2、$NaClO_2$、$NaClO$ 等溶液。

① 臭氧氧化法。臭氧氧化法是使 NO_x 废气与臭氧充分混合，将 NO 氧化，然后用水吸收。反应生成的硝酸可以通过浓缩变为硝酸产品回收利用，亦可加氨中和，制取化肥，达到废气回收利用的目的。臭氧氧化法采用水作为吸收剂，价廉易得，且吸收过程无任何污染物进入反应系统。缺点是臭氧制取能耗较大，费用较高。图 20-13 为臭氧氧化吸收工艺流程示意图。

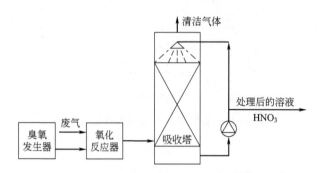

图 20-13　臭氧氧化法处理 NO_x 工艺流程示意图

② $KMnO_4$ 氧化吸收法。用 $KMnO_4$ 将 NO 氧化为 NO_2，然后将其生成硝酸盐，即 $KMnO_4 + NO \longrightarrow KNO_3 + MnO_2 \downarrow$，$KMnO_4 + 2KOH + 3NO_2 \longrightarrow 3KNO_3 + H_2O + MnO_2 \downarrow$。该方法在脱硝的同时，还具有脱硫的作用，即 $KMnO_4 + SO_2 \longrightarrow K_2SO_4 + MnO_2 \downarrow$。

高锰酸钾法的优点在于脱硝效率高，可达 90%～95%；同时具有脱硫作用，特别适合含 SO_2 的 NO_x 废气；对废气中 NO 的浓度要求不严，硝酸钾可作为化肥使用。主要缺点是 $KMnO_4$ 价格较贵。图 20-14 为高锰酸钾氧化吸收工艺流程示意图。

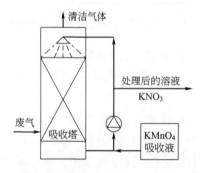

图 20-14　高锰酸钾氧化法处理 NO_x 工艺流程示意图

③ ClO_2 氧化吸收法。利用 ClO_2 的氧化性将 NO 氧化为 NO_2，然后采用 Na_2SO_3 溶液进行吸收，使 NO_2 还原为 N_2，即 $ClO_2 + 2NO + H_2O \longrightarrow HNO_3 + NO_2 + HCl$，$2NO_2 + 4Na_2SO_3 \longrightarrow 4Na_2SO_4 + N_2 \uparrow$。如果在吸收塔中加入 NaOH，同样可以达到既脱硫又脱硝的目的。NaOH 的加入可以和废气中的 SO_2 化合生成 Na_2SO_3 而降低 Na_2SO_3 的使用量，达到以废治废的作用。图 20-15 为 ClO_2 氧化吸收工艺流程示意图。

（3）液相还原吸收法。常用的液相还原剂有亚硫酸盐、硫代硫酸盐、硫化物、尿素等，

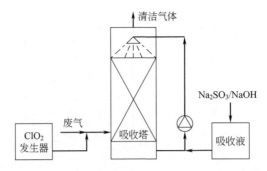

图 20-15　ClO_2 氧化法处理 NO_x 工艺流程示意图

将 NO_2 还原。其反应如下：$4Na_2SO_3 + 2NO_2 \longrightarrow 4Na_2SO_4 + N_2 \uparrow$，$Na_2S_2O_3 + 2NO_2 + 2NaOH \longrightarrow 2Na_2SO_4 + H_2O + N_2 \uparrow$，$2Na_2S + 6NO_2 \longrightarrow 4NaNO_3 + 2S + N_2 \uparrow$ 以及 $(NH_2)_2CO + NO + NO_2 \longrightarrow CO_2 + 2H_2O + 2N_2 \uparrow$。

液相还原剂与 NO 反应生成 N_2O，反应速度不快而影响液相还原吸收的效率。所以液相还原吸收法宜先将 NO 氧化为 NO_2 或 N_2O_3，以防止生成 N_2O。随着氧化度的提高，还原吸收的效率增加。对于以 NO_2 为主的 NO_x 废气，采用液相还原吸收法将变得非常简单。

① 碱-亚硫酸铵吸收法。采用碱对高浓度 NO_x 进行一次吸收，再用亚硫酸铵、亚硫酸氢铵还原一级处理后废气中的 NO_x。

第一级碱液吸收（NaOH 或 Na_2CO_3），其主要化学反应为：

NaOH 吸收：$2NaOH + NO_2 + NO \longrightarrow 2NaNO_2 + H_2O$，$2NaOH + 2NO_2 \longrightarrow NaNO_2 + NaNO_3 + H_2O$

Na_2CO_3 吸收：$Na_2CO_3 + NO_2 + NO \longrightarrow 2NaNO_2 + CO_2$，$Na_2CO_3 + 2NO_2 \longrightarrow NaNO_2 + NaNO_3 + CO_2$

第二级还原 $[(NH_4)_2SO_3$、$NH_4HSO_3]$，其主要化学反应为：

$4(NH_4)_2SO_3 + 2NO_2 \longrightarrow 4(NH_4)_2SO_4 + N_2 \uparrow$，$4NH_4HSO_3 + 2NO_2 \longrightarrow 4NH_4HSO_4 + N_2 \uparrow$

$$4(NH_4)_2SO_3 + N_2O_3 + 3H_2O \longrightarrow 2N(OH)(NH_4SO_3)_2 + 4NH_4OH$$

$$4NH_4HSO_3 + N_2O_3 \longrightarrow 2N(OH)(NH_4SO_3)_2 + H_2O$$

上述反应虽以 $(NH_4)_2SO_3$ 与 NO_x 的反应为主，但还有反应生成物 NH_4OH，所以也会发生副反应

$$NH_4OH + NH_4HSO_3 \longrightarrow (NH_4)_2SO_3 + H_2O$$

$$2NH_4OH + 2NO_2 \longrightarrow NH_4NO_3 + NH_4NO_2 + H_2O$$

图 20-16 为该方法净化 NO_x 的工艺流程示意图。

从图 20-16 可以看出，含 NO_x 的废气先进入碱液（NaOH 或 Na_2CO_3）吸收塔进行一级吸收治理，再进入吸收塔进行二级吸收治理，治理后的废气直接排入大气中。此法工艺成熟、操作简单、净化效果好，吸收液可综合利用，可以产生一定的经济效益。缺点是吸收液的来源有局限性，用于治理氧化度低的 NO_x 废气的效率较低。

② 还原性碱液吸收法。通常将 NaOH 与 Na_2S、Na_2SO_3、$Na_2S_2O_3$、$(NH_2)_2CO$ 等还原剂的混合溶液作为吸收液。有研究指出，还原性碱液吸收 NO_x 的传质-反应过程的结果表明：气相中的 NO_x 浓度越高，吸收速率越快；对吸收速率有影响的液相反应均为快速反应，且反应在液膜内完成，液相主体中 NO_x 浓度为零；在总的传质阻力中，气相传质阻力占

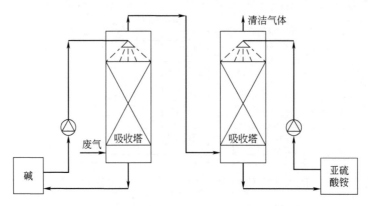

图 20-16　碱-亚硫酸铵法处理 NO_x 工艺流程示意图

80%左右，所以提高气相传质系数有利于提高 NO_x 的吸收速率；N_2O_3、N_2O_4 受平衡控制，NO_x 浓度及氧化度越高，N_2O_3 和 N_2O_4 的浓度越高，吸收速率越快。依据这种传质特点和化学反应特点，要求还原性碱液吸收法的治理设备应具有较高的气相传质系数和尽可能大的相界面积以提高 NO_x 废气的吸收速率。

在铝表面处理中的 NO_x 主要来自硝酸的使用，其成分主要为 NO_2、N_2O_3 和 NO。治理 NO_x 的方法多种多样，每种方法都有各自的适用范围和特点。因此，NO_x 废气治理方法的选择主要视废气性质（如是否含 SO_2），尤其是 NO 的含量和 NO_x 废气的氧化度，以及当地氮氧化物污染物排放限值的要求等条件而定，如有需要也可以采用多种技术组合的方法以提高 NO_x 废气的净化效果。同时应根据工厂的现有条件以及吸收剂、氧化剂或还原剂来源的难易程度进行综合考虑以选择最适合企业自身的治理方案。

20.4.4　有机废气的治理方法

有机废气的治理方法很多，各种方法均有其适用对象。一般应根据有机废气的体积流量、温度、浓度，所含有机污染物的组分以及是否含尘，有无二次污染及其解决方法（如吸收法中吸收液的处理）等综合因素选择不同的治理方法。涂装行业中最常见的治理方法有吸收法、吸附法和燃烧法。此外，UV 光解法在近年来获得了迅速的发展并逐渐体现出其独特的优势。

（1）吸收法。吸收法是净化气态污染物最常用、最简单的一种方法。前面介绍的粉尘、漆雾治理等都是利用了吸收法的工作原理。它是利用气体中的有害物质能与某些液体或悬浮物发生物理或化学反应，从而使有害物质从气体中分离出来。最常见的设备为前面介绍的逆流填料洗涤塔。

在吸收法中，吸收剂的选择是一个关键要素。常用的吸收剂有：

① 水。凡是易溶于水的有机废气如醇类、酮类、醚类等均可采用水作为吸收剂。水吸收剂所需设备简单、处理成本低，吸收效率也比较高而被广泛应用。前述电泳 VOCs 的治理就是一个典型的应用实例。

② 油类。主要有柴油、机油和邻苯二甲酸丁酯等，通常用于吸收不溶于水的非极性有机溶剂，如苯、甲苯、二甲苯、汽油等。

③ 酸液吸收剂。常采用硫酸，主要吸收碱性污染物如有机胺等。

④ 氧化性吸收剂。常用高锰酸钾、过氧化氢、亚硫酸钠等，可以吸收甲醇、甲醛、乙

醛等。

（2）吸附法。在用多孔性固体物质处理流体混合物时，流体中的某一组分或某些组分可被吸引到固体表面并浓集保持的过程称为吸附。对气态污染物进行处理时，则为气-固吸附。被吸附的气体组分称为吸附质，多孔固体物质称为吸附剂。

目前，吸附法在有机废气的治理中越来越受到重视，在净化有机废气的同时，可以将大部分有机废气回收并重复利用，实现废物资源化，同时吸附法能有效捕集浓度很低的物质，因而成为目前净化有机废气的首选技术。但由于吸附剂的吸附容量不可能太大，因此适合治理低浓度的有机废气。

吸附剂的选择非常关键。在有机废气净化工程中，最常采用活性炭，它是一种非极性吸附剂，具有疏水性和亲有机物的性质，能吸附绝大部分有机气体，如苯类、醛酮类、醇类、烃类等以及恶臭物质。因此，在吸附法中，活性炭是一种首选的优良吸附剂。

（3）燃烧法。燃烧法是用燃烧的方法治理有害气体、蒸气或烟尘，使其变为无害物质的过程。燃烧净化时发生的化学反应主要是燃烧氧化作用和高温下的热分解。因此该方法只适用于净化可燃或在高温下可分解的有害气体。对涂装生产中的有机废气以及恶臭物质均可采用燃烧净化的方法。有机废气燃烧氧化的结果是生成 CO_2 和 H_2O。目前在涂装工程中使用的燃烧方法主要为热力燃烧和催化燃烧。

① 热力燃烧法。将废气引入燃烧室，直接与火焰接触，把废气中可燃烧成分直接燃烧分解成 CO_2 和 H_2O。根据热交换与废热利用形式的不同，有蓄热式热力燃烧系统（RTO）和回收式热力燃烧系统（TAR）。RTO 是利用高效蓄热材料，通过程序控制，自动循环切换废气流向，将燃烧废气的废热储存在蓄热材料中，用于预热下一阶段的废气，提高待治理废气的温度并降低治理后的废气排放温度，废热回收率可达 95% 以上。TRA 是将治理废气和向涂装生产线提供热能这两种功能合二为一的系统，既治理了废气，又降低了能耗，是企业降低运行成本的有效方法，TRA 对有机废气的分解率可达 99% 以上。

热力燃烧系统的设计和使用需要注意：a. 涂装作业中排出的废气含有多种有机溶剂的混合气体，当废气浓度接近爆炸下限的高浓度场合时，需要用空气稀释到混合溶剂爆炸下限浓度的 1/5～1/4，才能进行燃烧。b. 从喷漆室、挥发室和烘干室排出的废气，因换气量大，所含有机溶剂浓度很低，为提高燃料效率，通常需要将废气浓缩或补充高浓度废气，但其混合气体浓度应低于允许的下限浓度。c. 一般有机废气在较高温度下才能完全燃烧，同时可能产生光化学烟雾物质 NO_x，而 NO_x 的产生与燃料品种、燃烧温度、燃烧装置结构和燃烧时的空气量等因素有关，其中最重要的参数是燃烧温度。因此需要控制合理的燃烧温度，一般为 650～800℃。d. 采用直接燃烧法治理后的排气温度通常为 500～600℃，除用于待治理废气的预热外，还可作为烘干室或锅炉等的热源进行有效的综合利用，以节约能源。

② 催化燃烧法。在催化剂的作用下，使有机废气在着火点温度以下进行激烈氧化燃烧。催化剂的作用是降低反应的活化能，同时使反应物富集在催化剂表面，提高反应速率，使有机废气在较低的起燃温度下发生无火焰燃烧，并氧化为 CO_2 和 H_2O，同时释放大量的热。催化燃烧技术是有机废气治理行业中应用最为广泛的方法之一，其工艺流程如图 20-17 所示。氧化燃烧开始的反应温度因废气中所含物质而异，如苯、甲苯等为 250～300℃，醋酸乙酯、环己酮等为 400～500℃。与热力燃烧相比，催化燃烧具有如下特点：a. 无火焰燃烧，安全性好。b. 燃烧温度低，辅助燃料消耗少。c. 应用范围广，对可燃组分的浓度和热值限制少。d. 可避免 NO_x 的生成。e. 为避免催化剂失效，废气中不允许含有尘粒和雾滴（如

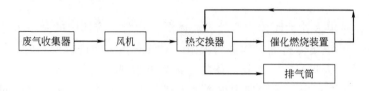

图 20-17　催化燃烧工艺流程图

漆雾）。

　　催化剂的选择对催化燃烧法至关重要，目前使用最多的催化剂为 Pt 和 Pd，Pt 和 Pd 具有活性好、使用寿命长、使用稳定性好等特点。催化燃烧系统的设计和使用需要注意以下事项：a. 废气中有机污染物的浓度。浓度太低，燃烧效果差；浓度过高，燃烧时放热大，温度高，易烧坏催化剂。一般废气中有机污染物含量以 $10\sim15g/m^3$ 为宜。b. 起燃温度。起燃温度因废气中所含物质而异，因此在设计和选用时必须先确定废气中有机污染物的成分。c. 催化剂活性的衰减。在汞、铅、锡、锌等的金属蒸气和磷、磷化物、砷等物质存在下，随着使用时间的增加，这些物质覆盖在催化剂的表面而使其失去活性，需进行再生处理；在卤素物质和大量水蒸气存在时，催化剂活性会暂时衰退，当这些物质不存在时即可短期内恢复；尘粒、金属锈、硅、有机金属化合物等覆盖在催化剂表面将降低其活性，需要及时清理或再生；当树脂类的有机物黏附在催化剂表面时亦会令其活性下降，因此，废气中不允许含有尘粒和雾滴。

　　（4）有机废气常用治理方法的比较。为便于选用处理方法，表 20-18 列表比较涂装行业有机废气常用处理方法。

表 20-18　有机废气常用处理方法的比较

方法		原理	优点	缺点
吸收法		液体作吸收剂,使废气中有害物质被吸收剂吸收而达到净化	以水作吸收剂为例： ①设备投资小,运行费用低 ②无爆炸、火灾等危险,安全性高 ③适宜处理水溶性废气	①需对产生的废水进行二次处理 ②对废气成分(即涂料品种)有限制
吸附法		废气中有害物质分子扩散到固体吸附剂表面而被吸附达到净化	以活性炭作吸附剂为例： ①可处理低浓度甚至痕量废气和低温废气 ②可回收有用物质 ③处理程度可控制	①活性炭再生和补充费用高,废活性炭属危废 ②处理高温废气时需先冷却 ③废气中不能含尘、含漆雾
燃烧法	热力燃烧法	废气引入燃烧室与火焰直接接触而使有害物质燃烧生成 CO_2 和 H_2O 而达到净化	①燃烧效率高,管理容易 ②仅烧嘴需维护,维护简单 ③不稳定因素少,可靠性高	①处理温度高,燃料费高 ②设备造价高 ③治理低浓度、大风量的废气不经济
	催化燃烧法	废气在催化剂作用下使有害物质在引燃点温度以下燃烧生成 CO_2 和 H_2O 而达到净化	①与热力燃烧比,省燃料费 ②装置占地面积小 ③NO_x 生成量小	①需考虑催化剂的失效 ②废气须进行前处理以去除尘粒、雾滴 ③催化剂和设备造价高

　　（5）UV（紫外线）光解法。上述常用的有机废气治理方法存在设备投资大、运行成本高等问题。近年来 UV 光解技术在有机废气处理领域得到迅速发展并逐渐体现出其独特的优势。该技术利用紫外线的高能量电磁辐射，使空气中的氧分子变成游离氧后再与氧分子结

合产生氧化能力更强的臭氧，进而破坏废气中的有机或无机高分子化合物的分子链，使之变成低分子化合物，如 CO_2 和 H_2O 等。由于 UV 的能量远高于一般有机化合物的结合能，因此，采用 UV 照射有机化合物，可以将其降解为小分子物质。表 20-19 是部分化学分子的结合能。

表 20-19　部分化学分子的结合能

结合键	结合能/(kJ/mol)	结合键	结合能/(kJ/mol)
H—H	436	O—H	463
N—H	389	S—H	339
C—H	414	O—C	352
C—C	348	O＝C	724
C＝C	607	O—O	139

利用 UV 光解法治理有机污染物的化学反应过程非常复杂。一方面，在高能 UV 辐射的直接作用下，有机化合物的化学结合键被裂解，使之形成游离态的原子或基团。另一方面，UV 辐射将空气中的氧气裂解，产生氧自由基，氧自由基与氧气结合产生臭氧，利用臭氧的强氧化性将有机污染物氧化；臭氧分解产生的新生态氧原子，和具有一定湿度环境中的水形成氧化能力更强的羟基自由基（·OH），它们的高度活性可破坏有机化合物的结构，将有机污染物氧化降解为低分子物质、CO_2 和 H_2O，从而达到彻底分解有机污染物的目的。

UV 波长越短，光子能量越强。波长为 254nm、185nm 的光子能量分别为 472kJ/mol 和 647kJ/mol。有机污染物能否被裂解，取决于其结合能是否比所提供的 UV 光子能量低。对波长为 254nm、185nm 的 UV 光子能量与表 20-19 中的结合能进行比较，发现其能量比大多数有机化合物的分子结合能高，可以直接使大部分有机化合物分子的化学键断裂。图 20-18 为 UV 光解法治理有机废气系统原理图。

图 20-18　UV 光解法治理有机废气系统原理图

UV 光解法具有如下特点：a. 对污染物的适应性强、治理效果好。能高效净化 VOCs、无机物、硫化氢、氨气、硫醇等主要气态污染物以及各种恶臭物质。b. 无需消耗辅助材料、运行费用低。UV 光解设备在运行过程中，无需添加任何物质参与化学反应，只需设置相应的排风管道和排风动力，使有机污染物通过该设备后即可达到净化效果。c. 净化设备的适应性强。适用于各种浓度、各种流量以及不同恶臭物质的污染物的处理，并可连续工作，运行稳定可靠。

20.5　铝表面处理固体物的环境管理

铝表面处理生产通常产生大量的固体物。如晶析法碱回收产生大量的结晶态氢氧化铝，氢氧化物沉淀法对含 Al^{3+} 污水治理后产生大量的高含量氧化铝泥渣（简称铝泥渣），含重金属（如镍、铜等）污水治理后产生的污泥，喷漆室产生的漆渣，电泳槽液精制设备中失效的离子交换树脂等。这些固体物因其所含化学成分及纯度的不同,属性也不一样。表 20-20 列出了铝表面处理生产过程中产生的固体物的主要来源与特点。

表 20-20　固体物的主要来源与特点

名称	主要来源	特点
铝泥渣	硫酸除油、硫酸除灰及硫酸阳极氧化工序的含铝污水经氢氧化物沉淀法处理后形成的固体物	量大。主要成分为无害的 Al_2O_3 及其水化合物并含少量硫化物,视硫含量及资源化产品的要求可直接或经脱硫后进行资源化利用
	碱蚀污水经氢氧化物沉淀法处理后形成的固体物	量非常大。①碱回收工艺铝泥渣主要成分为无害的 Al_2O_3 及其水化合物,可直接进行资源化利用。②添加剂工艺铝泥渣主要成分为无害的 Al_2O_3 及其水化合物,视添加剂成分可能含少量的硫化合物甚至氟化合物,经适当的脱硫和除氟等技术处理后可进行资源化利用
晶态氢氧化铝	晶析法碱回收的副产品	量大。成分为 $Al(OH)_3$,纯度高达 90% 以上,可直接制成明矾、冰晶石、无机阻燃剂或净水剂等,进行资源化利用
含重金属污泥	电解着色、含镍封孔、铬化处理等工序污水经处理后形成的固体物	量较小。含重金属,属于危险废物。危险特性:T
涂料废渣	电泳、喷漆室工序产生的污水经处理后形成的固体物和喷漆室废渣	量小。含多种有机物,属于危险废物。危险特性:T、I
其他污泥	抛光、含有害成分添加剂的工序污水经处理后形成的固体物	量小。含磷、氮、氟及各种添加剂中有害成分。属于危险废物。危险特性:T
有机树脂	纯水、槽液精制、废水处理等设备使用后饱和或废弃的离子交换树脂	量非常少。属于危险废物。危险特性:T
废活性炭	纯水、废水/废气治理等设备使用后饱和或废弃的活性炭	量非常少。属于危险废物。危险特性:T

20.5.1　固体废物的定义及其意义

固体废物是指生产、生活和其他活动中产生的丧失原有利用价值或者虽未丧失利用价值但被抛弃或者放弃的固态、含大量水的固态或置于容器中的气态的物品、物质,以及法律、行政法规规定纳入固体废物管理的物品、物质。在我国,对不能排入水体的液态废物和不能排入大气的置于容器中的气态废物,由于大多具有较大的危害性,因此也纳入固体废物管理体系。固体废物的分类方法有多种,按其污染特性可分为危险废物和一般废物。危险废物(简称"危废")是指列入《国家危险废物名录》或者根据国家规定的危险废物鉴别标准和鉴别方法认定的具有腐蚀性(C)、毒性(T)、易燃性(I)、反应性(R)和感染性(In)等一种或一种以上危险特性,以及不排除具有以上危险特性的固体废物。一般废物是指未被列入《国家危险废物名录》或者根据国家规定的鉴别标准和鉴别方法判定不具有危险特性的固体废物。

固体"废物"在定义中具有明显的时间和空间特性,同时具有"废弃物"和"资源"的二重性。从时间角度看,固体废物是指对于目前的科技水平和经济条件下无法利用的物质或物品,但随着科学技术及经济的发展,昨日的废弃物也许就是今天的资源。从空间上而言,废弃物仅相对于某一过程或者某一方面没有了使用价值,而非一切过程或一切方面都没有使用价值,某一过程的废弃物往往是另一个过程的原料,如高炉渣可以作为水泥生产的原料、铝泥渣可以制成净水剂等。从表 20-20 中可以看出，在铝表面处理生产过程中产生量大的固体物如结晶态氢氧化钠、铝泥渣等都是可以被其他行业作为原材料利用的物质，完全没有必要"被抛弃或者放弃"。铝表面处理生产企业可以作为这些行业的材料供应商或者对这些固体物通过合适的技术处理后直接作为产品出售。

20.5.2　固体废物的管理法规

表 20-20 表明，只要选择适当的工艺路线和工艺设备，铝表面处理产生的固体物大量属于不应"被抛弃或者放弃"的物质，企业应该有效利用起来。剩余的少量固体物属于危废，则要遵循国家相关的法律法规进行管理。

《中华人民共和国固体废物污染环境防治法》（以下简称《固体法》）是我国固体废物污染防治管理的专项法律。《固体法》对产生危废的单位的具体管理规定主要有以下内容：

① 对危废的容器和包装物以及收集、贮存、运输、处置危废的设施、场所，必须设置危废识别标志。

② 对产生危废的单位，必须按照国家有关规定制定危废管理计划，并向所在地县级以上地方人民政府环境保护行政主管部门申报危废的种类、产生量、流向、贮存、处置等有关资料。危废管理计划包括减少危废产生量和危害性的措施以及危废贮存、利用、处置措施并报所在地县级以上地方人民政府环境保护行政主管部门备案。对于申报事项或者危废管理计划内容有重大改变的，应当及时申报。

③ 产生危废的单位，必须按照国家有关规定将危废交给有资质的企业进行处置，不得擅自倾倒、堆放；不处置的，由所在地县级以上地方人民政府环境保护行政主管部门责令限期改正；逾期不处置或者处置不符合国家有关规定的，由所在地县级以上地方人民政府环境保护行政主管部门指定单位按照国家有关规定代为处置，处置费用由产生危废的单位承担。

④ 收集、贮存危废，必须按照危险特性分类进行。禁止混合收集、贮存、运输、处置性质不相容而未经安全性处置的危废。禁止将危废混入非危险废物中贮存。

⑤ 收集、贮存、运输、处置危废的场所、设施、设备和容器、包装物及其他物品转作他用时，必须经过消除污染的处理，方可使用。

⑥ 产生、收集、贮存、运输、利用、处置危废的单位，应当制定意外事故的防范措施和应急预案，并向所在地县级以上地方人民政府环境保护行政主管部门备案；环境保护行政主管部门应当进行检查。

⑦ 因发生事故或者其他突发性事件，造成危废严重污染环境的单位，必须立即采取措施消除或者减轻对环境的污染危害，及时通报可能受到污染危害的单位和居民，并向所在地县级以上地方人民政府环境保护行政主管部门和有关部门报告，接受调查处理。

20.5.3　固体废物的管理体系

《固体法》确立了固体废物的"全过程管理"原则以及固体废物污染防治的"减量化、资源化、无害化"原则。这些原则构成了我国固体废物基本的管理体系。

"全过程管理"是指对固体废物的产生、收集、运输、利用、处理和处置的全过程及各个环节都实行控制管理和污染防治。包括对其鉴别、分析、监测、实验等环节以及对其进行处理和处置时的接收、验查、残渣监督、操作和设施的关闭等各个环节的管理。这一原则包括了从产生到最终处置的全过程是由于各个环节都有产生污染的可能性，如运输过程的扬尘和泄漏、焚烧过程产生的空气污染、填埋过程产生的浸出液对水体的污染等，因而有必要对整个过程及其每一个环节都实施控制和监督。

"减量化"是指减少固体废物的产生量和排放量。减量化的要求，不仅是减少固体废物的重量和体积，还包括尽可能减少其种类、降低危废的有害成分浓度、减轻或清除其危险特性等。如采用重金属回收装置以减少重金属危废的产生量、采用低磷或无磷药剂以减轻或消除其危险特性、采用无铬化处理以减少危废的种类等措施都是减量化的具体体现。减量化是对固体废物的数量、体积、种类、有害性质的全面管理，是防止固体废物污染环境、实现清洁生产的有效手段。

"资源化"是指采用管理和工艺措施从固体废物中回收物质和能源，加速物质和能量的循环，创造经济价值的技术方法。资源化包括三个方面：a. 物质回收，在处理固体废物的过程中回收有用物质，如采用各种回收技术对重金属污泥中的重金属进行回收；b. 物质转换，利用固体废物制取新的物质形态，如利用炉渣生产水泥；c. 能量转换，从固体废物处理过程中回收能量，如通过有机废物的焚烧处理回收热量。

"无害化"是指对已产生但又无法或暂时尚不能综合利用的固体废物，经过物理、化学或生物方法，进行对环境无害或低害的安全处理、处置，达到固体废物的消毒、解毒或稳定化，以防止污染或减少固体废物的污染程度。

20.5.4 固体物的治理原则——有害固体污染物（危废）的管理与铝泥渣的资源化利用

根据化学成分和属性的不同，铝表面处理固体物有结晶态氢氧化铝、铝泥渣或危废，其中大量的固体物是结晶态氢氧化铝或无害的铝泥渣，少量属于危废。危废主要有含重金属污泥、涂料废渣、含磷/氮/氟等的污泥等。为了更好地实现资源化利用，尽量减少危废量。企业对固体物的治理原则，必须首先分别形成或适当合并环境治理回路，分开进行沉淀和减量，总体治理可从以下几方面考虑：

① 从改变工艺入手，选择环保型工艺。如采用晶析法碱回收工艺，所产生的固体物为纯度高达 90%的结晶态氢氧化铝，可以直接作为商品出售。在生产砂面铝材时，尽量以机械喷砂代替碱蚀，实现固体物的减量化。

② 从化学品入手，有效管控碱蚀添加剂成分。目前我国大多数碱蚀添加剂不含氟或其他有毒有害的物质，所产生的铝泥渣主要成分为 Al_2O_3 及其水合物和少量含硫的化合物，属于可以直接利用的资源。

③ 从污水治理入手，含重金属或有毒有害添加剂的污水与只含铝的污水分流收集、分质治理，分别沉淀所产生的固体物，其中危废量一般只占 10%左右，按环保政策要求分开存放和处置。

④ 从固体物的减量入手，对已经产生的固体物进行减量处理。

（1）固体物的减量。铝表面处理过程产生的固体物除晶体态氢氧化钠外，主要源于污水治理，通常含有大量的水分，含水率约为 70%～90%。固体物中所含水分与固体物总质量之比的百分数称为含水率，固体物质在固体物中的含量称为固体含量。污水治理产生的固体物含水率一般都很大，相对密度接近 1，含水率主要取决于固体物中固体的种类及其颗粒的大小。通常固体颗粒越细小、所含有机化合物越多，其含水率越高。固体物的含水率或固体含量与其体积密切相关，当含水率从 90%降至 80%时，其体积减小一半；如果含水率从

90％降至 60％，则体积缩小至原来的四分之一。由此可见，固体物减量最有效的方法之一是降低其含水率。一般的脱水方法可将固体物的含水率降至 60％左右，此时几乎成为固体；含水率降至 35％～40％时则变成聚散状态（以上为半干化）；当低至 10％～15％时则变成粉末状（干化）。目前降低含水率的常用方法主要有自然晾干和加热烘干。当采用加热烘干时可利用熔铸废热以降低能耗，低温悬浮打散干燥技术就是一种有效的干燥减量手段，但需要密切注意烘干过程中可能产生的大气污染物并采取相应的治理措施。

（2）固体污染物（危废）的管理。对于危废，必须遵照国家相关的管理法规交给有资质的固体废物处理公司进行处理和处置。危废的处理目的是实现无害化，目前常用的处理方法是将危废变成高度不溶性的稳定的物质，也就是危废的固化/稳定化。具体方法有：a. 水泥固化；b. 石灰固化；c. 塑性材料固化；d. 有机聚合物固化；e. 自交结固化；f. 熔融固化和陶瓷固化；g. 药剂稳定化等。处置方法通常是将经固化/稳定化的危废进行填埋。随着科学技术的发展、资源化利用技术的进步，目前对有些危废已经实现了资源化利用。如利用火法技术、湿法技术或火法-湿法混合技术以及等离子体技术对重金属污泥进行无害化处理并回收重金属。

（3）铝泥渣的资源化利用。占固体物总量约 90％的铝泥渣按来源主要有两类：一类来自硫酸除油/硫酸除灰/硫酸阳极氧化，量相对较小，经中和后的沉淀物主要成分为 Al_2O_3 及其水化合物并含少量硫化物，视硫含量及资源化产品的要求可直接或经脱硫后进行资源化利用。另一类来自碱腐蚀，量大，主要成分根据工艺不同有两种：一种没有任何添加剂，其成分基本上只有 Al_2O_3 及其水化合物，可直接回收制成耐火材料或净水剂等，实现资源化利用，这一种就是源自日本的碱回收工艺，我国目前并不多见。另一种是在我国大量存在的有添加剂的碱腐蚀，其固体物主要成分除 Al_2O_3 及其水化合物外，还有添加剂的不同成分。这样就有两种情况：其一是添加剂不含有害成分的可以直接作为原材料，实现资源化利用。其二是添加剂可能含少量的硫、氟等有害化合物，需要针对性进行脱硫除氟等净化治理，坚美铝业公司已经完成预处理分离-干燥减量-脱硫除氟净化的工业化环境治理流程，变大量危废为无害固体铝泥渣，实现了资源化持续使用的目的。目前，我国很多企业根据自身工艺特点，已经进行或完成适合的环境治理＋资源化的技术改造，实现环境治理与资源化并举的目的。

对 Al_2O_3 及其水化合物的无害铝泥渣，企业可以直接回收利用制成耐火材料、阻燃剂、净水剂、吸附剂等商品，供给相应行业作为原材料。无害铝泥渣资源化利用技术目前主要有：a. 直接煅烧可制得高比表面积的 γ-Al_2O_3，选择不同的煅烧条件，或适当的添加剂，可获得不同品质的氧化铝，如活性氧化铝、冶金级氧化铝、低钠超细氧化铝或 α-氧化铝等。b. 通过化学反应方法进一步制备硫酸铝、聚合硫酸铝和聚合氯化铝等化工原料。下面进行简要介绍，供参考以期抛砖引玉。

① 制备活性氧化铝。活性氧化铝可用作催化剂、催化剂载体、吸附剂及干燥剂等。用途不同，对活性氧化铝的纯度、结构及性能的要求也不同。用作吸附剂或干燥剂时，要求纯度较低，作为催化剂及催化剂载体时，要求较高。将铝泥渣在球磨机中湿法球磨 4h，用蒸馏水洗涤 5 次后烘干，以硝酸作为黏结剂，按一定配比混合，制成直径为 4～6mm 的球状颗粒，将颗粒在室温下干燥后置于高温炉中煅烧并保温，保温结束后自然冷却到室温。这样可以得到比表面积和孔容分别为 $283m^2/g$ 和 $0.56cm^3/g$，平均孔径为 6.8nm 的活性氧化铝。

② 制备刚玉耐磨瓷。刚玉质瓷球广泛应用于球磨机的研磨介质，其性质与氧化铝的纯度

有关,纯度越高,产品的性能越好,但相应生产成本也较高。将铝泥渣预烧至1300℃后冷却、破碎后得到熟料。按一定的比例将熟料、黏土、滑石和碳酸钡进行配料,经过筛、制粉、成型、干燥后高温煅烧,可制得刚玉瓷。通过测定,该方法制得刚玉瓷各项性能指标均达市售常规产品的标准。

③ 制备堇青石。堇青石广泛应用于耐火材料、泡沫陶瓷和催化剂行业。将铝泥渣熟料与黏土、石英、滑石粉按一定比例配比混合,倒入湿磨机内研磨5h,将碾磨湿浆烘干得到干粉,将此干粉置于真空搅拌器中加入质量比为5%～6%的水润湿定型后,置于1350℃高温炉里灼烧5h然后冷却。所得产物中的晶相有:堇青石相、莫来石相和尖晶石相。

④ 制备硫酸铝。硫酸铝是一个被广泛运用的工业试剂,通常作为絮凝剂,用于饮用水及污水处理中;在造纸工业中常被用作松香胶、蜡乳液等胶料的沉淀剂,以增强纸张的抗水、防渗性能。此外还可用于化妆品、消防等领域。将干燥的块状铝泥渣碾成粉末状,加入一定量的浓硫酸并搅拌产生浆状硫酸铝溶液,同时放出大量热量,不溶杂质沉淀于底部。将生成的硫酸铝溶液倒入铸模中后自然晾干可得固体硫酸铝产品。

⑤ 制备水处理剂——聚合硫酸铝。将铝泥渣粉碎后加入适量的水在搅拌作用下制成糊状物,加入浓硫酸并加热进行反应,反应至终点后将溶液冷却即制得适当浓度的液体硫酸铝,然后加入碳酸钠、硅藻土、聚合氯化铝及有机添加剂,在高剪切条件下进行聚合反应,经40～60℃熟化1h后进行液渣分离,可制得新型水处理剂——聚合硫酸铝(PAS)。

⑥ 制备水处理剂——聚合氯化铝。制备聚合氯化铝的工艺流程为:铝泥渣酸溶(盐酸＋硫酸)→加热(常压)→聚合(催化剂)→精制→液体产品→干燥。可制得固体水处理剂——聚合氯化铝(PAC)。

参考文献

[1] 戴有芝,肖利平,唐受印等编.废水处理工程.第3版.北京:化学工业出版社,2016.

[2] 崔迎主编.水污染控制技术.北京:化学工业出版社,2015.

[3] 张林生主编.水的深度处理与回用技术.第3版.北京:化学工业出版社,2016.

[4] [日]菊池哲主编.铝阳极氧化作业指南和技术管理.朱祖芳,周连在,纪红译.北京:化学工业出版社,2014.

[5] 白润英主编.水处理新技术、新工艺与设备.北京:化学工业出版社,2017.

[6] 牛建敏,钟昊亮,熊晔.美国、欧盟、日本等地污水处理厂水污染物排放标准对比与启示.资源节约与环保,2016,(6).

[7] 周羽化,原霞,宫玥等.美国水污染物排放标准制订方法研究和启示.环境科学与技术,2013,36(11).

[8] 裴蓓.中美水环境污染物排放标准比较.净水技术,2011,(4).

[9] 朱祖芳.从环境效应的新视觉对于我国铝型材表面处理技术的再思考.2010年铝加工技术(国际)研讨会论文集.佛山,2010.

[10] 朱祖芳.铝合金建筑型材表面处理技术发展问题之我见.轻金属加工技术,2007,35(11):8-11.

[11] 朱祖芳.我国铝材表面处理技术创新现状及发展空间的思考.2017年广东铝加工技术(国际)研讨会论文集.佛山,2017.

[12] 朱祖芳.铝合金阳极氧化工艺选择之环境问题.2013年广东铝加工技术(国际)研讨会论文集.佛山,2013.

[13] 朱祖芳.铝合金阳极氧化工艺中化学品之环境问题.浙江黄岩添加剂环境会议报告,2013.

[14] 朱祖芳.环境友好对铝表面处理技术创新的挑战.2016年中国铝加工产业年度大会论文集,2016.

[15] 朱祖芳.装饰和保护用铝合金表面处理的膜层性能及使用选择.第三届国际交通运输装备轻量化峰会.上海,2014.

[16] 朱祖芳.环境效应是我国民用铝材表面处理技术创新的基础.2018年中国铝加工产业年度大会论文集,2018.

[17] 周军英,汪云岗,钱宜.美国大气污染物排放标准体系综述.农村生态环境,1999,(15).

[18] 邓睿，周飞，唐江等 . VOC 的排放以及控制措施和建议 . 材料导报，2014，28 (24).

[19] 杨波，尚秀莉 . 日本环境保护立法及污染物排放标准的启示 . 环境污染与防治，2010，(6).

[20] 王爽，袁寰宇 . 环境中氯苯类化合物的分析研究进展 . 广州化学，2009，34 (2).

[21] 雷绍民，郭振华 . 氟污染的危害及含氟废水处理技术研究进展 . 金属矿山，2012，(4).

[22] 蓝艳，陈刚，解然，彭宁 . 日本 VOCs 排放控制管理及其经验借鉴 . 环境与可持续发展，2015，(6).

[23] 武芸，肖资龙，王丽朋 . 粉末涂料固化剂的研究进展 . 山东化工，2017，46.

[24] 南仁植 . 粉末涂料与涂装实用技术问答 . 北京：化学工业出版社，2005.

[25] 张学敏 . 涂装工艺学 . 北京：化学工业出版社，2002.

[26] 胡利平，曹有名 . 低温固化聚酯-环氧粉末涂料研究 . 广东化工，2015，42 (11).

[27] 冯德立，曾光明，单文伟等 . TGIC 清洁生产工艺研究 . 精细石油化工进展，2017，8 (1).

[28] 洪小平，王永垒，杨志萍等 . 粉末涂料用 HAA 的合成及应用研究 . 涂料技术与文摘，2017，38 (2).

[29] 巩永忠，陶冶，任环，赵纯 . 氟碳粉末涂料在建材表面的应用进展 . 涂料工业，2015，45 (5).

[30] 吴严明，黄焯轩，蔡劲树 . FEVE 氟碳粉末涂料配方及性能研究 . 涂料技术与文摘，2017，38 (10).

[31] 王道宏，徐亦飞，张继炎 . 炭黑的物化性质及表征 . 化学工业与工程，2002，19 (1).

[32] 朱卫兵 . 粉末涂料烘烤固化过程中烟雾的产生及其解决方法 . 涂料技术及文摘，2016，37 (3).

[33] 兰霞，薛平，贾明印 . 聚乙烯蜡制备装置及工艺研究进展 . 塑料工业，2015，43 (5).

[34] 祁洪刚，刘静 . 粉末喷涂行业污染源强估算及措施建议 . 资源节约与环保，2018，(6).

[35] 冯立明，张殿平，王绪建等编著 . 涂装工艺及设备 . 北京：化学工业出版社，2018.

[36] 刘秀生主编 . 现代涂装技术 . 北京：机械工业出版社，2018.

[37] 刘小刚主编 . 涂装工程 . 北京：机械工业出版社，2014.

[38] 官仕龙主编 . 涂料化学与工艺学 . 北京：化学工业出版社，2013.

[39] 张玉龙，庄建兴主编 . 水性涂料配方精选 . 北京：化学工业出版社，2017.

[40] 崔伟伟 . 水性涂料中主要 VOC 成分研究 . 研究探索，2013，36 (6).

[41] 潘琼主编 . 大气污染控制工程案例教程 . 北京：化学工业出版社，2013.

[42] 李守信主编 . 挥发性有机物污染控制工程 . 北京：化学工业出版社，2017.

[43] 麦穗海主编 . 污水处理工 . 北京：中国劳动社会保障出版社，2018.

[44] 余淦申，郭茂新，黄进用等编著 . 工业废水处理及再生利用 . 北京：化学工业出版社，2012.

[45] 孙万付主编 . 危险化学品目录使用手册 . 北京：化学工业出版社，2017.

[46] 刘宏主编 . 环保设备——原理·设计·应用 . 北京：化学工业出版社，2013.

[47] 郑梅编著 . 污水处理工程工艺设计从入门到精通 . 北京：化学工业出版社，2017.

[48] 相渡，刘亚菲，李义久，倪亚明 . DTC 类重金属捕集剂研究的进展 . 电镀与环保，2003，23 (6).

[49] 王纯，张殿印主编 . 废气处理工程技术手册 . 北京：化学工业出版社，2012.

[50] [美] Shin Joh Kang 凯文，奥姆斯特德·克丝丽塔，塔卡斯·詹姆斯，柯林斯编著 . 城市污水脱氮除磷处理技术导则 . 许光明，陈俊，郑璐，吴光学译 . 北京：中国建筑工业出版社，2018.

[51] 马溪平，徐成斌，付保荣等编著 . 厌氧微生物学与污水处理 . 北京：化学工业出版社，2016.

[52] 杜长明编著 . 低温等离子体净化有机废气技术 . 北京：化学工业出版社，2017.

[53] 王光裕编 . 有机废气处理的基本设计与计算 . 北京：化学工业出版社，2016.

[54] 潘涛，田刚主编 . 废水处理工程技术手册 . 北京：化学工业出版社，2010.

[55] 周岳溪，李杰等译 . 工业废水的管理、处理和处置 . 北京：中国石化出版社，2012.

[56] 王君杰 . 新型重金属捕集剂的制备及应用性能研究 . 南京：南京理工大学，2013.

[57] 曾雪梅 . 生石灰的除磷性能与除磷机理研究 . 西南师范大学学报（自然科学版），2014，3 (7).

[58] 刘宁，陈小光，崔彦召等 . 化学除磷工艺研究进展 . 化工进展，2012，31 (7).

[59] 孔令勇，马小蕾 . 废水化学除磷的基本原理与设计 . 全国城镇污水处理及污泥处理处置技术高级研讨会论文集，2016.

[60] 童娜，杨新宇，花绍龙，张敏莉 . 化学法高效去除废水中硝酸盐的研究 . 工业水处理，2003，23 (12).

[61] 杨家萍 . 硝酸盐废水处理技术研究进展 . 广东化工，2013，40 (4).

[62] 刘强 . 无人值守序批式 Fenton 工艺处理电泳废水工程设计 . 工业水处理，2014，34 (2).

［63］ 高静思主编．中水处理与回用技术．北京：化学工业出版社，2014.

［64］ 魏东新．硫酸回收装置在铝材厂的应用价值分析．第3届铝型材技术（国际）论坛文集，2007.

［65］ 金国淼等编．除尘设备．北京：化学工业出版社，2002.

［66］ 廖辉，付志敏，何志明，晏波元．紫外线灯在有机废气处理中的应用要点简述．中国照明电器，2015，(7).

［67］ 聂永丰主编．固体废物处理工程技术手册．北京：化学工业出版社，2012.

［68］ 李金惠，谭全根，曾现来，王萌萌编著．危险废物污染防治理论与技术．北京：科学出版社，2018.

［69］ 程洁红编著．重金属污泥处理技术与管理．北京：化学工业出版社，2015.

［70］ 张小琴，唐维学，林义民等．铝型材废渣综合利用技术研究进展．材料研究与应用，2008，2 (4).

［71］ 付志强．铝型材表面碱蚀处理废渣的回收利用．有色金属加工，2002，3 (5).

［72］ GB 3838 地表水环境质量标准．

［73］ GB 8978 污水综合排放标准．

［74］ GB 21900 电镀污染物排放标准．

［75］ DB 44/1597 电镀水污染物排放标准．

［76］ GBJ 4 工业"三废"排放试行标准．

［77］ GB 16297 大气污染物综合排放标准．

［78］ DB 44/27 大气污染物排放标准．

［79］ DB 44/816 表面涂装（汽车制造业）挥发性有机化合物排放标准．

［80］ DB 11/501 大气污染物综合排放标准．

［81］ DB 31/933 大气污染物综合排放标准．

［82］ GBZ 2.1 工作场所有害因素职业接触限值．

［83］ GB 5085.1～7 危险废物鉴别标准．

附 录

附录1 我国主要变形铝及铝合金牌号以及主要合金化元素的成分

牌号	合金化元素/%							备注
	Si	Fe	Cu	Mn	Mg	Zn	其他	
1×××系铝								
1A99	0.003	0.003	0.005				Al 99.99	LG5
1A97	0.015	0.015	0.005				Al 99.97	LG4
1A95	0.030	0.030	0.010				Al 99.95	—
1A90	0.060	0.060	0.010				Al 99.90	LG2
1A85	0.08	0.10	0.01				Al 99.85	LG1
1070	0.20	0.25	0.04	0.03	0.03	0.04	Al 99.70, Ti 0.03,V 0.05	—
1050	0.25	0.40	0.05	0.05	0.05	0.05	Al 99.50, Ti 0.03,V 0.05	—
1050A	0.25	0.40	0.05	0.05	0.05	0.07	Al 99.50, Ti 0.05	—
1A50	0.30	0.30	0.01	0.05	0.05	0.03	Al 99.50, (Fe+Si)0.45	LB2
1035	0.35	0.6	0.10	0.05	0.05	0.10	Al 99.35, Ti 0.03,V 0.05	—
1A30	0.10~0.20	0.15~0.30	0.05	0.01	0.01	0.02	Al 99.30, Ti 0.02	L4-1
1100	(Si+Fe)0.95		0.05~0.20	0.05	—	0.10	Al 99.00	—
1200	(Si+Fe)1.00		0.05	0.05	—	0.10	Al 99.00	—
2×××系铝合金								
2A01	0.50	0.50	2.2~3.0	0.20	0.2~0.5	0.10	Ti 0.15	LY1
2A10	0.25	0.20	3.9~4.5	0.3~0.5	0.15~0.30	0.10	Ti 0.15	LY10
2A11	0.7	0.7	3.8~4.8	0.4~0.8	0.4~0.8	0.30	Ti 0.15,Ni 0.10, (Fe+Ni)0.7	LY11
2B11	0.50	0.50	3.8~4.5	0.4~0.8	0.4~0.8	0.10	Ti 0.15	LY8
2A12	0.50	0.50	3.8~4.9	0.3~0.9	1.2~1.8	0.30	Ti 0.15,Ni 0.10, (Fe+Ni)0.50	LY12
2A14	0.6~1.2	0.7	3.9~4.8	0.4~1.0	0.05	0.10	Ti 0.15,Ni 0.10	LD10
2A16	0.30	0.30	6.0~7.0	0.4~0.8	0.05	—	Ti 0.10~0.20, Zr 0.20	LY16
2A50	0.7~1.2	0.7	1.8~2.6	0.4~0.8	0.4~0.8	0.30	Ti 0.15,Ni 0.10	LD5
2B50	0.7~1.2	0.7	1.8~2.6	0.4~0.8	0.4~0.8	0.30	Ti 0.02~0.10, Cr 0.01~0.20	LD6
2A70	0.35	0.9~1.5	1.9~2.5	0.20	1.4~1.8	0.30	Ti 0.02~0.10, Ni 0.9~1.5	LD7
2B70	0.25	0.9~1.4	1.8~2.7	0.20	1.2~1.8	0.15	Ti 0.10,Pb 0.05, Ni 0.8~1.4	—
2A80	0.5~1.2	1.0~1.6	1.9~2.5	0.20	1.4~1.8	0.30	Ti 0.15, Ni 0.9~1.5	LD8
2024	0.50	0.50	3.8~4.9	0.3~0.9	1.2~1.8	0.25	Ti 0.15,Cr 0.10	

续表

牌号	合金化元素/%							备注
	Si	Fe	Cu	Mn	Mg	Zn	其他	
3×××系铝合金								
3A21	0.6	0.7	0.20	1.0~1.6	0.05	0.10	Ti 0.15	LF21
3003	0.6	0.7	0.05~0.20	1.0~1.5	—	0.10		
3005	0.6	0.7	0.30	1.0~1.5	0.2~0.6	0.25	Ti 0.10,Cr 0.10	
4×××系铝合金								
4A11	11.5~13.5	1.0	0.5~1.3	0.20	0.8~1.3	0.25	Ti 0.15,Cr 0.10,Ni 0.5~1.3	LD11
4004	9.0~10.5	0.8	0.25	0.10	1.0~2.0	0.20		
4043	4.5~6.0	0.8	0.30	0.05	0.05	0.10	Ti 0.20,电焊条加 Be	
5×××系铝合金								
5A12	0.30	0.30	0.05	0.4~0.8	8.3~9.6	0.20	Ti 0.05~0.15,Ni 0.10,Be 0.05,Sb 0.04~0.05	LF12
5A30	(Si+Fe)0.40		0.10	0.5~1.0	4.7~5.5	0.25	Ti 0.03~0.15,Cr 0.05~0.20	LF16
5A33	0.35	0.35	0.10	0.10	6.0~7.5	0.5~1.5	Ti 0.05~0.15	LF33
5005	0.30	0.7	0.20	0.20	0.5~1.1	0.25	Cr 0.10	—
5454	0.25	0.40	0.10	0.5~1.0	2.4~3.0	0.25	Ti 0.20,Cr 0.05~0.20	—
5754	0.40	0.40	0.10	0.50	2.6~3.6	0.10	Ti 0.15,Cr 0.30,(Mn+Cr)0.10~0.6	—
5056	0.30	0.40	0.10	0.05~0.20	4.5~5.5	0.10		LF5-1
5082	0.20	0.35	0.15	0.15	4.0~5.0	0.25	Ti 0.10,Cr 0.15	—
5083	0.40	0.40	0.10	0.4~1.0	4.0~4.9	0.25	Ti 0.15,Cr 0.05~0.25	LF1
6×××系铝合金								
6A02	0.5~1.2	0.50	0.2~0.6	0.15~0.35	0.45~0.9	0.20	Ti 0.15	LD2
6B02	0.7~1.1	0.40	0.1~0.4	0.1~0.3	0.4~0.8	0.15	Ti 0.01~0.04	LD2-1
6005	0.6~0.9	0.35	0.10	0.10	0.4~0.6	0.10	Ti 0.10,Cr0.10	—
6060	0.3~0.6	0.1~0.3	0.10	0.10	0.35~0.6	0.15	Ti 0.10,Cr 0.05	—
6061	0.4~0.8	0.7	0.15~0.40	0.15	0.8~1.2	0.25	Ti 0.15,Cr 0.04~0.35	LD30
6063	0.2~0.6	0.35	0.10	0.10	0.45~0.9	0.10	Ti 0.10,Cr 0.10	LD31
6063A	0.3~0.6	0.15~0.35	0.10	0.15	0.6~0.9	0.15	Ti 0.10,Cr 0.05	—
6070	1.0~1.7	0.50	0.15~0.40	0.4~1.0	0.5~1.2	0.25	Ti 0.15,Cr 0.10	LD2-2
6082	0.7~1.3	0.50	0.10	0.4~1.0	0.6~1.2	0.20	Ti 0.10,Cr 0.25	
7×××系铝合金								
7A04	0.50	0.50	1.4~2.0	0.2~0.6	1.8~2.8	5.0~7.0	Ti 0.10,Cr 0.10~0.25	LC4
7A05	0.25	0.25	0.20	0.15~0.40	1.1~1.7	4.4~5.0	Ti 0.02~0.06,Cr 0.05~0.15,Zr 0.10~0.25	—
7A09	0.50	0.50	1.2~2.0	0.15	2.3~3.0	5.1~6.1	Ti 0.10,Cr 0.16~0.30	LC9
7A10	0.30	0.30	0.5~1.0	0.20~0.35	3.0~4.0	3.2~4.2	Ti 0.10,Cr 0.10~0.20	LC10
7A15	0.50	0.50	0.5~1.0	0.1~0.4	2.4~3.0	4.4~5.4	Ti 0.05~0.15,Cr 0.10~0.30,Be 0.005~0.01	LC15
7003	0.30	0.35	0.20	0.30	0.5~1.0	5.0~6.5	Ti 0.20,Cr0.20,Zr 0.05~0.25	LC12
7005	0.35	0.40	0.10	0.2~0.7	1.0~1.8	4.0~5.0	Ti 0.01~0.06,Cr 0.06~0.20,Zr 0.08~0.20	—
7075	0.40	0.50	0.12~2.0	0.30	2.1~2.9	5.1~6.1	Ti 0.20,Cr 0.18~0.28	

注：1. 备注的代号是我国相应的旧牌号。

2. 没有标示铝含量的牌号中，成分余量为铝。

附录2 我国主要铸造铝合金的牌号及主要合金化元素成分

代号	主要合金化元素/%						
	Si	Cu	Mg	Zn	Mn	Ti	其他
ZL101	6.5~7.5		0.25~0.45				
ZL102	10.0~13.0						
ZL104	8.0~10.5		0.17~0.35		0.2~0.5		
ZL105	4.5~5.5	1.0~1.5	0.4~0.6				
ZL106	7.5~8.5	1.0~1.5	0.3~0.5		0.3~0.5	0.10~0.25	
ZL107	6.5~7.5	3.5~4.5					
ZL108	11.0~13.0	1.0~2.0	0.4~1.0		0.3~0.9		
ZL109	11.0~13.0	0.5~1.5	0.8~1.3				Ni 0.8~1.5
ZL110	4.0~6.0	6.0~8.0	0.2~0.5				
ZL111	8.0~10.0	1.3~1.8	0.4~0.6		0.1~0.35	0.1~0.35	
ZL115	4.8~6.2		0.4~0.65	1.2~1.8			Sb 0.1~0.25
ZL116	6.5~8.5		0.35~0.55			0.1~0.3	Be 0.15~0.40
ZL201		4.5~5.3			0.6~1.0	0.15~0.35	
ZL203		4.0~5.0					
ZL204A		4.6~5.3			0.6~0.9	0.15~0.35	Cd 0.15~0.25
ZL207	1.6~2.0	3.0~3.4	0.15~0.25		0.9~1.2		Ni 0.2~0.3
ZL301			9.5~11.0				
ZL303	0.8~1.3		4.5~5.5		0.1~0.4		
ZL305			7.5~9.0	1.0~1.5		0.1~0.2	Be 0.03~0.1
ZL401	6.0~8.0		0.1~0.3	9.0~13.0			
ZL402			0.5~0.65	5.0~6.0		0.15~0.25	Ce 0.4~0.6

注：合金化元素成分中余量为铝。

附录3 铝阳极氧化槽液的化学分析规程

第1章 指示剂的配制

1. 酚酞溶液（10g/L）

称1g酚酞溶于100mL乙醇中。

2. 淀粉溶液（5g/L）

称0.5g淀粉用少量水调匀，以沸水稀释到100mL。

3. 甲基橙溶液（1g/L）

称0.1g甲基橙溶于100mL水中。

4. 铬黑T指示剂

1g铬黑T与99g氯化钠混合，110℃烘2h，冷却，研匀。

5. 紫脲酸铵指示剂

1g紫脲酸铵与99g氯化钠混合，110℃烘2h，冷却，研匀。

6. 氨-氯化铵缓冲液（pH=10）

称54.0g氯化铵溶于适量水，加入350mL氨水（$\rho=0.89$g/mL），以水稀释至1000mL。

第2章 标准溶液的配制

1. 硫酸标准溶液 [约 $c(H_2SO_4)=1mol/L$]

于 1000mL 烧杯中，加入 900mL 水，缓缓加入 60mL 硫酸 ($\rho=1.84g/mL$)，冷却到室温，以水稀释至刻度，摇匀，标定。

2. 氢氧化钠标准溶液 [约 $c(NaOH)=1mol/L$]

称取 40g 氢氧化钠于塑料瓶中，加水溶解后稀释到 1000mL，摇匀，标定。

3. 硫代硫酸钠标准溶液 [约 $c(Na_2S_2O_3)=0.1mol/L$]

称取 25g 硫代硫酸钠 ($Na_2S_2O_3 \cdot 5H_2O$) 于烧杯中，加入少量水溶解，加 0.1g 碳酸钠，用煮沸再冷却后的水稀释到 1000mL，储存于棕色瓶中，放置数天后标定。储存期间需要每隔 2～4 周进行复标。

4. 重铬酸钾标准溶液 [$c(1/6K_2Cr_2O_7)=0.2500mol/L$]

称取 12.2600g 预先于 150～180℃烘 2h 并冷却的基准试剂重铬酸钾，溶解于 200mL 水中，而后移入 1000mL 容量瓶中，并稀释至刻度，摇匀。

5. 碘标准溶液 [约 $c(I_2)=0.05mol/L$]

称取 20g 碘化钾、12.7g 碘于 500mL 烧杯中，加水溶解，用玻璃丝漏斗过滤，以水稀释至 1000mL，混匀，储存于棕色瓶中，放置数天后标定。

6. 锌标准溶液 [$c(Zn)=0.01000mol/L$]

称取 0.6539g 金属锌（纯度、质量分数大于 99.95%）于烧杯中，加入 10mL 盐酸 (1∶1) 加热溶解，冷却，移入 1000mL 容量瓶中，以水稀释至刻度，摇匀。

7. EDTA 标准溶液 [约 $c(EDTA)=0.01mol/L$]

称取 3.72g 乙二胺四乙酸二钠盐于烧杯中，加入少量水，加热溶解，用水稀释至 1000mL，摇匀，标定。

第3章 标准溶液的标定

1. 硫酸标准溶液

取三份 2.1200g 预先在 250℃烘干过 2h 的无水碳酸钠，分别置于 250mL 烧杯中，各加 50mL 水，待其溶解后，滴加 3 滴 1g/L 甲基橙指示剂，用待标定的硫酸标准溶液滴定至溶液由黄色变为橙色即为终点。按下式计算其物质的量浓度：

$$c(H_2SO_4)=\frac{2.1200}{0.106V}(mol/L)$$

式中，$c(H_2SO_4)$ 为硫酸标准溶液的物质的量浓度；0.106 为碳酸钠的毫摩尔质量，g/mmol；V 为滴定时消耗的硫酸标准溶液的体积，mL。

2. 氢氧化钠标准溶液

取三份 10.0mL 上述经标定的硫酸标准溶液于 250mL 锥形瓶中，加少量水，滴加 4 滴 10g/L 酚酞溶液，用待标定氢氧化钠标准溶液滴至溶液由无色变为红色即为终点。按下式计算其物质的量浓度：

$$c(NaOH)=\frac{20c(H_2SO_4)}{V}(mol/L)$$

式中，$c(NaOH)$ 为氢氧化钠标准溶液的物质的量浓度；$c(H_2SO_4)$ 为硫酸标准溶液的物质的量浓度；V 为滴定时消耗的氢氧化钠标准溶液的体积，mL。

3. 硫代硫酸钠标准溶液

取三份 10.0mL $c(1/6K_2Cr_2O_7)=0.2500mol/L$ 的重铬酸钾标准溶液，分别置于 250mL 锥形瓶中，各加入 20mL 水、1.5g 碘化钾、5mL 盐酸（1：1）摇匀，盖上表面皿，于暗处放置 5min。加约 20mL 水，以待标定的硫代硫酸钠标准溶液滴定至溶液刚转为暗绿色时，加入 5mL 5g/L 的淀粉溶液，继续滴定至溶液蓝色消失，刚成亮绿色即终点。读取消耗的硫代硫酸钠标准溶液的体积（V）。按下式计算硫代硫酸钠标准溶液的物质的量浓度：

$$c(Na_2S_2O_3)=2.5V(mol/L)$$

式中，$c(Na_2S_2O_3)$ 为硫代硫酸钠标准溶液的物质的量浓度；V 为滴定时消耗的硫代硫酸钠标准溶液的体积，mL。

4. 碘标准溶液

取三份 20.0mL 待标定碘标准溶液，分别置于 250mL 锥形瓶中，各加入 4mL 盐酸（1：1）、20mL 水，用上述经标定的硫代硫酸钠标准溶液滴定至溶液由蓝色变为无色即为终点。读取消耗的硫代硫酸钠标准溶液的体积（V）。按下式计算碘标准溶液的物质的量浓度：

$$c(I_2)=\frac{c(Na_2S_2O_3)V}{40}(mol/L)$$

式中，$c(I_2)$ 为碘标准溶液的物质的量浓度；$c(Na_2S_2O_3)$ 为硫代硫酸钠标准溶液的物质的量浓度；V 为消耗的硫代硫酸钠标准溶液的体积，mL。

5. EDTA 标准溶液

取三份 20.0mL $c(Zn)=0.01000mol/L$ 的锌标准溶液，分别置于 300mL 烧杯中，各加入 50mL 去离子水，先滴加约 10mL 待标定的 EDTA 标准溶液，加入 10mL 氨-氯化铵缓冲液、0.05g 铬黑 T 指示剂，再用待标定的 EDTA 标准溶液继续滴定至溶液由紫色变为稳定的蓝色即为终点。读取消耗的 EDTA 标准溶液的体积（V）。按下式计算 EDTA 标准溶液的物质的量浓度：

$$c(EDTA)=\frac{0.2}{V}(mol/L)$$

式中，$c(EDTA)$ 为 EDTA 标准溶液的物质的量浓度；V 为消耗的 EDTA 标准溶液的体积，mL。

第4章 铝合金型材阳极氧化槽液的分析

1. 脱脂槽液

测定项目：游离硫酸质量浓度，总硫酸质量浓度（分析方法参见氧化槽液）。

2. 碱洗槽液

测定项目：游离氢氧化钠质量浓度；铝离子质量浓度。

2.1 需用试剂

氟化钾；

酚酞指示剂（10g/L）；

硫酸标准溶液 [约 $c(H_2SO_4)=1mol/L$]。

2.2 分析步骤

取 10.0mL 槽液于 500mL 锥形瓶中，加入 200mL 水摇匀，滴加数滴（10g/L）酚酞指示剂，用经标定的约 $c(H_2SO_4)=1mol/L$ 的硫酸标准溶液滴定至试液由玫瑰红色变为无色即为第一终点，读取消耗的硫酸标准溶液的体积（V_1）。

向上述试液中，加入 3g 氟化钾，摇动溶解，此时试液变成粉红色，再加入少许氟化钾，若试剂变为红色，则继续用 1mol/L 硫酸标准溶液滴定至试液变为无色即为第二终点，读取消耗的硫酸标准溶液的体积（V_2）。

按下式计算各自的质量浓度：

$$游离\,\rho(NaOH)=8\left(V_1-\frac{V_2}{3}\right)c(H_2SO_4)\,(g/L)$$

$$\rho(Al^{3+})=1.8V_2c(H_2SO_4)\,(g/L)$$

式中，$c(H_2SO_4)$ 为硫酸标准溶液的物质的量浓度。

3. 酸洗去灰槽液

测定项目：硫酸质量浓度（分析方法参见氧化槽液）。

4. 氧化槽液

测定项目：游离硫酸质量浓度；总硫酸质量浓度；铝离子质量浓度。

4.1 需用试剂

氟化钾；

酚酞溶液（10g/L）；

氢氧化钠标准溶液（1mol/L）。

4.2 分析步骤

4.2.1 游离硫酸质量浓度

取 5.0mL 槽液于 250mL 锥形瓶中，加 50mL 水，摇匀。滴加 4 滴 10g/L 酚酞溶液，用经标定的约 $c(NaOH)=1mol/L$ 的氢氧化钠标准溶液滴定至试液由无色变为粉红色即为终点，读取消耗的氢氧化钠标准溶液的体积（V_1），按下式计算其质量浓度：

$$游离\,\rho(H_2SO_4)=9.8V_1c(NaOH)\,(g/L)$$

式中，$c(NaOH)$ 为 NaOH 标准溶液的物质的量浓度。

4.2.2 总硫酸质量浓度

取 5.0mL 槽液于 250mL 锥形瓶中，加 50mL 水，摇匀。滴加 4 滴 10g/L 酚酞溶液，加入 2g 氟化钾，用经标定的约 $c(NaOH)=1mol/L$ 的氢氧化钠标准溶液滴定至试液由无色变为粉红色即为终点，读取消耗的氢氧化钠标准溶液的体积（V_2），按下式计算其质量浓度：

$$总\,\rho(H_2SO_4)=9.8V_2c(NaOH)\,(g/L)$$

式中，$c(NaOH)$ 为 NaOH 标准溶液的物质的量浓度。

4.2.3 铝离子质量浓度

根据游离的硫酸消耗氢氧化钠标准溶液的体积 V_1 和总硫酸消耗的氢氧化钠标准溶液的体积 V_2 可计算硫酸氧化槽液中铝离子质量浓度：

$$\rho(Al^{3+})=1.8(V_2-V_1)c(NaOH)\,(g/L)$$

式中，$c(NaOH)$ 为 NaOH 标准溶液的物质的量浓度。

5. 锡盐电解着色槽液

测定项目：硫酸亚锡质量浓度；游离硫酸质量浓度。

5.1 需用试剂及仪器

淀粉溶液（5g/L）；盐酸（$\rho=1.19$g/mL）；硫代硫酸钠标准溶液［约 $c(Na_2S_2O_3)=0.1$mol/L］；重铬酸钾标准溶液［$c(1/6K_2Cr_2O_7)=0.2500$mol/L］；碘标准溶液［约 $c(I_2)=0.05$mol/L］；氢氧化钠标准溶液［约 $c(NaOH)=1$mol/L］。

pHS-2 型酸度计，电磁搅拌器。

5.2 分析步骤

5.2.1 硫酸亚锡质量浓度

取 10.0mL 槽液于 250mL 锥形瓶中，加入 20mL 盐酸（$\rho=1.19$g/mL）、50mL 水，混匀，滴入数滴淀粉溶液，用经标定的约 $c(I_2)=0.05$mol/L 的碘标准溶液滴定至试液由无色变为蓝色即为终点，读取消耗的碘标准溶液的体积（V_1），按下式计算硫酸亚锡质量浓度：

$$\rho(SnSO_4)=21.477V_1c(I_2)(g/L)$$

式中，$c(I_2)$ 为碘标准溶液的物质的量浓度。

5.2.2 游离硫酸质量浓度

取 50.0mL 槽液于 400mL 锥形瓶中，加 200mL 水，摇匀。插入玻璃电极（最好在磁力搅拌下），用 1mol/L 氢氧化钠标准溶液滴定至试液 pH 为 2.1 即为终点，读取消耗的氢氧化钠标准溶液的体积（V_2）。按下式计算游离硫酸质量浓度：

$$游离 \rho(H_2SO_4)=0.98V_2c(NaOH)(g/L)$$

式中，$c(NaOH)$ 为 NaOH 标准溶液的物质的量浓度。

6. 镍盐电解着色槽液

测定项目：镍离子和硫酸镍质量浓度；镁离子和硫酸镁质量浓度；硼酸质量浓度。

6.1 需用试剂

氟化钾；

紫脲酸铵指示剂；

氨-氯化铵缓冲液（pH=10）；

EDTA 标准溶液（约 0.05mol/L）；

氢氧化钠标准溶液（约 0.01mol/L）；

甘油（丙三醇）混合液（60g 柠檬酸钠溶于 500mL 水中；2g 酚酞溶于少量乙醇，合并两液，加入 60mL 甘油，用水稀释至 1000mL）。

6.2 分析步骤

6.2.1 镍离子和硫酸镍质量浓度

移取 20.0mL 槽液于 250mL 锥形瓶中，加入 1g 氟化钾，摇晃使其溶解。加入 80mL 水，溶液呈浑浊。加入 10mL 氨-氯化铵缓冲液（pH=10）及约 0.1g 紫脲酸铵指示剂。用经标定的约 $c(EDTA)=0.05$mol/L 的 EDTA 标准溶液滴定至试液由黄色变为紫红色即为终点，读取消耗的 EDTA 标准溶液的体积（V_1）。按以下两式计算镍离子和硫酸镍质量浓度：

$$\rho(Ni^{2+})=2.93V_1c(EDTA)(g/L)$$

$$\rho(NiSO_4 \cdot 7H_2O)=14.03V_1c(EDTA)(g/L)$$

式中，$c(\text{EDTA})$ 为 EDTA 标准溶液的物质的量浓度。

6.2.2 镁离子和硫酸镁质量浓度

移取 5.0mL 槽液于 250mL 锥形瓶中，加入 80mL 水，加入 10mL 氨-氯化铵缓冲液（pH=10）及约 0.1g 紫脲酸铵指示剂。用经标定的约 $c(\text{EDTA})=0.05\text{mol/L}$ 的 EDTA 标准溶液滴定至试液由黄色变为紫红色即为终点，读取消耗的 EDTA 标准溶液的体积（V_2）。按以下两式计算镁离子和硫酸镁质量浓度：

$$\rho(\text{Mg}^{2+})=4.86(V_2-V_1)c(\text{EDTA})(\text{g/L})$$

$$\rho(\text{MgSO}_4)=24.06(V_2-V_1)c(\text{EDTA})$$

式中，$c(\text{EDTA})$ 为 EDTA 标准溶液的物质的量浓度。

6.2.3 硼酸质量浓度

移取 5.0mL 槽液于 250mL 锥形瓶中，加入 80mL 水，加入 25mL 甘油混合液，用经标定的约 $c(\text{NaOH})=0.1\text{mol/L}$ 的氢氧化钠标准溶液滴定至试液由浅绿色变为灰蓝色即为终点，读取消耗的 EDTA 标准溶液的体积（V）。按下式计算硼酸质量浓度：

$$\rho(\text{H}_3\text{BO}_3)=4.16Vc(\text{NaOH})$$

式中，$c(\text{NaOH})$ 为氢氧化钠标准溶液的物质的量浓度。

7. 封孔槽液

测定项目：镍离子质量浓度；氟离子质量浓度。

7.1 试剂及仪器

氨水（$\rho=0.89\text{g/mL}$）；紫脲酸铵指示剂；EDTA 标准溶液〔约 $c(\text{EDTA})=0.01\text{mol/L}$〕；氟化钠；冰醋酸；氯化钠；柠檬酸三钠；氢氧化钠。

离子活度计（或有"mV"挡酸度计），氟离子选择电极，饱和甘汞电极，磁力搅拌器，塑料杯。

7.2 氟离子标准液

0.1mol/L 标准液：准确称取 2.1000g NaF（120℃干燥 2h 储存在干燥器中待用），溶于少量去离子水中，再转移到 500mL 容量瓶中，稀释至刻度，保存在聚乙烯瓶中。

0.01mol/L 标准液：取 50.0mL、0.1mol/L F⁻ 标准液至 500mL 容量瓶中，稀释至刻度，保存在聚乙烯瓶中。

0.0001~0.001mol/L 标准液：依上述方法配制。

TISAB（总离子强度调节缓冲溶液）：500mL 去离子水置于 1000mL 烧杯中，加 57mL 冰醋酸、58.5g 氯化钠、12g 柠檬酸三钠，以 6mol/L 氢氧化钠溶液滴定至 pH=5.0~5.5，用去离子水稀释至 1000mL。

7.3 分析步骤

7.3.1 镍离子质量浓度

取 5.0mL 槽液于 250mL 锥形瓶中，加 50mL 水，加入 10mL 氨水（$\rho=0.89\text{g/mL}$），摇匀。加入少许紫脲酸铵指示剂（此时试液呈橙黄色）。用经标定的约 $c(\text{EDTA})=0.01\text{mol/L}$ 的 EDTA 标准溶液滴定至试液由橙黄色变为紫红色即为终点。读取消耗的 EDTA 标准溶液的体积（V），按下式计算镍离子质量浓度：

$$\rho(\text{Ni}^{2+})=11.74Vc(\text{EDTA})(\text{g/L})$$

式中，$c(\text{EDTA})$ 为 EDTA 标准溶液的物质的量浓度。

7.3.2 氟离子质量浓度

（1）标准曲线绘制。用移液管分别移取 20.0mL 0.0001mol/L、0.001mol/L、0.01mol/L、0.1mol/L F⁻ 标准溶液于四个 50mL 塑料杯中，分别加入 20mL TISAB 溶液，以浓度由低到高为顺序，分别插入电极，并用磁力搅拌器搅拌 3min，读电位值 E_1、E_2、E_3、E_4。在二级单对数坐标上，以电位 $E(mV)$ 为纵坐标，以 F⁻ 浓度对数为横坐标［F⁻/(mol/L)］作标准曲线。

（2）样品测定。用移液管移取 20.0mL 槽液于烧杯中，加入 20mL TISAB 溶液，插入电极，用磁力搅拌器搅拌 3min，读取电位值（E_x），根据测得的电位值，在标准曲线上查得 F⁻ 的物质的量浓度［$c(F^-)$］。F⁻ 质量浓度按下式计算：

$$\rho(F^-) = c(F^-)19(g/L)$$

式中，$c(F^-)$ 为在标准曲线上查得的相应 F⁻ 的物质的量浓度，mol/L。

附录 4　有关铝阳极氧化膜及高聚物涂层的性能与试验方法的国家标准和国际标准一览表

性能与试验方法		国家标准或国际标准号	国家标准或国际标准名称
外观质量		GB/T 12967.6	铝及铝合金阳极氧化膜检测方法　第 6 部分:目视观察法检验着色阳极氧化膜色差和外观质量
颜色和色差	目视比色法	GB/T 12967.6	铝及铝合金阳极氧化膜检测方法　第 6 部分:目视观察法检验着色阳极氧化膜色差和外观质量
		GB/T 9761	色漆和清漆　色漆的目视比色
	仪器检测法	GB/T 11186.1～11186.3	涂膜颜色的测量方法
		ISO 7724.1～7724.3	Paints and varnishes—Colorimetry（色漆和清漆　颜色测量）
阳极氧化膜及高聚物涂层厚度	显微镜测量横断面厚度	GB/T 6462	金属和氧化物覆盖层　厚度测量　显微镜法
		ISO 1463	Metallic and oxide coatings—Measurement of coating thickness—Microscopical method（金属和氧化物覆盖层　厚度测量　显微镜法）
	分光束显微镜测量透明膜厚度	GB/T 8014.3	铝及铝合金阳极氧化　氧化膜厚度的测量方法　第 3 部分:分光束显微法
		ISO 2128	Anodizing of aluminium and its alloys—Determination of thickness of anodic oxidation coatings—Non-destructive measurement by split-beam microscope（铝及铝合金阳极氧化　阳极氧化膜厚度测定　分光束显微镜测量法）
		EN 12373-3	Aluminium and aluminium alloys—Anodizing—Part 3: Determination of thickness of anodic oxidation coatings—Non-destructive measurement by split-beam microscope（铝及铝合金阳极氧化　阳极氧化膜厚度的测量方法　第 3 部分:分光束显微镜无损测量）

性能与试验方法		国家标准或国际标准号	国家标准或国际标准名称
阳极氧化膜及高聚物涂层厚度	质量损失法测量阳极氧化膜厚度	GB/T 8014.2	铝及铝合金阳极氧化 氧化膜厚度的测量方法 第 2 部分：质量损失法
		ISO 2106	Anodizing of aluminium and its alloys—Determination of mass per unit area（surface density）of anodic oxidation coatings—Gravimetric method［铝及铝合金阳极氧化——阳极氧化膜单位面积上质量（表面密度）的测定——重量法］
		EN 12373-2	Aluminium and aluminium alloys—Anodizing—Part 2：Determination of mass per unit area（surface density）of anodic oxidation coatings—Gravimetric method［铝及铝合金阳极氧化 第 2 部分：阳极氧化膜单位面积质量（表面密度）的测定-重量法］
	涡流法测量阳极氧化膜及高聚物涂层厚度	GB/T 4957	非磁性基体金属上非导电覆盖层 覆盖层厚度测量 涡流法
		ISO 2360	Non-conductive coatings on non-magnetic electrically conductive base metals—Measurement of coating thickness—Amplitude—sensitive eddy current method（非磁性金属基体上非导电覆盖层厚度的涡流测量方法）
阳极氧化膜封孔质量	酸处理后的染色斑点试验	GB/T 8753.4	铝及铝合金阳极氧化膜封孔后吸附能力的损失评定——酸处理后的染色斑点试验
		ISO 2143	Anodizing of aluminium and its alloys—Estimation of loss of absorptive power of anodic oxidation coatings after sealing—Dye-spot test with prior acid treatment（铝及铝合金阳极氧化 封孔后的阳极氧化膜吸附能力损失的评估 酸处理后的染斑试验）
		EN 12373-4	Aluminium and aluminium alloys—Anodizing—Part 4：Estimation of loss of absorptive power of anodic oxidation coatings after sealing by dye-spot test with prior acid treatment（铝及铝合金阳极氧化 第 4 部分：采用酸处理后的染斑试验评估封孔后的阳极氧化膜吸附能力损失）
	酸化亚硫酸钠试验	GB/T 14952.2	铝及铝合金阳极氧化 阳极氧化膜的封孔质量评定 酸浸法
		ISO 2932	Anodizing of aluminium and its alloys—Assessment of sealing quality by measurement of the loss of mass after immersion in acid solution（铝及铝合金阳极氧化 酸浸后按质量损失评定阳极氧化膜的封孔质量）

续表

性能与试验方法		国家标准或国际标准号	国家标准或国际标准名称
阳极氧化膜封孔质量	乙酸-乙酸钠试验	GB/T 14952.2	铝及铝合金阳极氧化 阳极氧化膜的封孔质量评定 酸浸法
		ISO 2932	Anodizing of aluminium and its alloys—Assessment of sealing quality by measurement of the loss of mass after immersion in acid solution（铝及铝合金阳极氧化 酸浸后按质量损失评定阳极氧化膜的封孔质量）
	酸浸蚀失重试验	GB/T 8753.1	铝及铝合金阳极氧化 氧化膜封孔质量的评定方法 第1部分:酸浸蚀失重法
		ISO 3210	Anodizing of aluminium and its alloys—Assessment of quality of sealed anodic oxidation coatings by measurement of the loss of mass after immersion in phosphoric acid/chromic acid solution（铝及铝合金阳极氧化——磷铬酸浸蚀后按质量损失评定阳极氧化膜的封孔质量）
		EN 12373-6	Aluminium and aluminium alloys—Anodizing—Part 6:Assessment of quality of sealed anodic oxidation coatings by measurement of the loss of mass after immersion in phosphoric acid/chromic acid solution without prior acid treatment（铝及铝合金阳极氧化 第6部分:无酸预浸的磷铬酸浸蚀后按质量损失评定阳极氧化膜的封孔质量）
		EN 12373-7	Aluminium and aluminium alloys—Anodizing—Part 7:Assessment of quality of sealed anodic oxidation coatings by measurement of the loss of mass after immersion in phosphoric acid/chromic acid solution with prior acid treatment（铝及铝合金阳极氧化 第7部分:酸预浸的磷铬酸浸蚀后按质量损失评定阳极氧化膜的封孔质量）
	导纳试验	GB/T 8753.3	铝及铝合金阳极氧化 氧化膜封孔质量的测定方法 第3部分导纳法
		ISO 2931	Anodizing of aluminium and its alloys—Assessment of quality of sealed anodic oxidation coatings by measurement of admittance（铝及铝合金阳极氧化——导纳法测定阳极氧化膜的封孔质量）
		EN 12373-5	Aluminium and aluminium allys—Anodizing—Part 5:Assessment of quality of sealed anodic oxidation coatings by measurement of admittance（铝及铝合金阳极氧化 第5部分:导纳法测定阳极氧化膜的封孔质量）

性能与试验方法		国家标准或国际标准号	国家标准或国际标准名称
耐腐蚀性	中性盐雾腐蚀试验、乙酸盐雾腐蚀试验、铜加速乙酸盐雾腐蚀试验	GB/T 10125	人造气氛腐蚀试验 盐雾试验
		ISO 9227	Corrosion tests in artificial atmosphere—Salt spray tests（人造气氛腐蚀试验 盐雾试验）
	含 SO_2 潮湿大气腐蚀试验[克氏（Kesternish）试验]	ISO 3231	Paints and varnishes—Determination of resistance to humid atmospheres containing sulfur dioxide（色漆和清漆——耐含二氧化硫的潮湿大气性测定）
	马丘（Machu）腐蚀试验	Qualicoat（第 15 版，中文版）	建筑用铝型材表面喷漆、粉末涂装的质量控制规范
	耐湿热腐蚀试验	GB/T 1740	漆膜耐湿热测定法
		ASTM D2247	Standard practice for testing water resistance of coatings in 100% relative humidity（100%相对湿度下测试膜层的耐水性）
		ASTM D4585	Standard practice for testing water resistance of coatings using controlled condensation（控制冷凝法测试膜层的耐水性）
	耐碱腐蚀试验	JIS H 8601	Anodic oxide coatings on aluminium andaluminium alloys（铝及铝合金阳极氧化膜）
	丝状腐蚀试验	GB/T 26323	色漆和清漆 铝及铝合金表面涂膜的耐丝状腐蚀试验
		ISO 4623-2	Paints and varnishes—Determination of resistance to filiform corrosion—Part 2：Aluminium substrates（色漆和清漆 耐丝状腐蚀的测定 第 2 部分：铝基体）
耐腐蚀性	丝状腐蚀试验	EN 3665	Aerospace series—Test methods for paints and varnishes—Filiform corrosion resistance test on aluminium alloys（航空航天系列 色漆和清漆试验方法 铝合金耐丝状腐蚀试验）
耐化学稳定性	盐酸试验、硝酸试验、耐灰浆试验、耐洗涤剂试验	AAMA 2603	Voluntary specification，performance requirements and test procedures for pigmented organic coatings on aluminium extrusions and panels（铝挤压材和板材的有机聚合物涂层的性能要求与试验方法）
		AAMA 2604	Voluntary specification，performance requirements and test procedures for high performance organic coatings on aluminium extrusions and panels（铝挤压材和板材的高性能有机聚合物涂层的性能要求与试验方法）
		AAMA 2605	Voluntary specification，performance requirements and test procedures for superior performing organic coatings on aluminium extrusions and panels（铝挤压材和板材的超高性能有机膜层性能要求和试验方法）
	耐碱试验	JIS H 8602	Combined coatings of anodic oxide and organic coatings on aluminium and aluminium alloys（铝及铝合金阳极氧化涂装复合膜）

性能与试验方法		国家标准或国际标准号	国家标准或国际标准名称
耐候性	自然曝露耐候试验	GB/T 9276	涂层自然气候曝露试验方法
		ISO 2810	Paints and varnishes—Natural weathering of coatings—Exposure and assessment（色漆和清漆 涂层的自然老化 曝露和评定）
	荧光紫外灯人工加速耐候试验	ISO 4892.3	Plastics—Methods of exposure to laboratory light sources—Part 3：Fluorescent UV lamps（塑料 实验室光源曝露试验方法 第3部分：荧光紫外灯）
		GB/T 16422.3	塑料 实验室光源曝露试验方法 第3部分：荧光紫外灯
		GB/T 16585	硫化橡胶人工气候老化（荧光紫外灯）试验方法
	氙弧灯人工加速耐候试验	ISO 4892.2	Plastics—Methods of exposure to laboratory light sources—Part 2：Xenon-arc lamps（塑料 实验室光源曝露试验方法 第2部分：氙弧灯）
		GB/T 1865	色漆和清漆 人工气候老化和人工辐射曝露 滤过的氙弧辐射
	碳弧灯人工加速耐候试验	ISO 4892.4	Plastics—Methods of exposure to laboratory light sources—Part 4：Open-flame carbon-arc lamps（塑料 实验室光源曝露试验方法 第4部分：开放式碳弧灯）
		GB/T 16422.4	塑料 实验室光源曝露试验方法 第4部分：开放式碳弧灯
硬度	压痕硬度试验	GB/T 9275	色漆和清漆 巴克霍兹压痕试验
	铅笔硬度试验	GB/T 6739	色漆和清漆 铅笔法测定漆膜硬度
	显微硬度试验	GB 9790	金属覆盖层及其他有关覆盖层 维氏和努氏显微硬度试验
		ISO 4516	Metallic and other inorganic coatings—Vickers and Knoop microhardness tests（金属及其他无机覆盖层 维氏和努氏显微硬度试验）
耐磨性	喷磨试验仪检测耐磨性	GB/T 12967.1	铝及铝合金阳极氧化膜检测方法 第1部分：用喷磨试验仪测定阳极氧化膜的平均耐磨性
		ISO 8252	Anodizing of aluminium and its alloys—Measurement of abrasion resistance of anodic oxidation coatings（铝及铝合金阳极氧化 阳极氧化膜耐磨性的测定）
	轮式磨损试验仪检测耐磨性	GB/T 12967.2	铝及铝合金阳极氧化膜检测方法 第2部分：用轮式磨损试验仪测定阳极氧化膜的耐磨性和磨损系数
		ISO 8251	Anodizing of aluminium and its alloys—Measurement of abrasion resistance of anodic oxidation coatings（铝及铝合金阳极氧化 阳极氧化膜耐磨性的测定）

性能与试验方法		国家标准或国际标准号	国家标准或国际标准名称
耐磨性	落砂试验仪检测耐磨性	ASTM D968	Standard test methods for abrasion resistance of organic coatings by falling abrasive（采用落砂试验测试有机涂层耐磨性的试验方法）
		ISO 8251	Anodizing of aluminium and its alloys—Measurement of abrasion resistance of anodic oxidation coatings（铝及铝合金阳极氧化　阳极氧化膜耐磨性的测定）
	砂纸擦拭检测耐磨性	Qualanod：2017（中文版）	硫酸系铝阳极氧化标准
附着性	附着性划格试验（干式附着性试验、湿式附着性试验、沸水附着性试验）	GB/T 9286	色漆和清漆　漆膜的划格试验
		ISO 2409	Paints and varnishes-Cross-cut test（色漆和清漆　划格试验）
		AAMA 2603	Voluntary specification，performance requirements and test procedures for pigmented organic coatings on aluminium extrusions and panels（铝挤压材和板材的有机聚合物涂层的性能要求与试验方法）
		AAMA 2604	Voluntary specification，performance requirements and test procedures for high performance organic coatings on aluminium extrusions and panels（铝挤压材和板材的高性能有机聚合物涂层的性能要求与试验方法）
		AAMA 2605	Voluntary specification，performance requirements and test procedures for superior performing organic coatings on aluminium extrusions and panels（铝挤压材和板材的超高性能有机膜层性能要求和试验方法）
	附着性仪器试验	GB/T 1720	漆膜附着力测定法
耐冲击性		GB/T 1732	漆膜耐冲击测定法
抗杯突性		GB/T 9753	色漆和清漆　杯突试验
		ISO 1520	Paints and varnishes—Cupping test（色漆和清漆　杯突试验）
抗弯曲性		GB/T 6742	色漆和清漆　弯曲试验（圆柱轴）
		ISO 1519	Paints and varnishes—Bend test（cylindrical mandrel）色漆和清漆 弯曲试验（圆柱轴）
涂层聚合作用性能		Qualicoat（第 15 版，中文版）	建筑用铝型材表面喷漆、粉末涂装的质量控制规范
阳极氧化膜绝缘性		GB/T 8754	铝及铝合金阳极氧化膜的击穿电位检验绝缘性
		ISO 2376	Anodizing of aluminium and its alloys—Determination of electric breakdown potential（铝及铝合金阳极氧化——击穿电位测定检验绝缘性）
		EN 12373-17	Aluminium and aluminium alloys—Anodizing—Part 17：Determination of electric breakdown potential（铝及铝合金　阳极氧化　第 17 部分：击穿电位测定检验绝缘性）

性能与试验方法		国家标准或国际标准号	国家标准或国际标准名称
阳极氧化膜抗变形破裂性		GB/T 12967.5	铝及铝合金阳极氧化膜检测方法 第 5 部分:用变形法评定阳极氧化膜的抗破裂性
阳极氧化膜抗热裂性		GB/T 8013.1	铝及铝合金阳极氧化膜与有机聚合物膜 第 1 部分:阳极氧化膜
		AAMA 611	Voluntary specification for anodized architectural (建筑用铝阳极氧化膜规范)
薄阳极氧化膜连续性		GB/T 8752	铝及铝合金阳极氧化 薄阳极氧化膜连续性检验方法 硫酸铜法
		ISO 2085	Anodizing of aluminium and its alloys—Check for continuity of thin anodic oxidation coatings—Copper sulfate test (铝及铝合金阳极氧化 硫酸铜法检查薄阳极氧化膜的连续性)
		EN 12373-16	Aluminium and aluminium alloys—Anodizing—Part 16: Check of continuity of thin anodic oxidation coatings Copper sulfate test (铝及铝合金阳极氧化 第 16 部分:检查薄阳极氧化膜的连续性 硫酸铜试验)
耐沸水性		Qualicoat (第 15 版,中文版)	建筑用铝型材表面喷漆、粉末涂装的质量控制规范
		GB/T 5237.4	铝合金建筑型材 第 4 部分 喷粉型材
光反射性能	镜面光泽度的测量	GB/T 9754	色漆和清漆 不含金属颜料的色漆漆膜的 20°、60°和 85°镜面光泽的测定
		ISO 2813	Paints and varnishes—Determination of gloss value at 20 degrees，60 degrees and 85 degrees (色漆和清漆 不含金属颜料的色漆漆膜之 20°、60°和 85°镜面光泽的测定)
	积分球法测量反射率	GB/T 20505	铝及铝合金阳极氧化 阳极氧化膜表面反射特性的测定 积分球法
		ISO 6719	Anodizing of aluminium and its alloys—Measurement of reflectance characteristics of aluminium surfaces using integrating—sphere instruments (铝及铝合金阳极氧化 用积分球仪测量铝表面的反射特性)
	角度仪或遮光角度仪法测量反射率	GB/T 20506	铝及铝合金阳极氧化 阳极氧化膜表面反射特性的测定 遮光角度仪或角度仪法
		ISO 7759	Anodizing of aluminium and its alloys—Measurement of reflectance characteristics of aluminium surfaces using a goniophotometer or an abridged goniophotometer (铝及铝合金阳极氧化 用角度仪或遮光角度仪测定铝表面反射特性)

续表

性能与试验方法		国家标准或国际标准号	国家标准或国际标准名称
光反射性能	条标法测量反射率	GB/T 20504	铝及铝合金阳极氧化 阳极氧化膜影像清晰度的测定 条标法
		ISO 10215	Anodizing of aluminium and its alloys—Visual determination of image clarity of anodic oxidation coatings—Chart scale method（铝及铝合金阳极氧化 阳极氧化膜影像清晰度目视测定 条标法）
涂层加工性能		Qualicoat（第15版，中文版）	建筑用铝型材表面喷漆、粉末涂装的质量控制规范

附录5　铝表面处理的主要参考读物

［1］　日本表面技術協会．アルミニウム表面技術百問百答．东京：KALLOS出版株式会社，2015.

［2］　［日］菊池哲主编．铝阳极氧化作业指南和技术管理．朱祖芳等译．北京：化学工业出版社，2015.

［3］　朱祖芳编著．铝合金表面处理膜层性能及测试．北京：化学工业出版社，2012.

［4］　日本輕金属製品協会编．アルミ表面處理ノート．第7版．东京：日本輕金属製品協会，2011.

［5］　朱祖芳主编．中国有色金属丛书——铝材表面处理．长沙：中南大学出版社，2010.

［6］　朱祖芳主编．铝合金阳极氧化与表面处理技术．第2版．北京：化学工业出版社，2009.

［7］　朱祖芳编著．铝合金阳极氧化工艺技术应用手册．北京：冶金工业出版社，2007.

［8］　日本轻金属制品协会试验研究センター编．アルミニウム表面処理の理论と实务（铝表面处理的理论和实践）．第4版．东京：2007.

［9］　日本產業技術総合研究所 化学物質リスク管理研究センター．詳細リスク評价书Ni（金属镍的详细环境风险评价，内部资料）．东京：2006.

［10］　［日］川合 慧著．铝阳极氧化膜电解着色及其功能膜的应用．朱祖芳译．北京：冶金工业出版社，2005.

［11］　Sheasby P. G and Pinner R..The Surface Treatment and Finishing of Aluminium and its Alloys（铝及铝合金表面处理及精饰）．6th edition. England：ASM INTERNATIONAL（USA）and FINISHING PUBLICATION LTD（UK），2001.

［12］　Brace W..The Technology of Anodizing Aluminium（铝阳极氧化工艺）．3rd edition. Modena：Interall S. r. l.，2000.

［13］　Sato T. & Kaminaga K..Theory of Anodized Aluminium 100 Q and A（铝阳极

氧化理论，百问百答). Tokyo：Kallos Publishing Co.，LTD.，1997.

[14]　Brace A. W.. Anodic coating defects Their Causes and Cure（阳极氧化膜缺陷/成因和对策）. England：Technicopy Books，1992.

[15]　アルミニウム表面処理研究会.アルミニウム合金（ADC12）表面処理研究成果報告書（铝合金 ADC12 表面处理研究成果报告书）. 东京：1992.